Martin Scheffler

Grundlagen der Fördertechnik - Elemente und Triebwerke

FÖRDERTECHNIK UND BAUMASCHINEN

Martin Scheffler

Grundlagen der Fördertechnik - Elemente und Triebwerke

Mit 457 Abbildungen und 73 Tabellen

vieweg

Die Deutsche Bibliothek – CIP-Einheitsaufnahme

Fördertechnik und Baumaschinen.

Grundlagen der Fördertechnik. - Braunschweig; Wiesbaden: Vieweg.
(Fördertechnik und Baumaschinen)
Elemente und Triebwerke: mit 73 Tabellen / Martin Scheffler.
– 1994
ISBN 978-3-322-96882-1 ISBN 978-3-322-96881-4 (eBook)
DOI 10.1007/978-3-322-96881-4

NE: Scheffler, Martin

Ursprünglich erschienen bei Friedr. Vieweg & Sohn Verlagsgesellschaft mbH, Braunschweig / Wiesbaden, 1994

Satz: Kníhtlačiaren Svornosť, Bratislava

Gedruckt auf säurefreiem Papier

ISBN 978-3-322-96882-1

Vorwort

Im Rahmen der Fachbuchreihe Fördertechnik und Baumaschinen stellt dieser Band die wissenschaftlichen Grundlagen und Regeln für die Ausbildung und Dimensionierung der maschinellen Teile dar, die für Förder- und Baumaschinen gleiche Bedeutung haben. In Ergänzung zur umfangreichen Literatur über die klassischen Maschinenelemente werden besonders die Elemente behandelt, die in diesen Maschinen eine eigene Form, besondere Ausprägung oder Wertigkeit haben. Bei den Triebwerken werden die allgemeinen Gesetzmäßigkeiten der Wirkungsweise und Auslegung und anschließend die charakteristischen vier Hauptgruppen fördertechnischer Antriebe: Hubwerk, Einziehwerk, Fahrwerk und Drehwerk erläutert. Ein diesem Stoff vorangestelltes einführendes Kapitel enthält die systemgerechte Gliederung der Maschinen und vermittelt einige elementare Grundlagen der Betriebsfestigkeit.

Die wesentliche wissenschaftliche Literatur wird erfaßt, ausgewertet, teils auch nur für weiterführende Aussagen angegeben. Dies schließt die Behandlung der Technischen Regelwerke ein, soweit sie die fachlichen Ausführungen berühren. Außer den Normen und Regeln der Bundesrepublik Deutschland wurden auch wenige ausgewählte Berechnungsstandards der ehemaligen DDR an den Stellen in den Stoff einbezogen, an denen sie zum gegenwärtigen Stand der Technik gehören.

Nutzer dieses Buches werden gleicherweise Studierende einschlägiger oder verwandter Fachgebiete wie bereits praktisch tätige Ingenieure sein. Dem Studenten wird eine übersichtliche und gut aufbereitete studienbegleitende Quelle für das tiefere Eindringen und die Erweiterung des Vorlesungsstoffs geboten. Zudem findet er Unterstützung, wenn speziellere Studienaufgaben zu bearbeiten sind, die den Rückgriff auf das erschlossene Gesamtwissen verlangen.

Die in Betrieben und sonstigen Institutionen tätigen Ingenieure können an Hand der ausführlichen Darlegungen Ansätze zu verbesserten, wirtschaftlicheren Konstruktionen finden, aber auch eigene Vorhaben und Ideen am vorgezeichneten derzeitigen Wissensstand kritisch überprüfen und möglicherweise günstig modifizieren. Nicht zuletzt erschließt dieses Buch die behandelten Fachgebiete in anspruchsvoller Form all denen, die sich ihm von außen nähern müssen, wenn ihre Tätigkeit oder eine veränderte Arbeitsaufgabe dies bedingt.

Einige Abschnitte des Buches wurden, um spezielleres Wissen zu vermitteln, in großzügigem Entgegenkommen von anderen Wissenschaftlern beigesteuert:

- Abschnitte 1.1 bis 1.7 von Herrn Prof. Dr.-Ing. habil. G. Eckardt
- Abschnitt 3.5.4.2 von Herrn Dr.-Ing. habil. K. Matthias.

Die Industrie stellte umfangreiche Konstruktionsunterlagen für Abbildungen zur Verfügung, die durchgesehen und in eine buchgerechte Form gebracht werden mußten. Diese unverzichtbare Unterstützung für ein technisches Fachbuch wurde großzügig gewährt und verpflichtet den Autor, sie dankbar zu würdigen. Dank gilt auch den Damen und Herren des Vieweg-Verlags für die überaus gedeihliche Zusammenarbeit und nicht zuletzt Frau Berger, die alle notwendigen Reinzeichnungen angefertigt hat.

Der Autor

Inhaltsverzeichnis

1 Einführung

Das in sich geschlossene Fachgebiet der Fördermaschinen ist eines der umfangreichsten des Maschinenbaus. Der unbegrenzten Vielfalt der zu fördernden Güter und Vielgestalt der Randbedingungen des Fördervorgangs entspricht eine hohe Anzahl von prinzipiell unterschiedlichen Fördermaschinen. Eine systematische Einteilung dieser Maschinen ist in mehrfacher Hinsicht von grundsätzlicher Bedeutung:

- Die Systematik ist die allgemeinste Begründung für die Geschlossenheit und Abgrenzung des Fachgebiets.
- Die Systematik ist Grundgerüst des Fachgebiets als Lehrgebiet.
- Die Systematik selbst dient als Methode zur Weiterentwicklung des Fachgebiets.

Die im folgenden erläuterte systematische Einteilung soll in die Funktionsstruktur der Fördermaschinen einführen und den Bezug zu übergeordneten Wissenschaftsgebieten herstellen [1.1].

1.1 Gesamtwirtschaftliche Einordnung der Fördertechnik

Die Ortsveränderung von Gütern unter Zuhilfenahme technischer Mittel ist so alt wie die Menschheit selbst. Die ersten diesbezüglichen Hilfsmittel waren Hebel, Keil und Wälzkörper. Vor rd. 5000 Jahren kamen Rad und Zugseil hinzu. Damit waren schon zu diesem frühen Zeitpunkt die Voraussetzungen für das zielgerichtete Verwenden der ersten Fördermittel gegeben (Gleitbahn, Rollenbahn, Wagen, Flaschenzug).
Eine Darstellung auf einem altrömischen Grabrelief zeigt uns einen rd. 2000 Jahre alten Tretkran, der sich mit Ausleger, Standmast, Hub- und Einziehflaschenzug im Prinzip nicht von unserem heutigen Derrick-Kran unterschied.
Es dauerte dann viele hundert Jahre, bis z.B. im Kranbau die nächsten sprunghaften Weiterentwicklungen mit der Verwendung der Stahlseile und des elektrischen Einzelantriebes stattfanden.
In allen den Jahren der industriellen Entwicklung wurde die Fördertechnik im Hauptprozeß der Güterfertigung als ein Hilfsprozeß angesehen. Die Fortschritte der Informatik und der Elektronik sowie ihre stetig wachsende Einführung in die moderne Produktion haben einen grundsätzlichen Wandel in der Betrachtung des Materialflusses bewirkt.
Die industrielle Massenfertigung der 90er Jahre wird durch folgenden charakteristischen Trend gekennzeichnet: Die über Jahrzehnte gewachsenen Zufallsstrukturen des innerbetrieblichen Transportes mit vielen handbedienten, mechanisierten und teilautomatisierten Arbeitsstrecken entwickeln sich in einem stetigen Wandel zu ganzheitlich konzipierten, computerintegrierten Materialflußsystemen.
Am Beispiel der Automobilindustrie, wo diese Umstellung schon weitgehend vollzogen ist, läßt sich etwas verkürzt folgende grundsätzliche Aussage treffen: Die anfänglich zufällig entstandenen Hilfsoperationen des Transportierens, Umschlagens und Lagerns haben sich aus logistischer Sicht zum Hauptprozeß des Material- und Informationsflusses entwickelt. In unterlagerten Prozessen wird (weitgehend mit Handhabetechnik) Material montiert, geschweißt und beschichtet. Die abnehmende Eigenfertigung, die heute durchschnittlich nur noch bei etwa 30 % liegt, wurde hier ausgeklammert.
Im eben beschriebenen Beispiel einer hocheffektiven Massenfertigung finden wir alle fünf Teilgebiete der Logistik (Tafel 1-1) in Anwendung. Daran wird die gewandelte Bedeutung der Fördertechnik vor allem im Bereich der materiellen Produktion und für die Warendistribution deutlich.

Tafel 1-1 Die Stellung der Fördertechnik in der Logistik

LOGISTIK: Wissenschaft von der Planung, Steuerung und Überwachung von Material-, Personen- und Informationsströmen in komplexen Systemen

Unternehmenslogistik	Beschaffungslogistik	Produktionslogistik	Distributionslogistik	Entsorgungslogistik

TECHNIK DER MATERIAL- UND PERSONENSTRÖME

FÖRDERTECHNIK (innerbetrieblicher Materialfluß) Projektierung, Konstrukt. u. Betrieb v. Fördermasch. u. Materialflußsystemen				außerbetrieblicher Materialfluß	manipulierter Materialfluß
Transporttechnik	Umschlagtechnik	Lagertechnik	Gewinnungstechnik	Verkehrstechnik	Handhabetechnik
innerbetrieblicher Transport	innerbetrieblicher Umschlag	statische Regallager	Untertagebau	Straßenverkehr	Einlege-einrichtungen
Transport im Verwaltungs- Gesundheits- Finanzwesen	Eisenbahn-umschlag	dynamische Regallager	Tagebau	Schienen-verkehr	Master-Slave-Manipulator
Rohrleitungs-transport	See- und Binnenhafen-umschlag	lagernde Stetigförderer	Unterwasser-gewinnung	Wasser-verkehr	Tele-manipulator
Seilschwebe- und Standseilbahnen	Flughafen-umschlag	lagernde Unstetigförderer	Tiefsee-gewinnung	Luftverkehr	Industrieroboter

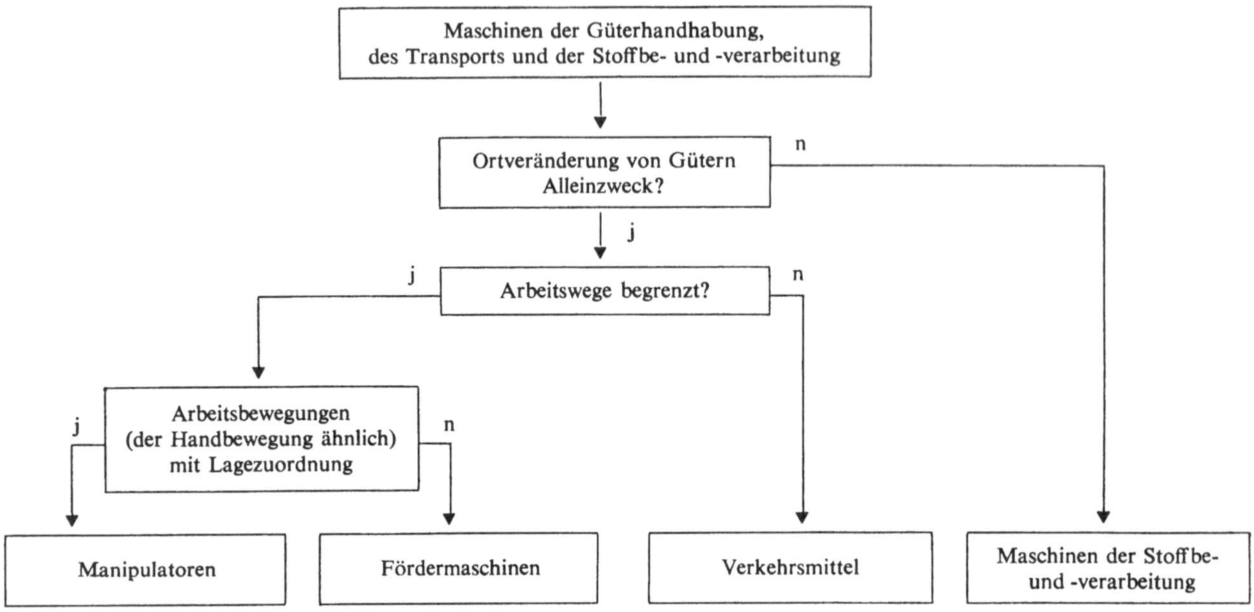

Bild 1-1 Stellung der Fördermaschinen zu verwandten Arbeitsmaschinen

Die Fördertechnik befaßt sich mit der Projektierung, der Konstruktion und dem Betrieb von Materialflußsystemen. Die moderne Informatik ermöglicht ein ganzheitliches Zusammenwachsen der Materialströme mit den immer voraus- oder nacheilenden Informationsströmen. Auf diese Weise wird das Materialflußsystem immer mehr zum integrierenden Faktor einer effektiven Produktion und Warenverteilung.
Materialflußsysteme entstehen in aller Regel aus einer sinnvollen Verkettung von Fördermaschinen, wobei sich eine zweckmäßige Abgrenzung zur Verkehrs- und Handhabetechnik angeben läßt (siehe Tafel 1-1 und Bild 1-1).
Eine ausführliche Behandlung der Materialflußsysteme findet man in [1.2] und [1.3].

1.2 Allgemeine Funktionsbeschreibung der Fördermaschinen und Abgrenzung zum verwandten Maschinenbau

Fördermaschinen sind Arbeitsmaschinen, die mittels Gutaufnahmemittels oder anderer Zwischenmittel die Ortsveränderung von Gütern ausführen (Hebe- und Transportmaschinen) oder die mittels Schneidwerkzeugs und Aufnahmemittels der Gewinnung von Schüttgütern dienen (Gewinnungsmaschinen).
Aus der Sicht der Funktionsstruktur der Fördermaschinen ist von den drei Grundoperationen der Fördertechnik (Transport über begrenzte Entfernungen, Umschlag und Lagern, TUL) die der Ortsveränderung den beiden anderen übergeordnet. Sowohl das Umschlagen als auch das (Ein- und Aus-) Lagern von Gütern ist immer mit deren Ortsveränderung verbunden.
Die am Arbeitsorgan (Gutaufnahmemittel, Zwischenmittel oder Schneidwerkzeug) längs des Arbeitswegs zu verrichtende mechanische Arbeit wird von Triebwerken geleistet, die im Aussetz- oder Dauerbetrieb laufen.
Die Hauptarbeitsbewegung des Gutaufnahmemittels bzw. die Hauptschneidbewegung des Schneidwerkzeugs bestimmt die charakteristische Form des Arbeitsraums der Fördermaschine.
Diese sehr allgemeine Funktionsbeschreibung ermöglicht eine weitgehend allgemeingültige Einteilung der Fördermaschinen (Ausnahmen bestätigen hier nur die Regel), erfordert aber eine Abgrenzung gegenüber jenen verwandten Arbeitsmaschinen, auf die sie ebenfalls zutrifft.
Wenn die Ortsveränderung von Gütern in begrenzten Räumen die übergeordnete Zweckbestimmung von Fördermaschinen ist, dann gibt es drei weitere große Gruppen von Maschinen mit verwandten Arbeitsaufgaben:

- Manipulatoren oder Handhabegeräte mit der Zweckbestimmung Orts- und Lageveränderung von Gütern;
- Verkehrsmaschinen mit der Zweckbestimmung Ortsveränderung von Gütern in beliebig großen Arbeitsräumen;
- Arbeitsmaschinen mit der Zweckbestimmung Stoffbearbeitung, Stoffverarbeitung und Stoffaufbereitung, verbunden mit der Ortsveränderung dieser Stoffe.

Nach Bild 1-1 lassen sich die Fördermaschinen (von verschwindend wenig Ausnahmen abgesehen) eindeutig gegen die benachbarten Maschinengruppen abgrenzen.
Mit den folgenden einfachen Unterscheidungskriterien lassen sich auch Übergangsfälle eindeutig zuordnen:

- Unterscheidungskriterien zwischen Manipulator und Fördermaschine sind die Randbedingungen bei der Aufnahme und Abgabe des Gutes. Während beim Manipulator eine definierte Lage des aufzunehmenden Gutes (oder des Aufnahmemittels) gefordert wird, ist dies bei Fördermaschinen keine Bedingung. In Übergangsfällen (z.B. bei Chargier- oder Stripperkranen, wo das Gut in definierter Lage aufgenommen wird) ist die Größe des Arbeitsraums ein sicheres Unterscheidungsmerkmal. Krane bedienen wesentlich größere Arbeitsräume als Manipulatoren.
- Unterscheidungskriterien zwischen Verkehrsmaschine und Fördermaschine sind die Größen des zu bedienenden Arbeitsraums. Maschinen des Verkehrswesens können Güter in wesentlich größeren (meist unbegrenzten) Arbeitsräumen bewegen als Fördermaschinen. In Übergangsfällen (z.B. bei Autokranen oder bestimmten Flurförderern) ist die Zweckbestimmung das zuordnende Merkmal. Die Zweckbestimmung, z.B. des Autokrans, ist die Bedienung exakt begrenzter Arbeitsräume und nicht die unbegrenzte Ortsveränderung, die ihm als Kraftverkehrsmittel möglich ist.

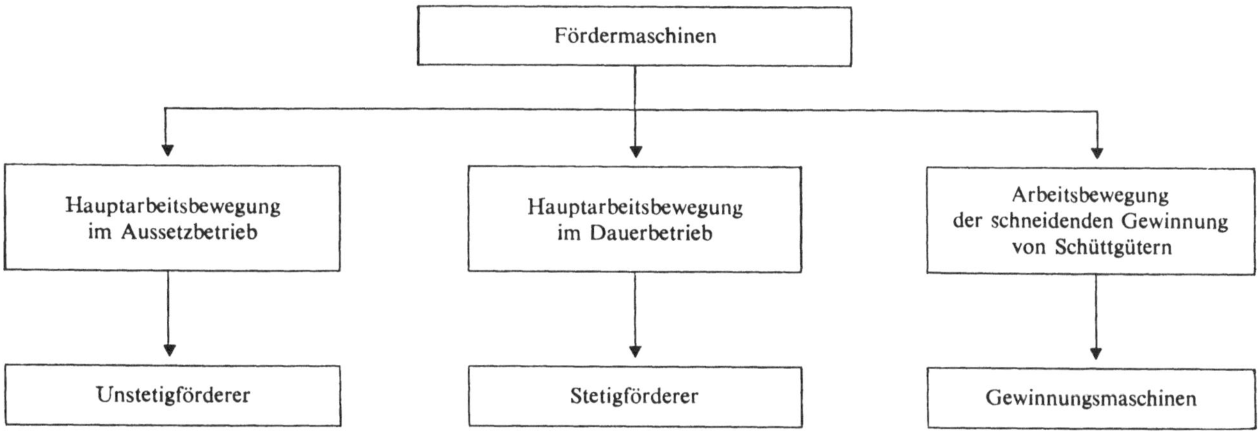

Bild 1-2 Hauptgruppen der Fördermaschinen

– Unterscheidungskriterien zwischen Stoffbearbeitungsmaschine und -verarbeitungsmaschine einerseits und Fördermaschine andererseits sind die Fragen, ob die Be- und Verarbeitung primäre Zweckbestimmung ist. In Übergangsfällen, wo Bearbeitung und Ortsveränderung als gleichrangige Zweckbestimmungen erscheinen, ist die Bearbeitung die übergeordnete Arbeitsaufgabe. So werden z.B. Planierraupen, Straßenhobel oder Grabenfräsen auch für die Ortsveränderung von Gütern genutzt; sie sind aber nach ihrer eigentlichen Zweckbestimmung (die Bearbeitungsverfahren Planieren, Hobeln, Fräsen sind sogar in der Maschinenbezeichnung enthalten) eindeutig den Bearbeitungsmaschinen (genauer den Baumaschinen) zuzuordnen.

Eine sehr allgemeine und zugleich abgrenzende Zweckbestimmung der Fördermaschinen läßt sich somit wie folgt formulieren: Fördermaschinen dienen der Ortsveränderung beliebiger aufgenommener bzw. bestimmter gewonnener Güter in begrenzten Arbeitsräumen.
Die unendlich große Anzahl der aufnehmbaren Güter bedarf nur einer Einschränkung: Der strömende Transport von Flüssigkeiten und Gasen ist nur dann Gegenstand der Fördertechnik, wenn es sich um feststoffbeladene Fluide handelt (Fluid-Feststoff-Strömung).

1.3 Drei Hauptgruppen der Fördermaschinen

Nach der Hauptarbeitsbewegung des Gutaufnahmemittels unterscheidet man zwei Hauptgruppen von Fördermaschinen: die Unstetigförderer mit aussetzenden und die Stetigförderer mit dauernden Arbeitsbewegungen (Bild 1-2).

Tafel 1-2 Normunterschiede in den Grundfunktionen der Stetig- und Unstetigförderer

Grundfunktionen Unterscheidungskriterien		Unstetigförderer	Stetigförderer
Zweckfunktion	Auswahl von Quelle und Ziel der Gutbewegung im Arbeitsraum	freizügig wählbar	feststehend und nicht umkehrbar
	Arbeitsaufwand für Gutaufnahme und -abgabe	vergleichsweise hoch	vergleichsweise niedrig
	Anzahl der förderfähigen Güter	unbegrenzt	eingeschränkt
Führungsfunktion	Anzahl der unabhängigen Triebwerke	bis 6	1
	Betriebsart der Antriebe	Aussetzbetrieb	Dauerbetrieb
	physikalisches Prinzip der Gutbewegung	nur getriebemechanisch	auch strömungstechnisch und felddynamisch
Bedienfunktion	Zeitraum zwischen Start und Stopp der Arbeitsbewegungen	kurz	lang
	Bedienperson	zugeordnet	nicht zugeordnet
	Bedienaufwand	nicht minimierbar	minimal
Überwachungsfunktion	Anzahl der zu überwachenden Arbeitsbewegungen	bis 6	1
	subjektiv bedingte Kollisionsgefahr	vergleichsweise hoch	niedrig
	Gutaufnahme- und -abgabesituation	probabilistisch	determiniert

Wie Tafel 1-2 zeigt, sind die Unterschiede in allen vier Grundfunktionen beider Maschinengruppen von so grundsätzlicher Art, daß sie in ihrer Funktionsstruktur keine Gemeinsamkeiten mehr aufweisen. Die Unstetigförderer sind in ihrer Zweckbestimmung wesentlich universeller, in ihrem kinematischen Aufbau (Führungsstruktur) erheblich komplizierter, in der Bedienung viel aufwendiger und in den Überwachungsaufgaben entschieden anspruchsvoller als Stetigförderer.
Ein weiterer sehr wesentlicher Unterschied besteht darin, daß man die Unstetigförderer nach ihrer kinematischen Struktur, die Stetigförderer aber nach physikalischen Wirkprinzipien unterscheidet, was sich auch in der Benennung der Förderer weitgehend widerspiegelt.
Eine dritte, in sich ebenso geschlossene Hauptgruppe stellen die Gewinnungsmaschinen dar. Sie haben funktionell immer zwei Aufgaben zu erfüllen:

- Lösen und Aufnehmen des als geschüttetes oder gewachsenes Material anstehenden Gutes von der Quelle des aktuellen Arbeitsraums,
- Ortsveränderung (Transport) des gewonnen Schüttguts zum Ziel des aktuellen Arbeitsraums.

Während die erste Aufgabe, wie später gezeigt wird, die Funktionsstruktur der Gewinnungsmaschinen bestimmt, ist die zweite Aufgabe immer nur mit Unstetigförderern oder Stetigförderern zu erfüllen. In diesem Sinn sind Gewinnungsmaschinen immer als Fördermaschinen zu betrachten, deren Besonderheit in der Art der Schüttgutaufnahme liegt.
Trotz der funktionellen Verbindung von Gewinnungsmaschine und Transportmaschine (stetig oder unstetig) ist selbst in Übergangsfällen eine sichere Unterscheidung zwischen beiden gegeben. So wird z.B. ein Kran durch die Arbeit mit Schüttgutgreifer ebensowenig zur Gewinnungsmaschine wie ein Universalbagger im Hakenbetrieb zum Kran.

1.4 Einteilung der Unstetigförderer

Nach der Hauptarbeitsbewegung des Gutaufnahmemittels lassen sich die Unstetigförderer in sechs kinematische Strukturgruppen unterteilen (Bild 1-3). Als Hauptarbeitsbewegungen sind immer jene zu verstehen, die in Richtung der größeren Ausdehnung des Arbeitsraums verlaufen. Mehr als eine Hauptarbeitsbewegung existiert immer dann, wenn der Führungsmechanismus des Gutaufnahmemittels mehrere Arbeitsbewegungen gleicher Größenordnung zuläßt. So sind alle Arbeitsbewegungen eines Brückenkrans (Hubbewegung, Katz- und Brückenfahrt) Hauptarbeitsbewegungen, weil deren Weglängen keine signifikanten Unterschiede aufweisen.
Eine Eigendrehung des Gutaufnahmemittels kann schon deshalb nicht Hauptarbeitsbewegung sein, weil sie keine Ortsveränderung bewirkt (mit Ausnahme der Kipper, wo die Drehung die einzige Arbeitsbewegung ist).
In diesem Sinn verlaufen die Hauptarbeitsbewegungen des Gutaufnahmemittels für

- Hebezeuge im Raum
- Flurförderer auf Horizontalflächen
- Regalbediengeräte in Vertikalflächen
- Seil- und Hängebahnen auf Kurven
- Aufzüge auf Geraden
- Kipper um einen Punkt (Drehachse).

Es läßt sich zeigen, daß sich diese sechs Gruppen von Unstetigförderern nach einem einfachen Bildungsgesetz entwickelt haben. Ein (rotierender) Körper hat allgemein sechs ausgezeichnete Translationsmöglichkeiten: Bewegung mit dem Freiheitsgrad null (um eine Achse), Freiheitsgrad eins (auf gerader oder gekrümmter Linie), Freiheitsgrad zwei (auf ebener oder gekrümmter Fläche) und Freiheitsgrad drei (im Raum).
Noch allgemeiner kann man interessanterweise sagen: Ein Körper bewegt sich auf geraden oder gekrümmten Linien, auf ebenen oder nichtebenen Flächen und in nichtgekrümm-

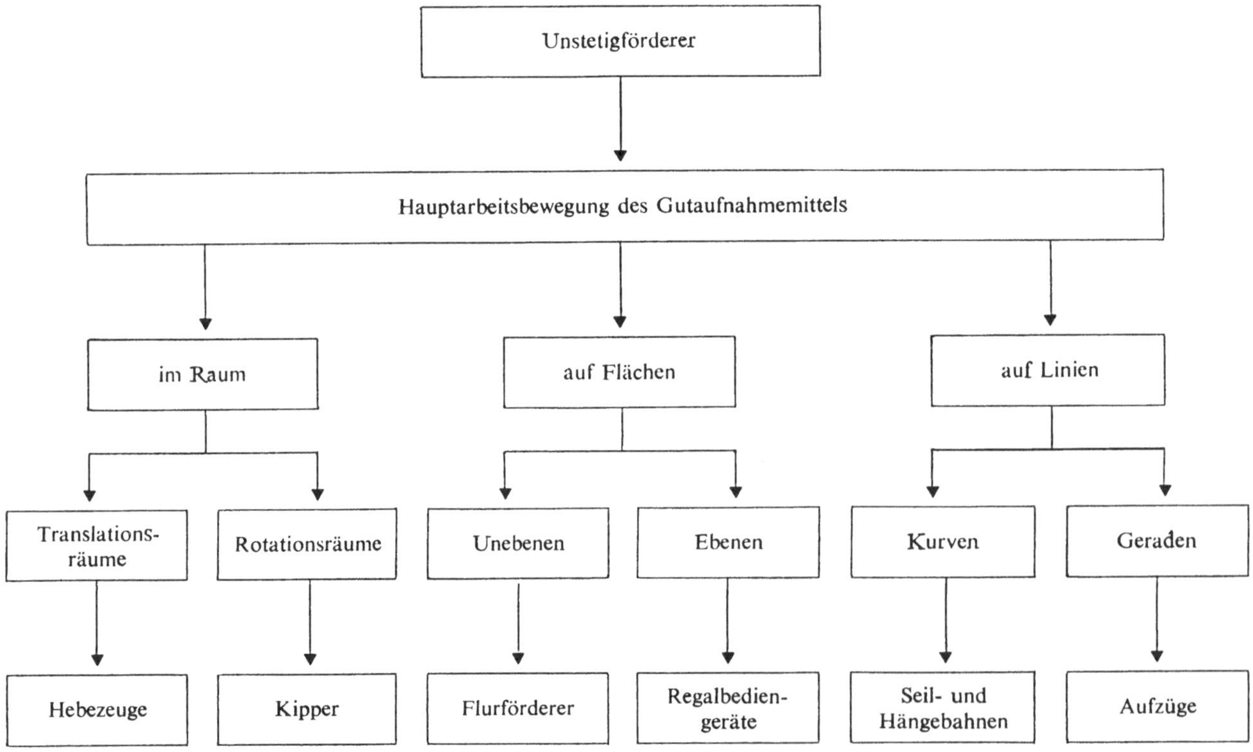

Bild 1-3 Strukturgruppen der Unstetigförderer

ten oder gekrümmten Räumen. (Hier wird – der modernen Physik entsprechend – ein nichtgekrümmter Raum als Punktraum mit der Ausdehnung null verstanden.)
Aus dieser allgemeinsten Einteilung kann man schlußfolgern, daß die Entwicklung der Unstetigförderer keine der 3×2 möglichen kinematischen Strukturgruppen (Bild 1-3) ausgelassen hat. Andererseits gibt es keine weiteren Gruppen mit Unterscheidungskriterien dieser Rangordnung. Vermeintlich weitere, im Bild 1-3 nicht genannte Gruppen von Unstetigförderern müssen immer einer der sechs Gruppen zugeordnet werden, so z.B. die Schachtfördermaschinen als Sonderaufzüge zu Aufzügen, die Portainer zu den Hebezeugen oder die Drehscheiben zu den Kippern.
Nur sehr wenige Unstetigförderer, z.B. Seilbahnen und Aufzüge, können auch als Stetigförderer arbeiten.

1.5 Einteilung der Stetigförderer

Die Antriebe der Hauptarbeitsbewegung der Stetigförderer arbeiten im Dauerbetrieb (Reversierbetrieb ausgeschlossen), die der Unstetigförderer im aussetzenden Betrieb; darin liegt die eindeutige Abgrenzung beider Hauptgruppen.
Die Hauptarbeitsbewegung der Stetigförderer verläuft fast immer linienförmig und eignet sich nicht für deren Gliederung. Schon aus den Bezeichnungen der einzelnen Förderergruppen ist zu erkennen, daß andere Unterscheidungskriterien zugrunde liegen.
Analysiert man die physikalischen Wirkprinzipien, die notwendigerweise an der stetigen Fördergutbewegung beteiligt sind, so findet man die Prinzipien

- Reibungs- und Formschluß zwischen Gut und Aufnahmemittel,
- Kraftfeldwirkung am Gut,
- allseitige Druckfortpflanzung im Fördermedium (Fluid)

sowie die drei möglichen Zweierkombinationen aus diesen Prinzipien.
Damit ist die allgemeinste Begründung für die sechs Prinzipgruppen der Stetigförderer gegeben (Bild 1-4).
Es zeigt sich wieder, daß auch die Entwicklung der Stetigförderer keine der sechs prinzipiellen Möglichkeiten ausgelassen hat. Als vorletzte Gruppe haben sich die Fließrinnen und als jüngste die Strömungsmischförderer entwickelt.

Die physikalischen Wirkprinzipien sind ein untrügliches Unterscheidungskriterium. So würden z.B. in einer kosmischen Raumstation alle jene Stetigförderer nicht funktionieren, bei denen das Prinzip der Schwerkraftwirkung beteiligt ist. Förderer mit dem Prinzip der allseitigen Druckfortpflanzung sind nur für jene Medien anwendbar, die diesem physikalischen Gesetz folgen.
In der Fachliteratur wird durchweg der Begriff „mechanische Stetigförderer" gebraucht als Oberbegriff für Zugmittel-, Schnecken-, Roll- und Schwingförderer. Dieser Begriff ist in doppelter Hinsicht anfechtbar.
Zum einen funktionieren alle Stetigförderer nach den Gesetzen der Mechanik. Zum anderen gehören bei enger Auslegung des Begriffs Mechanik (Mechanik = Getriebe), wo lediglich durch Getriebe erzeugte Kräfte (keine Schwerkräfte) für das Funktionieren erforderlich sind, nur die Zugmittelförderer zu den mechanischen Stetigförderern. Die restlichen Förderer gehören nach Bild 1-4 zur Gruppe der Roll- und Schwingförderer, für die noch kein Oberbegriff existiert. Nach Analyse ihrer Funktionsstruktur könnte „Drehförderer" ein solcher Oberbegriff sein. Bei allen Drehförderern wird die Hauptarbeitsbewegung unter Ausnutzung der Schwer- und Reibungskraftwirkung durch ein sich drehendes Element erzeugt.
Dieses Element dreht oder schwingt für

- Rollgänge und Schwingrinnen um horizontale Achsen quer zur Förderrichtung,
- Horizontalschneckenförderer und Schneckenschwingförderer um horizontale (oder geneigte) Achsen in Förderrichtung,
- Vertikalschneckenförderer und Wendelschwingrinnen um vertikale Achsen in Förderrichtung.

Wie schon erwähnt, gehört je nach Funktionsstruktur ein Teil der Seilbahnen und Aufzüge zu den Unstetigförderern, ein anderer zu den Stetigförderern.
Seilbahnen bzw. Aufzüge mit stetig umlaufendem Zugmittel haben alle Funktionsmerkmale eines Zugmittelförderers und gehören zu den Stetigförderern; alle anderen Bauarten sind den Unstetigförderern zuzuordnen.
Die Zugmittelförderer als Gruppe mit den vielfältigsten Bauformen haben als gemeinsame Baugruppe immer ein endloses Zugelement, das im Dauerbetrieb gleichsinning umläuft. Reversierbare Zugmittelförderer bilden insofern

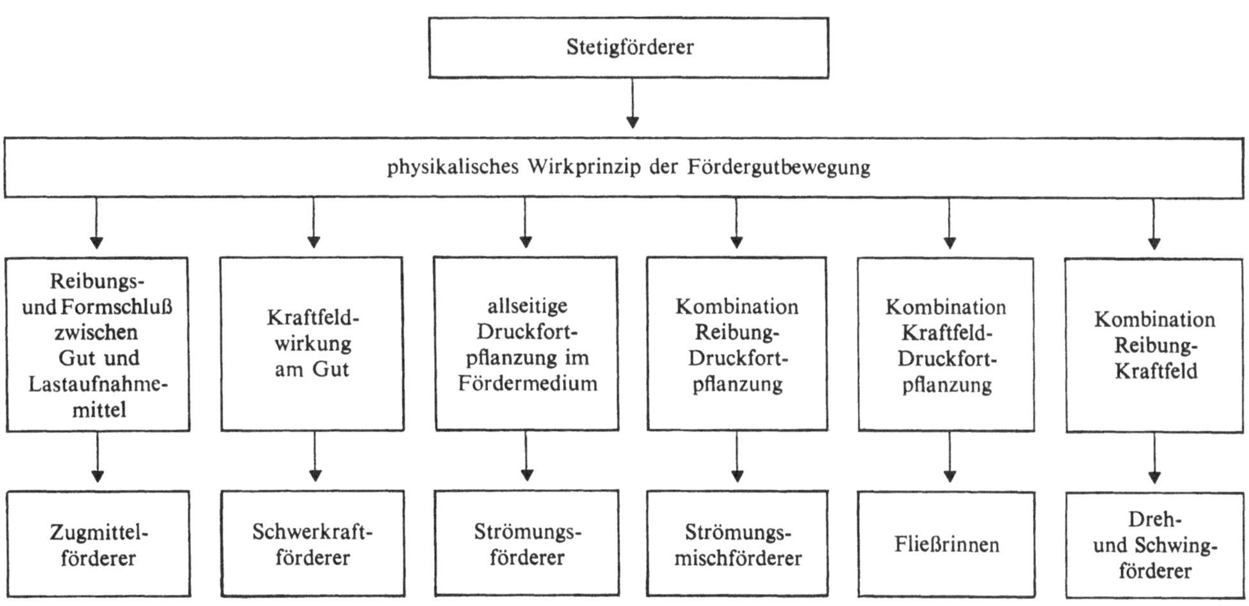

Bild 1-4 Prinzipgruppen der Stetigförderer

keine Ausnahme, als auch sie im nichtreversierten Dauerbetrieb arbeiten können.
Der Gurtförderer als der leistungsfähigste Stetigförderer bildet die Grundeinheit einiger spezieller fahrbarer Förderanlagen: Bandbrücken, Absetzer und Förderbrücken.

1.6 Einteilung der Gewinnungsmaschinen

Zwischen der Gewinnung von natürlich gewachsenen und künstlich geschütteten Gütern bestehen zwei grundsätzliche Unterschiede:

- Gewachsene übertägige Ablagerungen setzen der Gewinnung (dem Baggern oder Graben) wesentlich größere Schnittwiderstände entgegen als Schüttgüter den Schneiden der Ladeeinrichtung.
- Die natürlich gewachsenen Lagerstätten haben eine im Regelfall wesentlich größere Ausdehnung als Schüttgutlagerstätten.

in sechs Gruppen. Die Hauptschneidbewegungen verlaufen nach Bild 1-5

- stetig (gleichsinnig) umlaufend im Dauerbetrieb oder
- unstetig umkehrend im Kurzzeitbetrieb

jeweils auf

- geradlinigen Bahnen,
- kreisförmigen Bahnen,
- Koppelkurven,

d.h. in $2 \times 3 = 6$ Schneidbahngruppen.
Des weiteren läßt sich logisch begründen, warum jedes der sechs kinematischen Prinzipien sowohl in Baggern als auch in Ladern zur Anwendung kommt: Dem Aufnehmen des Gutes geht immer das Lösen voraus. Während allenfalls beim Lösen (d.h. nur an der Schneide) von gewachsenem und geschnittenem Gut bestimmte Unterschiede bestehen, sind die Wirkungszusammenhänge bei der Aufnahme des gelösten, d.h. nun als Schüttgut zu betrachtenden Materials in beiden Fällen weitgehend gleich. Daraus erklärt sich, daß

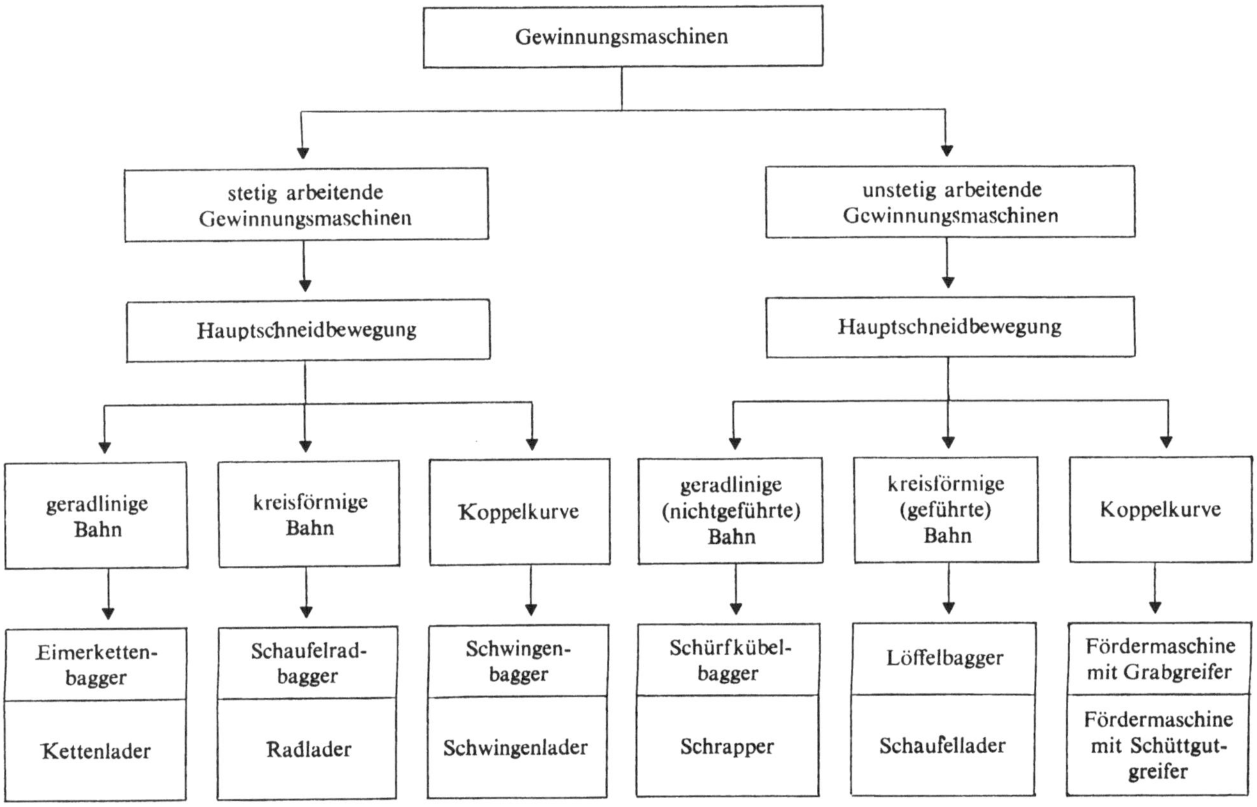

Bild 1-5 Schneidbahngruppen der Gewinnungsmaschinen

Dementsprechend unterscheiden sich die größten Arbeitsräume der Bagger und Lademaschinen um ein vielfaches, ebenso die größten Schneidkräfte.
Die Einteilung und Bezeichnung der Gewinnungsmaschinen erfolgt nach der Funktionsstruktur der Gewinnungseinrichtung und nicht der Fördereinrichtung.
Eine Analyse der Funktionsstruktur zeigt, daß sich die einzelnen Gruppen der Gewinnungsmaschinen durch den geometrischen und zeitlichen Verlauf der Hauptschneidbewegung unterscheiden. Bei mehreren an der Schneidbewegung beteiligten Antriebseinheiten wird die Hauptschneidbewegung immer von jener mit der größten Antriebsleistung erzeugt.
Mit dieser Definition der Hauptschneidbewegung gliedern sich die Gewinnungsmaschinen nach einheitlichen Kriterien

Bagger immer auch als Lader und Lader in leichten Böden als Bagger arbeiten können. Die Lademaschinen bilden somit keine selbständige Hauptgruppe der Fördermaschinen. Sie sind entweder den Gewinnungsmaschinen zuzuordnen (wie hier geschehen) oder diesen unter dem Hauptbegriff „Gewinnungs- und Lademaschinen" gleichzustellen. Bagger erreichen im Lockergestein ihre Leistungsgrenzen. Der Gewinnung von anstehendem Festgestein dienen spezielle Maschinen, die nicht als Fördermaschinen betrachtet werden. Von den zwölf Bagger- und Ladergruppen haben sich nur die Schwingbagger nicht durchgesetzt.
Universalbagger arbeiten im Wechsel mit Arbeitsausrüstungen, die allen drei Gruppen der unstetig arbeitenden Gewinnungsmaschinen zugeordnet werden müssen.

1.7 Allgemeines zur technischen Berechnung der Fördermaschinen

Eine zentrale Aufgabe der funktionstechnischen Berechnung von Fördermaschinen ist die Bestimmung der Antriebsleistung für die Arbeitsbewegungen, besonders in Abhängigkeit von den Bewegungswiderständen gegen die Hauptarbeitsbewegung. Grundlage dieser Berechnung ist immer ein kinematisches Modell für die Arbeitsbewegungen bzw. das physikalische Wirkprinzip der Fördergutbewegung. Genau nach diesen beiden Aspekten wurden aber in den vorherigen Abschnitten die Fördermaschinen gegliedert.
Daraus erklärt sich, daß sich die funktionstechnische Berechnung der einzelnen Fördergerätegruppen meist grundsätzlich unterscheidet, aber innerhalb der Gruppen weitgehend vereinheitlicht ist.
Die rechnerische Erfassung des Momenten- und Kraftflusses von der Antriebsquelle als Ursache bis zum Arbeitsorgan als Wirkung sowie der rechnerische Nachweis der geforderten Materialflußparameter sind die Grundlage jeder weiterführenden Berechnung. Diese Grundlagen sind ähnlich systematisch gegliedert wie die Fördermaschinen selbst.
Die Systematik von Konstruktion und Berechnung ist nicht nur das tragende Gerüst des Lehrgebiets Fördermaschinen; sie ist von ebenso grundsätzlicher Bedeutung für die Rationalisierung der konstruktiven und technologischen Vorbereitung der Produktion von Fördermaschinen.
Die wichtigsten technischen Grundwissenschaften, auf die die technische Berechnung der Fördermaschinen aufbaut, sind die Konstruktionswissenschaften und die technische Mechanik. Als eine der modernsten Spezialrichtungen dieser Grundwissenschaften ist das Fachgebiet der Betriebsfestigkeit zu betrachten. Seine Anwendung für die Auslegung von Fördermaschinen ist schon weit entwickelt; im nächsten Abschnitt wird darauf eingegangen.
Der Projektierung und Konstruktion einer Fördermaschine voraus geht die Projektierung des Materialflußsystems, in das die jeweilige Fördermaschine eingebunden ist. Die wissenschaftliche Durchdringung des Förderprozesses als ganzes hat sich in den letzten Jahrzehnten zu einem Fach- und Lehrgebiet von ähnlichem Umfang wie das der Fördermaschinen entwickelt.
Teilgebiete sind

- die Projektierung von Fördersystemen,
- die Automatisierung von Fördersystemen und
- die Zuverlässigkeit von Fördersystemen.

Die Selbständigkeit dieses Fach- und Lehrgebiets gegenüber den Fördermaschinen wird auch dadurch unterstrichen, daß nicht die technische Mechanik, sondern die Teilgebiete der Operationsforschung als Grundwissenschaft der Fördersystemforschung anzusehen sind.

1.8 Grundlagen der Betriebsfestigkeit

Als Hilfe für den nicht oder nur wenig Sachkundigen gibt der nachstehende Abschnitt einen knapp gefaßten Überblick über die für die Fördertechnik wichtigsten elementaren Gesetzmäßigkeiten und Verfahren der Betriebsfestigkeit. In vielen Fällen wird dies nicht ausreichen, sondern durch Rückgriff auf die Fachliteratur, z.B. [1.4] bis [1.10], sowie die einschlägigen Normen und Standards zu ergänzen sein.

1.8.1 Einführung

Die Betriebsfestigkeit ist eines der Teilgebiete der Ermüdungs- bzw. Schwingfestigkeit, zu denen auch die Dauer- und die Zeitfestigkeit gehören. Gleichzeitig bezeichnet Betriebsfestigkeit ein Sachgebiet der Festigkeitslehre, das den Zusammenhang zwischen dem betrieblichen, meist regellosen Beanspruchungsprozeß und dem Schädigungsverhalten von Bauteilen erforscht, beschreibt und in Bemessungsregeln faßt. Das Hauptziel eines praktischen Betriebsfestigkeitsnachweises liegt dann darin, eine Voraussage für die Nutzungsdauer (ertragbare Betriebsdauer) eines Bauteils bei der zu erwartenden Betriebsbeanspruchung zu treffen oder dieses Bauteil für eine vorgegebene Nutzungsdauer auszulegen. Um diese Aufgabe zu lösen, müssen drei grundlegende Aussagen vorliegen bzw. erarbeitet werden:

- eine für die Nutzungsdauer repräsentative Angabe über den Beanspruchungsprozeß (Beanspruchungskollektiv)
- ein experimentell ermittelter funktionaler Zusammenhang zwischen der ertragbaren Betriebsdauer und der Schwingbeanspruchung mit konstanter Amplitude (Wöhlerlinie) oder veränderlicher Amplitude (Betriebsdauerlinie) für das jeweilige Bauteil
- eine Regel zur quantitativen Erfassung des durch die regellose Beanspruchung hervorgerufenen Ermüdungsschadens (Schadensakkumulationshypothese).

Die zur Bereitstellung dieser Grundlagen des Betriebsfestigkeitsnachweises herangezogenen Verfahren gründen sich auf durch experimentelle Prüfung gestützte mathematische Gesetzmäßigkeiten. Neuere Lösungsansätze versuchen, über die Einbeziehung werkstoffphysikalischer Vorgänge eine bessere Anpassung an den realen Schädigungsprozeß herzustellen.
Die in der Betriebsfestigkeit derzeit verwendeten Begriffe und Symbole unterscheiden sich. Auch in den Bemessungsregeln für die Stahltragwerke und die Maschinenbauteile der Fördermaschinen treten voneinander abweichende Bezeichnungen auf. Hier werden vorzugsweise die Festlegungen von TGL 19330 (Schwingfestigkeit, Begriffe und Zeichen) benutzt. Sie entsprechen dem gegenwärtigen Gebrauch besser als die älteren Regeln, wie DIN 45667, DIN 50100 usw.

1.8.2 Erfassung der Betriebsbeanspruchungen

1.8.2.1 Belastungs- und Beanspruchungsprozeß

Unter dem Begriff Belastungen faßt man alle äußeren Einwirkungen auf Maschinen, Baugruppen, Bauteile zusammen, durch die in ihnen Beanspruchungen entstehen. Man kann gliedern in:

- kinematische Belastungen (Beschleunigungen, Geschwindigkeiten, Wege, Winkeländerungen)
- dynamische Belastungen (Kräfte, Momente)
- Umgebungseinflüsse (Temperatur, Luftfeuchte, Strahlung).

Beanspruchungen sind Spannungen und Verformungen in allen von den Belastungen betroffenen Elementen des Systems.
Bei statischer, d.h. zeitlich unveränderlicher Belastung bzw. Beanspruchung besteht zwischen ihnen ein durch die Festigkeitslehre beschreibbarer funktionaler Zusammenhang, entweder liniear (Theorie 1. Ordnung, Hookesches Gesetz) oder nichtlinear (z.B. Theorie 2. Ordnung).
Ist die Belastung und damit Beanspruchung zeitlich veränderlich, stellt das Übertragungsverhalten des beanspruchten Systems die Verbindung zwischen der Belastungs-Zeitfunktion und der davon fast immer abweichenden Beanspruchungs-Zeitfunktion her (Bild 1-6). Eine gebräuchliche Beschreibung für das Übertragungsverhalten eines System ist dessen Übertragungsfunktion. Weil diese nur in wenigen Fällen bekannt ist, wird der zeitliche Verlauf der Beanspru-

chung im Bauteil unter vorgegebener Belastung durch Messungen an Originalmaschinen oder Prüfständen, häufig auch durch Simulationsrechnung unter Nutzung geeigneter mathematischer Modelle direkt bestimmt. Wenn dies nicht möglich ist, muß auf die Belastungsfunktion zurückgegriffen und daraus, meist unter vereinfachenden und damit verfälschenden Annahmen, die Beanspruchungsfunktion ermittelt werden.

Maßgebend für die Betriebsfestigkeit ist der Beanspruchungsprozeß, der in seinem vollen Informationsgehalt durch die Beanspruchungs-Zeitfunktion für die gesamte Nutzungsdauer (ertragbare Betriebsdauer) eines Bauteils erfaßt wird. Diese Funktion ist jedoch tatsächlich immer nur für die Dauer kurzer Arbeitsabschnitte verfügbar. Bei der Erweiterung auf den gesamten Beanspruchungsprozeß während der Nutzungsdauer müssen alle repräsentativen Beanspruchungsperioden nach dem Einsatzspiegel der Maschine berücksichtigt werden. Stationär ist ein Beanspruchungsprozeß, wenn diese repräsentativen Beanspruchungsperioden klein gegenüber der Nutzungsdauer bleiben; nach [1.6] ist dies bei 10^2 bis 10^3 aufeinanderfolgenden repräsentativen Beanspruchungsperioden als gegeben anzusehen.

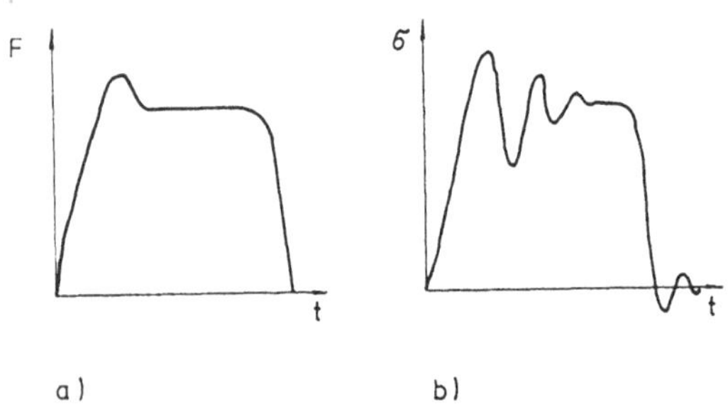

Bild 1-6 Beispiel für das Übertragungsverhalten eines Systems
a) Belastungs-Zeitfunktion; b) Beanspruchungs-Zeitfunktion

1.8.2.2 Auswertung der Beanspruchungs-Zeitfunktion

1.8.2.2.1 Charakteristische Größen

Im Bild 1-7 ist ein Ausschnitt aus einer regellos schwingenden Spannungs-Zeitfunktion mit den Bezeichnungen für alle wichtigen charakteristischen Größen dargestellt. Ein Schwingspiel ist durch zwei Parameter, d.h. entweder durch zwei aufeinanderfolgende Spitzenwerte (Extremwerte) oder durch die Schwingbreite bzw. Amplitude und den zugehörigen momentanen Mittelwert, eindeutig gekennzeichnet.

Der Medianwert des Beanspruchungsabschnitts, als Bezugslinie vereinfachend auch Nullinie genannt, trennt zwei Bereiche für die Spitzenwerte, den oberen positiven (Index +) und den unteren negativen (Index −). In einem festgelegten Zeitabschnitt beträgt die

Gesamtzahl der Spitzenwerte (Extremwerte)

$$n_{ex} = n_p^+ + n_n^+ + n_p^- + n_n^- ;$$

Gesamtzahl der Nulldurchgänge

$$n_0 = n_p^+ - n_n^+ - n_p^- + n_n^- ;$$

Gesamtzahl der Schwingspiele

$$n = n_{ex}/2; \qquad (1.1)$$

$n_{p,n}$ *Anzahl der positiven bzw. negativen Spitzenwerte (Maxima bzw. Minima) im jeweiligen (oberen bzw. unteren) Bereich.*

Maxima im positiven und Minima im negativen Bereich bezeichnet man als reguläre Spitzenwerte.

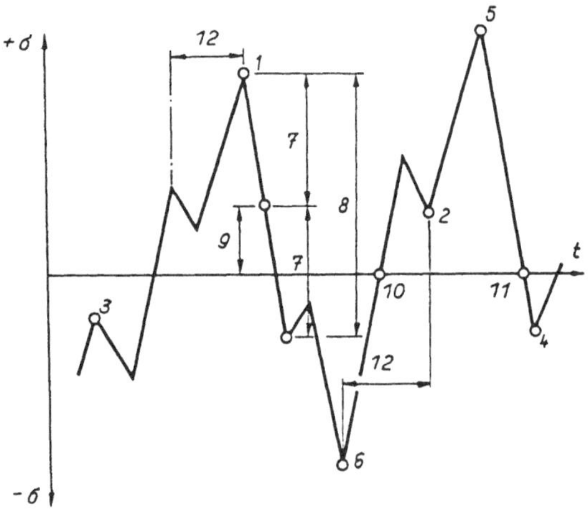

Bild 1-7 Charakteristische Größen einer Beanspruchungs-Zeitfunktion

1 positives Maximum
2 positives Minimum
3 negatives Maximum
4 negatives Minimum
5 absolutes Maximum
6 absolutes Minimum
7 Amplitude
8 Schwingbreite
9 momentaner Mittelwert
10 steigender Nulldurchgang
11 fallender Nulldurchgang
12 Schwingspiel

Mit Hilfe der Größen von Gl. (1.1) können zwei wichtige Kennwerte der untersuchten Beanspruchungs-Zeitfunktion berechnet werden:

Regellosigkeitskoeffizient

$$i = n_0/n_{ex} ;$$

erfaßte Wahrscheinlichkeit

$$P_E = 1 - 1/n. \qquad (1.2)$$

Eine besondere Aussage über den Charakter der Beanspruchungsfunktion vermittelt der Ruhegrad

$$R = \frac{|\sigma_m|}{|\sigma_{max}|} = \frac{|\sigma_{max}| + |\sigma_{min}|}{2\,|\sigma_{max}|} = \frac{1 + R_\sigma}{2} \qquad (1.3)$$

mit $R_\sigma = |\sigma_{min}| / |\sigma_{max}|$ (auf ein Schwingspiel bezogen).

In Bauteilen ohne Relativbewegung zur Belastungsrichtung, d.h. bei Tragwerkelementen, Torsionsbeanspruchung von Wellen, Kupplungen o.ä., tritt ein nur von der Belastung abhängiger Ruhegrad auf, weil die Beanspruchung der äußeren Belastung direkt folgt. Bewegt sich dagegen das beanspruchte Element relativ, z.B. durch Rotation, zur Belastungsrichtung, wird der Ruhegrad zusätzlich funktionsabhängig [1.6]. Dies gilt beispielsweise für die Beanspruchung von Zahnrädern und für die Umlaufbiegung von Wellen, Kupplungen usw.

1.8.2.2.2 Statistische Auswertung im Amplitudenbereich

Verfahren, die Beanspruchungs-Zeitfunktion unmittelbar in die Betriebsfestigkeitsrechnung einzuführen, gibt es bisher nur für Sonderfälle. Mit Bezug auf den Wöhlerversuch entnimmt man dieser Funktion vielmehr lediglich bestimmte, für die Schädigung als maßgebend erachtete Kenngrößen als Teile ihres Informationsgehalts. Unter Verzicht auf die Zeitinformation wertet man sie allein im Amplitudenbereich oder unter Verzicht auf die Amplitudeninformation nur im Zeit- bzw. Frequenzbereich aus. Das Ziel ist stets, eine statistische Aussage für einen Ersatzprozeß (Beanspruchungskollektiv) oder Kennfunktionen zu erhalten, die den der Rechnung zugrunde zu legenden Beanspruchungsprozeß so

gut wie möglich an den realen Beanspruchungs- und Schädigungsprozeß annähern.
Bei der Auswertung im Amplitudenbereich werden statistische Zählverfahren angewendet. Man bildet 12 bis 32 Beanspruchungsklassen gleicher Breite und zählt die Häufigkeit, mit der die Beanspruchungs-Zeitfunktion charakteristische Werte annimmt. Aus einer zu kleinen Anzahl von Klassen entstehen ungenaue Ergebnisse, eine zu große bezieht viele sehr kleine Schwingungsausschläge ein, die den Schädigungsgrad des Beanspruchungskollektivs nur wenig beeinflussen. Um zu kleine Schwingungsamplituden auszusondern, empfiehlt TGL 33787/01, in Abhängigkeit vom Regellosigkeitskoeffizienten gemäß Gl. (1.2) nur Schwingbreiten (Doppelamplituden) von der Größe $a \geqq a_{max}/16$ ($i \leqq 0{,}7$) bzw. $a \geqq a_{max}/32$ ($i > 0{,}7$) zu berücksichtigen, kleinere dagegen durch Filterung auszusondern.
Unterhalb und oberhalb der eingerichteten Klassen werden nach außen offene Randklassen angefügt, um zufällig auftretende, noch kleinere bzw. größere Werte erfassen zu können. Bei der Auswertung können diese Randklassen vernachlässigt oder mit gleicher Klassenbreite wie die übrigen in die Rechnung einbezogen werden.
Unter den verschiedenen Zählverfahren zur Ermittlung absoluter Klassenhäufigkeiten h_i haben gegenwärtig besondere Bedeutung:

Einparametrische Zählverfahren
- getrennte Zählung der Spitzenwerte (Maxima und Minima) ($1 \geqq i \geqq 0{,}5$);
- Zählung der Schwingbreiten ($1 \geqq i \geqq 0{,}8$);

Zweiparametrische Zählverfahren
- zweiparametrische Spitzenwertzählung ($1 \geqq i \geqq 0{,}3$);
- Rainflow-Verfahren ($1 \geqq i \geqq 0$).

Die einparametrischen Verfahren erfassen nur einen Wert, so daß außer der Zeitinformation auch der Zusammenhang zwischen momentanem Mittelwert und Schwingbreite eines Schwingspiels verloren geht. Die zweiparametrischen Verfahren beziehen diese Zuordnung ein. Aus diesem Grund sowie wegen weiterer Abweichungen eignen sich die aufgeführten Zählverfahren lediglich für die angegebenen Bereiche des Regellosigkeitskoeffizienten i. Auf andere Zählverfahren, z.B. Zählung der Überschreitungshäufigkeiten von Klassengrenzen und die Zählung regulärer Spitzenwerte, kann nur verwiesen werden, s. hierzu [1.5] [1.10] [1.11].
Als Beispiel für das Vorgehen bei einparametrischer Zählung zeigt Bild 1-8a einen der Übersichtlichkeit halber stark verkürzten Ausschnitt aus einer zu klassierenden Beanspruchungs-Zeitfunktion mit Angabe der ermittelten Klassenhäufigkeiten h_i für die Spitzenwerte. Die getrennte Zählung dieser *Spitzenwerte* enthält keine Information darüber, welche Extremwerte jeweils zu einem Schwingspiel zu verknüpfen sind. Die übliche Zuordnung der Maxima und Minima gleicher Wertigkeit zur Bildung des Ersatzprozesses führt zu einer Überbewertung der Schwingbreite und zu verringerten Schwingspielzahlen, das Beanspruchungskollektiv wird zu „hart".
Schwingbreiten werden nur in einer Richtung (steigender oder fallender Funktionsverlauf) gezählt (Bild 1-8b) und nach ihrem Betrag in die entsprechende Klasse eingeordnet. Schwingbreite und Anzahl der Schwingspiele werden somit richtig erfaßt, nicht dagegen der momentane Mittelwert. Wenn dieser die Bauteilschädigung wesentlich beeinflußt, wird mit dieser Zählweise ein zu „weiches" Beanspruchungskollektiv erzeugt. Sie eignet sich nur dann gut, wenn der Mittelspannungseinfluß gering ist, was meist bei Schweißkonstruktionen zutrifft.

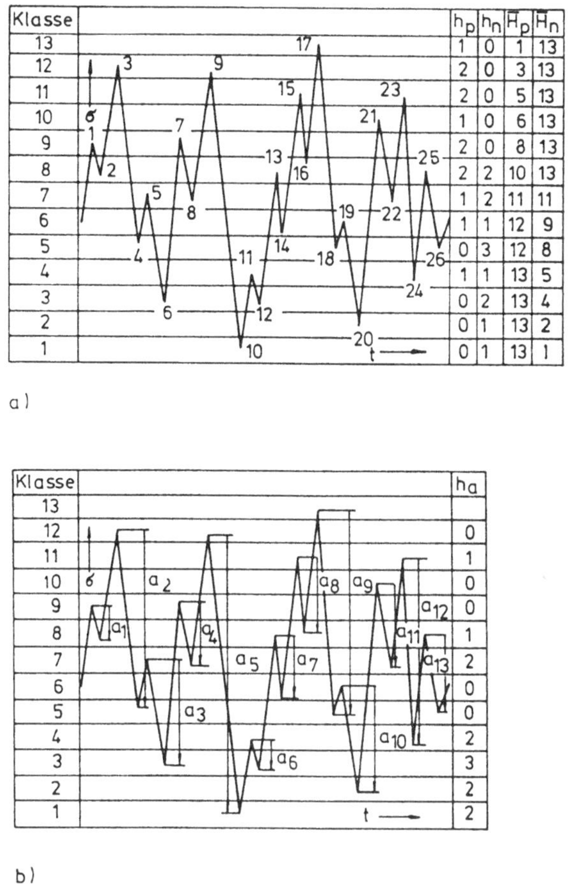

Bild 1-8 Einparametrische Klassierung eines regellosen Beanspruchungsprozesses
a) getrennte Zählung der Spitzenwerte
b) Zählung der Schwingbreiten

Die zweiparametrischen Verfahren zählen die Spitzenwerte in ihrer jeweiligen Korrelation, d.h. paarweise, und damit auch die Schwingbreiten mit den zugehörigen Mittelwerten. Diese Verfahren haben vor allem dort Bedeutung, wo die Mittelspannungsempfindlichkeit in der Betriebsfestigkeitsrechnung nicht zu vernachlässigen ist; dies trifft auf viele Maschinenbauteile zu. Bei der *zweiparametrischen Spitzenwertzählung* werden die Wertepaare nach rein formalen Gesichtspunkten, wie bei der Schwingbreitenzählung nach Bild 1-8b, dem Funktionsverlauf entsprechend abgenommen und in eine Matrix (Korrelationstafel) übertragen (Punkte im Bild 1-9). Es ist zu erkennen, daß die Korrelationstafel außer der Zuordnung von Schwingbreite a und Mittelwert m auch alle Klassenhäufigkeiten der aufgeführten einparametrischen Zählverfahren enthält.
Wegen des formalen Fortschreitens des Zählung vernachlässigt die zweiparametrische Spitzenwertzählung den Mittelwertgang über eine größere Anzahl von Schwingspielen. Das auf werkstoffphysikalischen Grundlagen beruhende *Rainflow-Verfahren* berücksichtigt dies dadurch, daß ein Schwingspiel immer erst dann registriert wird, wenn der Beanspruchungs-Zeitverlauf eine Hystereseschleife vollständig geschlossen hat (Bild 1-10a).
Beim Rechnerdurchlauf vermerkt das Verfahren ein Schwingspiel, sobald der Beanspruchungsverlauf nach Umkehr der Beanspruchungsrichtung in einem Umkehrpunkt I (z.B. Punkt 7 im Bild 1-10b) und nach erneuter Umkehr in einem Umkehrpunkt II (z.B. Punkt 8 im Bild 1-10b) die dem Umkehrpunkt I zugeordnete Klasse erneut erreicht oder überschreitet. Es werden also zunächst Schwingspiele kleiner Schwingbreite erfaßt und anschließend, unter Nutzung von

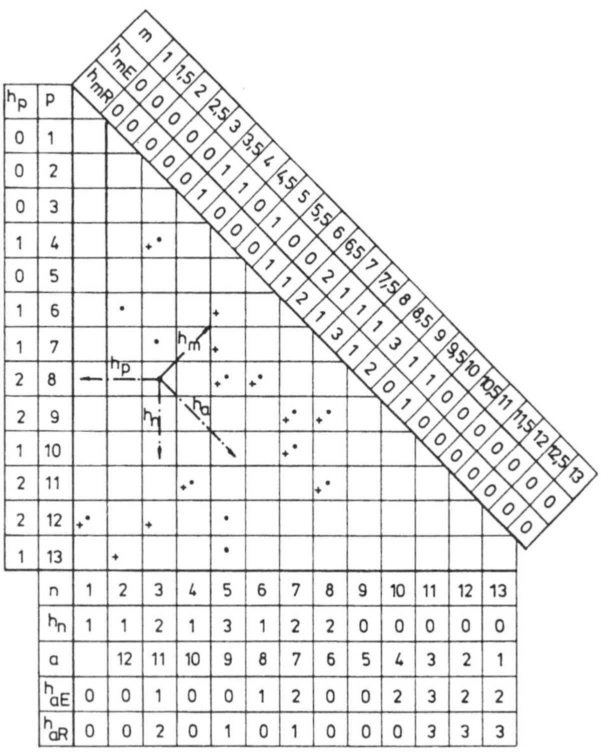

Bild 1-9 Korrelationstafel der zweiparametrischen Auswertung der Beanspruchungs-Zeitfunktion im Bild 1-8a

Punkte: zweiparametrische Spitzenwertzählung (Index E)
Kreuze: Rainflow-Verfahren (Index R)

im Rechner gespeicherten Extremwerten, die Hystereseschleifen für Schwingspiele größerer Schwingbreite geschlossen. Bild 1-10b zeigt das Vorgehen und die Reihenfolge der gezählten Schwingspiele, Bild 1-10c den Unterschied zum Verfahren der zweiparametrischen Spitzenwertzählung an Hand der ersten vier Schwingspiele. Die Klassenhäufigkeiten der Spitzenwerte stimmen überein, die der Mittelwerte und Schwingbreiten unterscheiden sich.
Nach der Rainflow-Klassierung paarweise zugehörige Spitzenwerte sind in der Korrelationstafel (Bild 1-9) durch Kreuze dargestellt. Wegen seines besseren Bezugs zur Werkstoffschädigung durch Berücksichtigung des Spannungs-Dehnungs-Verlaufs setzt sich dieses Verfahren immer mehr durch. Weitere Informationen können u.a. [1.11] bis [1.13] entnommen werden.

1.8.2.2.3 Berücksichtigung der Mittelspannung

Das Hauptziel der zweiparametrischen Klassierung liegt darin, den Einfluß der Mittelspannung eines Schwingspiels zu erhalten. Da die auf der Wöhlerlinie beruhende Betriebsfestigkeitsrechnung eine eindimensionale Amplitudenverteilung des Beanspruchungsverlaufs bedingt, werden die auf den Mittelwert σ_m bezogenen Spannungsamplituden σ_a in der einfachsten Form wie folgt erweitert

$$\sigma_{ae} = \sigma_a + \psi|\sigma_m|. \qquad (1.4)$$

Den Einflußfaktor ψ für die Mittelspannungsempfindlichkeit entnimmt man dem Dauerfestigkeits-Schaubild nach *Haigh* [1.7] [1.10]; er liegt im Bereich $\psi = 0{,}2$ bis $0{,}8$. [1.11] schlägt als Vorzugswert $\psi = 0{,}3$ vor.
Die Amplitudentransformation nach *Haibach* [1.10] geht vom gleichen Grundgedanken aus. Eine Spannungsamplitude mit zugehöriger Mittelspannung soll auf eine schädigungsgleiche Amplitude mit einem anderen, vorgegebenen Mittelwert transformiert werden. Der Mittelspannungseinfluß wird jedoch nach der elastisch-plastischen Kerbgrundbeanspruchung bestimmt, zudem erfaßt die transformierte Spannung auch Reihenfolgeeinflüsse aus dem zeitlichen Beanspruchungsverlauf.

1.8.2.2.4 Statistische Auswertung im Zeit- und Frequenzbereich

Wenn der Momentanwert einer Beanspruchungsgröße, nicht ein Schwingspiel, den Schädigungsverlauf in einem Bauteil bestimmt, wie bei Wälz- und Gleitlagern, Laufrädern, Zahnrädern o.ä., wird die Beanspruchungs-Zeitfunktion bei der Klassierung in zeitlich gleichen Abständen abgetastet. Die Abtastfrequenz muß mindestens den 5fachen Betrag der höchsten zu berücksichtigenden Frequenz haben, um die erforderliche Genauigkeit zu sichern (Bild 1-11).
In manchen Fällen, z.B. bei Zahnrädern oder auf Umlaufbiegung beanspruchten Wellen, kann die zeitabhängige Klassierung das Ergebnis in den nichtstationären Betriebsphasen verfälschen, s. Abschnitt 2.7.3.2. Genauer wird hier die Verweilwinkelklassierung anstelle der Verweildauerklassierung. Praktisch wird sie meist so ausgeführt, daß gleichzeitig der Beanspruchungs-Zeitverlauf und der Drehzahl- bzw. Drehwinkel-Zeitverlauf aufgenommen und mit Hilfe

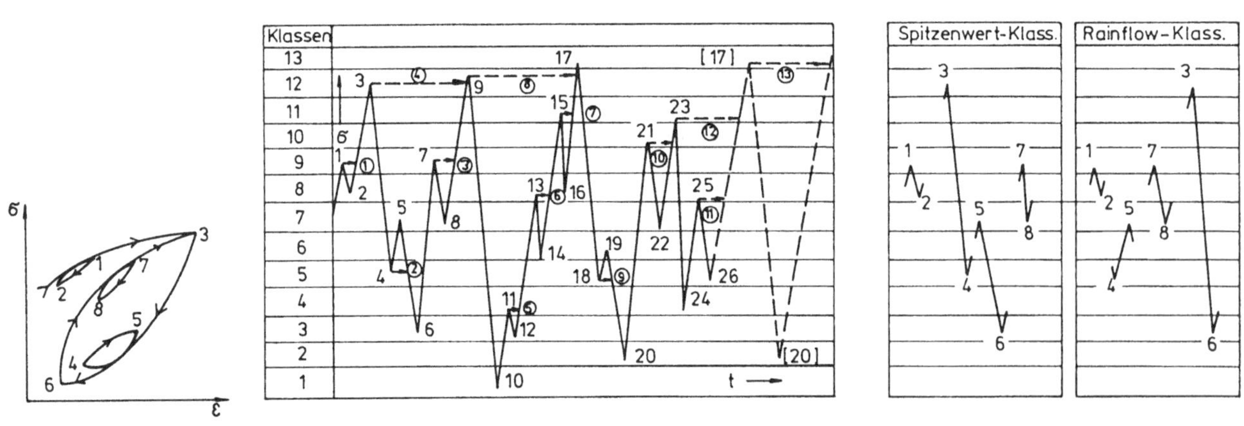

Bild 1-10 Rainflow-Verfahren

a) Hystereseschleifen der ersten vier Schwingspiele
b) Beanspruchungs-Zeitfunktion mit Angabe der Folge geschlossener Hystereseschleifen
c) Vergleich von zweiparametrischer Spitzenwertzählung und Rainflow-Klassierung für die ersten vier Schwingspiele

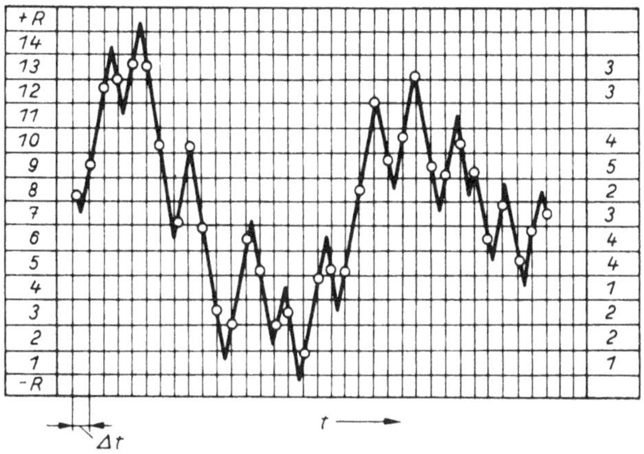

Bild 1-11 Auswertung der Beanspruchungs-Zeitfunktion im Zeitbereich (Momentanwertklassierung)

des Rechners zum drehwinkelabhängigen Beanspruchungsverlauf aufbereitet wird.

Die Auswertung der Beanspruchungs-Zeitfunktion im Frequenzbereich führt über die Fourier-Transformation zu Kennfunktionen, wie die Autokorrelationsfunktion und das Leistungsdichtespektrum (spektrale Leistungsdichte) [1.9]. Aus dem Leistungsdichtespektrum können, wenn es sich um normalverteilte, stationäre regellose Beanspruchungsprozesse handelt, die Verteilungsfunktionen der Spitzenwerte, Amplituden und Mittelwerte sowie weitere Kenngrößen abgeleitet werden. Damit ergeben sich für die Betriebsfestigkeitsrechnung nutzbare Zusammenhänge zwischen Leistungsdichtespektrum und Beanspruchungskollektiv [1.14].

1.8.3 Beanspruchungskollektive

Das Beanspruchungskollektiv soll den Beanspruchungsprozeß in vereinfachter, idealisierter Form mit weitgehender Anpassung an den realen Prozeß wiedergeben, sich aber auch direkt in den Betriebsfestigkeitsnachweis einführen lassen. Wenn Meßergebnisse vorliegen, ergeben die bei der Klassierung der Beanspruchungs-Zeitfunktion anfallenden Punktfolgen Häufigkeitsverteilungen als Zuordnung von Beanspruchungsgröße und -häufigkeit. Diese Verteilungen müssen zu Beanspruchungskollektiven aufbereitet werden, und man nutzt hierfür Gesetze der mathematischen Statistik und der Wahrscheinlichkeitsrechnung [1.15] bis [1.20].

1.8.3.1 Häufigkeitsverteilungen

Häufigkeitsfolgen werden durch folgende Kenngrößen bzw. Funktionen erfaßt:

Absolute Häufigkeiten

h_i absolute Klassenhäufigkeit, Schätzwert (Punkt) der Häufigkeitsdichte;

$H_i = \sum_{j=1}^{i} h_j$ $(1 \leqq i \leqq k)$ absolute Summenhäufigkeit, Schätzwert (Punkt) der Häufigkeitsfunktion;

$\bar{H}_i = \sum_{j=k}^{i} h_j$ $(1 \leqq i \leqq k)$ komplementäre absolute Summenhäufigkeit, Schätzwert (Punkt) der komplementären Häufigkeitsfunktion;

Relative Häufigkeiten

$f_i = \dfrac{h_i}{H_k}$ $(1 \leqq i \leqq k)$ relative Klassenhäufigkeit, Schätzwert (Punkt) der Verteilungsdichte;

$F_i = \dfrac{H_i}{H_k}$ $(1 \leqq i \leqq k)$ relative Summenhäufigkeit, Schätzwert (Punkt) der Verteilungsfunktion;

$\bar{F}_i = 1 - F_i$ komplementäre relative Summenhäufigkeit, Schätzwert (Punkt) der komplementären Verteilungsfunktion.

Die Werte h_i und f_i der Klassenhäufigkeit sind jeweils auf die Klassenmitte, die der Summenhäufigkeit H_i, $\bar{H}_i$, F_i, $\bar{F}_i$ auf die obere Klassengrenze bezogen. Deshalb sind die Summenhäufigkeiten gegenüber den komplementären Funktionen wegen der anderen Zählrichtung um eine Klassengrenze verschoben. Die als Beispiel im Bild 1-12 vorgestellten Häufigkeitsverteilungen eines *Gauß*-Prozesses zeigen diesen Bezug.

Die absolute und relative Summenhäufigkeit bezeichnen die Häufigkeit, mit der eine bestimmte Beanspruchung im Kollektiv erreicht oder **unter**schritten wird. Beanspruchungskollektive werden jedoch vorzugsweise als komplementäre Summenhäufigkeiten aufgestellt, die angeben, mit welcher Häufigkeit Beanspruchungen erreicht oder **über**schritten werden. Meist verzichtet man allerdings auf die genaue Kennzeichnung durch das Wort „komplementär".

Prinzipiell ist jede der genannten Häufigkeitsverteilungen für die grafische Darstellung geeignet. Dabei kann ein lineares, einfachlogarithmisches oder doppeltlogarithmisches Netz bzw. auch ein Netz mit einer entsprechend der angenommenen statistischen Verteilungsfunktion geteilten Ordinate (Wahrscheinlichkeitspapier) benutzt werden.

Im Bild 1-13a sind die Ergebnisse der Spitzenwertzählung von Bild 1-8a im einfachlogarithmischen Netz als komplementäre absolute Summenhäufigkeiten $\bar{H}_i$ dargestellt. Die einzelnen Punkte werden dabei durch Gerade (strichpunk-

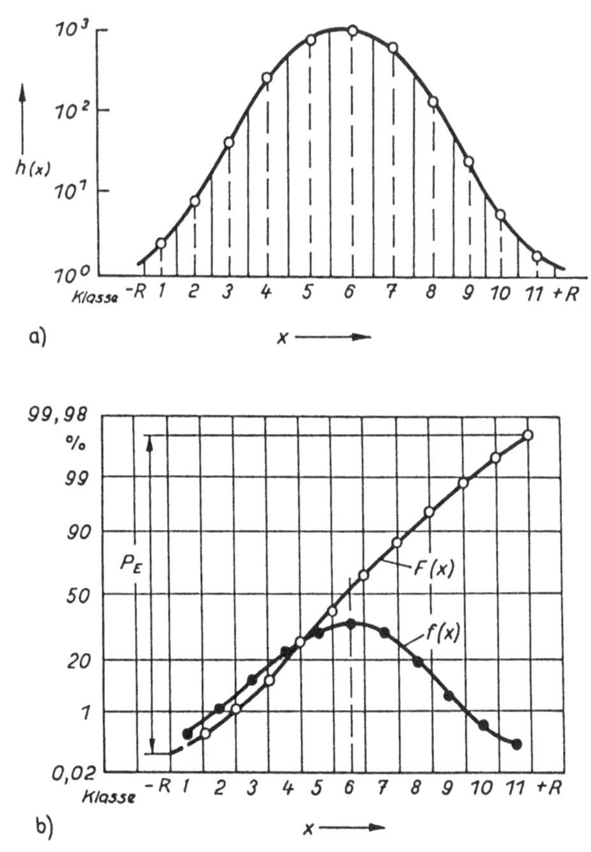

Bild 1-12 Häufigkeitsverteilungen des *Gauß*-Prozesses

a) Abszisse metrisch, Ordinate logarithmisch geteilt
b) Abszisse metrisch, Ordinate wahrscheinlichkeitstheoretisch geteilt

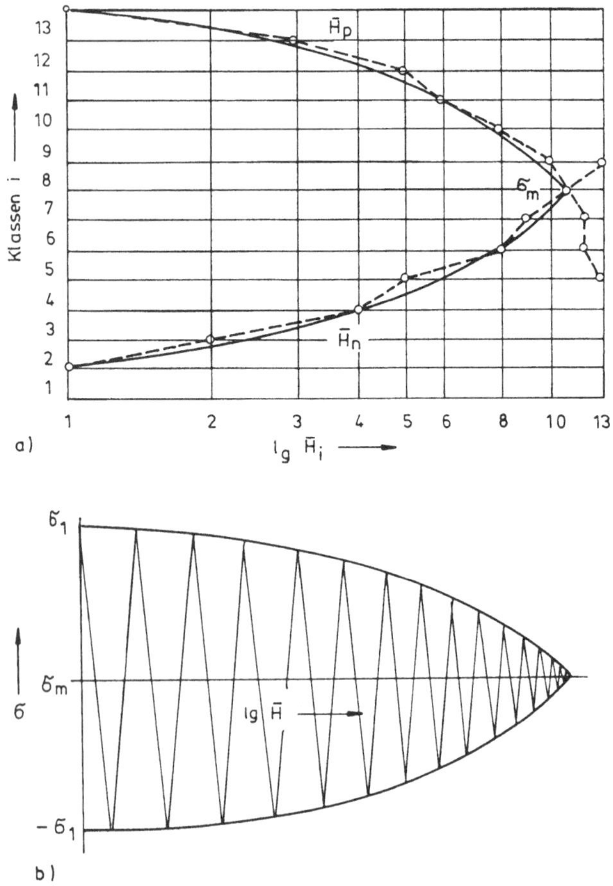

Bild 1-13 Komplementäre Summenhäufigkeit der Spitzenwertzählung nach Bild 1-8a

a) Darstellung im einfachlogarithmischen Netz
b) symmetrischer Ersatzprozeß

tierte Linien) miteinander verbunden. Es sind Schätzwerte der mit durchgehenden Linien ebenfalls angegebenen komplementären Häufigkeitsfunktion. Den Ersatzprozeß mit idealisierten Schwingspielen zeigt Bild 1-13b. Als Ordinate ist dabei bereits die Spannung σ gewählt worden.
In vielen Fällen verwendet man jedoch die Form des Amplitudenkollektivs (Bild 1-14), ebenfalls mit logarithmisch geteilter, auf die Angabe der Schwingspielzahl n umgestellter Abszisse (Meß- bzw. Kleinstkollektiv 1).

1.8.3.2 Bildung von Beanspruchungskollektiven

Die aus den Häufigkeitsverteilungen abgeleiteten Meßkollektive müssen, um zum Bemessungskollektiv für die Betriebsfestigkeitsrechnung zu gelangen, umgeformt, erweitert bzw. extrapoliert und gegebenfalls mit anderen Kollektiven überlagert werden.

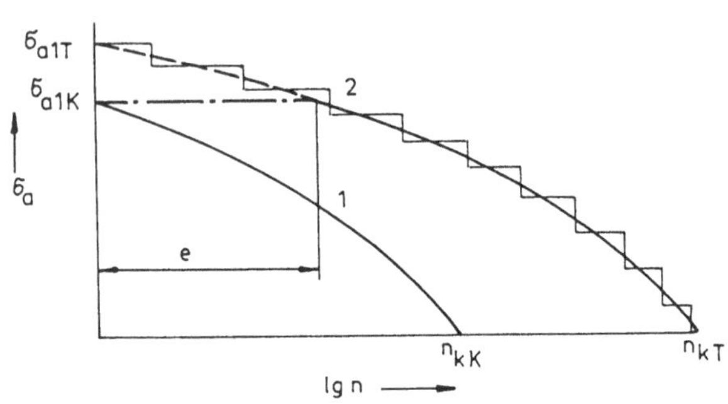

Bild 1-14 Amplitudenkollektiv in einfachlogarithmischer Darstellung

1 Kleinstkollektiv
2 Teilkollektiv für Beanspruchungsfall

1.8.3.2.1 Hauptparameter, Arten und Formen von Kollektiven

Die Hauptparameter eines Beanspruchungskollektivs sind:

- Kollektivgrößtwert
- Kollektivumfang
- Kollektivform (Verteilungsgesetz)
- Streuung.

Der Größtwert tritt i.allg. einmal im Kollektiv auf, dies muß jedoch nicht so sein. Der Umfang bezeichnet die Anzahl n_k der Schwingspiele im Kollektiv. Nach diesem Umfang unterscheidet man folgende Arten von Beanspruchungskollektiven:

- Kleinstkollektiv (Meßkollektiv), in dem der Kollektivgrößtwert nur einmal auftritt, mit der meßtechnisch erfaßten Wahrscheinlichkeit
- Teilkollektiv (Einzelkollektiv) für einen Beanspruchungsabschnitt (Beanspruchungsfall) oder für eine vorgegebene Erwartungswahrscheinlichkeit
- Gesamtkollektiv für die Nutzungsdauer der Maschine bzw. des Bauteils unter Berücksichtigung des Einsatzspiegels.

Das Teilkollektiv für eine vorgegebene Erwartungswahrscheinlichkeit entsteht durch Erweiterung oder Extrapola-

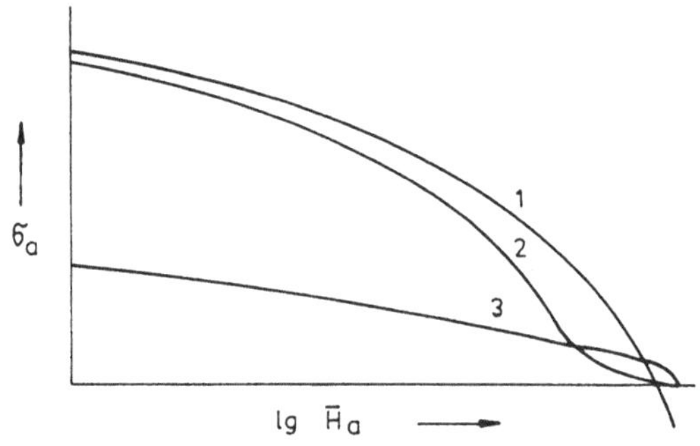

Bild 1-15 Einfluß der Klassierverfahren auf die Kollektivform eines Beanspruchungsprozesses mit dem Regellosigkeitskoeffizienten i = 0,3 [1.21]

1 Spitzenwertklassierung
2 Rainflow-Klassierung
3 Schwingbreitenklassierung

tion, s. den folgenden Abschnitt, das Gesamtkollektiv für die Nutzungsdauer durch Überlagerung der Teilkollektive aller Beanspruchungsabschnitte, s. Abschnitt 1.8.3.2.3.
Die Formen der in der Praxis auftretenden Beanspruchungskollektive sind vielfältig. Gestufte und stetige Funktionsverläufe können ineinander übergeführt werden; Unstetigkeitsstellen deuten auf die Überlagerung unterschiedlicher Beanspruchungsverläufe hin. Auch das Klassierverfahren beeinflußt die Kollektivform erheblich, wenn es sich um Prozesse mit sehr unterschiedlichen Frequenzen, d.h. mit einem kleinen Regellosigkeitskoeffizienten i, handelt. Bild 1-15 gibt hierfür ein Beispiel an.
Die Kollektive, die aus den Betriebsbeanspruchungen herrühren, weichen mehr oder weniger stark von den mathematisch beschreibbaren, theoretischen Verteilungsfunktionen ab. Sie lassen sich jedoch diesen Funktionen annähern oder, unter bestimmten Voraussetzungen, schädigungsgleich in sie umrechnen.

Die Verläufe der am meisten gebräuchlichen theoretischen Verteilungsfunktionen sind im Bild 1-16 vergleichend gegenübergestellt. Dabei wird statt der Spannung wiederum der allgemeine Parameter x verwendet. Die Völligkeit als Schädigungsmaß nimmt von den Kollektiven 1 bis 6 ab. Die Geradlinienverteilung hat ihren Namen davon, daß sie im einfachlogarithmischen Netz als Gerade erscheint. Die logarithmische Normalverteilung ist eine schiefe Verteilung zwischen den Grenzen Null und Unendlich. Da sie für $x = 0$ nicht definiert ist, wird sie bei $x/x_{max} = 0{,}05$ gestutzt.

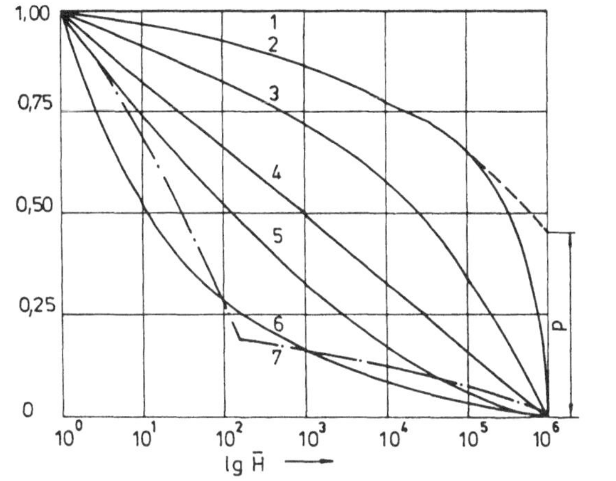

Bild 1-16 Theoretische und empirische Verteilungsfunktionen

1 konstante Amplitude
2 völliges Kollektiv
3 Normalverteilung (stationärer *Gauß*scher Zufallsprozeß)
4 Geradlinienverteilung
5 logarithmische Normalverteilung
6 schlankes Kollektiv
7 Delta-Kollektiv (Mischkollektiv)

Ergänzend sind auch empirische Verteilungsfunktionen für ein völliges (2) und ein schlankes (6) Kollektiv eingezeichnet. Sie treten in Fördermaschinen häufig auf, wenn eine unsymmetrische Verteilungsdichte der äußeren Belastungen vorliegt. Der gestrichelt angegebene Verlauf der Kurve 2 entspricht der von *Schweer* [1.22] empfohlenen Näherung durch eine Normalverteilung mit dem Kollektivbeiwert p. Der geknickte Funktionsverlauf 7 weist ein Mischkollektiv aus, wie es sich aus der Überlagerung mehrerer unterschiedlicher Beanspruchungsfälle einstellen kann. In [1.23] wird diese Kollektivform ausführlich behandelt.

Durch entsprechende Wahl des Exponenten sind die Funktionen 1 bis 5 im Bild 1-16 auf Exponentialverteilungen zurückzuführen [1.7]

$$H(x) = H_0 e^{-ax^n}; \tag{1.5}$$

$n \to \infty$ konstante Amplitude (Kurve 1)
$n > 2$ Normalverteilung mit Kollektivbeiwert p (Kurve 2)
$n = 2$ Normalverteilung (Kurve 3)
$n = 1$ Geradlinienverteilung (Kurve 4)
$n \approx 0{,}8$ logarithmische Normalverteilung (Kurve 5).

Weil die Betriebsbeanspruchungen streuen, muß auch dem Beanspruchungskollektiv eine Streuung zugeordnet werden. Sie betrifft den Größtwert, den Umfang und auch die Form des Kollektivs. Eine Kenngröße für die Kollektivstreuung ist die Kollektivintensität, s. Abschnitt 1.8.3.2.4.

1.8.3.2.2 Erweiterung und Extrapolation von Kollektiven

Aus wirtschaftlichen Gründen wird das durch Messung oder Rechnung gewonnene Kleinst- bzw. Meßkollektiv der Beanspruchung im Umfang meist klein gegenüber dem Teilkollektiv des Beanspruchungsabschnitts bleiben. Es muß jedoch qualitativ diesen Abschnitt ausreichend wiedergeben, muß repräsentativ für ihn sein. In diesem Fall kann das Kleinstkollektiv auf den Umfang des Teilkollektivs erweitert werden, indem alle absoluten komplementären Summenhäufigkeiten $\bar{H}_i$ mit dem Erweiterungsfaktor

$$e = \frac{\text{Umfang des Teilkollektivs}}{\text{Umfang des Kleinstkollektivs}}$$

multipliziert werden. Im Bild 1-14 bedeutet dies eine Rechtsverschiebung des Kollektivs von 1 nach 2.

Offen bleibt dabei die Frage, wie das Kollektiv im Bereich e der Erweiterung verläuft. Wenn es für die Beanspruchung keine physikalisch definierte obere Grenze gibt, läßt sich der Funktionsverlauf nach statistischen Gesetzen bis zu einem neuen Größtwert $\sigma_{a1\,T}$ extrapolieren, der einmal auftritt. Voraussetzung dafür ist, daß das Verteilungsgesetz der Häufigkeitsverteilung bekannt ist oder daß die Häufigkeitsverteilung einem bekannten Verteilungsgesetz angepaßt werden kann. Liegt dagegen eine physikalisch gegebene obere Grenze für die Beanspruchung vor, z.B. durch Sicherheitsschalter zur Begrenzung von Kräften, Überlastkupplungen zur Einschränkung von Drehmomenten, kann nur bis zu dieser Schranke extrapoliert und anschließend das Kollektiv auf die vorgegebene Erwartungswahrscheinlichkeit erweitert werden.

Um das Verteilungsgesetz für ein Kollektiv auf seine Entsprechung zu prüfen und die Häufigkeitsverteilung zu extrapolieren, benutzt man Wahrscheinlichkeitsnetze, bei denen die Ordinate nach der angenommenen Verteilungsfunktion geteilt ist. Bild 1-17 zeigt ein solches Netz für die *Gauß*sche Normalverteilung. Mit Kreuzen sind Klassierergebnisse einer Beanspruchungs-Zeitfunktion eingetragen, s. die Werte von Tafel 1-3. Die jeweilige Verteilungsfunktion F, im Fall des Bilds 1-17 eine Normalverteilung, bildet im Netz eine Gerade. Das gleiche gilt für die komplementäre Verteilungsfunktion $\bar{F}$. Das Vorgehen während der Eintragung und Extrapolation bedarf einiger Erläuterungen.

Die rechnerische relative Summenhäufigkeit der obersten (12.) Klasse beträgt 100 %. In das Wahrscheinlichkeitsnetz können deshalb nur die Werte der 1. bis 11. Klasse, jeweils an den oberen Klassengrenzen, eingetragen werden. Für die gesuchte Ausgleichsgerade wird im Netz nur der Bereich von 5 bis 95 % berücksichtigt, weil die Ordinaten im darunter-

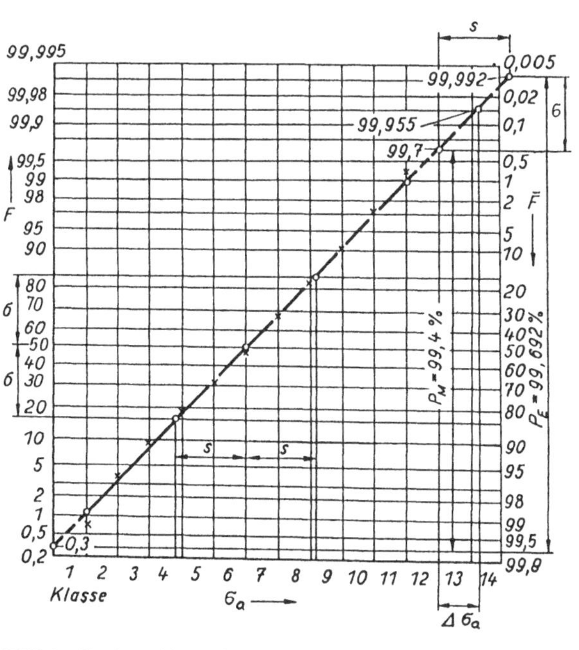

Bild 1-17 Verteilungsfunktion der Beanspruchungs-Zeitfunktion nach Tafel 1-3 im Wahrscheinlichkeitsnetz

Tafel 1-3 Klassierung einer Beanspruchungs-Zeitfunktion (Spannungsamplituden σ_a)

Klasse	Klassen-grenzen in N/mm²	Klassen-mitten in N/mm²	Absolute Klassen-häufigkeiten h_i	H_i	Relative Klassen-häufigkeiten f_i	F_i	Komplementäre Klassen-häufigkeiten $\bar{H}_i$	$\bar{F}_i$
1	0 20	10	1	1	0,75	0,75	134	100,00
2	20 40	30	4	5	2,99	3,74	133	99,25
3	40 60	50	7	12	5,22	8,96	129	96,26
4	60 80	70	13	25	9,70	18,66	122	91,04
5	80 100	90	19	44	14,18	32,84	109	81,34
6	100 120	110	24	68	17,91	50,75	90	67,16
7	120 140	130	24	92	17,91	68,66	66	49,25
8	140 160	150	18	110	13,43	82,09	42	31,34
9	160 180	170	12	122	8,96	91,05	24	17,91
10	180 200	190	8	130	5,97	97,02	12	8,95
11	200 220	210	3	133	2,23	99,25	4	2,98
12	220 240	230	1	134	0,75	100,00	1	0,75

bzw. darüberliegenden Bereich zu stark gestreckt sind. Wenn sich die Gerade, anders als im angegebenen Beispiel, nicht eindeutig festlegen läßt, sollte sie durch Ausgleichsrechnung ermittelt werden.

Durch Verlängerung der Ausgleichsgeraden bis zur unteren Grenze der 1. Klasse und bis zur oberen Grenze der 12. Klasse wird der vom gemessen Kollektiv überdeckte Bereich der Wahrscheinlichkeit bestimmt

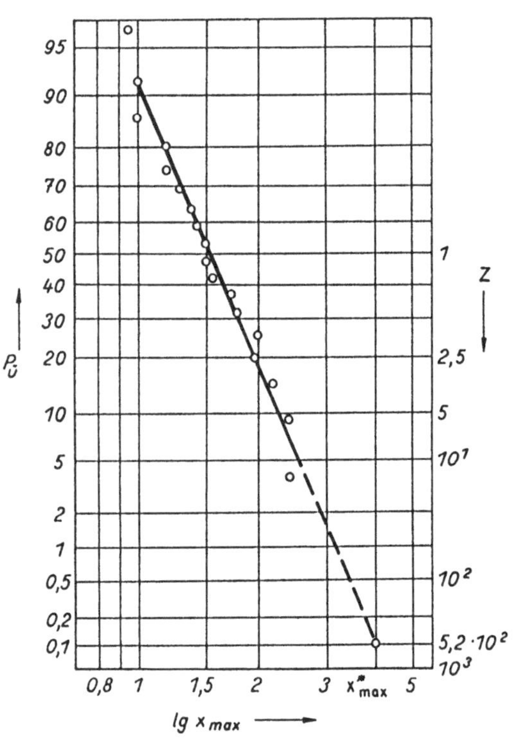

Bild 1-18 Extremwertverteilung im Wahrscheinlichkeitsnetz [1.26]

$P_M = 99{,}7 - 0{,}3 = 99{,}4\,\%$.

Für die Extrapolation von Normalverteilungen werden Bereiche von je einer Standardabweichung σ bzw. s nach unten und oben als zulässig angesehen. Eine Extrapolation nach unten scheidet wegen der natürlichen Grenze Null für die Spannungsamplitude σ_a aus, die nach oben führt zu einem Größtwert in der 15. Klasse mit der relativen Summenhäufigkeit 99,992 %. Somit ergibt sich für die erfaßte Wahrscheinlichkeit nach der Extrapolation

$P_E = 99{,}992 - 0{,}3 = 99{,}692\,\%$.

Wird der Größtwert des Kollektivs, z.B. durch einen Begrenzungsschalter, eingeschränkt, vermindert sich damit auch die erfaßte Wahrscheinlichkeit. Kann die obere Grenze der 12. Klasse beispielsweise lediglich um 10 % überschritten werden, beträgt der Kollektivgrößtwert $1{,}1 \cdot 240 = 264\,\text{N/mm}^2$ und die reduzierte Erwartungswahrscheinlichkeit

$P_{E\,\text{red}} = 99{,}955 - 0{,}3 = 99{,}655\,\%$.

Nicht immer läßt sich der Größtwert des erweiterten Kollektivs auf diese Weise berechnen. Entweder ist das Verteilungsgesetz unbekannt, oder die Extremwerte streuen bei in zeitlichen Abständen aufgenommenen Meßkollektiven zu stark. Meist ist diese Streuung der Extremwerte größer als die der Kollektive. In solchen Fällen führt man eine gesonderte Untersuchung der Extremwertverteilung während mehrerer aufeinanderfolgender Beanspruchungsabschnitte durch.

Die Theorie hierfür stammt von *Gumbel* [1.24] [1.25]. Sie wurde von *Buxbaum* für den praktischen Gebrauch in der Technik aufbereitet [1.7] [1.26]. Der Gedankengang wird anhand des Bilds 1-18 erläutert. Über einen begrenzten Beobachtungszeitraum wird das absolute Maximum bzw. Minimum während eines größeren Zeitabschnitts, z.B. Tag, Woche, Monat, festgehalten. Die Werte werden nach der Wahrscheinlichkeit $P_ü$ des Erreichens oder Überschreitens, die der komplementären Summenhäufigkeit $\bar{F}(x)$ entspricht, geordnet und in das Wahrscheinlichkeitsnetz einer logarithmischen Normalverteilung als guter Näherung für die *Gumbel*-Verteilung eingetragen. Dann wird die Ausgleichsgerade gezeichnet oder berechnet und auf ein Vielfaches der Beobachtungszeit extrapoliert, das beispielsweise der Betriebsdauer entspricht. Zugeordnet im Netz ist der zu erwartende Maximalwert x^*_{max}. Für das Vielfache z des Beobachtungszeitraums, auf das extrapoliert wird, gilt

$$z = \frac{P_{\ddot{u}\,bez}}{P_{\ddot{u}\,ext}}; \qquad (1.6)$$

$P_{\ddot{u}\,bez}$ Wahrscheinlichkeit des für die Extrapolation gewählten Bezugspunkts der Extremwertverteilung des Beobachtungszeitraums
$P_{\ddot{u}\,ext}$ Wahrscheinlichkeit, daß der extrapolierte Wert x^*_{max} im Beobachtungszeitraum einmal erreicht oder überschritten wird.

Für den gewählten Wert von $P_{\ddot{u}\,bez}$ wird die Funktion $z = z(P_{\ddot{u}\,ext})$ an der rechten Seite des Wahrscheinlichkeitsnetzes angetragen. Zu beachten ist, daß der extrapolierte Extremwert im Vielfachen z des Beobachtungszeitraums die gleiche Wahrscheinlichkeit hat wie der Bezugspunkt.
Im Bild 1-18 beträgt der Beobachtungszeitraum 18 Wochen mit einem registrierten Extremwert je Woche. Er wird auf eine Betriebsdauer von 10 Jahren gleich 520 Wochen extrapoliert. Der Bezugspunkt hat die Wahrscheinlichkeit $P_{\ddot{u}\,bez} = 50\,\%$. Mit dieser Wahrscheinlichkeit wird auch der extrapolierte Wert $x^*_{max} = 4$ einmal während der Betriebsdauer erreicht bzw. überschritten. Bei geringerer Wahrscheinlichkeit des gewählten Bezugspunkts vergrößert sich der extrapolierte Wert, bei größerer verkleinert er sich [1.26].

1.8.3.2.3 Überlagerung von Kollektiven

Treten in einem Bauteil mehrere Beanspruchungen mit entsprechenden Beanspruchungskollektiven auf, müssen sie überlagert werden, wobei zwei unterschiedliche Vorgehensweisen zu beachten sind:

- zeitlich aufeinanderfolgende Beanspruchungsabschnitte lassen sich durch Addition der Beanspruchungshäufigkeiten überlagern
- gleichzeitig wirkende, d.h. mehrachsige Beanspruchungen verlangen eigene theoretische und experimentelle Verfahren, für die erst Ansätze vorliegen [1.7]. Zur Überlagerung zeitgleicher äußerer Belastungen s. Abschnitt 3.4.3.3.2.

Im Abschnitt 1.8.3.2.1 wurde bereits betont, daß das Bemessungskollektiv für ein Bauteil als Gesamtkollektiv für dessen Nutzungsdauer zu bilden ist. Wenn ein Beanspruchungsfall allein den gesamten Beanspruchungsprozeß während dieser Nutzungsdauer vertreten kann, reicht eine Erweiterung des dafür maßgebenden Kollektivs aus. Liegen dagegen mehrere Einsatzarten (Nutzungsarten, Betriebszustände) mit den entsprechenden Teilkollektiven vor, müssen sie zum Gesamtkollektiv überlagert werden.
Hierfür muß als erstes durch statistische Untersuchungen an bereits eingesetzten Maschinen oder durch eine Prognose über den voraussichtlichen Einsatz ein Einsatzspiegel (Einsatzprofil) erarbeitet werden, der nachstehende Aussagen enthält:

- Art und Anzahl repräsentativer Einsatzarten, eventuell auch Umgebungsbedingungen
- relative zeitliche Anteile dieser Einsatzarten.

Als Bezugsgröße (Bezugsdauer) für den Einsatzspiegel eignen sich:

- der für die Maschine bzw. das Bauteil typische Einsatzzyklus, wenn die Einsatzarten ausgesprochen oder überwiegend in zyklischer Folge durchlaufen werden,
- die repräsentative Einsatzstunde, wenn es sich um kontinuierlich oder periodisch arbeitende Maschinen bzw. Bauteile handelt.

Der erstgenannte Fall ist typisch für Fahrzeugkrane, Flurförderer o.ä. Bei einem Mobilkran wechseln z.B. die Betriebszustände: Fahren zum Einsatzort, Kranbetrieb, Rückfahrt bzw. Wechsel des Arbeitsorts. Der zweitgenannte Fall entspricht der Arbeitsweise von Brückenkranen, Baggern, Stetigförderern usw. Je nach Vorgehensweise sind aus der Nutzungsdauer die Anzahl Z der Einsatzzyklen oder die Gesamtbetriebsdauer G_E in Einsatzstunden (s. Abschnitt 3.4.3.2) zu berechnen.
Aus den verschiedenen Betriebszuständen sind die maßgebenden Beanspruchungsabschnitte abzuleiten. Weichen die Umfänge der Beanspruchungskollektive von Einsatzzyklus zu Einsatzzyklus ab, sind arithmetische Mittelwerte als Näherung zulässig. Beim als Beispiel benutzten Mobilkran könnten die Beanspruchungsfälle: Fahren, unbelastet; Fahren, belastet; Kranbetrieb, abgestützt; Kranbetrieb freistehend unterschieden werden. Für jeden Beanspruchungsabschnitt ist die absolute Dauer während des Einsatzzyklus bzw. der Einsatzstunde zu ermitteln.
Nunmehr können die vorliegenden Kleinst- bzw. Meßkollektive auf die Teilkollektive dieser Beanspruchungsabschnitte erweitert werden. Der Erweiterungsfaktor e (Bild 1-14) ist dabei das Verhältnis von absoluter zeitlicher Dauer des Beanspruchungsabschnitts zu der des Kleinstkollektivs.
Im nächsten Schritt werden alle r Teilkollektive zum Gesamtkollektiv überlagert, dessen Umfang zunächst auf die Bezugsdauer des Einsatzspiegels bezogen ist. Es ergeben sich für das Gesamtkollektiv bei k Klassen:

absolute Klassenhäufigkeiten

$$h_{iE} = \sum_{q=1}^{r} h_{iq};$$

absolute Summenhäufigkeit (Kollektivumfang)

$$H_E = \sum_{i=1}^{k} h_{iE} = \sum_{i=1}^{k} \sum_{q=1}^{r} h_{iq}. \qquad (1.7)$$

Dieses Gesamtkollektiv wird schließlich auf die gesamte Nutzungsdauer ausgeweitet und hierzu mit der Anzahl Z der Einsatzzyklen bzw. der Gesamtbetriebsdauer G_E in Einsatzstunden multipliziert. Man kann auch zunächst die Teilkollektive auf die Gesamtbetriebsdauer erweitern und anschließend zum Gesamtkollektiv für die Nutzungsdauer überlagern, wie dies im Beispiel von Bild 1-19 durchgeführt worden ist.

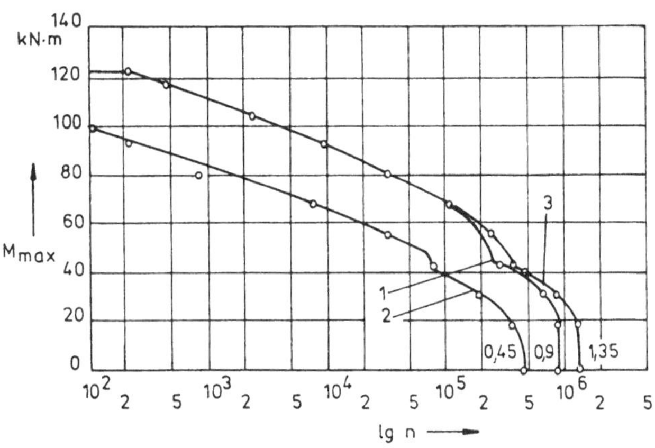

Bild 1-19 Beanspruchungskollektiv (maximales Biegemoment) für den Ausleger des Mobilkrans T 185 [1.27]

1 erweitertes Teilkollektiv 1: abgestützter Kran
2 erweitertes Teilkollektiv 2: freistehender Kran
3 Gesamtkollektiv für Gesamteinsatzdauer $G_E = 15\,000$ h

Wenn sich die Teilkollektive für unterschiedliche Einsatzarten nicht auf einen charakteristischen Einsatzzyklus bzw. eine Einsatzstunde beziehen lassen, erstreckt man sie auf die gesamte Nutzungsdauer der Maschine bzw. des Bauteils und bestimmt die zeitlichen Anteile τ_q der Teilkollektive:

$$\tau_q = \frac{t_q}{t_D}; \tag{1.8}$$

t_q Dauer des Teilkollektivs während der Nutzungsdauer
t_D Nutzungsdauer.

Damit werden für das auf die Nutzungsdauer bezogene Gesamtkollektiv:

absolute Klassenhäufigkeiten

$$h_{iD} = \sum_{q=1}^{r} h_{iq} \tau_q;$$

absolute Summenhäufigkeit (Kollektivumfang)

$$H_D = \sum_{i=1}^{k} h_{iD} = \sum_{i=1}^{k} \sum_{q=1}^{r} h_{iq} \tau_q. \tag{1.9}$$

Wenn die Teilkollektive eine unterschiedliche Klasseneinteilung haben, ist eine neue Einteilung festzulegen. Dies wird in [1.5] ausführlich erläutert.

1.8.3.2.4 Kenngrößen von Kollektiven

Für Häufigkeitsverteilungen bzw. Kollektive lassen sich statistische Kenngrößen berechnen. Dabei geht man zweckmäßigerweise von der nach der Klassierung vorliegenden Stufenform des Kollektivs mit k Stufen aus (s. Bild 1-14). Statistische Kennwerte von mathematisch beschreibbaren, stetigen Verteilungsfunktionen können der angegebenen Literatur entnommen werden, s. [1.15] bis [1.20]. Die für die Betriebsfestigkeit wichtigsten Kollektivkenngrößen sind:

Erwartungswert, arithmetischer Mittelwert

$$\bar{x} = \frac{1}{H_k} \sum_{i=1}^{k} x_i h_i \tag{1.10}$$

Varianz, Streuungsquadrat

$$s^2 = \frac{1}{H_k - 1} \sum_{i=1}^{k} (x_i - \bar{x})^2$$

$$= \frac{1}{H_k - 1} \left[\sum_{i=1}^{k} x_i^2 h_i - \frac{1}{H_k} \sum_{i=1}^{k} x_i^2 h_i^2 \right] \tag{1.11}$$

Standardabweichung, Streuung

$$s = |\sqrt{s^2}| \tag{1.12}$$

Korrelationskoeffizient

$$r = \frac{\sum_{p=1}^{k} \sum_{n=1}^{k} x_p x_n h_{pn} - \bar{x}_{max} \bar{x}_{min} H_k}{s_{max} s_{min} H_k} \quad (-1 \leqq r \leqq +1) \tag{1.13}$$

Die Größe h_{pn} ist hier die absolute Häufigkeit des Platzes der Korrelationstafel (Bild 1-9).
Für *normalverteilte, stationäre* Prozesse ergibt sich für r

$$r = 1 - \frac{0{,}86 i^2}{1 - 0{,}57 i^2} \quad \text{(s. [1.9, S. 56]);} \tag{1.14}$$

i Regellosigkeitskoeffizient im Abschnitt 1.8.2.2.1.

Kollektivbeiwert

$$p = \frac{x_{min}}{x_{max}} \quad (0 \leqq p \leqq 1); \tag{1.15}$$

x_{min} kleinstes Maximum im positiven Bereich
x_{max} größtes Maximum im positiven Bereich.

Kollektivintensität

Die Kollektivintensität ist die Erwartungswahrscheinlichkeit P_I für die Kollektivhärte als Ausdruck des Schädigungsvermögens. Weil die betrieblichen Beanspruchungen, insbesondere infolge unterschiedlicher Einsatzbedingungen und Bedienung, streuen, liegen auch die Parameter gemessener Beanspruchungskollektive (Größtwert, Umfang, Form) in einem Streufeld. Die Streuung von Umfang und Form läßt sich vernachlässigen oder durch Umrechnung der Kollektive ausgleichen, so daß die Kollektivstreuung allein durch die Streuung des Größtwerts ausgedrückt werden kann.
Aus der Verteilungsfunktion für die Extremwerte ist dem Beanspruchungskollektiv, das der Bemessung zugrunde liegt, die Wahrscheinlichkeit zuzuordnen, mit der es erreicht oder überschritten wird. Bei einer Extrapolation nur einer Beanspruchungsfunktion (s. Bild 1-14) ist dies nicht möglich, denn hier liegt nur ein einzelner gemessener bzw. extrapolierter Wert vor. Es muß vielmehr die Extremwertverteilung in der Form von Bild 1-18 herangezogen werden. Im Beispiel hat x^*_{max} die Wahrscheinlichkeit $P_ü = 50\,\%$, das zugehörige Beanspruchungskollektiv somit den gleichen Wert der Kollektivintensität. Nach dieser Intensität unterscheidet man harte, mittlere und weiche Kollektive; Bild 1-20 stellt den Zusammenhang dar.
Weitere Kenngrößen, wie Völligkeitsgrad, Schadenssumme, Schädigungsäquivalent, stehen im Zusammenhang mit einer gewählten Schadensakkumulationshypothese und können deshalb erst im Abschnitt 1.8.5 behandelt werden.

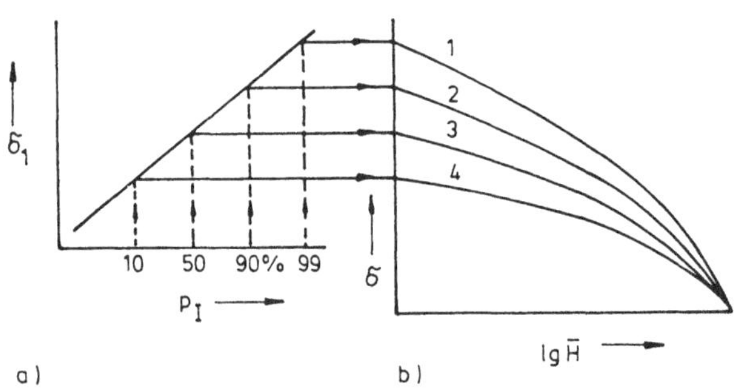

Bild 1-20 Kollektivintensität P_I und Kollektivhärte [1.9]
a) Extremwertverteilung; b) Beanspruchungskollektive

1 sehr hartes Kollektiv
2 hartes Kollektiv
3 mittleres Kollektiv
4 weiches Kollektiv

1.8.3.3 Normkollektive

Normkollektive sind vereinheitlichte, auch genormte Systeme von Belastungs- oder Beanspruchungskollektiven. Sie finden Eingang in Berechnungsvorschriften, werden für systematische Betriebsdauerversuche genutzt, und sie können die Schätzung von Beanspruchungskollektiven erleichtern, wenn gemessene fehlen.
Die Grundannahme der meisten Normkollektive ist eine Normalverteilung der Zufallsgröße. Es werden symmetrische Kollektive vorausgesetzt, die auf die Mittelspannung σ_m bezogen und damit zu Amplitudenkollektiven mit der normierten Spannung σ_a/σ_{a1} umgewandelt werden können.

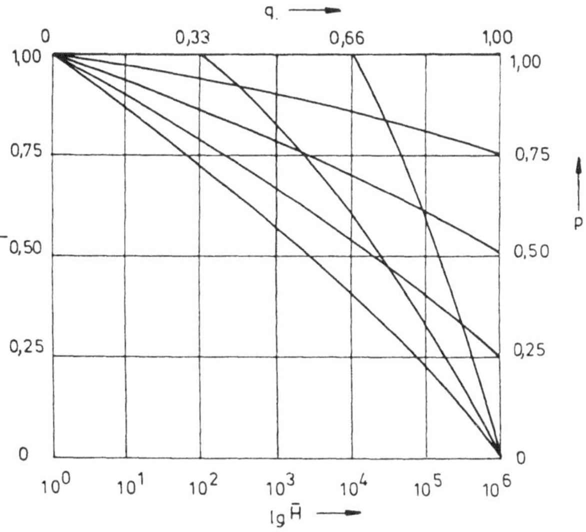

Bild 1-21 Normkollektivsystem mit p- und q-Kollektiven [1.28]

Als Kollektivumfang hat sich allgemein $\bar{H}_K = n_K = 10^6$ durchgesetzt; dies entspricht einer Erwartungswahrscheinlichkeit des Kollektivs von $P_E = 99{,}9999\,\%$.
Im Bild 1-21 sind zwei grundlegende Möglichkeiten der Variation derartiger Kollektive enthalten. Die *p*-Kollektive stimmen darin überein, daß der Größtwert nur einmal auftritt. Sie unterscheiden sich durch den Kollektivbeiwert *p*, s. Gl. (1.15), mit den Grenzen $p = 0$ für Normalverteilung und $p = 1$ für Einstufenbeanspruchung. Bei den *q*-Kollektiven liegt der Beiwert

$$q = \frac{lg\ \bar{H}_1}{lg\ \bar{H}_K} \tag{1.16}$$

ebenfalls im Bereich $0 \leqq q \leqq 1$. Veränderlich ist hier die Anzahl der Schwingspiele mit Maximalamplitude.
Es gibt mehrere Vorschläge zur Verfeinerung oder Verbesserung dieser Systematik von Normkollektiven. *Rehlich* [1.29] fügt den *p*-Kollektiven solche mit Geradlinienverteilung hinzu, *Hanke* [1.30] bildet sogenannte *s*-Kollektive mit Potenzfunktionen für die Klassenhäufigkeiten. Daneben gibt es logarithmisch normalverteilte Normkollektive, Systeme mit Deltakollektiven (s. Bild 1-16) [1.23] und andere Ansätze.
Um vorliegende Beanspruchungskollektive in ein Normkollektivsystem einzuordnen, muß es auf die Mittelspannung zentriert, symmetriert, auf den normierten Kollektivumfang erweitert bzw. gekürzt und als Amplitudenkollektiv dargestellt werden. Bild 1-22 erläutert die Vorgehensweise. Für das Zentrieren und Symmetrieren gelten die Gleichungen

$$\sigma_m = (\sigma_{max} - \sigma_{min})/2;$$
$$\sigma_a = (\sigma_o - \sigma_u)/2. \tag{1.17}$$

1.8.4 Bestimmung der ertragbaren Betriebsdauer

Als zweitgenannte Voraussetzung für den Betriebsfestigkeitsnachweis muß experimentell der Zusammenhang zwischen der Beanspruchung nach Art, Größe und Häufigkeit und der Betriebsdauer (Lebensdauer) bis zum Versagen eines Bauteils bestimmt werden. Derartige Untersuchungen werden auf, in ihrer modernen Ausführung, servohydraulischen, rechnergesteuerten Prüfständen durchgeführt. Inzwischen liegen weltweit umfangreiche Untersuchungsergebnisse vor.
Nach der Art des Beanspruchungsprozesses entstehen unterschiedliche Lebensdauerlinien:

- Wöhlerlinien bei Einstufenbeanspruchung
- Betriebsdauerlinien bei mehrstufiger oder regelloser Beanspruchung.

Diese Linien bzw. Funktionen haben keine allgemeine Gültigkeit, sondern gelten lediglich für bestimmte Bauteile, Werkstoffe, Beanspruchungsarten (Kollektivparameter).

1.8.4.1 Wöhlerlinien

Beim klassischen Wöhlerversuch schwingt die erzeugte Beanspruchung sinusförmig zwischen zwei Spitzenwerten, meist mit gleichbleibender Frequenz. Untersucht wird die Betriebsdauer von Probestäben mit bestimmten Formen, Kerben, Werkstoffen usw. Variiert wird die Schwingungsamplitude, vorzugsweise unter Beibehaltung des Spannungsverhältnisses $R = \sigma_o/\sigma_u$, bisweilen auch bei konstanter Mittelspanung σ_m.

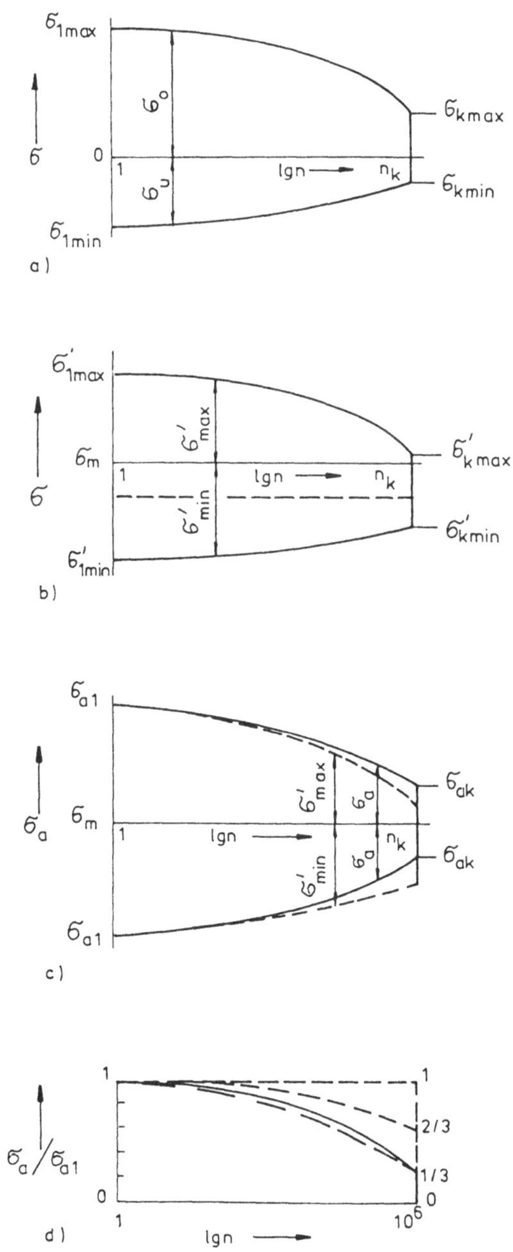

Bild 1-22 Einordnen eines Beanspruchungskollektivs in ein Normkollektivsystem

a) Ausgangskollektiv
b) Zentrieren
c) Symmetrieren
d) Amplitudenkollektiv und Vergleich mit Normkollektiven

Bild 1-23 enthält eine vollständige Wöhlerlinie in einem doppeltlogarithmischen Koordinatensystem. Die Schwingspielzahl wird hier mit N statt n bezeichnet. Es sind drei Festigkeitsbereiche zu erkennen:

- die Kurzzeitfestigkeit gibt den Bereich zwischen der Fließgrenze σ_F und der statischen Festigkeitsgrenze σ_B an; sie reicht bis etwa $N = 5 \cdot 10^4$, und in ihr bestimmen plastisch-elastische Wechselverformungen die Betriebsdauer
- die Zeitfestigkeit kennzeichnet den Bereich des Wöhlerversuchs; hier ergibt sich ein funktionaler Zusammenhang zwischen Beanspruchungshöhe und -häufigkeit bis zum Versagen, der im doppeltlogarithmischen Netz durch eine Gerade angenähert werden kann
- die Dauerfestigkeit bezeichnet den Bereich der Beanspruchung, die beliebig oft ertragen wird ($N \rightarrow \infty$).

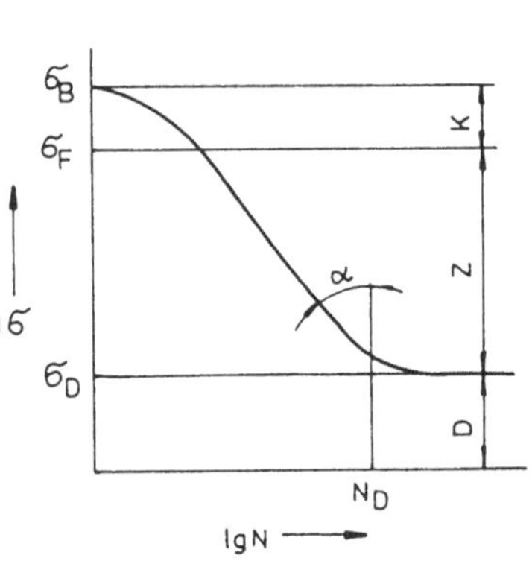

Bild 1-23 Wöhlerlinie

K Kurzzeitfestigkeit
Z Zeitfestigkeit
D Dauerfestigkeit

Häufig wird die Wöhlerlinie bei der Fließgrenze σ_F abgeschnitten. Die Linien für Zeit- und Dauerfestigkeit gehen stetig ineinander über. Man definiert jedoch einen durch σ_D und N_D gekennzeichneten, fiktiven Knickpunkt als gebräuchlichen Bezugspunkt der Wöhlerlinie und bezeichnet ihn als Dauerfestigkeit, dynamische Belastbarkeit oder einfach als Knickpunkt der Wöhlerlinie.

Es existieren verschiedene Ansätze, um die Wöhlerlinie mathematisch zu fassen. Durchgesetzt hat sich die älteste und einfachste, nur für den Zeitfestigkeitsbereich gültige Form

$$\frac{N}{N_D} = \left(\frac{\sigma_D}{\sigma}\right)^{\varphi}. \tag{1.18}$$

Sie bildet im doppeltlogarithmischen Netz eine Gerade mit der Neigung $\alpha = \arctan \varphi$ zur Senkrechten. Der Wöhlerlinienexponent φ (auch k, a) schwankt in Abhängigkeit von Werkstoff, Probenform, Eigenspannungen usw. zwischen 3,5 und 20; Tafel 1-4 gibt einige Werte an.

Tafel 1-4 Wöhlerlinienexponenten φ

Maschinenbauteile	Wälzpaarungen	3,0 ... 3,3
	sonstige Maschinenbauteile	(3,0) 6,0 ... 11 (15)
Stahlbauteile	Grundwerkstoffe	6,0 ... 6,5
	Schweißkonstruktionen	4,0 ... 4,5

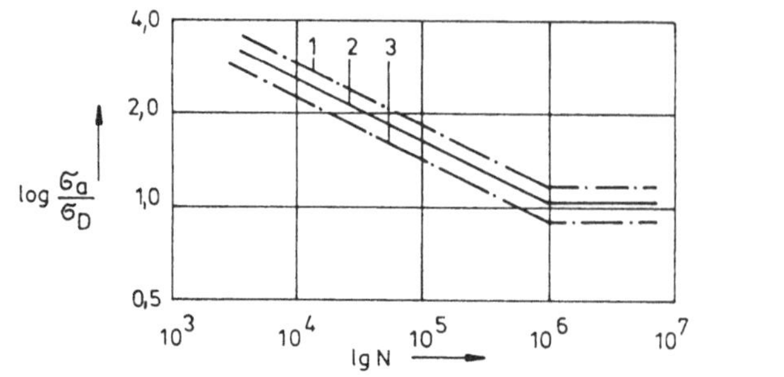

Bild 1-24 Normierte Wöhlerlinien für Kerbstäbe aus geglühtem Stahl [1.10]

(Spannungsverhältnis: $-1 \leqq R \leqq 0$; Formzahl $\alpha_k = 2,5 \ldots 5,2$; Wöhlerlinienexponent $\varphi = 5,0$)
Überlebenswahrscheinlichkeit: 1 $P_ü = 10\,\%$; 2 $P_ü = 50\,\%$; 3 $P_ü = 90\,\%$

Weil der Schädigungsprozeß stochastischen Charakter hat, streuen die Ergebnisse des Wöhlerversuchs, und die Wöhlerlinien bilden ein Streufeld, das statistisch auszuwerten ist. Im allgemeinen werden Wöhlerlinien mit 50 % Überlebenswahrscheinlichkeit, d.h. mit dem Erwartungswert des Streufelds, in manchen Fällen aber auch solche mit 90 % (Drahtseile, Abschnitt 2.1.4.3.2) oder gar 99 % (Zahnräder, Abschnitt 2.7.3.3) herangezogen. Entsprechend müssen die Sicherheitsbeiwerte unterschiedlich gewählt werden.

Die statistische Auswertung zahlreicher Einzelversuche führt zu verallgemeinerten, normierten Wöhlerlinien für Schweißverbindungen, ungekerbte und gekerbte Formteile usw. Sie gelten stets für ein festes Spannungsverhältnis R. Bild 1-24 stellt ein Beispiel mit den üblichen Grenzwerten des Streubereichs für die Überlebenswahrscheinlichkeiten 10 und 90 % vor.

1.8.4.2 Betriebsdauerlinien

Außer Wöhlerversuchen werden zunehmend Betriebsfestigkeitsversuche mit gestufter oder regelloser Beanspruchungsfolge (Programm- und Random-Versuche) durchgeführt. Als Ergebnis entstehen Betriebsdauerlinien (Lebensdauerlinien) als Zuordnung von Größtwert der Beanspruchung, Beanspruchungskollektiv und endlicher Betriebsdauer. Diese sind gegenüber der Wöhlerlinie nach rechts verschoben, weil eine mehrstufige Beanspruchung zu einer größeren Betriebsdauer oder zu einer größeren ertragbaren Maximalam-

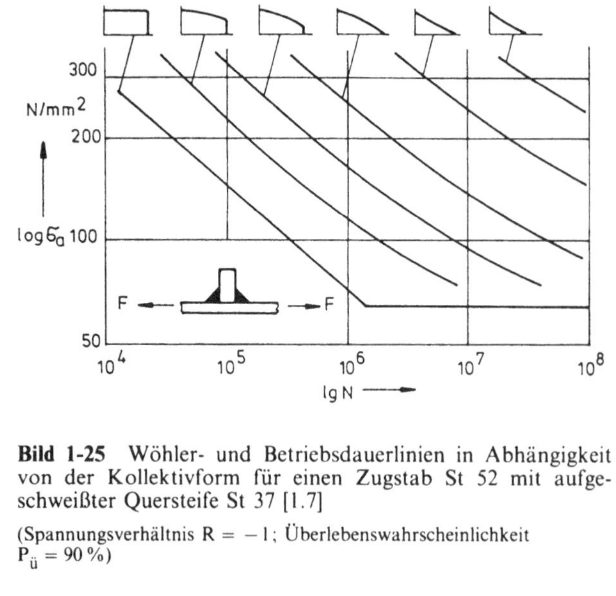

Bild 1-25 Wöhler- und Betriebsdauerlinien in Abhängigkeit von der Kollektivform für einen Zugstab St 52 mit aufgeschweißter Quersteife St 37 [1.7]

(Spannungsverhältnis $R = -1$; Überlebenswahrscheinlichkeit $P_ü = 90\,\%$)

plitude führt. Die Kollektivform spielt eine entscheidende Rolle, s. Bild 1-25. Die Exponenten φ' der Betriebsdauerlinien weichen von denen der Wöhlerlinie etwas ab, man setzt sie jedoch häufig gleich, was eine Parallelverschiebung der Geraden gegenüber der für die Wöhlerlinie zur Folge hat.
Das Maß für diese Parallelverschiebung zu größerer Betriebsdauer ist der *Betriebsfestigkeitsfaktor* γ. Er bezeichnet das Verhältnis des Größtwerts σ_{Be} bzw. σ_1 des Beanspruchungskollektivs zur Dauer- bzw. Zeitfestigkeit σ_D bzw. σ_Z

$$\gamma = \frac{\sigma_{Be}}{\sigma_D} = \frac{\sigma_1}{\sigma_D}; \qquad \gamma^* = \frac{\sigma_{Be}}{\sigma_Z} = \frac{\sigma_1}{\sigma_Z}. \tag{1.19}$$

Im Bild 1-26 können diese Faktoren wegen des doppeltlogarithmischen Netzes als Strecken abgelesen werden.

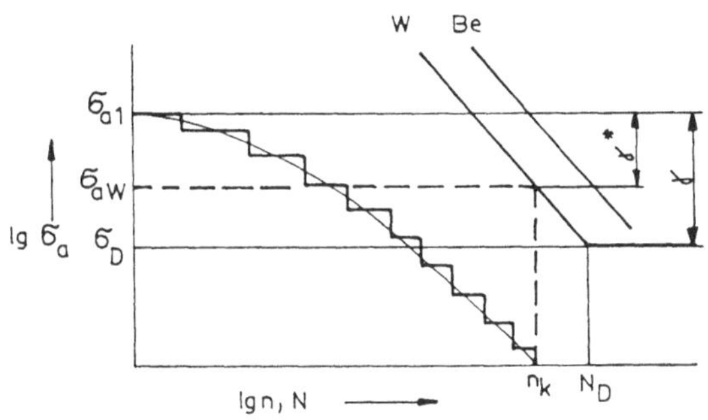

Bild 1-26 Betriebsfestigkeitsfaktoren

1.8.5 Rechnerische Ermittlung der Betriebsdauer

Jede rechnerische Vorausbestimmung der Lebensdauer von Bauteilen steht vor dem Problem, daß die Schädigungsmechanismen nur teilweise bekannt und damit voraussagbar sind. Man muß sich deshalb vorerst mit sehr einfachen Hypothesen für den Schädigungsverlauf bei wiederholter Beanspruchung begnügen. Sie beruhen auf einer linear fortschreitenden Summierung von Teilschädigungen durch den Beanspruchungsprozeß und lassen Wechselwirkungen, Nichtlinearitäten o.ä. außer Acht. Somit ist es nach dem heutigen Stand der Erkenntnisse nicht möglich, die Betriebsdauer (Lebensdauer) von Bauteilen mit einer bestimmten statistischen Sicherheit zu berechnen, sondern man kann sie lediglich abschätzen.

1.8.5.1 Schadenssumme des Beanspruchungskollektivs

Der Grundgedanke der linearen Schadensakkumulation besteht darin, daß jeder Beanspruchungswechsel (Schwingspiel) eine Schädigung bewirkt und daß sich diese Einzelschädigungen linear summieren, bis ein kritischer Schädigungswert erreicht wird, bei dem das Bauteil durch Schwingbruch versagt. In diesem Sinn betragen, wenn von einem gestuften Beanspruchungskollektiv ausgegangen wird:
Schädigung eines Schwingspiels

$$\Delta D_i = 1/N_i;$$

N_i ertragbare Schwingspielzahl bei der Amplitude $\sigma_i = \sigma_{ai}$;

Schädigung einer Beanspruchungsstufe

$$D_i = h_i \Delta D_i = h_i/N_i; \tag{1.20}$$

Schädigung durch das Beanspruchungskollektiv (Schadenssumme)

$$D = \sum_{i=1}^{k} \frac{h_i}{N_i}; \tag{1.21}$$

relative Schädigung einer Beanspruchungsstufe

$$\frac{D_i}{D} = \frac{\dfrac{h_i}{N_i}}{\sum\limits_{i=1}^{k} \dfrac{h_i}{N_i}}. \tag{1.22}$$

Wird für N_i die Wöhlerliniengleichung (1.18) mit $N_i = N$, $\sigma_i = \sigma$ und dem Bezugspunkt N_1, σ_1 für den Größtwert des Kollektivs statt dem für die Dauerfestigkeit N_D, σ_D eingesetzt, entstehen die Ausdrücke

$$D = \frac{\sum\limits_{i=1}^{k} h_i \sigma_i^{\varphi}}{N_1 \sigma_1^{\varphi}}; \qquad \frac{D_i}{D} = \frac{h_i \sigma_i^{\varphi}}{\sum\limits_{i=1}^{k} h_i \sigma_i^{\varphi}}. \tag{1.23}$$

Die Schädigungsfunktion dD/D (Bild 1-27) gibt Auskunft über den relativen Anteil der einzelnen Beanspruchungsstufen an der Gesamtschädigung durch das Beanspruchungskollektiv.

1.8.5.2 Schadensakkumulationshypothesen

Ein Vorschlag zur rechnerischen Bestimmung der Lebensdauer von Kugellagern, den *Palmgren* [1.31] 1924 veröffentlichte, enthielt die erste Fassung einer Hypothese für die lineare Schadensakkumulation. Sie wurde von *Miner* [1.32] verallgemeinert und hat sich als *Miner*-Regel bis in die Gegenwart behauptet. Diese Regel stützt sich auf die nachstehenden Grundannahmen:

- Die Schädigung bei Einstufenbeanspruchung nimmt linear mit der Anzahl der Beanspruchungswechsel (Schwingspiele) zu.
- Die Teilschädigungen verschiedener Beanspruchungsstufen können summiert werden.
- Der Bruch als Versagen des Bauteils tritt ein, wenn die Summe D der Teilschädigungen den Wert $D_{kr} = 1$ als kritische Größe erreicht.

Der Ansatz von *Miner* wurde im Lauf der Zeit modifiziert und damit an neue Erkenntnisse angepaßt, ohne ihn im Grundsatz zu verändern. Tafel 1-5 führt die wichtigsten,

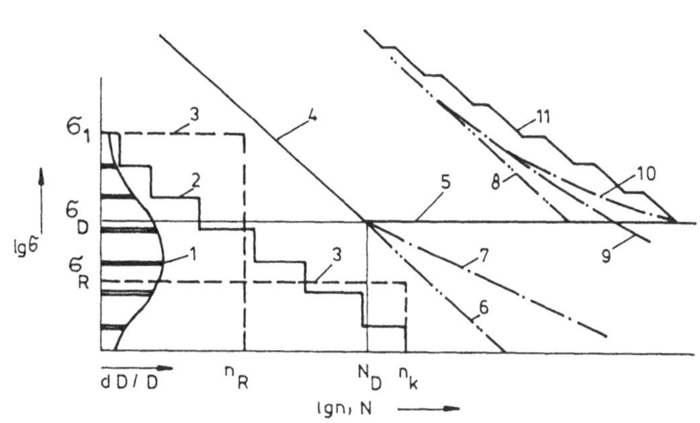

Bild 1-27 Betriebsdauerlinien für verschiedene Schadensakkumulationshypothesen [1.33]

1 Schädigungsfunktion des Beanspruchungskollektivs
2 Beanspruchungskollektiv
3 Rechteck-Ersatzkollektive
4 Wöhlerlinie
5 Verlauf nach *Miner*
6 Verlauf nach *Corten/Dolan*
7 Verlauf nach *Haibach*
8 Betriebsdauerlinie (*Corten/Dolan*)
9 Betriebsdauerlinie (*Haibach*)
10 Betriebsdauerlinie (*Gnilke*)
11 Betriebsdauerlinie (*Miner*)

Tafel 1-5 Schadensakkumulationshypothesen (Bezeichnungen in Klammer: Formen der *Miner*-Regel nach [1.10])

Miner (Originalform)

$$\bar{N} = \frac{\sum_{i=1}^{k} h_i}{\sum_{i=1}^{k} \frac{h_i}{N_i}} = N_D \frac{\sum_{i=1}^{k} h_i}{\sum_{i=1}^{k} h_i \left(\frac{\sigma_i}{\sigma_D}\right)^{\varphi}}; \tag{1.24}$$

Corten/Dolan (elementare Form)

$$\bar{N} = N_1 \frac{\sum_{i=1}^{k} h_i}{\sum_{i=1}^{k} h_i \left(\frac{\sigma_i}{\sigma_1}\right)^{\varphi}}; \tag{1.25}$$

Haibach (modifizierte Form)

$$\bar{N} = N_1 \frac{\sum_{i=1}^{k} h_i}{\sum_{i=1}^{j} h_i \left(\frac{\sigma_i}{\sigma_1}\right)^{\varphi} + \left(\frac{\sigma_1}{\sigma_D}\right)^{\varphi-1} \sum_{i=j+1}^{k} h_i \left(\frac{\sigma_i}{\sigma_1}\right)^{2\varphi-1}}; \tag{1.26}$$

Gnilke (konsequente Form)

$$\bar{N} = N_D \frac{\left(\frac{\sigma_D}{\sigma_1}\right)^{\varphi} \sum_{i=1}^{k} h_i}{\left(\frac{\sigma_D}{\sigma_1}\right)^{\gamma} - \left(\frac{\sigma_{DB}}{\sigma_1}\right)^{\gamma}} \times$$

$$\times \left[\frac{\left(\frac{\sigma_D}{\sigma_1}\right)^{\gamma} - \left(\frac{\sigma_j}{\sigma_1}\right)^{\gamma}}{\sum_{i=1}^{j-1} h_i \left(\frac{\sigma_i}{\sigma_1}\right)^{\varphi}} + \sum_{v=j}^{k} \frac{\left(\frac{\sigma_v}{\sigma_1}\right)^{\gamma} - \left(\frac{\sigma_{v+1}}{\sigma_1}\right)^{\gamma}}{\sum_{i=1}^{v} h_i \left(\frac{\sigma_i}{\sigma_1}\right)^{\varphi}} \right]; \tag{1.27}$$

Exponent: $\gamma = \varphi - 1$ gestufte Beanspruchung
$\gamma = (\varphi - 1)/2$ regellose Beanspruchung;
unterer Wert der Dauerfestigkeit bei Versagen:

$$\frac{\sigma_{DB}}{\sigma_1} = \frac{\sigma_D}{\sigma_B} \quad \text{(in TGL 19350 gleich Null gesetzt).}$$

z.Zt. gebräuchlichen Schadensakkumulationshypothesen in der Form auf, wie sie für den Nachweis der Betriebsdauer $\bar{N}$ gebraucht werden.

Ihr Unterschied liegt darin, wie die Beanspruchungen erfaßt werden, die unterhalb der Dauerfestigkeitslinie liegen (s. Bild 1-27). *Miner* schließt eine Schädigung durch Schwingspiele in diesem Bereich aus. *Corten/Dolan* gehen davon aus, daß keine Dauerfestigkeitsgrenze vorhanden ist, in der Beanspruchung nicht unterschritten wird oder daß man diese Beanspruchungen vernachlässigen kann. Das Verfahren von *Haibach* beruht auf der Überlegung, daß die Dauerfestigkeit mit fortschreitender Schädigung abfällt. Es läßt sich nach einigen Vereinfachungen eine fiktive Fortsetzung der Zeitfestigkeitslinie nach unten mit einem Exponenten $2\varphi - 1$ als Näherung verwenden. *Gnilke* kommt, von einem bruchmechanischen Konzept ausgehend, zu einer ähnlichen Hypothese. Die Verwandtschaft mit der von *Haibach*, aber auch die Unterschiede zu ihr erörtert ausführlich [1.33].

Zu diesen in der Praxis vorzugsweise verwendeten Schadenakkumlationshypothesen sind noch einige Erläuterungen und Ergänzungen angebracht. Die Hypothese von *Miner* in der Schreibweise von Gl. (1.24) entsteht aus dem Ansatz für die bei der kritischen Schadenssumme $D_{kr} = 1$ erreichte Betriebsdauer $\bar{N}$ in Schwingspielen

$$\frac{\bar{N}}{D_{kr}} = \frac{\sum_{i=1}^{k} h_i}{D}. \tag{1.28}$$

Es dürfen nur Stufen oberhalb der Dauerfestigkeit in die Rechnung einbezogen werden. Der zweite Ausdruck auf der rechten Seite der Gl. (1.24) beruht auf dem Einsetzen der Wöhlerliniengleichung (1.18).

Gl. (1.25) stimmt formal mit Gl. (1.24) überein, allerdings wurde als Bezugspunkt der Wöhlerlinie statt der Dauerfestigkeit N_D, σ_D der Größtwert N_1, σ_1 des Beanspruchungskollektivs gewählt. Den Kehrwert des Bruchs in Gl. (1.25) bezeichnet man als *Völligkeitsmaß* des Beanspruchungskollektivs

$$V = \frac{\sum_{i=1}^{k} h_i \left(\frac{\sigma_i}{\sigma_1}\right)^{\varphi}}{\sum_{i=1}^{k} h_i}. \tag{1.29}$$

Bei dieser Kenngröße muß der Bezug auf eine bestimmte Schadensakkumulationshypothese und die Abhängigkeit vom Wöhlerlinienexponenten φ beachtet werden; sie hat keine Allgemeingültigkeit.

Wegen der Proportionalität der ertragbaren Schwingspielzahlen nach der Wöhlerlinie und der Betriebsdauerlinie läßt sich eine vorgegebenes, gestuftes Kollektiv durch ein schädigungsgleiches (schädigungsäquivalentes) Rechteck-Ersatzkollektiv (Einstufenkollektiv) ersetzen [1.10]. Zwei Möglichkeiten sind in das Bild 1-27 eingezeichnet:

a) gleicher Größtwert beider Kollektive, aber neuer Kollektivumfang für das Rechteckkollektiv

$$n_R = \sum_{i=1}^{k} h_i \left(\frac{\sigma_i}{\sigma_1}\right)^{\varphi}; \tag{1.30}$$

b) gleicher Umfang beider Kollektive, aber neuer Größtwert für das Rechteckkollektiv

$$\sigma_R = \sigma_1 \sqrt[\varphi]{\frac{\sum_{i=1}^{k} h_i \left(\frac{\sigma_i}{\sigma_1}\right)^{\varphi}}{\sum_{i=1}^{k} h_i}} = \sigma_1 \sqrt[\varphi]{V}. \tag{1.31}$$

Der Quotient unter der Wurzel entspricht der Völligkeit nach Gl. (1.29), den Quotienten σ_R/σ_1 bezeichnet man auch als Äquivalentfaktor.

Die Gln. (1.26) und (1.27), die den Abfall der Dauerfestigkeit in der Rechnung berücksichtigen, sind als Summe von zwei Teilschädigungen oberhalb und unterhalb der Dauerfestigkeit zusammengesetzt. Bei der Summierung müssen die Stufen i, vom Größtwert σ_1 des Beanspru-

Tafel 1-6 Stufenbereiche für Gln. (1.26) und (1.27)

Bereich	Stufen für Gl. (1.26)	Gl. (1.27)
oberhalb σ_D	1 ... j	1 ... (j − 1)
unterhalb σ_D	(j + 1) ... k	j ... k

chungskollektivs ausgehend, in fallender Richtung aufeinanderfolgend gezählt werden. Weil die Bereichsgrenzen von den Autoren unterschiedlich festgelegt wurden, führt Tafel 1-6 die Stufenbereiche auf.

Gl. (1.27) gibt die Hypothese von *Gnilke* in der Form an, die für eine Wöhlerlinie mit horizontalem Verlauf im Dauerfestigkeitsbereich gilt. In TGL 19350 wird der untere Wert σ_{DB} der Dauerfestigkeit gleich Null gesetzt. Dieser Standard enthält auch eine analoge Gleichung für eine Wöhlerlinie ohne Knickpunkt.

Hinweise auf weitere Schadensakkumulationshypothesen sowie zusätzliche Erläuterungen geben besonders [1.10] [1.33].

1.8.5.3 Unsicherheiten der Betriebsdauerberechnung

Zahlreiche Hinweise und Erfahrungen lassen die Gültigkeit einer rechnerischen Voraussage für die Betriebsdauer von Bauteilen nach den in Tafel 1-5 aufgeführten Schadensakkumulationshypothesen anzweifeln. Es gibt mehrere Versuche, die Ansätze zu verbessern und gewonnenen Erfahrungen anzupassen, z.B. durch eine von Eins abweichende Größe der kritischen Schadenssumme ($D_{kr} \neq 1$), durch eine Veränderung des Wertes der Dauerfestigkeit σ_D. Größere praktische Bedeutung hat ein derartiges Vorgehen bisher nicht erlangt.

Besser ist es, die Hypothesen von vornherein gedanklich nicht zu überfordern [1.7] [1.10]. Der einfache Grundansatz für die *Miner*-Regel ist und bleibt die Voraussetzung, daß man praktisch mit ihr rechnen kann. Weil er die Reihenfolge der Beanspruchungen und damit deren Wechselwirkung, Eigenspannungen und weitere Einflüsse auf den Schädigungsprozeß unbeachtet lassen muß, ergibt sich vom Grundsatz her eine nur ungenaue absolute Größe der Betriebsdauer, d.h. nur eine grobe Schätzung. Die Unsicherheiten eines solchen Schätzwerts müssen durch Erfahrungwerte, ausreichende Sicherheitszuschläge o.ä. ausgeglichen werden, wie dies in den entsprechenden Bemessungsvorschriften beim Nachweis der Ermüdungsfestigkeit auch geschieht.

2 Elemente der mechanischen Ausrüstung

Die nahezu ausschließlich zur Bewegung von Massen bestimmten Fördermaschinen werden in ihren maschinellen Teilen vor allem aus den klassischen Maschinenelementen aufgebaut, deren rechnerische und gestalterische Beherrschung daher auch die Grundlage jeder erfolgreichen Konstruktionsarbeit in der Fördertechnik ist. Trotzdem sind bestimmte Maschinenelemente als typische Bauteile fördertechnischer Maschinen zu bezeichnen, weil sie entweder überwiegend in ihnen angewendet werden, z.B. das Drahtseil und die Kette, oder in diesen Maschinen eine besondere Bedeutung und funktionelle Wertigkeit haben, z.B. die Bremse oder das Laufrad. Zum Teil bestehen eigene Bedingungen für das Verhalten oder für die Berechnung dieser Bauteile.

Erste Aufgabe jedes Arbeits- und Lehrbuchs über die Fördertechnik ist deshalb die Ergänzung der nicht speziell auf das Fachgebiet bezogenen Darlegungen über Maschinenelemente, die natürlich vorauszusetzende, willkommene Grundlage bleiben. Die Auswahl des als notwendig Erachteten ist dem Autor, seinen Erfahrungen, seinen Ansichten, seinem Standpunkt überlassen, wird daneben aber auch durch die Aufgabenstellung für das Buch und den Stand der technischen Entwicklung im Spezialgebiet bestimmt. Da in einer Vervollkommnung der Elemente, in ihrer zweckdienlichen Auswahl und Dimensionierung im Verein mit einer abgewogenen Gesamtdisposition der Maschinen der Schlüssel zum technischen und wirtschaftlichen Erfolg liegt, sollen genügend Ansätze für eine sichere Handhabung und Weiterentwicklung gegeben werden.

Die Beschränkung auf Drahtseil, Kette, Bremse und Laufrad in diesem einführenden Abschnitt kennzeichnet diese Elemente bzw. Baugruppen als im Rahmen des Gesagten typisch und über alle Gebiete der Fördertechnik verbreitet. Ergänzend werden die Kupplungen bzw. Wandler und die Zahnradgetriebe unter dem Gesichtspunkt ihrer Anwendung in den Antrieben der Fördermaschinen behandelt. Dies soll ihre Auswahl erleichtern, keineswegs jedoch den Rückgriff auf die einschlägige Spezialliteratur entbehrlich machen.

2.1 Drahtseile

Drahtseile übertragen Zugkräfte im Zustand der Ruhe als sog. „stehende Seile“ oder im Zustand der Bewegung als „bewegte Seile“. Trotz der einfachen äußeren Form sind innerer Aufbau und Spannungszustand dieser Maschinenelemente sehr kompliziert. Bereits während des Herstellungsprozesses erfahren die Drähte, aus denen das Seil gebildet wird, eine erhebliche Beanspruchung, der sich im Betrieb Zug-, Biege- und Torsionsbeanspruchungen sowie Pressungen überlagern.

Als das Drahtseil durch Oberbergrat *Albert* 1834 in verbesserter Form in die Fördertechnik eingeführt wurde, verdrängte es die Kette aus dem Gebiet der Schachtförderung. Die ständige Vervollkommnung der Ausführung und die weitgehende Anpassung an die Betriebsverhältnisse vergrößerten das Einsatzgebiet schnell auf nahezu alle Fördermaschinen, so daß heute Krane, Bagger, Seilbahnen, Aufzüge, Schachtförderanlagen u.a. in ihrer modernen Gestalt ohne Drahtseile undenkbar wären. Aber auch die Kette wurde als Maschinenelement weiterentwickelt und hat überall dort Bedeutung, wo ihre Vorzüge genutzt werden können, z.B. in Stetigförderern.

Die besonderen Eigenschaften des Drahtseils entstehen dadurch, daß es aus nebeneinanderliegenden, dünnen Einzelelementen großer Länge aufgebaut ist, während die Kette aus kompakten, hintereinander angeordneten Einzelstücken besteht, die gelenkig miteinander verbunden sind. Als Vorteile weist das Drahtseil eine kleine Eigenmasse bei großer Bruchkraft und infolge seiner gleichmäßigen Oberfläche einen stoßfreien Lauf auch bei hoher Geschwindigkeit auf. Ein Versagen des gesamten Seils durch gleichzeitiges Reißen aller Drähte im Querschnitt ist bei natürlichem Verschleiß und ordnungsgemäßer Überwachung während des Betriebs praktisch ausgeschlossen, weil bei kurzzeitiger Überlastung oder beim Erreichen der Betriebsdauergrenze zunächst nur einzelne Drähte brechen und damit auf die Minderung der Tragfähigkeit hinweisen. Nachteilig sind die Korrosionsanfälligkeit des Drahtseils infolge seiner großen Oberfläche, die erforderlichen großen Umlenkdurchmesser und die Empfindlichkeit gegenüber hohen Temperaturen.

Die Kette erlaubt wegen der ausgeschlossenen Biegebeanspruchung sehr kleine Umlenkdurchmesser, ist unempfindlich gegen Korrosion und äußeren Verschleiß, kann jedoch nur mit wesentlich geringeren Geschwindigkeiten betrieben werden. Gegenüber höheren Temperaturen sind unvergütete Ketten beständiger als Drahtseile; bei tiefen Temperaturen besteht jedoch die Gefahr des Sprödbruchs, die durch Alterung des Werkstoffs verstärkt wird.

Über Herstellung, Eigenschaften und Anwendung von Stahldrähten und Drahtseilen informieren umfassender [2.1] bis [2.5].

2.1.1 Aufbau und Eigenschaften

Die genannte Anpassung der Drahtseile an die erweiterten Aufgaben und gestiegenen Anforderungen hat zur Entwicklung unterschiedlicher konstruktiver Ausführungen geführt, in denen sich auch die technische Weiterentwicklung zu größerer Betriebsdauer ausdrückt. Zum besseren Verständnis der Eigenschaften dieser Seilkonstruktionen müssen zunächst die wichtigsten Merkmale des Herstellungsverfahrens aufgeführt werden.

2.1.1.1 Herstellung

Wie es bereits der Name ausdrückt, ist der Draht das Konstruktionselement des Drahtseils. Er besteht aus unlegiertem Stahl mit einem Kohlenstoffgehalt zwischen 0,4 und 1,0 %, an dessen Reinheit hohe Ansprüche gestellt werden. Der Phosphor- und Schwefelgehalt darf je 0,04 % nicht übersteigen.

Der warmgewalzte Rohdraht erhält seine hohe mechanische Festigkeit durch eine Folge von Kaltziehprozessen mit relativ großer Querschnittsabnahme, zwischen die Beiz- und Vergütungsprozesse eingeschaltet werden. Das Patentieren, als speziell bei der Drahtherstellung benutztes Vergütungsverfahren, besteht in einem Erhitzen auf 30 ... 40 K oberhalb des A_{c3}-Punktes mit nachfolgendem Abschrecken im Salz- oder Bleibad bei Temperaturen zwischen 400 und 600 °C, selten in Luft. Dadurch erhält der Draht das erwünschte sorbitische Vergütungsgefüge.

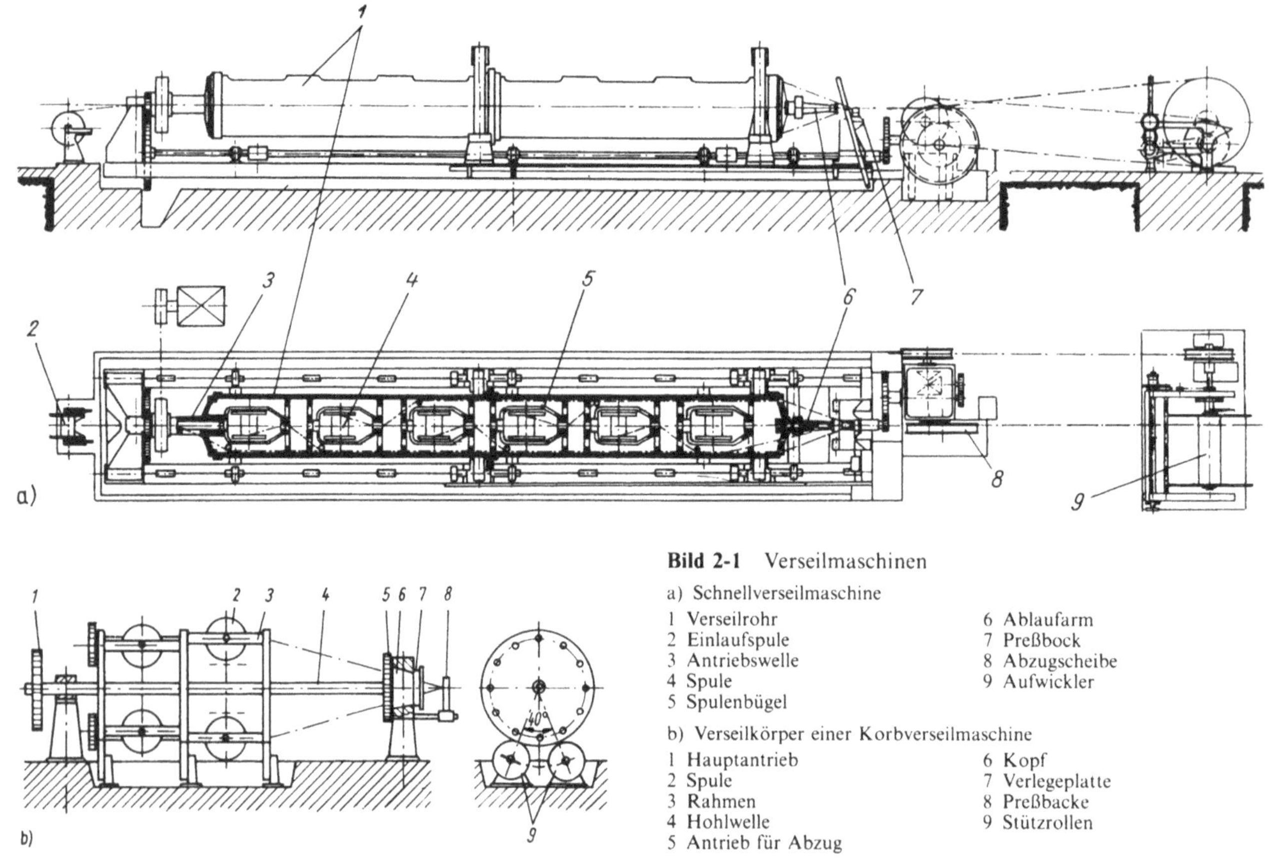

Bild 2-1 Verseilmaschinen

a) Schnellverseilmaschine

1 Verseilrohr
2 Einlaufspule
3 Antriebswelle
4 Spule
5 Spulenbügel
6 Ablaufarm
7 Preßbock
8 Abzugscheibe
9 Aufwickler

b) Verseilkörper einer Korbverseilmaschine

1 Hauptantrieb
2 Spule
3 Rahmen
4 Hohlwelle
5 Antrieb für Abzug
6 Kopf
7 Verlegeplatte
8 Preßbacke
9 Stützrollen

Runddrähte für Drahtseile werden mit Nenndurchmessern zwischen 0,2 und 5 mm und mit Nennzugfestigkeiten von 1370 ... 1960 N/mm^2, in Sonderfällen bis 2450 N/mm^2 hergestellt. Formdrähte, die als Keil-, Z-, oder X-Drähte zum Querschnittsaufbau verschlossener Spiralseile gebraucht werden, erreichen wegen der geringeren Querschnittsabnahme beim Ziehen etwas kleinere Zugfestigkeiten zwischen 800 und 2000 N/mm^2.

Um den Korrosionswiderstand zu erhöhen, wird dem Drahtwerkstoff zuweilen bis 0,3 % Kupfer zugesetzt. Einen wirksameren Korrosionsschutz bietet das Verzinken, weil die Zinkschicht nicht nur die Stahloberfläche gegen die Atmosphäre isoliert, sondern als unedlerer Bestandteil des galvanischen Elements Zink–Eisen den Sauerstoff des Elektrolyten bindet und dadurch auch eine Schutzwirkung auf Drahtstellen ausübt, an denen der Zinküberzug durch äußere Einflüsse beschädigt wurde.

Der Zinküberzug wird vorzugsweise im Tauchbad als Feuerverzinkung aufgebracht. Für normale Ansprüche genügt die Ausführung verzinkt gezogen (normalverzinkt); bei stärkerem Korrosionsangriff durch Nässe, Salze, Säuren usw. ist starkverzinkt gezogen (dickverzinkt) mit einer Auflage von etwa doppelter Dicke vorteilhafter. Ein schlußverzinkter Draht ist erst nach dem letzten Ziehvorgang verzinkt worden.

Durch das Verzinken tritt ein Abfall der Zugfestigkeit um 5 ... 10 %, aber auch eine Steigerung der Dehnung auf. Bei anschließend fertiggezogenem Draht wird dieser Verlust wieder ausgeglichen. Dagegen verbleibt bei jeder Art der Verzinkung eine Minderung der Dauerfestigkeit. Dessen ungeachtet, erhöht die geringere Korrosionsanfälligkeit i.allg. die Betriebsdauer.

Die Seildrähte werden nach Prüfung und Freigabe auf Verseilmaschinen unter intensiver Schmierung zu Drahtseilen weiterverarbeitet. Durch den Verseilvorgang erhalten die Drähte bzw. Litzen eine schraubenförmige Lage in der Litze bzw. im Seil. Nach der Anzahl der aufeinanderfolgenden Verseilprozesse unterscheidet man ein-, zwei- und dreifach verseilte Drahtseile.

Besonders wirtschaftlich sind Schnellverseilmaschinen wegen ihrer zwischen 500 und 3000 U/min liegenden hohen Drehzahlen (Bild 2-1a). Mit ihnen werden vorzugsweise Litzen, Spiralseile und einlagige Litzenseile hergestellt. Eine höhere Seilqualität läßt sich mit den langsamer laufenden Korbverseilmaschinen (Bild 2-1b) erzielen, weil bei ihnen durch Rückdrehung der Spulen keine Torsionsmomente in den verseilten Drähten bzw. Litzen hervorgerufen werden. Mehrlagige Litzenseile und Seile für die Schachtförderung werden stets auf derartigen Maschinen gefertigt.

Zwei- bzw. dreifach verseilte Drahtseile erhalten eine Einlage aus Naturfasern (Sisal-, Manilahanf) oder Chemiefasern (Polypropylen, Polyamid, Polyester). Sie erfüllt grundsätzlich zwei Aufgaben, die elastische Stützung der Litzen und die Speicherung von Schmierstoff, durch den die Litzengassen geschlossen bleiben und das Eindringen von Wasser, Staub o.ä. verhindert wird. Durch eine Stahlseileinlage läßt sich die Querfestigkeit eines Drahtseils erhöhen, allerdings unter Verzicht auf die Innenschmierung und die elastische Stützung der Litzen als die Betriebsdauer fördernde Einflüsse.

Der Seilschmierstoff schützt Einlage und Drähte vor Verrottung bzw. Korrosion und vermindert die Reibung zwischen den Drähten. Er darf jedoch bei einem Treibscheibenantrieb (s. Abschnitt 2.2.5) die äußere Reibung zwischen Scheibe und Seil nicht unzulässig herabsetzen [2.6].

Tiefe Temperaturen bis $-60\,°C$ werden vom Drahtwerkstoff und von der Fasereinlage ohne wesentliche Minderung der Dauerfestigkeit ertragen. Allerdings verhärten die üblichen Seilschmierstoffe auf Bitumenbasis bei Temperaturen unter-

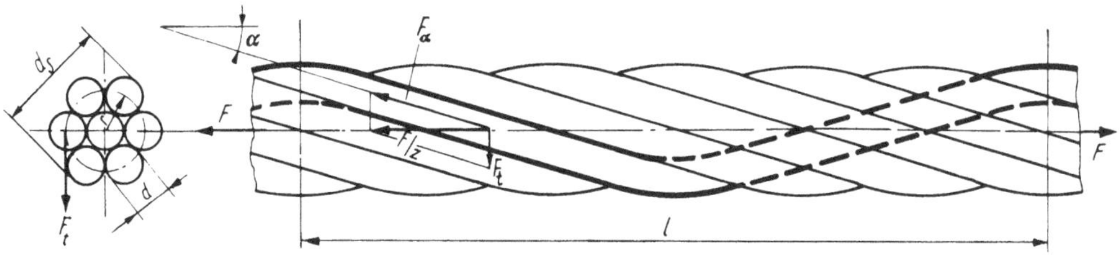

Bild 2-2
Grundform
eines Drahtseils

halb $-10\,°C$ und senken dadurch die Lebensdauer der Seile unter die von ungeschmierten Seilen [2.7]. Für Einsatztemperaturen im Bereich $0 \ldots -60\,°C$ sollten deshalb Seile mit einem frostbeständigen Spezial-Schmierstoff verwendet werden [2.8].
Für den Verseilprozeß sind drei Größen maßgebend: Schlagwinkel α, Schlaglänge l und Schlagrichtung (Bild 2-2). Diese Größen müssen genau den Durchmessern von Draht d, Litze d_L und Seil d_S angepaßt sein, um einen festen Litzen- bzw. Seilverband zu erzielen.

2.1.1.2 Einfach verseilte Drahtseile

Obwohl die verseilten Drähte tatsächlich Schraubenlinien bilden, nennt man einfach verseilte Drahtseile allgemein *Spiralseile*. Um ihre Drehneigung zu vermindern, siehe Abschnitt 2.1.1.5, werden die aufeinanderfolgenden Drahtlagen mit jeweils entgegengesetzter Schlagrichtung verseilt. Wegen der größeren Drahtdurchmesser und des hohen Füllgrads

$$\varkappa = \frac{A_M}{A_S} = \frac{\text{metallische Querschnittsfläche}}{\text{Fläche des umschriebenen Kreises}} \qquad (2.1)$$

von 0,75 bis 0,90 sind diese Seile wenig biegsam, eignen sich jedoch zur Übertragung großer Zugkräfte.
Die offene Ausführung des Spiralseils aus gleich großen Runddrähten (Bild 2-3a) hat den Nachteil, daß ein gebrochener Draht der Außenlage auf eine weite Strecke aus dem Seilverband heraustreten kann. Außerdem dringen leicht Wasser und Schmutz ein.
Das halb-, besonders aber das vollverschlossene Spiralseil weist diese beiden Nachteile nicht auf. Die Außenlagen haben durch entsprechend geformte Drähte Formschluß, so daß ein einzelner gebrochener Draht meist im Seilverband festgehalten wird (Bild 2-3b und c). Das vollverschlossene Seil wird auch so dicht verseilt, daß ein Eindringen korrosiver Medien weitgehend ausgeschaltet bleibt. Der kompakte Aufbau macht es für relativ hohe Querbelastungen ohne zu große Deformation des Querschnitts geeignet. Die etwas geringere Zugfestigkeit der Formdrähte wird durch den erzielten größeren Füllgrad ausgeglichen. Sehr günstig wirkt sich die glatte Oberfläche aus, wenn Laufräder über ein verschlossenes Seil als Tragseil rollen; der Verschleiß wird verringert, die Laufruhe verbessert.
Spiralseile in offener Machart werden in ein- bis dreilagiger Ausführung mit 7 bis 37 um einen Kerndraht geschlagenen Drähten und Seildurchmessern von 9 bis 42 mm sowie rechnerischen Bruchkräften bis 1500 kN hergestellt. Vollverschlossene Spiralseile, die die halbverschlossenen Macharten fast völlig verdrängt haben, verseilt man in sehr vielgestaltigem Querschnittsaufbau mit Durchmessern zwischen 18 und 150 mm sowie mit rechnerischen Bruchkräften des gesamten Seilstrangs bis 15 MN.

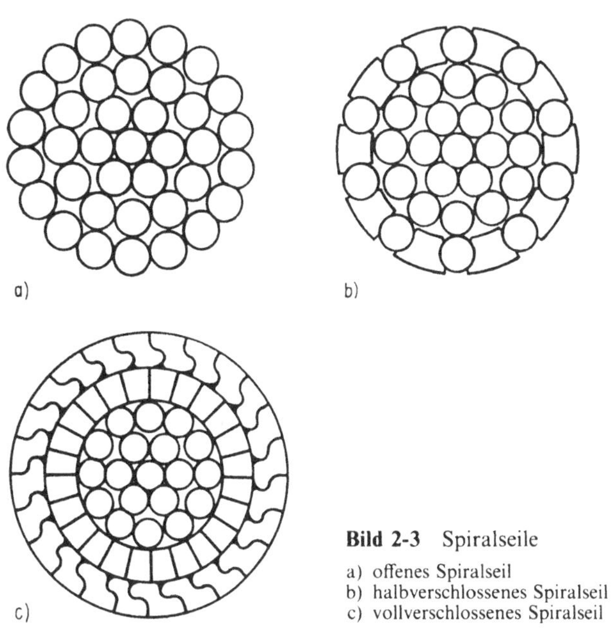

Bild 2-3 Spiralseile
a) offenes Spiralseil
b) halbverschlossenes Spiralseil
c) vollverschlossenes Spiralseil

2.1.1.3 Zweifach verseilte Drahtseile

Für zweifach verseilte Drahtseile werden in einem ersten Verseilvorgang Litzen aus verhältnismäßig dünnen Runddrähten hergestellt, aus denen dann im zweiten Verseilprozeß das Litzenseil geschlagen wird. Durch Variation des Litzenaufbaus, der Anzahl und Lagen von Litzen sowie deren Schlagrichtung im Seil entsteht eine große Vielfalt von Seilkonstruktionen, von denen hier nur wenige grundlegende aufgeführt werden können.

2.1.1.3.1 Litzen

Litzen stellt man in zwei geometrischen Formen her und bezeichnet sie als *Rundlitzen* (Bild 2-4) und *Formlitzen* (Bild 2-5). Im Gegensatz zum Spiralseil haben in einer Litze die Drähte aller aufeinanderfolgenden Lagen fast immer die gleiche Schlagrichtung.
Bei den Rundlitzen gibt es zwei Macharten. Eine Litze in *Normalmachart* (Standardverseilung, Bild 2-4a) besteht aus Drähten gleichen Durchmessers, die in allen Drahtlagen mit gleichen Schlagwinkeln α_L verseilt werden (Bild 2-6a). Dies hat ungleiche Schlaglängen l_L und damit Drahtüberkreuzungen in der Litze zur Folge. Dagegen werden Litzen in *Parallelmachart* (Parallelverseilung) so verseilt, daß die Drähte der verschiedenen Lagen die gleichen Schlaglängen aufweisen and dadurch stets parallel zu den von ihnen berührten Drähten der anderen Lage liegen (Bild 2-6b). Die Konstruktion einer solchen Litze erfordert Drähte unterschiedlichen Durchmessers, und die Hauptarten (Bild 2-4b bis d) lassen mit vertretbaren Drahtdicken nur Seile bis zu einem bestimmten Durchmesser zu.
Größere Bedeutung haben deshalb Kombinationen, von denen sich die *Seale-Warrington-Litze* (Bild 2-4e) und die *Seale-Verbundlitze* (Bild 2-4f) wegen ihres größeren Verschleißvolumens infolge ihrer dickeren Außendrähte besonders bewährt haben. Bei der letztgenannten Litze ist um einen Litzenkern in Normalmachart eine Seale-Außenlage

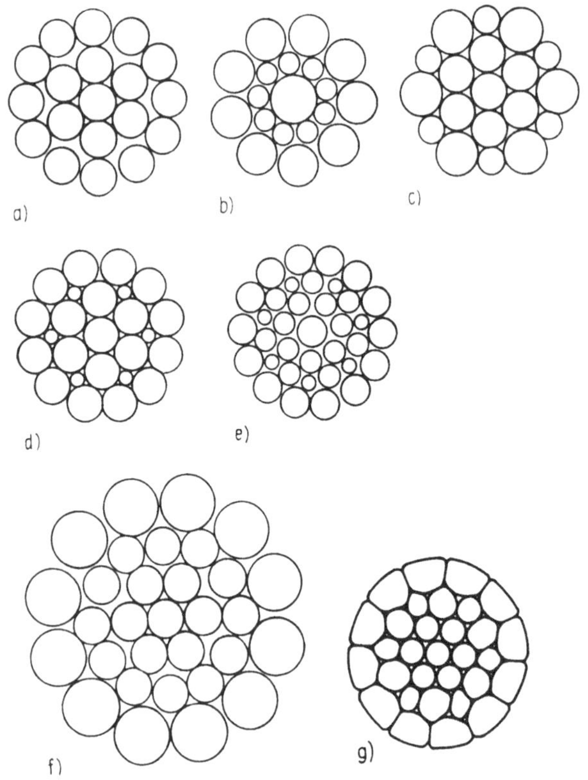

Bild 2-4 Querschnitte von Rundlitzen

a) Normallitze
b) Seale-Litze
c) Warrington-Litze
d) Fülldraht-Litze
e) Seale-Warrington-Litze
f) Seale-Verbundlitze
g) nachgezogene (verdichtete) Litze

mit dickeren Drähten geschlagen. *Warrington-Verbundlitzen*, die aus einem Warringtonkern und einer Außenlage in Normalmachart bestehen, werden seltener verwendet, weil sich ihre Außenlage im Betrieb leicht lockert.
Drahtseile in Parallelmachart haben inzwischen die Seile in Normalmachart als Zugseile fast vollständig verdrängt. Sie erreichen wegen des Wegfalls der sekundären Biegespannungen, s. Abschnitt 2.1.2.1, eine höhere Betriebsdauer.
In jüngster Zeit werden auch nachgezogene und damit im Querschnitt *verdichtete Litzen* verwendet (Bild 2-4g). Sie verbessern den Füllgrad des Seils, verringern die Pressungen und können dadurch die Aufliegedauer von Litzenseilen spürbar erhöhen.
An Formlitzen gibt es Dreikant- und Flachlitzen (Bild 2-5). Die *Dreikantlitze* besteht i.allg. aus drei Drahtlagen, der Litzenkern aus einem, dreimal zwei oder drei Drähten bzw. aus einem dreikantförmigen Draht. In einer *Flachlitze* werden 1 bis 3 Drahtlagen, ohne Einlage oder um eine Einlage aus Aluminium oder Polypropylen, verseilt. Das mit Formlitzen angestrebte Ziel ist die Verbesserung der Schmiegung an den Außenflächen des Seils.

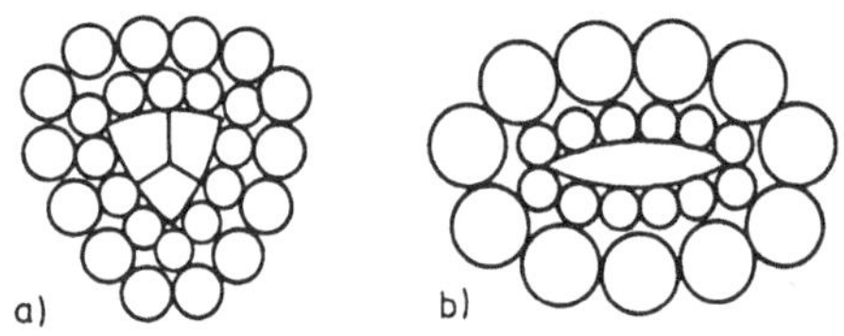

Bild 2-5 Querschnitte von Formlitzen

a) Dreikantlitze
b) Flachlitze

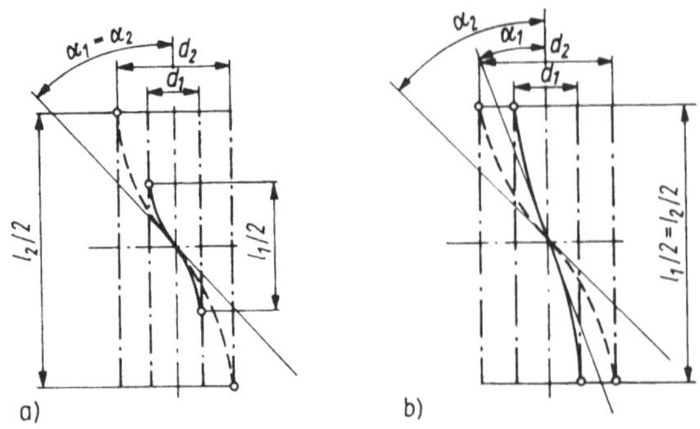

Bild 2-6 Schlagwinkel und Schlaglänge von Seillitzen

a) Normalmachart
b) Parallelmachart

2.1.1.3.2 Einlagige Litzenseile

Litzenseile (Bild 2-7) sind biegsamer als Spiralseile und eignen sich deshalb als bewegte, über Scheiben und Rollen geführte Seile. Dafür reagieren sie empfindlicher auf Querbelastung, Korrosion und Verschleiß. Der Füllgrad einlagig verseilter Litzenseile liegt im Bereich $\varkappa = 0{,}46 \ldots 0{,}52$, bei Stahlseileinlagen in der Nähe von 0,57, in beiden Fällen somit erheblich unter dem von Spiralseilen.
Rundlitzenseile (Bild 2-7a und b) herrschen vor, Dreikant- und Flachlitzenseile werden vor allem in Schachtförderanlagen mit Treibscheibenantrieben eingesetzt. Das *Dreikantlitzenseil* verliert gegenwärtig an Bedeutung, das *Flachlitzenseil* wird nur selten in einlagiger, mehr dagegen in mehrlagiger Ausführung hergestellt, s. den folgenden Abschnitt.
Unabhängig von der Machart der Litzen können die Schlagrichtungen von Litze und Seil unterschiedlich sein (*Kreuzschlag*, Bild 2-8a, b) oder übereinstimmen (*Gleichschlag*, Bild 2-8c, d). Gleichschlagseile sind biegsamer als Kreuzschlagseile, haben eine glattere Oberfläche und eine geringere Pressung zwischen den Drähten. Dies wirkt sich bei Prüfstandversuchen [2.9] [2.10] fördernd auf die Lebensdauer aus. Allerdings weisen Gleichschlagseile einen beträchtlichen Belastungsdrall auf, s. Abschnitt 2.1.1.5. Damit sich frei hängende Hubmassen dadurch nicht ebenfalls drehen, müssen sie geführt oder mit zwei Gleichschlagseilen unterschiedlicher Schlagrichtung gehoben werden.
Erfahrungen in Einsatz von Gleichschlagseilen zeigen jedoch, daß es vielfach nicht möglich ist, mit Sicherheit einen Drallverlust und damit eine Lockerung des Gefüges beim Auflegen oder im Betrieb der Seile zu verhindern. Dies kann die tatsächlich erreichte Betriebsdauer erheblich mindern. Aus diesem Grund werden Kreuzschlagseile trotz ihrer genannten Nachteile wegen ihrer geringeren Empfindlichkeit gegen Entlastung neuerdings wieder vorgezogen.

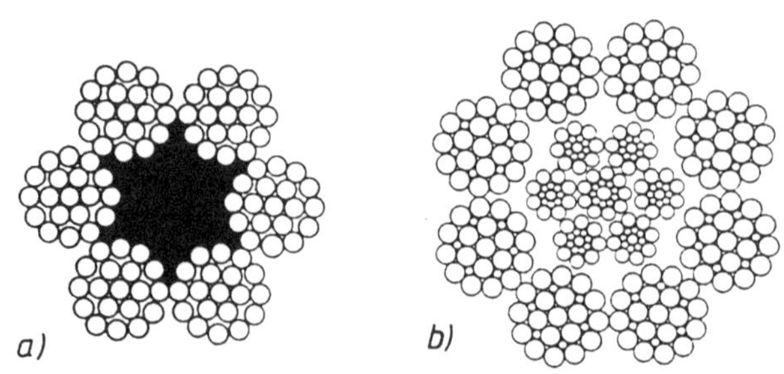

Bild 2-7 Einlagige Litzenseile

a) Rundlitzenseil mit Fasereinlage
b) Rundlitzenseil mit Stahlseileinlage

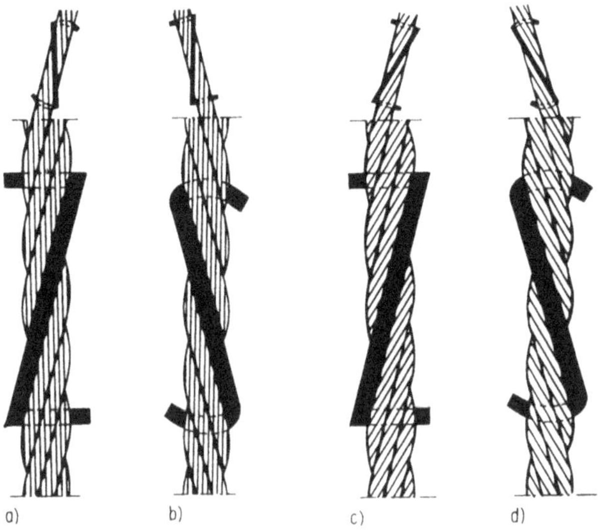

Bild 2-8 Schlagrichtung

a) Kreuzschlag, rechtsgängig (sZ)
b) Kreuzschlag, linksgängig (zS)
c) Gleichschlag, rechtsgängig (zZ)
d) Gleichschlag, linksgängig (sS)

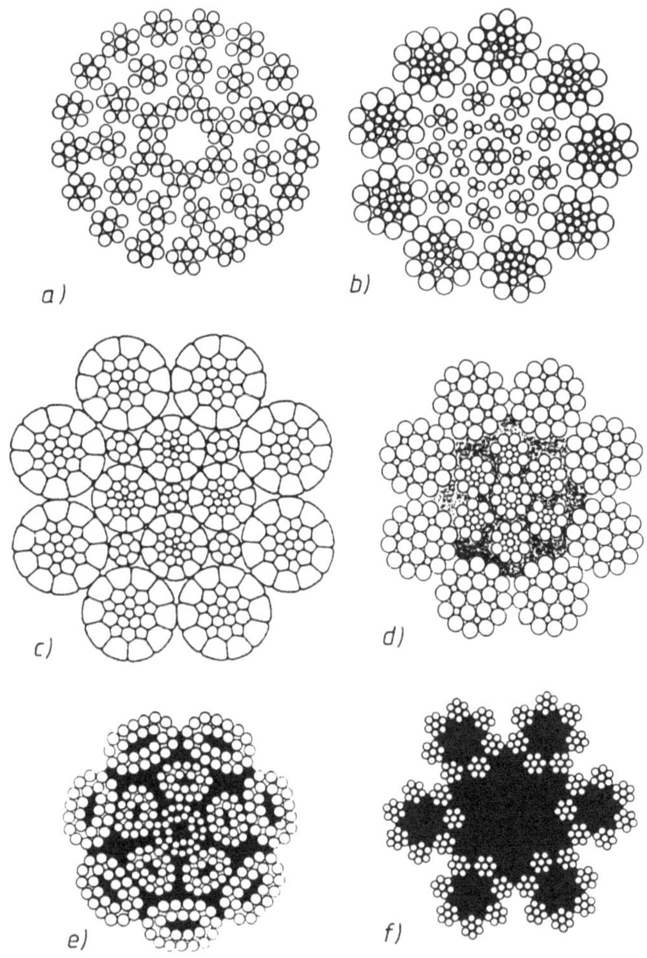

Bild 2-9 Mehrlagige Litzenseile

a) Rundlitzenseil mit Litzennormalschlag, drehungsfrei
b) Rundlitzenseil mit Litzenparallelschlag
c) Rundlitzenseil aus verdichteten Litzen
d) Rundlitzenseil mit Kunststoffzwischenlage
e) Flachlitzenseil, dreilagig
f) Kabelschlagseil

2.1.1.3.3 Mehrlagige Litzenseile

Nach [2.5] haben die aus mehreren Litzenlagen geschlagenen Litzenseile in den vergangenen Jahren die vielseitigste Entwicklung erfahren. Sie verbessern gegenüber den einlagigen Litzenseilen die Querschnittsausnutzung, die Formstabilität, ohne daß, wegen ihres viellitzigen Aufbaus, die Biegsamkeit herabgesetzt wird. Eine rechnergestützte Konstruktion und Fertigung haben wesentlich zu dieser Qualitätssteigerung beigetragen.

Eine Kombination von Litzen- und Spiralseil bedeutet das *mehrlagige Rundlitzenseil*, das in zwei Grundausführungen angeboten wird. Das *Spiral-Rundlitzenseil* im Bild 2-9a ist durch Wechsel der Schlagrichtung von Lage zu Lage und geeignete Querschnittsausbildung nahezu drehungsfrei (s. Abschnitt 2.1.1.5) und eignet sich deshalb für einsträngig hängende ungeführte Lasten auch bei großer Hubhöhe. Der Füllgrad beträgt $\varkappa = 0{,}52 \ldots 0{,}60$. Da Drahtkreuzungen zwischen den Litzen nicht ausgeschlossen werden können, besteht bei diesem Seil die Gefahr, daß es von innen her zerstört wird.

Beim *Parallel-Rundlitzenseil* (Bild 2-9b) liegen alle Drähte auch zwischen den einzelnen Litzen parallel; dies führt zu einer wesentlichen Steigerung der Betriebsdauer. Allerdings ist ein solches Seil nicht drehungsarm; der Füllgrad erreicht aber 0,62 ... 0,68.

Moderne Seilkonstruktionen vergrößern den für die Belastungsfähigkeit maßgebenden Füllgrad durch Einsatz nachgezogener Litzen noch weiter (Bild 2-9c). Zwischenlagen aus Polymeren, in die ein Schmiermittel eingearbeitet ist, stabilisieren das Seil, schließen eine Flankenberührung der Litzen aus, verhindern das Eindringen von Wasser und Schmutz und dämpfen dynamische Seilkräfte (Bild 2-9d). Bild 2-9e zeigt schließlich das bereits erwähnte *dreilagige Flachlitzenseil*, wie es für die Schachtförderung benutzt wird.

2.1.1.4 Besondere Seilkonstruktionen

Schiffsseile oder andere von Hand um Poller u. dgl. zu legende Seile erhalten extreme Biegsamkeit durch dreifache Verseilung, man nennt sie *Kabelschlagseile*. Wie Bild 2-9f erkennen läßt, sind die dünnen Drähte zu Litzen verseilt, im zweiten Arbeitsgang um eine Faserstoffeinlage zu Schenkeln geschlagen und schließlich um eine dickere zentrale Faserstoffeinlage zum Seil verseilt. Derartige Seile weisen nur einen Füllgrad von etwa 0,33 auf, sind sehr empfindlich gegenüber Querbelastung und erreichen nur eine geringe Betriebsdauer.

Wenn man vier Litzen mit paarweise gegenläufiger Schlagrichtung zu einem Schenkel verseilt, mehrere Schenkel nebeneinanderlegt und durch Nähen oder Nageln verbindet, entsteht ein *Flachseil* (Bild 2-10), das bei gerader Schenkelzahl nahezu drehungsfrei ist. Da sich ein solches Seil gut biegen läßt, wird es gern als Unterseil von Aufzügen oder Schachtförderanlagen, als Förderseil sowie als Anschlagseil verwendet.

Eine ähnliche Konstruktion, das *Flechtseil*, wird aus einer geraden Anzahl von Rundlitzen, jeweils paarweise mit unterschiedlicher Schlagrichtung, geflochten.

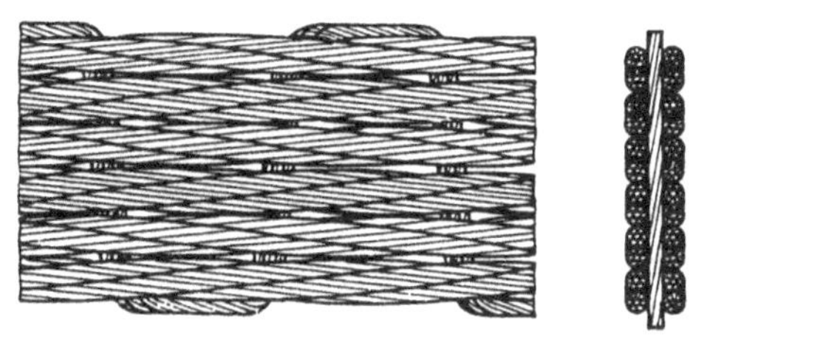

Bild 2-10 Flachseil

2.1.1.5 Seildrall

Das Verseilen erzeugt im Drahtseil das als Drall bezeichnete Bestreben, sich wieder aufzudrehen. Dieser Drall setzt sich aus zwei Anteilen zusammen:

a) Der *Herstellungsdrall* entsteht infolge der nach plastischer Verformung verbleibenden elastischen Restspannungen. Er führt zu einem besenartigen Aufspringen nicht abgebundener Seilenden und vergrößert den Biegewiderstand des Seils.
b) Der *Belastungsdrall* tritt dadurch auf, daß sich die Neigungswinkel (Schlagwinkel) der Drahtachsen bei einer Beanspruchung und damit Verformung in Längsrichtung verkleinern. Eine axial wirkende Zugkraft F steht im Gleichgewicht mit der in Längsrichtung der Drahtachse wirkenden Kraft F_a und einer Tangentialkraft F_t (Bild 2-2), die ein anteiliges Drehmoment um die Mittelachse verursacht.

Weil der Herstellungsdrall die Handhabung der Seile erschwert und deren Lebensdauer verringert, wird er häufig durch plastisches Vor- oder Nachformen verringert. Beim Tru-Lay-Verfahren formt man die Drähte vor dem Verseilen mit Rolleneinrichtungen zu Schraubenlinien vor; beim Pawo-Verfahren wird das fertige Seil durch starkes Biegen und Recken nach dem Verseilen in verschiedenen Ebenen nachgeformt. Möglich sind auch tordierende Beanspruchungen und Kombinationen mehrerer Verfahren. Das spannungsarme Drahtseil springt an freien Enden nicht mehr auf, braucht somit weniger Aufwand für das Abbinden und läßt sich leichter biegen.
Der Belastungsdrall kann nur durch besonderen Aufbau des Seils gemildert oder fast beseitigt werden. Gleichschlagseile mit gleicher Schlagrichtung von Drähten und Litzen sind stets sehr drallstark, eignen sich somit nur für geführte oder zweisträngig hängende Lasten. Im Kreuzschlagseil wirkt der Drall von Drähten und Litzen entgegengesetzt; es überwiegt allerdings der Litzendrall, so daß sich auch ein solches Seil unter Belastung etwas aufdreht, bis der Gleichgewichtszustand hergestellt ist. Für kleine Hubhöhen reicht das Kreuzschlagseil auch bei ungeführten, einsträngig hängenden Lasten aus.
Drehungsfrei wird ein Seil, wenn sich die geometrisch bedingten Drehmomente aller Drähte und Litzen genau aufheben. Stark vereinfachend gilt dafür folgende Näherungsgleichung:

$$\sum(A_{\mathrm{MD}} r_{\mathrm{D}} \sin\alpha_{\mathrm{D}}) + \sum(A_{\mathrm{ML}} r_{\mathrm{L}} \sin\alpha_{\mathrm{L}}) = 0; \tag{2.2}$$

A_M Fläche des Draht- bzw. Litzenquerschnitts,
r Grundkreisradius der Schraubenlinie,
α Schlagwinkel,
D Index für Drähte,
L Index für Litzen.

Diese Gleichung vernachlässigt die Formänderung des Seils unter Belastung, sie hat nur orientierende Bedeutung. Gegenwärtig werden für den Entwurf optimaler Seilkonstruktionen Rechenprogramme genutzt, die alle wesentlichen Einflußgrößen auf die Seildrehung erfassen. [2.11] [2.12] geben neuere Rechenansätze und Ergebnisse von Messungen für das Drehmoment des Seils an.
Drehungsfreie Litzenseile müssen mindestens drei Lagen haben, s. Bild 2-9a. Sie eignen sich für einsträngige Lastaufhängung auch bei großen Hubhöhen. Wegen der unvermeidlichen Fertigungstoleranzen weisen theoretisch drehungsfreie Seile allerdings unter Belastung stets noch eine Restdrehung auf und können deshalb nur als drehungsarm bezeichnet werden.

2.1.2 Beanspruchung und Betriebsdauer

Als Zugelement wird das Drahtseil hauptsächlich durch Zugkräfte belastet. Pressungen und Biegebeanspruchungen des Seils treten zusätzlich bei bewegten Seilen während des Laufs über Rollen, Scheiben und Trommeln, bei stehenden Seilen durch das Überrollen von Laufrädern auf. Die inneren Beanspruchungen, d.h. der Spannungszustand, eines Drahtseils sind infolge des komplizierten Gefüges außerordentlich komplex. Sie werden seit langem wissenschaftlich untersucht, jüngere Arbeiten [2.13] bis [2.15] geben Auskunft über den derzeitigen Stand und das einschlägige Schrifttum. Es ist gelungen, gestützt auf Prüfstandversuche [2.9] [2.10] [2.16] [2.17] und Betriebserfahrungen, Bemessungsverfahren zu entwickeln, die auf diesen Spannungszustand bezogen sind, s. Abschnitt 2.1.4.3. Zu deren Verständnis ist die Kenntnis der wichtigsten Spannungen und ihrer Ursachen erforderlich.

2.1.2.1 Seilspannungen

Neben den Herstellungsspannungen, d.h. den im Seildraht nach seiner mehrfachen plastischen Verformung verbliebenen elastischen Restspannungen, treten unter den Betriebsbelastungen des Drahtseils Zugspannungen, Biegespannungen und Pressungen (Druckspannungen) auf. Um rechnerische Ansätze für diese Spannungen zu gewinnen, sind bestimmte vereinfachende Annahmen zu treffen.
Als Primärspannungen werden nach [2.18] die bereits im unverseilten, reibungsfrei aufliegenden Draht auftretenden Spannungen bezeichnet. Sie setzen sich aus der ideellen Zugspannung σ_z als Grundbeanspruchung und einer durch Krümmung des Drahts erzeugten primären Biegespannung σ_{b1} zusammen. Zur Berechnung wird das Seil zu einem Bündel reibungsfrei nebeneinanderliegender Drähte idealisiert, eine Modellvorstellung, die trotzt aller Versuche zur genaueren Erfassung der tatsächlichen geometrischen Verhältnisse auch heute noch wegen der guten Entsprechung mit Versuchsergebnissen beibehalten wird.
Gemäß dieser Annahme erfährt ein Drahtseil mit der Fläche A_M des metallischen Querschnitts durch die Zugkraft F die *primäre Zugspannung*

$$\sigma_z = \frac{F}{A_M} = \frac{F}{\varkappa A_S} \tag{2.3}$$

mit dem Füllgrad $\varkappa$ laut Gl. (2.1).

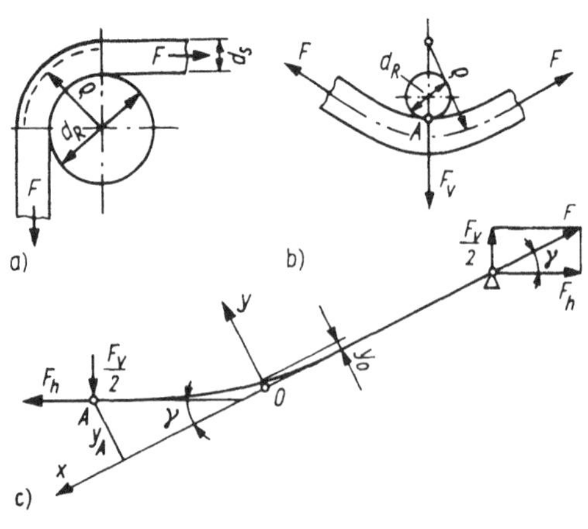

Bild 2-11 Primäre Biegespannungen des Seils
a) Seilscheibe
b) Laufrolle
c) Querbelastung nach Isaachsen

Der verseilte Draht hat im Gegensatz zum obigen Modell die Form einer Schraubenlinie (Spiralseil) bzw. einer doppeltgekrümmten Schraubenlinie (Litzenseil). Wird angenommen, daß alle Seildrähte bei der Belastung des Seils durch die Zugkraft F die gleiche Dehnung in Richtung der Seilachse erfahren und ideale geometrische Bedingungen vorliegen, lassen sich nachstehende Gleichungen für die Zugspannung σ_{zn} eines Drahts der n-ten Lage angeben:

Spiralseil

$$\sigma_{zn} = \frac{F \cos^2 \alpha_n}{\sum\limits_i A_i z_i \cos^3 \alpha_i} = \frac{\sigma_z}{\cos \alpha} \quad (\text{für } \alpha_i = \alpha = \text{konst.}); \qquad (2.4)$$

Litzenseil, einlagig,

$$\sigma_{zn} = \frac{F \cos^2 \alpha_S \cos^2 \alpha_n}{\sum\limits_i A_i z_i \cos^3 \alpha_S \cos^3 \alpha_i} = \frac{\sigma_z}{\cos \alpha_S \cos \alpha_L}$$

$$(\text{für } \alpha_i = \alpha_L = \text{konst.}); \qquad (2.5)$$

A_i Querschnittsfläche eines Drahts der i-ten Lage,
z_i Anzahl der Drähte in der i-ten Lage,
α_i Schlagwinkel eines Drahts der i-ten Lage,
α_S Schlagwinkel der Litzen im Seil.

Die Spannungserhöhung durch die Schräglage der Drahtachsen zur Belastungsrichtung ist der Hauptgrund für den sogenannten Verseilverlust, s. Abschnitt 2.1.4.1.

Die *primäre Biegespannung* wird je nach der Größe des Umschlingungswinkels mit zwei unterschiedlichen Näherungsansätzen berechnet. Bewegte, biegsame Seile schmiegen sich dem durch den Seilrollendurchmesser vorgegebenen Krümmungsradius $\varrho = (d_R + d_S)/2$ nahezu vollständig an (Bild 2-11a). Für den verschiebbar gelagerten Einzeldraht gelten die Gleichung der elastischen Linie

$$\frac{\partial^2 y}{\partial x^2} = \frac{M}{EI} = \frac{1}{\varrho} \approx \frac{2}{d_R}$$

und die Gleichung für die maximale Biegespannung

$$\sigma_{b1} = \frac{M}{I} \frac{d}{2} = \frac{d}{d_R} E; \qquad (2.6)$$

d Drahtdurchmesser,
d_R Seilrollendurchmesser,
E Elastizitätsmodul des Drahts.

Diese bereits von *Reuleaux* begründete Spannungsgleichung, die lange Zeit umstritten war, wird quantitativ durch neuere Versuche auch in ihrer Gültigkeit für den verseilten Draht gut bestätigt.

Für Krümmung und Biegespannung im querbelasteten, stehenden Seil hat *Isaachsen* [2.19] eine Näherungslösung abgeleitet, bei der die Verformung der Seilachse durch die Gewichtskraft des Seils vernachlässigt und angenommen wird, daß der Koordinatenursprung der Krümmungsparabel in unmittelbarer Nähe des Kraftangriffspunkts liegt. Nach Bild 2-11b und c gilt für die Differentialgleichung des gekrümmten Seilfeldteils

$$\frac{\partial^2 y}{\partial x^2} = \frac{M}{E_S I} = \frac{F y}{E_S I} = \frac{1}{\varrho}$$

mit der speziellen Lösung

$$y = y_0 \, e^{\sqrt{F/(E_S I)}\, x} = y' \sqrt{\frac{E_S I}{F}}.$$

Für die Koordinate am Kraftangriffspunkt A lautet die Gleichung

$$y_A = y'_A \sqrt{\frac{E_S I}{F}} = \tan \gamma \sqrt{\frac{E_S I}{F}}$$

$$= \frac{F_v}{2F_h} \sqrt{\frac{E_S I}{F}} \approx \frac{F_v}{2} \sqrt{\frac{E_S I}{F^3}} \quad (\text{für kleine Winkel } \gamma).$$

Der Krümmungsradius wird hier

$$\varrho_A = \frac{E_S I}{M_A} = \frac{E_S I}{F y_A} = \frac{2}{F_v} \sqrt{E_S I F} \qquad (2.7)$$

und die maximale primäre Biegespannung

$$\sigma_{b1} = \frac{M_A}{I} \frac{\bar{d}}{2} = \frac{E_S}{\varrho_A} \frac{\bar{d}}{2} = F_v \frac{\bar{d}}{4} \sqrt{\frac{E_S}{IF}}; \qquad (2.8)$$

E_S Elastizitätsmodul des Seils.

Durch Versuche hat *Wyss* [2.1] festgestellt, daß dieser Wert mit einem Faktor 0,85 multipliziert werden muß, um Übereinstimmung mit den gemessenen Werten zu erzielen. Für vollverschlossene Seile sind der Seildurchmesser d_S, für Litzenseile der Drahtdurchmesser d anstelle von $\bar{d}$ einzusetzen. Als äquatoriales Flächenträgheitsmoment wird folgerichtig im ersten Fall das des gesamten Seils ($I = I_S$), im zweiten das mit der Anzahl z der Drähte multiplizierte Flächenträgheitsmoment I_D des Drahts ($I = z I_D$) verwendet. Eine Näherungslösung für den ersten Fall gibt [2.1] an:

$$I_S \approx 0{,}097 z I_D \left(\frac{d_S}{d}\right)^2. \qquad (2.9)$$

Die aus der Verseilung des Drahts entstehenden sekundären Beanspruchungen – sekundäre Biegespannungen, Pressungen und Spannungen aus Reibungskräften – sind schwieriger zu erfassen und weniger erforscht. *Sekundäre Biegespannungen* treten an Kreuzungsstellen von Drähten aufeinanderfolgender Lagen in der Litze oder im Spiralseil auf. *Wyss* [2.1] betrachtet den auf zwei Stützdrähten liegenden, durch eine Vertikalkraft belasteten Draht als beiderseitig fest eingespannten Balken und nimmt wegen der Unsicherheit der Krafteinleitung für das maximale Moment einen zwischen Punkt- und Linienberührung liegenden Wert an. Mit den Bezeichnungen vom Bild 2-12 wird das maximale Biegemoment im aufliegenden Draht

$$M_{max} \approx \frac{F_0 l}{16} = \frac{F_0 d}{16 \sin \omega}$$

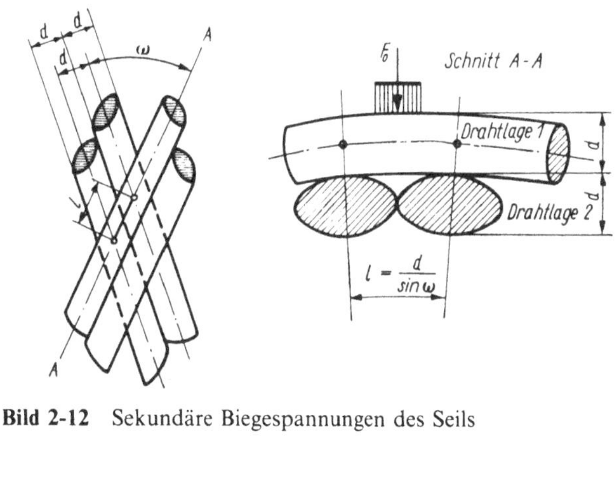

Bild 2-12 Sekundäre Biegespannungen des Seils

und die maximale sekundäre Biegespannung

$$\sigma_{b2} = \frac{32 M_{max}}{d^3 \pi} = 0{,}636 \frac{F_0}{d^2 \sin \omega}. \quad (2.10)$$

Mit geeigneten Ansätzen für die Vertikalkraft F_0 betragen nach [2.1] die Biegespannungen

für vollverschlossene Spiralseile (durch Radkraft F_v querbelastet)

$$\sigma_{b2} = 1{,}67 \frac{F_v d}{(d_S - k) k^2}, \quad (2.11)$$

für Litzenseile (durch Auflage auf Seilrolle querbelastet)

$$\sigma_{b2} = 2{,}544 \frac{F l_L}{d \sin \omega \, d_S z_L d_R}; \quad (2.12)$$

k Höhe des äußeren Profildrahts,
l_L Schlaglänge der Litzen,
ω Kreuzungswinkel der Drähte,
z_L Litzenzahl.

Wie Bild 2-13 beweist, liegen beide Biegespannungen in gleicher Größenordnung; die Summenspannung reicht bei kleineren Scheibendurchmessern bis zur Bruchgrenze des Werkstoffs. Deutlich erweist sich der Vorteil der Seile in Parallelmachart, die keine sekundären Biegespannungen erhalten, deren primäre Biegespannungen allerdings in dickdrähtigen Ausführungen ebenfalls beträchtliche Werte annehmen.

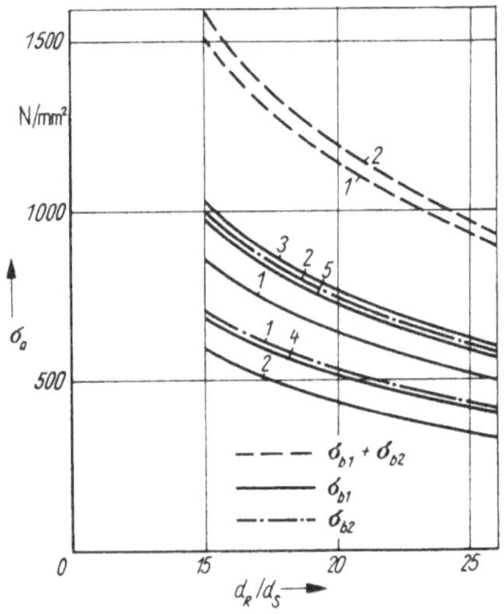

Bild 2-13 Biegespannungen in Litzenseilen nach [2.20]

Seilarten: 1 Normalmachart 6 × 19
2 Normalmachart 6 × 37
3 Seale-Machart 6 × 19
4 Seale-Machart 6 × 37
5 Warrington-Machart 6 × 19

Zu Pressungen kommt es an den Auflageflächen der Drähte in den Scheibenrillen und an Überkreuzungsstellen. Eine gut anliegende Rille vergrößert die Anzahl der Auflagerpunkte und senkt damit die Pressung. Die Pressungen an Kreuzungsstellen von Drähten im Seil sind größer als die an der Oberfläche und führen zu Einkerbungen und Verschleiß. Die Kaltverfestigung des Werkstoffs gleicht an den Druckflächen die Querschnittsschwächung und Kerbwirkung in gewissem Maße aus, so daß erst stärkere Abnutzung die Ermüdungsfestigkeit beeinflußt.

In allen Seilen, d.h. auch bei denen in Parallelmachart, treten Pressungen an sich kreuzenden Drähten benachbarter Litzen auf, deren Größe von der elastischen Stützwirkung der Einlage abhängt. Eine Ausnahme machen die im Bild 2.9b, c im Querschnitt dargestellten mehrlagigen Rundlitzenseile, bei denen durch genaue Abstimmung der Schlaglängen und Wechsel von Gleich- und Kreuzschlag in zwei aufeinanderfolgenden Lagen auch eine parallele, kreuzungsfreie Lage der Drähte benachbarter Litzen erzielt wird. Näherungsgleichungen für die Pressungen bzw. Druckspannungen enthält der Abschnitt 2.1.4.3.2.
Die *Reibungskräfte* im Seil sind von *Klein* [2.21] untersucht worden. Litzenseile in Normalmachart benötigen für das Ab- oder Geradebiegen an der Seilrolle eine zusätzliche Längskraft F_r zur Überwindung der inneren Reibung:

$$F_r = 0{,}12 \frac{d_S}{d_R - \Delta d_R} (F + F_a); \quad (2.13)$$

$\Delta d_R \approx 100 (d - 0{,}3)$,
$F_a \approx 2000 + z d^3$,
d_R Rollendurchmesser.

In die Zahlenwertgleichung (2.13) sind alle Kräfte in N, alle Längen in mm einzusetzen. Weitere Einflüsse auf die Reibungskräfte, z.B. die Schmierung der Drähte, sind noch nicht genügend erforscht, um hier darauf einzugehen. So schwanken beispielsweise die Angaben verschiedener Autoren über die Reibungszahlen μ zwischen den Drähten von 0,2 bis 0,4.
Die rechnerische Überlagerung der wichtigsten Einzelspannungen im Seil führt zu einer Vergleichspannung als Maß für die Gesamtanstrengung des Werkstoffs, s. Abschnitt 2.1.4.3.2.

2.1.2.2 Betriebsdauer (Lebensdauer)

Nach [2.5] bezeichnet man bei einem Drahtseil als Lebensdauer die Anzahl der ertragbaren Beanspruchungswechsel bis zum Seilbruch, als Betriebsdauer die bis zum Erreichen des Grenzzustands gleich Ablegereife ertragbaren Beanspruchungswechsel durch ein Beanspruchungskollektiv. Beides sind somit Begriffe der Ermüdungsfestigkeit, s. Abschnitt 1.8.1.
In den nach den üblichen Regeln dimensionierten Seilen der Fördermaschinen liegen die Drahtspannungen fast immer oberhalb der Dauerfestigkeit. Das Dauerfestigkeitsschaubild des Stahldrahts (Bild 2-14) zeigt als Besonderheit die weitgehende Unabhängigkeit der zulässigen Spannungsamplitude σ_A von der Mittelspannung σ_m. Der zulässige Spannungsausschlag $2\sigma_{zA}$ für Zugbeanspruchung ist beträchtlich kleiner als der Spannungsausschlag $2\sigma_{bA}$ für eine Biegebeanspruchung. *Dohnandt* [2.18] hat nachgewiesen, daß bei Fördermaschinen bereits die Summe $\sigma_z + 0{,}67\sigma_{b1}$, d.h. allein die Berücksichtigung der Primärspannungen, Gesamtspannungen ergibt, die den zulässigen Spannungsausschlag im Zug-Schwell-Bereich ausnutzen (gestrichelte Fläche im Bild 2-14).
Es ist natürlich nicht möglich, eine solch einfache Kenngröße auf den verseilten Draht mit seinem komplizierten Spannungszustand unmittelbar zu übertragen. Wegen dieser Schwierigkeit hat die Seilforschung die Bedeutung aller als wesentlich erkannten Parameter für die Betriebsdauer der Drahtseile bisher empirisch untersucht und daraus Regeln zur Gestaltung des Seils und der Seilführungselemente abgeleitet [2.10] [2.16] [2.17] [2.22] [2.23]. Trotz gewisser Überschneidungen werden diese Einflüsse in äußerlich auf das Seil einwirkende und innerlich im Seil selbst auftretende unterteilt.

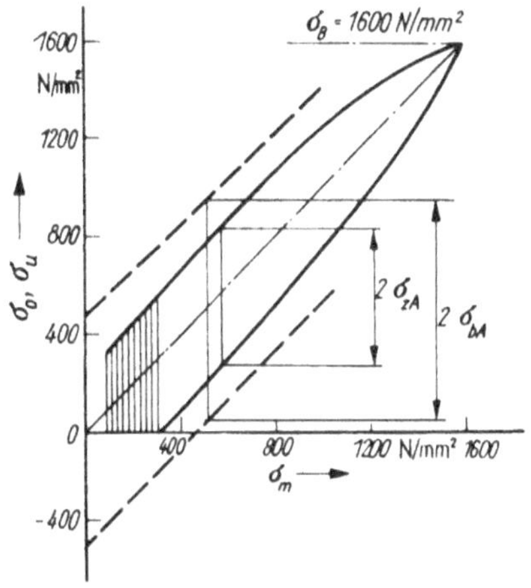

Bild 2-14 Dauerfestigkeitsschaubild des Stahldrahts für Zug- und Biegebeanspruchung [2.18]

2.1.2.2.1 *Äußere Einflüsse auf die Betriebsdauer*

Zugbelastung

Eine nahezu statisch wirkende Zugkraft begrenzt die Betriebsdauer eines Drahtseils nicht. Auf schwingende Zugkräfte reagiert es dagegen relativ empfindlich. Der Hauptgrund ist die im Bild 2-14 dargestellte, bereits erwähnte niedrige Schwingzugfestigkeit des Drahts mit einem ertragbaren Spannungsausschlag von $2\sigma_{zA} = 600\,\text{N/mm}^2$. Nach [2.18] [2.24] wird in Seilen in Abhängigkeit von Durchmesser und Machart bereits bei Schwingbreiten zwischen 300 und $500\,\text{N/mm}^2$ die Dauerfestigkeit der Drähte überschritten; dies hat besondere Bedeutung für Abspannseile.

Biegeradius

Bei allen Prüfstandversuchen [2.10] [2.16] [2.17] wurde festgestellt, daß die Anzahl der vom Seil bis zur Betriebsdauergrenze ertragenen Biegewechsel mit größer werdendem Biegeradius bzw. Durchmesserverhältnis d_R/d_S ansteigt. Bleibt das Verhältnis d_R/d_S gleich, so weisen Seile mit kleinerem Durchmesser eine höhere Betriebsdauer auf als dickere Seile. Um eine ausreichende Betriebsdauer zu gewährleisten, sind in den Bemessungsvorschriften Mindestwerte für d_R/d_S vorgeschrieben.

Rillenform

Gutes Anschmiegen der Seile an die Biegerille ergibt die geringsten äußeren und inneren Pressungen der Drähte. Besonders ungünstig sind schlechte Schmiegungsverhältnisse bei kleiner Zugbelastung. Seile, die über Treibscheiben mit Keil- bzw. unterschnittenen Rundrillen laufen oder auf Seiltrommeln in mehreren Lagen gewickelt werden, dürfen nicht empfindlich gegenüber Querdruck sein.

Rillenwerkstoff

Die Pressung des Seils bei der Auflage in einer Rille hängt von den Elastizitätsmoduln von Draht und Rille ab. Seile, deren Betriebsdauer besonders von der Pressung beeinflußt wird, wie Kreuzschlagseile mit geringer Litzenzahl, Litzenseile mit Stahleinlage, mehrlagige Rundlitzenseile u.a., erlangen eine höhere Betriebsdauer, wenn die Rillen der umlenkenden Seilrollen mit einem weicheren Werkstoff gefüttert werden (s. Abschn. 2.2.2). Günstigere Konstruktionen bezüglich der auftretenden Pressungen, wie Gleichschlagseile oder Flachlitzenseile, erfahren eine geringere Betriebsdauersteigerung. Durch die Verwendung elastischer Rillenfutter wurde bei Schachtförderseilen die Aufliegezeit um 25 % erhöht [2.25], für Kran- und Baggerseile werden Betriebsdauererhöhungen auf das 1,5- bis 3fache mitgeteilt [2.22] [2.26]. Zu beachten ist, daß der Seilverschleiß bei einer Verringerung der Beanspruchung der Außendrähte ins Seilinnere verlegt wird, d.h., es treten häufiger Brüche der Innendrähte auf.

Biegewechselart

Der Biegewechsel des Seils aus dem gekrümmten in den geraden und wieder in den gekrümmten Zustand kann in gleicher oder entgegengesetzter Krümmungsrichtung erfolgen. Durch Gegenbiegung erhält das Seil die doppelte Biegewechselspannung und damit die geringere Betriebsdauer, was immer dann besonders hervortritt, wenn der Anteil der Pressungen gegenüber den Biegespannungen zurücktritt, z.B. bei Gleichschlagseilen, bei geringen Zugkräften oder großen Scheibendurchmessern. Ist ein Gegenbiegewechsel unvermeidlich, sollte besonders bei Gleichschlagseilen der Abstand zwischen den Rollen möglichst groß sein, weil sich dann das durch die Krümmung gelockerte Seilgefüge vor der neuen Biegung wieder schließen kann.

Umschlingungsbogen

In den Ableitungen für die primären Biegespannungen wurden nach der Größe des Umschlingungswinkels zwei Grenzfälle im Schmiegungsverhalten des Seils unterschieden. Betriebsdauerversuche bestätigen diese theoretischen Überlegungen und zeigen ein starkes Ansteigen der Biegewechselzahlen für Umschlingungswinkel $< 6°$ sowie eine nahezu konstante Betriebsdauer für Winkel $> 60°$. Zwischen etwa 10 und 50° tritt dagegen eine spürbare Verringerung der Betriebsdauer ein, die mit dem nur unvollkommenen Längenausgleich zwischen Druck- und Zugzone im schraubenförmigen Draht erklärt wird [2.16].

Belastungsdichte

Für das im Bereich der Zeitfestigkeit beanspruchte Seil gelten die gleichen Gesetzmäßigkeiten über den vorteilhaften Einfluß von Belastungspausen auf die Anzahl der zulässigen Arbeitsspiele wie für andere Maschinenteile. Eine hohe Belastungsdichte setzt die Erholungsfähigkeit des Werkstoffs und damit die Betriebsdauer herab.

Korrosion und Verschleiß

Äußerer und innerer Korrosionsangriff vermindert die Betriebsdauer erheblich, weil der tragende Seilquerschnitt verringert und die Seilreibung vergrößert wird. Besonders gefährlich ist die innere Korrosion bei einer sich zersetzenden Faserstoffeinlage bzw. infolge Eindringens von Wasser und Staub in den Seilverband, da sie von außen in ihrem Fortschreiten kaum erkannt werden kann.

Der äußere Verschleiß durch Werkstoffabtragungen an der Oberfläche ist vom Auflagerdruck, von der Gleitgeschwindigkeit und vom Scheibenwerkstoff abhängig. Er beeinflußt die Betriebsdauer erst über die durch diesen Verschleiß begünstigte größere Anzahl von Drahtbrüchen und infolge der Lockerung des Seilgefüges. Reib- und Scheuerstellen sind unbedingt auszuschließen, indem die zulässigen Werte der Ablenkwinkel eingehalten werden (s. Abschn. 2.2.4).

2.1.2.2.2 *Innere Einflüsse auf die Betriebsdauer*

Drahteigenschaften

Obwohl die mechanischen Eigenschaften des Drahts die Betriebsdauer des Seils entscheidend mitbestimmen, sind die Zusammenhänge zwischen den metallurgischen bzw. technologischen Faktoren der Drahtherstellung und der Dauerfestigkeit des Drahts noch sehr wenig erforscht. Bisher stand stets die Zugfestigkeit des Drahts im Vordergrund der Betrachtung. Bei gleicher Sicherheit gegenüber der statischen Zugbeanspruchung sinkt die Betriebsdauer mit steigender

Zugfestigkeit; bei gleicher Zugbelastung zeigt sich ein Optimum zwischen 1600 und 1800 N/mm^2. In diesem Bereich liegen auch die Zugfestigkeiten der in Fördermaschinen überwiegend benutzten Seile. Der höhere Wert ist dann gerechtfertigt, wenn besonders kleine Abmessungen erwünscht sind oder große Eigenmassen des Seils vermieden werden sollen (Aufzug-, Schachtförderseile). Verzinkte Seile haben, offensichtlich wegen der geringeren Korrosion, oft eine höhere Betriebsdauer als unverzinkte, obwohl die Zugfestigkeit niedriger liegt.

Seil- und Drahtdurchmesser

Für jeden Seildurchmesser gibt es an sich einen optimalen Drahtdurchmesser [2.10]; bei Seilen in Parallelmachart mit Drähten unterschiedlicher Durchmesser gelten kompliziertere Abhängigkeiten. Auf äußeren Verschleiß beanspruchte Seile sollten möglichst Außendrähte mit großen Durchmessern haben.

Schlagart

Gleichschlagseile erzielen im Prüfstandversuch größere Biegewechselzahlen als Kreuzschlagseile. Erfahrungen im praktischen Einsatz beweisen jedoch, daß dieser Vorteil nur dann gilt, wenn ein Drallverlust des Seils beim Auflegen oder durch vollständige Entlastung im Betrieb mit Sicherheit ausgeschlossen werden kann. Da dies in vielen Fällen nicht gewährleistet ist, werden Kreuzschlagseile allgemein bevorzugt. Die zunehmende Verwendung spannungsarmer Seile und neue Seilkonstruktionen haben wieder eine gegenläufige Tendenz zurück zum Gleichschlagseil eingeleitet.

Seilkonstruktion

Die vielen Seilkonstruktionen sind keinesfalls nach der Betriebsdauer allgemein zu gliedern, weils sie den unterschiedlichen Einsatzbedingungen angepaßt sind. Grundsätzlich erreichen Litzenseile in Parallelmachart höhere Betriebsdauerwerte als solche in Normalmachart; sie sind auch biegsamer und haben einen größeren Füllgrad und damit eine bessere Querschnittsausnutzung. Eine größere Litzenzahl und eine flache Litzenform verringern die Pressungen beim Aufliegen in Seilrillen. Günstig wirkt sich eine Verminderung der Herstellungsspannungen durch Vor- oder Nachformen aus; sie erhöht die Festigkeit des Seilgefüges und damit die Betriebsdauer. Wichtig ist die Qualität der Verseilung, hier hat der Einsatz von Prozeßrechnern große Fortschritte gebracht. Auf den nicht unerheblichen Einfluß der Seileinlage weist [2.27] hin.

2.1.3 Auswahl der Seilkonstruktion

Die zahlreichen Seilarten ermöglichen eine gute Anpassung an Beanspruchung und Betriebsverhältnisse, erschweren aber gleichzeitig durch ihre Vielfalt die Auswahl, für die als wichtigste Kriterien gelten können:

- Größe und zeitlicher Verlauf der Zugbelastung,
- Art, Größe und zeitlicher Verlauf der Querbelastung,
- mögliche Drehbewegungen,
- Länge des Seils,
- besondere Betriebsverhältnisse, wie Verschleiß, Korrosion und Belastungswechseldichte.

Sehr ungünstige Betriebsbedingungen sind, soweit dies möglich ist, zu verändern. Meist werden mehrere Seilausführungen vergleichend in Betracht zu ziehen sein; entscheidend ist stets die Bewährung im Einsatz, d.h. die tatsächlich erreichte Betriebsdauer.

Nach den derzeitigen Erkenntnissen und Erfahrungen gelten für den Seileinsatz bei den verschiedenen Fördermaschinen die in Tafel 2-1 zusammengestellten Richtlinien.

Tafel 2-1 Beanspruchungen und Auswahlempfehlungen für Drahtseile (Auszug aus [2.5, Tafel 6-1])

Verwendungsart	Betriebsbeanspruchungen	Erforderliche Eigenschaften	Geeignete Drahtseilkonstruktionen
Tragseile von Seilbahnen und Kabelkranen	mittlere bis hohe statische Zugbeanspruchungen, mittlere dynamische Zug-, Biege- und Druckbeanspruchungen, Verschleiß, Korrosion	hohe Bruchkraft und Querdruckbeständigkeit, möglichst glatte Oberfläche, hoher Verschleißwiderstand, hohe Korrosionsbeständigkeit, möglichst hohe Drehungsfreiheit	vollverschlossene Spiralseile
Zugseile von Seilbahnen und Kabelkranen	mittlere bis hohe statische Zugbeanspruchungen, hohe dynamische Zug-, Biege-, und Druckbeanspruchungen, Verschleiß, Korrosion, örtliche Druckbeanspruchungen durch Klemmeinrichtungen	mittlere bis hohe Bruchkraft, gute Biegsamkeit, gute Querdruckbeständigkeit, guter Verschleißwiderstand, gute Korrosionsbeständigkeit	einlagige Rundlitzenseile in Parallelmachart mit Fasereinlage, Gleich- oder Kreuzschlag, mit möglichst dicken Außendrähten, z.B. Seale-Konstruktion
Aufzugseile	mittlere statische Zugbeanspruchungen, hohe dynamische Zug-, Biege- und Druckbeanspruchungen, hohe Pressung und hoher Verschleiß bei Treibscheiben mit Keilrillen und unterschnittenen Rundrillen	mittlere Bruchkraft, gute Biegsamkeit, gute Querdruckbeständigkeit, guter Verschleißwiderstand	a) Treibscheiben mit Rundrillen: einlagige Rundlitzenseile in Parallelmachart mit Fasereinlage, Gleich- oder Kreuzschlag, z.B. Seale-Konstruktion; einlagige Rundlitzenseile aus nachgezogenen Litzen; mehrlagige Rundlitzenseile in Litzenparallelschlag, Gleich- oder Kreuzschlag b) Treibscheiben mit Keilrillen und unterschnittenen Rundrillen: einlagige Rundlitzenseile in Parallelmachart mit Fasereinlage, Gleich- oder Kreuzschlag, z.B. Seale-Konstruktion

Tafel 2-1 (Fortsetzung)

Verwendungsart	Betriebsbeanspruchungen	Erforderliche Eigenschaften	Geeignete Drahtseilkonstruktionen
Abspannseile	hohe statische Zugbeanspruchungen, geringe bis mittlere dynamische Zugbeanspruchungen, Korrosion	hohe Bruchkraft, geringe Dehnung, hoher Elastizitätsmodul, hohe Korrosionsbeständigkeit	vollverschlossene oder offene Spiralseile; mehrlagige Rundlitzenseile; einlagige Rundlitzenseile mit Stahleinlage, Kreuzschlag
Führungs- und Reibseile	mittlere bis hohe statische Zugbeanspruchungen, geringe bis mittlere dynamische Zugbeanspruchungen, Verschleiß, Korrosion	hohe Bruchkraft, möglichst glatte Oberfläche, hoher Verschleißwiderstand, hohe Korrosionsbeständigkeit, möglichst hohe Drehungsfreiheit	vollverschlossene, halbverschlossene oder offene Spiralseile; dreilagige Flachlitzenseile; einlagige Rundlitzenseile mit möglichst dikken Außendrähten, Kreuzschlag
Hubseile von Tagebaumaschinen (z. T. hohe bis sehr hohe Einscherungszahlen)	mittlere bis hohe statische Zugbeanspruchungen, mittlere bis hohe dynamische Zug-, Biege- und Druckbeanspruchungen, Verschleiß, Korrosion	mittlere bis hohe Bruchkraft, gute Biegsamkeit, gute Querdruckbeständigkeit, guter Verschleißwiderstand, gute Korrosionsbeständigkeit	mehrlagige Rundlitzenseile in Litzenparallelschlag, Außenlitzen Kreuzschlag; 8litzige einlagige Rundlitzenseile in Parallelmachart mit Stahleinlage, Kreuzschlag; einlagige Rundlitzenseile in Parallelmachart mit Fasereinlage, Kreuzschlag; einlagige (Parallelmachart) oder mehrlagige (Litzenparallelschlag) Rundlitzenseile aus nachgezogenen Litzen
Hubseile von Eingefäßbaggern, Schließseile von Greifern	mittlere bis hohe statische Zugbeanspruchungen, hohe bis sehr hohe dynamische Zug-, Biege- und Druckbeanspruchungen, Verschleiß, z. T. Korrosion	hohe bis sehr hohe Bruchkraft, hohe Biegsamkeit, hohe Querdruckbeständigkeit, hoher Verschleißwiderstand	mehrlagige Rundlitzenseile in Litzenparallelschlag, auch mit Kunststoffumhüllung oder aus nachgezogenen Litzen; Formlitzenseile; einlagige Rundlitzenseile in Parallelmachart mit Stahleinlage, Gleich- oder Kreuzschlag, ohne oder mit Kunststoffumhüllung; einlagige Rundlitzenseile in Parallelmachart mit Fasereinlage, Kreuzschlag
Kranseile	mittlere bis hohe statische Zugbeanspruchungen, hohe bis sehr hohe dynamische Zug-, Biege- und Druckbeanspruchungen, Verschleiß, Korrosion	mittlere bis sehr hohe Bruchkraft, hohe Biegsamkeit, teils sehr hohe Querdruckbeständigkeit, hoher Verschleißwiderstand, gute Korrosionsbeständigkeit	a) mehrsträngige Seilführungen: mehrlagige Rundlitzenseile in Litzenparallelschlag, auch mit Kunststoffumhüllung oder aus nachgezogenen Litzen; einlagige Rundlitzenseile in Parallelmachart mit Stahl- oder Fasereinlage, Kreuzschlag b) einsträngige Hubseile ohne Führung der Nutzmasse: mehrlagige Litzenseile in Litzennormalschlag aus Rundlitzen, Formlitzen oder nachgeformten Litzen
Schachtförderseile für Teufen bis etwa 700 m (feste Führung der Fördergefäße)	mittlere statische Zugbeanspruchungen, mittlere dynamische Zug-, Biege- und Druckbeanspruchungen, Verschleiß, teils starke Korrosion, Belastungsdrall	mittlere bis hohe Bruchkraft, Biegsamkeit, Querdruckbeständigkeit, hoher Verschleißwiderstand, hohe Korrosionsbeständigkeit	einlagige Rundlitzenseile in Parallelmachart mit Fasereinlage, Gleich- oder Kreuzschlag, auch aus nachgezogenen Litzen; zwei- und dreilagige Flachlitzenseile; bei Mehrseilförderanlagen wechselnde Schlagrichtung der Seile
Schachtförderseile für Teufen über etwa 700 m (feste Führung der Fördergefäße)	mittlere bis hohe statische Zugbeanspruchungen, mittlere bis hohe dynamische Zug-, Biege- und Druckbeanspruchungen, Verschleiß, teils starke Korrosion, Belastungsdrall	mittlere bis sehr hohe Bruchkraft, Biegsamkeit, Querdruckbeständigkeit, hoher Verschleißwiderstand, hohe Korrosionsbeständigkeit, geringer Belastungsdrall	einlagige Rundlitzenseile in Parallelmachart mit Stahl- oder Fasereinlage, Kreuzschlag, auch aus nachgezogenen Litzen; dreilagige Flachlitzenseile; mehrlagige Litzenseile aus Formlitzen; vollverschlossene Spiralseile; bei Mehrseilförderanlagen wechselnde Schlagrichtung der Seile
Unterseile von Schachtförderanlagen	geringe statische Zugbeanspruchungen, meist geringe dynamische Zug-, Biege- und Druckbeanspruchungen, Korrosion, Belastungsdrall	geringe bis mittlere Bruchkraft, gute Biegsamkeit, hohe Korrosionsbeständigkeit, Drehungsfreiheit	Flachseile; mehrlagige Litzenseile mit Formlitzen; mehrlagige Rundlitzenseile in Litzennormalschlag

2.1.4 Berechnung und Dimensionierung von Seiltrieben

Wie im Abschnitt 2.1.2.1 erläutert wurde, ist der Spannungszustand eines Drahtseils heute rechnerisch genauer zu erfassen. Auch die Lebensdauerkurven wurden bestimmt [2.17] [2.28] [2.29], so daß nunmehr für das Drahtseil die Betriebsdauer genauer zu schätzen bzw. der Betriebsfestigkeitsnachweis zu führen ist. Die Erfassung der sehr unterschiedlichen Betriebsbedingungen und die Berücksichtigung der zahlreichen Seilkonstruktionen erfordern eine starke Differenzierung des Berechnungsgangs, z.B. in DIN 15020. Hier können einführend nur die allgemeinen Grundlagen behandelt werden.

2.1.4.1 Seilbeanspruchungen und Bezugsbasis der Berechnung

Die nach konstruktiven Gesichtspunkten zu Beginn von Abschnitt 2.1 getroffene Unterscheidung in „stehende" und „bewegte" Drahtseile reicht nicht aus, um die Seilbeanspruchungen eindeutig zu kennzeichnen. Es müssen vielmehr nach der Art der Krafteinleitung und der Größenordnung der Seilkrümmung drei Gebiete der Seilbeanspruchung unterschieden werden [2.30], die im Bild 2-15 prinzipiell dargestellt sind.

Im *Spannseilgebiet* (Bild 2-15a) werden über die Befestigungselemente schwingende Zugkräfte in die Enden des Drahtseils eingeleitet. An diesen Stellen treten in den Seildrähten Biegewechsel sowie Zugkraft- und Querkraftschwankungen auf.

Im *Tragseilgebiet* werden darüber hinaus von Seiltriebelementen Querkräfte in das Seil eingeleitet, ohne daß dies die Krümmung des Seiltriebelements annimmt. Werden Drahtseil und Element relativ zueinander bewegt (Bild 2-15b), treten Biegewechsel sowie Zugkraft- und Querkraftschwankungen auf. Auch bei einem fest mit dem Tragseil verbundenen Seilbefestigungselement (Bild 2-15c) ergeben Veränderungen von Zugkraft, Querkraft und Krümmung dynamische Seilbeanspruchungen.

Im *Zugseilgebiet* beanspruchte Drahtseile nehmen die Krümmung des Seiltriebelements über mindestens eine Schlaglänge vollständig an. Das Seil bewegt sich über das umlaufende Seiltriebelement und erfährt dabei Einfachbiegewechsel (Bild 2-15d) oder Gegenbiegewechsel (Bild 2-15e). Auch begrenzte Schwenkbewegungen des Seiltriebelements (Bild 2-15f, Winkel ψ_R) oder der Seilstränge (Winkel ψ_i) führen zu Einfachbiegewechseln. Im Stillstand wirken wechselnde Zug- und Querkräfte schädigend auf das Drahtseil.

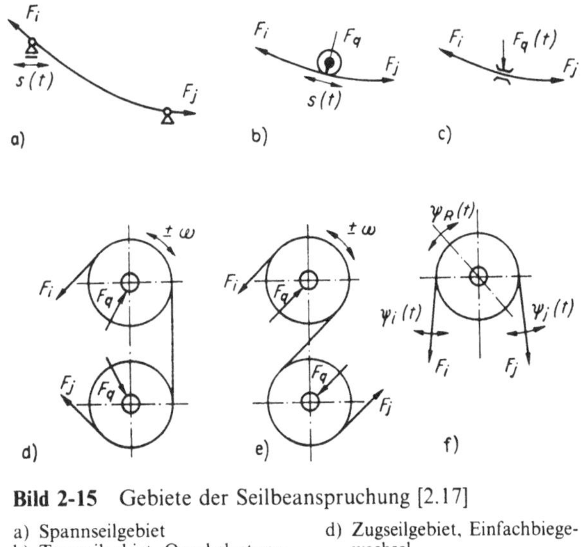

Bild 2-15 Gebiete der Seilbeanspruchung [2.17]

a) Spannseilgebiet
b) Tragseilgebiet, Querbelastung über Rolle
c) Tragseilgebiet, Querbelastung über Klemme
d) Zugseilgebiet, Einfachbiegewechsel
e) Zugseilgebiet, Gegenbiegewechsel
f) Zugseilgebiet, Schwenkbewegungen

Als Bezugsgröße der Berechnung wird die Bruchkraft des gesamten Seils oder die Nennzugfestigkeit der Seildrähte verwendet. Die Bruchkraft hat nebeneinander drei unterschiedliche Definitionen und damit Größen:

a) die *rechnerische Bruchkraft*, das Produkt aus der metallischen Querschnittsfläche A_M und der Nennzugfestigkeit σ_B der Seildrähte;
b) die *ermittelte Bruchkraft*, die Summe der im Versuch ermittelten Bruchkräfte aller Seildrähte;
c) die *wirkliche Bruchkraft*, die durch Zerreißen des gesamten Seils festgestellt wird.

In den Drahtseilnormen und Herstellerkatalogen werden vorwiegend die rechnerischen Bruchkräfte als Kenngröße angegeben, auf die dann auch bei der Seilberechnung Bezug genommen wird. Die ermittelte Bruchkraft darf die rechnerische nicht unterschreiten, kann jedoch bis zu 15 % über ihr liegen.

Die wirkliche Bruchkraft, die den Verseilverlust (s. Abschnitt 2.1.2.1) mit erfaßt, ist an sich die aussagekräftigste Kenngröße des Seils, die sich allerdings nur mit einem größeren Aufwand bestimmen läßt. Die Normen verschiedener Länder, wie Großbritannien, Frankreich, USA, benennen allein oder zusätzlich diesen Wert der Bruchkraft, was bei Vergleichen zu beachten ist. Die wirkliche Bruchkraft darf die rechnerische wie folgt unterschreiten:

- vollverschlossene Seile 15 %,
- Spiralseile 20 %,
- Litzenseile mit 6 Litzen und bis 222 Drähten in Normalmachart 20 %,
- einlagige Litzenseile mit mehr als 6 Litzen oder mehr als 222 Drähten in Normalmachart und alle einlagigen Litzenseile in Parallelmachart 25 %.

Neben der schraubenförmigen Lage der Drähte im Seilverband wirken Pressung, Sekundärbiegung, Reibung und ungleichmäßige Verseilung spannungserhöhend, woraus der hohe Wert des Verseilverlustes entsteht.

2.1.4.2 Statische Berechnung

Alle statischen Berechnungsverfahren für Drahtseile beziehen lediglich einen Teil der Seilspannungen ein und berücksichtigen diese Vernachlässigung durch die Wahl relativ hoher Sicherheitsbeiwerte. Tafel 2-2 enthält Richtwerte für Größenordnung und Bereiche, die VDI-Richtlinie 2358 entsprechende, teils erweiterte Angaben. Maßgebend sind stets die einschlägigen, je nach Einsatzgebiet der Seile unterschiedlichen Vorschriften.

Der Sicherheitsbeiwert darf keinesfalls als tatsächliche Reserve gegenüber einem Versagen der Seils verstanden werden, sondern er drückt allein das Verhältnis zwischen einer Bezugsgröße, der Bruchkraft bzw. Bruchspannung, und einer nach Versuchen und aus Erfahrungen als zulässig angesehenen Beanspruchungsgröße des Drahtseils aus. Trotz hoher Sicherheitsbeiwerte arbeiten viele Seile im Gebiet der Kurzzeitfestigkeit; ihre dessen ungeachtet hohe Betriebssicherheit stützt sich auf die Besonderheiten des Aufbaus (s. Abschn. 2.1.1) und die regelmäßige Überwachung.

Fördermaschine	Antriebs- bzw. Seilart	Statischer Sicherheitsbeiwert S_0	Durchmesserverhältnis d_T/d_S bzw. d_R/d_S	Querkraftverhältnis ψ
Krane	alle Seiltriebe	3 ... 7,1	10 ... 63	–
Eingefäßbagger	alle Seiltriebe	6 ... 8	24 ... 30	–
Tagebaumaschinen	bewegte Seile	3 ... 7,1	11 ... 45	–
	stehende Seile	2,5 ... 4	–	–
Aufzüge	Trommelantrieb	9 und 12	35	–
	Treibscheibenantrieb	14	40 ... 45	–
Schachtförderanlagen	Förderseile	6	40 ... 110	–
	Abteufseile	8	40 ... 110	–
Zweiseilbahnen	Tragseile	3 ... 3,5	65 ... 80	60 ... 80
	Zugseile	4,5 ... 5	80 ... 100	–
	Spannseile	4,5 ... 5	22 ... 60	–
Kabelkrane	Tragseile	3,5	–	30 ... 50
	Arbeitsseile	5 ... 6	40 ... 60	–
	Abspannseile	4,5	–	–

Tafel 2-2
Richtwerte für die Seilberechnung

Soweit nicht verfeinerte Berechnungsverfahren zur Verfügung stehen, gilt für Drahtseile allgemein die Bemessungsgleichung

$$F_{\max} = \frac{F_B}{S_0}; \tag{2.14}$$

$F_{\max}$ Größtwert der statischen Zugkraft,
F_B rechnerische Bruchkraft,
S_0 statischer Sicherheitsbeiwert, s. Tafel 2-2.

Querbeanspruchungen bei Tragseilen werden über das Verhältnis von Seilzugkraft und Querkraft begrenzt

$$\frac{F_{\min}}{F_{q\max}} \geqq \psi; \tag{2.15}$$

$F_{\min}$ Kleinstwert der statischen Zugkraft,
$F_{q\max}$ dabei auftretender Größtwert der Querkraft,
ψ zulässiges Querkraftverhältnis, siehe Tafel 2-2.

Für Seile, die im Zugseilgebiet betrieben werden (Bild 2-15d und e), wird der statische Sicherheitsbeiwert in Gl. (2.14) in den Vorschriften nach den Betriebsverhältnissen und Sicherheitsbedürfnissen gestaffelt. Er begrenzt die Zugspannungen und führt zur Festlegung des Mindestdurchmessers $d_{S\min}$ des erforderlichen Drahtseils bei vorgegebener Seilkonstruktion. Darüber hinaus wird die Biege- und Querbeanspruchung eingeschränkt, indem Mindestwerte für das Verhältnis d_R/d_S von Rollen- und Seildurchmesser vorgegeben werden.
Neuere Regeln bzw. Vorschriften für die Dimensionierung von Seiltrieben (*Feyrer* [2.3], TGL 34022/03) enthalten immer auch Angaben zu den oberen Schranken für die Kräfte bzw. Spannungen im Drahtseil, die sicherstellen sollen, daß es eine Mindestanzahl von Biegewechseln aushält bzw. daß sich überhaupt ein überprüfbarer Verlauf der Drahtbruchentwicklung vor dem Versagen des Seils einstellt. Dadurch wird das im Bild 2-16 angegebene Gebiet mit Kreuzstrichelung ausgeschaltet und die sogenannte technische Sicherheit gewährleistet.

2.1.4.3 Dynamische Berechnung

Eine dynamische Berechnung und Auslegung der Seiltriebe berücksichtigt die wiederholte Be- und Entlastung des Seils; sie soll eine technisch wie wirtschaftlich vertretbare Betriebsdauer garantieren. Alle bisher entwickelten Berechnungsverfahren beruhen auf den eingangs des Abschnitts 2.1.2 genannten Prüfstandversuchen und beziehen darüber hinaus die umfangreichen vorliegenden Erfahrungen mit Seiltrieben im praktischen Betrieb ein. Bestimmt werden die zulässigen Kleinstwerte des Seildurchmessers und der Seilführungselemente für eine gegebene Ausführung, Belastung und Betriebsweise des Seiltriebs. Die wichtigsten vollständigen Berechnungsverfahren (DIN 15020, TGL 34022/03, *Feyrer* [2.3]) unterscheiden sich dadurch, daß beim erstgenannten die rechnerische Betriebsdauer nicht explizit angegeben wird und daß sich die beiden anderen – bei gleichem Grundansatz – in der Vorgehensweise unterscheiden.

2.1.4.3.1 Berechnung nach DIN 15020

Für den Kleinstwert des Seildurchmessers gilt die Gleichung

$$d_{S\min} = c\sqrt{F_S}; \tag{2.16}$$

$d_{S\min}$ kleinster Seildurchmesser in mm,
c Beiwert in mm/$\sqrt{\text{N}}$,
F_S größte Seilzugkraft in N.

Der Beiwert wird im Bereich $c = (0{,}056 \ldots 0{,}150)\,\text{mm}/\sqrt{\text{N}}$ feinstufig gestaffelt nach:

- der Art der Transportaufgabe (üblich oder gefährlich)
- der Seilkonstruktion (drehungsfrei oder nicht drehungsfrei)
- der Nennfestigkeit der Einzeldrähte
- der Einstufung des Seiltriebs in 9 Triebwerkgruppen, die aus 9 Laufzeitklassen und 3 Belastungskollektiven gebildet werden.

Die drei Belastungskollektive können nach qualitativen Kriterien oder nach der Größe des Äquivalentfaktors, s. Gl. (1.31), ausgewählt werden. Der Wöhlerlinienexponent beträgt $\varphi = 3$, die Äquivalentfaktoren liegen in den drei Bereichen: $k < 0{,}53$; $0{,}53 = k < 0{,}67$; $0{,}67 = k \leqq 0{,}87$.
Die Mindestdurchmesser der Seilrollen und Seiltrommeln werden mit nachstehender Gleichung bestimmt

$$d_{R,T\min} = h_1 h_2 d_{S\min}. \tag{2.17}$$

Der Beiwert h_1 liegt im Bereich 10 bis 31,5, er ist gestuft nach:

- der Art des Seilführungselements (Seilrolle, Ausgleichsrolle, Seiltrommel)
- der Seilkonstruktion (drehungsfrei oder nicht drehungsfrei)
- den genannten 9 Triebwerkgruppen.

Der Betrag des Beiwerts h_2 hängt von der Anzahl w der Einfachbiegewechsel im am ungünstigsten beanspruchten Seilstück während eines Arbeitsspiels (Heben und Senken) ab. Es gilt für Seilrollen:

$h_2 = 1$ für $w \leqq 5$
$= 1{,}12$ für $w = 6 \ldots 9$
$= 1{,}25$ für $w \geqq 10$;

für Ausgleichsrollen und Seiltrommeln:

$h_2 = 1$.

DIN 15020 faßt somit die maßgebenden der im Abschnitt 2.1.2.2 qualitativ behandelten Einflüsse auf die Betriebsdauer der Drahtseile quantitativ in empirische Beiwerte, um die kennzeichnenden geometrischen Größen eines Seiltriebs zu ermitteln, und enthält darüber hinaus weitere, verfeinernde Auslegungsregeln.

2.1.4.3.2 Berechnung nach TGL 34022/03

TGL 34022 basiert vor allem auf den in [2.17] ausführlich dargelegten, langjährigen experimentellen Untersuchungen. Sie erfassen die Werkstoffermüdung, nicht dagegen Korrosion und Verschleiß, die z.Zt. im voraus nicht abschätzbar sind. Es sind zwei Berechnungsverfahren aufgeführt, eine empirische tabellarische Zuordnung von Betriebsdauer und Hauptparametern des Seiltriebs und ein Verfahren, die rechnerische Betriebsdauer einer gegebenen Seilkonstruktion unter der Wirkung eines Belastungskollektivs zu bestimmen.
Die Dimensionierungsregel als Zuordnung von Betriebsdauer und Seiltriebparametern des erstgenannten Verfahrens ist im Bild 2-16 als Diagramm mit Kurvenzügen für gleiche Anzahl z_{ges} von ertragbaren Einfachbiegewechseln bis zur Ablegereife des Seils etwas übersichtlicher gefaßt als die in TGL 34022/03 enthaltenen Tabellen. Die angegebenen Biegewechselzahlen gelten als Mindestwerte, weil bei dieser vereinfachenden Auslegungsmethode sicherheitshalber verhältnismäßig ungünstige Seilkonstruktionen zugrundegelegt werden mußten.
Der Sicherheitsbeiwert für diese Zuordnung ist wie folgt definiert

$$S_{dyn} = S_0 \frac{F_{dyn}}{V F_{max}}; \tag{2.18}$$

S_0 Sicherheitsbeiwert für technische Sicherheit, s. Abschnitt 2.1.4.2,
F_{dyn} maximale dynamische Seilkraft,
F_{max} maximale statische Seilkraft;

mit dem Völligkeitsmaß des Seilkraftkollektivs, das für diese Art der Dimensionierung als quadratische Funktion vorgegeben ist, siehe zum Vergleich Gl. (1.31),

$$V = \sqrt{\sum_{i=1}^{k} \left(\frac{F_i}{F_{max}}\right)^2 \Delta\Phi_i}\,. \tag{2.19}$$

Der dynamische Sicherheitsbeiwert S_{dyn} liegt erheblich über dem Sicherheitsbeiwert S_0 der technischen Sicherheit, damit das durch Gl. (2.14) mit S_{dyn} statt S_0 im Durchmesser festgelegte Drahtseil unter der Wirkung eines bestimmten Belastungskollektivs eine ausreichende Betriebsdauer zu erwarten hat. Deshalb ist auch das Durchmesserverhältnis d_R/d_S größer als der Mindestwert $(d_R/d_S)_{min}$ der technischen Sicherheit, s. Bild 2-16.
Gegenüber den Festlegungen anderer bzw. früherer Bemessungsregeln erweitert diese Dimensionierungsvorschrift die Gestaltungsfreiheit des Konstrukteurs beträchtlich. Während bisher die im Bild 2-16 eingezeichneten, im wesentlichen nur nach Triebwerkgruppen differenzierten und damit relativ festen Zuordnungen von Sicherheitsbeiwert und Durchmesserverhältnis zu einem ebenfalls festen, wenn auch in den Vorschriften nicht genannten Erwartungswert für die Anzahl der ertragbaren Biegewechsel führten, kann diese Größe laut Bild 2-16 in einem weiten Bereich gewählt werden. Dabei lassen sich Werkstoffaufwand und damit Kosten minimieren, s. hierzu [2.31].
Das zweite, in TGL 34022/03 enthaltene Berechnungsverfahren erlaubt eine genauere und damit häufig knappere Auslegung eines Seiltriebs für eine bestimmte Seilkonstruktion, indem der Betriebsfestigkeitsnachweis geführt wird. Hierfür wird die Vergleichsspannung in den Außendrähten der Außenlitzen des Drahtseils nach der Schubspannungshypothese ermittelt und eine stetig verlaufende Wöhlerlinie für 90 % Überlebenswahrscheinlichkeit des durch die zulässige Drahtbruchzahl bestimmten Grenzzustands herangezogen.
Die Vergleichsspannung beträgt in der i-ten Beanspruchungsstufe

$$\sigma_{vi} = \sigma_{zi} + \sigma_{bi} + \sigma_{di} \tag{2.20}$$

mit den Näherungsgleichungen für die Einzelspannungen

Zugspannung

$$\sigma_{zi} = 1{,}04 \frac{F_i}{A_M}$$

Biegespannung

$$\sigma_{bi} = \frac{0{,}6E}{K^2 \dfrac{d_R}{d_S}}$$

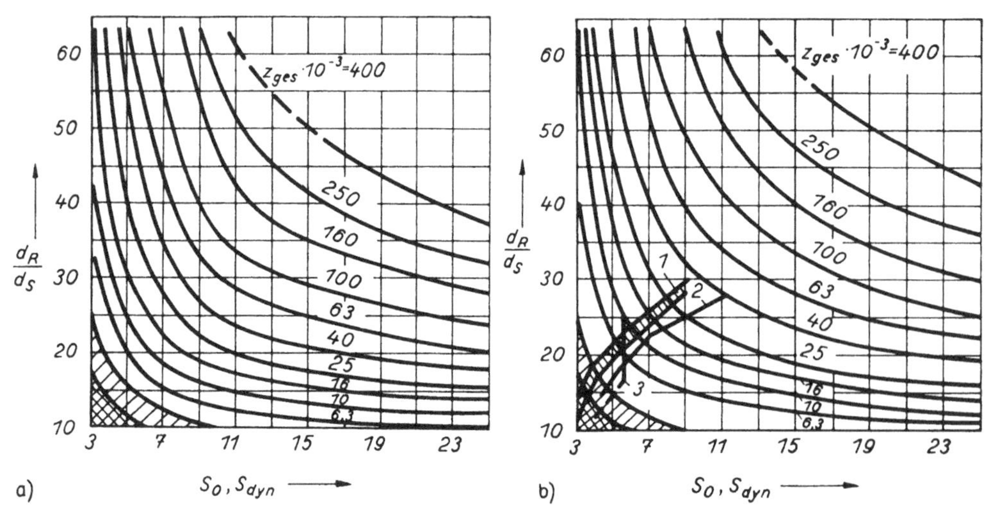

Bild 2-16
Zusammenhang zwischen Sicherheitsbeiwert und Durchmesserverhältnis entsprechend TGL 34022/03

a) Parallelmachart
b) Normalmachart
1 DIN 15020 (1974)
2 TGL 20322 (1964)
3 Gosgortechnadsor (UdSSR 1973)

Druckspannung

$$\sigma_{di} = KBL\sqrt{\frac{F_i}{d_R\, d_S}}; \qquad (2.21)$$

σ Spannung in N/mm^2,
F_i Seilkraft in N,
A_M metallische Querschnittsfläche des Seils in mm^2,
d_R, d_S Seilrollen- bzw. Seildurchmesser in mm,
K, B, L Faktoren zur Berücksichtigung der Seilkonstruktion,
E Elastizitätsmodul des Seildrahts.

Diese Faktoren werden wie folgt rechnerisch bestimmt:

Konstruktionsfaktor

$$K = \sqrt{\frac{d_S}{d_{Da}}};$$

d_S Seildurchmesser,
d_{Da} Außendrahtdurchmesser.

Berührungsfaktor

$$B = 1{,}02\sqrt{\frac{HV}{a/b}};$$

HV Vickershärte der Seilauflage,
a, b Halbachsen der Berührungsellipsen.

Litzenfaktor

$$L = \sqrt{\frac{z_L}{z_D}\frac{l_S}{d_S}};$$

z_L Anzahl der Litzen,
z_D Anzahl der Drähte im Seil,
l_S Schlaglänge des Seils,
d_S Seildurchmesser.

Die Zahlenwerte dieser Faktoren sind den Tafeln 2-3 und 2-4, die Bedeutung der Symbole für die Berührungsform ist Tafel 2-5 zu entnehmen.
Wie es gegenwärtig bei Betriebsfestigkeitsrechnungen üblich und durch Versuche grundsätzlich bestätigt ist, kann für die Drahtseile eine lineare Schadensakkumulation angenommen werden. Damit läßt sich die Äquivalenzanstrengung des Seils aus den i Beanspruchungsstufen mit der Hypothese von *Corten* und *Dolan* (s. Abschn. 1.8.5.2) wie folgt berechnen:

$$\bar{y} = \left(\frac{\sigma_{vä}}{\sigma_B}\right)^C = \sum_{i=1}^{k}\left(\frac{\sigma_{vi}}{\sigma_B}\right)^C \Delta\Phi_i. \qquad (2.22)$$

Durch Bezug auf die Drahtbruchspannung σ_B ist diese Gleichung dimensionslos gemacht worden. Die ebenfalls dimensionslose Wöhlerliniengleichung für das Drahtseil lautet

$$\left(\frac{\sigma_{vj}}{\sigma_B}\right)^C = \frac{H}{z_j};$$

σ_{vj} Vergleichsspannung der j-ten Beanspruchungsstufe,
z_j Biegewechselzahl der j-ten Beanspruchungsstufe,
C Wöhlerlinienexponent,
H Maß für den Anfangspunkt der Wöhlerlinie für eine vorgegebene Überlebenswahrscheinlichkeit des Grenzzustands.

Die Identität von Mehrstufenbeanspruchung (Äquivalenzanstrengung) und Einstufenbeanspruchung (Wöhlerlinie)

$$\left(\frac{\sigma_{vä}}{\sigma_B}\right)^C = \frac{H}{z_{ges}}$$

Tafel 2-4 Berührungsfaktor B und Litzenfaktor L

Seilkonstruktion	Berührungsform	Berührungsfaktor B in $\sqrt{N/mm^2}$	Litzenfaktor z_{La}	L
Rundlitzenseil, einlagig, mit Fasereinlage	(II) (X)	13,8 23,8	6	1,53
Rundlitzenseil, einlagig, mit Stahleinlage	$(X)_L$	32,5		
Rundlitzenseil, mehrlagig, kreuzungsfrei	$(II)_L$	17,9	8 10	1,22 1,10
Rundlitzenseil, mehrlagig, drehungsarm	$(X)_L$	32,5	12 14 16 17	1,00 0,92 0,88 0,84
Flachlitzenseil, drehungsarm	$(X)_L$	32,5	6 8	1,47 1,27

Tafel 2-3
Konstruktionsfaktor K

Litzenkonstruktion	Drahtzahl in der Außenlage der Außenlitze z_{Da}	Anzahl z_{La} der Außenlitzen 6	8	10	12	14	16	17
Rundlitzen	6	3,06	3,36	3,65	3,91	4,15	4,44	4,60
	7	3,22	3,54	3,84				
Normalmachart	9	3,50	3,84	4,17				
Parallelmachart	10	3,65	4,00	4,34				
(außer Warrington)	12	3,90	4,29	4,65				
Verbundmachart	14	4,15	4,56	4,95				
	16	4,39	4,83					
	18	4,60	5,05					
	24	5,22	5,73					
Rundlitzen Warrington	8	3,75	4,12					
	12	4,46	4,90					
Flachlitzen	10	3,74						
	15	4,71	4,71					

Der Konstruktionsfaktor K ist auf die dünneren Außendrähte bezogen.

Tafel 2-5 Symbole für Berührungsform der Drähte im Drahtseil

(II)	Parallelmachart der Litzen
(X)	Normalmachart der Litzen
$(II)_L$	Parallelmachart des Seils (keine Drahtüberkreuzungen zwischen den Litzen)
$(X)_L$	Normalmachart des Seils (Drahtüberkreuzungen zwischen den Litzen)

führt zur Gleichung für die Betriebsdauer eines spannungsarm hergestellten Drahtseils, wie es heute vorwiegend verwendet wird,

$$z_{ges} = \frac{H}{\bar{y}}; \tag{2.23}$$

z_{ges} Gesamtzahl der Biegewechsel bis zum Grenzzustand.

Die Konstanten der Wöhlerliniengleichung betragen für eine Überlebenswahrscheinlichkeit von 90 % für Einfachbiegewechsel $C = 4$ und $H = 1000$, für Gegenbiegewechsel $C = 3{,}7$ und $H = 400$.

Die Anzahl der Biegewechsel eines über Seiltriebelemente laufenden Seilstücks während eines Arbeitsspiels muß rechnerisch bestimmt werden. Ein Einfachbiegewechsel ist als Biegung des Seils aus dem geraden in den gebogenen und zurück in den geraden Zustand definiert. Die rechnerische Anzahl dieser Einfachbiegewechsel hängt vom Winkel α zwischen den Seilrollenebenen sowie von der Länge l_R des zwischen den beiden Seilrollen liegenden geraden Wegstücks ab (Bild 2-17). In Tafel 2-6 sind Werte für den Lauf des betrachteten Seilabschnitts über 1 bzw. 2 Seilrollen angegeben. Diese Biegewechselzahlen sind Einfachbiegewechsel.

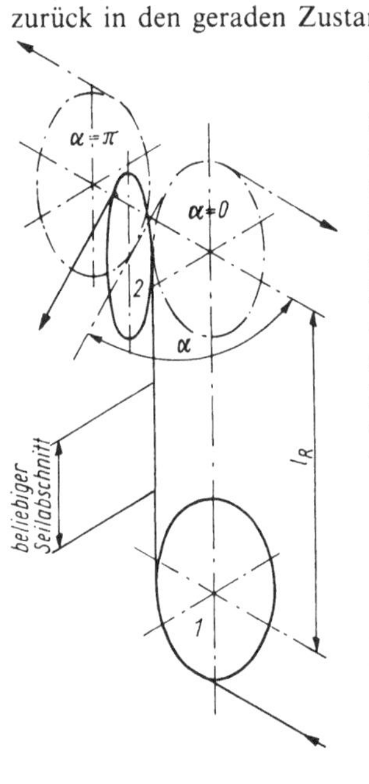

Bild 2-17 Anordnung von Seiltriebelementen

1 vorangegangene Seilrolle
2 zu durchlaufende Seilrolle

Werden sie jedoch als Gegenbiegewechsel ausgedrückt, gilt $z_g = 3z_e$. Der rechnerisch beanspruchungsgünstigste Bereich $\pi/3 < \alpha < 2\pi/3$ des Schwenkwinkels der Seilrollenebenen entsteht aus der Annahme, daß in ihm allgemein von der zweiten Seilrolle andere Außendrähte berührt werden, so daß sich der Lauf über diese zweite Seilrolle nicht als zweiter Einfachbiegewechsel auswirkt. Die Betriebsdauer bis zum Grenzzustand des Seils in Arbeitsspielen wird schließlich nach Gl. (2.23)

$$z_{sp} = \frac{z_{ges}}{\sum_n z_{e,g}}; \tag{2.24}$$

z_{sp} Anzahl der Arbeitsspiele bis zur Betriebsdauergrenze,
z_{ges} Anzahl der Biegewechsel bis zur Betriebsdauergrenze,
$z_{e,g}$ rechnerische Biegewechselzahl für ein Seiltriebelement,
n Anzahl der vom Seilstück je Arbeitsspiel durchlaufenen Seiltriebelemente.

Um die Anzahl der Biegewechsel für eine bestimmte Seiltriebanordnung festzulegen, sind Annahmen für die Bewegungsabläufe zu treffen; [2.31] gibt Richtwerte für Mittelwerte je Arbeitsspiel an.

2.1.4.3.3 Berechnung nach Feyrer

In jüngeren Veröffentlichungen hat *Feyrer* ein neues, auf die Ergebnisse der bisherigen Drahtseilforschung gestütztes Verfahren zur rechnerischen Voraussage der Betriebsdauer von Drahtseilen vorgestellt. Es gilt vorerst lediglich für einlagige Litzenseile und verarbeitet umfangreiche eigene Prüfstandversuche, deren Ergebnisse einer mehrdimensionalen linearen Ausgleichsrechnung unterzogen werden. Dieses empirische Vorgehen drückt sich auch darin aus, das die ersten Aussagen [2.32] bis [2.35] später ergänzt und dabei teilweise etwas modifiziert werden [2.3].

Als obere Schranken für die Seilzugkraft bzw. Seilzugspannung werden zwei Kriterien formuliert:

- die sogenannte *Donandt*kraft bzw. -spannung, oberhalb derer die erreichbaren Biegewechselzahlen bei Dauerversuchen sehr steil abfallen
- die sogenannte Grenzzugkraft bzw. -spannung als Größtmaß der Seilbelastung, um zu sichern, daß die Ablegereife an der Anzahl der sichtbaren Drahtbrüche hinreichend sicher erkannt werden kann.

Für die *Donandt*kraft bzw. -spannung gilt der Regressionsansatz

Tafel 2-6 Rechnerische Anzahl z_e von Einfachbiegewechseln beim Lauf eines Seilstücks über Seilrollen (TGL 34022/03)

Anzahl durchlaufener Seilrollen	Schwenkwinkel α in °	Abstand zwischen Seilrollenachsen l_R	Art der Seilbiegung	Biegewechselzahl z_e
1	0	—	1 Einfachbiegung	1
2	0 … 60	$\leqq 50\,d_R$ $> 50\,d_R$	2 Einfachbiegungen	2 1
	> 60 … 120	beliebig	2 Einfachbiegungen	1
	> 120 … 180	$\leqq 25\,d_R$ $25\,d_R < l_R \leqq 100\,d_R$ $> 100\,d_R$	1 Einfachbiegung und 1 Gegenbiegung	3 2 1

Auflauf bzw. Ablauf auf bzw. von einer Seiltrommel zählen je $z_e = 0{,}5$

$$\frac{F_D}{F_B} = \frac{\sigma_D}{\sigma_B} = q_0 - q_1 \frac{d_S}{d_R};$$

F_D, σ_D *Donandt*kraft bzw. -spannung,
F_B, σ_B Bruchkraft bzw. -spannung des Seiles,
$d_{S,R}$ Seil- bzw. Seilrollendurchmesser.

Der Betrag der Konstanten q_0 und q_1 hängt von der Seilkonstruktion ab, die angegebenen Bereiche sind [2.3]

$q_0 = 0{,}500 \ldots 0{,}683$,
$q_1 = 3{,}19 \ldots 4{,}30$.

Diese bezogene *Donandt*kraft ist um 0,06 zu verkleinern, wenn statt Einfachbiegung die ungünstigere Gegenbiegung des Seils vorliegt. Eine genauere Untersuchung führte zur späteren Korrektur dieser Vorgabe. Nach [2.36] sind die Konstanten der Gleichung q_0 um 0,035, q_1 um 0,25 zu vermindern, wenn Gegenbiegung auftritt.
Der Regressionansatz für die Grenzzugkraft lautet

$$F_G = d_S^2 \sqrt{\frac{-B_{A30\min} + g_0 - g_2 (d_S/d_R)^2}{g_1 + g_3 (d_S/d_R)^2}}; \qquad (2.25)$$

F_G Grenzzugkraft in N,
$d_{S,R}$ Seil- bzw. Seilrollendurchmesser in mm,
$B_{A30\min}$ Mindestanzahl von Drahtbrüchen bei Ablegereife, bezogen auf die kritische Seillänge $l_{kr} = 30\,d_S$, s. Abschnitt 2.1.5.3.

Für die vier Konstanten werden in [2.3] die nachstehenden Bereiche genannt:

$g_0 = 23{,}7 \ldots 50$, $g_2 = 2330$ bzw. 2470,
$g_1 = (2{,}15 \ldots 3{,}31) \cdot 10^{-4}$, $g_3 = (3{,}89 \ldots 8{,}02) \cdot 10^{-2}$.

Die Regressionsgleichung für die Betriebsdauer, d.h. für die rechnerische Biegewechselzahl N_r bis zum Grenzkriterium, auf eine Überlebenswahrscheinlichkeit $P_ü = 90\,\%$ bezogen, hat die Form [2.3]

$$\lg N_r = b_0 + b_1 \lg \frac{F_S}{d_S^2} + b_2 \lg \frac{d_R}{d_S} + b_3 \lg d_S + b_4 \lg \frac{F_S}{d_S^2} \lg \frac{d_R}{d_S} + \frac{1}{b_5 + \lg (l_b/d_S)}; \qquad (2.26)$$

F_S Seilzugkraft in N,
$d_{S,R}$ Seil- bzw. Seilrollendurchmesser in mm,
l_b Biegelänge des Seils in mm,
$b_0 \ldots b_5$ Konstanten laut Tafel 2-7.

Die rechnerische Seilzugkraft ist mit nachstehender Gleichung zu bestimmen

$$F_S = F_{S0} \prod_{i=1}^{5} f_{Si}; \qquad (2.27)$$

F_{S0} rechnerische Seilzugkraft ohne Berücksichtigung erhöhender Einflüsse,
f_{Si} Seilkraftfaktoren laut Tafel 2-7.

In Tafel 2-7 sind nur vier von fünf Seilkraftfaktoren aufgeführt. Der Seilkraftfaktor f_{S5} erfaßt den größeren Spannungsausschlag bei erneuter Belastung des vollständig entlasteten Seils

$$f_{S5} = \frac{1{,}7a \dfrac{F_S}{d_S^2} \dfrac{d_R}{d_S} + 10\,600}{0{,}5a \dfrac{F_S}{d_S^2} \dfrac{d_R}{d_S} + 10\,600} + v;$$

f_{S5} Seilkraftfaktor für Zugkraftentlastung,
v Beharrungsgeschwindigkeit des Seiles in m/s.

Tafel 2-7 Konstanten für die Berechnung der Biegewechselzahl N_{ko} nach Gleichung (2.28) [2.3]

a) Konstanten b_i der Gleichung (2.26) für die mittlere Ablegebiegewechselzahl N_A bis zur Ablegereife (8litziges Seil, Kreuzschlag)

Seilkonstruktion	Einlage	b_0	b_1	b_2	b_3	b_4	b_5
F/W	FE	−3,585	2,474	9,417	−0,32	−3,339	1,2
S	FE	−3,815					
F/W	SES	−2,292	1,783	8,088		−2,640	
S	SES	−2,506					
F/W	SESP	−2,050					
S	SESP	−2,264					
F/W	SESU	−2,124					
S	SESU	−2,338					

F/W Filler-Warrington FE Fasereinlage SESP Stahlseileinlage, parallel
S Seale SES Stahlseileinlage SESU Stahlseileinlage, ummantelt

b) Seilkraftfaktoren f_{Si} zur Korrektur der Seilkraft F_{SO} nach Gleichung (2.27)

Einflußgröße	Variante	Seilkraftfaktor
Reibung der Lastführung	Rollenführung	$f_{S1} = 1{,}05$
	Gleitführung	$= 1{,}10$
Wirkungsgrad η der Seilführung		$f_{S2} = 1/\eta$
Belastungsverteilung auf Parallelseile	mit Ausgleichsrolle oder Wippe	$f_{S3} = 1{,}00$
	ohne Ausgleichsrolle oder Wippe	$= 1{,}10$
	gemeinsame Seilrolle, 2 Seile	$= 1{,}15$
	gemeinsame Seilrolle, mehrere Seile	$= 1{,}25$
Beschleunigung bei Seilgeschwindigkeit v in m/s	$v \leqq 0{,}5$	$f_{S4} = 1{,}10$
	$0{,}5 < v \leqq 1{,}6$	$= 1{,}15$
	$v > 1{,}6$	$= 1{,}20$

Fortsetzung von **Tafel** 2-7

c) Biegewechselfaktoren f_{Ni} zur Korrektur der Biegewechselzahl N_r laut Gleichung (2.28)

Einflußgröße	Varianten	Biegewechselfaktoren
Biegeart	Gegenbiegung	$f_{N1} = 0{,}50$
Seilschmierung	ohne Schmierung	$f_{N2} = 0{,}15$
Seilkonstruktion	drehungsarmes Seil	$f_{N3} = 0{,}50$
	6litziges Seil	$= 0{,}70$
Rillenradien[1]) (Rundrille)	$r/d_S = 0{,}53$	$f_{N4} = 1{,}00$
	$= 0{,}55$	$= 0{,}84$
	$= 0{,}60$	$= 0{,}75$
	$= 0{,}70$	$= 0{,}63$
	$= 0{,}80$	$= 0{,}58$
	$= 1{,}00$	$= 0{,}54$
Schrägzug	Ablenkwinkel $\varphi = 0$	$f_{N5} = 1{,}00$
	$= 1°$	$= 0{,}90$
	$= 2°$	$= 0{,}75$
	$= 3°$	$= 0{,}70$
	$= 4°$	$= 0{,}67$
Drahtfestigkeit	$\sigma_B = 1570\ N/mm^2$	$f_{N6} = 0{,}87$
	$= 1770\ N/mm^2$	$= 1{,}00$
	$= 1960\ N/mm^2$	$= 1{,}14$
Vorzeitige Seilablage		$f_{N7} = 0{,}80$

[1]) Werte für unterschnittene und Keilrillen siehe [2.3]

Die anderen Symbole mit den zugehörigen Dimensionen wurden bereits in den vorstehenden Gleichungen erläutert. Die Konstante a hängt von der Seilkonstruktion, besonders von der Einlage ab und schwankt nach [2.3] im Bereich $a = 1{,}9 \ldots 2{,}9$.

Die rechnerische Betriebsdauer wird wie folgt korrigiert

$$N_{ko} = N_r \prod_{i=1}^{7} f_{Ni}\,; \qquad (2.28)$$

N_{ko} durch Faktoren korrigierte Biegewechselzahl,
N_r Biegewechselzahl laut Gl. (2.26).

Um unterschiedliche Belastungsabschnitte für das gleiche Seilstück zu überlagern, wird die *Miner*-Gleichung herangezogen, siehe Abschnitt 1.8.5.2

$$\sum_i \frac{n_i}{N_i} = 1\,;$$

n_i Anzahl der Belastungen in der i-ten Belastungsstufe,
N_i ertragbare Belastungen bis zum vorgegebenen Schädigungskriterium in der i-ten Belastungsstufe.

Auf die Biegewechselzahl des Seils umgestellt, ergibt sich mit

$$n_i = z_i z_{sp}\,;$$

z_i Anzahl der Biegewechsel der i-ten Belastungsstufe je Arbeitsspiel,
z_{sp} Anzahl der Arbeitsspiele bis zur Ablegereife des Seils;

die Anzahl der während der Betriebsdauer des Seils ertragbaren Arbeitsspiele

$$z_{sp} = \frac{1}{\sum_i z_i/\bar{N}_{Ai}}\,;$$

$\bar{N}_{Ai}$ mittlere Biegewechselzahl bis zur Ablegereife in der i-ten Belastungsstufe.

Bild 2-18 zeigt die Zuordnung von N_r, d_S, d_R sowie die Feldgrenzen infolge der vorstehend erörterten Schranken an einem Beispiel. Die bereits im Abschnitt 2.1.4.3.2 erläuterte größere Freiheit für die konstruktive Entscheidung durch Abstimmung zwischen dem Durchmesserverhältnis d_R/d_S und der gewünschten Biegewechselzahl ergibt sich selbstverständlich auch bei dem hier behandelten Berechnungsverfahren. Ob es sich mit seinen 6 Konstanten, 5 Seilkraftfaktoren und 7 Biegewechselfaktoren letztendlich durchsetzen kann, muß sich noch erweisen. Aus den aufgeführten Gleichungen lassen sich jedoch wichtige qualitative Erkenntnisse gewinnen.

Dies gilt für einen durch Differentiation von Gl. (2.26) erhaltenen Ansatz für den optimalen Seildurchmesser [2.3]

$$d_{S\,opt} = c_0 \sqrt{d_R \sqrt{F_S}}\,;$$

$d_{S,\,R}$ Seil- bzw. Seilrollendurchmesser in mm,
F_S Seilzugkraft in N.

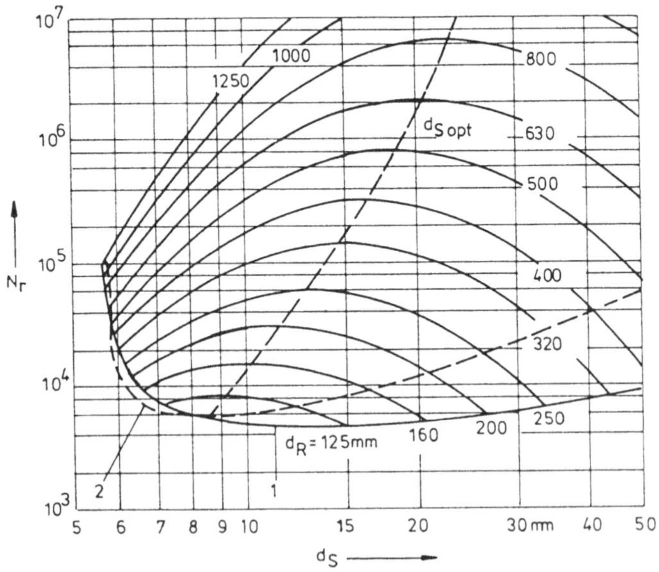

Bild 2-18 Biegewechselzahl N_r bis Ablegereife in Abhängigkeit von Seildurchmesser d_S und Seilrollendurchmesser d_R für Fülldraht- und Warrington-Kreuzschlagseile [2.3]

Seilzugkraft $F_S = 10\,kN$
Rillenradius $r = 0{,}53\,d_S$
Biegelänge $l_b = 10\,m$; Einfachbiegung
Überlebenswahrscheinlichkeit $P_ü = 90\,\%$
1 Grenzlinie aus *Donandt* spannung σ_D (Drahtfestigkeit $\sigma_B = 1770\,N/mm^2$)
2 Grenzlinie aus Grenzzugspannung σ_G für Ablegereife ($B_{A\,30\,min} = 2$)

Die Konstante c_0 liegt, bezogen auf die mittlere Ablegebiegewechselzahl $\bar{N}_A$, für 8litzige Seile in Parallelmachart der Litzen zwischen 0,0739 und 0,0795.
Die Kurve für $d_{S\,opt}$ im Bild 2-18 verbindet die Maxima der Linienzüge $N_r = f(d_S)$ für d_R = konst. Weil diese Maxima sehr flach verlaufen, führen Abweichungen des Seildurchmessers d_S vom rechnerischen Optimum zu einer nur geringen Änderung der Biegewechselzahlen. Sinnvoll ist aus wirtschaftlichen Gründen allein eine Verringerung des Seildurchmessers d_S, [2.3] empfiehlt, ihn gegenüber dem errechneten Optimum um 15 ... 30 % herabzusetzen.

2.1.4.4 Elastizitätsmodul

Das elastische Verhalten des Drahtseils hat in der Fördertechnik besondere Bedeutung, weil Seile meist Bestandteile schwingender Systeme sind und ohne Kenntnis des Elastizitätsmoduls keine Schwingungsrechnungen durchgeführt werden können. Der Elastizitätsmodul des Drahtseils ist eine nichtlineare, spannungs- und zeitabhängige Größe, so daß stets nur bestimmte Bereiche für seinen Zahlenwert angegeben werden können.
Das Spannungs-Dehnungs-Diagramm eines Rundlitzenseils (Bild 2-19) zeigt die Schwierigkeiten der Definition und der numerischen Kennzeichnung. Der wirkliche Elastizitätsmodul ist die Steigung der Belastungs- bzw. Entlastungslinie

$$E_S = \frac{d\sigma}{d\varepsilon}.$$

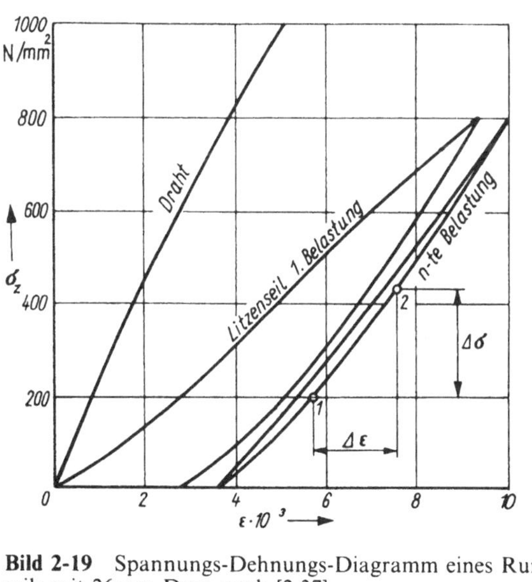

Bild 2-19 Spannungs-Dehnungs-Diagramm eines Rundlitzenseils mit 26 mm Dmr. nach [2.37]

Für einen im mittleren Spannungsbereich liegenden, bei einem häufiger belasteten Seil nur wenig gekrümmten Abschnitt kann die Kurve durch die Sehne ersetzt und somit ein mittlerer Elastizitätsmodul innerhalb eines Belastungsbereichs benannt werden:

$$E_{S(1\ldots2)} = \frac{\sigma_2 - \sigma_1}{\varepsilon_2 - \varepsilon_1} = \frac{\Delta\sigma}{\Delta\varepsilon}. \tag{2.29}$$

Die theoretische Berechnung des Elastizitätsmoduls, besonders in Abhängigkeit von der Seilkonstruktion, ist Gegenstand vieler wissenschaftlicher Untersuchungen [2.37] bis [2.39]. Fast alle Autoren vernachlässigen die Elastizität der Faserstoffeinlage bei Litzenseilen und setzen eine ideale, formschlüssige Drahtlage voraus, behandeln damit den „unelastischsten" Seilzustand. Auch die Versuchsergebnisse in [2.37] [2.39] stellen extreme Werte für Seile dar, die mehrfach bis zu 50 % der Bruchkraft vorgereckt wurden, eine Belastung, der ein Seil in der Fördertechnik wegen der üblichen Sicherheitsbeiwerte im Betrieb niemals ausgesetzt wird. Sehr ausführlich werden in [2.4] die Gesetzmäßigkeiten des Elastizitätsmoduls behandelt.
Alle Zahlenangaben in der Literatur müssen also stets auf den Bereich ihrer Gültigkeit überprüft werden, bevor sie in einen Berechnungsansatz übernommen werden. Die von *Wyss* [2.1] aus einer Vielzahl sorgfältig durchgeführter Versuche zusammengestellten Werte für den Elastizitätsmodul des Drahtseils in Tafel 2-8 liegen niedriger als die Angaben an vielen anderen Stellen. Sie gelten für das bereits häufig mit der Betriebsbelastung beanspruchte Seil und entsprechen dem tatsächlichen Belastungsbereich und Betriebszustand bei Fördermaschinen am besten. Ihre noch große Schwankungsbreite gestattet die zumindest qualitative Erfassung der den Elastizitätsmodul verändernden Einflüsse. Dieser Modul nimmt mit der Schlaglänge, Betriebsdauer, Zugbelastung, Anzahl der Belastungswechsel und Größe der Belastungsfrequenz zu. Die Einflüsse der Vorbelastung und der Seilkonstruktion erfaßt die Aufstellung in [2.3].

Tafel 2-8 Elastizitätsmodul von Drahtseilen [2.1]

Seilart	E_S in 10^5 N/mm²
Rund-und Profildraht	2,0
Spiralseil, vollverschlossen	1,45 ... 1,72
Spiralseil, offen	1,25 ... 1,45
Litzenseil, mehrlagig	1,00 ... 1,25
Litzenseil mit Stahleinlage	1,00 ... 1,25
Litzenseil mit Fasereinlage	0,70 ... 1,00

Die in Tafel 2-8 und an anderer Stelle angegebenen Größenbereiche gelten nur dann, wenn die Eigendrehung des Seils behindert ist. Bei freier Eigendrehung ergaben Versuche [2.40] für Spiralseile nur 30 ... 50 %, für Litzenseile nur 15 ... 45 % dieser Werte. Beachtet werden muß auch, daß neue, ungereckte Seile eine Restwelligkeit aufweisen und erheblich niedrigere Werte des Elastizitätsmoduls zeigen. Im Bild 2-19 ist die erste Belastungsschleife für das neue Seil, die zweite für das wiederholt belastete gezeichnet. In Litzenseilen mit Hanfeinlage spielt anfangs auch die Elastizität des Faserstoffs eine bestimmende Rolle, so daß für diese Seile Erstwerte von $E_S = (0{,}25 \ldots 0{,}4) \cdot 10^5$ N/mm² möglich sind.
Auf das elastische Verhalten wirkt bei horizontal oder schräg liegenden Seilfeldern überdies die Durchhangänderung ein. Man kann diese Erscheinung mit der elastischen Dehnung des Seils in einem Ersatz-Elastizitätsmodul verknüpfen [2.41] (Bild 2-20). Für andere Stützbedingungen ist dieses Beispiel zu modifizieren, s. hierzu auch [2.42]. Das in

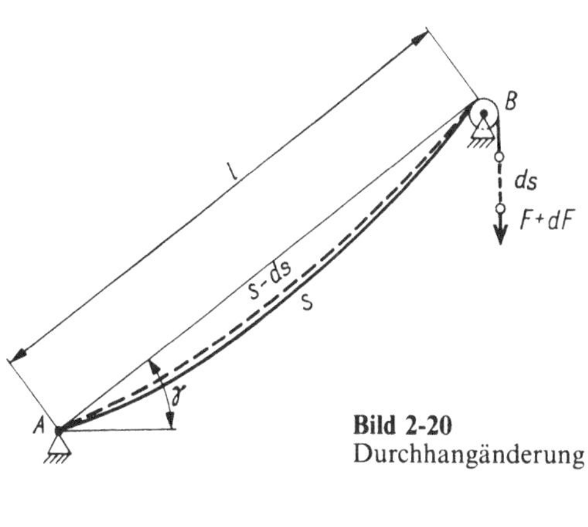

Bild 2-20
Durchhangänderung eines Seils

A befestigte und in B durch die Kraft F gespannte Seil mit der Bogenlänge s wird von einer zusätzlichen Kraft $\mathrm{d}F$ um die Bogenlänge $\mathrm{d}s$ verlängert. Wenn mit dem Index u der aus der Durchhangänderung herrührende, mit dem Index s der aus der elastischen Seildehnung stammende Anteil bezeichnet wird, gilt für die scheinbare Gesamtdehnung des Seils

$$\mathrm{d}\varepsilon_{\text{ges}} = \frac{\mathrm{d}s}{s} = \frac{\mathrm{d}s_{\text{u}} + \mathrm{d}s_{\text{s}}}{s} = -\mathrm{d}\varepsilon_{\text{u}} + \mathrm{d}\varepsilon_{\text{s}}$$

und für den Ersatz-Elastizitätsmodul nach Einführung der Moduln E_{u} für die Durchhangänderung und E_{s} für die eigentliche Seildehnung

$$E_{\text{ers}} = \frac{\mathrm{d}\sigma}{\mathrm{d}\varepsilon_{\text{ges}}} = \frac{\mathrm{d}\sigma}{-\mathrm{d}\varepsilon_{\text{u}} + \mathrm{d}\varepsilon_{\text{s}}} = \frac{\mathrm{d}\sigma}{\mathrm{d}\sigma/E_{\text{u}} + \mathrm{d}\sigma/E_{\text{s}}}$$

$$= \frac{E_{\text{s}}}{1 + E_{\text{s}}/E_{\text{u}}}. \tag{2.30}$$

Um E_{u} zu ermitteln, wird die bekannte Näherungsgleichung für die Bogenlänge s eines Seils mit der auf die Einheit seiner Länge bezogenen Gewichtskraft q

$$s = l + \frac{q^2 l^3}{24 F^2}$$

herangezogen und nach F differenziert

$$\frac{\mathrm{d}s_{\text{u}}}{\mathrm{d}F} = -\frac{q^2 l^3}{12 F^3}. \tag{2.31}$$

Für E_{u} kann dann unter Verwendung von Gl. (2.31) geschrieben werden

$$E_{\text{u}} = -\frac{\mathrm{d}\sigma}{\mathrm{d}\varepsilon_{\text{u}}} = -\frac{\mathrm{d}Fs}{A_{\text{M}}\,\mathrm{d}s_{\text{u}}} = \frac{s}{A_{\text{M}}} \frac{12F^3}{q^2 l^3} \approx \frac{12F^3}{A_{\text{M}} q^2 l^2} \quad (\text{für } s \approx l). \tag{2.32}$$

Die metallische Querschnittsfläche A_{M} des Seils wurde bereits mehrfach verwendet. Das Einsetzen von Gl. (2.32) in (2.30) ergibt den gesuchten Ersatz-Elastizitätsmodul bei durchhängendem Seil

$$E_{\text{ers}} = \frac{E_{\text{s}}}{1 + CE_{\text{s}}/F^3} \quad \text{mit der Konstanten} \quad C = \frac{A_{\text{M}} q^2 l^2}{12}. \tag{2.33}$$

Der mit Gl. (2.33) bezeichnete Augenblickswert des Elastizitätsmoduls ändert sich mit der Belastung F; für praktische Berechnungen muß an seiner Stelle ein mittlerer Wert im Belastungsbereich benutzt werden. Dabei wird E_{s} als konstante Größe angesehen. Integration von Gl. (2.31) zwischen den Seilkräften F_1 und F_2 ergibt

$$\Delta s_{\text{u}} = \frac{q^2 l^3}{12} \int_{F_2}^{F_1} \frac{\mathrm{d}F}{F^3} = \frac{q^2 l^3}{24} \frac{F_2^2 - F_1^2}{F_1^2 F_2^2}.$$

Der mittlere scheinbare Elastizitätsmodul für die Durchhangänderung beträgt

$$E_{\text{um}} = \frac{\Delta\sigma}{\Delta\varepsilon_{\text{u}}} = \frac{(F_2 - F_1)s}{A_{\text{M}}\,\Delta s_{\text{u}}} \approx \frac{2}{C} \frac{F_1^2 F_2^2}{F_1 + F_2} \quad (\text{für } s \approx l)$$

und der mittlere Ersatz-Elastizitätsmodul

$$E_{\text{ersm}} = \frac{E_{\text{s}}}{1 + \dfrac{C}{2} \dfrac{F_1 + F_2}{F_1^2 F_2^2} E_{\text{s}}}. \tag{2.34}$$

Wenn nicht besonders niedrige Seilspannungen mit den zugehörigen großen Durchhängen auftreten, ist der Einfluß der Durchhangänderung auf das elastische Verhalten des Seils unterhalb 50...100 m Spannweite vernachlässigbar klein.

2.1.5 Wartung und Prüfung

Die empfindliche Struktur des Drahtseils macht eine darauf abgestimmte Wartung und Prüfung notwendig, damit es die angestrebte Betriebsdauer erreicht und das oft ausschlaggebende hohe Sicherheitsbedürfnis erfüllt. Alle Maßnahmen richten sich primär auf das Verhindern und rechtzeitige Erkennen von Seilschäden.

2.1.5.1 Auflegen und Pflege

Bereits das Auflegen von Drahtseilen erfordert große Sorgfalt, weil sie sich dabei keinesfalls verformen dürfen. Die Seilenden sind ausreichend fest abzubinden, bevor das Seil tangential vom Ringbündel oder von einer Haspel abgezogen wird. Axiales Abheben der Windungen führt zum Aufdrehen des Seils um eine volle Drehung je Windung und damit zum Entdrallen. Durch Sorgfalt und Einsatz erfahrenen Personals müssen darüber hinaus jeglicher Drallverlust und jede Beschädigung des Seils ausgeschlossen werden; eine scharfe Biegung oder Pressung ist zu vermeiden.

2.1.5.2 Seilschäden

Jede Schädigung des Seils beeinträchtigt seine Belastungsfähigkeit und Betriebssicherheit. Gewalt- und Ermüdungsbrüche sind die häufigsten Seilschäden. Gewaltbrüche infolge Überschreitens der statischen Festigkeit treten nur bei sehr großer Überlastung auf. Ein schlecht geführtes Seil kann z.B. von der Seilrille abspringen und gequetscht oder scharf gebogen und der gesamte Seilstrang durch Festhaken oder Abstürzen des bewegten Körpers zerrissen werden. Konstruktive Vorsorge und vorsichtige Steuerung der Antriebe können diese Schäden weitgehend ausschalten.

Ermüdungsbrüche von Drähten stellen sich während des Betriebs in steigender Anzahl ein, weil die schwingende Beanspruchung nahezu immer oberhalb der Dauerfestigkeit liegt. Ausgangspunkte sind häufig Druckstellen oder Oberflächenverletzungen in Form von Rostnarben, Anrissen usw. Wegen der inneren Reibung trägt ein gebrochener, einzelner Draht bei ruhender Belastung bereits nach zwei bis drei Schlaglängen, bei schwingender Belastung nach fünf bis sechs Schlaglängen wieder voll mit. So ist die Querschnittsminderung durch gleichmäßig über eine größere Seilstrecke verteilte Drahtbrüche im allgemeinen ungefährlicher als ein konzentriert in einer Litze auftretendes Drahtbruchnest (Bild 2-21). Besonders kritische Stellen für Drahtbrüche sind Seilbefestigungen, Seilauflauf- und Seilablaufbereiche an nicht oder nur gering bewegten, über Rollen geführten Seilen, Klemmstellen und Auflagestellen.

Darüber hinaus treten Seilschäden in Form von Verschleiß [2.43], Korrosion und Verformung des Seils auf. Eine ausführliche Beschreibung unter Angabe der Ursachen enthalten [2.5] und die VDI-Richtlinie 2358. Nicht alle Seilschäden lassen sich rechnerisch erfassen; [2.44] trennt die Schädigungskriterien deshalb in

Bild 2-21 Drahtbrüche

- rechnerisch erfaßbare Ausfallmechanismen:
  - Verschleiß an der Außenseite der Drähte,
  - Korrosion an der Außenseite der Drähte,
  - Drahtbruch an sichtbaren Drähten,
  - Drahtbruch an nicht sichtbaren Drähten (wenn hierfür eine Vergleichsgrundlage zu denen an den sichtbaren Drähten vorliegt),
  - Drahtlockerung an den sichtbaren Drähten,
  - Litzenlockerung an den sichtbaren Litzen,
  - Schlaufenbildung,
  - Korbbildung;
- rechnerisch nicht erfaßbare Ausfallmechanismen
  - innere Korrosion,
  - innerer Verschleiß,
  - Lockerung der Drähte und Litzen,
  - Drahtbruch in oder an Seilführungselementen,
  - Beschädigung durch äußere Gewalt,
  - wellenartige Verformung bei Litzenseilen mit Stahlseileinlage, Spiral-Rundlitzenseilen und Spiralseilen,
  - Korkenzieher,
  - Korbbildung,
  - Knoten,
  - Einschnürung.

Auch diese Vielzahl von Ausfallmechanismen stellt nur die Hauptgesichtspunkte für die Beurteilung des Betriebszustands eines Drahtseils dar. Die rechnerisch erfaßbaren Ausfallmechanismen ergeben eine erkennbare, z.T. auch meßbare Querschnittsschwächung an den Außendrähten der Außenlitzen des Seils. Für diese Querschnittsschwächung gelten bestimmte Grenzwerte (s. Abschn. 2.1.5.3). Die Beurteilung der Auswirkungen der rechnerisch nicht erfaßbaren Ausfallmechanismen auf die Betriebssicherheit eines Drahtseils verlangt einen hohen Kenntnisstand, vielfältige Erfahrungen und große Umsicht, um schwerwiegende Fehlentscheidungen auszuschließen. Sie sollte dem Spezialisten überlassen bleiben, wenn hohe Sicherheitsrisiken bestehen.

2.1.5.3 Bestimmung der Ablegereife

Dem Hersteller von Drahtseilen sind Abnahmeprüfungen, dem Betreiber regelmäßige Betriebsprüfungen vorgeschrieben. Neben dem Auffinden örtlich konzentrierter Seilschäden dienen sie der Feststellung von äußerlich erkennbaren Drahtbrüchen sowie der Folgen von Verschleiß und Korrosion.

Nach DIN 15020 Teil 2 hat ein Drahtseil die Ablegereife als Grenzzustand erreicht, wenn auf einer vorgegebenen Seillänge eine tabellarisch benannte Anzahl äußerer Drahtbrüche zu erkennen ist. Diese Anzahl ist gestaffelt nach:

- der Triebwerkgruppe (1 bzw. 2 bis 5)
- der Schlagart (Kreuz- bzw. Gleichschlag)
- der Länge des Seilstücks (Prüflänge $6d_S$ bzw. $30d_S$)
- der Anzahl tragender Drähte in allen Außenlitzen des Seils.

Für die Prüflänge $6d_S$ schwanken die zulässigen Drahtbruchzahlen zwischen 1 und 24, für eine von $30d_S$ zwischen 2 und 48. Zusätzlich ist ein Drahtseil abzulegen, wenn sich der Seildurchmesser durch Strukturveränderung um 15 % bzw. durch Korrosion und Verschleiß um 10 % vermindert hat.

In TGL 34022/04 sind diese Grundregeln stärker differenziert und die Unterschiede in der Entwicklung der äußeren und inneren Drahtbrüche bei den verschiedenen Seilkonstruktionen einbezogen. Es werden ebenfalls die beiden Kriterien:

- Querschnittsschwächung durch Verschleiß, Korrosion, Lockerung und Drahtbruch
- Anzahl der sichtbaren Drahtbrüche

zur Beurteilung des Seilzustands herangezogen.

Für den Grenzzustand Querschnittsschwächung gelten drei Merkmale nebeneinander. Der verbliebene Restquerschnitt A_{red} des Seils, bezogen auf den Ausgangsquerschnitt A, darf nicht unterschreiten:

im gesamten Seil

$$\frac{A_{S\,red}}{A_S} \leqq 0{,}8,$$

in der meistgeschädigten Außenlitze

$$\frac{A_{L\,red}}{A_L} \leqq 0{,}75,$$

an den Außendrähten

$$\frac{A_{D\,red}}{A_D} \leqq 0{,}5. \tag{2.35}$$

Für den Grenzzustand eines Seils nach der festgestellten Drahtbruchzahl z_b im Bereich der kritischen Seillänge l_{kr} reichen die nachstehenden zwei Kriterien aus, wenn Verschleiß und Korrosion nicht oder nur sehr gering auftreten:

in der meistgeschädigten Außenlitze

$$z_b \geqq z_{bzul},$$

in allen z_{La} Außenlitzen

$$z_b \geqq k_1 z_{La}(z_{bzul} - k_2). \tag{2.36}$$

Die kritische Seillänge l_{kr} hängt von der Seilkonstruktion ab, sie ist auf die Schlaglänge l_S oder den Seildurchmesser d_S bezogen (Tafel 2-9). In Tafel 2-10 sind die zulässigen Drahtbruchzahlen z_{bzul} und in Tafel 2-11 die Faktoren k_1 und k_2 in Abhängigkeit von der Berührungsform enthalten, s. Tafel 2-5. Durch den Faktor $k_1 = 0{,}5$ bei der Berührungsform $(X)_L$ ist berücksichtigt, daß in derartigen Seilen vor oder gleichzeitig mit dem Auftreten sichtbarer Drahtbrüche in den Außenlagen auch Innendrähte brechen können, was bei der Beurteilung beachtet werden muß.

Tafel 2-9 Kritische Seillänge l_{kr} nach TGL 34022/04

Seilkonstruktion	Schlagart	l_{kr}/l_S	l_{kr}/d_S
Rundlitzenseil, einlagig	Kreuzschlag	5	35
	Gleichschlag	6	42
Rundlitzenseil, mehrlagig		4	24
Flachlitzenseil		6	39

l_S Schlaglänge; d_S Seildurchmesser

Tafel 2-10 Zulässige Drahtbruchzahlen z_{bzul} nach TGL 34022/04 (ohne gleichzeitige Querschnittschwächung durch Verschleiß bzw. Korrosion)

Litzenkonstruktion	Anzahl z_{Da} der Außendrähte einer Außenlitze 6	7	8	9	10	11	12	14	15	16	18	24
Normal-Litze	2						4				9	12
Seale-Litze	2	2		3								
Warringtonlitze												
dünne Drähte			3				6					
dicke Drähte			2				3					
Fülldraht-Litze							5			8		
Seale-Warrington-Litze					4		5	6		8		
Seale-Verbundlitze					3				7		9	
Warrington-Verbund-litze								6		7		
Flachlitze			2		2	3	3	4	5	6		

Tafel 2-11 Faktoren für Gl. (2.36)

Berührungsform	Anzahl z_{Da} der Außendrähte in einer Außenlitze	k_1	k_2
(II) (X) $(\text{II})_\text{L}$	$\leqq 12$ > 12	1 1	1 2
$(\text{X})_\text{L}$	$\leqq 12$ > 12	0,5 0,5	1 2

Eine Sichtkontrolle allein kann nichts über diese inneren Drahtbrüche aussagen. Das erschwert besonders die Überwachung der vollverschlossenen Seile oder der mehrlagigen Litzenseile. Seile, von deren Sicherheit Menschenleben oder wertvolle Betriebseinrichtungen abhängen, überwacht man zusätzlich mit magnetischen Prüfgeräten (Bild 2-22), die z.B. durch fremderregte Spulen in der Meßspule eine Spannung induzieren, sobald sich die metallische Querschnittsfläche des bewegten Seils ändert. Die Geräte sind zweiteilig ausgeführt, damit sie das Seil umhüllen können.

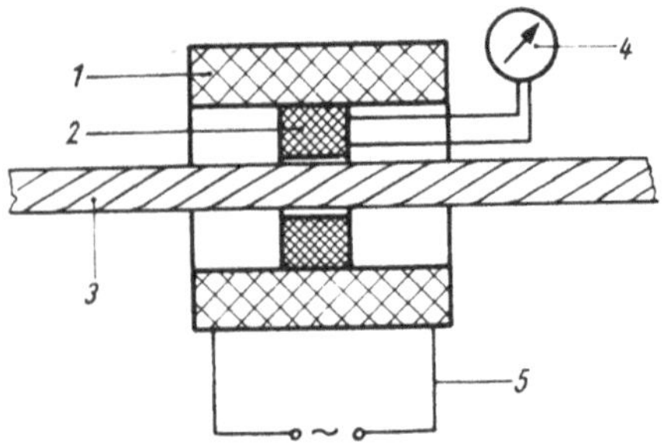

Bild 2-22 Elektromagnetische Seilprüfung (Prinzip)

1 Magnetspule
2 Meßspule
3 Drahtseil
4 Anzeigeinstrument
5 Speisespannung

Ihre Handhabung und Auswertung setzt große Fachkenntnis voraus, weil nicht nur Drahtbrüche, sondern auch andere Unregelmäßigkeiten des Seilquerschnitts infolge Verseilung, Rostangriffs und Druckstellen angezeigt werden [2.45] [2.3]. Nicht in allen Fällen ist eine derartige Überwachung von Seilen möglich; bisher wurden solche Geräte vorrangig für Förderseile, Aufzugseile und Seilbahnseile entwickelt und eingesetzt.

2.2 Elemente von Seiltrieben

Das Drahtseil verlangt besondere Elemente zur Einleitung der Kräfte und zur Führung. Die Befestigungsmittel für die Seilenden passen sich dem Seilaufbau und der Größe sowie der Art der Belastung an. Seilrollen mit geeignetem Rillenprofil ändern die Bewegungsrichtung bewegter Seile. Seiltrommeln oder Treibscheiben übertragen durch Reibschluß die erforderliche Bewegungsenergie auf das Seil. Alle Bestandteile von Seiltrieben sind stets so auszubilden, daß eine Beschädigung oder Überbelastung des Seils ausgeschaltet wird.

2.2.1 Seilbefestigungen

Seilenden können nur kraftschlüssig miteinander oder mit anderen Konstruktionsteilen verbunden werden. Spleißverbindungen sind nur bei Litzenseilen möglich, Klemm- oder Keilverbindungen eignen sich dagegen für Seile jeder Konstruktion. Alle Befestigungsarten erzeugen eine große Pressung im Seil; die dadurch hervorgerufenen Reibungskräfte in Richtung der Drahtachse übertragen die Zugkraft des Seils auf ein anderes Seilstück oder Maschinenteil. Seilendverbindungen werden ungünstiger beansprucht als das Drahtseil selbst. Dies wird durch einen höheren Sicherheitsbeiwert S_0 berücksichtigt.

2.2.1.1 Spleißverbindungen

Beim Spleißen wird ein Teil des Seilendes aufgelöst und mit einem anderen Seilstück verflochten. Geringeren Ansprüchen genügt der Kurzspleiß, der stets zu einer Verdickung der Spleißstelle führt; höhere Ansprüche an Bruchkraft und Betriebsdauer erfüllt der ohne wesentliche Verdickung des Seils auszuführende Langspleiß.

Mit einem *Kurzspleiß* (Bild 2-23) werden vorwiegend Seilösen an den Enden gebildet, mit denen das Seil dann bequem befestigt werden kann. Die Verbindung entsteht, indem das Seilende, oft um eine eingelegte Kausche, zurückgeschlagen und Litze um Litze durch das nicht aufgelöste Seilstück gezogen wird. Ein einmaliges Durchstecken einer Einzellitze wird als Durchstich, das aller Litzen als Rundstich bezeichnet. Gegenüber älteren Angaben [2.46], die 4 bis 6 Rundstiche als ausreichend erachteten, werden für Seile von Fördermaschinen 6 Rundstiche, in DIN 3089, je nach Seilkonstruktion, 6 ½ bis 8 ½ Rundstiche verlangt. Die Spleißstelle wird nicht abgebunden, sondern erhält höchstens eine kurze Be-

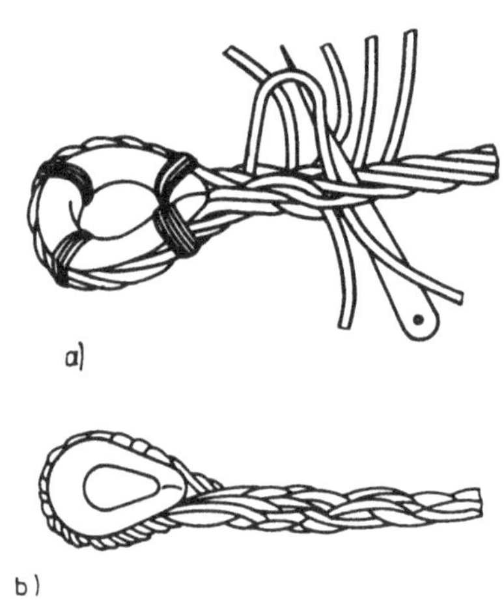

Bild 2-23
Kurzspleiß von Seilen

a) Durchstecken der Litze
b) Spleißstelle

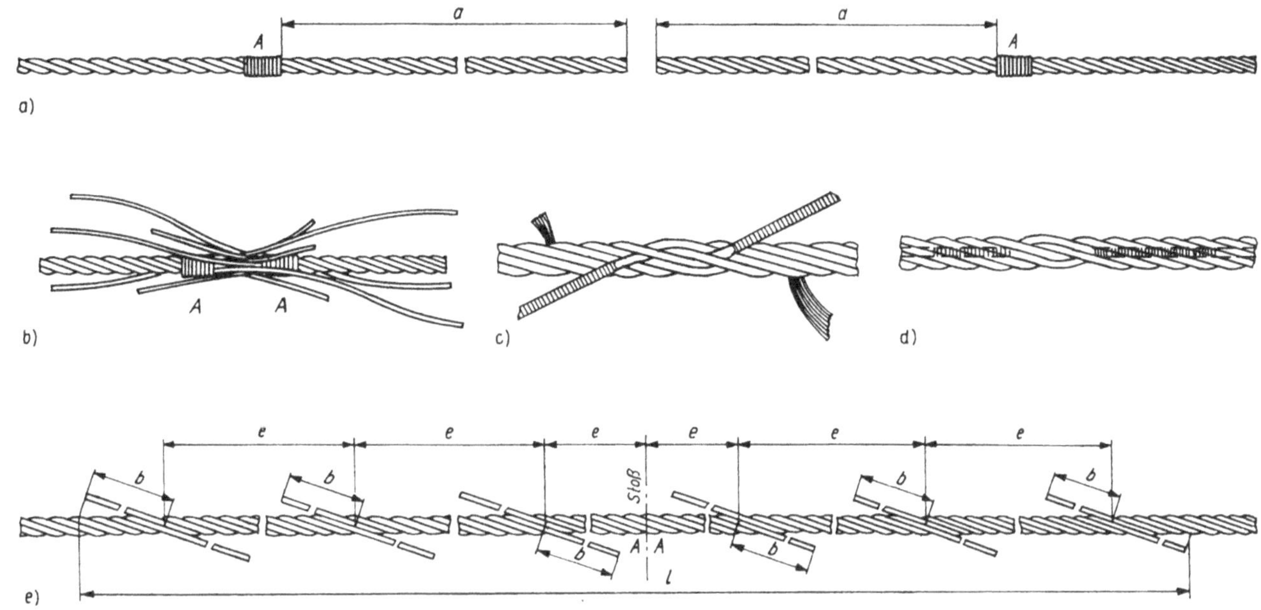

Bild 2-24 Langspleiß von Seilen

a) Abbinden der Stoßstellen
b) Auflösen der freien Seilenden
c) Einfachknoten an einer Litzenstoßstelle
d) Verstecken der Litzenenden
e) Verteilung der Litzenstoßstellen über die Spleißlänge l

kleidung am Ende. Der von Hand ausgeführte Kurzspleiß hat zugunsten der maschinell herzustellenden Preßverbindung erheblich an Bedeutung verloren.
Der Grundgedanke des *Langspleißes* ist das wechselseitige Austauschen der Litzen von zwei zu verbindenden Seilenden, indem die an einem Seil herausgelöste Litze durch die entsprechende des anderen Seilstücks ersetzt wird. An den über eine größere Seillänge gleichmäßig verteilten Litzenstoßstellen werden die Litzenenden einfach überkreuzt, zur Verbesserung der Haftung umwickelt und nach Entfernen der Faserstoffeinlage in das Seilinnere versteckt. Bild 2-24 informiert über die einzelnen Arbeitsphasen. Die Länge des von den Litzen umhüllten, versteckten Litzenendes und die Größe der von diesen Litzen erzeugten Pressungen bestimmen die wirksame Reibungskraft gegenüber einem Herausziehen aus dem Seilverband und damit die erforderliche Spleißlänge. In Abhängigkeit von der Seilmachart, dem Alter des Seils und der Bedeutung des Seiltriebs sind Spleißlängen zwischen dem 900- und 1300 fachen Seildurchmesser zu wählen. Die Bruchkraftminderung beträgt 10 ... 15 %; sie wird bei der zulässigen Zugkraft nicht berücksichtigt. Versuchsergebnisse gibt [2.47], Empfehlungen für Seilbahnen Tafel 2-12 an.

Ein Langspleiß führt zu keiner Verdickung des Seils, kann somit an jeder Stelle eines über Rollen bzw. Scheiben geführten Seiltriebs angebracht werden. Verwendet wird er, um endlose Seile herzustellen, z.B. bei Seilbahnen, oder um längere Seile mit örtlich konzentrierter Beschädigung zu reparieren.

2.2.1.2 Klemmverbindungen

In serienmäßig hergestellten kürzeren Seilen, wie Anschlagseilen, Spannseilen usw., werden die Seilösen am Ende vorzugsweise, mit oder ohne Einlegen von Kauschen, durch *Preßklemmen* (DIN 3093) geschlossen (Bild 2.25a). Eine Flachovalhülse aus Aluminium bzw. auch Stahl wird hierfür nach dem Einstecken beider zu verbindender Seilteile in einer geeigneten Matrize zusammengepreßt, wozu hohe Preßkräfte erforderlich sind. Aluminiumpreßklemmen ertragen nach [2.48] [2.49] Temperaturen bis 150 °C und etwa 10^6 Belastungswechsel ohne Anriß. Die Bruchkraft der Seilendverbindung beträgt mindestens 85 % der des Seils. Das *Flämische Auge* (DIN 3095) erreicht dagegen 100 % der Mindestbruchkraft des Seils, weil die Litzenenden unter der Preßklemme das nicht aufgelöste andere Seilstück gleichmäßig umschließen und damit eine mittige Krafteinleitung bewirken.
Für nur zeitweilig genutzte Seiltriebe, z.B. auf Bau- und Montagestellen, sind *Drahtseilklemmen* in Form der Bügelklemmen nach Bild 2-25b geeignet. Die Anzahl der zur Kraftübertragung benötigten Klemmen wird meist mit drei

Tafel 2-12
Spleißmaße für Gleichschlagseile von Seilbahnen

Seildurchmesser d_S in mm	Spleißmaße in m							
	Personenseilbahnen				Güterseilbahnen			
	a	l	b	e	a	l	b	e
10 ... 11	7,25	14,50	0,89	2,13	5,50	11,00	0,68	1,61
12 ... 13	8,50	17,00	1,03	2,49	6,50	13,00	0,80	1,90
14 ... 15	9,75	19,50	1,20	2,85	7,75	15,50	0,97	2,26
16 ... 17	11,00	22,00	1,34	3,22	8,75	17,50	1,10	2,55
18 ... 19	12,50	25,00	1,52	3,66	9,50	19,00	1,16	2,78
20 ... 21	13,50	27,00	1,65	3,95	10,50	21,00	1,29	3,07
22 ... 23	15,00	30,00	1,83	4,39	11,75	23,50	1,43	3,44
24 ... 25	16,25	32,50	2,00	4,75	12,75	25,50	1,58	3,73
26 ... 27	17,50	35,00	2,14	5,12	13,50	27,00	1,65	3,95
28 ... 29	19,00	38,00	2,32	5,56	14,50	29,00	1,78	4,24

bis sechs angegeben, sollte aber bei Seilen mit einem Durchmesser von mehr als 16 mm auf sechs bis acht erhöht werden [2.50], um ein Durchrutschen des Seils vor dem Erreichen seiner Bruchkraft mit Sicherheit auszuschließen. Die starke örtliche Deformation des Seils mindert dessen wirkliche Bruchkraft um 5 ... 15 %. Wie im Bild 2-25c gezeigt wird, liegen die Bügel wegen ihrer größeren Preßwirkung am losen Endstrang des Seils.

In Schachtförderanlagen sind Drahtseilklemmen nach Bild 2-25b nicht zugelassen. Kauscheneinbände und sonstige, bei Bedarf zu verändernde Seilbefestigungen werden hier mit Rundseilklemmen in der Art vom Bild 2-25d gebildet, deren zwei Backen dem Seil eine breitere Auflage geben. Die Schrauben derartiger Seilklemmen, meist aus normalen Werkstoffen der Festigkeitsgruppe 4.6, werden so fest angezogen, daß ihre Nennspannung (0,6 ... 0,7) $\sigma_{0,2}$ im Gewindekern erreicht. Dabei wölbt sich das Seil zwischen zwei Klemmstellen deutlich auf.

Das Tragverhalten der Klemme wird von drei Faktoren, der natürlichen Reibungszahl zwischen Seil und Rille, dem Rillenfaktor als Ausdruck der Vergrößerung der Normalkraft durch die Rillenform und einem Formschlußanteil bestimmt. Da sich diese Einflüsse nicht trennen lassen, empfiehlt [2.51] nach Versuchen, eine sog. Tragzahl $c = 0{,}2$ zu wählen, deren physikalische Bedeutung einer Ersatzreibungszahl entspricht. Die erforderliche Anzahl z_K von Seilklemmen läßt sich dann wie folgt festlegen:

Kauscheneinband nach Bild 2-25e

$$z_K = \frac{F_{S\,max}}{4cF_{Sch}},$$

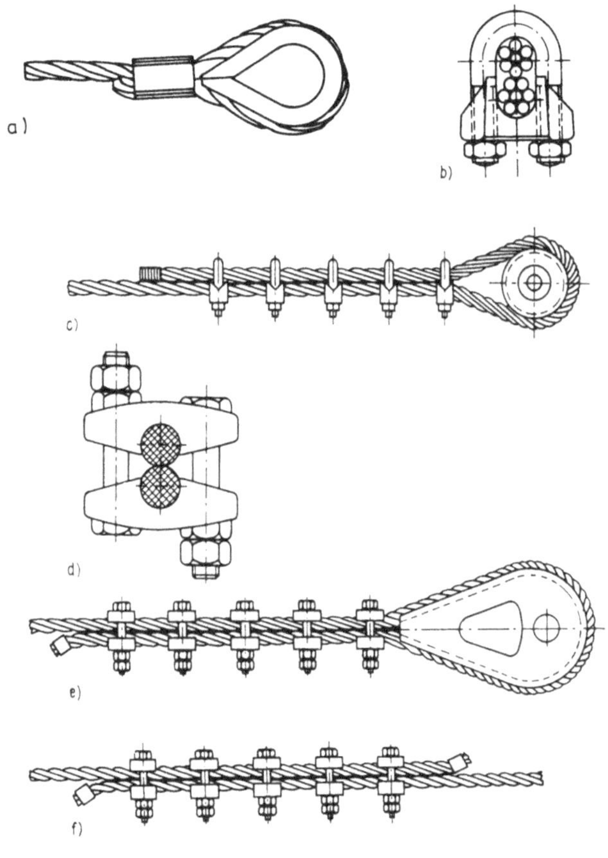

Bild 2-25 Klemmverbindungen von Drahtseilen

a) Aluminiumpreßklemme
b) Bügelseilklemme
c) Klemmverbindung mit Rundkausche
d) Rundseilklemme, System Heuer-Hammer
e) Klemmverbindung mit Spitzkausche
f) geklemmte Seilverbindung

Klemmverbindung von zwei Seilenden nach Bild 2-25f

$$z_K = \frac{F_{S\,max}}{2cF_{Sch}}; \qquad (2.37)$$

$F_{S\,max}$ maximale Seilzugkraft,
F_{Sch} Summe der Schraubenzugkräfte einer Klemme.

Eine ausreichend steife Spitzkausche (Bild 2-25e) stellt sich bei einem Durchrutschen des Seils schräg und erzeugt dadurch eine zusätzliche Klemmwirkung [2.51]. Aus diesem Grund sind Rundkauschen i.allg. für Kranseile o.ä. nicht zugelassen. Die durch Klemmverbindungen quer beanspruchten Drahtseile setzen sich erheblich, wodurch die Vorspannkraft der Schrauben steil abfällt. Diese Schrauben müssen somit mehrere Male, nach kürzerer und längerer Zeit, nachgezogen werden. Allerdings nimmt wegen des Formschlusses die Tragfähigkeit bei verminderter Schraubenkraft unterlinear ab.

Um Spiralseile oder Litzenseile schonend an ihrem Ende zu befestigen, werden meist keglige Muffen verwendet (s. Abschn. 2.2.1.3). Weniger aufwendig und einfacher beim möglicherweise erforderlichen Nachsetzen während des Betriebs zu handhaben sind die vorwiegend bei Seilbahnen und Kabelkranen verwendeten *Seilspannbacken*, in denen das Seil auf einer größeren Länge mit kleinerer Pressung als bei den Seilklemmen eingespannt ist.

Ein Formänderungseinfluß auf die Haltekraft dieser Spannbacken wird rechnerisch nicht einbezogen, wohl aber der die Normalkraft vergrößernde Einfluß der Rillenform. Üblich sind Keilrillen und Rundrillen mit und ohne Unterschnitt (Bild 2-26). Für die erforderliche Klemmkraft gilt grundsätzlich die Gleichung

$$F_K = \frac{F_{S\,max}}{2\mu_{ers}}$$

mit der Ersatzreibungszahl [2.52]

$$\mu_{ers} = \frac{\bar{\mu}}{\sqrt{1+\tan^2\alpha}} = \frac{\xi\mu_0}{\sqrt{1+\tan^2\alpha}}; \qquad (2.38)$$

$\bar{\mu}$ tatsächliche Reibungszahl zwischen Seil und Rille,
μ_0 natürliche Reibungszahl zwischen Seil und Rille,
ξ Rillenfaktor für die Erhöhung der Reibungskraft,
α Schlagwinkel der Außendrähte des Drahtseils.

Der Rillenfaktor für eine Keilrille wird nach Bild 2-26a wegen $F_n = F_K/[2\sin(\gamma/2)]$ gleich

$$\xi_K = \frac{\bar{\mu}}{\mu_0} = \frac{1}{\sin(\gamma/2)}. \qquad (2.39)$$

Die Pressung ist sehr hoch; sie zu berechnen hat wegen der unklaren Berührungsverhältnisse wenig Sinn.

Läßt sich die Pressung berechnen, z.B. in der Rundrille, muß ihre Verteilung längs und quer zur Seilachse berücksichtigt werden. Dabei wird vereinfachend für den Verlauf in Längsrichtung ein Mittelwert $\bar{p}$ angesetzt (Bild 2-26c). Die Pressung ist im Querschnitt, wenn Proportionalität zwischen Radialverformung und Pressung angenommen wird, durch die Funktion $p_\varphi = \bar{p}\cos\varphi$ auszudrücken. Die Gleichung für die auf die Einheit der Backenlänge bezogene Linienkraft lautet mit den im Bild 2-26b eingezeichneten Größen

$$q = \frac{F_K}{l} = 2\int_{\varphi_1}^{\varphi_2} p_\varphi \cos\varphi \,\frac{d_S}{2}\,d\varphi = d_S\int_{\varphi_1}^{\varphi_2} \bar{p}\cos^2\varphi\,d\varphi$$

$$= \frac{\bar{p}d_S}{4}(2\varphi_2 - 2\varphi_1 + \sin 2\varphi_2 - \sin 2\varphi_1). \qquad (2.40)$$

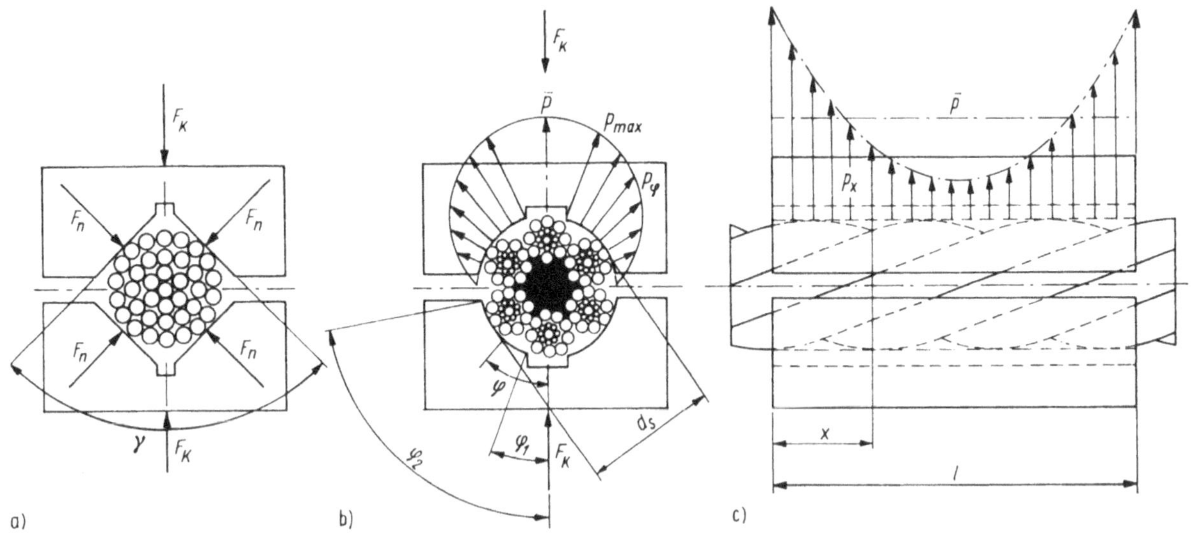

Bild 2-26 Seilspannbacken
a) mit Keilrille
b) mit unterschnittener Rundrille
c) Pressungsverteilung in Längsrichtung

Die auf die Einheit der Länge bezogene Haltekraft einer Klemmenhälfte wird

$$\bar{\mu} q = 2\mu_0 \int_{\varphi_1}^{\varphi_2} p_\varphi \frac{d_S}{2}\, d\varphi = \mu_0 \bar{p} d_S \int_{\varphi_1}^{\varphi_2} \cos\varphi\, d\varphi$$

$$= \mu_0 \bar{p} d_S (\sin\varphi_2 - \sin\varphi_1). \qquad (2.41)$$

Division der Gln. (2.41) und (2.40) ergibt den Rillenfaktor für die Erhöhung der Reibungskraft

$$\xi_R = \frac{\bar{\mu}}{\mu_0} = \frac{4(\sin\varphi_2 - \sin\varphi_1)}{2\varphi_2 - 2\varphi_1 + \sin 2\varphi_2 - \sin 2\varphi_1} \qquad (2.42)$$

mit nachstehenden Sonderfällen

a) $\varphi_2 = \dfrac{\pi}{2}$: $\quad \xi_{Ra} = \dfrac{4(1 - \sin\varphi_1)}{\pi - 2\varphi_1 - \sin 2\varphi_1}$;

b) $\varphi_1 = 0$: $\quad \xi_{Rb} = \dfrac{4 \sin\varphi_2}{2\varphi_2 + \sin 2\varphi_2}$

(Rundrille ohne Unterschnitt);

c) $\varphi_2 = \dfrac{\pi}{2}$, $\varphi_1 = 0$: $\quad \xi_{Rc} = \dfrac{4}{\pi} = 1{,}274.$

Der Maximalwert der Flächenpressung, allerdings ohne Erfassung der Veränderlichkeit in Längsrichtung, beträgt unter Verwendung von Gl. (2.40)

$$p_{max} = \bar{p}\cos\varphi_1 = \frac{4F_K \cos\varphi_1}{d_S\, l\,(2\varphi_2 - 2\varphi_1 + \sin 2\varphi_2 - \sin 2\varphi_1)}$$

$$= \frac{F_K}{d_S\, l} \varrho_R = p_m \varrho_R \qquad (2.43)$$

mit den Sonderfällen

a) $\varphi_2 = \dfrac{\pi}{2}$: $\quad \varrho_{Ra} = \dfrac{4\cos\varphi_1}{\pi - 2\varphi_1 - \sin 2\varphi_1}$

$$= \xi_{Ra} \frac{\cos\varphi_1}{1 - \sin\varphi_1};$$

b) $\varphi_1 = 0$: $\quad \varrho_{Rb} = \dfrac{4}{2\varphi_2 + \sin 2\varphi_2} = \xi_{Rb} \dfrac{1}{\sin\varphi_2}$

(Rundrille ohne Unterschnitt);

c) $\varphi_2 = \dfrac{\pi}{2}$, $\varphi_1 = 0$: $\quad \varrho_{Rc} = \dfrac{4}{\pi} = \xi_{Rc}$.

Die Rillenfaktoren ξ_R für die Erhöhung der Reibungskraft und ϱ_R für die Vergrößerung der Pressung unterscheiden sich. Dies führt dazu, daß bei einer unterschnittenen Seilrille die maximale Pressung p_{max} mit größer werdendem Unterschnittwinkel φ_1 wesentlich schneller ansteigt als die Ersatzreibungszahl $\bar{\mu}$. Für die natürliche Reibungszahl kann nach [2.52] auch bei leicht gefetteter Seiloberfläche $\mu_0 = 0{,}15$ gesetzt werden. Die fiktive Flächenpressung $p_m = F_K / d_S\, l$ sollte bei Klemmbacken für Drahtseile zwischen 5 und 15 N/mm^2 liegen.

Eine hochwertige, nur für Litzenseile anzuwendende Seilbefestigung ist das *Seilschloß* mit eingelegtem, vom Seil umschlungenem Keil (Bild 2-27a). Das Seil wird durch Reibungskräfte am Gehäuse und am Keil festgehalten. Mit den

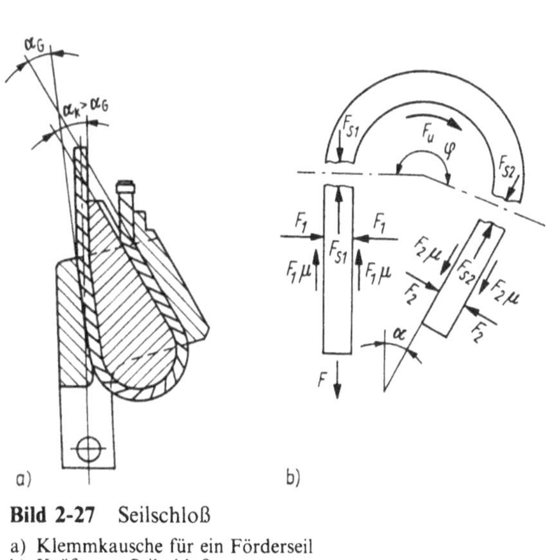

Bild 2-27 Seilschloß
a) Klemmkausche für ein Förderseil
b) Kräfte am Seilschloß

im Bild 2-27b eingezeichneten resultierenden Klemm- und Reibungskräften an den drei Seilstücken ergibt sich näherungsweise

$F_{S1} = F - 2F_1\mu$

$F_{S2} = 2F_2\mu$

$F_u = F_{S1} - F_{S2} = 2F_2\mu(e^{\mu\varphi} - 1)$

[s. Gl. (2.68), Abschn. 2.2.5.1]

$\varphi = \pi + \alpha.$

Die Gleichgewichtsbetrachtungen an den am Keil wirkenden Reaktionskräften führen zu folgenden Gleichungen für die resultierenden Anpreßkräfte

$$F_1 = \frac{F}{1+\mu^2}(\cot\alpha + \mu) \tag{2.44}$$

$$F_2 = \frac{F}{1+\mu^2}\,\frac{1}{\sin\alpha} \tag{2.45}$$

und einem von den Kräften unabhängigen Zusammenhang zwischen Reibungszahl und Keilwinkel

$$e^{\mu\varphi} + \cos\alpha - \frac{\sin\alpha}{2}\left(\frac{1}{\mu} - \mu\right) = 0. \tag{2.46}$$

Die Bedingung für Selbsthemmung des Keils lautet

$$F_1\mu - F_2(\sin\alpha - \mu\cos\alpha) = 0. \tag{2.47}$$

Eine aus den Gln. (2.44) und (2.45) abzuleitende Beziehung zwischen den Normalkräften F_1 und F_2 ergibt nach Einsetzen in Gl. (2.47) die ebenfalls von den Kräften unabhängige Bedingung für Selbsthemmung

$$\alpha_{max} \leqq \arctan 2\,\frac{\mu_{min}}{1-\mu_{min}^2}. \tag{2.48}$$

Wenn in einem Seilstrang Schlaffseil auftreten kann, muß der Keilwinkel der Gl. (2.48) genügen.
Für μ_{min} kann aus Sicherheitsgründen nur 0,10 ... 0,15 angesetzt werden; die entsprechenden Grenzkeilwinkel α_{max} liegen zwischen 11° 20′ und 17° 10′. Um ein allmähliches Ansteigen der Preßkräfte am einlaufenden Seil zu erzielen, wird in Klemmkauschen für Förderseile der Keilwinkel des Keils größer als der des Keilgehäuses gewählt (Bild 2-27a). Literatur zu diesem Problem s. [2.53].

2.2.1.3 Kegelförmige Seilköpfe

Wenn man das Seilende, ohne es umzubiegen, keglig aufweitet und die entstehenden Zwischenräume mit geeigneten Werkstoffen ausfüllt, entsteht im Zusammenwirken mit einer keglig geformten Hülse eine für alle runden Seilmacharten geeignete Befestigung. Litzenseile an Hebezeugen werden in sog. *Seilbirnen* besenförmig aufgelöst und mit einem leichtfließenden Metall vergossen. Die Seilbirne hat oberhalb des Vergußkegels einen Bügel oder eine Öse, an dem Ketten oder Bolzen angebracht werden können. Besonders wichtig ist die lösbare Verbindung eines längeren Seilstücks mit einem kurzen Verschleißseil. Diese Seilverbindung ist so geformt, daß beim Auflaufen auf Seilrollen oder -trommeln keine extremen Biegespannungen entstehen können (Bild 2-28).
Spiralseile werden mit geringen Ausnahmen nur in kegligen *Seilkupplungen* vergossen oder verkeilt. Beispiele für Vergußwerkstoffe sind in Tafel 2-13 aufgeführt. Vor dem Vergießen wird das Seil unterhalb der Vergußstelle abgebunden, zu einem Kegel aufgeflochten und gereinigt. Die Drahtenden werden in ihrer Form belassen und für einen zinnhaltigen

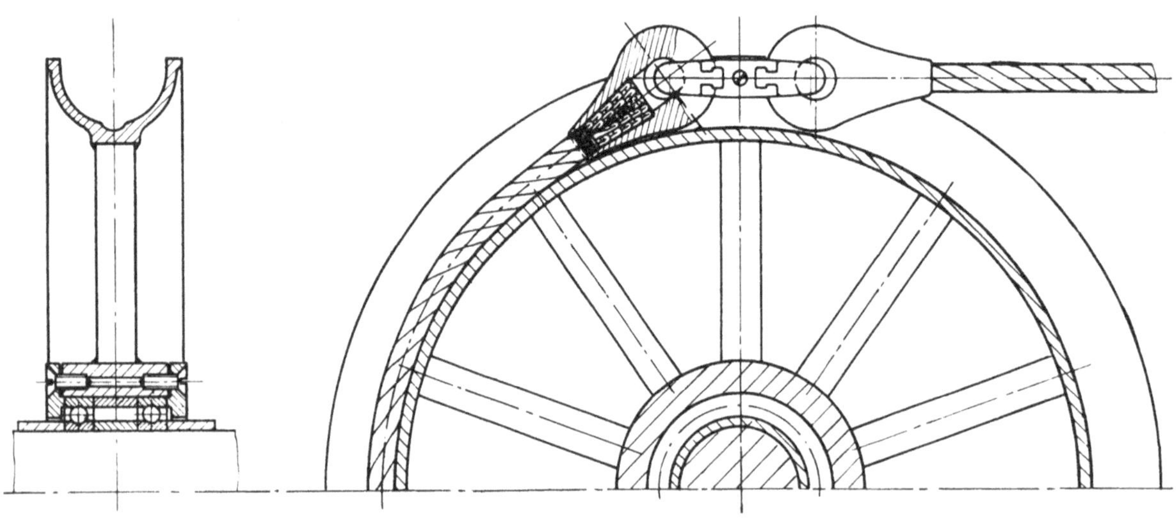

Bild 2-28 Seilrolle mit Seilverbindung

Tafel 2-13 Vergußwerkstoffe für Seilkupplungen

Bezeichnung	Kurzzeichen	DIN	Temperatur in °C	
			Gießen	Vorwärmen
Vergußmetall	Vg Pb Sn10 Sb10	3092	350 ± 10	225 ± 25
Lagermetall	Sn Sb12 Cu6 Pb	4381	440 ± 10	225 ± 25
Blockmetall	GB—Zn Al6 Cu1	1743	450 ± 10	325 ± 25
Feinzink	Zn 99,99	1706	490 ± 10	325 ± 25

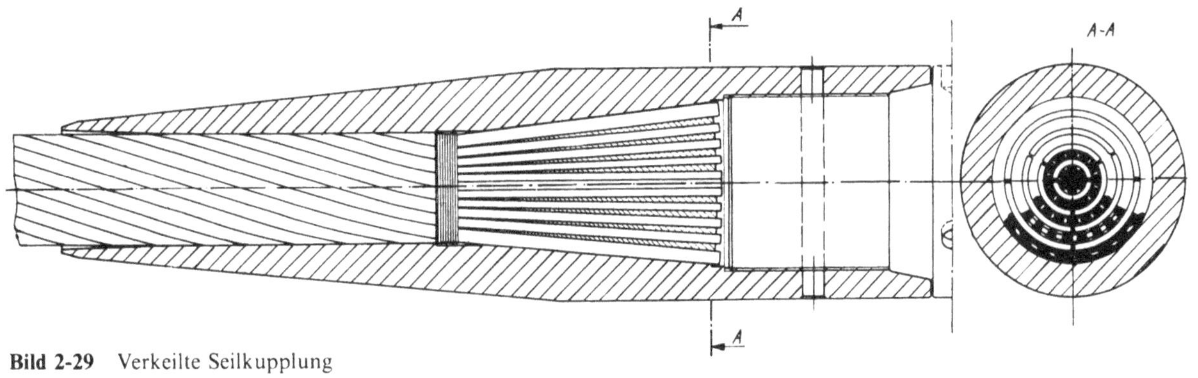

Bild 2-29 Verkeilte Seilkupplung

Verguß gut verzinnt. Dann wird die Kupplung aufgeschoben, auf die Vorwärmtemperatur erhitzt und mit dem geschmolzenen Vergußmaterial ausgegossen. Zur Kontrolle kann die Hülse nochmals vom Gußkegel zurückgeschlagen werden; ihre Innenfläche ist deshalb gut geglättet.

Die Verringerung der Drahtfestigkeit durch den Anlaßvorgang beim Vergießen liegt mit $100 \ldots 150\,\mathrm{N/mm^2}$ so niedrig, daß keine wesentliche Beeinträchtigung der Tragfähigkeit des Seils zu verzeichnen ist. Kritischer ist die erhebliche Überschreitung der Dauerstandfestigkeit der Vergußmasse nach der Belastung, die ein anhaltendes Kriechen des Seils auslöst. Hartblei ist deshalb nur für untergeordnete Zwecke zuzulassen, alle hochwertigen Seilvergüsse sind mit Zinnlegierungen, bei höheren Außentemperaturen oder größeren Belastungen besser mit Feinzink oder Zinklegierungen auszuführen. Da Zink im Gegensatz zu Zinn unedler als Stahl ist, bietet der Zinkverguß zudem einen guten katodischen Korrosionsschutz [2.54].

Verkeilte Seilkupplungen, bei denen die Lücken zwischen den keglig aufgeweiteten Drähten durch eingeschlagene Ring- und Füllkeile geschlossen sind (Bild 2-29), haben wegen des hohen Anteils von Handarbeit kaum noch Bedeutung, obwohl sie die Beeinträchtigung der Drahtfestigkeit durch die hohen Vergußtemperaturen und das Kriechen während des Betriebs beseitigen.

Zur Berechnung der Seilkupplung wird vereinfachend eine gleichmäßige Pressung p am gesamten Kegel angenommen. Mit den Bezeichnungen im Bild 2-30 wird die Oberfläche des Vergußkegels

$$A_\mathrm{K} = \int_{r_1}^{r_2} 2r\pi\,\mathrm{d}s = \frac{2\pi}{\sin\alpha}\int_{r_1}^{r_2} r\,\mathrm{d}r = \frac{\pi\,(r_2^2 - r_1^2)}{\sin\alpha}. \qquad (2.49)$$

Das Gleichgewicht in horizontaler Richtung ergibt nach einfacher Rechnung die Pressung p als Funktion der Seilkraft F:

$$p = \frac{F}{A_\mathrm{K}}\,\frac{1}{\sin\alpha + \mu\cos\alpha} = \frac{F}{\pi\,(r_2^2 - r_1^2)}\,\frac{1}{1 + \mu\cot\alpha}. \qquad (2.50)$$

Übliche Werte für die zulässige Pressung sind bei Verguß mit Lagermetall $p_\mathrm{zul} = 40\,\mathrm{N/mm^2}$; z.T. werden höhere Werte angegeben [2.55]. Bei Verkeilkupplungen wählt man $p_\mathrm{zul} = 150\,\mathrm{N/mm^2}$. Im ersten Fall wird die Reibungszahl wegen der glatten Innenwand mit $\mu = 0{,}10 \ldots 0{,}15$, im zweiten wegen deren Aufrauhung beim Drehen mit $\mu = 0{,}2$ angesetzt. Der Neigungswinkel der Kegelerzeugenden liegt bei arctan $(0{,}1 \ldots 0{,}15)$, wobei der untere Bereich für vergossene und der obere für verkeilte Seilkupplungen geeignet ist.

Die Festigkeitsberechnung der Kegelhülse wird üblicherweise mit dem einfachen Modell des dickwandigen, unter gleichmäßigem Innendruck stehenden Rohres ausgeführt [2.56]. Messungen [2.57] [2.58] zeigen, daß dies unzulänglich ist und keine ausreichende Sicherheit gegen ein Versagen der Seilkupplung schafft. Die Pressungsverteilung und die Reibungszahl folgen komplizierteren Gesetzmäßigkeiten; Spannungen und Verformungen sind daher für die Hülse als Kontinuum, z.B. mit der Methode der finiten Elemente, zu bestimmen, um Übereinstimmung mit den Meßergebnissen zu erhalten.

2.2.2 Seilrollen und Flaschenzüge

2.2.2.1 Konstruktive Ausführung

Um Seile in Seiltrieben zu führen und umzulenken, benutzt man Seilrollen in gegossener, geschweißter oder gespritzter Ausführung aus Eisenwerkstoffen normaler Festigkeit, Aluminiumlegierungen oder Kunststoffen. Der Nenndurchmesser d_R ist auf den Rillengrund bezogen; er wird nach der Beanspruchung und der gewünschten Betriebsdauer des Seils in Abhängigkeit vom Seildurchmesser d_S festgelegt (s. Abschn. 2.1.4.3). Die für die Führung des Seils maß-

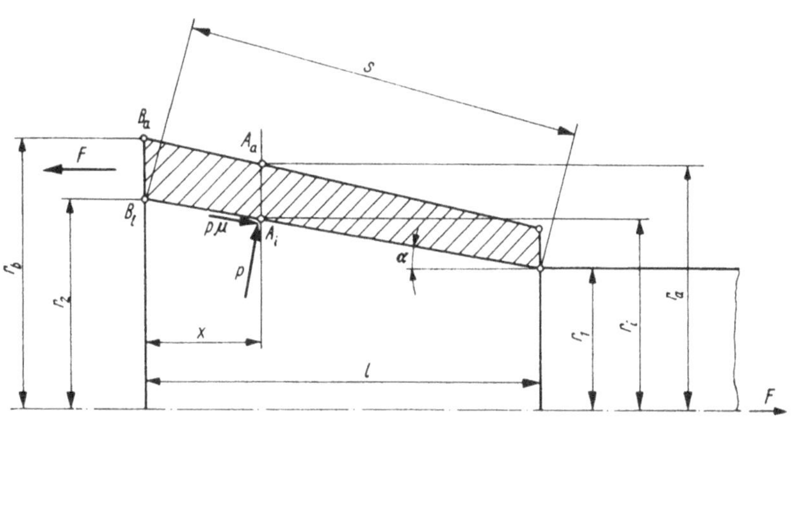

Bild 2-30
Kräfte an der Seilkupplung

gebenden Kranzabmessungen liegen in folgenden Bereichen (Bild 2-31a):

Rillenradius $r_r = (0{,}525 \ldots 0{,}55)\, d_S$,
Öffnungswinkel $\gamma = 40 \ldots 60°$,
Kranzhöhe $h_r = (1{,}35 \ldots 2{,}0)\, d_S$.

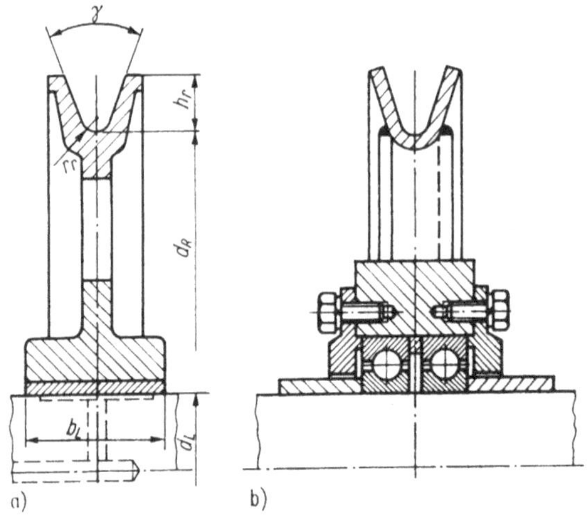

Bild 2-31 Seilrollen

a) gegossen, mit Gleitlagerung
b) geschweißt, mit Wälzlagerung

Öffnungswinkel γ und Kranzhöhe h_r beeinflussen die zulässigen Ablenkwinkel (s. Abschn. 2.2.4). Der Rillenradius der Seilrolle paßt sich durch Verschleiß allmählich dem Durchmesser des aufliegenden Seils an. Da sich gleichzeitig der Durchmesser des belasteten Seils vermindert, wiederholt sich dieser Einarbeitungsprozeß bei jedem neu aufgelegten, im Ausgangszustand dickeren Seil. Bild 2-32 zeigt experimentell ermittelte Verschleißwerte für verschiedene Rillenwerkstoffe. Eine Härtung der Seilrille auf HRC 50 bis 55 beseitigt diese Verschleißerscheinungen und beeinflußt nach [2.59] die Lebensdauer des Seils nicht signifikant.

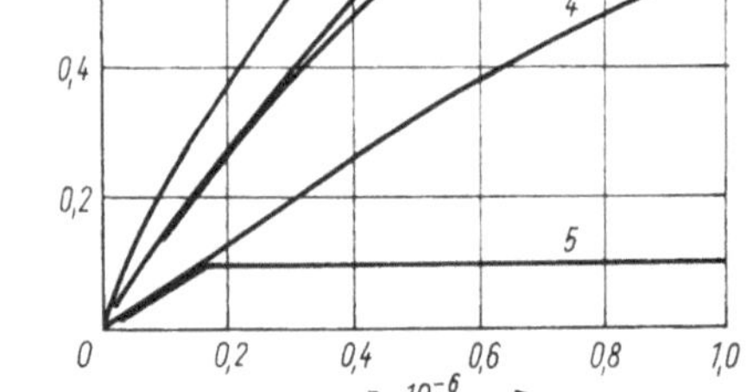

Bild 2-32 Rillenverschleiß von Seilrollen [2.59]

Δr Verringerung des Seilrollenradius
z_R Anzahl der Umdrehungen der Seilrolle
1 GS-45
2 GG-18
3 GGG-42
4 Polyurethan (Shore-Härte 92)
5 C 45, oberflächengehärtet

Um die Eigenmasse der Seilrollen und die Pressung zwischen Seilrille und Seil zu verringern, werden vermehrt Seilrollen aus Kunststoffen (Bild 2-33a und b) oder mit derartigen Rillen ausgestattete Seilrollen (Bild 2-33c und d) verwendet. Bevorzugte Werkstoffe sind Polyamid und Polyethylen.

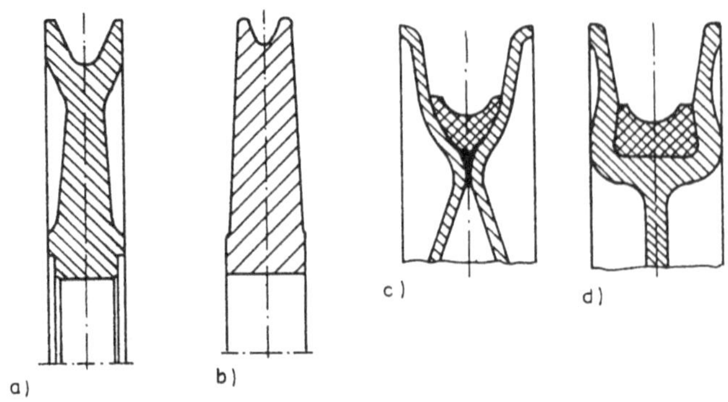

Bild 2-33 Seilrollen aus Kunststoff

a) Polyamidrolle, Schleuderguß
b) Polyamidrolle, Standguß
c) Stahlrolle mit gegossener Kunststoffrille
d) Stahlrolle mit eingelegten Kunststoffblättchen

Kleine Seilrollen können spangebend aus geeigneten Halbzeugen hergestellt, größere gegossen werden. Metallische Lagerbuchsen oder Wälzlager werden eingepreßt oder vor dem Gießen in die Form eingelegt. Wegen

$$p_{Pl} \approx p_{St} \sqrt{\frac{2E_{Pl}}{E_{St}} \frac{1 - v_{St}^2}{1 - v_{Pl}^2}} \approx 0{,}14 p_{St} \tag{2.51}$$

verringert sich die Pressung p_{Pl} in gefütterten Rillen bei Annahme von Linienberührung um 86 %, bei Annahme von Punktberührung um 95 % [2.26] gegenüber der Pressung p_{St} in einer Stahlrille. Es liegen Versuchsergebnisse vor [2.26] [2.60] bis [2.62], die für hochbeanspruchte Seiltriebe eine Steigerung der Lebensdauer um 100 ... 200 % ausweisen. Für eine Einbeziehung in die Seilberechnung unter Beachtung wirtschaftlicher Gesichtspunkte reichen sie allerdings noch nicht aus. Besonders bedarf die Feststellung, daß sich der Seilverschleiß bei Kunststoffrillen stärker in das Seilinnere verlagert, weiterer wissenschaftlicher Klärung. Nicht geeignet sind solche Rillen in Seiltrieben, wie Einziehwerken, die längere Zeit unter Belastung stillstehen. Die Dicke der Rilleneinlage soll nach [2.26] gleich dem Seildurchmesser, maximal 15 mm, sein. In [2.63] wird die Eignung von Polyamidrillen für niedrige Temperaturen nachgewiesen, [2.64] gibt Gleichungen für das Untermaß der Preßverbindungen und die auftretenden und zulässigen Pressungen bei Polyamidseilrollen an.

Gleitgelagerte Seilrollen werden durch eine Bohrung in der feststehenden Achse geschmiert, wälzgelagerte Seilrollen erhalten für normale Betriebsbedingungen, wie sie bei Hebezeugen meist vorliegen, Dauerschmierung ohne Nachschmiereinrichtungen. In hochbelasteten und besonders betriebswichtigen Seiltrieben, beispielsweise von Tagebaumaschinen, sind dagegen auch zentralgeschmierte Wälzlagerungen üblich. Die ständige Fettzufuhr soll vor allem das Eindringen von Schmutz und Wasser in die Labyrinthdichtungen verhindern.

Wenn die Gefahr besteht, daß das Seil durch Schrägzug oder Entlastung aus der Rille gleiten und dadurch beim Straffen gequetscht werden kann, ist ein sorgfältig durchdachter Seilschutz anzubringen, der die Seilrollen möglichst auch seitlich umgreift.

Folgen in einem Seiltrieb bei großer Einscherung viele Seilrollen aufeinander, erhält die richtige Zuordnung der Ablenkrichtung und der Seilsteigung größere Bedeutung. Der Seiltrieb ist so auszuführen, daß die Kraftwirkung der Rillenflanken auf das auf- bzw. ablaufende anliegende Seil in Richtung des Zudrehens des Seils wirkt. Die Seile müssen unbedingt spannungsarm sein.

Die Berechnung der Seilrollen wird für Kranz und Speichen nach Näherungsverfahren durchgeführt. Der Kranz kann als mehrfach gelagerter Träger aufgefaßt und als stark gekrümmter Stab berechnet werden; die Speichen werden unter Vernachlässigung der Einspannmomente meist nur nach der Sicherheit gegen Längskraftknickung bei beiderseitig gelenkig angenommener Lagerung dimensioniert. Durch genauere meßtechnische und rechnerische Untersuchungen [2.65] läßt sich die Konstruktionsmasse der Seilrollen vermindern.

Die Gleitlager der Seilrollen werden nach der dynamisch zulässigen Flächenpressung für den Lagerwerkstoff ausgelegt, ohne die Maximalwerte auszunutzen [2.66]. Empfohlen werden für die mittlere rechnerische Flächenpressung

$$p_m = \frac{F_{res}}{b_L\, d_L} \leqq p_{zul} \tag{2.52}$$

mit

$p_{zul} = 15 \dots 17\,\mathrm{N/mm^2}$ für Rotgußbuchsen,
$p_{zul} = 10 \dots 12\,\mathrm{N/mm^2}$ für Hartgewebebuchsen,
$p_{zul} = 5 \dots 6\,\mathrm{N/mm^2}$ für Polyamidlager.

Um die Erwärmung von Kunststoffseilrollen mit Gleitlagerung innerhalb der zulässigen Grenzen zu halten, empfiehlt [2.62], den Grenzwert $p_m v_{max} \leqq 0{,}05\,(\mathrm{N/mm^2})\cdot(\mathrm{m/s})$ einzuhalten.

Für Wälzlager gelten die üblichen Dimensionierungsregeln. Als Axialkraft aus Schrägzug des Seils werden vorwiegend 10 % der Seilkraft angesetzt.

Das über die Seilrolle laufende Seil muß die Seil- und Lagerreibung überwinden. Ist die Belastung groß genug, brauchen nur die der Seilkraft proportionalen Anteile der Reibungsverluste berücksichtigt zu werden; sie betragen nach [2.67] 0,4 ... 0,8 % der Seilkraft, unabhängig vom Umschlingungswinkel. Mit den üblichen Werten für die Lagerreibung $\mu = 0{,}003$ (Wälzlagerung) und $\mu = 0{,}1$ (Gleitlagerung) und einem mittleren Verhältnis 1 : 6 zwischen Seilrollen- und Lagerdurchmesser liegt der Seilkraftverlust für Lagerreibung bei 0,1 % (Wälzlagerung) und 3,3 % (Gleitlagerung) der wirkenden Seilkraft. Empfohlen werden daher Wirkungsgrade der belasteten Seilrolle von $\eta_R = 0{,}96$ (Gleitlagerung) und 0,985 (Wälzlagerung).

Wird die Seilkraft jedoch sehr klein, können die konstanten Anteile der Reibungsverluste des Seils nicht mehr vernachlässigt werden, oder, anders ausgedrückt, der Wirkungsgrad wird von der Belastung abhängig, wenn diese sehr klein wird. In Auslegerkranen besteht z.B. die Gefahr der Selbsthemmung an der Schnabelrolle, d.h., daß der leere Lasthaken wegen zu geringer Eigenmasse nicht mehr gesenkt werden kann. Zur Berechnung der u.U. notwendigen Zusatzmasse werden am besten die Seilkräfte im auf- und ablaufenden Trum verglichen:

$$F_1 = F_2 + \Delta F_b + \Delta F_L\,; \tag{2.53}$$

F_1 Seilkraft im ablaufenden Seiltrum,
F_2 Seilkraft im auflaufenden Seiltrum,
ΔF_b Kraft zur Überwindung des Seilbiegewiderstands,
ΔF_L Kraft zur Überwindung der Lagerreibung.

Die Reibungskraft aus der Seilbiegung wird nach [2.68] berechnet für

Gleichschlagseile $\quad \Delta F_b = 0{,}0063\,\dfrac{d_S^2}{d_R}\,(F + 3000);$

Kreuzschlagseile $\quad \Delta F_b = 0{,}009\,\dfrac{d_S^2}{d_R}\,(F + 5000). \quad (2.54)$

Die Seilkraft F ist als arithmetischer Mittelwert von F_1 und F_2 in N einzusetzen; ΔF_b ergibt sich dann ebenfalls in N. Seildurchmesser d_S und Seilrollendurchmesser d_R sind in mm zu messen. Statt der Gln. (2.54) kann selbstverständlich auch die in [2.21] angegebene Beziehung für die Seilreibung benutzt werden, s. Gl. (2.13).

Diese angegebenen Näherungsgleichungen entstammen Versuchen bei Normaltemperatur. Wenn die Einsatztemperaturen extrem niedrig liegen, treten beträchtlich höhere Reibungskräfte auf, die ggf. durch Versuche zu bestimmen sind.

Um die durch einen Seiltrieb zu übertragenden Kräfte gegenüber der wirkenden Seilkraft zu vervielfachen, werden im *Flaschenzug* mehrere Seilstränge parallel angeordnet. Das Seil läuft abwechselnd über die Seilrollen einer festgehaltenen und einer beweglichen Flasche. Bild 2-34 zeigt die beiden Hauptbauformen, den schmalen, langen Seilflaschenzug mit Seilrollen unterschiedlichen Durchmessers (Bild 2-34a) und die breite, kurze Bauform mit Rollen gleicher Abmessungen (Bild 2-34b), die fast immer bevorzugt wird.

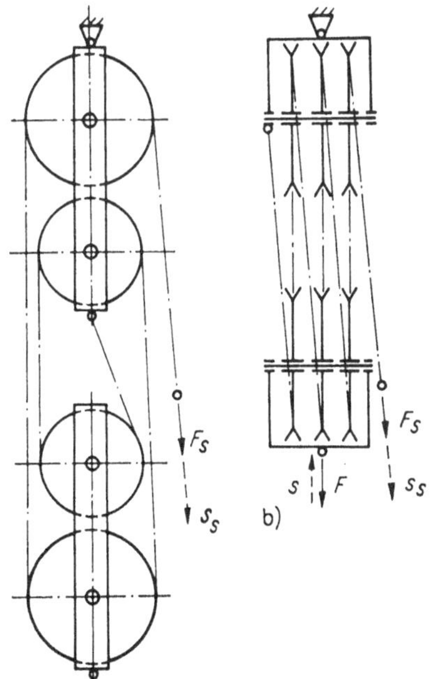

Bild 2-34 Grundformen von Seilflaschenzügen

a) schmal, lang
b) breit, kurz

Die Kraftübersetzung i_F des reibungsfreien Flaschenzugs ist gleich der Wegübersetzung zwischen dem ablaufenden Seilstrang und der bewegten Flasche

$$i_F = \frac{F}{F_S} = \frac{s_S}{s}. \tag{2.55}$$

Sie ist gleich der Anzahl z der die bewegte Flasche tragenden Seilstränge.

2.2.2.2 Wirkungsgrad des Flaschenzugs

Bild 2-35 beschreibt das Prinzip und die Verteilung der Seilkräfte im Flaschenzug. Die im Wirkungsgrad η_R der Seilrolle erfaßten, der Seilkraft proportionalen Verluste durch Seil- und Lagerreibung beeinflussen die Verteilung der Belastung auf die einzelnen Seilstränge. Für die Seilkräfte zweier aufeinanderfolgender Stränge gilt

beim Einziehen der bewegten Flasche: $F_i = F_{i+1}\,\eta_R$,
beim Nachlassen der bewegten Flasche: $F_i = F_{i+1}\,\eta_R^{-1}$.

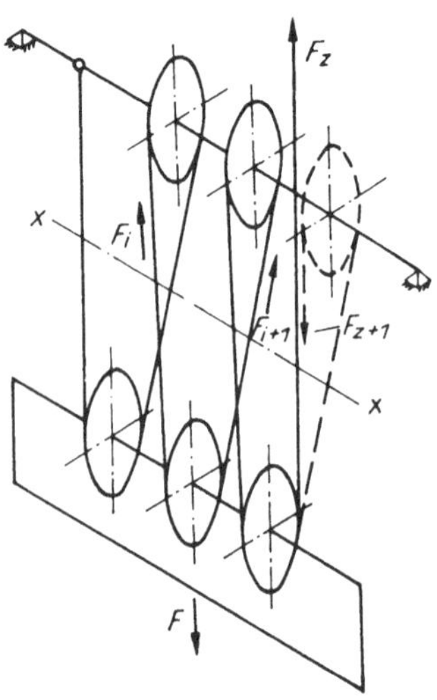

Bild 2-35
Kräfte am Seilflaschenzug

Die Gleichgewichtsbetrachtung am Schnitt $x-x$ führt zu dem allgemeinen Ansatz für die Seilkraft im ab- bzw. zulaufenden Strang

$$F_{z+q} = \frac{F}{\sum\limits_{i=1}^{z} \eta_R^{(z+q-i)p}} = \frac{F}{\eta_R^{pq}[\eta_R^{(z-1)p} + \eta_R^{(z-2)p} + \ldots + \eta_R^{p} + 1]} = \frac{F}{\eta_R^{pq}}\,\frac{1-\eta_R^{p}}{1-\eta_R^{zp}}; \qquad (2.56)$$

$p = +1$ für Einziehen,
$p = -1$ für Nachlassen des Flaschenzugs,
$q = 0$ wenn freier Seilstrang von bewegter Flasche abläuft,
$q = 1$ wenn freier Seilstrang von festgelagerter Flasche abläuft.

Matthias [2.69] empfiehlt, für die Summanden im Nenner der Gl. (2.56) die gebräuchliche Näherung

$$\eta_R^{x} = [1-(1-\eta_R)]^{x} \approx 1 - x(1-\eta_R) \qquad [\text{für } (1-\eta_R) \ll 1]$$

zu verwenden, um das Rechnen mit Potenzen von η_R zu vermeiden. Die Anwendung der binomischen Reihe führt zur Näherungsgleichung

$$F_{z+q} \approx \frac{F}{z\eta_R^{pq}}\left[1 + \frac{p}{2}(z-1)(1-\eta_R)\right], \qquad (2.57)$$

deren Werte für $\eta_R = 0{,}98$ bis $z = 10$ um weniger als 1 % von denen der genaueren Gl. (2.56) abweichen. In Tafel 2-14 sind die gebrauchsfertigen Einzelgleichungen für die verschiedenen Führungs- und Bewegungsarten aufgeführt. Der Wirkungsgrad des Flaschenzugs ergibt sich daraus durch den Ansatz

$$\eta_F = \frac{F}{zF_z} \quad \text{bzw.} \quad \bar{\eta}_F = \frac{z\bar{F}_z}{F}. \qquad (2.58)$$

2.2.3 Seiltrommeln

Zum Antrieb bewegter Seile werden vorwiegend Seiltrommeln benutzt, die nicht nur die Zugkraft übertragen, sondern auch die gesamte einzuziehende Seillänge speichern. Verwendung finden Seiltrommeln insbesondere in Seiltrieben von Kranen, Baggern, Schrappern, Winden aller Art und verschiedenen Aufzugarten.

2.2.3.1 Konstruktive Ausführung

Relativ selten werden Trommeln heute noch aus Grau- oder Stahlguß gefertigt, weil geschweißte Konstruktionen, vor allem bei größeren Abmessungen, leichter und dadurch fast immer auch wirtschaftlicher ausfallen. Der Trommelkörper ist ein nahtloses Rohr, oder er wird aus Blech gebogen und längsgeschweißt. Er erhält in der Regel weder Ring- noch Längsrippen, um Spannungsspitzen infolge behinderter Verformung zu vermeiden.
Zum Schutz gegen das Herabfallen von Windungen bei gelockertem Seil sind die Stirnwände der Trommel als Bordscheiben auszubilden, die den Trommelnenndurchmesser bei einlagiger Wicklung um den 1,5fachen, bei mehrlagiger Wicklung um den 2fachen Seildurchmesser überragen sol-

Tafel 2-14 Seilkräfte im ab- bzw. zulaufenden Strang von Flaschenzügen

Ablaufstelle des freien Strangs	Bewegungsfall	Seilkraft nach Gl. (2.56)	Seilkraft nach Gl. (2.57)
Bewegte Flasche	Einziehen	$F_z = F\dfrac{1-\eta_R}{1-\eta_R^{z}}$	$F_z = \dfrac{F}{z}\left[1 + \dfrac{1}{2}(z-1)(1-\eta_R)\right]$
	Nachlassen	$\bar{F}_z = F\dfrac{1-\eta_R^{-1}}{1-\eta_R^{-z}}$	$\bar{F}_z = \dfrac{F}{z}\left[1 - \dfrac{1}{2}(z-1)(1-\eta_R)\right]$
Fest gelagerte Flasche	Einziehen	$F_{z+1} = \dfrac{F}{\eta_R}\,\dfrac{1-\eta_R}{1-\eta_R^{z}}$	$F_{z+1} = \dfrac{F}{z\eta_R}\left[1 + \dfrac{1}{2}(z-1)(1-\eta_R)\right]$
	Nachlassen	$\bar{F}_{z+1} = F\eta_R\,\dfrac{1-\eta_R^{-1}}{1-\eta_R^{-z}}$	$\bar{F}_{z+1} = \dfrac{F\eta_R}{z}\left[1 - \dfrac{1}{2}(z-1)(1-\eta_R)\right]$

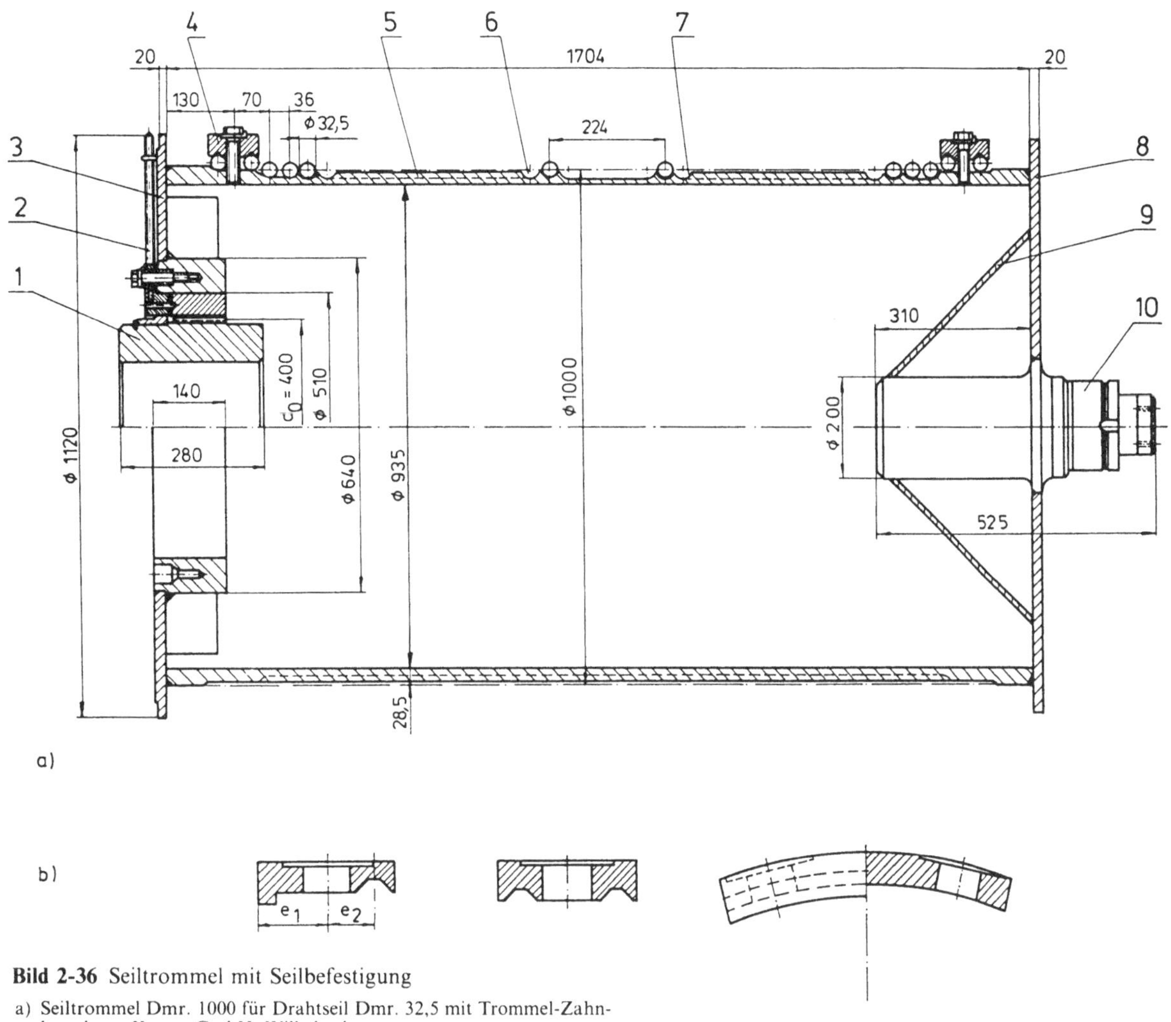

Bild 2-36 Seiltrommel mit Seilbefestigung

a) Seiltrommel Dmr. 1000 für Drahtseil Dmr. 32,5 mit Trommel-Zahnkupplung, Krupp GmbH, Wilhelmshaven
1 Trommel-Zahnkupplung
2 Schmierrohr
3 Bordscheibe, links
4 Doppelseilklemme (insgesamt 3 über Bogen π)
5 Trommelmantel
6 Seilrillen, linksgängig
7 Seilrillen, rechtsgängig
8 Bordscheibe, rechts
9 Versteifungskegel
10 Achsstummel für Trommellager
b) Einfach- und Doppelseilklemmen mit je zwei Klemmschrauben nach SEB 666211 (08.85)

len. Bordscheiben können an den Trommelseiten entfallen, an denen die Seile befestigt sind oder durch andere sicher wirkende Begrenzungen, z.B. durch das Getriebegehäuse, ein Abgleiten der Seilwindungen ausgeschlossen ist.

Die Stirnwände bzw. Bordscheiben haben, je nach Art der Lagerung und des Trommelantriebs, eingeschweißte Achsen bzw. Naben oder Zentriersitze und Bohrungen zur Befestigung des Zahnkranzes oder der Trommelkupplung. Die über eine offenes Vorgelege angetriebene Seiltrommel mit Zahnkranz wird heute kaum noch auf einer feststehenden Achse gelagert, sondern mit kurzen, eingeschweißten Achsstummeln ausgestattet, die sich in seitlichen Lagern abstützen. Die bevorzugte Einbeziehung auch der letzten Übersetzungsstufe in das Getriebe führt zur Trommellagerung direkt auf der Abtriebswelle des Getriebes (Bild 2-36a).

Der Trommeldurchmesser wird vorzugsweise auf Mitte Seil bezogen und in Abhängigkeit von Seildurchmesser und Seilbeanspruchung gewählt (s. Abschn. 2.1.4.3). Die Trommellänge richtet sich nach der Anzahl der aufzunehmenden Seilwindungen. Die vorgeschriebenen, auch bei weitestem Abwickeln des Seils im Betrieb verbleibenden 1,5 bis 2 Reservewindungen schützen die Seilbefestigung vor der Aufnahme der vollen Zugkraft des Seils und vermindern die Spannungen an den Einspannstellen des Trommelmantels in die Stirnwand.

In den Trommelmantel werden ein oder zwei schraubenförmige Rillen (Bild 2-37) mit einem Rundungsradius $r_1 \geqq 0{,}53 d_S$ (d_S Seildurchmesser) eingedreht, um eine gute Seilauflage zu schaffen. Der Abrundungsradius r_2 beträgt 0,5 ... 4 mm, je nach Größe von r_1. Die Rillensteigung s ist so zu wählen, daß sich die aufgewickelten Seillagen nicht berühren ($s \geqq 1{,}05 d_S$). Die Richtung der Rillensteigung soll, wenn dies nicht aus konstruktiven Gründen unmöglich ist, stets entgegengesetzt zur Schlagrichtung der Außendrähte des aufzulegenden Seils liegen.

Eine tiefe Rille (Bild 2-37a) verringert die Pressung des Seils und stellt die übliche Ausführung bei einlagiger Wicklung dar. DIN 15061 Teil 1 verlangt eine Rillenhöhe $h_R \geqq 0{,}375\, d_S$. Die flache Rille (Bild 2-37b) gestattet größere Ablenkwinkel (Abschn. 2.2.4) und vermindert bei mehrlagiger Wicklung die Beanspruchung des Trommelmantels. Glatte Trommelmäntel eignen sich nur für untergeordnete Zwecke, z.B. Montagewinden, Speichertrommeln, oder für mehrlagige Wicklung.

Durch die bereits mehrfach erwähnte mehrlagige Wicklung des Seils in mehreren Lagen ist die Trommellänge entscheidend zu verkleinern. Bei Fahrzeugkranen, darüber hinaus in steigendem Maße auch an anderen Einsatzstellen, werden daher mehrlagig bewickelte Seiltrommeln verwendet, obwohl sich die Beanspruchung des Seils dadurch nicht unwesentlich erhöht.

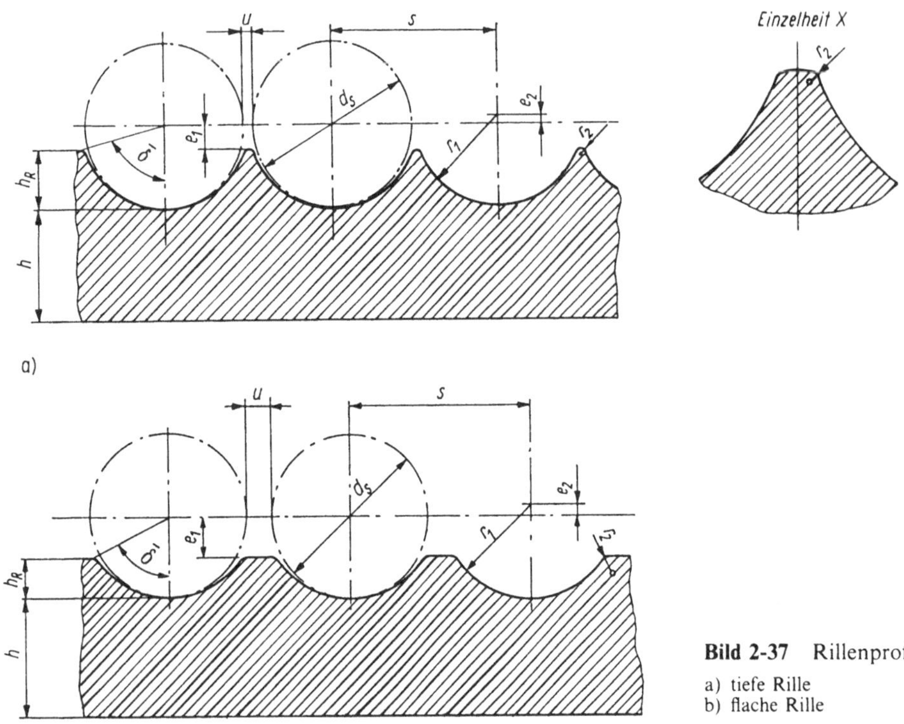

Bild 2-37 Rillenprofil der Seiltrommel

a) tiefe Rille
b) flache Rille

Wird die elastische Querverformung des Seils vernachlässigt, besteht nachstehender Zusammenhang zwischen der Lagenzahl bei mehrlagiger Wicklung und der aufzuwickelnden Länge des Seils:

$$z_L \approx \sqrt{\frac{1}{4}\left(\frac{d_T}{d_S}-1\right)^2 - \frac{l_S + z_r d_T \pi}{z_w d_S \pi}} - \frac{1}{2}\left(\frac{d_T}{d_S}-1\right); \qquad (2.59)$$

l_S aufzuwickelnde Länge des Seils,
z_L Anzahl der Seillagen,
z_r Anzahl der Sicherheitswindungen,
z_w Windungszahl je Lage,
d_T Trommeldurchmesser,
d_S Seildurchmesser.

Erfahrungen an ausgeführten Konstruktionen mehrlagig bewickelter Seiltrommeln faßt *Bendix* [2.70] in Empfehlungen zusammen. Der Seilablenkwinkel soll an den Bordscheiben zwischen 0,5 und 2° liegen; diese Bordscheiben müssen hoch genug sein und senkrecht stehen. Mehrlagige Rundlitzenseile eignen sich wegen ihrer größeren Widerstandfähigkeit gegen die Querbelastung besser als Litzenseile mit Faserstoffeinlage.

Trotzdem werden immer wieder Wicklungsstörungen festgestellt, besonders dann, wenn nur geringe Zugkräfte im Seil auftreten. Der Grund liegt in der gegenläufigen Steigungsrichtung zweier aufeinanderfolgender Seillagen. Besondere Wickeleigenschaften weisen nach [2.71] [2.72] Seiltrommeln auf, deren Mantel aus Abschnitten mit parallel zur Bordscheibe liegenden Ringrillen und dazwischen angeordneten Steigungsabschnitten mit Schraubenrillen besteht. Füllstücke an den beiden Bordscheiben erleichtern den Übergang des Seils in die zweite Wicklungslage. Das Lebus-Rillensystem (Bild 2-38a) besteht aus vier Mantelabschnitten, von denen zwei Steigungsabschnitte von etwa 30° sind; es läßt sich nur schwierig herstellen. Das System im Bild 2-38b weist lediglich einen Steigungsabschnitt auf, der als Flachstück ausgebildet ist; es läßt sich durch Bearbeitung auf der Drehmaschine fertigen. Nach [2.72] sind in Abhängigkeit von der Seilkraft Ablenkwinkel bis 3° möglich, ohne daß Wickelstörungen auftreten. Allerdings darf auch bei solchen Rillensystemen kein Schlaffseil entstehen.

In schwierigen Fällen, bei häufigem Auftreten von Schlaffseil oder bei größeren, möglicherweise ständig wechselnden Ablenkwinkeln, werden Seilwickeleinrichtungen an der

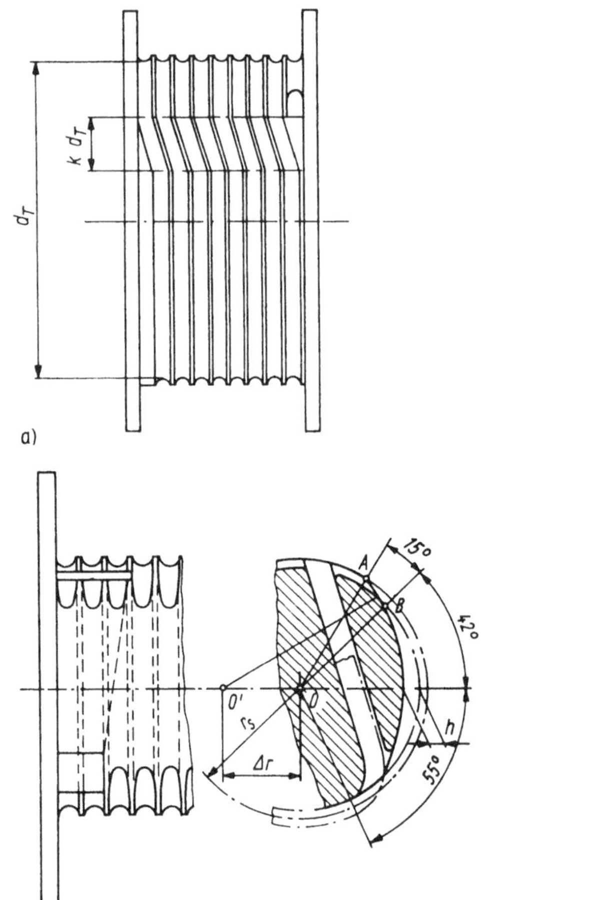

Bild 2-38 Rillensysteme für mehrlagig bewickelte Seiltrommeln

a) Steigungsabschnitt als Schraubenrille [2.71]
b) Steigungsabschnitt als Flachstück [2.72]

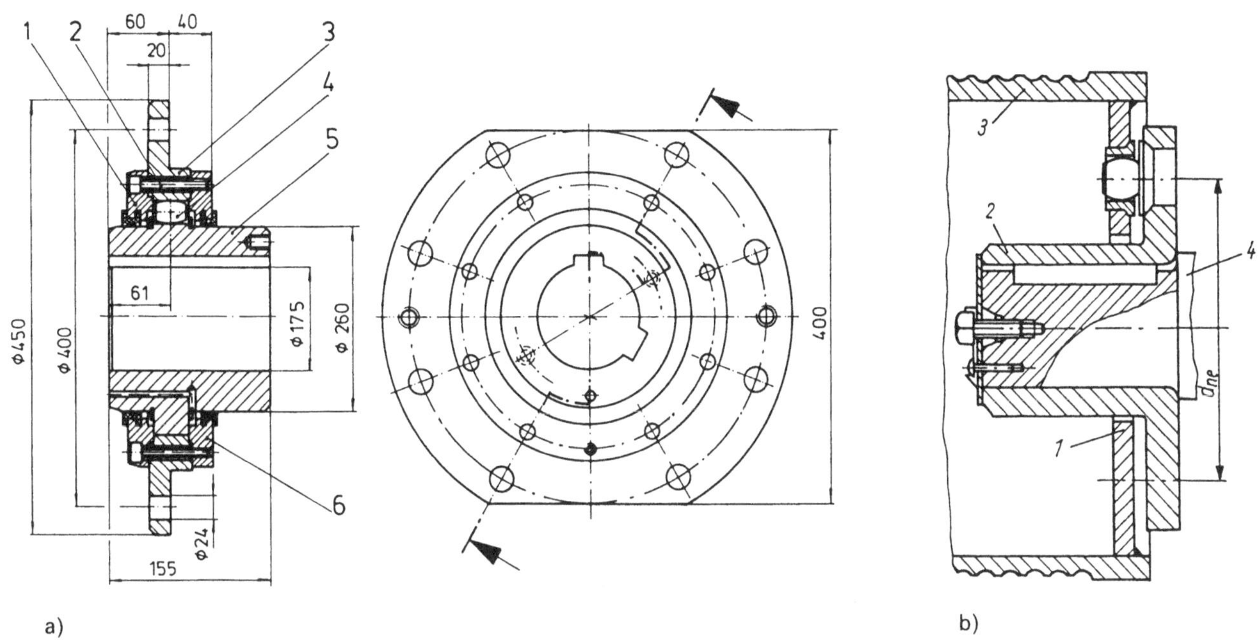

Bild 2-39 Trommelkupplungen, axial verschieblich und winkelbeweglich

a) Tonnen-Kupplung 4, Malmedie Antriebstechnik GmbH, Düsseldorf
Max. Drehmoment 38 kN · m
max. Radialkraft 49 kN
1 Außendeckel
2 Deckelschraube
3 Kupplungsgehäuse
4 Tonnenrolle
5 Kupplungsnabe
6 Innendeckel

b) Bolzenkupplung
1 Trommelstirnwand mit Buchsen
2 Kupplungskörper mit 3 Bolzen
3 Trommelmantel
4 Getriebeabtriebswelle

Trommel angebracht, die das Seil der Trommel während der Wickelbewegung durch abgestimmte Mitführung eines Rollenkopfs parallel zur Trommelachse ohne wesentliche Ablenkung zuführen.

Die Vorschriften für die Auslegung der Seiltriebe (DIN 15020) verlangen, daß die Seilendbefestigung an der Trommel unter Einrechnung der Reibungskräfte in den zwei Reservewindungen für die 2,5fache Nennseilkraft F_S auszulegen ist. Die Reibungszahl zwischen Rille und Seil kann dabei nur mit $\mu = 0{,}1$ angesetzt werden. Die rechnerische Restseilkraft F_2 nach den beiden Reservewindungen beträgt entsprechend Gl. (2.67)

$$F_2 = F_1/e^{\mu\alpha} = 2{,}5\,F_s/e^{0{,}1\cdot 4\pi} = 0{,}712\,F_S\,.$$

Sie ist von einem Keil-Seilschloß, häufiger jedoch von drei über den halben oder ganzen Trommelumfang verteilten Klemmbacken aufzunehmen. Für die Reibungskraft jeder von einer Schraube gespannten Klemmstelle gilt die Gleichung.

$$F_r = \mu(\xi_K + 1)\,F_K\,; \qquad (2.60)$$

$\mu = 0{,}1$ Reibungszahl Drahtseil-Stahl,
ξ_K Rillenfaktor laut Gl. (2.39),
F_K rechnerische Klemmkraft.

Wenn die Klemmschraube mit dem vorgeschriebenen Drehmoment angezogen wird, entsteht die Nenn-Vorspannkraft $F_{v\,ne}$ und damit der Nennwert $F_{K\,ne}$ der Klemmkraft je Klemmstelle, s. Bild 2-36b,

$$F_{K\,ne} = \frac{F_{v\,ne}}{2} \qquad \text{bei einer Doppelseilklemme;}$$

$$F_{K\,ne} = F_{v\,ne}\,\frac{e_1}{e_1 + e_2} \qquad \text{bei einer Einfachseilklemme.}$$

Nach SEB 666111 Beiblatt 1 (SEB Stahl-Eisen-Betriebsblätter) sollte die rechnerische Klemmkraft F_K gegenüber dem Nennwert $F_{K\,ne}$ wie folgt abgemindert werden

$$F_K = \frac{0{,}7}{1{,}8}\,F_{K\,ne} = 0{,}389\,F_{K\,ne}\,.$$

Der Faktor 0,7 berücksichtigt die Schwankungsbreite des Anzugdrehmoments, der Faktor 1,8 das Setzverhalten der Schraubenverbindung. Untersuchungen zur Verteilung der Reibungskräfte in den Seilendverbindungen von Seiltrommeln sind in [2.73] veröffentlicht.

Die *Trommelkupplung* muß die Querkraft und das Drehmoment der Seiltrommel, nur in Sonderausführung auch die Längskraft übertragen. Als winkelbewegliche Kupplung übernimmt sie jedoch kein Biegemoment und macht damit die Lagerung der Trommel einschließlich Getriebeabtriebswelle statisch bestimmt. Das zweite Trommellager wird als Festlager mit einem Pendelrollenlager ausgerüstet. Für schwere Antriebe eignen sich Zahnkupplungen (Bild 2-36a) oder Tonnen-Kupplungen (Bild 2-39a), für leichte Antriebe auch die mit drei, gleichmäßig über den Umfang verteilten Bolzen versehenen Bolzenkupplungen (Bild 2-39b). Die Beanspruchung der Buchsen und Bolzen muß unter Berücksichtigung der Verformungen und Toleranzen berechnet werden [2.74]. In [2.75] wird als Nachteil einer Vergrößerung der Bolzenzahl die Erhöhung der Spannungsamplituden während des Umlaufs nachgewiesen.

2.2.3.2 Berechnung

Der Durchmesser d_T der Seiltrommel kann etwas kleiner als der erforderliche Seilrollendurchmesser d_R gewählt werden. Bei mehrlagiger Wicklung gilt jedoch das vorgeschriebene Verhältnis d_R/d_S auch für d_T; es ist dabei der ungünstigere Berührungsfall nach Bild 2-16b zu berücksichtigen.

Der Seiltrommelmantel wird durch die Zugkraft des auf- bzw. ablaufenden Seils auf Biegung und Torsion, bei Schrägzug auch auf Zug bzw. Druck in axialer Richtung beansprucht. Es ist mit ausreichender Sicherheit nachgewiesen, daß diese Beanspruchungen gegenüber der Hauptbeanspruchung durch den Umschnürungsdruck des aufgewickelten Seils zurücktreten und daß die Stabilität des Mantels im Bereich üblicher Trommelabmessungen nicht gefährdet ist. In die am Innenrand eingespannten bzw. radial gestützten Bord- oder Endscheiben werden an diesen Stellen Biegemomente und/oder Druckkräfte eingeleitet. Im erstgenannten Fall gehen elastische Rückstellmomente von dem Trommelmantel aus, die ihn entlasten. Aufgabe der Berechnung ist es stets, die erforderlichen Wanddicken für Mantel und Bordscheibe zu bestimmen.

Seit Jahrzehnten beherrscht das empirische, auf Messungen gestützte Berechnungsverfahren von *Ernst* [2.76] die konstruktive Praxis. Es hat sich bewährt, weil die damit dimensionierten Trommeln den Beanspruchungen standhielten. Als Schwächen dieses Verfahrens sind zu nennen:

- Der Werkstoff wird in seiner Tragfähigkeit nicht ausgenutzt.
- Werkstoff- und bestimmte Seil- und Trommelparameter sind implizit als feste Größen enthalten; ihre Änderung kann nicht einbezogen werden.
- Mehrlagig bewickelte Trommeln lassen sich nicht berechnen.

Obwohl leistungsfähige Berechnungsmethoden für rotationssymmetrische Flächentragwerke seit Jahrzehnten zur Verfügung stehen, scheiterten frühere Ansätze [2.77] bis [2.79], sie für Seiltrommeln zu nutzen, an den für Handrechnung unumgänglichen Vereinfachungen. Erst als Rechenprogramme entwickelt und genutzt wurden, waren die Spannungen an den gefährdeten Querschnitten der Seiltrommel mit ausreichender Genauigkeit zu berechnen und durch Messungen zu bestätigen. Nach Teilschritten [2.80] bis [2.82] liegen mit [2.83] und [2.84] vollständige, auf die Theorie der biegesteifen dünnen Kreiszylinderschale gegründete Berechnungsverfahren vor. Das neueste [2.84] verbessert [2.83], indem es die Rückwirkung der Bordscheiben, die Erhöhung der Tragfähigkeit durch den Seilrillensteg und die Verformungsbehinderung des Seils in den Seilrillen bei mehrlagiger Wicklung einbezieht.

Berechnet werden die Schalenspannungen σ_x in axialer und σ_φ in tangentialer Richtung. Aus ihnen kann nach der Gestaltänderungshypothese die Vergleichsspannung

$$\sigma_v = \sqrt{\sigma_x^2 + \sigma_\varphi^2 + \sigma_x \sigma_\varphi} \tag{2.61}$$

gebildet werden.

Während des Auf- und Abwickelns des Seils verändern sich die Spannungen im Trommelmantel, weil jede Seilwindung durch ihren Umschnürungsdruck die benachbarten Bereiche beeinflußt. Bei mehrlagiger Wicklung entlastet eine weitere Seillage die darunterliegenden, weshalb die Spannungssteigerung im Trommelmantel mit steigender Lagenzahl degressiv verläuft. Im Bild 2-40 wird ein Berechnungsergebnis für eine vollbewickelte Seiltrommel gezeigt. Die Lage der Maxima der Vergleichsspannung in Randnähe ist auf den Einfluß der Endscheiben zurückzuführen.

Alle Seiltrommeln verhalten sich ähnlich; charakteristisch ist das Verhältnis von Trommeldurchmesser d_T zu Seildurchmesser d_S. Nach [2.84] erlaubt dies für die maximale Vergleichsspannung $\sigma_{v\,max}$ im Trommelmantel den statischen Ansatz

$$\sigma_{v\,max} = \frac{F_{S\,max}}{h d_S} \prod_{i=1}^{8} k_i \leqq \sigma_{zul}\,; \tag{2.62}$$

$F_{S\,max}$ maximale Zugkraft im Seil,
h Trommelwanddicke, siehe Bild 2-37,
d_S Seildurchmesser,
σ_{zul} zulässige Spannung.

Die acht Faktoren k_i beziehen die geometrischen und elastischen Parameter der Trommel und des Seils ein. Für sie sind in [2.84] die Ergebnisse systematischer Rechnungen als Diagramme mit Kurvenscharen angegeben. Sie erfassen Seiltrommeln bis zu einer Lagenzahl $n = 10$ und gestatten eine

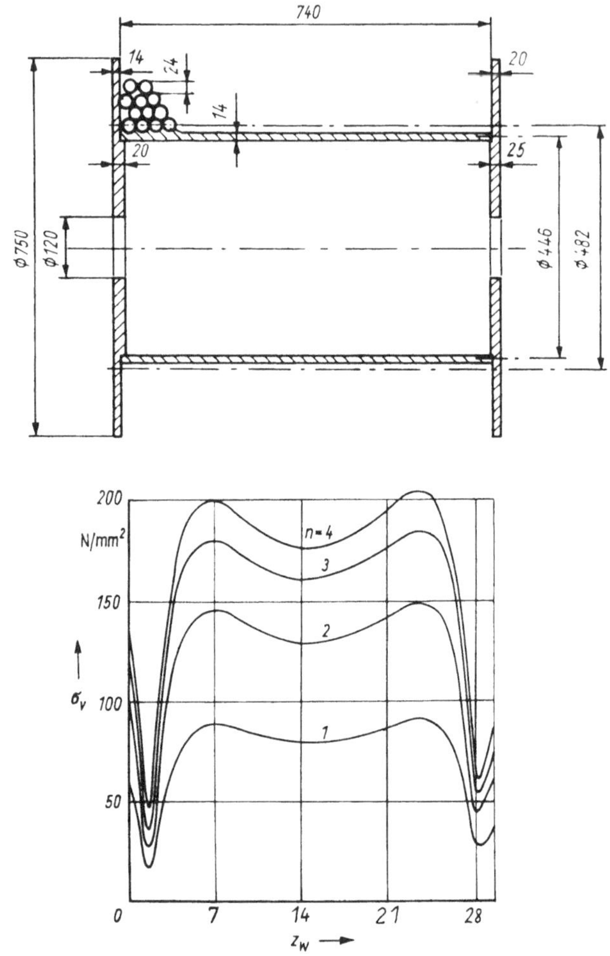

Bild 2-40 Vergleichsspannung im Trommelmantel einer mehrlagig vollbewickelten Seiltrommel, mittlere Seilkraft 35 kN

elementare Dimensionierung dieser Trommeln ohne Verzicht auf methodische Genauigkeit.

Zur weiteren Vereinfachung der Berechnung werden hier zwei bei mehrlagiger Wicklung auftretende Parameter, der Seilkreuzungswinkel und der ohnehin nur näherungsweise bestimmbare Quer-Elastizitätsmodul des Seils, konstant gehalten, die zugehörigen Faktoren gleich Eins gesetzt und die übrigen sechs Parameter allein für eine Lagenzahl bis $n = 4$ angegeben.

Die Gleichung für die Trommelwanddicke h lautet dann

$$h \geqq \frac{F_{S\,max}}{\sigma_{zul}\, d_S} \prod_{i=1}^{6} \varphi_i = \frac{F_{S\,max}}{\sigma_{zul}\, d_S} \varphi_d\, \varphi_R\, \varphi_E\, \varphi_\varkappa\, \varphi_s\, \varphi_\delta \tag{2.63}$$

mit den im Bild 2-41 angegebenen Faktoren

φ_d zur Berücksichtigung des Durchmesserverhältnisses d_T/d_S
φ_R zur Berücksichtigung der Höhe h_R des Rillenstegs
φ_E zur Berücksichtigung des Elastizitätsmoduls E_S des Seils
$\varphi_\varkappa$ zur Berücksichtigung des Füllgrads $\varkappa$ des Seils
φ_s zur Berücksichtigung der Rillensteigung s
φ_δ zur Berücksichtigung des Stützwinkels δ der Rille (nur bei mehrlagiger Wicklung).

Der Faktor φ_R ist von der gesuchten Trommelwanddicke h abhängig; er muß zunächst geschätzt werden. φ_δ erscheint nur bei mehrlagiger Wicklung auf Seiltrommeln mit Rillen in der Berechnungsgleichung und bezieht die Verformungsbehinderung der unteren Seillage durch die Stützwirkung der Rille ein. Näherungsweise werden für den Stützwinkel δ etwa $\frac{2}{3}$ des im Bild 2-37 eingezeichneten Winkels $\bar{\delta}$ angesetzt.

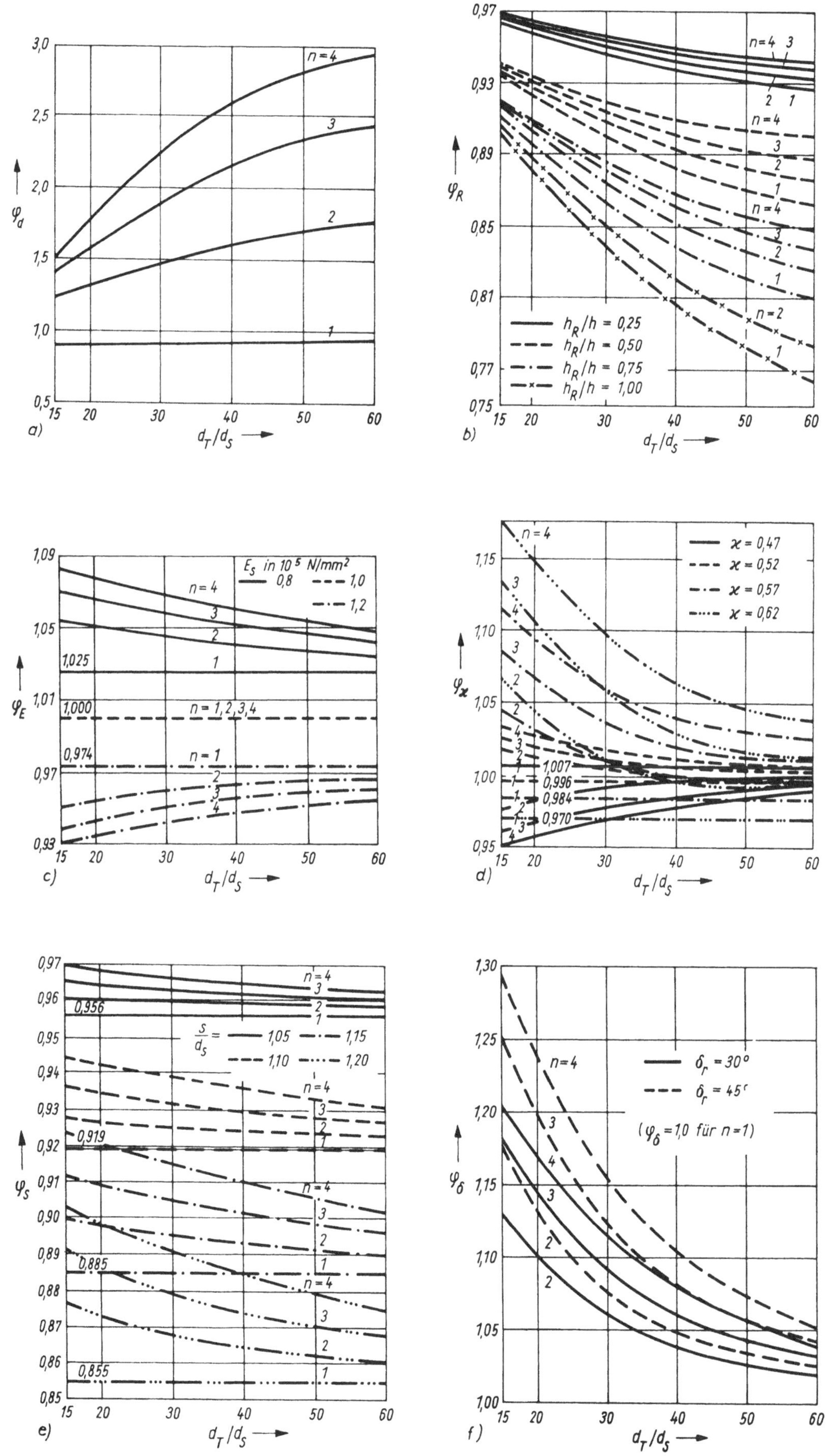

Bild 2-41 Faktoren für Gl. (2.63) in Abhängigkeit vom Verhältnis d_T/d_S (Trommeldurchmesser/Seildurchmesser)

Tafel 2-15 Empfehlungen für die Wahl der Seilparameter bei der Trommelberechnung und der Faktoren φ_i für einlagig bewickelte Seiltrommeln ($n = 1$)

Seilkonstruktion	Elastizitätsmodul E_s in N/mm²	Füllgrad $\varkappa$	Faktoren φ_i für einlagig bewickelte Trommeln φ_E	$\varphi_\varkappa$	φ_d
Litzenseil mit Faserstoffeinlage in Normalmachart	$0{,}8 \cdot 10^5$	0,47	1,025	1,007	$\varphi_d = 0{,}90 + 0{,}001\,[(d_T/d_S) - 15]$
Litzenseil mit Faserstoffeinlage in Parallelmachart	$0{,}8 \cdot 10^5$	0,52	1,025	0,996	
Litzenseil mit Stahleinlage	$1{,}0 \cdot 10^5$	0,57	1,000	0,984	
Mehrlagiges Rundlitzenseil					
Litzennormalschlag	$1{,}0 \cdot 10^5$	0,52/0,57	1,000	0,996/0,984	
Litzenparallelschlag	$1{,}0 \cdot 10^5$	0,62	1,000	0,970	

s/d_S	φ_s
1,05	0,956
1,10	0,919
1,15	0,885
1,20	0,855

Der Wert $\delta = 30°$ gilt für eine flache Rille (Bild 2-37b), der Wert $\delta = 45°$ für die normale tiefe Rille (Bild 2-37a).
Wegen dieser Behinderung der Querdehnung des Seils durch die Trommelrille sind bei mehrlagiger Wicklung die Faktoren φ_E, $\varphi_\varkappa$, φ_s mit den Mittelwerten der n-ten und der $(n-1)$ten Lage einzusetzen, d.h., der rechnerische Wert wird

$$\varphi_{ir} = \frac{\varphi_{i(n)} + \varphi_{i(n-1)}}{2}.$$

Zu beachten ist, daß die Trommelbeanspruchung mit abnehmender Längssteifigkeit des Seils ansteigt; es sind deshalb bei der Berechnung auf Zeit- und Dauerfestigkeit stets die niedrigsten Werte des Bereichs anzusetzen, in dem der Elastizitätsmodul E_S des Seils liegen kann, s. Tafel 2-8. Für den statischen Spannungsnachweis einer Seiltrommel mit hoher Anzahl von Wicklungslagen sollte aus Sicherheitsgründen, unabhängig von der Seilmachart, $E_S = 0{,}5 \cdot$ N/mm², d.h. der Anfangswert des Elastizitätsmoduls, gesetzt werden, der sich im Betrieb dann auf die höheren, der dynamischen Berechnung zugrunde liegenden Werte verschiebt, siehe hierzu auch Abschn. 2.1.4.4.
Die Dicke der Bord- bzw. Endscheiben läßt sich nicht in der hier dargestellten, vereinfachten Weise berechnen. Es werden deshalb nachstehend lediglich Orientierungs- bzw. Erfahrungswerte aufgeführt:

$n = 1$ $\quad h_B/h = 0{,}60,$

$n = 2$ $\quad h_B/h = 0{,}65,$

$n = 3$ $\quad h_B/h = 0{,}70,$

$n = 4$ $\quad h_B/h = 0{,}90.$

Bei höheren Lagenzahlen, die bei Fördermaschinen nur in Ausnahmefällen auftreten, sollten die Rechnungen mit den vorliegenden Programmen ausgeführt werden, weil hier erst die Variation mehrerer Parameterkombinationen zu optimalen Trommelabmessungen führt. Zu dünne Endscheiben verformen sich unter der Wirkung der Axialkraft des Seils; zu dicke Endscheiben erhöhen die Trommelbeanspruchungen unnötig.
Für die Wahl der Seilparameter bei der Trommelberechnung werden in Tafel 2-15 Richtwerte gegeben. Gleichzeitig enthält diese Tafel für die am häufigsten zu berechnende einlagig bewickelte Trommel eine Näherungsgleichung für den Faktor φ_d sowie Festwerte für die Faktoren φ_E, $\varphi_\varkappa$ und φ_s, die bei $n = 1$ von d_T/d_S nahezu unabhängig sind. Dies vereinfacht die Trommelberechnung erheblich, weil nur noch der Faktor φ_R aus Bild 2-41 bestimmt werden muß. [2.85] gibt für diese Faktoren Regressionsgleichungen an.

Die mit Hilfe der Schalentheorie berechnete Vergleichsspannung im Trommelmantel laut Gl. (2.62) eignet sich direkt nur für den statischen Spannungsnachweis. Als Bezugsgröße wird die Streckgrenze des Werkstoffs herangezogen. Der Sicherheitsbeiwert kann wegen der genaueren Rechnung mit $S = 1{,}5$ wesentlich niedriger als bei den älteren Berechnungsverfahren [2.76] gewählt werden.
Geschweißte Trommeln verlangen wegen der Kerbwirkung der Schweißnaht zusätzlich den dynamischen Festigkeitsnachweis. Da während des Aufwickelns eines Seils auf den Trommelmantel in dessen nicht bewickeltem Teil negative Spannungen auftreten, wird das Spannungsverhältnis $\varkappa$ ebenfalls negativ. Mit diesem Spannungsverhältnis und den zwei Einzelspannungen des ebenen Spannungszustands ist der Betriebsfestigkeitsnachweis zu führen, was nach dem gegenwärtigen Stand der Erkenntnisse den Einsatz eines Rechners erfordert. In [2.86] werden Ergebnisse umfangreicher Berechnungen und Richtwerte für einlagig bewickelte Zwillingsseiltrommeln vorgestellt.
Die zulässigen Spannungen σ_{zul}, die von der mit Gl. (2.62) errechneten Vergleichsspannung σ_v nicht überschritten werden dürfen, sind in Tafel 2-16 in Anlehnung an DIN 15018 angegeben. Der statische bzw. allgemeine Spannungsnachweis ist der maßgebende Bemessungsfall für alle nicht längsgeschweißten Trommelmäntel. Durch Werkstoffe höherer Festigkeit lassen sich hier die Wanddicken und damit Massen der Trommelmäntel vermindern. Anders ist dies bei

Tafel 2-16 Zulässige Spannungen σ_{zul} in N/mm² für Seiltrommelberechnung mit Gl. (2.62) in Anlehnung an DIN 15018

Statischer Spannungsnachweis (Grundwerkstoffe und Schweißnähte)

St 37	160
St 52–3	240
andere Werkstoffe $\sigma_{zul} = 0{,}67\,\sigma_S$	

Betriebsfestigkeitsnachweis (Trommel-Längsnaht)
für bezogenes Spannungskollektiv S_2 (mittel) und Werkstoffe St 37 und St 52–3 (gleiche zulässige Spannungen)

Kerbfall	Beanspruchungsgruppe $B\,4$	$B\,5$
$K\,1$	300	212,2
$K\,3$	180	127,2

Beanspruchungsgruppe $B\,4$: $N \leqq 6 \cdot 10^5$
Beanspruchungsgruppe $B\,5$: $6 \cdot 10^5 < N \leqq 2 \cdot 10^6$
Kerbfall $K\,1$: Stumpfnaht Normalgüte, Wurzel ausgeräumt und gegengeschweißt
Kerbfall $K\,3$: Stumpfnaht, einseitig geschweißt

längsgeschweißten Mänteln, bei denen die Betriebsfestigkeit der verschiedenen Werkstoffe keine wesentlichen Unterschiede zeigt. Die Werte in Tafel 2-16 wurden auf das Grenzspannungsverhältnis $x = 0$ umgerechnet, das den vereinfachenden Ansätzen von Gl. (2.62) entspricht. Möglicherweise könnten Betriebsfestigkeitsversuche an Trommelmänteln günstigere Ergebnisse bringen. Das zur Verwirklichung des Kerbfalls K 1 notwendige Gegenschweißen der Schweißnahtwurzel setzt einen ausreichend großen Innendurchmesser des Trommelmantels voraus, besonders bei größeren Trommellängen. Die Kehlnähte zur Verbindung der Bordscheiben mit dem Trommelmantel liegen bei geringer Lagenzahl der Seilwindungen im Bereich niedrigerer Spannungen (Bild 2-40) und sind damit, wie Überschlagsrechungen ergaben, nur gering beansprucht.

2.2.4 Seilablenkung an Seilrollen und -trommeln

Die Führung umzulenkender Seile erfordert eine sorgfältige konstruktive Gestaltung der Führungsflächen. Außerdem muß stets geprüft werden, wie groß der zulässige Ablenkwinkel des Seils werden darf, ohne daß Knick- oder Scheuerstellen entstehen, die eine Oberflächenbeschädigung herbeiführen können. Der Ablenkwinkel liegt zwischen der geraden Achse des ablaufenden Seils und dem Lot auf die Seilrollen- bzw. Trommelachse. Diese Achse verläuft parallel zu der von Seilachse und Lot festgelegten Ebene.

Einer der beiden Hauptkrümmungsradien der Führungsfläche ist immer klein gegenüber dem anderen, weil diesen Radien verschiedene Aufgaben obliegen. Der kleine Radius, nur wenig größer als der halbe Seildurchmesser, ist identisch mit dem Radius der Rille, in der das Seil aufliegt. Er hält die Pressung in erträglichen Schranken. Der große Radius, der den Durchmesser des umlenkenden Elements festlegt, begrenzt die Biegespannung im Seil. So ist die eigentliche Führungsfläche bei einer Seilrolle der Teil eines Torus. Er würde zur Führung genügen, wenn die Seilachse in allen Fällen in der Symmetrieebene läge, die auf der Torus-Symmetrieachse senkrecht steht. Ein schräger Seilablauf ist jedoch aus konstruktiven Gründen meist nicht zu umgehen.

Im Bild 2-42 wird eine Seilrolle mit einem schräg ablaufenden Seil gezeigt. Um die Führung zu ermöglichen, ist der Torusteil nach beiden Seiten durch Kegelflächen ergänzt. Dabei laufen die Erzeugenden der Kegel tangential in den erzeugenden Kreis des Torus ein. Wenn der Seilablenkwinkel zu groß ist, liegt der Ablaufpunkt, d.h. der Endpunkt der Berührungslinie zwischen Seil und Rolle, nicht mehr auf der Führungsfläche, sondern auf einer sich an sie anschließenden Fläche mit wesentlich größerer Krümmung. Für den Abrundungsradius null am Rillenrand (Einzelheit A im Bild 2-42) ist diese interessierende Hauptkrümmung unendlich groß. Um die Biegung des Seils über den Rillenrand auszuschließen, muß der Ablaufpunkt stets auf der Führungsfläche liegen. Außerden könnte ein auflaufendes Seil durch das Scheuern auf dem Rillenrand aus der Rille herausgehoben werden.

Der Zusammenhang zwischen φ, z_0 und den Konstruktionsgrößen lautet für das biegeschlaff angenommene Seil [2.87]

$$\tan\varphi = \tan\gamma/2\,\sqrt{1-\frac{(1+d_S/d_1)^2}{[(2z_0/d_1)\cot\gamma/2+(d_S/d_1)\sin\gamma/2]^2}}\,. \qquad (2.64)$$

Je größer z_0 ist, desto größer wird auch φ. Für $z_0 \to \infty$ geht $\varphi \to \gamma/2$. Im Grenzfall kann der Ablaufpunkt auf dem durch d_2 gegebenen Rillenrand liegen; der Ansatz

$$z_0 = z_{max} = \frac{d_2}{2\cot\gamma/2}$$

ergibt den zugehörigen maximalen Ablenkwinkel

$$\tan\varphi_{max} = \tan\gamma/2\,\sqrt{1-\frac{(1+d_S/d_1)^2}{[d_2/d_1+(d_S/d_1)\sin\gamma/2]^2}}\,. \qquad (2.65)$$

Im Bild 2-43 wird dieser Winkel φ_{max} für den gebräuchlichen Kegelwinkel $\gamma = \pi/4$ als Funktion der Seil- und Seilrollendurchmesser angegeben. Radien oder Fasen am Rillenrand, die in einem vernünftigen Verhältnis zu den anderen Seilrollenmaßen stehen, beeinflussen diesen Winkel nur wenig. Wenn die Biegesteifigkeit des Seils einbezogen wird, ergeben sich etwas größere zulässige Ablenkwinkel. Allerdings ist der in [2.88] gegebene mathematische Ansatz nicht widerspruchsfrei.

Die an der Seiltrommel auftretenden Ablenkwinkel sind nach Bild 2-44

$$\varphi^* = \varphi_1 + \alpha$$

$$\varphi^{**} = \varphi_2 - \alpha \quad \text{bzw.} \quad \varphi^{**} = \varphi_1 - \alpha \qquad (2.66)$$

mit

$$\alpha \approx \arctan\frac{s}{d_T\pi}\,.$$

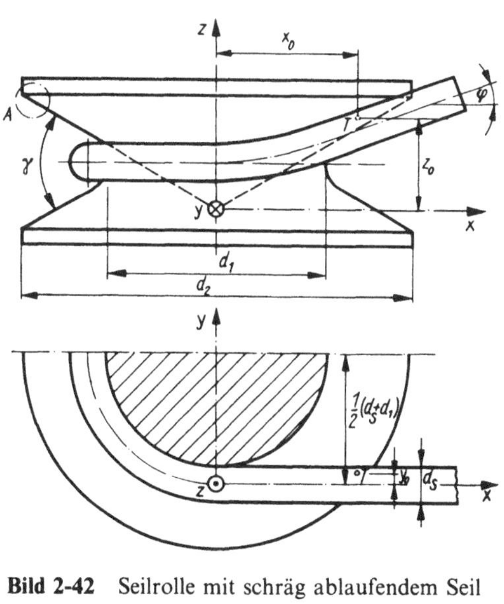

Bild 2-42 Seilrolle mit schräg ablaufendem Seil

d_S Seildurchmesser
d_1 Nenndurchmesser der Seilrolle
d_2 Außendurchmesser der Seilrolle
γ Rillenöffnungswinkel
x, y, z Achsen eines räumlichen kartesischen Koordinatensystems
φ Ablenkwinkel des Seils
T Ablaufpunkt

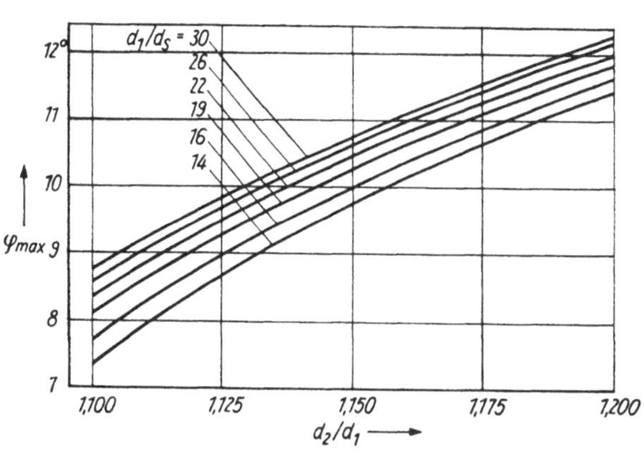

Bild 2-43 Maximaler Seilablenkwinkel für Seilrollen ($\gamma = \pi/4$)

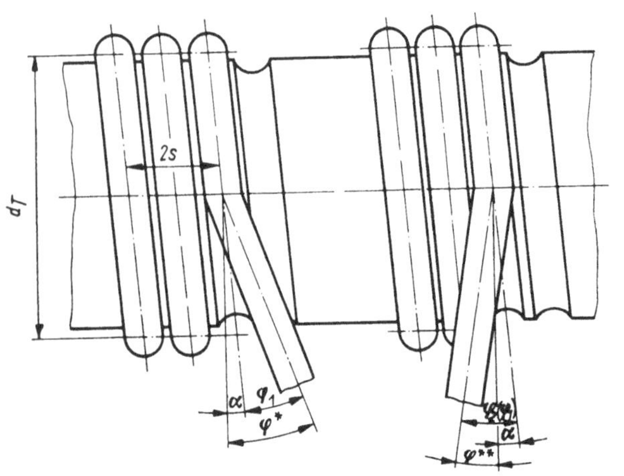

Bild 2-44 Bezeichnungen beim Seilablauf von der Trommel

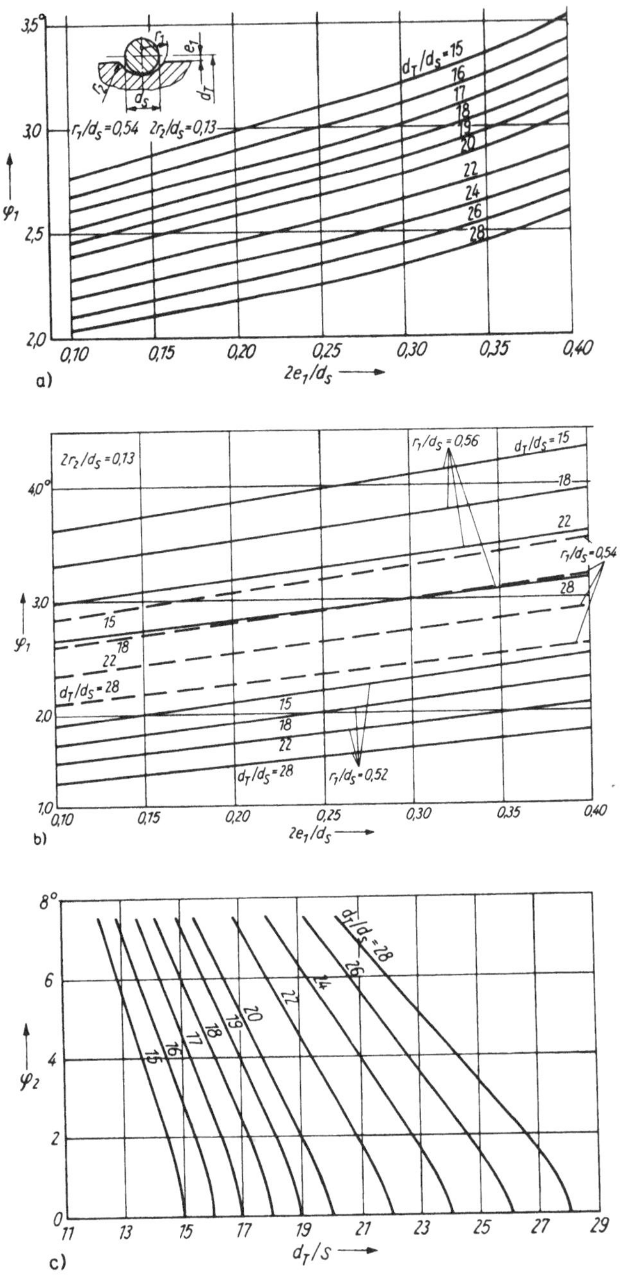

Bild 2-45 Zulässige Ablenkwinkel an der Seiltrommel [2.89]

a), b) Ablenkwinkel φ_1 für Berührung der Rillenkante
c) Ablenkwinkel φ_2 für Berührung der Nachbarseilwindung

In diesen Gleichungen bezeichnen φ_1 den Grenzwinkel, bei dem das Seil die Rillenkante gerade druckfrei berührt, φ_2 den Grenzwinkel, bei dem es an der benachbarten Seilwindung anläuft. Nach einer Ablenkrichtung muß nur φ_1, nach der zweiten müssen dagegen beide Winkel überprüft werden. Der kleinere der beiden errechneten Grenzwinkel ist dann der konstruktiv einzuhaltende größte Ablenkwinkel.

Die recht komplizierte geometrische Behandlung des Berührungsproblems ist ausführlich in [2.89] dargestellt. Hier werden nur die numerischen Ergebnisse der Rechnung übernommen.

Der zulässige Ablenkwinkel φ_1 zur Rillenkante hin ist im Bild 2-45a als Funktion des Seil- und Trommeldurchmessers d_S bzw. d_T und des Maßes e_1 (s. Skizze im Bild 2-45a) angegeben. Zur Vereinfachung mußten dabei für die Radien r_1 und r_2 gebräuchliche Mittelwerte als feste Größen benutzt werden. Eine Änderung von r_2 hat nur geringe Auswirkungen auf den Winkel φ_1. Stärker abhängig ist er aber vom Rillenradius r_1, weshalb im Bild 2-45b auch dieser Parameter variiert wurde. Durch Interpolation lassen sich die gewünschten Größen bequem ablesen.

Der zulässige Ablenkwinkel φ_2 zur benachbarten Seilwindung hin ist nur vom Seil- und Trommeldurchmesser d_S bzw. d_T und von der Rillensteigung s abhängig (Bild 2-45c). Die Gln. (2.66) ergeben schließlich die endgültigen, auf die im Bild 2-44 eingezeichnete Radialschnittebene bezogenen Ablenkwinkel.

Die bisher überwiegend verwendeten Festwerte (DIN 15020) oder auf unzulässigen Vereinfachungen beruhenden Gleichungen und Diagramme führen zu teilweise erheblich größeren zulässigen Werten der Seilablenkung als die Diagramme nach den Bildern 2-43 bzw. 2-45. Da diese Diagrammwerte den Beginn des unzulässigen Ablenkbereichs kennzeichnen, erscheint eine geringe Überschreitung jedoch noch ungefährlich.

2.2.5 Treibscheiben

Bei Seilbahnen, Kabelkranen und Aufzügen sind endlose oder an beiden Enden mit Maschinenteilen verbundene Seile anzutreiben. Die notwendige Antriebskraft wird hier von Treibscheiben oder -trommeln durch Reibschluß auf das umschließende, bewegte Seil übertragen; auf die Speicherung einer bestimmten Seillänge muß dabei verzichtet werden. Neben der einfachen, meist mit einem Rillenfutter großer Reibungszahl ausgerüsteten, normalen Treibscheibe sind Sonderkonstruktionen mit gegenüber der Normalausführung vergrößerter Übertragungsfähigkeit entwickelt worden.

2.2.5.1 Treibscheiben normaler Konstruktion

Der Verlauf der Seilkräfte während des Laufs über eine Treibscheibe ist im Bild 2-46a durch die Größe der senkrecht zum Seil gezeichneten Ordinaten angegeben. Auf das Seilelement (Bild 2-46b) wirken bei Betrachtung des Seils als biegeschlaffer Faden außer den Seilkräften F und $F + \mathrm{d}F$ die Normalkraft $\mathrm{d}F_n$ und die durch Reibung übertragene Tangentialkraft $\mathrm{d}F_t$. Aus dem zugehörigen Krafteck kann die Gleichung für die Tangentialkraft abgeleitet werden:

$$\mathrm{d}F_t = \mathrm{d}F \cos\frac{\mathrm{d}\varphi}{2} = \mu\left[2F\sin\frac{\mathrm{d}\varphi}{2} + \mathrm{d}F\sin\frac{\mathrm{d}\varphi}{2}\right] = \mu\,\mathrm{d}F_n\,.$$

Für den kleinen Winkel $\mathrm{d}\varphi$ wird der Sinus durch den Winkel selbst ersetzt, der Kosinus gleich eins angenommen. Unter Vernachlässigung des kleinen Glieds höherer Ordnung ergibt sich dann

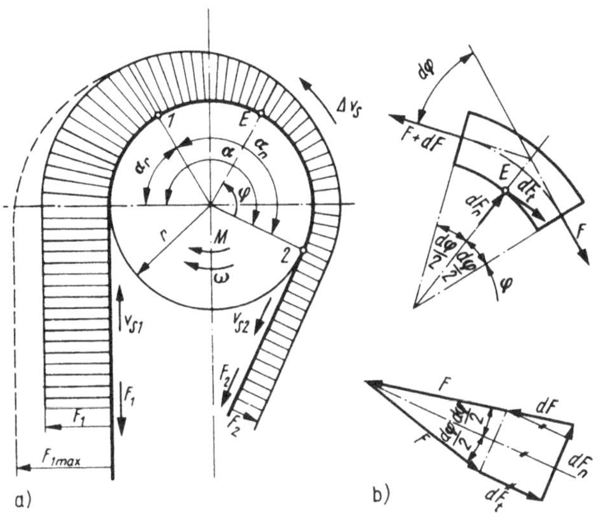

Bild 2-46 Kräfte an der Treibscheibe

$$\frac{dF}{F} = \mu\, d\varphi$$

oder nach Integration über φ, α_n bzw. α für μ = konst.

$$\frac{F_\varphi}{F_2} = e^{\mu\varphi}; \quad \frac{F_1}{F_2} = e^{\mu\alpha_n}; \quad \frac{F_{1\,max}}{F_2} = e^{\mu\alpha}. \tag{2.67}$$

Diese nach *Eytelwein* benannte Gleichung gilt für alle reibschlüssigen Hülltriebe; sie gibt nebeneinanderstehend den bezogenen Wert der Seilkraft beim laufenden Winkel φ, die im Nutz- bzw. Gleitbogen α_n ausgenutzte und die maximal mögliche Übertragungsfähigkeit der Treibscheibe an. Die Gleichung für die Umfangskraft lautet

$$F_u = F_1 - F_2 = F_2(e^{\mu\alpha_n} - 1)$$

mit dem Maximalwert

$$F_{u\,max} = F_{1\,max} - F_2 = F_2(e^{\mu\alpha} - 1). \tag{2.68}$$

Die abgeleiteten Gesetzmäßigkeiten lassen sich wie folgt deuten:

a) Um eine Umfangskraft auf das Seil übertragen zu können, muß stets eine Vorspannkraft F_2 vorhanden sein.
b) Die Übertragungsfähigkeit einer Treibscheibe ist nur von der Reibungszahl μ und dem Umschlingungswinkel α, nicht aber vom Seil- oder Scheibendurchmesser abhängig. Bei Treibscheiben von weniger als dem 40fachen Seildurchmesser ist jedoch wegen des Seilbiegewiderstands die Abhängigkeit von den Durchmessergrößen nicht mehr ohne weiteres zu vernachlässigen.
c) Es wird nur der zur Übertragung der Umfangskraft benötigte Teil (Nutzwinkel α_n) des Umschlingungswinkels α ausgenutzt; im Ruhebogen α_r verändert sich die Seilkraft nicht. Der Ruhebogen beginnt stets am Auflaufpunkt des Seils, d.h., in ihm herrscht die konstante Seilkraft F_1 bei treibender bzw. die konstante Seilkraft F_2 bei bremsender Treibscheibe. Der Verlauf der Seilkraft im Nutzbogen bleibt von der Drehrichtung unbeeinflußt.
d) Die Abnahme der Seilspannung im Nutzbogen führt durch Verringerung der elastischen Dehnung des Seils zu einer Schlupfbewegung, die als Relativgeschwindigkeit Δv_S die Geschwindigkeit des ablaufenden Seilstrangs v_{S2} gegenüber der des auflaufenden v_{S1} vermindert.
e) Bei Berücksichtigung der endlichen Seildicke und des Biegewiderstand wird das Übertragungsgesetz komplizierter.

Ausreichende Übereinstimmung mit dem Verhalten des realen Seils besteht nur bei verhältnismäßig harter Seilauflage, z.B. in Graugußrillen oder auf Aluminium- bzw. Holzfuttern. Unregelmäßigkeiten des Seilgefüges führen zu Schwankungen der Pressung und der Reibungszahl, sie beeinflussen damit nicht nur den Verschleiß, sondern auch das Übertragungsverhalten [2.90]. In [2.91] wird darauf hingewiesen, daß sich die Seilkräfte beim Umlauf des Seils wegen des Wechsels von Halte- und Gleitreibung ruckhaft ändern. Bei sehr elastischen Rillenfuttern ist wegen der tangentialen Deformation des Treibscheibenfutters keine Trennung von Nutz- und Ruhebogen möglich; auch der Seilschlupf ist wesentlich größer.

Die Berechnung des Seilschlupfs geht von der Überlegung aus, daß der Querschnitt des Seils über dem Einlaufpunkt *1*, in dem Seilgeschwindigkeit v_{S1} und Umfangsgeschwindigkeit v_T der Treibscheibe übereinstimmen, während der Weiterdrehung der Scheibe bis zum Punkt *E* um einen Winkel $\Delta\psi$ zurückrutscht. Mit der laufenden Koordinate ψ im Bogen $\alpha_n - \varphi$ ergibt die Integration der elastischen Verformungen

$$\Delta\psi_\varphi = \int_\varphi^{\alpha_n} \frac{F_1 - F_\psi}{E_S A_M}\, d\psi = \frac{F_2}{E_S A_M}\int_\varphi^{\alpha_n} (e^{\mu\alpha_n} - e^{\mu\psi})\, d\psi$$

$$= \frac{F_2}{E_S A_M}\left[e^{\mu\alpha_n}(\alpha_n - \varphi) - \frac{1}{\mu}(e^{\mu\alpha_n} - e^{\mu\varphi})\right]. \tag{2.69}$$

Der Maximalwert am Ablaufpunkt *2* des Seils beträgt

$$\Delta\psi_{max} = \Delta\psi_2 = \frac{F_2}{E_S A_M}\left[e^{\mu\alpha_n}\left(\alpha_n - \frac{1}{\mu}\right) + \frac{1}{\mu}\right]. \tag{2.70}$$

Das Verhältnis der Seilgeschwindigkeit v_S zur Umfangsgeschwindigkeit v_T der Treibscheibe ist im Punkt *E*

$$\frac{v_{S\varphi}}{v_T} = \frac{r(\alpha_n - \varphi - \Delta\psi)}{r(\alpha_n - \varphi)} = 1 - \frac{\Delta\psi}{\alpha_n - \varphi}.$$

Die Relativgeschwindigkeit, d.h. der Dehnungsschlupf zwischen Seil und Treibscheibe,

$$\frac{\Delta v_{S\varphi}}{v_T} = \frac{\Delta\psi}{\alpha_n - \varphi}$$

$$= \frac{F_2}{E_S A_M}\left[e^{\mu\alpha_n} - \frac{1}{\mu(\alpha_n - \varphi)}(e^{\mu\alpha_n} - e^{\mu\varphi})\right] \tag{2.71}$$

erreicht im Ablaufpunkt *2* den Maximalwert

$$\frac{\Delta v_{S\,max}}{v_T} = \frac{\Delta v_{S2}}{v_T} = \frac{\Delta\psi_{max}}{\alpha_n}$$

$$= \frac{F_2}{E_S A_M}\left[e^{\mu\alpha_n}\left(1 - \frac{1}{\mu\alpha_n}\right) + \frac{1}{\mu\alpha_n}\right]; \tag{2.72}$$

E_S Elastizitätsmodul des Seils,
A_M metallische Querschnittsfläche des Seils.

Wegen des großen Elastizitätsmoduls des Drahtseils ist der Dehnungsschlupf auf Treibscheiben klein; er beeinflußt jedoch den Rillenverschleiß.

Besonders bei Treibscheiben mit Keilrillen muß neben Dehnungsschlupf ein weiterer, scheinbarer Schlupf des Seils berücksichtigt werden. Er tritt dadurch auf, daß das Seil in Abhängigkeit von der Seilkraft eine verschieden tiefe Lage in der Rille einnimmt, so daß sich der wirksame Radius *r* der Treibscheibe ändert. Nach [2.92] kann dieser radienbezogene Schlupf bei Keilrillen die gleiche Größenordnung wie der

elastische Dehnungsschlupf erreichen. Dagegen sollte Gleitschlupf über dem gesamten Auflagebogen des Seils ausgeschlossen bleiben.
Eine größere Übertragungsfähigkeit kann nach Gl. (2.67) durch Vergrößerung der Vorspannkraft F_2, der Reibungszahl μ und des Umschlingungswinkels α erreicht werden. Auf die Vergrößerung der Vorspannkraft verzichtet man bei Seiltrieben wegen der proportionalen Vergrößerung der Seilkraft F_1, die zu einer höheren Seilbeanspruchung führen würde. Die wirksame Reibungszahl vergrößert man durch Verwendung besonderer Rillenfutter mit hoher Reibungszahl oder durch Einrichtungen, die die auf das Seil wirkende Normalkraft erhöhen.
Reibungszahlen gebräuchlicher Treibscheibenfutter sind in Tafel 2-17 zusammengestellt, s. auch [2.92] bis [2.94]. Sie sinken bei starker Seilschmierung auf Werte von 0,10 bis 0,18 ab; deshalb muß eine Oberflächenschmierung des Seils richtig dosiert werden, um die Treibfähigkeit zu erhalten. Um vor allem den dynamischen Seilkraftschwankungen Rechnung zu tragen, wird gegen Gleiten eine Sicherheit von 1,3 bis 1,5 vorgesehen. Die Auflagerdrücke auf der Rille werden bei elastischen Futtern mit $p_{zul} \leqq 2\,\text{N/mm}^2$ sehr niedrig angesetzt, bei Graugußscheiben, z.B. in Aufzügen, sind dagegen Werte von 4 bis $10\,\text{N/mm}^2$ üblich. Bei sehr elastischer Fütterung der Treibscheibe wird die Reibungszahl deutlich eine Funktion der Pressung und der Gleitgeschwindigkeit. In der Tendenz fällt μ mit größer werdender Pressung p; die Abhängigkeit von der Gleitgeschwindigkeit ist uneinheitlich [2.95].

Tafel 2-17 Natürliche Reibungszahlen für Drahtseile auf Treibscheibenfuttern

Rillenwerkstoff	Reibungszahl μ	
	unterer Wert (Seil ungeschmiert)	empfohlener rechnerischer Wert[1]) (Seil leicht geschmiert)
Stahl, Grauguß	0,18	0,12
Leder	0,16	0,13
Baumwollgewebe	0,20	0,16
Gummi mit Gewebe	0,40	0,22
Polyvinylchlorid	0,50	0,25
Leichtmetall	0,60	0,35

[1]) In Schachtförderanlagen gilt rechnerisch für mit Koepelack überzogene Seile in Abhängigkeit von der Temperatur (DIN 21258): $\mu \geqq 0{,}25$ (20 °C); $\mu \geqq 0{,}22$ (30 °C)

Die dritte Möglichkeit zur Steigerung der Treibfähigkeit, die Vergrößerung des Umschlingungswinkels α, kann durch mehrfaches Umschlingen der Treibscheibe oder -trommel bzw. durch Hintereinanderschalten mehrerer Treibscheiben über eine Gegenscheibe ausgeschöpft werden, siehe dazu die beiden folgenden Abschnitte.
Die konstruktive Ausführung einer einfachen Treibscheibe ist im Bild 2-47 dargestellt. Die Scheibendurchmesser liegen zwischen dem 40- und 80fachen Seildurchmesser. In Seilbahnantrieben sind noch häufig offene Vorgelege mit direktem Antrieb der Treibscheibe über einen angeflanschten Zahnkranz zu finden; die Treibscheiben selbst werden aus Grauguß höherer Festigkeit (GG-26) hergestellt. Schnelllaufende Treibscheiben mit großen Umfangskräften, wie sie beispielsweise in Schachtfördermaschinen zum Einsatz kommen, sind meist Schweißkonstruktionen mit Antrieb über Achse und Speichen. Seitliche Verkleidungen verringern bei hohen Drehzahlen den Luftwiderstand.

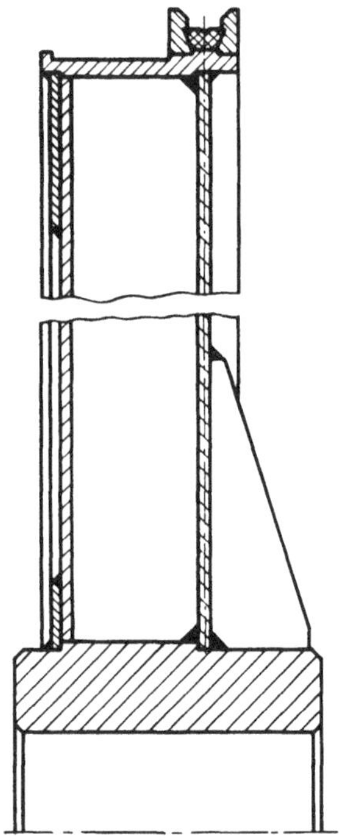

Bild 2-47
Treibscheibe mit Bremskranz für eine Seilbahn

2.2.5.2 Treibscheiben höherer Treibfähigkeit

Den Einfluß der Rillenform auf die Reibungszahl, der durch die Gln. (2.39) und (2.42) im Abschnitt 2.2.1.2 ausgedrückt wird, berücksichtigt man selbstverständlich auch bei Treibscheiben. Allerdings werden Keilrillen und unterschnittene Rundrillen nahezu ausschließlich in Treibscheiben von Aufzügen verwendet.
Auf andere Weise wird in der *Klemmscheibe* nach Bild 2-48 die Normalkraft durch zangenartige, über den Umfang verteilte Klemmen vergrößert, die vom auflaufenden Seil zusammengedrückt werden. Die Klemmscheibe selbst ist ein komplizierter Graugußkörper mit seitlichen, schrägen Gleitbahnen für die Vertikalbewegung der Klemmenschenkel und bearbeiteten Anlageflächen zur Übernahme der Tangentialkräfte von den Klemmen. Druckfedern spannen die Klemmen so vor, daß sie sich bei Nachlassen des Seildrucks leicht öffnen.
Auf die Seilklemme wirken die aus der Horizontal- und Vertikalkomponente zusammengesetzte Klemmkraft F, die Federkraft F_F sowie die Lagerkräfte am Bolzengelenk F_G und auf der Gleitbahn F_a einschließlich der in ihnen enthaltenen Reibungskräfte. Die im Bild 2-49a eingezeichnete grafische Konstruktion führt bei bekannten Kräften F_F und F_v sofort zum Kräfteplan nach Bild 2-49c. Bei gegebenem Winkel φ zwischen zwei aufeinanderfolgenden Seilklemmen und der an der Klemme wirkenden Seilkraft F_{m+1} kann daraus die Tangentialkraft F_t bestimmt werden (Bild 2-49b).
Zur analytischen Lösung sind im Bild 2-49a alle Kräfte in ihre Komponenten zerlegt worden. Die drei Gleichgewichtsbedingungen und eine zusätzliche Gleichung aus Reibungsgesetzen

$$F_{ah} = F_{av} \cot(\alpha + \varrho_a)$$

führen zu einer Beziehung zwischen den Komponenten der Klemmkraft

$$F_h = \omega_1 F_v - \omega_2 F_F$$

mit

$$\omega_1 = \frac{a_2 + a_1 \cot(\alpha + \varrho_a) - a_3}{e_1} \quad \text{und} \quad \omega_2 = \frac{e_2}{e_1}.$$

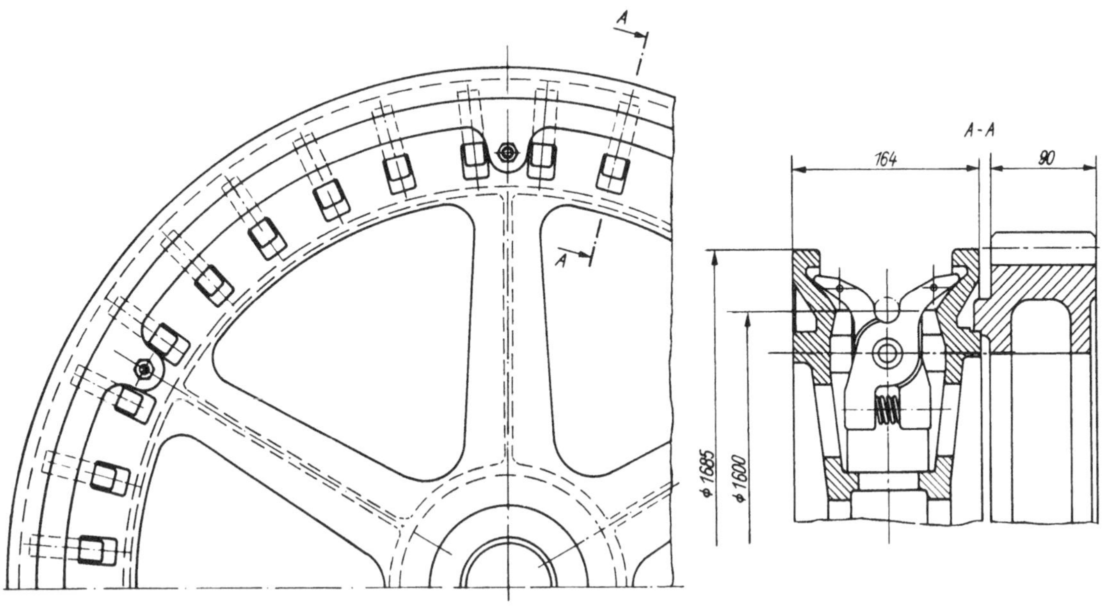

Bild 2-48 Seilklemmscheibe

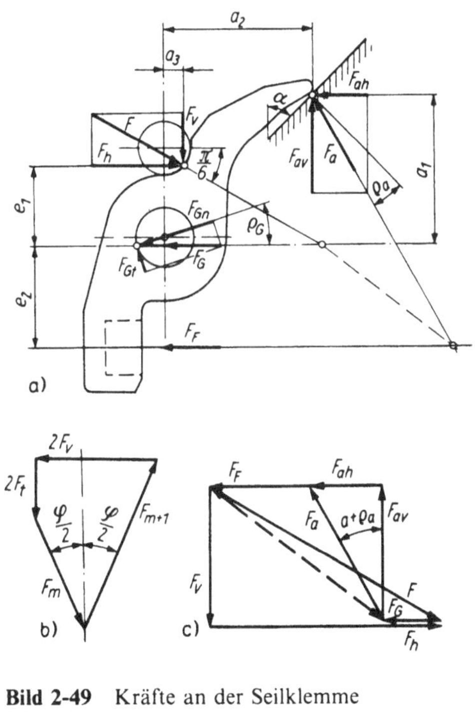

Bild 2-49 Kräfte an der Seilklemme

a) Kräfteplan
b) Kräfte in Scheibenebene
c) Kräfte in Klemmenebene

Die resultierende Klemmkraft wird

$$F = \sqrt{F_v^2 + F_h^2} = \sqrt{F_v^2 + (\omega_1 F_v - \omega_2 F_F)^2}$$

bzw. unter Vernachlässigung des Einflusses der Federkraft

$$F = F_v \sqrt{1 + \omega_1^2}\,. \qquad (2.73)$$

Aus Bild 2-49b wird ferner abgeleitet und durch Einsetzen von Gl. (2.73) umgerechnet

$$F_v = 0{,}5\,(F_{m+1} + F_m)\,\sin\varphi/2$$

$$F_t = \mu F = \mu F_v \sqrt{1 + \omega_1^2} = 0{,}5\,(F_{m+1} - F_m)\,\cos\varphi/2. \qquad (2.74)$$

Beide Gleichungen können nach F_v aufgelöst und gleichgesetzt werden; es entsteht dann ein nur von konstanten Größen abhängiges Übertragungsverhältnis der Seilklemme

$$c = \frac{F_{m+1}}{F_m} = \frac{1 + \mu\sqrt{1 + \omega_1^2}\,\tan\pi/z}{1 - \mu\sqrt{1 + \omega_1^2}\,\tan\pi/z}. \qquad (2.75)$$

Für z am Umfang gleichmäßig verteilte Klemmen und einen Umschlingungswinkel α wird die Übertragungsfähigkeit der Klemmscheibe

$$\ddot{u} = \frac{F_1}{F_2} = c^{z\alpha/(2\pi)}. \qquad (2.76)$$

Sie entspricht dem Faktor $e^{\mu\alpha}$ bei Treibscheibenantrieben normaler Konstruktion. Die Reibungszahl μ wird mit 0,12 angenommen, da die Seile stets leicht geschmiert sind; der Übertragungsfaktor $\ddot{u}$ liegt dann bei ausgeführten Konstruktionen zwischen 3 und 8. Mit der Größe der Übertragungsfähigkeit steigt allerdings auch der Wert der Pressung des Seils. Aus der Ableitung ist ferner ersichtlich, daß die erste am auflaufenden Seilstrang angreifende Klemme die am stärksten belastete ist.

Die Klemmkraft an dieser ersten Klemme beträgt mit $\varphi/2 = \pi/z$ unter Benutzung der Gln. (2.73) und (2.74)

$$F_{max} = F_v \sqrt{1 + \omega_1^2} = 0{,}5\sqrt{1 + \omega_1^2}\,(F_1 + F_1/c)\,\sin\pi/z. \qquad (2.77)$$

Aus den Gln. (2.74) entsteht durch Division

$$\mu\sqrt{1 + \omega_1^2} = \frac{F_{m+1} - F_m}{F_{m+1} + F_m}\cot\pi/z = \frac{c-1}{c+1}\cot\pi/z. \qquad (2.78)$$

Das Einsetzen von Gl. (2.78) in Gl. (2.77) ergibt die maximale Klemmkraft F_{max} in direkter Abhängigkeit von den konstruktiven Größen

$$F_{max} = F_1\,\frac{c-1}{2\mu c}\cos\pi/z. \qquad (2.79)$$

Die zahlenmäßige Auswertung zeigt, daß sich das Kosinusglied nur wenig mit z ändert; entscheidend für die Größe der

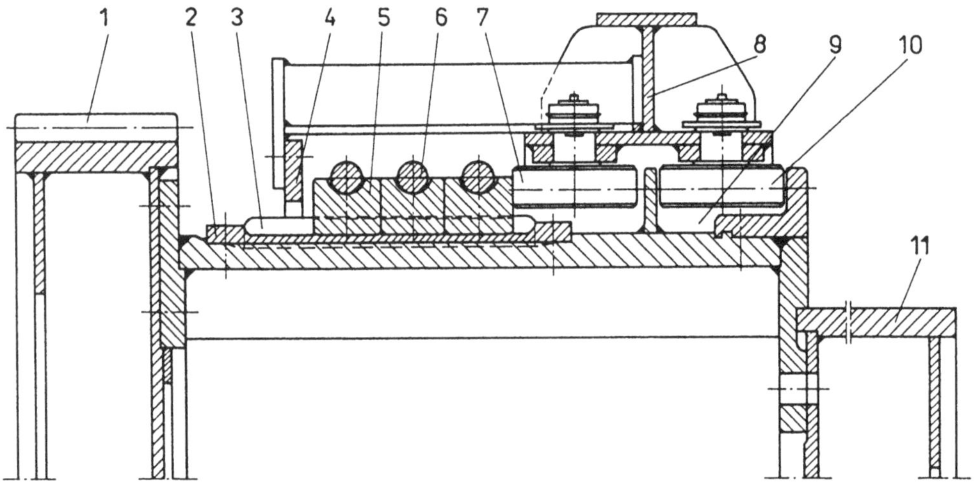

Bild 2-50 Schuhkettenscheibe mit Verdränger [2.98]

1 Zahnrad
2 Scheibenkörper mit auswechselbaren Gleitschalen
3 Mitnehmerkeil
4 Hilfsverdränger
5 Schuhkette
6 Seil
7 schraubenlinienförmiger Verdrängerrollengang
8 Verdränger
9 Rillenring auf dem Scheibenkörper
10 kreisringförmiger Verdrängerrollenkranz
11 Bremscheibe

Klemmkraft ist vielmehr bei vorgegebener Reibungszahl das Übertragungsverhältnis c. Übliche Werte an Klemmscheiben sind

Klemmenzahl	$z =$	24 ... 48
Übertragungsverhältnis	$c =$	1,05 ... 1,10
Übertragungsfaktor	$\ddot{u} =$	3 ... 8
Klemmkraft	$F_{max}/F_1 =$	0,19 ... 0,38.

Es treten mit Klemmenbreiten von 40 mm Pressungen am Seil zwischen 25 und 50 N/mm^2 auf, d.h. erheblich höhere Werte als bei anderen Treibscheiben. Trotzdem hat sich die Klemmscheibe im Einsatz bei Seilbahnen und Kabelkranen [2.96] [2.97] behauptet, weil sie als einzige Treibscheibe mit einem Umschlingungswinkel von $\alpha = \pi$ derartig hohe Übertragungsfaktoren erzielt.

Eine hochwertige, allerdings formschwierige Treibscheibe ist die *Schuhkettenscheibe* (Bild 2-50). Sie trägt auf einem glatten, geschmierten Scheibenmantel eine mehrfach herumgeschlungene, endlose Schuhkette aus elastisch oder gelenkig verbundenen Einzelgliedern mit eingedrehter Seilrille. Das Seil erhält dadurch den gewünschten großen Umschlingungswinkel, liegt aber ruhig auf der Schuhkette, die die Querbewegung relativ zum Scheibenmantel ausführt. Bild 2-51 zeigt eine Gegenüberstellung der Übertragungsfaktoren verschiedener Treibscheibenarten und die der Klemmscheibe vergleichbare, gute Übertragungsfähigkeit der Schuhkettenscheibe. Wegen der auf die Kette wirkenden Fliehkräfte soll die Seilgeschwindigkeit 5 m/s nicht übersteigen [2.98].

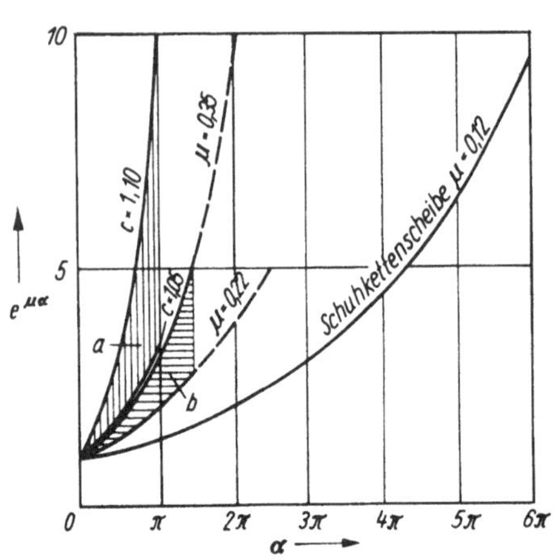

Bild 2-51 Übertragungsverhältnis verschiedener Treibscheibenkonstruktionen

a) Bereich der Klemmscheibe
b) Bereich der Treibscheibe

Dagegen wird die Vergrößerung des Umschlingungswinkels durch direkte Umschlingung des Drahtseils um eine Scheibe nur in sog. Treibtrommeln für untergeordnete Zwecke genutzt. Das Seil wandert ständig seitwärts und erschwert die Seilführung, wenn nicht, wie beim *Spillkopf*, die Auflagefläche parabolisch geneigt wird, um das Seil innerhalb des durch den Reibungswinkel ϱ gegebenen inneren Bereichs zu halten (Bild 2-52). Das Seil wird meist von Hand gespannt und, so oft wie notwendig, herumgeschlungen.

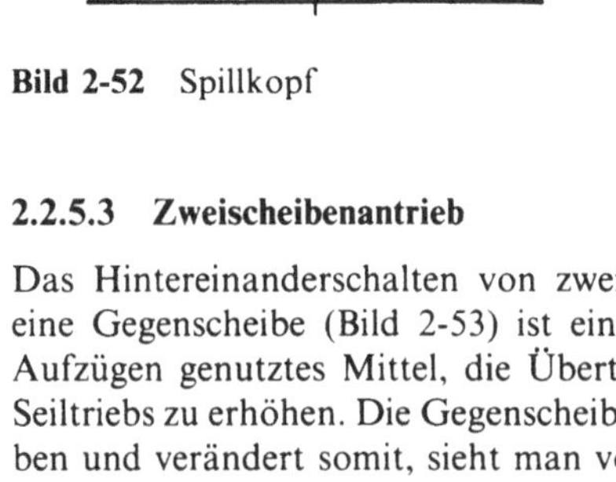

Bild 2-52 Spillkopf

2.2.5.3 Zweischeibenantrieb

Das Hintereinanderschalten von zwei Treibscheiben über eine Gegenscheibe (Bild 2-53) ist ein bei Seilbahnen und Aufzügen genutztes Mittel, die Übertragungsfähigkeit des Seiltriebs zu erhöhen. Die Gegenscheibe wird nicht angetrieben und verändert somit, sieht man von den geringen Reibungsverlusten ab, die Seilkraft nicht. Die Vergrößerung des Umschlingungswinkels führt zu einem überproportionalen Anwachsen des Dehnungsschlupfs. Mit Rücksicht darauf werden verschiedene Antriebsvarianten für die Doppeltreibscheibe angewendet.

a) *Starre Verbindung von zwei Treibscheiben gleichen Durchmessers*
Wegen $\omega_A = \omega_B$ und $r_A = r_B$ gilt für die Umfangsgeschwindigkeiten der Treibscheiben $v_{TA} = v_{TB} = v_T$.

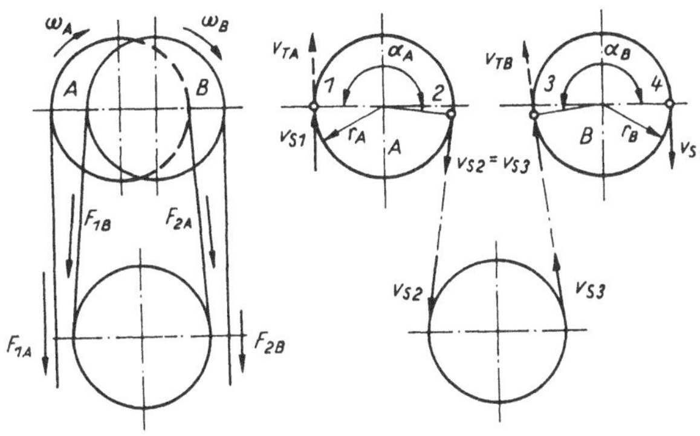

Bild 2-53 Kräfte und Geschwindigkeiten an der Doppeltreibscheibe

Die Doppeltreibscheibe verhält sich wie eine Treibscheibe mit der Summe beider Umschlingungswinkel. Sie überträgt, wenn die Reibungszahlen beider Scheiben gleich sind, die Umfangskraft

$$F_u = F_{uA} + F_{uB} = F_{2B}\left(e^{\mu(\alpha_{nA} + \alpha_B)} - 1\right)$$

mit dem Maximalwert

$$F_{u\,max} = F_{2B}\left(e^{\mu(\alpha_A + \alpha_B)} - 1\right). \tag{2.80}$$

Der Dehnungsschlupf wird groß, sein Größtwert an der Ablaufstelle 4 der Treibscheibe B beträgt

$$\frac{\Delta v_{S4}}{v_T} = \frac{F_{2B}}{E_S A_M} \times \left[e^{\mu(\alpha_{nA} + \alpha_B)}\left(1 - \frac{1}{\mu(\alpha_{nA} + \alpha_B)}\right) + \frac{1}{\mu(\alpha_{nA} + \alpha_B)}\right] \tag{2.81}$$

(Linie $f-g-h$ im Bild 2-54)

bzw. bei Ausnutzung der vollen Übertragungsfähigkeit

$$\frac{\Delta v_{S4\,max}}{v_T} = \frac{F_{2B}}{E_S A_M} \times \left[e^{\mu(\alpha_A + \alpha_B)}\left(1 - \frac{1}{\mu(\alpha_A + \alpha_B)}\right) + \frac{1}{\mu(\alpha_A + \alpha_B)}\right] \tag{2.82}$$

(Linie $a-b-c$ im Bild 2-54)

b) *Starre Verbindung von zwei Treibscheiben mit unterschiedlichen Durchmessern*

Um den Dehnungsschlupf zu verkleinern, kann man den Durchmesser der Treibscheibe B gegenüber dem der Treibscheibe A verringern. Das Radienverhältnis muß dabei für einen Übertragungsfall, d.h. einen bestimmten Betrag der Umfangskraft F_u, so festgelegt werden, daß auch an der Treibscheibe B die Seilgeschwindigkeit v_{S3} mit der Umfangsgeschwindigkeit v_{TB} der Treibscheibe übereinstimmt. Für den Auslegungsfall maximale Übertragungsfähigkeit wird das Radienverhältnis

$$\frac{r_B}{r_A} = \frac{v_{TB}}{v_{TA}} = 1 - \frac{\Delta v_{S2}}{v_{S1}} = 1 - \frac{F_{2B}\,e^{\mu\alpha_B}}{E_S A_M}\left(e^{\mu\alpha_A} - 1\right). \tag{2.83}$$

Auch in diesem Fall gilt Gl. (2.80) für die von beiden Treibscheiben übertragene Umfangskraft. Der Maximalwert des Dehnungsschlupfs wird allerdings kleiner; er beträgt

$$\frac{\Delta v_{S2}}{v_{TA}} = \frac{F_{2B}\,e^{\mu\alpha_B}}{E_S A_M}\left[e^{\mu\alpha_A}\left(1 - \frac{1}{\mu\alpha_A}\right) + \frac{1}{\mu\alpha_A}\right] \tag{2.84}$$

und liegt damit unter dem laut Gl. (2.81). Im Bild 2-54 bezeichnet der Linienzug *a–b–i–k* den Verlauf des Dehnungsschlupfs in diesem Fall.

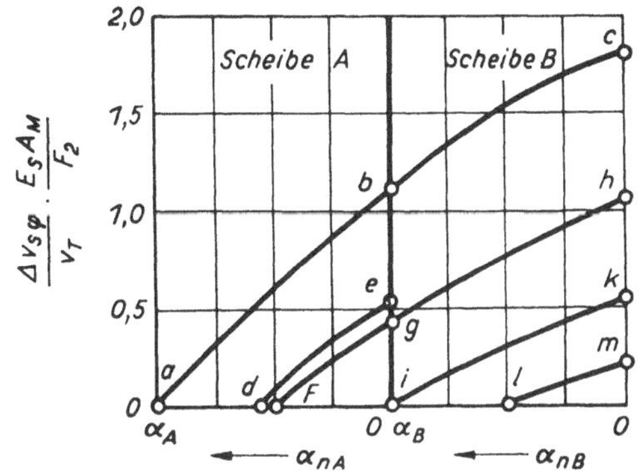

Bild 2-54 Dehnungsschlupf an der Doppeltreibscheibe ($\mu = 0{,}22$; $\alpha_A = \alpha_B = \pi$)

c) *Getrennte Treibscheiben mit symmetrischem Differentialgetriebe*

Werden beide Treibscheiben über ein symmetrisches Differentialgetriebe angetrieben, müssen die Umfangskräfte beider Treibscheiben gleich sein. Das Verhältnis der Umfangsgeschwindigkeiten stellt sich, unabhängig von dem der Radien, unter der Wirkung des Differentials stets auf den Wert laut Gl. (2.83) ein. Die Bedingung $F_{uA} = F_{uB}$, d.h.,

$$F_{2B}\,e^{\mu\alpha_{nB}}\left(e^{\mu\alpha_{nA}} - 1\right) = F_{2B}\left(e^{\mu\alpha_{nB}} - 1\right)$$

führt zu einer Gleichung für die gegenseitige Abhängigkeit der beiden Nutzwinkel

$$e^{\mu\alpha_{nA}} = 1 + \frac{e^{\mu\alpha_{nB}} - 1}{e^{\mu\alpha_{nB}}} = 2 - \frac{1}{e^{\mu\alpha_{nB}}}. \tag{2.85}$$

Die Auswertung dieser Gleichung im Bild 2-55 zeigt, daß der Nutzwinkel der Treibscheibe A immer kleiner als der von Treibscheibe B bleibt. Mit zunehmender Reibungszahl wird das Verhältnis ungünstiger.

Die maximale Umfangskraft ist gleich dem doppelten Betrag der maximalen Umfangskraft der Treibscheibe B:

$$F_{u\,max} = 2F_{uB} = 2F_{2B}\left(e^{\mu\alpha_B} - 1\right). \tag{2.86}$$

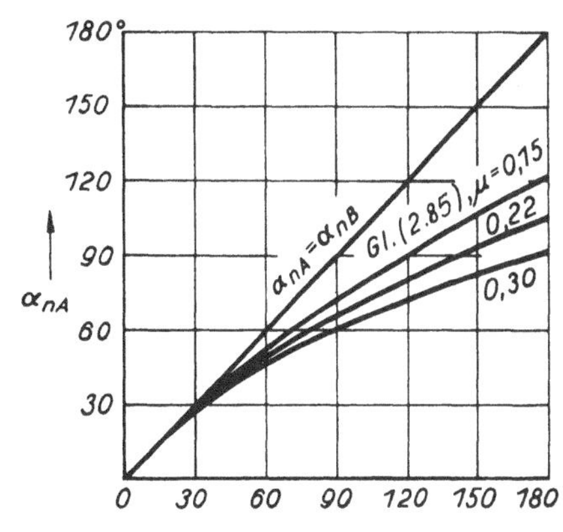

Bild 2-55 Auswertung der Gl. (2.85)

Die Maximalwerte des Dehnungsschlupfs an beiden Scheiben entsprechen sich; im Bild 2-54 deutet der Linienzug *d–e–i–k* den Verlauf an.

d) *Getrennte Treibscheiben mit unsymmetrischem Differentialgetriebe*
Durch unsymmetrische Ausbildung des Differentialgetriebes läßt sich das Verhältnis der Umfangskräfte so einstellen, daß an beiden Scheiben gleiche Nutzwinkel auftreten. Mit $\alpha_{nA} = \alpha_{nB} = \bar{\alpha}_n$ gilt

$$\frac{F_{uA}}{F_{uB}} = \frac{F_{2B}\, e^{\mu\alpha_{nB}}(e^{\mu\alpha_{nA}} - 1)}{F_{2B}(e^{\mu\alpha_{nB}} - 1)} = e^{\bar{\alpha}_n}. \qquad (2.87)$$

Allerdings ist dies wieder nur für einen vorgegebenen Nutzwinkel $\bar{\alpha}_n$, d.h. für einen ausgewählten Wert der Umfangskraft, zu erreichen. Der Linienzug *f–g–l–m* im Bild 2-54 bezeichnet ein Beispiel. Meist wird das Verhältnis gemäß Gl. (2.87) für die vollen Umschlingungswinkel α_A und α_B gebildet. Der maximale Dehnungsschlupf wird dann von Gl. (2.84), sein Verlauf durch die Linien *a–b–i–k* im Bild 2-54 angegeben.
Bei sehr elastischen Zugmitteln und bzw. oder Rillenfuttern sowie Antrieb durch zwei Motoren treten teils erhebliche Abweichungen von den hier hergeleiteten Gesetzmäßigkeiten auf.

2.2.6 Zahlenbeispiel

Berechnung eines Seiltriebs, bestehend aus Seiltrommel und Flaschenzug

a) *Anordnung* (Bild 2-56)

b) *Gegebene Werte*

Tragfähigkeit (maximale Hubmasse)	$m = 16\,t$,
Anzahl der Seilstränge je Flaschenzug	$z = 2$,
Wirkungsgrad der Seilrolle	$\eta_R = 0{,}985$,
Hubhöhe	$h_h = 5\,m$,
Anfahrbeschleunigung	$a = 0{,}045\,m/s^2$,
Spielzahl	$z_{sp} = 20\,h^{-1}$,
Betriebsstunden bis zur Ablegereife des Seils	$z_h = 1800\,h$.

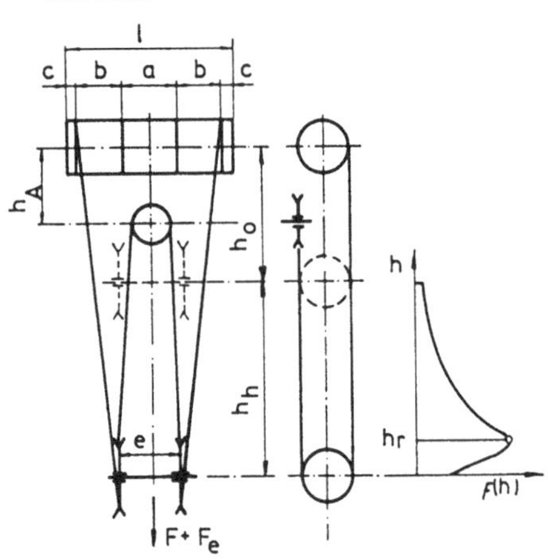

Bild 2-56 Seiltrieb

c) *Mindestabmessungen (technische Sicherheit)*
Maximale statische Seilkraft

$$F_{max} = \frac{mg}{2}\,\frac{1-\eta_R}{1-\eta_R^z} = \frac{16\,000 \cdot 9{,}81}{2}\,\frac{1-0{,}985}{1-0{,}985^2}$$
$$= 39{,}55\,kN$$

TGL 34022/03 schreibt als kleinstmöglichen statischen Sicherheitsbeiwert $S_0 = 3{,}6$ vor. Dies verlangt eine Bruchkraft des Seils von

$$F_B = F_{max}\,S_0 = 39{,}55 \cdot 3{,}6 = 142{,}4\,kN.$$

Vorläufig gewählt wird ein Drahtseil mit sechs Litzen in Warrington-Machart 6 × 19, Kreuzschlag rechtsgängig *s/Z*, $d_S = 16\,mm$, $F_B = 148{,}3\,kN$. Das zugehörige kleinste Durchmesserverhältnis $(d_R/d_S)_{min}$ beträgt nach dem gleichen Standard 19,2.

d) *Entsprechend Betriebsdauer erforderliche Abmessungen*
Nach der Verteilungsdichte $f(h)$ der Hubhöhe h (Bild 2-56) liegt das am häufigsten beanspruchte Seilstück in einem Bereich, der lediglich über die untere Seilrolle läuft. Gemäß Tafel 2-7 treten dann während eines Bewegungsablaufs an einem über die Seilrolle laufenden Seilstück $z_e = 0{,}5 + 0{,}5 = 1$ Einfachbiegewechsel, während eines Arbeitsspiels (Heben und Senken) somit $\sum_n z_e = 2$ Einfachbiegewechsel auf. Dies verlangt, den Seiltrieb für eine Biegewechselzahl von

$$z_{ges} = \sum_n z_e z_{sp} z_h = 2 \cdot 20 \cdot 1800 = 72\,000$$

auszulegen.
Die maximale dynamische Seilkraft beträgt

$$F_{dyn} = F_{max}\left(1 + \frac{a}{g}\right) = 39{,}55 \cdot \left(1 + \frac{0{,}045}{9{,}81}\right)$$
$$= 39{,}73\,kN.$$

Das Seilkraftkollektiv gemäß Tafel 2-18, Zeilen 1 bis 5, ergibt mit den Summanden in Zeile 6 das Völligkeitsmaß laut Gl. (2.19)

$$V = \sqrt{0{,}208} = 0{,}456$$

und den notwendigen dynamischen Sicherheitsbeiwert entsprechend Gl. (2.18)

$$S_{dyn} = S_0\,\frac{F_{dyn}}{V F_{max}} = S_0\,\frac{39{,}77}{0{,}456 \cdot 39{,}55} = 2{,}20 S_0,$$

d.h., dem durch S_0 ausgedrückten statischen Sicherheitsbeiwert entspricht unter den gegebenen Belastungsbedingungen ein 2,2facher dynamischer Sicherheitsbeiwert.
Diese Zuordnung der Sicherheitsbeiwerte kann nach Bild 2-16 bei vorgegebener Betriebsdauer des Drahtseils von Seiltrieben mit unterschiedlichem Seildurchmesser d_S und Durchmesserverhältnis d_R/d_S erfüllt werden. Rechnerisch und konstruktiv ist dabei ein Optimum zu suchen, wobei die vorgegebenen Mindestwerte für die technische Sicherheit nicht unterschritten werden dürfen.
In Tafel 2-19 sind Kennwerte und Abmessungen für verschiedene Durchmesser des in der Konstruktion bereits festgelegten Drahtseils zusammengestellt. Wegen der günstigen Seilkonstruktion wurde dabei eine Biegewechselzahl $z_{ges} = 63\,000$ zugrunde gelegt. Die kleinstmöglichen Abmessungen im Seiltrieb ergeben sich für den Seildurchmesser $d_S = 18\,mm$.
Gewählt werden somit folgende genormte Durchmesser:

Seil	$d_S = 18\,mm$,
Seilrolle	$d_R = 500\,mm$,
Ausgleichsrolle	$d_A = 320\,mm$,
Seiltrommel	$d_T = 400\,mm$.

Tafel 2-18 Werte für den Betriebsfestigkeitsnachweis des Seils

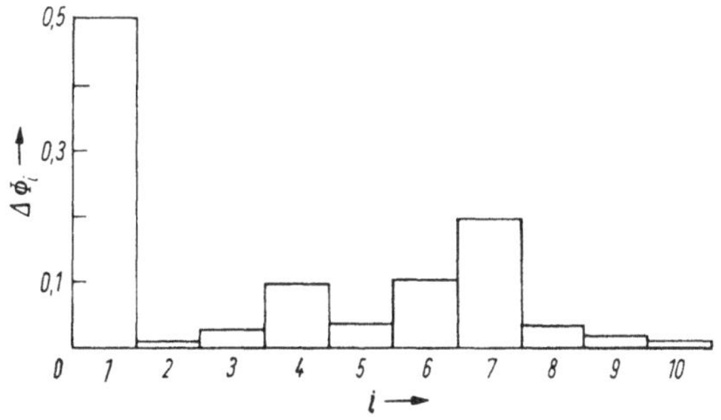

1	1	2	3	4	5	6	7	8	9	10
2	0	1,6	3,2	4,8	6,4	8,0	9,6	11,2	12,8	14,4
3	1,6	3,2	4,8	6,4	8,0	9,6	11,2	12,8	14,4	16,0
4	0,500	0,003	0,024	0,095	0,035	0,100	0,195	0,031	0,012	0,005
5	5,31	9,27	13,22	17,18	21,13	25,09	29,04	33,00	36,95	40,91
6	0,008 42	0,000 15	0,002 51	0,016 75	0,009 34	0,037 61	0,098 26	0,020 17	0,009 79	0,005 00
7	42,8	74,7	106,6	138,5	170,4	202,3	234,1	266,0	297,9	329,8
8	217,0	217,0	217,0	217,0	217,0	217,0	217,0	217,0	217,0	217,0
9	72,3	95,6	114,1	130,1	144,3	157,2	169,2	180,3	190,8	200,8
10	332,1	387,3	437,7	485,6	531,7	576,5	620,3	663,3	705,7	747,6
11	1,002	0,011	0,145	0,870	0,461	1,820	4,756	0,989	0,490	0,257

Dabei wurde berücksichtigt, daß nach TGL 34022 als Durchmesser d_T von Seiltrommeln mit Rillen bei einlagiger Wicklung der arithmetische Mittelwert von $d_{R\,min}$ und d_R verwendet werden soll.

Tafel 2-19 Abmessungen des Seiltriebs für verschiedene Seildurchmesser

d_S mm	F_B kN	S_O	$(d_R/d_S)_{min}$	$d_{R\,min}$ mm	S_{dyn}	d_R/d_S	d_R mm	d_T mm
16	148,3	3,63	19,2	307	8,0	37,0	592	450
18	202,5	4,95	15,6	281	10,9	28,5	513	397
20	241,7	5,91	14,4	288	13,0	26,5	530	409
22	310,8	7,60	13,2	290	16,7	23,5	517	404
24	353,2	8,63	12,0	288	19,0	22,5	540	414

e) *Betriebsfestigkeitsnachweis für das Seil*
Die Werte der Berechnung sind in Tafel 2-18 zusammengestellt. Die Spalten stellen die Klassen des Belastungskollektivs, die Zeilen nachstehende Größen dar:

Zeile 1 Klassennummer i,
Zeile 2 untere Klassengrenze in t,
Zeile 3 obere Klassengrenze in t,
Zeile 4 relative Häufigkeit $\Delta\Phi_i$,
Zeile 5 Seilkraft F_i, die der oberen Klassengrenze entspricht, in kN,
Zeile 6 Summanden $(F_i/F_{max})^2\,\Delta\Phi_i$ für Gl. (2.19),
Zeile 7 σ_{zi} nach Gl. (2.21) in N/mm^2,
Zeile 8 σ_{bi} nach Gl. (2.21) in N/mm^2,
Zeile 9 σ_{di} nach Gl. (2.21) in N/mm^2,
Zeile 10 σ_{vi} nach Gl. (2.20) in N/mm^2,
Zeile 11 $(\sigma_{vi}/\sigma_B)^4\,\Delta\Phi_i\cdot 10^3$.

Es wurden nachstehende Gleichungen verwendet:

$$\sigma_{zi} = 1{,}04\,\frac{F_i}{A_M} = 0{,}008\,06 F_i$$

mit $A_M = 129\,\text{mm}^2$ für $d_S = 18\,\text{mm}$,

$$\sigma_{bi} = \frac{12\cdot 10^4}{K^2(d_R/d_S)} = \frac{12\cdot 10^4}{4{,}46^2(500/18)} = 217{,}0\,\text{N/mm}^2$$

mit $K = 4{,}46$ nach Tafel 2-3 für $z_{La} = 6$ und $z_{Da} = 12$,

$$\sigma_{di} = KBL\sqrt{\frac{F_i}{d_R\,d_S}} = 4{,}46\cdot 13{,}8\cdot 1{,}53\,\frac{1}{\sqrt{500\cdot 18}}\sqrt{F_i}$$
$$= 0{,}9926\,\sqrt{F_i}$$

mit den Faktoren $B = 13{,}8\sqrt{\text{N/mm}^2}$ und $L = 1{,}53$ nach Tafel 2-4 für ein einlagiges Rundlitzenseil in Parallelmachart.
Die Äquivalenzanstrengung nach der Schädigungshypothese von *Corten/Dolan* erhält man mit Gl. (2.22) und dem Exponenten $C = 4{,}0$ für Einfachbiegewechsel aus Tafel 2-6

$$\bar{y} = \sum_{i=1}^{k}\left(\frac{\sigma_{vi}}{\sigma_B}\right)^C \Delta\Phi_i = \sum_{i=1}^{10}\left(\frac{\sigma_{vi}}{1569{,}6}\right)^4 \Delta\varphi_i = 0{,}018\,01.$$

Aus Gl. (2.23) ergibt sich die Gesamtzahl der Biegewechsel bis zum Grenzzustand des Seils, wobei nach Tafel 2-6 $H = 1000$ zu setzen ist,

$$z_{ges} = \frac{H}{\bar{y}} = \frac{1000}{0{,}018\,01} = 92\,584$$

und die Anzahl der Arbeitsspiele bis zur Grenze der Betriebsdauer aus Gl. (2.24)

$$z_{sp} = \frac{z_{ges}}{\sum_n z_e} = \frac{92\,584}{2} = 46\,292.$$

Bei der vorgeschriebenen Spielzahl $z_h = 20\,\text{h}^{-1}$ erreicht das Seil eine rechnerische Lebensdauer von 2315 Betriebsstunden.

f) *Berechnung der Trommellänge*
Das Kleinstmaß der Rillensteigung ist $s = 1{,}05 d_S = 1{,}05\cdot 18 = 18{,}9\,\text{mm}$. Gewählt wird $s = 19{,}5\,\text{mm}$. Unter

Berücksichtigung der vorgeschriebenen zwei Reservewindungen ergibt sich die Windungszahl je Seilstrang

$$z_W = \frac{z h_h}{d_T \pi} + 2 = \frac{2 \cdot 5000}{400\pi} + 2 = 9{,}96 \approx 10$$

und die Wickellänge je Seilstrang

$b = z_W s = 10 \cdot 19{,}5 = 195\,\text{mm}.$

Konstruktiv werden die sonstigen Maße der Trommel und der Unterflasche so festgelegt, daß die zulässigen Ablenkwinkel eingehalten sind:

$a = 350\,\text{mm}; \quad c = 100\,\text{mm}; \quad e = 250\,\text{mm}.$

Die Trommellänge wird somit

$l = a + 2b + 2c = 350 + 2 \cdot 195 + 2 \cdot 100 = 940\,\text{mm}.$

g) *Festigkeitsberechnung der Seiltrommel*
Die Faktoren φ_i der Gl. (2.63) für die Dicke des Trommelmantels werden, mit Ausnahme von φ_R, aus Tafel 2-15 entnommen, da einlagige Wicklung vorliegt:

$\varphi_d = 0{,}90 + 0{,}001\,(\tfrac{400}{18} - 15) = 0{,}907$

$\varphi_E = 1{,}025$

$\varphi_x = 0{,}996$

$$\varphi_s = 0{,}934 \left(\text{für } \frac{s}{d_S} = \frac{19{,}5}{18} = 1{,}08 \text{ linear interpoliert} \right).$$

Um φ_R aus Bild 2-41b ablesen zu können, wird die Trommelmanteldicke zunächst mit $h = 16\,\text{mm}$ geschätzt. Das ergibt mit einer Rillenhöhe $h_R = 7{,}5\,\text{mm}$ (DIN 15061 Teil 2) das Verhältnis

$$\frac{h_R}{h} = \frac{7{,}5}{16} = 0{,}47 \quad \text{und damit} \quad \varphi_R = 0{,}93.$$

Der Faktor φ_δ entfällt wegen der nur einlagigen Wicklung. Für St 37 als Werkstoff gilt im Kerbfall 3 bei einer Belastungshäufigkeit, die der Beanspruchungsgruppe B 5 zuzuordnen ist, nach Tafel 2-16 die zulässige Spannung $\varphi_{zul} = 127{,}2\,\text{N/mm}^2$. Die erforderliche Mindestwanddicke ist damit

$$h = \frac{40\,910}{127{,}2 \cdot 18} \cdot 0{,}907 \cdot 0{,}93 \cdot 1{,}025 \cdot 0{,}996 \cdot 0{,}934$$
$$= 14{,}4\,\text{mm}.$$

Die gewählte Manteldicke $h = 15\,\text{mm}$ weicht nur wenig von Schätzwert 16 mm ab; deshalb erübrigt sich eine Nachrechnung mit einem korrigierten Faktor φ_R.
Für die Bordscheibendicke h_B wird der im Abschnitt 2.2.3.2 genannte Erfahrungswert benutzt:

$h_B = 0{,}6h = 0{,}6 \cdot 15 = 9\,\text{mm}.$

h) *Untersuchung der Seilablenkwinkel*
Zunächst sind konstruktiv die Abstände zwischen den Achsen der Seiltrommel und der Seilrollen zu ermitteln (Bild 2-56); sie haben die Größen $h_0 = 880\,\text{mm}$ und $h_A = 400\,\text{mm}$.
Damit lassen sich aus geometrischen Ansätzen für die oberste und unterste Grenzstellung der Unterflasche die auftretenden Ablenkwinkel des Seils berechnen:
Zwischen Seiltrommel und Seilrolle der Unterflasche

$$\varphi_o = \arctan\left(\frac{a - e}{2h_0}\right) = \arctan\left(\frac{300 - 250}{2 \cdot 880}\right)$$
$$= \arctan 0{,}0284 = 1{,}63°;$$

$$\varphi_u = \arctan\left(\frac{a + 2b - e}{2(h_0 + h_h)}\right)$$
$$= \arctan\left(\frac{300 + 2 \cdot 195 - 250}{2(880 + 5000)}\right)$$
$$= \arctan 0{,}0374 = 2{,}14°.$$

Zwischen Ausgleichsrolle und Seilrolle der Unterflasche

$$\varphi_{Ao} = \arctan\left(\frac{d_A/2 - e/2}{h_0 - h_A}\right) = \arctan\left(\frac{160 - 125}{880 - 400}\right)$$
$$= \arctan 0{,}029 = 4{,}17°.$$

Die zulässigen Winkel betragen:
Seilrollen
Mit den Verhältnissen

$$\frac{d_2}{d_1} = \frac{575}{500} = 1{,}15; \qquad \frac{d_1}{d_S} = \frac{500}{18} = 27{,}78$$

erhält man aus Bild 2-43 $\varphi_{max} = 10{,}7° > \varphi_o, \varphi_u, \varphi_{Ao}$.
Seiltrommel
Der Rillensteigungswinkel hat die Größe

$$\alpha = \arctan \frac{s}{d_T \pi} = \arctan \frac{19{,}5}{400\pi} = \arctan 0{,}0155$$
$$= 0{,}89°.$$

Mit den Verhältnissen

$$\frac{d_T}{d_S} = \frac{400}{18} = 22{,}2, \qquad \frac{2e_1}{d_S} = \frac{2 \cdot 3}{18} = 0{,}33,$$

$$\frac{r_1}{d_S} = \frac{9{,}5}{18} = 0{,}528$$

läßt sich aus den Bildern 2-44 und 2.45 ablesen:

$\varphi^* = \varphi_1 + \alpha = 1{,}95 + 0{,}89 = 2{,}84 > \varphi_o, \varphi_u.$

Der Winkel φ_2 (Berührung der vorangehenden Seilwindung) tritt nicht auf.

2.3 Ketten und Elemente von Kettentrieben

Ketten sind aus gelenkig verbundenen, relativ kurzen Gliedern aufgebaut und übertragen wie die Seile nur Zugkräfte, bei allseitiger Führung in Ausnahmefällen auch Druckkräfte. Die bereits im Abschnitt 2.1 erwähnten Vorzüge – kleine Umlenkradien, Unempfindlichkeit gegen Verschleiß und Korrosion, leichte Reparatur durch Austausch einzelner Glieder, gute Verbindungs- und Befestigungsmöglichkeit und Wärmebeständigkeit – sichern der Kette auch heute noch ein breites Einsatzgebiet. Die größeren Gefahren bei Gewalt- oder Dauerbrüchen und die größeren Eigenmassen haben lediglich die Anwendung als Hubketten stark zugunsten der Seile eingeschränkt. Im Verlauf des Anpassens an sehr vielseitige Aufgaben sind viele Kettenarten entstanden [2.99] [2.100].

2.3.1 Kettenarten

Nach Aufbau und Herstellungsverfahren können zwei Hauptgruppen unterschieden werden: Rundstahl- und Stahlgelenkketten. Die Rundstahlkette ist aus ineinandergesteckten, durch Schweißen geschlossenen Rundstahlgliedern gebildet, die eine gegenseitige Bewegung in jeder Richtung erlauben. Die Stahlgelenkkette besteht im Grundaufbau aus Laschen und Bolzen, die in der Ebene bewegliche Gelenke bilden. Sondertypen erhalten eine Raumbeweglichkeit durch Mehrfachgelenke. Nach dem Einsatzgebiet unterteilt man die Ketten in Getriebe- bzw. Antriebsketten, Hebezeugketten und Förderketten. Die Getriebeketten verbinden Antriebs- und Arbeitsmaschinen anstelle von Zahnradgetrieben und gestatten oft kürzere Achsabstände sowie bessere Raumausnutzung. Die Kettengeschwindigkeiten können sehr hoch liegen ($> 20\,\mathrm{m/s}$). Die Hebezeugketten sind als Zugmittel das Gegenstück zum Drahtseil, vorwiegend sind es Hubketten. Die Förderketten dienen der direkten oder indirekten Bewegung von Gütern in horizontaler, vertikaler oder schräger Richtung bei Stetigförderern. Die Geschwindigkeiten liegen niedriger ($< 3\,\mathrm{m/s}$); sehr oft ist die Beweglichkeit im Raum erforderlich. Besondere Gruppen bilden die hier nicht einbezogenen Baggerketten zur Bewegung von Grabgefäßen und die Raupenketten.

2.3.1.1 Rundstahlketten

Aus Rundstahl hergestellte Ketten weisen überwiegend die im Bild 2-57 dargestellte Gliedform mit geraden Mittelstücken auf; eine ovale Form, eventuell mit Zwischensteg, ist dagegen bei gegossenen Schiffsketten zu finden. Die Glieder einer Rundstahlkette werden einzeln maschinell gebogen, dabei ineinandergesteckt und verschweißt. Schmelzschweißung unter Schutzgas ist nur für Ketten ohne garantierte Festigkeitseigenschaften zugelassen, übliche Schweißverfahren für Glieder von geprüften Ketten sind das Preß-Stumpfschweißen (bis etwa 18 mm Nenndicke) sowie das Abbrenn-Stumpfschweißen. Die Ketten werden anschließend normalgeglüht bzw. vergütet oder einsatzgehärtet.

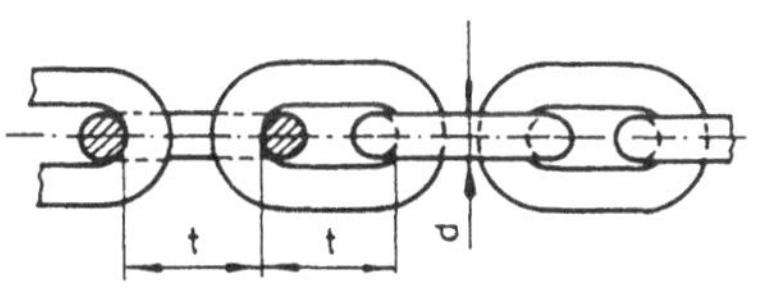

Bild 2-57 Rundstahlkette

Als zugbelastete Ketten in Fördermaschinen eignen sich allein geprüfte Ausführungen mit gewährleisteten Festigkeiten. Nach der Nennbruchspannung

$$\sigma_{\mathrm{B\,ne}} = \frac{F_{\mathrm{B}}}{2A} = \frac{2F_{\mathrm{B}}}{d^2\pi}; \qquad (2.88)$$

F_{B} Bruchkraft,
d Glieddurchmesser;

werden die Güteklassen 2, 3, 5, 6 und 8 unterschieden. Die Nummer bezeichnet die erste Ziffer dieser Nennbruchspannung, die für die genannten Güteklassen 250, 320, 500, 630 und $800\,\mathrm{N/mm^2}$ beträgt.

Werkstoffe für Rundstahlketten sind unlegierte Qualitätsstähle und niedrig legierte Edelstähle. Der Gehalt an Phosphor und Schwefel darf im ersten Fall 0,035 %, im zweiten 0,020 % nicht übersteigen (DIN 17115). Die Stähle sind den Güteklassen zugeordnet, z.B. RSt 35-2 den Güteklassen 2 und 3, 15 Mn 3 Al der Güteklasse 5, 23 MnNiCrMo 5.2 den Güteklassen 6 und 8. Die Oberfläche der Kettenglieder wird im Walzzustand belassen (naturschwarz) oder bearbeitet (blank, verzinkt, phosphatiert).

Ketten, die über verzahnte Antriebs- oder Umlenkräder laufen, sind lehrenhaltig auszuführen. Die Toleranz der Kettenteilung t (s. Bild 2-57) wird hierfür auf $\Delta t/t = \pm 1{,}25\,\%$ eingeengt. Lehrenhaltige Ketten werden deshalb nach der Warmbehandlung kalibriert, indem mehrere miteinander verbundene Kettenglieder mit einer Prüfkraft belastet werden. Die dabei auftretende Längenänderung mit geringer plastischer Verformung führt zu der erwünschten Vergleichmäßigung von Gliedbreite und -länge der Ketten.

Die Nenngröße einer Rundstahlkette wird durch die Nenndicke d und die Teilung t der Kettenglieder angegeben. Diese Parameter liegen bei genormten Ketten in den Bereichen $d = 4 \ldots 42\,\mathrm{mm}$, $t/d = 2{,}7 \ldots 5$. Von Kettenrädern angetriebene Ketten sollten den Wert $t/d = 3$ nicht überschreiten.

Um die Festigkeitseigenschaften einer Rundstahlkette zu bestimmen und zu kennzeichnen, werden nachstehende Kräfte angegeben: Bruchkraft, Fertigungsprüfkraft, Abnahmeprüfkraft, zulässige Zugkraft (Betriebskraft). Die Bruchkräfte genormter Rundstahlketten überdecken den Bereich $8 \ldots 900\,\mathrm{kN}$; die zugehörige Bruchdehnung muß als Mindestwert 15 %, bei hochfesten Ketten 10 % erreichen. Der Fertigungsprüfkraft wird jede Kette bzw. jedes Kettenglied während der Fertigung unterzogen; sie beträgt 40 % (Güteklassen 2 und 3) bzw. 63 % (Güteklassen 5 bis 8) der Bruchkraft. Wenn es vereinbart wird, kann die Kette zusätzlich einer Abnahmeprüfkraft in Höhe von rd. 50 % der Bruchkraft ausgesetzt werden. Die zulässige Zugkraft im Betrieb beträgt, je nach Güteklasse und Betriebsart (Hand-, Motorbetrieb), 20 ... 25 % der Bruchkraft.

Rundstahlketten für den Bergbau nach DIN 22252 müssen ergänzend zur statischen Prüfung einen Dauerschwingversuch von $7 \cdot 10^4$ Belastungswechseln mit der Unterspannung $\sigma_{\mathrm{u}} = 50\,\mathrm{N/mm^2}$ und der Oberspannung $\sigma_{\mathrm{o}} = 200 \ldots 250\,\mathrm{N/mm^2}$ durchlaufen.

DIN 685 unterscheidet bei den Rundstahlketten für Fördermaschinen folgende einsatzbezogene Kettenarten: Lastketten (Hebezeugketten), Anschlagketten, Handketten, Ketten für Förderer (Stetigförderer), Ketten für den Bergbau.

Die Tragfähigkeit der Hebezeugketten wird nach der Betriebsweise (Hand-, Motorbetrieb) und der Triebwerkgruppe, die der Anschlagketten nach dem Spreizwinkel gestaffelt. Die volle Tragfähigkeit haben Anschlagketten nur im Temperaturbereich $0 \ldots +100\,^\circ\mathrm{C}$ (Güteklasse 2) bzw. $-40^\circ \ldots +200\,^\circ\mathrm{C}$ (Güteklassen 3 bis 8).

Die Ablegereife erreicht eine Rundstahlkette durch Verschleiß, wenn der Mittelwert der Glieddicke auf 90 % der Nenndicke abgenommen hat, oder infolge Teilungsvergrößerung, bei Hebezeugketten um 5 % (bezogen auf 1 Kettenglied) bzw. 2 ... 3 % (bezogen auf 11 Kettenglieder), bei Anschlagketten um 8 % (bezogen auf den gesamten Kettenstrang).

Rundstahlketten werden als Hub- und Anschlagketten in Hebezeugen nur dann vorgesehen, wenn eine größere Beweglichkeit, bessere Wärmebeständigkeit oder geringere Verschleiß- und Korrosionsanfälligkeit erwünscht sind, die ein Drahtseil nicht aufweist. Das Hauptanwendungsgebiet in der Fördertechnik sind die Stetigförderer, besonders die Becher-, Gliederband-, Stegketten- und Kreisförderer. Die Bewegungsgeschwindigkeiten reichen bis $1\,\mathrm{m/s}$; eine räumliche Streckenführung ist möglich. Für weitere Informationen über Herstellung, Eigenschaften und Einsatzgebiete sind [2.101] und [2.102] geeignet.

2.3.1.2 Stahlgelenkketten

In Stahlgelenkketten sind, im Gegensatz zu den Rundstahlketten, die Drehachsen räumlich festgelegt, so daß die Ketten i.allg. nur innerhalb einer Ebene geführt und abgelenkt werden dürfen. Gegenüber einer Ablenkung senkrecht zu dieser Ebene sind sie empfindlich. Der Aufbau aus Laschen und Bolzen bringt neben der größeren Geschwindigkeit und Zuverlässigkeit einen starken Formenreichtum in der Ausbildung und Zuordnung dieser Einzelelemente, durch den

sich die Stahlgelenkkette ein weites Anwendungsgebiet mit unterschiedlichen Anforderungen erschlossen hat.
Eine erste Gruppe bilden die *Bolzenketten* mit direkt auf den Bolzen drehbar gelagerten Laschen. Die Gelenkflächen sind klein und damit hochbeansprucht; sie gestatten nur Kettengeschwindigkeiten bis 0,5 m/s. Die *Gallkette* (Bild 2-58) mit Laschen und Bolzen aus normalen Baustählen (St 60-2 bzw. St 50-2) kann mit 2 bis 8 Laschen je Glied ausgestattet werden und erreicht Bruchkräfte bis 1500 kN. Die Teilungen überdecken $t = 15 \ldots 120$ mm. Als Hub- oder Zugkette kann diese Kette große Kräfte übertragen, sollte jedoch wegen ihrer geringen Verschleißfestigkeit als umlaufende Kette nur in selten bewegten Antrieben vorgesehen werden.

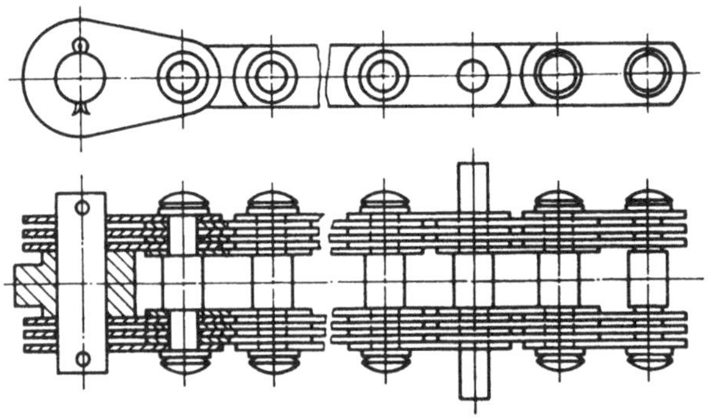

Bild 2-58 Gallkette als Hubkette

Ähnlich im Aufbau, aber ohne lichte innere Weite ist die *Flyerkette* (Bild 2-59), deren Laschen und Bolzen zur Erhöhung des Verschleißwiderstands meist aus Vergütungs- und Einsatzstählen hergestellt werden. Anzahl der Laschen, Bruchkräfte und Teilungen entsprechen etwa denen der Gallketten. Eine Flyerkette läßt sich lediglich an den Enden oder, über den gesamten Strang, mit besonders geformten Polygonrädern antreiben. Verwendung findet sie als Gegenmassekette, Hubkette von Staplern, Wendekette von Schmiedekranen o.ä.
In einer zweiten Gruppe der Stahlgelenkketten, den Buchsen- und Rollenketten, sind die Gelenke anspruchsvoller ausgebildet. Eine in die Innenlasche eingepreßte Buchse bildet mit dem in der Außenlasche festgelegten Bolzen ein Gelenk größerer Fläche, dessen Verschleißwiderstand durch Einsatzhärtung der Buchsen und Bolzen erhöht wird. Die Rollenkette erhält zusätzlich eine über die Buchse gestülpte Rolle, die auch die äußere Verschleißbeanspruchung beim Auflaufen auf das Kettenrad vermindert.

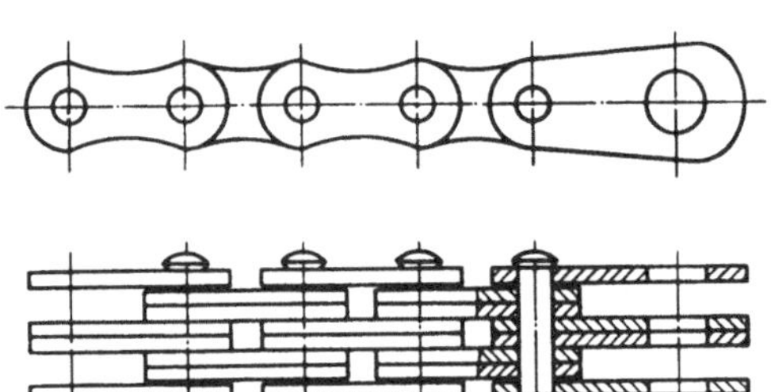

Bild 2-59 Flyerkette, 4 + 4 Laschen

Die *Buchsenkette* eignet sich für rauhe und staubige Betriebsverhältnisse und kann zur einfachen Kraftübertragung als Getriebekette wie auch als Zugkette in verschiedenen Stetigförderern eingesetzt werden. Die Teilungen der Getriebeketten (Bild 2-60a) liegen üblicherweise zwischen 15 und 100 mm, die Bruchkräfte zwischen 12,5 und 500 kN. Die Ausführungen für Stetigförderer weisen meist Teilungen zwischen 40 und 1000 mm bei Bruchkräften von 40 bis 630 kN je Kettenstrang auf. Die Spurweiten von Zweistrangketten, bezogen auf Kettenmitte, reichen bis 2000 mm. Auf die Buchse können Stützrollen mit oder ohne Spurkranz aufgeschoben werden, die eine Querbelastung der Kette auf eine Schiene übertragen (Bild 2-60b). Buchsenketten sehr großer Teilung (> 100 mm) sollen nur bis etwa 1 m/s Kettengeschwindigkeit betrieben werden; kleinere Teilungen gestatten Geschwindigkeit bis 3 m/s, die Kleinstwerte (< 40 mm) evtl. darüber hinaus bis 5 m/s.

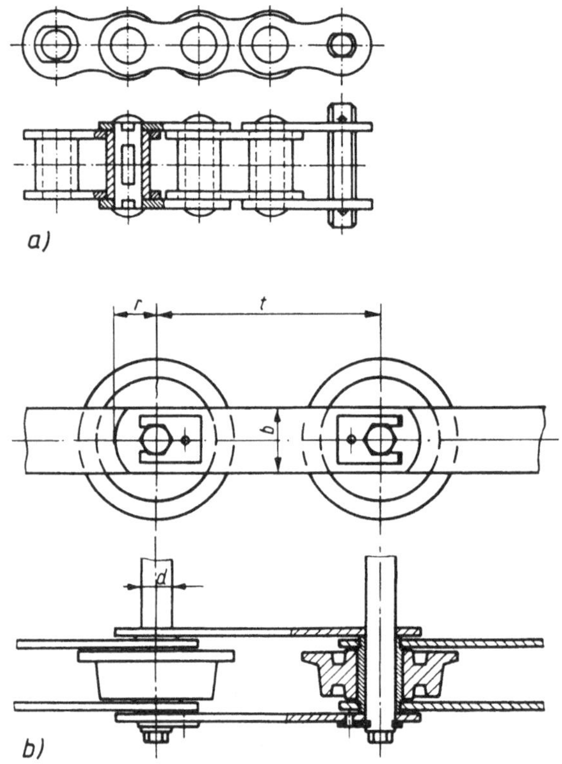

Bild 2-60 Buchsenketten
a) Getriebekette
b) Förderkette mit großer Teilung und Laufrollen

Die *Rollenkette* (Bild 2-61) beherrscht als Getriebekette das Gebiet bis zu größten Leistungen (etwa 400 kW) und höchsten Geschwindigkeiten (bis 30 m/s). Die Teilungen liegen zwischen 5 und 114,3 mm und sind den Geschwindigkeiten zugeordnet, weil größere Gliedlängen höhere dynamische Beanspruchungen zur Folge haben. Als Förderketten werden die langgliedrigen Ausführungen bevorzugt und in Fördermitteln aller Art – Stetigförderer, Aufzüge, Gabelstapler – eingesetzt.

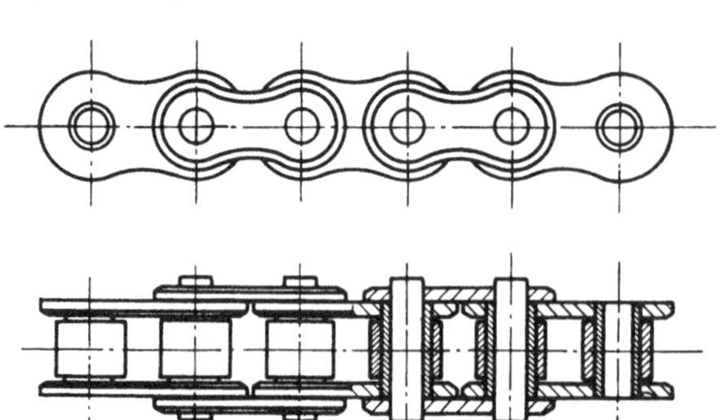

Bild 2-61 Einfach-Rollenkette

Wegen der vielen Gelenke ist der Schmierung der Ketten besondere Aufmerksamkeit zu widmen. Die Getriebeketten erhalten Tropf-, Tauch- oder Sprühschmierung, je nach Kettengeschwindigkeit und konstruktiver Gestaltung des Kettentriebs. Handschmierung genügt nur geringen Ansprüchen bei seltener Benutzung und niedrigen Geschwindigkeiten. Förderketten, die in staubiger oder schmutziger Umgebung arbeiten, müssen so geschmiert werden, daß das Schmiermittel von innen nach außen dringt. Hierzu sind automatische Schmiereinrichtungen entwickelt worden, die alle um ein Kettenrad laufenden Gelenke einzeln nacheinander mit Schmiermittel versorgen. Oft ist allerdings keine Schmierung möglich, z.B. bei Ketten von Trogkettenförderern.

Alle Buchsen- und Rollenketten sollen möglichst eine gerade Anzahl von Gliedern aufweisen, weil sonst gekröpfte Schlußglieder eingesetzt werden müssen, die die Zugfestigkeit der Kette um 10 ... 15 % mindern. Die normale, eingeschwungene Laschenform nach Bild 2-61 verringert die Eigenmasse. Wenn für eine Buchsen- oder Rollenkette nicht der Gelenkverschleiß, sondern die Zugbeanspruchung die bestimmende Größe ist, sollte die im Bild 2-60b gezeichnete gerade Laschenform gewählt werden, die eine um nahezu 50 % höhere Dauerschwellfestigkeit hat. [2.103] empfiehlt für hohe Lebensdauer bei dynamischer Beanspruchung einen Laschenradius r von

$$r = \frac{b}{2}\lambda = \frac{b}{2}\left[1 + 0{,}1\left(\frac{b}{d} - 1\right)^2\right]. \qquad (2.89)$$

Eine Vergrößerung des Überhöhungsfaktors λ über 1,2 hinaus ist nicht sinnvoll [2.104].

Die Bolzen-, Buchsen- und Rollenketten werden nach der Montage mit einer Meßkraft gleich 1 % der Bruchkraft belastet. Je nach Kettenart darf dabei auf einer vorgegebenen Meßlänge die Längenabweichung 0,15 ... 0,30 % der Nennlänge nicht überschreiten.

Ketten mit gekröpften Laschen als weitere Gruppe der Stahlgelenkketten sind wegen der größeren Elastizität besonders für stoßbeanspruchte Kettenstränge geeignet. Die *Rotary-Kette* (Bild 2-62a) wird vorwiegend als Antriebskette in Bohranlagen benutzt; bei ihr kann jedes Glied einzeln ausgewechselt werden. Die *Gabelkette* für Trogkettenförderer (Bild 2-62b) schützt durch ihre besondere Form die Gelenke gegen das Eindringen vom Fremdkörpern, während sie durch das Schüttgut gleitet.

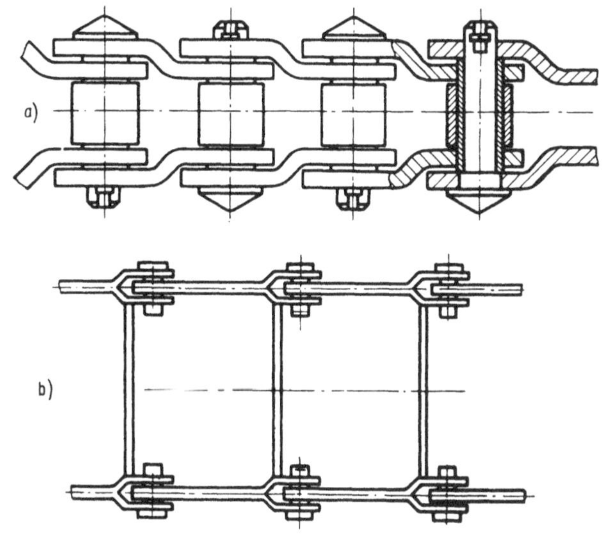

Bild 2-62 Gekröpfte Ketten

a) Rotary-Kette
b) Gabelkette für Trogkettenförderer

Sonderformen der Stahlgelenkketten sind die leicht zerlegbaren oder raumbeweglichen Typen. Die *zerlegbare Gelenkkette* (Bild 2-63a) hat Glieder aus Temperguß, die hakenartig ineinandergreifen, nach Entlastung des Kettenstrangs um $\approx \pi/2$ abgewinkelt und durch seitliches Verschieben gelöst werden können. Die Betriebskräfte der Ketten liegen nur zwischen 0,3 und 2 kN, das Haupteinsatzgebiet sind daher untergeordnete Antriebe, z.B. an Landmaschinen. Die *Stahlbolzenkette* nach Bild 2-63b hat Kettenglieder aus Temper- oder Stahlguß, die durch Stahlbolzen verbunden werden. Üblicherweise werden Mitnehmer in gewünschter Form angegossen oder angeschweißt, damit die Tragorgane, z.B. von Stetigförderern, angeschraubt werden können. Die Nennzugkräfte betragen 1,5 ... 12 kN. Die Geschwindigkeit beider Kettentypen soll je nach Einsatzgebiet 1 ... 2 m/s nicht übersteigen.

Die Linienführung der Kreisförderer erfordert fast immer raumbewegliche Ketten. Anstelle der vormals oft eingesetzten einfachen Rundstahlketten sind heute die *Kreuzgelenkkette* (Bild 2-64a) und die *Steckbolzenkette* (Bild 2-64b) die hauptsächlich verwendeten Kettenarten. Das Kreuzgelenk der ersten Art macht sehr enge Kurvenführungen in der

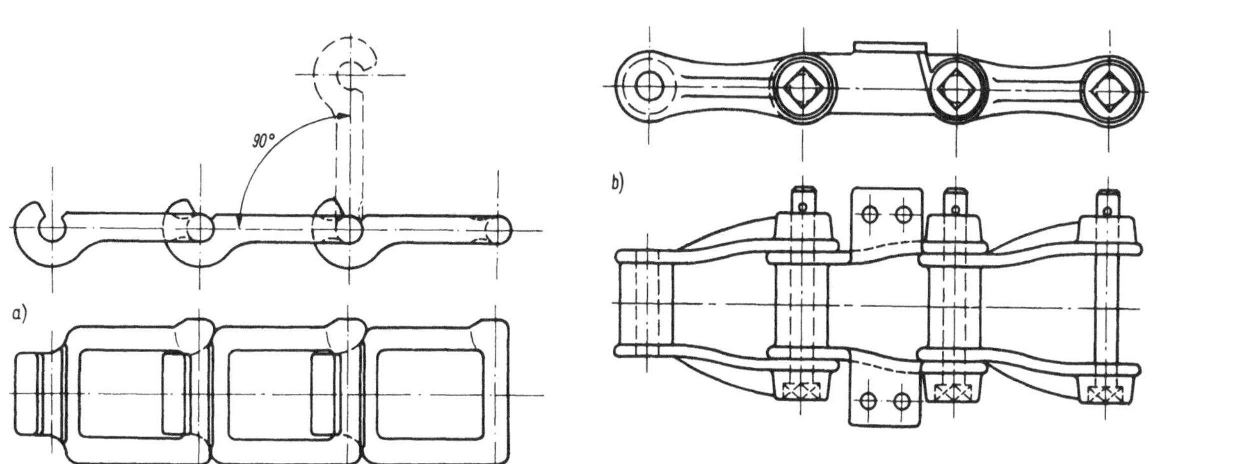

Bild 2-63 Zerlegbare Ketten

a) zerlegbare Gelenkkette
b) Stahlbolzenkette mit Befestigungsgliedern

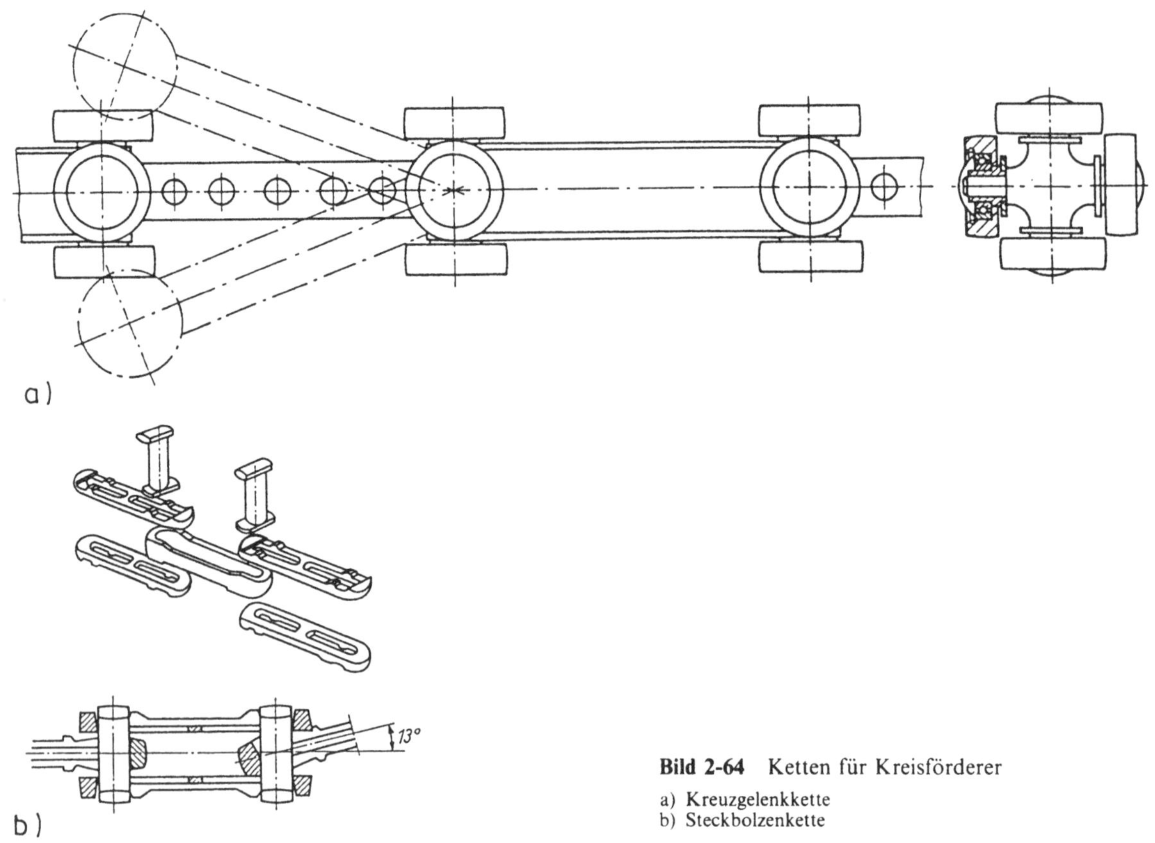

Bild 2-64 Ketten für Kreisförderer

a) Kreuzgelenkkette
b) Steckbolzenkette

horizontalen und vertikalen Ebene möglich. Die Kette zeigt wegen ihrer bearbeiteten Gleitflächen günstiges Verschleißverhalten, wird aber durch den großen Herstellungsaufwand relativ teuer. Die zulässigen Kettenzugkräfte liegen in der gezeichneten Ausführung zwischen 3,15 und 8 kN. Andere Hersteller rüsten z.T. nur jedes zweite Kettenglied mit Stützrollen aus.

Die Steckbolzenkette besteht aus drei gesenkgeschmiedeten, nicht spanend bearbeiteten Teilen. Der Bolzen bildet mit der Innenlasche ein Drehgelenk zur horizontalen Umführung und ein Wälzgelenk zur vertikalen Ablenkung, das allerdings wegen des begrenzten Ablenkwinkels von etwa 13° in dieser Richtung nur größere Kurvenradien zuläßt. Die Kette kann nach Entspannen des Strangs ohne Gebrauch von Werkzeugen einfach zerlegt und neu verbunden werden. Die gebräuchlichen Größen sind Typen mit Teilungen von 100 und 160 mm, die bei 10facher Sicherheit gegenüber der rechnerischen Bruchkraft Betriebskräfte von 16 bzw. 40 kN zulassen.

2.3.2 Elemente von Kettentrieben

Antrieb und Führung der Ketten erfordern eigens ausgebildete, den Kettenarten angepaßte Elemente. Angetrieben werden Ketten überwiegend formschlüssig durch die in die Kettenglieder greifenden Zähne von Kettenrädern, selten auch reibschlüssig. Zur Führung und Ablenkung dienen Rollen oder auch Gleitbahnen, weil die Kette, im Gegensatz zum Seil, gegenüber äußerer Abnutzung weniger empfindlich ist. Die Stützrollen können, getrennt von der Kette, in der Tragkonstruktion gelagert oder an der Kette selbst angebracht werden.

Führungsrollen für Rundstahlketten weisen die im Bild 2-65 gezeichneten Rillenformen auf. Möglich ist mit ihnen auch der reibschlüssige Antrieb von Ketten, z.B. in Becherwerken, wobei allerdings die Reibungszahl mit $\mu = 0{,}06 \dots 0{,}08$ sehr niedrig eingesetzt werden sollte, vor allem, wenn die Kette geschmiert wird. Ein formschlüssiger Antrieb bedingt kalibrierte Ketten mit enger Teilungstoleranz. *Kettennüsse* (Bild 2-66) für Kraft- oder Handantrieb verwirklichen durch ihre kleine Zähnezahl den erstrebten Vorzug der kleinen Umlenkradien bei der Kette. Die Mindestzähnezahl soll $z = 4$, vorteilhafter 5 sein, der Umschlingungswinkel mindestens π betragen, weil die Kette sonst leicht abspringt. Führungen und Abstreifer sichern das richtige Ein- und Auslaufen der Kette.

Der Teilkreisdurchmesser eines verzahnten Kettenrads in der Ausführung von Bild 2-66 wird

$$d_0 = \sqrt{\left(\frac{t}{\sin \pi/(2z)}\right)^2 + \left(\frac{d}{\cos \pi/(2z)}\right)^2}; \qquad (2.90)$$

t Teilung der Kette,
d Nenndurchmesser der Kette,
z Zähnezahl des Kettenrads.

Das zweite Glied unter der Wurzel kann für Haspelräder mit kleinem d und großem z weggelassen werden.

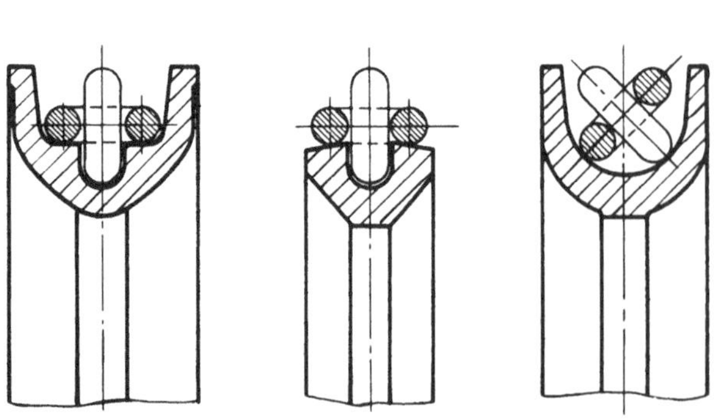

Bild 2-65 Rillenformen für Kettenrollen

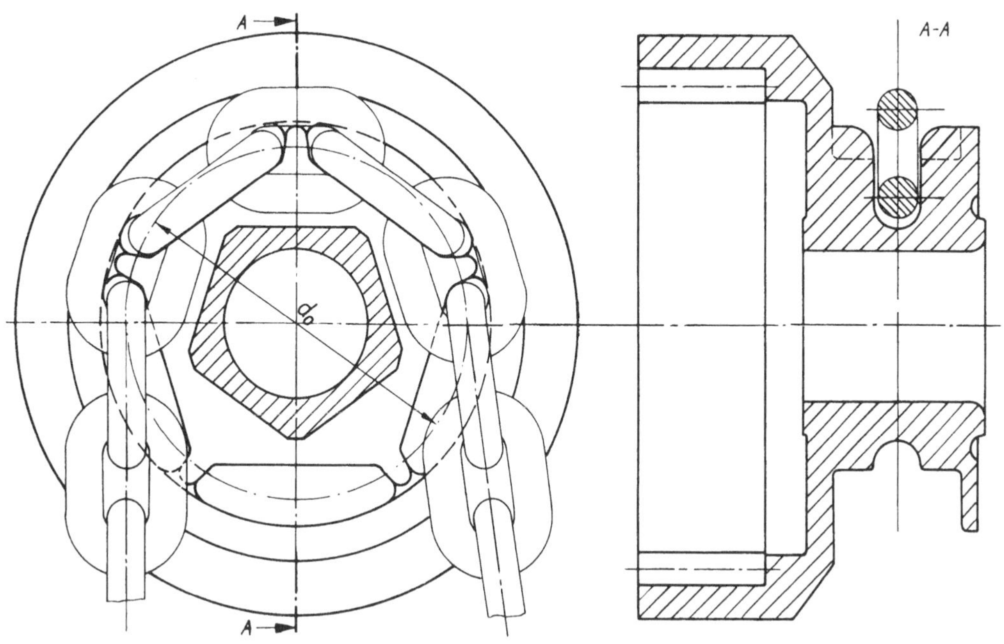

Bild 2-66
Kettennuß
mit Innenzahnkranz

Die übliche Ausführung der Kettennuß mit Auflage der liegenden Kettenglieder in Taschen und freistehenden senkrechten Kettengliedern (Bild 2-66) hat, besonders bei kleiner Zähnezahl, hohe Kräfte F_z in den Berührungspunkten zwischen liegenden und stehenden Kettengliedern zur Folge (Bild 2-67a), die den Verschleiß von Kette und Rad ungünstig beeinflussen. Ein neuer Vorschlag für die konstruktive Gestaltung der Kettenumlenkorgane [2.105] [2.106] begegnet dieser Vergrößerung der wirksamen Kettenzugkraft während des Umlenkens dadurch, daß die liegenden Kettenglieder frei geführt werden und dafür die stehenden Glieder innen aufliegen (Bild 2-67b). Weitere Einzelheiten enthält die angegebene Literatur.

Das eingezogene Kettenende wird in einem Kettenkasten oder auch frei abgelegt; ein Aufwickeln auf Kettentrommeln ähnlich den Seiltrommeln ist kaum mehr üblich. Wenn ein Triebwerk von Hand über eine Zugkette betätigt werden soll, werden Haspelräder mit eingegossenen Zähnen angebracht. Um das Drehmoment bei kleinen Zugkräften zu erhöhen, erhalten diese Haspelräder größere Zähnezahlen ($z \geqq 18$). Die Nenndurchmesser der Haspelketten liegen zwischen 4 und 6 mm.

Kettenrollen und *-räder* werden aus Grau- oder Stahlguß hergestellt. Der Wirkungsgrad liegt für Rollen bei 0,95, für Räder bei 0,93; er kann sich bei schlechter Schmierung auch weiter verringern.

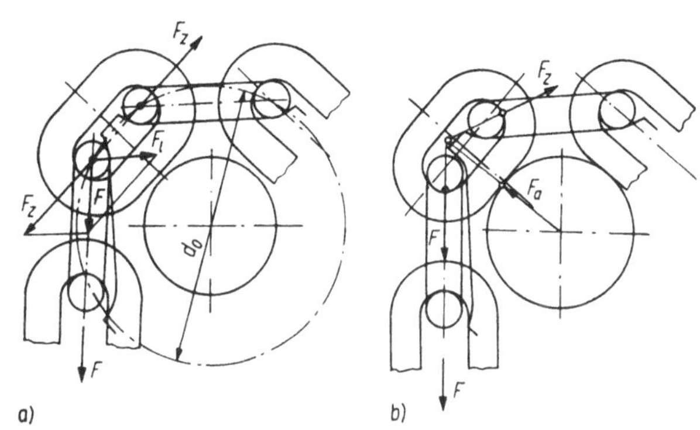

Bild 2-67 Ausführungsformen von Kettennüssen [2.105]
a) mit Stützung der liegenden Kettenglieder
b) mit Stützung der stehenden Kettenglieder

Da sich jede Rundstahlkette im Gebrauch durch Dehnung und Gliedverschleiß längt, treten Störungen des Eingriffs an verzahnten Kettenrollen auf, die bei Kraftantrieb zum Bruch der Kette führen können. Deshalb sollten Rundstahlketten mit Kraftantrieb stets in gehärteter oder hochfester Ausführung verwendet werden.

Gall-, Buchsen- und Rollenketten werden über Kettenräder nach Bild 2-68 geführt. Die auflaufende Kette schwingt um

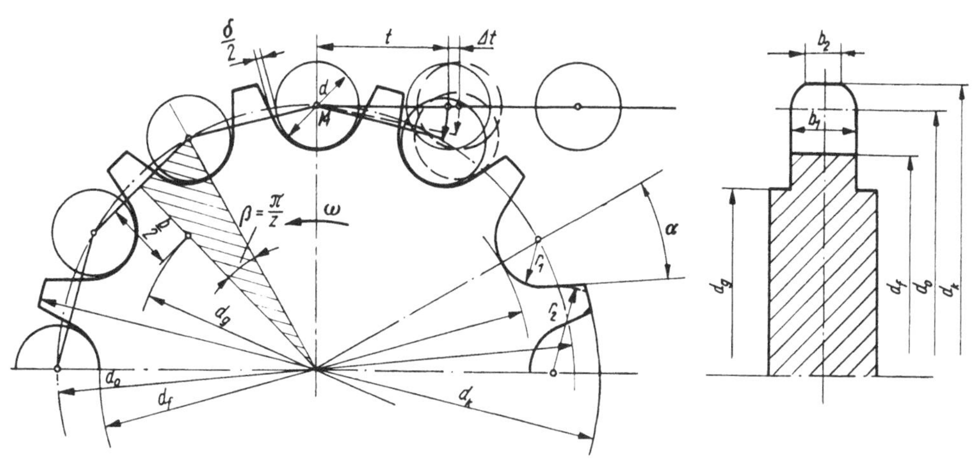

Bild 2-68
Abmessungen
eines Kettenrads für Rollen- und Buchsenketten

den Punkt M ein und stößt auf den Zahngrund auf. Das Verzahnungsprofil wird so ausgebildet, daß der Zahnkopf auch nach einer gewissen Längung der Kette nicht zum Tragen kommt. Bei kleineren Zähnezahlen und höheren Kettengeschwindigkeiten wird er deshalb abgerundet (Radius r_2). Die eingezeichneten Maße werden aus den Bestimmungsgrößen der Ketten, Kettenteilung t, Rollen- bzw. Buchsendurchmesser d, innere Öffnungsweite b_i der Kette und Laschenbreite b, errechnet:

Teilkreisdurchmesser	$d_0 = \dfrac{t}{\sin \pi/z}$
Kopfkreisdurchmesser	$d_k = d_0 + (0{,}8 \ldots 1{,}1)\,d$
Fußkreisdurchmesser	$d_f = d_0 - d$
Durchmesser des Zahngrunds (für gerade Laschen)	$d_g = t \cot \pi/z - b$
Öffnungswinkel	$\alpha \approx 30°$
Zahnbreite	$b_1 = 0{,}9 b_i$
Zahnkopfbreite	$b_2 = 0{,}6 b_i$
Fußkreisradius	$r_1 = 0{,}53 d.$ (2.91)

r_2 ist ggf. konstruktiv zu bestimmen. Schnellaufende Rollenketten als Getriebeketten erhalten etwas abweichende Maße für die Kettenräder, s. dazu [2.99] [2.100].

Kettenräder für Gall- oder Buchsenketten sollen mindestens 10, höchstens 90 Zähne aufweisen. Für Ketten großer Teilung ($t > 100$ mm) würden nach diesen angegebenen Regeln sehr große Kettenräder notwendig. Sie werden daher meist mit 5- bis 8eckigen Polygonen umgelenkt und angetrieben, auf denen sie teils in den Rundungen der Ecken, teils auf seitlichen Flächen aufliegen (Bild 2-69).

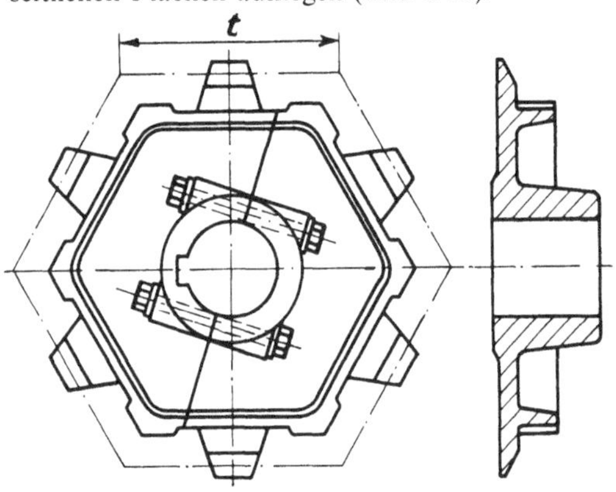

Bild 2-69 Polygonrad

Schnellaufende Rollenkettentriebe erhalten Kettenräder mit mindestens 17 und höchstens 120 Zähnen. Für Stützräder ohne Antrieb genügen 13 bis 14 Zähne. Die möglichen Übersetzungen liegen in Kettentrieben zwischen 1 und 7, am besten jedoch zwischen 3 und 4, weil das die günstigsten Laufeigenschaften ergibt. Übersetzungen ins Schnelle sind zu vermeiden.

Die Kettentriebe sollen mit obenlaufendem belastetem Strang und waagerechter oder maximal um $\pi/3$ nach oben oder unten geneigter Achslinie angeordnet werden, d.h., sie sollen zwischen den Grenzstellungen *I* und *III* im Bild 2-70 liegen. Andere Anordnungen sind wegen des schlechteren Zahneingriffs besonders in schnellaufenden Trieben zu vermeiden.

Die Längung der Kette durch Verschleiß führt zu einem Aufsteigen der Rolle bzw. Buchse auf den Zahnflanken. Nach [2.99] soll die Kette abgelegt werden, sobald die Zunahme Δt der Teilung t den Wert erreicht

$$\frac{\Delta t}{t} = \frac{2}{z}. \tag{2.92}$$

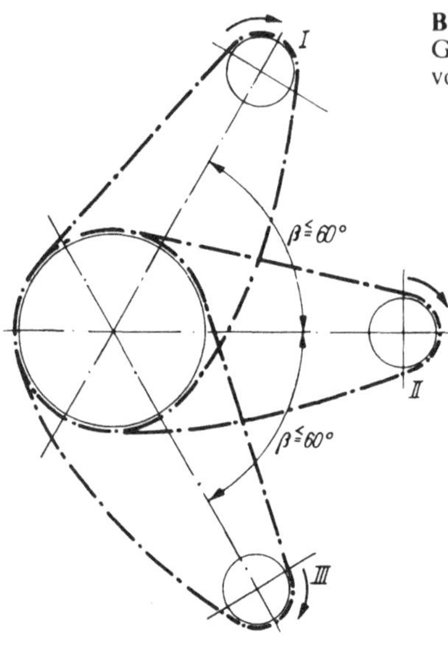

Bild 2-70 Günstigste Anordnung von Kettentrieben

Wenn eine gewisse Kettenlänge gespeichert werden muß, z.B. bei Hubketten, erhält jedes n-te Kettenglied einen verlängerten Bolzen, der nach dem Lauf über das Kettenrad auf eine Schiene gleitet und die gebildete Kettenschlaufe trägt. Schlaufe neben Schlaufe aufgereiht, wird die Kette in einem solchen Kettenmagazin ohne Verdrehen oder Verwickeln gespeichert.

2.3.3 Berechnung der Kettentriebe

Eine Kette wird konstruktiv festgelegt, indem Kettenart, Teilung und Bruchkraft ausgewählt und in der Festigkeitsberechnung die Flächenpressung in den Gelenken und die Zugbeanspruchung in den Gliedern bzw. Laschen überprüft werden. Die Teilung wird bei Förderketten aus wirtschaftlichen Gründen möglichst groß gewählt, wobei der Zusammenhang mit Größe und Zähnezahl der Antriebs- und Umlenkräder zu beachten ist.

Antriebs- bzw. Getriebeketten mit größeren Geschwindigkeiten werden dagegen nach der übertragenen Leistung, der Drehzahl des antreibenden Kettenrads und der Güte der Schmierung aus Zahlentafeln oder Schaubildern in Normen (DIN 8195) bzw. Herstellerkatalogen ausgewählt; eine Festigkeitsrechnung erübrigt sich meist.

2.3.3.1 Abmessungen und Kettenkräfte

Bei gegebenen Abmessungen des Kettentriebs (Bild 2-71) beträgt die Anzahl der erforderlichen Kettenglieder mit der

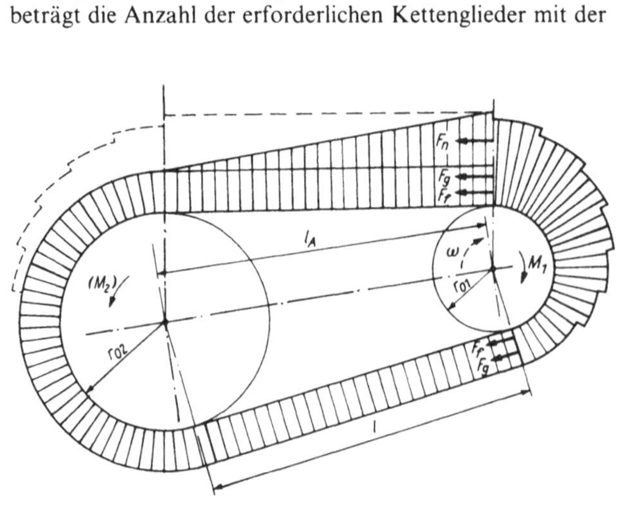

Bild 2-71 Abmessungen und Kräfte am Kettentrieb (vereinfacht)

Teilung t näherungsweise

$$z_K = 2\frac{l_A}{t} + \frac{z_1+z_2}{2} + \frac{t}{l_A}\left(\frac{z_2-z_1}{2\pi}\right)^2$$

bzw. für $z_1 = z_2 = z$

$$z_K = 2\frac{l_A}{t} + z\,; \tag{2.93}$$

z_K Anzahl der Kettenglieder,
$z_{1,2}$ Zähnezahl der Kettenräder 1 bzw. 2.

Die Anzahl der Glieder ist stets nach oben auf eine ganze und, bei nur paarweise identischen Kettengliedern, möglichst gerade Zahl aufzurunden, um gekröpfte Schlußglieder zu vermeiden. Für kompliziertere Kettentriebe empfiehlt sich eine zeichnerische Ermittlung der Kettenlänge. Die Eliminierung von l_A aus Gl. (2.93) gestattet die Berechnung des rechnerischen Achsabstands l_A bei vorgegebener Kettenlänge $l_K = z_K t$:

$$l_A = \frac{t}{8}\left[2z_K - z_1 - z_2 + \sqrt{(2z_K - z_1 - z_2)^2 - 8\left(\frac{z_2-z_1}{\pi}\right)^2}\right]$$

bzw. für $z_1 = z_2 = z$

$$l_A = \frac{t}{2}(z_K - z). \tag{2.94}$$

Der zur Begrenzung der Kettenvorspannung notwendige Durchhang im unbelasteten Kettentrum verkleinert den einzustellenden Achsabstand etwas gegenüber dem rechnerischen Wert; andererseits muß der Achsabstand während des Betriebs nachgestellt werden, da sich die Kette unter Belastung bleibend dehnt (Tafel 2-20).

Tafel 2-20 Bleibende Dehnung von Stahlgelenkketten [2.107]

Kettenart	Relative Kettenzugkraft F/F_B zur Erzielung einer bleibenden Dehnung ε_{bl}			
	bei der Erstbelastung		nach mehrfacher Vorbelastung mit $0{,}4F_B$	
	$\varepsilon_{bl} = 0{,}01$	$\varepsilon_{bl} = 0{,}2$	$\varepsilon_{bl} = 0{,}01$	$\varepsilon_{bl} = 0{,}2$
Flyerkette	0,02	0,30	0,41	0,64
Gallkette (leicht)	0,08	0,72	0,41	0,66
Buchsenkette	0,07	0,49	0,38	0,59
Rollenkette	0,05	0,58	0,41	0,62
Zahnkette	0,02	0,54	0,42	0,69

Die maximale Kettenzugkraft F_{max} setzt sich aus der Nutzkraft F_n, der Spannkraft F_g, der Fliehkraft F_f und der Summe F_{dyn} der dynamischen Kettenkräfte zusammen (Bild 2-71), siehe auch [2.108] [2.109],

$$F_{max} = C_B F_n + F_g + F_f + F_{dyn} \leqq \frac{F_B}{S}\,; \tag{2.95}$$

F_B Bruchkraft der Kette,
S Sicherheitsbeiwert.

Die statische Nutzkraft wird aus den Bewegungswiderständen einer anzutreibenden Maschine (gestrichelter Kraftverlauf im Bild 2-71) oder/und eines Kettenstrangs (ausgezogener Kraftverlauf im Bild 2-71) berechnet. Ein Betriebs- oder Stoßbeiwert C_B soll teils die Ungleichförmigkeit der gekoppelten Maschine, teils die Art der Stöße und die Betriebsdauer berücksichtigen. Tafel 2-21 gibt dazu gebräuchliche Werte an, von denen sich die unter A mehr für Getriebeketten, die unter B mehr für Förderketten eignen. Eine wissenschaftliche Begründung kann für die Beträge dieser Beiwerte nicht gegeben werden.

Tafel 2-21 Stoß-bzw. Betriebsbeiwerte für die Kettenberechnung

Belastungsart	A Stoßbeiwert nach [2.99] bei Antrieb durch		B Betriebsbeiwert für eine Betriebsdauer je Tag		
	Elektromotor	Kolbenmaschine	8 h	16 h	24 h
Nahezu stoßfrei	1,00	1,25	1,0	1,1	1,2
Leichte Stöße	1,25	1,50	1,2	1,3	1,4
Starke Stöße	1,75	2,00	1,4	1,6	1,8

Die Spannkraft aus der Eigenmasse des durchhängenden Kettenstrangs wird nach den Gesetzen der Seilstatik näherungsweise berechnet zu

$$F_g = \xi \bar{m} g l \tag{2.96}$$

mit

$$\xi = \frac{1}{2}\sqrt{\left(\frac{l\cos\beta}{4f}\right)^2 \pm \frac{l\sin 2\beta}{4f} + 1}\,;$$

$\bar{m}$ Kettenmasse je Längeneinheit,
g Fallbeschleunigung,
l Länge des hängenden Kettenstrangs,
f Maximaldurchhang der Kette,
β Neigungswinkel des hängenden Kettenstrangs nach Bild 2-72.

Das positive Vorzeichen unter der Wurzel gilt für F_o, das untere für F_u im Bild 2-72. Die Sehnenlänge l des hängenden Kettenstrangs kann für Getriebeketten gleich dem Achsabstand l_A gesetzt werden. Wird der allgemein übliche Kettendurchhang $f = 0{,}02l$ gewählt, läßt sich die Kettenspannkraft mit dem Faktor ξ nach dem Diagramm im Bild 2-72 bestimmen. Die Darstellung gilt nur für $\beta < \pi/2$.

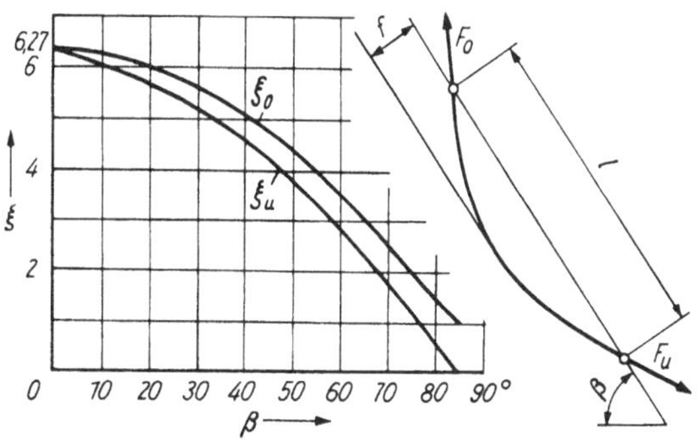

Bild 2-72 Kettenvorspannkraft im unbelasteten Strang für 2 % Durchhang

Die Fliehkraft ist nur bei höheren Kettengeschwindigkeiten ab etwa 3 m/s von spürbarem Einfluß. Die Berechnungsgleichung lautet

$$F_f = \bar{m} v^2\,; \tag{2.97}$$

v rechnerische Kettengeschwindigkeit.

Die dynamische Kettenkraft F_{dyn} in Bewegungsrichtung der Kette entsteht vorrangig aus dem sog. Polygoneffekt, siehe

Abschnitt 2.3.4. Sie ist schwierig zu berechnen; [2.99] gibt als Näherungsgleichung für einen Kettentrieb entsprechend Bild 2-71 an

$$F_{dyn} = \left(\frac{J_2}{r_{02}^2} + 2\bar{m}l\right) a_{max}\, \psi = \left(\frac{J_2}{r_{02}^2} + 2\bar{m}l\right) \frac{t}{2} \left(\frac{v}{r_{01}}\right)^2 \psi$$

mit

$$a_{max} = \frac{t}{2}\left(\frac{v}{r_{01}}\right)^2 \text{ laut Gl. (2.110);} \qquad (2.98)$$

J_2 Massenträgheitsmoment des getriebenen Kettenrads,
$\psi = 0{,}50 \ldots 0{,}75$ Faktor für Elastizität und Durchhang der Kette.

Die anderen Symbole sind im Bild 2-71 bezeichnet bzw. wurden bereits in den vorangegangenen Gleichungen erläutert. Je größer l ist, um so kleiner ist ψ zu wählen; für Förderketten von Stetigförderern gilt $\psi = 0{,}5$.
Wegen der Unsicherheiten, die jeder Ermittlung der dynamischen Kettenkräfte anhaftet, verzichtet man in der Praxis auf ihre Berechnung und beschränkt sich auf die ersten drei Glieder der Gl. (2.95). Die zu erwartenden dynamischen Beanspruchungen werden im Sicherheitsbeiwert bzw. bereits im Betriebsfaktor C_B berücksichtigt. Den Weg für eine genauere Berechnung zeigt beispielsweise [2.109].
Die Umfangskraft eines Kettenrads teilt sich wegen der gleichen geometrischen Bedingungen nach einer geometrischen Reihe auf die einzelnen Zähne auf. Der Übertragungs- bzw. Abbaufaktor eines Zahns ist unter Berücksichtigung des Zahnlückenspiels [2.110] [2.111]

$$\ddot{u} = \frac{F_i}{F_{i+1}} = \frac{\sin(\alpha - \delta)}{\sin(2\beta + \alpha - \delta)}.$$

Daraus ergibt sich eine Restkraft am Ende der Eingriffsstrecke von

$$F_{re} = F\ddot{u}^{z_e - 1} = F\left[\frac{\sin(\alpha - \delta)}{\sin(2\beta + \alpha - \delta)}\right]^{z_e - 1}; \qquad (2.99)$$

F Kettenkraft,
z_e Anzahl der im Eingriff stehenden Zähne.

Die Winkel sind im Bild 2-68 angegeben. Nur wenn die Vorspannkraft am Ende der Eingriffsstrecke gleich der unter diesen idealen Bedingungen ermittelten Restkraft ist, liegt die Kette, wie im Bild 2-68 gezeichnet, im Zahngrund auf. Ist die Vorspannkraft größer, wandert die Kette über der Eingriffsstrecke von oben nach unten in Richtung Zahngrund; bei zu kleiner Vorspannkraft ist es umgekehrt. [2.111] leitet aus dieser Gesetzmäßigkeit Angaben über günstige Zahnhöhen und Flankenformen ab.

2.3.3.2 Festigkeit und Elastizität

Die statische Festigkeit der Kettenglieder von Rundstahlketten wird üblicherweise unter Vernachlässigung der Biegung allein aus der Längskraft F ermittelt. Dadurch geht der Einfluß der Teilung t auf die Kettenbeanspruchung verloren. Nach den Gesetzmäßigkeiten der Stabstatik ergeben sich im Kettenglied mit den Bezeichnungen im Bild 2-73 die Biegemomente [2.112]:

$$M_\varphi = \frac{0{,}57Fr^2}{l + r\pi} - \frac{Fr}{2}(1 - \cos\varphi)$$

$$M_{B(\varphi=0)} = M_A = \frac{0{,}57Fr^2}{l + r\pi}$$

$$M_{C(\varphi=\pi/2)} = \frac{0{,}57Fr^2}{l + r\pi} - \frac{Fr}{2}. \qquad (2.100)$$

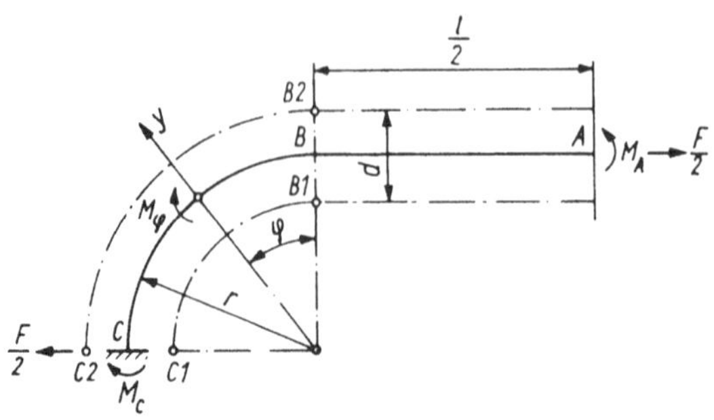

Bild 2-73 Berechnungsskizze für Momentenverlauf im Kettenglied

Entsprechend der Biegetheorie des stark gekrümmten Stabes gilt für den Spannungsverlauf in einem beliebigen Querschnitt des gebogenen Kettengliedteils die Gleichung

$$\sigma_y = \frac{F}{2A} + \frac{M}{Ar} + \frac{Mr}{Ar^2\varkappa}\,\frac{y}{r + y} \qquad (2.101)$$

mit dem Wert des Faktors $\varkappa$ für den Kreisquerschnitt

$$\varkappa = \frac{1 - \sqrt{1 - (d/2r)^2}}{1 + \sqrt{1 - (d/2r)^2}};$$

F Längskraft im Querschnitt,
M Biegemoment im Querschnitt (positiv, wenn Krümmung vergrößert wird),
A Querschnittsfläche.

Die maximalen Spannungen treten in den Randfasern auf; Bild 2-74 zeigt ihren Verlauf. Die Gleichungen für die größten auftretenden Zugspannungen lauten (Bild 2-73):

Stelle $B1$, $y = -d/2$

$$\sigma_{B1} = \frac{F}{2A} - \frac{M_B}{Ar}\left(1 - \frac{1}{\varkappa}\,\frac{d}{2r - d}\right)$$

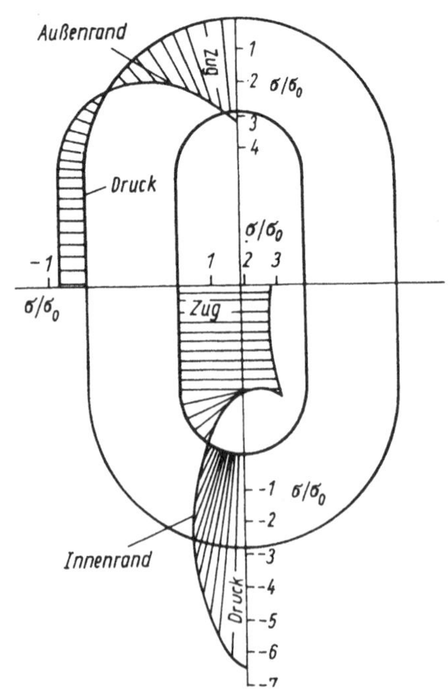

Bild 2-74 Spannungen im Kettenglied einer Rundstahlkette
(σ_0 Nennspannung ohne Einfluß der Biegung)

Stelle $C2$, $y = d/2$

$$\sigma_{C2} = -\frac{M_C}{Ar}\left(1 + \frac{1}{\varkappa}\,\frac{d}{2r+d}\right). \tag{2.102}$$

Der stark idealisierende Ansatz der Einzelkraft $F/2$ führt zu etwas überhöhten Spannungen. *Oser* [2.113] berücksichtigt in seiner Berechnung die Flächenberührung der Glieder infolge Verformung und Verschleiß und erhält Ergebnisse, die den gemessenen Spannungen näherkommen. [2.114] berechnet die Schnittreaktionen und Spannungen des Kettenglieds mit der Methode der Finiten Elemente und empfiehlt eine Aufweitung der Taille, d.h. einen schrägen Übergang des geraden Mittelteils des Kettenglieds in den runden Kettenbug. Dies vermindert die Kerbspannungen im Verschleißbereich.

Die statische Festigkeit der Stahlgelenkketten wird fast stets von der Festigkeit der Laschen bestimmt. Bolzenbrüche treten nur vereinzelt auf. Der gefährdete Querschnitt ist wegen $h \geqq k$ (Bild 2-75) der Wangenquerschnitt $W_1 \ldots W_2$, in dem bei hoher statischer Belastung starke Verformungen und, bei weiterer Belastungssteigerung, Gleitbrüche zu verzeichnen sind [2.107]. Die Spannungen am Innenrand lassen sich mit der Kerbzahl β_k nach Bild 2-75 berechnen:

$$\sigma_k = \beta_k \frac{F}{2ks}. \tag{2.103}$$

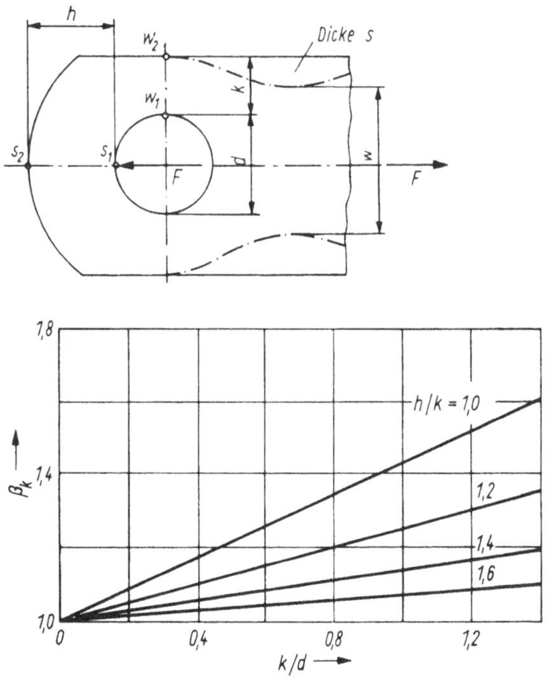

Bild 2-75 Kerbzahlen β_K für Laschen [2.115]

Solange $w \geqq 2k$ bleibt, kann diese Gleichung auch für die eingeschwungenen Laschen von Rollenketten verwendet werden.

Die Kontrolle der Zugbeanspruchung von Ketten gründet sich allerdings nicht auf den Spannungsnachweis, sondern auf die in den Normen angegebenen Bruchkräfte und Sicherheitsbeiwerte. Tafel 2-22 enthält gebräuchliche Werte, die in Gl. (2.95) einzusetzen sind. Die Dauerschwellfestigkeit, nach der auch Rundstahlketten bei überwiegend dynamischer Beanspruchung bemessen werden sollten, liegt nahezu unabhängig von der Mittelspannung bei einem Spannungsausschlag von

$$2\sigma_A = 50 \ldots 80\,\text{N/mm}^2 \text{ für Ketten in Normalgüte}$$
$$= 90 \ldots 110\,\text{N/mm}^2 \text{ für hochfeste Ketten,}$$

bezogen auf $2 \cdot 10^6$ Belastungswechsel. Die ertragbaren Belastungswechsel nehmen mit dem Verhältnis t/d zu [2.116].

Tafel 2-22 Sicherheitsbeiwerte für die statische Kettenberechnung

Art des Kettentriebs	S	Bemerkungen
Förderketten		
Hubketten, selten voll belastet	4 … 6	in Abhängigkeit von der mittleren Hubkraft
Hubketten, häufig voll belastet	6 … 8	
Zugketten	5 … 8	in Stetigförderern
raumbewegliche Ketten	6 … 10	in Stetigförderern
Getriebeketten		
Gall- und Buchsenketten		
keine Stöße	6 … 11	in Abhängigkeit von der täglichen Betriebsdauer
leichte Stöße	8 … 15	
starke Stöße	11 … 20	
Rollenketten		genaue Werte sind aus Normen und Herstellerkatalogen zu entnehmen
$v < 4$ m/s	15 … 30	
$v > 4$ m/s	25 … 50	

Auch die Höhe der Sicherheitsbeiwerte in der empfohlenen statischen Berechnung von Stahlgelenkketten laut Tafel 2-22 ist nur damit zu erklären, daß Dauerfestigkeit und Verschleiß die eigentlichen Kriterien für die Dimensionierung der Kette sind. Die Dauerfestigkeit bei schwellender Beanspruchung beträgt für Rollenketten nur 20 %, für Flyerketten (und wahrscheinlich auch Gallketten) nur 14 … 17 % der Bruchkraft [2.109] [2.117] [2.118]. Wegen der Besonderheiten der Dimensionierung von Getriebeketten wird auf den Hinweis zu Beginn des Abschnitts 2.3.3 verwiesen.

Einen günstigen Einfluß auf die Ermüdungsfestigkeit von Stahlgelenkketten übt eine Erhöhung des Laschenscheitels ($h > k$, Bild 2-75) aus. [2.107] nennt als Optimum für Rollenketten $h = 1{,}06k$ und für alle Stahlgelenkketten ein günstiges Übermaß für die Preßsitze von 0,85 % bei gestanzten Löchern und von 1,6 % bei gebohrten Löchern.

In Stahlgelenkketten ist, besonders bei unzureichender Schmierung, meist der Verschleiß in den Gelenken für die Betriebsdauer maßgebend. Die mittlere Flächenpressung p_m wird vereinfachend wie folgt berechnet:

$$p_m = \frac{F_n + 2(F_f + F_g)}{2 d_B b_B}, \tag{2.104}$$

wobei das Produkt aus Bolzendurchmesser d_B und Bolzenbreite b_B die projizierte Gesamtfläche des Gelenks bezeichnet. [2.99] empfiehlt, je nach Einsatzgebiet und Güte der Kette p_m zwischen 8 und 45 N/mm² zu wählen. In Fördermaschinen sollten nur die niedrigeren Werte bis maximal 20 N/mm² ausgenutzt werden, um eine ausreichende Betriebsdauer der Gelenke zu sichern.

Die elastischen Eigenschaften der Ketten haben besonders für dynamische Untersuchungen Bedeutung. Die Federsteife von Rundstahlketten beträgt nach [2.119] im Neuzustand

$$c_K = \frac{Et}{2 l_K (C_2 + C_3)}$$

mit den Konstanten

$$C_1 = r\left(1 - \frac{r}{t+d}\right)$$

$$C_2 = \frac{64}{d^4\pi}\left[C_1 r(C_1 - r) + \frac{r^3}{3} + (r - C_1)^2 \frac{l}{2}\right]$$

$$C_3 = \frac{1}{d^2}\left(r + \frac{2l}{\pi}\right); \tag{2.105}$$

t Kettenteilung,
d Kettendurchmesser,
E Elastizitätsmodul des Kettenwerkstoffs,
l_K Kettenlänge,
r und l entsprechend Bild 2-73.

Der Ersatz-Elastizitätsmodul der Kette wird damit

$$E_K = E\frac{t}{d^2\pi(C_2 + C_3)}. \tag{2.106}$$

Unter Belastung ändern sich die Berührungsverhältnisse, durch Mehrfachbelastung und Verschleiß erhöht sich die Federsteife; der obere Grenzwert ist der eines Stabes mit dem Querschnitt des Kettenglieds.
Für Stahlgelenkketten liegen in [2.107] Untersuchungsergebnisse vor (Bild 2-76). Die belastungsabhängige, bezogene Federsteife c_{rel} der Kette

$$c_{rel} = \frac{F/F_B}{\Delta l_K / l_K} \tag{2.107}$$

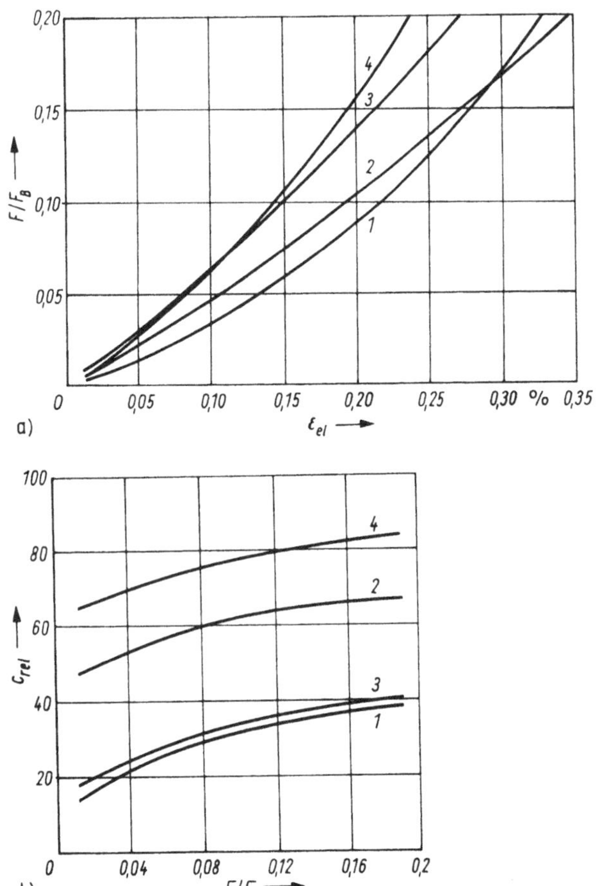

Bild 2-76 Kennlinien (Mittelwerte) von Stahlgelenkketten nach wiederholter Belastung [2.107]

a) Kraft-Dehnungs-Kurven
b) relative Federsteife

1 Flyerketten
2 Rollenketten
3 Buchsenketten
4 Gallketten

ist im Bild 2-76b mit ihrem Mittelwert angegeben. Der Streubereich ist besonders bei Flyerketten verhältnismäßig groß. Für eine gegebene Kette läßt sich mit den Werten des Diagramms die wirkliche Federsteife c_K der Kette berechnen:

$$c_K = c_{rel}\frac{F_B}{l_K}. \tag{2.108}$$

Der Elastizitätsmodul von Stahlgelenkketten liegt entsprechend bei einer Belastung um $0{,}2F_B$ im Bereich $E_K = (0{,}35 \ldots 0{,}70) \cdot 10^5\,\text{N/mm}^2$. [2.120] gibt für eine raumbewegliche Steckbolzenkette $E_K = (0{,}175 \ldots 0{,}200) \cdot 10^5\,\text{N/mm}^2$ an.

2.3.4 Polygoneffekt

Eine Kette nimmt wegen der endlichen Länge ihrer Glieder während des Umlenkens um ein Antriebs- bzw. Umlenkrad die Form eines Polygons an; darauf wurde bereits hingewiesen. Wenn das Kettenrad, wie es üblich ist, mit konstanter Winkelgeschwindigkeit umläuft, schwanken die Auflauf- und Ablaufgeschwindigkeiten der Kette am Kettenrad periodisch in einem bestimmten Bereich, und es treten periodisch veränderliche Beschleunigungen an der Kette auf.
Um das Problem zu vereinfachen, wird zunächst die Einlaufstrecke der Kette als senkrecht zur Bewegungsrichtung parallel und kräftefrei verschiebbar angenommen. Anschließend werden die maßgebenden Fälle der geführten Kette behandelt. Die Kette wird bei allen kinematischen Untersuchungen als starrer Körper angesehen.

2.3.4.1 Kette ohne Führung

Für die ungeführte Kette sind im Bild 2-77a die geometrischen Verhältnisse an einem angetriebenen Kettenrad gezeichnet. Das Dreieck ABM bildet einen Ausschnitt des umlaufenden Vielecks. Die Punkte A und B führen zwei aufeinanderfolgende Gelenkpunkte der Kette, zwischen denen sich das Kettenglied mit der Teilung $t = \overline{AB}$ erstreckt.

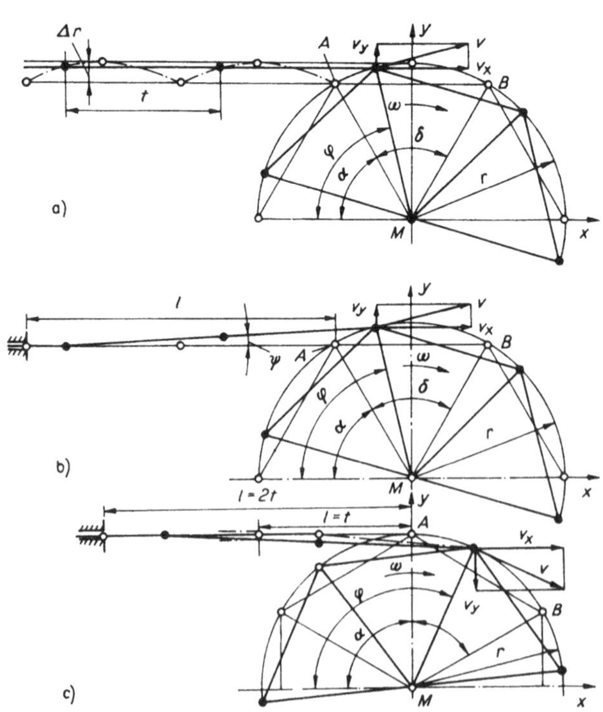

Bild 2-77 Kettenumlauf an Polygonrädern

a) ungeführte Kette
b) Kettenführung in Sehnenrichtung
c) Kettenführung in Tangentenrichtung

Der Teilungswinkel δ hängt von der Zähnezahl z des Kettenrads ab: $\delta = 2\pi/z$.
In einer beliebigen, durch den Winkel φ gekennzeichneten Stellung des umlaufenden Polygonausschnitts hat die Umfangsgeschwindigkeit $v = r\omega =$ konst. des Kettenrads, die zugleich die Geschwindigkeit des geführten Gelenkpunkts der Kette in Punkt A ist, die Komponenten

$$v_x = v \sin\varphi = r\omega \sin\varphi$$

$$v_y = v \cos\varphi = r\omega \cos\varphi$$

mit den zugehörigen Beschleunigungen

$$a_x = r\omega^2 \cos\varphi$$

$$a_y = -r\omega^2 \sin\varphi. \qquad (2.109)$$

Die Punkte A und B bezeichnen die Grenzen des Bereichs, in dem der betrachtete Ausschnitt des Vielecks die Kettenbewegung im zulaufenden Trum bestimmt. Während der Punkt A nach B gedreht wird, wandert der freie Kettenstrang um Δr nach oben und wieder nach unten. Die Überlagerung mit der Bewegung in Längsrichtung führt zu der für die Kettenbolzen gezeichneten sinusförmigen Bewegungsbahn aller Kettenteile. Den Verlauf der Funktionen laut Gl. (2.109) stellt Bild 2-78 grafisch dar. Mit wachsender Zähnezahl z verkleinert sich der Eingriffsbereich je Polygonausschnitt und damit der Betrag der Geschwindigkeits- und Beschleunigungsschwankungen.

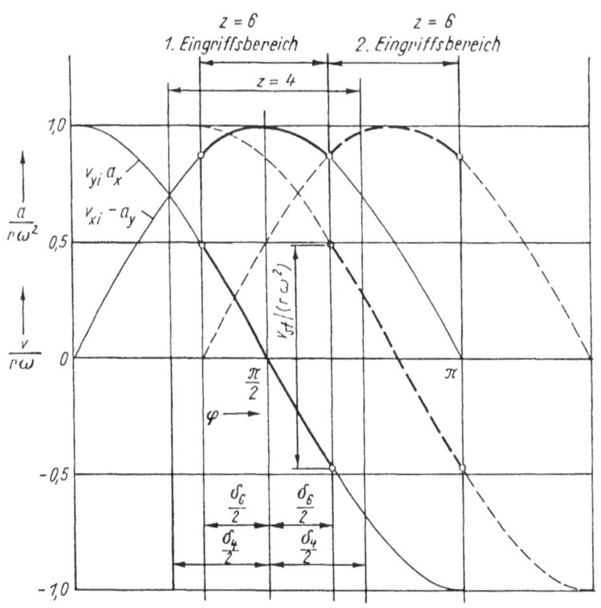

Bild 2-78 Geschwindigkeiten und Beschleunigungen einer ungeführten Kette am Polygonrad

Die für die dynamische Kettenkraft laut Gl. (2.98) maßgebende maximale Beschleunigung in x-Richtung tritt an den Grenzen des Eingriffsbereichs auf. Einsetzen von $\varphi_A = \alpha = \pi/2 - \delta/2$ in Gl. (2.109) führt zu

$$a_{x\,max} = r\omega^2 \sin\frac{\delta}{2} = \frac{t}{2}\,\omega^2 = \frac{tv^2}{2r^2}. \qquad (2.110)$$

Bei jedem Eingriff eines neuen Kettenglieds im Punkt A des Polygons stoßen Kettenrad und Kette mit gleicher, aber entgegengesetzt gerichteter Vertikalkomponente der Geschwindigkeit aufeinander. Die Stoßgeschwindigkeit (Bild 2-79a) beträgt

$$v_{st} = |v_{yR}| + |v_{yK}| = 2r\omega \sin\frac{\delta}{2} = 2r\omega \sin\frac{\pi}{z}. \qquad (2.111)$$

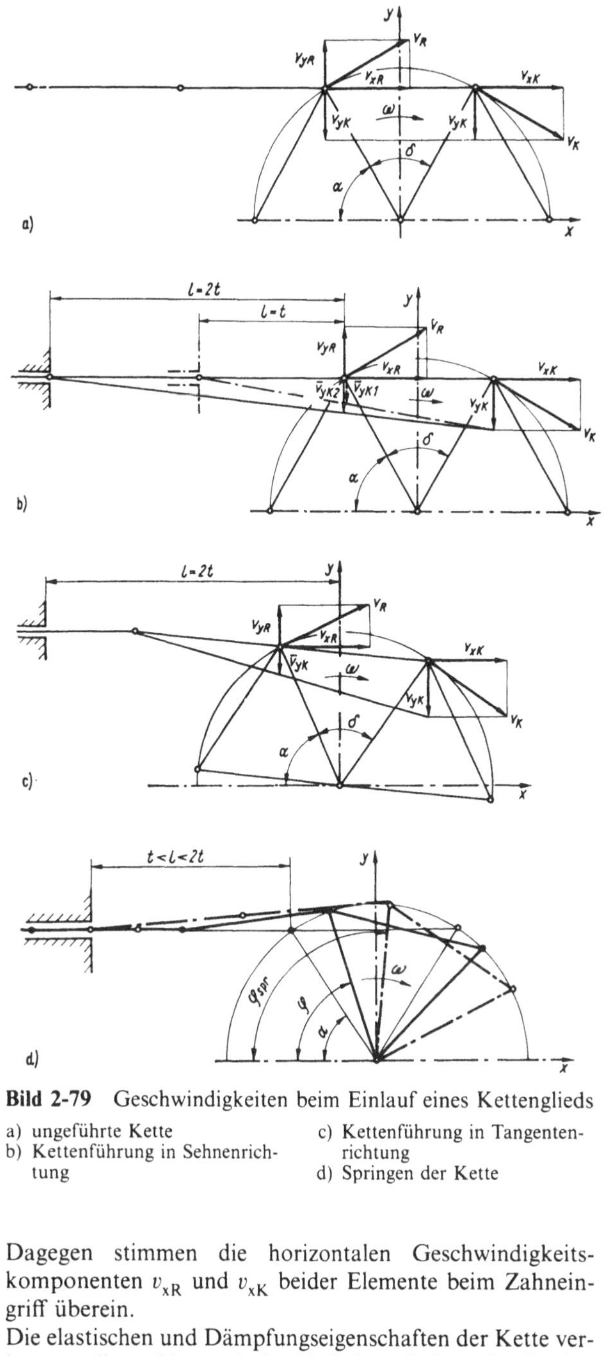

Bild 2-79 Geschwindigkeiten beim Einlauf eines Kettenglieds

a) ungeführte Kette
b) Kettenführung in Sehnenrichtung
c) Kettenführung in Tangentenrichtung
d) Springen der Kette

Dagegen stimmen die horizontalen Geschwindigkeitskomponenten v_{xR} und v_{xK} beider Elemente beim Zahneingriff überein.
Die elastischen und Dämpfungseigenschaften der Kette verbessern dieses kinematische Verhalten, indem sie die Geschwindigkeits- und Beschleunigungssprünge ausgleichen und ihre Wirkungen auf die unmittelbare Nähe des Kettenrads begrenzen. Eine genaue Untersuchung des dynamischen Verhaltens langgliedriger Kettentriebe steht jedoch trotz einiger Ansätze [2.110] noch aus.

2.3.4.2 Kette mit Führung

Der Einfluß einer Kettenführung auf den Polygoneffekt wird besonders davon bestimmt, welche relative Lage und welchen Abstand sie zum Kettenrad hat. Im Bild 2-77b und c sind die beiden Grenzfälle zu erkennen, die man als Kettenführung in Sehnenrichtung und in Tangentenrichtung bezeichnet. Die Gleichungen für Geschwindigkeit und Beschleunigung der Kette werden [2.121] entnommen; auf die Wiedergabe der Herleitungen wird verzichtet.

Kettenführung in Sehnenrichtung (Bild 2-77b)

Wie bei der Kette ohne Führung übernimmt der Punkt A die Kettenführung, wenn der Eingriffswinkel α des Polygonausschnitts ABM erreicht ist. In einer beliebigen, durch den Winkel φ bezeichneten Stellung gelten nachstehende Gleichungen für Geschwindigkeit und Beschleunigung in horizontaler Richtung

$$v_x = r\omega \left[\sin\varphi + \frac{r}{l}\left(\frac{\sin 2\varphi}{2} - \cos\varphi \cos\frac{\delta}{2}\right)\right]$$

$$a_x = r\omega^2 \left[\cos\varphi + \frac{r}{l}\left(\cos 2\varphi + \sin\varphi \cos\frac{\delta}{2}\right)\right]. \qquad (2.112)$$

Die Länge l soll stets ein ganzzahliges Vielfaches der Kettenteilung t sein. Für ein 6eckiges Polygon und $l = t$ ist der Funktionsverlauf laut Gl. (2.112) im Bild 2-80 angegeben. Bild 2-79b macht deutlich, daß auch bei Sehnenführung der Kette die Horizontalkomponenten v_x der Geschwindigkeiten von Rad und Kette übereinstimmen. Im Vergleich zur ungeführten Kette verringert sich jedoch die Stoßgeschwindigkeit in vertikaler Richtung auf

$$v_{st} = |v_{yR}| + |v_{yK}| = r\omega \sin\frac{\delta}{2}\left(1 + \frac{l}{l+t}\right), \qquad (2.113)$$

d.h., sie ist um so größer, je weiter die Führung der Kette vom Kettenrad entfernt endet.

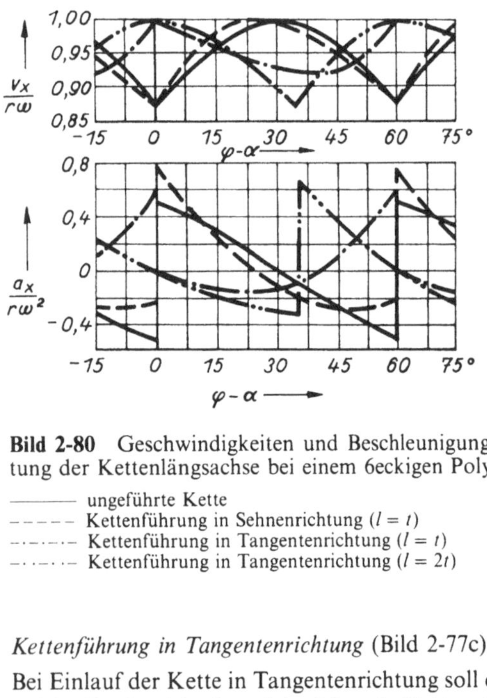

Bild 2-80 Geschwindigkeiten und Beschleunigungen in Richtung der Kettenlängsachse bei einem 6eckigen Polygon

——— ungeführte Kette
– – – – Kettenführung in Sehnenrichtung ($l = t$)
–·–·–·– Kettenführung in Tangentenrichtung ($l = t$)
–··–··– Kettenführung in Tangentenrichtung ($l = 2t$)

Kettenführung in Tangentenrichtung (Bild 2-77c)

Bei Einlauf der Kette in Tangentenrichtung soll das Kettenrad im Punkt A in das nächstfolgende Kettenglied eingreifen. Dies ist jedoch nur dann zu verwirklichen, wenn $l = t$ eingehalten wird, s. strichpunktierte Lage der Führung. Im Fall $l = kt$ (k = 2, 3, 4 ...) übernimmt das Kettenrad wie bei Sehnenführung bereits vor dem Erreichen der obersten Stellung des Zahns die Führung des nächstfolgenden Kettenglieds (Bild 2-79c), und für die Geschwindigkeiten und Beschleunigungen gelten zwei Bereiche mit unterschiedlichen Eingriffslängen:

1. Bereich ($\alpha \leqq \varphi \leqq \pi/2$)

$$v_x = r\omega \left[\sin\varphi - \frac{r\cos\varphi(1-\sin\varphi)}{\sqrt{(l-t)^2 - r^2(1-\sin\varphi)^2}}\right] \qquad (l \neq t)$$

2. Bereich ($\pi/2 \leqq \varphi \leqq \alpha + \delta$)

$$v_x = r\omega \left[\sin\varphi - \frac{r\cos\varphi(1-\sin\varphi)}{\sqrt{l^2 - r^2(1-\sin\varphi)^2}}\right]. \qquad (2.114)$$

Die zugehörigen Beschleunigungsfunktionen können [2.121] entnommen werden. Der Eingriffswinkel α hat, wenn $l = 2t$ gilt, die Größe

5eckiges Polygon $\alpha = 60{,}4°$,
6eckiges Polygon $\alpha = 65{,}3°$,
8eckiges Polygon $\alpha = 71{,}4°$.

Liegt echter Tangenteneinlauf ($l = t$) vor, beschreibt Gl. (2.114) für den 2. Bereich allein den Bewegungsvorgang. Der Eingriffswinkel α ist stets gleich $\pi/2$.
Der erhebliche Unterschied zwischen echtem Tangenteneinlauf ($l = t$) und scheinbarem Tangenteneinlauf ($l = kt$) ist durch Vergleich der beiden Kurvenzüge im Bild 2-80 gut zu erkennen. Die Stoßgeschwindigkeit hat die gleiche Größenordnung wie bei Sehnenführung, nur treten jetzt Geschwindigkeitsdifferenzen zwischen Kettenrad und Kette in beiden Bewegungskomponenten auf.
Alle in der Praxis auftretenden Fälle der Kettenführung können auf die hier angegebenen Sonderfälle zurückgeführt werden. [2.122] berücksichtigt z.B. bei der Berechnung der Stoßkräfte an den Zahnflanken eines Kettenrads den Durchhang der Kette zwischen der letzten Stützstelle des zulaufenden Trums und dem Kettenrad und schlägt vor, die Kette so weit zu führen, daß ein echter Tangenteneinlauf entsprechend Bild 2-77c (strichpunktiertes Ende der Kettenführung) entsteht.
Wenn der Abstand l zwischen Führung und Ketteneingriff nicht als ganzzahliges Vielfaches der Kettenteilung t gewählt wird, springt die Kette während des Zulaufs periodisch. Immer dann, wenn ein Kettengelenk das Führungsende erreicht, streckt sich die bis dahin geknickte Kette ruckhaft, wie es Bild 2-79d darstellt. Deshalb vermeidet man derartige geometrische Zuordnungen, vor allem bei größeren Kettengeschwindigkeiten.
Konstruktive Maßnahmen, den Polygoneffekt mit seinen erheblichen Auswirkungen auf die Beanspruchung, den Verschleiß und die Geräuschentwicklung eines Kettentriebs zu mildern bzw. gänzlich zu beseitigen, richten sich stets darauf, die Winkelgeschwindigkeit des Kettenrads, periodisch angepaßt, zu verändern. Bekannt geworden sind Getriebe mit von der Kreisform abweichenden Zahnrädern und Ausgleichsgetriebe im Kettenrad selbst [2.110]. Große Bedeutung erlangt haben derartige Antriebe bisher nicht, weil sie zu einer erheblichen Komplizierung führen.

2.4 Mechanische Bremsen

2.4.1 Aufgaben und Einteilung

Die mechanischen Bremsen, deren Wirkprinzip die Festkörperreibung ist, haben als Baugruppen der Triebwerke von Fördermaschinen zwei wichtige Aufgaben zu erfüllen, die Geschwindigkeit bewegter Massen zu gewährleisten oder zu verringern und stillstehende Massen festzuhalten. Die Bremsfunktion ist maßgebend für die Dimensionierung; man unterscheidet die drei Grundfunktionen: Regelbremsen (Senkbremsen), Verzögerungsbremsen (Stoppbremsen) und Haltebremsen.
Beim Regelbremsen soll eine Geschwindigkeit annähernd konstant gehalten werden. Wenn das Belastungsmoment eine unterschiedliche Größe annehmen kann, muß das Bremsmoment stellbar sein. Zum Hauptkriterium der Ausle-

gung wird meist die thermische Belastung durch die aufzunehmende Bremsenergie. Die häufigste Anwendungsform der Regelbremsung ist das Senkbremsen. Während des Senkens bewegter Massen nimmt die Bremse potentielle Energie auf und verhindert deren Umwandlung in kinetische Energie und damit die ungewollte bzw. unzulässige Erhöhung der Senkgeschwindigkeit.
Führt eine Bremse die Funktion Verzögern aus, nimmt sie kinetische, bei Hubwerken auch potentielle Energie auf und verringert dadurch die Bewegungsgeschwindigkeit translatorisch oder/und rotatorisch bewegter Massen, meist bis zum Stillstand. Das maßgebende Kriterium der Bemessung ist die vorgegebene Verzögerung.
Eine Haltefunktion erfüllt die Bremse, wenn sie stillstehende Massen vor ungewollter Bewegung infolge ihrer Gewichtskraft oder anderer in Bewegungsrichtung wirkender Kräfte, z.B. durch Wind, schützt. Sie nimmt in dieser Funktion keine Energie auf und wird nach der vorgeschriebenen Sicherheit gegenüber dem Belastungsmoment ausgelegt.
In nahezu allen Triebwerken der Fördermittel führen die Bremsen nacheinander oder gleichzeitig mehrere der genannten Funktionen aus. Nach einer Senkbremsung verzögert z.B. die Bremse eines Hubwerks die senkrecht bewegte Masse durch eine Vergrößerung des Bremsmoments und sichert sie anschließend, bisweilen unter weiterer Erhöhung des Bremsmoments, im Stillstand als Haltebremse. Bremsen in Fahrwerken sind vorzugsweise für die Verzögerungs- und Haltefunktion zu bemessen.
Die Auslegung mechanischer Bremsen für mehrere Funktionen bereitet oft Schwierigkeiten [2.123] und verlangt eine sorgfältige Abstimmung. Die gegenwärtig eingeführten Steuerungen elektrisch betriebener Fördermaschinen setzen allerdings den Elektromotor fast immer auch für alle mit einer Energieaufnahme verbundenen Bremsfunktionen ein (elektrische Senkbremsschaltung, motorisches Bremsen von Fahrwerken) und übertragen der mechanischen Bremse allein die Haltefunktion. Da die elektrische Bremse bei Stromausfall jedoch unwirksam wird, muß die mechanische Bremse dafür ausgelegt sein, auch die Verzögerungsfunktion jederzeit übernehmen zu können (Not-Stoppfunktion). Ähnliches gilt für hydraulische Antriebe.
Eine zweite Gruppierung betrifft die Bremsen selbst und bezieht sich auf ihren Betätigungsmechanismus.
Schließbremsen werden von einer geeigneten Kraft ständig offengehalten und durch Hand-, Fuß- oder maschinelle Betätigung geschlossen. Sie eignen sich besonders für Antriebe, bei denen das Bremsmoment gestellt werden muß, z.B. in Drehwerken, dagegen nicht für Triebwerke mit vertikal beweglichen Massen, weil die Bremswirkung von der Arbeitsweise und Aufmerksamkeit des Bedienenden abhängt.
Lösebremsen sind im Außerbetriebsfall immer geschlossen und erfordern eine Kraftwirkung durch Hand-, Fuß- oder maschinelle Betätigung für das Öffnen. Wegen der Unabhängigkeit der Bremswirkung vom Bedienenden werden die Bremsen in Fördermaschinen aus Gründen der Sicherheit meist in dieser Form ausgebildet.
Selbstwirkende Bremsen schließen sich ohne zusätzliche Betätigungselemente durch eigene Steuerung. In Hubkraftbremsen stellt sich das Bremsmoment proportional zur Hubkraft, in Fliehkraftbremsen entsprechend der Geschwindigkeit ein. Bremsen dieser Art erfüllen somit vorrangig eine Sicherheitsfunktion.
Nach der Art der konstruktiven Ausführung und Wirkungsweise lassen sich die Bremsen schließlich in Radialbremsen (Backen-, Bandbremsen) und Axialbremsen (Scheiben-, Kegelbremsen) gliedern. Jede Bauart kann den erwünschten Funktionen und Betätigungsmerkmalen angepaßt werden.

2.4.2 Reibpaarungen

Alle mechanischen Bremsen enthalten Reibpaarungen, in denen zwei sich in einer Fläche berührende Körper durch eine normal zur Berührungsfläche wirkende Kraft zusammengepreßt werden (Bild 2-81). Einer dieser beiden Körper (Backe, Band) steht fest, er ist meist mit einem besonderen Reibbelag ausgerüstet. Der andere Körper (Trommel, Scheibe) führt als Bestandteil der Triebwerkkette eine Drehbewegung, unter Umständen auch eine Translationsbewegung aus. Die in der Berührungsfläche übertragene Reibungskraft F_t wirkt der Relativbewegung der Reibkörper entgegen. Sie wird vereinfachend der Normalkraft F_n bzw. der Flächenpressung p proportional angesetzt, der Proportionalitätsfaktor wird als Reibungszahl μ bezeichnet.

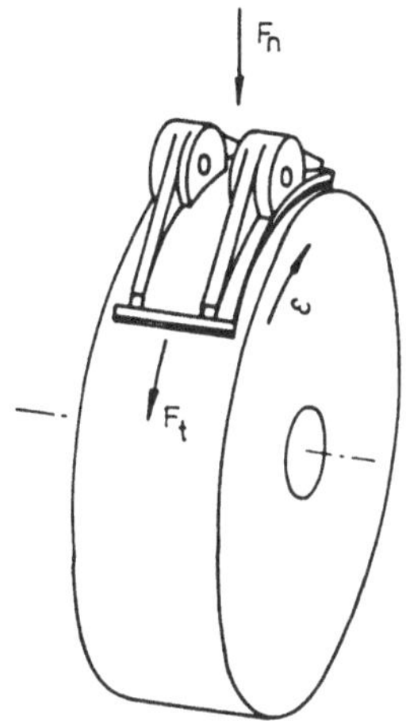

Bild 2-81 Reibpaarung einer mechanischen Bremse (F_n Normal- bzw. Anpreßkraft; F_t Tangential- bzw. Reibungskraft; ω Winkelgeschwindigkeit)

2.4.2.1 Reibwerkstoffe

Das wichtigste Merkmal einer für mechanische Bremsen geeigneten Reibpaarung ist eine möglichst hohe Reibungszahl, um für eine vorgegebene Reibungskraft die erforderliche Normalkraft und damit Beanspruchung und Größe der Bremsenteile so klein wie möglich zu halten. Die Reibwerkstoffe sollen zudem die nachstehenden Eigenschaften aufweisen: Scherfestigkeit, Warmfestigkeit, Verschleißfestigkeit, geringe Streuung der Reibungszahl, Unempfindlichkeit gegen Öl- und Wasserbenetzung. Es gibt keinen Reibwerkstoff, der alle diese Forderungen in ausreichendem Maße erfüllt. Vielmehr muß der für einen bestimmten Anwendungszweck geeignete so ausgewählt werden, daß er die gerade dort benötigten Eigenschaften miteinander verbindet.
Tafel 2-23 enthält eine Auswahl von Reibwerkstoffen für mechanische Bremsen. Ihre Vielfalt beruht auf einer Jahrzehnte währenden Entwicklung auf dem Gebiet der Bremsen [2.124] bis [2.129].
Die natürlichen, nicht speziell für Bremseinrichtungen geschaffenen Reibwerkstoffe der Gruppe A haben wegen ihrer geringen Leistungsfähigkeit und Temperaturbeständigkeit keine Bedeutung mehr. Beherrschend sind in den mechanischen Bremsen der Fördermaschinen die organisch gebundenen Reibwerkstoffe der Gruppe B, deren Zusammensetzung außerordentlich variabel ist. Sie bestehen aus Grundstoffen, Füllstoffen, Bindemitteln und Zusätzen zur Beeinflussung der Reibungszahl, und sie werden entweder als Formstücke gepreßt oder als Bänder gewalzt bzw. gepreßt.
Die dominierenden Grundstoffe waren bisher Baumwolle und, wegen der höheren Festigkeit sowie Temperaturbeständigkeit, Asbest. Die große Gesundheitsgefährdung durch

Tafel 2-23 Reibwerkstoffe, Trockenlauf mit Gegenwerkstoff Grauguß, Stahlguß, Stahl

Reibwerkstoff	Reibungszahl μ	Zulässige Flächenpressung p in N/mm²	Maximale Dauertemperatur T in °C	Spezifischer Verschleiß ϱ in mm³/kW·h
A Natürliche Reibwerkstoffe [2.125]				
Holz	0,20 … 0,35	0,05 … 0,5	100	
Leder	0,30 … 0,60	0,05 … 0,3	100	
Grauguß	0,15 … 0,25	0,8 … 1,8	260 … 300	
B Organisch gebundene Reibwerkstoffe				
Baumwollgewebe mit Kunstharz	0,40 … 0,65	0,05 … 1,2	100	
Asbestgewebe mit Kunstharz	0,30 … 0,50	0,05 … 2	150	
Asbest mit Kunstharz oder Buna, gepreßt oder gewalzt	0,25 … 0,40	0,05 … 8	180 … 250	50 … 600
Metallwolle mit Buna, gepreßt	0,40 … 0,65	0,05 … 8	200 … 250	
Anorganische Fasern mit Buna, gepreßt	0,30 … 0,50	0,05 … 8	200 … 250	
C Durch Sintern gebundene Reibwerkstoffe [2.126]				
Sintermetalle auf Cu- oder Fe-Basis	0,15 … 0,35	0,05 … 1,5	300 … 600	45 … 300
Metallkeramik	0,35 … 0,50	<0,5	300 … 600	35 … 190

das Einatmen von Asbeststaub haben zu strengen Verwendungsverboten und Schutzvorschriften geführt. Deshalb treten zunehmend asbestfreie Reibwerkstoffe in den Vordergrund, deren Grundstoffe Metallwolle bzw. -pulver, Mineralfasern aus Schlacke bzw. Glas und neuerdings organische Fasern, z.B. Polyaramide, sind. Es ist inzwischen gelungen, ihr Reib- und Verschleißverhalten dem der früheren Asbestbeläge anzugleichen [2.129].
Als Füllstoffe dienen Schwerspat, Kreide, Carbonate, Mineralmehl, Metalloxide, Sulfide o.ä., als Bindemittel Kunstharz, Kautschuk, Buna. Beimengungen von anorganischen Stoffen vergleichmäßigen den Reibmechanismus, Zusätze von Grafit, Magnesiumoxid, Korkmehl usw. vergrößern die Reibungszahl.
Die gesinterten Reibwerkstoffe der Gruppe C enthalten keine organischen Bestandteile und sind dadurch wesentlich temperaturfester. Die Sintermetalle haben eine Kupferpulver- oder Eisenpulverbasis und Zusätze, z.B. in Form von Blei und Grafit, um die Gleiteigenschaften zu verbessern [2.130]. Diese Werkstoffe können nur fertiggeformt bezogen werden. Bisher sind erst vereinzelt Einsatzfälle in der Fördertechnik bekannt geworden, z.B. in Kranen von Kernkraftwerken.
Der zweite Partner der Reibpaarung, meist ein Grauguß-, Stahlguß- oder Stahlkörper, bestimmt deren Funktion wesentlich mit. Grauguß hat gute Gleit- und Verschleißeigenschaften, besonders bei perlitischem Gefüge mit lamellarem oder, wegen der höheren Festigkeit, sphärischem Grafit. Am meisten eingesetzt werden Bremskörper aus unlegierten, naturharten Stählen mit einer Nennzugfestigkeit von 500 bis 600 N/mm². Wenn sie mit Reibbelägen gepaart werden, die metallische Beimengungen enthalten, kann es bei höherer Belastung zur Riefenbildung am Trommel- bzw. Scheibenkörper und zur Einlagerung metallischer Abriebpartikel in den Reibbelag kommen. Dies vermindert die Reibungszahl und vergrößert den Verschleiß. Auf mindestens *HB* 280 vergütete oder gehärtete Gegenkörper zeigen diese Erscheinung nicht, sondern ein sehr gleichmäßiges Reibverhalten. Ein Überzug mit einer 0,10 … 0,15 mm dicken Hartchromschicht verbessert die Betriebseigenschaften einer mechanischen Bremse ebenfalls [2.131].

2.4.2.2 Kenngrößen von Reibpaarungen

Reibungszahl μ und spezifischer Verschleiß ϱ, die beiden maßgebenden Kenngrößen einer Reibpaarung, unterliegen komplizierten, theoretisch nur schwierig zu erfassenden Gesetzmäßigkeiten [2.132]. Sie sind nicht nur von bestimmten Hauptparametern der Paarung, wie Temperatur T, Flächenpressung p, Gleitgeschwindigkeit v, sondern entscheidend auch vom gesamten Bremssystem abhängig, d.h., sie sind keine werkstoffspezifischen, sondern systembedingte Merkmale mechanischer Bremsen.
Die Zusammensetzung vor allem der organisch gebundenen Reibwerkstoffe aus zahlreichen, teilweise nach Struktur und Beschaffenheit schwankenden Komponenten erschwert die Reproduzierbarkeit vorgegebener Kenngrößen, für die deshalb von den Herstellern meist nur Bereiche benannt werden, s. Tafel 2-23. Ermittelt und überprüft werden diese technischen Daten meist auf Teilbelagprüfständen, d.h. unter Reduktion auf die Reibpaarung selbst und mit stark verkleinerten wirksamen Reibflächen. Jüngere, in großem Umfang durchgeführte Untersuchungen an Originalbremsen haben eindeutig erwiesen, daß die von den Belagherstellern angegebenen Kenngrößen keineswegs direkt auf diese Bremssysteme übertragen werden dürfen [2.129] [2.133] bis [2.141].
Die in vielen Tabellen als feste Zahl oder kleiner Zahlenbereich bezeichnete Reibungszahl ist tatsächlich eine unter dem Einfluß unterschiedlicher Herstellungs- und Betriebsbedingungen stark veränderliche Größe, für die nur statistische Werte angegeben werden können. Bild 2-82 weist auf die Auswirkung wechselnder Chargenbildung während der Herstellung hin, Bild 2-83a gibt die Abhängigkeit von der Temperatur an. $\bar{\mu}$ ist hier der Erwartungswert der Reibungszahl aus einer Vielzahl von Versuchen mit Originalbremsen unter betriebsnahen Bedingungen. An einem experimentell ermittelten Beispiel stellt Bild 2-84 die Abhängigkeit der mittleren Reibungszahl von der Flächenpressung und der Anfangsgleitgeschwindigkeit dar. Im für praktische Belange interessierenden Temperaturbereich bis 150 °C fällt die Reibungszahl stark mit zunehmender Gleitgeschwindigkeit, in wesentlich geringerem Maße mit wachsender Flächenpressung.
Der spezifische Verschleiß ϱ einer Reibpaarung wird zweck-

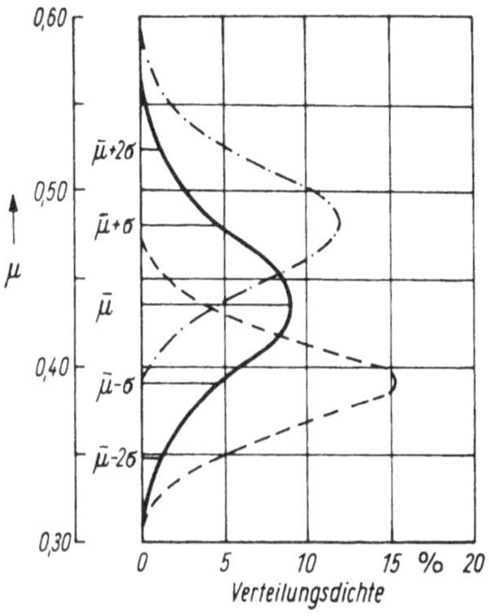

Bild 2-82 Chargenabhängigkeit der Verteilungsdichte der Reibungszahl (Asbest, gepreßt) [2.133]

——— Reibbeläge aller Chargen
-·-·-· Reibbelag an der oberen Chargengrenze
- - - - - Reibbelag an der unteren Chargengrenze

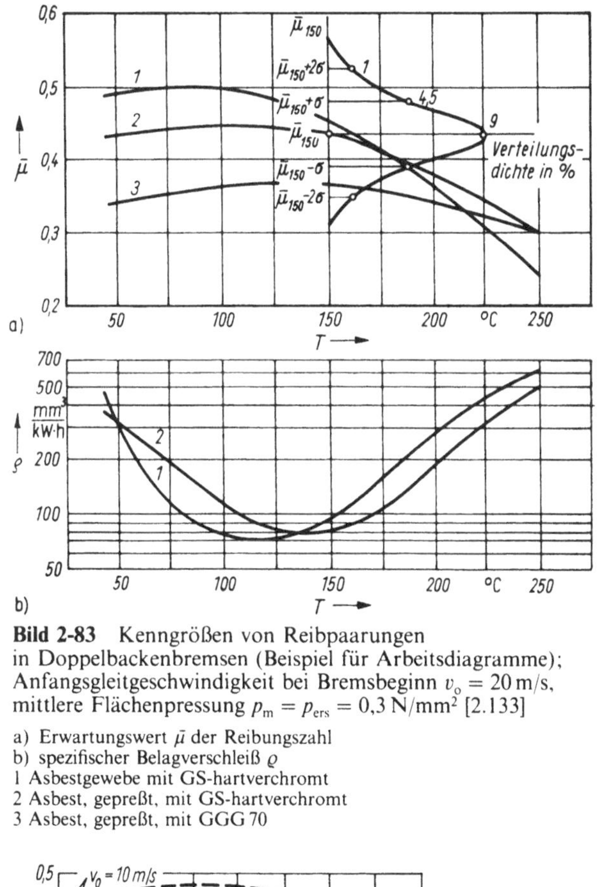

Bild 2-83 Kenngrößen von Reibpaarungen in Doppelbackenbremsen (Beispiel für Arbeitsdiagramme); Anfangsgleitgeschwindigkeit bei Bremsbeginn $v_0 = 20$ m/s, mittlere Flächenpressung $p_m = p_{ers} = 0{,}3$ N/mm² [2.133]

a) Erwartungswert $\bar{\mu}$ der Reibungszahl
b) spezifischer Belagverschleiß ϱ
1 Asbestgewebe mit GS-hartverchromt
2 Asbest, gepreßt, mit GS-hartverchromt
3 Asbest, gepreßt, mit GGG 70

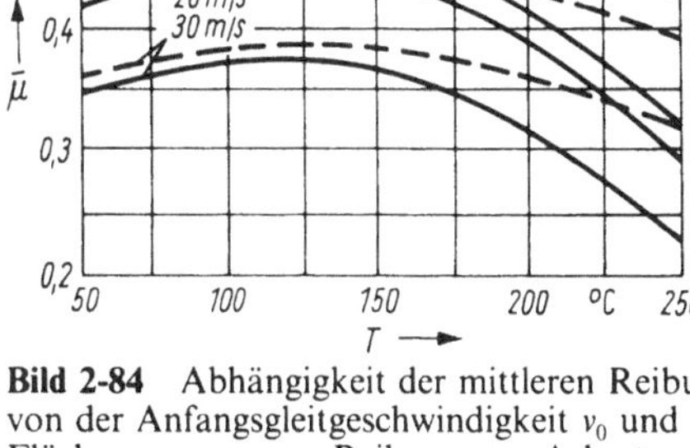

Bild 2-84 Abhängigkeit der mittleren Reibungszahl $\bar{\mu}$ von der Anfangsgleitgeschwindigkeit v_0 und der mittleren Flächenpressung p_m, Reibpaarung Asbest, gepreßt, mit GS-hartverchromt [2.133]

——— $p_m = (0{,}2 \ldots 0{,}5)$ N/mm²
- - - - - $p_m = (0{,}5 \ldots 0{,}9)$ N/mm²

mäßigerweise auf die Bremsarbeit W_B in kW·h oder Ws bezogen und als Volumenverschleiß in mm³ angegeben. Bild 2-83b zeigt die Größenordnung für zwei Reibbeläge. Der mit steigender Temperatur zunächst fallende Verlauf wird von anderen Untersuchungen [2.141] nicht bestätigt, wohl aber der steile Anstieg bei Annäherung an die zulässige Maximaltemperatur. Für Dauerbremsung gibt [2.142] spezifische Verschleißwerte des Reibbelags im Bereich $\varrho = 77 \ldots 380$ mm³/kW·h an. Werte über 200 mm³/kW·h deuten auf zu wenig verschleißfeste Reibwerkstoffe oder unzulässig hohe Betriebsbelastungen hin. Die Verschleißwerte von asbestfreien Reibbelägen (Bild 2-85) liegen höher, und es ist zu erkennen, daß das Bremssystem bei einer Energiezufuhr von mehr als 150 Ws je Bremsung thermisch bereits überfordert ist.

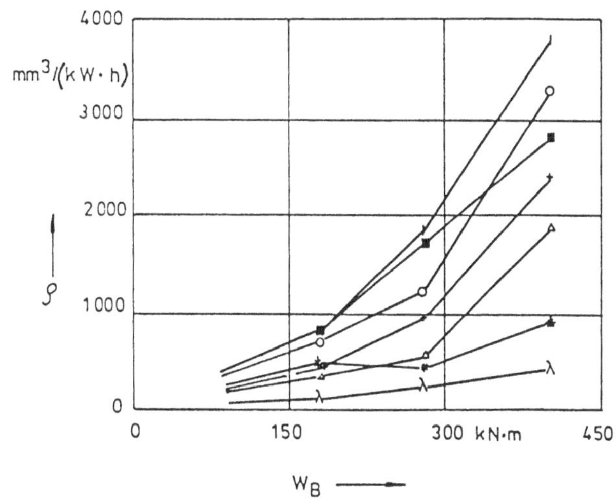

Bild 2-85 Spezifischer Verschleiß von 7 asbestfreien Reibbelägen einer Doppelbackenbremse in Abhängigkeit von der je Bremsung zugeführten Energie [2.129]

Erste noch nicht ausreichend untermauerte Verallgemeinerungen lassen den im Bild 2-86 gezeichneten Zusammenhang zwischen Belag- und Bremskörperverschleiß in Abhängigkeit von der Härte des Bremskörpers vermuten. Mit größerer Härte sinkt somit der Verschleiß beider Reibpartner. Allerdings scheinen diese niedrigeren Verschleißwerte nur mit naturharten Stählen zu erreichen sein, vergütete oder oberflächengehärtete Stähle verlieren wegen der hohen Momentanwerte der auftretenden Oberflächentemperaturen in der Grenzschicht das Härtegefüge und verschleißen wie nicht wärmebehandelte Werkstoffe; erste Versuche bestätigen dies.

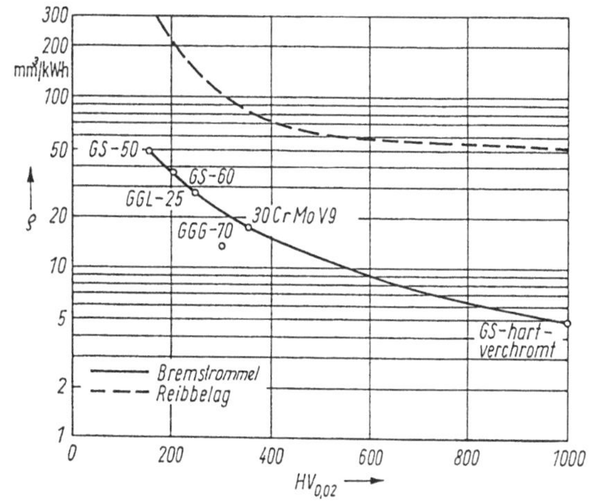

Bild 2-86 Spezifischer Verschleiß des Reibbelags und der Bremstrommel bei Doppelbackenbremsen in Abhängigkeit von der Härte der Bremstrommel [2.138]

Bei sehr kleinen Flächenpressungen unter 0,1 N/mm² erhöht sich der spezifische Verschleiß.

2.4.3 Systemverhalten mechanischer Bremsen

Außer den die Reibpaarung bildenden Hauptteilen, den beiden Reibkörpern, gehört zu einer mechanischen Bremse ein Betätigungsmechanismus. Er erzeugt und überträgt die Bremskraft auf die Reibkörper und schließt bzw. öffnet die Bremse mit Hilfe einer geeigneten Steuerung. Die Bremsfunktion wird damit zu einer über die reine Reibpaarung hinausreichenden Eigenschaft des Bremssystems. In ihm tritt eine örtlich und zeitlich veränderliche Verteilung der elementaren Reibkräfte und der Temperaturen in den Reibkörpern auf. Wegen der größeren Bauteilabmessungen beeinflussen Verformungen und Schwingungen zusätzlich das Bremsverhalten. Dies ergibt Abweichungen von der Reibungsfunktion idealisierter Reibpaarungen mit starren, kleinflächigen Reibkörpern und Unterschiede zwischen den verschiedenen Bremssystemen.

2.4.3.1 Bremsenergie und Wärmebeanspruchung

Während der Bremszeit t_B verrichtet eine mechanische Bremse die Bremsarbeit

$$W_B = \int_0^{\varphi_B} M_B \, d\varphi = \int_0^{t_B} M_B(t)\,\omega(t)\,dt. \qquad (2.115)$$

Zur Integration dieser Gleichung muß der zeitliche Verlauf der Winkelgeschwindigkeit $\omega(t)$ der Bremsscheibe bei vorgegebenem, zeitlich veränderlichem Bremsmoment $M_B(t)$ aus den Parametern des jeweiligen Triebwerks berechnet werden. Bleibt das Bremsmoment, wie es in Fördermaschinen meist vorauszusetzen ist, während der Bremszeit t_B unverändert (M_B = konst.), ergibt sich

für eine Dauerbremsung $\omega = \omega_0 = \text{konst.}$

$$W_{BD} = M_B \omega_0 t_B,$$

für eine Stoppbremsung $\omega(t) = \omega_0\left(1 - \dfrac{t}{t_B}\right)$

$$W_{BS} = M_B \frac{\omega_0 t_B}{2}; \qquad (2.116)$$

ω_0 Winkelgeschwindigkeit bei Bremsbeginn.

Der Wärmestrom, den die Reibpartner erzeugen, hat unter der Annahme einer vollständigen Umwandlung der mechanischen Energie in Wärmeenergie die Stärke

$$\dot{Q} = \frac{dW_B}{dt} \quad \text{bzw.}$$

für eine Dauerbremsung $\dot{Q} = \dfrac{W_{BD}}{t_B} = M_B \omega_0 = \text{konst.},$

für eine Stoppbremsung $\dot{Q}(t) = M_B \omega(t) = M_B \omega_0 \left(1 - \dfrac{t}{t_B}\right)$

mit dem zeitlichen Mittelwert

$$\dot{Q}_m = \frac{W_{BS}}{t_B} = M_B \frac{\omega_0}{2}. \qquad (2.117)$$

Zur Beurteilung der Wärmebeanspruchung mechanischer Bremsen wird vorzugsweise der auf die Flächeneinheit bezogene Wärmestrom, die Wärmestromdichte q, herangezogen. Für sie gilt, wenn näherungsweise die Veränderlichkeit der Flächenpressung p über der Belagfläche A_{bel} vernachlässigt wird (s. Abschn. 2.4.4),

$$q(t) = \frac{\dot{Q}(t)}{A_{bel}} = \frac{M_B \omega(t)}{A_{bel}} = \frac{A_{bel} p \mu d_B \omega(t)}{2 A_{bel}} = p\mu v(t); \qquad (2.118)$$

q Wärmestromdichte,
A_{bel} Reibfläche,
p Flächenpressung,
μ Reibungszahl,
d_B Durchmesser Bremstrommel bzw. -scheibe,
$\omega(t)$ Winkelgeschwindigkeit,
$v(t)$ Umfangsgeschwindigkeit.

Die Wärmestromdichte während einer Dauerbremsung ist für M_B = konst. wiederum eine Konstante. Bei einer Stoppbremsung fällt sie von einem Maximalwert stetig auf Null ab.

Der Wärmestrom $\dot{Q}$ aus der Umwandlung der zugeführten Bremsenergie verteilt sich auf die beiden Reibkörper nach der Beziehung

$$\frac{\dot{Q}_B}{\dot{Q}_R} = \sqrt{\frac{\varrho_B \lambda_B c_B}{\varrho_R \lambda_R c_R}}; \qquad (2.119)$$

$\dot{Q}$ anteiliger Wärmestrom,
ϱ Dichte,
λ Wärmeleitzahl,
c spezifische Wärmekapazität;
Indizes: B Bremstrommel bzw. -scheibe; R Reibbelag.

Die Stoffwerte sind schwierig zu ermitteln bzw. zu erhalten. Es kann angenommen werden, daß maximal 5 bis 9 % des zugeführten Wärmestroms in den Reibbelag fließen, weshalb die Aufteilung nach Gl. (2.119) i.allg. angesichts der sonstigen Ungenauigkeiten der thermischen Berechnung vernachlässigt wird.

Die periodische Zuführung von Brems- gleich Wärmeenergie veränderlicher Stromstärke und die Überlagerung von Wärmeeinleitung und Wärmeabfuhr führen zu veränderlichen Temperaturen an der Oberfläche und im Innern der beiden Reibkörper. An den Oberflächen bilden sich die höchsten Temperaturwerte, sie sind maßgebend für das Reibungs- und Verschleißverhalten und damit für die Auslegung einer mechanischen Bremse. Nach dem Innern der Reibkörper nehmen die Temperaturen ab. Dort auftretende Wärmespannungen sind bei der Festigkeitsrechnung zu berücksichtigen, dies gilt besonders für die selbstbelüftenden Scheibenbremsen [2.143] [2.144].

Temperaturmessungen direkt in der Reibfläche sind nicht möglich. Man bestimmt die Oberflächentemperaturen der Reibkörper vielmehr durch Meßfühler in einer reibflächennahen Schicht von 0,5 bis 1 mm Dicke und bezeichnet die so gemessene Temperatur als Grundtemperatur. Bild 2-87a gibt deren Verlauf während eines Arbeitsspiels an. Die Ausgangstemperatur T_{g1i} vor der Bremsung steigt während der Bremsphase an und fällt dann wieder auf den Wert T_{g2i}, weil zunächst die Wärmezufuhr und später, mit abnehmendem Wärmestrom, die Wärmeabfuhr überwiegt. Die Pausenzeit t_P sowie die Anfahr- und Beharrungszeit t_A und t_H des folgenden Arbeitsspiels sind Kühlphasen. Die nächste Bremsung beginnt bei der gegenüber der vorhergegangenen Bremszeit erhöhten Ausgangstemperatur $T_{g1(i+1)}$.

Unterschiedliche Aufgabenstellungen und Betriebsbedingungen mechanischer Bremsen führen zu abweichenden Temperatur-Zeit-Verläufen. Im Bild 2-87b sind, stark vereinfachend, die drei Grundtypen des thermischen Verhaltens dargestellt. Bei einer Dauerbremsung (D) nähert sich die Grundtemperatur dem oberen Grenzwert T_{go} asymptotisch; die Bremszeit kann beliebig groß werden. Eine solche Dauer-

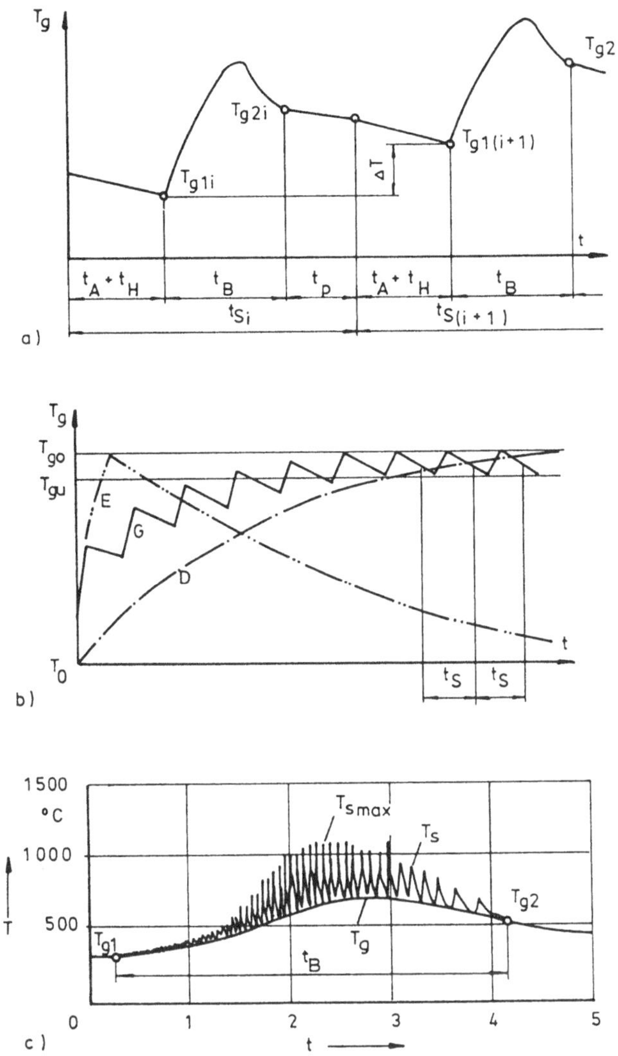

Bild 2-87 Zeitlicher Verlauf der Oberflächentemperaturen an einer Bremstrommel bzw. -scheibe

a) Verlauf der Grundtemperatur T_g während eines Bremsspiels [2.141] (Bezeichnung der Zeitabschnitte s. Bild 3.5)
T_{g1} Anfangstemperatur
T_{g2} Endtemperatur
b) Verlauf der Grundtemperatur bei verschiedenen Bremsfunktionen
D Dauerbremsung
E einmalige Stoppbremsung
G gehäufte Stoppbremsungen
T_{go} obere Grundtemperatur, T_{gu} untere Grundtemperatur im quasistationären Beharrungszustand
c) Grundtemperatur T_g und Spitzentemperatur T_s in einem Flächenelement der Reibzone einer Bremstrommel während einer Bremsung [2.141]

bremsung liegt bei mechanischen Senkbremsen, Bremszäumen, aber auch bei längeren Talfahrten von Fahrzeugen vor. Von einer (einmaligen) Stoppbremsung (E) spricht man, wenn nach einer Bremsung und damit Erwärmung der Reibpartner bis zur nächsten Bremsung eine genügend große Zeitspanne für die Abkühlung auf die Umgebungstemperatur T_0 bleibt. Diese Betriebsweise gilt für Sicherheitsbremsen, z.B. an Stetigförderern, Schachtfördermaschinen, und für alle mechanischen Bremsen in Antrieben mit elektrischer Betriebsbremsung.

In Antrieben mit Aussetzbetrieb ist die Betriebsphase Bremsen Bestandteil jedes Arbeitsspiels. Wenn sie immer von einer mechanischen Bremse ausgeführt wird, führen derartige gehäufte Stoppbremsungen (G) zu einer unstetigen Temperatur-Zeit-Funktion, s. hierzu Bild 2-87a. Während der ersten Arbeitsspiele überwiegt die Wärmeaufnahme die Wärmeabgabe, so daß die Grundtemperatur degressiv steigt. Nach längerer Betriebsdauer, i.allg. nach 50 bis 150 energetisch gleichwertigen Bremsungen, wird ein quasistationärer Beharrungszustand erreicht, in dem Wärmeaufnahme und -abgabe während eines Arbeitsspiels übereinstimmen. Die Grundtemperatur schwankt zwischen einem oberen Wert T_{go} und einem unteren T_{gu}.

Die Momentanwerte der örtlichen Temperaturen in der Reibfläche liegen beträchtlich über den Werten der Grundtemperatur. Eine Vorstellung vermitteln die mit reaktionsschnellen Thermoelementen in 0,1 mm Abstand von der Oberfläche einer Bremstrommel gemessenen Spitzentemperaturen T_s im Bild 2-87c. Sie schwingen mit der doppelten Umlauffrequenz der Bremstrommel und sind, wegen ihrer Größenordnung, für die thermische Belastung und Schädigung der Reibpartner verantwortlich. Rechnerisch sind sie nicht zu erfassen.

2.4.3.2 Reibungszahl-Funktion

Die Reibungszahl μ bzw. $\bar{\mu}$ ist als feste Zahl immer eine statistische Größe, s. Abschnitt 2.4.2.2. Im realen Bremssystem tritt die Reibung dagegen primär als Funktion der Zeit $\mu(t)$ auf. Die Funktionsverläufe während eines Bremsvorgangs sind unterschiedlich, die Reibungszahl bleibt dabei nahezu gleich, steigt (Bild 2-88) oder fällt, je nach Reibpaarung und Betriebsbedingungen. Dem zeitlichen Verlauf sind Schwingungen überlagert. Kenngrößen des Reibverhaltens während einer Bremsung sind:

mittlere Reibungszahl

$$\mu_m = \frac{1}{t_B} \int_0^{t_B} \mu(t)\, dt;$$

Variationskoeffizient

$$V_{\mu(t)} = \frac{s_{\mu(t)}}{\mu_m}; \qquad (2.120)$$

$s_{\mu(t)}$ Standardabweichung, s. Gl. (1.12).

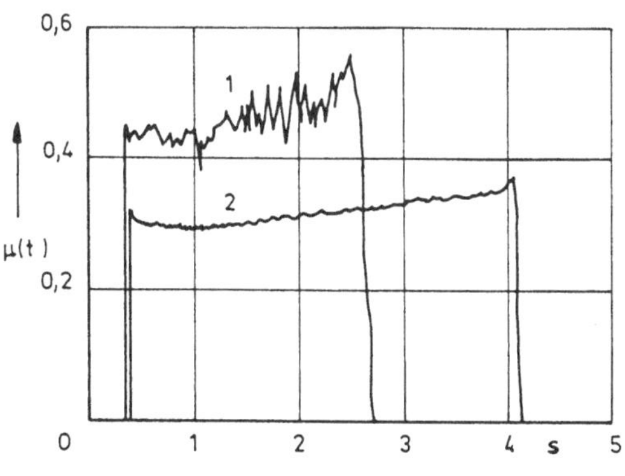

Bild 2-88 Reibungszahl-Funktion $\mu(t)$ von zwei Reibpaarungen während einer Stoppbremsung [2.141]

Reibpartner: Zwei asbestfreie, kunstharzgebundene Reibbeläge mit Stahlwolle
Trommel aus GS-60
Variationskoeffizienten: $V_1 = 0{,}18$; $V_2 = 0{,}05$

Die beiden Reibpaarungen im Bild 2-88 unterscheiden sich im Niveau der Reibungszahl und damit in der Bremsdauer, aber auch im Schwingungsverhalten und deshalb im Variationskoeffizienten.

Werden die Mittelwerte μ_m der Reibungszahl-Funktionen über mehrere Meßreihen bei unterschiedlichen Betriebsbedingungen gewonnen, läßt sich die Güte der Reibpaarung und ihre Belastungsgeschichte durch die bezogene Streufeldbreite Φ ausdrücken. Sie ist die Differenz des obersten und untersten Extremwerts der mittleren Reibungszahl μ_m, bezogen auf den arithmetischen Mittelwert dieser beiden Größen [2.134] [2.139]. Die an gleicher Stelle eingeführte Reibungskennzahl entspricht dem Erwartungswert $\bar{\mu}$ als statistischer Größe.

Die mittlere Reibungszahl μ_m ist in erster Linie eine Funktion der Grundtemperatur T_g; meist fällt sie mit deren Ansteigen (Bild 2-89). Wird für die Schwankung von μ_{m1} ein sicherheitstechnisch zulässiger Bereich festgelegt, ist damit für eine Reibpaarung die zulässige Grundtemperatur $T_{g\,zul}$ bestimmt (Punkt *A*). Bei weiterer Steigerung der Temperatur beginnt im Punkt *B* die thermische Schädigung des Reibbelags, wodurch die mittlere Reibungszahl stärker abfällt. Der geschädigte Reibbelag weist anschließend nur die wesentlich niedrigere mittlere Reibungszahl μ_{m2} auf.

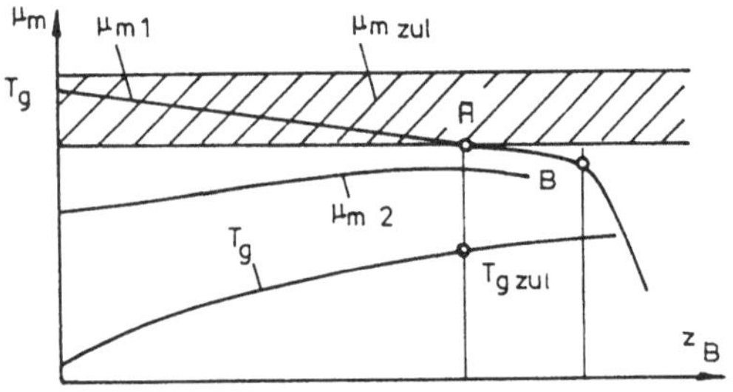

Bild 2-89 Thermische Belastungsgrenze und thermische Schädigung von Reibbelägen [2.141]

T_g Grundtemperatur
z_B Bremsfolgezahl
μ_{m1} mittlere Reibungszahl vor und während der thermischen Schädigung
μ_{m2} mittlere Reibungszahl nach der Schädigung
$\mu_{m\,zul}$ zulässiger Bereich der mittleren Reibungszahl

Wenn diese thermische Schädigung nicht irreversibel ist, was von der Größe der Überlastung und der Zusammensetzung des Reibwerkstoffs abhängt, regeneriert sich der Reibbelag im Verlauf von einigen hundert Bremsungen wieder und erreicht allmählich das frühere Reibverhalten (Bild 2-90). Beim Einlaufen eines neuen Reibbelags kommt es zu ähnlichen Niveauunterschieden und Annäherungen der mittleren Reibungszahl, i.allg. mit steigender, seltener mit sinkender Tendenz. [2.141] unterscheidet deshalb bei Reibpaarungen die Belastungszustände: Einlaufen, Normalbelastung, Extrembelastung mit Schädigung, Regeneration und erneut Normalbelastung. Wenn es auch nicht möglich ist, diese Veränderungen der mittleren Reibungszahl rechnerisch in die Auslegung mechanischer Bremsen einzubeziehen, müssen sie dennoch bedacht und in ihren Folgen abgeschätzt werden.

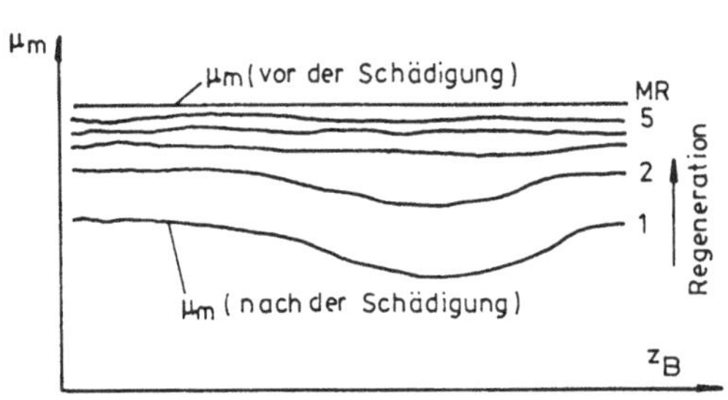

Bild 2-90 Regenerationsprozeß eines thermisch geschädigten Reibbelags [2.141]

z_B Bremsfolgezahl
MR aufeinanderfolgende Meßreihen

2.4.3.3 Thermoschwingungen

Lührsen [2.141] hat bei der Untersuchung großer mechanischer Bremsen mit verfeinerten Meßmethoden Schwingungen von Grundtemperatur, Verformung und mittlerer Reibungszahl in den Flächenelementen der Reibpartner festgestellt. In dieser Erscheinung kann einer der Gründe für das voneinander abweichende Verhalten unterschiedlicher Bremssysteme gesehen werden, weshalb hier kurz darauf einzugehen ist.

Das Auftreten dieser Thermoschwingungen ist an zwei Voraussetzungen geknüpft: an eine relativ geringe Steife der Reibkörper und daran, daß der Reibwerkstoff weder thermisch überlastet noch unterfordert ist (Bremstrommel: $T_g > 160\,°C$; Bremsscheibe: $T_g > 250\,°C$). In kleinen, steifen Bremstrommeln und massiven Scheiben kommt es nicht zu diesen Schwingungen.

Miteinander verknüpft schwingen Grundtemperatur und Radialverformung (bei Bremstrommeln) bzw. Axialverformung (bei Bremsscheiben) in den Flächenelementen der beiden Reibkörper gleichsinnig mit gleicher Periodendauer von 15 bis 80 Einzelbremsungen, je nach Reibwerkstoff und thermischer Belastung. Mit Zunahme der je Bremsung zugeführten Bremsenergie nimmt die Periodendauer ab.

An der Bremstrommel schwingen Grundtemperatur T_g und Radialverformung Δr der Ringsegmente längs der Mantellinien (punktierte Flächen im Bild 2-91a) innen und außen phasenverschoben mit gleicher Frequenz (Bild 2-92b, c). Die zugehörigen Flächenelemente der Bremsbacken schwingen synchron zu denen der Bremstrommel. Im Gegensatz dazu ändern sich bei einer selbstbelüftenden Bremsscheibe Grundtemperatur und Axialverformung periodisch, aber zueinander phasenverschoben in den Flächenelementen, die auf einem Reibkreis aufeinanderfolgen (punktierte Flächen im Bild 2-91b). Die Schwingungsamplituden nehmen mit steigender Anzahl an Rippen ab. Auf den Einfluß derartiger Verformungen auf das Bremsverhalten hat auch [2.145] hingewiesen.

Die Ursache für diese periodischen Schwankungen von Verformung und Grundtemperatur liegt im Wechselspiel zwischen dem Verhalten des Reibwerkstoffs und der Oberflächentemperatur. Zunehmende Verformung führt zu einer größeren anteiligen Reibkraftübertragung in den entsprechenden Flächenelementen und damit zur Erhöhung der Grundtemperatur. Die Folge ist ein Absinken der Reibungszahl und damit eine Abnahme des Anteils der Reibkraftübertragung.

Dies hat Auswirkungen auf die mittlere Reibungszahl μ_m der gesamten Bremse während einer Bremsung. Bild 2-92a

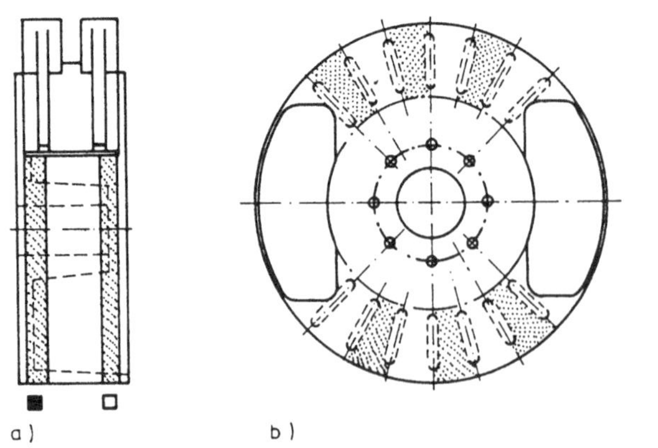

Bild 2-91 Zonen wechselnder thermischer Belastung in der Reibfläche (punktierte Bereiche) [2.141]

a) Ringsegmente einer Bremstrommel
b) Flächenelemente einer Bremsscheibe

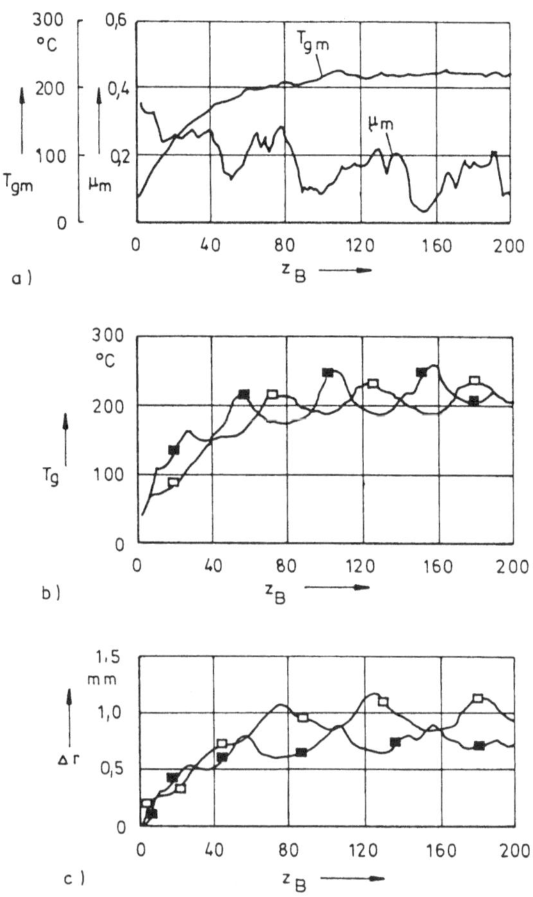

Bild 2-92 Schwingender Verlauf der Parameter einer Trommelbremse [2.141]

a) über die gesamte Reibungsfläche gemittelte Grundtemperatur T_{gm} und mittlere Reibungszahl μ_m
b) Grundtemperatur T_g in einem inneren (■) und einem äußeren (□) Ringsegment der Trommel
c) mittlere Radiusänderung Δr in den beiden Rand-Ringsegmenten der Trommel

weist aus, daß μ_m phasenverschoben zu der Grundtemperatur T_g und der Radialverformung Δr des inneren Ringsegments der Bremstrommel schwingt. Die mittlere Reibungszahl hat ihr Minimum dann, wenn die Grundtemperatur im Innenbereich der Trommel ein Maximum zeigt, weil in diesem Fall die thermische Belastung des Reibwerkstoffs am größten ist [2.141].

Demgegenüber treten an einer Bremsscheibe trotz der Temperaturschwingungen keine periodischen Änderungen der mittleren Reibungszahl μ_m auf. Hier folgen auf einem Reibkreis abwechselnd Bereiche großer und kleiner Temperaturen aufeinander, so daß sich die Einzeleffekte überlagern und die mittlere Reibungszahl gleich bleibt. Es ist zu vermuten, daß die immer wieder beobachtete größere Konstanz der Reibungszahl von Scheibenbremsen, verglichen mit der von Trommelbremsen, u.a. auf diesen fehlenden Schwingungseinflüssen beruht.

2.4.3.4 Thermische Berechnung

Während die Wärmeeinleitung in die Bremse nach verhältnismäßig einfachen Gesetzen vor sich geht, überlagern sich bei der Wärmeleitung und -übertragung auf die Umgebung komplizierte instationäre Prozesse der Wärmeleitung, Konvektion und Strahlung. Sie lassen sich zwar durch ein System von Differentialgleichungen, u.a. die Fouriersche Wärmeleitungsgleichung, die Kontinuitätsgleichung, die Navier-Stokesschen Differentialgleichungen, vollständig mathematisch beschreiben; dieses Gleichungssystem ist aber geschlossen nicht zu lösen. Angesichts der vielen Unsicherheiten, die schon den Eingangsparametern anhaften, und des begrenzten technischen Ziels hätte eine solche exakte Lösung auch wenig Sinn; es reichen Näherungslösungen aus. Im Grad und in der Zulässigkeit der für den praktischen Gebrauch vorgenommenen Vereinfachungen liegen die eigentlichen Unterschiede aller technischen Berechnungsverfahren für das thermische Verhalten von Bremsen.

Wenn es sich um eine energetisch offensichtlich nicht hochbeanspruchte mechanische Bremse handelt, dies trifft z.B. bei elektrischer Betriebsbremsung zu, begnügt man sich damit, die spezifische Reibleistung, die mit der Wärmestromdichte nach Gl. (2.118) übereinstimmt, zu überprüfen. Für sie gilt allgemein als empirische obere Grenze $p\mu v_0 = 3\,\mathrm{W/mm^2}$. DIN 15434 gibt nur $0{,}75 \ldots 1{,}35\,\mathrm{W/mm^2}$ in Abhängigkeit vom Durchmesser der Bremstrommel an.

Für die einmalige Stoppbremsung der Kraftfahrzeugbremsen liegen mehrere experimentell untermauerte Berechnungsverfahren vor [2.146] bis [2.148]; eine Zusammenstellung und Bewertung findet man beispielsweise in [2.149]. Innerhalb der Berechnungsverfahren für das thermische Verhalten bei gehäufter Stoppbremsung sind die halbempirischen Verfahren, die an Modellkörpern gewonnene Wärmeübergangszahlen benutzen, von den neueren empirischen Verfahren zu unterscheiden, die sich auf Experimente an Originalbremsen stützen.

2.4.3.4.1 Halbempirische Verfahren

Die halbempirischen Verfahren für die Temperaturberechnung bei gehäufter Stoppbremsung gehen von folgenden, stark vereinfachenden Annahmen aus:

- quasistationärer thermischer Beharrungszustand mit Übereinstimmung von Wärmezufuhr und -abfuhr im Bezugszeitraum
- konstanter Wärmestrom im Bezugszeitraum
- Fluß des gesamten Wärmestroms in den Bremskörper (Bremstrommel, Bremsscheibe)
- örtlich konstantes Temperaturfeld im gesamten Bremskörper
- Übertragungsfähigkeit der an Modellkörpern ermittelten Wärmeübergangsgesetze auf den realen Bremskörper.

Die in den Ursprungsarbeiten [2.150] [1.151] gewählte Bezugszeit von einer Stunde entsprach der damaligen Dimension $\mathrm{kcal/(m^2 \cdot h \cdot grd)}$ der Wärmeübergangszahlen. Nach der Einführung des SI werden diese Kenngrößen in $\mathrm{W/(m^2 \cdot K)}$ angegeben, weshalb der Bezugszeitraum für den Wärmestrom nunmehr die Sekunde sein muß.

Die einfachste Beziehung ist die von *Niemann* [2.150] eingeführte Gleichung für die Temperaturerhöhung einer Reibungskupplung oder -bremse

$$T_{max} = T_0 + \frac{\dot{Q}_m}{\alpha_B A_s} \tag{2.121}$$

mit der Wärmeübergangszahl des gesamten Bremskörpers

$\alpha_B = 5{,}2 + 7 v_0^{0,75}$;

T_{max} Maximaltemperatur in K,
T_0 Umgebungs- (Luft-)Temperatur in K,
$\dot{Q}_m$ mittlerer Wärmestrom nach Gl. (2.117) in W,
α_B Wärmeübergangszahl des Bremskörpers in $\mathrm{W/(m^2 \cdot K)}$,
A_s strahlende Fläche des Bremskörpers in $\mathrm{m^2}$,
v_0 Maximalwert der Umfangsgeschwindigkeit der Reibfläche bei Bremsbeginn in m/s.

Das in der Fördertechnik bis in die Gegenwart am meisten verwendete Verfahren nach *Ernst* [2.151] stellt ebenfalls die Bilanz der in der Bezugszeit zu- und abgeführten Wärmemengen auf. Die abgegebene Wärmemenge wird jedoch,

Tafel 2-24 Wärmeübergangszahlen von Modellkörpern

Wärmeübergang durch Strahlung

$$\alpha_s = \frac{\varepsilon_n C_s}{10^8} \frac{T_s^4 - T_L^4}{T_s - T_L}$$

Wärmeübergang durch Konvektion (freie Strömung)

$\alpha = 5{,}8\ \mathrm{W/(m^2 \cdot K)}$

Wärmeübergang durch Konvektion (erzwungene Strömung)

a) Kreisringplatte

Laminare Strömung	Turbulente Strömung	Kritischer Durchmesser
$\alpha_{Pl} = \dfrac{0{,}3\omega^{0,5}\lambda_L}{\nu_L^{0,5}}$	$\alpha_{Pt} = 0{,}015\lambda_L\left(\dfrac{\omega}{\nu_L}\right)^{0,8} \dfrac{\left(\frac{d_i}{2}\right)^{2,6} - \left(\frac{d_{kr}}{2}\right)^{2,6}}{\left(\frac{d_i}{2}\right)^{2} - \left(\frac{d_{kr}}{2}\right)^{2}}$	$d_{kr} = \sqrt{9{,}6 \cdot 10^5 \dfrac{\nu_L}{\omega}}$

b) Zylinder

$$\alpha_Z = \frac{0{,}1 Re^{0,67}\lambda_L}{d_a} = 0{,}063 d_a^{0,34}\lambda_L\left(\frac{\omega}{\nu_L}\right)^{0,67} \quad \text{mit} \quad Re = \frac{d_a^2\omega}{2\nu_L}$$

Bedeutung der Zeichen:

- α Wärmeübergangszahl in $\mathrm{W/(m^2 \cdot K)}$,
- ω Winkelgeschwindigkeit in m/s,
- $d_{i,a}$ Innen- bzw. Außendurchmesser in m,
- λ_L Wärmeleitzahl der Luft in $\mathrm{W/(m \cdot K)}$,
- ν_L kinematische Zähigkeit der Luft in $\mathrm{m^2 \cdot s}$,
- ε_n Emissionsverhältnis in Richtung der Flächennormalen,
- C_s Strahlungskoeffizient des schwarzen Körpers in $\mathrm{W/(m^2 \cdot K^4)}$,
- T_s Temperatur der strahlenden Fläche in K,
- T_L Lufttemperatur in K.

Stoffwerte:

$c_{Stahl} = 460 \ldots 500\ \mathrm{J/(kg \cdot K)}$
$C_s = 5{,}77\ \mathrm{W/(m^2 \cdot K^4)}$
$\varepsilon_n = 0{,}24$ (blanker Stahl)
$= 0{,}6 \ldots 0{,}8$ (unbearbeiteter, angerosteter, gestrichener Stahl)

Stoffwerte Luft bei Lufttemperatur in °C

	50	100	150	200
λ_L in $\mathrm{W/(m \cdot K)}$	0,0278	0,0314	0,0351	0,0386
ν_L in $\mathrm{10\ m^2/s}$	1,79	2,31	2,87	3,46

unter Vernachlässigung der bei konstant angenommener Temperatur ohnehin nicht auftretenden Wärmeleitung, aus den Wärmeströmen der Einzelflächen der Bremskörperoberfläche infolge Strahlung und Konvektion berechnet

$$\dot{Q}_m = \dot{Q}_s + (1 - BD)\dot{Q}_{kf} + BD \cdot \dot{Q}_{ke}\,; \tag{2.122}$$

Indizes: s Strahlung; kf Konvektion (freie Strömung); ke Konvektion (erzwungene Strömung).

Durch die Einführung der relativen Betriebsdauer *BD* laut Gl. (3.1) wird der Wärmestrom $\dot{Q}_{kf}$ anteilig auf die Stillstandszeit, der Wärmestrom $\dot{Q}_{ke}$ anteilig auf die Rotationszeit des Bremskörpers im Bezugszeitraum bezogen. Für die einzelnen Wärmeströme gilt allgemein

$$\dot{Q}_i = \alpha_i A_i\,.$$

Die Wärmeübergangszahlen α_i können der Fachliteratur oder Handbüchern entnommen werden, Tafel 2-24 zeigt eine Auswahl. Als Bezugstemperatur für die Stoffwerte der Luft ist das arithmetische Mittel von Umgebungs- und Bremskörpertemperatur zu verwenden. Die Teilflächen A_i für die einzelnen Wärmeübergangsarten sind im Bild 2-93 bezeichnet, wobei die in Klammern stehenden u.U. zu vernachlässigen sind. In [2.151] wird beim konvektiven Wärmeübergang mit erzwungener Strömung eine Aufteilung der Seitenflächen in *j* Kreisringflächen mit unterschiedlicher mittlerer Umfangsgeschwindigkeit v_{0j} bei Bremsbeginn vorgenommen und als Wärmeübergangszahl der nachstehende Ansatz genutzt

$$\alpha_{kej} = 7{,}14 v_{0j}^{0,78} \qquad \frac{\alpha_{kej}}{\mathrm{W/(m^2 \cdot K)}} \;\Bigg|\; \frac{v_{0j}}{\mathrm{m/s}}\,.$$

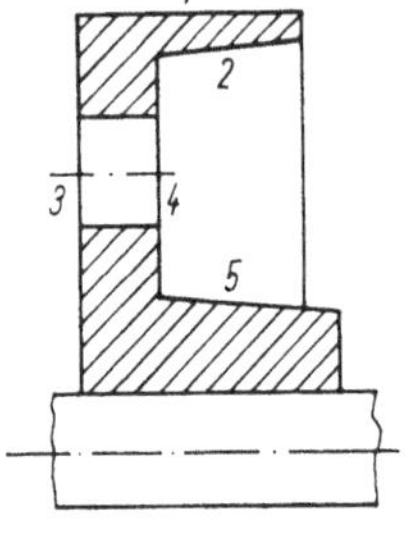

Bild 2-93 Flächenaufteilung einer Bremstrommel für den Wärmeübergang durch:

Strahlung 1, (3), (4)
Konvektion Zylinder 1, 2, (5)
Konvektion Platte 3, 4

In der gleichen Form wie Gl. (2.121) wird damit Gl. (2.122) zur Bestimmungsgleichung für die Maximaltemperatur des Bremskörpers

$$T_{max} = T_0 + \frac{\dot{Q}_m}{\alpha_s A_s + (1 - BD)\,\alpha_{kf} A_{kf} + BD \sum_j \alpha_{kej} A_{kej}}\,. \tag{2.123}$$

Mit dieser Gleichung liegt nur scheinbar eine geschlossene Lösung vor, denn die Wärmeübergangszahl α_s für Strahlung ist eine Funktion der Temperatur, s. Tafel 2-24. DIN 15434 hat das Berechnungsverfahren von *Ernst* [2.151] übernommen, allerdings ohne Aufteilung der Seitenflächen in Kreisringflächen.

[2.152] trennt bei der Berechnung der Temperaturen die Erwärmungs- und die Abkühlphase, anstatt sie global über die relative Betriebsdauer zu erfassen. Den gleichen Weg kann man beschreiten, indem man die linearisierte Bilanzgleichung des Wärmeübergangsproblems für das Zeitelement d*t* als Ansatz benutzt

$$\dot{Q}_m\,\mathrm{d}t - cm\,\mathrm{d}T - \left(\sum_i \alpha_i A_i\right)(T - T_0)\,\mathrm{d}T = 0; \tag{2.124}$$

- $\dot{Q}_m$ mittlerer Wärmestrom nach Gl. (2.117),
- c spezifische Wärme des Bremskörpers,
- m Masse des Bremskörpers,
- α_i Wärmeübergangszahl der *i*-ten Fläche,
- A_i *i*-te Einzelfläche,
- T Temperatur,
- T_0 Umgebungs- (Luft-)Temperatur.

Wird Gl. (2.124) über ein Arbeitsspiel von der Dauer t_S integriert, ergibt sich für die Maximaltemperatur nach einigen Vereinfachungen

$$T_{max} = T_0 + \frac{\dot{Q}_m t_B}{cm} \frac{1}{1 - e^{-(t_S - t_B)/\tau}} \tag{2.125}$$

mit der Kenngröße für das thermische Verhalten des Bremskörpers, der Erwärmungszeitkonstanten

$$\tau = \frac{cm}{\sum_i \alpha_i A_i}\,.$$

Auch für diese Gleichung gilt die implizite Abhängigkeit der Wärmeübergangszahl α_s für Strahlung von der zu berechnenden Temperatur T_{max}.
Wenn der Temperaturanstieg bei einer einmaligen Stoppbremsung, z.B. durch das Einfallen einer Sicherheitsbremse, zu berechnen ist, kann vereinfachend davon ausgegangen werden, daß während der Bremsung keine Wärmeübertragung in die Umgebung stattfindet, im Bremskörper Wärme somit lediglich gespeichert wird. Ist die Bremsdauer t_B kurz, sollte sicherheitshalber bei einer Bremstrommel allein die Masse des Zylinders, bei einer Bremsscheibe die des von den Backen überdeckten Kreisrings einbezogen werden. Die Bemessungsgleichung lautet dann

$$T_{max} = T_0 + \frac{\dot{Q}_m t_B}{cm}. \qquad (2.126)$$

2.4.3.4.2 Empirische Verfahren

Die in jüngerer Zeit vorzugsweise auf experimenteller Basis entwickelten empirischen Verfahren zur Ermittlung der Bremskörpertemperaturen bei gehäufter Stoppbremsung sollen die gröbsten Unzulänglichkeiten der vorstehenden halbempirischen beseitigen. Die Ergebnisse zahlreicher Untersuchungen reichen vom experimentellen Nachweis des Temperaturgefälles im Bremskörper [2.153] bis zu den bereits in den vorangegangenen Abschnitten behandelten erweiterten Erkenntnissen über die physikalischen Vorgänge [2.141].
Eigentliche Berechnungsverfahren nutzen die Ähnlichkeitsgesetze und bilden Funktionen dimensionsloser Potenzprodukte [2.154] oder Modellgleichungen mit Parametern und Parameterkombinationen, deren Lösung durch statistische Auswertung breit angelegter Versuche an Originalbremsen in Kennlinienfeldern angegeben wird [2.149]. Speziell für die selbstbelüftenden Scheibenbremsen werden häufig noch die an Modellkörpern gemessenen Wärmeübergangszahlen herangezogen, teils für Teilkörper der Bremsscheibe [2.155], teils für den Wärmeübergang zwischen finiten Elementen [2.143] [2.144]. In [2.156] werden solche Bremsscheiben mit experimentell bestimmten, bauteilspezifischen Wärmeabfuhrkennzahlen berechnet.
In allgemeiner Form darzustellen ist lediglich das Berechnungsverfahren von *Arndt* [2.149]. Es erlaubt, den oberen und unteren Wert T_{go} bzw. T_{gu} der Grundtemperatur (s. Bild 2-87b) im quasistationären Beharrungszustand mit Hilfe von zwei Bezugstemperaturen T_{go0} und T_{gu0} und vier Faktoren φ_i für Parametereinflüsse zu berechnen

$$T_{gu} = T_{gu0}\,\varphi_{BD}\,\varphi_{p\mu u}\,\varphi_b\,;$$
$$T_{go} = T_{go0}\,\varphi_{p\mu o} + T_{gu0}\,\varphi_{p\mu u}(\varphi_{BD} - 1). \qquad (2.127)$$

Diese sechs Parameter sind als Kennlinienfelder im Bild 2-94 dargestellt. In Übereinstimmung mit [2.132] wird als charakteristische, für die thermische Wirkung auf das Reib- und Verschleißverhalten maßgebende Temperatur der arithmetische Mittelwert dieser beiden Grundtemperaturen vorgeschlagen. Die Reibungszahl μ soll mit ihrem Nennwert angesetzt, für unterschiedliche Drehzahlen n, z.B. bei Heben und Senken, der zeitliche Mittelwert gebildet werden.
Das die thermische Belastung bestimmende Massenträgheitsmoment J muß so berechnet werden, daß es die energetischen Verhältnisse während der Bremsung richtig wiedergibt. Diese führt zu folgenden Gleichungen am Beispiel eines Hubwerks und eines Fahrwerks:

a) *Hubwerk*

Die rechnerische Gesamtenergie ist gleich der Bremsarbeit

$$E_r = E_{tr} + E_{ro} \pm E_{po} = W_B\,; \qquad (2.128)$$

E_r rechnerische Gesamtenergie,
E_{tr}, E_{ro} kinetische Energien der translatorisch bzw. rotatorisch bewegten Massen,
E_{po} potentielle Energie der translatorisch bewegten Massen (+ für Senken, − für Heben),
W_B Bremsarbeit nach Gl. (2.116).

Einsetzen der Bestimmungsgrößen für die Energien führt zu

$$J_r\frac{\omega_0^2}{2} = \frac{mv_h^2\,\eta_{ges}}{2} + \frac{\bar{J}_{red}\,\omega_0^2}{2} \pm \bar{M}_H\frac{\omega_0 t_B}{2} = M_B\frac{\omega_0 t_B}{2}\,; \qquad (2.129)$$

J_r rechnerisches (Ersatz-)Massenträgheitsmoment,
m Hubmasse,
v_h Hubgeschwindigkeit,
η_{ges} Gesamtwirkungsgrad des Hubwerks einschließlich Flaschenzug,
$\bar{J}_{red}$ Massenträgheitsmoment der rotierenden Teile im Bremszustand, auf die Bremsscheibenwelle reduziert,
ω_0 Winkelgeschwindigkeit bei Bremsbeginn,
$\bar{M}_H$ Beharrungsmoment des Antriebs im Bremszustand, auf Bremsscheibenwelle bezogen,
t_B Bremszeit,
M_B Bremsmoment.

Eliminieren von $\omega_0 t_B/2$ und Einsetzen von $v_h/\omega_0 = d_T/(2i_{ges})$ sowie $S_B = M_B/\bar{M}_H$ ergibt die Gleichung für das rechnerische Massenträgheitsmoment

$$J_r = \left(m\frac{d_T^2\,\eta_{ges}}{4i_{ges}^2} + \bar{J}_{red}\right)\frac{1}{1 \mp (1/S_B)}\,; \qquad (2.130)$$

d_T Trommeldurchmesser,
i_{ges} Gesamtübersetzung des Hubwerks einschließlich Flaschenzug,
S_B statischer Sicherheitsbeiwert der Bremse.

In Gl. (2.130) ist das positive Vorzeichen für Heben, das negative für Senken einzusetzen. Der Mittelwert für je ein Hub- und Senkspiel beträgt

$$J_{rm} = \left(m\frac{d_T^2\,\eta_{ges}}{4i_{ges}^2} + \bar{J}_{red}\right)\frac{1}{1 - (1/S_B^2)}. \qquad (2.131)$$

b) *Fahrwerk*

Die entsprechenden Gleichungen lauten

$$E_r = E_{tr} + E_{ro} - W_{rei} \pm W_w = W_B\,;$$

W_{rei} Reibungsarbiet,
W_w Windarbeit.

$$J_r\frac{\omega_0^2}{2} = \frac{mv_f^2\,\eta_{ges}}{2} + \frac{\bar{J}_{red}\,\omega_0^2}{2} - \bar{M}_H\frac{\omega_0 t_B}{2} \pm \bar{M}_w\frac{\omega_0 t_B}{2}$$
$$= M_B\frac{\omega_0 t_B}{2}\,; \qquad (2.132)$$

$\bar{M}_w$ Windmoment im Bremszustand, auf Bremsscheibenwelle bezogen,
v_f Fahrgeschwindigkeit.

Eliminieren von $\omega_0 t_B/2$ sowie Einsetzen von $v_F/\omega_0 = d_R/(2i_{ges})$, $C_H = M_B/\bar{M}_H$ und $C_w = M_B/\bar{M}_w$ ergibt

$$J_r = \left(m\frac{d_R^2\,\eta_{ges}}{4i_{ges}^2} + \bar{J}_{red}\right)\frac{1}{1 + \frac{1}{C_H} \mp \frac{1}{C_w}}\,; \qquad (2.133)$$

d_R Laufraddurchmesser.

Zu beachten ist, daß die Konstanten C_H und C_w hier nicht den Charakter von Sicherheitsbeiwerten haben. Das negative Vorzeichen in Gl. (2.133) gilt für Fahren mit Wind, das positive für Fahren gegen Wind. Der Mittelwert eines Doppelspiels mit und gegen Wind beträgt

$$J_{rm} = \left(m\frac{d_R^2\,\eta_{ges}}{4i_{ges}^2} + \bar{J}_{red}\right)\frac{1}{1 + \frac{1}{C_H} - \frac{C_H}{C_w^2(1 + C_H)}}. \qquad (2.134)$$

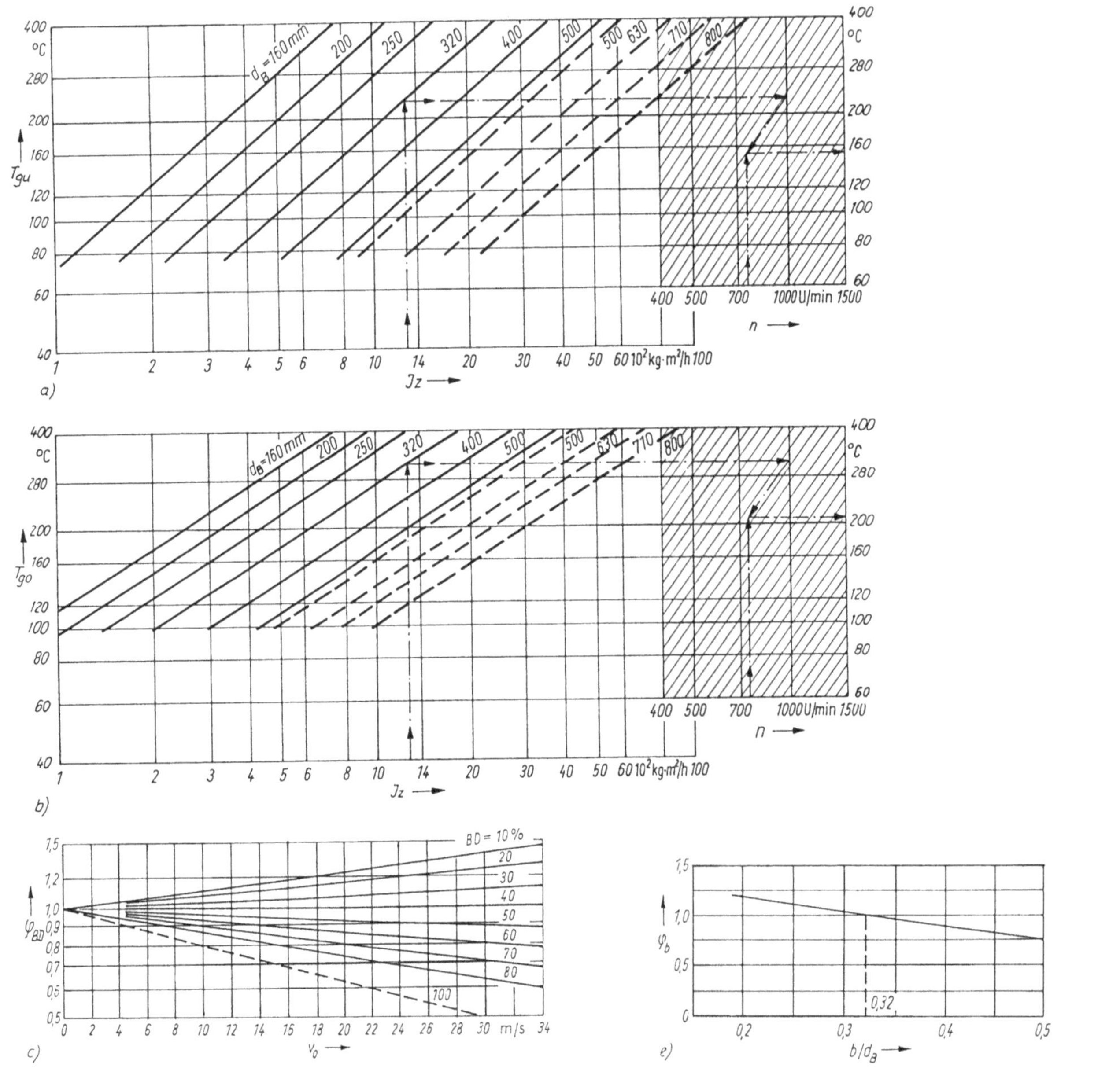

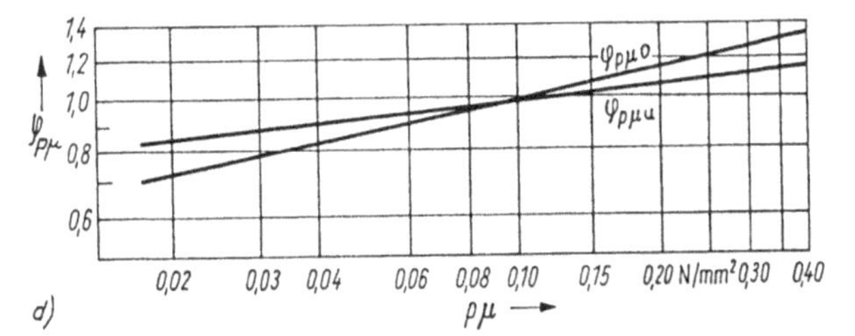

Bild 2-94 Kennlinienfelder für Faktoren der Gl. (2.127)

a) Grundtemperatur T_{gu}
b) Grundtemperatur T_{go}
c) Faktor φ_{BD} für relative Betriebsdauer (v_0 Umfangsgeschwindigkeit zu Bremsbeginn)
d) Faktor $\varphi_{p\mu}$ für das Produkt Flächenpressung p mal Reibungszahl μ
e) Faktor φ_b für das Verhältnis Breite b zu Durchmesser d_B der Bremstrommel

Wie unzulänglich die bisher verwendeten Berechnungsverfahren für Doppelbackenbremsen bei gehäufter Stoppbremsung sind, wird aus dem Vergleich im Bild 2-95 ersichtlich. Es sind für jeweils gleichen Spielverlauf die ausgewiesenen Maximaltemperaturen der Bremsscheibe nach den hier angegebenen Gleichungen dargestellt. Mit zunehmendem Bremsscheibendurchmesser werden die Abweichungen derartig groß, daß Fehldimensionierungen mit all ihren Gefahren unvermeidlich erscheinen.

Bremsen anderer Bauart, z.B. Bandbremsen, Scheiben- und Kegelbremsen, wurden in ihrem thermischen Verhalten bei gehäufter Stoppbremsung bisher nicht in gleicher Weise untersucht. Für sie sollte daher weiterhin, mit der gebotenen Vorsicht, ein halbempirisches Berechnungsverfahren, z.B. Gl. (2.125), herangezogen werden. Streng ist stets darauf zu achten, daß nur freiliegende, d.h. tatsächlich am Wärmeübergang zur umgebenden Luft beteiligte Flächen in die Gleichung für die Erwärmungszeitkonstante eingesetzt werden.

2.4.4 Backenbremsen (Trommelbremsen)

Backenbremsen sind die in der Fördertechnik am häufigsten verwendeten mechanischen Bremsen. Je nachdem, ob ihre mit Reibbelag ausgerüsteten Backen von außen oder innen an die Bremstrommel gepreßt werden, bezeichnet man sie als

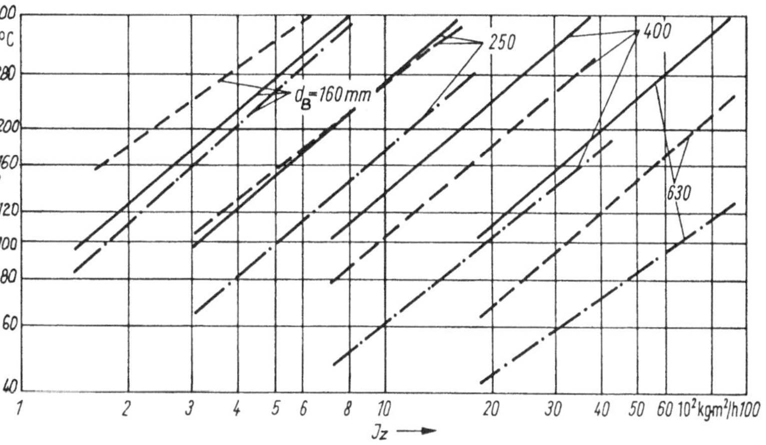

Bild 2-95 Vergleich der rechnerischen Grundtemperaturen von Bremstrommeln bei gehäufter Stoppbremsung

——— nach Gl. (2.127) [2.149]
– – – – nach Gl. (2.123) [2.151]
–·–·–·– nach Gl. (2.121) [2.150]

Außenbacken- oder Innenbackenbremsen (Bild 2-96). Die hohen erforderlichen Anpreßkräfte verlangen große Zustellkräfte und meist eine Hebelübersetzung in der Bremse. Dafür ist die konstruktive Ausführung einfach, die Wärme wird gut abgeleitet, und das Bremsmoment kann ohne besonderen Aufwand unabhängig von der Drehrichtung der Bremstrommel gemacht werden.

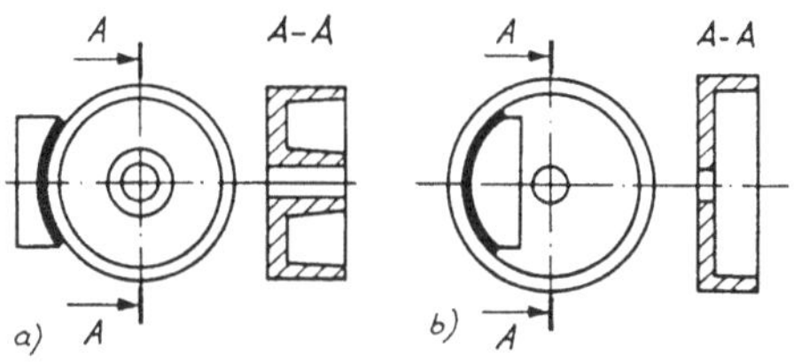

Bild 2-96 Backenbremsen, Funktionsprinzip

a) Außenbackenbremse
b) Innenbackenbremse

2.4.4.1 Außenbackenbremsen

Eine Außenbackenbremse mit nur einer wirkenden Bremsbacke beansprucht die Bremstrommelwelle stark auf Biegung und wird daher nur in sehr einfachen Antrieben verwendet [2.157]. Die Doppelbackenbremse erzeugt nicht nur ein doppelt so großes Bremsmoment, sondern führt auch, bei richtiger konstruktiver Gestaltung, zu einem guten Ausgleich der auf die Bremstrommelwelle wirkenden Radialkräfte. Federn, hydraulische Zylinder oder Gewichte erzeugen die notwendige Bremskraft, teilweise über Hebelübersetzungen. Die Bremshebel können gerade oder geschwungen, die Bremsbacken starr oder gelenkig an ihnen befestigt sein. Da die Art der Lagerung und Zustellung der Bremsbacken Einfluß auf die Größe des Bremsmoments hat, müssen zunächst die Kräfte an einer Backe ermittelt und verglichen werden.

2.4.4.1.1 Kräfte an der Bremsbacke

Das Zusammenwirken von Bremsbacke und -trommel wird in vielen Veröffentlichungen [2.150] [2.151] insofern sehr vereinfacht, daß eine Linienberührung zwischen Backe und Trommel angenommen wird, s. hierzu [2.158]. Diese Betrachtungsweise verchleiert wichtige konstruktive Zusammenhänge, die nur sichtbar werden, wenn die tatsächlich gegebene Flächenberührung in der Reibpaarung berücksichtigt wird. Die Unterschiede im errechneten Bremsmoment usw. wirken sich zwar nur bei größeren Außenbackenbremsen stärker aus; der rechnerische Mehraufwand ist aber so gering, daß alle Außenbackenbremsen mit dem genaueren Modell berechnet werden können.

Die Druckverteilung in der Berührungsfläche bestimmt man mit der Winklerschen Annahme, daß Proportionalität zwischen den Normal-, d.h. Radialverformungen, der Fläche und den auftretenden Elementarkräften besteht. Da sich diese Verformungen aus dem Verformungs- bzw. Zustellweg ergeben, sind die im Bild 2-97 angegebenen Führungsarten zu unterscheiden. Die genaue Radialführung nach Bild 2-97a läßt sich konstruktiv schwierig verwirklichen und wird deshalb meist durch die Parallelogrammführung nach Bild 2-97b angenähert. Häufiger lagert man die Bremsbacke in kreisförmig zugestellten Hebeln, an denen sie starr (Bild 2-97c) oder gelenkig (Bild 2-97d) befestigt ist.

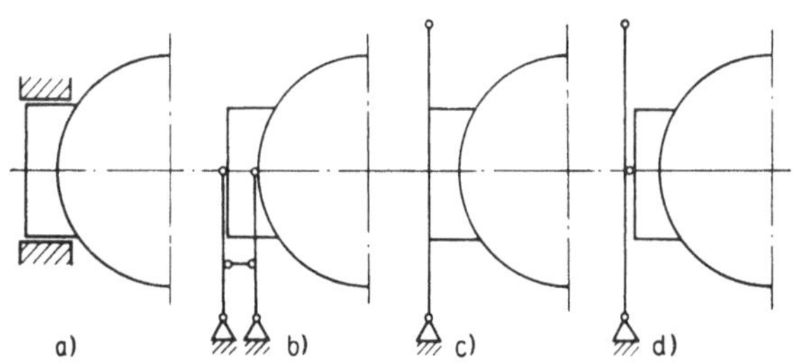

Bild 2-97 Führung der Bremsbacke

a) Radialführung
b) angenäherte Radialführung
c) Kreisführung mit starrer Backe
d) Kreisführung mit gelenkig gelagerter Backe

Für diese Ausführungen müssen die Druckverteilungsfunktionen ermittelt und hieraus die interessierende Flächenpressung und das Bremsmoment berechnet werden:

Radialführung der Bremsbacke

Wenn die Bremsbacke radial geführt und durch die Radialkraft F_r an die Bremsscheibe gepreßt wird, entsteht nach Bild 2-98 der Druckverlauf

$$p = p_{max} \cos \varphi. \tag{2.135}$$

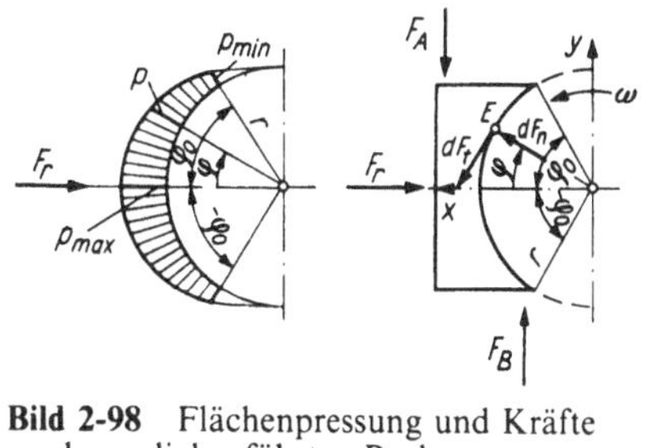

Bild 2-98 Flächenpressung und Kräfte an der radial geführten Backe

An einem Flächenelement mit der Belagbreite b_B wirken die Elementarkräfte:

normal zur Berührungsfläche

$$dF_n = p\,dA = b_B r p\,d\varphi = b_B r p_{max} \cos\varphi\,d\varphi, \quad (2.136)$$

tangential zur Berührungsfläche

$$dF_t = \mu\,dF_n = \mu b_B r p_{max} \cos\varphi\,d\varphi. \quad (2.137)$$

Die x-Komponenten der Tangentialkräfte dF_t heben sich aus Symmetriegründen auf. Deshalb lautet der Ansatz für die Radialkraft unter Verwendung von Gl. (2.136)

$$F_r = \int_{-\varphi_0}^{+\varphi_0} \cos\varphi\,dF_n = b_B r p_{max} \int_{-\varphi_0}^{+\varphi_0} \cos^2\varphi\,d\varphi$$

$$= b_B r p_{max}\left(\frac{\sin 2\varphi_0}{2} + \varphi_0\right). \quad (2.138)$$

Aus dieser Gleichung läßt sich die maximale Flächenpressung eliminieren

$$p_{max} = \frac{F_r}{b_B r}\,\frac{1}{\sin 2\varphi_0/2 + \varphi_0}. \quad (2.139)$$

Das Bremsmoment wird aus Gl. (2.137) berechnet und mit Gl. (2.139) umgeformt

$$M_B = \mu r \int_{-\varphi_0}^{+\varphi_0} dF_n = 2\mu b_B r^2 p_{max} \sin\varphi_0$$

$$= F_r \mu r\,\frac{2\sin\varphi_0}{\sin 2\varphi_0/2 + \varphi_0} = F_r \mu r\,\frac{2}{\cos\varphi_0 + \varphi_0/\sin\varphi_0}$$

$$= F_r \mu r \Phi. \quad (2.140)$$

Dieses Bremsmoment ist von der Drehrichtung der umlaufenden Bremsscheibe unabhängig.
Die Hilfsfunktion $\Phi = \Phi(\varphi_0)$ hat auch für die folgenden Untersuchungen Bedeutung und wird deshalb im Bild 2-99 grafisch dargestellt. Im Bereich $0 \leqq \varphi_0 \leqq \pi/2$ steigt sie vom Wert 1 bis zum Wert 1,27; der praktisch in Frage kommende Bereich ist allerdings aus funktionellen und konstruktiven Gründen weiter eingeengt. Ein mit $\Phi = 1$, d.h. für Linienberührung, berechnetes Bremsmoment wird somit stets zu niedrig ermittelt.

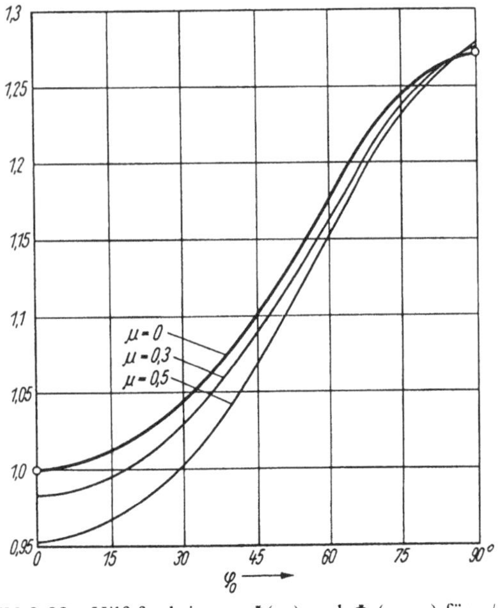

Bild 2-99 Hilfsfunktionen $\Phi(\varphi_0)$ und $\Phi_\mu(\varphi_0, \mu)$ für $c/r = 1{,}25$

Kreisführung mit starr gelagerter Bremsbacke

Diese einfachste Backenlagerung wird heute nur noch in Klotzbremsen für untergeordnete Zwecke angewendet. Im Gegensatz zur Bremsbacke mit Radialführung entsteht eine unsymmetrischer Verlauf der Flächenpressung. Der Maximalwert der Flächenpressung und das Bremsmoment werden von der Drehrichtung abhängig. Auf die Herleitung der relativ komplizierten Gleichungen für diese Größen wird angesichts der geringen Verbreitung dieser Backenführung verzichtet, s. hierzu evtl. [2.159].

Kreisführung der gelenkig gelagerten Bremsbacke

Die gelenkige Lagerung der Bremsbacke am kreisförmig bewegten Hebel nach Bild 2-100 wird in den gegenwärtigen Konstruktionen der Außenbackenbremsen bevorzugt. Wenn c nicht viel größer als r ist, läßt sich die Verformung des Reibbelags näherungsweise als Summe der Verformungen infolge einer radialen Zustellung und einer Drehung der Bremsbacke um den Punkt G betrachten. Das ergibt für die Flächenpressung

$$p = p_m \cos\varphi \pm p_0 \sin\varphi. \quad (2.141)$$

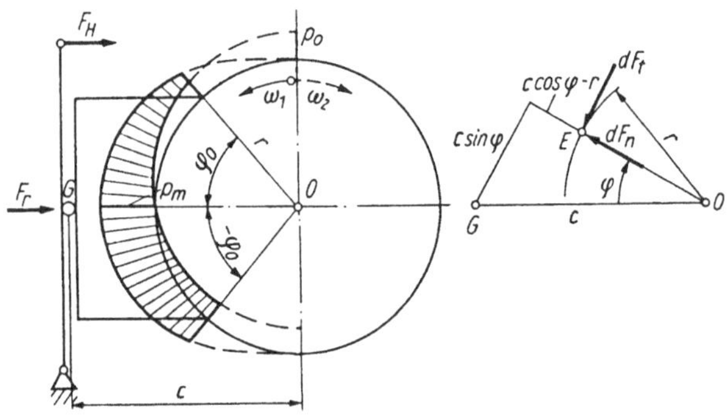

Bild 2-100 Flächenpressung und Kräfte an der kreisgeführten, gelenkig gelagerten Bremsbacke

Das untere Vorzeichen gilt hier und in den folgenden Gleichungen stets für die Drehrichtung ω_2, das obere für die Drehrichtung ω_1.
Die Elementarkräfte in einem beliebigen Punkt E des Belags betragen bei Verwendung von Gl. (2.141)

$$dF_n = p\,dA = b_B r p\,d\varphi = b_B r (p_m \cos\varphi \pm p_0 \sin\varphi)\,d\varphi$$

$$dF_t = \mu\,dF_n = \mu b_B r (p_m \cos\varphi \pm p_0 \sin\varphi)\,d\varphi. \quad (2.142)$$

Das Momentengleichgewicht um G lautet mit Gl. (2.142)

$$M_G = b_B r \int_{-\varphi_0}^{+\varphi_0} [c\sin\varphi - \mu(c\cos\varphi - r)]$$

$$\times (p_m \cos\varphi \pm p_0 \sin\varphi)\,d\varphi = 0.$$

Wird die Integration ausgeführt, läßt sich aus dem Ergebnis das Verhältnis der beiden Flächenpressungen eliminieren

$$\mp \frac{p_0}{p_m} = \mu\,\frac{\sin 2\varphi_0/2 + \varphi_0 - (2r/c)\sin\varphi_0}{\sin 2\varphi_0/2 - \varphi_0}. \quad (2.143)$$

Die im Bild 2-100 eingezeichnete Änderung der Druckverteilung an den Bremsbacken durch den Einfluß des Backendrehmoments um G kann in Bremsen, deren Bremsmoment eine gleichbleibende oder bevorzugte Richtung behält, zu einer ungleichmäßigen Abnutzung der Reibbeläge führen. Es interessieren deshalb die Bedingungen dafür, daß p_0 verschwindet und eine symmetrische Druckverteilung an der

Backe entsteht. In Gl. (2.143) wird der Zähler Null für das Längenverhältnis

$$\frac{n}{r} = \frac{2 \sin \varphi_0}{\sin 2\varphi_0/2 + \varphi_0} = \frac{2}{\cos \varphi_0 + \varphi_0/\sin \varphi_0} = \Phi. \quad (2.144)$$

Es tritt, wie zu erwarten war, wieder die im Bild 2-99 dargestellte Hilfsfunktion $\Phi = \Phi(\varphi_0)$ auf. Die für φ_0 in der Praxis gewählten Werte 30 ... 45° ergeben $n = (1{,}05 \ldots 1{,}10)\,r$ als optimalen Abstand des Anlenkpunkts G von der Bremsscheibenachse, eine Größe, die sich konstruktiv nur schwierig verwirklichen läßt.

Um die Flächenpressung p_m und anschließend das Bremsmoment M_B zu bestimmen, wird die Gleichung für die im Bild 2-100 eingezeichnete Radialkraft F_r aufgestellt

$$F_r = \int_{+\varphi_0}^{-\varphi_0} dF_n \cos \varphi \pm dF_t \sin \varphi$$

und nach Einsetzen der Gl. (2.142) integriert. Das Ergebnis lautet

$$F_r = b_B r \left[p_m \left(\varphi_0 + \frac{\sin 2\varphi_0}{2} \right) + p_0 \mu \left(\varphi_0 - \frac{\sin 2\varphi_0}{2} \right) \right]$$

und führt unter Verwendung der Gl. (2.143) zu

$$p_m = \frac{F_r}{b_B r} \frac{1}{\left(\frac{\sin 2\varphi_0}{2} + \varphi_0 \right)(1 + \mu^2) - \frac{2r\mu^2}{c} \sin \varphi_0}. \quad (2.145)$$

p_m kann, abhängig von den gewählten geometrischen Größen und der Reibungszahl, größer oder kleiner als p_0 werden, siehe hierzu Gl. (2.143).

Der Extremwert von Gl. (2.141), die maximale Flächenpressung p_{max}, tritt beim Winkel

$$\bar{\varphi} = \arctan \frac{p_0}{p_m} \quad (2.146)$$

auf. $\bar{\varphi}$ kann im Bereich des Backenwinkels φ_0 oder außerhalb liegen; es ergeben sich somit zwei Ansätze für die maximale Flächenpressung:

$$0 < \bar{\varphi} \leqq \varphi_0$$

$$p_{max} = p_m \cos \bar{\varphi} + p_0 \sin \bar{\varphi}$$

bzw. nach Einsetzen von Gl. (2.146) und einigen trigonometrischen Umformungen

$$p_{max} = \sqrt{p_m^2 + p_0^2}, \quad (2.147)$$

$$\varphi_0 < \bar{\varphi} \leqq \frac{\pi}{2}$$

$$p_{max} = p_m \cos \varphi_0 + p_0 \sin \varphi_0. \quad (2.148)$$

Das Bremsmoment der Backe berechnet man unter Benutzung der Gln. (2.142) und (2.145) zu

$$M_B = \mu b_B r^2 \int_{-\varphi_0}^{+\varphi_0} (p_m \cos \varphi \pm p_0 \sin \varphi)\, d\varphi$$

$$= 2\mu b_B r^2 p_m \sin \varphi_0 = F_r \mu r \Phi_\mu$$

mit

$$\Phi_\mu = \frac{2}{\left(\cos \varphi_0 + \frac{\varphi_0}{\sin \varphi_0} \right)(1 + \mu^2) - \frac{2r\mu^2}{c}}. \quad (2.149)$$

Dieses Bremsmoment stimmt für $\mu = 0$ mit dem der parallel geführten Backe nach Gl. (2.140) überein. Die Hilfsfunktion Φ_μ ist für zwei häufig benutzte Reibungszahlen und für ein Verhältnis $c/r = 1{,}25$, einen konstruktiven Mittelwert, im Bild 2-99 mit eingezeichnet. Sie geht für $\mu \to 0$, bei symmetrischer Druckverteilung auch für beliebiges μ, in Φ nach Gl. (2.140) über.

Um den Unterschied in der Annahme von Linien- und Flächenberührung sowie zwischen den einzelnen Arten der Backenführung anschaulich zu zeigen, sind im Bild 2-101 vergleichend die verschiedenen Varianten mit aus dem Bremsmoment zurückgerechneten resultierenden Ersatzkräften gezeichnet.

Wenn die Flächenberührung der Reibkörper berücksichtigt wird, vergrößert sich der wirksame Hebelarm e der Tangentialkraft F_t gegenüber r bei Linienberührung (Bild 2-101a, b). An einer kreisgeführten Backe (Bild 2-101c, d) schwenkt der scheinbare Berührungspunkt zusätzlich um den Winkel α entgegen der Drehrichtung der Bremstrommel.

Eine genaue Radialführung der Backe (Bild 2-101b) bewirkt stets ein von der Drehrichtung unabhängiges Bremsmoment. Ist die Backe am kreisgeführten Hebel starr gelagert (Bild 2-101c), gilt dies allein für eine bestimmte geometrische und reibtechnische Ausführung, bei der die Wirkungslinie der Tangentialkraft F_t durch den unteren Gelenkpunkt des Hebels geht.

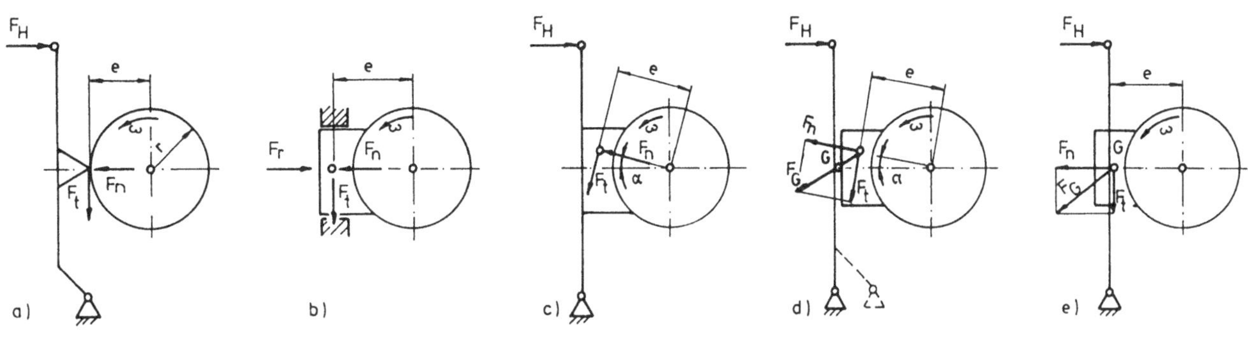

Bild 2-101 Führung und resultierende Kräfte der Bremsbacke

a) idealisierende Linienberührung ($e = r$)
b) Radialführung ($e = n = \Phi r$)
c) Kreisführung mit starr gelagerter Backe ($e > r$)
d) Kreisführung mit gelenkig gelagerter Backe ($e = \Phi_\mu r$)
e) Kreisführung mit gelenkig gelagerter Backe und symmetrischer Verteilung der Flächenpressung ($e = n = \Phi r$)

Bei der kreisgeführten, gelenkig gelagerten Backe entsteht das gleiche Bremsmoment in beiden Drehrichtungen, wenn die Radialkomponenten der Gelenkkraft F_G in beiden Fällen gleich groß bleiben. Aus Symmetriegründen verlangt dies eine Hebellagerung genau unterhalb des Gelenkpunkts G (Bild 2-101d). Die gestrichelt gezeichnete, zugunsten einer kompakteren Ausführung der Bremse meist bevorzugte Lagerung des Hebels weiter innen führt zur Ungleichheit der Bremsmomente in beiden Drehrichtungen, was sich bei einer Doppelbackenbremse allerdings ausgleicht.

Wird außerdem eine symmetrische Druckverteilung an der Backe mit $p_0 = 0$ gewünscht, z.B., um bei vorwiegend gleichbleibender Drehrichtung einen gleichmäßigen Verschleiß über die gesamte Backenfläche zu erzielen, muß die Bedingung der Gl. (2.144) erfüllt werden (Bild 2-101e). Weil $n = \Phi r$ nur wenig von r abweicht, läßt sich diese Lösung konstruktiv schwierig verwirklichen.

Für Überschlagsrechnungen kann in vielen Fällen, unabhängig von der Art der Backenlagerung, statt des Maximalwerts der Flächenpressung als fiktive Ersatzgröße in Analogie zur Stribeckschen Pressung gesetzt werden

$$p_{ers} = \frac{F_r}{2 r b_B \sin \varphi_0}. \tag{2.150}$$

2.4.4.1.2 Funktionsberechnung der Doppelbackenbremsen

Die in der Einführung zum Abschnitt 2.4.4.1 bereits genannten Vorzüge der Doppelbackenbremse verleihen diesem Konstruktionstyp eine beherrschende Stellung, so daß sich die Funktionsberechnung nur auf ihn zu beziehen braucht. Im Bild 2-102 ist für die überwiegend angewendete gelenkige Backenlagerung eine überlagerte Feder- und Gewichtsbelastung aufgebracht, um alle Variationsmöglichkeiten einzubeziehen. Meist wirkt nur eine Bremskraft; die Feder kann auch mit dem Lüftgerät kombiniert sein und die Federkraft F_F somit die gleiche Wirkungslinie wie die Lüftkraft F_L haben. Bremsfedern werden immer als Druckfedern ausgeführt, weil die Kraft einer Zugfeder bei Bruch einer Windung sofort Null werden würde.

Zur Vereinfachung wird im Bild 2-102 und in den Berechnungen die Drehung des Ersatzberührungspunkts um den Winkel α (s. Bild 2-101d) vernachlässigt. Die Exzentrizität der Gelenkpunkte B und E, bezogen auf die Ideallage nach Bild 2-101d, führt zu unterschiedlichen Werten für die Kräfte an den beiden Bremsbacken, die durch die benutzten Indizes 1 und 2 gekennzeichnet sind.

Bei den im Bild 2-102 eingezeichneten, an den beiden Bremshebeln wirkenden Kräften sind die Schräglage der Zugstange und die vertikalen Reaktionskräfte in den Punkten B berücksichtigt, um die Auswirkungen der Exzentrizität der Hebellagerung genauer zu verfolgen. Die Reibungskräfte in den Gelenken werden durch den Wirkungsgrad η_{st} des Gestänges, allerdings vereinfachend nur bei der Horizontalkomponente der Zustellkraft, erfaßt. Die Längen beider Hebel sind mit h_1 bzw. h_2 zunächst nicht gleichgesetzt worden.

Die Größe des Wirkungsgrads η_{st} hängt von der Ausführung und Wartung der Bremsgelenke ab. Für hochwertige Gelenklager, z.B. mit Buchsen und Trockenschmierung, kann er mit 0,95, für ungeschmierte Stahl-Stahl-Gelenke sollte er nicht höher als 0,9 angenommen werden. Bei großer Gelenkreibung und innerer Verspannung der Gelenkkette durch ungenaue Fertigung nimmt er auf Werte bis 0,8 ab.

Das Gleichgewicht der Momente um die Drehpunkte E_1 bzw. E_2 der Bremshebel führt mit $F_t = \mu F_n$ direkt zu den Normalkräften

$$F_{n1} = \frac{F_F h_1 \eta_{st} + F_G \dfrac{l_1}{l_2} (h_1 \eta_{st} + e_B \tan \gamma)}{h_G \mp \mu e_G}$$

$$F_{n2} = \frac{F_F h_2 \eta_{st} + F_G \left[\dfrac{l_1}{l_2} (h_2 \eta_{st} - e_B \tan \gamma) - e_B \right]}{h_G \pm \mu e_G}. \tag{2.151}$$

Das untenstehende der Doppelvorzeichen entspricht in Gl. (2.151) und allen folgenden dieses Abschnitts stets der im Bild 2-102 gezeichneten Drehrichtung der Bremsscheibe entgegen dem Uhrzeigersinn, das obenstehende der Drehung im Uhrzeigersinn.

Die Ungleichheit der Normalkräfte F_{n1} und F_{n2} ist auf die vertikalen Komponenten der in den Gelenkpunkten B_1 und B_2 angreifenden Kräfte (unterschiedliche Zähler der Glei-

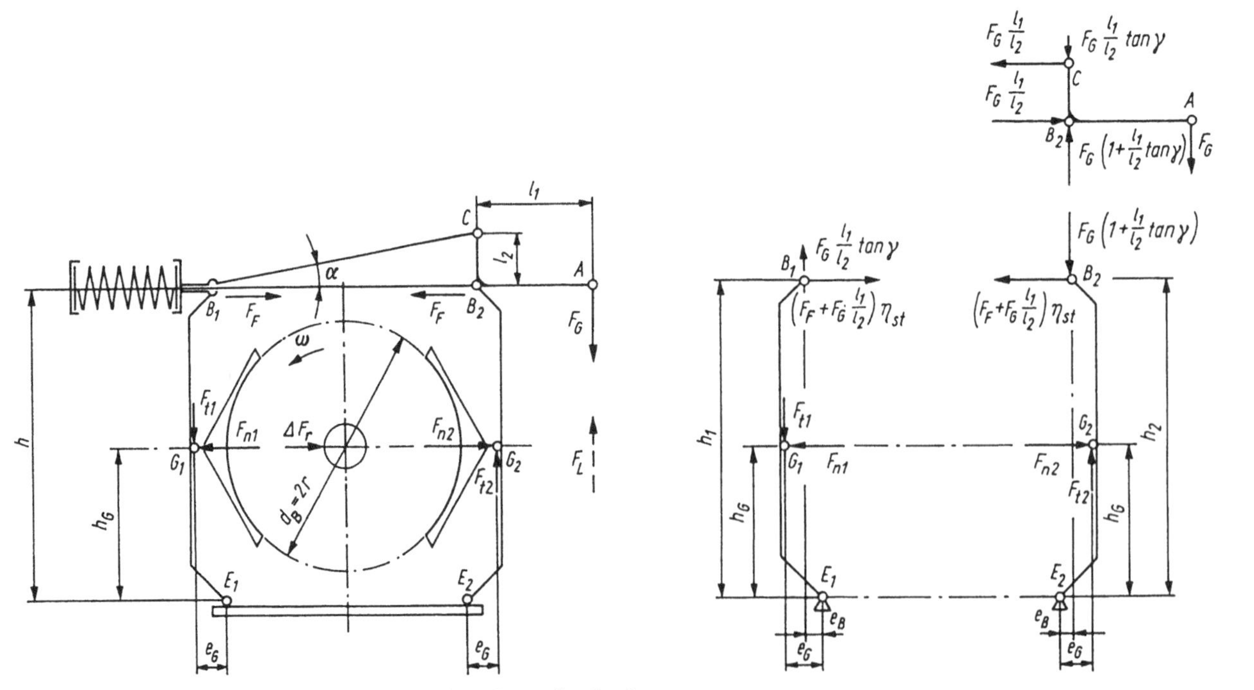

Bild 2-102 Funktionsprinzip und Kräfte in einer Doppelbackenbremse

chungen) und auf die verstärkenden bzw. schwächenden Einflüsse der Reibungskräfte F_t auf die Zustellmomente (unterschiedliche Doppelvorzeichen im Nenner der Gleichungen) zurückführen. Beide Einflüsse verschwinden, wenn die Exzentrizitäten e_B und e_G Null werden.
Der Einfluß der genannten Vertikalkomponenten auf die Ungleichheit der Zustellmomente für die Bremshebel kann beseitigt werden, indem die Hebellängen h_1 und h_2 unterschiedlich gewählt werden. Gleichsetzen der Zähler der Gln. (2.151) führt zu

$$\Delta h = h_2 - h_1 = \frac{F_G e_B\left(2\frac{l_1}{l_2}\tan\gamma + 1\right)}{\left(F_F + F_G\frac{l_1}{l_2}\right)\eta_{st}}. \qquad (2.152)$$

Die unterschiedlichen Größen von F_{n1} und F_{n2} haben eine Radialkraft ΔF_r zur Folge, die auf die Bremsscheibenwelle wirkt und sie auf Biegung beansprucht. Für $h = h_1 = h_2$ lautet die Gleichung

$$\Delta F_r = F_{n1} - F_{n2}$$
$$= \frac{\left\{\begin{array}{l} 2F_G\frac{l_1}{l_2}\frac{e_B}{h_G}\tan\gamma \pm 2\left(F_F + F_G\frac{l_1}{l_2}\right)\frac{he_G}{h_G^2}\mu\eta_{st} \\ + F_G\frac{e_B}{h_G}\left(1 \mp \frac{\mu e_G}{h_G}\right)\end{array}\right\}}{1 - \left(\frac{\mu e_G}{h_G}\right)^2}. \qquad (2.153)$$

Das Bremsmoment der Doppelbackenbremse wird unter Verwendung der Gln. (2.149) und (2.151) und mit gleichen Hebellängen $h = h_1 = h_2$ sowie Einsetzen des Bremstrommeldurchmessers $d_B = 2r$

$$M_B = (F_{n1} + F_{n2})\mu r\Phi_\mu$$
$$= \frac{\left\{\begin{array}{l} 2\left(F_F + F_G\frac{l_1}{l_2}\right)\frac{h}{h_G}\eta_{st} \pm F_G\mu\frac{e_B e_G}{h_G^2} \\ \times\left(1 + 2\frac{l_1}{l_2}\tan\gamma\right) - F_G\frac{e_B}{h_G}\end{array}\right\}}{1 - \left(\frac{\mu e_G}{h_G}\right)^2}\mu r\Phi_\mu$$

bzw. unter Vernachlässigung der kleinen Glieder mit $e_B e_G/h_G^2$ und e_G^2/h_G^2

$$M_B \approx \left[\left(F_F + F_G\frac{l_1}{l_2}\right)\frac{h}{h_G}\eta_{st} - \frac{F_G}{2}\frac{e_B}{h_G}\right]\mu d_B\Phi_\mu. \qquad (2.154)$$

Für $F_G = 0$, d.h. Verwendung einer zwischen den Hebeln liegenden Bremsfeder, lautet diese Gleichung

$$M_{BF} = F_F\frac{h}{h_G}\eta_{st}\mu d_B\Phi_\mu \qquad (2.155)$$

und für $F_F = 0$, d.h. Verwendung einer am Winkelhebel wirkenden Bremskraft,

$$M_{BG} = F_G\left(\frac{l_1}{l_2}\frac{h}{h_G}\eta_{st} - \frac{e_B}{2h_G}\right)\mu d_B\Phi_\mu. \qquad (2.156)$$

Die Verringerung des Bremsmoments in Gl. (2.154) durch die Exzentrizität e liegt bei gebräuchlichen Ausführungen zwischen 2 und 4%. Dem steht eine Vergrößerung des Bremsmoments durch den Faktor Φ_μ um 2 bis 6% gegenüber. Deshalb genügt i.allg. für die Berechnung einer Doppelbackenbremse die Näherungsgleichung unter Annahme von Linienberührung

$$M_B = F_r\mu d_B \qquad (2.157)$$

mit

$$F_r = \left(F_F + F_G\frac{l_1}{l_2}\right)\frac{h}{h_G}\eta_{st}.$$

Der Bremstrommeldurchmesser ist die konstruktive Grundgröße einer Backenbremse. Bei thermisch hochbeanspruchten Bremsen wird sein Kleinstwert von der notwendigen Kühlleistung bestimmt (s. Abschn. 2.4.3). Viele Bremsen in Fördermaschinen sind jedoch thermisch nicht ausgelastet; für sie sollte der Bremstrommeldurchmesser nach Gesichtspunkten der Festigkeit anhand des Bremsmoments festgelegt werden.
Aus der gewählten Flächenpressung p, der vorgegebenen Reibungszahl μ, dem halben Backenwinkel φ_0 und dem Breitenverhältnis $\lambda = b/d_B$ ergibt sich mit den Näherungsgleichungen (2.150) und (2.157) für die Flächenpressung und das Bremsmoment die nachstehende Beziehung zwischen Bremsmoment und Bremstrommeldurchmesser

$$M_B = F_r\mu d_B = \lambda\sin\varphi_0\mu p_{ers} d_B^3. \qquad (2.158)$$

Im Bild 2-103 wird diese Gleichung für eine gewählte Reibungszahl $\mu = 0{,}35$ bei verschiedenen Flächenpressungen dargestellt. Die zulässigen Bremsmomente der üblichen Bremsen für Hebezeuge usw. liegen gegenwärtig sehr niedrig, weil nur Flächenpressungen um 0,3 N/mm² ausgenutzt werden. Von den Herstellern der Bremsbeläge werden beträchtlich höhere Flächenpressungen zugelassen, wie Tafel 2-23 ausweist. Alle neueren experimentellen Untersuchungen beweisen, daß höhere Flächenpressungen auch in Doppelbackenbremsen von Fördermaschinen unbedenklich verwendet werden können, um zu kleineren Bremstrommel-

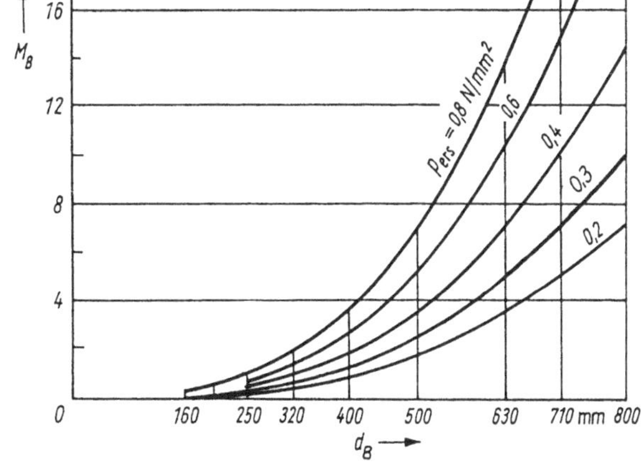

Bild 2-103 Bremsmoment als Funktion des Bremstrommeldurchmessers und der Flächenpressung
($\varphi_0 = 36°$, $\lambda = b/d_B = 0{,}32$, $\mu = 0{,}35$)

durchmessern und damit Bremsen zu gelangen. Bei zu kleinen Flächenpressungen ist dagegen die Funktionsfähigkeit der Bremse gefährdet; deshalb sollte $p_{min} = 0{,}15\,\mathrm{N/mm^2}$ nicht unterschritten werden.
Zur Funktionsberechnung einer Doppelbackenbremse gehört auch die Untersuchung des Lüftvorgangs und des Belagverschleißes. Die erforderliche Lüftkraft F_L ist von der Bremskraft und von geometrischen Größen abhängig, für die im Bild 2-102 gewählte Anordnung beträgt sie

$$F_L = F_G + F_F \frac{l_2}{l_1} \frac{1}{\eta_{st}}. \tag{2.159}$$

Auch hier wird meist nur F_G oder F_F auftreten.
Der Nenn-Lüftweg Δs an einer Bremsbacke soll den in Tafel 2-25 angegebenen Erfahrungswerten entsprechen. Größere Lüftwege erhöhen die Lüft- und Einfallzeiten der Bremsen, kleinere Wege verschlechtern die Wärmeableitung. Wird i_L als Gesamtübersetzung zwischen Backe und Lüftmechanismus eingeführt, gilt für den notwendigen Lüftweg am Bremslüftgerät

$$s_L = 1{,}1 \cdot 2\,\Delta s i_L = 2{,}2\,\Delta s i_L\,. \tag{2.160}$$

Tafel 2-25 Nenn-Lüftweg der Bremsbacken an Außenbackenbremsen (Mindestwerte)

Bremstrommel-Dmr. d_S mm	Lüftweg Δs mm
160, 200	1,0
250, 320	1,25
400, 500	1,6
630, 710, 800	2,0

Der Zuschlag von 10 % erfaßt das Spiel in den Gelenken und die Verformung der Bremshebel. Das Bremslüftgerät hat die Lüftarbeit

$$W_L = F_L s_L$$

zu leisten, siehe hierzu Abschnitt 2.4.7.
Der Bremsbelag wird vor allem nach der gewünschten Reibungszahl ausgewählt. Die mit den im Abschnitt 2.4.4.1.1 angegebenen Gleichungen berechneten maximalen Flächenpressungen müssen innerhalb der in Tafel 2-23 aufgeführten zulässigen Werte bleiben. Die Belagbreite b_B, die in vielen Berechnungsgleichungen auftritt, wird gleich oder etwas kleiner als die Bremstrommelbreite gehalten, um eine gleichmäßige Abnutzung ohne Riefenbildung zu erzielen.
Mit den im Bild 2-85 bzw. Tafel 2-23 angegebenen spezifischen Verschleißkennwerten ϱ für Belag und Scheibe läßt sich der Verschleiß beider Reibpartner in Abhängigkeit von der Bremsarbeit W_B (s. Abschn. 2.4.3.1) und der Anzahl z der Bremsungen berechnen. Die Verschleißvolumina haben bei einer Doppelbackenbremse die Größen:

Bremsbeläge

$$V_R = 2(h_R - h_{R\,min})\,b_R\,d_B\,\varphi_0 = 2\,\Delta h_R\,b_R\,d_B\,\varphi_0 \tag{2.161}$$

Bremstrommel

$$V_B = \frac{b_R \pi}{4}(d_B^2 - d_{B\,min}^2)$$

bzw. mit $d_{B\,min} = d_B - 2\,\Delta r$ unter Vernachlässigung des kleinen Gliedes höherer Ordnung

$$V_B \approx b_R \pi d_B \Delta r\,; \tag{2.162}$$

h_R Belagdicke
$b_R \approx b$ Belagbreite ≈ Bremstrommelbreite
d_B Bremstrommeldurchmesser
φ_0 (halber) Backenwinkel
Δr radiale Dickenabnahme des Bremstrommelkranzes.

Die rechnerisch verschleißbare Belagdicke Δh_R sollte bei weitgehend gleichmäßiger Dickenabnahme unter Berücksichtigung des Nietabzugs bei Fläche und Dicke wie folgt gewählt werden:

$\Delta h_R = (0{,}5 \ldots 0{,}6)\,h_R$ für genietete Bremsbeläge,
$\Delta h_R = (0{,}7 \ldots 0{,}8)\,h_R$ für geklebte Bremsbeläge.

Liegt ungleichmäßige Abnutzung vor, müssen diese Werte verkleinert werden.
Für die zulässige Dickenabnahme Δr des Bremstrommelkranzes gelten als Richtwerte:

$\Delta r = 2 \ldots 4\,\mathrm{mm}$ für unvergütete und vergütete Bremstrommeln,
$\Delta r = 1 \ldots 1{,}5\,\mathrm{mm}$ für oberflächengehärtete Bremstrommeln,
$\Delta r = 0{,}10 \ldots 0{,}15\,\mathrm{mm}$ für hartverchromte Bremstrommeln.

Die Anzahl z_L der möglichen Bremsungen bis zum Auswechseln der Beläge bzw. Trommeln ergibt sich zu

$$z_L = \frac{V}{W_B\,\varrho}. \tag{2.163}$$

Aus der Anzahl der Bremsungen je Stunde wird dann die zu erwartende Betriebsdauer von Belägen und Bremstrommeln in Betriebsstunden ermittelt, die für Beläge, je nach Schwere des Betriebs, zwischen 1000 und 10000 h, für Bremstrommeln bei mehreren Jahren liegen sollte. Wegen der großen Streuung der Betriebsparameter und der spezifischen Verschleißkennwerte ist diese Rechnung nur eine sehr grobe, über die Größenordnung der Nutzungsdauer informierende Näherung. Zu beachten ist vor allem die Temperaturabhängigkeit des Verschleißes beider Reibpartner. Im Bild 2-85 werden experimentell bestimmte Werte für eine übliche Betriebstemperatur von 150 °C dargestellt. Bei höheren Temperaturen wächst der Belagverschleiß, während der Bremstrommelverschleiß abnimmt [2.138].

2.4.4.1.3 *Konstruktive Ausführung der Doppelbackenbremsen*

Doppelbackenbremsen werden als Schließ- und Lösebremsen in vielen Formen hergestellt. Dabei ist die Tendenz zu erkennen, den Aufwand und dadurch die Sicherheit und Genauigkeit der Bremsfunktion zu steigern, indem Nachstellvorrichtungen für das Bremsmoment, Elemente zum selbsttätigen Verschleißausgleich usw. eingebaut werden. Bauhöhe und -breite werden so klein wie möglich gehalten, wobei der Bremstrommeldurchmesser das entscheidende Konstruktionsmaß bleibt.
Bild 2-104 zeigt eine Doppelbackenbremse in einer Ausführung mit gelenkigen Backen, frei liegender, stellbarer Bremsfeder und einer selbsttätig wirkenden Nachstellvorrichtung für Belagverschleiß. Üblicherweise verhindern Stellschrauben im geöffneten Zustand der Bremse das einseitige Abheben nur eines der beiden Bremshebel und das Anlegen der gelenkig gelagerten Bremsbacken an die Bremstrommel. Im dargestellten Beispiel wird durch die vorgespannte Feder 11 die Kippbewegung des einen Bremshebels synchron auf den anderen übertragen, und an die Bremshebel sind je zwei Blattfedern drehsicher angeschraubt, die die jeweilige Bremsbacke immer in der Position arretieren, die sich beim Anlegen an die Bremstrommel einstellt.
Die Nachstellvorrichtung besteht aus einem im Gleitring 14 befestigten Mitnehmer 15, der über den Freilauf 12 mit der Stellmutter 13 verbunden ist. Wenn Verschleiß an den

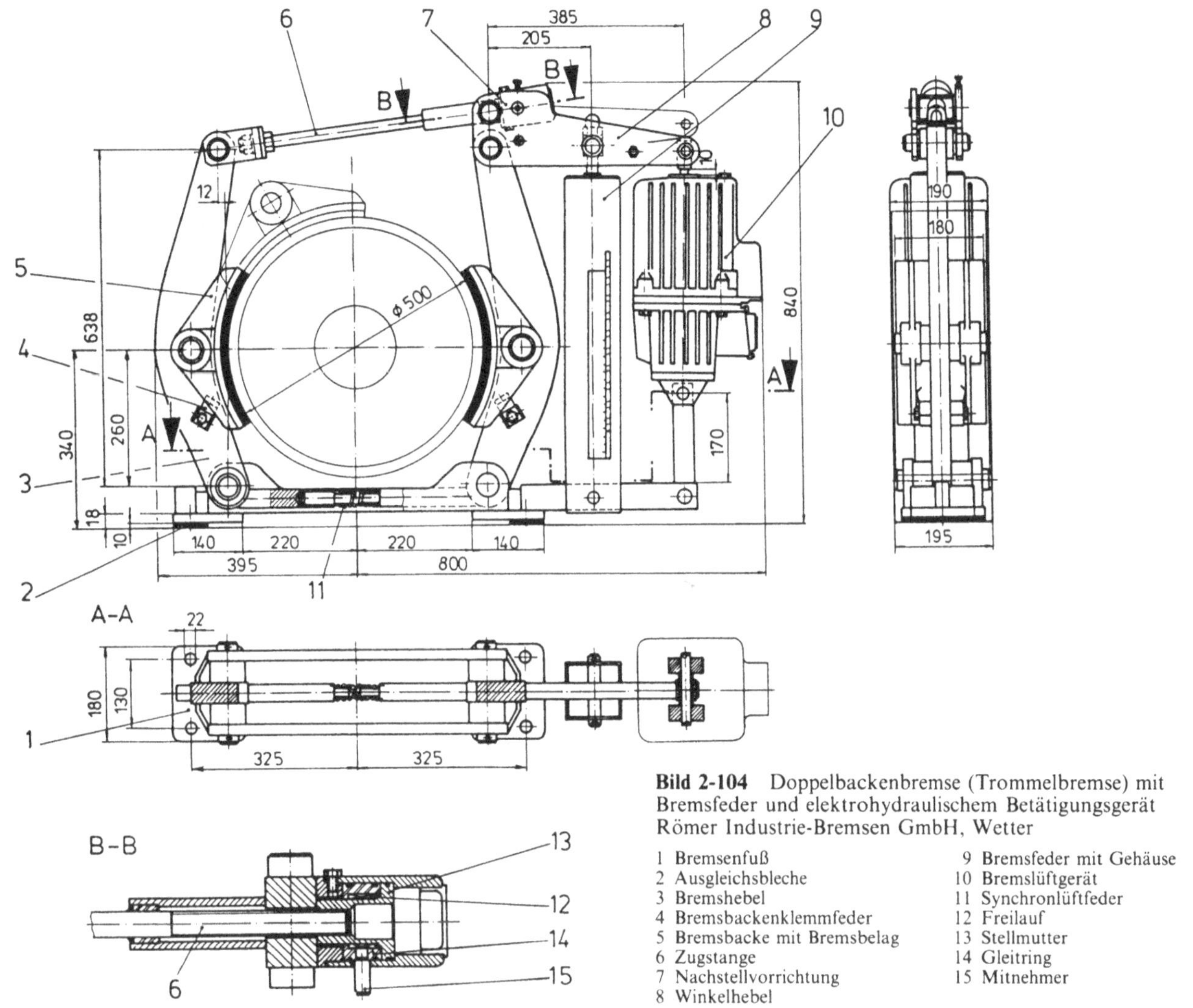

Bild 2-104 Doppelbackenbremse (Trommelbremse) mit Bremsfeder und elektrohydraulischem Betätigungsgerät Römer Industrie-Bremsen GmbH, Wetter

1 Bremsenfuß
2 Ausgleichsbleche
3 Bremshebel
4 Bremsbackenklemmfeder
5 Bremsbacke mit Bremsbelag
6 Zugstange
7 Nachstellvorrichtung
8 Winkelhebel
9 Bremsfeder mit Gehäuse
10 Bremslüftgerät
11 Synchronlüftfeder
12 Freilauf
13 Stellmutter
14 Gleitring
15 Mitnehmer

Bremsbelägen auftritt, neigt sich der Winkelhebel 8 während des Bremseneinfalls stärker nach unten und nimmt den Mitnehmer sowie über den in dieser Richtung gesperrten Freilauf die Stellmutter drehend mit. Dies verkürzt die wirksame Länge der Zugstange 6. Beim nachfolgenden Lüften der Bremse hebt der Winkelhebel den Mitnehmer wieder an, wobei der Freilauf jedoch dafür sorgt, daß die Stellmutter nicht mitgedreht wird. Weil der Mitnehmer in seiner Lagerung ein dem normalen Lüfthub entsprechendes Spiel hat, wird die Nachstellvorrichtung nur dann betätigt, wenn tatsächlich Verschleiß an den Bremsbacken auftritt.

Geschwungene Bremshebel, wie sie diese Bremse aufweist, ergeben eine etwas gedrungenere Bauweise; sie wird allgemein bevorzugt. Die entstehende Abhängigkeit des Bremsmoments von der Drehrichtung der Bremstrommel ist vernachlässigbar klein, siehe Gl. (2.154). Die Federkraft der Bremsfeder 9 und damit das Bremsmoment der Bremse kann durch Änderung der Federvorspannung und damit des genutzten Bereichs der Federkennlinie gestellt werden. Wirkungsvoller und häufiger angewandt sind Stellvorrichtungen zur Veränderung der Hebelübersetzung des Winkelhebels 8.

Die Bremsen mit Gestängeübersetzung und hydraulischem Lüftgerät haben einen verhältnismäßig großen Lüfthub und eine relativ lange Einfalldauer in der Größenordnung mehrerer Zehntelsekunden. Wenn dies unerwünscht oder aus Sicherheitsgründen unzulässig ist, z.B. in Antrieben von Baggern, Gießkranen, zieht man sog. Kurzhubbackenbremsen vor, die eine kleine innere Übersetzung und schnell einfallende Magnetbremslüfter als Betätigungsgeräte haben.

Eine Doppelbackenbremse mit Bremsfeder und Betätigung durch die Fußkraft des Bedienenden eignet sich für nichtelektrische Antriebe, z.B. als stellbare Lösebremse oder als Schließbremse in Drehwerken. Statt der mechanischen Kraftübertragung wird inzwischen die hydraulische bevorzugt (Bild 2-105).

Wegen der funktionellen und sicherheitstechnischen Bedeutung der Bremsen wählt man bei der Festigkeitsrechnung der Bauteile einen etwas erhöhten Sicherheitsbeiwert von 2,5 gegenüber der Streckgrenze des Werkstoffs. Die mittlere Flächenpressung soll in den Gelenken 15 N/mm^2 nicht überschreiten. In hochwertige Bremsen setzt man Bolzen aus rostfreiem Stahl und Lagerbuchsen aus Messing oder Bronze ein. Zum Gestängewirkungsgrad sind Ausführungen im Abschnitt 2.4.4.1.2 enthalten.

Der Bremsbelag wird auf die Backen genietet oder geklebt (Bild 2-106). Die Niete aus Aluminium, Kupfer oder Weicheisen sind so weit versenkt, daß eine genügend große Reibstoffmenge verschlissen werden kann, ehe die Nietköpfe auf der Bremstrommel zu schleifen beginnen. Aluminiumniete erzeugen dabei leicht Riefen in der Bremstrommel. Klebverbindungen werden je nach erforderlicher Wärmebeständigkeit mit Kalt- oder Warmklebern auf Epoxid- oder Phenolharzgrundlage hergestellt [2.160]. Sie haben sich voll bewährt und zeigen als wesentlichen Vorteil die Vergrößerung der Reibfläche und des Verschleißvolumens durch Wegfall der Nietlöcher (s. Abschn. 2.4.4.1.2).

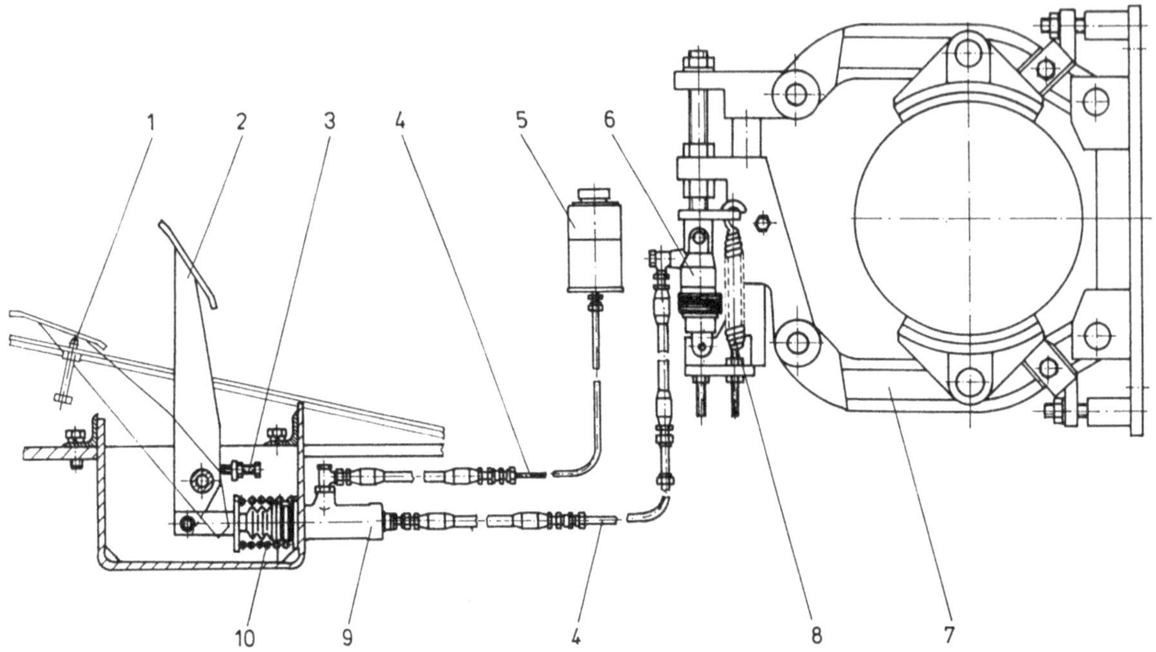

Bild 2-105 Fußbetätigte Doppelbackenbremse mit hydraulischer Kraftübertragung, prinzipielle Anordnung

1, 3 Anschlag
2 Fußpedal
4 Rohrleitung
5 Ausgleichsbehälter
6 Bremszylinder
7 Doppelbackenbremse, waagerecht liegend
8 Rückzugfeder
9 Hauptzylinder
10 Rückstellfeder

Das Zusammenwirken der Bremse mit dem Lüftgerät wird im Abschnitt 2.4.7 behandelt.

2.4.4.2 Innenbackenbremsen

Obwohl Innenbackenbremsen vorzugsweise im Fahrzeugbau Verwendung finden, erhalten sie auch in der Fördertechnik steigende Bedeutung durch ihren Einsatz in Flurförderern, Straßenkranen und Baggern. Im Gegensatz zur

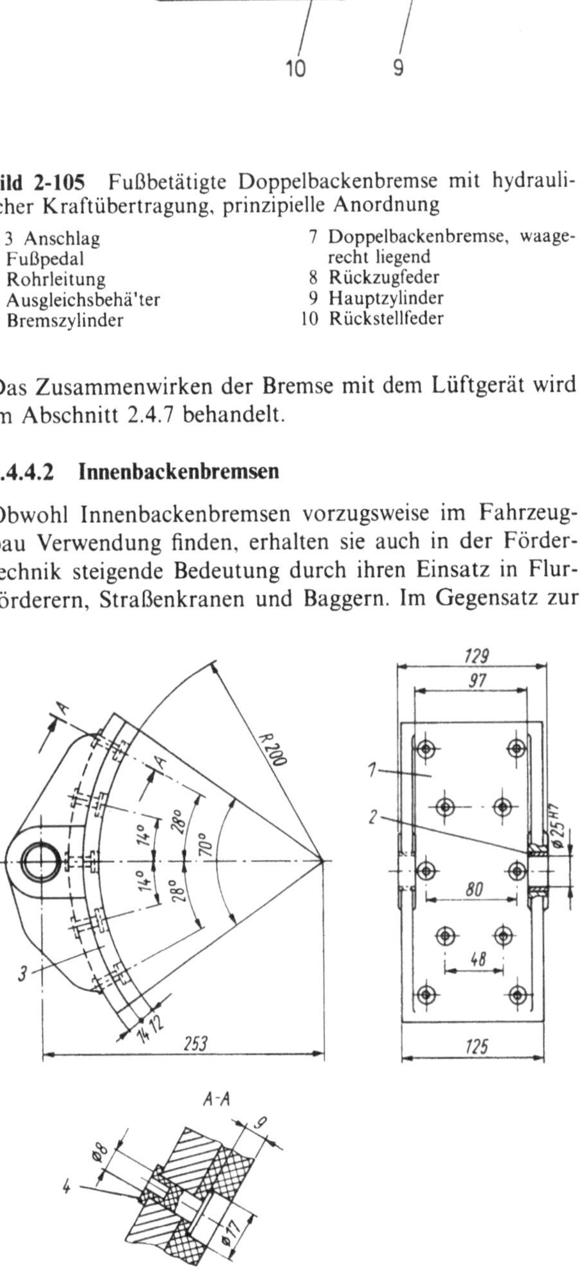

Bild 2-106 Bremsbacke für Doppelbackenbremse

1 Backenkörper
2 Lagerbuchse
3 Reibbelag
4 Aluminiumniet

Außenbackenbremse werden die Backen innerhalb der umfassenden Bremstrommel angeordnet und durch geeignete Vorrichtungen angepreßt.

Die Bremsbacken legen sich in einem größeren Bogen von 90 ... 130° an die Trommel an. Trotzdem bleibt die Wärmeableitung gut, weil die Außenfläche der Trommel frei ist. Wegen des größeren Wirkungsbogens muß bei der Berechnung stets die veränderliche Flächenpressung berücksichtigt werden, die auch eine ungleichmäßige Abnutzung verursacht.

Die Grundform der Innenbackenbremse ist im Bild 2-107a gezeichnet. Der Drehpunkt G der Backe liegt auf der y-Achse; die x-Achse ist Symmetrieachse der wiederum nach einer Sinus- bzw. Kosinusfunktion verlaufenden Flächenpressung. Die Betätigungskraft F erzeugt je nach Drehrichtung die resultierenden Radialkräfte F_{r1} oder F_{r2} und die resultierenden, im Punkt C angreifenden Tangentialkräfte F_{t1} oder F_{t2}. Die grafische Ermittlung ist nach dem gezeichneten Verfahren einfach auszuführen, wenn die Lage des Punkts C bekannt, d.h. die Strecke $\overline{MC}$ bestimmt ist.

Wegen der symmetrischen Verteilung der Flächenpressungen können für die gesuchten Größen p_{max}, M_B und n die entsprechenden, bereits an der Außenbacke abgeleiteten Gln. (2.139), (2.140) und (2.144) herangezogen werden. Damit hat die im Bild 2-99 dargestellte Hilfsfunktion Φ auch für die Innenbackenbremse Gültigkeit, und die Lage des Punkts C ist nicht von den wirkenden Kräften und von der Größe der Reibungszahl, sondern nur von den geometrischen Größen r und φ_0 abhängig. Die im Bild 2-107 angegebene grafische Bestimmung aller Kräfte ist deshalb leicht auszuführen.

Im Gegensatz zur parallel geführten Außenbacke werden bei der Innenbacke die Radialkraft F_r und das Bremsmoment M_B von der Drehrichtung abhängig. Das Gleichgewicht der Momente am Bremshebel ergibt mit $F_t = \mu F_r$ und $n = r\Phi$

$$Fl_1 - F_r l_2 \mp \mu F_r n = 0$$

bzw.

$$F_r = F \frac{l_1}{l_2 \pm \mu r \Phi}. \qquad (2.164)$$

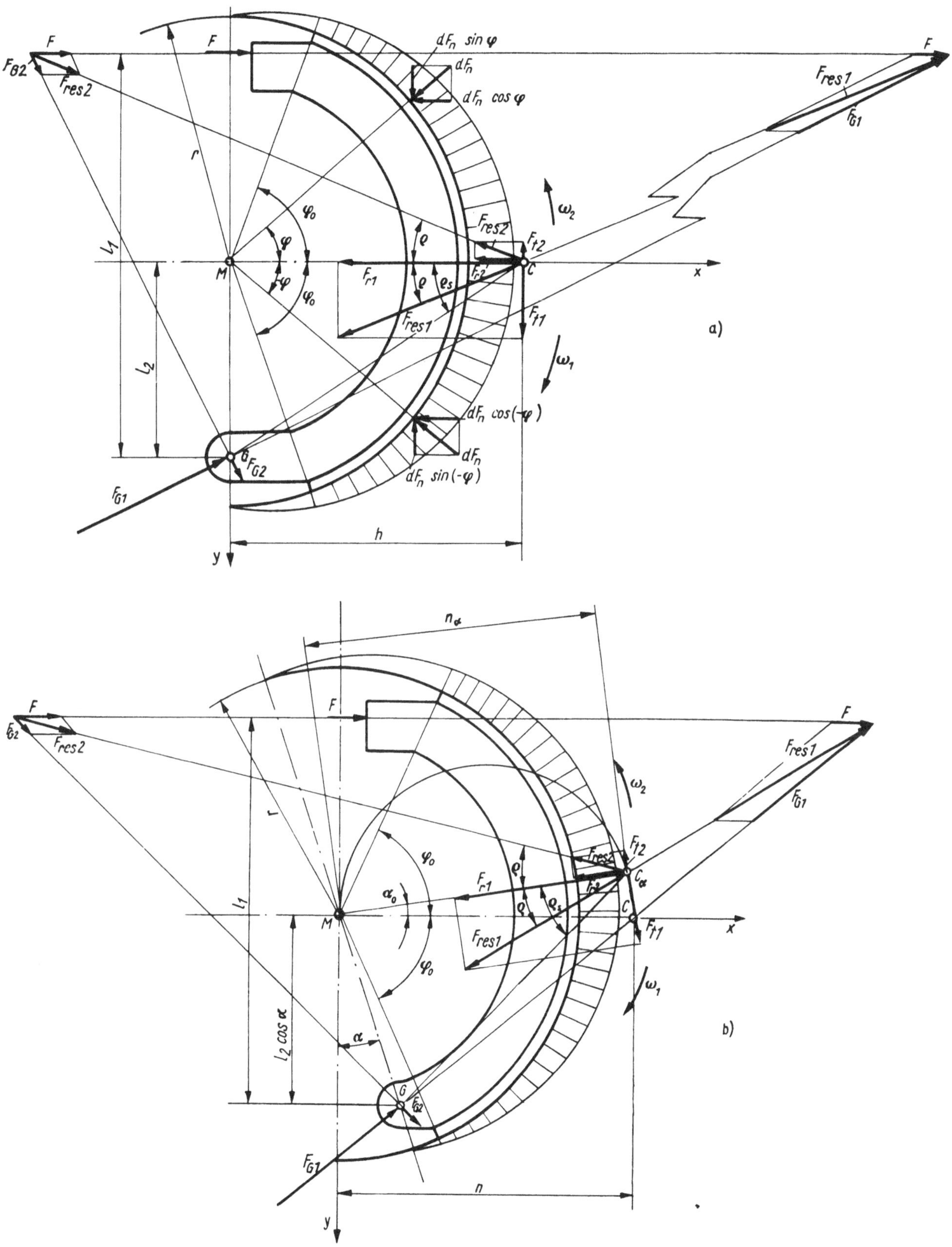

Bild 2-107 Kräfte an der Innenbackenbremse (nur eine Seite gezeichnet)

a) Gelenk auf Symmetrieachse
b) Gelenk nicht auf Symmetrieachse

Die Innenbacke arbeitet in der Drehrichtung ω_1 [negatives Vorzeichen im Nenner der Gl. (2.164)] selbstverstärkend, in der Drehrichtung ω_2 [positives Vorzeichen im Nenner der Gl. (2.164)] selbstschwächend. Dies beeinflußt die maximale Flächenpressung und das Bremsmoment; Einsatz von Gl. (2.164) in die Gln. (2.139) und (2.140) führt zu

$$p_{\max} = F \frac{l_1}{l_2 \pm \mu r \Phi} \frac{1}{b_B r (\sin 2\varphi_0/2 + \varphi_0)}$$

$$M_B = F \frac{l_1}{l_2 \pm \mu r \Phi} \mu r \Phi = F \frac{l_1}{l_2/(\mu r \Phi) \pm 1}. \tag{2.165}$$

Diese Gleichungen gelten jeweils für eine Bremsbacke. Der Zusammenhang von Drehrichtung und Vorzeichen im Nenner des ersten Faktors geht aus den Festlegungen nach Gl. (2.164) hervor.

Die Selbstverstärkung kann zur Selbsthemmung werden, wenn die Anpreßkraft F gegen Null gehen darf. Aus Gl. (2.164) entsteht als Bedingung für Selbsthemmung

$$l_2 - \mu r \Phi \leqq 0$$

bzw.

$$\mu = \tan \varrho \geqq \frac{l_2}{r\Phi} = \frac{l_2}{n}. \tag{2.166}$$

Der Grenzwinkel ϱ_s für Selbsthemmung ist im Bild 2-107 eingezeichnet, die resultierende Backenkraft F_{res} hat dabei die Wirkungslinie $\overline{GC}$. Aus Sicherheitsgründen muß der Reibungswinkel ϱ_s für Selbsthemmung stets um etwa 50 % über der Nenngröße $\varrho = \arctan \mu$ des Reibungswinkels liegen. Soll allerdings eine Innenbacke als Reibgesperre wirken, muß der Punkt G so weit zum Mittelpunkt M verlagert werden, daß der Reibungswinkel $\varrho > \varrho_s$ wird. In der Drehrichtung mit Selbstschwächung (ω_2) kann selbstverständlich keine Selbsthemmung auftreten.

Nicht immer können die Backenwinkel φ_0 oberhalb und unterhalb der x-Achse gleich groß gehalten werden. Mit den anteiligen Backenwinkeln φ_{01} oberhalb und φ_{02} unterhalb der x-Achse verändert sich Gl. (2.165) in

$$M_B = F \frac{l_1}{\dfrac{l_2}{\mu r \Phi_{1,2}} \pm \left[1 - \dfrac{l_2}{2r}(\sin \varphi_{02} - \sin \varphi_{01})\right]} \tag{2.167}$$

mit

$$\Phi_{1,2} = \frac{2(\sin \varphi_{02} + \sin \varphi_{01})}{\dfrac{\sin 2\varphi_{02}}{2} + \dfrac{\sin 2\varphi_{01}}{2} + \varphi_{02} + \varphi_{01}}.$$

Ein Doppelgelenk bei G bereitet konstruktiv wegen der auftretenden großen Kräfte Schwierigkeiten, weshalb häufig jede Backe in einem Einzelgelenk gelagert wird, das dann allerdings nicht mehr auf der y-Achse liegen kann (Bild 2-107b). Andere Lagerungen, z.B. auf Gleitflächen oder mit Gelenkgliedern, sind ebenfalls gebräuchlich und werden in der Literatur ausführlich behandelt [2.161]. Der Punkt C wandert auf dem Halbkreis über der Strecke $\overline{MC}$ um den Winkel α_0 zum Punkt C_α (Bild 2-107b), in dem die resultierenden Normal- und Reibungskräfte der nunmehr unsymmetrisch belasteten Innenbacke angreifen. Unter Verzicht auf die in [2.162] gegebenen Herleitungen werden hier die notwendigen Gleichungen für diesen Bremsentyp angegeben:

$$\tan \alpha_0 = \tan \alpha \frac{2\varphi_0 - \sin 2\varphi_0}{2\varphi_0 + \sin 2\varphi_0}$$

$$p_{max\,\alpha} = \frac{p_{max}}{\cos \alpha}$$

$$n_\alpha = n \cos \alpha_0 = r\Phi \cos \alpha_0$$

$$F_{r\alpha} = \frac{F_r}{\cos \alpha_0} = F \frac{l_1}{l_2 \pm \mu r \Phi} \frac{1}{\cos \alpha_0}$$

$$M_{B\alpha} = F_{r\alpha} \mu n_\alpha = F \frac{l_1}{l_2 \pm \mu r \Phi} \mu r \Phi = M_B. \tag{2.168}$$

Der Index α unterscheidet alle Größen der Bremsbacke mit verschobenem Gelenk von denen einer Backe, deren Gelenk auf der y-Achse liegt. Für $\alpha = 0$ gehen die Gln. (2.168) in die des anderen Typs über.

Bei Kraftfahrzeugbremsen wird als Kenngröße für die innere Übersetzung einer Bremsbacke auch die sog. Bremsenkennung

$$C = \frac{M_B}{rF} \tag{2.169}$$

eingeführt. Ihre Ableitung nach der Reibungszahl μ, die Empfindlichkeit, gibt die Änderung dieser inneren Übersetzung infolge einer Veränderung der Reibungszahl an; Näheres siehe z.B. [2.163]. Im Bild 2-108 wird eine Innenbackenbremse eines Kraftfahrzeugs gezeigt. Sie ist, wie nahezu alle praktischen Ausführungen, mit zwei Backen ausgerüstet. Statt in einem konstruktiv aufwendigen Bolzengelenk sind sie in Wälzgelenken gelagert.

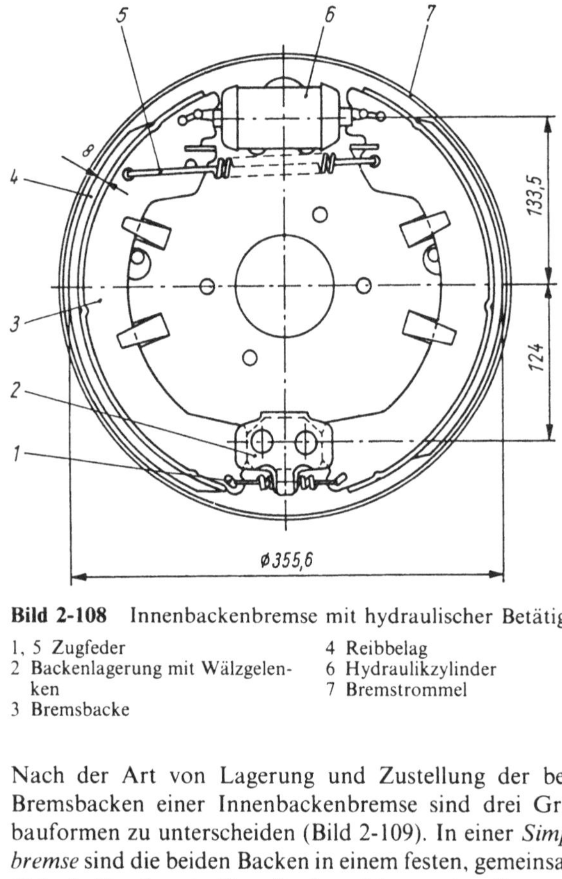

Bild 2-108 Innenbackenbremse mit hydraulischer Betätigung

1, 5 Zugfeder
2 Backenlagerung mit Wälzgelenken
3 Bremsbacke
4 Reibbelag
6 Hydraulikzylinder
7 Bremstrommel

Nach der Art von Lagerung und Zustellung der beiden Bremsbacken einer Innenbackenbremse sind drei Grundbauformen zu unterscheiden (Bild 2-109). In einer *Simplexbremse* sind die beiden Backen in einem festen, gemeinsamen Gelenk G gelagert. Eine Backe wirkt somit selbstverstärkend, die andere selbstschwächend; bei Drehrichtungsumkehr vertauschen die Backen diese Funktionen. Die Bremsbacken können durch einen (im Bild 2-109 gezeichneten) drehbaren Nocken oder durch einen doppeltwirkenden hydraulischen bzw. pneumatischen Kolben an die Bremstrommel gepreßt werden. Daraus ergeben sich zwei Belastungsfälle:

a) *Gleiche Betätigungskräfte*

Bei Verwendung hydraulischer bzw. pneumatischer Kolben werden die Betätigungskräfte an beiden Backen gleich, d.h. $F_1 = F_2 = F$. Die resultierenden Normalkräfte und die Bremsmomente an den beiden Backen *1* und *2* verhalten sich dann nach den Gln. (2.164) und (2.165) wie

$$\frac{F_{r1}}{F_{r2}} = \frac{M_{B1}}{M_{B2}} = \frac{l_2 \mp \mu r \Phi}{l_2 \pm \mu r \Phi}. \tag{2.170}$$

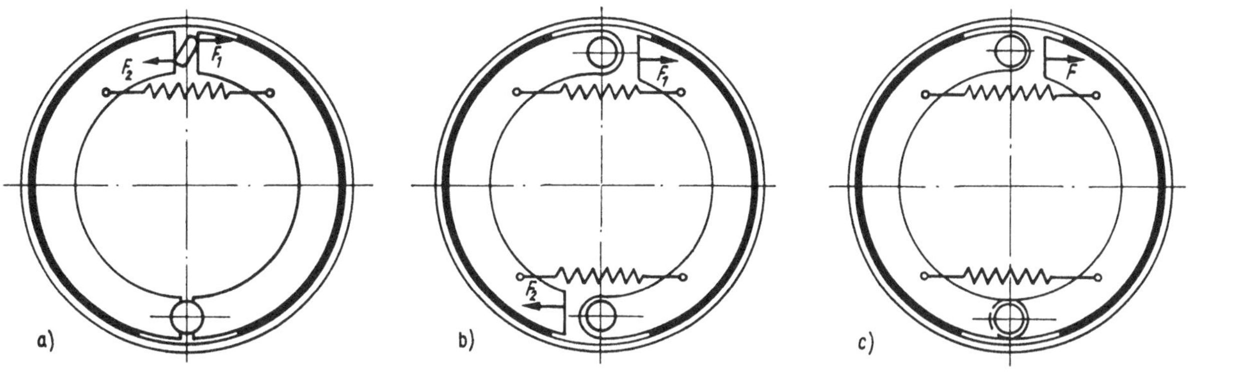

Bild 2-109 Innenbackenbremsen

a) Simplexbremse
b) Duplexbremse
c) Servobremse

Die unterschiedlichen Normalkräfte beanspruchen die Bremsscheibenwelle durch die Differenzkraft

$$\Delta F_r = F_{r1} - F_{r2} = F l_1 \frac{2\mu r \Phi}{l_2^2 - (\mu r \Phi)^2} \tag{2.171}$$

auf Biegung.

b) *Gleiche Zustellwege*

Durch die Drehung eines Bremsnockens entstehen annähernd gleiche Zustellwege an den beiden Bremsbacken. Nach der Winklerschen Annahme werden dadurch die Druckverteilung und die (Ersatz-)Radialkräfte F_r gleich, d.h. $F_{r1} = F_{r2} = F_r$. Beide Backen übertragen das gleiche Bremsmoment $M_{B1} = M_{B2} = M_B$. Die Nockenkräfte verhalten sich wie

$$\frac{F_1}{F_2} = \frac{l_2 \pm \mu r \Phi}{l_2 \mp \mu r \Phi}. \tag{2.172}$$

In den Gln. (2.170) und (2.172) entsprechen die unteren Vorzeichen der Drehrichtung ω_1, die oberen der Drehrichtung ω_2 der Bremstrommel. Wegen ihrer Symmetrie hat die Simplexbremse, unabhängig von der Betätigungsart, ein von der Drehrichtung unabhängiges Gesamtbremsmoment; dies ist ihr entscheidender Vorzug.

Die *Duplexbremse* als zweite Grundbauform weist zwei getrennt gelagerte und betätigte Einzelbacken auf. Beide Backen arbeiten deshalb in einer Drehrichtung selbstverstärkend, in der anderen selbstschwächend. Die Summenbremsmomente der Gesamtbremse verhalten sich für die beiden Drehrichtungen wie

$$\frac{M_B(\omega_1)}{M_B(\omega_2)} = 2\frac{l_2 + \mu r \Phi}{l_2 - \mu r \Phi}. \tag{2.173}$$

Sie sind somit sehr unterschiedlich, weshalb Duplexbremsen nur dann eingesetzt werden können, wenn eine große Bremswirkung bevorzugt in einer Drehrichtung erwünscht ist.

Die *Servobremse* nutzt das Prinzip der Selbstverstärkung auch für die Betätigungskraft der zweiten Bremsbacke aus. Dazu ist die erste Backe gelenkig an der zweiten Backe gelagert. Diese Bremse erzeugt sehr hohe Bremsmomente, allerdings allein in einer Drehrichtung. Das Bremsmoment ist stark von Schwankungen der Reibungszahl abhängig. Die Berechnung entnehme man der speziellen Literatur [2.164].

Die Berechnung der Erwärmung der Bremstrommel einer Innenbackenbremse unterscheidet sich prinzipiell nicht von der einer Außenbackenbremse. Aus Sicherheitsgründen sollte zweckmäßig nur die Kühlleistung der Außenflächen eingesetzt werden. Alles Weitere ist dem Abschnitt 2.4.3.4 zu entnehmen.

2.4.5 Bandbremsen

In der Bandbremse wird statt der Backen ein biegsames, meist mit Reibbelag ausgerüstetes Stahlband außen oder innen um den Kranz der Bremstrommel geführt und durch tangentiale Kräfte gespannt. Der Verlauf der Band- und Normalkräfte wird wie bei den Seiltrieben näherungsweise durch die Eytelweinsche Beziehung ausgedrückt, siehe Gl. (2.67); die Umfangskraft F_u wird mit Gl. (2.68) bestimmt. Nach der Anordnung der Betätigungshebel unterscheidet man drei Grundarten, die in bestimmten Eigenschaften voneinander abweichen (Tafel 2-26). Die Gleichungen für das Bremsmoment werden zunächst an der Summenbandbremse abgeleitet und können dann leicht für die anderen Bauformen modifiziert werden. Mit den eingezeichneten Kräften ergibt das Momentengleichgewicht am Hebel bei einer Trommeldrehung im Uhrzeigersinn

$$Fa - F_2 b - F_1 c = 0.$$

Wegen

$$\frac{F_1}{F_2} = e^{\mu\alpha} \quad \text{wird} \quad F_2 = \frac{Fa}{b + c\,e^{\mu\alpha}}$$

und die Umfangskraft nach Gl. (2.68)

$$F_u = F_1 - F_2 = F\frac{a}{b}\frac{e^{\mu\alpha} - 1}{1 + (c/b)e^{\mu\alpha}}. \tag{2.174}$$

Das Bremsmoment ist

$$M_{B1} = F_u\frac{d_B}{2} = F\frac{d_B}{2}\frac{a}{b}\frac{e^{\mu\alpha} - 1}{1 + (c/b)e^{\mu\alpha}}. \tag{2.175}$$

In der Drehrichtung gegen den Uhrzeigersinn lauten die entsprechenden Gleichungen

$$Fa - \bar{F}_1 b - \bar{F}_2 c = 0$$

$$\bar{F}_u = \bar{F}_1 - \bar{F}_2 = F\frac{a}{b}\frac{e^{\mu\alpha} - 1}{e^{\mu\alpha} + c/b} \tag{2.176}$$

$$M_{B2} = \bar{F}_u\frac{d_B}{2} = F\frac{d_B}{2}\frac{a}{b}\frac{e^{\mu\alpha} - 1}{e^{\mu\alpha} + c/b}. \tag{2.177}$$

Das Verhältnis der Bremsmomente der beiden Drehrichtungen hat die Größe

$$\frac{M_{B1}}{M_{B2}} = \frac{e^{\mu\alpha} + c/b}{1 + (c/b)e^{\mu\alpha}}. \tag{2.178}$$

Tafel 2-26 Bauarten und Bremsmomente der Bandbremsen

Bezeichnung	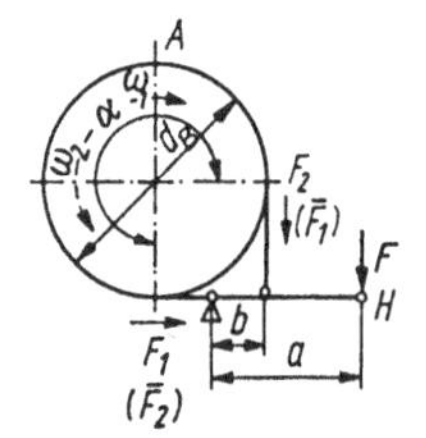 Einfachbandbremse	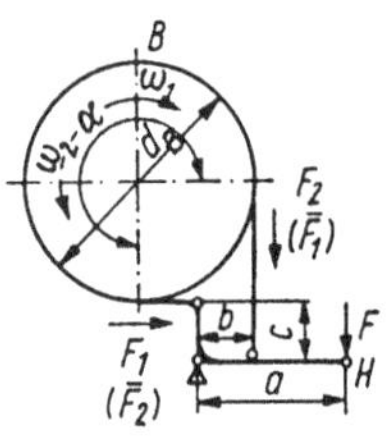 Summenbandbremse	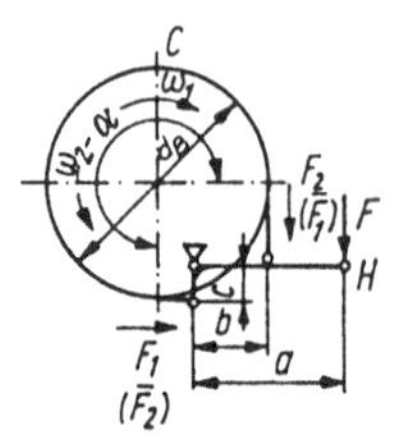 Differentialbandbremse
Bremsmoment (Drehrichtung ω_1)	$M_{B1} = F\frac{d_B}{2}\frac{a}{b}(e^{\mu\alpha}-1)$	$M_{B1} = F\frac{d_B}{2}\frac{a}{b}\frac{e^{\mu\alpha}-1}{1+(c/b)e^{\mu\alpha}}$	$M_{B1} = F\frac{d_B}{2}\frac{a}{b}\frac{e^{\mu\alpha}-1}{1-(c/b)e^{\mu\alpha}}$
Bremsmoment (Drehrichtung ω_2)	$M_{B2} = F\frac{d_B}{2}\frac{a}{b}\frac{e^{\mu\alpha}-1}{e^{\mu\alpha}}$	$M_{B2} = F\frac{d_B}{2}\frac{a}{b}\frac{e^{\mu\alpha}-1}{e^{\mu\alpha}+c/b}$	$M_{B2} = F\frac{d_B}{2}\frac{a}{b}\frac{e^{\mu\alpha}-1}{e^{\mu\alpha}-c/b}$
Verhältnis der Bremsmomente	$\frac{M_{B1}}{M_{B2}} = e^{\mu\alpha}$	$\frac{M_{B1}}{M_{B2}} = \frac{e^{\mu\alpha}+c/b}{1+(c/b)e^{\mu\alpha}}$	$\frac{M_{B1}}{M_{B2}} = \frac{e^{\mu\alpha}-c/b}{1-(c/b)e^{\mu\alpha}}$
Lüftweg am Punkt H	$s_L = \frac{a}{b}\Delta s a$	$s_L = \frac{a}{b}\Delta s\frac{a}{1+c/b}$	$s_L = \frac{a}{b}\Delta s\frac{a}{1-c/b}$

Die Bandbremse muß allseitig um die radiale Strecke Δs gelüftet werden. Der Lüftweg s_L am Angriffspunkt H der Kraft ergibt sich nach einfacher Rechnung zu

$$s_L = \Delta s\frac{a}{b}\frac{a}{1+c/b}. \tag{2.179}$$

Anhaltswerte für erforderliche Lüftwege gibt Tafel 2-25. Anhand dieser Grundgleichungen können die entsprechenden Größen aller drei Bremsenformen bestimmt werden, indem eingesetzt wird

für die Einfachbremse $c = 0$,
für die Summenbremse $c = +c$,
für die Differentialbremse $c = -c$.

Die gesuchten Größen sind in Tafel 2-26 aufgeführt. Die Bremsen unterscheiden sich in der Größe des Bremsmoments, im Verhältnis der Bremsmomente beider Drehrichtungen und in der Größe des Lüftwegs. Die Einfachbandbremse A hat das Verhältnis $e^{\mu\alpha}$ der Bremsmomente beider Drehrichtungen, braucht somit in diesem Verhältnis veränderliche Betätigungskräfte, wenn sie in beiden Richtungen mit gleichem Moment wirken soll.
Die Summenbandbremse B hat für $c = b$ den Vorteil gleicher Bremsmomente in beiden Drehrichtungen. Sie ist jedoch selbstschwächend, das Bremsmoment ist um $e^{\mu\alpha}+1$ kleiner als das der Einfachbandbremse, so daß erheblich größere Betätigungskräfte aufgebracht werden müssen. Der Lüftweg ist für $c = b$ um 50 % kleiner als der von Bremse A.
Die Differentialbandbremse C ist in der Drehrichtung im Uhrzeigersinn selbstverstärkend und erzeugt besonders hohe, stark von der Reibungszahl abhängige Bremsmomente, benötigt aber auch den größten Lüftweg der drei behandelten Bauarten. Für $c = b$ geht s_L gegen Unendlich; eine solche Bremse ließe sich nicht mehr lüften. Die Bremse wird in Abhängigkeit vom Verhältnis c/b selbsthemmend

für die Drehrichtung ω_1 bei $b/c \leqq e^{\mu\alpha}$,
für die Drehrichtung ω_2 bei $c/b \geqq e^{\mu\alpha}$.

Der zweite Fall hat kaum technische Bedeutung.
Einfachbandbremsen werden als hand- oder kraftbetätigte Halte- und Senkbremsen in Hubwerken eingesetzt, weil hier die Kraftrichtung unveränderlich bleibt. Besondere Bedeutung hat die Schlingbandbremse mit einem mehrfach um die Trommel geschlungenen, schmalen Bremsband. In Hubwerken von Baggern wird diese Bremse oder auch eine normale Bandbremse durch eine konstante Federkraft ständig geschlossen gehalten und verhindert als Haltebremse das Absinken des Auslegers. Da $e^{\mu\alpha}$ bei mehrfach umschlungenen Bandbremsen Werte von 20 bis 25 erreicht, hat das Bremsmoment der Schlingbandbremse im Hubsinn nur 4 ... 5 % des Werts im Senksinn, so daß der Hubmotor gegen die geschlossene Bremse heben kann und dabei nur die genannte geringe Mehrbelastung durch das Bremsmoment erfährt [2.165]. Die praktische Ausführung einer Bandbremse ist im Bild 2-110 dargestellt.
Die *Summenbandbremse* eignet sich für Antriebe mit wechselnder Dreh- und Kraftrichtung, z.B. Fahr- und Drehwerke. Sie wird fast nur noch in bestimmten Bagger- oder Schrapperantrieben angewendet, da sich die Doppelbackenbremse in anderen Antrieben durchgesetzt hat.
Die *Differentialbandbremse* ist wie die Einfachbandbremse nur für gleichbleibende Kraftrichtung geeignet. Wegen ihrer Selbstverstärkung muß sie feinfühlig, d.h. möglichst von Hand, betätigt werden; Kraftbetätigung verursacht meist große Einfallstöße. Wie bei den Innenbackenbremsen mit Selbstverstärkung muß die Gefahr der Selbsthemmung durch rechnerische Kontrolle mit einer um 50 % gegenüber dem Nennwert vergrößerten Reibungszahl ausgeschaltet werden. In selbsthemmender Bauart ist diese Bremse wiederum ein Reibgesperre mit vielen Anwendungsmöglichkeiten.
Wegen der hohen Übersetzung der Betätigungskraft bietet sich für Bandbremsen vor allem eine Hand- oder Fußbetätigung an. Wenn, wie es ebenfalls häufig geschieht, die üblichen mechanischen, elektrischen, hydraulischen oder pneumatischen Betätigungsgeräte benutzt werden, ist zu beachten, daß das Bremsband wegen der Reibungskraft am Trommelumfang im Stillstand nicht völlig gespannt werden kann. Eine hängende Masse sinkt daher stets etwas ab, wenn sie nach dem Heben abgebremst oder erst im Stillstand aufgebracht wird.
Die Konstruktionsberechnung der Bandbremse lehnt sich an die der Backenbremse an. Die Flächenpressung ist über den umspannten Bogen veränderlich. Nach Bild 2-46b wird das Element der Normalkraft

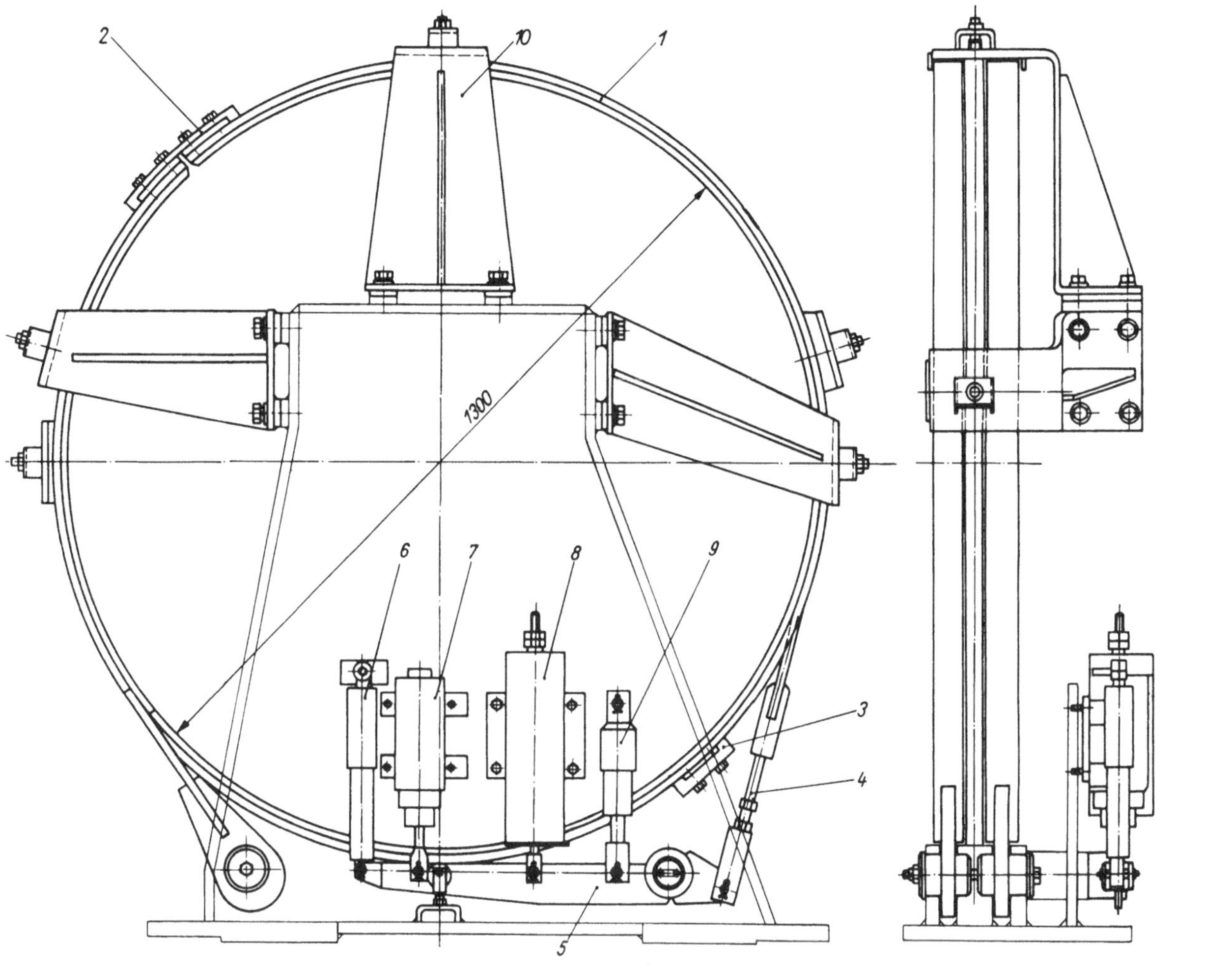

Bild 2-110 Schlingbandbremse, pneumatisch betätigt (ohne Bremstrommel gezeichnet)
Zeitzer Maschinen, Anlagen, Geräte Zemag GmbH

1 Bremsband
2, 3 Klammer
4 Spannschraube
5 Bremshebel
6 Stoßdämpfer
7 Bremszylinder
8 Bremsfeder
9 Nachlaufzylinder
10 Konsol

$$dF_n = (2F + dF)\sin d\varphi/2 \approx F\,d\varphi$$

und die Flächenpressung bei gleichmäßiger Verteilung über die Bandbreite b

$$p = \frac{dF_n}{dA} = \frac{2F}{bd_B}.$$

Die Pressung erreicht Extremwerte an der Einlauf- und Auslaufstelle der Bremstrommel. Mit Gl. (2.68) gilt

$$p_{min} = \frac{2F_2}{bd_B} = \frac{2F_u}{bd_B}\frac{1}{e^{\mu\alpha} - 1}$$

$$p_{max} = \frac{2F_1}{bd_B} = \frac{2F_u}{bd_B}\frac{e^{\mu\alpha}}{e^{\mu\alpha} - 1} \qquad (2.180)$$

bzw.

$$\frac{p_{max}}{p_{min}} = e^{\mu\alpha}. \qquad (2.181)$$

Der Maximalwert der Flächenpressung darf die zulässigen Größen nach Tafel 2-23 nicht übersteigen.

Der Verschleiß wird proportional der Flächenpressung angenommen; das Verschleißvolumen ist demnach mit p veränderlich längs des umspannten Bogens. Wenn von der Gesamtdicke h_B des Belags maximal die Verschleißdicke Δh_B abgetragen werden darf, wird die zugeordnete Verschleißdicke an der Stelle φ des Bogens

$$\frac{\Delta h_{B\varphi}}{\Delta h_B} = \frac{p}{p_{max}} = \frac{F}{F_1} = \frac{e^{\mu\varphi}}{e^{\mu\alpha}}$$

und das verfügbare Verschleißvolumen des gesamten Bremsbands

$$V_{vB} = \int_0^\alpha b\,dA_v = \frac{bd_B\,\Delta h_B}{2\,e^{\mu\alpha}}\int_0^\alpha e^{\mu\varphi}d\varphi = \frac{bd_B\,\Delta h_B}{2\mu}\left(1 - \frac{1}{e^{\mu\alpha}}\right). \qquad (2.182)$$

Für das Verschleißvolumen der Bremstrommel und die zulässigen Werte des Verschleißes können die Angaben zu den Doppelbackenbremsen (s. Abschn. 2.4.4.1.2) herangezogen werden.
Die Temperatur der Bremstrommel läßt sich wegen fehlender experimenteller Ergebnisse nur mit einem halbempirischen Verfahren, z.B. nach Gl. (2.125), bestimmen. Genauere Berechnungen unter Berücksichtigung der Wärmeabfuhr über Reibbelag und Bremsband sind angesichts der verbleibenden Unsicherheiten nicht zu empfehlen.
Nachteilig ist bei allen Bandbremsen die starke Biegebeanspruchung der Bremstrommelwelle durch die resultierende Bandkraft. Dünnere Bremsbänder, die sich evtl. nicht gleichmäßig genug abheben, müssen in dem durch den Lüftweg gegebenen Abstand am ganzen Umschlingungsbogen geführt werden.

Die Bandbremse kann auch als Innenbandbremse ausgeführt werden, wobei das Bremsband durch eine Druckkraft zum Anlegen an die Bremstrommel gebracht wird. Die Funktion bzw. Berechnung entspricht sinngemäß der einer Außenbandbremse.

2.4.6 Scheiben- und Kegelbremsen

Scheiben- und Kegelbremsen haben scheiben- bzw. kegelförmige Bremskörper, an die der Gegenkörper durch eine axiale Zustellbewegung angepreßt wird. Wenn der Reibbelag als voller Kreis- oder Kegelmantelring ausgebildet ist, bezeichnet man diese Axialbremsen als Vollbelag-Scheibenbremsen bzw. Kegelbremsen; bildet er lediglich einen Ausschnitt aus einer Kreisfläche, als Teilbelag-Scheibenbremsen.

2.4.6.1 Vollbelag-Scheibenbremsen und Kegelbremsen

Die Reibflächen der *Scheiben- bzw. Lamellenbremsen* (Bild 2-111) bilden Kreisringe, deren Flächenpressung p bei ausreichend starrer Ausführung der Bremsscheiben- und Gehäuseteile unter der Winklerschen Annahme in der gesamten Fläche konstant bleibt.

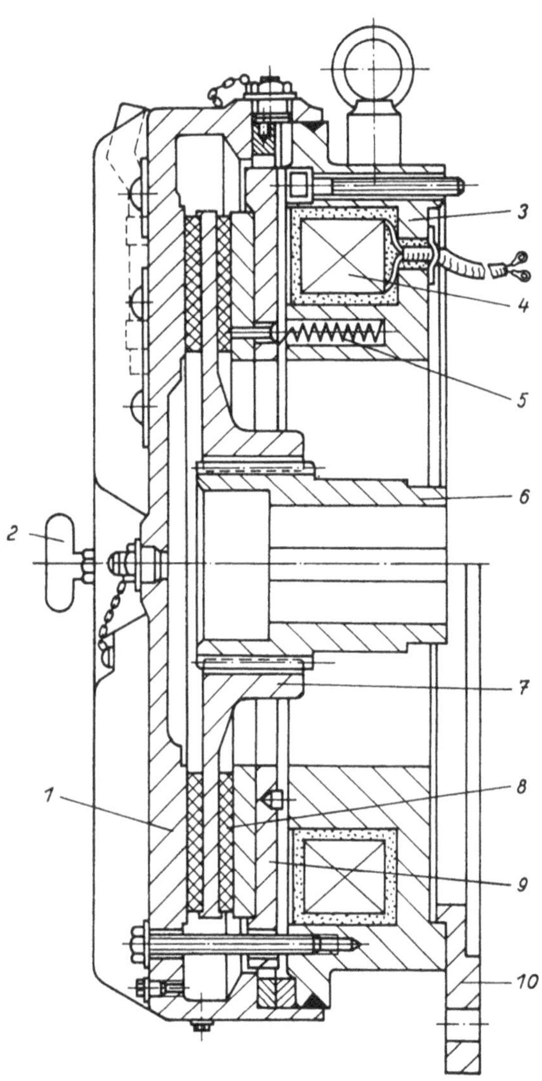

Bild 2-111 Elektromagnet-Zweiflächenbremse, Typ BZF VEM Elektromaschinenwerk Dessau GmbH

1 Bremsdeckel
2 Lüftschraube
3 Spulenkörper
4 Spule
5 Druckfeder
6 Ritzel
7 Reibbelagträger
8 Reibbelag
9 Ankerscheibe
10 Flansch

Aus dem Flächenelement der Kreisringfläche (Bild 2-112)

$dA = r\,dr\,d\varphi$

ergeben sich die gesamte Kreisringfläche

$A = (r_a^2 - r_i^2)\,\pi$

und die elementare Tangentialkraft

$dF_t = p\mu\,dA = p\mu r\,dr\,d\varphi.$

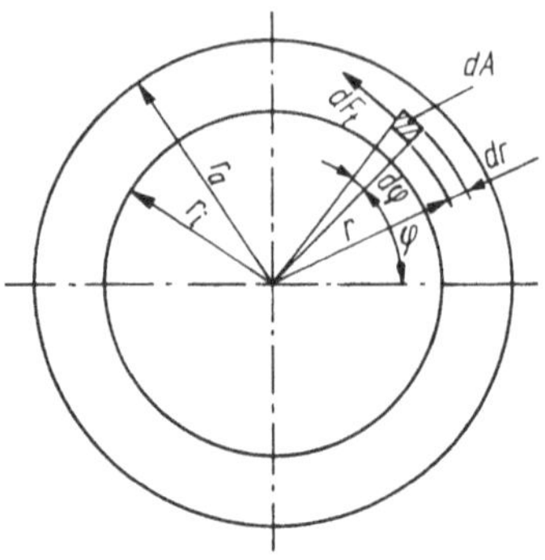

Bild 2-112
Kreisringfläche

Das Bremsmoment wird, wenn z_r Reibflächen wirken,

$$M_B = z_r \int_{r_i}^{r_a} \int_0^{2\pi} r\,dF_t = z_r p\mu \int_{r_i}^{r_a} \int_0^{2\pi} r^2\,dr\,d\varphi$$

$$= \tfrac{2}{3} z_r p\mu\pi\,(r_a^3 - r_i^3). \tag{2.183}$$

Der Zusammenhang zwischen der Zustell- (Betätigungs-) Kraft F_r und der auftretenden Flächenpressung p lautet

$$F_r = \frac{pA}{\eta_b} = \frac{p\pi}{\eta_b}(r_a^2 - r_i^2) \quad \text{bzw.} \quad p = \frac{F_r\,\eta_b}{(r_a^2 - r_i^2)\,\pi}. \tag{2.184}$$

η_b ist der Wirkungsgrad der Betätigungseinrichtung; er sollte mit 0,9 ... 0,95 angesetzt werden. Einsetzen von Gl. (2.184) in Gl. (2.183) führt zur Gleichung für das Bremsmoment bei gegebener Anpreßkraft

$$M_B = \frac{2}{3} F_r z_r \eta_b \mu \frac{r_a^3 - r_i^3}{r_a^2 - r_i^2} = \frac{2}{3} F_r z_r \eta_b \mu \frac{r_a^2 + r_a r_i + r_i^2}{r_a + r_i}$$

$$\approx F_r z_r \eta_b \mu r_m \tag{2.185}$$

mit $r_m = (r_a + r_i)/2$ als Näherungswert für $r_a \approx r_i$.

Die Lüftkraft F_L muß wegen der Adhäsion des Bremsbelags an die Reibfläche den 1,5- bis 1,6fachen Betrag der Anpreßkraft F_r haben. Der Gesamtlüftweg ist gleich dem z_r-fachen Betrag des Lüftwegs einer Reibpaarung, erreicht daher bei Lamellenbremsen relativ große Werte. Die Bremsen werden vorwiegend durch Federkraft geschlossen und elektromagnetisch, hydraulisch oder pneumatisch geöffnet.

Vorteilhaft sind das große Bremsmoment bei geringem Raumbedarf sowie die geringe Schaltkraft der Lamellenbremsen. Trotzdem eignen sich Lamellen- oder Scheibenbremsen in geschlossener Bauweise bei Fördermaschinen nur, wenn sie wenig Energie aufzunehmen haben, weil sie an den stillstehenden Außenflächen des Gehäuses eine viel geringere Kühlwirkung haben als die Bremsen offener Bauweise. Für die zulässige Energieaufnahme in der Zeiteinheit geben die Hersteller Grenzwerte an, die stets anhand der Betriebsdaten des Antriebs zu prüfen sind.

Kegelbremsen werden wie die Scheibenbremsen axial zugestellt und übertragen die Reibungskräfte im gesamten Reibkegel. Die Flächenpressung p ist bei starr angenommenen Brems- und Lagerflächen wiederum konstant. Aus Bild 2-113 ist abzulesen

$$F_r = \frac{\sin\gamma}{\eta_b} \int_{r_i}^{r_a} \int_0^{2\pi} dF_n .$$

So ergibt sich mit

$$dF_n = \frac{p}{\sin\gamma}\, r\, dr\, d\varphi$$

der gleiche Zusammenhang zwischen Flächenpressung und Radialkraft, wie ihn Gl. (2.184) für die Scheibenbremse ausweist. Das Bremsmoment wird allerdings wegen der größeren Fläche A größer; es beträgt

$$M_B = \mu \int_{r_i}^{r_a} \int_0^{2\pi} dF_n = \frac{p\mu}{\sin\gamma} \int_{r_i}^{r_a} \int_0^{2\pi} r^2\, dr\, d\varphi$$

$$= \frac{2}{3} \frac{p\mu\pi}{\sin\gamma} (r_a^3 - r_i^3) = \frac{2}{3} \frac{F_r \eta_b \mu}{\sin\gamma} \frac{r_a^3 - r_i^3}{r_a^2 - r_i^2}$$

$$= \frac{2}{3} \frac{F_r \eta_b \mu}{\sin\gamma} \frac{r_a^2 + r_a r_i + r_i^2}{r_a + r_i} \approx \frac{F_r \eta_b \mu r_m}{\sin\gamma} \qquad (2.186)$$

mit der Näherung $r_m = (r_a + r_i)/2$ für $r_a \approx r_i$.

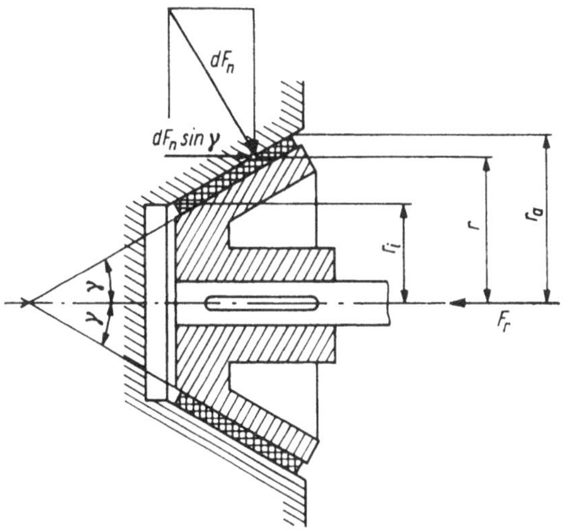

Bild 2-113 Prinzip der Kegelbremse

Bei gleicher Betätigungskraft ist in vergleichbaren Konstruktionen das Bremsmoment der Kegelbremse größer als das einer Einflächen-Scheibenbremse, aber kleiner als das einer Lamellenbremse, wie der Vergleich von Gl. (2.185) und Gl. (2.186) zeigt. Komplizierte Bauformen mit Doppelkegeln übertragen ungefähr das doppelte Moment einer Einflächen-Scheibenbremse.

Die Lüftkraft muß wegen der geneigten Reibfläche etwa mit dem 2fachen Betrag der Betätigungskraft angenommen werden. Eine nochmals um das 1,5- bis 2fache vergrößerte Lüftkraft ist erforderlich, wenn die Bremse wegen $\tan\gamma < \mu$ selbsthemmend arbeitet. In [2.166] ist dieses Problem ausführlicher dargestellt.

Besondere Bedeutung haben Einscheiben- und Kegelbremsen einfacher Bauweise in Verbindung mit Gesperren als Hubkraftbremsen. Die bekannteste Ausführung ist die sog. Sicherheitskurbel, s. Abschnitt 2.4.8.

2.4.6.2 Teilbelag-Scheibenbremsen

In bestimmten Windwerken, z.B. Schachtfördermaschinen, Seilbahnantrieben, ist es vorteilhaft oder aus Sicherheitsgründen sogar notwendig, die Bremse direkt an der Treibscheibe oder an der Trommel anzubringen. Das große Bremsmoment erfordert dann einen großen Scheibendurchmesser. Deshalb ist die Doppelbackenbremse für diese Aufgabe wegen ihrer Baubreite und der Schwierigkeiten der Gestängeführung wenig geeignet. Statt dessen werden bevorzugt Teilbelag-Scheibenbremsen mit kreisförmigen, glatten Bremsscheibenringen und seitlich angreifenden Doppelbacken benutzt. Die Beanspruchung der Wellenlagerung durch die volle Umfangskraft bedingt keinen konstruktiven Mehraufwand, weil diese Kräfte ohnehin durch das Seil am Umfang der Treibscheibe oder Trommel eingeleitet werden.

Bild 2-114 zeigt eine als Teilbelag-Scheibenbremse ausgebildete Fahr- und Sicherheitsbremse einer Vierseil-Schachtfördermaschine. Der scheibenförmige Bremsring ist mittig an die Treibscheibe geschweißt. Die Backen werden nach Auslösen der Sicherheitsbremseinrichtung durch ein Gewicht angepreßt, dessen Einfallstoß von einem Dämpfer gemildert wird.

Teilbelag-Scheibenbremsen mit massiver oder selbstbelüftender Bremsscheibe in den üblichen Abmessungen der mechanischen Bremsen werden nach ihrer Bewährung im Fahrzeugbau mit zunehmender Tendenz auch in den Antrieben der Fördermaschinen eingesetzt. Die Ausführung im Bild 2-115 ist als Lösebremse gebaut. Sie besteht aus einer Bremsscheibe 1 und einer Bremszange mit beiderseitig je einer Bremsbacke 6, auf die der Reibbelag 4 geklebt ist, einer Bremsfeder 5 und einem Kolben 10 für die hydraulische Lüftbewegung. Das hydraulische Betätigungsgerät mit Elektromotor und Zahnradpumpe ist über Rohrleitungen und Schläuche mit der Bremszange verbunden. Der Arbeitsdruck der Zahnradpumpe liegt zwischen 3 und 6,5 MPa.

Bereits bei einer massiven Bremsscheibe (Bild 2-116a) ist der Überdeckungsgrad, das Verhältnis der von der Reibpaarung bedeckten Fläche zur Scheibenoberfläche, mit 0,1 bis 0,2 kleiner als der einer Doppelbackenbremse, so daß sich eine höhere Wärmeabgabefähigkeit ausbildet. Eine selbstbelüftende Bremsscheibe (Bild 2-116b) hat eingegossene Kühlkanäle. Sie vergrößern die wärmeabgebende Oberfläche und, während der Drehung der Scheibe, die Strömungsgeschwindigkeit der Luft; dies ergibt eine zusätzliche Kühlleistung. Etwas problematisch ist die Einbeziehung einer elastischen Kupplung in eine solche Bremsscheibe, meist verzichtet man darauf und wählt die im Bild 2-116a dargestellte Hintereinanderanordnung beider Elemente.

Die Bremszangen und Bremsscheiben können fest oder beweglich gelagert sein (Bild 2-117); die Ausführung mit fester Lagerung (Bild 2-117c) wird bevorzugt. Um sich den gegenwärtigen Ausführungsformen fördertechnischer Antriebe anzupassen, ist auch häufig die Ausführung nach Bild 2-117d anzutreffen, bei der die üblichen elektrohydraulischen, elektromechanischen oder elektromagnetischen Lüftgeräte (s. Abschn. 2.4.7). Verwendung finden können.

In die Bremszange kann eine automatische Lüftspaltnachstellung eingebaut werden, die wegen der relativ dicken Bremsbeläge eine über lange Zeit wartungsfreie Bremse schafft. Ein weiterer Vorteil ergibt sich aus der Möglichkeit, mehrere Bremszangen am Umfang der Scheibe verteilt anzubringen und damit größere Bremsmomente auf einer Bremsscheibe zu konzentrieren. Die Zahnradpumpe bedient mehrere Betätigungsgeräte; es verlängern sich nur die Reaktionszeiten. Durch geeignete Steuergeräte können die einzelnen Bremszangen mit zeitlicher Verzögerung zum Einfall gebracht und damit eine einfache und außerordentlich funktionssichere Mehrstufenbremse geschaffen werden. [2.168] weist darauf hin, daß eine bis vier gleiche, am Umfang nur einer Bremsscheibengröße verteilte Bremszangen einen Bereich des Bremsmoments von 1 : 25 erschließen,

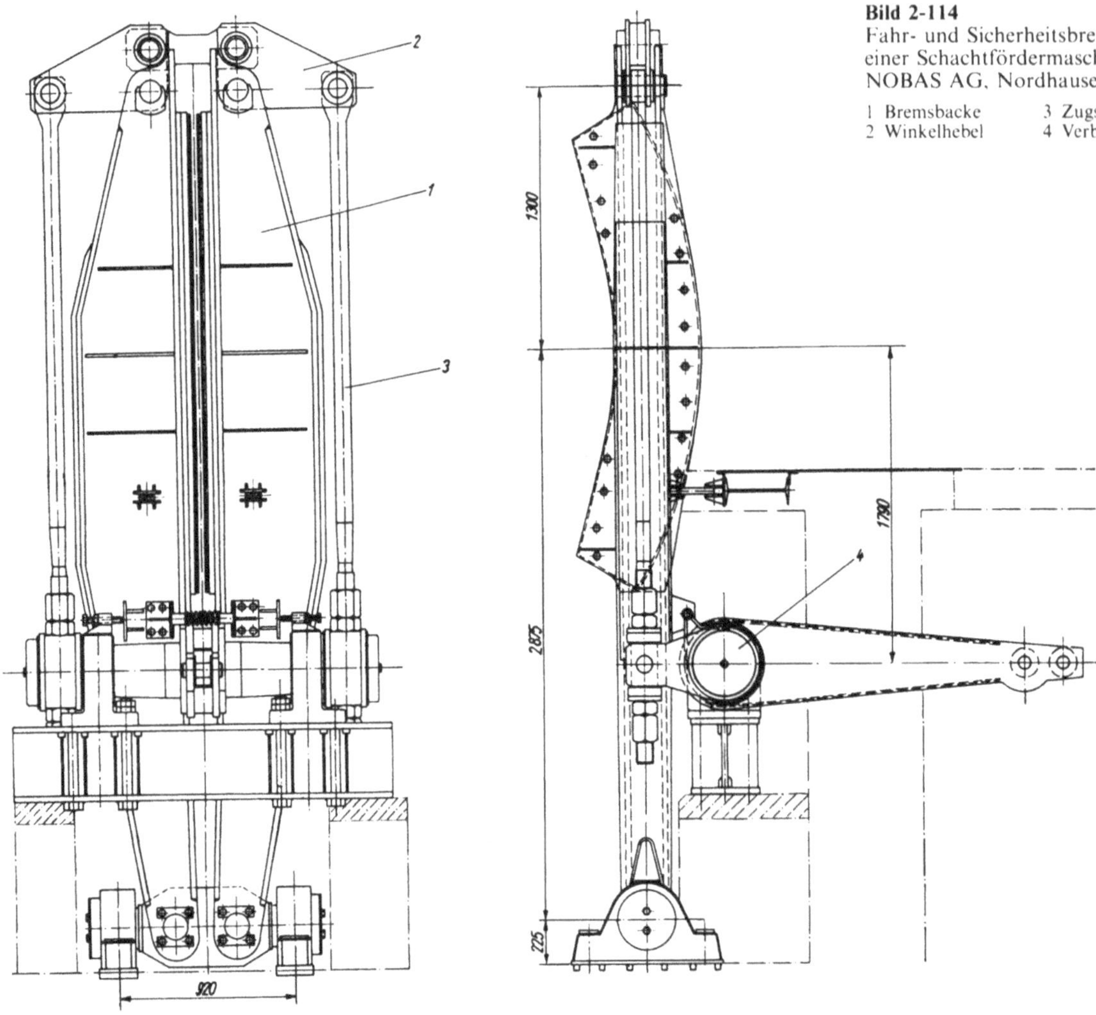

Bild 2-114
Fahr- und Sicherheitsbremse einer Schachtfördermaschine NOBAS AG, Nordhausen

1 Bremsbacke 3 Zugstange
2 Winkelhebel 4 Verbindungshebel

wenn man die Bremszangen z.B. nach Wahl mit vier unterschiedlichen Federsätzen ausrüstet.
Um den Belag möglichst gleichmäßig zu verschleißen, sind die Backen vorwiegend Kreisringsegmente (Bild 2-118). Für eine konstante spezifische Reibleistung gilt nach Gl. (2.118)

$$p\mu v = p\mu\omega r = \text{konst.}$$

bzw. mit $\mu =$ konst. und $\omega =$ konst.

$$p = \frac{C}{r} = p_{\max}\frac{r_i}{r}.$$

Ein solcher hyperbolischer Druckverlauf läßt sich in linearer Näherung erzielen, wenn die Backe drehbar um eine parallel zur Scheibenebene liegende Achse gelagert ist (Bild 2-118a). Die maximale Flächenpressung wird wegen

$$F_a = \int_{r_i}^{r_a} p\,\mathrm{d}A = p_{\max}\,\varphi_0\,r_i\int_{r_i}^{r_a}\mathrm{d}r = p_{\max}\,\varphi_0\,r_i\,(r_a - r_i)$$

$$p_{\max} = \frac{F_a}{\varphi_0\,r_i\,(r_a - r_i)}. \tag{2.187}$$

Das Bremsmoment je Backe beträgt

$$M_B = \mu\int_{r_i}^{r_a} r\,\mathrm{d}F_n = \mu p_{\max}\,\varphi_0\,r_i\int_{r_i}^{r_a} r\,\mathrm{d}r$$

$$= \mu p_{\max}\,\varphi_0\,r_i\,\frac{r_a^2 - r_i^2}{2} = \frac{F_a\mu}{2}(r_a + r_i). \tag{2.188}$$

Der Radius r_F für die Lage des Gelenkpunkts muß so gewählt werden, daß die statischen Momente um die x-Achse gleich werden,

$$M_x = \int_{r_i}^{r_a}\int_{-\varphi_0/2}^{+\varphi_0/2} r\cos\varphi\,\mathrm{d}F_n = F_a\,r_F\,.$$

Hieraus entsteht durch Einsetzen von $\mathrm{d}F_n$ und Umrechnen

$$r_F = \frac{\sin(\varphi_0/2)}{\varphi_0}(r_a + r_i). \tag{2.189}$$

Häufiger werden die Backen von Teilbelag-Scheibenbremsen jedoch in Parallelführung zugestellt, z.B. in der Bremszange nach Bild 2-115. Damit wird die Flächenpressung p in der Reibfläche konstant:

$$p_{\max} = \frac{2F_a}{\varphi_0\,(r_a^2 - r_i^2)} = p = \text{konst.} \tag{2.190}$$

Das Bremsmoment je Backe beträgt

$$M_B = \mu p_{\max}\,\varphi_0\int_{r_i}^{r_a} r^2\,\mathrm{d}r = \frac{\mu p_{\max}\,\varphi_0}{3}(r_a^3 - r_i^3)$$

$$= \frac{2}{3}F_a\,\mu\,\frac{r_a^3 - r_i^3}{r_a^2 - r_i^2}. \tag{2.191}$$

Andere Flächen und Lagerungsformen werden entsprechend behandelt, siehe [2.148]. Zu beachten ist auf jeden Fall die

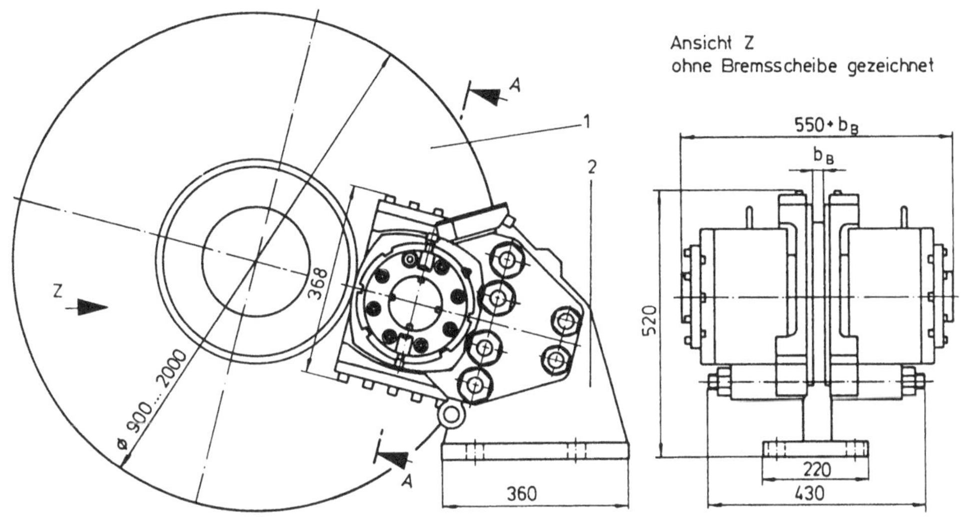

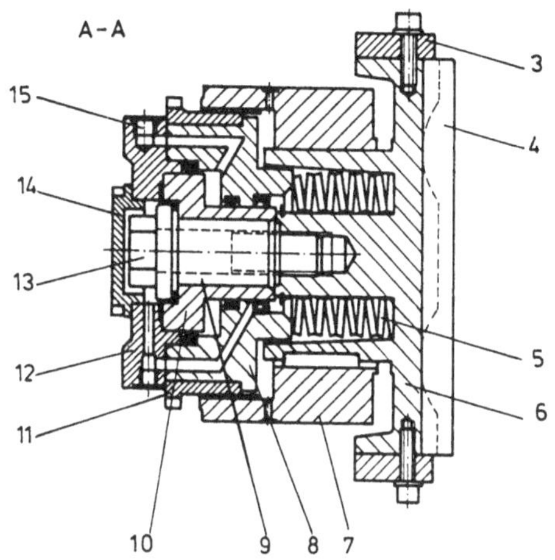

Bild 2-115 Scheibenbremse BSFG 400, Hägglunds Denison Drives AB, Mellansel (Schweden) (ohne Hydraulikaggregat gezeichnet), Bremskraft 27,5 ... 96 kN

1 Bremsscheibe
2 Fuß
3 Lasche
4 Reibbelag
5 Tellerfederpaket
6 Bremsbacke
7 Gabel
8 Zylinder
9 Hülse
10 Kolben
11 Stellschraube
12 Deckel
13 Schraube
14 Verschlußdeckel
15 Rohranschluß

Biegebeanspruchung der Bremsscheibenwelle durch die Umfangskraft, die in Teilbelag-Scheibenbremsen auftritt, wenn nicht mehrere Bremszangen symmetrisch über den Umfang verteilt liegen.

Wenn die geeignete Bremsscheibe auszuwählen ist, muß beachtet werden, daß die massive Ausführung wegen der größeren Masse ein höheres Wärmespeichervermögen bei geringerer Wärmeabgabefähigkeit hat als die selbstbelüftende Form. Bild 2-119 gibt idealisiert die Erwärmungsfunktion

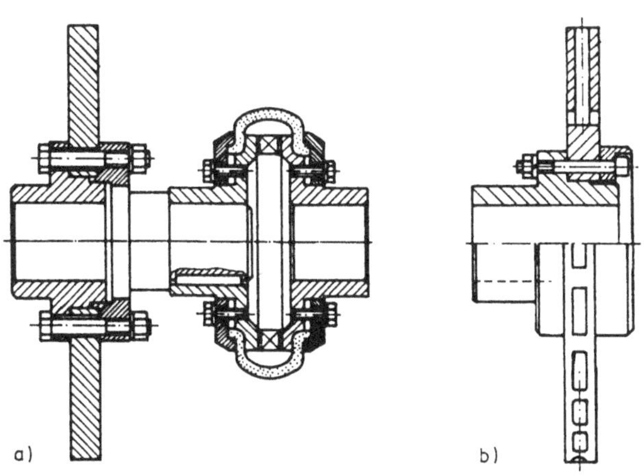

Bild 2-116 Bremsscheiben für Teilbelag-Scheibenbremsen

a) massiv, mit elastischer Wellenkupplung
b) selbstbelüftend, mit radialen Kühlkanälen

beider Bremsscheiben an. Die massive Scheibe eignet sich somit wegen ihrer größeren Erwärmungszeitkonstanten bei Kurzzeitbetrieb besser, z.B. als Sicherheitsbremse oder als mechanische Bremse in Antrieben mit elektrischer Betriebsbremsung. Selbstbelüftende Bremsscheiben von größerem Durchmesser müssen eine ausreichende Breite haben, um die erwartete, gegenüber einer vergleichbaren Doppelbackenbremse gesteigerte Kühlleistung auch tatsächlich zu erreichen [2.169].

Der Zusammenhang zwischen Energieeinleitung und Bremsscheibentemperatur ist vielfach untersucht worden [2.141] [2.148] [2.155] [2.170], zusätzliche Rechenprogramme enthalten [2.140] [2.143] [2.144] [2.156] [2.171]. Stark vereinfachende Berechnungsverfahren, wie für die Doppelbackenbremsen, gibt es wegen des komplizierteren Wärmeübergangsproblems nicht.

Im Vergleich zur Doppelbackenbremse weist die Teilbelag-Scheibenbremse nachstehende Vorzüge auf (s. auch [2.172]):

- sie ist grundsätzlich das konstruktiv und funktionell bessere Bremssystem
- die Lüftwege und damit die Einfall- und Lüftzeiten bleiben klein und gleichmäßig
- die zulässige Flächenpressungen bis 4 N/mm² liegen beträchtlich höher; dies führt zu einer geringeren Streuung der Reibungszahl [2.140]
- die Bremsenkennung, s. Gl. (2.169), ist eine lineare Funktion; dies verringert zusätzlich die Streuung von Reibungszahl und Bremsmoment

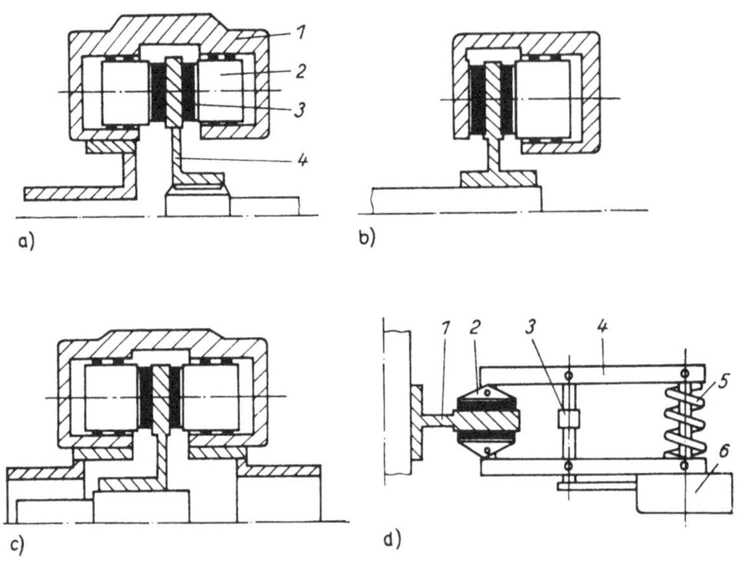

Bild 2-117
Grundformen von Bremszangen
bei Teilbelag-Scheibenbremsen [2.167]

a) fester Sattel, bewegliche Scheibe
1 Sattel 3 Bremsbacke
2 Bremsbetätigung 4 Bremsscheibe
b) beweglicher Sattel (Schwimmsattel), feste Scheibe
c) fester Sattel, feste Scheibe
d) Hebel-Bremsgestänge
1 Bremsscheibe 4 Bremshebel
2 Bremsbacke mit Belag 5 Bremsfeder
3 Nachstellvorrichtung für Verschleiß 6 Lüftgerät

- Die Kühlleistung ist i.allg. bei gleichem Bremskörperdurchmesser größer (Bild 2-120a)
- die zulässigen Maximaltemperaturen der Bremsscheibe liegen mit bis zu 350 °C wesentlich höher als die einer Bremstrommel.

Als Nachteile sind der höhere Preis, die aufwendigere Wellenverbindung und die große Biegebeanspruchung der Bremsscheibenwelle zu nennen. Das kleinere Massenträgheitsmoment der Bremsscheibe (Bild 2-120b) gilt verbreitet ebenfalls als Vorteil der Scheibenbremse, weil es das dynamische Verhalten des Antriebs verbessert. Dies bedarf jedoch immer der Prüfung und Differenzierung. So wird z.B. die dämpfende Wirkung des Bremskörpers bei der Übertragung der Anfahrschwingungen verkleinert und bei einem Hubwerk eine höhere Drehzahl bis zum Einfallen der mechanischen Bremse nach Stromausfall erreicht.

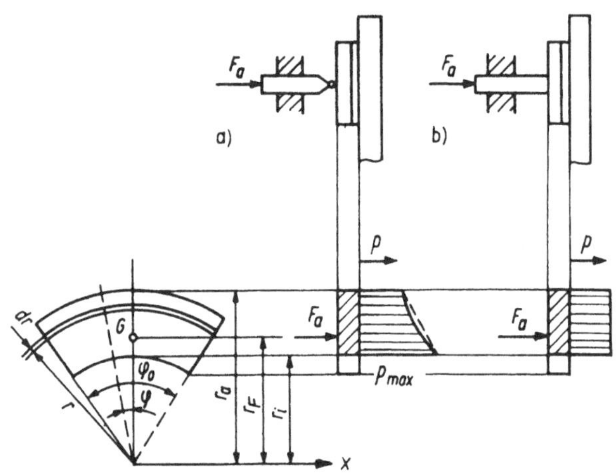

Bild 2-118 Bremsbacke einer Teilbelag-Scheibenbremse

a) gelenkige Lagerung
b) parallele Zustellung

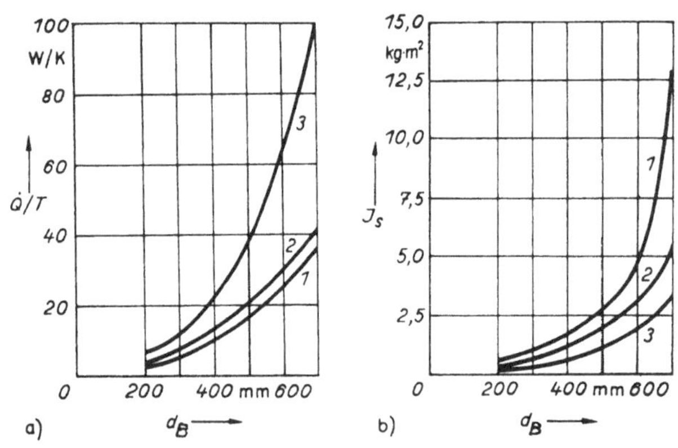

Bild 2-120 Kenngrößen von Bremsscheiben

a) Kühlleistung
b) Massenträgheitsmoment
1 Doppelbackenbremse
2 Scheibenbremse, massiv
3 Scheibenbremse, selbstbelüftend

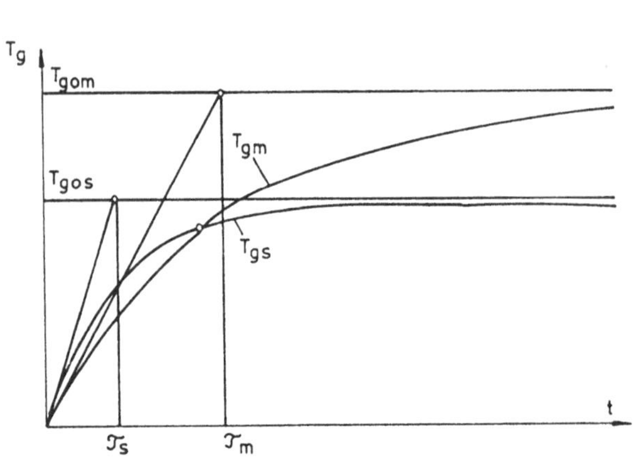

Bild 2-119 Idealisierte Temperatur-Zeitfunktionen von Bremsscheiben [2.169]

T_{go} oberer Wert der Grundtemperatur
τ Erwärmungszeitkonstante;
Indizes: m massiv; s selbstbelüftend

2.4.7 Bremslüftgeräte

Lösebremsen, die während des gesamten Arbeitsspiels gegenüber der wirkenden Bremskraft offengehalten werden müssen, brauchen ein kraftbetätigtes Lüftgerät, das die Lüftbewegung der Bremsbacke ausführt. Mit Ausnahme weniger Bauformen bilden alle Lüftgeräte ein Glied der kinematischen Kette der Bremse, das sich durch eigene Kraftwirkung verlängern und durch eigene oder fremde Kraftwirkung verkürzen kann. In vielen Fällen enthält das Lüftgerät gleichzeitig die Federn oder Gewichte zur Erzeugung der Bremskraft. Nach Wirkungsweise und Konstruktion sind folgende Gerätetypen zu unterscheiden:

- elektromagnetische Lüftgeräte mit Gleichstrom- oder Drehstrommagnet,
- elektrohydraulische Lüftgeräte mit Zahnrad- oder Kreiselpumpe,
- magnethydraulische Lüftgeräte,
- elektromotorische Lüftgeräte mit Spindel- oder Fliehkraftbetätigung,
- hydraulische und pneumatische Lüftzylinder,
- Verschiebeläufermotoren.

Die *Bremslüftmagnete* sind die ältesten Lüftgeräte. Zum Lüften der Bremse wird ein mit dem Bremsgestänge gelenkig verbundener Kern durch Magnetkraft angezogen (Bild 2-121). Gleichstrommagnete verlangen in Drehstromnetzen einen zusätzlichen Trockengleichrichter und Widerstände, die den Ruhestrom gegenüber dem Einschaltstrom herabsetzen. Ein Schutzwiderstand parallel zur Magnetspule verhindert das Entstehen eines Lichtbogens durch die Selbstinduktion beim Ausschalten. Der Magnet wird meist in Nebenschluß zum Motor, d.h. mit konstanter Spannung, betrieben, weil sich in Hauptschlußschaltung der veränderliche Motorstrom ungünstig auswirkt. Topfförmige Gleichstrommagnete dienen als Lüftgeräte in Kurzhubbackenbremsen. Der Drehstrommagnet verfügt wegen der Abhängigkeit der Induktivität vom magnetischen Widerstand von selbst über einen großen Anzugs- und einen kleinen Ruhestrom. Der Einschaltstrom und die Abmessungen sind größer als bei Gleichstrommagneten, außerdem beschränken die Wicklungs- und Eisenverluste die Einschaltdauer auf 40 % [2.173]. Lüftmagnete, besonders in Drehstromausführung, sollen ihre Zugkraft stets mit mindestens 70 % ausnutzen, damit die Kerne beim Einschalten nicht zu stark anschlagen. Wenn die Magnete blockiert werden und dadurch das Gestänge nicht bis zum Anschlag durchziehen können, verbrennen die Spulen.

Die elektrohydraulischen Lüftgeräte haben wegen ihrer Überlastungsfähigkeit, Funktionssicherheit und ihres einfachen Aufbaus die größte Verbreitung. Im *Druckölgerät* erzeugt eine neben der Bremse aufgestellte Zahnradpumpe einen Ölstrom, der über Schlauch- und Rohrleitungen in den direkt zwischen den Bremshebeln gelagerten Zylinder gelangt und diesen um wenige Millimeter lüftet. Die Anzahl der Bremshebel und Bremsgelenke vermindert sich gegenüber anderen Lüftgeräten; es können hohe Kräfte aufgebracht werden [2.174]. Vorteilhaft ist die getrennte Lagerung der Pumpe; nachteilig sind die Schlauchverbindung und die Gefahr einer Ölbenetzung der Bremsscheibe mit dem dadurch verursachten Absinken der Reibungszahl, wenn der Kolben über ihr gelagert wird. Ein Lüftgerät dieser Art enthält auch die Teilbelag-Scheibenbremse im Bild 2-115.

Das *elektrohydraulische Betätigungsgerät* nach Bild 2-122 vereinigt Motor, Kreiselpumpe, Kolben, Zylinder und nach Wahl auch Bremsfeder in einem Gehäuse. Die Pumpe erzeugt nach dem Einschalten des Motors einen vom Quadrat der Drehzahl abhängigen Öldruck und schiebt den Kolben des Lüftgeräts gegenüber der Feder- oder sonstigen Bremskraft nach oben. Das verdrängte Öl fließt über Umströmkanäle zurück. Die hydraulische Kraft wird durch Reibung an Führungen und Dichtungen sowie durch den Strömungswiderstands des Öls vermindert; die Restkraft ist gleich der Nennhubkraft des Geräts. Nach Abschalten des Motors wird der Kolben durch die wirkenden Bremskräfte zurückbewegt. Die für bestimmte Aufgaben wahlweise zu beziehende Regelfeder beeinflußt die Federcharakteristik der eingebauten Bremsfeder und wird im folgenden noch genauer

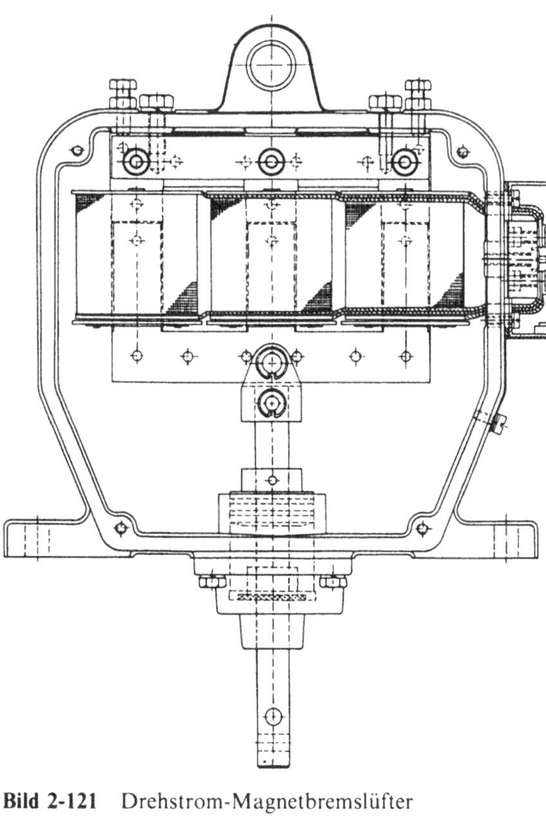

Bild 2-121 Drehstrom-Magnetbremslüfter

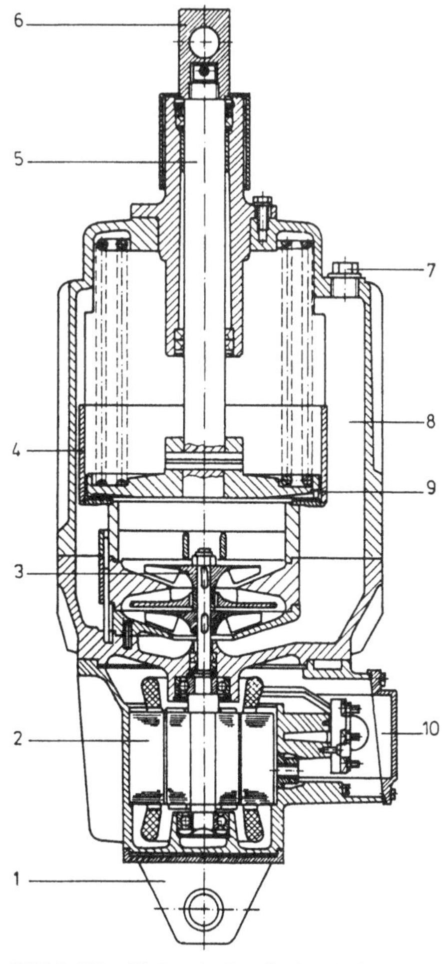

Bild 2-122 Elektrohydraulisches Hubgerät ELDRO mit Bremsfeder, AEG Elektro-Mechanik GmbH, Wenden

1 Fußbefestigung
2 Drehstrom-Asynchronmotor mit Käfigläufer
3 Hydraulikpumpe
4 Hydraulikzylinder
5 Kolbenstange
6 Drucklasche
7 Öl-Einfüllstutzen
8 Ausgleichsraum
9 Kolben
10 Anschlußkasten

beschrieben. Drossel- und Rücklaufventile gestatten es, die Hub- und Senkzeit einzustellen. Durch Verwendung isolierender Spezialöle (Transformatorenöl, Silikonöl) mit geringer Viskosität soll eine weitgehende Unabhängigkeit der Arbeitsweise des Lüftgeräts von der Außentemperatur erreicht werden. Dies trifft für die Hubzeit annähernd zu; die Senkzeit wird dagegen bei tieferen Temperaturen kürzer, weil der Motorläufer schneller zum Stillstand kommt.
Fast alle elektrohydraulischen Lüftgeräte können innerhalb der Schwenkebene eine beliebige Gebrauchslage einnehmen. Zu beachten ist lediglich, daß die Hubstange keinen Querkräften ausgesetzt wird.
Die technischen Daten dieser Betätigungsgeräte liegen in den Bereichen:

Hubkraft	200 ... 3200 N
Hubweg	50 ... 160 mm
Einschaltdauer	60 ... 100 %
Schaltungen je Stunde	900 ... 2000
Hub- bzw. Senkzeit	0,35 ... 1,1 s.

Sie sind damit weich arbeitende Bremslüfter für Bremsen mit langem Hub und längeren Ansprechzeiten als die Magnete und die elektromotorischen Lüftgeräte.
Das *magnethydraulische Bremslüftgerät* verbindet in sich magnetische Krafterzeugung und hydraulische Übertragung von einem großen Magnetkolben auf einen kleineren Kolben mit größerem Weg. Als Vorzug des Geräts wird die Konstanthaltung des Lüftwegs auch bei Verschleiß des Bremsbelags genannt [2.175].
Die *elektromotorischen Lüftgeräte* übertragen die rotierende Bewegung des Motors entweder direkt auf einen Kurbel- oder Schraubentrieb oder auf Fliehgewichte, die durch ihre Zentrifugalkraft ein Gestänge gegenüber der wirkenden Bremsfeder zurückziehen. Bild 2-123 zeigt eine Ausführung mit Schraubentrieb. Der Vorteil dieses Lüftgeräts sind die kurzen Öffnungs- und Schließzeiten.
Die direkte hydraulische oder pneumatische Betätigung von Bremsen durch Zylinder mit beweglichen Kolben wird als Bestandteil vorhandener hydraulischer oder pneumatischer Steuerungen gern vorgesehen. Es werden sowohl Schließ- als auch Lösebremsen damit ausgerüstet.
Eine ideale Verbindung von Antriebsmotor, Bremse und Lüftgerät stellt der *Verschiebeläufermotor* (Bild 2-124) dar, dessen Kegelbremse durch eine Axialbewegung der Motorwelle geschlossen wird. Die Besonderheit dieses Motors ist der keglige Anker. Beim Einschalten des Motors verkleinert sich durch das entstehende Magnetfeld der Luftspalt; der Anker wird gegenüber der wirkenden Federkraft axial in den Ständer gezogen und die Bremse gelüftet. Einfall- und Öffnungszeiten der Bremse sind sehr kurz.
Ein Bremslüfter wird nach den Bestimmungsgrößen Lüftkraft, Lüftweg, Einschaltdauer und Schalthäufigkeit ausgewählt. Die Nennlüftkraft ist gleich der auf den Wirkungspunkt des Lüftgeräts bezogenen Lüftkraft F_L der Bremse in Gl. (2.159). Der Lüftweg s_L wird wegen des zu erwartenden Belagverschleißes gegenüber dem rechnerischen Wert nach Gl. (2.160) um etwa 33 % größer angenommen. Wenn dieser Verschleißhub aufgebraucht ist, arbeitet die Bremskraft gegen den Anschlag des Lüftgeräts, und das Bremsmoment sinkt auf Null ab. Dieser Gefahr muß durch rechtzeitiges Nachstellen der Bremse begegnet werden, wenn nicht selbsttätig wirkende Nachstelleinrichtungen vorhanden sind.
Beim Einbau des Bremslüfters muß die volle Beweglichkeit der Bremshebel gewahrt bleiben, damit keine Zwängungsspannungen entstehen können. Starr gelagerte Geräte (Magnete) brauchen meist ein Doppelgelenk; elektrohydraulische und elektromotorische Geräte sind drehbar in der Bewegungsebene der Bremse zu lagern.

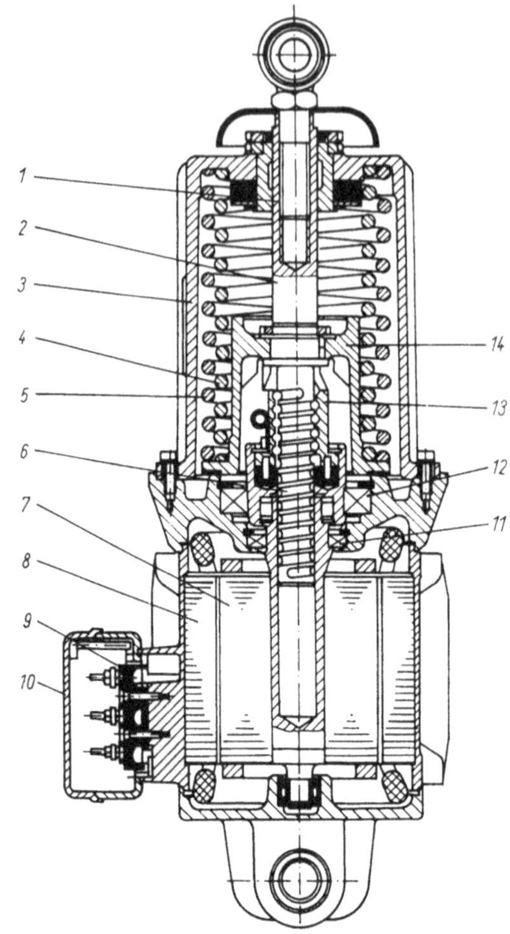

Bild 2-123 AMD-Motorbremslüfter mit Kugelspindel
Apparate- und Maschinenbau Dorsten

1 Führungsbuchse
2 Hubstange
3 Gehäuse
4, 5 Druckfeder
6 Hubspindel
7 Motorläufer
8 Ständerblechpaket mit Wicklung
9 Klemmbrett
10 Klemmkasten
11 Schrägkugellager
12 Schrägkugellager
13 Kugelführung
14 Hubkolben

Je nach Art der Bremse und des Lüftgeräts wird die Bremskraft in Lösebremsen durch Federn oder Gewichte aufgebracht. Die Massenkräfte beim Einfallen der Bremse führen zu Schwingungen, die bei Gewichtsbremsung wegen der größeren bewegten Massen stärker als bei Federbremsung sind. Durch Öl- oder Luftdämpfung, die in allen modernen

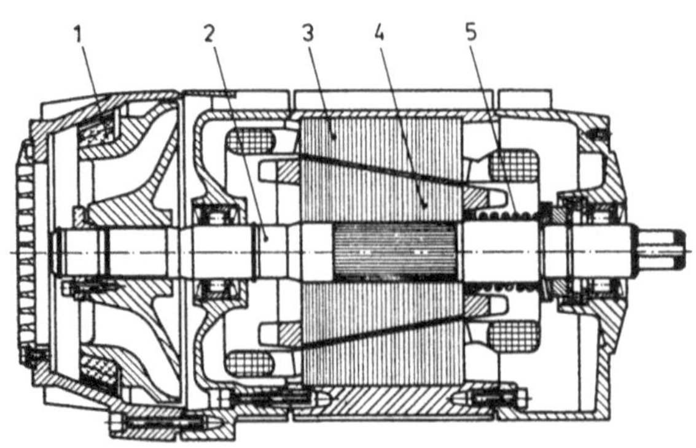

Bild 2-124 Verschiebeläufermotor
Mannesmann Demag Fördertechnik, Wetter

1 Kegelbremse
2 Motorwelle
3 Motorständer
4 Motorläufer
5 Druckfeder

Lüftgeräten vorgesehen wird, kann der Einfallstoß völlig unterdrückt werden; allerdings wird die Einfallzeit erheblich vergrößert.

Sorgfalt und Vorsicht sind geboten, wenn Bremslüftgeräte in Hubwerken oder sonstigen Antrieben mit ständig wirkenden Zugkräften auszulegen sind. Jedes Lüftgerät hat eine Ansprechzeit bis zum Beginn der Einfallbewegung und eine Einfallzeit bis zum Anlegen der Backen, während der sich eine Hubmasse beim Senken beschleunigt, sobald der Motor abgeschaltet ist. Anschließend steigert sich die Bremskraft bis zum vollen Betrag, verzögert die Masse jedoch erst, wenn das Bremsmoment die dem Hubkraftmoment entsprechende Größe überschreitet. Die Drehzahlerhöhung in Hubwerken mit gering ausgenutzter Hubkraft des Lüftgeräts, das eine entsprechend große Einfallzeit aufweist, kann bei großen Lüftwegen und Übersetzungen über 30 % der Nenngeschwindigkeit erreichen. Deshalb müssen in Hubwerken mit hohen Senkgeschwindigkeiten die Bremslüftgeräte auf die kürzestmögliche Einfallzeit eingestellt und in ihrer Bremskraft voll ausgenutzt werden, damit sie schnell einfallen.

Ein im Gegensatz dazu besonders weiches und langsames Aufbringen der Bremskraft, wie es vor allem bei Fahr- und Drehwerken erwünscht ist, bewirkt die bereits erwähnte Regelfeder des elektrohydraulischen Betätigungsgeräts. Eine oder zwei dieser Zusatzfedern *a*, *b* überlagern ihre Kennlinie der der Rückzugfeder *c* im Bild 2-125. Wenn sich nach dem Zurücklegen des Lüfthubwegs die Bremsbacken anlegen (Punkt *2*), steigt die Bremskraft während des Bremshubwegs allmählich auf der stark gezogenen Linie bis zum Endwert *4* an, an dem sich die Kennlinien *ab* und *c* schneiden. Ohne die *ab*-Feder würden dagegen nur der Lüft- und der Verschleißweg auftreten, und die Bremskraft würde nach Anlegen der Backen steil ansteigen. Durch Verschleiß des Bremsbelags wandert der Wirkungspunkt auf der *c*-Linie zum Punkt *5*, für den die strichpunktierte Linie die neue, parallel verschobene *ab*-Linie andeutet. Im Punkt *6* wird der Gesamthubweg durch den Anschlag des Bremslüfters

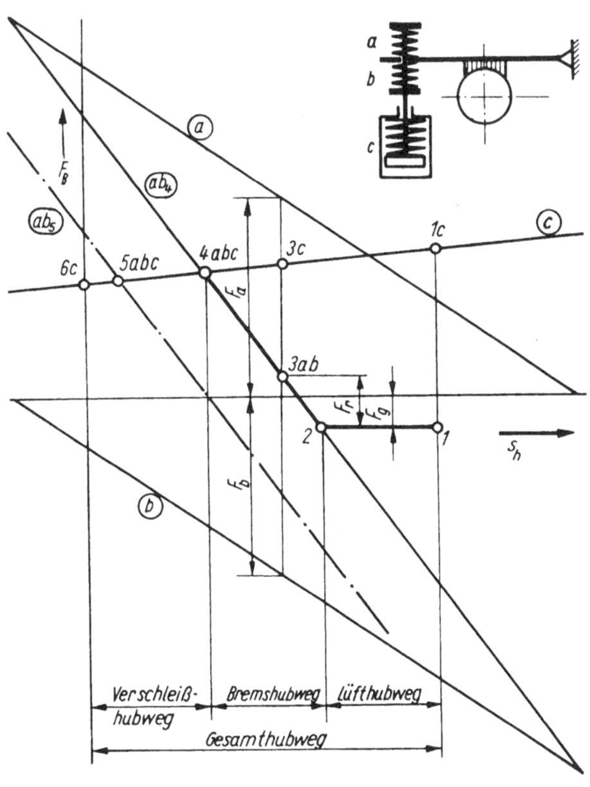

Bild 2-125 Federkennlinien für Regelbremsung

begrenzt, d.h., wie bereits erwähnt wurde, daß die noch vorhandene Federkraft *c* nicht mehr an der Bremse, sondern am Lüftgerät selbst wirkt.

Die Regelfeder wird oft in Verbindung mit einer elektrohydraulischen Regelbrems- oder Regelhubstufe eingesetzt. Man benutzt die Frequenzabhängigkeit der Drehzahl des Asynchronmotors im Bremslüfter, indem man ihm statt der Netzspannung eine Speisespannung niedrigerer Frequenz zuführt. Die einfachste Lösung ist der Anschluß an die Läuferspannung des Triebwerkmotors, siehe Abschnitt 3.2.1.3.2. Die Regelschaltungen arbeiten im Hub- und Senksinn. Der Verschleiß des Bremsbelags wird relativ niedrig angegeben.

Der Arbeitspunkt der Regelbremsung ist als Punkt *3* im Bild 2-125 eingezeichnet. Die Differenz zwischen der Federkraft *c* und der resultierenden Federkraft *ab* wird vom Bremslüftermotor aufgebracht. Die Bremskraft F_r der Regelbremsung ergibt das Bremsmoment M_B. Die Gewichtskraft F_g des Bremsgestänges muß selbstverständlich bei der Abstimmung der Kennlinien einbezogen werden; weitere Einzelheiten siehe [2.176]. Beachtet werden muß auf jeden Fall die Verlängerung der Einfallzeit der Bremse, die mit einer derartigen Geschwindigkeitsregelung des Antriebs gekoppelt ist. Zur Berechnung der Regelbremse siehe [2.177]. Eine stufenlose Einstellung der Hub- und damit Bremskraft beim Einsatz elektrohydraulischer Bremslüfter wird in neuerer Zeit mit Hilfe elektronischer Drehstromsteller erreicht [2.178]. Dies erleichtert Positionierbewegungen.

2.4.8 Selbstwirkende Bremsen und Gesperre

In selbstwirkenden Bremsen wird die Bremskraft durch innere Kräfte des Antriebs oder durch Massenkräfte aufgebracht; eine zusätzliche Betätigungskraft ist deshalb nicht erforderlich. Die wichtigsten Bauarten sind die Hubkraft- und die Fliehkraftbremsen.

In der *Hubkraftbremse* wird eine der Größe der Hubmasse proportionale innere Kraft des Triebwerks als Bremskraft ausgenutzt. Sie muß so groß sein, daß das von ihr erzeugte Bremsmoment stets größer ist als das auf die Bremsenwelle bezogene Drehmoment aus der Gewichtskraft der Hubmasse. Geeignet sind Schnecken- oder Schraubengetriebe, deren Axialkraft nicht in Lagern aufgenommen wird, sondern auf eine Scheiben- oder Kegelbremse wirkt. Im Hubsinn wird die Bremskraft aufgehoben; im Senksinn muß der Antrieb treibend ein Moment aufbringen, das gleich der Differenz des Brems- und des Hubkraftmoments ist. Die im Bild 2-126 dargestellte einfache Handwinde ist mit einer solchen Hubkraftbremse ausgerüstet. Im Stillstand oder beim Senken der Hubmasse zieht das nach links oben ablaufende Seil *5* die Schneckenwelle *3* ständig nach links und drückt den Außenkegel der Axialbremse in den Innenkegel des Sperrads *10*. Wenn die Kurbel *6* im Hubsinn bewegt wird, löst sich die Kegelbremse, oder das Sperrad läuft in der freien Drehrichtung durch.

Die *Fliehkraftbremse* ist meist eine Innenbackenbremse mit vergrößerten Backenmassen. Die Anpreßkraft wird durch die Fliehkräfte der umlaufenden Backen aufgebracht und ist der Masse der Backen und dem Quadrat der Winkelgeschwindigkeit proportional. Rückzugfedern wirken der Fliehkraft entgegen und lassen erst nach dem Überschreiten einer vorgegebenen Drehzahl eine Bremswirkung eintreten. Nachteilig bei dieser Bremse sind das relativ kleine Bremsmoment und dessen Unabhängigkeit von der Größe des wirkenden Belastungsmoments. Sie wird daher nur noch selten als Senkbremse in handgetriebenen Windwerken angewendet.

Wenn eine Bremse, ohne ihre Bremswirkung aufzuheben,

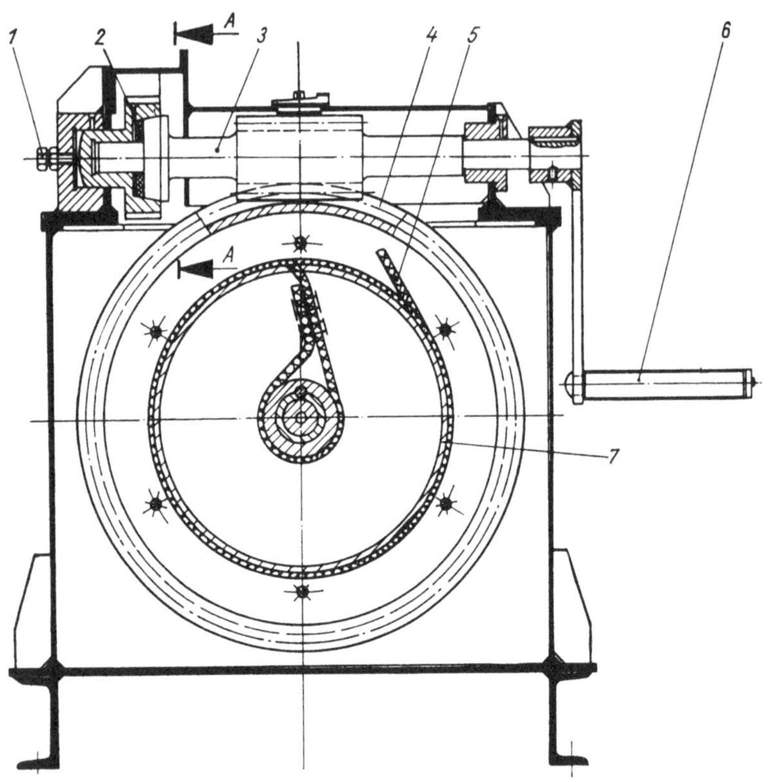

Bild 2-126
Handwinde mit Hubkraftbremse

1 Stellschraube
2 Filzring
3 Schneckenwelle mit Außenkegel
4 Schneckenrad
5 Seil
6 Handkurbel
7 Seiltrommel
8 Sperrklinke
9 Druckfeder
10 Sperrad mit Innenkegel

nur in einer Richtung wirken soll, wird sie gern mit einer Richtungskupplung in Form eines Gesperres ausgerüstet. Die Gesperre sind in der Sperrichtung selbsthemmend, in der zweiten Drehrichtung frei beweglich. Formschlüssige Sperrwirkung wird in Zahn- oder Klinkengesperren, kraftschlüssige Sperrwirkung in Reibgesperren erreicht.

Beim *Zahngesperre* nach Bild 2-127a greift eine Klinke durch ihre Gewichtskraft oder durch Federkraft in eine Zahnlücke der Sperrads ein und drückt sich entgegen der gesperrten Drehrichtung an die Zahnflanke. In der anderen Drehrichtung gleitet das Zahnrad unter der Klinke durch. Zur Sicherung einer einwandfreien Funktion muß konstruktiv Vorsorge getroffen werden, daß die Klinke auch dann in die Zahnlücke gleitet, wenn sie zunächst nur mit der Spitze auf den Sperrzahn auftrifft. Die wirkenden Kräfte und die konstruktive Ausführung sind Bild 2-127a zu entnehmen. Der Neigungswinkel β der Zahnflanke muß stets größer als der Maximalwert des Reibungswinkels sein; er wird beim

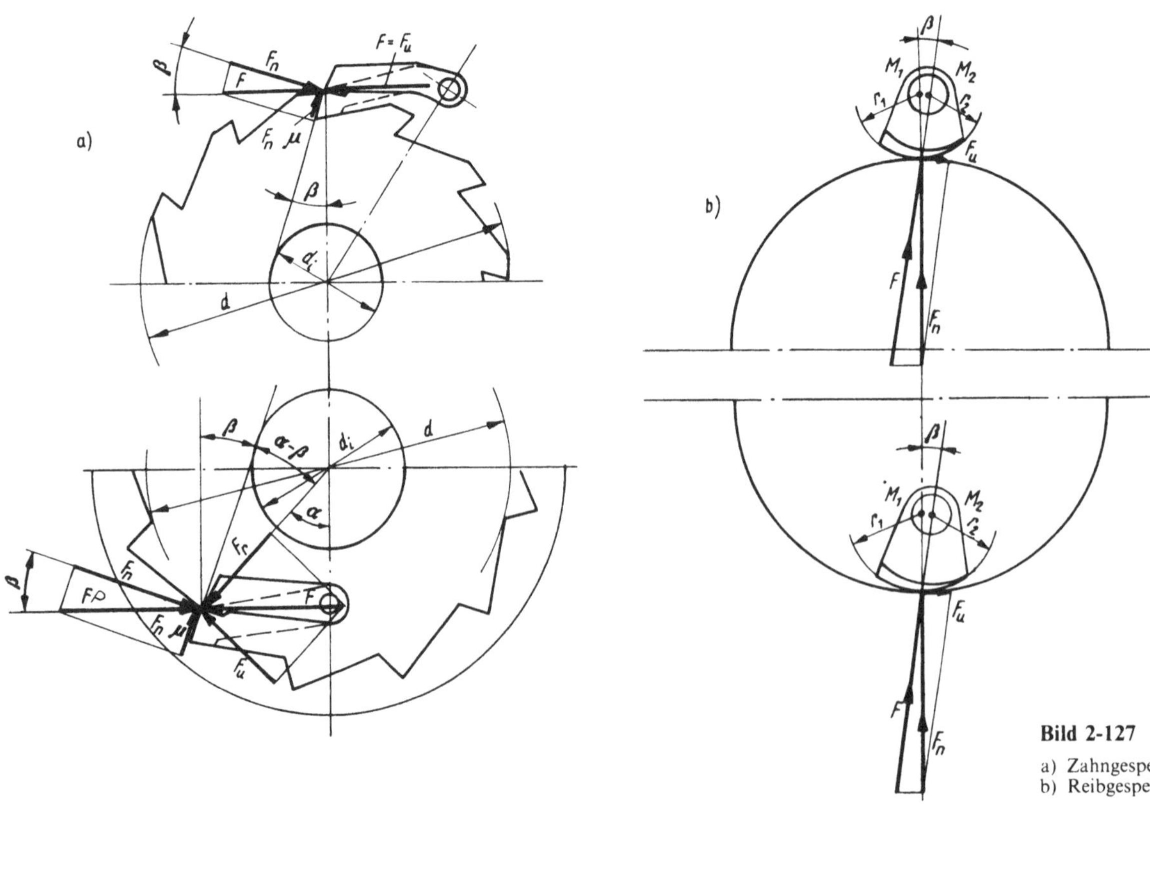

Bild 2-127 Gesperre

a) Zahngesperre
b) Reibgesperre

Außengesperre mit $\beta \approx 17°$, beim Innengesperre etwas größer mit $\beta = 20 \ldots 30°$ gewählt. Der Hilfskreis mit dem Durchmesser d_i wird von den erzeugenden Geraden der Zahnflanken tangiert; er erleichtert die Konstruktion. Seine Größe wird gegeben durch die Gleichungen

$$d_i = d \sin\beta \approx 0{,}3d \quad \text{(Außengesperre)}$$

$$d_i = d \sin(\alpha - \beta) \quad \text{(Innengesperre).}$$

Der Winkel α wird vorzugsweise gleich $\pi/4$ angenommen. Die Klinkenkraft F ist die Resultierende der Umfangskraft F_u und der Radialkraft F_r; sie wird an den Zahnflanken als Normalkraft F_n und Reibungskraft $F_n\mu$ wirksam.
Die *Innen- und Außenklemmgesperre* nach Bild 2-127b weisen gleiche Wirkungsweise und Konstruktionsgrundsätze auf. Selbsthemmung tritt auf, wenn der Winkel β kleiner als der Reibungswinkel ϱ ist; aus Sicherheitsgründen muß dabei der niedrigste Wert der Reibungszahl gewählt werden. Der Drehpunkt M_2 des Klemmhebels ist gegenüber dem Mittelpunkt M_1 des die Oberfläche erzeugenden Kreises exzentrisch versetzt.
Eine häufig benutzte Bauart der Sperradbremse ist eine Bandbremse, bei der die Bremsscheibe über ein Zahnradgesperre an die Bremsscheibenwelle gekuppelt ist. Dadurch ist die Bremswirkung im Hubsinn aufgehoben, ohne daß die Bremse geöffnet werden muß. Eine ungewollte Senkbewegung der hängenden Masse nach dem Abschalten des Triebwerks ist somit unmöglich. Zum Senken wird die Bremse so weit wie notwendig gelüftet.
Die in Hand-Montagewinden notwendige Sicherung des Kurbeltriebs gegen ungewolltes Zurückschlagen verwirklicht die sog. *Sicherheitskurbel*, eine Kombination von Hubkraftbremse und Zahngesperre (Bild 2-128). Die Wirkungsweise ist wie folgt: Auf der Antriebswelle sind formschlüssig die Kurbeln und die Gewindehülse aufgezogen, deren Gewinde mit dem Gegengewinde eines Vorgelegezahnrads der Winde zusammenarbeitet. Wenn die Kurbel im Hubsinn gedreht wird, schraubt sich die Gewindehülse gegen das Zahnrad und preßt das Sperrad fest, das sich allerdings in dieser Drehrichtung unter der Sperrklinke durchdrehen kann. Damit ist das Heben einwandfrei möglich. Beim Senken wird die Kurbel im gegenläufigen Sinn bewegt. Die Gewindehülse dreht sich vom Zahnrad weg und gibt das Sperrrad frei, das von der Klinke in der Senkrichtung gehalten wird. Damit ist das Senken der Hubmasse möglich.

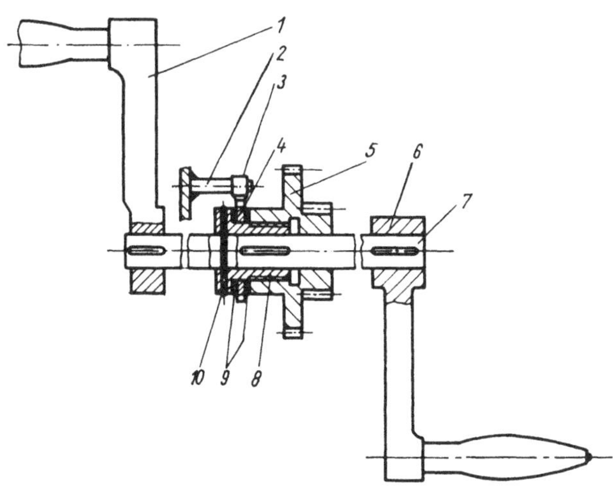

Bild 2-128 Sicherheitskurbel

1, 6 Handkurbel
2 Befestigungsbolzen
3 Sperrklinke
4 Klemmscheibe
5 Ritzel
7 Antriebswelle
8 Mutter
9 Reibbelag
10 Scherstift

Beschleunigt sich diese jedoch so stark, daß die Drehzahl des Zahnrads über die von der Kurbel vorgegebene Drehzahl hinausgeht, schiebt sich die Gewindehülse wieder an das Zahnrad heran und klemmt das Sperrad fest. Die Masse kann somit nur mit der Kurbeldrehzahl gesenkt werden; beim Loslassen der Kurbel wird sie selbstwirkend abgebremst.
Bremsen, die mit Gesperren zusammenarbeiten, haben nur in Handantrieben Bedeutung. Bei Bedarf können Einzelheiten der Konstruktion vorhandenen Fachbüchern entnommen werden [2.150] [2.151] [2.179] bis [2.182].

2.4.9 Zahlenbeispiel

Für eine Hubwerkbremse, die als Doppelbackenbremse nach Bild 2-104 ausgeführt ist, sollen die thermische Belastung und die Betriebsdauer von Belag und Bremstrommel ermittelt werden.

a) *Gegebene Werte*

Antrieb

Tragfähigkeit (Hubmasse)	$m = 8000\,\text{kg}$
relative Betriebsdauer	$BD = 60\,\%$
Spielzahl (Anzahl energetisch gleichwertiger Bremsungen)	$z = 50\,\text{h}^{-1}$
Seiltrommeldurchmesser	$d_T = 400\,\text{mm}$
Gesamtübersetzung (einschließlich Flaschenzug)	$i_{ges} = 30$
Gesamtwirkungsgrad (einschließlich Flaschenzug)	$\eta_{ges} = 0{,}96$
Motordrehzahl	$n = 750\,\text{U/min}$
Massenträgheitsmoment, auf Bremsenwelle bezogen	$J_{red} = 13\,\text{kg}\cdot\text{m}^2$.

Bremse

Bremsmoment	$M_B = 500\,\text{N}\cdot\text{m}$
Bremszeit	$t_B = 2\,\text{s}$
statischer Sicherheitsbeiwert	$S_B = 1{,}9$
Breiten-Durchmesser-Verhältnis	$\lambda = b/d_B = 0{,}45$
(halber) Backenwinkel	$\varphi_0 = 0{,}628$ rad (36°)
Belagmaterial, geklebt	Cosid 19/52
Flächenpressung	$p_{ers} = 0{,}3\,\text{N/mm}^2$
mittlere Reibungszahl	$\mu = 0{,}4$
zulässige Dauertemperatur	$T_{zul} = 250\,°\text{C}$
Belagdicke	$h_B = 8\,\text{mm}$
Bremstrommelwerkstoff GS-hartverchromt	1000 *HV*

b) *Berechnung der Ausgangsgrößen*

Der rechnerische Bremstrommeldurchmesser d_B beträgt nach Gl. (2.158)

$$d_B = \sqrt[3]{\frac{M_B}{\lambda \sin\varphi_0 p_{ers}}} = \sqrt[3]{\frac{500\cdot 10^3}{0{,}45\cdot\sin 36°\cdot 0{,}4\cdot 0{,}3}} = 250{,}7\,\text{mm}.$$

Es wird der genormte Bremstrommeldurchmesser $d_B = 250\,\text{mm}$ gewählt. Wegen der geringen Abweichung vom berechneten Wert entfällt der Nachweis für die tatsächliche fiktive Flächenpressung nach Gl. (2.150). Die Anfangsgleitgeschwindigkeit bei Bremsbeginn beträgt

$$v_0 = \pi n d_B = \frac{\pi \cdot 750 \cdot 0{,}25}{60} = 9{,}82\,\mathrm{m/s}.$$

Das rechnerische Ersatz-Massenträgheitsmoment hat nach Gl. (2.131) den Mittelwert für Heben und Senken

$$J_{\mathrm{rm}} = \left(m \frac{d_T^2 \eta_{\mathrm{ges}}}{4 i_{\mathrm{ges}}^2} + \bar{J}_{\mathrm{red}}\right) \frac{1}{1-(1/S_B^2)}$$
$$= \left(8000 \frac{0{,}4^2 \cdot 0{,}96}{4 \cdot 30^2} + 13\right) \frac{1}{1-(1/1{,}9^2)}$$
$$= 18{,}45\,\mathrm{kg \cdot m^2}.$$

c) *Bremstrommeltemperatur*

Die Temperatur der Bremstrommel hat nach Gl. (2.127) im Beharrungszustand die Grenzwerte

$$T_{\mathrm{gu}} = T_{\mathrm{gu0}}\, \varphi_{\mathrm{BD}}\, \varphi_{\mathrm{p\mu u}}\, \varphi_{\mathrm{b}}$$
$$T_{\mathrm{go}} = T_{\mathrm{go0}}\, \varphi_{\mathrm{p\mu o}} + T_{\mathrm{gu0}}\, \varphi_{\mathrm{p\mu u}} (\varphi_{\mathrm{BD}} - 1).$$

Aus den Bildern 2-94a, b erhält man für

$$Jz = J_{\mathrm{rm}} z = 18{,}45 \cdot 50 = 922{,}5\,\mathrm{kg \cdot m^2 \cdot h^{-1}}$$
$$T_{\mathrm{gu0}} = 170\,°\mathrm{C}$$
$$T_{\mathrm{go0}} = 220\,°\mathrm{C}.$$

Den Bildern 2-94c bis e werden die Faktoren φ entnommen:

$$\varphi_{\mathrm{BD}} = 0{,}92$$
$$\varphi_{\mathrm{p\mu u}} = 1{,}00 \quad \text{für} \quad p\mu = 0{,}3 \cdot 0{,}4 = 0{,}12\,\mathrm{N/mm^2}$$
$$\varphi_{\mathrm{p\mu o}} = 1{,}02$$
$$\varphi_{\mathrm{b}} = 0{,}8.$$

Die gesuchten Grenzwerte der Temperatur sind somit

$$T_{\mathrm{gu}} = 170 \cdot 0{,}92 \cdot 1{,}0 \cdot 0{,}8 = 125{,}0\,°\mathrm{C}$$
$$T_{\mathrm{go}} = 220 \cdot 1{,}02 + 170 \cdot 1{,}0\,(0{,}92 - 1) = 210{,}6\,°\mathrm{C}.$$

Die charakteristische Temperatur wird

$$T_{\mathrm{char}} = \frac{T_{\mathrm{gu}} + T_{\mathrm{go}}}{2} \leqq T_{\mathrm{zul}}$$

$$T_{\mathrm{char}} = \frac{125{,}0 + 210{,}6}{2} = 167{,}8\,°\mathrm{C} < 250\,°\mathrm{C}.$$

d) *Verschleiß und Betriebsdauer*

Die Bremsarbeit je Stoppbremsung wird nach Gl. (2.116) mit

$$\omega_0 = \frac{2 v_0}{d_B} = \frac{2 \cdot 9{,}82}{0{,}25} = 78{,}56\,\mathrm{s^{-1}}$$

zu

$$W_{\mathrm{BS}} = M_B \frac{\omega_0 t_B}{2} = \frac{500 \cdot 78{,}56 \cdot 2}{2} = 39\,280\,\mathrm{N \cdot m}$$

ermittelt.

Der spezifische Verschleiß wird dem Bild 2-85 entnommen:

$$\varrho_R = 50\,\mathrm{mm^3/kW \cdot h}$$
$$\varrho_B = 5\,\mathrm{mm^3/kW \cdot h}.$$

Das Verschleißvolumen V wird mit den Gln. (2.161) und (2.162) errechnet. Das des geklebten Belags beträgt mit der zulässigen Dickenabnahme $\Delta h_R = 0{,}8 h_R$

$$V_R = 2 \Delta h_R\, b_R\, d_B\, \varphi_0 = 2 \cdot 0{,}8 \cdot 8 \cdot 112{,}5 \cdot 250 \cdot 0{,}628$$
$$= 226\,080\,\mathrm{mm^3}.$$

Das Verschleißvolumen der Bremstrommel beträgt mit der zulässigen Dickenabnahme $\Delta r = 0{,}15\,\mathrm{mm}$ des Bremstrommelkranzes

$$V_B = b_R \pi d_B \Delta r = 112{,}5 \pi \cdot 250 \cdot 0{,}15 = 13\,254\,\mathrm{mm^3}.$$

Die Anzahl der möglichen Bremsungen wird mit Gl. (2.163) errechnet

$$z_L = \frac{V}{W_B \varrho}.$$

Sie beträgt für den Belag

$$z_{\mathrm{LR}} = \frac{226\,080 \cdot 3600 \cdot 1000}{39\,280 \cdot 50} = 414\,403,$$

für die Bremstrommel

$$z_{\mathrm{LB}} = \frac{13\,254 \cdot 3600 \cdot 1000}{39\,280 \cdot 5} = 242\,945.$$

Die hartverchromte Bremstrommel hat somit bei diesem Berechnungsbeispiel nur etwa die halbe Betriebsdauer des Bremsbelags. Sie beträgt in Betriebsstunden

$$z_h = \frac{z_{\mathrm{LB}}}{z} = \frac{242\,945}{50} = 4859\,\mathrm{h}.$$

Bei einschichtigem Einsatz ist die Trommel nach 607 Tagen verschlissen.

2.5 Laufräder und Schienen

Wegen der vielen funktionellen und wirtschaftlichen Vorzüge, die Schienenfahrwerke gegenüber Reifenfahrwerken aufweisen, erhalten Krane, Tagebaumaschinen u.a. vorzugsweise derartige Triebwerke für die Fahrbewegung, wenn nicht gewichtige Gründe, z.B. eine gewünschte größere Freizügigkeit in der Wahl des Fahrwegs, dagegen sprechen. Die Laufräder und Schienen müssen in den Schienenfahrwerken der Fördermaschinen auf die von denen der Verkehrsmittel abweichenden Betriebsbedingungen abgestimmt sein. Diese drücken sich in größeren Radkräften, niedrigeren Geschwindigkeiten und besonders schwierigen Voraussetzungen für die Geradführung längs des Fahrwegs aus. Die noch bestehenden Unzulänglichkeiten, besonders der hohe Verschleiß der Wälzpaarung Laufrad–Schiene, haben zu zahlreichen konstruktiven Verbesserungen, aber auch zur weiteren Entwicklung der Theorie dieser Elementepaarung geführt.

2.5.1 Werkstoffbeanspruchung der Wälzpaarung

Die Grundformen der Wälzpaarung Laufrad–Schiene kann man als Elementepaare Zylinder–Platte oder Zylinder–Zylinder auffassen (Bild 2-129). Von den sechs Freiheitsgraden der Bewegung des oberen Zylinders relativ zum raumfesten, untenliegenden Element Platte bzw. Zylinder, d.h. den drei Verschiebungen x, y, z und den drei Drehungen φ_x, φ_y, φ_z, ist die Verschiebung z in beiden Fällen, bei Linienberührung auch die Drehung φ_x durch Formschluß aufgehoben. Wegen der im Verhältnis zu den Gesamtabmessungen geringen

Berührbreite vermag allerdings ein Laufrad, abweichend vom Modell, die Drehung φ_x nicht zu verhindern, auch wenn es Linienberührung hat.

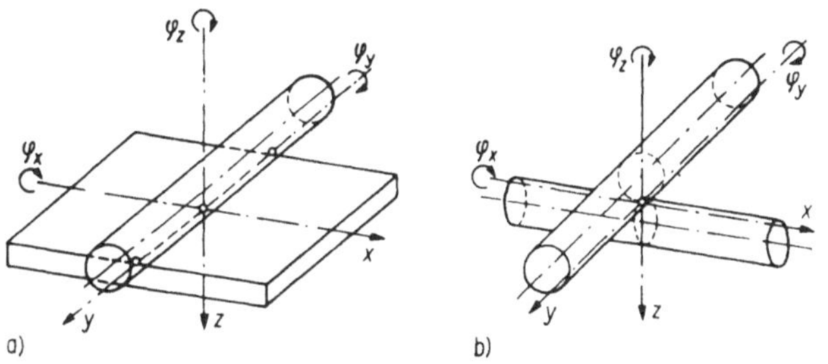

Bild 2-129 Grundformen der Wälzpaarungen
a) Linienberührung
b) Punktberührung

Von den verbleibenden fünf Freiheitsgraden ist allein die Drehung φ_y, reines Rollen, erwünscht. Die anderen vier Freiheitsgrade müssen durch konstruktive Maßnahmen eingeschränkt bzw. aufgehoben werden, im einzelnen:

- die Verschiebung y und die Drehung φ_z durch Führungselemente (Spurkränze der Laufräder oder zusätzliche Führungsrollen),
- die Verschiebung x durch einen ausreichenden Kraftschluß zwischen Laufrad und Schiene,
- die Drehung φ_x durch Mehrfachstützung des Fahrwerks.

Unter der Wirkung einer Normalkraft F, die das Laufrad in die Schiene einleitet, entsteht durch örtliche Verformung der zusammengedrückten Körper eine Berührungsfläche, in der alle äußeren Kräfte übertragen werden (Bild 2-130). Dies sind

- Normalkraft (Radkraft) F,
- Umfangskraft (auch Tangentialkraft genannt) F_t,
- Axialkraft F_a.

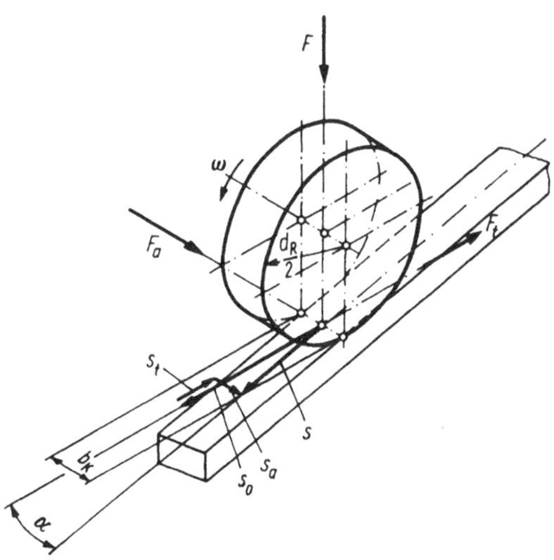

Bild 2.130 Kräfte und Bewegungsverhältnisse an einem Laufrad

2.5.1.1 Hertzsche Gleichungen

Die Form der Berührungsfläche und die Verteilung der Kontaktspannungen unter der Wirkung der Normalkraft F werden durch die Hertzschen Gleichungen beschrieben, die streng nur unter folgenden Bedingungen gelten:

- Die sich berührenden Körper sind ideal elastisch, homogen und isotrop und haben ideale geometrische Formen.
- Die Abmessungen der Berührungsfläche sind klein gegenüber den Krümmungsradien an der Berührungsstelle.
- Es tritt keine Relativbewegung auf, d.h., die Rollgeschwindigkeit geht gegen Null.
- In der Berührungsfläche wirken nur Normal-, keine Horizontalkräfte.

Die Wälzpaarung Laufrad–Schiene erfüllt lediglich eine oder zwei dieser genannten Voraussetzungen. Es wurde beispielsweise nachgewiesen, daß plastische Verfomungen im Bereich der Berührungsfläche bereits bei verhältnismäßig kleinen Normalkräften auftreten. Dennoch haben sich die Hertzschen Gleichungen als Ausgangsgrößen zur angenäherten Bestimmung der Werkstoffbeanspruchung grundsätzlich bewährt. Sie sind in allen Taschenbüchern aufgeführt und werden hier für Punktberührung und Linienberührung getrennt behandelt.

Punktberührung

Für die Punktberührung wird zunächst der auch bei Wälzlagern [2.183] übliche allgemeine Fall mit zwei beliebig gewölbten Flächen, allerdings mit gleicher Hauptkrümmungsebene, gewählt (Bild 2-131):

Halbachsen der Berührungsfläche

$$a_P = \xi \sqrt[3]{\frac{3(1-\nu^2)}{E}\frac{F}{\sum\varrho}}$$

$$b_P = \eta \sqrt[3]{\frac{3(1-\nu^2)}{E}\frac{F}{\sum\varrho}} \qquad (2.192)$$

Pressung in der Berührungsfläche

$$p(x,y)_P = p_{HP}\sqrt{1-\frac{x^2}{a_P^2}-\frac{y^2}{b_P^2}}$$

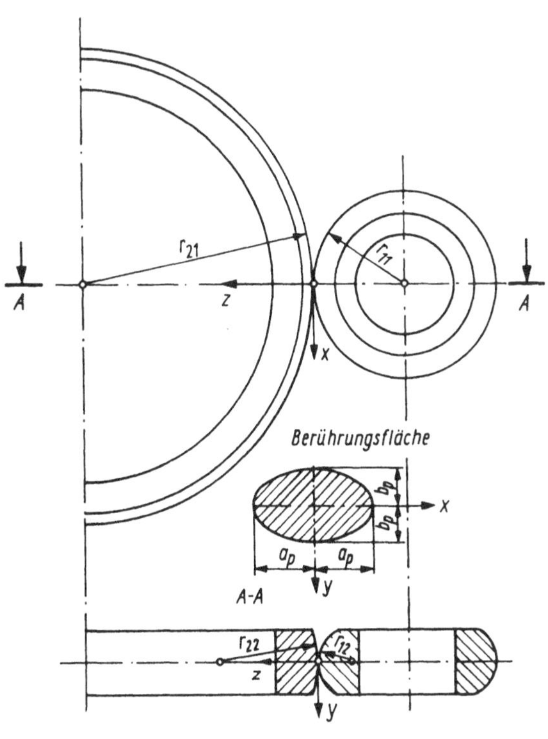

Bild 2-131 Wälzpaarung mit doppelt gekrümmten Berührungsflächen

mit dem Maximalwert der Hertzschen Pressung

$$p_{\mathrm{HP}} = \frac{1{,}5F}{\pi a_{\mathrm{P}} b_{\mathrm{P}}} = \frac{1{,}5}{\pi} \frac{1}{\xi \eta} \sqrt[3/2]{\frac{E}{3(1-\nu^2)}} \sqrt[3]{F(\sum \varrho)^2}. \qquad (2.193)$$

Haben die beiden Wälzkörper unterschiedliche Werkstoffe, gilt für den Ersatzelastizitätsmodul E

$$\frac{1}{E} = \frac{1}{2}\left(\frac{1}{E_1} + \frac{1}{E_2}\right).$$

Die in den Gln. (2.192) und (2.193) einzusetzende Summe der Krümmungen beträgt

$$\sum \varrho = \varrho_{11} + \varrho_{12} + \varrho_{21} + \varrho_{22}$$
$$= \frac{1}{r_{11}} + \frac{1}{r_{12}} + \frac{1}{r_{21}} + \frac{1}{r_{22}}. \qquad (2.194)$$

ξ und η sind transzendente Funktionen eines Hilfswinkels ϑ

$$\cos \vartheta = \frac{\varrho_{11} - \varrho_{12} + \varrho_{21} - \varrho_{22}}{\sum \varrho}.$$

Ihre Werte können aus Tafeln entnommen werden [2.66]. Für konkave, d.h. nach innen gekrümmte Körper sind die entsprechenden Krümmungen negativ einzusetzen.

Bei der Paarung Laufrad–Schiene treten i.allg. die im Bild 2-132 gezeichneten Berührungsformen mit nur einer bzw. zwei Krümmungen auf. Wird eine Stahl-Stahl-Paarung mit dem Elastizitätsmodul $E = 2{,}06 \cdot 10^5\,\mathrm{N/mm^2}$ und der Querzahl $\nu = 0{,}3$ vorausgesetzt, erhält man die vereinfachten Gleichungen für Punktberührung (Bild 2-132a) [2.184]

$$a_{\mathrm{P}} = \frac{c_{\mathrm{e}}}{2} \sqrt[3]{F d_{\mathrm{R}}} \qquad \text{(große Halbachse)}$$

$$b_{\mathrm{P}} = \frac{c_{\mathrm{f}}}{2} \sqrt[3]{F d_{\mathrm{R}}} \qquad \text{(kleine Halbachse)}$$

$$p_{\mathrm{HP}} = c_{\mathrm{p}} \sqrt[3]{\frac{F}{d_{\mathrm{R}}^2}}. \qquad (2.195)$$

Die Faktoren c_{e}, c_{f} und c_{p} enthalten außer den festgelegten elastischen Größen E und ν die Funktionen ξ und η. Sie sind im Bild 2-133 in Abhängigkeit vom Verhältnis

$$\lambda = \frac{d_{\mathrm{R}}/2}{r_{\mathrm{K}}}$$

dargestellt. Da der Wert der Größe $1/\xi\eta$ in Gl. (2.193) im Bereich der Abmessungen von Kranlaufrädern und Kranschienen nicht mehr als 7 % von 1 abweicht, kann man diese Funktion gleich 1 setzen und erhält als Näherungsgleichung für die Hertzsche Pressung in Kranlaufrädern aus Stahl bei Punktberührung

$$p_{\mathrm{HP}} = 853 \sqrt[3]{F\left(\frac{2}{d_{\mathrm{R}}} + \frac{1}{r_{\mathrm{K}}}\right)^2} \qquad \frac{p_{\mathrm{HP}}}{\mathrm{N/mm^2}} \;\Big|\; \frac{F}{\mathrm{N}} \;\Big|\; \frac{d_{\mathrm{R}},\, r_{\mathrm{K}}}{\mathrm{mm}}. \qquad (2.196)$$

Linienberührung

Mit den geometrischen Größen nach Bild 2-132b gelten die Gleichungen

$$b_{\mathrm{L}} = 2\sqrt{\frac{1-\nu^2}{\pi E} \frac{F d_{\mathrm{R}}}{b_{\mathrm{K}}}}$$

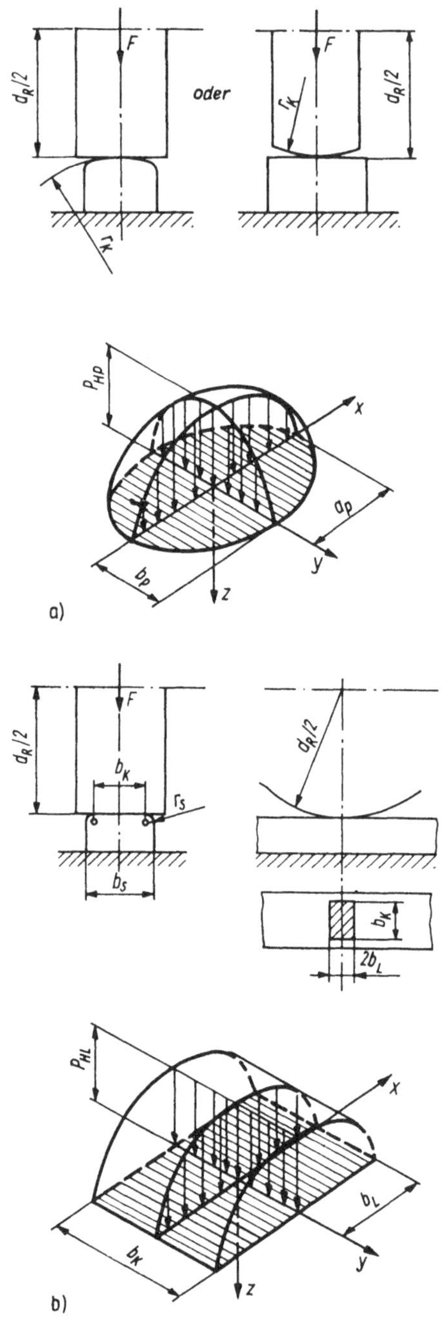

Bild 2-132 Wälzpaarungen Laufrad–Schiene
a) Punktberührung
b) Linienberührung

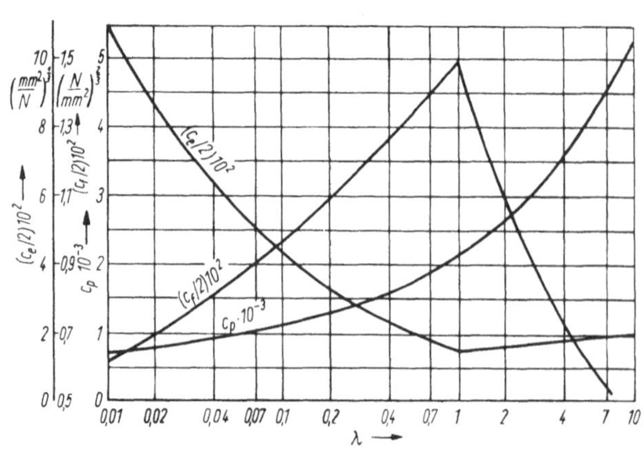

Bild 2-133 Faktoren für Gl. (2.195) [2.184]

$$p(x)_L = p_{HL}\sqrt{1-\frac{x^2}{b_L^2}}$$

mit dem Maximalwert p_{HL} der Hertzschen Pressung

$$p_{HL} = \sqrt{\frac{E}{\pi(1-\nu^2)}}\sqrt{\frac{F}{d_R b_K}} \quad (2.197)$$

bzw. für die Paarung Stahl–Stahl

$$b_L = 2{,}37\cdot 10^{-3}\sqrt{\frac{F d_R}{b_K}}$$

$$p_{HL} = 268\sqrt{\frac{F}{d_R b_K}} \quad \frac{p_{HL} \mid F \mid b_L, b_K, d_R}{N/mm^2 \mid N \mid mm}. \quad (2.198)$$

Diese Gleichungen sagen nichts über die tatsächliche Druckverteilung in y-Richtung bei endlicher Breite b_K der Berührungsfläche des Laufrads bzw. der Schiene aus, siehe Abschnitt 2.5.3.2.1.
Wenn ein Laufrad mit Linienberührung auf einer Rundschiene wie im Bild 2-131 rollt, gilt in den Gln. (2.197) und (2.198) $d_R = 2r$ mit dem Ersatzradius

$$\frac{1}{r} = \frac{1}{r_{11}} + \frac{1}{r_{21}}.$$

Bei konkaver Schienenkrümmung wird das Vorzeichen vor r_{21} negativ.

2.5.1.2 Spannungen und Schlupf

Die mathematisch durch die Hertzschen Gleichungen erfaßten Kontaktspannungen der aufeinander abrollenden Körper führen zu einem räumlichen Spannungszustand, der in zahlreichen Arbeiten grundlegend theoretisch untersucht worden ist. Zusammenfassungen enthalten u.a. [2.185] [2.186]. Zur Verdeutlichung ist im Bild 2-134 der Spannungsverlauf zum Innern des Körpers hin unter der Annahme eines ebenen Verzerrungszustands dargestellt, einem Modell, das den Spannungsverhältnissen in breiteren Laufrädern entspricht. Die Vergleichsspannungen nach der Gestaltänderungs- und Schubspannungshypothese unterscheiden sich nur wenig. Ihre Maxima treten nicht an der Oberfläche, sondern im Innern des Körpers auf. Für Linienberührung gilt, wenn wieder der ebene Verzerrungszustand zugrunde gelegt wird:

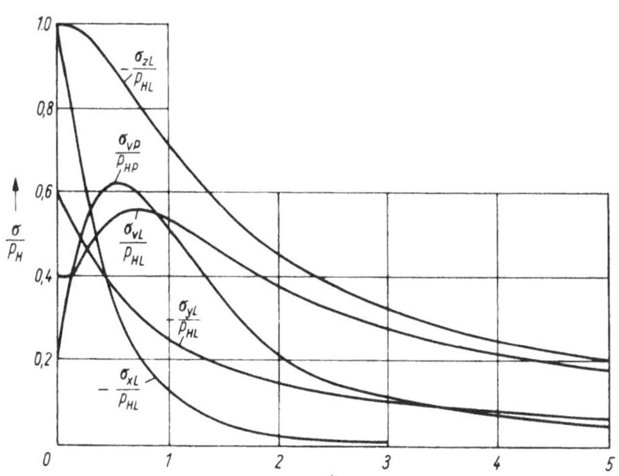

Bild 2-134 Verlauf der Spannungskomponenten im Innern des Körpers bei Linienberührung (ebener Verzerrungszustand) und Vergleichsspannungen bei Linien- und Punktberührung nach der Gestaltänderungshypothese [2.184]

Gestaltänderungshypothese

$\sigma_{VL\,max} = 0{,}558\,p_{HL}$ in einer Tiefe von $z_{VL} = 0{,}704 b_L$

Schubspannungshypothese

$\sigma_{VL\,max} = 0{,}601 p_{HL}$ in einer Tiefe von $z_{VL} = 0{,}786 b_L$. (2.199)

Die Maximalwerte der Vergleichspannung bei Punktberührung lassen sich als Funktion des Verhältnisses $\lambda = d_R/2r_K$ darstellen

$\sigma_{VP\,max} = k_V\,p_{HP}$ in einer Tiefe von $z_{VP} = k_z b_P$. (2.200)

Die Funktionen $k_V(\lambda)$ und $k_z(\lambda)$ im Bild 2-135 sind nach der Gestaltänderungshypothese berechnet. [2.185] gibt diese Werte in Abhängigkeit vom Verhältnis der Hauptachsen a_P und b_P der Druckellipse an.

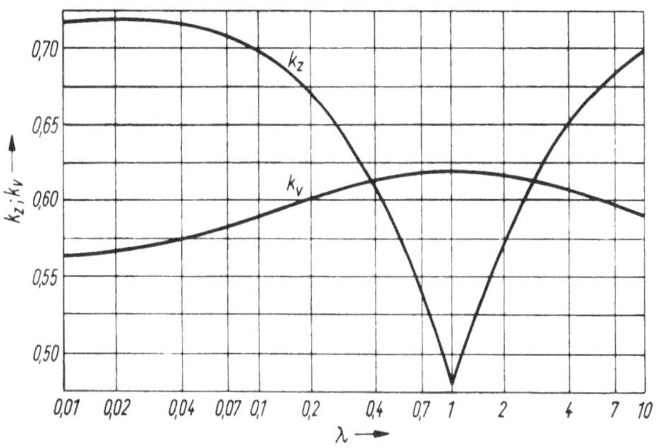

Bild 2-135 Faktoren k_z und k_v für Gl. (2.200) [2.184]

Der Einfluß einer zusätzlichen Umfangskraft F_t auf den Spannungsverlauf wurde bisher theoretisch nur für Linienberührung untersucht [2.187]. Es wurde nachgewiesen, daß die Maxima der Vergleichsspannung von $x = 0$ in x-Richtung (Bild 2-132) auswandern und gleichzeitig näher zur Oberfläche rücken. Im Bild 2-136 werden als Beispiel der Rechnung die Maxima der Vergleichsspannung für z_L/b_L = konst., d.h. ohne Berücksichtigung ihrer x-Koordinate, gezeigt. Deutlich ist zu erkennen, daß sich mit steigender Aus-

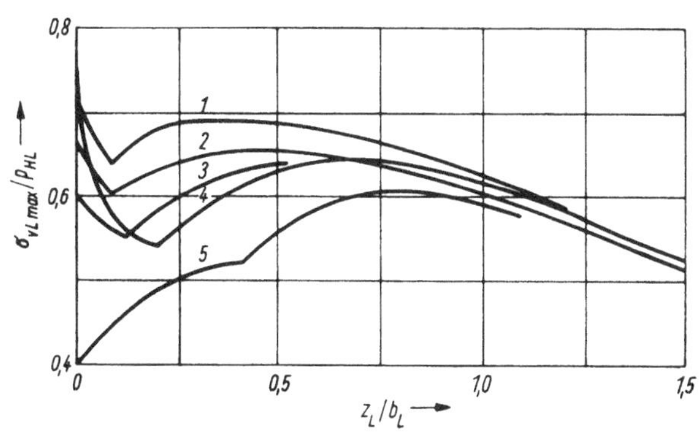

Bild 2-136 Maxima der Vergleichsspannung nach der Schubspannungshypothese bei Linienberührung für z_L/b_L = konst. (ebener Verzerrungszustand) [2.187]

1 durchrutschendes Rad ($\mu_t/\mu_0 = 1$, $\mu_0 = 0{,}3$)
2 getriebenes Rad ($\mu_t/\mu_0 = 2/3$, $\mu_0 = 0{,}3$)
3 durchrutschendes Rad ($\mu_t/\mu_0 = 1$, $\mu_0 = 0{,}2$)
4 treibendes Rad ($\mu_t/\mu_0 = 2/3$, $\mu_0 = 0{,}3$)
5 nur durch Normalkraft belastetes Rad ($\mu_t = 0$)

nutzung des Kraftschlusses μ_t/μ_0 die maximale Werkstoffbeanspruchung in die oberflächennahen Schichten verlagert und gleichzeitig wächst. Der ungünstige Einfluß dieser Erscheinung auf die Werkstoffermüdung [2.188] [2.189] und den Verschleiß [2.190] wurde experimentell bestätigt.

Über die Wirkung einer Axialkraft auf den Spannungszustand im Innern des Körpers liegen keine Angaben vor. Daß diese Kräfte den Verschleiß ebenfalls beträchtlich vergrößern, ist [2.190] zu entnehmen. Sie treten besonders am schrägstehenden, durch Führungskräfte in Schienenlängsrichtung bewegten rollenden Laufrad auf. Den Zusammenhang zwischen der bezogenen Axialkraft $\mu_a = F_a/F$ und dem Schrägstellungswinkel α (Bild 2-130) ermittelte *Marquardt* experimentell für Kranlaufräder mit Linienberührung [2.191] [2.192].

$$\mu_a = 0{,}648\,e^{-1{,}6\cdot 10^{-3} p_{HL}}[1 - (1 - \sqrt{\alpha})^2] \qquad (2.201)$$

$$(0 \leqq \alpha \leqq 0{,}5°,\ \mu_t = 0) \qquad \frac{p_{HL}}{\mathrm{N/mm^2}} \Bigg| \frac{\alpha}{\mathrm{Grad}}.$$

Wenn in der Berührungsfläche horizontale Kräfte, d.h. Umfangs- und/oder Axialkräfte, übertragen werden, entsteht aus dem notwendigen Verformungsausgleich der sich berührenden Körper ein elastischer Schlupf. Die Umfangskraft F_t erzeugt den Längsschlupf s_t, die Axialkraft F_a den Querschlupf s_a, beides auf eine Radumdrehung bezogen (Bild 2-130). Der theoretische Rollweg je Radumdrehung

$$s_0 = d_R\,\pi$$

verringert sich dadurch auf den tatsächlichen Fahrweg in Schienenlängsrichtung

$$s = \sqrt{(s_0 - s_t)^2 + s_a^2}\,. \qquad (2.202)$$

Für Linienberührung sind in [2.193] mit Hilfe der Elastizitätstheorie die nachstehenden Gleichungen für die bezogenen Schlüpfe angegeben

$$\frac{s_t}{s_0} = \frac{2b_L\,\mu_0}{d_R}\left(1 - \sqrt{1 - \frac{\mu_t}{\mu_0}}\right) \qquad (s_a = 0)$$

$$(0 \leqq \mu_t \leqq \mu_0,\ \mu_a = 0)$$

$$\frac{s_a}{s_0} = \frac{2b_L\,\mu_0}{d_R\,(1-\nu)}\left(1 - \sqrt{1 - \frac{\mu_a}{\mu_0}}\right) \qquad (s_t = 0)$$

$$(0 \leqq \mu_a \leqq \mu_0,\ \mu_t = 0) \qquad (2.203)$$

mit den bezogenen Kräften $\mu_t = F_t/F$, $\mu_a = F_a/F$ und der Reibungszahl μ_0 für Haltereibung.

Die praktisch ermittelten Werte des elastischen Schlupfs liegen um fast eine Zehnerpotenz über diesen theoretischen Werten (Bild 2-137), weil Verschleißpartikel, Schmutz o.ä. eine Zwischenschicht in der Berührungsfläche bilden. Der elastische Längsschlupf an angetriebenen Laufrädern hat wegen seiner geringen Größe keine Bedeutung für die Größe des zurückgelegten Rollwegs; er beeinflußt aber die Verteilung der Umfangskräfte im Fahrwerk und dessen Gleichlaufverhalten [2.194] [2.195]. Der elastische Querschlupf an Laufrädern, auf die ständig oder längere Zeit eine Axialkraft einwirkt, führt zum Anlegen der Führungselemente an die Schiene, in die dann die Axialkraft eingeleitet wird. Überschreitet die Größe der Resultierenden aus Umfangs- und Axialkraft die durch den Kraftschluß gezogene Grenze, tritt Gleiten in der gesamten Berührungsfläche auf.

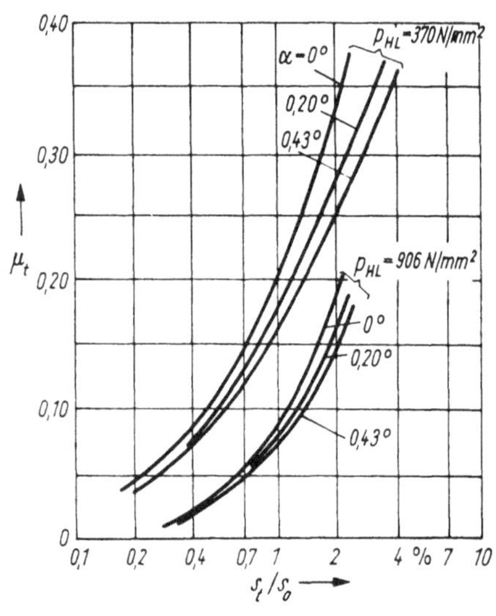

Bild 2-137 Zusammenhang zwischen bezogenem Längsschlupf und Kraftschlußbeiwert μ_t für Kranlaufräder [2.191]

2.5.1.3 Beanspruchung des Spurkranzes

Die Spurkränze von Laufrädern begrenzen deren Querbewegung infolge Schräglaufs oder Querschlupfs. Sie werden, sobald sie an der Schiene angelaufen sind, durch Axialkräfte und Reibungskräfte beansprucht. Die übliche Form des Spurkranzes der Kranlaufräder mit der Spurkranzhöhe h, dem Neigungswinkel β der Erzeugenden des Berührungskegels und dem Übergangsradius r_R zwischen Kegelmantel und Lauffläche ist im Bild 2-138a in der gebräuch-

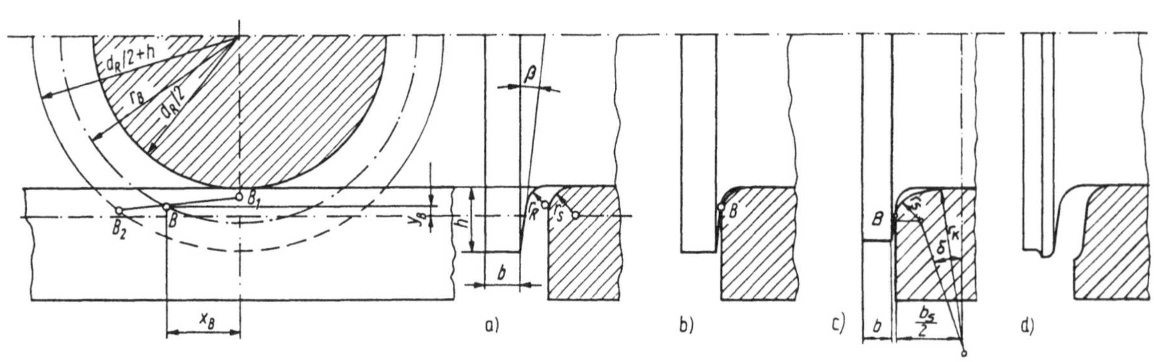

Bild 2-138 Berührung zwischen Spurkranz und Schiene

a) Ausgangsprofil, ebener Schienenkopf
b) Punktberührung beim Anlaufen, ebener Schienenkopf
c) Punktberührung beim Anlaufen, gewölbter Schienenkopf
d) typische Verschleißprofile

lichen Paarung mit einer Schiene dargestellt, die einen Abrundungsradius $r_S > r_R$ aufweist.
Bei kräftefreiem Anlaufen des Laufrads an der Schiene berühren sich die beiden Körper im Punkt B, der im Bereich des Übergangsradius r_S der Schiene liegt. Je nach Größe des Schrägstellungswinkels α zwischen Laufrad und Schiene (Bild 2-130) kann B zwischen B_1 und B_2 jede beliebige Lage einnehmen. Für die Koordinaten dieses Anlaufpunkts gelten unter der Bedingung $r_S > r_R$ folgende Gleichungen [2.196]:

$$x_B = R \frac{\cot\beta \tan\alpha}{\sqrt{1 - \cot^2\beta \tan^2\alpha}} \times \left\{1 + \frac{r_S}{R}\left[1 - \sqrt{\frac{1 - \cot^2\beta \tan^2\alpha}{1 + \cot^2\beta}}\right]\right\}$$

$$y_B = r_S \sqrt{\frac{1 - \cot^2\beta \tan^2\alpha}{1 + \cot^2\beta}} \tag{2.204}$$

mit dem Ersatzradius R

Ebener Schienenkopf (Bild 2-138b): $R = d_R/2$;

Gewölbter Schienenkopf (Bild 2-138c):

$$R = \frac{d_R}{2} + (r_K - r_S)(1 - \cos\delta)$$

$$\cos\delta = \sqrt{1 - \left(\frac{b_S/2 - r_S}{r_K - r_S}\right)^2}. \tag{2.205}$$

Wird zwischen den Körpern eine Axialkraft F_a übertragen, entsteht als Kontaktfläche theoretisch eine langgestreckte Berührungsellipse (Bild 2-139a) mit einem sehr kleinen Verhältnis $b_P/a_P = 0{,}025 \ldots 0{,}050$ der beiden Halbachsen. Die Druckverteilung ließe sich mit Gl. (2.193), der Hertzschen Gleichung für Punktberührung, bestimmen. Allerdings würden dabei schon mit relativ kleinen Axialkräften F_a sehr hohe Werte für die maximale Hertzsche Pressung p_{HP} errechnet, die zu Werkstoffbeanspruchungen weit über der Streckgrenze der zur Herstellung von Kranlaufrädern und Schienen verwendeten Stähle führten. Derartig hohe Pressungen werden daher tatsächlich nicht erreicht, sondern ab einer bestimmten, kritischen Belastung vergrößert sich die Kontaktfläche durch plastische Verformung unter nur geringer Zunahme der Flächenpressung auf das Mehrfache der unter Annahme elastischer Körper errechneten Fläche.
Bei anhaltender größerer Beanspruchung verändern sich die Anfangsprofile von Spurkranz und Schiene durch plastische Verformung sowie Werkstoffabtrag. Bild 2-138d zeigt ein typisches Verschleißprofil. Die Oberflächenform, besonders die Abrundungsradien, beider Körper haben sich angeglichen, wodurch eine größere Berührungsfläche als beim Ausgangsprofil auftritt. Über ihre Form, ihre Größe und über die Verteilung der Pressungen lassen sich keine sicheren Angaben machen. Eine mögliche Annahme ist im Bild 2-139b vorgestellt. Für die in der gesamten Berührungsfläche konstant angenommene Flächenpressung gilt

$$p_m = \frac{F_a}{A}$$

mit der Fläche

$$A = \left(\frac{d_R}{2} + h\right)^2 (\gamma - \sin\gamma \cos\gamma);$$

$$\cos\gamma = \frac{R + r_S}{R + h} \tag{2.206}$$

und dem Ersatzradius R laut Gl. (2.205).
Diese mittlere Pressung nach der Einlaufphase eines Spurkranzes ist eine verhältnismäßig grobe Näherung. Sie vermittelt aber eine bessere Orientierung über das mögliche Fortschreiten plastischer Verformungen als die Gleichung für die Punktberührung.
Selbst wenn die Lauffläche des Laufrads auf dem Schienenkopf eine reine Rollbewegung ohne Längsschlüpfen ausführt, überlagern sich im Berührungsgebiet von Spurkranz und Schiene eine Rollbewegung mit der Winkelgeschwindigkeit ω_R und eine Gleitbewegung. Die Rollbewegung kann man in eine Wälzbewegung ω_W und eine Bohrbewegung ω_B aufteilen (Bild 2-140a). Jeder Punkt der Berührungsfläche weist eine andere Kombination der Gleit-, Wälz- und Bohranteile der Relativbewegung auf. Der Wälzanteil tritt gegenüber dem Bohranteil mit zunehmender Ausbildung des Verschleißprofils zurück (Bild 2-140b). Durch Reibung entstehen im Zusammenhang mit der Gleit- und Bohrbewegung beträchtliche Tangentialkräfte in der Berührungsfläche, wodurch die maximalen Vergleichsspannungen zur Oberfläche hin wandern (Bild 2-136). Eine rechnerische Untersuchung dieser Spannungen fehlt noch. Hohe Axialkräfte verformen den gesamten Spurkranz nach außen, besonders wenn seine Dicke durch Verschleiß geringer geworden ist, siehe Abschnitt 2.5.3.2.2.

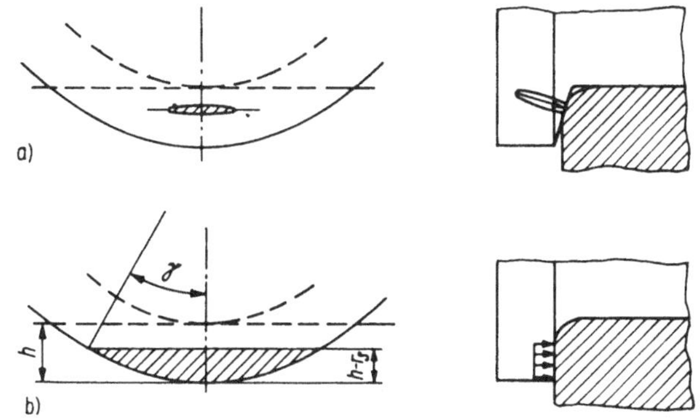

Bild 2-139 Berührungsflächen und Pressungsverteilung

a) Ausgangsprofil
b) Verschleißprofil

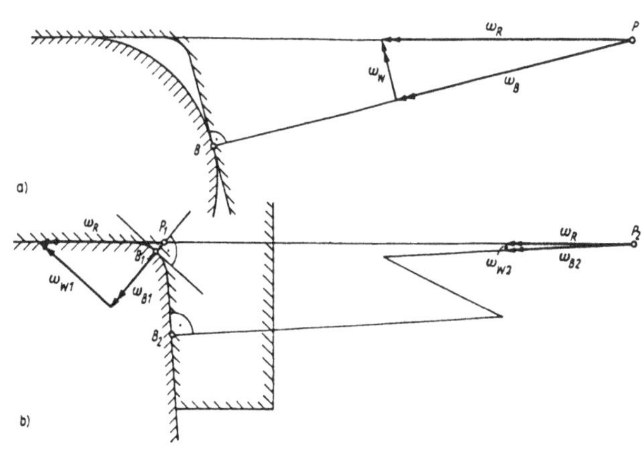

Bild 2-140
Roll-, Wälz- und Bohrbewegung zwischen Spurkranz und Schiene

a) Ausgangsprofil
b) Verschleißprofil

2.5.2 Konstruktive Ausführung der Laufräder und Schienen

Wegen der großen zu übertragenden vertikalen und horizontalen Kräfte und wegen der relativ kleinen Durchmesser haben die Laufräder der Schienenfahrwerke von Fördermaschinen eine gedrungene Form mit breiter Lauffläche, massivem Radkranz, dicker ein- oder zweiteiliger Radscheibe und kräftiger Nabe. Breite Rippen stützen in größeren Laufrädern den Radkranz seitlich ab und verhindern dessen plastische Verformung unter der Wirkung exzentrisch zur Radscheibenebene angreifender Radkräfte.

Laufräder unterschiedlicher Bauart für Krane sind in DIN 15073 bis 15086 im Durchmesserbereich $d_R = 200 \dots 1250\,\text{mm}$ genormt. Darüber hinaus gibt es spezielle Ausführungen für Tagebaumaschinen, Spezialkrane, Seilbahnen, Kabelkrane, Hängebahnen mit Unterflanschfahrwerken, Stetigförderer usw. Sie erhalten eine der jeweiligen Fahrbahn entsprechende Ausbildung der Lauffläche.

Die Bauarten der Kranlaufräder unterscheiden sich darin, daß sie

- aus gegossenen oder gewalzten bzw. geschmiedeten Rohlingen hergestellt
- mit oder ohne Spurkränze ausgeführt
- mit zylindrischen oder kegeligen Laufflächen versehen
- ohne oder mit aufgepreßten Radreifen ausgerüstet
- für Gleit- oder Wälzlagerung gestaltet sind.

Im Bild 2-141 ist ein Laufrad für Gleitlagerung mit bzw. ohne Spurkränze dargestellt. Die Neigungswinkel der Spurkranzflanken liegen zwischen 6 und 10°, die Spurkranzhöhen, degressiv mit dem Laufraddurchmesser zunehmend, zwischen 15 und 40 mm. Wenn die seitliche Führung in Schienenfahrwerken von anderen Baugruppen, z.B. horizontalen Führungsrollen, Drehzapfen, übernommen wird, entfallen die Spurkränze.

Die Laufflächen der Laufräder sind Zylinder, seltener Kegel mit Neigungen von 1:16 bis 1:25; in Drehwerken treten auch größere Kegelneigungen auf. Laufräder mit kegelförmiger Lauffläche können bei geeigneter Ausbildung der Fahrantriebe die Führungseigenschaften verbessern. Sie verlangen allerdings in Fahrwerken, nicht in Drehwerken, Schienen mit gekrümmter Oberfläche.

Bevorzugte Werkstoffe für gegossene Laufräder sind GS-50 bis GS-70, bisweilen auch GGG-50 bis GGG-70. Die Stähle Ck 35 bis Ck 60 werden für gesenkgeschmiedete oder rundgewalzte Laufräder und für Radreifen eingesetzt. Eine beträchtlich erhöhte Verschleißfestigkeit und damit Nutzungsdauer erzielen Laufräder aus niedriglegierten Stählen, z.B. GS-42 CrMo 4, GS-37 CrNiMo 6, wenn sie nach dem Vergüten induktiv oberflächengehärtet werden [2.197] [2.198]. Der erzielbaren Härtetiefe kommt dabei entscheidende Bedeutung zu (Bild 2-142), s. auch Gl. (2.213).

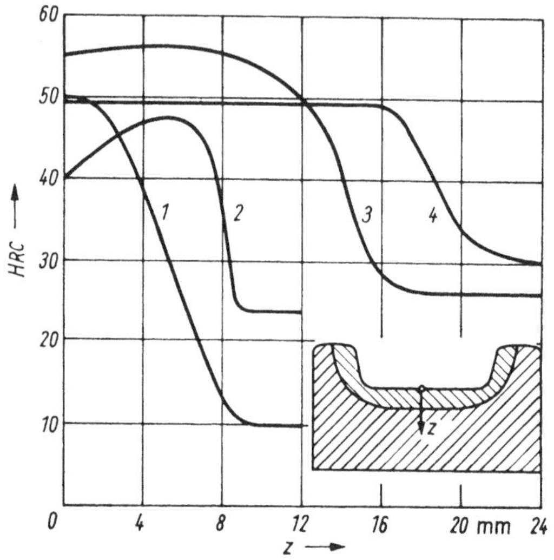

Bild 2-142 Verlauf der Rockwellhärten von oberflächengehärteten Laufrad-Laufflächen als Funktion der Härtetiefe

1 Mittelwerte für GS-Ck 45 [2.197]
2 Mittelwerte für GS-42 CrMo 4 [2.197]
3 Kleinstwerte für GS-37 CrNiMo 6 [2.197]
4 Mittelwerte für Spezialstahl „Infatigable" [2.198]

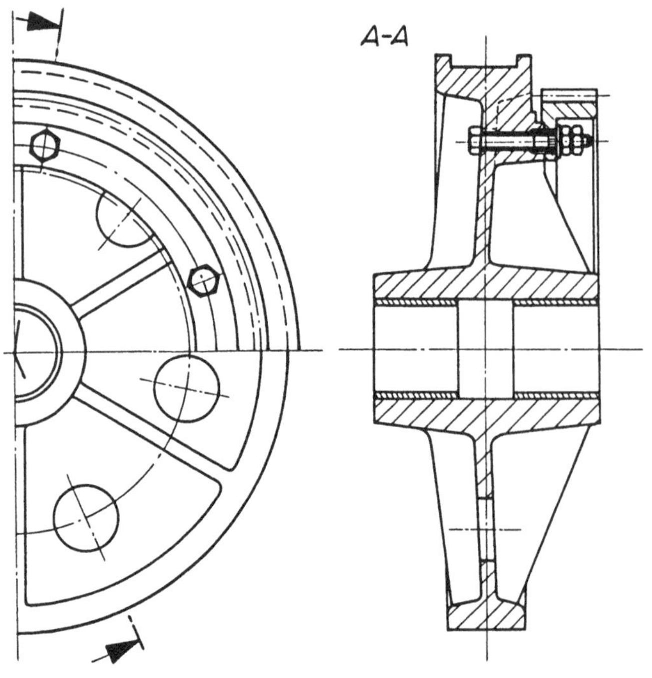

Bild 2-141 Laufrad mit Gleitlagerung auf feststehender Achse

oben: mit Spur- und Zahnkranz (angetrieben)
unten: ohne Spur- und Zahnkranz (nicht angetrieben)

Über Laufräder ohne Spurkranz aus Polyamid für Schienenfahrwerke von Kranen berichtet beispielsweise [2.199]. Die geringere Festigkeit und die Kriecheigenschaften bei statischer Belastung begrenzen das Einsatzgebiet auf kleine Rad- bzw. Führungskräfte. Trotz des guten Verschleißverhaltens haben solche Laufräder vorerst keine größere Verbreitung in Schienenfahrwerken gewonnen.

Laufräder mit Gleitlagerung erhalten zwei Buchsen aus Rotguß oder Gußbronze, bei kleiner Umfangsgeschwindigkeit und Nutzungsdauer auch aus Kunststoff. Wenn nichtmetallische Lager eingebaut werden, muß ihre Isolationswirkung im Erdungskreis eines elektrisch betriebenen Fördermittels beachtet werden. Wichtig ist der feste Preßsitz der Gleitlagerbuchsen in der Radnabe, damit die Buchsen nicht unter der Wirkung der schwellend auftretenden Axialkräfte seitlich herauswandern. Es ist nicht sinnvoll, ein Breiten-Durchmesser-Verhältnis von 1:1 zu überschreiten, um niedrigere rechnerische Flächenpressungen zu erzielen. Die tatsächliche Druckverteilung konzentriert sich ohnehin infolge Durchbiegung der Achse zu den Lagerkanten hin. Die Gleitlager werden einzeln über die feststehende Achse, die zu diesem Zweck durchbohrt wird und Schmiernuten erhält, mit Schmierstoff versorgt.

Wegen des geringeren Instandhaltungsaufwands und Fahrwiderstands zieht man heute allgemein die Wälzlagerung der Laufräder vor. Das Laufrad kann dabei, wie bei Gleitlagerung, über zwei Pendelrollenlager auf einer feststehenden

Achse gelagert, aber auch auf eine wälzgelagerte Laufradwelle aufgepreßt werden.
Bei dem Laufrad nach DIN 15079 im Bild 2-143 sind die beiden Pendelrollenlager zur Erleichterung des Ein- und Ausbaus auf einer über die Achse geschobenen, durch eine Drehsicherung vor Verdrehen geschützten Buchse gelagert. Der Anschluß der Schmierbohrung an eine Zentralschmieranlage ist nur bei großer äußerer Verschmutzung, beispielsweise in Tagebaumaschinen, gerechtfertigt.
Alle Laufräder mit feststehender Achse lassen sich nur über Zahnkränze antreiben, die auf die Nabe aufgezogen oder durch Paßschrauben bzw. Scherbuchsen formschlüssig mit dem Laufrad verbunden sind (Bilder 2-141 und 2-143). Der Zahnkranz hat einen etwas kleineren Durchmesser als der Spurkranz des Laufrads, er kann mit einigem Aufwand auch staub- oder gar öldicht gekapselt werden.
Die erheblichen Nachteile offener Zahnradvorgelege und die ungünstigere Punktbelastung des Innenrings der Wälzlager bei der Lagerung auf einer festehenden Achse werden beseitigt, wenn die Laufradlagerung nach Bild 2-144 gewählt wird. Sie bedingt zwar wegen des fehlenden Zahnradvorgeleges eine größere Getriebeübersetzung, erleichtert jedoch den Laufradwechsel. Das Ecklager (Bild 2-144a) ist eine geschlossene Baugruppe, die an die Tragkonstruktion geschraubt wird. Beim Korblager mit schräger Teilfuge (Bild 2-144b) wird dagegen der obere Teil in die Tragkonstruktion eingeschweißt, während der untere mit einer lösbaren Schraubenverbindung angeschlossen ist.
Die Wälzlagerung wird konstruktiv so ausgeführt, daß die Axialkraft F_a stets von dem Wälzlager aufgenommen wird, das von dem vertikalen Kräftepaar $F_a d_R/(2e)$ entlastet wird. Bild 2-145 erläutert dies für eine Ausführung mit umlaufender Laufradwelle. Die Axialkraft setzt man dabei mit $F_a = 0{,}3F$, d.h. mit ihrem Maximalwert, ein [2.192]. Die Annahme $F_a = 0{,}1F$ als Mittelwert in DIN 15071 ist zu günstig.
Wegen der hohen Radkräfte erhalten die *Schienen* der Fördermaschinen ebene und breite oder schwach gewölbte Oberflächen. Die Übergangsradien zwischen der Schienenoberfläche und den Seitenflächen des Schienenkopfs sind bei der Zuordnung von Schiene und Laufrad immer größer als die entsprechenden Übergangsradien des Laufrads, um ein Aufsteigen der Laufräder bei Anlage des Spurkränze an der Schiene zu erschweren. Da diese Gefahr aber gering ist und im Verschleißprofil nach kurzer Einsatzzeit ohnehin diese Radiendifferenz beseitigt ist, spielt sie keine wesentliche Rolle.
Schienen aus seitlich angefasten Flachstählen werden direkt auf den Stahlträger der Fahrbahn aufgeschweißt. Ihr Einsatz ist nur gerechtfertigt, wenn die Betriebsbelastungen so gering bleiben, daß die Schiene während der gesamten Nutzungsdauer der Fahrbahn weder nachgerichtet, noch ausgewechselt werden muß. Gegen diese Grundregel wird allerdings häufig sehr kurzsichtig verstoßen, offensichtlich wegen des niedrigen Preises von Schiene und Schienenverlegung sowie wegen des Vorteils, daß sie bei der statischen Berechnung voll in den tragenden Querschnitt des Fahrbahnträgers einbezogen werden dürfen.
Für größere Belastungen eignen sich allein die auf den Fahrbahnträger über Schraubenverbindungen geklemmten Profilschienen mit breitem Kopf, gedrungenem Steg und Fußflanschen. Die seit langem vorherrschende niedrige Kran-

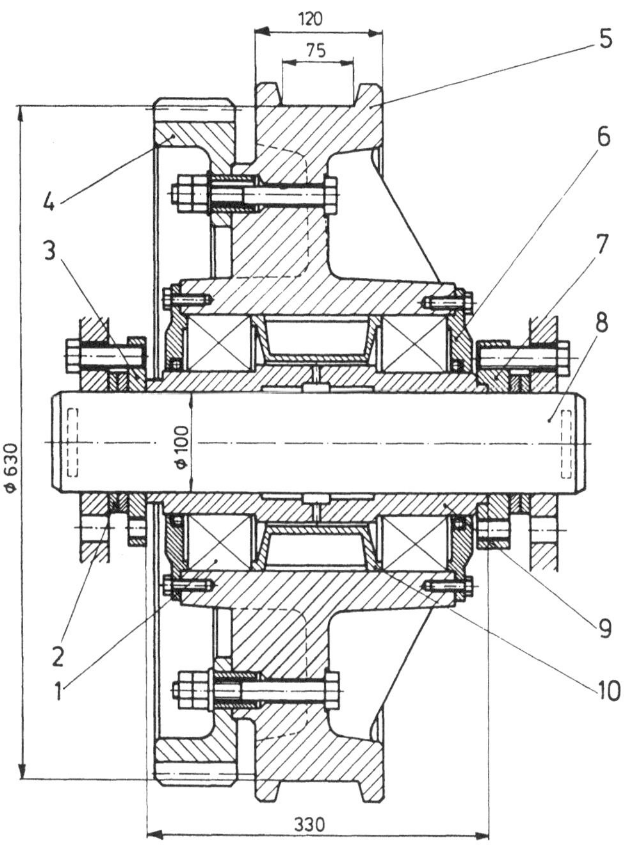

Bild 2-143 Laufrad Dmr. 630 mit Spurkranz, Zahnkranz und Wälzlagerung DIN 15079, ASKU-Scholten GmbH, Duisburg

1 Pendelrollenlager
2 Beilage
3 Spurblech
4 Zahnkranz
5 Radkörper
6 Deckel
7 Drehsicherung
8 Achse, feststehend
9 Buchse
10 Distanzring

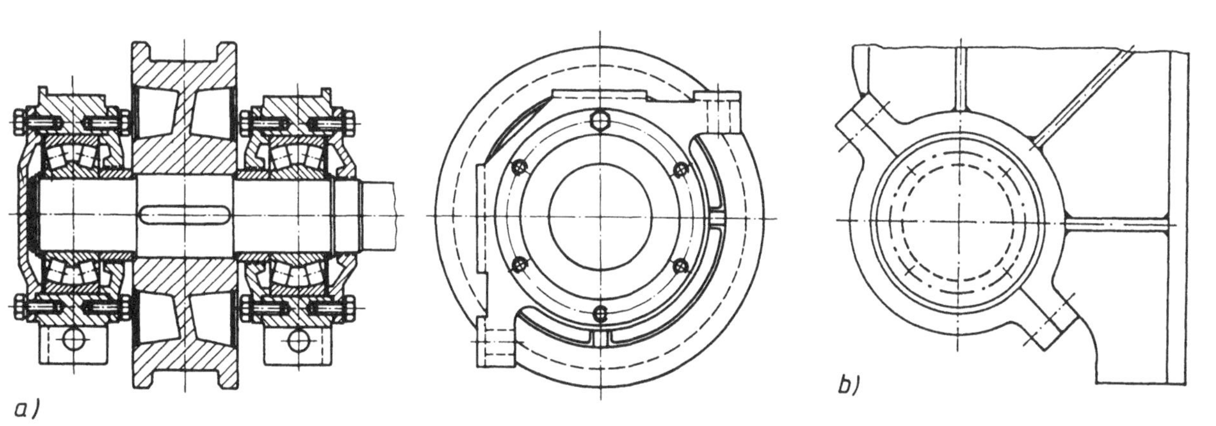

Bild 2-144 Laufrad mit Laufradwelle

a) Lagerung in Ecklagern
b) Korblager

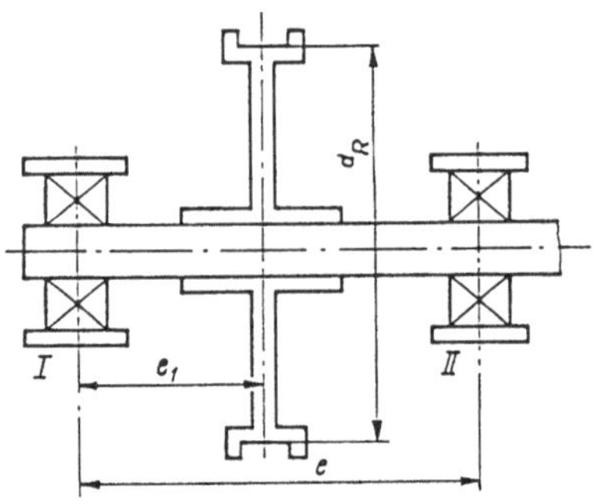

Belastungsfall	Kräfte im Wälzlager I	Kräfte am Laufrad	Kräfte im Wälzlager II
1	↑ $\left(1 - \frac{e_1}{e}\right) F$	↑ F	↑ $\frac{e_1}{e} F$
2a	↓ $\frac{d_R}{2e} F_a$ → F_a	→ F_a	↑ $\frac{d_R}{2e} F_a$
2b	↑ $\frac{d_R}{2e} F_a$	← F_a	↓ $\frac{d_R}{2e} F_a$ ← F_a

Bild 2-145 Kräfte in der Laufradlagerung

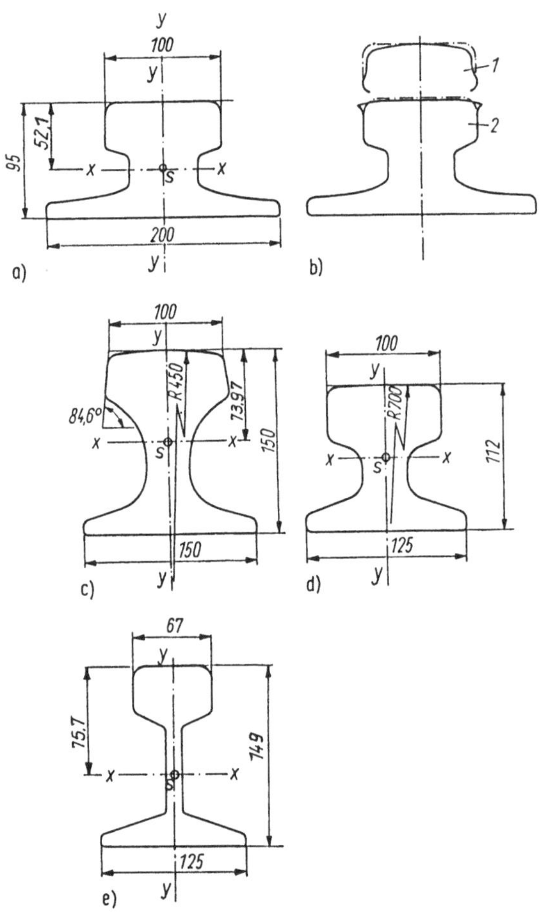

Bild 2-146 Schienen

a) Kranschiene A 100 DIN 536 ($I_{xx} = 0{,}888 \cdot 10^7$ mm^4, $I_{yy} = 1{,}36 \cdot 10^7$ mm^4, $\sigma_B \geqq 590$, evtl. 690 oder 880 N/mm^2)
b) typische Verschleißprofile von Kranschienen
1 Laufräder mit Spurkranz
2 Laufräder ohne Spurkranz
c) Kranschiene KR 100 GOST 4121-62 (UdSSR) ($I_{xx} = 2{,}865 \cdot 10^7$ mm^4, $I_{yy} = 0{,}941 \cdot 10^7$ mm^4, $\sigma_B \geqq 750$ N/mm^2)
d) Kranschiene 100 E DIN 15087 ($\sigma_B \geqq 880$, evtl. 1080 N/mm^2)
e) Eisenbahnschiene S 49 DIN 5902 ($I_{xx} = 1{,}819 \cdot 10^7$ mm^4, $I_{yy} = 0{,}32 \cdot 10^7$ mm^4, $\sigma_B \geqq 690$ N/mm^2)

schiene nach DIN 536 (Bild 2-146a) mit ebener Oberfläche ist hinsichtlich verschleißgerechter Profilausbildung, Biegesteifigkeit und Werkstoffhärte veraltet, wie der Vergleich mit einer moderneren Ausführung (Bild 2-146c) zeigt. Nach relativ kurzer Betriebsdauer bildet sich ein von der Ausgangsform abweichendes Verschleißprofil aus (Bild 2-146b). Der Entwurf einer verbesserten Ausführung in E DIN 15087 (Bild 2-146d) konnte sich bisher nicht durchsetzen. Weil sich die übliche Kranschiene wegen ihres geringen Biegewiderstands nicht für Schwellenlagerung eignet, muß in diesem Fall auf die Eisenbahnschiene (Bild 2-146e) zurückgegriffen werden.

Laufrad und Schiene sind in der Breite der Laufflächen und dem Spiel zwischen Spurkranz und Schienenkopf aufeinander abzustimmen. DIN 15072 ordnet die Laufflächenprofile den Kranschienen so zu, daß Spurspiele zwischen 10 und 60 mm auftreten. Dabei ist gewährleistet, daß Laufräder unterschiedlichen Durchmessers auf der gleichen Schiene eingesetzt werden können. Der Maximalwert der Ausdrehung zwischen den Spurkränzen wird von der verbleibenden Mindestdicke der Spurkränze vorgegeben.

Profilgewalzte Schienen werden mit Klemmschrauben am Fahrbahnträger befestigt. Die Axialkräfte nehmen angeschweißte Schubbleche, besser jedoch einstellbare Exzenterscheiben oder, bei geeigneter Ausführung, die Schraubklemmen selbst auf. Um die Kontaktspannungen zwischen Fahrbahnträger und Schiene zu vermindern, erhalten die Schienen zunehmend nichtmetallische, elastische Unterlagen, Bild 2-147 enthält zwei Beispiele für die Schienenlagerung; es gibt zahlreiche Variationen für deren Ausbildung.

Der Verschleiß der Laufräder und Schienen ist an den Spurkranz- und Schienenflanken meist um ein Vielfaches größer als an den Laufflächen. Die Nutzungsdauer ist daher in

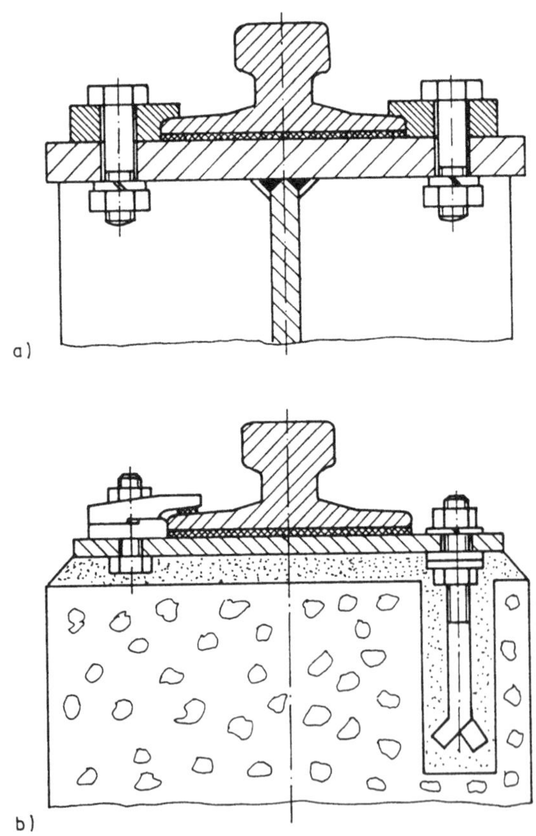

Bild 2-147 Lagerung von Kranschienen

a) Lagerung auf Stahlträger
b) Lagerung auf Betonträger (Klemmschrauben und Verankerungsbolzen jeweils beiderseitig, aber in Schienenlängsrichtung versetzt)

vielen Fällen weniger von der zurückgelegten Fahrstrecke als von den Führungseigenschaften des Fahrwerks und der Qualität der Fahrbahn abhängig. Sie kann mehrere Jahre erreichen, aber auch auf wenige Monate, ja Wochen absinken.
Eine spürbar höhere Nutzungsdauer ist durch planmäßige Schmierung der Seitenflächen der Spurkränze oder Schienenköpfe zu erzielen. Allerdings muß eine Benetzung der Schienenoberfläche oder der Lauffläche des Rads mit Sicherheit ausgeschaltet bleiben, um den Kraftschluß zu gewährleisten. Die Ölschichtschmierung [2.200] gibt über zwei mit Hartfilz belegte, an den Seitenflächen des Schienenkopfs abrollende Scheiben je Stunde dosiert 3 bis 5 g Öl ab und erzeugt an Schienenkopf und Spurkranz eine harte, trockene, festsitzende Schicht, die den Reibungswiderstand herabsetzt. Infolge der sehr sparsamen Ölgabe wird die Oberfläche der Schiene nicht benetzt.
Eine andere Lösung des Schmierproblems stellt die Trokkenschmierung mit Schmierstäben dar, die Grafit, Kohle oder Molybdändisulfid enthalten und durch Federn seitlich an die beiden Spurkränze je eines Laufrads je Kranfahrbahn gedrückt werden (Bild 2-148). Die Stäbe haben eine Lebensdauer von 5 bis 6 Wochen und erzeugen ebenfalls ein glatte, schmutzabweisende Gleitschicht an den Schienenseitenflächen und an den Spurkränzen aller Laufräder der Fahrbahn [2.201]. Augenmerk ist darauf zu richten, daß die Schmierstäbe nicht wegen zu geringer Biegefestigkeit abbrechen und auf die Schienenoberfläche geraten können.

2.5.3 Dimensionierung der Laufräder und Schienen

2.5.3.1 Verschleiß und Grenzzustand

Keines der gegenwärtigen, in Normen und Richtlinien festgelegten Gestaltungs- und Berechnungsverfahren für die Laufräder und Schienen der Schienenfahrwerke von Fördermaschinen erfaßt die Beanspruchungen richtig. Dies gilt qualitativ wie quantitativ und ist der Hauptgrund für die unbefriedigenden Betriebseigenschaften vieler Fahrwerke von Fördermaschinen. Die schwerwiegendsten Unzulänglichkeiten sind:

- Die Laufräder werden nach der Beanspruchung der Lauffläche dimensioniert, obwohl meist der Verschleiß der Spurkränze ihre Nutzungsdauer begrenzt.
- Der erhebliche Anteil der horizontalen, in der Berührungsfläche durch Reibung zu übertragenden Kräfte (Umfangs-, Axialkräfte) an Werkstoffbeanspruchung und Verschleiß bleibt unberücksichtigt.
- Die Einflüsse plastischer Verformungen auf die Änderung der geometrischen Abmessungen und der Werkstoffeigenschaften werden nicht oder nicht richtig erfaßt.
- Trotz zahlreicher vorliegender Erkenntnisse über vorteilhaftere Werkstoffe, geeignetere Laufflächen-, Spurkranz- und Schienenprofile werden ungünstige Konstruktionen weiterhin beibehalten.

Den Grenzzustand eines Laufrads oder einer Schiene bestimmt dessen bzw. deren Verschleiß. Am Spurkranz tritt Abtragverschleiß, dagegen keine nennenswerte Kaltverfestigung durch plastische Formänderung auf. Grad und Schwere des Verschleißes hängen von der Härte und Gefügestruktur des Werkstoffs ab; bei sehr hoher Belastung und geringer Härte kann sich der Verschleiß bis zu Freßerscheinungen steigern.
Die hohe Beanspruchung der Berührungszone der Lauffläche durch die zu übertragende Radkraft erzeugt im Bereich üblicher Radkräfte bei naturharten oder nur schwach vergüteten Laufrädern tiefreichende plastische Verformungen [2.190] und Härtesteigerungen von 30 bis 50 %, wodurch die Tragfähigkeit der Laufflächen erhöht wird. Für den Grenzzustand der Lauffläche bleibt jedoch der Abtragverschleiß maßgebend, nicht die Werkstoffermüdung.
Werden die Laufflächen ausreichend tief gehärtet, übersteigen die Beanspruchungen bei richtiger Dimensionierung nicht die elastische Grenze. Der Abtragverschleiß vermindert sich erheblich. Reicht die Härtetiefe nicht aus, treten unterhalb der Härteschicht im Inneren des Laufkranzes plastische Verfor-

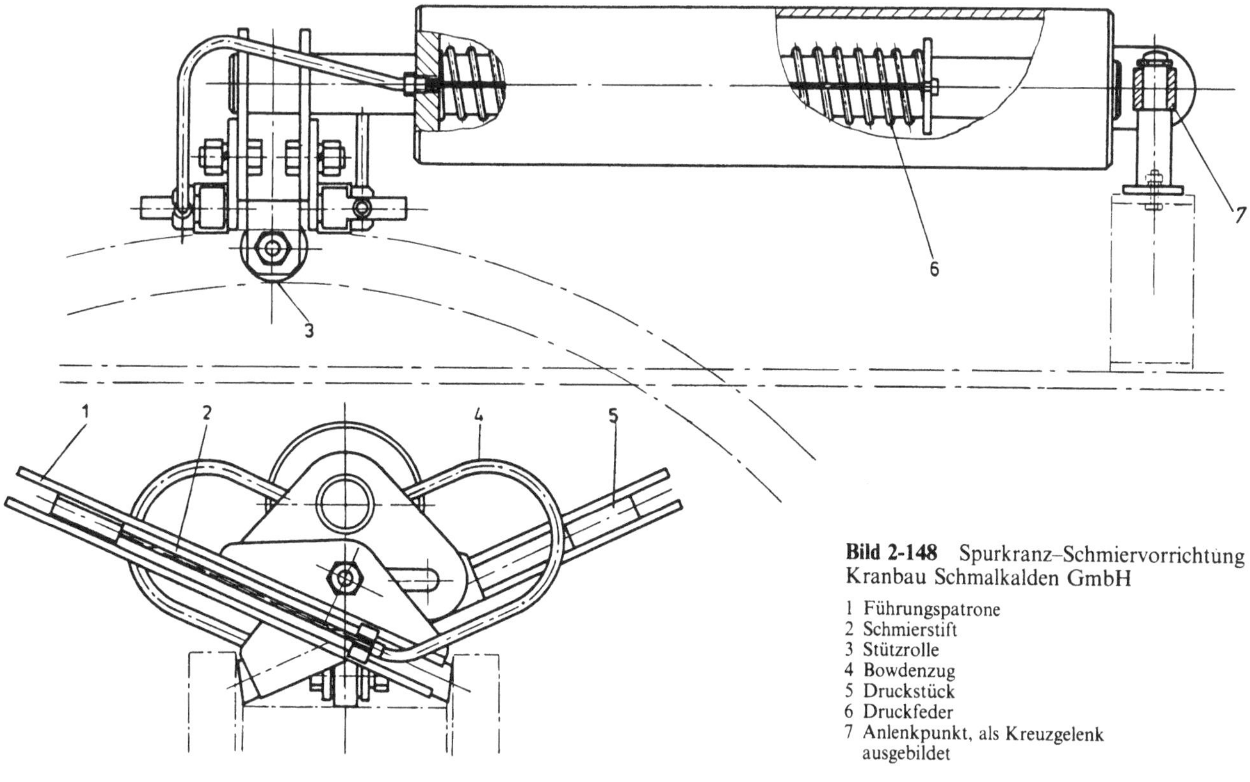

Bild 2-148 Spurkranz–Schmiervorrichtung Kranbau Schmalkalden GmbH

1 Führungspatrone
2 Schmierstift
3 Stützrolle
4 Bowdenzug
5 Druckstück
6 Druckfeder
7 Anlenkpunkt, als Kreuzgelenk ausgebildet

mungen auf, was zu Rissen und großflächigen Ausbröckelungen in der Lauffläche führen kann.
Die Schiene wird stets nach kurzer Gebrauchsdauer plastisch verformt und kaltverfestigt. Eine anfangs ideal ebene Schienenoberfläche erhält durch Lageabweichungen der Fahrbahn und der Laufradlagerungen sowie Verschleiß eine gekrümmte Oberflächenform. Ursachen und Größe des Schienenverschleißes entsprechen denen der Laufräder aus gleichen oder ähnlichen Werkstoffen. Allerdings sind verfügbares Verschleißvolumen und damit Nutzungsdauer der Schienen i.allg. größer als die der Laufräder.

2.5.3.2 Berechnung der Laufräder

Mit der Beanspruchung und Berechnung der Laufräder und Schienen unter den Bedingungen ihres Einsatzes in Fördermaschinen beschäftigen sich zahlreiche, auch jüngere Veröffentlichungen, u.a. [2.190] [2.197] [2.202] bis [2.212]. Auf sie gestützt, lassen sich einige der im Abschnitt 2.5.3.1 genannten Unzulänglichkeiten der Berechnungsverfahren beseitigen, wesentliche bleiben weiter bestehen. [2.209] gibt eine umfassende Übersicht über alle bisherigen Untersuchungen auf dem Gebiet der Wälz- und Rollpaarungen und schlägt ein neues Berechnungsverfahren für den Laufradverschleiß vor, siehe Abschnitt 2.5.3.2.2.

2.5.3.2.1 Tragfähigkeit

Die Berechnungsansätze für die Tragfähigkeit der Paarung Laufrad–Schiene gehen darauf hinaus, einen Zusammenhang zwischen den wirkenden Kräften, den Abmessungen und der Festigkeit bzw. Härte der verwendeten Werkstoffe herzustellen. Man muß sich dabei noch immer mit der Kontrolle der Beanspruchung durch die senkrecht wirkende Radkraft, d.h. die Normalkraft, begnügen, ohne die spannungssteigernde Wirkung der Umfangs- und Axialkraft im Berechnungsansatz mit zu erfassen. Auch die idealisierenden Annahmen für die Berührungsfläche als Linien- bzw. Punktberührung werden beibehalten, die tatsächlichen Verschleißprofile nicht berücksichtigt. Lediglich in der Wahl des geeigneten Festigkeitskriteriums zeichnet sich in den letzten Jahren eine größere Vielfalt und damit bessere Anpassung an die tatsächlichen Beanspruchungen ab.
Das bisher bevorzugte Kriterium für die Belastbarkeit einer Paarung Laufrad–Schiene ist die *Wälzfestigkeit* als die äußere Belastung, die während einer bestimmten Anzahl von Überrollungen ertragen wird. Es werden hierfür Erkenntnisse der Wälzlager- und Zahnradtechnik genutzt, obwohl nahezu alle Versuchsergebnisse mit Prüfkörpern großer Härte und einem Schmierstoff als Zwischenmedium erzielt wurden. Ein Wälzverschleiß in Form von Grübchenbildung wurde zudem an Laufrädern niemals beobachtet, Ausbröckelungen an gehärteten Laufflächen, die gelegentlich auftreten, sind keine Ermüdungs-, sondern Verformungsbrüche.
Trotz der genannten Vorbehalte werden die auf *Niemann* [2.150] gestützten Richtwerte für die Wälzfestigkeit p_{HD} von Prüfkörpern auch für die Laufräder angewendet:

$$\text{Linienberührung } p_{\mathrm{HDL}} = 3{,}0\,\mathrm{HB},$$

$$\text{Punktberührung } p_{\mathrm{HDP}} = 5{,}2\,\mathrm{HB}. \tag{2.207}$$

Sie sind auf eine Überlebenswahrscheinlichkeit von 90 % bezogen. Der zugehörige Punkt der Wöhlerlinie, die dynamische Belastbarkeit, entspricht einer Überrollungszahl $z_{\mathrm{D}} = 6{,}4 \cdot 10^6$.
Als Schädigungshypothese wird die von *Corten/Dolan* herangezogen. Wegen der Stetigkeit des Funktionsverlaufs kann vereinfachend ein Betriebs- bzw. Äquivalentfaktor gebildet werden, siehe Abschnitt 1.8.5.2. Die rechnerische Radkraft wird dann

$$F_{\mathrm{r}} = C F_{\max} \tag{2.208}$$

mit dem Betriebsfaktor

$$C = C_{\mathrm{A}}\, C_{\mathrm{L}}\, C_{\mathrm{B}}$$

und den Einzelfaktoren

- zur Berücksichtigung der schädigenden Wirkung einer zusätzlichen Umfangskraft an angetriebenen Laufrädern

  $C_{\mathrm{A}} = 1{,}1,$

- zur Berücksichtigung der erforderlichen Überrollungszahl z_{L} bis zum Erreichen des Grenzzustands

  $$C_{\mathrm{L}} = \sqrt[3]{\frac{z_{\mathrm{L}}}{z_{\mathrm{D}}}}.$$

- zur Berücksichtigung des Belastungskollektivs

  $$C_{\mathrm{B}} = \sqrt[3]{\sum_{i=1}^{k} \left(\frac{F_{\mathrm{i}}}{F_{\max}}\right)^3 \Delta\Phi_{\mathrm{i}}}\,.$$

Die rechnerische Radkraft wird in die Gl. (2.196) bzw. (2.198) für die Hertzsche Pressung eingesetzt. Die errechneten Pressungswerte ergeben mit Gl. (2.207) die erforderliche Werkstoffhärte.
Besonders für oberflächengehärtete Laufräder empfiehlt [2.197] ein anderes Kriterium. Die maximale Normalkraft darf nur so groß werden, daß die maximale Vergleichsspannung laut Gl. (2.199) bzw. (2.200) die *Fließgrenze* des Werkstoffs nicht überschreitet. Dies führt zu erlaubten Pressungen bei

$$\text{Linienberührung } p_{\mathrm{HFL}} = \frac{\sigma_{0,2}}{0{,}558} = 1{,}79\sigma_{0,2}$$

$$\text{Punktberührung } p_{\mathrm{HFP}} = \frac{\sigma_{0,2}}{k_{\mathrm{v}}} = \frac{\sigma_{0,2}}{0{,}61 \ldots 0{,}62}$$

$$= (1{,}64 \ldots 1{,}61)\,\sigma_{0,2} \quad \text{für}$$

$$\lambda = 0{,}3 \ldots 1{,}0 \tag{2.209}$$

mit $\lambda = d_{\mathrm{R}}/(2r_{\mathrm{K}})$, siehe Bild 2-132a. [2.197] gibt etwas höhere Werte an.
Kann, z.B. für eine kleinere Überrollungszahl, eine gewisse, allerdings degressiv verlaufende plastische Verformung zugelassen werden, wird die *Stabilisierungsgrenze* als Festigkeitskriterium empfohlen. Sie stellt das Gleichgewicht der Eigenspannungen infolge plastischer Verformung und der elastischen Kontaktspannungen aus der Normalbelastung dar, wurde allerdings bisher lediglich für Linienberührung, d.h. den zweiachsigen Spannungszustand, untersucht [2.202] [2.303] und grob auch auf die Punktberührung extrapoliert. Die zulässigen Pressungen betragen:

$$\text{Linienberührung } p_{\mathrm{HAL}} = 2{,}31\,\sigma_{0,2}$$

$$\text{Punktberührung } p_{\mathrm{HAP}} = \left(2{,}31 + 0{,}28\,\frac{b_{\mathrm{P}}}{a_{\mathrm{P}}}\right)\sigma_{0,2}$$

$$\left(\frac{b_{\mathrm{P}}}{a_{\mathrm{P}}} \leq 1\right). \tag{2.210}$$

Das Verhältnis $b_{\mathrm{P}}/a_{\mathrm{P}}$ der Halbachsen kann nach Gl. (2.195) durch das Verhältnis $c_{\mathrm{f}}/c_{\mathrm{e}}$ ersetzt werden. Diese Faktoren

sind Bild 2-133 zu entnehmen. Als Radkraft ist wiederum der Maximalwert einzusetzen.
Wird schließlich die Paarung Laufrad–Schiene vorwiegend statisch, d.h. mit sehr kleiner Überrollungszahl, belastet, sollte nach [2.207] die statische Tragfähigkeit unter Vorgabe einer maximalen *plastischen Radialverformung* bestimmt werden, wie es bei Wälzlagern üblich ist. Zur Umrechnung der Härtewerte gelten nach [2.150] die Näherungsgleichungen

$$HB = HV \qquad (HV \leqq 300)$$

$$HB = \frac{300}{0{,}14 + \dfrac{257}{HV}} \qquad (HV > 300)$$

$$HB = (\lg HRC - 1{,}15) \cdot 1000. \tag{2.211}$$

Als zulässige relative Radialverformung werden 0,2‰ angesetzt. Umrechnung der in [2.207] angegebenen Gleichungen führt mit $\delta/d_R = 0{,}0002$ und unter Verwendung der Gln. (2.211) zu den nachstehenden zugehörigen Pressungen:

Linienberührung $p_{HSL} = 5{,}53 HB \quad (HB \leqq 300)$

$$p_{HSL} = 4{,}75 + \frac{0{,}67 HB}{300 - 0{,}14 HB} \qquad (HB > 300)$$

Punktberührung $p_{HSP} = 6{,}07 \sqrt[3]{k_{HB} c_p HB^2}$ mit

$$k_{HB} = 1 \qquad (HB \leqq 300)$$

$$k_{HB} = \left(0{,}856 + \frac{0{,}121 HB}{300 - 0{,}14 HB}\right)^2 \qquad (HB > 300). \tag{2.212}$$

[2.210] empfiehlt, bei überwiegend statischer Beanspruchung sogar eine Radialverformung von 0,3‰ zuzulassen, und beruft sich dabei auf die Praxis der Luftfahrtindustrie bei der Auslegung bestimmter Wälzlager.
Nach [2.212] treten im Innern von Rad und Schiene bei hoher Belastung Verformungsrisse auf, wenn die *Schubbruchspannung* $\tau_B = \sigma_B/(1 + \nu)$ erreicht wird. Unter Berücksichtigung eines Sicherheitsbeiwerts $S_B = 1{,}5$ ergibt sich daraus bei Linienberührung eine zulässige Pressung von $p_{HUL} = 6{,}0\,HB$.
Die nach den verschiedenen, hier nacheinander behandelten Kriterien erlaubten Hertzschen Pressungen sind in Tafel 2-27 übersichtlich zusammengestellt. Es fällt sofort auf, daß nur bei Linienberührung physikalisch begründete Relationen, bei Punktberührung dagegen Widersprüche auftreten, die offensichtlich auf einer zu groben Näherung im Beanspruchungsfall 2 und einem wahrscheinlich zu hohen Wert im Beanspruchungsfall 1 beruhen. Der Beanspruchungsfall 6, d.h. eine zulässige Radialverformung von 0,3‰, ist durch die Gefahr eines Schubbruchs nach dem Beanspruchungsfall 5 in Frage gestellt. Dynamisch beanspruchte Laufräder und Schienen sollten bei Linienberührung nach den Kriterien der Wälzfestigkeit oder der Fließgrenze, bei Punktberührung sicherheitshalber nur nach dem Kriterium Fließgrenze ausgelegt werden.
Wenn Linien- und Punktberührung hinsichtlich der Tragfähigkeit zu vergleichen sind, muß die tatsächliche Berührbreite b, die sich zufällig verteilt zwischen Laufrad und Schiene einstellt, beachtet werden. Messungen [2.191] [2.205] ergaben statistische Mittelwerte von $b/b_K \approx 0{,}5$. [2.197] setzt deshalb in seinem Berechnungsansatz einen Beiwert für den Berührungsfehler ein. [2.213] schätzt den Einfluß einer Verkantung zwischen dem Laufradzylinder und der Schienenebene auf die Beanspruchung ab; [2.214] behandelt die Spannungssteigerung infolge der Kantenpressung.
Zudem führen geometrische Abweichungen in der Lagerung von Laufrad und Schiene sowie elastische Verformungen der Tragwerke in vielen Einsatzfällen zu einer allmählichen Abrundung des Schienenkopfs und damit in ein Grenzgebiet zwischen Linien- und Punktberührung. Dies alles kann bisher rechnerisch nicht sicher erfaßt werden. Es sollte aber dazu veranlassen, die rechnerische Berührbreite bei Linienberührung gegenüber der ideellen abzumindern, wenn es sich um die Auslegung hochbelasteter Laufrad–Schiene–Paarungen handelt.
Über ein einheitliches Umrechnen lassen sich statt der Werte für die zulässige Pressung p_H die auf das Quadrat des Laufraddurchmessers d_R bezogenen zulässigen Radkräfte F_{zul} angeben. Sie sind für die Beanspruchungsfälle 1 und 2 vergleichend im Bild 2-149 in Abhängigkeit von der Werkstoffhärte HB dargestellt.
Wird die Wälzfestigkeit (Beanspruchungsfall 1) zugrunde gelegt, erscheint Punktberührung nur bei großer Werkstoffhärte sinnvoll. Dies gilt auch, wenn für Linienberührung eine reduzierte Berührbreite (schraffierte Linien) angenommen wird, allerdings mit Vorteilen für die Punktberührung bereits bei kleineren Werkstoffhärten. Die Fließgrenze (Beanspruchungsfall 2) als Kriterium verschiebt die Werte für Linienberührung nach oben, die für Punktberührung nach unten. Auf diese Unstimmigkeit wurde bereits hingewiesen.
Nach dem heutigen Erkenntnisstand ist es somit nicht möglich, eine begründete Entscheidung für die Wahl bzw.

Tafel 2-27
Zulässige Hertzsche Pressungen für Laufräder

Beanspruchungsfall	Kriterium	Linienberührung		Punktberührung	
		$p_H/\sigma_{0,2}$	p_H/HB	$p_H/\sigma_{0,2}$	p_H/HB
1	Wälzfestigkeit [2.150]		3,0		5,2
2	Fließgrenze Gl. (2.209)	1,79	3,4¹)	1,64 ... 1,61²)	3,1¹)²)
	[2.197]	1,92	3,6¹)	1,76	3,3¹)
3	Stabilisierungsgrenze [2.202] [2.203]	2,31	4,4¹)	2,44 ... 2,59²)	4,6 ... 4,9¹)²)
4	Plastische Radialverformung (0,2‰) [2.207]		5,5³)		10,3 ... 11,7²)³)
5	Schubbruchspannung [2.212]		6,0⁴)		
6	Plastische Radialverformung (0,3‰) [2.210]		7,9		

¹) mit $\sigma_{0,2} = 1{,}9 HB$
²) für $\lambda = 0{,}3 \ldots 1{,}0$
³) für $HV \approx HB \leqq 300$
⁴) mit $\sigma_B = 3{,}5 HB$

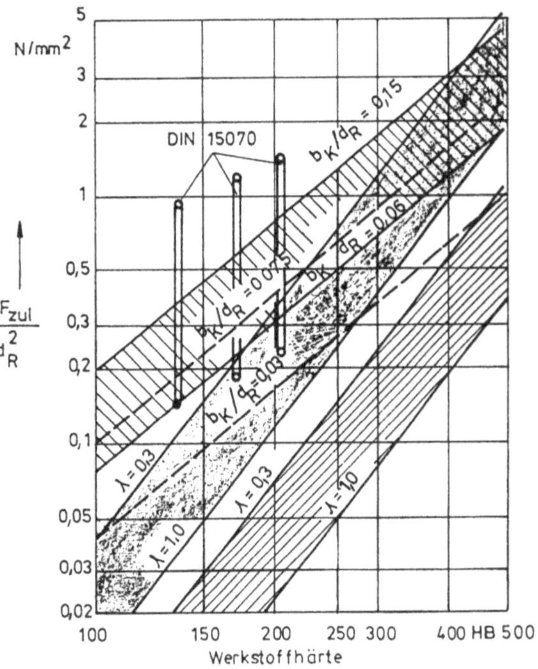

Bild 2-149 Bezogene zulässige Radkräfte F_{zul} entsprechend den Festigkeitskriterien in Tafel 2.27

Linienberührung (Beanspruchungsfall 1)
Punktberührung (Beanspruchungsfall 1)
Punktberührung (Beanspruchungsfall 2)
Linienberührung (Beanspruchungsfall 1, halbe Berührbreite $b = b_K/2$)

Annahme von Linien- oder Punktberührung als idealisierendem Modell zu treffen. Es scheint aber festzustehen, daß der Vorteil der Punktberührung, einwandfreie Berührungsverhältnisse zu sichern, nur dann zu nutzen ist, wenn durch ausreichende Werkstoffhärte das Ausgangsprofil der Wälzkörper langfristig erhalten bleibt, der Verschleiß somit stark reduziert werden kann.

Die notwendige Härte der Laufradoberfläche ist bei einer gegebenen Belastung durch das jeweils verwendete Festigkeitskriterium festgelegt. Da das Maximum der Vergleichsspannung nach Bild 2-134 in einer bestimmten Tiefe z unterhalb der Oberfläche liegt, muß auch die Härtetiefe überprüft werden. [2.215] idealisiert den Härteverlauf (siehe Bild 2-142) und paßt ihn an den Verlauf der Vergleichsspannung σ_v so an, daß sich beide Funktionen in den Punkten *0* und *S* berühren (Bild 2-150). Für die Tiefe z_S gilt die im Bild 2-151 dargestellte Abhängigkeit vom Verhältnis der Härten. Die erforderliche Härtetiefe z_H beträgt dann

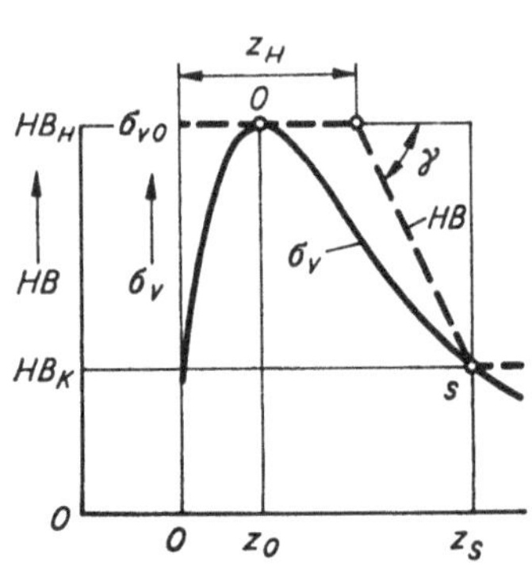

Bild 2-150 Erforderliche Härtetiefe [2.215]

$$z_H = z_S - \frac{HB_H - HB_K}{\tan\gamma} \tag{2.213}$$

mit $\tan\gamma = \Delta H \approx 66 HB/\text{mm}$ als mittlerem Wert.

Wie groß ein zusätzlicher Sicherheitsabstand sein muß, hängt von der Genauigkeit bzw. Streuung der Eingangsgrößen der Rechnung ab.

Im Gegensatz zu den hier vorgestellten, sehr differenzierten Kriterien, Überlegungen und Empfehlungen für die zulässigen Radkräfte in den Schienenfahrwerken der Fördermaschinen beruhen die gegenwärtig genormten Berechnungsvorschriften nach DIN 15070 und TGL 34963 auf vorwiegend empirischen Annahmen und Erfahrungen. DIN 15070 legt die idealisierte, sogenannte Stribecksche Pressung $p_S = F/(d_R d_K)$ mit den Berührbreiten $b_K = b_S - 2r_S$ für Kranschienen (s. Bild 2-138) und $b_K = b_S - 1{,}33 r_S$ als grober Näherung für Eisenbahnschienen zugrunde. Die zulässige rechnerische Radkraft F_{zul} beträgt

$$\frac{F_{zul}}{d_R b_K} = p_{S\,bez} c_1 c_2 c_3 \tag{2.214}$$

mit $p_{S\,bez} = 5{,}6\,\text{N/mm}^2$ als Bezugswert der Stribeckschen Pressung für einen Werkstoff mit $\sigma_B = 590\,\text{N/mm}^2$, eine

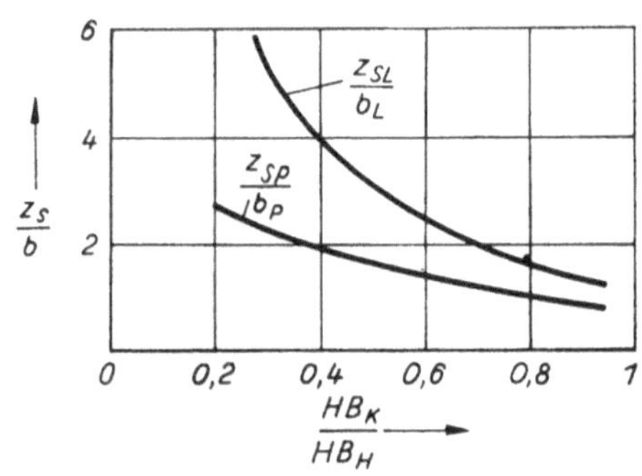

Bild 2-151 Rechengröße für Gl. (2.213)

Laufraddrehzahl $n = 31{,}5$ U/min und eine relative Betriebsdauer $BD = 25 \ldots 40\,\%$, den Beiwerten zur Berücksichtigung davon abweichender Parameter:

$c_1 = 0{,}5 \ \ldots 1{,}25$ Werkstoffbeiwert,
$c_2 = 0{,}66 \ldots 1{,}17$ Drehzahlbeiwert,
$c_3 = 0{,}8 \ \ldots 1{,}25$ Betriebsdauerbeiwert

und dem Ansatz

$$F_{zul} = \frac{F_{min} + 2F_{max}}{3}$$

zur Erfassung wechselnder Radkräfte.

Werden die Beiwerte in ihrer vollen Schwankungsbreite erfaßt, ergeben sich die im Bild 2-149 eingezeichneten Bereiche der zulässigen Radkräfte für die unterschiedlichen Werkstoffe. Sie liegen zum Teil erheblich über den Werten nach den vorstehend erläuterten Festigkeitskriterien. Dies gilt besonders bei geringer Belastungsdichte.

TGL 34963 gründet den Berechnungsansatz dagegen auf die Hertzschen Pressungen für Linien- und Punktberührung und ersetzt den Betriebsdauerbeiwert durch einen Lebensdauer- und einen Radkraftbeiwert, der die Völligkeit des Radkraftkollektivs einbezieht. Die zulässigen Beanspruchungen werden allerdings teils noch höher angesetzt als in DIN 15070.

Im Hinblick auf die heute vorliegenden Erkenntnisse sind beide Berechnungsverfahren veraltet. Sie sind nicht geeignet, den immer wieder zu beobachtenden überhöhten Verschleiß und damit Instandhaltungsaufwand für die Wälzpaarungen der Schienenfahrwerke zu beseitigen.

2.5.3.2.2 *Verschleiß*

Der Verschleiß von Wälzpaarungen aller Art ist in zahlreichen Modell- und Betriebsversuchen erforscht worden. Eine auf die Anwendung für die Paarung Laufrad–Schiene der Fördermaschinen bezogene Übersicht und Auswertung enthält [2.209], neuere Ergebnisse von Prüfstandversuchen an Originallaufrädern [2.216]. Die Laufflächen der Laufräder unterliegen einem Formänderungsverschleiß unter der Wirkung der übertragenen Normalkräfte und einem Abtragverschleiß infolge der in der Berührungsfläche wirkenden Horizontalkräfte, die eine als Schlupf bezeichnete Relativbewegung der im Kontakt stehenden Oberflächen verursachen, siehe Abschnitt 2.5.1.2. Der Abtragverschleiß nimmt annähernd linear mit der Anzahl der Überrollungen zu. Die Verschleißpartikel sind kleine punkt- oder schuppenförmige Teile, dünne Blättchen. Sie bestehen meist zu etwa gleichen Teilen aus α-Eisen und Eisenoxiden; ihre Größe ist normalverteilt.
Die wichtigsten Einflußgrößen für den Verschleiß sind die Belastung nach Art, Größe und Häufigkeit, und die Werkstoffeigenschaften, voran das Gefüge und die Härte. Der Einfluß von Zwischenschichten, wie Verschleißpartikel, Schmutz, ist qualitativ nachgewiesen, quantitativ ungeklärt.
Bild 2-152 zeigt die bekannte verschleißmindernde Wirkung von Martensit, besonders jedoch die günstigen Verschleißeigenschaften eines feinkörnigen lamellaren Perlitgefüges. In jüngerer Zeit entwickelte hochverschleißfeste Kranlaufräder [2.198] [2.218] weisen dieses sehr feinkörnige Gefüge aus Perlit und Ferrit sowie einen besonders niedrigen Gehalt an nichtmetallischen Einschlüssen auf. Durch Verwendung von Grauguß mit Kugelgraphit läßt sich der Verschleiß um 20 ... 30 % vermindern, wobei wahrscheinlich neben den Gefügeeigenschaften die Verringerung der Querreibungszahl eine Hauptrolle spielt [2.219]. Eine Oberflächenhärtung auf 400 ... 450 HB reduziert den Abtragverschleiß erheblich. Über quantitative Ergebnisse aus Betriebsversuchen berichtet u.a. [2.220]. Als günstig wird ein Verhältnis von 1,1 bis 1,3 zwischen Laufrad- und Schienenhärte angesehen.

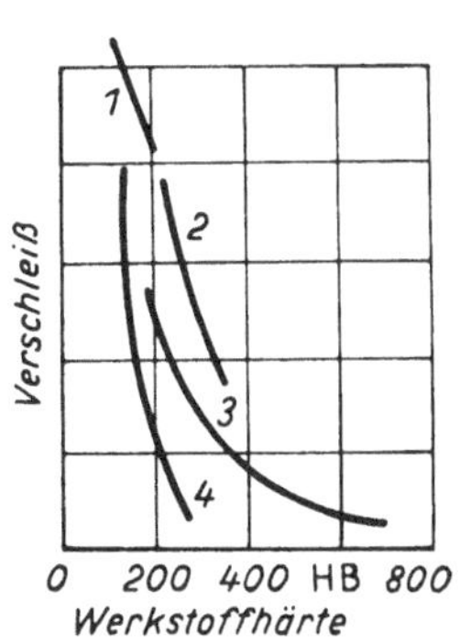

Bild 2-152
Einfluß des Werkstoffgefüges auf den Verschleiß [2.217]

1 Perlit, körnig
2 Anlaßgefüge
3 Martensit
4 Perlit, lamellar

Die in [2.209] und [2.216] vorgeschlagenen empirischen Gleichungen zur Berechnung des Verschleißes von Lauffläche und Spurkranz eignen sich nur bedingt für die konstruktive Praxis; sie sind auch nicht ausreichend durch Betriebsversuche untermauert. Es ist aber möglich, einige wichtige Einflußfaktoren für die relative Größe des Verschleißes anzugeben. Bild 2-153 enthält Faktoren für den Einfluß der Werkstoffhärte von Laufrad und Schiene auf den relativen Verschleiß von Laufrädern. Sie sind auf die Bezugshärte 170 HB für das Laufrad und 220 HB für die Schiene bezogen.

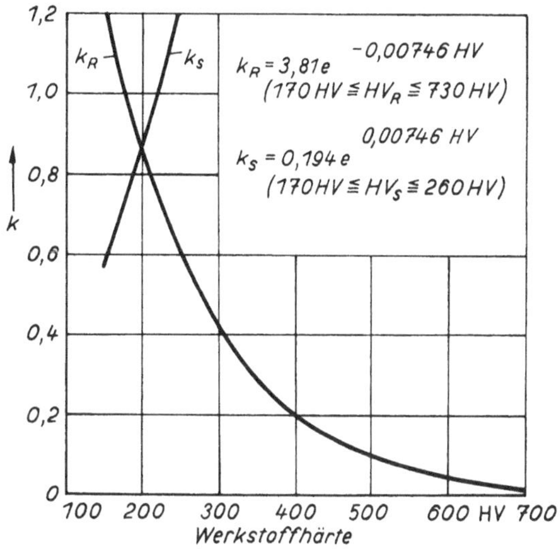

Bild 2-153 Faktoren für den relativen Radialverschleiß der Lauffläche [2.209]

k_R Einfluß der Laufradhärte
k_S Einfluß der Schienenhärte

Der Spurkranz unterliegt i.allg. einer höheren Verschleißintensität als die Lauffläche. Im Gegensatz zur Lauffläche zeigt sich auch eine Abhängigkeit von der Fahrgeschwindigkeit. Für den Einfluß des Neigungswinkels β auf den Verschleiß gibt [2.209] den Regressionsansatz an:

$$k_\beta = 2{,}5\,e^{-1{,}15\beta} \quad (\beta \text{ in Grad, } 5° \leqq \beta \leqq 12°). \qquad (2.215)$$

Die Vergrößerung des Winkels β von 6° auf 10° senkt danach den Verschleiß um etwa 45 %. Eine günstige Auswirkung hat zudem eine größere Spurkranzhöhe, weil das Verschleißvolumen zunimmt. Leider weisen die derzeit genormten Laufräder keine geometrische Ähnlichkeit der Spurkränze auf, noch sind diese verschleißgünstig optimal festgelegt.
Durch Schmierung (s. Abschn. 2.5.2) läßt sich nach übereinstimmenden Aussagen, z.B. [2.221], der Spurkranzverschleiß im Mittel auf die relativen Beträge

$$k_F = 0{,}5 \ldots 0{,}6 \quad \text{(Graphit)}$$

$$k_F = 0{,}3 \ldots 0{,}4 \quad (MoS_2)$$

verringern. Bis gesicherte Berechnungsansätze für den Laufradverschleiß vorliegen, sollten vorerst diese qualitativen Faktoren genutzt werden, um zu verschleißfesteren konstruktiven Ausführungen der Laufräder zu gelangen.
Der Grenzzustand der Lauffläche ist dann erreicht, wenn ein zulässiger Radialverschleiß eingetreten ist. Aus Betriebsbeobachtungen ergaben sich folgende Erfahrungswerte:

$$\Delta r_{zul} = 4 \ldots 4{,}5\,\text{mm} \qquad (d_R \leqq 500\,\text{mm})$$

$$\Delta r_{zul} = 4 + 0{,}005\,(d_R - 500) \qquad (d_R > 500\,\text{mm}).$$

Für kleine Laufräder wird somit ein größerer relativer Radialverschleiß zugelassen als für größere. Wenn es um Probleme des Gleichlaufs von zwei Laufrädern bzw. Laufradgruppen geht, darf nach [2.191] die Differenz des Radialverschleißes $\frac{1}{10}$ dieser Werte nicht überschreiten.
Den Grenzzustand des Spurkranzes bestimmt sein Widerstand gegen plastische Verformung. Mit der idealisierten

Belastungsfläche von Bild 2-139b erhält der Spurkranz durch Einwirken einer Führungskraft F_f die mittlere Pressung p_m entsprechend Gl. (2.206). Das gleiche Belastungsmodell führt zur zulässigen Pressung p_{zul}, bei der der Spurkranz die Fließgrenze erreicht. Mit Hilfe der Plattentheorie ergibt sich [2.209]

$$p_{zul} = \frac{\sigma_{0,2}}{\sqrt{3}}\left(\frac{b_{min}}{h}\right)^2 \sqrt{\frac{1}{\left(1-\frac{r_S}{h}\right)^2\left[\left(1+\frac{r_S}{h}\right)^2+\left(\frac{b_{min}}{h}\right)^2\right]}}. \tag{2.116}$$

Die Maße r_S, h, b sind Bild 2-138 zu entnehmen. Betriebsmessungen an Brückenkranen in metallurgischen Betrieben erbrachten Mittelwerte von $b_{min} = (0{,}35 \ldots 0{,}50)\,b$. Die Tendenz, auch hier einen größeren relativen Verschleiß bei kleineren Laufrädern zuzulassen, drückt der Regressionsansatz aus:

$$b_{min} = 0{,}0138 d_R + 3{,}8 \qquad (b_{min},\ d_R \text{ in mm}).$$

Weitere Untersuchungen zum Grenzzustand sind unbedingt notwendig.

2.5.3.3 Berechnung der Schienen

Neben der Kontaktbeanspruchung in der Berührungsfläche mit dem Laufrad (s. Abschn. 2.5.1) wird die Schiene wegen ihrer Schlankheit durch die wirkenden Kräfte (s. Bild 2-130) auch auf Biegung, Querkraftschub und Torsion beansprucht. Der Einfluß der Umfangskraft F_t ist dabei vernachlässigbar klein. Querkraftschub erlangt nur bei Schienen mit schmalen Stegen Bedeutung; Torsion wird in der Schiene durch die Axialkraft F_a und durch die Normalkraft F selbst eingeleitet, wenn F nicht in der x, z-Ebene entsprechend Bild 2-132 liegt.
In der Lagerung der Schiene sind zwei Grundfälle zu unterscheiden:

Durchlaufstützung

Die Schiene liegt in ihrer gesamten Länge und Breite auf einem Stahl- oder Stahlbetonträger bzw. auf einem durchlaufenden Fundament auf [2.151] [2.222].

Einzelstützung

Die Schiene ist auf Schwellen oder anderen diskreten Stützen gelagert [2.151] [2.223].

Für einen beliebigen Lagerungs- und Belastungsfall gibt [2.224] ein Berechnungsverfahren an. Das nachstehend vorgestellte, für eine Abschätzung der Biegebeanspruchung ausreichende Näherungsverfahren beruht auf [2.225] bis [2.227]. Alle angegebenen Gleichungen gelten für eine stoßfreie oder an den Stoßstellen verschweißte Schiene. Nicht biegesteife Schienenstöße sind durch sehr steife und genügend breite Unterlagen zu stützen.

2.5.3.3.1 Durchlaufstützung

Im Berechnungsmodell (Bild 2-154a) sind die Schnittreaktionen im nichtgebetteten Bereich null; die Schiene liegt schubfrei auf dem Träger oder Fundament auf. Dieses Modell hat Gültigkeit, wenn die durch die Bettungszahl k gekennzeichnete Stützung sehr hart gegenüber der Klemmverbindung zwischen Schiene und Träger bzw. Fundament ist und die Normalkraft mindestens 200 mm vom Schienenende entfernt eingeleitet wird. Ein benachbartes Rad des Fahrwerks beeinflußt das untersuchte Gebiet wegen der Kleinheit der Bettungslänge $2a$ praktisch nicht. Abweichungen vom Modell werden durch Korrekturen berücksichtigt, eine weiche

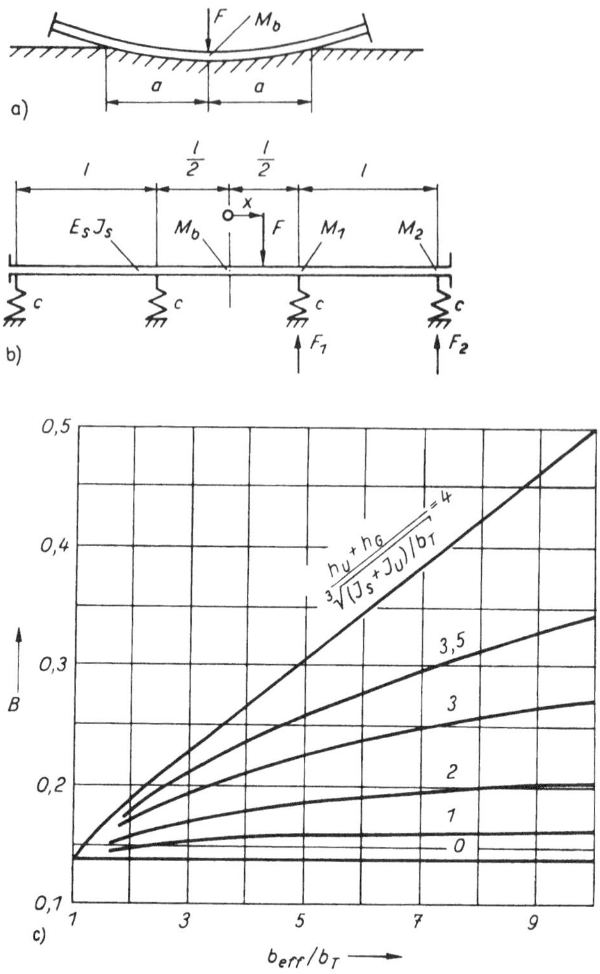

Bild 2-154 Berechnungsmodell für Schiene [2.225]
a) Durchlaufstützung
b) Einzelstützung
c) Hilfsgröße B für Gl. (2.220)

Bettung durch eine kleinere Bettungszahl k und eine aufgeschweißte Schiene über die Abminderung des maximalen Biegemoments.
Das dargestellte Modell führt zu folgenden Maximalbeanspruchungen der Schiene:

Biegemoment

$$M_{b\,max} = 0{,}273 FL \tag{2.217}$$

Pressung zwischen Schiene und Träger bzw. Fundament

$$p_{max} = 0{,}545 \frac{F}{L b_{eff}} \tag{2.218}$$

mit der charakteristischen Systemgröße

$$L = \sqrt[4]{\frac{4EI}{K}}.$$

Die in die Gln. (2.217) und (2.218) einzusetzenden Größen für die Biegesteife EI, effektive Bettungsbreite b_{eff} und Bettungszahl k hängen von der Art der Stützung ab. Praktisch sind drei Grundfälle dieser Stützung zu unterscheiden:

a) direkte Stützung auf Träger bzw. Fundament ohne Unterlage,
b) indirekte Stützung über eine harte Unterlage,
c) indirekte Stützung über eine weiche Unterlage.

Wenn die Schiene über eine Unterlage gestützt ist, wird dies bei der Biegesteife wie folgt erfaßt:

$$EI = E_S I_S + E_U I_U\,;$$

$E_{S,\,U}$ Elastizitätsmodul von Schiene bzw. Unterlage,
$I_{S,\,U}$ Trägheitsmoment von Schiene bzw. Unterlage.

Für die effektive Bettungsbreite gilt

$$b_{eff} = b_F$$

für Flachschienen, unabhängig von der Stützungsart (Fälle a bis c), und Schienen mit Fuß bei weicher Unterlage (Fall c),

$$b_{eff} = \tfrac{2}{3}\, b_F$$

für Schienen mit Fuß ohne Unterlage (Fall a) und mit harter Unterlage (Fall b);

b_F Breite der Flachschiene bzw. des Schienenfußes.

Die Bettungszahl hat für eine Lagerung auf Stahl- bzw. Stahlbetonträger unterschiedliche Werte:

Stahlträger

Fall a $$k = \frac{E_S b_T}{h_{Teff}} \qquad (2.219)$$

mit der wirksamen Höhe des Stegblechs im Träger

$$h_{Teff} \approx 7{,}4 \sqrt[3]{\frac{I_S}{b_T}}\,;$$

Fall b $$k = B \frac{E_S b_T}{\sqrt[3]{(I_S + I_U)/b_T}}\,; \qquad (2.220)$$

Stahlbetonträger, Fälle a und b [2.222]

$$k \approx 1{,}5 \cdot 10^4\,\mathrm{N/mm^2}\,;$$

Stahl- und Stahlbetonträger, Fall c

$$k = \frac{E_U b_F}{h_U}\,; \qquad (2.221)$$

b_T Stegblechdicke des Trägers,
B Hilfsgröße nach Bild 2-154c,
h_U Dicke (Höhe) der Unterlage.

Bei der Berechnung der Spannungen aus Gl. (2.217) ist das Widerstandsmoment W_S der Schiene einzusetzen.
Wenn die Schiene auf den Träger geschweißt ist, können die Werte nach den Gln. (2.217) und (2.218) um etwa 10 % abgemindert werden. Die Schweißnähte werden wechselnd auf Zug und Druck beansprucht. Diese Beanspruchungen von Schiene und Schweißnähten sind denen als Bestandteil des gesamten Trägers zu überlagern.
In hoch- und schmalstegigen Schienen ist die zusätzliche Biegung des Schienenkopfs infolge seiner nachgiebigen Bettung auf dem Steg zu beachten. Hierfür gelten die Gln. (2.217) und (2.218) mit

$$b_{eff} = b_{St}, \quad E = E_S, \quad I = I_K, \quad k \approx 7{,}4 \sqrt[3]{\frac{I_K}{b_{St}}},$$

wenn $k < \dfrac{E_S b_{St}}{h_{St}}$ bleibt, sonst dieser Grenzwert;

b_{St}, h_{St} Dicke bzw. Höhe des Schienenstegs,
I_K Trägheitsmoment des Schienenkopfs.

Die zusätzlichen Spannungen werden aus Gl. (2.217) mit dem Widerstandsmoment W_K des Schienenkopfs ermittelt. Sie sind den Spannungen aus der Berechnung der gesamten Schiene zu überlagern. Dieser Nachweis gilt unabhängig von der Stützung und somit auch für die nachfolgend behandelte Einzelstützung der Schiene.

2.5.3.3.2 Einzelstützung

Die im Berechnungsmodell (Bild 2-154b) auftretenden Feder- und damit Auflagerkräfte F_1, F_2, ... sind mit ihrer positiven Richtung eingezeichnet; die zugehörigen Biegemomente in der Schiene sind M_{b1}, M_{b2}, ... Das maximale Biegemoment $M_{b\,max}$ tritt auf, wenn die Normal- gleich Radkraft F bei $x = 0$ steht, die maximale Auflagerkraft $F_{1\,max}$ in der Stellung $x = l/2$. Die Beträge dieser Größen hängen ab von der charakteristischen Größe

$$\varepsilon = \frac{E_S I_S}{c l^3} \qquad (2.222)$$

mit der Federkonstanten der Stützung bei Schwellenlagerung

$$c = k^* l_{Sch} b_{Sch}\,;$$

$k^* = (0{,}1 \ldots 0{,}5)\,\mathrm{N/mm^3}$ Bettungszahl für Schotter, von Nachgiebigkeit des Untergrunds abhängig,
l_{Sch} anteilige Schwellenlänge je Schiene,
b_{Sch} Schwellenbreite.

Wenn in besonderen Fällen auch die Durchbiegung der Schwellen berücksichtigt werden soll oder die Schienen weiche Unterlagen aufweisen, sind die zugehörigen Federn hintereinanderzuschalten:

$$c = c_1 c_2/(c_1 + c_2).$$

Eine Teilfeder ist dabei die laut Gl. (2.222).
Tafel 2-28 gibt für ausgewählte Werte von ε die zugehörigen Beträge des bezogenen maximalen Biegemoments $M_{b\,max}$ und der bezogenen maximalen Auflagerkraft $F_{1\,max}$ an. Die Abhängigkeit beider Größen läßt sich auch durch nachstehende Regressionsansätze annähern:

$$\frac{M_{b\,max}}{Fl} = 0{,}355\varepsilon^{0{,}160} \qquad (0{,}01 \leqq \varepsilon < 1)$$
$$= 0{,}370\varepsilon^{0{,}234} \qquad (1 \leqq \varepsilon \leqq 5)$$
$$\frac{F_{1\,max}}{F} = 0{,}363\varepsilon^{-0{,}207} \qquad (0{,}01 \leqq \varepsilon < 1)$$
$$= 0{,}353\varepsilon^{-0{,}249} \qquad (1 \leqq \varepsilon \leqq 5). \qquad (2.223)$$

Wenn die Biegesteife der Schiene an irgendeiner Stelle unterbrochen ist, werden $M_{b\,max}$ bzw. $F_{1\,max}$ um 20 bzw. 100 % höher [2.151]. Dieses Anwachsen kann durch Lagerung der Stoßverbindungen auf breiteren oder Doppelschwellen gemildert werden. Dies gilt auch für die Lagerung der Schie-

Tafel 2-28
Maximale Biegemomente und Auflagerkräfte bei Einzelstützung

ε	$\frac{M_{b\,max}}{Fl}$	$\frac{F_{1\,max}}{F}$
0	0,171	1
0,01	0,182	0,891
0,05	0,210	0,706
0,1	0,233	0,611
0,2	0,264	0,522
0,4	0,303	0,442
0,6	0,330	0,400
0,8	0,352	0,373
1	0,370	0,353
2	0,434	0,297
3	0,477	0,268
4	0,511	0,250
5	0,539	0,236

nenenden. In Fahrwerken nebeneinanderliegende Laufräder beeinflussen sich bei Einzelstützung in ihrer Wirkung auf die Schienenbeanspruchung, siehe [2.223] [2.228].

2.6 Wellenkupplungen und Wandler

Wellenkupplungen verbinden koaxial liegende Wellen und übertragen Drehmomente zwischen ihnen. Außer dieser Hauptfunktion erfüllen sie, je nach Bauart, noch eine oder mehrere der nachstehend aufgeführten Nebenfunktionen:

- Ausgleich von Lageabweichungen zwischen den Wellen;
- Minderung von Stoßbelastungen, Dämpfung von Schwingungen;
- Zu- und Abschalten der Wellenverbindung;
- Sperren einer Drehrichtung;
- Einstellen und Begrenzen des übertragenen Drehmoments;
- Wandlung der Drehzahl zwischen zwei Wellen.

Wegen der großen Verbreitung und damit Bedeutung der Wellenkupplungen als Maschinenelemente sind sie Gegenstand zahlreicher wissenschaftlicher Untersuchungen und Veröffentlichungen. Einen Überblick über die Vielfalt der Bauarten vermitteln [2.229] bis [2.232]; sie ebnen auch den Weg zur umfangreichen Spezialliteratur.
An dieser Stelle werden nur wenige Hauptarten von Wellenkupplungen behandelt, die in Fördermaschinen vorzugsweise verwendet werden. Für sie werden im gebotenen Umfang die Grundlagen für die Wahl, die Funktionsberechnung und die Größenanpassung angegeben. Die knappen Ausführungen sollen den Einsatz der bestgeeigneten Kupplung bei der Gestaltung fördertechnischer Antriebe erleichtern.

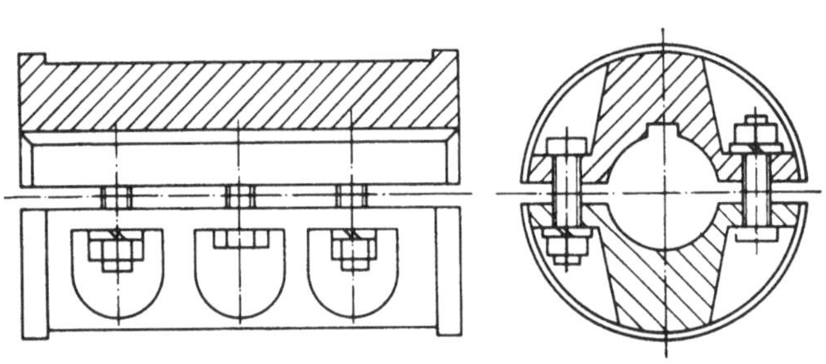

Bild 2-155 Schalenkupplung

Die grobe Unterteilung in formschlüssige und reibschlüssige Kupplungen sowie Wandler entspricht dieser Beschränkung. Wegen des Zusammenhangs von Drehzahl- und Drehmomentwandlung werden hier auch die hydraulischen Drehmomentwandler eingeordnet.
Viele Kupplungsarten lassen sich durch geringfügige Abwandlung unterschiedlichen Funktionen anpassen. Als Bestandteile schwingungsfähiger Systeme beeinflussen die Wellenkupplungen das Schwingungsverhalten der Antriebe; dies ist bei der Auslegung zu beachten.

2.6.1 Formschlüssige Kupplungen

Die formschlüssigen Kupplungen stellen feste, während des Betriebs unlösbare Drehverbindungen zwischen je zwei Wellen her, deren Drehzahlen deshalb stets gleich sind. Hinsichtlich der Drehmomentübertragung wirken sie starr oder elastisch. Die meisten Bauformen können auch als synchron, d.h. bei gleicher Drehzahl oder im Stillstand beider Wellen schaltbare bzw. rückbare Kupplungen ausgebildet werden, wozu meist eine axiale Relativbewegung zwischen beiden Kupplungsteilen genutzt wird.

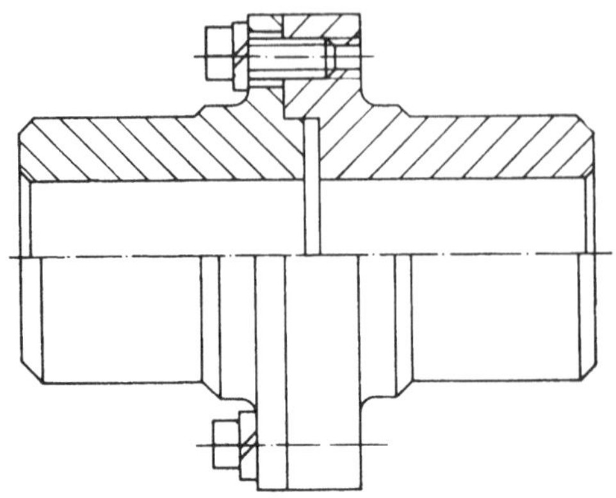

Bild 2-156 Scheibenkupplung

2.6.1.1 Starre Kupplungen

Starre Kupplungen mit fester Verbindung der Kupplungshälften sind einfach und billig. Sie gleichen Fluchtungsfehler nicht aus. Die biege- und torsionssteife Wellenverbindung kann somit die Wellen- und Lagerbeanspruchung beträchtlich erhöhen. Die beiden wichtigsten Vertreter dieser Bauart sind die Schalen- und die Scheibenkupplung.
Eine *Schalenkupplung* (Bild 2-155) wird von zwei Halbschalen aus GS oder GG gebildet, die durch Schrauben miteinander verbunden sind. Das Drehmoment wird bei kleinen Kupplungen bis etwa 55 mm Wellendurchmesser reibschlüssig, bei größeren durch eine eingelegte Paßfeder übertragen. Es gibt Ausführungen für waagerechte oder senkrechte Anordnung, für gleiche oder unterschiedliche Durchmesser der zu verbindenden Wellen. Wenn erforderlich, erhält die Kupplung einen Blechmantel als Berührungsschutz.
Die Kupplungskörper der *Scheibenkupplung* (Bild 2-156) haben Flansche, die je nach Art der Drehmomentübertragung mit Paß- oder Durchgangsschrauben fest verschraubt sind. Durch Absatz und Eindrehung in je einer Kupplungshälfte kann eine radiale Zentrierung hergestellt werden. Ist eine solche Kupplung in senkrechter Lage einzubauen, erhält mindestens die obere Hälfte eine Sicherung durch eine an das Wellenende geschraubte Scheibe.

2.6.1.2 Getriebebewegliche Kupplungen

Sehr häufig sind in den Antrieben der Fördermaschinen Lageabweichungen zwischen den zu verbindenden Wellen infolge von Fluchtungsfehlern oder Verformungen nicht auszuschließen. Sie treten als axiale Verschiebung x_a, radiale Verschiebung x_r und Winkelabweichung α auf (Bild 2-157). Unter den getriebebeweglichen drehstarren, d.h. nichtelastischen Kupplungen eignen sich für diese Aufgabe besonders die Zahnkupplungen und die Gelenkwellen. Die erstgenannten gleichen Lageabweichungen in begrenztem Umfang aus; die Gelenkwellen können dagegen auch zueinander stärker versetzte Wellenstränge bilden. Da bei allen Wellenkupplungen ein enger Zusammenhang zwischen ihrer

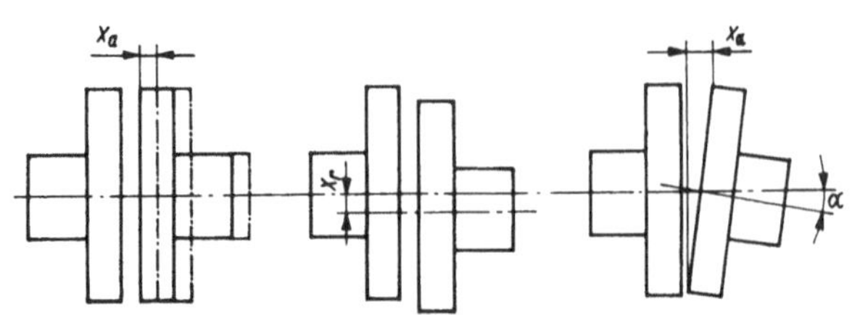

Bild 2-157 Lageabweichungen von Kupplungen

Betriebsdauer und der Größe der von ihnen auszugleichenden Lageabweichungen besteht, sollten diese durch geschickte konstruktive Ausführung und genaue Montage stets so klein wie möglich gehalten werden.

2.6.1.2.1 Zahnkupplungen

Zahnkupplungen sind getriebebewegliche, drehstarre Kupplungen mit einem außerordentlich breiten Anwendungsgebiet. Sie bestehen in der Normalform aus mindestens drei Teilen: den beiden Kupplungsnaben bzw. -sternen und der ein- bis dreiteiligen Kupplungshülse, die auch Gehäuse genannt wird. Bild 2-158 zeigt die Hauptausführungen als Doppelzahnkupplung für horizontalen und vertikalen Einbau sowie mit Zwischenwelle bzw. Zwischenhülse für größere zu überbrückende Einbaulängen. Auch als querbelastete Trommelkupplung (s. Bild 2-39) eignet sich die Zahnkupplung in einer Flanschausführung (Bild 2-158e).

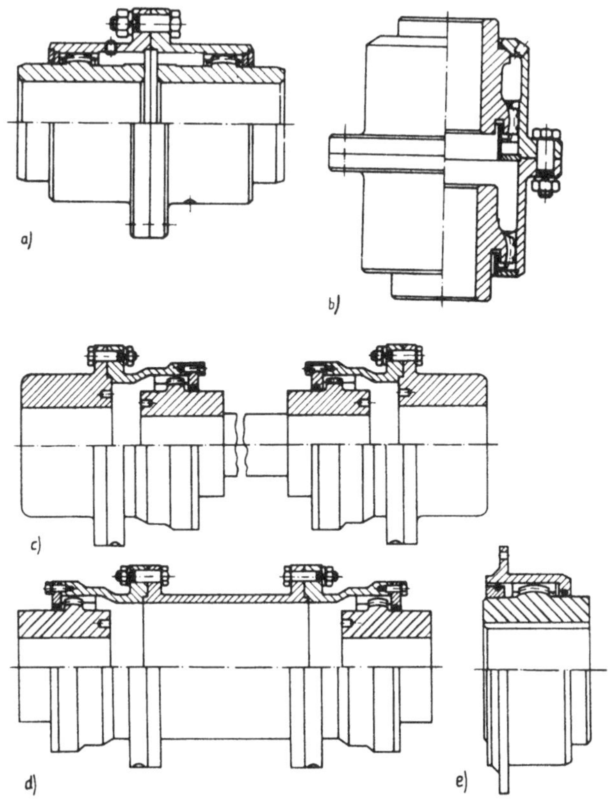

Bild 2-158 Zahnkupplungen

a) Doppelzahnkupplung für horizontalen Einbau
b) Doppelzahnkupplung für vertikalen Einbau
c) mit Zwischenwelle
d) mit Zwischenhülse
e) für Seiltrommeln, Tacke KG, Rheine

Die verschiedenen Bauarten und -größen überdecken Nenndrehmomente zwischen 0,25 und 630 kN · m, in Sonderfällen darüber, und erlauben maximale Drehzahlen von 7000 (15 000) U/min. Innerhalb dieses Bereichs weisen Zahnkupplungen gegenüber allen anderen Wellenkupplungen die kleinste Leistungsdichte, d.h. die geringste auf die übertragene Leistung bezogene Masse, und das kleinste Bauvolumen auf. Sie stellen somit häufig die kostengünstigste konstruktive Lösung dar.

Das Drehmoment überträgt die Zahnkupplung über eine sog. Mitnehmerverzahnung, deren besondere Ausbildung die geforderte Winkelbeweglichkeit gewährleistet. Wie im Bild 2-159a prinzipiell gezeigt wird, stellt sich der räumliche Auslenkungswinkel α_{ges} zwischen den beiden Wellen als geometrische Summe der Winkel α_1 und α_2 zwischen den Rotationsachsen der beiden Kupplungsnaben und der frei beweglichen Hülse ein. Die Zähne der ausgelenkten Kupplung führen während der Drehung überlagert periodische Schwenk- und Kippbewegungen aus (Bild 2-159b). Um Reibung und Verschleiß während dieser Relativbewegung zu begrenzen, erhalten die Zahnkupplungen eine Öl- oder Fettschmierung. Dies bedingt geeignete Dichtungen zwischen Hülse und Naben.

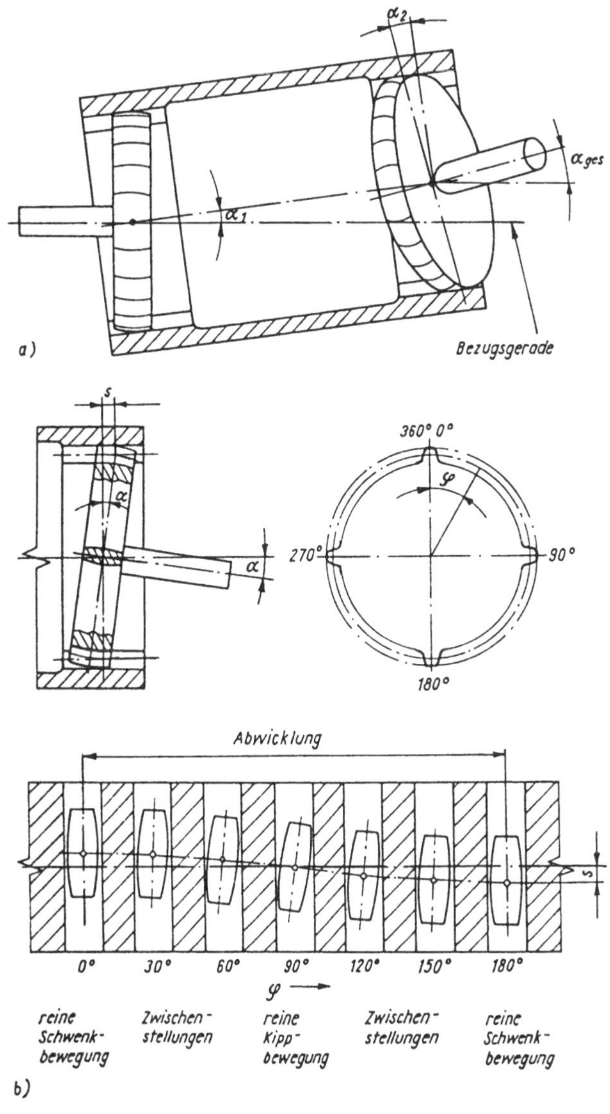

Bild 2-159 Auslenkung einer Zahnkupplung [2.233]

a) räumlicher Auslenkwinkel
b) Schwenk- und Kippbewegung der Zähne

Die Verzahnung muß eine Doppelfunktion erfüllen: das Drehmoment übertragen und die Hülse im Zahngrund, am Zahnkopf oder an den Zahnflanken stützen. Entsprechend unterscheiden sich auch die Zahnformen [2.232]. Eine Stützung der Hülse durch Kugelflächen an den Naben wird kaum mehr angewendet. Die Doppelzahnkupplungen im Bild 2-158a und b haben Geradverzahnung, allerdings mit einer wegen der Stützung in der Hülse besonderen Ausbildung des Zahnkopfs (Bild 2-160a). Dies führt bei den im Bild 2-159b dargestellten Kippbewegungen zu hohen Kantenpressungen und begrenzt die zulässigen Ablenkwinkel. Durch Übergang zur Bogenverzahnung (Bild 2-160b) wird dieser Nachteil gemildert. Die Verzahnung weist hier einen bogenförmigen, als Teil einer Kugelfläche ausgebildeten Zahnkopf auf. Das Verzahnungswerkzeug wird auf einer Kreisbahn mit dem sogenannten Bombierungsradius r_5 geführt und erzeugt dadurch die im Schnitt *B–B* dargestellte ballige Form des Zahnes, der die Zahnform an die Kippbewegung anpaßt. Allerdings verringert sich dabei die Grundfläche und damit das übertragbare Drehmoment des Zahns. Die Hülsen sind auch bei Naben mit Bogenverzahnung geradverzahnt. Genaueres enthält [2.233].

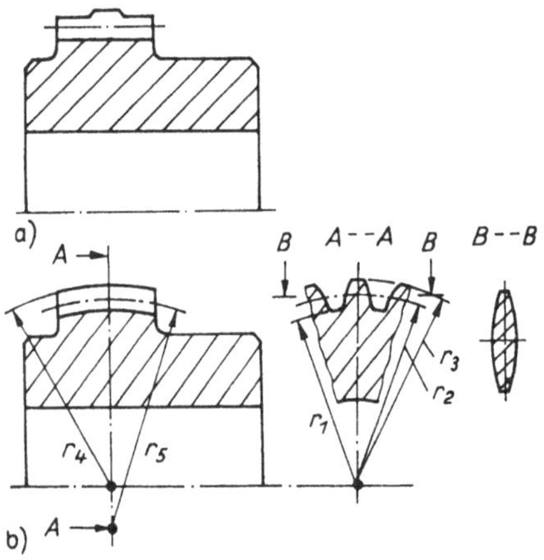

Bild 2-160 Verzahnungsarten von Zahnkupplungen

a) Geradverzahnung
b) Bogenverzahnung

Um ihrer Funktion als getriebebewegliche Kupplung zu genügen, muß eine Zahnkupplung stets mit einem bestimmten Zahnspiel (Verdrehspiel) hergestellt werden. Nach [2.234] soll es für eine Kupplung mittlerer Größe etwa $\frac{1}{20}$ des Moduls betragen; dies ergibt Werte von 0,2 bis 0,5 mm. Im Betrieb vergrößert sich dieses Spiel durch Verschleiß bis zu einigen Millimetern, bei sehr hohen Drehzahlen zusätzlich infolge der Dehnung der Hülse. Zulässige Maximalwerte der winkligen Verlagerung je Zahneingriff sind 0,75° bei Geradverzahnung und 1,25° bei Bogenverzahnung; daraus ergeben sich die in Tafel 2-29 genannten zulässigen Gesamtauslenkungswinkel. Je weniger sie im Betrieb ausgenutzt werden, um so weniger verschleißt die Zahnkupplung; auf diesen Zusammenhang wurde bereits verwiesen.

Tafel 2-29 Maximalwerte für zulässige Lageabweichungen von Kupplungen in jeweils einer Richtung

	x_a in mm	x_r in mm	α in grd
Doppelzahnkupplung [M_K = (0,25 … 25) kN·m]			
Geradverzahnung	2 … 10	0,7 … 3,3	0,75 … 1,25
Bogenverzahnung	2 … 10	1,2 … 5,5	1 … 2 (4)
Elastische Klauenkupplung ($n \leqq 1500$ U/min)	2 … 10	0,3 … 1,2	0,14 … 0,2
Elastische Bolzenkupplung ($n \leqq 1500$ U/min)	1 … 4	0,2 … 4	0,04 … 1,6
Gummifederkupplung	2 … 5	2 … 5	8
Periflexkupplung	$\leqq 8$	$\leqq 4$	4

Um ein einwandfreies dynamisches Verhalten der Kupplung zu sichern, muß von ihr immer ein Mindestdrehmoment übertragen werden, damit die Kupplungshülse durch die Umfangskraft gestützt, d.h., ihre Mittenverlagerung während der Drehung gleich gehalten werden kann. Für sehr schnell laufende Kupplungen gibt [2.234] ein Mindestverhältnis zwischen Umfangs- und Fliehkraft infolge Unwucht in Form einer Schranke für die Newtonsche Ähnlichkeitszahl an:

$$Ne = \frac{2\pi M}{J_H \, \omega^2} \approx \frac{8\pi M}{m_H \, d_0^2 \, \omega^2} > 0{,}16; \tag{2.224}$$

M übertragenes Drehmoment,
m_H Masse der Kupplungshülse,
d_0 Teilkreisdurchmesser der Hülsenverzahnung,
ω Winkelgeschwindigkeit der Kupplung.

Besondere Gefahren entstehen dann, wenn Zahnkupplungen häufiger unbelastet hochlaufen oder längere Zeit im Leerlauf arbeiten müssen; sie können dann schnell zerstört werden. Zahnkupplungen mit Umfangsgeschwindigkeiten $v_u \geqq 30$ m/s sind auszuwuchten. Bei längeren Zwischenwellen sollte die biegekritische Drehzahl überprüft werden, siehe hierzu den folgenden Abschnitt.

2.6.1.2.2 Gelenkwellen

Eine Drehverbindung zwischen zwei Baugruppen eines Antriebs über Gelenkwellen hat außer im Fahrzeugbau auch in der Fördertechnik zunehmend Eingang gefunden. Das Grundelement einer Gelenkwelle ist das *Kreuzgelenk*, das aus zwei gleichen, um $\pi/2$ verdrehten Hälften mit je zwei Zapfen und einem Halbring besteht (Bild 2-161a). Als Einzelelement gibt dieses Gelenk eine eingeleitete gleichförmige Drehbewegung ungleichförmig an die Abtriebswelle weiter (Bild 2-161b). Das Verhältnis der Winkelgeschwindigkeiten beträgt

$$\frac{\omega_{ab}}{\omega_{an}} = \frac{\cos\beta}{1 - \sin^2\varphi \, \sin^2\beta}$$

mit den Extremwerten

$$\left(\frac{\omega_{ab}}{\omega_{an}}\right)_{max} = \frac{1}{\cos\beta} \qquad \left(\varphi = \frac{\pi}{2} \text{ und } \frac{3\pi}{2}\right)$$

$$\left(\frac{\omega_{ab}}{\omega_{an}}\right)_{min} = \cos\beta \qquad (\varphi = 0 \text{ und } \pi). \tag{2.225}$$

In gleicher Weise schwankt das Drehmoment. Der größte Differenzwinkel zwischen beiden Wellen wird [2.229]

$$\Delta\varphi_{max} = \arctan \frac{1 - \cos\beta}{2\sqrt{\cos\beta}}. \tag{2.226}$$

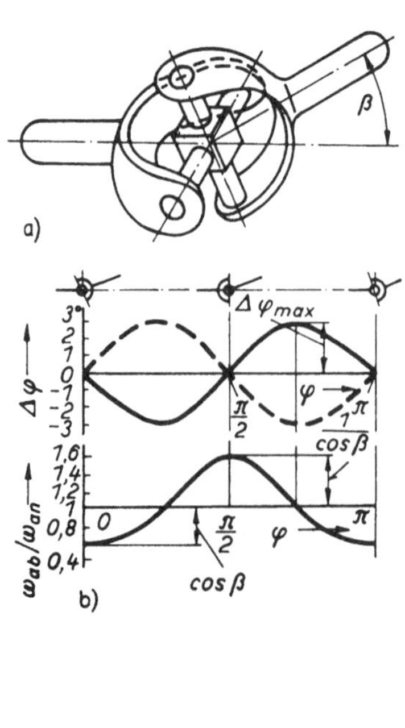

Bild 2-161 Kreuzgelenk

a) Prinzip
b) Bewegungsfunktion

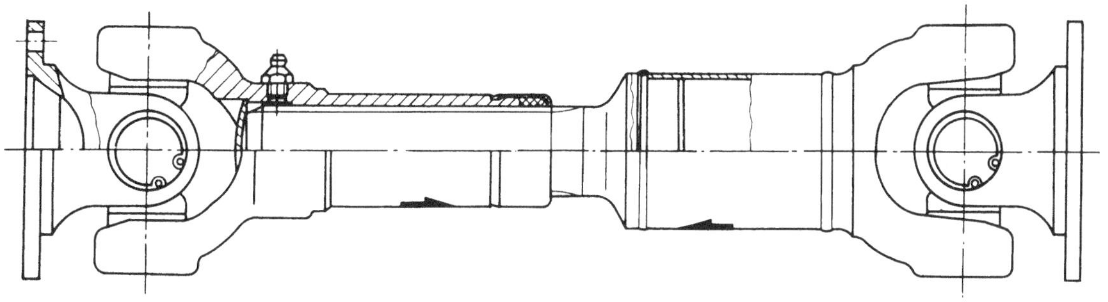

Bild 2-162 Zweigelenkwelle mit Längenausgleich und beiderseitigem Flanschanschluß, Normalwinkel
Gelenkwellenwerk Stadtilm GmbH

Für ein Kreuzgelenk wird als Ungleichförmigkeitsgrad definiert

$$U = \left(\frac{\omega_{ab}}{\omega_{an}}\right)_{max} - \left(\frac{\omega_{ab}}{\omega_{an}}\right)_{min} = \frac{1}{\cos\beta} - \cos\beta = \tan\beta \sin\beta. \tag{2.227}$$

Eine *Gelenkwelle* besteht aus zwei Kreuzgelenken und einer Zwischenwelle. In der Ausführung gemäß Bild 2-162 weist sie noch einen Längenausgleich auf. Statt des Flanschanschlusses können die Kreuzgelenke auch andere Mitnehmer erhalten; Bild 2-163 zeigt ein Beispiel. In Fahrzeugantrieben findet man auch Doppelgelenkwellen, siehe [2.229] [2.231] [2.232].

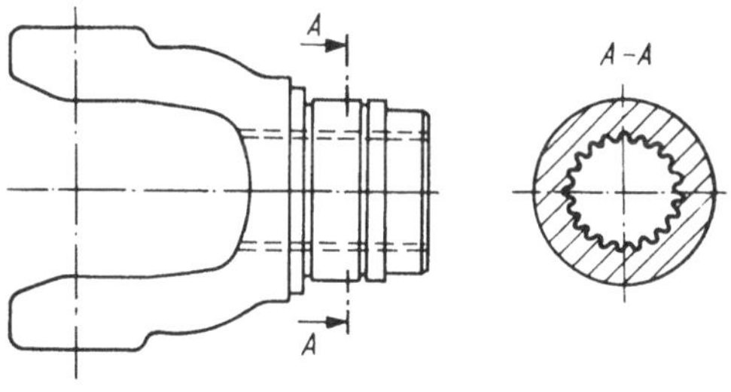

Bild 2-163 Keilnabenmitnehmer, Form 0
Gelenkwellenwerk Stadtilm GmbH

Die größten zulässigen Ablenkwinkel β einer Gelenkwelle liegen, abhängig von Bauart und Größe, zwischen 12 und 35°; in Weitwinkelausführung reichen sie bis etwa 55°. Drehzahlabhängig gibt es maximale Wellenlängen vom 2200 bis 2800 mm. Die Größtwerte des übertragbaren Drehmoments überdecken 0,1 ... 15 kN·m.

In einer Gelenkwelle kann und soll die Ungleichförmigkeit von Drehbewegung und Momentenübertragung durch geeignete Anordnung möglichst vollständig beseitigt werden. Ein vollkommener Ausgleich, d.h. $\omega_1(\varphi) = \omega_2(\varphi)$, wird erzielt, wenn

- alle Wellen in einer Ebene liegen,
- die Beugungswinkel β_1 und β_2 gleich sind,
- die beiden Gelenke um $\pi/2$ zueinander verdreht sind, d.h. beide Gabeln der Zwischenwelle in einer Ebene liegen (gestrichelte Linie für den Differenzwinkel $\Delta\varphi$ im Bild 2-161b).

Der Ansatz

$$U = U_1 - U_2 = \tan\beta_1 \sin\beta_1 - \tan\beta_2 \sin\beta_2 = 0$$

führt zur Bedingung $|\beta_1| = |\beta_2|$ und damit zur sog. Z-oder M-Anordnung (auch W-Anordnung genannt) entsprechend Bild 2-164b, allerdings mit gleichen Ablenkwinkeln. Als vertretbare Abweichungen zwischen den beiden Beugungswinkeln werden 1 ... 2° bei schnellaufenden und 3 ... 5° bei langsamlaufenden Gelenkwellen angesehen [2.235].

Sehr oft müssen Gelenkwellen jedoch räumlich versetzt angebracht werden; Bild 2-164c zeigt die übliche zeichnerische Darstellung als Seitenansicht und Draufsicht. Die resultierenden (räumlichen) Beugungswinkel sind

$$\tan\beta_1 = \sqrt{\tan^2\beta_{v1} + \tan^2\beta_{h1}},$$

$$\tan\beta_2 = \sqrt{\tan^2\beta_{v2} + \tan^2\beta_{h2}}.$$

Bei räumlicher Anordnung können die beiden Gabeln der Zwischenwelle i.allg. nicht mehr in einer Ebene verbleiben; vielmehr sind sie um den Versatzwinkel γ gegeneinander zu verdrehen, so daß sie in den gleichen Ebenen E_1 und E_2 wie die An- und Abtriebswellen der Kreuzgelenke liegen (Bild 2-164e). Nach [2.236] gelten die Gleichungen

$$\tan\gamma_1 = \frac{\tan\beta_{v1}}{\tan\beta_{h1}}, \quad \tan\gamma_2 = \frac{\tan\beta_{v2}}{\tan\beta_{h2}}, \quad \gamma = \gamma_2 - \gamma_1 \tag{2.228}$$

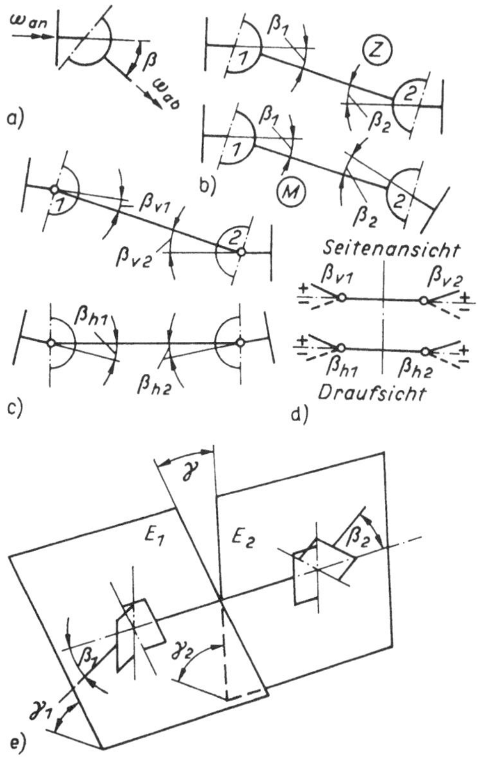

Bild 2-164 Anordnung von Gelenkwellen

a) Kreuzgelenk
b) ebene Anordnung
c) räumliche Anordnung
d) Vorzeichenregelung
e) Versatzwinkel γ

mit der Vorzeichenregelung laut Bild 2-164d. Ein positiver Winkel γ bedeutet Verdrehung entgegen dem Uhrzeigersinn, ein negativer im Uhrzeigersinn.
Werden, wie es stets anzustreben ist, auch bei räumlicher Lage der Gelenkwelle Z- und M-Anordnungen kombiniert, gelten $|\beta_{v1}| = |\beta_{v2}|$, $|\beta_{h1}| = |\beta_{h2}|$, $|\beta_1| = |\beta_2|$ und somit $|\gamma_2| = |\gamma_1|$. Dies führt bei einer Kombination von je zwei Z- oder M-Anordnungen zu $\gamma = 0$, d.h. zu vollständigem Drehzahlausgleich ohne Verdrehen der Gabeln. Wird eine Z-Anordnung mit einer M-Anordnung gepaart, lautet die Gleichung für den Versatzwinkel

$$\tan\frac{\gamma}{2} = -\tan\gamma_1 = -\frac{\tan\beta_{v1}}{\tan\beta_{h1}}. \tag{2.229}$$

Die Kräfte, die von der Lagerung der Gelenkwelle aufgenommen werden müssen, betragen in den beiden grundlegenden Anordnungsfällen (Bild 2-165):

Wellendrehwinkel $\varphi = 0$

$$F_A(0) = M_1\frac{b\cos\beta_1}{la}(\tan\beta_1 \pm \tan\beta_2)$$

$$F_B(0) = M_1\frac{(a+b)\cos\beta_1}{la}(\tan\beta_1 \pm \tan\beta_2)$$

$$F_C(0) = M_1\frac{(c+d)\cos\beta_1}{ld}(\tan\beta_1 \pm \tan\beta_2)$$

$$F_D(0) = M_1\frac{c\cos\beta_1}{ld}(\tan\beta_1 \pm \tan\beta_2) \tag{2.230}$$

mit dem negativen Vorzeichen vor $\tan\beta_2$ bei Z-Anordnung, dem positiven bei M-Anordnung.

Wellendrehwinkel $\varphi = \pi/2$

$$F_A\left(\frac{\pi}{2}\right) = F_B\left(\frac{\pi}{2}\right) = M_1\frac{\tan\beta_1}{a}$$

$$F_C\left(\frac{\pi}{2}\right) = F_D\left(\frac{\pi}{2}\right) = M_1\frac{\sin\beta_2}{d\cos\beta_1} \tag{2.231}$$

unabhängig von der Art der Anordnung.
Bei räumlicher Lage der Gelenkwelle müssen die Lagerkräfte in beiden Projektionen getrennt bestimmt und überlagert werden.
Gelenkwellen sind, wenn sie mit größeren Drehzahlen betrieben werden sollen, statisch und dynamisch auszuwuchten. Die verbleibende Restunwucht erregt die Zwischenwelle zu Biegeschwingungen. Um die biegekritische Drehzahl abzuschätzen, idealisiert man die Zwischenwelle zu einem Zylinder mit dem Außendurchmesser d_a und dem Innendurchmesser d_i. Die Biegeschwingungen eines derartigen Kontinuums mit der Länge l haben nach [2.237, Abschnitt 5.3.3] die Kreisfrequenzen

$$\omega_i = \lambda_i^2\sqrt{\frac{EI}{\varrho A l^4}} \tag{2.232}$$

mit $\lambda_1^2 = 9{,}87$, $\lambda_2^2 = 39{,}5$ usw. Bei Gelenkwellen interessiert i.allg. nur die Grundschwingung. Einsetzen von

$$I = \frac{\pi}{64}(d_a^4 - d_i^4), \qquad A = \frac{\pi}{4}(d_a^2 - d_i^2),$$

$$E = 2{,}06\cdot 10^5\,\mathrm{N/mm^2}, \qquad \varrho = 7{,}85\cdot 10^{-6}\,\mathrm{kg/mm^3}$$

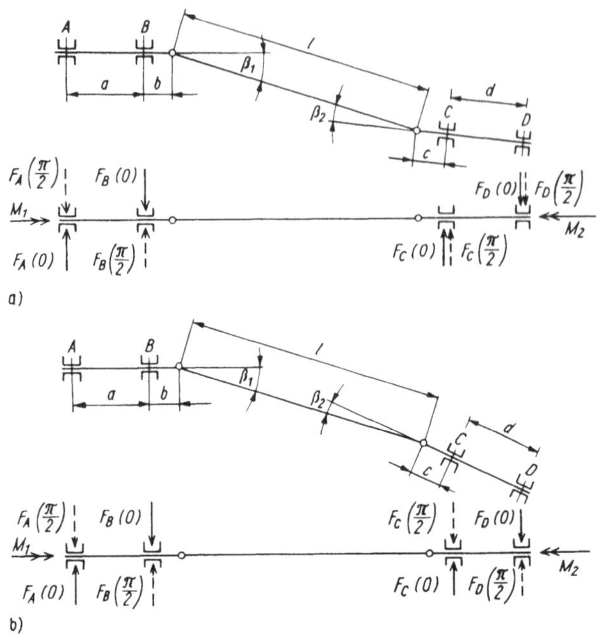

Bild 2-165 Lagerkräfte von Gelenkwellen
a) Z-Anordnung
b) M-Anordnung

ergibt die kritische Kreisfrequenz bzw. Drehzahl

$$\omega_{kr} = \lambda^2\sqrt{\frac{E}{16\varrho}}\frac{\sqrt{d_a^2+d_i^2}}{l^2} = 1{,}26\cdot 10^7\frac{\sqrt{d_a^2+d_i^2}}{l^2},$$

$$n_{kr} = \frac{30}{\pi}\omega_{kr} = 1{,}20\cdot 10^8\frac{\sqrt{d_a^2+d_i^2}}{l^2}$$

ω	n	d, l
rad/s	U/min	mm

(2.233)

[2.235] schlägt vor, diese Größen auf ihren 0,75- bis 0,8fachen Betrag zu verringern, um den Einfluß des Gelenkspiels zu berücksichtigen. Die Betriebsdrehzahl soll den 0,8fachen Wert der errechneten kritischen Drehzahl nicht überschreiten, d.h., Gelenkwellen werden unterkritisch betrieben. Die torsionskritische Drehzahl wird nur in Sonderfällen untersucht; für sie müssen Massenträgheitsmoment und Verdrehfedersteife experimentell bestimmt werden. Bei Beugungswinkel $\beta \geqq 12°$ können parametererregte Schwingungen auftreten.
Die Schwingbreite des Drehmoments der Zwischenwelle gemäß Gl. (2.225) darf nicht größer als das Gegenmoment am Abtrieb werden, weil andernfalls das resultierende Moment des zweiten Kreuzgelenks periodisch seine Richtung wechselt und die Gelenkwelle wegen ihres Spiels zu klappern beginnt, siehe hierzu [2.229] [2.231].

2.6.1.3 Elastische Kupplungen

Bei elastischen Kupplungen sind Federelemente in den Formschluß einbezogen. Diese Kupplungen sind deshalb biege- und drehelastisch, wobei eine Eigenschaft in einer bestimmten Bauart überwiegen kann. Zur Fähigkeit der getriebebeweglichen, aber drehstarren Kupplungen, Lageabweichungen auszugleichen, tritt noch die, Stoßbelastungen zu mindern und Schwingungen zu dämpfen.
Die Federn aus Stahl oder aus einem Elast haben sehr unterschiedliche Formen entsprechend der großen Vielfalt der Bauarten elastischer Kupplungen [2.229]. Die Kenn-

linien der Stahlfedern können linear oder nichtlinear gestaltet werden; Federn aus Elasten haben stets eine progressiv ansteigende Kennlinie. Die Federsteifen für axiale, radiale bzw. winklige Relativverschiebung der Kupplungshälften unterscheiden sich; bei drehelastischen Kupplungen spielt die Drehfedersteife eine besondere Rolle. Ihr dynamischer Wert liegt meist beim 1,2- bis 1,4fachen Wert des statischen; er ist nach Betrag und Frequenz von der Belastung und von der Temperatur abhängig. Allgemein gültige Kenngrößen können deshalb und auch wegen der großen konstruktiven Unterschiede zwischen verschiedenen Kupplungen nicht angegeben werden.

Bei Stahlfedern überwiegt die Reibungsdämpfung, in Federn aus Elast die Werkstoffdämpfung. Für Kupplungen gibt man meist die verhältnismäßige Dämpfung ψ, auch Nenndämpfung genannt, an. Die Werte in Tafel 2-30 sollen die Größenordnung deutlich machen. Wie die dynamische Drehfedersteife sind sie belastungs- und temperaturabhängig. Über die Methoden, mit denen die Federkennlinien elastischer Kupplungen zu bestimmen sind, informiert [2.238].

Tafel 2-30 Verhältnismäßige Dämpfung ψ und Maximalwert V_{max} der Vergrößerungsfunktion von elastischen Kupplungen

Federwerkstoff	ψ	V_{max}
Stahl	0,1 ... 0,6	62,8 ... 10,5
Polyurethan	0,4 ... 1,0	15,7 ... 6,3
Gummigewebe	0,8 ... 1,1	7,9 ... 5,7
Gummi	1,0 ... 1,3	6,3 ... 4,8

In fördertechnischen Antrieben werden elastische Kupplungen fast ausschließlich zwischen Motor und Antrieb, d.h. als Verbindungselement der schnellaufenden Welle, und in Bauarten mit gummielastischen Federn verwendet. Derartige Kupplungen verringern die Frequenz, besonders der Grundschwingung, und verändern die Schwingungsform des Antriebs. Die wichtigsten Vertreter sind die elastische Bolzenkupplung, die elastische Klauenkupplung und die Wulst- bzw. Gummifederkupplung.

Bei der *elastischen Bolzenkupplung* (Bild 2-166) stellen sechs bis zwölf mit Hülsen aus einem Elast überzogene, in eine Kupplungshälfte geschraubte oder gepreßte Bolzen eine formschlüssige Verbindung mit der zweiten Kupplungshälfte her, die entsprechende Bohrungen aufweist. Die elastischen Hülsen werden nur auf Druck beansprucht. Die Drehelastizität der elastischen Bolzenkupplung ist wegen des geringen verformbaren Federvolumens relativ klein. Um sie

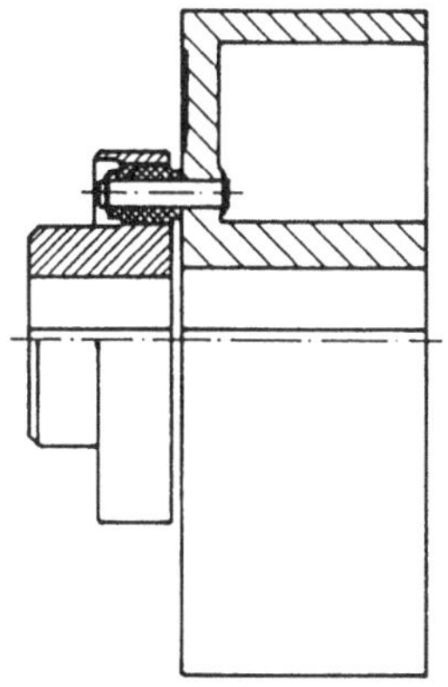

Bild 2-166 Elastische Bolzenkupplung mit Bremstrommel, Bauart REWB, Flender u. Co., Bocholt

Nenndrehmomente 290 bis 4000 N · m

zu erhöhen, haben die elastischen Hülsen bisweilen gerillte Oberflächen.

In einer *elastischen Klauenkupplung* (Bild 2-167) weist eine Kupplungshälfte angegossene Nocken, die andere sternförmig eingelegte Klötze aus einem elastischen Werkstoff, z.B. Leder oder Gummi, auf. Diese Klötze werden auf Druck und Schub beansprucht. Gegenüber der elastischen Bolzen-

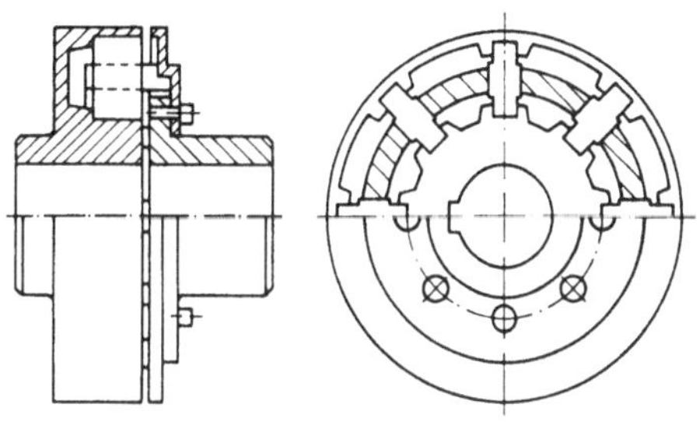

Bild 2-167 Elastische Klauenkupplung

kupplung hat die Klauenkupplung eine kleinere Drehelastizität und ein geringeres Ausgleichsvermögen für Lageabweichungen mit Ausnahme der zulässigen höheren Axialverschiebung, siehe Tafel 2-29.

Eine hochelastische Kupplung ist die *Wulst- oder Gummifederkupplung*, die Bild 2-168 in zwei Varianten vorstellt. Die beiden Kupplungsteile werden durch einen Reifen o.ä. aus elastischem Werkstoff verbunden, der einteilig, radial geteilt, axial geteilt oder in Segmente aufgelöst ausgeführt wird. Da in Fördermaschinen häufig der Formschluß einer elastischen Kupplung auch bei einem Versagen des elastischen Elements aufrechterhalten bleiben muß, sichern an-

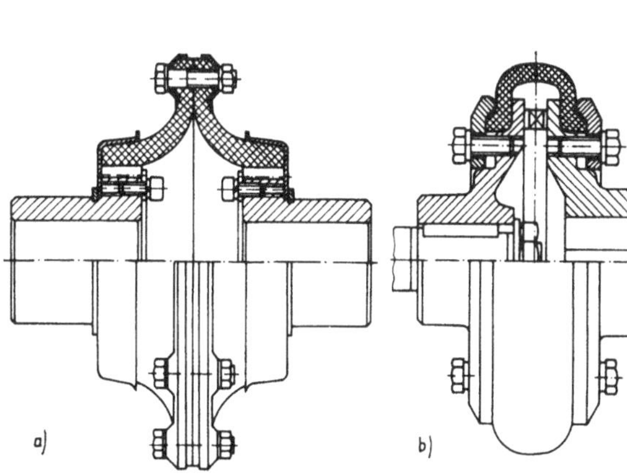

Bild 2-168 Wulstkupplungen

a) Gummifederkupplung
b) Periflex-Wellenkupplung, Baureihe 47, Maschinenfabrik Stromag, Unna

gegossene Nocken an beiden Kupplungshälften diese Notlaufeigenschaften. Kupplungen dieser Art machen Lageabweichungen der Wellen unproblematisch; sie verfügen auch über gute Federungs- und Dämpfungseigenschaften. Die relative Dämpfung beträgt bei Normaltemperatur $\psi = 1,0 \ldots 2,2$.

2.6.1.4 Berechnung und Größenauswahl

Alle Wellenkupplungen mit Formschluß, d.h. mechanischer Übertragung des Drehmoments, werden nach dem größten zu erwartenden Drehmoment ausgewählt, das entweder rechnerisch über eine stark vereinfachte Schwingungsrechnung oder unter Verwendung vorgegebener Betriebsfaktoren ermittelt wird.

2.6.1.4.1 Berechnung mit Schwingungsmodell

Ein Torsionsschwingungsmodell mit zwei diskreten Massen und einer masselosen Feder, das einfachste Standardmodell, liefert bereits wichtige Aussagen zum dynamischen Verhalten und zur Beanspruchung von Antrieben und somit auch für die Belastung der Wellenkupplungen. An den Antrieben der Fördermaschinen sind vorrangig die transiente Erregung beim Anfahren und Bremsen, aber ggf. auch die periodische Erregung durch schwingende Drehmomente an der Antriebs- bzw. Abtriebsseite zu untersuchen.
Die undifferenzierte Reduktion aller Einflußgrößen für die Torsionsschwingung, d.h. Massen, Massenträgheitsmomente, Federsteifen, Verdrehspiele des gesamten Schwingungssystems, und ihre Zusammenfassung auf der Kupplungswelle, wie es formal die verschiedenen Berechnungsvorschriften vorschreiben oder zumindest zulassen, kann das angestrebte Ergebnis, die maximale dynamische Belastung der Kupplung, erheblich verfälschen. Richtiger ist es, die Art des Antriebs zu berücksichtigen und das Zweimassenmodell entsprechend zu variieren bzw., wenn z.B. ein Verbrennungsmotor antreibt, mit Hilfe eines Dreimassenmodells auch die zweite Eigenfrequenz des Systems in die Berechnung einzubeziehen.
Das dynamische Drehmoment in der Kupplungswelle beträgt für die starre Maschine als einfachstem Modell (Bild 2-169a mit $c \to \infty$)

$$M_0 = M_{A,B} \frac{J_2}{J_1 + J_2} + M_g \frac{J_1}{J_1 + J_2} = M_g + (M_{A,B} - M_g) \frac{J_2}{J_1 + J_2} \qquad (2.234)$$

bzw., wenn das Bremsmoment $\bar{M}_B$ bei J_2 eingeleitet wird (gestrichelter Momentenpfeil im Bild 2-169a),

$$\bar{M}_0 = (\bar{M}_B + M_g) \frac{J_1}{J_1 + J_2}; \qquad (2.235)$$

$M_{A,B}$ Anfahr- bzw. Bremsmoment,
M_g Gegenmoment, d.h. für die Bewegung erforderliches Moment.

Die Drehmomente werden dabei als konstant und ständig wirkend angenommen; dies stellt die härteste Bedingung für die Kupplungsbelastung dar.

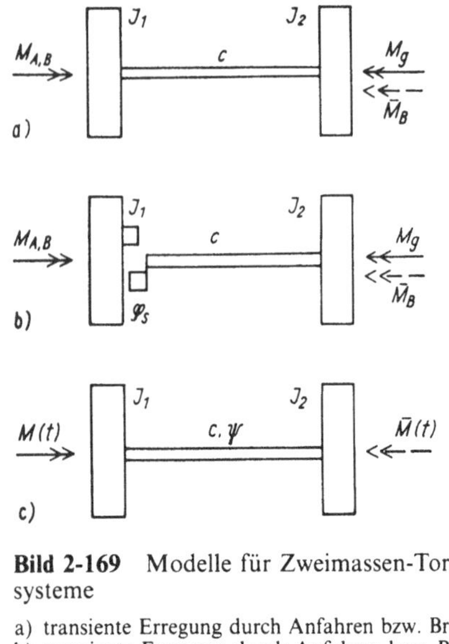

Bild 2-169 Modelle für Zweimassen-Torsionsschwingungssysteme
a) transiente Erregung durch Anfahren bzw. Bremsen, ohne Spieleinfluß
b) transiente Erregung durch Anfahren bzw. Bremsen, mit Spieleinfluß
c) periodische Erregung

Bei *transienter, nichtperiodischer Erregung* des vor dem Anfahren bzw. Bremsen im stationären Betriebszustand oder Stillstand befindlichen elastischen Systems gilt nach [2.237, Abschn. 4.3.2.2] für das schwingende Drehmoment $M(t)$ in der Kupplungswelle, wenn Spiel und Dämpfung vernachlässigt werden,

$$M(t) = M_0(1 - \cos \omega t)$$

mit dem Maximalwert (für $\omega t \geqq \pi$)

$$M_{max} = 2M_0; \qquad (2.236)$$

ω Eigenkreisfrequenz.

Diese einfachen Gleichungen vermitteln selbstverständlich nur grobe Anhaltswerte für die dynamischen Belastungen. Um die Schwingungsausschläge beim Anfahren und Bremsen genauer beurteilen zu können, müssen neben den Massenträgheitsmomenten die Federsteifen des bewegten Systems und die Anfahr- bzw. Bremskennlinien berücksichtigt werden. Wenn Spiel in der Kupplung oder/und im Antrieb auftritt, kompliziert sich die Berechnung weiter, siehe Abschnitt 3.4.2.
Die gegenwärtig in der konstruktiven Praxis angewendeten, sehr stark vereinfachten Regeln zur Bestimmung der Größe von Wellenkupplungen nach dem maximal zu übertragenden dynamischen Drehmoment bei transienter Erregung, z.B. durch Anfahren und Bremsen, die in Nachschlagewerken, Prospekten und Normen auf nahezu übereinstimmende Weise angegeben sind, gehen alle auf eine Arbeit von *Benz* [2.239] zurück. Das Kupplungsnennmoment M_K ist wie folgt zu wählen:

Ohne Berücksichtigung des Spieleinflusses

– starre Kupplungen $M_K = M_0$ bzw. $M_K = \bar{M}_0$

– elastische Kupplungen $M_K = kM_0$ bzw. $M_K = k\bar{M}_0$

$(k = 1{,}5 \ldots 2{,}0)$. (2.237)

Mit Berücksichtigung des Spieleinflusses (Bild 2-169b)

$$M_K = M_0 + M_s \quad \text{bzw.} \quad M_K = \bar{M}_0 + \bar{M}_s. \qquad (2.238)$$

Gl. (2.238) ist nicht wie Gl. (2.237) das Ergebnis einer Schwingungsrechnung, sondern es wird der dynamischen Belastung des starren Systems die eines elastischen Systems durch einen Drehzahlstoß überlagert. Die Masse *1* bzw. *2* wird zunächst vom jeweils allein wirkenden, wiederum konstant angenommenen Drehmoment $M_{A,B}$ bzw. $\bar{M}_B + M_g$ beschleunigt bzw. verzögert; dies führt bei linearer Zunahme bzw. Abnahme der Winkelgeschwindigkeit nach dem Durchlaufen des Verdrehspiels φ_s gegenüber der stillstehenden bzw. stationär umlaufenden anderen Masse zu Relativgeschwindigkeiten von

$$\Delta\dot{\varphi} = \sqrt{\frac{2M_{A,B}\varphi_s}{J_1}} \quad \text{bzw.} \quad \Delta\dot{\bar{\varphi}} = \sqrt{\frac{2(\bar{M}_B + M_g)\varphi_s}{J_2}}$$

und zu den Stoßdrehmomenten

$$M_s = \Delta\dot{\varphi} \sqrt{c \frac{J_1 J_2}{J_1 + J_2}} = \sqrt{2M_{A,B} c \varphi_s \frac{J_2}{J_1 + J_2}}$$

$$\bar{M}_s = \sqrt{2(\bar{M}_B + M_g) c \varphi_s \frac{J_1}{J_1 + J_2}}. \qquad (2.239)$$

Eine ähnliche Inkonsequenz, das Vermischen von zwei unterschiedlichen Modellannahmen, enthalten die verbreitet [2.230] [2.232] angegebenen und auch in die Regelwerke, z.B.

DIN 740, TGL 11 753/01, übernommenen Gleichungen für das erforderliche Nenndrehmoment elastischer Kupplungen. In ihnen gilt der Faktor k laut Gl. (2.237) allein für den ersten Summanden des dynamischen Drehmoments in Gl. (2.234), nicht dagegen für den zweiten, der den Einfluß des Gegenmoments widerspiegelt.
Eine *periodische Erregung* (Bild 2-169c) und damit Beanspruchung der Kupplung tritt in den Antrieben der Fördermaschinen teils durch schwingende Antriebsmomente, z.B. von Verbrennungsmotoren, teils durch schwingende Gegenmomente, z.B. in Becherförderern, an Schaufelrädern o.ä., auf. Die Erregerfunktion kann i.allg. durch den harmonischen Ansatz

$$M_p(t) = M_i \sin(i\Omega t)$$

angenähert werden. i ist die Ordnungszahl der Schwingung, d.h. die Anzahl der Impulse je Wellenumdrehung, $i\Omega$ die Kreisfrequenz der Erregung. Angaben zu den Hauptharmonischen der Verbrennungsmotoren enthält Abschnitt 3.2.2.4.
Die Maximalwerte des schwingenden Drehmoments der Kupplungswelle und damit der Kupplung werden durch nachstehende Gleichungen beschrieben [2.237, Abschnitt 3.2.1.2]:
Erregung an der Antriebsseite

$$M_{max} = \pm M_i \frac{J_2}{J_1 + J_2} V;$$

Erregung an der Abtriebsseite

$$M_{max} = \pm M_i \frac{J_1}{J_1 + J_2} V; \tag{2.240}$$

mit der Gleichung für die Vergrößerungsfunktion

$$V = \sqrt{\frac{1 + (\psi/2\pi)^2}{[1 - (i\Omega/\omega)^2]^2 + (\psi/2\pi)^2}}.$$

Für den Zusammenhang der Nenndämpfung ψ mit anderen Dämpfungsgrößen gilt

$$\psi = 2\Lambda = \frac{4\pi\vartheta}{\sqrt{1 - \vartheta^2}} = \frac{2\pi b}{\sqrt{\left(\omega \frac{J_1 J_2}{J_1 + J_2}\right)^2 - \left(\frac{b}{2}\right)^2}} \approx 1 - \eta; \tag{2.241}$$

ψ verhältnismäßige Dämpfung (Nenndämpfung),
Λ logarithmisches Dekrement,
ϑ Dämpfungsgrad (Lehrsches Dämpfungsmaß),
b Dämpfungskonstante,
η Wirkungsgrad des Systems.

Die Eigenkreisfrequenz des ungedämpften Schwingungssystems ist

$$\omega = \sqrt{c \frac{J_1 + J_2}{J_1 J_2}}. \tag{2.242}$$

Im Resonanzfall, d.h. für $i\Omega/\omega = 1$, wird

$$V_{max} = \sqrt{1 + (2\pi/\psi)^2} \approx 2\pi/\psi \quad \text{(für kleine Werte von } \psi\text{)}.$$

Nur wenn $i\Omega/\omega > 1$ ist – dies bedeutet eine überkritische Erregung –, wird $V < 1$, siehe hierzu die bekannten Resonanzschaubilder, z.B. Bild 3-3 in [2.237].
Ist das Nenndrehmoment der benötigten Kupplung nach der periodischen Erregung zu bestimmen, muß neben dem schwingenden Drehmoment entsprechend Gl. (2.240) auch das im stationären Betrieb allgemein konstante Gegenmoment M_g berücksichtigt werden:

$$M_K = M_i \frac{J_2}{J_1 + J_2} V + M_g,$$

$$\bar{M}_K = M_i \frac{J_1}{J_1 + J_2} V + M_g. \tag{2.243}$$

Bei der Größenbestimmung von Wellenkupplungen verwendet man bisweilen, undifferenziert nach der Häufigkeit des Auftretens, das maximale Drehmoment laut Gl. (2.237) bzw. (2.238) als scheinbare Dauerbelastung. Häufiger, z.B. für elastische Kupplungen, geben die Hersteller jedoch neben dem Nenndrehmoment als zulässiger Dauerbelastung ein erlaubtes, kurzzeitig wirkendes maximales Kupplungsmoment an, das mit dem errechneten dynamischen Drehmoment zu vergleichen ist.

2.6.1.4.2 *Berechnung mit Betriebsfaktoren*

Betriebsfaktoren werden im Maschinenbau häufig herangezogen, um einen empirischen Zusammenhang zwischen der für die Auslegung eines Maschinenelements anzusetzenden Belastung und einer bekannten Bezugsgröße, z.B. der Nennbelastung, herzustellen. Sie sind meist Ausdruck dafür, daß ausreichende Kenntnisse über den Beanspruchungs- und Schädigungsverlauf fehlen wie bei den Ketten (s. Tafel 2-21).
Derartige Betriebsfaktoren werden verbreitet auch zur Größenauswahl von Wellenkupplungen verwendet und in Normen für eine größere Gruppe dieser Kupplungen oder in den Prospekten der Hersteller für einzelne Bauarten angegeben. Um die Belastung einer Wellenkupplung auf das zulässige Maß zu begrenzen und eine ausreichende Nutzungsdauer zu gewährleisten, werden mit diesen Betriebsfaktoren besonders nachstehende Einflüsse auf die Beanspruchung der Kupplungsteile nach Größe und Häufigkeit erfaßt:

- Antriebsmaschine (Kennlinien, Ungleichförmigkeit)
- Arbeitsmaschine (Schwingungssystem, Verteilungsfunktion der äußeren Belastung)
- Belastungshäufigkeit (Einsatzdauer, Anlaufhäufigkeit)
- Lageabweichungen (Art und Größe der Abweichungen, Drehzahl)
- Umgebungstemperatur.

Der bzw. die Betriebsfaktoren erfassen diese Einflüsse durch geschätzte oder aus Erfahrung abgeleitete Zahlenwerte mit allen darin steckenden Unsicherheiten. Einen ausführlichen Einblick in diese Problematik gibt [2.229]. Die Auswahl der Kriterien, ihre Quantifizierung und Koppelung werden folgerichtig auch unterschiedlich gehandhabt. Zudem müssen für verschiedene Belastungsarten, wie nichtperiodische Erregung ohne oder mit Spieleinfluß, periodische Erregung, getrennte Ansätze vorgegeben werden.
Bei Fördermaschinen ist vorzugsweise die Erregung durch die Drehmomentstöße beim Anfahren, Schalten und Bremsen maßgebend für die Kupplungsbeanspruchung. Die elastische Bolzenkupplung im Bild 2-166 wird beispielsweise nach den Angaben des Herstellers mit folgendem Ansatz bemessen

$$M_K = M_{ne} f_1 f_2 f_3; \tag{2.244}$$

M_K Nenndrehmoment der Kupplung,
M_{ne} Nenndrehmoment des Triebwerks,
$f_1 = 1{,}0 \ldots 1{,}4$ Antriebsartfaktor (Art des Antriebsmotors),
$f_2 = 0{,}9 \ldots 1{,}25$ Betriebsdauerfaktor (tägliche Betriebsdauer),
$f_3 = 1{,}0 \ldots 2{,}64$ Betriebsfaktor (Art der Arbeitsmaschine, Anlaufhäufigkeit).

DIN 740 gründet die Kupplungsauswahl auf das dynamische Drehmoment nach Gl. (2.236) bzw. (2.237) mit dem Faktor $k = 1{,}8$. Zusätzlich werden die Kennwerte der Kupplung durch zwei Faktoren an eine möglicherweise erhöhte Beanspruchung angepaßt:

$S_z = 1{,}0 \dots 1{,}3$ Anlauffaktor (Anlaufhäufigkeit),
$S_\vartheta = 1{,}0 \dots 1{,}8$ Temperaturfaktor (Umgebungstemperatur).

TGL 11 753/02 staffelt den Betriebsfaktor nach sieben Gruppen von Arbeitsmaschinen und, sehr detailliert, den verschiedenen Arten von Antriebsmaschinen und bezieht das erforderliche Kupplungsmoment M_K auf das Nennmoment M_{ne} oder das mittlere Gegenmoment M_{gm} des Antriebs

$$M_K = C_B M_{ne} \quad \text{bzw.} \quad M_K = C_B M_{gm}\,. \tag{2.245}$$

Tafel 2-31 gliedert die wichtigsten Triebwerke von Fördermaschinen mit sechs Gruppen in dieses Schema ein. Durch Überlagerung mit den Einflüssen des Antriebsmotors entstehen die Betriebsfaktoren C_B in Tafel 2-32.
Zu beachten ist, daß die benannten Betriebsfaktoren in ihrer Größe stets auf die Anordnung der Kupplung unmittelbar nach dem Antriebsmotor bezogen sind. Je weiter entfernt die Kupplung von der Einleitungsstelle der äußeren Kräfte liegt, um so kleiner kann der Betriebsfaktor innerhalb des angegebenen Bereichs gewählt werden.
Eine vergleichbare Rolle spielen bei Fördermaschinen die Lageabweichungen zwischen beiden Kupplungshälften. Nach DIN 740 dürfen die tatsächlich auftretenden Werte der axialen, radialen und Winkelabweichung, multipliziert mit dem bereits erwähnten Temperaturfaktor S_ϑ und einem Frequenz- bzw. Drehzahlfaktor S_f die zulässigen Werte nicht überschreiten. Für den Frequenzfaktor gilt $S_f = 1$ ($f \leq 10\,\text{Hz}$) bzw. $\sqrt{f/10}$ ($f > 10\,\text{Hz}$). In ähnlicher Weise ordnet TGL 11 753/02 den Betriebsfaktor C_B den zulässigen Lageabweichungen unter Berücksichtigung der Drehzahl zu (Bild 2-170).

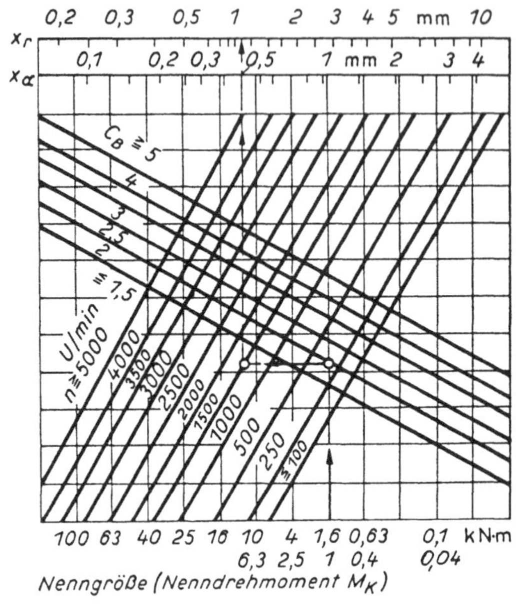

Bild 2-170 Zulässige Kombinationen der Lageabweichungen elastischer Bolzenkupplungen nach TGL 11753 in Abhängigkeit von Drehzahl n und Betriebsfaktor C_B

Im jeweiligen Einzelfall wird man naturgemäß auf die entsprechende Auslegungsvorschrift zurückgreifen müssen. Dies gilt auch für die weiteren, hier nicht behandelten Belastungsarten der Wellenkupplungen.

Tafel 2-31 Maschinengruppen für die Kupplungswahl (in Anlehnung an TGL 11753/02)

Krane	
Hubwerke, je nach Schalthäufigkeit	I–IV
Fahrwerke	IV–V
Drehwerke	IV–V
Einziehwerke	III
Wippwerke	IV–V
Aufzüge	
für Güter	II–III
für Personen	V
Wagenkipper	IV
Fahrzeuge, Flurförderer	
für Straßenfahrt	III
für Geländefahrt	IV
Stapler	IV
Bagger	V–VI
Seilbahnen	III–IV
Stetigförderer	I–III

2.6.2 Reibschlüssige Kupplungen

In einer reibschlüssig wirkenden Wellenkupplung begrenzt das auf einen bestimmten Wert eingestellte Reibmoment und nicht, wie bei einer formschlüssigen Kupplung, die Festigkeit das Kupplungsmoment. Außerdem können die beiden Kupplungsteile unterschiedliche Drehzahlen haben. Dies macht den Einsatz reibschlüssiger Kupplungen als Schaltkupplung, Anlaufkupplung, Sicherheitskupplung o.ä. möglich; sie werden teils für eine dieser Funktionen gebaut bzw. ausgelegt, teils übernehmen sie mehrere.

2.6.2.1 Scheiben- und Lamellenkupplungen

Bevorzugte Reibkörper bei den reibschlüssigen Kupplungen sind Scheiben bzw. Lamellen aus Stahl oder, für größere

Tafel 2-32 Betriebsfaktoren C_B für Wellenkupplungen mit mechanischer Drehmomentübertragung (Auszug aus TGL 11753/02)

Antriebsmaschine	Gruppe der Arbeitsmaschine I	II	III	IV	V	VI
Elektromotor						
Gleichstrom-Nebenschluß und Drehstrom-Schleifringläufer	1,0 … 1,4	1,2 … 1,6	1,4 … 1,8	1,6 … 2,1	2,0 … 2,6	2,5 … 3,2
Drehstrom-Kurzschlußläufer	1,3 … 1,7	1,5 … 1,9	1,7 … 2,1	1,9 … 2,4	2,3 … 2,9	2,8 … 3,5
Gleichstrom-Reihenschluß	1,5 … 1,9	1,7 … 2,1	1,9 … 2,3	2,1 … 2,6	2,5 … 3,1	3,0 … 3,7
Dieselmotor,[1]) Viertakt						
≧6 Zylinder	1,8 … 2,2	2,0 … 2,4	2,2 … 2,6	2,4 … 2,9	2,8 … 3,4	3,3 … 4,0
4 Zylinder	2,0 … 2,4	2,2 … 2,6	2,4 … 2,8	2,6 … 3,1	3,0 … 3,6	3,5 … 4,2

[1]) Bei Ottomotoren können die Faktoren um 0,2 verringert werden.

Drehmomente, Kegelkörper. Die Reibflächen bleiben entweder belagfrei und werden dann meist mit Öl geschmiert, oder sie erhalten, bei Trockenlauf, organische Reibbeläge, siehe Abschnitt 2.4.2.
Wie die Bremen, die in ihrer Wirkungsweise und konstruktiven Gestaltung den reibschlüssigen Kupplungen ähneln, sind auch die reibschlüssigen Kupplungen als Schließ- oder Lösekupplungen auszubilden, siehe Abschnitt 2.4.1. Man spricht auch von arbeitsbetätigten und ruhebetätigten Kupplungen. Die Anpreß- bzw. Lüftkraft wird mechanisch, elektromagnetisch, hydraulisch oder pneumatisch aufgebracht und wirkt fast immer gegen eingebaute Federn.
Nach der Anzahl und Art der Reibkörper unterscheidet man Einscheibenkupplungen mit einer oder zwei Reibflächen, Mehrscheibenkupplungen und Kegelkupplungen. Die *Einscheibenkupplung* (Bild 2-171) wird vorzugsweise in der Bauart mit Luftspalt ausgeführt, bei der die Reiboberflächen magnetisch nicht durchflutet sind und deshalb nichtmetallische Beläge erhalten können. Im Aufbau ähnelt sie der Scheibenbremse (s. Bild 2-111). Die Hauptvorzüge dieser Kupplung sind die günstigere Wärmeabgabe und damit höhere energetische Belastbarkeit und die vollständige Trennung der Reibkörper nach dem Abschalten, so daß kein Rest- bzw. Leerlaufdrehmoment auftritt.
Die Mehrscheiben- oder *Lamellenkupplung* hat, verglichen mit einer Einscheibenkupplung gleichen Drehmoments, wesentlich kleinere Abmessungen und Massenträgheitsmomente. Sie wird stets vorzuziehen sein, wenn die Wärmebelastung nicht zu hoch wird, das verbleibende Restmoment von 0,5 bis 3 % des Nennmoments nicht stört und keine zu großen Wechseldrehmomente auftreten, die ein frühzeitiges Ausschlagen der Lamellenführungen zur Folge haben könnten.

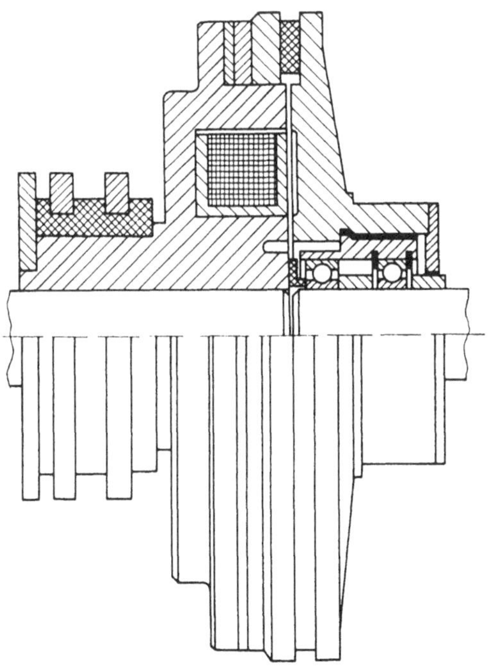

Bild 2-171 Einscheibenkupplung, elektromagnetisch betätigt

Für *Kegelkupplungen* gelten die gleichen, das Reibmoment vergrößernden geometrischen Gesetzmäßigkeiten wie für Kegelbremsen, siehe Abschnitt 2.4.6.1.
Weil Kupplungen in Fördermaschinen häufig fernbetätigt werden müssen, haben elektromagnetisch, hydraulisch und pneumatisch schaltbare Kupplungen die größere Bedeutung. Eine hydraulische Betätigung wird überwiegend mit Naßlauf der Lamellen kombiniert; elektromagnetische oder pneumatische Betätigungseinrichtungen herrschen bei Trockenlauf vor. Die pneumatische Betätigung arbeitet genauer und, vor allem bei größeren Drehmomenten, schneller als

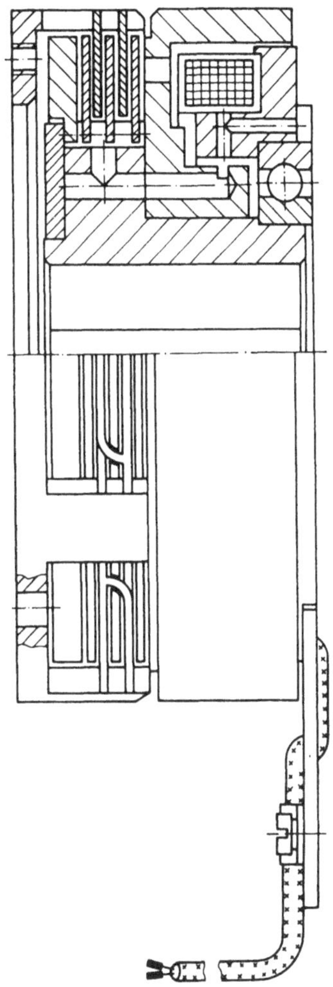

Bild 2-172
Lamellenkupplung, elektromagnetisch schaltbar, schleifringlos,

die elektromagnetische, erfordert jedoch einen größeren konstruktiven Aufwand für die Druckluftversorgung. Elektromagnetisch betätigte Kupplungen haben nahezu immer Gleichstrommagnete mit einer Betriebsspannung von vorwiegend 24 V, die über Schleifringe angelegt wird. Die Bauart ohne Schleifringe im Bild 2-172 wird etwas größer und damit teurer. Die Schaltzeit einer derartigen Kupplung hängt von ihrer elektrischen Zeitkonstanten ab.

2.6.2.2 Schaltarbeit und Schaltleistung

Das Drehmoment und damit die Größe einer reibschlüssigen Kupplung müssen so bestimmt werden, daß sie thermisch nicht überlastet wird. Vereinfachend geht man wiederum davon aus, daß das Anfahr- bzw. Antriebsmoment M_A und das Gegenmoment M_g konstant sind und nicht von den Winkelgeschwindigkeiten $\omega_{1,2}$ bzw. Drehzahlen $n_{1,2}$ abhängen. Mit dem Modell von Bild 2-169a ergibt sich die Differentialgleichung für die nichtstationäre Betriebsphase Kuppeln

$$\frac{d(\Delta\omega)}{dt} = \frac{d\omega_1}{dt} - \frac{d\omega_2}{dt} = \frac{M_A - M_K}{J_1} - \frac{M_K - M_g}{J_2}$$

bzw. unter Verwendung des Ausdrucks für das dynamische

Kupplungsmoment M_0 laut Gl. (2.234) nach Umrechnung

$$\frac{\mathrm{d}(\Delta\omega)}{\mathrm{d}t} = -(M_K - M_0)\frac{J_1 + J_2}{J_1 J_2}. \tag{2.246}$$

Die Integration dieser Gleichung über die Zeit t führt zur Gleichung für die während des Kuppelvorgangs veränderliche Relativwinkelgeschwindigkeit (Bild 2-173)

$$\Delta\omega(t) = \Delta\omega_0 - (M_K - M_0)\frac{J_1 + J_2}{J_1 J_2}t \tag{2.247}$$

mit $\Delta\omega_0 = \omega_{10} - \omega_{20}$.

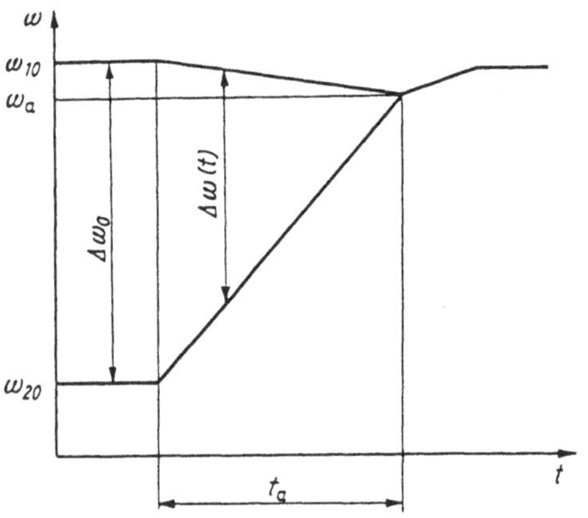

Bild 2-173 Verlauf der Winkelgeschwindigkeiten beim Schalten einer Reibungskupplung, idealisiert

Mit $\Delta\omega(t) = 0$ entsteht der Ansatz für die Schaltzeit der Kupplung

$$t_a = \frac{J_1 J_2}{J_1 + J_2}\frac{\Delta\omega_0}{M_K - M_0}. \tag{2.248}$$

Gl. (2.248) macht deutlich, daß das Kupplungsmoment M_K größer als das dynamische Drehmoment M_0 der Kupplung sein muß, wenn eine endliche Schaltzeit t_a erreicht werden soll. M_0 wird deshalb auch als Schleifmoment der Kupplung bezeichnet, bei dem sie als Rutschkupplung beliebig lange durchrutscht, ohne daß sich die Winkelgeschwindigkeiten der Wellen ändern.
Der Verlauf der beiden Winkelgeschwindigkeiten ist unter den getroffen Annahmen linear (Bild 2-173)

$$\omega_1(t) = \omega_{10} + \frac{M_A - M_K}{J_1}t,$$

$$\omega_2(t) = \omega_{20} + \frac{M_K - M_g}{J_2}t$$

$$(M_A < M_K,\ M_K > M_g). \tag{2.249}$$

Durch Einsetzen von Gl. (2.248) in Gl. (2.249) läßt sich die gemeinsame Winkelgeschwindigkeit beider Wellen am Ende des Kuppelvorgangs bestimmen:

$$\omega_a = \omega_{10} + \frac{M_A - M_K}{J_1}t_a$$

$$= \omega_{10} + \frac{M_A - M_K}{M_K - M_0}\frac{J_2}{J_1 + J_2}\Delta\omega_0. \tag{2.250}$$

Die Verlustenergie während des Anlauf- bzw. Kuppelvorgangs, die sog. Schaltarbeit, muß als Reibungswärme von der Kupplung aufgenommen werden. Ihre Größe ist unter Verwendung der Gln. (2.249) und (2.248)

$$W_a = W_1 - W_2 = \int_0^{t_a} M_K[\omega_1(t) - \omega_2(t)]\,\mathrm{d}t = M_K\frac{\Delta\omega_0}{2}t_a$$

$$= \frac{M_K}{M_K - M_0}\frac{J_1 J_2}{J_1 + J_2}\frac{(\Delta\omega_0)^2}{2}. \tag{2.251}$$

Folgen im Aussetzbetrieb z_a Schaltungen in der Zeiteinheit aufeinander, beträgt die durchschnittliche Schaltleistung

$$P_a = W_a z_a. \tag{2.252}$$

Für einmaliges Kuppeln mit anschließender Abkühlung der erwärmten Kupplung auf Umgebungstemperatur hat *Hasselgruber* [2.240] die im Reibkörper der Kupplung infolge der Wärmeeinleitung auftretende Maximaltemperatur T_{max}, bezogen auf die Umgebungstemperatur T_0, für M_K = konst. wie folgt berechnet:

$$\frac{T_{max}}{T_0} = \sqrt{\frac{8}{9}}\frac{1 + \mu}{\sqrt{\mu}} \tag{2.253}$$

mit der bezogenen Schaltzeit

$$\mu = \frac{t_a}{t_{a0}};$$

t_{a0} Schaltzeit für $M_K = 2M_0$.

Gl. (2.253) weist ein Minimum für $\mu = 1$, d.h. $M_K = 2M_0$, auf. Eine reibschlüssige Kupplung wird deshalb als Schaltkupplung stets für das 1,5- bis 2fache dynamische Drehmoment M_0 ausgelegt. Für einmaliges Schalten wird die Schaltarbeit W_a, für mehrmaliges Schalten im Aussetzbetrieb die Schaltleistung P_a ermittelt und mit den in den Herstellerprospekten angegebenen zulässigen Werten verglichen. Wenn die genaue konstruktive Ausführung der Reibpaarung bekannt ist, besteht auch die Möglichkeit, näherungsweise die auftretenden Temperaturen direkt zu berechnen, siehe [2.240] [2.232].

2.6.2.3 Fliehkraft- und Freilaufkupplungen

Die Anpreßkraft der bisher behandelten reibschlüssigen Kupplungen ist konstant oder stellbar. In Fliehkraftkupplungen stellt sie sich dagegen drehzahlabhängig ein, wodurch auch das Drehmoment von der Drehzahl abhängt. Bei der *Füllgutkupplung* nach Bild 2-174 formt eine gewellte

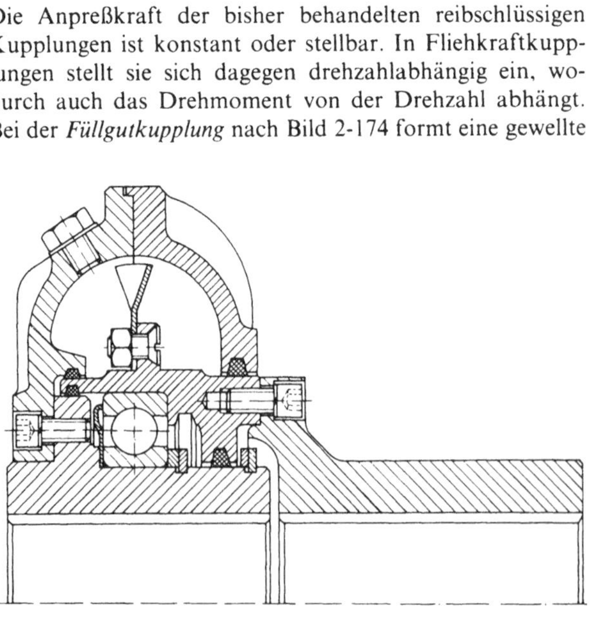

Bild 2-174 Füllgutkupplung

Rotorscheibe das Füllgut, meist Stahlsand, mit zunehmender Drehzahl zu einem geschlossenen, gegen das äußere Gehäuse gepreßten Ring. Während des Anlaufs ändert sich das übertragene Drehmoment quadratisch mit der Drehzahl; es ist der Füllgutmenge direkt proportional. Im stationären Betrieb arbeitet die Kupplung ohne Schlupf und wirkt als Sicherheitskupplung. Wird das übertragbare Drehmoment überschritten, schlüpft die Kupplung, und das Drehmoment fällt auf etwa $\frac{3}{4}$ des Maximalmoments ab.
Die *Freilaufkupplung* ist im Gegensatz dazu eine richtungsbetätigte Kupplung und gehört zur Gruppe der Gesperre, siehe Abschnitt 2.4.8. In der Form von Bild 2-175 wirken federbelastete Klemmrollen in einer Drehrichtung als reibschlüssige Sperrelemente. Diese Kupplung läßt sich in andere Maschinenelemente, wie Kettenräder, Zahnräder, einbauen; sie wird durch eingelegte Paßfedern gegen Verdrehen gesichert.

2.6.3 Anlaufkupplungen und Wandler

Eine Anlaufkupplung soll dem Antriebsmotor, unabhängig vom wirkenden Gegenmoment, ein schnelles, nahezu unbelastetes Hochlaufen ermöglichen, das Triebwerk gleichmäßig beschleunigen und dabei nur ein nach oben begrenztes Drehmoment übertragen. Grundsätzlich eignen sich auch reibschlüssige Kupplungen für eine derartige Aufgabe, wenn sie mechanisch und thermisch darauf abgestimmt sind. Das übertragene Drehmoment schwankt jedoch wegen der Abhängigkeit von der stark veränderlichen Reibungszahl in einem größeren Bereich und ist, soweit es, z.B. bei elektromagnetischer Betätigung, zu stellen ist, dem Steuerstrom nicht direkt proportional. Vorzugsweise setzt man deshalb in den Antrieben der Fördermaschinen, besonders wenn sie im Aussetzbetrieb arbeiten, elektrische oder hydraulische Kupplungen als steuerbare oder selbststeuernde Kupplungen zur Drehzahlwandlung ein.

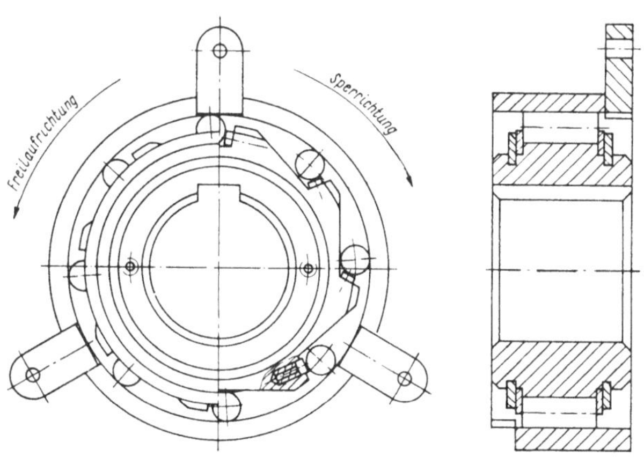

Bild 2-175 Klemmrollenkupplung

2.6.3.1 Magnetpulverkupplungen

Die Magnetpulverkupplung (Bild 2-176) ist eine elektromagnetisch betätigte Reibungskupplung. Sie unterscheidet sich von den anderen Formen darin, daß sie zwei koaxial liegende zylindrische Reibflächen aufweist, zwischen denen ein radialer, mit einem Fe-Pulver gefüllter Luftspalt von 1,5 ... 2,0 mm liegt. Die Erregerwicklung 4, eine Ringspule, kann im Innenteil 1 oder, wie im Bild 2-176, im Außenteil 3 angebracht sein. Unmagnetische Lagerschilder 2, 6 stützen das Außenteil über Wälzlager auf der Welle 8 ab. Wenn die Erregerspannung induktiv übertragen wird, entfallen die Schleifringe 7. Bei der Ausbildung einer Magnetpulverkupplung als Sicherheitskupplung wird wegen seines größeren Massenträgheitsmoments meist das Außenteil mit der Motorwelle und das Innenteil, dessen Massenträgheitsmoment wesentlich kleiner ist, mit dem Triebwerk verbunden.

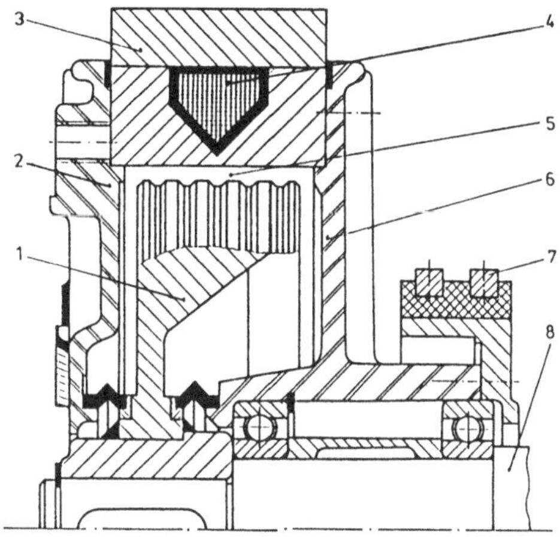

Bild 2-176 Magnetpulverkupplung, Jaeger, Paris (Frankreich)

1 Innenteil
2, 6 Lagerschild, unmagnetisch
3 Außenteil
4 Erregerwicklung
5 Luftspalt, mit Fe-Pulver gefüllt
7 Schleifring
8 Welle

Wenn der Außenläufer ohne Zuschalten der Erregerspannung anläuft, formt sich das Fe-Pulver zu einem losen, an die Innenwand gepreßten Ring. Das Drehmoment im Leerlauft bleibt dadurch sehr klein, sofern eine Mindestdrehzahl von etwa 50 U/min nicht unterschritten wird. Liegt die Erregerspannung an, baut sich ein Magnetfeld auf, das den Pulverring zu einer festen Brücke zwischen den beiden Läufern verdichtet, die als Reibbelag wirkt. Wegen der feinkörnigen Teilchenstruktur dieses Belags ist die Reibungszahl, unabhängig von der Temperatur, nahezu konstant.
Die Kennlinien im Bild 2-177 zeigen, daß das Drehmoment der Kupplung linear mit dem Erregerstrom zunimmt und von der Differenzdrehzahl nicht beeinflußt wird. Der geringe Unterschied zwischen dem Haltemoment (Synchrondrehmoment) und dem Gleitmoment (Asynchrondrehmoment), der 10 % nicht überschreitet, ist ein zweiter Vorzug der Magnetpulverkupplung beim Einsatz als Sicherheitskupplung. Selbstverständlich ist sie darüber hinaus eine sehr gut zu steuernde Anlaufkupplung.

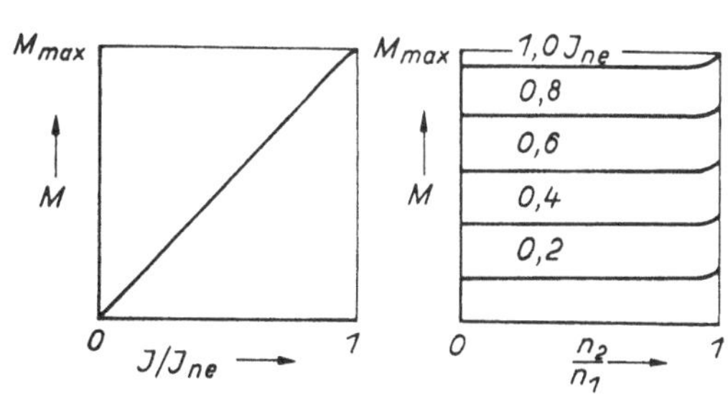

Bild 2-177 Kennlinien der Magnetpulverkupplung

2.6.3.2 Induktionskupplungen

Induktionskupplungen (Bild 2-178) übertragen das Drehmoment induktiv und damit reibungsfrei. Sie haben gute elastische und schwingungsdämpfende Eigenschaften. Haupt-

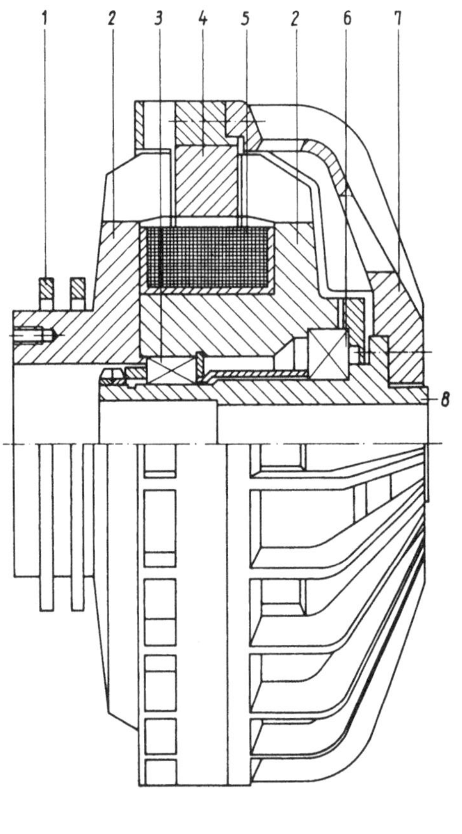

Bild 2-178 Induktionskupplung

1 Schleifringe
2 Polsystem
3 Radiallager
4 Induktionsring
5 Erregerspule
6 Axiallager
7 Gehäuseglocke
8 Hohlwelle

bestandteile des mit dem Antriebsmotor verbundenen Polkörpers sind die Erregerspule *5* und das Polsystem *2*. Über Schleifringe *1* wird Gleichspannung von 24 bis 110 V zugeführt. Die mit der Hohlwelle *8* gekoppelte Gehäuseglocke *7* hat einen Induktionsring *4*, der zwischen den beiden Teilen des Polsystems umläuft. Es gibt auch andere konstruktive Anordnungen.

Durch unterschiedliche Ausführung des Induktionsrings lassen sich die Kennlinien und damit Eigenschaften einer Induktionskupplung variieren. In einer *Synchronkupplung* stimmen Anzahl der ferromagnetischen Segmente des Rings und Polzahl überein (Bild 2-179a). Eine solche Kupplung weist bei Synchronlauf das Maximum des magnetischen Flusses und damit ein großes statisches Drehmoment auf, das schlupffrei übertragen wird und dessen Betrag durch den Erregerstrom genau zu stellen ist. Unter Belastung verdrehen sich Polsystem und Induktionsring relativ zueinander um den Winkel ψ, der bei etwa halbem Polabstand seinen Maximalwert erreicht. Hier reißt die induktive Verbindung ab, wenn die Belastung weiter steigt. Die Synchronkupplung eignet sich deshalb gut als Sicherheitskupplung, allerdings nur, wenn der steile Abfall des Drehmoments nach dem Ansprechen erwünscht und das hohe Massenträgheitsmoment der am Antrieb befestigten Kupplungshälfte vertretbar ist. Das dynamische Drehmoment während des Anlaufs einer derartigen Kupplung ist dagegen sehr klein; sie wird deshalb als Anlaufkupplung nur dann verwendet, wenn der Synchronlauf den normalen Betriebsfall darstellt.

Die *Asynchronkupplung* hat einen Induktionsring mit einer wesentlich größeren Anzahl von Segmenten (Bild 2-179b). Eigenschaften und Kennlinienfeld entsprechen denen von Asynchronmotoren. Sie sind wie dort durch die konstruktive Gestaltung zu beeinflussen; Bild 2-179b zeigt zwei Beispiele. Diese Kupplung ist eine ideale, stellbare Anlaufkupplung, die aber ständig mit Schlupf arbeitet. Je nach Kupplungsgröße beträgt der Nennschlupf 1 ... 6 %. Einer guten Wärmeabfuhr kommt große Bedeutung zu; die zulässigen Temperaturen sind jedoch i.allg. größer als die von Reibungskupplungen.

Der Induktionsring einer *Wirbelstromkupplung* besteht aus massivem Fe; die Kennlinien zeigen die typische Wirbelstromcharakteristik mit dem maximalen Drehmoment beim größten Schlupf (Bild 2-179c). Im Verhalten entspricht die Wirbelstromkupplung der Asynchronkupplung; sie ist aber

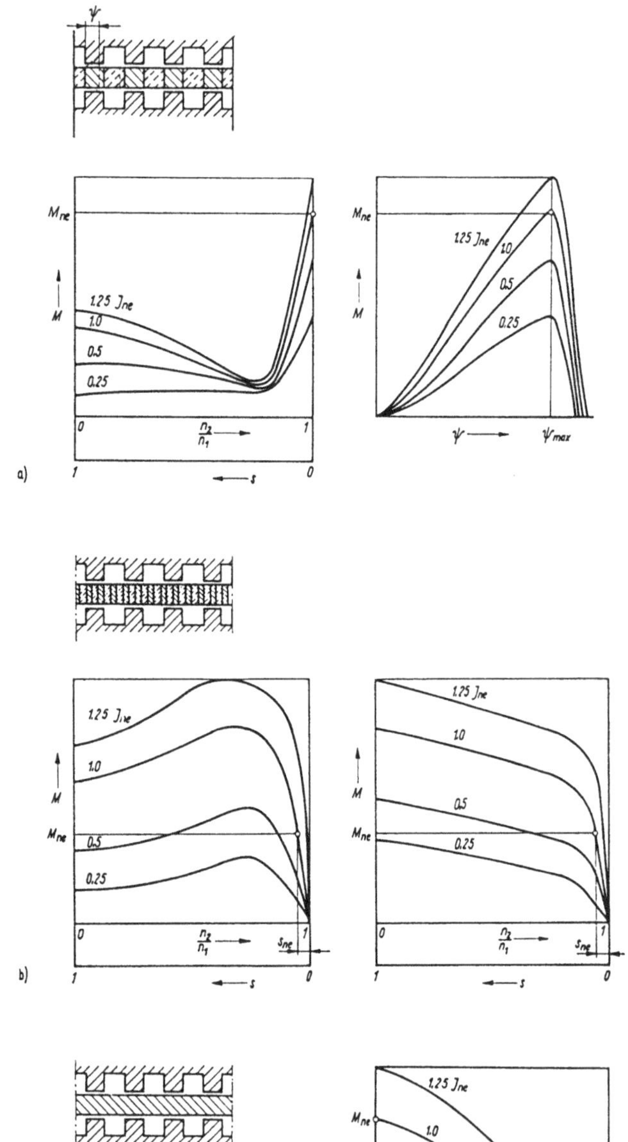

Bild 2-179 Kennlinien der Induktionskupplung

a) Synchronkupplung
b) Asynchronkupplung
c) Wirbelstromkupplung

M Drehmoment
n Drehzahl
s Schlupf
I Erregerstrom
ψ Verdrehwinkel

weicher, elastischer. In fördertechnischen Antrieben wird sie gern als Betriebsbremse oder als Bestandteil elektrischer bzw. elektronischer Anfahrschaltungen verwendet, siehe Abschnitt 3.2.1.3.2.

2.6.3.3 Strömungskupplungen

Bei einem hydrodynamischen Getriebe bilden Kreiselpumpe und Turbine in einem mit einer Betriebsflüssigkeit gefüllten Gehäuse einen geschlossenen hydraulischen Kreislauf. Die Energie wird nicht mechanisch, sondern hydraulisch übertragen. Mit Hilfe der Ähnlichkeitsbeziehungen für Strömungsmaschinen lassen sich die nachstehenden Modellgleichungen für Drehmoment M und Leistung P angeben

$$M = \lambda \varrho d^5 \omega_1^2, \qquad P = \lambda \varrho d^5 \omega_1^3. \tag{2.254}$$

λ ist die sog. Leistungszahl, eine dimensionslose, von der Rad- und Schaufelgestaltung abhängige Kenngröße einer bestimmten Ausführung; sie ist eine Funktion des Drehzahlverhältnisses ω_2/ω_1 bzw. n_2/n_1. ϱ ist die Dichte der Betriebsflüssigkeit, meist Öl. Auch der charakteristische Durchmesser d ist eine konstruktive Kenngröße, i.allg. der Profildurchmesser der Beschaufelung.

Eine *Strömungskupplung* (Bild 2-180) als einfachste Bauform mit einem antreibenden Pumpenrad P und einem abtreibenden Turbinenrad T überträgt das Drehmoment $M = M_1 = M_2$ durch eine Druckdifferenz, die eine Drehzahldifferenz voraussetzt. Der Schlupf

$$s = \frac{n_1 - n_2}{n_1} = 1 - \frac{n_2}{n_1}$$

ergibt einen schlupfabhängigen Wirkungsgrad

$$\eta = 1 - s = \frac{n_2}{n_1}. \tag{2.255}$$

Für $n_2 = n_1$, d.h. $s = 0$, wird auch $M = 0$.

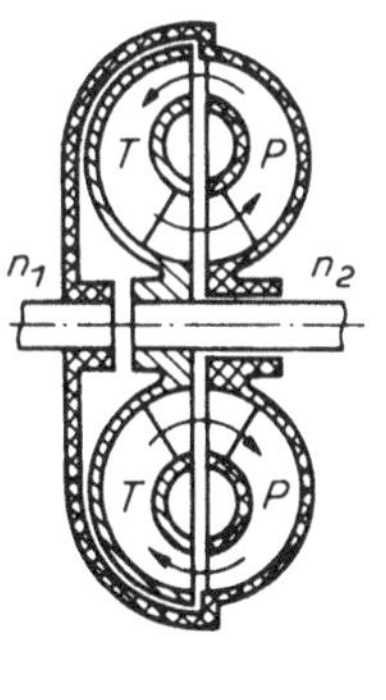

Bild 2-180
Prinzip der Strömungskupplung

Die Kennlinien $M = f(n_2/n_1)$ einer normalen Strömungskupplung sind Potenzfunktionen, deren Maximalwert und Verlauf durch die Füllmenge zu beeinflussen sind (Bild 2-181a). Das Nenndrehmoment einer Kupplung wird so festgelegt, daß ihm ein Nennschlupf von $s_{ne} = 0{,}02 \ldots 0{,}03$ entspricht. Für konstanten Schlupf s wird das Drehmoment M nur eine Funktion der Antriebsdrehzahl n_1. Die Schleppkurven s = konst. bilden eine im Koordinatenursprung zusammenlaufende Kurvenschar, die das im Bild 2-181b schraffierte Arbeitsgebiet der Kupplung überdeckt.

Eine andere Darstellung $n_1 = f(n_2)$, die sog. Stellcharakteristik, für ein konstantes Antriebsmoment $M = M_1$ = konst. (Bild 2-181c) zeigt, daß die Antriebsdrehzahl n_1 erst den durch A bezeichneten Mindestwert n_{10} erreichen muß, ehe das erforderliche Drehmoment zur Beschleunigung der Welle *2* übertragen werden kann. Dies verhindert das Abwürgen des Motors, wenn seine Leerlaufdrehzahl unterhalb dieses Wertes liegt.

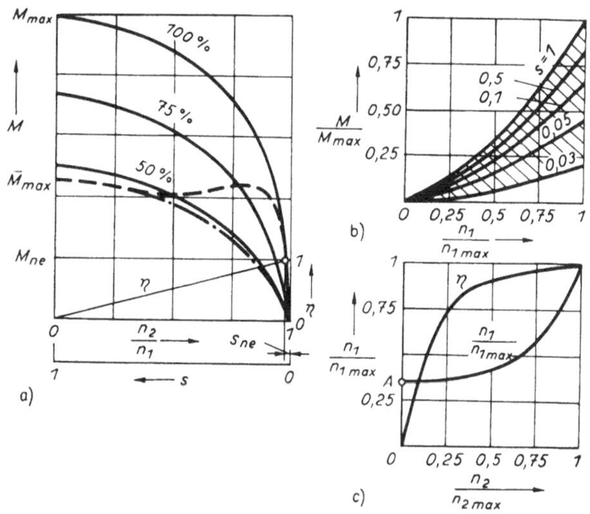

Bild 2-181 Kennlinien der Strömungskupplung

a) Kupplungskennlinien bei veränderlicher Füllung
b) Schleppkurven
c) Stellcharakteristik

Um ein während des Beschleunigens gleichbleibendes Drehmoment zu erhalten, wie es bei einer Anlaufkupplung erwünscht ist, muß die Flüssigkeitsmenge während des Anlaufs stufenlos von einem niedrigeren Wert auf den vollen Betrag erhöht werden. Stellkupplungen mit einem äußeren Ölkreislauf kann man nur für stationäre Antriebe vorsehen; in fördertechnischen Triebwerken werden bei Antrieb durch Verbrennungsmotor Strömungskupplungen mit Stauraum, jetzt häufiger solche mit einem zusätzlichen Nebenraum als Verzögerungskammer (Bild 2-182) verwendet. Stauraum bzw. Verzögerungskammer nehmen im Stillstand einen Teil der Betriebsflüssigkeit auf; dies führt zu einer Teilentleerung

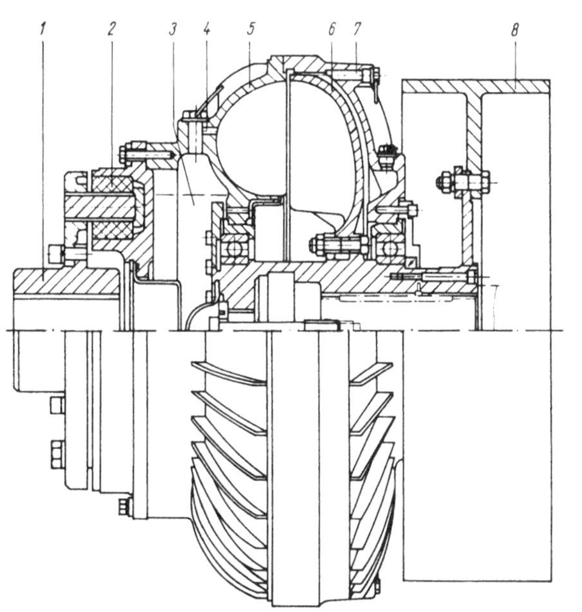

Bild 2-182 Strömungskupplung KSA mit Anlaufverzögerung Strömungsmaschinen GmbH, Pirna

1 elastische Bolzenkupplung
2 Elasthülse
3 Füllungsverzögerungsraum
4 Düsen
5 Pumpenrad
6 Turbinenrad mit Nabe
7 Schmelzsicherung
8 Bremstrommel

der Schaufeln. Mit zunehmender Drehzahl vergrößert sich deren Füllung aus der Verzögerungskammer, durch Drosselventile verlangsamt, bis sie vollständig ist. Die gestrichelte Kennlinie im Bild 2-181a stellt den Übergang von der strichpunktierten Kurve der Teilfüllung zur ausgezogenen der Gesamtfüllung dar.

Die Schleppkurven einer Strömungskupplung mit Füllungsverzögerung liegen für größere Schlupfwerte eng beieinander und lassen sich für die Auslegung in einer gemeinsamen Schleppkurve zusammenfassen. Im Bild 2-183a ist das Zusammenwirken mit einem Asynchronmotor mit Kurzschlußläufer verdeutlicht. Die Punkte A und B grenzen den Bereich ab, den man für die Auslegung bevorzugt. Im Nennbetriebspunkt C darf – dies ist die zweite Bedingung – der Kupplungsschlupf 2 ... 3 % nicht überschreiten. Der Kurzschlußläufermotor läuft unter der Wirkung des anteiligen Beschleunigungsmoments M_{bM} schnell hoch. Sobald das übertragene Kupplungsmoment M_K das Gegenmoment M_g überschreitet, beginnt auch die Beschleunigung der Abtriebsseite durch das Drehmoment $M_K - M_g$.

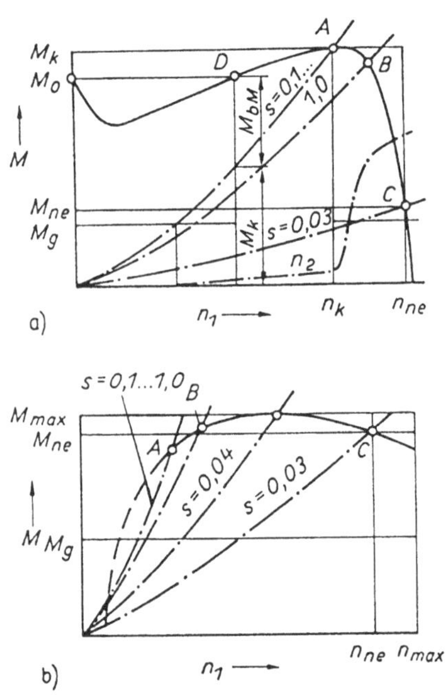

Bild 2-183 Arbeitsdiagramm einer Strömungskupplung

a) Antrieb durch Drehstrom-Asynchronmotor

b) Antrieb durch Dieselmotor

Werden Strömungskupplung und Dieselmotor aufeinander abgestimmt (Bild 2-183b), muß der instabile Hochlaufast der Motorkennlinie außerhalb des Arbeitsbereichs der Kupplung verbleiben, damit der Motor nahezu unbelastet hochlaufen kann. Wegen aller weiteren Einzelheiten wird auf [2.231] [2.232] [2.241] und die kraftfahrtechnische Spezialliteratur verwiesen.

2.6.3.4 Strömungswandler

Ein Strömungswandler ist ein Getriebe, d.h. ein Drehzahl- und Drehmomentwandler. Er hat deshalb zusätzlich zu Pumpenrad P und Turbinenrad T ein feststehendes, mit Schaufeln ausgerüstetes Leitrad L, das die Strömung ausrichtet und ein Differenzmoment ΔM aufnimmt (Bild 2-184). Es gelten die Gleichungen

$$M_1 + M_2 + \Delta M = 0$$

$$i_M = \frac{M_2}{M_1} \quad \text{(Momentwandlung)}$$

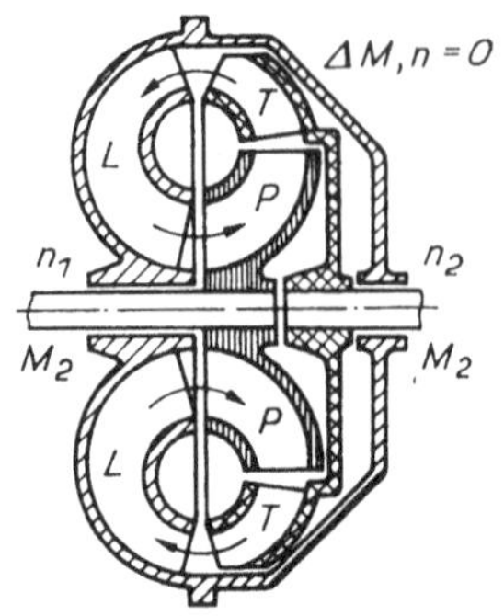

Bild 2-184 Prinzip des Strömungswandlers

$$i_n = \frac{\omega_2}{\omega_1} = \frac{n_2}{n_1} \quad \text{(Drehzahlwandlung)}$$

$$\eta = \frac{M_2\,\omega_2}{M_1\,\omega_1} = i_M\,i_n \quad \text{(Wirkungsgrad).} \qquad (2.256)$$

Das Kennfeld eines Strömungswandlers für konstante Antriebsdrehzahl n_1 ist im Bild 2-185 angegeben. Der Anlaufpunkt A mit dem größten Drehmoment M_2, der Betriebspunkt B beim größten Wirkungsgrad, der Kupplungspunkt K für $M_1 = M_2$ und der Durchstoßpunkt D für $M_2 = 0$ sind ausgezeichnete Punkte der Wandlerkennlinie. Im Kupplungspunkt K wird die Übersetzung $i_M = 1$, das Differenzmoment im Leitrad $\Delta M = 0$. Jenseits dieses Punktes nimmt das Leitrad ein negatives Drehmoment auf.

Nachteilig, z.B. für Fahrantriebe, ist der steile Abfall des Wirkungsgrads mit höher werdenden Abtriebsdrehzahlen n_2. Er wird beseitigt, wenn das Leitrad auf einem Freilauf gelagert wird und keine negativen Drehmomente übertragen kann. Vom Kupplungspunkt K ab wird es vielmehr kräftefrei von der Strömung mitgenommen; der Wandler arbeitet in diesem Bereich als Strömungskupplung. Ein Wandler dieser Bauart (*Trilokwandler*, Bild 2-186) erreicht allerdings nicht so große Maximalwerte der Drehmomentwandlung wie ein Normalwandler. Die Kennlinien sind im Bild 2-187 dargestellt.

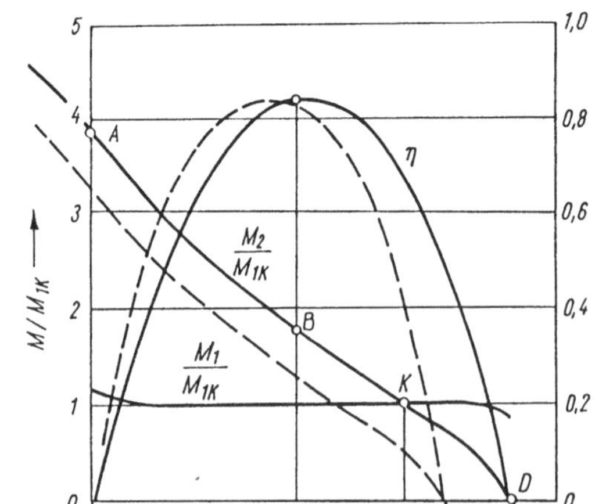

Bild 2-185 Kennlinien eines Strömungswandlers für n_1 = konst. (gestrichelte Linien für $\bar{n}_1 < n_1$)

A Anfahr-(Festbrems-)Punkt
B Auslegungs-(Konstruktions-) Punkt
K Kupplungspunkt
D Durchstoßpunkt

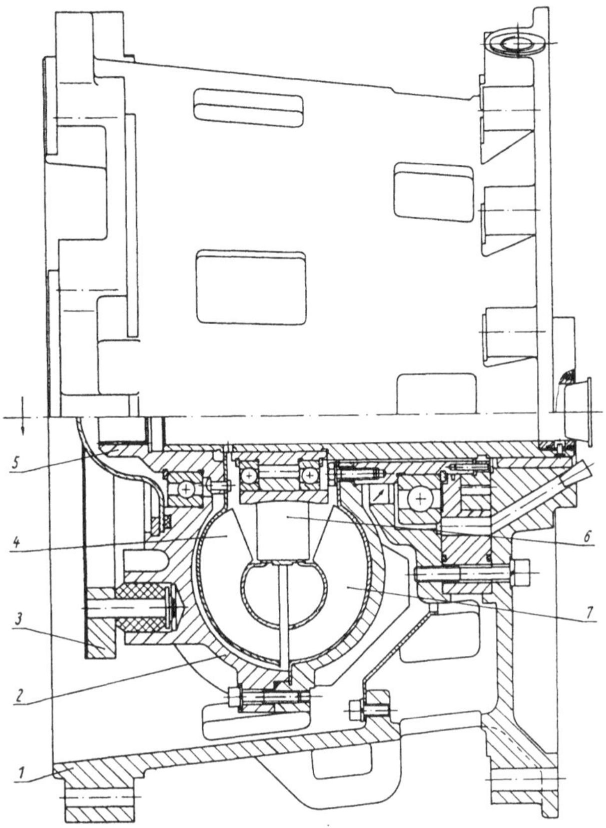

Bild 2-186
Strömungswandler WST 2,4 mit Freilauf (Trilokwandler)
Strömungsmaschinen GmbH, Pirna

1 Gehäuse, anflanschbar
2 Pumpengehäuse
3 elastische Bolzenkupplung
4 Turbinenrad
5 Zahnnabenverbindung
6 Leitrad, auf Freilauf gelagert
7 Pumpenrad

Je nachdem, wie Pumpen-, Turbinen- und Leitrad im Strömungskreislauf aufeinanderfolgend angeordnet sind, können Leistungszahlen λ mit nahezu konstantem, fallendem oder steigendem Verlauf über dem Drehzahlverhältnis n_2/n_1 eingestellt werden (Bild 2-188). Wenn λ unabhängig von n_2 ist, tritt im Arbeitsdiagramm des Motors (Bild 2-189) nur eine Kennlinie für das nachgeschaltete Strömungsgetriebe auf. Wird sie durch den Betriebspunkt des Dieselmotors bei dessen größter Leistung $P/P_0 = 1$ gelegt, kann der kleinstmögliche Wandler eingesetzt, das beste Beschleunigungsverhalten erzielt werden. Die Anfahrlinie durchläuft jedoch durchweg Bereiche mit höherem spezifischem Kraftstoffverbrauch b/b_0. Wird dagegen die Kennlinie für die Drehmomentübertragung durch den Betriebspunkt des Dieselmotors mit dem maximalen Drehmoment gelegt, ist ein Wandler mit größerem charakteristischem Durchmesser erforderlich, der aber das Durchlaufen günstigerer Bereiche des Kraftstoffverbrauchs garantiert. Innerhalb dieser Grenzen liegen die möglichen Anpassungsfälle zwischen Motor und Wandler, wobei immer ein Kompromiß zwischen gutem Beschleunigungsverhalten und geringem Kraftstoffverbrauch gefunden werden muß.

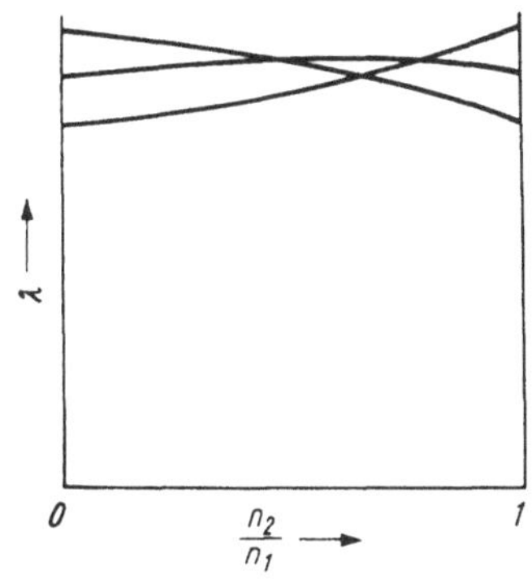

Bild 2-188
Leistungszahl in Abhängigkeit vom Drehzahlverhältnis

Ein Wandler mit fallender Leistungszahl λ (Bild 2-188) durchläuft beim Anlaufen mehrere Kennlinien $M_1 = f(n_1)$ innerhalb des im Bild 2-189 gestrichelten Bereichs. Dieser Wandler wirkt drehzahldrückend, weil das erforderliche Drehmoment bereits bei einer niedrigeren Drehzahl als der Betriebsdrehzahl übertragen werden kann. Das größte Kupplungsmoment darf dabei den Motor nur auf die unterste zulässige Drehzahl drücken. Während des Anfahrens läuft der Motor im flachen Teil der λ-Funktion mit verringerter Drehzahl, bis die Turbinendrehzahl wenig kleiner als die Pumpendrehzahl ist; dann nimmt die Motordrehzahl wieder zu. Näheres siehe [2.241] [2.242] [2.243].

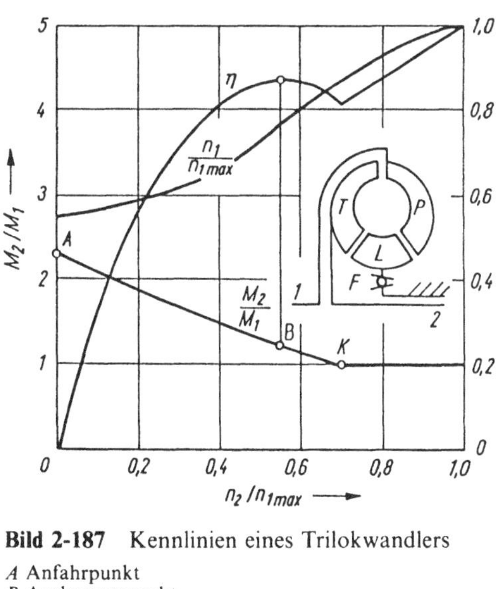

Bild 2-187 Kennlinien eines Trilokwandlers

A Anfahrpunkt
B Auslegungspunkt
K Kupplungspunkt

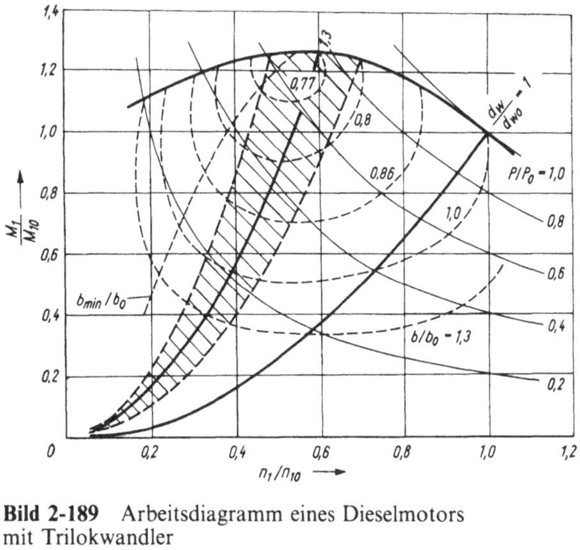

Bild 2-189 Arbeitsdiagramm eines Dieselmotors mit Trilokwandler

2.7 Zahnradgetriebe

Zahnradgetriebe sind die in fördertechnischen Antrieben bevorzugten Drehzahl- und Drehmomentwandler. Sie müssen an die Besonderheiten des Einsatzes, z.B. Aussetzbetrieb, regellose Belastung, extreme klimatische Bedingungen, angepaßt werden und möglichst geringe Eigenmassen aufweisen, weils sie die Gesamtmasse der Antriebe maßgebend bestimmen.
Die Getriebeentwicklung, vor allem die Theorie und Technologie der Verzahnung, hat große Fortschritte erzielt; die Berechnung wurde genauer und komplizierter. Entwurf, Berechnung und Konstruktion von Getrieben sind damit das Arbeitsfeld von Spezialisten geworden, in dem Datenverarbeitungsanlagen eine große Rolle spielen. Dennoch stehen auch Projektant und Konstrukteur von Fördermaschinen und -anlagen häufig vor der Aufgabe, ein Zahnradgetriebe zumindest zu entwerfen und dabei verschiedene Varianten zu prüfen, Hauptabmessungen festzulegen.
Der nachstehende Abschnitt will für diese begrenzte Aufgabe Hilfe und Orientierung geben. Die getroffene Auswahl berücksichtigt die gebotene Beschränkung auf wenige für den Entwurf nützliche Grundaussagen in sehr elementarer Form für ins Langsame übersetzende (Untersetzungs-) Getriebe mit nicht zu großen Antriebsdrehzahlen bis etwa 3000 U/min, das typische Einsatzfeld in der Fördertechnik.
Die detaillierte konstruktive Durchbildung, die Auslegung der Verzahnung, Lagerung usw. werden nicht dargelegt. Einschlägige Fachbücher vermitteln die hierfür benötigten Informationen in unterschiedlicher Weise. Sie behandeln nur Teilgebiete [2.244] oder vorwiegend die Verzahnung [2.66] [2.245]. Einen umfassenderen Einblick in alle theoretischen und konstruktiven Probleme verschafft [2.246]; auf die vielen Bauarten geht besonders [2.247] ein.

2.7.1 Bauarten und Eigenschaften der Zahnradgetriebe

Die drei in Getrieben verwendeten Zahnradpaarungen (Bild 2-190) bilden einstufige Getriebe; Kenngrößen enthält Tafel 2-33. Stirnräder sind außen- oder innenverzahnt mit geraden oder schrägen Zähnen. Kegelräder erhalten vorzugsweise Gerad- oder Bogenverzahnung, nur selten Schrägverzahnung. Beim Schneckenradtrieb kann eines der beiden Räder zylindrisch, das andere globoidförmig, es können aber auch beide globoidförmig ausgebildet werden. Bevorzugt wird das im Bild 2-190c dargestellte Zylinderschneckengetriebe. Die Eigenschaften der Zahnradpaarungen werden außer von der Form von der Herstellungsart und -qualität bestimmt, siehe Abschnitt 2.7.2.2.
Durch Hintereinanderschalten mehrerer gleichartiger oder verschiedener Zahnradpaare entstehen mehrstufige Zahnradgetriebe. Sie unterscheiden sich in der Stufenzahl, der räumlichen Anordnung der Wellen, der Baugröße usw. In der Fördertechnik kommt man üblicherweise mit zwei bis vier Stufen aus. Bild 2-191 zeigt einige Hauptbauformen von Getrieben.

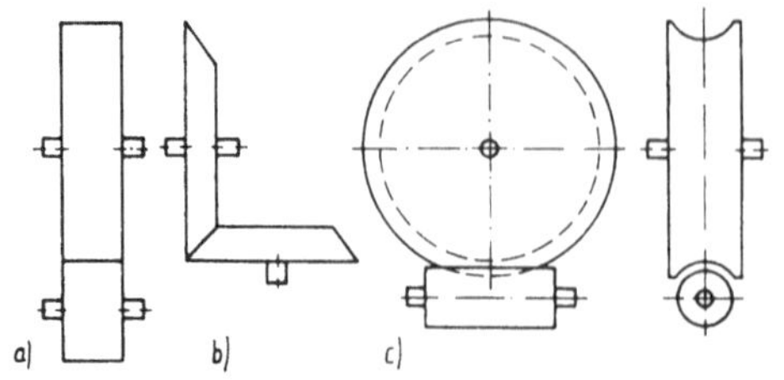

Bild 2-190 Zahnradpaarungen (Getriebestufen)

a) Stirnradpaar
b) Kegelradpaar
c) Schneckenradpaar

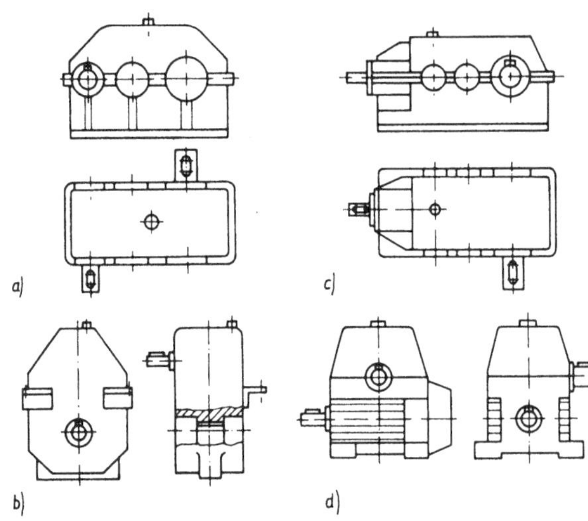

Bild 2-191 Beispiele für Zahnradgetriebe

a) Stirnradgetriebe, horizontal
b) Stirnradgetriebe, vertikal
c) Kegel-Stirnradgetriebe
d) Schneckengetriebe

Das *Stirnradgetriebe* hat einen sehr einfachen Aufbau, einen hohen Wirkungsgrad und niedrigen Verschleiß. Die Getriebestufen folgen horizontal, schräg oder vertikal aufeinander (Bild 2-191a, b). Diese Getriebeart wird stets bevorzugt, wenn nicht zwingende Gründe dagegen sprechen. Bei einem *Kegel-Stirnradgetriebe* (Bild 2-191c) muß das Kegelritzel meist fliegend gelagert werden, wodurch Tragbild, Übertragungsleistung und Laufruhe herabgesetzt werden. Man verwendet es dann, wenn die gekreuzte Lage der Antriebs- und Abtriebswellen Vorteile gegenüber der Parallelanordnung bietet. Ein *Schneckengetriebe* (Bild 2-191d) kann mit einer beträchtlich größeren Stufenübersetzung ausgeführt werden; es ist wegen des hohen Gleitanteils während der Bewegungsübertragung grundsätzlich geräuschärmer als alle Getriebe mit Wälzpaarungen, weist aber einen größeren Verschleiß auf. Zu beachten ist der niedrigere Wirkungsgrad, bei größeren Übersetzungen kann Selbsthemmung auftreten. Hier eignen sich besser Schnecken-Stirnradgetriebe.

Tafel 2-33 Zahnradpaarungen (Getriebestufen)

Art	Lage der Wellen	Maximale Umfangsgeschwindigkeit in m/s	Stufenwirkungsgrad	Bereiche der Stufenübersetzungen
Stirnräder	parallel in einer Ebene	50	0,93 ... 0,99	1 ... 8
Kegelräder	schneidend in einer Ebene	40	0,90 ... 0,98	1 ... 5
Schneckenräder	senkrecht zueinander, nicht in einer Ebene	25	0,50 ... 0,96	5 ... 50

Der Wirkungsgrad eines Schneckengetriebes muß somit bereits beim Entwurf ermittelt werden. Wegen des geringen Einflusses der Lager- und Ölreibungsverluste wird er zu mehr als 95 % vom Wirkungsgrad der Verzahnung bestimmt; dieser beträgt

bei treibender Schnecke

$$\eta_z = \frac{\tan \gamma_m}{\tan(\gamma_m + \varrho_z)} = \frac{1 - \mu_z \tan \gamma_m}{1 + \mu_z \cot \gamma_m},$$

bei treibendem Schneckenrad

$$\bar{\eta}_z = \frac{\tan(\gamma_m - \varrho_z)}{\tan \gamma_m} = \frac{1 - \mu_z \cot \gamma_m}{1 + \mu_z \tan \gamma_m} \tag{2.257}$$

mit dem mittleren Steigungswinkel

$$\tan \gamma_m = \frac{m z_1}{d_{m1}} = \left(\frac{2a_W}{d_{m1}} - 1\right) \frac{z_1}{z_1 + 2x}; \tag{2.258}$$

m Modul,
$z_{1,2}$ Zähnezahl der Schnecke bzw. des Schneckenrads,
a_W Achsabstand,
x Profilverschiebungsfaktor,
ϱ_z Reibungswinkel der Verzahnung,
μ_z Reibungszahl der Verzahnung.

Für $\varrho_z \to \gamma_m$ geht $\bar{\eta}_z \to 0$, d.h., das Getriebe wird selbsthemmend. Bild 2-192 zeigt die Abhängigkeit der Reibungszahl μ_z von der Fertigungstechnologie der Schnecke und der mittleren Gleitgeschwindigkeit

$$v_{gm} = \frac{d_{m1} n_1 \pi}{\cos \gamma_m}; \tag{2.259}$$

n_1 Schneckendrehzahl,

Bild 2-193 den Gesamtwirkungsgrad von Zylinderschneckengetrieben bei treibender Schnecke in Abhängigkeit von der Übersetzung i.

Die in Tafel 2-34 zusammengestellten Kenngrößen normaler Zahnradgetriebe machen deutlich, daß mit diesen Bauformen mit wenigen Ausnahmen alle Einsatzbereiche der Fördertechnik überdeckt werden. Getriebe mit Leistungsverzweigung, d.h. Parallelschaltung mehrerer Getriebestränge und Summierung der Übertragungsleistung am Abtriebsrad, sowie ein- bzw. mehrstufige Umlaufrädergetriebe (s. Abschn. 2.7.5) sind prinzipiell leichter und kleiner als unverzweigte Normalgetriebe gleicher Leistung; ihre Anwendung nimmt zu.

Nachteile aller Zahnradgetriebe sind die konstante Übersetzung und die beträchtliche Lärmentwicklung infolge einer starken Schwingungserregung. Eine in Stufen veränderliche Übersetzung erzielt man durch Einbau von Stellstufen mit Schieberädern oder Schaltkupplungen, eine stufenlose Übersetzungsänderung mit Hilfe einer Reibradstufe, soweit dies zulässig ist, oder durch Kombination mit einem hydraulischen Wandler.

Die Geräuschbildung der Zahnradgetriebe ist dagegen ein bisher nicht befriedigend gelöstes Problem. Bild 2-194 beweist den hohen Geräuschpegel der Stirnradgetriebe und den Vorzug der Schneckenradgetriebe. Die Getriebe sind fast immer die stärkste Geräuschquelle eines Antriebs, so daß die Senkung des Getriebegeräuschs eine wichtige Gegenwartsaufgabe ist. Geeignet sind konstruktive Maßnah-

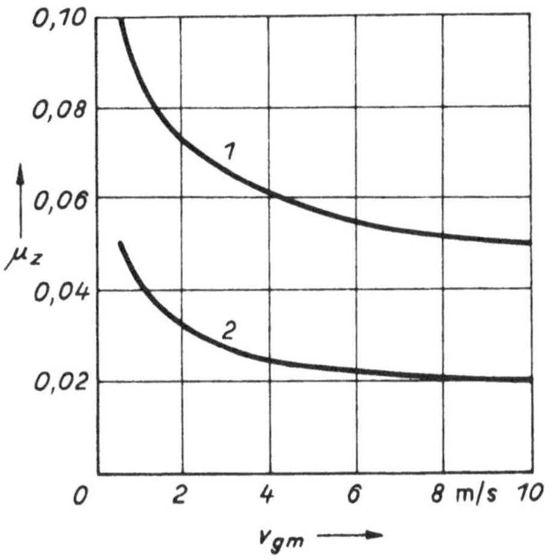

Bild 2-192 Reibungszahl μ_z von Schneckenradverzahnungen in Abhängigkeit von der mittleren Gleitgeschwindigkeit v_{gm} (Kranzwerkstoff: GZ-SnBz 10 bis 14)

1 Schnecke vergütet, gedreht
2 Schnecke gehärtet, geschliffen

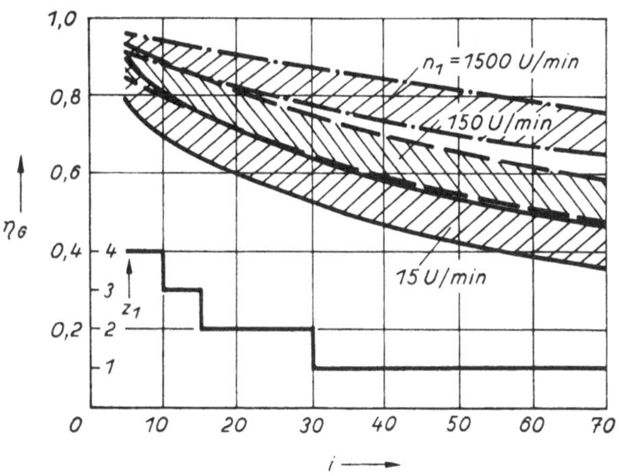

Bild 2-193 Gesamtwirkungsgrad η_G und empfohlene Zähnezahl z_1 von Zylinderschneckengetrieben bei treibender Schnecke

η_G nach [2.246, Tafel 25/1]
z_1 nach [2.66]

Tafel 2-34
Kenngrößen normaler Zahnradgetriebe (Auszug aus [2.246, Tafel 20/1])

Getriebeart	Größte Übertragungsleistung P_G in kW	Gesamtübersetzung i_G	Masse/Leistungsverhältnis m_G/P_G in kg/kW
Stirnradgetriebe	3000	1 ... 800	1,8 ... 0,4
Umlaufrädergetriebe	2000	3 ... 13	1,0 ... 0,2
Kegelradgetriebe	500	1 ... 5	2,5 ... 0,6
Kegel-Stirnradgetriebe	500	5 ... 700	2,0 ... 0,5
Schneckengetriebe	120	5 ... 50	4,5 ... 0,2
Schnecken-Stirnradgetriebe	100	40 ... 280	10,0 ... 4,0

men, wie Verringerung des Stufenpegels durch genauere Fertigung, bessere Schalldämmung durch günstige Gehäusegestaltung (s. Abschn. 2.7.2.4) und weitere sekundäre Maßnahmen, z.B. Einhausung.

2.7.2 Konstruktiver Entwurf von Zahnradgetrieben

2.7.2.1 Festlegung der Grundabmessungen

Beim Entwurf eines Zahnradgetriebes sind für eine gewählte Bauform und festgelegte Getriebeübersetzung i_G sowie Übertragungsleistung P_G die Grundabmessungen zu bestimmen. Dies bedingt die Aufteilung der Gesamtübersetzung in die Stufenübersetzungen, eine Vordimensionierung der Verzahnung nach Kriterien der Funktion und Festigkeit und die Kontrolle, daß sich die verschiedenen Stufen geometrisch nicht durchdringen.

Die gleiche Getriebeübersetzung läßt sich mit unterschiedlicher Stufenzahl und Übersetzungsaufteilung erzielen; Grenzwerte für Stirnradgetriebe enthält Tafel 2-35. Man versucht deshalb, optimale Übersetzungsaufteilungen zu erreichen, und erhält dabei, je nach angelegtem Optimalitätskriterium und Vorgehensweise, sehr unterschiedliche Ergebnisse. [2.246] und [2.248] streben das kleinste Zahnradvolumen an, wobei [2.248] offensichtlich zu kleine Stufenübersetzungen vorschlägt; [2.249] minimiert die Getriebemasse bei vergüteter Verzahnung, [2.250] bei gehärteter Verzahnung (Bild 2-195). Wenn das Optimierungsmodell das Getriebegehäuse einbezieht, ergeben sich nach [2.251] bei

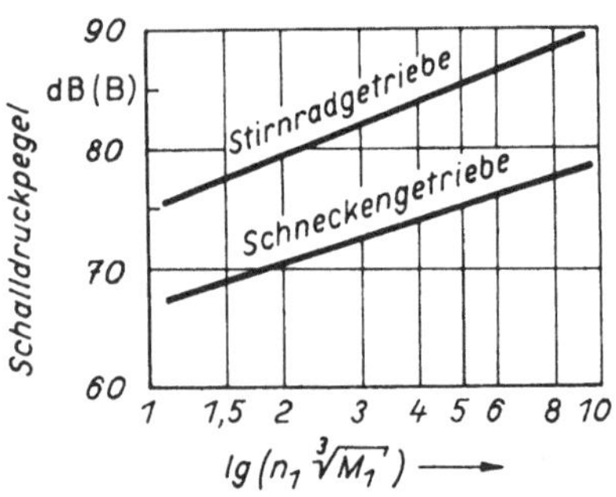

Bild 2-194 Geräuschpegel von Getriebestufen [2.246]
n_1, M_1 Drehzahl bzw. Drehmoment des Ritzels

einem 3stufigen Getriebe für die erste Stufe andere Werte u_1, s. Bild 2-195, gestrichelte Kurven. Die optimalen Übersetzungen der zweiten Stufe ändern sich dagegen nur unwesentlich. Die Abtriebsstufe sollte möglichst eine Übersetzung $u \leqq 4$ haben.

Die Zähnezahl z_1 des Ritzels kann man so wählen, daß die Zahnflanken- und Zahnfußtragfähigkeit gleicherweise ausgenutzt werden. Bild 2-196 zeigt für die heute vorzugsweise verwendete gehärtete Verzahnung den günstigen Bereich.

Tafel 2-35 Übersetzungen von Stirnradgetrieben

Stufenzahl	Maximale Übersetzung nach [2.246]	nach [2.247]	Optimale Übersetzung (Kriterium: kleinste Getriebemasse) nach [2.250]
1	6 (8)	8	4,0 ... 4,5
2	35 (45)	30	13 ... 14
3	150 (200)	125	30 ... 35
4		625	

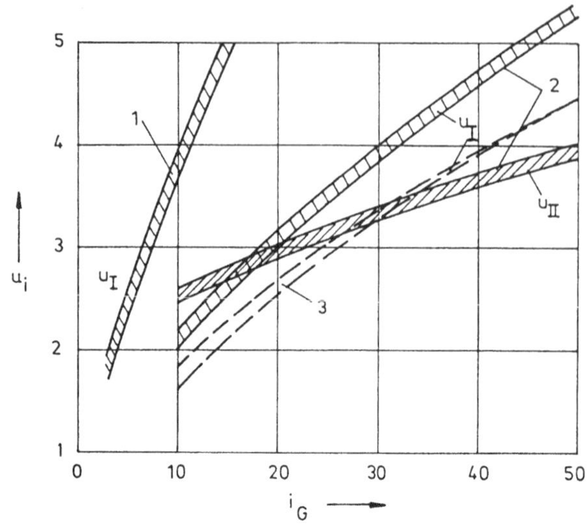

Bild 2-195 Optimale Stufenübersetzungen von Stirnradgetrieben

1 2stufige Getriebe [2.250]
2 3stufige Getriebe [2.250]
3 3stufige Getriebe [2.251]

u_I Übersetzung 1. Stufe
u_{II} Übersetzung 2. Stufe
i_G Übersetzung Getriebe

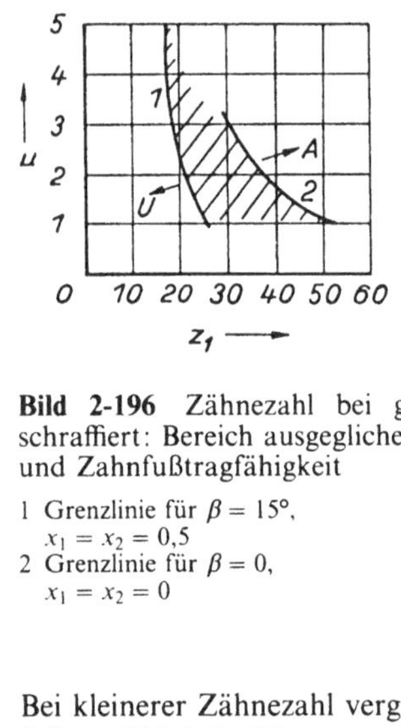

Bild 2-196 Zähnezahl bei gehärteter Verzahnung [2.252]; schraffiert: Bereich ausgeglichener Zahnflanken- und Zahnfußtragfähigkeit

1 Grenzlinie für $\beta = 15°$, $x_1 = x_2 = 0{,}5$
2 Grenzlinie für $\beta = 0$, $x_1 = x_2 = 0$

U Zahnfußtragfähigkeit größer
A Zahnflankentragfähigkeit größer

Bei kleinerer Zähnezahl vergrößern sich Modul und Zahnfußtragfähigkeit. Dies ist vorteilhaft, wenn es sich um Getriebe mit großer Anfahr- und Stoßbelastung handelt. Dagegen wächst mit größerer Zähnezahl das Ritzels die Laufruhe; dies spielt beispielsweise in Aufzuggetrieben eine Rolle.

Unter den im Abschnitt 2.7.3.1 für die überschlägliche Ermittlung der Spannungen im Zahn getroffenen Annahmen können bei vorgegebenen zulässigen Werten p_{zul} bzw. σ_{zul} für diese Spannungen überschläglich die Hauptparameter einer Verzahnungsstufe wie folgt bestimmt werden:

Achsabstand bei Geradverzahnung

$$a_W \approx 9580 \frac{u+1}{p_{zul}} \sqrt{\frac{M_1}{b} \frac{u+1}{u}}$$

Achsabstand bei Schrägverzahnung

$$a_W \approx 8450 \frac{(u+1)\cos\beta}{p_{zul}} \sqrt{\frac{M_1}{b} \frac{u+1}{u}} \tag{2.260}$$

Werkstoff-behandlung	b/a_W	b/m_n	b/d		
			Richtwerte	Größtwerte nach [2.246] bei Lagerung[2]) steif	elastisch
normalisiert				1,6	1,0
vergütet	0,3 ... 0,5	15 ... 30	0,8 ... 1,4 (2,0)	1,4	0,85
gehärtet	0,2 ... 0,4	8 ... 16	0,4 ... 0,5 (1,0)	1,1	0,65
nitriert				0,8	0,5

[1]) Klammerwerte: bei nachträglicher Anpassung der Zahnflanken

[2]) für symmetrische Wellenlagerung; bei unsymmetrischer Lagerung nur 80 %, bei fliegender Lagerung nur 50 % dieser Werte

Tafel 2-36
Richtwerte für die bezogene Zahnbreite

Normalmodul

$$m_n \approx \frac{a_W}{1 + \dfrac{z_1(u+1)}{2\cos\beta}} \quad \text{bzw.}$$

$$m_n \approx 14{,}53 \sqrt[3]{\frac{M_1 \cos\beta}{z_1 (b/m_n)\,\sigma_{zul}}}. \qquad (2.261)$$

Die Bedeutung und die Dimensionen der in diesen Zahlenwertgleichungen verwendeten Größen sind im Abschnitt 2.7.3.1 aufgeführt. Aus dem Achsabstand a_W ergeben sich günstige Bereiche für die Zahnbreite b und das Verhältnis b/m_n, siehe Tafel 2-36.
Das Breitenverhältnis b/d der Verzahnungsteile muß mit der Verzahnungsgüte und Lagerungssteife abgestimmt sein; Tafel 2-36 nennt empfohlene bzw. Größtwerte. Die Schrägungswinkel werden mit Rücksicht auf die entstehenden Axialkräfte von Stufe zu Stufe abnehmend gewählt. Günstige Werte sind nach [2.246]

1. Stufe $\beta = 10 \ldots 15°$
2. Stufe $\beta = 8 \ldots 12°$
3. Stufe $\beta = 4 \ldots 6°$ oder Geradverzahnung.

Kegelradstufen in Getrieben haben meist die Übersetzung $u = 2 \ldots 5$. Die Zahnbreiten liegen im Bereich $b = (8 \ldots 12)\,m_n$. Beim Entwurf von Schneckenradpaaren geht man von zwei Kennzahlen aus:

Formzahl

$$z_F = \frac{d_{m1}}{m} = 6 \ldots 17 \qquad (\text{Vorzugswert: } z_F = 10)$$

Breitenverhältnis

$$\psi = \frac{b}{m\pi} = 1{,}7 \ldots 2{,}7 \quad (\psi = 2{,}1 \text{ für } z_F = 10).$$

Erfahrungswerte für die Hauptabmessungen sind folgende:

Länge der Schnecke

$$l_1 = 2m(1 + \sqrt{z_2}) \quad [2.66]$$
$$= 2{,}5m\sqrt{1 + z_2} \quad [2.246]$$

Äußere Breite des Schneckenrads

$$b_2 = b + 2m = \psi m\pi + 2m \quad [2.66]$$
$$= 0{,}8d_{m1} + 2m \quad [2.246]; \qquad (2.262)$$

b tragende Breite des Zahns.

Eine Empfehlung für die Zähnezahl z_1 der Schnecke bei einer gegebenen Übersetzung i enthält Bild 2-193; [2.253] schlägt hierfür vor

$$z_1 \approx \frac{1}{i}(7 + 2{,}4\sqrt{a_W});$$

a_W Achsabstand in mm.

2.7.2.2 Gestaltung der Getriebeteile

Hauptbauteile eines Zahnradgetriebes sind die Zahnräder, Wellen, Lager und das Getriebegehäuse. Als Grundkörper für die verzahnten Teile – Ritzelwellen, Ritzel, Zahnräder – werden gewalzte oder geschmiedete Rohlinge, Gußstücke oder Schweißkonstruktionen verwendet. Die Wahl der wirtschaftlichsten Lösung berücksichtigt Stückzahl, Form und Abmessungen, außerdem den Werkstoff (Tafel 2-37). Zunehmend gewinnen gehärtete und geschliffene Verzahnungen an Bedeutung, mit denen gegenüber vergüteten Masse-

Tafel 2-37 Dauerfestigkeitswerte ausgewählter Zahnradwerkstoffe für vereinfachte Berechnung nach Gl. (2.266)
(untere Werte der in DIN 3990 Teil 5 angegebenen Bereiche)

Werkstoff	Flankenhärte HB	Flankenpressung p_D in N/mm^2	Zahnfußbiegung σ_{DF} in N/mm^2
Gußwerkstoffe			
GG 20	180	300	40
GG 25	220	340	55
GGG 40	180	380	140
GGG 60	250	490	170
GS-52.1	160	300	120
GS-60.1	180	320	130
Gußwerkstoffe, vergütet			
GS 30 CrMo 4 V	220	390	160
GS 30 CrNiMo 6 V	230	410	170
Vergütungsstähle, vergütet			
25 CrMo 4 V	250	520	210
34 CrMo 4 V	270	540	220
42 CrMo 4 V	300	580	230
30 CrNiMo 8 V	320	600	240
34 NiCrMo 12.8 V	350	650	250
Einsatzstähle, einsatzgehärtet			
16 MnCr 5	HRC	1300	310
20 MnCr 5	58 ... 62	1300	310

Die angegebenen Festigkeitswerte lassen sich durch einen höheren Reinheitsgrad der Werkstoffe, sorgfältig überwachte Wärmebehandlung und genauere Fertigung teils beträchtlich steigern. Dies gilt besonders für Vergütungsstähle.

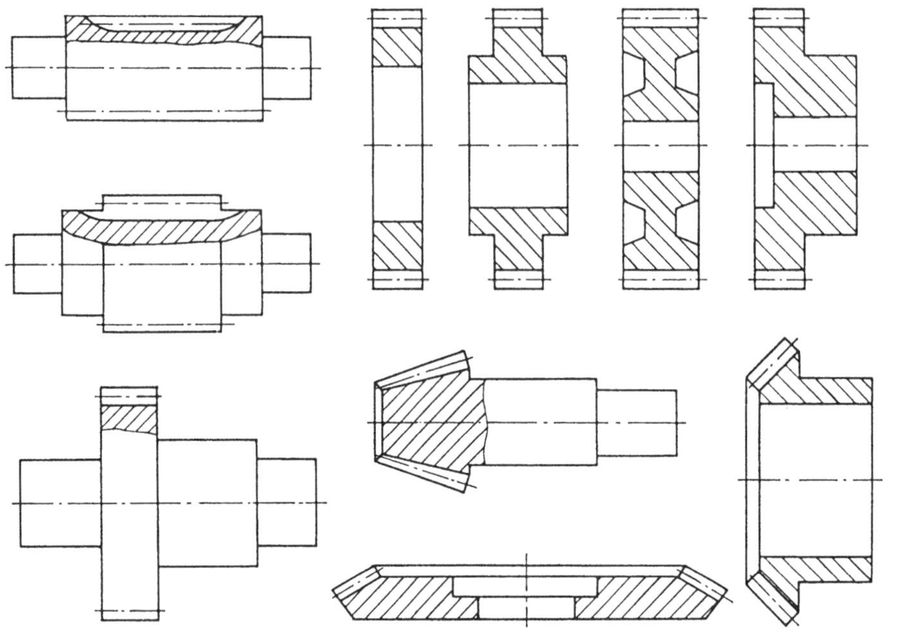

Bild 2-197 Grundformen von Ritzeln und Zahnrädern aus gewalzten oder geschmiedeten Rohlingen [2.252]

einsparungen bis 50 % zu erzielen sind. Allerdings steigen die Anforderungen an die Fertigungsqualität.

Übliche Grundformen von *Zahnrädern* zeigt Bild 2-197. Sie werden bis etwa 600 mm Durchmesser aus Rundmaterial oder gesenkgeschmiedet, bis etwa 1000 mm Durchmesser freiformgeschmiedet hergestellt. Ergänzt wird diese Übersicht durch einige Beispiele von innenverzahnten Rädern

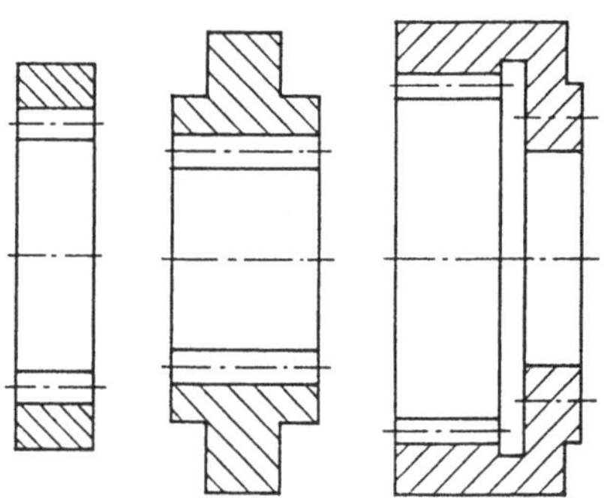

Bild 2-198 Grundformen innenverzahnter Zahnräder [2.252]

(Bild 2-198). Ohne Begrenzung des Außendurchmessers lassen sich Zahnräder für größere Stückzahlen als Gußkörper ausbilden; Bild 2-199 stellt gebräuchliche Formen, Tafel 2-38 empfohlene Abmessungen dar.

In der Einzelfertigung werden bei größeren Zahnrädern geschweißte Radkörper bevorzugt. Der Radkranz, meist aus einem niedriglegierten Vergütungsstahl, wird direkt mit

Tafel 2-38 Empfohlene Hauptabmessungen von gegossenen Zahnrädern nach Bild 2-199 in mm [2.252]

Maß	Ausführung *a*	*b*	*c*
d_a	500 ... 2500	500 ... 1200	1000 ... 2200
d_2		$\geqq 1{,}6 d_1$	
k	$\geqq 5 m_n$	$\geqq 5 m_n$	$\geqq 4 m_n$
s	$(1 \dots 5)\, m_n$	$(2{,}5 \dots 4)\, m_n$	$(1 \dots 2)\, m_n$
h	–	$(10 \dots 12)\, m_n$	$(8 \dots 14)\, m_n$

dem Steg verschweißt. Die Verbindung durch Kehlnähte (Bild 2-200a) herrschte bei vergüteter Verzahnung lange Zeit vor, sie wird heute nur noch selten angewendet. Der Schweißanschluß mit HV-Nähten (Bild 2-200b und c) vermindert die Kerbspannungen und verbessert die Betriebsfestigkeit derartiger Zahnräder. Wenn der Radkranz keine gute Schweißeignung hat, bisweilen auch bei besonders hohen dynamischen Belastungen, wählt man eine Schraubverbindung (Bild 2-200d). Das früher verbreitete Aufschrumpfen von Zahnradbandagen auf geschweißte oder gegossene Radkörper hat seine Bedeutung verloren.

Die Zahnräder werden fast immer auf die Getriebewelle aufgeschrumpft. Die früher übliche Drehmomentübertragung durch Paßfedern bzw. bei sehr hohen dynamischen Belastungen sogar durch Tangentialkeile tritt nur noch selten auf. Allerdings wird dies bisweilen für die Getriebe der Fördermaschinen vom Auftraggeber gefordert. Die Getriebewellen

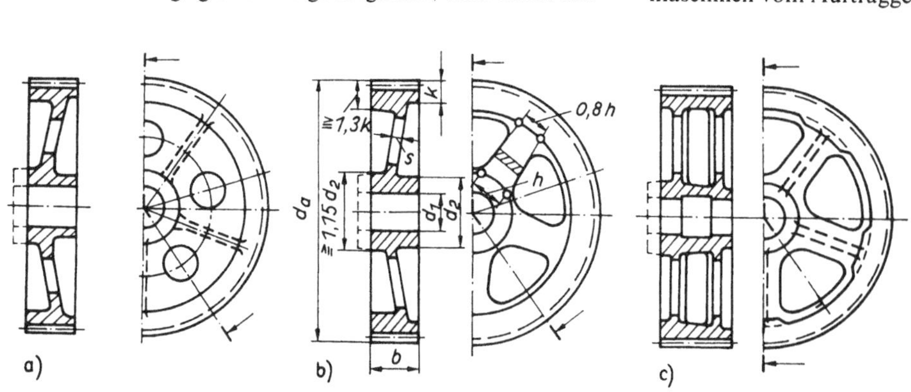

Bild 2-199 Grundformen gegossener Zahnräder [2.252] (Abmessungen s. Tafel 2.38)

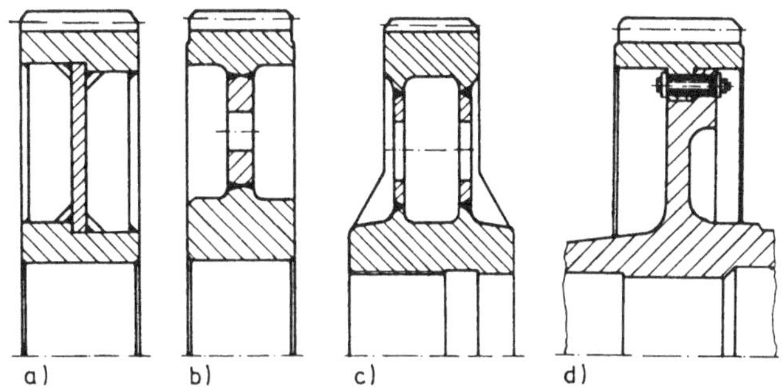

Bild 2-200 Grundformen geschweißter Zahnräder für Schrägverzahnung

a) Ausführung mit Kehlnähten, für vergütete Verzahnung
b) c) Ausführung mit HV – Nähten, für gehärtete Verzahnung
d) Ausführung mit Schraubverbindung

werden beiderseitig in Pendelrollenlagern als Fest- und Loslager gelagert. Die Loslager können auch Zylinderrollenlager sein. Eine schwimmende Lagerung, meist mit Zylinderrollenlagern, ist nur dann geeignet, wenn keine Axialkräfte auftreten, z.B. bei geradverzahnten Rädern.

Die symmetrische Lagerung der Getriebewellen ist der unsymmetrischen stets vorzuziehen, weil sich die Zahnräder dann unter Belastung infolge der Wellenverformung nicht schiefstellen. Wenn eine fliegende Lagerung eines Zahnrads unumgänglich wird, sollte der Lagerabstand das 2- bis 3fache des Überhangs (Mitte Verzahnung bis Mitte äußeres Lager) betragen; für Kegelräder empfiehlt [2.246] einen Lagerabstand gleich $(1{,}2 \ldots 2{,}5)\,d_m$.

Die resultierende Axialkraft einer Getriebewelle soll immer von dem Lager aufgenommen werden, in das die kleinere Radialkraft eingeleitet wird (s. Bild 2-145). Zwei auf einer Zwischenwelle angebrachte Zahnräder werden in ihren Schrägungswinkeln so ausgeglichen, daß sich ihre Axialkräfte aufheben.

In Aufsteckgetrieben ist die Abtriebswelle als Hohlwelle ausgebildet. Das Getriebe wird auf die Welle des anzutreibenden Elements, z.B. eines Laufrads, aufgezogen und von ihr auch getragen. Das am Gehäuse wirkende äußere Drehmoment nimmt eine Drehmomentstütze auf. Die Schwierigkeit, diese platz- und massesparende Verbindung nach längerer Betriebszeit wieder zu lösen, wird durch besondere Konstruktionen, z.B. zentrierende, drehmomentübertragende gespannte Doppelkegelverbindungen, beseitigt.

Das *Getriebegehäuse* ist ein meist geteilter, steifer Kasten, der folgende Hauptfunktionen erfüllen muß:

– Aufnahme und Ableitung der Lagerkräfte;
– Schutz gegen Staub, Wasser usw.;
– verlustfreie Aufnahme des Schmierstoffs;
– Wärmeabgabe und Schalldämmung.

Das Gehäuse im Bild 2-201 weist die üblichen Merkmale auf: Teilung vorzugsweise in der waagerechten Ebene; Rippen, durch die Wandflächen unterbrochen werden; Flansche an den Teil- und Bodenflächen; Haken bzw. Ösen für den Transport. Seriengetriebe erhalten grundsätzlich Gehäuse aus GG; nur bei höheren Ansprüchen an die Festigkeit, wenn z.B. Schlagbeanspruchungen durch herabfallende Teile zu befürchten oder größere Kräfte einer Drehmomentstütze einzuleiten sind, wird GS oder GGG verwendet. Die Gehäuse von Sondergetrieben in Einzel- oder Kleinserienfertigung sind meist geschweißt.

Für ein gegossenes Gehäuse gelten die üblichen Regeln der gießgerechten Gestaltung. Bild 2-202a deutet als Beispiel die gewölbte Form des Bodens und den hohlen Fuß mit gleichmäßiger Wanddicke an. Der obere Teilflansch steht etwas über, um das Abheben des Oberteils zu erleichtern. Die Flanschschrauben sind teils Stiftschrauben, teils Durchgangsschrauben (Bild 2-202b); die Lagerschrauben werden so dicht wie möglich neben den Lagern angebracht (Bild 2-202c). Es sind meist hochfeste Schrauben. Zwei diagonal gegenüberliegende Paßstifte sichern die genaue Relativlage beider Gehäuseteile. Innenrippen versteifen die Gehäusewände und stützen die Lagerbuchsen (Bild 2-202e); Lage und Anzahl richten sich nach Größe und Richtung der Lagerkräfte. Eine Schweißkonstruktion berücksichtigt die bereits genannten Grunderfordernisse, dazu natürlich schweißtechnische Gesichtspunkte (Bild 2-203). Die Lagerschalen sind teils aus Blech gebrannt, teils sind es Gußteile, in die ein Wandteil einbezogen ist.

Die Hauptabmessungen eines Getriebegehäuses – Länge, Breite, Höhe – werden von den Abmessungen der Einbauteile – Zahnräder, Wellen, Lager – bestimmt. Als maßgebende Kenngröße für die zu wählende Wanddicke gilt das

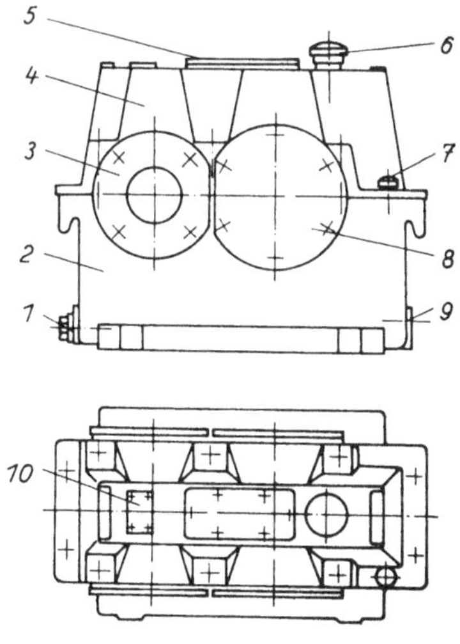

Bild 2-201 Getriebegehäuse aus GG [2.254]

1 Ölablaßschraube
2 Unterteil
3 Deckel mit Bohrung für Wellendichtring
4 Oberteil
5 Schaulochdeckel
6 Entlüfter
7 Ölmeßstab
8 Deckel
9 Anschluß für Ölkühler
10 Erzeugnisschild

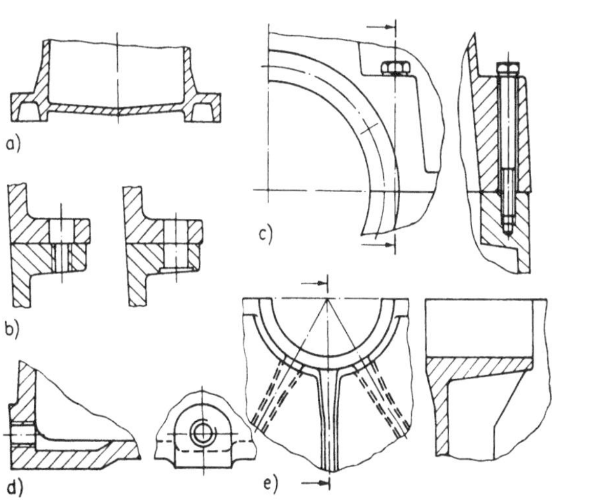

Bild 2-202 Gestaltung gegossener Gehäuse [2.254]

a) Boden und Fuß
b) Teilflansche
c) Lagerschraube
d) Ölablaß
e) Innenrippen

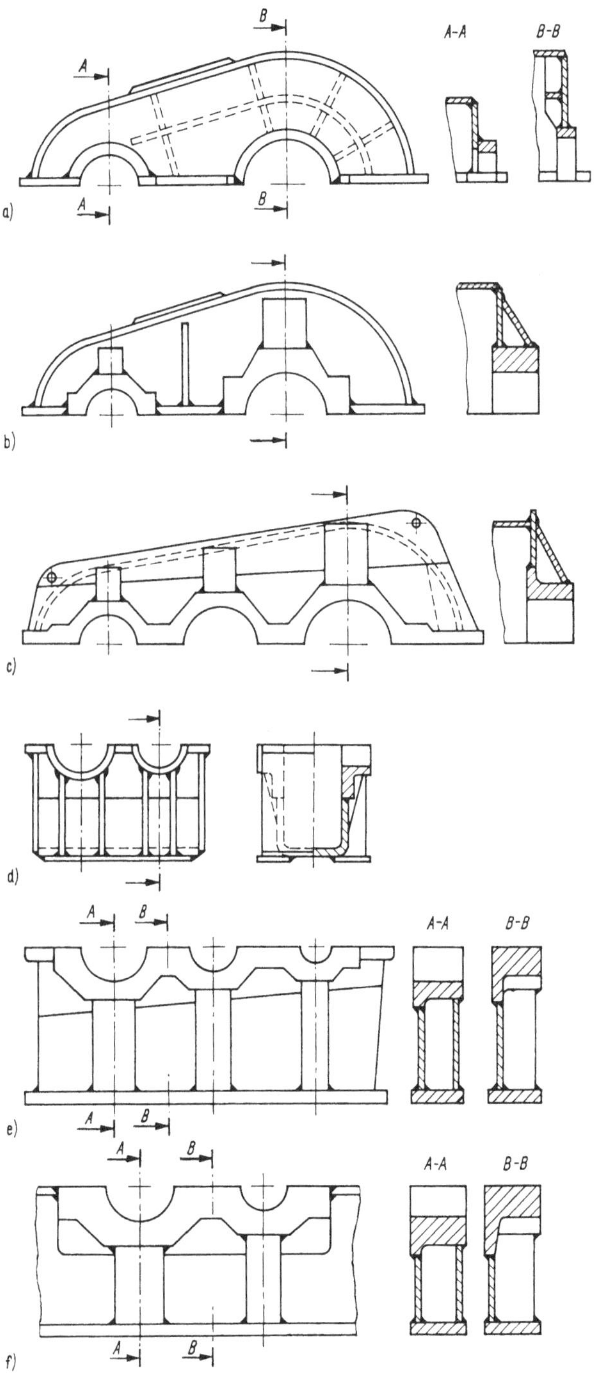

Bild 2-203 Gestaltung geschweißter Gehäuse, Beispiele

a) Oberteil, nichttragende Konstruktion
b), c) Oberteil, tragende Konstruktion
d) Unterteil eines kleinen Gehäuses
e), f) Unterteil mit gegossenen Nabenleisten

größte Längsmaß l. Tafel 2-39 gibt Anhaltswerte für die Wanddicke bei verschiedenen konstruktiven Ausführungen an. Diese Wanddicke muß noch im Hinblick auf die Schalldämmung überprüft werden (s. Abschn. 2.7.2.4). Auf die Wanddicke bezogen, sind auch Richtwerte für die sonstigen Hauptabmessungen aufgeführt.

Die Berechnung eines Getriebegehäuses auf Festigkeit und Verformung setzt wegen der vielfältig gegliederten Form und der Unsicherheiten der Krafteinleitung stark vereinfachende Annahmen voraus. Man reduziert das Gehäuse dazu auf ein einfaches Fachwerk. Genauere Berechnungen mit der Methode der finiten Elemente liegen vereinzelt vor, sind jedoch vorerst für die breite Anwendung noch nicht geeignet.

2.7.2.3 Schmierung

Sehr kleine Zahnradgetriebe oder offene Vorgelege werden mit Fetten geringer Konsistenz geschmiert. Im allgemeinen werden aber für Zahnradgetriebe unlegierte oder legierte Mineralöle, in besonderen Fällen, z.B. für sehr große Bereiche der Umgebungstemperatur, auch synthetische Öle verwendet. Die legierten EP-Öle (EP extreme pressure) weisen Additive auf, die eine höhere Druck- und Temperaturbeanspruchung des Öls zulassen; außerdem haben sie Inhibitoren, die den Alterungsprozeß des Öls verlangsamen. Die zulässigen Grenztemperaturen des Öls, bei deren Überschreiten der Schmierfilm durchbrochen werden kann, sind für die Freßtragfähigkeit der Zahnflanken maßgebend. Diese Temperaturen betragen etwa 70 °C für unlegierte, 80 ... 100 °C für legierte und bis 130 °C für Sonderöle. Schneckengetriebe versorgt man mit einem Schmierstoff höherer Zähigkeit. Organische Fettöle o.ä. als Zusatz verbessern das Anhaften.

Der Nachweis, daß die zulässige Öltemperatur nicht überschritten wird, ist durch eine Berechnung der Verlustleistung des Getriebes und eine Wärmebilanz zu führen. Ausführlich wird dies in [2.246] [2.247] [2.254] behandelt. Orientierungswerte für die Verlustleistung von Zahnradstufen enthält Tafel 2-40.

Als Schmierungsarten gibt es Tauch-, Druckumlauf- und Sprühschmierung. Bei der häufig angewendeten Tauchschmierung soll die Eintauchtiefe nach [2.254] in Abhängigkeit vom Modul m

(3 ... 5) m für Umfangsgeschwindigkeiten bis 5 m/s und
(1 ... 3) m für Umfangsgeschwindigkeiten über 5 m/s

betragen. Kegelräder müssen stets mit der gesamten Radbreite eintauchen, weil das Öl sonst die inneren Zahnflankenzonen nicht erreicht. Als Richtwert für die Ölmenge gelten 4 ... 8 l/kW Verlustleistung.

Im Bild 2-204 ist zur Wahl der geeigneten Ölsorte der Zusammenhang zwischen der mittleren Umfangsgeschwindigkeit v_m aller Getriebestufen und der erforderlichen Ölviskosität dargestellt. Rechts oben sind Bereiche für die Schmierungsart angegeben. Im Übergangsbereich TS zwischen Tauch- und Druckumlaufschmierung muß die Wirkung der Tauchschmierung durch zusätzliche Maßnahmen, wie Ölleitbleche, Überlaufbecken, verbessert werden. Richtwerte für die Ölwechselfrist sind bei normalem Betrieb 1000 ... 2000 Betriebsstunden oder drei Jahre.

2.7.2.4 Geräuschbildung und Schalldämmung

Funktionsbedingt treten in einem Zahnradgetriebe zahlreiche geräuschbildende Erregerfrequenzen auf:

Drehfrequenzen der Wellen	$f_n = n$
Zahneingriffsfrequenzen der Zahnradpaare	$f_e = zf_n$
Frequenzen gleicher Zahnstellung	$f_k = k\dfrac{f_{n2}}{z_1}$;

k größter gemeinsamer ganzzahliger Teiler der Zähnezahlen z_1 und z_2.

Die Maschinenfrequenz der Verzahnungsmaschine kann ebenfalls im Geräuschspektrum erscheinen, ist jedoch i.allg. von geringer Bedeutung.

Die Drehfrequenzen liegen bei den hier betrachteten Getrieben wenig oberhalb oder sogar unterhalb des Hörbereichs. Die Frequenzen gleicher Zahnstellung können im Bereich 0,1 Hz $\leqq f_k \leqq$ 15 Hz als Modulation einer höheren Frequenz

Tafel 2-39 Anhaltswerte für Gehäuseabmessungen (Auszug aus [2.246, Tafel 22.2/3])

Abmessung	Gehäusewerkstoff		
	GGL	GS, GGG	St, geschweißt
Wanddicke Unterteil (s_U)			
Verzahnung vergütet	$0{,}007l + 6$ mm	$0{,}005l + 4$ mm	$0{,}004l + 4$ mm
Verzahnung gehärtet	$0{,}010l + 6$ mm	$0{,}007l + 4$ mm	$0{,}005l + 4$ mm
Wanddicke Oberteil (s_O)			
nicht tragend	$0{,}5s_U$		$0{,}5s_U$
tragend	$0{,}8s_U$		$0{,}8s_U$
Dicke der Rippen	$0{,}7\ (s_U$ bzw. $s_O)$		$0{,}7\ (s_U$ bzw. $s_O)$
Flanschbreite	$3s_U + 10$ mm		$4s_U + 10$ mm
Flanschdicke	$1{,}5s_U$		$2s_U$
Dicke der Fußleiste			
längs, durchgehend	$1{,}8s_U$		$3{,}5s_U$
quer, durchgehend	$1{,}5s_U$		$1{,}5s_U$
Breite der Fußleiste	$3{,}5s_U + 15$ mm		$4{,}5s_U + 15$ mm
Außendurchmesser des Lagergehäuses	1,2facher Lagerdurchmesser		
Durchmesser			
Lagerschrauben	$2s_U$		$3s_U$
Flanschschrauben	$1{,}2s_U$		$1{,}5s_U$
Abstand der Flanschschrauben	6- bis 10facher Schraubendurchmesser		

l größtes Längsmaß des Gehäuses in mm

Tafel 2-40 Verlustleistungen von Industriegetrieben je Stufe (in % der Getriebeleistung P_G) [2.246]

Getriebestufe	Verzahnungs-verluste	Gesamt-verluste
Stirnradstufe, vergütet, gefräst	0,5 ... 1,0	1,2 ... 2,0
Stirnradstufe, gehärtet, geschliffen	0,3 ... 0,6	1,0 ... 1,5
Spiral-Kegelradstufe, gehärtet, geläppt	0,6 ... 1,2	1,5 ... 2,5

Werte gelten für Nennbelastung und Betriebstemperatur; bei Teilbelastung und tieferen Temperaturen teils wesentlich höhere Werte.

hörbar werden; dieses Gebiet ist somit zu vermeiden. In erster Linie sind die Zahneingriffsfrequenzen für den Geräuschpegel maßgebend. Sie sollten, dies ist der erste Grundsatz, untereinander und mit den anderen Frequenzen keine ganzahligen Vielfachen bilden.

Der Erwartungswert für den Schalleistungspegel einer Zahnradstufe beträgt, wenn eine Teilkreisgeschwindigkeit von 35 m/s nicht überschritten wird, näherungsweise

$$G_j = a + b\left(\lg \frac{P_{ne}}{P_0} - \lg \frac{P_{ne}}{P_{ist}}\right) + c \lg \frac{v_j}{v_0}; \qquad (2.263)$$

G_j Schalleistungspegel in dB,
P_{ne} Nennleistung des Getriebes in kW,
P_{ist} tatsächliche Getriebeleistung in kW,
v_j Teilkreisgeschwindigkeit in m/s als Näherung für die Wälzkreisgeschwindigkeit.

Die Bezugsgrößen der Gl. (2.263) sind $P_0 = 10$ kW und $v_0 = 5$ m/s. Für die Konstanten des Regressionsansatzes gilt:

	a	b	c
Stirnradstufe	91,3	8,1	5,5
Kegelradstufe	90,7	15,4	3,4.

Ein Getriebe mit k Stufen hat den Schalleistungspegel

$$G_G = 10 \lg\left(\sum_{j=1}^{k} 10^{G_j/10}\right) + C \qquad (2.264)$$

mit $C = 0$ für gegossene und $C = 2$ für geschweißte Gehäuse.

Gl. (2.263) macht deutlich, daß der durch die Konstante a ausgedrückte Grundpegel bereits sehr hoch liegt und daß die schnellaufende erste Stufe des Getriebes den größten Beitrag zum gesamten Schalleistungspegel leistet.

Der am Zahneingriff erzeugte Körperschall wird vom Gehäuse als Luftschall abgegeben. Die Lärmabstrahlung ist von der konstruktiven Ausführung, besonders der Steife, dem Werkstoff und der Wanddicke abhängig. Kraftübertragende Teile sollen möglichst auf Zug bzw. Druck, nicht

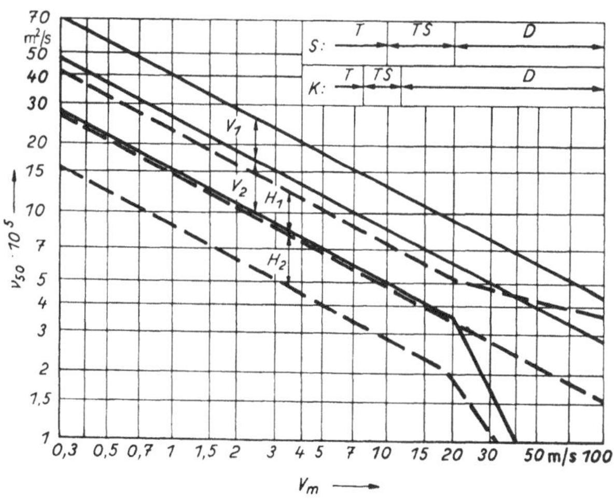

Bild 2-204 Empfehlung für die Wahl der Schmierungsart und des Öls von Zahnradgetrieben [2.254]
(v_m mittlere Umfangsgeschwindigkeit aller Getrieberäder; ν_{50} Viskosität bei 50 °C)

T Tauchschmierung
TS Tauchschmierung mit Sondermaßnahmen
D Druckumlaufschmierung
S Stirnradgetriebe
K Kegelrad- bzw. Kegelrad-Stirnradgetriebe
$V_{1,2}$ vergütete oder naturharte Zahnräder
$H_{1,2}$ gehärtete Zahnräder
(Index 1: Umgebungstemperatur $t_U > 25$ °C oder Stoßbelastung
Index 2: $t_U < 12$ °C oder gleichförmige Belastung
mittlere Linie: $t_U = 12 \ldots 25$ °C oder veränderliche, aber stoßfreie Belastung)

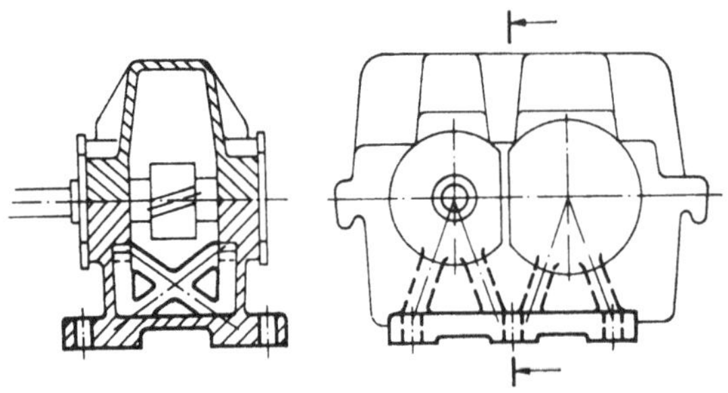

Bild 2-205 Versteifung und Anordnung der Befestigungsschrauben eines Getriebegehäuses [2.254]

dagegen auf Biegung beansprucht werden. Eine geeignete konstruktive Lösung wird im Bild 2-205 mit in zwei Ebenen angeordneten, versteifenden Fachwerkstäben gezeigt. Statt durchgehender Befestigungsleisten mit unklarer Krafteinleitung sind die Füße mit den Befestigungsschrauben so nahe wie möglich an die Durchstoßpunkte dieser Fachwerkstäbe zu legen.

Jede schroffe Querschnittsänderung behindert die Schallfortleitung. Deckflächen können dazu in kleinen Wölbungen mit Knicken ausgeführt werden. Günstig ist es auch, große Wandflächen unsymmetrisch zu verrippen und die Rippen über die gesamte Wandbreite zu führen. Weitere konstruktive Maßnahmen geben [2.246] [2.254] [2.255] an.

Eine für die Geräuschdämmung maßgebende Größe ist die Wanddicke des Gehäuses. Grundsätzlich ergeben dickere Wände eine stärkere Dämmung als dünne. Noch wichtiger ist es aber, den Bereich der Wanddicken zu vermeiden, bei dem Koinzidenz auftritt. Hierbei stimmen die Wellenlängen der Biegeschwingungen in der Wand mit denen der Luftschallschwingungen gleicher Frequenz überein; die Wand läßt die Schallenergie theoretisch ungedämmt durch.

Bild 2-206 enthält eine Empfehlung, welche Wanddicken bei einer bestimmten Erregerfrequenz zu bevorzugen und welche zu vermeiden sind. Man sollte für die hier dargelegten Getriebe die Wanddicke grundsätzlich nach der Zahneingriffsfrequenz der ersten Stufe bestimmen bzw. überprüfen. Nach [2.254] tritt nämlich bei Kantenlängen

$$l < \frac{3{,}4 \cdot 10^5}{f_{err}} \qquad \frac{l}{\text{mm}} \bigg| \frac{f}{\text{Hz}} \tag{2.265}$$

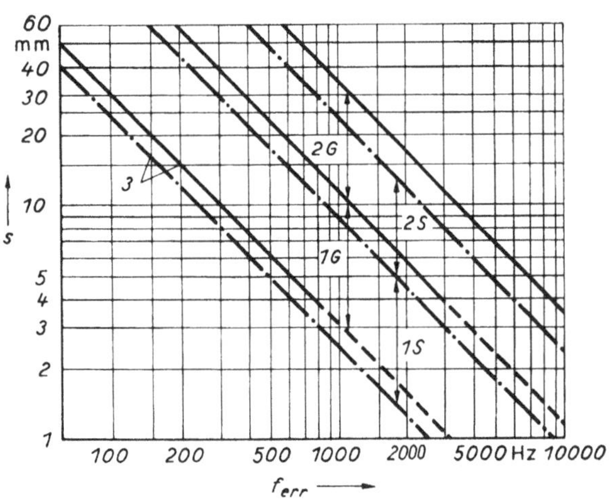

Bild 2-206 Auswahl der Wanddicke s eines Getriebegehäuses nach der maßgebenden Erregerfrequenz f_{err} [2.254]

geeigneter Bereich: 1G GGL; 1S St, GS
ungeeigneter Bereich: 2G GGL; 2S St, GS
3 minimale Wanddicke

grundsätzlich keine Koinzidenz auf. Diese Gleichung wird für die Zahneingriffsfrequenzen der langsamer laufenden zweiten und folgenden Stufen fast immer erfüllt sein.

Weitere Informationen siehe [2.254] bis [2.256]; über den Zusammenhang zwischen Geräuschbildung und Verzahnungsqualität berichtet [2.257].

2.7.3 Belastung und Beanspruchung von Zahnrädern

Es wurde bereits im Abschnitt 1.8 darauf hingewiesen, daß bei Zahnrädern und Getrieben einige Besonderheiten der Belastung und der Lebensdauerberechnung zu berücksichtigen sind. Sie gelten sinngemäß auch für andere, ähnlich beanspruchte Maschinenteile.

2.7.3.1 Überschlägliche Ermittlung der Spannungen

Für Stirnradstufen aus Stahl werden zur überschläglichen Bestimmung der Spannungen im Zahn nachstehend Näherungsgleichungen angegeben, denen folgende Annahmen zugrunde liegen:

Normaleingriffswinkel $\alpha_n = 20°$

Profilverschiebungsfaktor $x_1 \approx x_2 \approx 0{,}5$

Profilüberdeckung $\varepsilon_\alpha \approx 1{,}4$.

Die Spannungen betragen näherungsweise:

Walzenpressung bei Geradverzahnung

$$p_C \approx 9580 \frac{u+1}{a_W} \sqrt{\frac{M_1}{b} \frac{u+1}{u}} \leqq p_{zul} = \frac{p_D}{S_{DH}}$$

Walzenpressung bei Schrägverzahnung

$$p_C \approx 8450 \frac{(u+1)\cos\beta}{a_W} \sqrt{\frac{M_1}{b} \frac{u+1}{u}} \leqq p_{zul} = \frac{p_D}{S_{DH}}$$

Zahnfußbiegespannung

$$\sigma_b \approx 3070 \frac{M_1 \cos\beta}{z_1 m_n^3 \dfrac{b}{m_n}} \leqq \sigma_{zul} = \frac{\sigma_{DF}}{S_{DF}}; \tag{2.266}$$

p_C Walzenpressung in N/mm²,
u Zähnezahlverhältnis (Stufenübersetzung),
a_W Achsabstand in mm,
M_1 Drehmoment des Ritzels in N·m,
b Zahnbreite in mm,
β Schrägungswinkel,
z_1 Zähnezahl des Ritzels,
m_n Normalmodul in mm,
p_D Zahnflankenfestigkeit in N/mm²,
σ_{DF} Zahnfußfestigkeit in N/mm²,
$S_{DH} = 1{,}2$ Sicherheitsbeiwert Flankenpressung,
$S_{DF} = 1{,}5$ Sicherheitsbeiwert Zahnfußbiegung.

Tafel 2-37 gibt die Festigkeitswerte für gebräuchliche Zahnradwerkstoffe an. Wenn die Gestaltfestigkeit der Zähne für einen bestimmten Werkstoff nicht bekannt ist, kann die Biegewechselfestigkeit σ_{bw} mit einem Sicherheitsbeiwert $S_{DF} = 3$ verwendet werden.

Durch Umstellung der Gln. (2.266) läßt sich auch der Achsabstand a_W als Funktion der zulässigen Pressung p_{zul} als Schätzwert ermitteln, siehe Abschnitt 2.7.2.1.

In diesen Gleichungen sind einige Einflüsse auf die Beanspruchung der Verzahnung, wie Breitenlastverteilung, Kerbwirkung, innere dynamische Zusatzkräfte usw., nur global durch die Wahl eines größeren Sicherheitsbeiwerts $S_D = 1{,}5$ erfaßt. Sie eignen sich deshalb lediglich für den ersten Ent-

wurf eines Stirnradpaars, keinesfalls für die Nachrechnung auf Tragfähigkeit und Festigkeit.
Für die Berechnung der Tragfähigkeit von Zahnrädern ist ein umfangreiches Regelwerk entwickelt worden, das sich auf eine ISO-Empfehlung (ISO 6336) stützt. Die deutsche Norm DIN 3990 enthält die entsprechenden Gleichungen, um die Zahnflanken- (Grübchen-), Zahnbruch- und Freßtragfähigkeit zu bestimmen. In diese Gleichungen sind insgesamt 26 Beiwerte bzw. Faktoren einbezogen, die alle wesentlichen belastungssteigernden sowie tragfähigkeitsmindernden Einflüsse erfassen. Der erhebliche Aufwand der Berechnung verlangt die Nutzung eines Rechners.

2.7.3.2 Belastungshäufigkeitsfunktion

Zahnräder und Getriebewellen gehören zu den im Abschnitt 1.8.2.2.1 genannten Elementen mit funktionsbedingtem Ruhegrad. Er beträgt

für die Zahnflanke: $R = 0{,}5$,

für den Zahnfuß:

$R = 0{,}5$ (Richtung von Drehmoment und Drehung bleiben gleich)

$0 \leqq R \leqq 0{,}5$ (Richtung von Drehmoment und Drehung wechseln),

für die Umlaufbiegung der Wellen: $R = 0$.

Die Zahneingriffsfrequenz f_e als Produkt von Drehfrequenz f_n und Zähnezahl z kann größer oder kleiner, in Sonderfällen auch gleich der Belastungsfrequenz f_{be} sein. Im Bild 2-207 ist der erstgenannte Fall dargestellt. Die Zähne übernehmen nacheinander die Übertragung des jeweils auf-

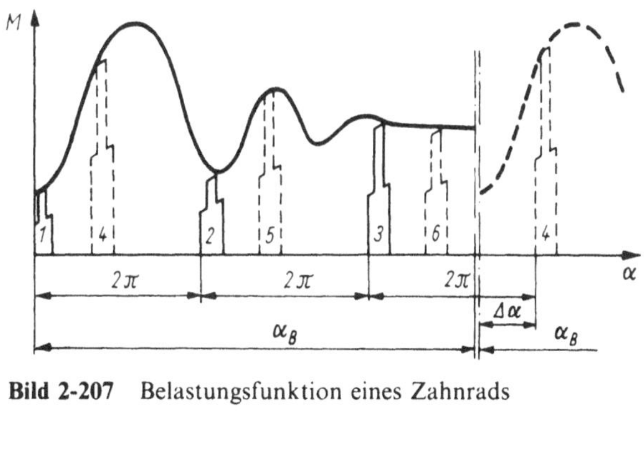

Bild 2-207 Belastungsfunktion eines Zahnrads

tretenden Drehmoments. Dadurch entsteht eine Schwellbelastung mit der Periode 2π für den Drehwinkel α. Nach Ablauf des Belastungszyklus mit dem Drehwinkel α_B verschiebt sich das Eingriffsspektrum aperiodisch um den zufällig veränderlichen Winkel $\Delta\alpha$. Dadurch nehmen während eines längeren Zeitraums alle Zähne nacheinander alle Phasenlagen zur Drehmoment-Drehwinkel-Funktion ein, die somit Modulierungsfunktion, d.h. Einhüllende, der Beanspruchung aller Zähne ist.
Im Fall $f_e < f_{be}$, der beispielsweise in den Abtriebsstufen von Getrieben großer Übersetzung, an Zahnstangen von Wippwerken o.ä. auftreten kann, erfahren die Zähne während eines Eingriffs mehrere Schwellbeanspruchungen (Bild 2-208). Für jeden beliebigen Eingriff ergibt sich ein bestimmtes Belastungskollektiv; es ist im Bild 2-208 eingezeichnet. Sein Größtwert ändert sich von Eingriff zu Eingriff entsprechend dem Verlauf der wiederum als Modulierungsfunktion wirkenden Einhüllenden der Drehmoment-Zeit-Funktion. Das sich aus der Modulierungsfunktion

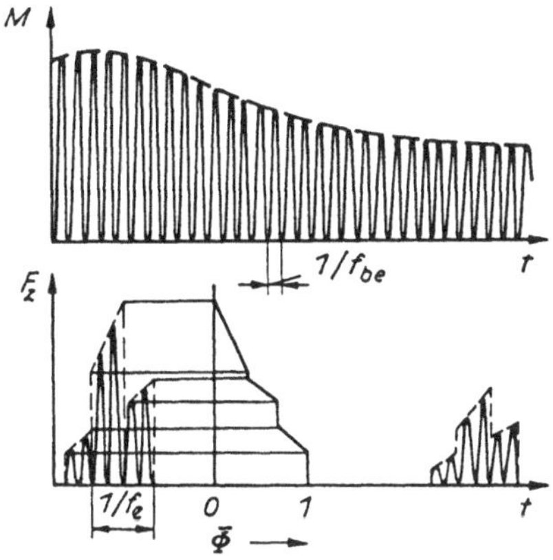

Bild 2-208 Belastungsfunktion eines Zahnrads bei hoher Belastungsfrequenz

ergebende Belastungskollektiv muß deshalb mit dem Kollektiv der Zahnbelastung kombiniert, d.h. gefaltet werden, siehe Abschnitt 3.4.3.3.2.
Wird das Verhältnis $\alpha_B/\Delta\alpha$ im Bild 2-207 ganzzahlig, liegt eine periodische Phasenverschiebung vor. Jeder Zahn hat dann ein eigenes Belastungskollektiv, für das er zu berechnen ist. Die Unterschiede in den Kollektiven der Einzelzähne sind besonders dann von Bedeutung, wenn das Verhältnis $\alpha_B/\Delta\alpha$ zusätzlich klein ist. Eine periodische Phasenverschiebung tritt z.B. dann auf, wenn Verbrennungsmotoren starr mit Getrieben gekoppelt sind oder wenn Bewegungen stets vom gleichen Drehwinkel ausgehen bzw., möglicherweise infolge einer Endlagenbegrenzung, immer am gleichen Drehwinkel enden. In den meisten Antrieben der Fördertechnik wird dagegen wegen der großen Übersetzungen und des Zufallscharakters der Bewegungen der aperiodische Fall anzunehmen sein.
Die Belastungskollektive der Zahnräder sind Funktionen des Drehwinkels, nicht der Zeit. In den stationären Betriebsphasen kann wegen der Proportionalität von Drehwinkel und Zeit dennoch eine zeitabhängige Momentanwertklassierung der Modulierungsfunktion vorgenommen werden. Für die nichtstationären Phasen, wie Anfahren und Bremsen, wird dadurch das Ergebnis u.U. unzulässig verfälscht — vor allem, wenn diese nichtstationären Phasen einen großen Anteil am gesamten Belastungsprozeß haben. Bei einer Untersuchung von Kranfahrwerksgetrieben ergab die zeitabhängige Klassierung, verglichen mit der drehwinkelabhängigen, eine um 6 % niedrigere Belastbarkeit.
Im Abschnitt 1.8.2.2.4 wurde bereits auf den Mehraufwand für die Verweilwinkelklassierung hingewiesen. Wenn die zusätzlich benötigte Drehzahl-Zeit-Funktion nicht zur Verfügung steht, führt eine Umrechnung der Belastungs-Zeit-Funktion mit dem Ansatz $\ddot{a}$ = konst. für die Übertragungsfunktion $\alpha = \alpha(t)$ zu einer brauchbaren Näherung. Sie ist im Bild 2-209 dargestellt. Bild 2-209c läßt die Unterschiede in der absoluten Klassenhäufigkeit h_i, Bild 2-209d die in der komplementären absoluten Summenhäufigkeit $\bar{H}_i$ für die klassierte Funktion erkennen. Die Verweildauerklassierung vergrößert den Einfluß der ersten Momentenspitze beim Anfahren und verkleinert ihre Wirkung auf die Belastung beim Bremsen gegenüber der Wirklichkeit. Ob sich dies bei längerer Betriebsdauer ausreichend kompensiert, bedarf der Prüfung.

2.7.3.3 Betriebsfestigkeitsrechnung

Auch der Nachweis der Betriebsfestigkeit von Zahnrädern ist in den am Ende des Abschnitts 2.7.3.1 genannten Be-

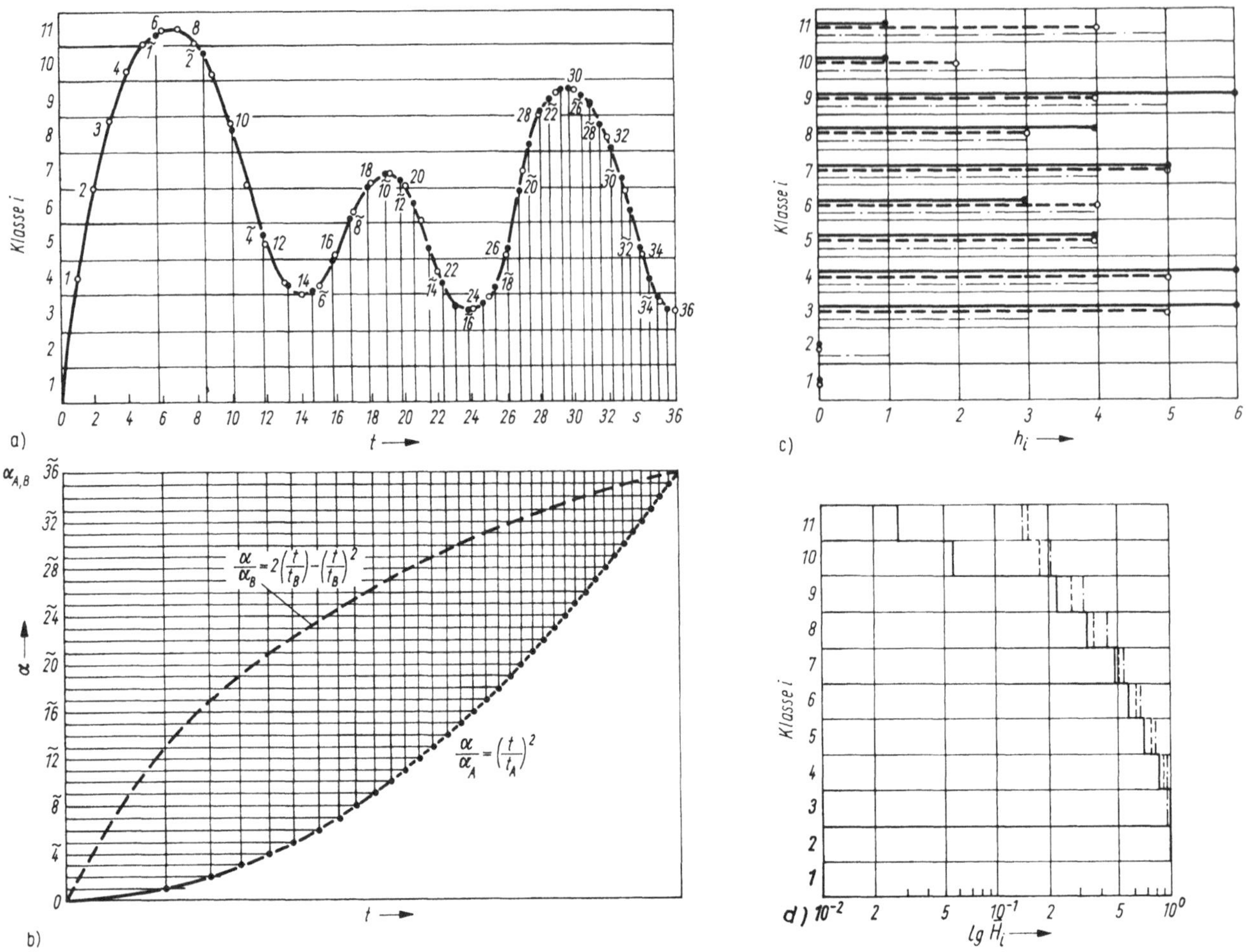

Bild 2-209 Vergleich der Belastungs-Zeit-Funktion mit der Belastungs-Drehwinkel-Funktion

a) Belastungsfunktion $M = M(t)$
b) Funktionen $\alpha = \alpha(t)$ für $\ddot{\alpha} =$ konst. ($t_{A,B}$ Anfahr- bzw. Bremszeit; $\alpha_{A,B}$ Gesamtdrehwinkel bei Anfahren bzw. Bremsen)
c) absolute Klassenhäufigkeit h_i (Anfahren: ausgezogene Linien; Bremsen: strichpunktierte Linien; zeitabhängige Klassierung: gestrichelte Linien)
d) komplementäre absolute Summenhäufigkeit $\bar{H}_i$ [Bezeichnung der Linien wie bei c)]

rechnungsverfahren vereinheitlicht und formalisiert worden. Hier werden deshalb nur wenige Hinweise zum Vorgehen bei der Berechnung auf Betriebsfestigkeit gegeben, um die Besonderheiten gegenüber den üblichen, im Abschnitt 1.8 behandelten Verfahren zu zeigen.

Die Wöhlerlinien von Zahnrädern haben die Form entsprechend Bild 2-210 mit den in Tafel 2-41 angegebenen Parametern. Die Gleichungen für den geneigten Teil lauten in der bereits im Abschnitt 1.8 benutzten Schreibweise

$$\left(\frac{\sigma_H}{\sigma_{DH}}\right)^{a_H} = \left(\frac{p_C}{p_D}\right)^{a_H} = \left(\frac{M}{M_{DH}}\right)^{a_H/2} = \frac{N_{DH}}{N},$$

$$\left(\frac{\sigma_F}{\sigma_{DF}}\right)^{a_F} = \left(\frac{\sigma_b}{\sigma_{DF}}\right)^{a_F} = \left(\frac{M}{M_{DF}}\right)^{a_F} = \frac{N_{DF}}{N}; \qquad (2.267)$$

Indizes: H Walzenpressung Zahnflanke; F Biegung Zahnfuß.

Dieser geneigte Abschnitt wird oben von der statischen Belastbarkeit begrenzt, für die die Biegewechselfestigkeit σ_{bw} bzw. die Streckgrenze σ_S herangezogen wird. Der obere Knickpunkt ist nicht genau festzulegen. Als Richtwerte für die zugehörige Schwingspielzahl gelten $N_{F\,st} = (2 \ldots 5) \cdot 10^3$ und $N_{H\,st} = 5 \cdot 10^5$. Der untere Knickpunkt $N_D = N_{lim}$ der Wöhlerlinie grenzt das Gebiet der Werkstoffschädigung vom Gebiet ab, in dem der Einfluß der Belastung auf die Schädigung bedeutungslos ist. Zu beachten ist der halbe Betrag des Wöhlerlinienexponenten in der Gleichung für die Flankenpressung, wenn diese auf das Drehmoment bezogen ist.

Die Wöhlerlinien werden für Zahnräder mit unterschiedlicher Überlebenswahrscheinlichkeit angegeben. Ältere Berechnungsansätze gingen vom Erwartungswert, d.h. der

Tafel 2-41 Richtwerte für Parameter der Wöhlerlinie von Zahnradwerkstoffen

Wärme-behandlung	N_{DH}	a_H	N_{DF}	a_F	p_{max}/p_D
normalisiert, vergütet	$5 \cdot 10^7$	$6 \ldots 12$[1]	$3 \cdot 10^6$	6	1,6
gehärtet	$10 \cdot 10^7$	$6 \ldots 12$[1]	$3 \cdot 10^6$	9	1,6
nitriert	$10 \cdot 10^7$	30[2]	$3 \cdot 10^6$	20[2]	1,3

[1] Erfahrungswerte: ISO, DIN 12; TGL 10; UdSSR 6
[2] Hohe Werte berücksichtigen Empfindlichkeit gegen Überlastung.

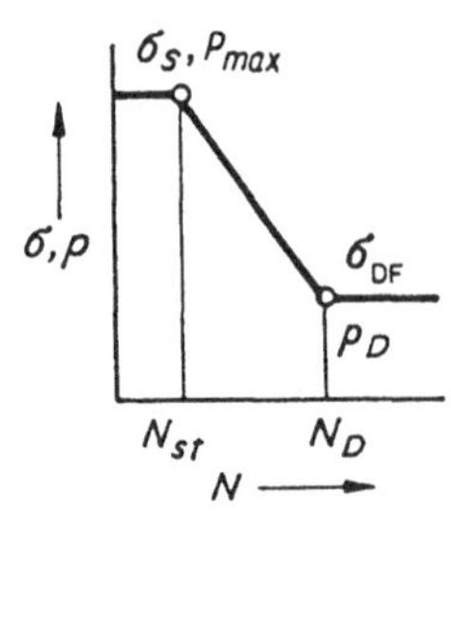

Bild 2-210
Wöhlerlinie für Zahnräder

Überlebenswahrscheinlichkeit $P_E = 50\,\%$, aus und erreichten mit Hilfe eines Sicherheitsbeiwerts $S_D = 1{,}5$ einen Wert knapp unter 100 % [1.6] [2.245]. Vorschläge, statt dessen $P_E = 90\,\%$ für die Festlegung der Berechnungslinie zu verwenden [2.258], haben sich nicht durchgesetzt. Die heutigen Berechnungsverfahren, s. [2.246], DIN 3990, beruhen auf einer Wöhlerlinie mit 99 % Überlebenswahrscheinlichkeit bzw. 1 % Schadenswahrscheinlichkeit.

Die Wöhlerlinien gelten für schwellende Einstufenbelastung. Bei der Flankenpressung hat jede Flanke ein eigenes Belastungskollektiv, wenn die Richtung des Drehmoments wechselt. Eine Richtungsänderung des Drehmoments führt dagegen beim Zahnfuß zu Wechselbiegung und vergrößert die Werkstoffschädigung überproportional. Dies wird dadurch erfaßt, daß die Festigkeitswerte um 20 % für eine gemischte Schwell-Wechselbiegebeanspruchung, wie sie z.B. in Fahrwerken auftritt, und um 30 ... 40 %, siehe [2.245] [2.259] DIN 3990, für reine Wechselbiegung abgemindert werden. Der letztgenannte Fall trifft auf Zwischenräder und Planetenräder zu. Umgekehrt kann man auch die Belastung entsprechend vergrößern, indem gegenläufige Drehmomente bzw. Zahnkräfte mit einem Faktor $k > 1$ multipliziert und in das Belastungskollektiv des Zahns einbezogen werden.

Zur Berechnung der Lebensdauer werden überwiegend die Hypothesen von *Haibach* und *Gnilke* (s. Abschn. 1.8.5.2) herangezogen. Neuere Ansätze [2.246] [2.250] gehen einen vereinfachten Weg. Rechnerisch werden nur die Schwingspiele bis zu einer Schwingspielzahl N_D berücksichtigt, die der dynamischen Belastbarkeit σ_D entspricht (Bild 2-211). Die bezogenen Werte der komplementären relativen Summenhäufigkeit werden wie folgt errechnet:

$$\Phi_i^* = \frac{n_i}{N_D}.$$

Für das bei N_D abgeschnittene Belastungskollektiv wird in der üblichen Weise (s. Abschn. 1.8.3.2) entweder eine äquivalente Belastung oder eine äquivalente Spannung ermittelt. Weitere Einzelheiten enthält die obengenannte Literatur. Sie vermittelt auch den Weg zur praktischen Verzahnungsberechnung.

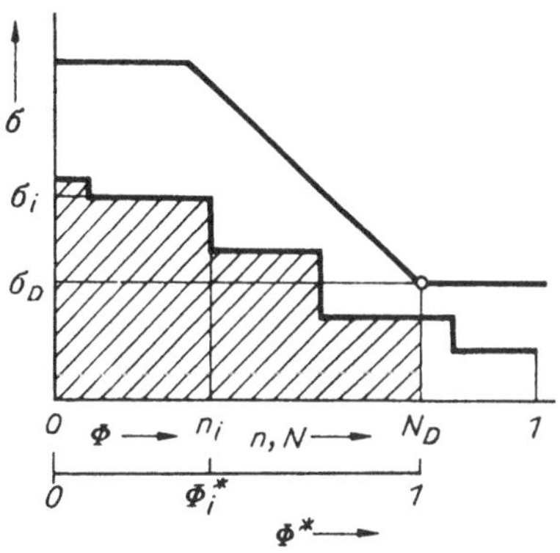

Bild 2-211 Berechnungskollektiv für Zahnräder

2.7.4 Triebstockverzahnungen

Triebstockverzahnungen eignen sich besonders für große Raddurchmesser und Zahnstangenantriebe. Sie sind wesentlich billiger als die entsprechenden Normalverzahnungen, erfüllen jedoch nicht so hohe Ansprüche an Laufruhe und Verschleißverhalten. Die Umfangsgeschwindigkeit des Ritzels soll daher 1 m/s nicht übersteigen.

In Triebstockverzahnungen wird das große Rad des Zahntriebs durch im Teilungsabstand auf dem Umfang des Wälzkreises befestigte zylindrische Bolzen ersetzt, an denen sich das Triebstockritzel abwälzt. Da die Wälzpunkte einen konstanten Abstand vom Mittelpunkt des Triebstockbolzens haben, muß die Zahnform des Ritzels als äquidistante Punktverzahnung konstruiert werden. Beim Abrollen der Wälzkreise wandert der Bolzenmittelpunkt P auf der Rollinie R; die Äquidistante im Abstand des Bolzenradius $d_B/2$ ist die Zahnflanke (Bild 2-212c). Wenn das Triebstockritzel

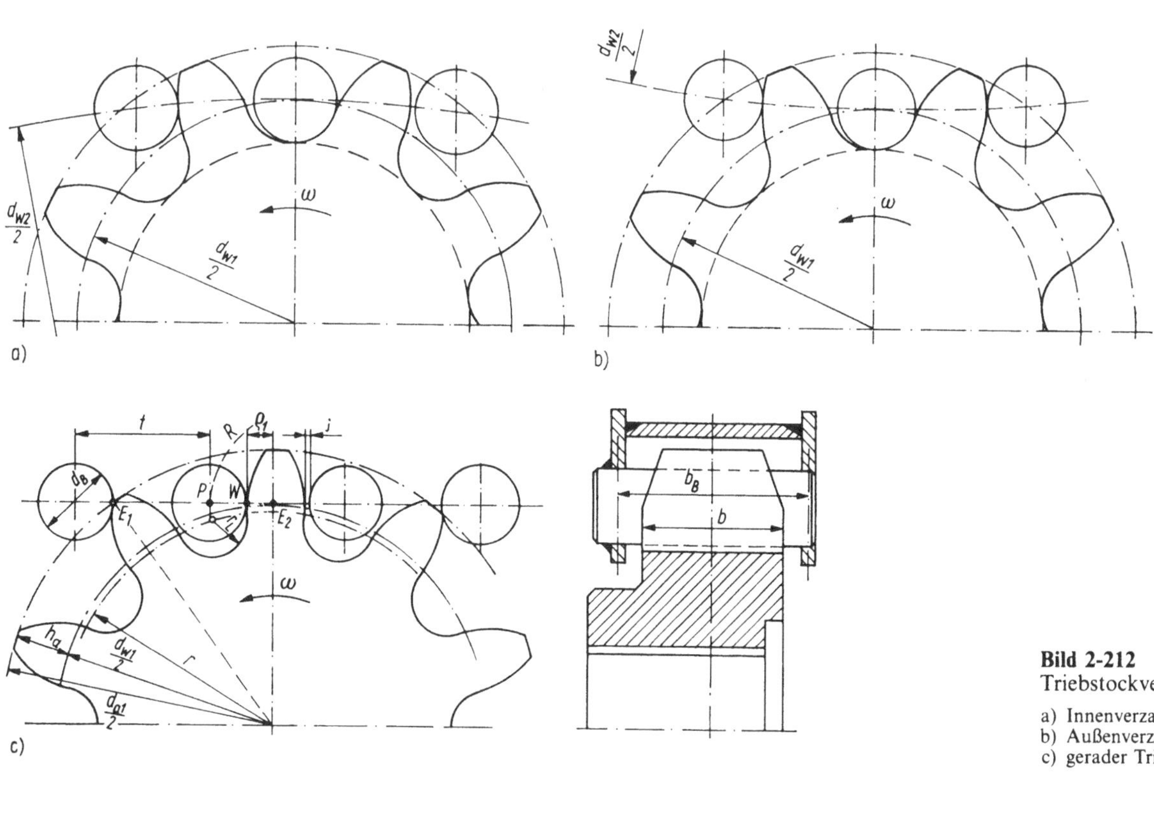

Bild 2-212
Triebstockverzahnung

a) Innenverzahnung
b) Außenverzahnung
c) gerader Triebstock

außen oder innen an einem kreisförmigen Triebstock eingreift, sind die Rollinien Zykloiden; greift es an einem geraden Triebstock ein, werden Rollinie und zugehörige Zahnform Evolventen. Auch die Zykloide wird praktisch durch eine Evolvente angenähert.
Für die Auslegung der Verzahnung gelten nach [2.246] die nachstehenden Erfahrungswerte (alle Längenmaße in mm):

Zähnezahl des Ritzels	$z_1 = 8 \ldots 13$
Bolzendurchmesser (m = Modul)	$d_B \approx 1{,}67m$
Zahnkopfhöhe	$h_a \approx (1 + 0{,}03 z_1)m$
Flankenspiel	$j = 0{,}04m$
Bezugsradius für die Zahnfußrundung	$r = d_{w1}/2 - 0{,}15m$
Zahnlückenradius	$r_L = 0{,}5 d_B + 0{,}02m$
Zahnbreite	$b \approx 3{,}3m$
tragende Bolzenbreite	$b_B \approx 4{,}3m + 5\,\text{mm}$.

Die Genauigkeit der Triebstockverzahnung ist von entscheidendem Einfluß auf die Laufeigenschaften und die Lebensdauer. Tafel 2-42 gibt Richtwerte für den zulässigen Teilungsfehler an. Die Profilüberdeckung soll

$$\varepsilon = \frac{g}{m\pi} = 1{,}2 \ldots 1{,}4 \tag{2.268}$$

betragen. Die Gleichung für die gekrümmte Eingriffstrecke lautet

$$g = \frac{d_{w2}}{2}\gamma = \frac{d_{w1}}{2} i\gamma \tag{2.269}$$

mit

$$\cos\gamma = 1 - \frac{(z_1 + h_a/m)\,2h_a/m}{z_1^2(i^2 \pm i)}$$

(negatives Vorzeichen im Nenner bei Innenverzahnung, Bild 2-212a).

Tafel 2-42 Zulässige Werte für den Teilungsfehler von Triebstockverzahnungen in mm [2.246]

Getriebeteil	Modul 10	20	30	50	80
Ritzel	0,05	0,10	0,15	0,20	0,25
Triebstock	0,15	0,25	0,40	0,55	0,65

An einem geraden Triebstock ist auch die Eingriffsstrecke eine Gerade ($\overline{E_1 E_2}$ im Bild 2-212c) mit der Länge

$$g = m\sqrt{\frac{h_a}{m}\left(z_1 - \frac{h_a}{m}\right)}. \tag{2.270}$$

In der Festigkeitsberechnung für die Triebstockverzahnung sind die Flankenpressung und die Biegebeanspruchung der Zähne und Bolzen zu überprüfen. [2.246] geht bei der Flankenpressung davon aus, daß nach einer gewissen Betriebsdauer im Wälzpunkt W durch Verschleiß bereits eine Abplattung erreicht ist, so daß der Krümmungsradius des Bolzens an der Berührungsstelle $\varrho_2 = \infty$ gesetzt werden kann. Dann gilt für die Pressung bei Linienberührung Gl. (2.198)

$$p_H = 268\sqrt{\frac{F_t}{2\varrho_1 b}} \leqq p_{zul} \qquad \frac{p}{\text{N/mm}^2} \,\Big|\, \frac{F_t}{\text{N}} \,\Big|\, \frac{\varrho_1,\, b}{\text{mm}}. \tag{2.271}$$

Der Krümmungsradius hat für den geraden Triebstock die Größe

$$\varrho_1 = \sqrt{(d_{a1}/2)^2 - (d_{w1}/2)^2} - t$$
$$= m[\sqrt{h_a/m\,(z_1 + h_a/m)} - \pi]. \tag{2.272}$$

Für gekrümmte Triebstöcke kann Gl. (2.272) als Näherungsansatz verwendet werden.
Die Biegespannung beträgt nach [2.246]

Zahnfuß des Ritzels

$$\sigma_b = 2\frac{M_b}{W_b} \approx 10\frac{F_t}{bm} \leqq \sigma_{b\,zul}$$

Triebstockbolzen

$$\sigma_b = 2\frac{M_b}{W_b} \approx 5{,}6F_t\frac{b_B - b/2}{d_B^3} \leqq \sigma_{b\,zul} \tag{2.273}$$

mit

$$M_b = 0{,}5F_t\left(\frac{b_B}{2} - \frac{b}{4}\right)$$

$$W_b \approx 0{,}9\frac{\pi d_B^3}{32}.$$

Um die Tragfähigkeit zu erhöhen, werden die Triebstockritzel häufig positiv korrigiert. Wichtig ist eine ausreichende Höhe des Zahnkopfs, die allerdings, vor allem bei kleinen Zähnezahlen, durch Spitzwerden der Zähne begrenzt wird. Das Härten von Ritzelflanken und Bolzen kann den Verschleiß erheblich mindern; gleichzeitig wird aber das Einlaufen verzögert.

2.7.5 Rückkehrende Umlaufrädergetriebe

Die höheren Anforderungen an die Antriebe, besonders hinsichtlich ihrer Steuerung und Regelung, haben dem Umlaufräder- oder Planetengetriebe auch in der Fördertechnik ständig neue Anwendungsgebiete erschlossen. Eine gute Übersicht gibt [2.260]. Die Vielseitigkeit der Bewegungskombinationen, die besonderen Eigenschaften und die im allgemeinen sehr raumsparende Bauweise erlauben sehr vorteilhafte Antriebskonstruktionen, die unter alleiniger Verwendung normaler Standrädergetriebe nicht zu erreichen wären. Der höhere Preis der Umlaufrädergetriebe, der durch den größeren Aufwand in Konstruktion und Fertigung bedingt ist, tritt bei richtigem Einsatz gegenüber den funktionellen und gestalterischen Vorzügen zurück.

2.7.5.1 Grundaufbau und Eigenschaften

Ein Umlaufrädergetriebe unterscheidet sich von einem Standrädergetriebe dadurch, daß es mindestens ein Zahnrad aufweist, dessen Achse nicht raumfest angebracht ist, sondern sich um eine Mittel- oder Zentralwelle dreht. Die Eigenachse des Umlauf- oder Planetenrads ist durch einen Steg mit der Zentralwelle verbunden.
Zweiwellen- oder offene Umlaufrädergetriebe mit feststehendem Zentralrad und umlaufendem Steg sind Bestandteile von Drehwerken. Sie werden auch zur Parallelführung der Spulen von Verseilmaschinen verwendet (Bild 2-1b). Für Antriebe haben allein die rückkehrenden Umlaufrädergetriebe mit drei raumfesten Wellen und mindestens drei Zahnrädern (Bild 2-213) Bedeutung. Zwei der Zahnräder, die Zentral-, Mittel- oder Sonnenräder *1* und *3*, sind koaxial mit dem umlaufenden Steg *s* gelagert, der das Umlauf- oder

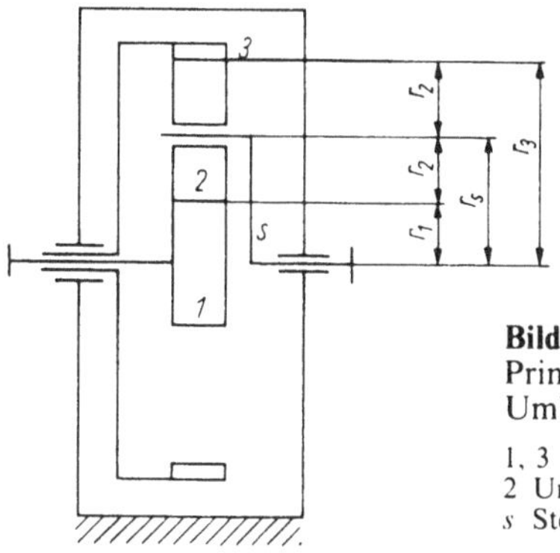

Bild 2-213
Prinzip des rückkehrenden Umlaufrädergetriebes
1, 3 Zentralräder
2 Umlaufrad
s Steg

Planetenrad *2* auf seiner mit ihm umlaufenden Eigenachse trägt. Das Gestell bzw. Gehäuse erhält den Index 0.
Beim Standrädergetriebe mit raumfesten Wellen sind zwei Leistungen mit ihren Drehmomenten und Drehzahlen einander durch die innere Übersetzung fest zugeordnet. Das Dreiwellen-Umlaufrädergetriebe wirkt dagegen stets mit drei Leistungen und drei Drehzahlen, von denen je eine im Sonderfall Null werden kann. Im allgemeinen Bewegungszustand (Dreiwellenbetrieb) ist dieses Getriebe in seinem Verhalten erst durch zwei äußere Drehzahlen und die zugehörigen Drehmomente eindeutig gekennzeichnet, die im Gegensatz zum Standrädergetriebe unabhängig voneinander sind. Das Umlaufrädergetriebe ist somit ein Drehmoment- und Drehzahlwandler zwischen drei Wellen, bei dem durch Feststellen einer Welle auch die Funktion des einfachen Übersetzungsgetriebes erzielt werden kann. Die wichtigsten Einsatzfälle, für die ein derartiges Umlaufrädergetriebe besonders geeignet ist, sind:

a) Übersetzungsgetriebe

Als Übersetzungsgetriebe weist es kleinere Abmessungen als ein vergleichbares Standrädergetriebe auf. Durch abwechselndes Feststellen unterschiedlicher Abtriebswellen können zwei verschiedene Übersetzungen in einem Getriebe genutzt werden.

b) Sammelgetriebe

Als Sammelgetriebe überlagert es Drehzahlen, Drehmomente und somit Leistungen von zwei angetriebenen Wellen auf der dritten Welle.

c) Verteilgetriebe

Als Verteilgetriebe teilt es das von einer Welle eingeleitete Drehmoment in einem festen Verhältnis auf zwei Abtriebswellen auf, zwischen denen sich eine veränderliche Relativdrehzahl einstellen kann.

d) Schaltgetriebe

Als Schaltgetriebe oder Schaltkupplung hat es schaltbare Bremseinrichtungen für einzelne bewegte Wellen.

e) Getriebe mit Leistungsverzweigung

Als Getriebe mit Leistungsverzweigung gestattet es in Verbindung mit einem stufenlosen Drehmomentwandler eine Drehzahlregelung in kleinerem Regelbereich mit besonders gutem Gesamtwirkungsgrad.

f) Meßgetriebe

Als Meßgetriebe erlaubt es das Messen von Zahnkräften bzw. Drehmomenten.

Mehrere der obengenannten Aufgaben können von dem gleichen Getriebe übernommen werden; auf praktische Ausführungsformen wird im Abschnitt 2.7.5.4 noch genauer eingegangen. Zunächst müssen die Gesetzmäßigkeiten und Berechnungsgrundlagen der Umlaufrädergetriebe erläutert werden, die von denen der Standrädergetriebe z.T. wesentlich abweichen.

2.7.5.2 Gesetzmäßigkeiten und Berechnung

Die etwas komplizierten Gesetzmäßigkeiten der Umlaufrädergetriebe können sehr anschaulich dargestellt werden, wenn auf Allgemeingültigkeit verzichtet wird, indem die wichtigsten Getriebetypen in Zahlentafeln und sonstigen Übersichten aufgeführt werden [2.261]. Neuere Fachbücher, z.B. [2.244] [2.262] [2.263], behandeln die Getriebegesetze in allgemeiner Form als Grundlage für den Entwurf und die Berechnung auch verwickelter Getriebeformen. Allerdings wird dadurch der Zugang für den Konstrukteur erschwert, wenn er sich erstmalig damit befassen muß. Der hier gegebene Überblick verzichtet auf die Herleitung der Berechnungsgleichungen. Er kann und soll den Entwurf einfacher Umlaufrädergetriebe für Fördermaschinen erleichtern, zur Fachliteratur hinführen, sie jedoch keineswegs ersetzen.
Im Gegensatz zu Standrädergetrieben müssen die Drehzahl n, das Drehmoment M und die Leistung P beim Umlaufrädergetriebe immer vorzeichenbehaftet eingeführt werden. Damit wird auch die Übersetzung i eine vorzeichenbehaftete Größe. Bei der Drehzahl n und der Leistung P sind die absoluten, äußeren, auf das ruhende Getriebegehäuse (Index 0) bezogenen und die relativen, inneren, auf eine zweite Welle bezogenen Werte voneinander zu unterscheiden. Positive Leistungen sind Antriebsleistungen, bei denen Drehmoment und Drehzahl die gleiche Richtung und deshalb das gleiche Vorzeichen haben; negative Leistungen mit entgegengesetzten Vorzeichen von Drehmoment und Drehzahl sind Abtriebsleistungen. Dies gilt für jede beliebige Getriebewelle.
Im *Zweiwellenbetrieb*, bei dem eine der drei Wellen fest mit dem Gehäuse verbunden ist, treten einfach überschaubare Gesetzmäßigkeiten auf, die durch Überlagerung auch für die komplizierteren Betriebszustände bei Dreiwellenbetrieb und für Mehrsteggetriebe (s. Abschn. 2.7.5.3) zu nutzen sind. Ruht die Stegwelle s, arbeitet das Getriebe in seiner Standübersetzung; liegt eine der beiden Zentralwellen *1* bzw. *3* fest, arbeitet es in einer der beiden Umlaufübersetzungen. Die Standübersetzung i_0 ist eine Kenngröße des Getriebes, auf die sich alle anderen Übersetzungen zurückführen lassen. Es gilt für Zweiwellenbetrieb

$$i_{13} = \frac{n_{10}}{n_{30}} = i_0 \qquad (n_{s0} = 0)$$

$$i_{1s} = \frac{n_{10}}{n_{s0}} = 1 - i_0 \qquad (n_{30} = 0)$$

$$i_{3s} = \frac{n_{30}}{n_{s0}} = \frac{i_0 - 1}{i_0} \qquad (n_{10} = 0). \tag{2.274}$$

Auch der Wirkungsgrad aus Verzahnungsverlusten wird als Grundgröße η_0 für das Umlaufrädergetriebe bei Standübersetzung definiert. Der Wirkungsgrad eines beliebigen Getriebes läßt sich auf diese Größe beziehen; die sonstigen Getriebeverluste durch Lager- und Ölreibung η_L bzw. η_P werden dem Gesamtwirkungsgrad zugeschlagen, d.h., bei einem beliebigen Getriebe gilt

$$\eta_{ges} = \eta(\eta_0, i_0)\,\eta_L\,\eta_P. \tag{2.275}$$

Die Berechnung der Drehmomente geht vom Gleichgewicht der Kräfte und Momente am Umlaufrad aus (Bild 2-214).

Läßt man die Reibungsverluste außer acht, wird

$$F_1 + F_3 - F_s = 0$$

mit

$$\frac{F_1}{F_3} = \frac{r_{2'}}{r_2} \quad \text{bzw.} \quad F_1 = F_3 \quad \text{für} \quad r_{2'} = r_2 .$$

Bei den Drehmomenten werden dann zusätzlich die Wirkungsgrade und die Übersetzungsverhältnisse berücksichtigt.
Alle für die Getriebeberechnung bei Zweiwellenbetrieb wichtigen Größen sind in den Tafeln 2-43 und 2-44 zusammengestellt. Die drei durch Feststellen je eines der umlaufenden Getriebeglieder entstandenen Grundformen erhöhen sich auf zwölf, weil in jeder Grundform bei gleicher Verzahnungsart der beiden Zentralräder (innen- oder außenverzahnt) eine positive Übersetzung, bei ungleicher Verzahnungsart der Zentralräder (innen- und außenverzahnt) eine negative Übersetzung auftritt und in allen Fällen ein Wechsel des Antriebs von einer zur anderen bewegten Welle möglich ist.
Die Umlaufrädergetriebe arbeiten teils untersetzend ($|i| > 1$), teils übersetzend ($|i| < 1$), wobei für die Standübersetzung immer die Bedingung $|i_0| > 1$ einzuhalten ist. Die Drehzahlpläne nach *Kutzbach* erleichtern das Verständnis des Bewegungsvorgangs; sie können auch zur Bestimmung von Relativdrehzahlen herangezogen werden. Die Gleichungen für den Standwirkungsgrad η_0 entstammen [2.263]. Sie gelten für gehärtete, geschliffene außenverzahnte, jedoch ungeschliffene innenverzahnte Zahnräder.
Innere und äußere Leistung stimmen nur bei der Standübersetzung, d.h. bei feststehendem Steg s (Grundfälle in Tafel 2-43), überein (Bild 2-215a). Wenn das Getriebe mit umlaufendem Steg, d.h. mit einer Umlaufübersetzung, arbeitet (Getriebe mit Planetenwirkung in Tafel 2-44), wird bei gegebenem Drehmoment die von der Verzahnung zu übertragende Wälzleistung von der Relativdrehzahl zwischen Zahnrad und Steg bestimmt. Außerdem wird ohne Wälzbewegung durch einfache Mitnahme im Drehsinn des bewegten Stegs eine sog. Kupplungsleistung übertragen. Die

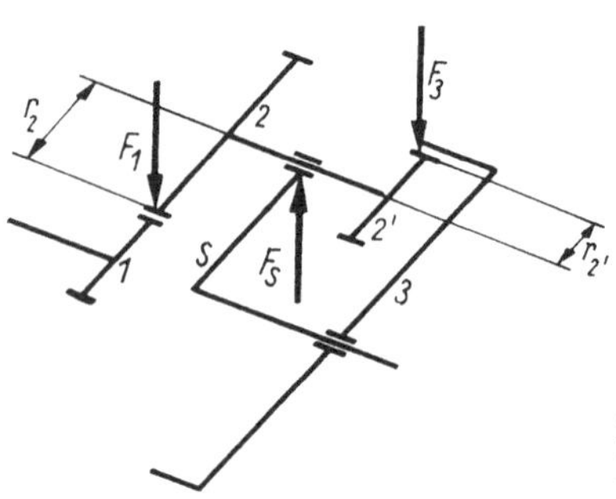

Bild 2-214
Kräfte am Umlaufrad

Tafel 2-43 Vier Varianten des Grundfalls (Stegwelle fest; Standübersetzung)

<table>
<tr><td colspan="2">1. Beide Zentralräder innen- bzw. außenverzahnt
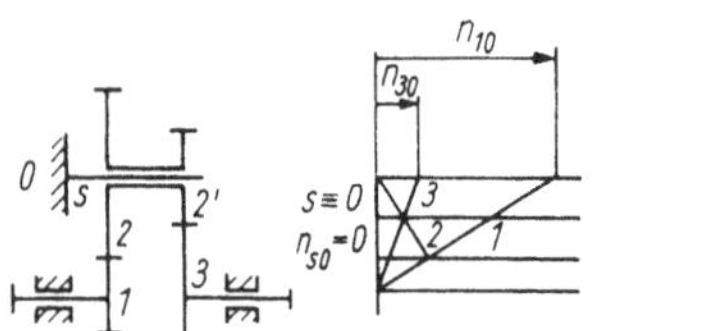
$$i_{01} = \frac{n_{10}}{n_{30}} = \frac{n_{10}\,n_{20}}{n_{20}\,n_{30}} = \frac{z_2 z_3}{z_1 z_{2'}} \geqq 1 \text{ (positiv)}$$
$$\eta_0 = 1 - 0{,}15\left(\frac{1}{z_1} + \frac{1}{z_2} + \frac{1}{z_{2'}} + \frac{1}{z_3}\right)$$
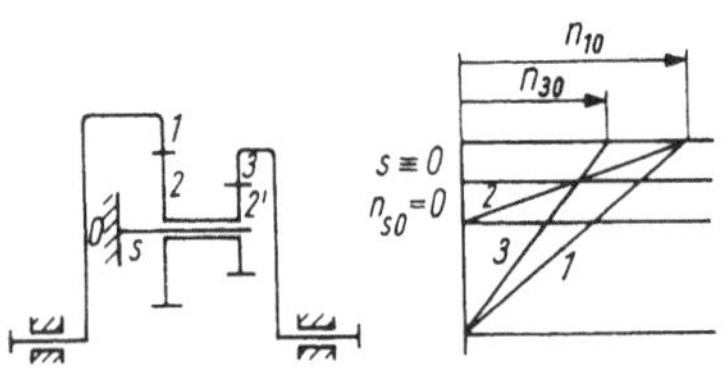
$$i_{01} = \frac{z_2 z_3}{z_1 z_{2'}} \text{ (positiv)}$$
$$\eta_0 = 1 - 0{,}2\left(\frac{1}{z_2} - \frac{1}{z_1} + \frac{1}{z_{2'}} - \frac{1}{z_3}\right)$$</td><td colspan="2">2. Je ein Zentralrad innen- und außenverzahnt
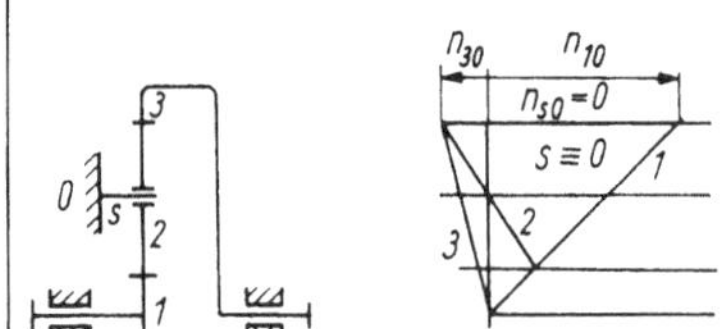
$$i_{02} = -\frac{z_3}{z_1} < -1 \text{ (negativ)}$$
$$\eta_0 = 1 - \left[0{,}15\left(\frac{1}{z_1} + \frac{1}{z_2}\right) + 0{,}2\left(\frac{1}{z_2} - \frac{1}{z_3}\right)\right]$$
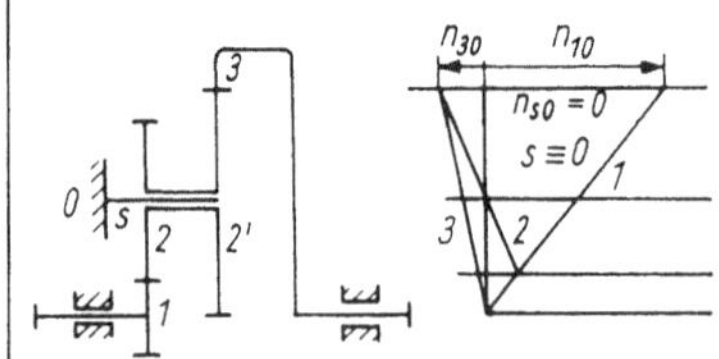
$$i_{02} = -\frac{n_{10}}{n_{30}} = -\frac{n_{10}\,n_{20}}{n_{20}\,n_{30}} = -\frac{z_2 z_3}{z_1 z_{2'}} \text{ (negativ)}$$
$$\eta_0 = 1 - \left[0{,}15\left(\frac{1}{z_1} + \frac{1}{z_2}\right) + 0{,}2\left(\frac{1}{z_{2'}} - \frac{1}{z_3}\right)\right]$$</td></tr>
<tr><td>1.1. Antrieb 1; Abtrieb 3; untersetzend
$$i = \frac{n_{30}}{n_{10}} = \frac{1}{i_{01}}$$
$$\eta = \eta_0$$
$$M_1 = -\frac{M_3 \eta_0}{i_{01}}$$
$$M_s = -\frac{M_3(i_{01} - \eta_0)}{i_{01}}$$</td><td>1.2. Antrieb 3; Abtrieb 1; übersetzend
$$i = \frac{n_{10}}{n_{30}} = i_{01}$$
$$\eta = \eta_0$$
$$M_3 = -M_1 i_{01} \eta_0$$
$$M_s = M_1(i_{01}\eta_0 - 1)$$</td><td>2.1. Antrieb 1; Abtrieb 3; untersetzend
$$i = \frac{n_{10}}{n_{30}} = i_{02}$$
$$\eta = \eta_0$$
$$M_3 = -M_1 i_{02} \eta_0$$
$$M_s = M_1(i_{02}\eta_0 - 1)$$</td><td>2.2. Antrieb 3; Abtrieb 1; übersetzend
$$i = \frac{n_{30}}{n_{10}} = \frac{1}{i_{02}}$$
$$\eta = \eta_0$$
$$M_1 = -\frac{M_3 \eta_0}{i_{02}}$$
$$M_s = -\frac{M_3(i_{02} - \eta_0)}{i_{02}}$$</td></tr>
</table>

Tafel 2-44 Acht Varianten bei Planetenwirkung (ein Zentralrad fest; Umlaufübersetzung)

3. Zentralrad *3* fest; beide Zentralräder innen- bzw. außenverzahnt

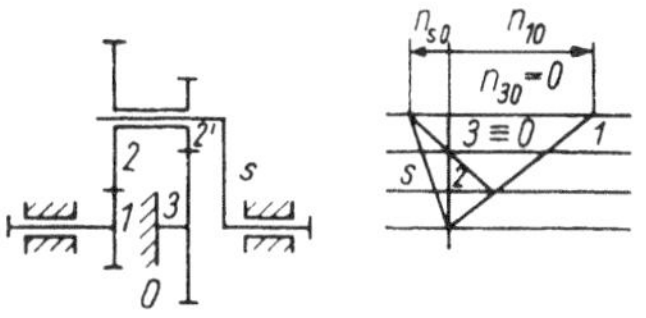

$i_0 = i_{01}$ (positiv)

$$\eta_0 = 1 - 0{,}15\left(\frac{1}{z_1} + \frac{1}{z_2} + \frac{1}{z_{2'}} + \frac{1}{z_3}\right)$$

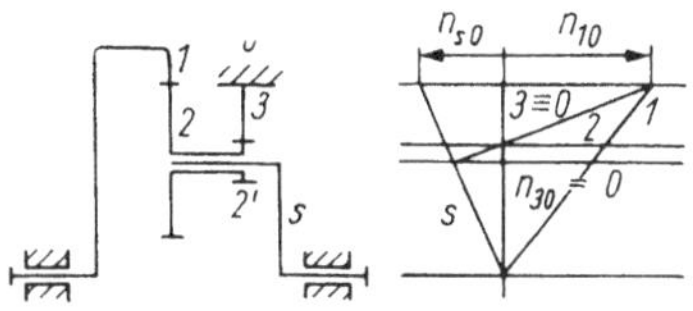

$i_0 = i_{01}$ (positiv)

$$\eta_0 = 1 - 0{,}2\left(\frac{1}{z_2} - \frac{1}{z_1} + \frac{1}{z_{2'}} - \frac{1}{z_3}\right)$$

4. Zentralrad *3* fest; je ein Zentralrad innen-und außenverzahnt

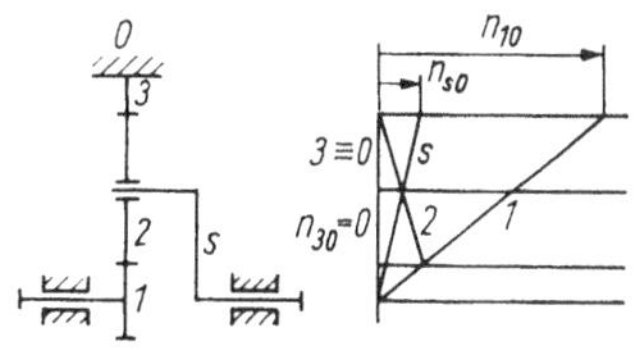

$i_0 = i_{02}$ (negativ)

$$\eta_0 = 1 - \left[0{,}15\left(\frac{1}{z_1} + \frac{1}{z_2}\right) + 0{,}2\left(\frac{1}{z_{2'}} - \frac{1}{z_3}\right)\right]$$

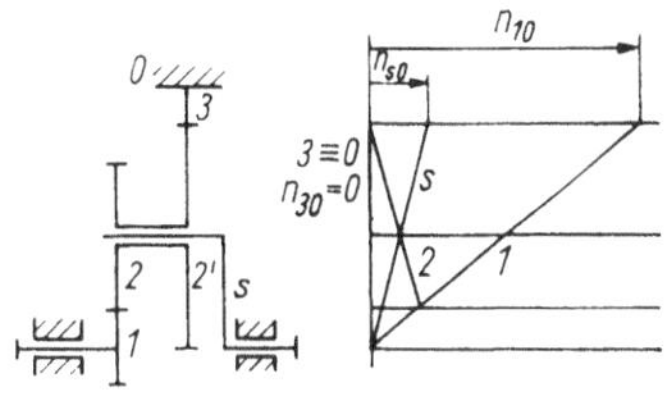

$i_0 = i_{02}$ (negativ)

$$\eta_0 = 1 - \left[0{,}15\left(\frac{1}{z_1} + \frac{1}{z_2}\right) + 0{,}2\left(\frac{1}{z_{2'}} - \frac{1}{z_3}\right)\right]$$

3.1. Antrieb *1*; Abtrieb *s*; $i_{01} < 2$ übersetzend; $i_{01} > 2$ untersetzend

$$i = \frac{n_{10}}{n_{s0}} = 1 - i_{01}$$

$$\eta = \frac{i_{01}\eta_0 - 1}{i_{01} - 1}$$

$$M_s = M_1(i_{01}\eta_0 - 1)$$

$$M_3 = -M_1 i_{01}\eta_0$$

3.2. Antrieb *s*; Abtrieb *1*; $i_{01} < 2$ untersetzend; $i_{01} > 2$ übersetzend

$$i = \frac{n_{s0}}{n_{10}} = \frac{1}{1 - i_{01}}$$

$$\eta = \frac{\eta_0(i_{01} - 1)}{i_{01} - \eta_0}$$

$$M_1 = \frac{M_s\eta_0}{i_{01} - \eta_0}$$

$$M_3 = -\frac{M_s i_{01}}{i_{01} - \eta_0}$$

4.1. Antrieb *1*; Abtrieb *s*; untersetzend

$$i = \frac{n_{10}}{n_{s0}} = 1 - i_{02}$$

$$\eta = \frac{i_{02}\eta_0 - 1}{i_{02} - 1}$$

$$M_s = M_1(i_{02}\eta_0 - 1)$$

$$M_3 = -M_1 i_{02}\eta_0$$

4.2. Antrieb *s*; Abtrieb *1*; übersetzend

$$i = \frac{n_{s0}}{n_{10}} = \frac{1}{1 - i_{02}}$$

$$\eta = \frac{\eta_0(i_{02} - 1)}{i_{02} - \eta_0}$$

$$M_1 = \frac{M_s\eta_0}{i_{02} - \eta_0}$$

$$M_3 = -\frac{M_s i_{02}}{i_{02} - \eta_0}$$

5. Zentralrad *1* fest; beide Zentralräder innen- bzw. außenverzahnt

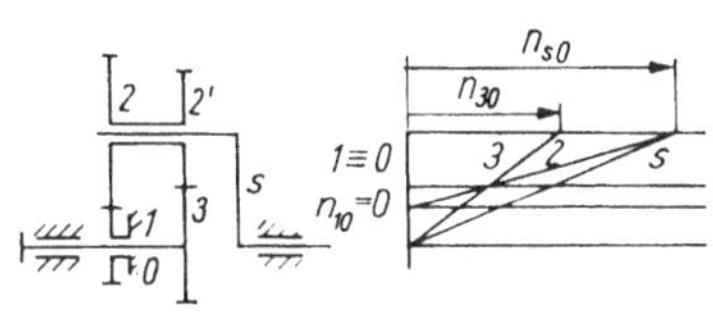

$i_0 = i_{01}$ (positiv)

$$\eta_0 = 1 - 0{,}15\left(\frac{1}{z_1} + \frac{1}{z_2} + \frac{1}{z_{2'}} + \frac{1}{z_3}\right)$$

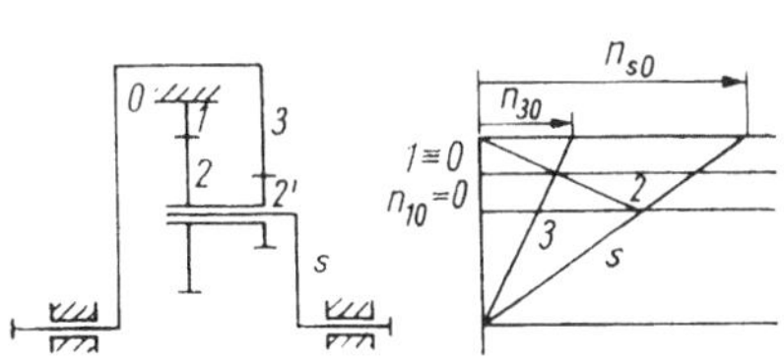

$i_0 = i_{01}$ (positiv)

$$\eta_0 = 1 - 0{,}2\left(\frac{1}{z_2} - \frac{1}{z_1} + \frac{1}{z_{2'}} - \frac{1}{z_3}\right)$$

6. Zentralrad *1* fest; je ein Zentralrad innen- und außenverzahnt

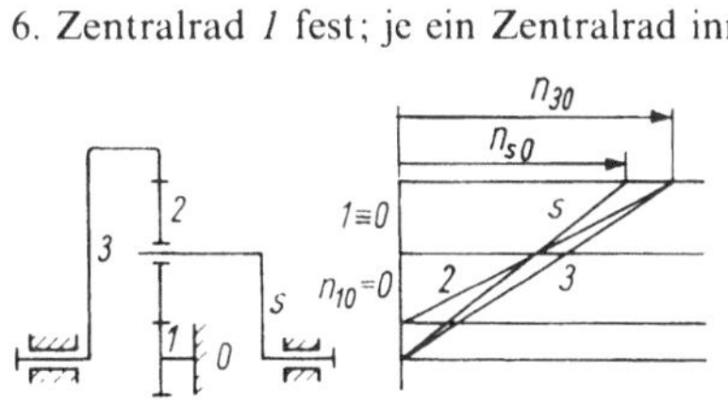

$i_0 = i_{02}$ (negativ)

$$\eta_0 = 1 - \left[0{,}15\left(\frac{1}{z_1} + \frac{1}{z_2}\right) + 0{,}2\left(\frac{1}{z_{2'}} - \frac{1}{z_3}\right)\right]$$

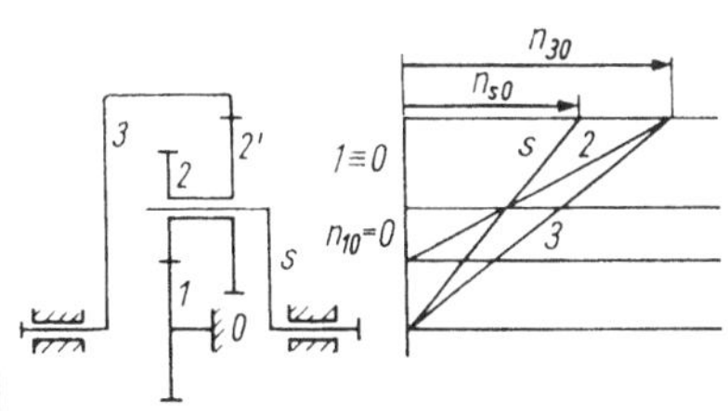

$i_0 = i_{02}$ (negativ)

$$\eta_0 = 1 - \left[0{,}15\left(\frac{1}{z_1} + \frac{1}{z_2}\right) + 0{,}2\left(\frac{1}{z_{2'}} - \frac{1}{z_3}\right)\right]$$

Tafel 2-44 (Fortsetzung)

5.1. Antrieb *3*; Abtrieb *s*; übersetzend	5.2. Antrieb *s*; Abtrieb *3*; untersetzend	6.1. Antrieb *3*; Abtrieb *s*; untersetzend	6.2. Antrieb *s*; Abtrieb *3*; übersetzend
$i = \frac{n_{30}}{n_{s0}} = \frac{i_{01} - 1}{i_{01}}$	$i = \frac{n_{s0}}{n_{30}} = \frac{i_{01}}{i_{01} - 1}$	$i = \frac{n_{30}}{n_{s0}} = \frac{i_{02} - 1}{i_{02}}$	$i = \frac{n_{s0}}{n_{30}} = \frac{i_{02}}{i_{02} - 1}$
$\eta = \frac{i_{01}\eta_0 - 1}{\eta_0(i_{01} - 1)}$	$\eta = \frac{i_{01} - 1}{i_{01} - \eta_0}$	$\eta = \frac{i_{02} - \eta_0}{i_{02} - 1}$	$\eta = \frac{\eta_0(i_{02} - 1)}{i_{02}\eta_0 - 1}$
$M_s = -\frac{M_3(i_{01}\eta_0 - 1)}{i_{01}\eta_0}$	$M_3 = -\frac{M_s i_{01}}{i_{01} - \eta_0}$	$M_s = -\frac{M_3(i_{02} - \eta_0)}{i_{02}}$	$M_3 = -\frac{M_s i_{02}\eta_0}{i_{02}\eta_0 - 1}$
$M_1 = -\frac{M_3}{i_{01}\eta_0}$	$M_1 = \frac{M_s\eta_0}{i_{01} - \eta_0}$	$M_1 = -\frac{M_3\eta_0}{i_{02}}$	$M_1 = \frac{M_s}{i_{02}\eta_0 - 1}$

Summe von Wälz- und Kupplungsleistung ist gleich der zugeführten äußeren Leistung im gewählten Übersetzungsfall. Wenn z.B. Welle *1* antreibt, betragen die übertragene

Wälzleistung $P_{w1} = M_{w1}n_{10} = M_1(n_{10} - n_{s0})$

Kupplungsleistung $P_{k1} = M_{k1}n_{10} = M_1 n_{s0}$

Gesamtleistung $P_1 = P_{w1} + P_{k1} = M_1 n_{10}$. (2.276)

Sind, wie es z.B. am Getriebetyp 4.1 in Tafel 2-44 auftritt, n_{10} und n_{s0} gleich gerichtet, teilt sich die Antriebsleistung auf Wälz- und Kupplungsleistung auf; das Getriebe hat Leistungsteilung (Bild 2-215b). Da die Verzahnungsverluste nur aus der Wälzleistung entstehen, wird der Getriebewirkungsgrad hoch.

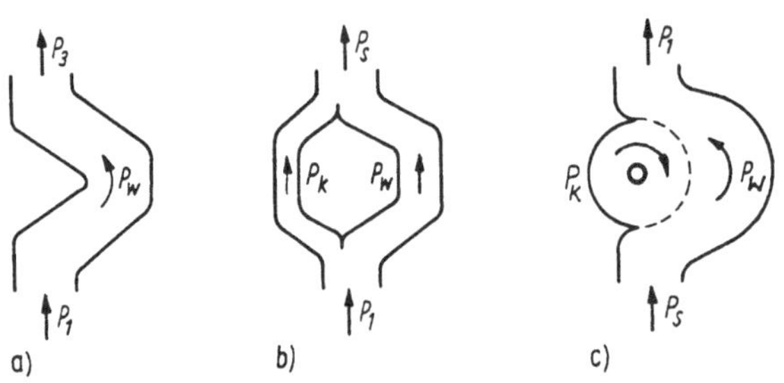

Bild 2-215 Wälz- und Kupplungsleistung bei Umlaufrädergetrieben

a) Standübersetzung
b) Umlaufübersetzung
c) Umlaufübersetzung mit Blindleistungsrückfluß

Wenn dagegen n_{10} und n_{s0} entgegengesetzt gerichtet sind, wie z.B. im Getriebetyp 3.2 nach Tafel 2-44, wird die Wälzleistung größer als die zu übertragende äußere Leistung. Die Kupplungsleistung wirkt der Wälzleistung entgegen und führt die zusätzliche, über die äußere Leistung hinausgehende Wälzleistung als Blindleistung zurück (Bild 2-215c). Die erhöhte Wälzleistung des Getriebes vergrößert die effektive Beanspruchung der Verzahnung sowie die Reibungsverluste und verringert entsprechend den Wirkungsgrad.
In diesen Fällen muß die Gefahr der Selbsthemmung bei Umkehr der Drehrichtung der Getriebe beachtet werden. Die Getriebe 3.1 und 5.1 in Tafel 2-44 werden funktionsuntüchtig, wenn $i_{01}\eta_0 \to 1$ geht, weil dann $\eta \to 0$ geht. Das Getriebe 3.2 wird für $\eta \leqq \eta_0/(1 + \eta_0)$, das Getriebe 5.2 für $\eta \leqq 1/(1 + \eta_0)$ selbsthemmend [2.264]. Grundsätzlich ist nach [2.265] zu befürchten, daß ein Umlaufrädergetriebe bei Umkehr der Drehrichtung selbsthemmend wird, wenn bei einem mit Umlaufübersetzung arbeitenden Getriebe das Standübersetzungsverhältnis i_0 gleich dem Standwirkungsgrad η_0 wird oder, einfacher, wenn die Standübersetzung i_0 des Getriebes gegen eins geht. Genauere Ausführungen zur Wirkungsgradberechnung enthält beispielsweise [2.266]; zur Nutzung der Selbsthemmung für Sperrfunktionen siehe [2.267].
Sind mehrere Umlaufräder an der Übertragung der Leistung beteiligt, müssen besondere Einbaubedingungen erfüllt sein, damit diese Umlaufräder in gleichen Winkelabständen angeordnet werden können. Für ein Umlaufrädergetriebe mit Doppelplaneten ohne Korrektur der Verzahnung gilt nach [2.268] die Bedingungsgleichung

$$k = \frac{z_1 z_{2'} + z_2 z_3}{z_P f_{max}}; \qquad (2.277)$$

k ganze Zahl,
z_P Anzahl der Umlaufräder,
f_{max} größter gemeinsamer Teiler der Zähnezahlen $z_{2'}$ und z_2.

Da bei einem Einfachplaneten $z_{2'} = z_2 = f_{max}$ wird, vereinfacht sich Gl. (2.277) in diesem Fall zu

$$k = \frac{z_1 + z_3}{z_P}. \qquad (2.278)$$

Im *Dreiwellenbetrieb* stehen die Drehzahlen jeder Einzelwelle im Zusammenhang mit denen der beiden anderen. Die äußeren Drehzahlen werden aus der allgemeinen Gleichung für die Standübersetzung bestimmt

$$i_0 = \frac{n_{1s}}{n_{3s}} = \frac{n_{10} - n_{s0}}{n_{30} - n_{s0}},$$

aus der die einzelnen Drehzahlen eliminiert werden können,

$$n_{10} = i_0 n_{30} + (1 - i_0) n_{s0}$$

$$n_{30} = \frac{n_{10} - (1 - i_0) n_{s0}}{i_0}$$

$$n_{s0} = \frac{n_{10} - i_0 n_{30}}{1 - i_0}. \qquad (2.279)$$

Durch Nullsetzen einer der drei voneinander abhängigen Drehzahlen entstehen die Drehzahlgleichungen für Zweiwellenbetrieb.
Die Relativdrehzahlen zwischen jeweils zwei Wellen und dem Bezugsglied gehorchen der allgemeinen Gleichung

Tafel 2-45 Zweisteg-Umlaufrädergetriebe (Beispiele)

a) Hubwerkgetriebe (Reihenschaltung); Kopplung:

s' mit $1''$ gekoppelt (beweglich)

$3'$ mit $3''$ gekoppelt (fest)

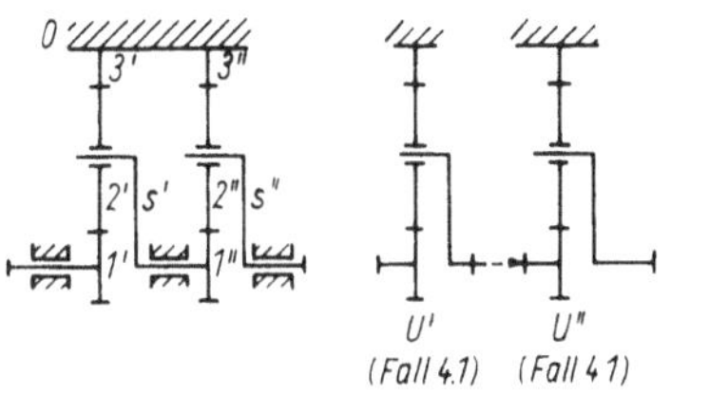

$$i'_{02} = -\frac{z_{3'}}{z_{1'}}; \quad i''_{02} = -\frac{z_{3''}}{z_{1''}}$$

$$i = i'i'' = (1 - i'_{02})(1 - i''_{02}) = \left(1 + \frac{z_{3'}}{z_{1'}}\right)\left(1 + \frac{z_{3''}}{z_{1''}}\right)$$

$$\eta' = \frac{i'_{02}\eta_0 - 1}{i'_{02} - 1}$$

$$\eta'' = \frac{i''_{02}\eta_0 - 1}{i''_{02} - 1}$$

$$\eta = \eta'\eta''$$

b) Seiltrommelgetriebe (Leistungsverzweigung); Kopplung:

s' mit $1''$ gekoppelt (beweglich)

$3'$ mit $3''$ gekoppelt (beweglich)

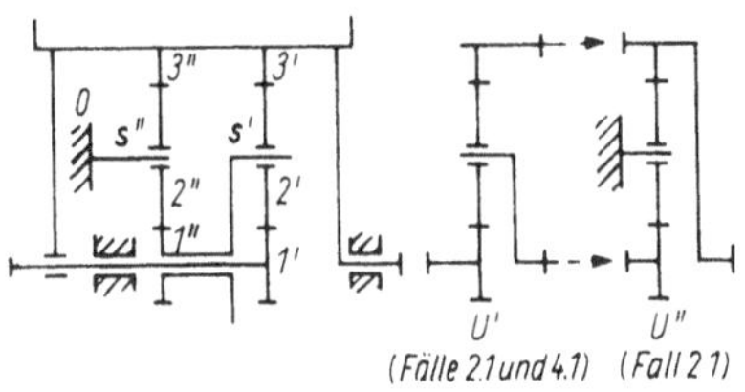

$$i'_{02} = -\frac{z_{3'}}{z_{1'}}; \quad i''_{02} = -\frac{z_{3''}}{z_{1''}}$$

$$i = 1 - i'i'' = -\left(\frac{z_{3'}}{z_{1'}} + \frac{z_{3''}}{z_{1''}} + \frac{z_{3'}z_{3''}}{z_{1'}z_{1''}}\right)$$

$$\eta = \frac{i'_{02}\eta'_0 + i''_{02}\eta''_0(1 - i'_{02}\eta'_0)}{i}$$

c) Drehwerkgetriebe (Wolfromgetriebe); Kopplung:

s' und s'' identisch (beweglich)

$3'$ und $1''$ identisch (fest)

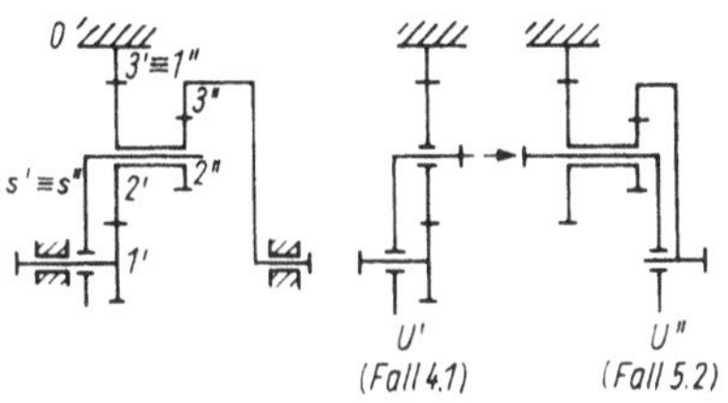

$$i'_{02} = -\frac{z_{3'}}{z_{1'}}; \quad i''_{01} = \frac{z_{2'}z_{3''}}{z_{3'}z_{2''}}$$

$$i = \frac{1 - i'_{02}}{1 - \dfrac{1}{i''_{01}}} = \frac{1 + \dfrac{z_{3'}}{z_{1'}}}{1 - \dfrac{z_{3'}z_{2''}}{z_{2'}z_{3''}}}$$

$$\eta \approx \eta'_0 \frac{1 - \dfrac{1}{i''_{01}}}{1 - \dfrac{\eta''_0}{i''_{01}}} = \eta'_0 \frac{i''_{01} - 1}{i''_{01} - \eta''_0}$$

$$n_{ik} + n_{kx} + n_{xi} = 0$$

bzw.

$$n_{ik} = n_{ix} + n_{xk} = n_{ix} - n_{kx}\,.$$

Mit $x = 0$ (Getriebegehäuse) werden die Relativdrehzahlen zwischen den Wellen

$$n_{13} = n_{10} - n_{30}$$
$$n_{1s} = n_{10} - n_{s0}$$
$$n_{s3} = n_{s0} - n_{30} \quad \text{usw.} \tag{2.280}$$

Für die Wälzlagerberechnung wird z.B. die Relativdrehzahl n_{2s} des Umlaufrads *2* gegenüber dem Steg *s* gebraucht. Bei einem Doppelplaneten braucht man hierfür eines der beiden Zähnezahlverhältnisse

$$n_{2s} = -(n_{10} - n_{s0})\frac{z_1}{z_2} = (n_{30} - n_{s0})\frac{z_3}{z_{2'}}\,. \tag{2.281}$$

Am Einfachplaneten, d.h. für $z_2 = z_{2'}$, vereinfacht sich diese Gleichung zu

$$n_{2s} = (n_{10} - n_{30})\frac{2i_0}{i_0^2 - 1}\,. \tag{2.282}$$

Wegen der Schwierigkeit der Wirkungsgradberechnung geht man bei Dreiwellenbetrieb häufig zunächst vom verlustfreien Getriebe aus. Bei diesem Getriebe gelten die Gleichungen für die vorzeichenbehafteten Drehmomente

$$M_1 + M_3 + M_s = 0$$

und für die äußeren Leistungen

$$P_1 + P_3 + P_s = M_1 n_{10} + M_3 n_{30} + M_s n_{s0} = 0.$$

Beispiele von Sammel- und Verteilgetrieben im Dreiwellenbetrieb sind im Abschnitt 2.7.5.4 aufgeführt.

Die konstruktive Ausführung und Fertigung von Umlaufrädergetrieben verlangt große Sorgfalt und Genauigkeit. Ein schwieriges Problem bildet der Belastungsausgleich zwischen mehreren, gleichmäßig über den Umfang verteilten Umlaufrädern. Statisch bestimmt ist die Lagerung nur bei einem Umlaufrad. Bei den üblicherweise verwendeten zwei bis fünf Umlaufrädern hängt die Belastungsverteilung bei starrer Lagerung aller Getriebeelemente von den Toleranzen und Verformungen ab. Rechnerisch mindert man deshalb die theoretische Tragfähigkeit ab. Empfohlen wird meist, von zwei starr gelagerten Umlaufrädern nur eins, von drei Rädern nur zwei als tragend zu rechnen.

Hochleistungs-Umlaufrädergetriebe erhalten eine weitgehend gleichmäßige Verteilung der Belastung auf alle Umlaufräder durch eine Kombination von frei einstellbaren, d.h. ungelagerten, und elastisch gestützten Getriebeelementen, siehe Bild 2-218. Der Faktor für die Belastungsvertei-

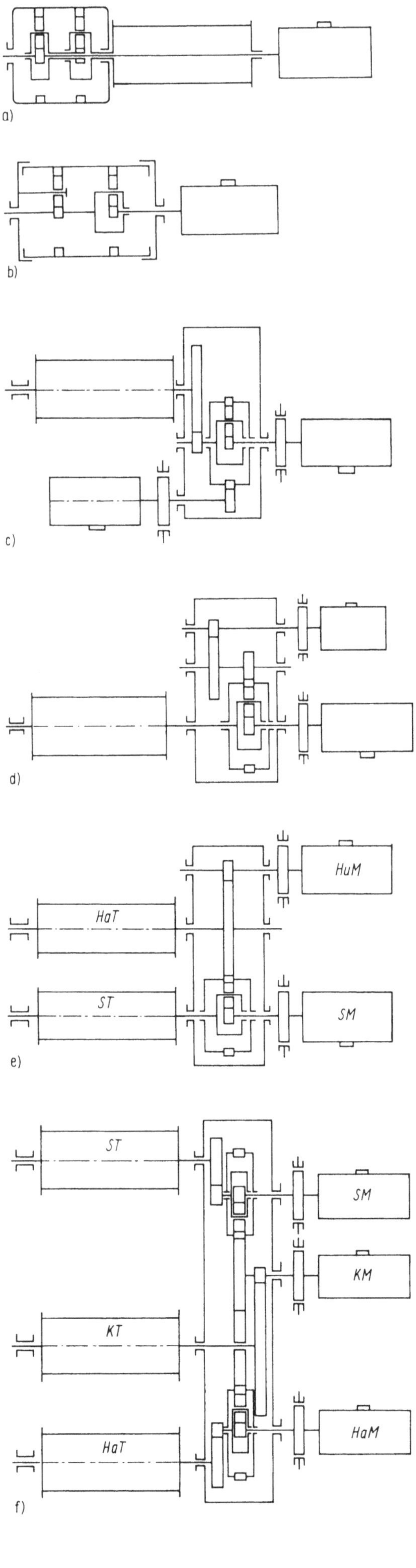

Bild 2-216 Beispiele für Umlaufrädergetriebe in Fördermaschinen

a) Hubwerkgetriebe als Zweisteg-Umlaufrädergetriebe mit Reihenschaltung
b) Seiltrommelgetriebe als Zweisteg-Umlaufrädergetriebe mit Leistungsteilung
c) Zweimotorenantrieb mit Umlaufrädergetriebe als Sammelgetriebe
d) Feinhubwerk mit Umlaufrädergetriebe
e) Greiferwindwerk mit Umlaufrädergetriebe
f) Windwerk einer Seilzugkatze mit zwei Umlaufrädergetrieben
HuM Hubmotor; *HaM* Haltemotor; *SM* Schließmotor; *KM* Katzfahrmotor; *HaT* Haltetrommel; *ST* Schließtrommel; *KT* Katzfahrtrommel

lung erreicht dadurch Werte von 0,90 bis 0,95. Wegen aller Einzelheiten wird auf [2.244] [2.263] [2.269] hingewiesen.

2.7.5.3 Mehrsteg-Umlaufrädergetriebe

Aus zwei oder mehreren einfachen Umlaufrädergetrieben entstehen durch Kopplung Zweisteg- bzw. Mehrsteg-Umlaufrädergetriebe mit großer Variationsbreite der Ausführungsformen und Eigenschaften. Tafel 2-45 zeigt drei Zweisteggetriebe, die häufiger in Fördermaschinen verwendet werden. Jedes dieser drei Getriebe weist je zwei Kopplungen der Wellen beider Teilgetriebe auf.
Wenn eine dieser Koppelwellen festgestellt ist (Getriebe *a* in Tafel 2-45), handelt es sich um eine Reihenschaltung, bei der die Antriebsleistung nacheinander durch beide Getriebe fließt. Beide Getriebe arbeiten im Zweiwellenbetrieb. Die Kenngrößen des Gesamtgetriebes können als Produkte der Werte beider Teilgetriebe bestimmt werden.

$$i = i' i''$$

$$\eta = \eta' \eta''. \qquad (2.283)$$

Dieses Zweisteggetriebe *a* eignet sich besonders für Hubwerke, Seilwinden usw. mit großer Übersetzung; es wird oft in Elektro- oder Handzüge eingebaut.
Wenn im Gegensatz dazu bei einem Zweisteggetriebe beide Koppelwellen umlaufen und das Getriebe nur ein Festglied aufweist (Getriebe *b* in Tafel 2-45), handelt es sich um ein Umlaufrädergetriebe mit Leistungsverzweigung. Von den beiden Teilgetrieben *U'* und *U''* arbeitet das erste im Dreiwellen-, das zweite wegen des Festglieds im Zweiwellenbetrieb. Bei derartigen Mehrsteggetrieben mit Leistungsverzweigung können die Kenngrößen nicht in so einfacher Weise wie bei Reihenschaltung bestimmt werden; es wird hierfür auf die Fachliteratur verwiesen [2.244] [2.263]. Das in Tafel 2-45 aufgeführte Getriebe dieser Art wird häufig in Seiltrommeln eingebaut.
Ein Beispiel für ein Getriebe mit besonders großer Übersetzung bildet das sog. Wolfromgetriebe (Getriebe *c* in Tafel 2-45). Da in ihm außer einem Einfachgetriebe vom Typ 4.1 (s. Tafel 2-44) auch ein solches vom Typ 5.2 enthalten ist, muß mit einem schlechteren Wirkungsgrad und möglicherweise Selbsthemmung gerechnet werden. Wegen der großen Übersetzung findet man derartige Getriebe bisweilen in Drehwerken.
Bezüglich aller weiterführender Gedanken wird auf die genannten Fachbücher verwiesen. Zur Unterstützung bei der Suche nach der bestgeeigneten Getriebeform kann evtl. [2.270] dienen.

2.7.5.4 Beispiele für Umlaufrädergetriebe

Nahezu alle im Abschnitt 2.7.5.1 aufgezählten Verwendungsmöglichkeiten für Umlaufrädergetriebe werden in Fördermaschinen genutzt. Bild 2-216 zeigt einige sehr verbreitete Antriebsbeispiele. Weitere Einsatzfälle gibt z.B. [2.260] an. Die beiden Zweisteg-Übersetzungsgetriebe im Bild 2-216a und b entsprechen den ersten beiden Getriebe-

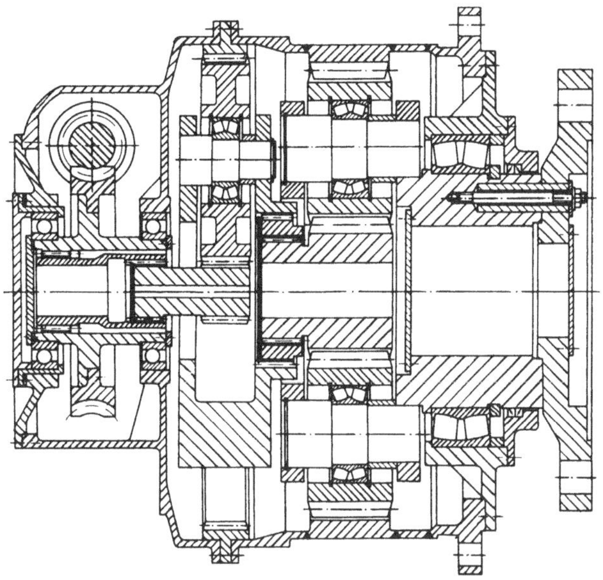

Bild 2-217 Getriebe für ein Raupenfahrwerk mit einem Schneckenradvorgelege und zwei in Reihe geschalteten Umlaufrädergetrieben, ABUS-Getriebe GmbH, Dessau

schemata in Tafel 2-45. Statt einer Seiltrommel können mit derartigen Getrieben auch Laufräder, Gurttrommeln usw. angetrieben werden. Die große, auf kleinstem Raum zu erzielende Übersetzung macht dieses Zweisteg-Übersetzungsgetriebe auch in den Antrieben von Raupenfahrwerken (Bild 2-217) und Schaufelrädern sowie als Drehwerk wirtschaftlich.

Wenn in Seil- oder Kettentrieben eine nicht so große Übersetzung gebraucht wird, z.B. bei Handantrieb, genügt oft auch ein einfaches Umlaufrädergetriebe mit einem Doppelplaneten, wie im Kettenzug des Bildes 2-218.

Zweimotorenwindwerke haben bei Verwendung eines Standrädergetriebes stets eine feste Kopplung zwischen den beiden Motoren. Wird dagegen ein Umlaufrädergetriebe als Überlagerungs- bzw. Sammelgetriebe eingesetzt (Bild 2-216c), kann die Seilwinde bei Ausfall eines Motors durch den zweiten Motor mit der halben Seilgeschwindigkeit weiterbetrieben werden. Die Übersetzungen beider antreibender Zentralräder zum abtreibenden Steg sind unterschiedlich (Getriebetypen 4.1 und 6.1 in Tafel 2-44); ihr Verhältnis ist gleich der Standübersetzung i_0. Deshalb muß auch das Stirnradvorgelege in dem Antriebsstrang, der zum Zentralrad *3* führt, diese Übersetzung aufweisen.

Das gleiche Konstruktionsprinzip wird im Feinhubwerk (Bild 2-216d) angewendet. Die Übersetzung zwischen dem Feinhubmotor und der Seiltrommel ist hier wesentlich größer als die zwischen Haupthubmotor und Trommel. Beide Motoren können einzeln oder gemeinsam eingeschaltet werden und im letztgenannten Fall die gleiche oder die entgegengesetzte Drehrichtung erhalten. Dies ergibt vier unterschiedliche Übersetzungen. Auch hier gestattet die Überlagerung mit Hilfe eines Umlaufrädergetriebes den weiteren Betrieb des anderen Motors, wenn ein Motor ausfällt.

Im Greiferwindwerk mit Umlaufrädergetriebe (Bild 2-216e) können vier Bewegungen des Greifers einzeln geschaltet werden, bei denen das Umlaufrädergetriebe im Zweiwellenbetrieb arbeitet:

Heben (Getriebetyp 6.1 in Tafel 2-44),
Senken (Getriebetyp 6.2 in Tafel 2-44),
Schließen (Getriebetyp 4.1 in Tafel 2-44),
Öffnen (Getriebetyp 4.2 in Tafel 2-44).

[2.264] gibt einen Einblick in den unterschiedlichen Leistungsfluß bei diesen Betriebsarten. Während des Hebens des Greifers treibt beispielsweise der Hubmotor über ein Vorgelege den Zahnkranz *3* an, siehe Bezeichnungen im Bild 2-213. Dieses Zentralrad überträgt den größen Teil der Antriebsleistung als Kupplungsleistung direkt zur Stegwelle *s*, einen kleineren Teil dagegen als Wälzleistung über das Umlaufrad *2* zum stillstehenden Zentralrad *1*, von wo sie als Kupplungsleistung ebenfalls zum Steg *s* geführt wird. Beim Schließen vertauschen die beiden Zentralräder ihre Funktion, der Wälzleistungsanteil wird dabei größer.

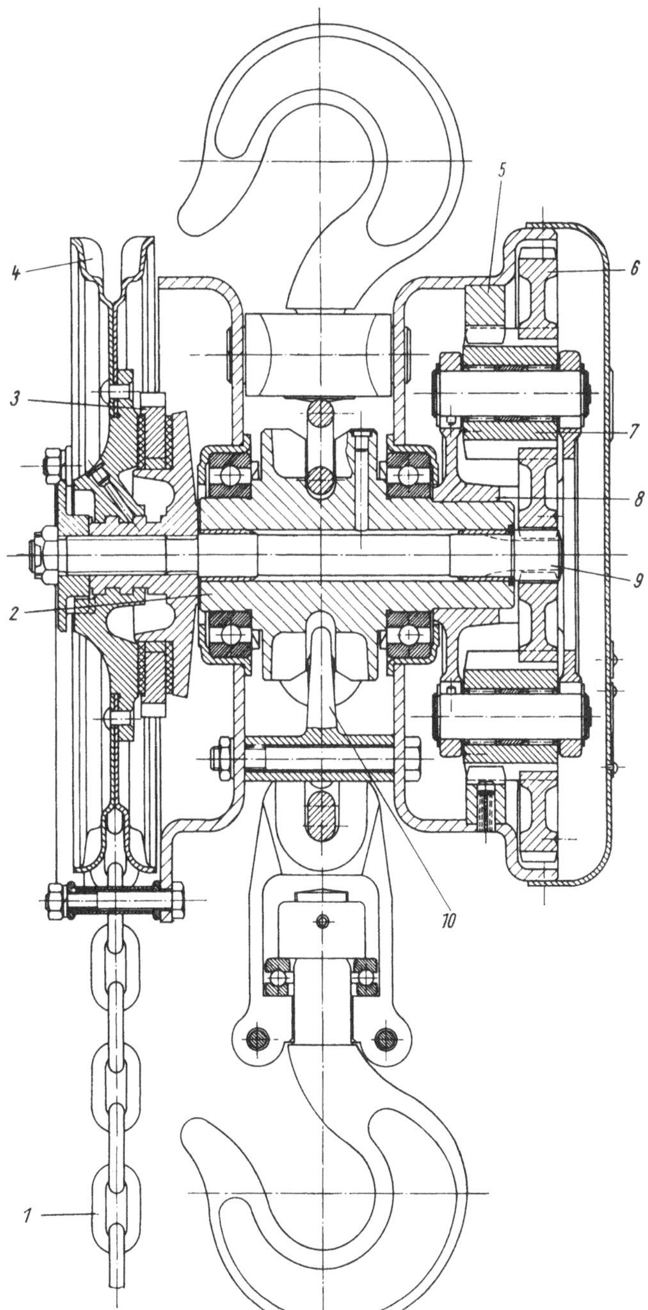

Bild 2.218 BKS Leichtbauflaschenzug LW mit nadelgelagertem Stirnrad-Umlaufrädergetriebe, Tragfähigkeit 3 t
BKS GmbH, Velbert

1 Haspelkette
2 Kettennuß
3 Gewindesperrbremse
4 Haspelrad
5 Zahnkranz, feststehend
6 großes Umlaufrad
7 kleines Umlaufrad
8 Stegwelle
9 Zentralrad
10 Kettenaufhängung

Jeder Absolutbewegung (Heben, Senken) kann eine Relativbewegung (Schließen, Öffnen) des Greifers überlagert werden. Die Drehmomente, Drehzahlen und Leistungen ergeben sich durch Überlagerung der entsprechenden Bewegungsfälle bei Zweiwellenbetrieb. Laufen beide Motoren gegenläufig, z.B. bei der Überlagerung von Senken und Schließen, erhält die Haltetrommel die Drehzahl Null, wenn beide Seiltriebe die gleiche Geschwindigkeit haben. Die antreibende potentielle Energie wird als Bremsarbeit vom Hubmotor aufgenommen, während gleichzeitig der Schließmotor Hubarbeit leistet. Da die Bremsarbeit nicht als elektrische Energie ins Netz zurückgeliefert wird, hat es auf den Energieverbrauch keinen Einfluß, ob die beiden Bewegungen zeitlich überlagert oder einzeln nacheinander ausgeführt werden.

Bei einem Greiferwindwerk mit Umlaufrädergetriebe kommt es im Gegensatz zu einem aus zwei getrennten Windwerken gebildeten Antrieb während des Hebens des gefüllten Greifers zu keinem Ausgleich der Seilkräfte bzw. Drehmomente über die Motorkennlinien. Deshalb muß der Differenz zwischen den Übersetzungen des Hubmotors zu den beiden Seiltrommeln besondere Aufmerksamkeit geschenkt werden [2.271].

In Seilzugkatzen, beispielsweise von Schiffentladern, wird neben der Hubbewegung der Nutzmasse auch die Fahrbewegung der Laufkatze mit Seilen durchgeführt. Damit sich bei bestimmten Seilführungen nicht während der Fahrbewegung auch eine unerwünschte Hub- bzw. Senkbewegung der Nutzmasse einstellt, müssen beide Teilbewegungen überlagert werden. Bild 2-216f stellt ein derartiges Getriebe dar. Es enthält das Katzfahrwerk und ein Zweimotoren-Greiferwindwerk mit getrennten Triebwerken für die Schließ- und die Haltetrommel, die jedoch je ein Umlaufrädergetriebe aufweisen. Über die Zahnkränze dieser Umlaufrädergetriebe treibt der Katzfahrmotor auch die beiden Seiltrommeln des Greiferwindwerks an und sorgt dafür, daß während des Katzfahrens keine überlagerte Hubbewegung auftritt.

Da sich die entgegengesetzt gerichteten Leistungen der Schließ- und Hubtrommel einerseits und der Katzfahrtrommel andererseits auf deren Welle überlagern, fließen große Triebwerkleistungen durch die Getriebeteile. Der Katzfahrmotor muß außer der relativ geringen Fahrleistung auch die gesamte Verlustleistung des hoch beanspruchten Getriebes einspeisen; dies erhöht die erforderliche Nennleistung gegenüber einem Fahrwerk ohne Kopplung mit dem Hubwerk.

Weitere Anwendungsfälle von Umlaufrädergetrieben, wie die Verzweigungsgetriebe in hydrodynamischen Fahrantrieben, die Kegelrad-Differentialgetriebe von Fahrzeugen, die Schaltgetriebe in den Seilhaspeln von Schrappern, in den Antrieben von Seilbaggern usw., können nur im Zusammenhang mit den entsprechenden Maschinen behandelt werden.

2.7.5.5 Zahlenbeispiel

Berechnung der Zähnezahl, des Wirkungsgrades und der Drehmomente eines Umlaufrädergetriebes

Die Anordnung ist aus Bild 2-219 zu ersehen.

Gegebene Werte

Nenndrehzahl des Motors	$n_M = 700\,\text{U/min}$
Trommeldrehzahl	$n_T = 12{,}5\,\text{U/min}$
Trommelantriebsmoment	$M_T = M_{s''} = 2670\,\text{N}\cdot\text{m}$
Anzahl der Planetenräder	$z_P = 3$
Lagerwirkungsgrad	$\eta_L = 0{,}99$
Planschverlust-Wirkungsgrad	$\eta_P = 0{,}99$

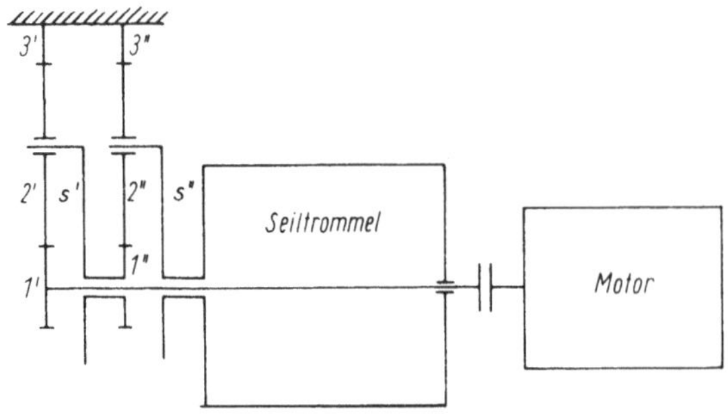

Bild 2-219 Seilwinde mit Umlaufrädergetriebe

a) *Übersetzungen*

$$i_{ges} = \frac{n_M}{n_T} = \frac{700}{12{,}5} = 56$$

Bei dem Getriebe handelt es sich um ein Zweisteg-Umlaufrädergetriebe in Reihenschaltung (Getriebe *a* in Tafel 2-45). Vereinfachend sollen beide Teilgetriebe die gleiche Übersetzung erhalten:

$$i' = i'' = \sqrt{i_{ges}} = \sqrt{56} = 7{,}48.$$

Vorläufig gewählt wird nach Ra 40

$$i' = i'' = 7{,}5.$$

Laut Tafel 2-44 wird die Standübersetzung

$$i_0' = i_0'' = 1 - i' = 1 - 7{,}5 = -6{,}5.$$

b) *Berechnung der Zähnezahlen*

Gewählt wird

$$z_{1'} = z_{1''} = 27.$$

Mit der Standübersetzung erhält man

$$z_{3'} = z_{3''} = -i_0' z_{1'} = 6{,}5 \cdot 27 = 175{,}5.$$

Gewählt wird mit Rücksicht auf die Einbaubedingungen

$$z_{3'} = z_{3''} = 177.$$

Kontrolliert werden die Einbaubedingungen mit Gl. (2.278)

$$k = \frac{z_{1'} + z_{3'}}{z_P} = \frac{27 + 177}{3} = 68 \quad \text{(ganze Zahl).}$$

Das Umlaufrad erhält die Zähnezahl

$$z_{2'} = z_{2''} = \frac{z_{3'} - z_{1'}}{2} = \frac{177 - 27}{2} = 75.$$

Mit Hilfe der ermittelten Zähnezahlen werden die tatsächlichen Übersetzungen errechnet:

$$i_0' = i_0'' = -\frac{z_{3'}}{z_{1'}} = 6{,}56;$$

$$i_{ges} = i' i'' = (1 - i_0')^2 = \left(1 + \frac{z_{3'}}{z_{1'}}\right)^2 = \left(1 + \frac{177}{27}\right)^2 = 57{,}09.$$

Die Abweichung der Gesamtübersetzung vom Sollwert beträgt 1,9 %; sie ist vernachlässigbar klein.

c) *Wirkungsgrad*

Für den Wirkungsgrad bei Standübersetzung wird die Gleichung für η_0 in Tafel 2-44 verwendet:

$$\eta'_{0Z} = \eta''_{0Z} = 1 - \left[0{,}15\left(\frac{1}{z_{1'}} + \frac{1}{z_{2'}}\right) + 0{,}2\left(\frac{1}{z_{2'}} - \frac{1}{z_{3'}}\right)\right]$$

$$= 1 - \left[0{,}15\left(\frac{1}{27} + \frac{1}{75}\right) + 0{,}2\left(\frac{1}{75} - \frac{1}{177}\right)\right] = 0{,}991.$$

Der Index Z drückt aus, daß in dieser Gleichung lediglich die Verzahnungsverluste berücksichtigt sind. Um auch die Lager- und Ölreibungsverluste einzubeziehen, wird vereinfachend Gl. (2.275) herangezogen und der Standwirkungsgrad wie folgt umgerechnet

$$\eta'_0 = \eta''_0 = \eta'_{0Z}\,\eta_L\,\eta_P = 0{,}991 \cdot 0{,}99 \cdot 0{,}99 = 0{,}97.$$

d) *Drehzahlen*

Die Gln. (2.279), (2.282) ergeben für Zweiwellenbetrieb, d.h. mit

$$n_{3'0} = n_{3''0} = 0,$$

$$n_{s'0} = n_{1''0} = \frac{n_{1'0}}{1 - i'_0} = \frac{700}{1 + 6{,}56} = 92{,}6\,\text{U/min}$$

$$n_{2's'} = n_{1'0}\,\frac{2i'_0}{i'^2_0 - 1} = -\frac{700 \cdot 2 \cdot 6{,}56}{6{,}56^2 - 1} = -218{,}5\,\text{U/min}$$

$$n_{s''0} = \frac{n_{1''0}}{1 - i''_0} = \frac{92{,}6}{1 + 6{,}56} = 12{,}25\,\text{U/min}$$

$$n_{2''s''} = n_{1''0}\,\frac{2i''_0}{i''^2_0 - 1} = -\frac{92{,}6 \cdot 2 \cdot 6{,}56}{6{,}56^2 - 1} = -28{,}90\,\text{U/min}.$$

e) *Drehmomente*

Nach Tafel 2-44 betragen die Drehmomente:

$$M_{1''} = M_{s'} = \frac{M_{s''}}{i''_0\,\eta''_0 - 1} = \frac{2670}{-6{,}56 \cdot 0{,}97 - 1} = -362{,}6\,\text{N}\cdot\text{m}$$

$$M_{3''} = -M_{1''}\,i''_0\,\eta''_0 = 362{,}6 \cdot 6{,}56 \cdot 0{,}97 = 2307{,}3\,\text{N}\cdot\text{m}$$

$$M_{1'} = \frac{M_{s'}}{i'_0\,\eta'_0 - 1} = \frac{-362{,}6}{-6{,}56 \cdot 0{,}97 - 1} = 49{,}2\,\text{N}\cdot\text{m}$$

$$M_{3'} = -M_{1'}\,i'_0\,\eta'_0 = 49{,}2 \cdot 6{,}56 \cdot 0{,}97 = 313{,}1\,\text{N}\cdot\text{m}.$$

3 Triebwerke (Antriebe)

Fördermaschinen haben eine Bewegungsaufgabe: die Ortveränderung fester Körper (Güter), bisweilen auch Personen, in einem begrenzten, häufig räumlichen Bedienungsbereich. Sie bestehen aus einem der Funktion angepaßten, meist gegliederten Tragwerk und aus Triebwerken, die das zu transportierende Gut, Teile der Maschine relativ zueinander oder die gesamte Maschine entsprechend den Einsatzbedingungen zu bewegen haben. Für alle Bewegungsabläufe wird mechanische Energie in jeweils spezifischer Form benötigt, die von den Antrieben gesteuert oder geregelt bereitgestellt werden muß.

3.1 Aufbau und Arbeitsweise

3.1.1 Grundformen und Grundaufbau

Die Bauarten fördertechnischer Antriebe kann man in zweierlei Hinsicht grundsätzlich gliedern: nach der Art der Bewegung bzw. des zu bewegenden Bauteils, das sie antreiben, und nach dem energetischen Grundaufbau des Antriebs selbst.

3.1.1.1 Gliederung nach der Bewegungsart

Die Vielfalt der Fördermaschinen erfordert eine angepaßte Mannigfaltigkeit der Triebwerke nach Art und Größe in einem weiten Bereich. Die Bewegungsabläufe und Belastungen unterscheiden sich, je nachdem, ob es sich um Antriebe für Hebezeuge, Bagger, Flurförderer, Aufzüge usw. handelt. Bestimmte Fördermaschinen, wie Stetigförderer, Aufzüge, erhalten nur einen Antrieb, andere, wie Krane, Bagger, brauchen mehrere Triebwerke (Bild 3-1).
Aus den zahlreichen Antriebsarten lassen sich vier Grundformen herauslösen, die als klassische fördertechnische Antriebe allgemeinere Bedeutung haben, weil sie nicht nur in allen Hebezeugen, sondern darüber hinaus in vielen anderen Fördermaschinen vorkommen. Sie entsprechen vier Grundbewegungen des Gutes bzw. Bauteils:

translatorische Bewegung

senkrecht (Heben)	Hubwerk,
waagerecht (Fahren)	Fahrwerk;

rotatorische Bewegung um

senkrechte Achse (Drehen)	Drehwerk,
waagerechte Achse (Neigen)	Einziehwerk.

Diese Triebwerke führen Arbeitsspiele im Aussetzbetrieb (s. Abschn. 3.1.2) durch und werden in diesem Buchabschnitt eingehend behandelt. Die vermittelten Kenntnisse und Auslegungsregeln sind zugleich Orientierung für die Berechnung und Konstruktion anderer, spezieller Triebwerke, z.B. Schwenkwerke, Wippwerke, Vorstoßwerke, Kippwerke, Verstelltriebe, die bei den jeweiligen Fördermaschinen zu besprechend sind.
Eine fünfte Grundform fördertechnischer Antriebe bilden die im Dauerbetrieb arbeitenden Triebwerke der Stetigförderer. Vorwiegend leiten sie die benötigte mechanische Energie kraft- oder formschlüssig in das Zugmittel dieser Maschinen ein; im Bild 3-1b gehören alle Bandantriebe zu dieser Gruppe. In der Auslegung und Gestaltung werden sie der Betriebsart und den Besonderheiten der jeweiligen Maschine angepaßt.

3.1.1.2 Gliederung nach dem energetischen Grundaufbau

Da jede Bewegung bei einer Fördermaschine im Stillstand beginnt und nach kürzerer oder längerer Dauer wieder im Stillstand endet, zudem die äußeren Kräfte am bewegten Bauteil teils gegen die Bewegungsrichtung, teils in ihr wirken, treten in fördertechnischen Antrieben fast immer zwei Richtungen des Energieflusses auf: Antreiben und Bremsen.
Dem treibenden Antrieb wird Energie in geeigneter Form, z.B. als elektrische Energie, Gravitationsenergie, Muskelenergie oder an Kraftstoff, Drucköl, Druckluft gebunden, zugeführt. Der Antrieb wandelt diese Energie, z.T. mehrfach, steuert sie und leitet sie als mechanische Energie in das zu bewegende Bauteil ein. Als bremsender Antrieb entzieht er dem bewegten Bauteil mechanische Energie, überträgt sie in geeigneter Form und gibt sie, überwiegend als Dissipationsenergie an die Umgebung, seltener als Nutzenergie an das Energienetz ab. Um diese Aufgaben zu erfüllen, braucht ein Antrieb Baugruppen für nachstehende Hauptfunktionen:

Energieerzeugung (Energieentnahme)

Erzeugung mechanischer Energie aus zugeführter Energie (Entzug mechanischer Energie und Ableitung in einer geeigneten Energieform);

Energieübertragung

Wandlung der mechanischen Energie in eine geeignete Übertragungsform, Steuerung und Verteilung der Übertragungsenergie, z.T. erneute Wandlung in mechanische Energie;

Energieabgabe (Energieaufnahme)

Einleitung mechanischer Energie in das zu bewegende Bauteil (Ableitung mechanischer Energie aus dem bewegten Bauteil).
Diesen Funktionen entsprechen die Grundbauteile der Antriebe:

Energiewandler

Elektromotoren, Verbrennungsmotoren, Hydromotoren, Druckluftmotoren, Gleit- und Rollenbahnen (Gewichtskraftantrieb), Handkurbeln, Hebel (Muskelantrieb), Bremseinrichtungen (mechanisch, elektrisch, hydraulisch);

Übertragungselemente

mechanische Übertragung (Getriebe, Wellen, Kupplungen),
elektrische Übertragung (Generatoren, Kabel, Motoren),
hydraulische Übertragung (Pumpen, Rohrleitungen, Motoren);

Abtriebselemente

Trommeln, Scheiben (für Seile, Bänder),
Kettenräder (für Ketten),
Zahnräder (für Drehkränze, Zahnstangen),
Laufräder (für Schienen, sonstige Fahrbahnen),
hydraulische Zylinder (für translatorische Bewegungen).

Außerdem benötigt ein Triebwerk Verbindungselemente, Steuer- und Sicherheitseinrichtungen, Lager, Rahmen usw.
Da viele Fördermaschinen nur einen begrenzten, gleichbleibenden Arbeitsbereich bedienen und auf festen Fahrbahnen verfahren, hat die Energiezufuhr aus dem elektrischen Netz unverändert die größte Bedeutung. Sie ge-

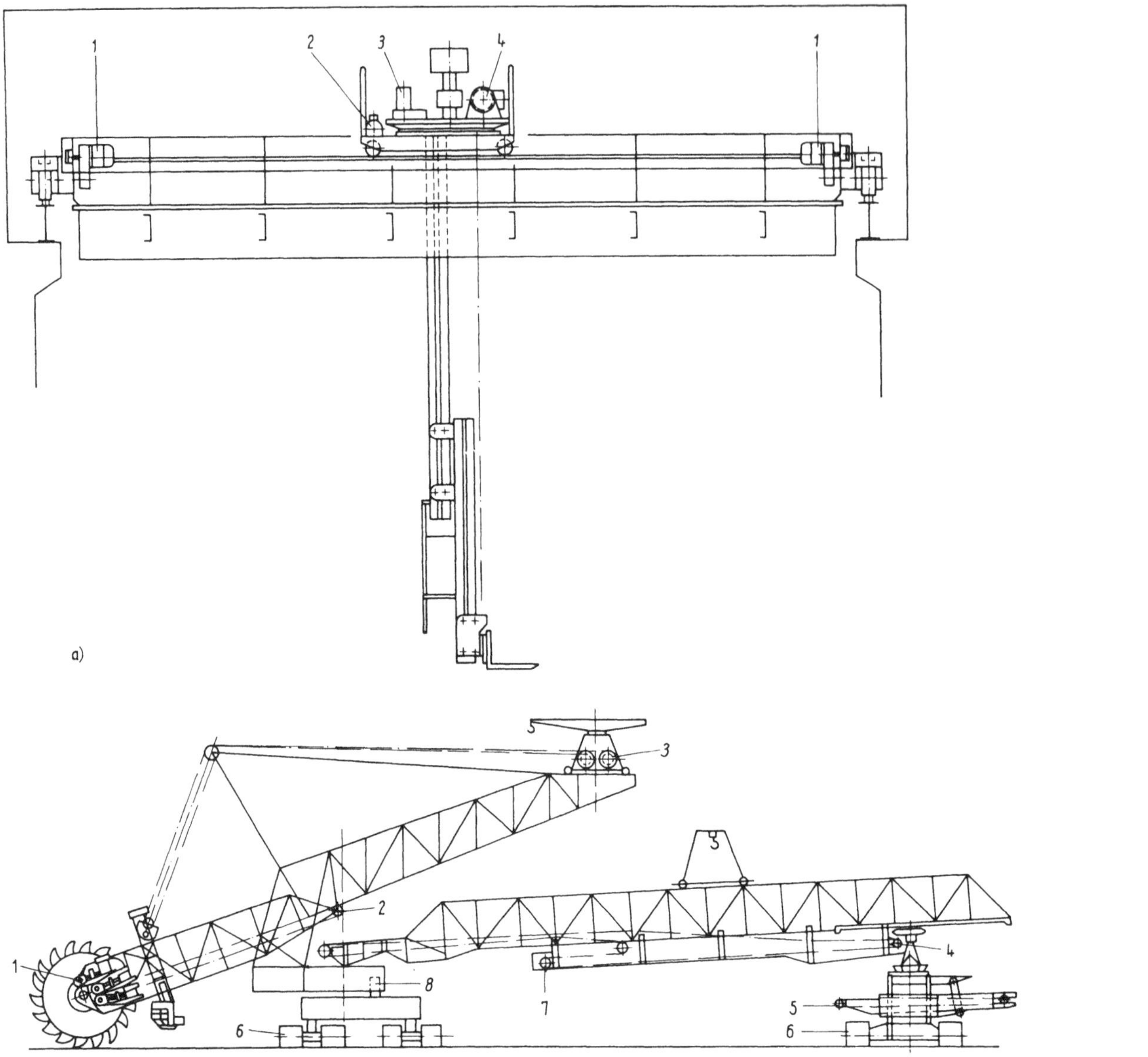

Bild 3-1 Fördermaschinen mit mehreren Antrieben (Beispiele)

a) Stapelkran
1 Kranfahrwerk
2 Katzfahrwerk
3 Drehwerk
4 Hubwerk

b) Schaufelradbagger
1 Schaufelradantrieb
2 Bandantrieb Radausleger
3 Hubwerk Radausleger
4 Bandantrieb Zwischenförderer
5 Bandantrieb Austragförderer
6 Antrieb Raupenfahrwerk
7 Zwischenantrieb
8 Schwenkwerk

stattet auch eine einfache Energieverteilung innerhalb der Fördermaschine zu den einzelnen Triebwerken (Bild 3-1). Freizügig verfahrbare Maschinen, wie Fahrzeugkrane, Flurförderer, Eingefäßbagger, werden durch Verbrennungsmotoren angetrieben. Die anderen bei den Energiewandlern genannten Formen treten dagegen nur gelegentlich auf.

Das System der Energieübertragung nach dem Antriebsmotor wird entscheidend davon bestimmt, ob es lediglich eine Wandlungsfunktion zu erfüllen hat oder ob es zusätzlich die Energie auf verschiedene Antriebe verteilen muß, wie es z.B. bei einer zentralen Energieerzeugung durch einen Verbrennungsmotor der Fall ist.

Im Bild 3-2 sind die drei Grundformen der Energieübertragung schematisch dargestellt. Jede hat bestimmte Grundeigenschaften, Einsatz- und Vorzugsbereiche. Kriterien für die Wahl sind

Funktionsparameter

Leistung, Geschwindigkeit, Steuer- und Regelverhalten, dynamisches Verhalten, Überlastbarkeit, Umwelt, Automatisierungsfähigkeit,

wirtschaftliche Parameter

Masse, Preis, Betriebskosten, Betriebssicherheit, Wartungs- und Instandhaltungsaufwand.

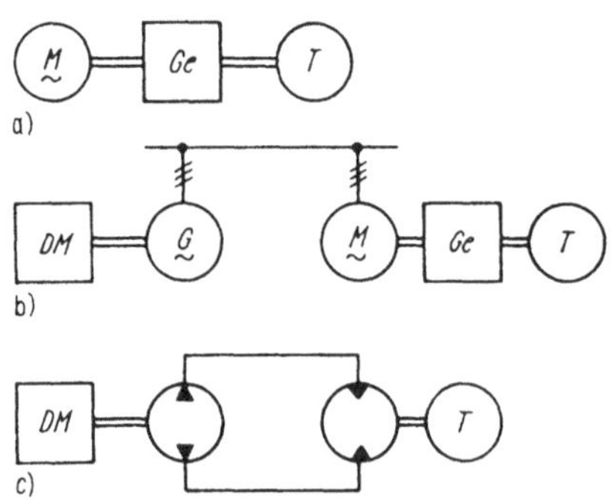

Bild 3-2 Grundformen der Energieübertragung in Antrieben (schematisch, Beispiel Hubwerk)

a) mechanisch
b) elektrisch
c) hydraulisch

M Elektromotor
Ge Getriebe
T Seiltrommel
DM Dieselmotor
G Generator

Die mechanische Energieübertragung ist im Aufbau sehr einfach; sie verlangt keine Spezialkenntnisse für Betrieb und Wartung. Nachteilig sind die großen Massen der Untersetzungsgetriebe, Kupplungen usw. und die Schwierigkeit, mechanische Energie zu verteilen und zu verzweigen. Wegen ihrer Vorzüge herrscht diese Bauform gegenwärtig in allen Fördermaschinen vor.

Das Hauptanwendungsgebiet der elektrischen und hydraulischen Energieübertragung sind dagegen die Fördermaschinen, die von einem Verbrennungsmotor angetrieben werden müssen. Die mehrfache Energiewandlung vergrößert den Aufwand und senkt den Gesamtwirkungsgrad; sie schafft jedoch die erforderliche Freiheit in der Anordnung der einzelnen Triebwerke und macht verschiedene Bauformen von Fördermaschinen, wie Teleskopauslegerkrane, Hydraulikbagger, erst möglich.

Die Fortschritte in der Entwicklung hydraulischer Bauelemente, die kleineren Bauvolumina und Massen, die feinfühlige Steuerung und Regelung, haben dazu geführt, daß hydrostatische Antriebe auch die elektromechanischen Antriebe in ihrem klassischen Einsatzfeld zu verdrängen beginnen. In der Literatur werden die Vorzüge und Nachteile beider Systeme immer wieder diskutiert [3.1] [3.2]. Eine gewisse Rolle spielen dabei auch betriebliche Traditionen.

Um einen Antrieb eindeutig zu kennzeichnen, müssen nach den obigen Ausführungen stets drei Angaben gemacht werden: die Formen der Energiezufuhr und der Energieübertragung sowie die Bewegungsart. Beispiele sind ein elektromechanisch angetriebenes Hubwerk, ein dieselhydraulisches Drehwerk o.ä.

Energieform und Art der Antriebssteuerung, mechanisch, elektrisch, hydraulisch oder kombiniert, sind an sich unabhängig von denen des Antriebs selbst; es gibt jedoch Vorzugslösungen. Elektrische und elektronische Steuerungen herrschen vor; Verbrennungsmotoren werden dagegen weiterhin häufig mechanisch gestellt bzw. geregelt.

3.1.2 Betriebszustände und Betriebsarten

Die Bewegungswiderstände der Antriebe von Fördermaschinen, d.h. Gewichtskräfte, Reibungskräfte, Windkräfte, Grabkräfte u.a., ändern sich im genutzten Geschwindigkeitsbereich gar nicht oder nur sehr wenig mit der Geschwindigkeit des bewegten Bauteils. Deshalb kann das am Abtriebselement angreifende stationäre Gegenmoment M_g während eines Arbeitsspiels i.allg. konstant gesetzt werden. Dies führt zu den im Bild 3-3 schematisch dargestellten allgemeinen Kennlinien. Je nach Betriebszustand des Triebwerks liegen sie in einem der im Bild 3-3c bezeichneten Quadranten. Betrag und Richtung des Gegenmoments M_g hängen allerdings von anderen Größen, wie bewegter Masse, Windgeschwindigkeit, Grabwiderstand o.ä. ab. Weil diese Größen meist regellos veränderlich sind, haben die Gegenmomente aufeinanderfolgender Arbeitsspiele häufig eine Zufallsverteilung.

Bei einem Hubwerk (Bild 3-3a) ist die als äußere Kraft wirkende Gewichtskraft unabhängig von der Bewegungsrichtung. Wenn die Drehrichtung des Antriebs umgekehrt wird, muß dieser potentielle Energie aufnehmen; die Antriebsleistung P wird negativ. Bei einem Fahrwerk (Bild 3-3b) ändern die Reibungskraft als äußere Kraft und das Gegenmoment M_g mit der Umkehr der Drehrichtung ihre Vorzeichen; die Antriebsleistung bleibt somit stets positiv – es sei denn, die resultierende äußere Kraft wirkt, z.B. durch Windeinfluß, in Richtung der Bewegung (strichpunktierte Linien für M_g und P). Im Anfahren aus dem Stillstand kann ein größeres Gegenmoment, das sog. Losbrechmoment, zu überwinden sein, wenn die Haltereibungszahl wesentlich größer als die Reibungszahl während der Bewegung ist. Analoge Überlegungen gelten für die sonstigen Triebwerke. Meist treten bei ihnen zusätzliche Abhängigkeiten des Gegenmoments M_g, z.B. vom Neigungswinkel bei Einziehwerken, vom Drehwinkel bei Drehwerken, auf.

Ein Antrieb nimmt stationäre Betriebszustände (Beharrung und Pause) sowie nichtstationäre (Anfahren und Bremsen) ein. Nach Auftreten, Dauer und Drehmomentverlauf dieser Betriebszustände bzw. -phasen werden Betriebsarten unterschieden, für elektrische Maschinen beispielsweise acht Nennbetriebsarten, siehe Abschnitt 3.2.1.4.1. Grob lassen sich in Fördermaschinen zwei grundlegende Betriebsarten der Triebwerke voneinander abgrenzen:

Dauerbetrieb, bei dem die stationäre Betriebsphase Beharrung erheblich länger als die nichtstationären Betriebsphasen Anfahren und Bremsen dauert. Elektrische Maschinen erreichen dabei das thermische Gleichgewicht. Die Betriebsweise der Fördermaschinen bzw. fördertechnischen Antriebe wird stetig genannt; sie trifft für die Antriebe der Stetigförderer, der Graborgane von Mehrgefäßbaggern, der Umlaufseilbahnen zu.

Aussetzbetrieb, bei dem die Dauer der Betriebsphase Beharrung die gleiche Größenordnung wie die Dauer der sonstigen Betriebszustände hat und die mechanischen und thermischen Belastungen während des Anfahrens und Bremsens erheblichen Einfluß auf die Gesamtbelastung haben. Elektrische Maschinen erreichen dabei den thermischen Gleichgewichtszustand nicht. Die Arbeitsweise der Fördermaschinen wird unstetig bzw. auch zyklisch genannt. Maßgebend ist sie für alle Hebezeuge, für die Triebwerke der Eingefäßbagger, Flurförderer usw.

Die im Aussetzbetrieb arbeitenden Triebwerke führen periodisch oder regellos aufeinanderfolgende Arbeitsspiele mit den bereits genannten vier charakteristischen Betriebsphasen Anfahren (Index A), Beharrung (Index H), Bremsen (Index B), Pause (Index P) aus. Der Beschleunigungs- und Geschwindigkeitsverlauf wird von den Kennlinien und der Schaltung des Motors bzw. der Bremse bestimmt (Bild 3-4a); der zeitliche Verlauf des Drehmoments (Bild 3-4b) zeigt deutlich den Einfluß überlagerter Schwingungen.

Für die Grunddimensionierung eines Antriebs sind derartig komplizierte Verläufe der maßgebenden Parameter nicht zu verwenden; es werden vielmehr folgende Vereinfachungen vorgenommen:

- Gegenmoment M_g und Beharrungsgeschwindigkeit v_H bzw. Winkelgeschwindigkeit ω_H sind konstante Größen (wurde bereits begründet).

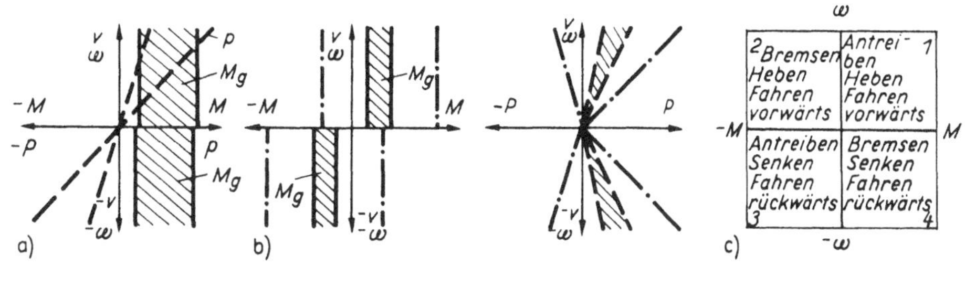

Bild 3-3
Stationäre Kennlinien fördertechnischer Antriebe (Gegenmoment M_g und Leistung P)
a) Hubwerk
b) Fahrwerk
c) Betriebszustände in vier Quadranten

- Für Beschleunigung a bzw. Winkelbeschleunigung ε werden konstante Mittelwerte benutzt.
- Das Anfahrmoment M_A und das Bremsmoment M_B werden konstant gesetzt.

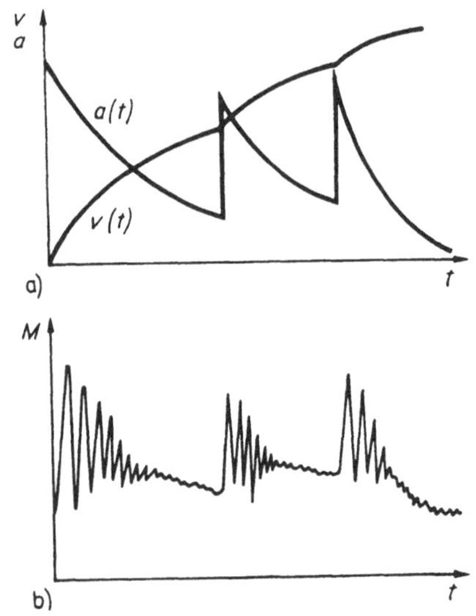

Bild 3-4 Zeitlicher Verlauf von Antriebsparametern beim Anfahren

a) Beschleunigung a und Geschwindigkeit v
b) Drehmoment M in Motorwelle

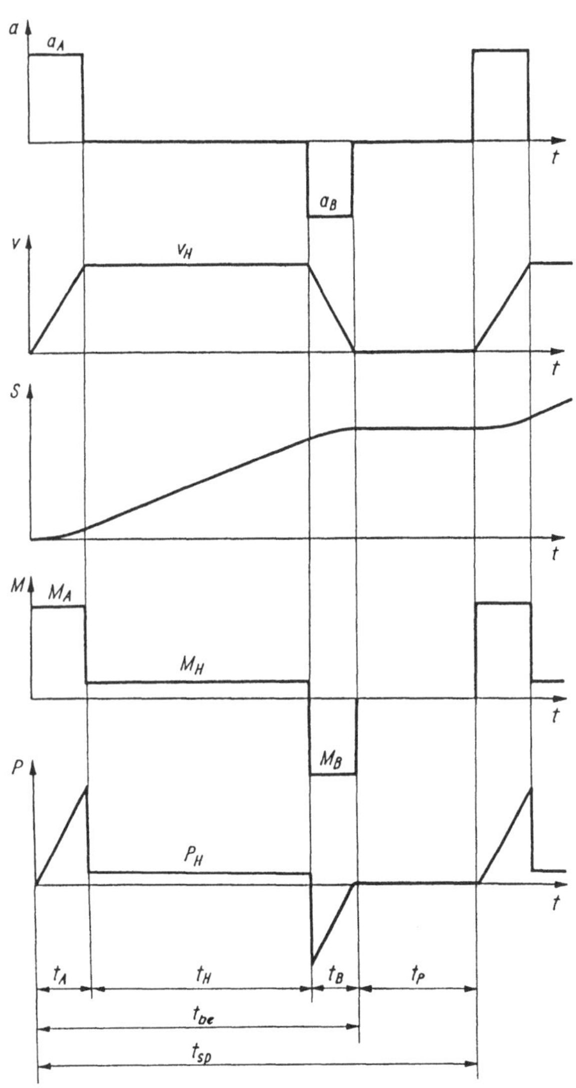

Bild 3-5 Idealisierter zeitlicher Verlauf der Antriebsparameter eines Hubwerks

Dies führt zu den idealisierten zeitlichen Verläufen der Antriebsparameter im Bild 3-5. In den folgenden Abschnitten werden, wo es um kinematische und dynamische Probleme geht, neben den üblichen Größen v, a, ω und ε auch die Weg- bzw. Winkelkoordinaten x bzw. φ mit ihren Ableitungen $\dot{x}$, $\ddot{x}$ bzw. $\dot{\varphi}$, $\ddot{\varphi}$ nach der Zeit benutzt.

Die Dauer eines Arbeitsspiels (Spieldauer) t_{sp} ist die Summe der Betriebsdauer t_{be} und Pausendauer t_P. Die Einschaltdauer t_e der Motoren stimmt meist mit der Betriebsdauer t_{be} der mechanischen Teile des Triebwerks überein; sie kann sich jedoch auch davon unterscheiden, wenn z.B. mechanisch gebremst wird.

Die *relative Betriebsdauer BD* bzw. *relative Einschaltdauer ED*

$$BD = \frac{t_{be}}{t_{sp}} = \frac{t_{be}}{t_{be} + t_P} = \frac{t_A + t_H + t_B}{t_A + t_H + t_B + t_P}$$

$$ED = \frac{t_e}{t_{sp}} = \frac{t_e}{t_e + t_P} = \frac{t_A + t_H + (t_B)}{t_A + t_H + t_B + t_P} \tag{3.1}$$

sind wichtige Kenngrößen für die zeitliche Belastung eines Triebwerks.

3.2 Motoren und Steuerungen

Die Motoren sind zentrale Baugruppen von Antrieben aller Fördermaschinen. Sie wandeln die ihnen zugeführte elektrische, chemische oder hydraulische Energie in mechanische Energie um und werden mit ihrer Aufgabe angepaßten Steuereinrichtungen ausgerüstet. Aus der großen Anzahl der Bauformen und Steuerungen werden hier nur die in der Fördertechnik vorzugsweise verwendeten Elektromotoren, Verbrennungsmotoren und Hydromotoren in einer knappen Übersicht so behandelt, daß der Maschinenbauingenieur eine schnelle Einführung und auf ihn zugeschnittene Übersicht für die Auswahl und Auslegung bei der Projektierung und dem Entwurf von Antrieben findet, die ihm zugleich den Weg zur Spezialliteratur erleichtert.

3.2.1 Elektromotoren

Elektromotoren übertreffen alle anderen Motoren in der Betriebssicherheit und Wirtschaftlichkeit. Sie passen sich unterschiedlichen Belastungen in einem weiten Bereich an, sind überlastbar; ihre Drehzahl kann mit verhältnismäßig einfachen Mitteln gestellt, die Drehrichtung umgesteuert werden. Dies erlaubt den Betrieb in allen vier Quadranten der Drehmoment-Drehzahl-Charakteristik (s. Bild 3-3). Die guten Betriebseigenschaften werden ergänzt durch die allgemeinen Vorzüge der elektrischen Steuerungs- und Regelungstechnik. Damit erklärt sich die bereits erwähnte herausragende Stellung des elektrischen Antriebs in der Fördertechnik.

3.2.1.1 Bauarten und Kenngrößen

Die Energieversorgungssysteme der verschiedenen Regionen und Länder haben sich in ihren Anfängen unabhängig voneinander entwickelt und weichen deshalb in Stromart, Spannung und Frequenz voneinander ab. Während in Europa Drehstromnetze mit 50 Hz vorherrschen, gibt es in anderen Ländern, z.B. USA, Großbritannien, 60-Hz-Systeme, in der UdSSR und den USA auch regionale Gleichstromnetze. Die große Vielfalt der Elektromotoren nach Art und Größe und der Steuerungen mit ihrem beträchtlichen Einfluß auf den Bewegungsverlauf und die Belastung der Triebwerke ist darüber hinaus auf die sehr weit gespannten Anforderungen an die meist zeitlich veränderlichen Parameter der abzugeben-

den mechanischen Energie, d.h. Drehmoment und Drehzahl, zurückzuführen. In den Fördermaschinen als engerem Anwendungsgebiet haben allerdings lediglich vier Grundtypen von Elektromotoren allgemeine Bedeutung, auf die sich die Ausführungen daher beschränken können.
Ein Elektromotor besteht im Grundaufbau aus zwei Teilen, dem Ständer und dem Läufer, zwischen denen ein elektromagnetisches Feld wirkt. Das Funktionsprinzip ergibt sich aus dem Induktionsgesetz. Die elektromagnetischen Kräfte des Ständers wirken auf die stromdurchflossenen Leiter des Läufers, erzeugen in diesem ein Drehmoment und versetzen ihn in Drehung, wenn das anliegende Gegenmoment dies nicht verhindert. Entsprechend den beiden Hauptarten elektrischer Energie, Gleich- und Drehstrom, gibt es auch zwei Hauptgruppen von Elektromotoren, Gleichstrom- und Drehstrommotoren. Grundsätzlich sind beide Richtungen der Wandlung von elektrischer zu mechanischer Energie möglich, d.h., ein Elektromotor kann i.allg. auch als Generator arbeiten.
Den prinzipiellen Aufbau eines *Gleichstrommotors* und dessen Hauptbaugruppen erkennt man anhand des Bildes 3-6a. Der Ständer bildet Pole *1*, auf denen die Erregerwicklung *2* liegt, die ein stationäres Magnetfeld erzeugt. Der Läufer

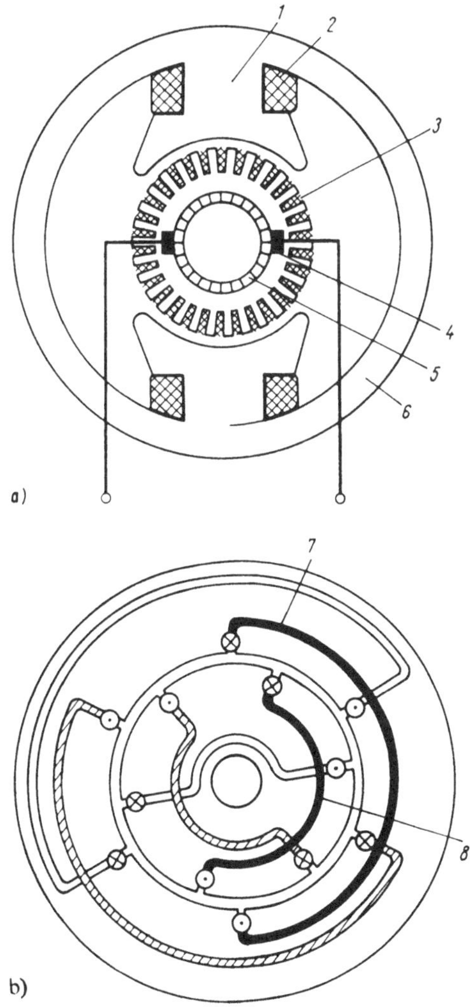

Bild 3-6 Prinzipieller Aufbau von Elektromotoren [3.3]

a) Gleichstrommotor
b) Drehstrom-Schleifringläufermotor

1 Pol
2 Erregerwicklung
3 Ankerwicklung
4 Bürste
5 Kommutator
6 Joch
7 Ständerwicklung (eine Phase)
8 Läuferwicklung (eine Phase)

trägt die Ankerwicklung *3*, der Spannung und Strom über auf dem Kommutator *5* schleifende Bürsten *4* zugeführt wird. Der Kommutator sorgt dafür, daß der Strom einer Spulenseite stets die gleiche Richtung hat, solange sie sich im Bereich eines Pols befindet, und er kehrt die Stromrichtung um, wenn die Spulenachse durch die Polachse tritt. Dies führt zu einem konstanten mittleren Drehmoment am Läufer.
Bei einem *Drehstrom-Asynchronmotor* (Bild 3-6b) weisen Ständer und Läufer jeweils dreiphasige Wicklungen *7*, *8* entsprechend der gewählten Polpaarzahl auf. Das Luftspaltfeld des Ständers ist ein mit der Netzfrequenz umlaufendes Drehfeld, das Spannung und Strom in den Läuferwicklungen induziert, wodurch ein mit der Schlupffrequenz relativ zum Läufer umlaufendes Läuferfeld entsteht. Läufer- und Ständerfeld behalten ihre relative Lage und bilden ein resultierendes gleichbleibendes Drehfeld. Dies ergibt ein zeitlich konstantes Drehmoment.
Die Unterschiede in Prinzip und Aufbau der beiden Motortypen haben großen Einfluß auf den technischen Aufwand und das Betriebsverhalten. Drehstrommotoren sind bei gleicher Leistung leichter, kleiner, billiger, auch einfacher und betriebssicherer als Gleichstrommotoren. Dies erklärt ihre Vorzugstellung in der gesamten Antriebstechnik. Dagegen bietet der Gleichstrommotor die besseren Stell- und Regelmöglichkeiten.
Die Gleichstrommotoren werden nach der Lage der Erregerwicklung parallel zu oder in Reihe mit der Ankerwicklung, Drehstrom-Asynchronmotoren nach der Ausführung der Läuferwicklung mit oder ohne Zugang über Schleifringe in je zwei Grundarten differenziert. Tafel 3-1 zeigt diese vier Motoren mit ihren Grundkennlinien. Die Angaben über die wichtigsten Kenngrößen entsprechen etwa dem in Fördermaschinen genutzten Bereich. Sie schwanken stark, weil sie von Typ und Größe des jeweiligen Motors abhängen. Eine das gesamte Einsatzgebiet der Elektromotoren umfassende Übersicht vermittelt u.a. [3.4].
Für Elektromotoren gelten die Modellgleichungen

$$P_i = C d_L^2 l_L n$$

$$J_L = K d_L^4 l_L ; \qquad (3.2)$$

P_i innere Leistung (näherungsweise Mittelwert von aufgenommener und abgegebener Leistung),
J_L Massenträgheitsmoment des Motorläufers,
d_L Läuferdurchmesser,
l_L ideelle Länge des Läufers,
n Drehzahl,
C Ausnutzungsfaktor (Maschinenkenngröße),
K Konstante.

Die Motorleistung ist somit direkt der Drehzahl proportional. Anders ausgedrückt: Die Baugröße von Elektromotoren gleicher Leistung nimmt mit steigender Drehzahl ab. Näherungsweise können $C \sim d_L$ und $l_L \sim d_L$ angenommen werden. Dies führt für n = konst. zu den Proportionen

$$P \sim M \sim d_L^4 \quad \text{und} \quad J_L \sim d_L^5 .$$

Aus wirtschaftlichen Gründen werden Elektromotoren größerer Leistung auch mit einer höheren Nennspannung gespeist. Bild 3-7 stellt die international bevorzugten Netzspannungen und die zugeordneten Bereiche der Nennleistungen der Elektromotoren dar.
In der konstruktiven Gestaltung und besonders der Lagerung passen sich die Elektromotoren den Bauformen der Triebwerke an (Bild 3-8). Bei Bedarf erhalten sie zwei Wellenenden. Den Schutz gegen Berührung, Eindringen von Fremdkörpern und Wasser drückt die *Schutzart IP* mit einer Kennzahl aus. Diese besteht aus einer ersten Kennziffer für den *Schutzgrad* Berührungs- und Festkörperschutz und

Tafel 3-1 Kenngrößen von Elektromotoren für Fördermaschinen

Kenngröße	Einheit	Gleichstrom-Nebenschlußmotor (fremderregt)	Gleichstrom-Reihenschlußmotor	Drehstrom-Asynchronmotor mit Käfigläufer	Drehstrom-Asynchronmotor mit Schleifringläufer
Schaltzeichen, vereinfacht		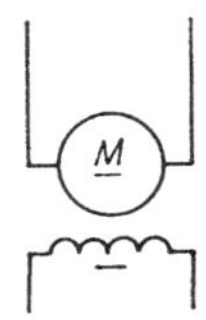	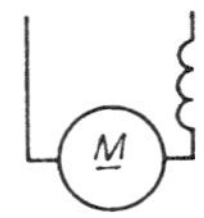		
Statische Motorkennlinie		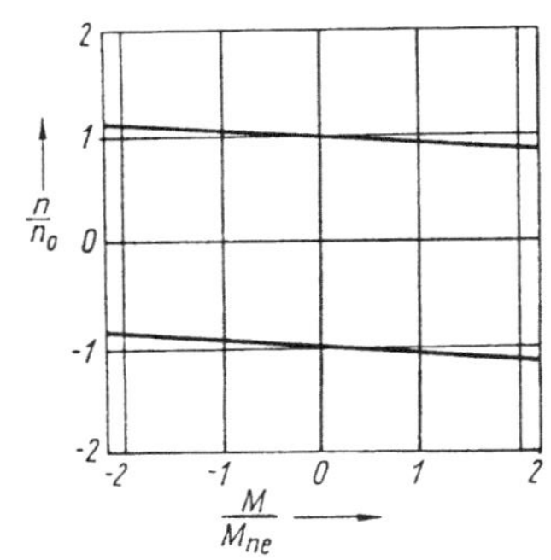	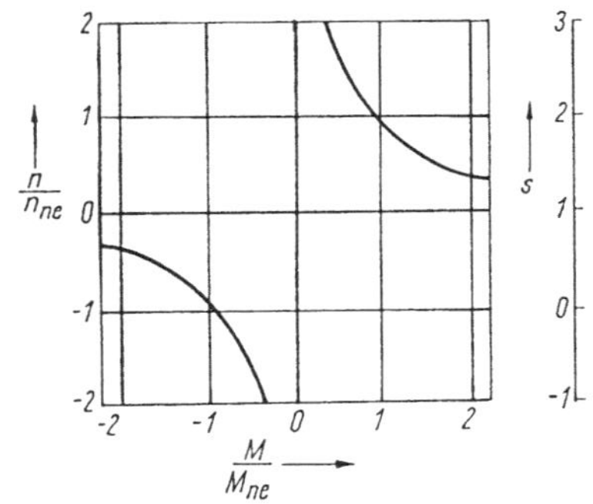	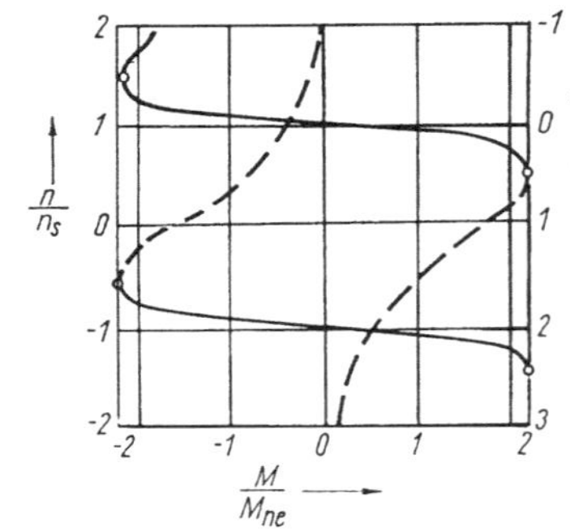	
Einsatzgebiete		Antriebe für große Positioniergenauigkeit, geregelte Antriebe	Fahrantriebe, sonst rückläufige Tendenz	einfache Antriebe mit kleiner Leistung, geregelte Antriebe (mit Frequenzumrichter)	allgemeine Verwendung als Vorzugslösung, wenn kein großer Stellbereich und genauer Bewegungsablauf gefordet werden
Nennspannung	kV	0,11 ... 0,60	0,22 ... 0,60	0,38 ... 10	0,38 ... 10
Nennleistung	kW	0,25 ... 630	1,6 ... 100	0,6 ... 1500 (2500)	0,12 ... 3000
Nennwirkungsgrad		0,91 ... 0,96	0,75 ... 0,93	0,5 ... 0,97	0,7 ... 0,97
Nenndrehzahl	U/min	500 ... 3000	500 ... 1500	500 ... 3000	500 ... 3000
Drehzahlstellbereich		1:2 bis 1:1000	1:2 bis 1:80	1:2 bis 1:10	1:2 bis 1:10
Anlauf- zu Nennmoment		1,5 ... 2,2	bis 2,5	1,2 ... 2,5	bis 3,5
Maximal- zu Nennmoment		1,6 ... 2,2	2,0 ... 2,5	1,6 ... 3,5	1,6 ... 3,5
Maximal- zu Nenndrehzahl		1,5 ... 2,0	bis 3,5	2 ... 4	1,5 ... 3,5

einer zweiten für den *Schutzgrad* Wasserschutz (DIN VDE 0530 Teil 5). In Fördermaschinen werden vorzugsweise verwendet:

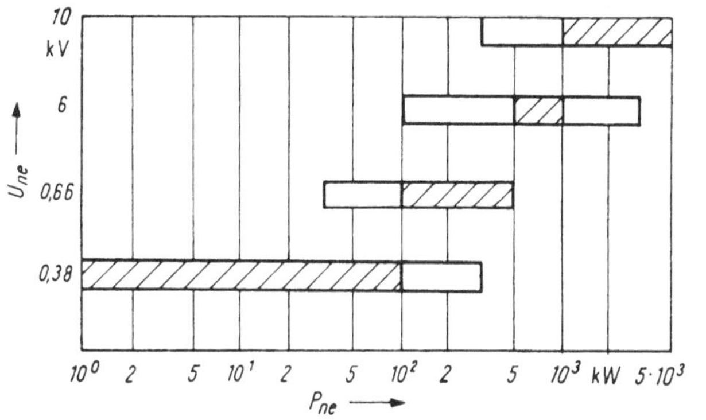

Bild 3-7 Empfohlene Zuordnung von Motorleistungen P_{ne} und Nennspannungen U_{ne} für Drehstrom [3.5]

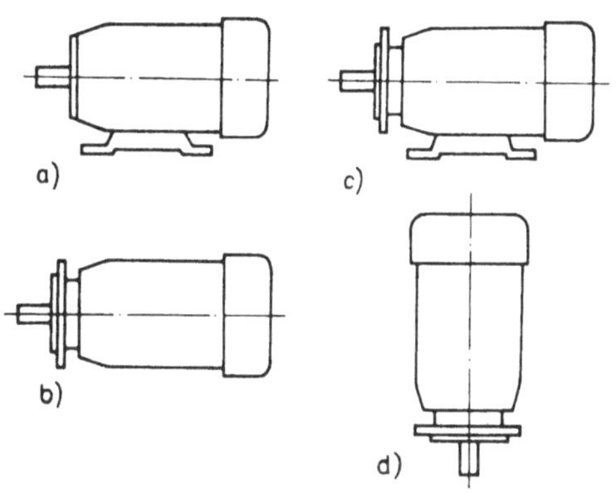

Bild 3-8 Bauformen von Elektromotoren

a) Fußlagerung
b) Flanschlagerung, horizontal
c) kombinierte Lagerung
d) Flanschlagerung, vertikal

IP 44 (allgemein bevorzugt)

Schutz gegen Berührung mit Werkzeugen sowie Eindringen von Fremdkörpern mit einem Durchmesser ≧ 1 mm, Schutz gegen Spritzwasser aus beliebiger Richtung;

IP 23 (seltener, für Einsatz in geschlossenen Räumen, für große Motoren)

Schutz gegen Berührung durch Finger sowie Eindringen von Fremdkörpern mit einem Durchmesser ≧ 12 mm, Schutz gegen Regenwasser bis zu einem Winkel von 60° zur Senkrechten;

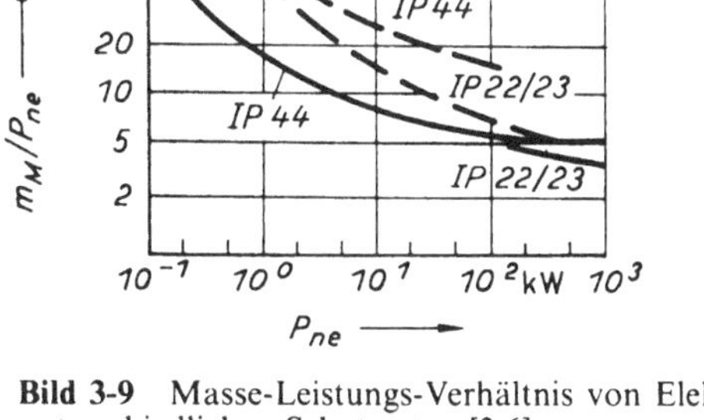

Bild 3-9 Masse-Leistungs-Verhältnis von Elektromotoren bei unterschiedlichen Schutzarten [3.6]

——— Drehstrom-Asynchronmotor mit Käfigläufer
– – – – Gleichstrom-Nebenschlußmotor

IP 56 (für Einsatz auf Schiffen)

Schutz gegen Eindringen von Staub in solcher Menge, daß die Funktion beeinflußt wird, Schutz gegen Schwallwasser in Wellenform.

Das Masse-Leistungs-Verhältnis (Bild 3-9) drückt neben den Proportionen der Modellgleichung (3.2) und dem grundsätzlichen Unterschied im Bauaufwand auch die Abhängigkeit von der Schutzart aus. Zur Anpassung an besondere Umgebungseinflüsse können zusätzliche Schutzvorkehrungen, wie Klimaschutz, Explosionsschutz, vorgeschrieben werden.

Unbelüftete Elektromotoren werden vorzugsweise durch Konvektion und Strahlung an der Oberfläche des Ständers gekühlt. Häufiger verwendet werden belüftete Motoren. Sie sind eigenbelüftet, wenn die Läuferwelle mit einem Lüfter ausgerüstet ist. Damit entfällt die Belüftung im Stillstand. Offene Motoren, z.B. mit Schutzgrad IP 23, führen die Kühlluft durch die Maschine selbst (Innenkühlung, Bild 3-10a), geschlossene Motoren, z.B. mit Schutzgrad IP 44, nur über die mit Rippen versehene Oberfläche des Ständers (Oberflächenkühlung, Bild 3-10b). Gleichstrommotoren größerer Leistung werden oft durch ein getrenntes Kühlsystem belüftet (Fremdbelüftung), das auch bei Stillstand des Motors arbeitet. Die Kühlung und Belüftung beeinflussen das thermische Verhalten, besonders die thermische Zeitkonstante, des Motors, siehe Abschnitt 3.2.1.4.1.

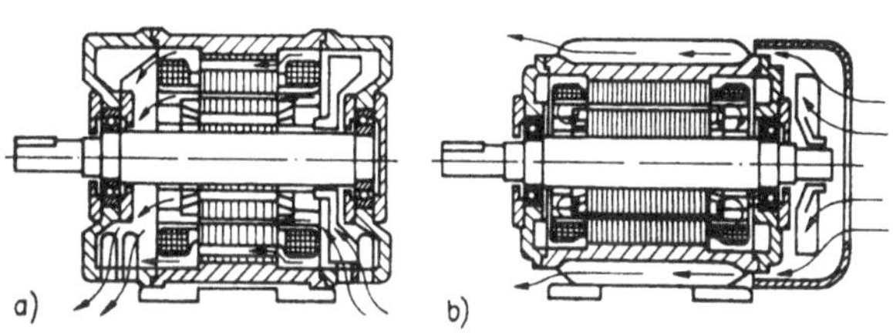

Bild 3-10 Kühlungsarten eigenbelüfteter Elektromotoren [3.6]

a) innengekühlte, offene Maschine
b) oberflächengekühlte, geschlossene Maschine

Einen tieferen Einblick in die hier beschriebenen Eigenschaften und Zusammenhänge gibt die Fachliteratur, z.B. [3.3] [3.6] bis [3.14].

3.2.1.2 Gleichstrommotoren

In den Antrieben der Fördermaschinen werden Gleichstrommotoren besonders dann verwendet, wenn hohe Ansprüche an das Stellen und Regeln der Drehzahl, die Genauigkeit der Bewegung gestellt werden müssen. Wegen des Vordringens geregelter Antriebe im Zusammenhang mit der Automatisierung von Förderanlagen wächst gegenwärtig die Anzahl wirtschaftlicher Einsatzfälle. Bevorzugte Nennspannungen sind 24, 220, (440), 600 und 1200 V.

3.2.1.2.1 Gleichstrom-Nebenschlußmotoren

Die Erregerwicklung des Gleichstrom-Nebenschlußmotors liegt parallel zur Ankerwicklung. Das von ihr erzeugte Erregerfeld ist konstant, und die Drehzahl wird vom Ankerstrom und damit von der Belastung nahezu unabhängig (Nebenschlußverhalten), siehe Tafel 3-1. Eine Kompensationswicklung beseitigt die Wirkung des Ankerquerfelds auf die Kommutierung und verhindert das Wiederansteigen der Drehzahl-Drehmoment-Kennlinie im Bereich hoher Drehmomente. Für das obengenannte Anwendungsfeld des Motors werden nahezu ausschließlich fremderregte Maschinen mit getrennten Gleichstromnetzen für Erreger- und

Ankerspannung benutzt. Wenn der Anker umgepolt wird, ändert sich die Drehrichtung des Motors.
Für den Ankerkreis gelten die Gleichungen

$$M = k\Phi I$$

$$U = R_A I + U_M = R_A I + k\Phi\omega$$

$$\omega = \frac{U - R_A I}{k\Phi} = \frac{U}{k\Phi} - \frac{R_A}{(k\Phi)^2} M = \omega_0 - \Delta\omega; \qquad (3.3)$$

M Drehmoment,
k Konstante,
Φ Erregerfluß,
I Strom,
U Ankerspannung,
R_A Ankerwiderstand,
ω Winkelgeschwindigkeit,
ω_0 Leerlauf-Winkelgeschwindigkeit.

Wegen $\Phi =$ konst. wird $\omega \sim M$. Bild 3-11 zeigt, daß der bezogene Drehzahlabfall mit zunehmender Maschinengröße absinkt.
Für das Stellen der Drehzahl haben drei Verfahren grundsätzliche Bedeutung:

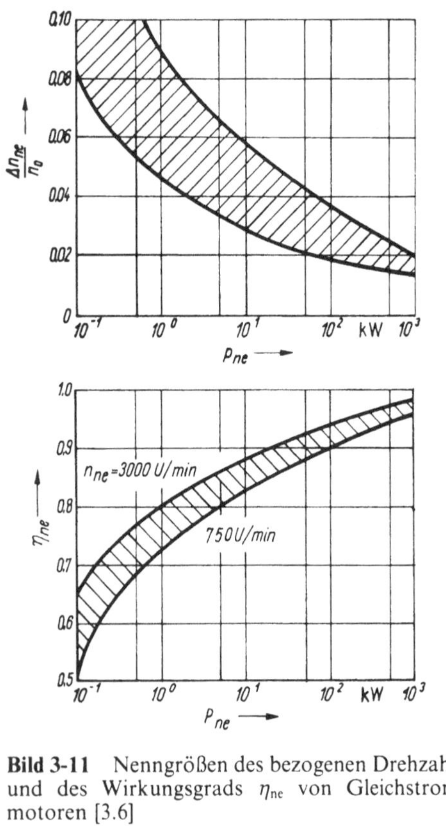

Bild 3-11 Nenngrößen des bezogenen Drehzahlabfalls $\Delta n_{ne}/n_0$ und des Wirkungsgrads η_{ne} von Gleichstrom-Nebenschlußmotoren [3.6]

Spannungssteuerung (Bild 3-12a)

Durch geeignete Mittel, z.B. einen Gleichstromgenerator oder ein Thyristorstellglied, wird die Ankerspannung verändert. Wegen $\Phi =$ konst. bleibt $I = I(M)$ unabhängig von der Drehzahl; dies führt zu parallelliegenden Kennlinien. Der Stellbereich beträgt maximal 1 : 0,02. In eigenbelüfteten Maschinen sinkt allerdings die Wärmeabgabefähigkeit mit der Drehzahl, weshalb nur ein Stellbereich von 1 : 0,5 auszunutzen ist, ohne das abgegebene Drehmoment zu verringern. Wird ein größerer Stellbereich benötigt, müssen somit fremdbelüftete Motoren vorgesehen werden. Die Spannungssteuerung arbeitet praktisch verlustfrei.

Widerstandssteuerung (Bild 3-12b)

Bei dieser Steuerung setzen Vorwiderstände im Ankerkreis die Spannung herab. Da diese Vorwiderstände den Spannungsabfall vergrößern, werden Ankerspannung und Strom stärker von der Belastung abhängig; die Kennlinien verlaufen steiler. Auch der Wirkungsgrad sinkt beträchtlich. Im Vorwiderstand treten hohe Stromwärmeverluste auf.

Feldsteuerung (Bild 3-12c)

Weil übliche Motoren so ausgelegt sind, daß die Sättigung des Eisens ausgenutzt wird, kann die Feldsteuerung nur in Richtung Schwächung des Feldes durch Vorwiderstände oder Spannungsteiler und damit Drehzahlerhöhung vor sich gehen. Der Stellbereich liegt zwischen 1 : 1,5 und 1 : 2,5; der Drehzahlabfall mit zunehmender Belastung wird etwas höher als bei Spannungssteuerung. Die Motorleistung bleibt bei Feldschwächung gleich; deshalb muß das Drehmoment mit wachsender Drehzahl abnehmen.
Nur kleine Gleichstrom-Nebenschlußmotoren dürfen direkt eingeschaltet werden. In mittleren und großen Maschinen muß beim Einschalten die Ankerspannung so verringert werden, daß der Anlaufstrom den etwa 1,6fachen Nennstrom nicht überschreitet. Üblich sind zwei Anlaufverfahren: die Spannungssteuerung mit Strombegrenzung, d.h. $I =$ konst. (Bild 3-13a), und die Widerstandssteuerung mit Hilfe eines Anlassers. Die Vorwiderstände dieses Anlassers werden während des Anlaufs nacheinander kurzgeschlossen; so entsteht eine stufenförmige Anlaufkennlinie mit den Schaltmomenten M_1 und den Maximalmomenten M_2, die in der idealisierten Darstellung des Bildes 3-13b in allen Stufen den gleichen Betrag haben.
Die Vorwiderstände des Anlassers werden bei gegebenem Ankerwiderstand R_A nach einer geometrischen Reihe gestuft. Ihr Faktor ist das Schaltverhältnis

$$\lambda = \frac{M_2}{M_1} = \sqrt[z]{1 + \frac{R_{V1}}{R_A}}. \qquad (3.4)$$

Der Vorwiderstand R_{V1} für die Anlaufstufe 1 wird so festgelegt, daß sich das gewünschte Anfahrmoment M_0 einstellt. Die Anzahl der Schaltstufen z ergibt sich dann aus

$$z = \frac{\lg\left(1 + \frac{R_{V1}}{R_A}\right)}{\lg\lambda}. \qquad (3.5)$$

Der Ansatz muß meist noch korrigiert werden; denn z wird sich nicht als ganze Zahl ergeben, oder es wird zu groß, z.B. für Kranantriebe.
Wenn Drehmoment und Winkelgeschwindigkeit entgegengesetzt gerichtet werden, wirken elektrische Maschinen als Bremseinrichtungen. Im Bremszustand arbeitet die Maschine, je nach Steuerung, als Generator oder als Motor mit zur Schaltung gegenläufigem Drehsinn. Die Steuerungen und Kennlinien gelten wiederum näherungsweise auch für andere Motorarten.

Nutzbremsen (Bild 3-14a)

Nutzbremsschaltungen speisen die vom Motor aufgenommene mechanische Energie als elektrische Energie ins Netz zurück. Motoren mit Spannungssteuerung können hierfür das gesamte durch den Stellbereich umfaßte Kennlinienfeld für die Verringerung der Drehzahl bis zum Stillstand ausnutzen. Kann dagegen die Spannung nicht gestellt werden, stehen für das Bremsen lediglich die durch Vorwiderstände in der Neigung zu beeinflussenden Bremskennlinien im Drehzahlbereich oberhalb der ideellen Leerlauf-Winkelgeschwindigkeit zu Verfügung (strichpunktierte Kennlinien im

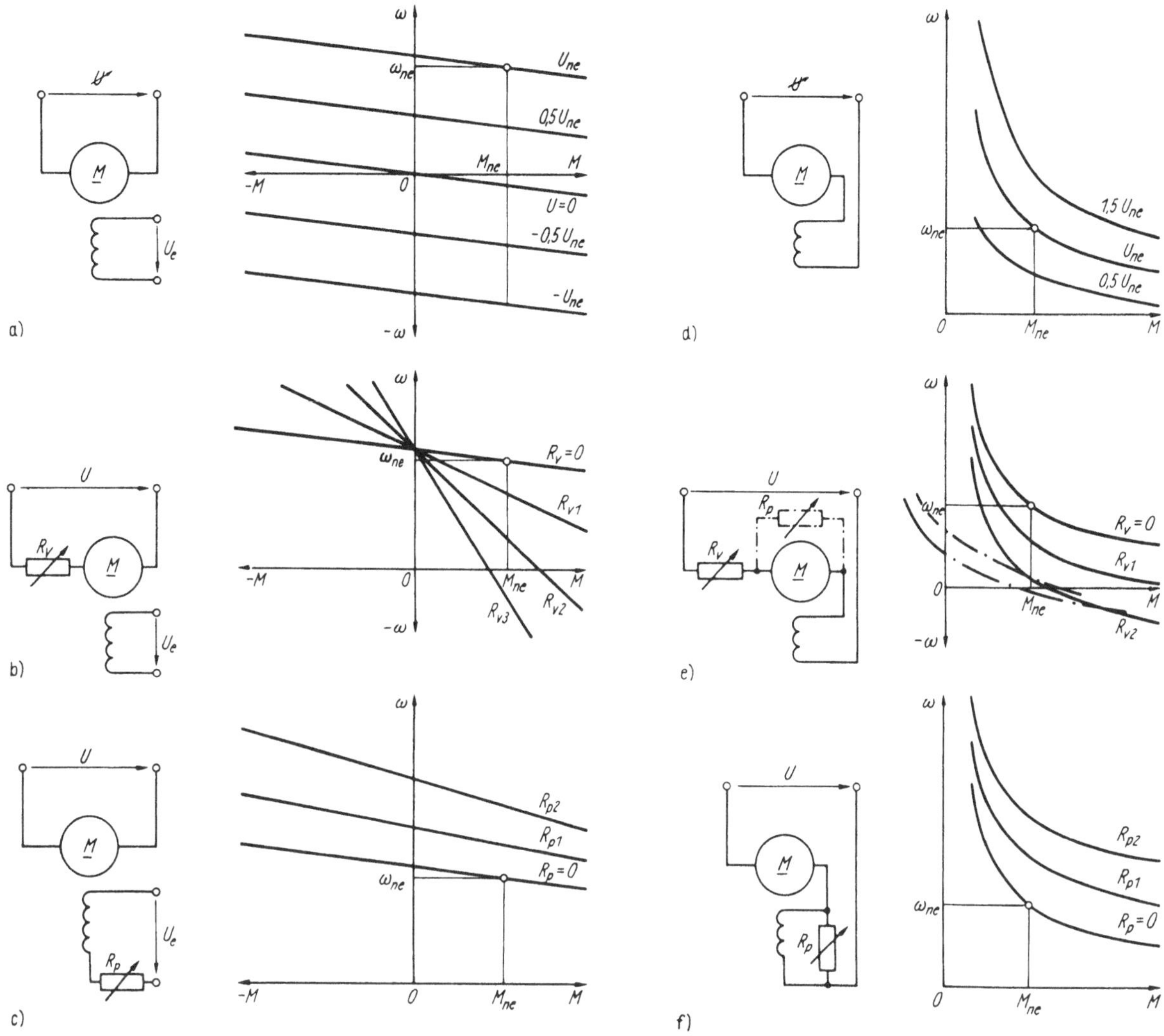

Bild 3-12 Kennlinien von Gleichstrommotoren
(links: Nebenschlußmotor; rechts: Reihenschlußmotor)

a), d) Spannungssteuerung
b), e) Widerstandssteuerung
c), f) Feldsteuerung

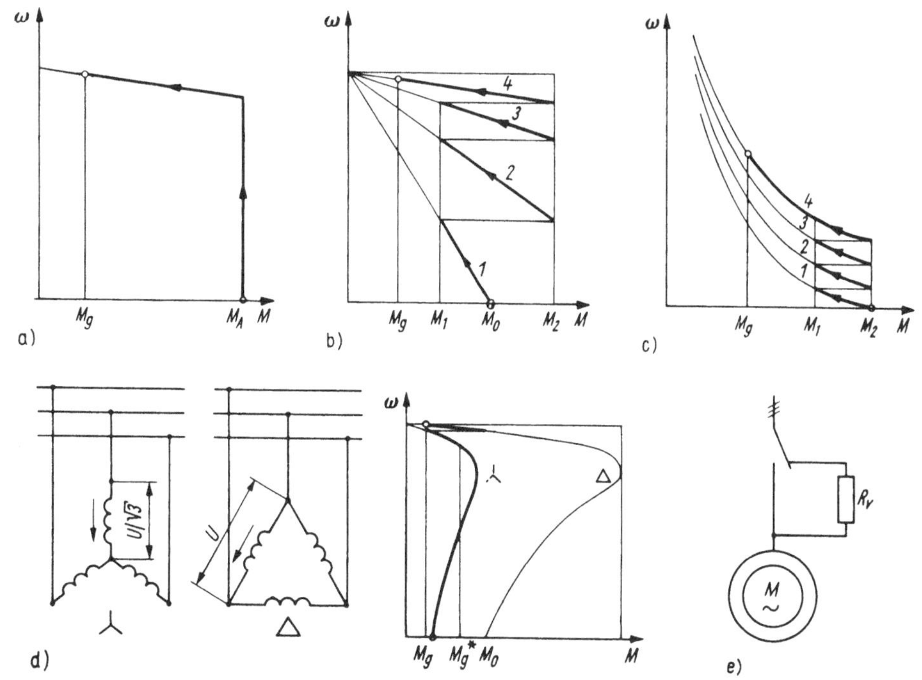

Bild 3-13
Anlaufkennlinien
von Elektromotoren

a) geregelt, mit Strombegrenzung
b) gesteuert, mit Vorwiderständen im Läuferkreis (Nebenschlußverhalten des Motors)
c) wie b), aber Reihenschlußverhalten des Motors
d) Stern-Dreieck-Schaltung von Drehstrom-Asynchronmotoren mit Käfigläufer
e) dreisträngiger Vorwiderstand bei Drehstrom-Asynchronmotoren mit Käfigläufer

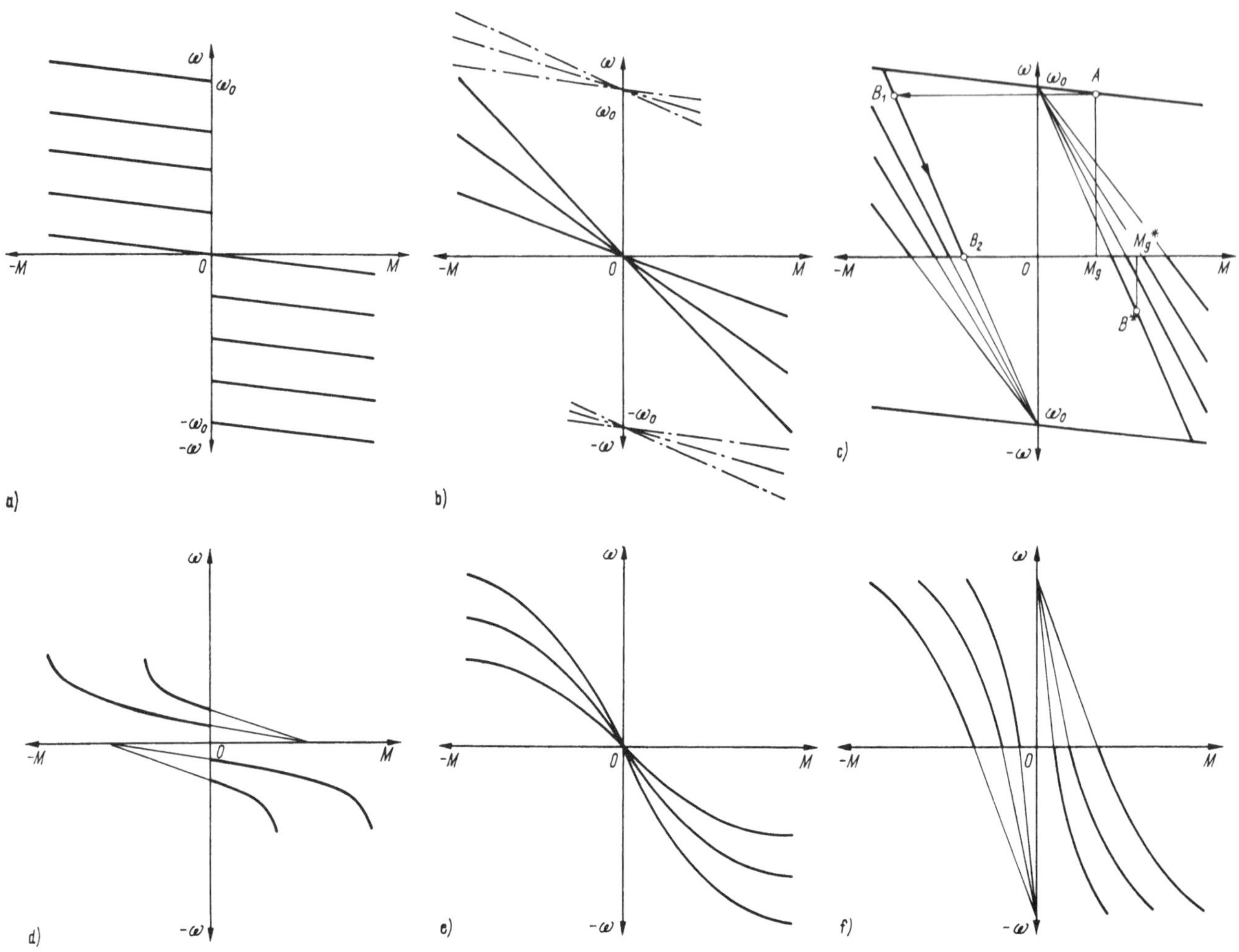

Bild 3-14 Bremskennlinien von Gleichstrommotoren (oben: Nebenschlußmotor; unten: Reihenschlußmotor)

a), d) Nutzbremsen
b), e) Widerstandsbremsen
c), f) Gegenstrombremsen

Bild 3-14b). Für beide Arten des Generatorbetriebs gelten sinngemäß die Gln. (3.3).

Widerstandsbremsen (Bild 3-14b)

Der weiterhin erregte Motor wird im Anker vom Netz getrennt, der Ankerkreis über variable Vorwiderstände kurzgeschlossen. Die aufgenommene mechanische Energie wird generatorisch in elektrische Energie und diese wiederum in den Vorwiderständen in Wärmeenergie umgewandelt, die an die Umgebung abzugeben ist.
Das Drehmoment fällt mit sinkender Drehzahl ab; bei $\omega = 0$ ist es ebenfalls Null (durchgezogene Kennlinien im Bild 3-14b). Wegen $U = 0$ lautet die Gleichung für die Winkelgeschwindigkeit

$$\omega = -\frac{R_A}{(k\Phi)^2} M. \tag{3.6}$$

Gegenstrombremsen (Bild 3-14c)

Durch Umpolen des Ankers erhält der Motor einen der Bewegungsrichtung entgegengesetzt gerichteten Drehsinn des Drehmoments. Um Strom und Drehmoment zu begrenzen, müssen große Vorwiderstände in den Ankerkreis geschaltet werden, was hohe Stromwärmeverluste verursacht. Der Bremsvorgang ist zweckmäßigerweise durch einen Drehzahlwächter o.ä. zu überwachen, damit der Motor nach dem Umschalten von Motorbetrieb (Punkt A) auf Bremsbetrieb (Punkt B_1) nicht über den Stillstandspunkt B_2 hinaus in der Gegenrichtung wieder hochläuft. Wenn das Gegenmoment M_g^*, bezogen auf den Drehsinn des Motors, antreibend wirkt, entstehen stabile Arbeitspunkte B^* mit konstanter Drehzahl. Die Winkelgeschwindigkeit folgt bei Gegenstrombremsen der Gleichung

$$\omega = -\left(\omega_0 + \frac{R_A}{(k\Phi)^2} M\right). \tag{3.7}$$

3.2.1.2.2 Gleichstrom-Reihenschlußmotoren

Wegen der Reihenschaltung von Erreger- und Ankerwicklung wird der Erregerfluß Φ des Gleichstrom-Reihenschlußmotors eine Funktion des Ankerstroms I und damit des Drehmoments M. Die Gln. (3.3) gelten mit $\Phi = \Phi(I)$ auch für diesen Motor. Es ergeben sich die Proportionen

$M \sim I^2 \sim \Phi^2$ für kleine Belastungen (Maschine ungesättigt),

$M \sim I \sim \Phi$ für große Belastungen (Maschine gesättigt).

Die Kennlinien (Tafel 3-1) zeigen eine mit der Belastung stark abfallende Drehzahl, das sog. Reihenschlußverhalten. Weil Spannung und Strom von Erreger- und Ankerwicklung stets gleich gerichtet bleiben, arbeitet der Reihenschlußmotor nur in zwei Quadranten; eine Nutzbremsung, z.B. zur Aufnahme gegenläufiger Drehmomente (Windeinfluß usw.), scheidet aus. Wenn die Gefahr besteht, daß der Motor völ-

lig entlastet oder sogar mit negativen Drehmomenten angetrieben wird, muß ein Parallelwiderstand zum Ankerkreis geschaltet werden, der dem Motor ein Nebenschlußverhalten verleiht.
Die Steuerungen zum Stellen der Drehzahl und die Anlaufschaltungen sind grundsätzlich die gleichen wie beim Nebenschlußmotor (Bilder 3-12 und 3-13). Strichpunktiert sind im Bild 3-12e die Kennlinien für den Motor mit Parallelwiderstand eingezeichnet, die den Bereich kleiner und negativer Drehmomente überdecken. Der Stellbereich beträgt etwa 1 : 0,25.
Vor allem in batterieelektrischen Fahrantrieben verwendet man die Pulssteuerung, um Spannung und damit Drehzahl zu stellen. In Mehrmotorenantrieben besteht die Möglichkeit, durch Wechsel von Reihen- und Parallelschaltung von zwei Motoren bzw. Motorgruppen beim Anfahren nacheinander die halbe und die volle Netzspannung anzulegen. Während der Schaltvorgänge darf kein Abfall des Drehmoments auftreten. Speziell hierfür entwickelte Schaltungen sind z.B. in [3.7] angegeben.

3.2.1.3 Drehstrom-Asynchronmotoren

Das Wirkprinzip des Drehstrom-Asynchronmotors führt zu einer sehr einfachen, robusten, wartungsarmen Bauweise. Seine wirtschaftlichen Vorzüge haben diesem Motor die genannte beherrschende Stellung in den Antrieben der Fördermaschinen verschafft, die er weiterhin überall dort behalten wird, wo keine besonderen Ansprüche an das genaue Stellen oder Regeln der Drehzahl bzw. an die Feinsteuerung des Bewegungsablaufs gestellt werden müssen. Neue Steuerungen auf Halbleiterbasis erweitern gegenwärtig das Einsatzfeld auch bei höheren Forderungen an die Stell- und Regelfähigkeit. Bevorzugte Nennspannungen sind 380, (500), 660, (3000), 6000 und 10000 V.

3.2.1.3.1 Drehstrom-Asynchronmotoren mit Käfigläufer

Die dreiphasige, an das Drehstromnetz angeschlossene Ständerwicklung eines Drehstrom-Asynchronmotors erzeugt ein mit der synchronen Winkelgeschwindigkeit

$$\omega_s = \frac{2\pi f_N}{p}; \tag{3.8}$$

f_N Netzfrequenz,
p Polpaarzahl

umlaufendes elektromagnetisches Drehfeld. Vorzugswerte für synchrone Drehzahlen beim Anschluß an ein 50-Hz-Netz sind

$$n_s = \frac{\omega_s}{2\pi} = 1500, 1000, 750, 600, 500\ \text{U/min}.$$

Dies entspricht Polpaarzahlen von $p = 2 \dots 6$.
Der Läufer trägt ebenfalls eine dreiphasige Wicklung, die kurzgeschlossen ist, d.h. auch keinen Anschluß an ein elektrisches Netz gestattet. Die Winkelgeschwindigkeit, mit der dieser Läufer umläuft, muß ungleich der synchronen Winkelgeschwindigkeit sein, damit Läuferströme entstehen, die im Zusammenwirken mit dem Drehfeld des Ständers ein Drehmoment erzeugen. Die bezogene Differenz der Winkelgeschwindigkeiten ist der Schlupf

$$s = \frac{\omega_s - \omega}{\omega_s} = 1 - \frac{\omega}{\omega_s} = 1 - \frac{n}{n_s} \gtreqless 0. \tag{3.9}$$

Die Grenzbelastung eines Asynchronmotors wird durch zwei Maschinenkenngrößen, das Kippmoment M_k und den zugehörigen Kippschlupf s_k, angegeben. Weitere, auf die Nennleistung P_{ne} bezogene Kenngrößen enthält Bild 3-15.
Die Grundkennlinie eines Asynchronmotors (Tafel 3-1) setzt sich aus zwei Ästen mit unterschiedlichem Vorzeichen des Tangentenwinkels zusammen, die im Kippunkt ineinander übergehen. Ein stabiler Betriebspunkt im stationären Betrieb kann sich nur in dem Teil der Kennlinie einstellen, für den

$$\frac{dM_g}{d\omega} > \frac{dM}{d\omega}$$

gilt. Dies trifft für den oberen, stabilen Teil der Kennlinie zu, der die Nebenschlußcharakteristik des Motors bestimmt. Der untere Teil ist dagegen instabil. Die Drehrichtung eines Asynchronmotors und damit die Lage der Kennlinie im Vierquadrantenfeld wird durch Vertauschen von zwei Phasen umgekehrt.

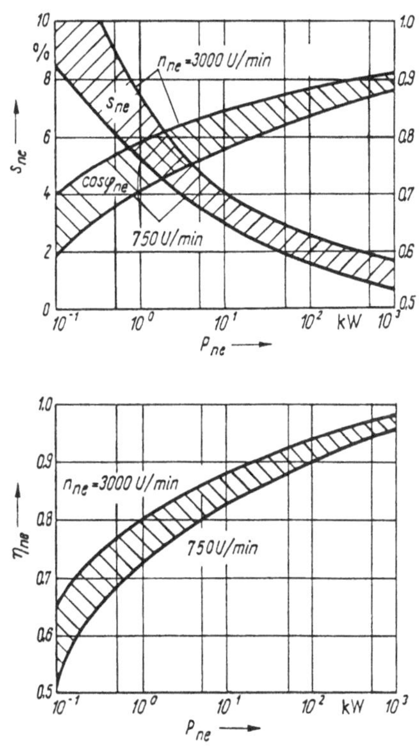

Bild 3-15 Nenngrößen des Schlupfs s_{ne}, Leistungsfaktors $\cos\varphi_{ne}$ und Wirkungsgrads η_{ne} von Drehstrom-Asynchronmotoren [3.6]

Diese Kennlinie eines Asynchronmotors mit Käfigläufer läßt sich durch die Bauart des Läufers beeinflussen (Bild 3-16a). Der Rundstabläufer *1* als Normalausführung hat bei hohen Anlaufströmen ein relativ kleines Anlaufmoment M_0. Eine Verbesserung bringt der Hochstabläufer *2*, noch mehr jedoch der Doppelstabläufer *3*, bei dem während des Anlaufs durch Stromverdrängung nach außen der meist erwünschte Kennlinienverlauf mit nahezu gleichbleibendem Motormoment entsteht.
Die Gleichung des Asynchronmotors für den Zusammenhang von Drehmoment M und Winkelgeschwindigkeit ω ist komplizierter als die des Gleichstrommotors. Man begnügt sich daher häufig mit der Näherung

$$\frac{M}{M_k} = \frac{2}{\frac{s}{s_k} + \frac{s_k}{s}}, \tag{3.10}$$

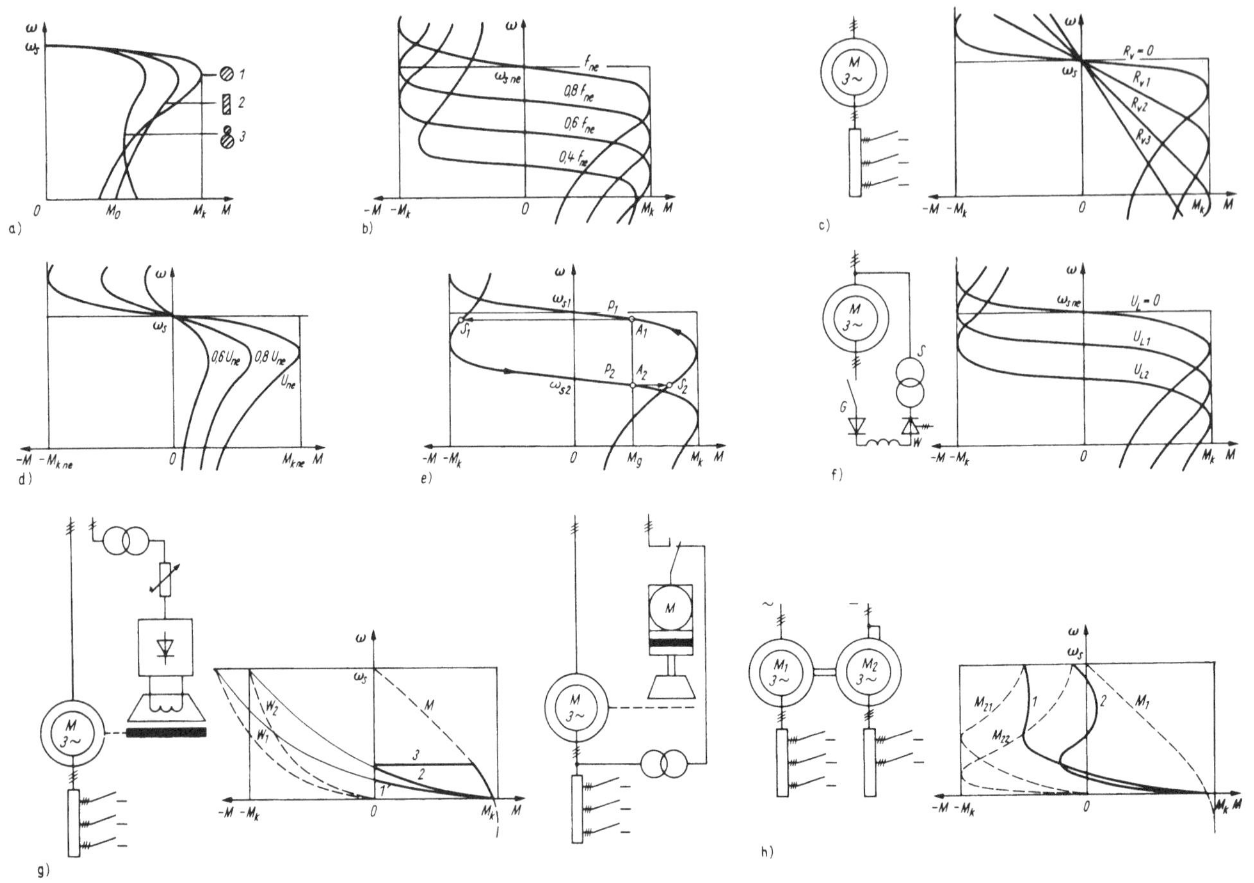

Bild 3-16 Kennlinien von Drehstrom-Asynchronmotoren

a) Bauformen und Kennlinien von Käfigläufern
b) Frequenzsteuerung
c) Widerstandssteuerung
d) Ständerspannungssteuerung
e) Polumschaltung
f) Läuferspannungssteuerung
g) steuerbare Bremse (links: Wirbelstrombremse, Kennlinien 1 und 2; rechts: Bremslüftgerät mit Asynchronmotor, Kennlinie 3)
h) Zweimotorensteuerung

in der der Einfluß des Ständerwiderstands unberücksichtigt bleibt. Ausreichend genau nähert diese Gleichung allerdings lediglich die Kennlinie eines Rundstabläufers an.
Um die Drehzahl zu stellen, bestehen beim Motor mit Käfigläufer wegen der nicht zugänglichen Läuferwicklung nur wenige Möglichkeiten:

Frequenzsteuerung (Bild 3-16b)

Sehr feinfühlig ist die Drehzahl gestuft oder stufenlos durch Änderung der Frequenz des eingespeisten Drehstroms zu stellen. Dabei bleibt das Kippmoment nur dann konstant, wenn zugleich die Spannung herabgesetzt wird. Statt rotierender Frequenzumformer werden heute nur noch statische Umrichter eingesetzt, die bis etwa 5 kW mit Transistoren, bei größeren Leistungen mit Thyristoren ausgerüstet sind. Der Stellbereich beträgt 1 : 0,06 (0,04).

Spannungssteuerung (Bild 3-16d)

Über einen Stelltransformator oder ein Drehstromstellglied mit Thyristoren kann die Ständerspannung verringert werden. Die synchrone Winkelgeschwindigkeit ω_s und der Kippschlupf s_k bleiben erhalten; das Kippmoment M_k und das Anlaufmoment M_0 nehmen ab. Wegen der hohen Stromwärmeverluste bevorzugt man diese Steuerung bei Fördermaschinen nur für einfache Antriebe kleiner Leistung, s. z.B. [3.15].

Polumschaltung (Bild 3-16e)

Der Ständer eines polumschaltbaren Käfigläufermotors kann mit verschiedenen Polpaarzahlen p betrieben werden. Weist er mehrere unabhängige Wicklungen auf, sind die Polpaarzahlen beliebig festzulegen. Üblicherweise liegen sie im Bereich $p = 2 \ldots 8$. Sind die Stränge der Wicklungen dagegen lediglich umzuschalten, stehen die Polpaarzahlen bei der üblichen Dahlanderschaltung im Verhältnis 1 : 2. Je nach Ausführung des Motors liefert er zwei bis vier unterschiedliche Drehzahlen.
Beim Umschalten von einer Kennlinie auf die andere tritt ein großer Drehmomentsprung auf, wobei zu beachten ist, daß das Kippmoment $-M_k$ für generatorisches Bremsen größer als das Kippmoment M_k für Antreiben ist.
Zum Anfahren schaltet man einen Drehstrom-Asynchronmotor mit Käfigläufer vorzugsweise direkt ans Netz, das aber stabil genug sein muß, damit die hohen Anlaufströme keinen unzulässigen Spannungsabfall verursachen. Um den Anlaufstrom und das Anlaufmoment herabzusetzen, kann der Ständer zunächst im Stern geschaltet und erst nach dem Hochlaufen auf Dreieck umgeschaltet werden. Das Kippmoment verringert sich in der Sternschaltung auf $\frac{1}{3}$ des Nennwerts. Bild 3-13d zeigt, daß ein ausreichend kleines Gegenmoment M_g vorliegen muß, weil auch das Anlaufmoment M_0 des Motors im etwa gleichen Verhältnis absinkt. Gegen M_g^* könnte der Motor nur in Dreieckschaltung hochlaufen.
Eine zweite Möglichkeit, das Anfahrmoment herabzusetzen, ist die einsträngige Vorschaltung von Widerständen im Ständerkreis (Kusa-Schaltung), die bei größeren Motoren ab etwa 5 kW auch dreisträngig ausgeführt wird (Bild 3-13e). Je nach Größe des Vorwiderstands läßt sich das Anlaufmoment bis auf 20 % des normalen Werts verringern.
Die Auswahl an Bremsschaltungen für einen Asynchronmotor mit Käfigläufer ist naturgemäß ebenfalls begrenzt. Hauptsächlich werden verwendet:

Nutzbremsen (Bild 3-17a)

Der frequenzgesteuerte Motor arbeitet, wenn die Vorzeichen von M und ω ungleich sind, als Generator bis zu sehr kleinen Drehzahlen. Ein ungesteuerter Motor kann dagegen nur den Teil der Kennlinie im zweiten bzw. vierten Quadranten, d.h. im übersynchronen Drehzahlbereich, zum generatorischen Bremsen ausnutzen (Tafel 3-1).

Gegenstrombremsen

Bei gegenläufigem Drehsinn von Drehfeld und Läufer gelten die gestrichelten Teile der Kennlinien, die im zweiten und vierten Quadranten liegen (Tafel 3-1). Die Bedingungen und Besonderheiten dieser Schaltung entsprechen denen beim Gleichstrommotor (s. Abschn. 3.2.1.2.1).

3.2.1.3.2 Drehstrom-Asynchronmotoren mit Schleifringläufer

In einem Drehstrom-Asynchronmotor mit Schleifringläufer ist die Läuferwicklung auf Schleifringe geschaltet. Sie kann hinter den Schleifringen direkt oder über Außenwiderstände kurzgeschlossen werden. Auch das Einspeisen elektrischer Energie in den Läufer ist möglich. Der Preis eines solchen Motors liegt um etwa ein Drittel über dem eines vergleichbaren Motors mit Käfigläufer. Die Kennlinien lassen sich jedoch in einem weiten Bereich verändern und besser dem erforderlichen Betriebsverhalten anpassen.
Auch ein Drehstrom-Asynchronmotor mit Schleifringläufer ist wie der Motor mit Käfigläufer durch Änderung der Frequenz bzw. der Ständerspannung zu steuern (s. Abschnitt 3.2.1.3.1); i.allg. braucht man aber den Mehraufwand für die Schleifringe nicht. Der Zugriff über sie erlaubt dagegen folgende weitere Steuerungen:

Widerstandssteuerung (Bild 3-16c)

Durch Zusatzwiderstände im Läuferkreis entstehen, ohne Veränderung von M_k, wie beim Gleichstrommotor stärker geneigte Kennlinien. Die Stromwärmeverluste treten in den Außenwiderständen auf. Wegen ihres einfachen Aufbaus und der niedrigen Kosten wird diese Art, die Drehzahl bei Anfahr- und Bremsvorgängen grob zu stellen, am häufigsten in fördertechnischen Antrieben angewendet.

Läuferspannungssteuerung (Bild 3-16f)

Der Läuferwicklung wird über die Schleifringe durch eine äußere Spannungsquelle Leistung zugeführt bzw. entnommen. In der gezeichneten untersynchronen Stromrichterkaskade speist der Wechselrichter W die Schlupfleistung ins Netz zurück; der Motor arbeitet verlustarm mit Drehzahlstellung unterhalb der synchronen Drehzahl. Das Kennlinienfeld ähnelt dem einer Frequenzsteuerung (Bild 3-16b).

Steuerbare Bremsen (Bild 3-16g)

Wird auf der Motorwelle zusätzlich eine Wirbelstrombremse (s. Abschn. 2.6.3.2) angeordnet, überlagern sich die Wirkungen beider Baugruppen auf den Antrieb (linkes Schaltbild). Die Motorkennlinie muß durch Vorwiderstände im Läuferkreis stark geneigt werden. Das Bremsmoment der Wirbelstrombremse ist durch Änderung ihrer Erregung zu beeinflussen (Kennlinien W_1 und W_2). Die resultierenden Kennlinien *1* und *2* liegen im Bereich sehr kleiner Drehzahlen, siehe auch [3.16].

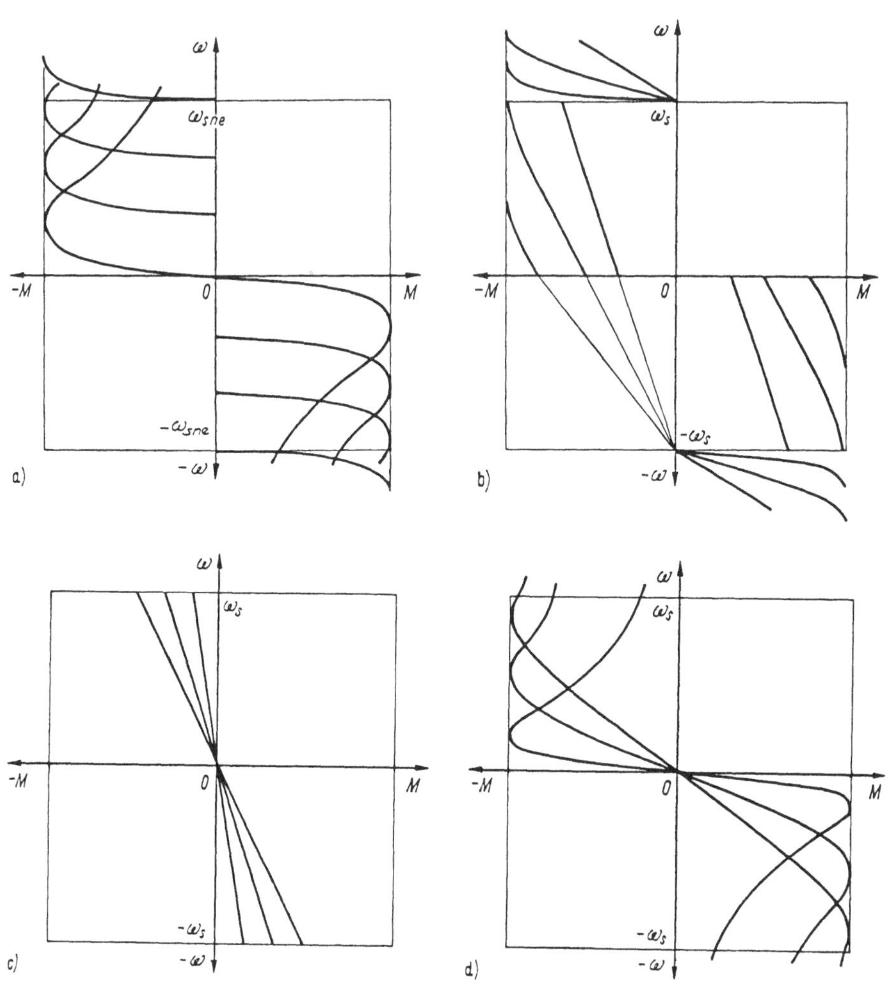

Bild 3-17
Bremskennlinien von Drehstrom-Asynchronmotoren

a) Nutzbremsen bei Frequenzsteuerung
b) übersynchrones Nutzbremsen und Gegenstrombremsen
c) Einphasen- (untersynchrones) Bremsen
d) Gleichstrombremsen

Hat der Antrieb ein mit einem Drehstrom-Asynchronmotor ausgerüstetes Bremslüftgerät (s. Abschn. 2.4.7), kann dessen Motor vom Netz getrennt und über einen Spannungswandler an die Läuferspannung mit der niedrigeren Schlupffrequenz gelegt werden (rechtes Schaltbild). Das Bremsmoment hält die Differenz von Motor- und Gegenmoment gleich groß, so daß eine schwach geneigte Kennlinie im Stellbereich 1 : (0,3 ... 0,1) entsteht. Wegen der Verluste im Vorwiderstand und in der mechanischen Bremse wird diese Drehzahlsteuerung allerdings nur für kleine Leistungen und Schalthäufigkeiten genutzt. Außerdem besteht in Hubwerken die Gefahr, daß eine schwebende Last beim Schalten der Stufe etwas absinkt, weil der Bremslüfter zunächst voll lüftet.

Zweimotorensteuerung (Bild 3-16h)

Wenn ein Triebwerk von zwei Motoren angetrieben wird, kann eine der beiden Maschinen unter Gleichstromeinspeisung in den Ständer als Bremsmaschine mit gegenläufigem Drehmoment geschaltet werden. Die Überlagerung der Kennlinien beider Maschinen, die mechanisch gekoppelt sind, führt zu den resultierenden Kennlinien *1* und *2*, die mit Hilfe von Vorwiderständen in beiden Läuferkreisen zu verändern sind. In den Außenwiderständen treten Stromwärmeverluste auf.
Als Anlaufschaltung wird beim Drehstrom-Asynchronmotor mit Schleifringläufer fast immer die Stufenschaltung mit Vorwiderständen im Läuferkreis entsprechend Bild 3-13b gewählt. Gegenüber der Direkteinschaltung von Motoren mit Käfigläufern belastet die Verlustwärme nicht den Motor selbst, sondern die Außenwiderstände. Dies erlaubt Schaltbetrieb auch mit größerer Schalthäufigkeit und bei großen Gegenmomenten. Ein wichtiger Vorteil liegt zudem darin, das Anlaufmoment im Bereich bis nahe zum Kippmoment stellen zu können.
Zum Bremsen stehen, neben der bereits beim Asynchronmotor mit Käfigläufer behandelten Frequenzsteuerung, mehrere, den zweiten und vierten Quadranten in unterschiedlicher Weise überdeckende Kennlinienfelder zur Verfügung:

Übersynchrones Nutzbremsen (Bild 3-17b)

Die Neigung der Kennlinien im Bereich des übersynchronen Bremsens ($s < 0$) kann durch Vorwiderstände im Läuferkreis größer gewählt werden. Dies ergibt Betriebspunkte mit höheren Drehzahlen, z.B. für Schnellsenkstufen (Kennlinien unterhalb $-\omega_s$). Der Motor arbeitet als Generator und speist die aufgenommene mechanische Energie unter Abzug der Verluste in das Netz zurück.

Gegenstrombremsen

Auch beim Gegenstrombremsen läßt sich die Neigung der Kennlinie durch Änderung des Vorwiderstands variieren (Kennlinien zwischen Null und $\mp\omega_s$ im Bild 3-17b), siehe hierzu ebenfalls die Hinweise beim Gleichstrommotor im Abschnitt 3.2.1.2.1.

Einphasen-(untersynchrones) Bremsen (Bild 3-17c)

Der Motor wird bei dieser Bremsschaltung nur einphasig ans Netz angeschlossen. Durch große Vorwiderstände im Läuferkreis entstehen sehr steile Bremskennlinien. Im unsymmetrisch belasteten Motor fließen große Ströme; das maximale Bremsmoment erreicht rd. ein Drittel des Kippmoments. Weil im Ständer lediglich ein Wechselfeld, jedoch kein Drehfeld erzeugt wird, hat das Bremsmoment den Betrag Null für $\omega = 0$.

Gleichstrombremsen (Bild 3-17d)

Eine wesentlich flachere Lage, d.h. eine geringere Abhängigkeit der Drehzahl von der Belastung, erhalten die Bremskennlinien, wenn der Ständer nicht mit Drehstrom, sondern mit Gleichstrom gespeist wird. In den Läuferkreis sind wiederum Vorwiderstände geschaltet. Auch hier ergibt sich $M_{B\max} \approx M_k/3$ und, wegen des fehlenden Drehfelds, $M_B = 0$ für $\omega = 0$. Auf Grund ihrer Vorzüge nimmt der Einsatz der Gleichstrombremsung in den Antrieben von Fördermaschinen zu.

3.2.1.4 Auswahl und Dimensionierung von Elektromotoren

Der bestgeeignete Typ eines Elektromotors, seine Bauform, seine Schutzart usw. werden nach den Betriebsbedingungen als Gesamtheit aller äußeren Faktoren, die für den Betrieb des Motors und Antriebs maßgebend sind, gewählt. Die Größe des Motors ist dann so zu bestimmen, daß er das größte im Betrieb benötigte Drehmoment abgeben kann und sich unter den ungünstigsten Betriebsbedingungen nicht unzulässig erwärmt. Ein zu knapp bemessener Motor fällt vorzeitig aus; ein Motor mit zu großer Leistungsreserve arbeitet unwirtschaftlich und beeinflußt das dynamische Verhalten des Triebwerks ungünstig. Die genaue Anpassung an die jeweilige Aufgabe verlangt eingehende elektrotechnische Kenntnisse; der Maschineningenieur muß jedoch in vielen Fällen selbst entscheiden bzw. zumindest eine Vordimensionierung des Motors vornehmen.

3.2.1.4.1 Betriebsarten und thermisches Verhalten

Für elektrische Maschinen werden, nach dem zeitlichen Verlauf der Verlustleistung und der Temperatur systematisiert, acht Nennbetriebsarten S 1 bis S 8 unterschieden. Die entsprechende Norm DIN VDE 0530 Teil 1 geht auf eine IEC-Empfehlung zurück. Bild 3-18 enthält als Auswahl die in den Antrieben der Fördermaschinen häufig auftretenden Betriebsarten. In dieser idealisierten Darstellung sind nur die

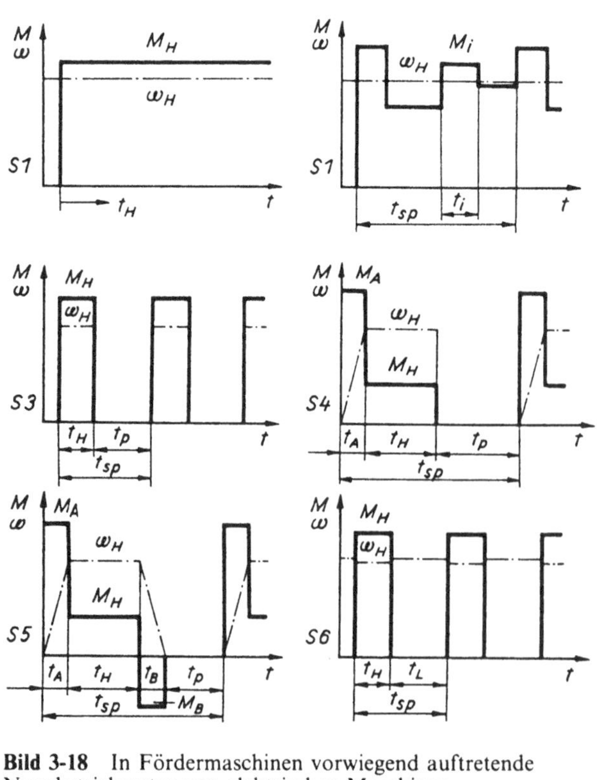

Bild 3-18 In Fördermaschinen vorwiegend auftretende Nennbetriebsarten von elektrischen Maschinen

Betriebsphasen vermerkt, die maßgebend das thermische Verhalten des Motors bestimmen, andere, wie Anlauf- und Auslaufphasen, sind teilweise weggelassen.
Die aufgeführten Nennbetriebsarten werden wie folgt charakterisiert:

S 1 Dauerbetrieb

Betrieb mit konstanter Belastung, Betriebsdauer so groß, daß thermisches Gleichgewicht erreicht wird ($t_H > 3\tau_{th}$; τ_{th} thermische Zeitkonstante);

S 3 Aussetzbetrieb

(ohne Einfluß von Anlauf und Bremsen auf die Temperatur) Betrieb mit einer Folge gleicher Spiele, thermisches Gleichgewicht wird während eines Spiels nicht erreicht, Spieldauer üblicherweise $t_{sp} \leqq 10$ min;

S 4 Aussetzbetrieb

(mit Einfluß des Anlaufs auf die Temperatur)
sonst wie S 3;

S 5 Aussetzbetrieb

(mit Einfluß des Anlaufs und Bremsens auf die Temperatur)
sonst wie S 3;

S 6 Dauerbetrieb mit Aussetzbelastung

Betrieb mit einer Folge gleicher Spiele, Wechsel von Belastung und Leerlauf, thermisches Gleichgewicht wird während eines Spiels nicht erreicht, Spieldauer üblicherweise $t_{sp} \leqq 10$ min.
Ein Arbeitsspiel bzw. Spiel ist als Summe aller Betriebszustände während einer repräsentativen Belastungsperiode definiert.
Die Erwärmung und Abkühlung eines Elektromotors sind Ausgleichsvorgänge, die sich mathematisch durch e-Funktionen angeben lassen, siehe Abschnitt 3.3.1. Die Erwärmungszeitkonstanten τ_{th} von Motoren unterschiedlicher Bauarten und Schutzgrade unterscheiden sich sehr stark; Bild 3-19 enthält Richtwerte für zwei verbreitete Bauarten. Im Stillstand werden eigenbelüftete Motoren nicht zusätzlich gekühlt; das Verhältnis der Erwärmungszeitkonstanten τ_{th} zur Abkühlungszeitkonstanten τ_{st} im Stillstand beträgt für solche Motoren:

$\tau_{th}/\tau_{st} = 0{,}65 \ldots 0{,}75$ bei Schutzart IP 44,

$\tau_{th}/\tau_{st} = 0{,}25 \ldots 0{,}50$ bei Schutzart IP 22/23.

Die Grenztemperatur eines Elektromotors ist durch die Wärmebeständigkeit der verwendeten Isolierstoffe festgelegt; sie liegt im Bereich $T_{gr} = 60 \ldots 125\,°C$ und ist auf die Umgebungstemperatur 40 °C und die geografische Höhe

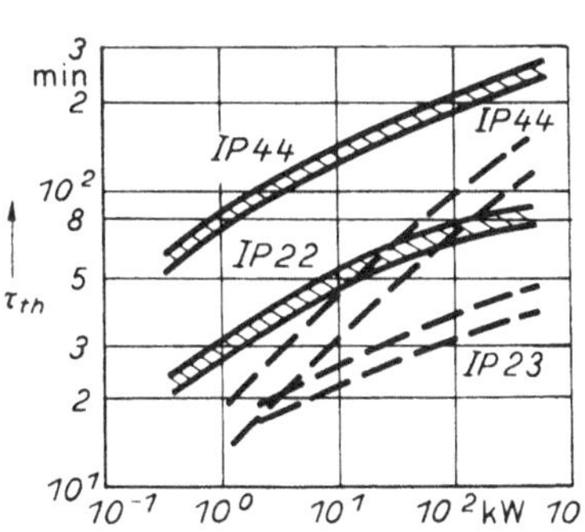

Bild 3-19 Richtwerte für die thermische Zeitkonstante von Elektromotoren mit Eigenbelüftung [3.6] (schraffierte Flächen: Gleichstrom-Nebenschlußmotoren; gestrichelt begrenzte Flächen: Drehstrom-Asynchronmotoren mit Käfigläufer)

1000 m bezogen. Nach [2.151] erfordert bzw. gestattet eine davon abweichende Umgebungstemperatur die Korrektur der zulässigen Nennleistung um ±1 % je Grad Temperaturdifferenz. Je 1000 m zusätzlicher geografischer Höhe sind 5 % von der Nennleistung abzuziehen.
Die während des Betriebs im Elektromotor auftretende Übertemperatur $T_ü$, d.h. der stationäre Größtwert der Temperaturfunktion bei einer bestimmten Betriebsart, darf die Grenztemperatur T_{gr} nicht übersteigen, soll ihr aber aus wirtschaftlichen Gründen möglichst nahekommen.
Vorzugsweise werden Elektromotoren für die Nennbetriebsarten S 1 und S 3 hergestellt, für andere Betriebsarten nur in spezieller Ausführung und für Sonderzwecke. Die Motoren für Aussetzbetrieb (S 3) unterscheiden sich von denen für Dauerbetrieb (S 1) darin, daß sie für eine kleinere thermische Belastung, dagegen für eine größere Drehmomentüberlastung ausgelegt sind. Sie dürfen die Nennleistung nur während einer begrenzten relativen Einschaltdauer *ED* (s. Gl. 3.1) abgeben, die mit 15, 25, 40, 60 % genormt ist. Diese relative Einschaltdauer ist auf die maximale Spieldauer $t_{sp} \leqq 10$ min bezogen; Bild 3-20 gibt die Grenzwerte für die Summen der Einschaltzeiten und zugehörigen Pausenzeiten für diese Bezugsperiode an. Während die Abkühlungsfunktion des abgeschalteten Motors für eine gegebene Übertemperatur unbeeinflußt von der Einschaltdauer bleibt, erhalten die zulässigen Erwärmungsfunktionen mit zunehmender relativer Einschaltdauer einen flacheren Verlauf. Dies bedeutet, daß der gleiche Motor bei einer höheren relativen Einschaltdauer ein kleineres Nennmoment hat.

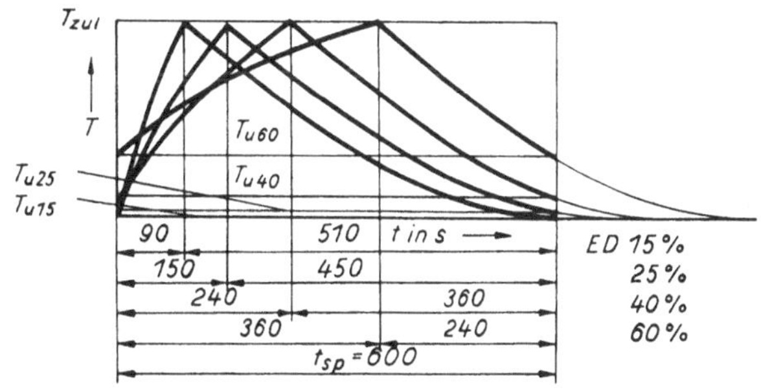

Bild 3-20 Idealisierter Temperaturverlauf in Elektromotoren für Aussetzbetrieb im quasistationären Betriebszustand

3.2.1.4.2 Dimensionierung von Elektromotoren mit Nebenschlußverhalten

Eine genaue Dimensionierung eines Elektromotors nach der thermischen Beanspruchung geht von den Zeitfunktionen der konstanten, stromabhängigen und drehzahlabhängigen Verluste aus, die zu einer Ersatzverlustleistung überlagert werden [3.3] [3.6] bis [3.14]. Für Motoren mit Nebenschlußverhalten gelten jedoch die Proportionen $P \sim I \sim M$. Dies macht es möglich, das erforderliche Nennmoment M_{ne} näherungsweise aus dem zeitlichen Verlauf des Drehmoments zu ermitteln – allerdings nur dann, wenn die größeren Verluste während des Anlaufs und Bremsens nicht im Motor selbst auftreten, d.h. bei Gleichstrommotoren und Drehstrom-Asynchronmotoren mit Schleifringläufer. Die Berechnungsansätze unterscheiden sich je nachdem, für welche Nennbetriebsart der Motor ausgelegt ist.

S 1-Motoren

Für idealen Dauerbetrieb mit M_H = konst. gilt

$$M_{ne} \geqq M_H. \tag{3.11}$$

Häufig wird sich aber auch bei Dauerbetrieb ein periodisch schwankender Drehmomentverlauf einstellen (Bild 3-18, rechts oben). Wenn die Dauer einer Periode die zulässige Spieldauer nicht überschreitet, kann der Motor nach dem thermisch äquivalenten Ersatzmoment, dem Effektivmoment M_{eff}, gewählt werden

$$M_{\text{ne}} \geqq M_{\text{eff}} = \sqrt{\frac{1}{t_{\text{sp}}} \sum_{i=1}^{k} M_i^2 t_i} \tag{3.12}$$

$$t_{\text{sp}} = \sum_{i=1}^{k} t_i \leqq 10\,\text{min}.$$

In manchen Fällen müssen S 1-Motoren auch für die Betriebsarten S 3 bis S 5 verwendet werden. Handelt es sich dabei um eigenbelüftete Motoren, ist die verminderte Wärmeabgabefähigkeit bei verringerter Drehzahl bzw. im Stillstand über die reduzierte Spieldauer t^*_{sp} zu berücksichtigen. Es gilt [3.6] mit den Bezeichnungen von Bild 3-5 für ein einfaches Arbeitsspiel

$$M_{\text{ne}} \geqq M^*_{\text{eff}} = \sqrt{\frac{1}{t^*_{\text{sp}}} \sum_{i=1}^{k} M_i^2 t_i}$$

$$= \sqrt{\frac{M_A^2 t_A + M_H^2 t_H + M_B^2 t_B}{t^*_{\text{sp}}}} \tag{3.13}$$

mit

$$t^*_{\text{sp}} = \beta(t_A + t_B) + t_H + \alpha t_P\,;$$

$$\alpha = \frac{\tau_{\text{th}}}{\tau_{\text{st}}}, \qquad \beta = \frac{1+\alpha}{2}.$$

Der Reduktionsfaktor α erfaßt die geringere Abkühlung im Stillstand, der Faktor β die bei niedrigen Drehzahlen. Wird der Antrieb mechanisch gebremst (Betriebsart S 4), entfällt M_B, und t_B wird der Pausenzeit zugeschlagen. Abgesehen von der nur groben Erfassung der thermischen Vorgänge in diesem Berechnungsansatz ist ein für Dauerbetrieb entworfener Motor mechanisch zu wenig überlastbar, so daß sich bei guter thermischer Ausnutzung ein zu kleines Anfahrmoment ergibt. Es ist deshalb ratsam, für Aussetzbetrieb grundsätzlich S 3-Motoren zu verwenden die durch verstärkte Ausführung der Wickelköpfe und andere konstruktive Maßnahmen auch der Schaltbeanspruchung besser angepaßt sind.

Die mechanische Belastbarkeit des Motors ist zusätzlich mit dem Ansatz

$$\frac{M_A}{M_{\text{ne}}} \leqq (0{,}80 \ldots 0{,}85)\,\frac{M_k}{M_{\text{ne}}} \tag{3.14}$$

zu kontrollieren. Bei Gleichstrommotoren tritt das Maximalmoment an die Stelle des Kippmoments. (Gl. 3.14) erfaßt die Streuung des Verhältnisses M_k/M_{ne} in ausgeführten Motoren und die zulässigen Spannungsschwankungen des Netzes.

S 3-Motoren

Bei Aussetzbetrieb bleibt die Einschaltdauer t_e klein gegenüber der thermischen Zeitkonstanten τ_{th}. Ein Motor für diese Betriebsart wird deshalb nach dem im Bild 3-20 idealisiert dargestellten quasistationären Gleichgewichtszustand für die Übertemperatur $T_ü$ ausgelegt. Häufig geben die Hersteller dafür Berechnungsverfahren an, die vor allem die Erwärmung in den nichtstationären Betriebsphasen genauer zu erfassen suchen. Für S 3-Drehstrommotoren mit Schleifringläufer verwendet [3.17] das Ersatzmoment

$$M_{\text{eff}} = \sqrt{\frac{\vartheta M_A^2 t_A + M_H^2 t_H + \vartheta M_B^2 t_B}{t_A + t_H + t_B}}\,; \tag{3.15}$$

ϑ Faktor für geringere Kühlung bei niedrigen Drehzahlen,
$\vartheta = 1{,}0$ für unbelüftete und fremdbelüftete Motoren,
$\vartheta = 1{,}1$ für eigenbelüftete Motoren,
$M_B = xM_{\text{ne}}$ Bremsmoment bei elektrischer Bremsung,
$x = 1{,}0$ elektrisches Bremsen von Fahr- und Drehwerken,
$x = 1{,}1$ Gegenstrom- und Gleichstrombremsen von Hub- und Einziehwerken,
$x = 1{,}5$ Einphasenbremsen von Hub- und Einziehwerken.

Als Nebenbedingung darf das Beharungsmoment M_H nicht kleiner als $0{,}3M_{\text{ne}}$ eingesetzt werden, um die höheren Verluste bei geringer Belastung zu berücksichtigen. Ein nach Gl. (3.15) bemessener Motor weist eine ausreichende thermische Sicherheit auch für hohe Schaltbeanspruchungen auf.

Es war lange Zeit üblich, große Unterschiede im Beharrungsmoment bei aufeinanderfolgenden Arbeitsspielen durch einen Wechselleistungsfaktor nach [3.18] zu erfassen. Die relative Belastung wird dabei als bezogener quadratischer Mittelwert aus dem größten und kleinsten Beharrungsmoment gebildet. Das Effektivmoment wird mit diesem Wechselleistungsfaktor

$$f_W = \sqrt{\frac{M^2_{\text{H max}} + M^2_{\text{H min}}}{2M^2_{\text{H max}}}} = 0{,}707 \ldots 1{,}0 \tag{3.16}$$

multipliziert und damit reduziert. Dies kann zu einer Fehlauslegung führen, besonders wenn die thermische Belastung vor allem durch die nichtstationären Betriebsphasen verursacht wird.

Richtiger und gegenwärtig allgemein üblich ist es dagegen, aufeinanderfolgende Arbeitsspiele mit unterschiedlicher Belastung, z.B. Heben mit und ohne Nutzmasse, Fahren gegen und mit Wind, im Effektivmoment dadurch direkt einzubeziehen, daß es über zwei oder mehrere aufeinanderfolgende repräsentative Teilspiele gebildet wird. Dies gilt auch für die Berechnung der relativen Einschaltdauer.

Das benötigte Nennmoment des Motors wird durch Umrechnung des Effektivmoments laut Gl. (3.15) auf die genormte Einschaltdauer des gewählten Motors ermittelt:

$$M_{\text{ne}} \geqq M_{\text{eff}} \sqrt{\frac{ED}{ED_N}}\,; \tag{3.17}$$

ED nach Gl. (3.1) errechnete relative Einschaltdauer,
ED_N genormte Einschaltdauer.

Wegen der sehr groben Näherung, die in Gl. (3.17) liegt, darf die rechnerische Einschaltdauer ED nur auf die nächstgelegene genormte ED_N bezogen werden.

Der Gebrauch der Gl. (3.15) setzt die Kenntnis des Nennmoments M_{ne} des gewählten Motors voraus. Überschläglich kann man diesen Motor zunächst

bei Hub- und Einziehwerken nach dem Beharrungsmoment mit

$$M_{\text{ne}} \approx M_H\,,$$

bei Fahr- und Drehwerken nach dem Anfahrmoment mit

$$M_{\text{ne}} \approx \frac{M_A}{(0{,}6 \ldots 0{,}7)\,\dfrac{M_k}{M_{\text{ne}}}} \tag{3.18}$$

vorläufig festlegen und anschließend thermisch nachrechnen. Die mechanische Überlastbarkeit muß nach der thermischen Nachrechnung und endgültigen Wahl des Motors nochmals mit Gl. (3.14) überprüft werden, wobei für M_A das Spitzenmoment der Anfahrschaltung einzusetzen ist.
Auch Motoren mit Reihenschlußcharakteristik können zunächst überschläglich mit den hier aufgeführten Gleichungen dimensioniert werden. Weil bei ihnen, vor allem wenn die Belastung klein ist, keine Proportionalität zwischen Drehmoment und Strom besteht, ist eine anschließende genauere Prüfung mit dem Effektivstrom oder der Ersatzverlustleistung unumgänglich, siehe die angegebene elektrotechnische Literatur.

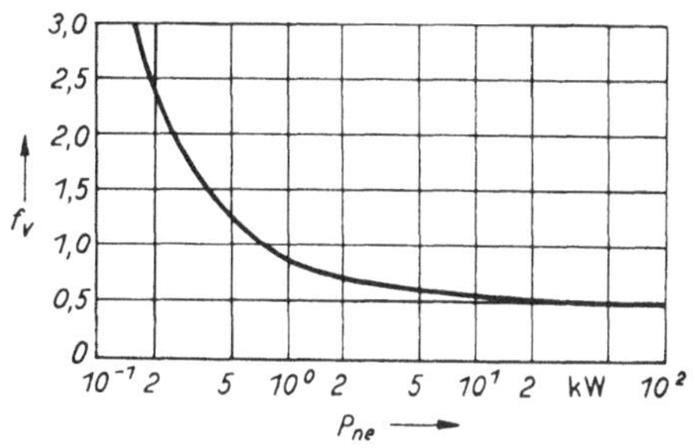

Bild 3-22 Verlustfaktor f_V, nach [3.21]

3.2.1.4.3 Schalthäufigkeit von Drehstrom-Asynchronmotoren mit Käfigläufer

Während bei den im Abschnitt 3.2.1.4.2 behandelten, mit Schleifringen ausgerüsteten Motoren die Schalthäufigkeit keinen direkten Einfluß auf die Wahl der Motorgröße hat, ist sie bei Drehstrom-Asynchronmotoren mit Käfigläufer die maßgebende Bestimmungsgröße, weil bei ihnen die Verlustwärme während des Anlaufs und Bremsens nicht in den Außenwiderständen, sondern im Motor selbst auftritt und von dort abgeführt werden muß. Inzwischen stehen hierfür auch Berechnungsverfahren für die wichtigen Betriebsarten S 4 und S 5, d.h. für Schaltbetrieb, zur Verfügung [3.19] bis [3.21]. Die nachstehend aufgeführten Gleichungen entsprechen den Ausführungen in [3.21]. Es werden jedoch zusätzlich Mittelwerte bzw. Mittelwertfunktionen für bestimmte Maschinenkenngrößen angegeben, die eine Vorauswahl erleichtern.
Das Gegenmoment wird während eines Spiels konstant angenommen. Für unterschiedliche Gegenmomente aufeinanderfolgender Arbeitsspiele kann näherungsweise der quadratische Mittelwert gebildet werden:

$$M_{gm} = \sqrt{\frac{1}{k}\sum_{i=1}^{k} M_{gi}^2}\,. \tag{3.19}$$

Die benötigten Maschinenparameter sind in den Herstellerkatalogen aufgeführt. Sie werden hier durch mittlere Werte angenähert, im einzelnen:

- Leerschalthäufigkeit für Anfahrschaltung, ohne Berücksichtigung des Bremsens, z_{0A} (Bild 3-21);
- Verlustfaktor f_V (Bild 3-22);
- relatives äquivalentes Drehmoment für Anlauf (m_A^*), Reversieren (m_R^*) und Bremsen (m_B^*): Mittelwert $m_A^* \approx m_R^* \approx m_B^* = 2{,}1 \pm 0{,}4$.

Die zulässige Schalthäufigkeit bei periodischem Schaltbetrieb beträgt dann

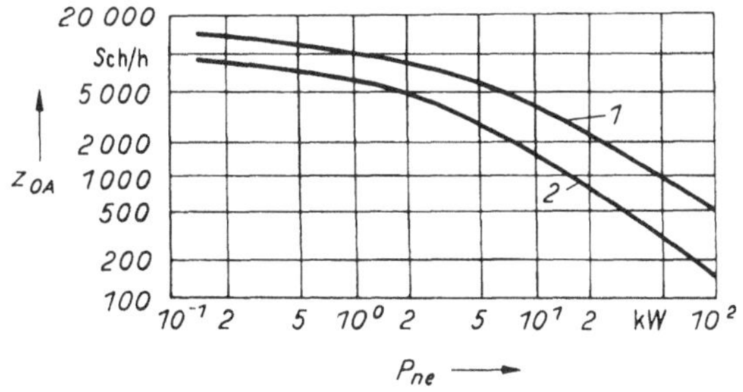

Bild 3-21 Leerschalthäufigkeit für Anlaufschaltungen ohne Bremsen, nach [3.21]

1 n_s = 750, 1000, 1500 U/min
2 n_s = 3000 U/min

$$z = z_0 f_J f_B f_S \tag{3.20}$$

mit den Größen bzw. Faktoren

Leerschalthäufigkeit
(zulässige Anzahl von Schaltungen des unbelasteten Motors)

$z_0 = z_{0A}$ bei mechanischer oder Gleichstrombremsung,
$z_0 = z_{0A}/4$ bei Gegenstrombremsung

Trägheitsfaktor

$$f_J = \frac{1}{FJ} = \frac{J_M}{J_{ers}};$$

J_M Massenträgheitsmoment des Motorläufers,
J_{ers} Ersatzmassenträgheitsmoment des gesamten Antriebs, siehe Gl. (3.45)

Belastungsfaktor

$$f_B = \left[1 - \left(\frac{M_{gm}}{M_{ne}}\right)^2\right] ED + f_V(1 - ED)$$

Schaltungsfaktor

$$f_S = 1 - \frac{M_{gm}}{M_{ne}}\frac{1}{m_A^*} \approx 1 - \frac{M_{gm}}{2{,}1 M_{ne}} \quad \text{bei mechanischer Bremsung,}$$

$$f_S = 1 - \left(\frac{M_{gm}}{M_{ne}}\frac{1}{m_R^*}\right)^2 \approx 1 - \left(\frac{M_{gm}}{2{,}1 M_{ne}}\right)^2$$

bei Gegenstrombremsung,

$$f_S = 1{,}08\,\frac{\left(1 - \dfrac{M_{gm}}{M_{ne}}\dfrac{1}{m_A^*}\right)\left(1 + \dfrac{M_{gm}}{M_{ne}}\dfrac{1}{m_B^*}\right)}{2 + \dfrac{M_{gm}}{M_{ne}}\left(\dfrac{1}{m_B^*} - \dfrac{1}{m_A^*}\right)}$$

bzw. für $m_A^* \approx m_B^* = 2{,}1$

$$f_S \approx 0{,}54\left[1 - \left(\frac{M_{gm}}{M_{ne}}\frac{1}{m_A^*}\right)^2\right] \approx 0{,}54\left[1 - \left(\frac{M_{gm}}{2{,}1 M_{ne}}\right)^2\right]$$

bei Gleichstrombremsung.

Wenn die Schalthäufigkeit z entsprechend Gl. (3.20) für den jeweiligen Betriebsfall nicht ausreicht, muß ein größerer Motor oder ein Motor mit Schleifringläufer gewählt werden.

3.2.1.5 Beispiele für Steuerungen

Es gibt eine große Vielfalt von Schaltungen bzw. Steuerungen, um die verschiedenen Elektromotoren mit ihren spezifischen Eigenschaften an sehr unterschiedliche Antriebe und Betriebsbedingungen anzupassen. An Hand weniger exemplarischer Beispiele sollen die für Fördermaschinen wichtigsten Arten dieser Steuerungen mit ihren jeweiligen

Besonderheiten erläutert werden; einen tieferen Einblick verschafft wiederum die Fachliteratur [2.151] [3.6] bis [3.14].
Die Motoren können direkt, über Schütze oder über Halbleiter gesteuert werden, wobei Kombinationen üblich sind. Grundsätzlich sind gesteuerte und geregelte Antriebe zu unterscheiden. Neben der normalen Steuerung von Hand sind mit steigender Tendenz Programmsteuerungen bis hin zu elektronischen Steuerrechnern im Einsatz. Einem Vorschlag [3.22] folgend, kann man die bei Fördermaschinen angewendeten Motorsteuerungen in drei Gruppen einteilen:

- Stufensteuerungen
- verlustbehaftete stufenlose Steuerungen mit begrenztem Stellbereich
- verlustarme stufenlose Steuerungen und Regelungen mit breitem Stellbereich.

3.2.1.5.1 Stufensteuerungen

Das Schalten von gestuften, festen Drehzahl-Drehmoment-Kennlinien ist die am meisten verbreitete Steuerung für Elektromotoren in Fördermaschinen. Die einfachste Form bildet das Zu- und Abschalten der Ständerwicklungen des Drehstrom-Asynchronmotors mit Käfigläufer ohne oder mit Polumschaltung (s. Bild 3-16a und e). Ein erweitertes Kennlinienfeld entsteht, wenn Widerstände im Erreger-, Ständer- oder Läuferkreis zu- und abgeschaltet werden können. Den beiden im Abschnitt 3.1.2 behandelten Grundtypen des wirkenden Gegenmoments entsprechen auch zwei Grundarten von Schaltungen für im Aussetzbetrieb arbeitende Antriebe: Hubschaltungen, die z.B. für Hub- und Einziehwerke gelten, und Fahrschaltungen für Fahr-, Dreh- und Wippwerke o.ä.
Die Fahrschaltung für einen Gleichstrom-Reihenschlußmotor im Bild 3-23 nutzt die im Bild 3-12e dargestellten Schaltmöglichkeiten aus und überdeckt mit ihren Kennlinien alle vier Quadranten. Zusätzlich sind Kennlinien für Gegenstrombremsen vorhanden. Bedeutung haben derartige Schaltungen für Gleichstrommotoren nur dort, wo Gleichstromnetze eingerichtet sind.
Für die in fördertechnischen Antrieben vorwiegend eingesetzten Drehstrom-Asynchronmotoren mit Schleifringläufer gibt es zahlreiche Schaltungen mit unterschiedlicher Anzahl und Art von Kennlinien; Bild 3-24 zeigt Beispiele für Fahr- und Hubschaltungen. Bei der Widerstandssteuerung im Bild 3-24a können alle Kennlinien für beide Dreh-

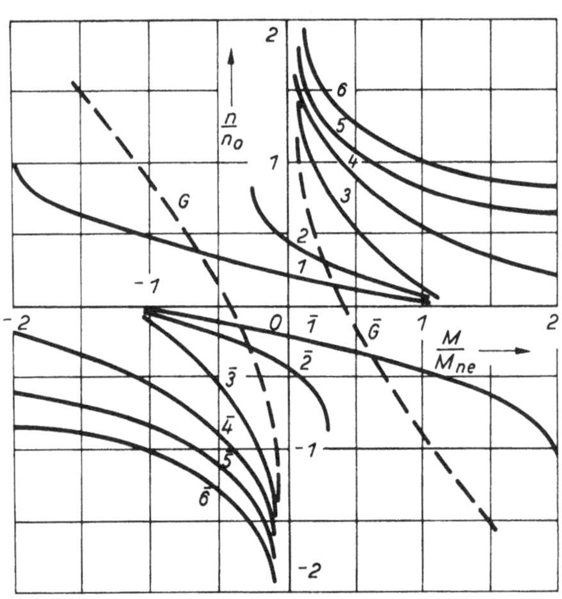

Bild 3-23 Steuerkennlinien einer 6stufigen Gleichstrom-Fahrschaltung mit Reihenschlußmotor [2.151]

Stufen 1 und 2: Anker-Parallelwiderstand
Stufen 3 bis 5: Anker-Vorwiderstand
gestrichelte Linien: Gegenstrombremsen

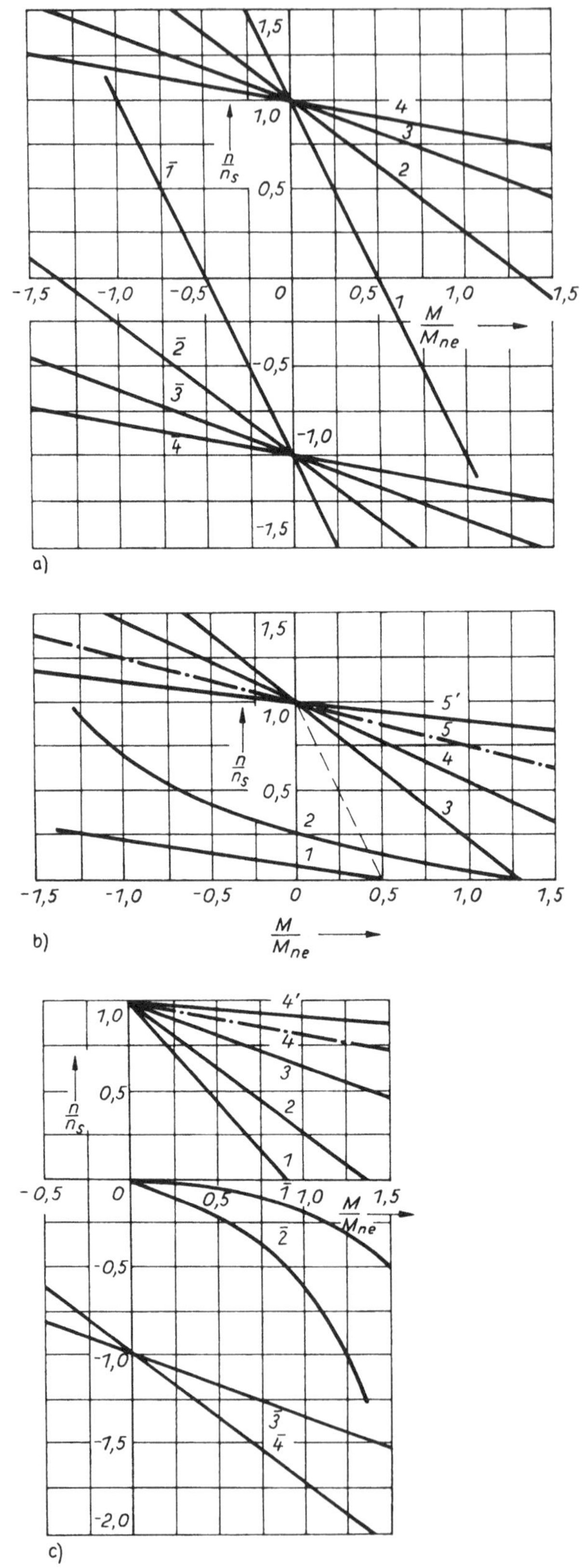

Bild 3-24 Steuerkennlinien von Drehstrom-Asynchronmotoren

a) 4stufige Fahrschaltung mit Gegenstrombremsstufe
b) 6stufige Fahrschaltung mit gleichstromgespeistem Bremsmotor (nur Quadranten 1 und 2 gezeichnet)
c) 5stufige Hubschaltung mit zwei Gleichstrombremsstufen

richtungen gestellt werden. Damit besteht die Gefahr, daß zum Bremsen mit Gegenstrom im zweiten bzw. vierten Quadranten auch flache Kennlinien mit sehr großen Drehmomenten gewählt werden. Eine kontersichere Fahrschaltung vereitelt dies dadurch, daß beim Umschalten auf die andere Drehrichtung die vorgegebene Bremskennlinie $\bar{1}$ durch ein Zeitrelais so lange gehalten wird, bis der Antrieb zum Stillstand gekommen ist. Erst dann läuft er entsprechend dem Schaltbefehl in der Gegenrichtung hoch.

Das Kennlinienfeld der Fahrschaltung im Bild 3-24b verfügt über zwei Kennlinien (Stufen *1* und *2*) des gleichstromgespeisten zusätzlichen Bremsmotors, die das Stellen sehr kleiner Drehzahlen und das Gegenstrombremsen mit ausreichend niedrigen Drehmomenten erlauben (Bild 3-16h). Derartige Schaltungen werden häufig in Dreh- und Wippwerken angewendet.

In der Hubschaltung laut Bild 3-24c sind fünf Stufen für das Heben und vier Stufen für das Senken kombiniert. Die Stufen $\bar{1}$ und $\bar{2}$ der Senkschaltung entstehen durch das Einspeisen von Gleichstrom in den Ständer (Bild 3-17d); die Stufen $\bar{3}$ und $\bar{4}$ sind übersynchrone Senkstufen für Drehzahlen oberhalb der Synchrondrehzahl.

3.2.1.5.2 Verlustbehaftete stufenlose Steuerungen

Die Entwicklungen in der Halbleitertechnik haben zu einem Fortschritt auch in der Steuerung von Elektromotoren geführt. Grundelemente sind gesteuerte Gleichrichter, d.h. Transistoren und Thyristoren. Sie formen eine angelegte Wechselspannung in eine Gleichspannung um, deren Größe und zeitlicher Verlauf in einem weiten Bereich zu verändern sind.

Eine erste Gruppe solcher Stromrichtersteuerungen für Drehstrom-Asynchronmotoren schneidet die Spannungs-Zeitfläche der Phasen durch Änderung des Zündwinkels der Thyristoren unterschiedlich an, so daß dem Motor im Ständer oder Läufer eine variable Klemmenspannung zugeführt wird. Die Steuerung ist schlupf- und damit verlustbehaftet, und es lassen sich nur Drehzahlveränderungen zwischen 60 und 7 % der Nenndrehzahl erzielen [3.22]. Für einen Betrieb in allen vier Quadranten müssen in jede Phase paarweise antiparallele Thyristoren gelegt werden. Bild 3-25 zeigt eine Schaltung mit einem Stromrichter im Läuferkreis eines Drehstrom-Asynchronmotors.

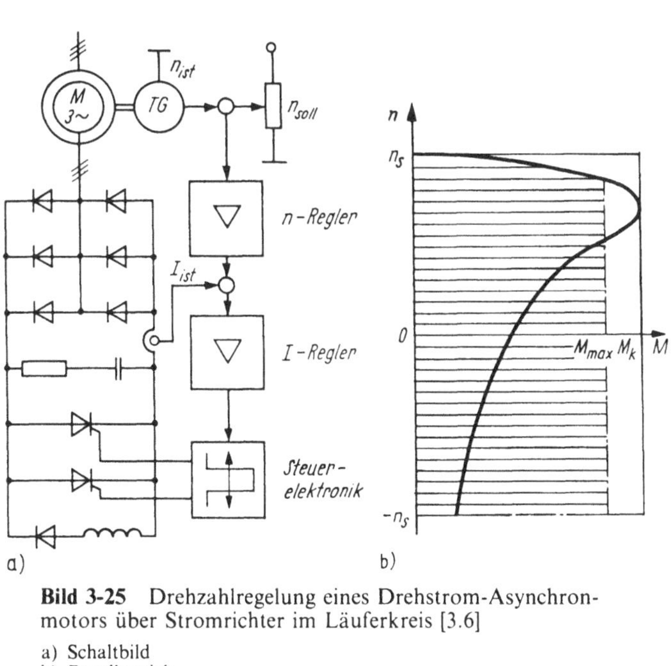

Bild 3-25 Drehzahlregelung eines Drehstrom-Asynchronmotors über Stromrichter im Läuferkreis [3.6]

a) Schaltbild
b) Regelbereich

3.2.1.5.3 Verlustarme stufenlose Steuerungen

Die begrenzte Stellbarkeit des Drehstrommotors verlangte, wenn eine feinstufige oder stufenlose Steuerung der Drehzahl im 4-Quadrantenbetrieb erforderlich war, lange Zeit die Wahl eines Gleichstrom-Nebenschlußmotors, dessen Drehzahl durch Änderung der Ankerspannung stufenlos zu stellen ist. Derartige Antriebe wurden und werden z.B. in den Fahrwerken schnellaufender Greiferlaufkatzen, in Schwimmkranen, in den Schwenkwerken von Schaufelradbaggern gebraucht.

Vor der Entwicklung der Halbleitersteuerungen setzte man in diesen Fällen den Ward-Leonard-Satz ein, eine Kombination von drei elektrischen Maschinen (Bild 3-26). Ein aus dem Drehstromnetz gespeister Drehstrom-Asynchronmotor treibt einen Gleichstromgenerator, dessen Ankerspannung durch Veränderung der Erregerspannung vom negativen bis zum positiven Maximalwert in Stufen oder stufenlos gestellt bzw. geregelt wird. Der Gleichstrom-Nebenschlußmotor arbeitet daher mit Spannungssteuerung im Kennlinienfeld entsprechend Bild 3-12a. Als vierte, ebenfalls vom Drehstrommotor angetriebene Maschine enthalten Leonardsätze bisweilen einen weiteren Gleichstromgenerator kleiner Leistung, der die Erregerspannung erzeugt.

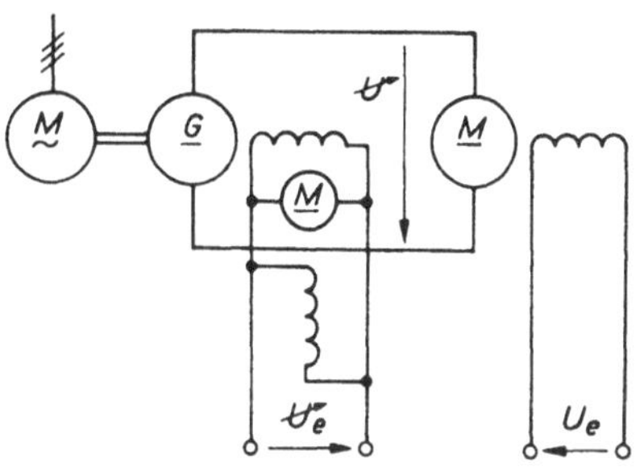

Bild 3-26 Leonardsatz mit Dämpfungsmaschine

Für Antriebe mit großen zu bewegenden Massen, wie sie in der Fördertechnik häufig sind, kann der Ausgleichsvorgang während des Übergangs von einer Kennlinie auf die andere durch eine Dämpfungsmaschine, einen kleinen, von der Erregerspannung gespeisten Gleichstrommotor, verzögert werden (Bild 3-26). Dieser Motor wirkt als veränderlicher Parallelwiderstand zur Erregerwicklung.

Die mehrmalige Energiewandlung dieses Leonardantriebs führt zu einem niedrigen Gesamtwirkungsgrad von, je nach Maschinengröße, $\eta_{ges} = 0{,}75 \ldots 0{,}85$. Heutige Gleichstromantriebe mit stufenloser Steuerung werden deshalb nahezu ausschließlich über Stromrichter verlustarm aus dem Drehstromnetz gespeist. Diese Steuerung bzw. Regelung (Bild 3-27) überdeckt das Kennlinienfeld laut Bild 3-12a nahezu vollständig. Der Stellbereich ist von der Güte der Drehzahlerfassung mit Hilfe eines Tachogenerators TG abhängig, er liegt zwischen 1 : 0,02 und 1 : 0,01.

Die derzeitige Hauptrichtung der Entwicklung stufenloser Motorsteuerungen ist allerdings die Frequenzsteuerung von Drehstrom-Asynchronmotoren mit Käfigläufer. Dieser einfache, betriebssichere und wartungsarme Motor vergrößert dadurch sein Einsatzfeld in der Fördertechnik auch dort, wo Drehzahlen stufenlos zu stellen sind.

Es gibt mehrere Schaltungen für Frequenzumrichter. Direktumrichter ohne Zwischenkreis eignen sich nur für Antriebe, die im Bereich 0 ... 25 Hz arbeiten. Für Fördermaschinen kommen daher allein Umrichter mit einem Spannungs- oder Stromzwischenkreis in Frage; ihre Wirkungsweise wird am Beispiel des Umrichters im Bild 3-28 erläutert. Die Drehstrom-Eingangsspannung wird zunächst in einem ungesteuer-

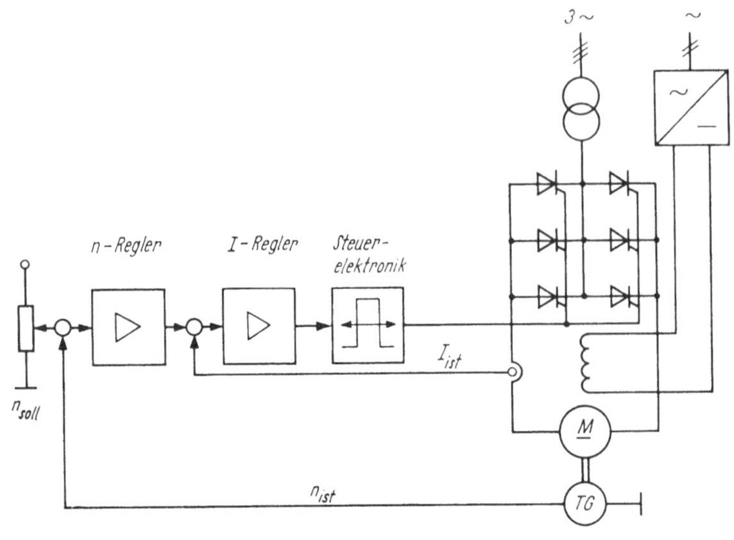

Bild 3-27
6pulsiger Stromrichter
für Gleichstrom-Nebenschlußmotor [3.23]

ten Gleichrichter GR gleichgerichtet und im Spannungs-Zwischenkreis ZK 1 geglättet. Diese Spannung wird anschließend zerhackt und mit veränderlichem Mittelwert auf den Spannungs-Zwischenkreis ZK 2 gegeben. Der nachfolgende Wechselrichter WR richtet diese Spannung in eine dreiphasige Wechselspannung als Speisespannung des Drehstrommotors um.

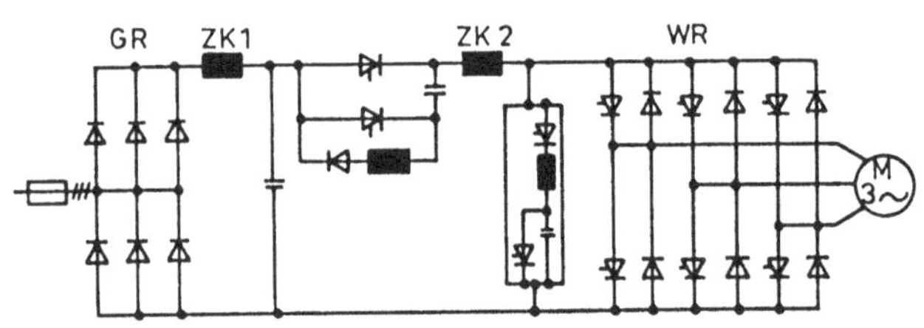

Bild 3-28 Leistungsteil eines Frequenzumrichters mit Spannungs-Zwischenkreis [3.23]

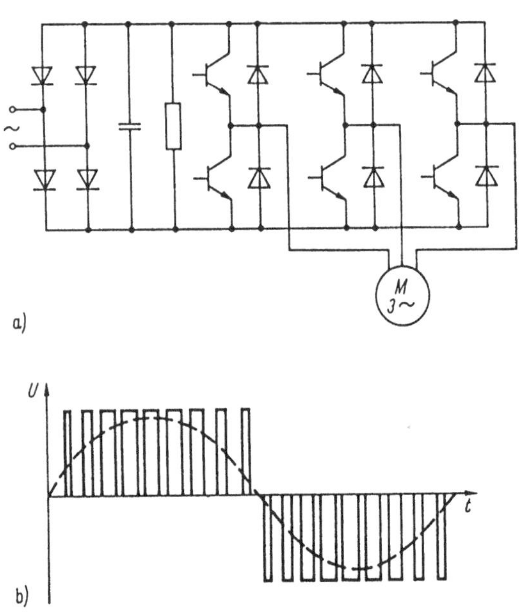

Bild 3-29
Frequenzumrichter mit Transistoren
für Drehstrom-Asynchronmotor
mit Käfigläufer

a) Schaltbild
b) gepulste Wechselspannung

Einen ähnlichen Aufbau hat ein Pulsumrichter (Bild 3-29a), der bis zu Leistungen von derzeit etwa 6 kW mit den billigeren Transistoren als Schaltelementen bestückt werden kann. Die Transistoren des Wechselrichters werden pulsbreitenmodulierend geschaltet. Auf diese Weise entsteht eine sinusförmige, veränderliche Wechselspannung als Umhüllende des Spannungsmittelwerts (Bild 3-29b).

Der Stellbereich der Umrichtersteuerungen beträgt 1 : 0,06 (0,04) und ist damit kleiner als der eines stromrichtergespeisten Gleichstrom-Nebenschlußmotors. In den meisten Anwendungsfällen ist dies jedoch ohne Bedeutung, s. hierzu [3.22] bis [3.25].

3.2.2 Verbrennungsmotoren

Verbrennungsmotoren wandeln die durch Verbrennung zugeführter flüssiger oder gasförmiger Kraftstoffe freigesetzte Wärmeenergie direkt in mechanische Energie um. Die Verbrennung findet periodisch in abgegrenzten Zylindern statt; die mechanische Energie der Verbrennungsgase wird auf in diesen Zylindern gleitende Kolben übertragen und von der Kurbelwelle in das Übertragungssystem des Antriebs eingeleitet. Das allgemein bekannte Grundprinzip ist im Bild 3-30 zu erkennen. In der Fördertechnik werden Verbrennungsmotoren dann als Energiewandler eingesetzt, wenn Aufgabe und Betriebsweise der Fördermaschine die Unabhängigkeit von der ständigen Energiezufuhr aus einem stationären Netz erfordern, d.h. bei einem größeren oder häufig wechselnden Arbeitsbereich. Hauptanwendungsgebiete sind die Fahrzeugkrane, Flurförderer und Bagger. Eine Auswahl aus der umfangreichen Fachliteratur stellen [3.26] bis [3.35] dar.

3.2.2.1 Hauptbauarten und Kraftstoffe

Die beiden Hauptbauarten, der Ottomotor (OM) und der Dieselmotor (DM), tragen die Namen ihrer Erfinder bzw. Konstrukteure; sie sind zeitlich nacheinander 1876 bzw. 1896 entstanden. Ihre grundlegenden Unterschiede liegen im Verdichtungsverhältnis (Bild 3-31), in der Art der Aufbereitung des zündfähigen Kraftstoff-Luft-Gemischs und in dessen Zündung.

Im klassischen *Ottomotor* erzeugt der Vergaser außerhalb des Motors ein Kraftstoff-Luft-Gemisch mit annähernd konstantem Luftverhältnis λ_v, dem Quotienten von zugeführter und theoretisch benötigter Luftmenge. Wie Bild 3-32 ausweist, kann dieses Verhältnis zwischen $\lambda_v \approx 0{,}9$ für die größte Leistung und $\lambda_v \approx 1{,}2$ für den geringsten spezifi-

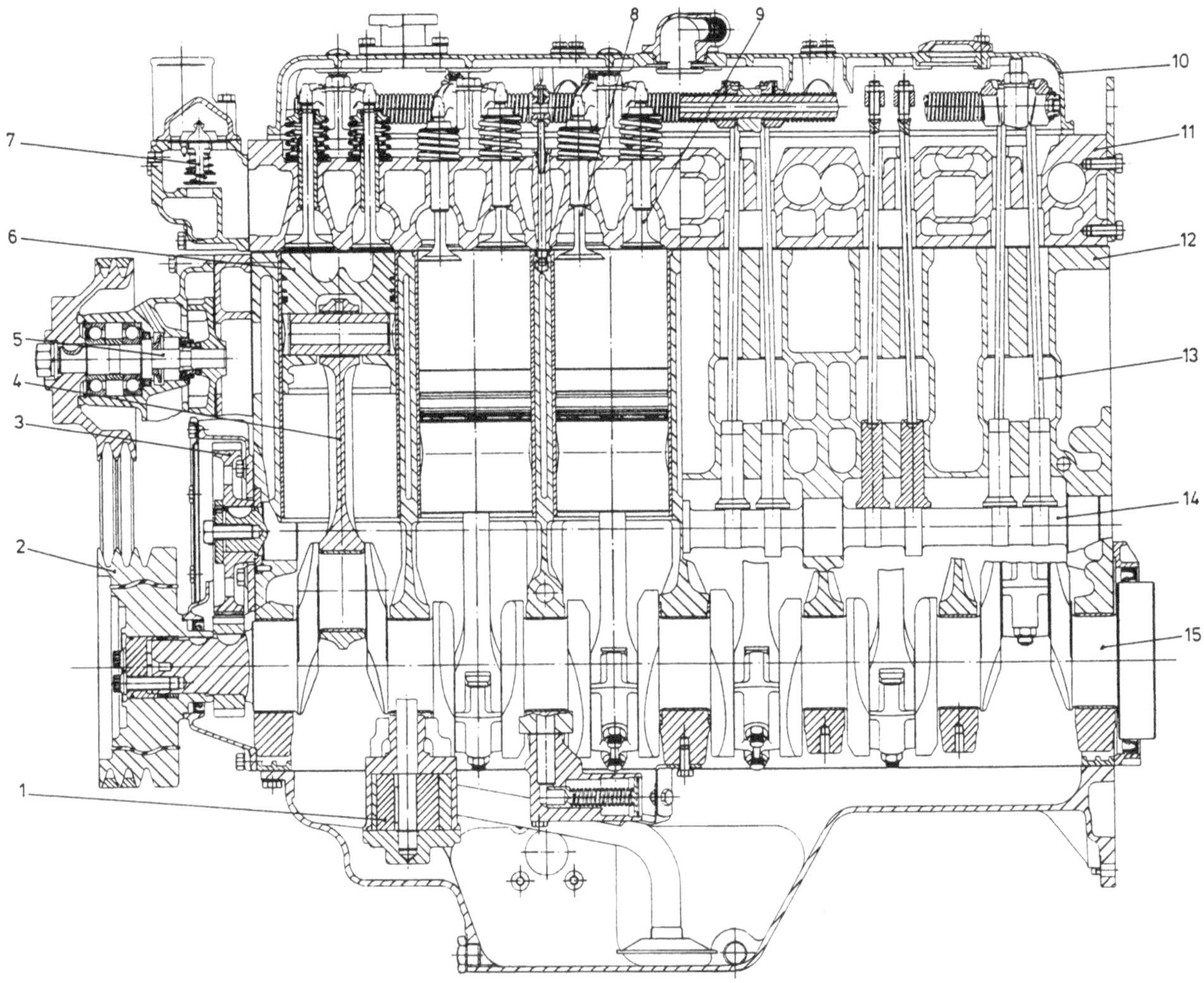

Bild 3-30 6-Zylinder-Dieselmotor, Typ 6.3544, Perkins-Motoren GmbH, Kleinostheim

Nennleistung P_{ne} = 79,5 kW; Nenndrehzahl n_{ne} = 2600 U/min

1 Ölpumpe
2 Keilriemenantrieb für Nebenaggregate
3 Nockenwellenantrieb
4 Pleuel
5 Kühlmittelpumpe
6 Kolben
7 Thermostat
8 Einlaßventil
9 Auslaßventil
10 Ventilhaube
11 Zylinderkopf
12 Motorgehäuse
13 Ventiltrieb
14 Nockenwelle
15 Kurbelwelle

schen Kraftstoffverbrauch gelegt werden. Die Motorleistung wird durch Füllungsregelung mit Hilfe einer Drosselklappe eingestellt. Der Motor braucht Fremdzündung in Form einer Hochspannungsentladung, d.h. einen zeitlich gesteuerten Zündfunken.

Verwendet werden niedrigsiedende Vergaserkraftstoffe (Tafel 3-2). Ihre Klopfneigung begrenzt das Verdichtungsverhältnis ε und damit den thermischen Wirkungsgrad η_{th}.

Der *Dieselmotor* arbeitet mit größerer Verdichtung und mit einer gesteuerten Kraftstoffeinspritzung in den Zylinder. Statt der äußeren hat er somit eine innere Gemischaufbereitung. Die Luftmenge bleibt dabei etwa konstant; die Leistung wird durch Qualitätsregelung über die eingespritzte Kraftstoffmenge verändert. Wegen der größeren Verdichtungswärme entzündet sich der Kraftstoff selbst. Das Luftverhältnis muß wegen der kurzen Einspritzzeit groß genug sein, um eine ausreichende Mischung zu gewährleisten. Im Gebiet großer Leistung beträgt $\lambda_v = 1{,}10 \ldots 1{,}15$, damit der Motor unterhalb der Rauchgrenze bleibt; im Leerlauf erreicht es $\lambda_v = 6 \ldots 10$.

Der Dieselkraftstoff hat einen beträchtlich höheren Siedebereich (Tafel 3-2); die wichtigste Eigenschaft ist wegen der Selbstzündung die Zündwilligkeit.

Unabhängig von der Bauart haben Verbrennungsmotoren den Nachteil, daß sie nicht von selbst anlaufen können. Sie

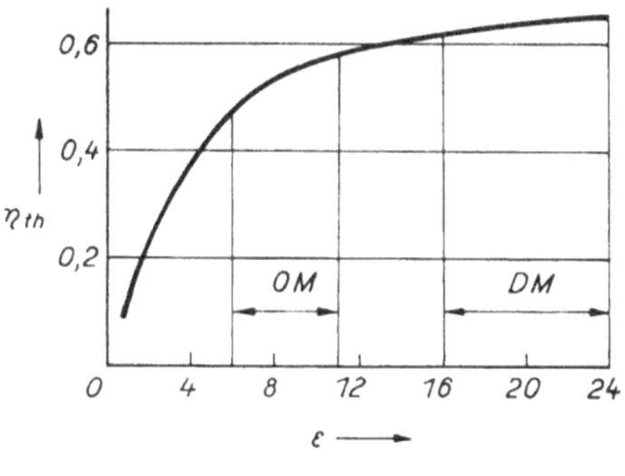

Bild 3-31 Zusammenhang von thermischem Wirkungsgrad η_{th} und Verdichtungsverhältnis ε bei Verbrennungsmotoren

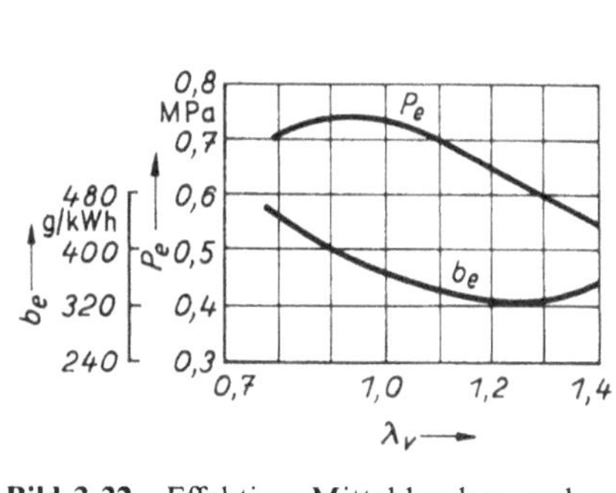

Bild 3-32 Effektiver Mitteldruck p_e und spezifischer Kraftstoffverbauch b_e von Ottomotoren [3.27]

Tafel 3-2 Kenngrößen von Verbrennungsmotoren für Fahrzeuge

Kenngröße	Einheit	Ottomotor	Dieselmotor
Motor			
Verdichtung		6 ... 11	(12) 16 ... 24
Drehzahl	U/min	3500 ... 8000	1200 ... 5000
Startdrehzahl	U/min	40 ... 80	(60) 100 ... 200
Effektiver Wirkungsgrad		0 18 ... 0,33	0,35 ... 0,45
Nennleistung	kW	0,75 ... 200	1 ... 3000
Spezifischer Kraftstoff-verbrauch	g/kWh	315 ... 550	210 ... 285
Abgastemperatur	°C	800	550
Masse-Leistungs-Verhältnis	kg/kW	1,3 ... 6,0	3,5 ... 11
Lebensdauer (Erwartungswert)	h	200 ... 5000	3000 ... 20000
Kraftstoff			
Siedebereich	°C	40 ... 200	170 ... 350
Dichte	g/cm³	0,72 ... 0,74	0,82 ... 0,84
Stockpunkt	°C	−30 ... −50	−10 ... −30
Oktanzahl (ROZ)		89 ... 98	
Cetanzahl (CaZ)			45 ... 60

brauchen einen meist elektrischen Anlasser, der sie auf die Startdrehzahl beschleunigt.
Nach der Anzahl der Kolbenhübe je Verbrennungszyklus trennt man Zweitakt- und Viertaktmotoren. Der Zweitaktmotor ist einfacher, leichter, billiger, aber auch lauter. Sein Brennstoffverbrauch liegt über dem eines vergleichbaren Viertaktmotors; sein Vorzugsgebiet schränkt sich auf schnellaufende kleine Ottomotoren und sehr langsam laufende große Dieselmotoren ein.
Das Gehäuse der Verbrennungsmotoren wird mit Luft oder Wasser gekühlt; beide Verfahren haben die gleiche Betriebssicherheit. Der Hauptvorzug der Wasserkühlung ist die bessere Lärmdämmung, der wesentliche Nachteil die Gefahr des Einfrierens bei Frost.
An die Schmierung der innerhalb des Motors bewegten Teile werden wegen der hohen Temperaturen besonders hohe Anforderungen gestellt. Das Schmieröl hat zudem die Aufgabe, abzudichten, Wärmeenergie abzuführen, saure Verbrennungsprodukte zu neutralisieren und Verbrennungsrückstände in fein verteilter Form aufzunehmen. Gefordert wird eine möglichst geringe Abhängigkeit der Viskosität von der Temperatur. Legierte Öle mit die Eignung verbessernden chemischen Zusätzen erfüllen die Anforderungen am besten, siehe z.B. [3.29].
Die flüssigen oder in Sonderfällen gasförmigen Kraftstoffe der Verbrennungsmotoren bestehen aus ring- und kettenförmigen Kohlenwasserstoffen, die aus Erdöl, in geringeren Mengen auch aus festen Brennstoffen gewonnen werden. Ihr unterer Heizwert beträgt rd. 42000 kJ/kg. Bei Dieselkraftstoffen muß im Winterbetrieb der Stockpunkt beachtet werden, unterhalb dessen das Fließvermögen verlorengeht oder feste Bestandteile (Paraffine) ausgeschieden werden. Im Winter sind deshalb Dieselkraftstoffe mit niedrigerem Stockpunkt zu verwenden; bei Vergaserkraftstoffen besteht diese Notwendigkeit zur Differenzierung nicht.
Das sog. Klopfen, eine schlagartige Verbrennung mit hoher mechanischer Beanspruchung der Zylinder und Kolben, kann in beiden Motorarten bzw. Kraftstoffen auf allerdings unterschiedliche Weise auftreten.
Wenn ein Ottomotor klopft, entzündet sich ein Gemischrest schlagartig am Ende der Verbrennung. Dies tritt, wenn der Kraftstoff nicht ausreichend klopffest ist, besonders bei hoher Belastung im unteren Drehzahlbereich auf. Der Maßstab für die Klopffestigkeit eines Kraftstoffs ist seine Oktanzahl (OZ), die in einem Prüfmotor nach bestimmten Regeln, z.B. der Researchmethode (ROZ), bestimmt wird. Vergleichskraftstoff ist Isooktan mit OZ = 100.
In einem klopfenden Dieselmotor führt ein zu großer Zündverzug zu einem schlagartigen Verbrennungsbeginn. Begünstigende Bedingungen sind hohe Drehzahlen und niedrige Belastungen. Das Maß für die Zündwilligkeit, die Cetanzahl (CaZ), wird ebenfalls im Prüfmotor ermittelt. Der Vergleichskraftstoff Cetan hat die Cetanzahl 100.
Um die Klopffestigkeit zu erhöhen, werden Vergaserkraftstoffen Bleiverbindungen, z.B. Bleitetraäthyl oder Bleitetramethyl, Dieselkraftstoffen Stickstoffverbindungen oder Peroxide beigefügt. Diese Zusätze sind giftig und belasten die Umwelt. In der Tendenz werden sie deshalb durch andere Beimengungen ersetzt.

3.2.2.2 Kenngrößen und Eigenschaften

Der schon erwähnte grundlegende Unterschied zwischen den beiden Motorarten liegt im Verdichtungsverhältnis ε, das den thermischen Wirkungsgrad des Kreisprozesses bestimmt. Im Bild 3-31 sind die genutzten Bereiche angegeben. Für den Ottomotor begrenzt die Klopfneigung das Verdichtungsverhältnis nach oben, der Wirkungsgrad nach unten, während beim Dieselmotor die mechanische und thermische Belastung die obere, die Sicherheit der Zündung die untere Grenze festlegen.
Der effektive Wirkungsgrad eines Verbrennungsmotors erfaßt alle thermischen und mechanischen Verluste während der Energieumwandlung; er beträgt

$$\eta_e = \frac{P_e}{\dot{B}_e H_u} = \eta_{th}\, \eta_g\, \eta_{me}\,; \tag{3.23}$$

P_e abgegebene Nutzleistung,
$\dot{B}_e$ Kraftstoffverbrauch je Zeiteinheit,
H_u unterer Heizwert des Kraftstoffs,
η_e effektiver Wirkungsgrad, Nutzwirkungsgrad,
η_{th} thermischer Wirkungsgrad des vollkommenen Motors,
η_g Gütegrad, der Abweichungen durch unvollkommene Verbrennung, Wärmeverluste usw. erfaßt,
η_{me} mechanischer Wirkungsgrad, der Verluste durch Reibung und Hilfseinrichtungen, z.B. Kraftstoff-, Kühlwasserpumpe, berücksichtigt.

Bild 3-33 zeigt den prinzipiellen Verlauf der maßgebenden Teilwirkungsgrade η_{th} und η_{me} in Abhängigkeit von der relativen Belastung P_e/P_{max}. Der thermische Wirkungsgrad des Dieselmotors liegt zwar grundsätzlich über dem des

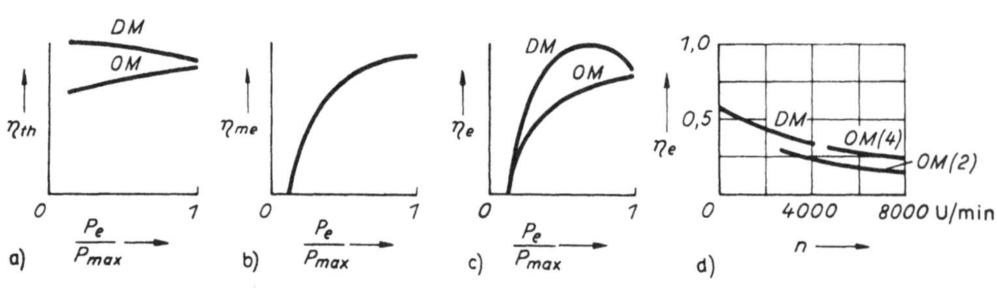

Bild 3-33
Wirkungsgrade von Verbrennungsmotoren
a) thermischer Wirkungsgrad
b) mechanischer Wirkungsgrad
c) effektiver Wirkungsgrad
d) Drehzahlabhängigkeit des effektiven Wirkungsgrades

Ottomotors; er fällt aber wegen des infolge der Qualitätsregelung mit steigender Belastung kleiner werdenden Luftverhältnisses ab. Beim Ottomotor nimmt er statt dessen zu, weil der Einfluß der Ladungswechselverluste zurückgeht. Die Überlagerung mit dem für beide Motorarten ähnlichen Verlauf des mechanischen Wirkungsgrads führt zu den charakteristischen Unterschieden im Verlauf des effektiven Wirkungsgrads η_e (Bild 3-33c). Der Ottomotor erreicht den höchsten Nutzwirkungsgrad, wenn er voll belastet ist, der Dieselmotor bei etwa 75 % von P_{max}. Dieses günstigere Verhalten im Gebiet der Teilbelastung ist ein Vorzug des Dieselmotors und begründet neben dem höheren thermischen Wirkungsgrad die gute Eignung dieses Motors für alle Arbeitsmaschinen.

Die Abhängigkeit des effektiven Wirkungsgrads η_e von der Drehzahl n (Bild 3-33d) unterstreicht im Bereich der schnelllaufenden Motoren den Vorteil des Viertaktmotors vor dem Zweitaktmotor, gleichzeitig aber auch den wirtschaftlicheren Betrieb der langsamer laufenden Dieselmotoren. Da bei gleicher Motorleistung die Masse eines Motors mit zunehmender Nenndrehzahl abnimmt, muß ein Kompromiß zwischen dem Masse-Leistungs-Verhältnis und dem Wirkungsgrad gefunden werden. Die in der Fördertechnik vorrangig verwendeten Fahrzeugmotoren haben deshalb höhere Drehzahlen als stationär eingesetzte Verbrennungsmotoren.

Die Drehzahl eines Ottomotors wird nach oben von der Durchlaßfähigkeit der Zuströmkanäle zu den Zylindern begrenzt. Ein Dieselmotor hat dagegen wegen der Fördercharakteristik der Einspritzpumpe ein labiles Drehzahlverhalten. Er geht durch, wenn er plötzlich entlastet wird, und kann beim Schalten stehenbleiben. Deshalb muß die untere und die obere Leerlaufdrehzahl geregelt werden. Die untere Leerlaufdrehzahl sichert einen gleichmäßigen Lauf des betriebwarmen Motors, die obere schränkt die dynamischen Beanspruchungen ein.

Die eigens für Fahrzeuge hergestellten Dieselmotoren haben einen großen Arbeitsbereich bezüglich Drehzahl und Drehmoment. Ihr Kraftstoffverbrauch soll deshalb auch im Gebiet der Teilbelastung niedrig bleiben. Wie Bild 3-34 nachweist, werden etwa je ein Drittel der im Kraftstoff zugeführten Energie Q_{zu} als Kühlwasserwärme Q_K und Abgaswärme Q_A abgeführt. Die für die beiden Motorarten angegebenen mittleren Prozentzahlen heben nochmals die bereits bei der Behandlung des Wirkungsgrads genannten Unterschiede hervor.

Der spezifische Kraftstoffverbrauch eines Verbrennungsmotors ist

$$b_e = \frac{\dot{B}_e}{P_e} = \frac{1}{H_u \, \eta_e}; \tag{3.24}$$

b_e spezifischer Kraftstoffverbrauch in kg/kW·s,
$\dot{B}_e$ Kraftstoffverbrauch je Zeiteinheit in kg/s,
P_e Nutzleistung in kW,
H_u unterer Heizwert des Kraftstoffs in kJ/kg.

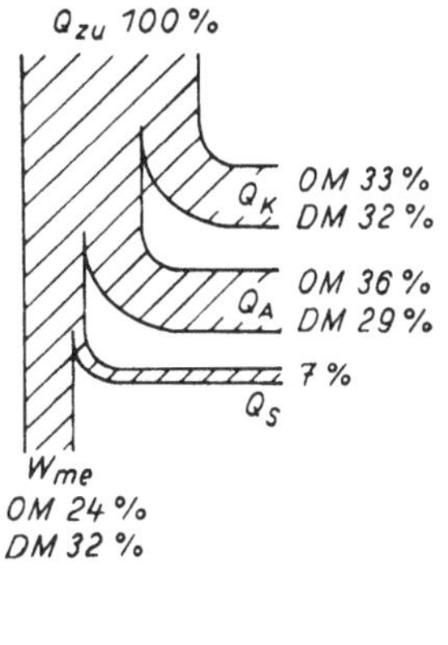

Bild 3-34 Energiefluß in Verbrennungsmotoren

Q_{zu} zugeführte Kraftstoffenergie
Q_K Wärmeenergie im Kühlwasser
Q_A Wärmeenergie im Abgas
Q_S abgeführte Strahlungsenergie
W_{me} abgegebene mechanische Energie

Statt der in Gl. (3.24) als Beispiel angegebenen kohärenten Einheiten verwendet man häufig die nachstehend genannten Maßeinheiten in der Zahlenwertgleichung

$$b_e = \frac{3{,}6 \cdot 10^6}{H_u \, \eta_e} \qquad \frac{b_e}{\text{g/kW}\cdot\text{h}} \left| \frac{H_u}{\text{kJ/kg}} \right. . \tag{3.25}$$

Für $\eta_e = 1$ ergibt sich mit $H_u = 42\,000$ kJ/kg ein unterer Grenzwert von $b_e = 85{,}6$ g/kW·h. Der tatsächliche, auf die abgegebene mechanische Arbeit bezogene Kraftstoffverbrauch ist eine wichtige Kenngröße für die Qualität eines Verbrennungsmotors, siehe Tafel 3-2. Die besten Werte liegen dort, wo der effektive Wirkungsgrad η_e seinen Maximalwert hat, d.h. bei voller Belastung eines Ottomotors und bei 75 %iger Belastung eines Dieselmotors.

Wegen der kleineren Drehzahlen, der infolge des höheren Luftverhältnisses größeren Zylinder und einer durch die höhere Verdichtung bedingten stärkeren Bauweise wird der Dieselmotor erheblich schwerer als ein vergleichbarer Ottomotor. Sein Masse-Leistungs-Verhältnis ist bis 2,5mal so groß. Dies muß durch die niedrigeren Kraftstoffkosten ausgeglichen werden und begründet das Einsatzgebiet des Dieselmotors: große Leistung und große jährliche Betriebsdauer. Erfahrungswerte ausgeführter Motoren enthält Tafel 3-2.

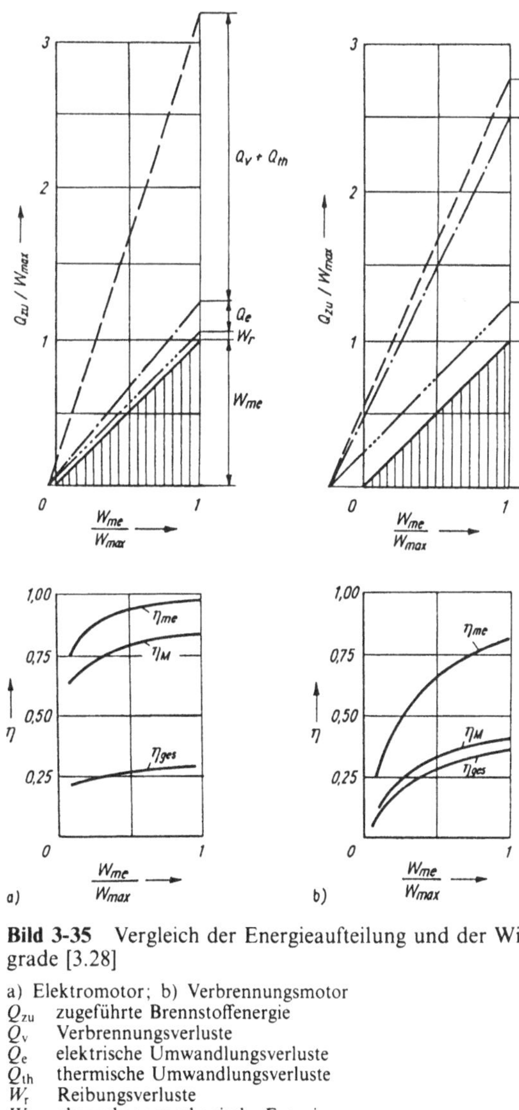

Bild 3-35 Vergleich der Energieaufteilung und der Wirkungsgrade [3.28]

a) Elektromotor; b) Verbrennungsmotor
Q_{zu} zugeführte Brennstoffenergie
Q_v Verbrennungsverluste
Q_e elektrische Umwandlungsverluste
Q_{th} thermische Umwandlungsverluste
W_r Reibungsverluste
W_{me} abgegebene mechanische Energie
η_{me} mechanischer Wirkungsgrad
η_M Wirkungsgrad des Motors
η_{ges} Gesamtwirkungsgrad der Energiewandlung

Wenn der Verbrennungsmotor mit dem Elektromotor verglichen wird, verweist man häufig auf den höherliegenden Wirkungsgrad des letztgenannten. Daß dies in dieser Form nicht gerechtfertigt ist, zeigt ein Vergleich der Gesamtwirkungsgrade der Energieumwandlung vom Brenn- bzw. Kraftstoff bis zur abgegebenen mechanischen Energie des Motors (Bild 3-35). Die Hauptnachteile des Verbrennungsmotors liegen somit nicht im Gesamtwirkungsgrad, sondern in den höheren Anforderungen an die Qualität der Kraftstoffe und im größeren technischen Aufwand für den dezentral durchzuführenden Kreisprozeß. Außerdem kann wirtschaftlich bedeutsam sein, daß ein Teil der thermischen Umwandlungsverluste des Kraftwerkprozesses als Abwärme zu nutzen ist. Dies betont die im Abschnitt 3.2.1 erläuterte Vorzugsstellung des elektrischen Antriebs auch in energiewirtschaftlicher Hinsicht.

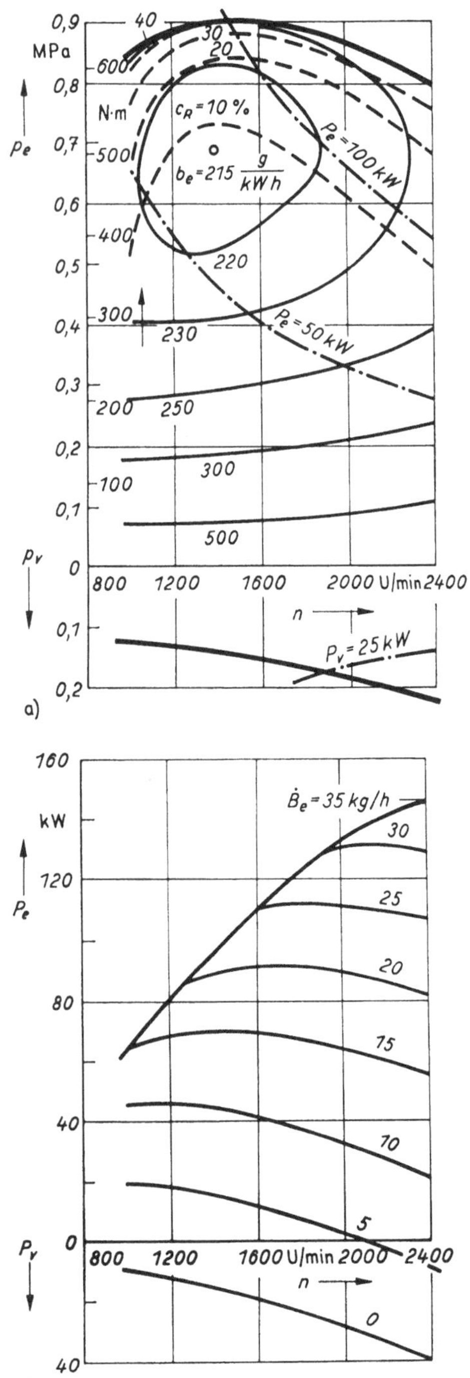

Bild 3-36 Motorkennfeld eines Dieselmotors [3.28]

a) Kennfeld für Mitteldruck und Drehmoment; b) Leistungskennfeld (p_e effektiver Mitteldruck; P_e, P_v abgegebene bzw. aufgenommene Leistung; b_e spezifischer Kraftstoffverbrauch; c_R Rauchgrenze)

3.2.2.3 Kennlinien und Regelung

Im Motorkennfeld, auch Betriebskennfeld des Motors genannt, wird üblicherweise der Verlauf des effektiven Mitteldrucks p_e oder des abgegebenen Drehmoments M über der Drehzahl n dargestellt (Bild 3-36a). Beide Größen sind durch die Gleichung

$$M = \frac{p_e V_h}{z\pi};$$

V_h Hubvolumen des Zylinders,
z Taktzahl

miteinander verbunden. Das Kennfeld wird in einer Koordinatenrichtung durch die untere und obere Leerlaufdrehzahl, in der anderen vom maximal treibenden Drehmoment und vom Schleppmoment, dem Drehmoment im Bremsbetrieb, begrenzt. Durch Einbau einer Absperrklappe in die Abgasleitung, die sog. Motorbremse, kann dieses Bremsmoment vergrößert werden, wobei die von der Festigkeit gezogenen Schranken zu beachten sind. Die Bremswirkung des Verbrennungsmotors spielt eine große Rolle, wenn z.B. in Hubwerken Lasten zu senken oder im Stillstand zu halten sind.

Innerhalb des Kennfelds ist jeder Betriebspunkt als Zuordnung von Drehmoment und Drehzahl stellbar. Die Linien konstanter Leistung P_e bilden eine Hyperbelschar, die des konstanten spezifischen Kraftstoffverbrauchs b_e liegen konzentrisch um den Punkt des Verbrauchsminimums. Das Kennfeld eines Ottomotors unterscheidet sich von dem des Dieselmotors darin, daß das Minimum des Kraftstoffverbrauchs bei voller Belastung liegt und die Kennlinien infolge der mit größer werdender Drehzahl anwachsenden Massenkräfte stärker gekrümmt sind.

Eine andere Darstellungsform, das Leistungskennfeld (Bild 3-36b), ergänzt die Aussagen. Die Kurven konstanten Kraftstoffverbrauchs $\dot{B}_e$ haben besonders im Bereich kleiner Leistungen einen mit der Drehzahl stark fallenden Verlauf. Es ist daher günstig, kleine Leistungen stets mit niedrigen Drehzahlen zu koppeln. Wie Bild 3-37 angibt, können bis 50 % an Kraftstoff gespart werden, wenn die Drehzahl nicht konstant gehalten, sondern auf den jeweils verbrauchsgünstigsten Wert gestellt wird.

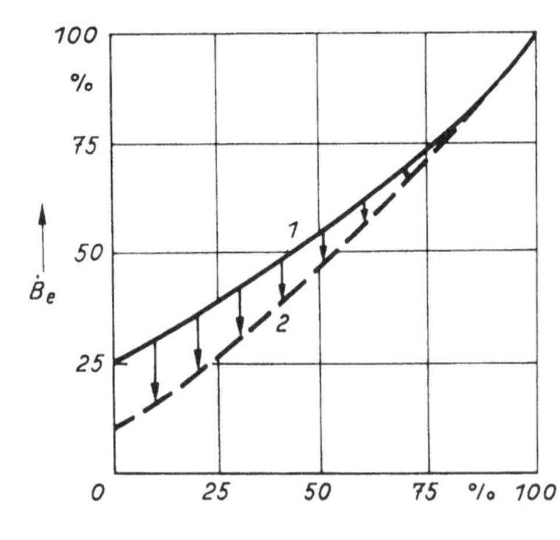

Bild 3-37 Kraftstoffeinsparung bei optimaler Drehzahlstellung am Beispiel eines Dieselmotors [3.28]

1 n = konst.
2 $n = n_{opt}$

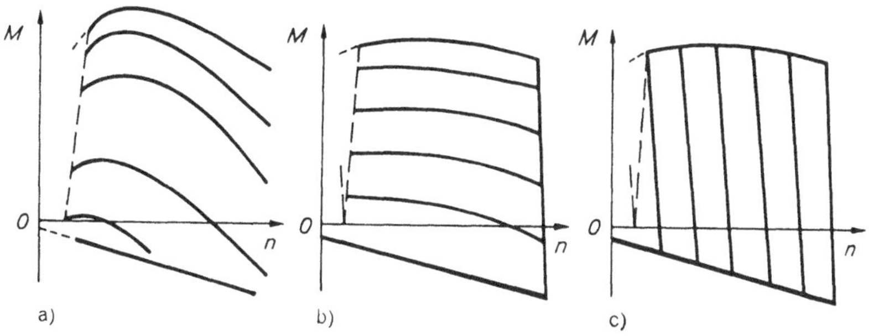

Bild 3-38
Motorkennfeld mit Linien konstanter Stellhebelstellung [3.28]

a) Ottomotor mit Drosselklappenstellung
b) Dieselmotor mit Stellung der Kraftstoffmenge
c) Dieselmotor mit Drehzahlstellung

Die Stelleinrichtung bzw. der Regler eines Verbrennungsmotors soll die Energiezufuhr so stellen bzw. regeln, daß bei der gewünschten Drehzahl das benötigte Drehmoment zur Verfügung steht. Im Ottomotor stellt die Drosselklappe den Gemischdurchsatz und damit die Füllmenge der Zylinder; Bild 3-38a zeigt die Kennlinie für konstante Stellung der Drosselklappe. Für den Dieselmotor gibt es zwei Grundarten der Regelung: den Zweipunktregler und den Verstellregler.

Der Zweipunktregler, meist ein Fliehkraftregler, hält lediglich die untere Leerlaufdrehzahl konstant und begrenzt die Maximaldrehzahl. Im dazwischenliegenden Betriebsbereich wird die Kraftstoffmenge und damit die Energiezufuhr zum Motor durch den Bedienenden über ein Fußpedal oder einen Stellhebel verändert. Das Drehmoment schwankt bei konstanter Fördermenge nur wenig mit der Drehzahl (Bild 3-38b). Im Gegensatz dazu regelt der Verstellregler die Drehzahl unabhängig von der Belastung auf einen eingestellten gleichbleibenden Wert (Bild 3-38c). Dies ist beispielsweise immer dann erforderlich, wenn der Verbrennungsmotor einen elektrischen Generator treibt, dessen Umlauffrequenz nur innerhalb festgelegter Schranken, z.B. ± 1 Hz, schwanken darf. Über technische Einzelheiten der Regelung an Verbrennungsmotoren informiert die zu Beginn von Abschnitt 3.2.2 aufgeführte Fachliteratur.

3.2.2.4 Erregung von Drehmomentschwingungen

Verbrennungsmotoren erzeugen wegen ihres Aufbaus aus Schubkurbeltrieben beträchtliche Drehschwingungen, die nicht nur die Belastungen des Motors selbst vergrößern, sondern auch die nachfolgenden Elemente des Triebwerks zu Schwingungen anregen können. Diese Drehschwingungen sind ausführlich in der Literatur behandelt, siehe [2.237] [3.36] bis [3.38]. Hier genügt ein kurzer Überblick, um das zur Abschätzung des Einflusses Notwendige zu erfahren.

Der Kolben eines Zylinders leitet periodisch veränderliche Drehmomente in die Kurbelwelle ein. Ursache sind die Gaskräfte während der Kolbenhübe sowie die Massenkräfte aus den wechselnden Beschleunigungen der translatorisch bewegten Teile des Kurbeltriebs (Bild 3-39). Unterwirft man diesen periodischen Drehmomentverlauf einer Fourier-

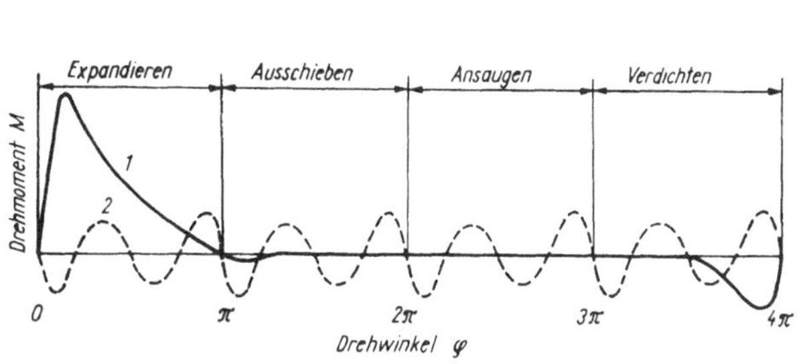

Bild 3-39 Drehmomentverlauf während des Arbeitsspiels eines Viertaktzylinders

1 aus Gaskräften
2 aus Massenkräften

Analyse, ergeben sich harmonische Erregermomente x-ter Ordnung. Wegen des Bezugs auf die Winkelgeschwindigkeit bzw. Drehzahl entstehen dabei auch gebrochene Ordnungen, wenn z.B. beim Viertaktmotor eine Periode von 4π auftritt. Es gilt für die Ordnungen der harmonischen Erregermomente eines Zylinders mit z_T Kolbenhüben (Takten) je Periode

$$x = \frac{2k}{z_T} \qquad (k = 1, 2, 3, \ldots).$$

Damit lassen sich die Erregerkreisfrequenzen Ω_x der Harmonischen bei der Winkelgeschwindigkeit ω_0 bzw. der Drehzahl n des Motors angeben:

$$\Omega_x = x\omega_0 = x\,\frac{\pi n}{30} \qquad \frac{\Omega,\ \omega}{\mathrm{s}^{-1}} \,\Big|\, \frac{n}{\mathrm{U/min}}. \tag{3.26}$$

Sie sind für ausgewählte Ordnungen x im Bild 3-40 dargestellt.

Die Amplituden der von den anteiligen Massenkräften verursachten Drehschwingungen nehmen mit zunehmender Ordnungszahl steil ab; von $x = 4$ an überwiegen die Amplituden aus den Gaskräften.

In einem Mehrzylindermotor setzen sich die harmonischen Erregermomente aus denen von z Zylindern zusammen. Wenn gleiche Zylinder um den jeweils gleichen Zündwinkel δ versetzt angeordnet sind, lassen sich Phasendiagramme als Richtungssterne der Harmonischen für jede Ordnung x unter Berücksichtigung der Zylinderzahl z und der Zündfolge zeichnen. Bild 3-41 zeigt dies am Beispiel des häufig verwendeten 6-Zylinder-Viertaktmotors. Die Sternbilder sind jeweils verschieden bis zur Ordnung

$$x = \frac{z}{z_T} \quad (z \text{ gerade}) \quad \text{bzw.} \quad x = \frac{z-1}{z_T} \quad (z \text{ ungerade}),$$

dann folgen mit steigender Ordnungszahl Spiegelbilder (im Bild 3-41 gestrichelt gezeichnet) bis zur Ordnung

$$x = \frac{2(z-1)}{z_T},$$

und anschließend wiederholt sich der gesamte Verlauf. Die Ordnung $x_0 = 0$ bezeichnet die Harmonische 0. Ordnung und damit das mittlere Drehmoment, das keinen Einfluß auf die Schwingungserregung hat.

Das Erregermoment des i-ten Zylinders in der x-ten Ordnung beträgt allgemein

$$M_{xi} = \hat{M}_x \sin \alpha_{xi};$$

$\hat{M}_x$ Amplitude der Harmonischen x-ter Ordnung,
α_{xi} Phasenverschiebungswinkel zwischen Erregung und Bewegung des i-ten Zylinders in der x-ten Ordnung.

Der Winkel α_{xi} setzt sich aus der Phasenverschiebung der Schwingung und dem durch die Konstruktion bedingten Winkel $\psi_x = x\delta$, den die Erregermomente x-ter Ordnung

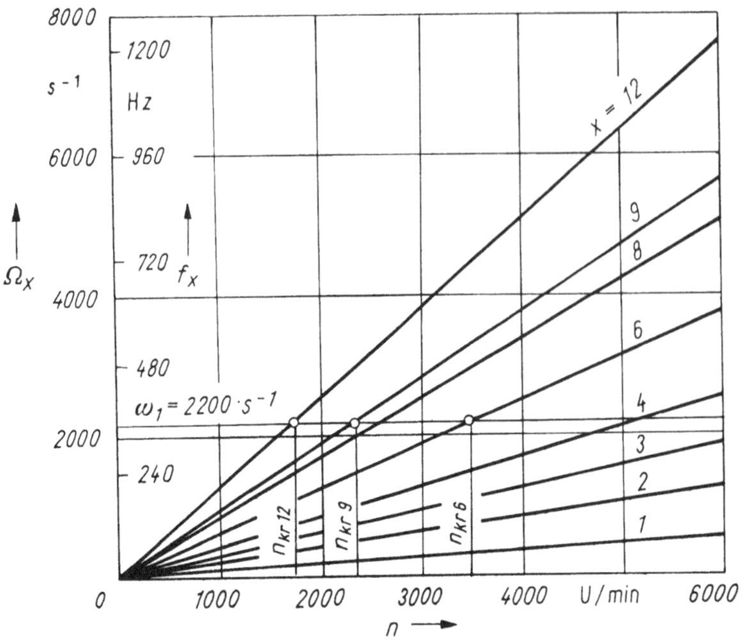

Bild 3-40
Erregerkreisfrequenzen und Erregerfrequenzen

Anzahl der Zylinder	Zündfolge	Zündwinkel δ	Richtungen der erregenden Harmonischen ($\psi_x = x\delta$ Phasenverschiebungswinkel)					
			$x = 0/3/6$	$x = 0{,}5/3{,}5/6{,}5$	$x = 1/4/7$	$x = 1{,}5/4{,}5/7{,}5$	$x = 2/5/8$	$x = 2{,}5/5{,}5/8{,}5$
6	1-3-5-6-4-2	$\frac{2\pi}{3}$	1...6; $\psi_0 = 0$	$\psi_{0,5} = \pi/3$	$\psi_1 = 2\pi/3$	1,5,4; 3,6,2; $\psi_{1,5} = \pi$	$\psi_2 = 4\pi/3$	$\psi_{2,5} = 5\pi/3$

Bild 3-41 Phasendiagramme (Richtungssterne) der Harmonischen der Drehmomente eines 6-Zylinder-Viertaktmotors

von zwei in der Zündfolge aufeinanderfolgenden Zylindern bilden, zusammen. Die Phasenverschiebung der erzwungenen Schwingung könnte nur durch eine ausführliche Schwingungsrechnung bestimmt werden. Man begnügt sich deshalb mit dem Resonanzfall, bei dem die Schwingform der erzwungenen Schwingung nur unbedeutend von der der freien Schwingung abweicht und alle Phasenverschiebungswinkel α_{xi} gleichgesetzt werden können. Als Kenngröße der Erregung des gesamten Motors in der x-ten Ordnung wird das Ersatzerregermoment M_{rx}, die Summe der Komponenten der phasenverschobenen Erregermomente gleicher Ordnung, definiert:

$$M_{rx} = \hat{M}_x \sum_{i=1}^{z} v_{ij} \sin \alpha_{xi}\,; \tag{3.27}$$

v_{ij} relativer Schwingungsausschlag des i-ten Zylinders bei der j-ten Eigenschwingform.

Im Bild 3-42 sind die ersten drei Eigenschwingformen eines 6-Zylinder-Motors abgebildet. Da die Kreisfrequenz ω_1 der ersten Eigenschwingung eines Verbrennungsmotors bereits verhältnismäßig hoch liegt, begnügt man sich mit dieser ersten Eigenschwingform. Den Ausdruck

$$M_{rx}^{*} = \sum_{i=1}^{z} v_{i1} \sin \alpha_{xi}\,, \tag{3.28}$$

d.h. die Summe der Komponenten der relativen Schwingungsausschläge, bezeichnet man als spezifisches Ersatzerregermoment.

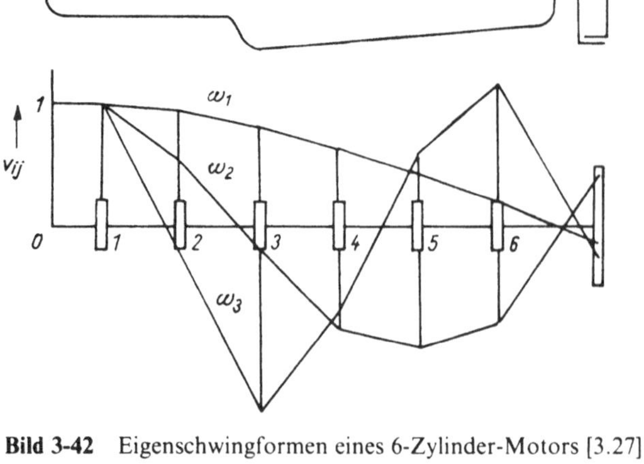

Bild 3-42 Eigenschwingformen eines 6-Zylinder-Motors [3.27]

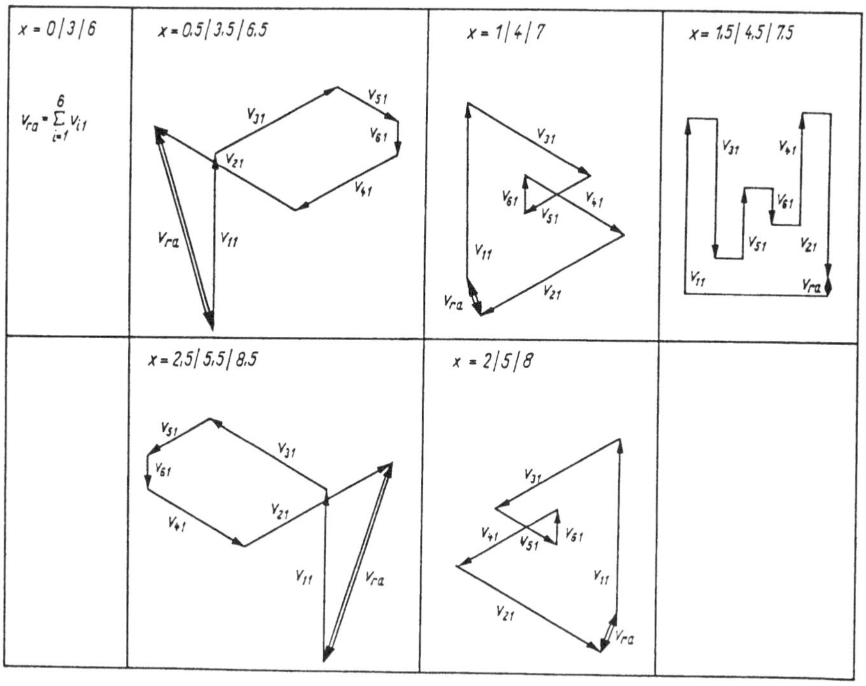

Bild 3-43
Spezifische Ersatzerregermomente des 6-Zylinder-Motors im Bild 3.42

Um M^*_{rx} zu bestimmen, sind die Vektoren der Harmonischen der i Zylinder mit den zugehörigen relativen Ausschlägen v_{i1} zu multiplizieren und geometrisch zu addieren. Günstig ist dabei die zeichnerische Lösung, bei der die Kenntnis der Absolutwerte der Phasenverschiebungswinkel α_{xi} nicht notwendig ist. Am Beispiel eines 6-Zylinder-Motors mit der im Bild 3-41 bezeichneten Zündfolge gibt Bild 3-43 die Vektordiagramme für die erregenden Drehmomente der einzelnen Zylinder an. Die v_{i1} sind Bild 3-42 zu entnehmen.

Das spezifische Errgermoment $M^*_{rx} = v_{ra}$ hat seinen Größtwert, wenn die Richtungen der Erregermomente aller z Zylinder übereinstimmen. Man bezeichnet die zugehörigen Harmonischen als Hauptharmonische. Sie treten bei den Ordnungen

$$x_H = k\,\frac{2z}{z_T} \qquad (k = 1, 2, 3, \ldots)$$

auf und haben unter den kritischen Harmonischen, d.h. unter allen x Ordnungen, bei denen ein Ersatzerregermoment entsteht, eine herausragende Bedeutung.

Sternmotoren weisen, mit Ausnahme der zweiten Harmonischen, nur Hauptharmonische auf. In einem Reihenmotor sind dagegen auch die anderen Harmonischen, die sog. Nebenkritischen, zu beachten. Handelt es sich um Mehrreihenmotoren, z.B. um einen V-Motor, müssen die Ersatzerregermomente der einzelnen Reihen berechnet und anschließend geometrisch überlagert werden.

Für die Berechnung des Schwingungsverhaltens eines Verbrennungsmotors liegen heute Rechenprogramme vor [3.39]; sie ist zudem nur selten Angelegenheit des Anwenders dieser Motoren. Wichtig ist aber die Erkenntnis, daß der mit unterschiedlichen Drehzahlen laufende Verbrennungsmotor stets auch in einem Resonanzbereich arbeiten bzw. derartige Bereiche zu überfahren haben kann. Außerdem ist der Einfluß der schwingenden Drehmomente auf die nachfolgenden Triebwerkteile zu beachten und ggf. abzuschätzen. Häufig wird es ausreichen, die Erregerfrequenzen der verschiedenen Ordnungen mit den Eigenfrequenzen des Antriebssystems zu vergleichen. Im Bild 3-40 ist als Beispiel die erste Eigenfrequenz $\omega_1 = 2200\,\mathrm{s}^{-1}$ eines 6-Zylinder-Motors eingetragen. Es ergeben sich Resonanzen im Motor besonders bei den Hauptharmonischen 6., 9. und 12. Ordnung. Im Antrieb werden auch andere kritische Frequenzen zu bedenken sein.

Es ist Aufgabe der einem Verbrennungsmotor nachgeschalteten elastischen Kupplung, das Schwingungssystem tief abzustimmen und die Drehschwingungen zu dämpfen. Für das in Gl. (2.240), siehe Abschnitt 2.6.1.4.1, einzusetzende dynamische Drehmoment M_i gibt [2.239] die in Tafel 3-3 aufgeführten, auf das Nennmoment M_{ne} bezogenen Anhaltswerte an.

Tafel 3-3 Anhaltswerte für die auf das Nennmoment M_{ne} bezogenen Amplituden M_i der Drehmomentschwingungen von Verbrennungsmotoren (Auszug aus [2.239])

Zylinderanzahl	Viertaktmotor Ordnung	M_i/M_{ne}	Zweitaktmotor Ordnung	M_i/M_{ne}
1	0,5	3,3	1	3,8
	1	3,3	2	3,3
	1,5	2,9	3	2,3
	2	2,9	4	1,5
	2,5	2,4		
	3	2,0		
	3,5	1,6		
2	0,5	2,3	2	3,3
	1	0	4	1,5
	1,5	2,0	6	0,67
	2	2,9		
	2,5	1,7		
	3	0		
	3,5	1,1		
3	1,5	2,9	3	2,3
	3	2,0	6	0,67
	4,5	1,1		
4	2	2,9	4	1,5
	4	1,3	8	0,33
	6	0,6		
6	3	2,0	6	0,67
	6	0,6		
8	4	1,3	6	0,33
	8	0,3		

3.2.2.5 Auswahl und Anpassung

Ein Verbrennungsmotor für eine Fördermaschine wird aus dem vielseitigen Sortiment verfügbarer Fahrzeugmotoren nach Bauform, Kühlungsart und Nennleistung ausgewählt. Wenn an der Einsatzstelle mehrere Maschinen zusammenarbeiten, kann dabei eine Vereinheitlichung angestrebt werden, um den Wartungsaufwand zu verringern.

In der Größenordnung bis etwa 250 kW stehen Reihen- und V-Motoren mit überwiegend vier bis zwölf Zylindern und Kühlung durch Luft oder Wasser zur Verfügung. Wie bereits erwähnt, bevorzugt man wegen der geringeren Lärmentwicklung heute wassergekühlte Motoren.

Die benötigte Nennleistung wird aus den Antriebsleistungen der zu treibenden Energieverbraucher berechnet. Dabei müssen Entscheidungen über die zu überlagernden Bewegungen der Fördermaschine getroffen und die Übertragungsverluste zwischen Motor und Antrieb berücksichtigt werden. Grundsatz sollte stets sein, den Verbrennungsmotor ausreichend auszulegen, damit er nicht häufig bzw. sogar ständig überlastet wird, andererseits aber eine Überdimensionierung zu vermeiden, weil der Motor bei Teilbelastung mit einem niedrigeren Wirkungsgrad und damit höheren Kraftstoffverbrauch arbeitet.

Überwiegend sind die Fahrzeugmotoren an das Klima der gemäßigten Zonen angepaßt. Die angegebene Nennleistung gilt für einen festgelegten Bezugszustand der Verbrennungsluft, z.B. für den Luftdruck 100 kPa und die Lufttemperatur 25 °C. Wenn der Zustand der Luft an der Einsatzstelle stärker vom Bezugspunkt abweicht, muß die Nennleistung korrigiert werden, weil die Luftdichte mit sinkendem Druck und wachsender Temperatur abnimmt. Sie verändert sich dann auf

$$P_e = \frac{P_{e0}}{K} \tag{3.29}$$

Ottomotor $K_{OM} = \frac{p_0}{p}\left(\frac{T}{T_0}\right)^{0,5}$

Dieselmotor $K_{DM} = \left(\frac{p_0}{p}\right)^{0,65}\left(\frac{T}{T_0}\right)^{0,5}$;

P_e Nennleistung des Verbrennungsmotors,
p Luftdruck,
T absolute Temperatur,
Index 0 Bezugszustand.

Bei großen stationären Motoren werden auch Unterschiede in der Luftfeuchte erfaßt; denn feuchte Luft enthält weniger Sauerstoff als trockene.

Nach der Festlegung der Motorgröße ist die Regelung auszuwählen oder zu entwickeln. Über die notwendigen Einrichtungen für einen automatischen Betrieb informiert u.a. [3.29]. Außerdem sind die Zusatzeinrichtungen, d.h. Filter, Abgasanlage, Kühlwasserkreislauf o.ä., zu bestimmen.

Große Bedeutung für Fördermaschinen hat die u.U. geforderte Anpassung an den Winterbetrieb. Dies macht vor allem beim Dieselmotor besondere Vorkehrungen erforderlich. Als Kaltstarteinrichtung werden verschiedene Maßnahmen angeboten: Vorwärmen der Verbrennungsluft mit Hilfe einer Flamm-Glühkerze, Einspritzen eines Sonderkraftstoffs während des Anlassens, zusätzliche Starterbatterien, elektrisches Beheizen der Ölwanne, Vorwärmen des Kühlwassers usw. Unterhalb −20 °C ist meist ein Vorwärmen des gesamten Motors einschließlich der Batterie oder der Einsatz einer von der Außentemperatur unabhängigen Starteinrichtung erforderlich.

Die Lagerung des Verbrennungsmotors muß dessen Schwingungsverhalten berücksichtigen, siehe Abschnitt 3.2.2.4. Langsamlaufende Dieselmotoren können überkritisch, d.h. hoch abgestimmt, auf sehr steifen Fundamenten gelagert werden. Für die schnellaufenden Fahrzeugmotoren, die in der Fördertechnik verwendet werden, kommt nur eine unterkritische, d.h. tief abgestimmte Lagerung in Frage, bei der die Eigenfrequenz des Gesamtsystems deutlich unterhalb der niedrigsten Erregerfrequenz liegen soll.

In fast allen Fällen wählt man eine elastische Lagerung auf Gummifedern, deren Federkörper geneigt sind (Bild 3-44). Durch die Neigung werden die Hauptachsen des schwingenden Körpers über die Pufferebene angehoben und zugleich die Drehfedersteifen um die beiden horizontalen und die vertikale Achse aneinander angeglichen [3.40]. Für die Federsteife des geneigten Federelements gilt:

vertikal $c_v = c_d \cos^2\alpha + c_s \sin^2\alpha$

horizontal $c_h = c_d \sin^2\alpha + c_s \cos^2\alpha$; (3.30)

c_d Federsteife bei reiner Druckbeanspruchung,
c_s Federsteife bei reiner Schubbeanspruchung.

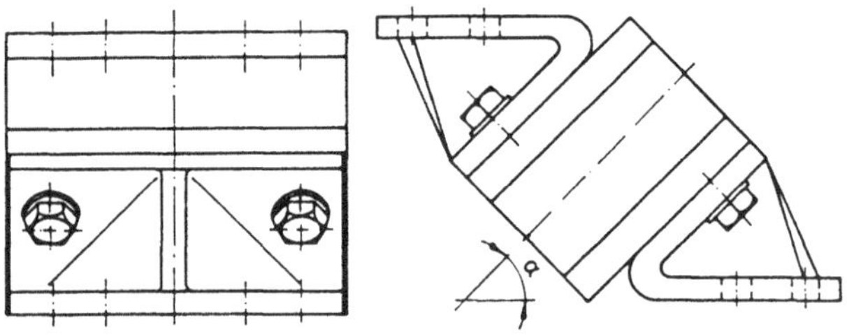

Bild 3-44 Gummifederelement für Motorlagerung

Wenn ein Verbrennungsmotor ohne Zwischenschaltung von Federelementen direkt auf einem Stahlrahmen gelagert wird, können die Eigen- und Erregerfrequenzen innerhalb der Betriebsdrehzahlen des Motors zusammenfallen. Auch bei elastischer Lagerung sind Resonanzen häufig nicht auszuschließen. Dies betrifft besonders das Schwingungsverhalten im Leerlauf. Günstig sind deshalb Gummifedern, deren Federsteife nachzustellen ist. Treibt ein Verbrennungsmotor einen Generator, sind beide Maschinen auf einem gemeinsamen Rahmen zu lagern, der elastisch gestützt wird.

3.2.2.6 Umweltbelastungen

Eine wichtige Rolle bei der Anpassung des Verbrennungsmotors an die Betriebsbedingungen spielt die Umweltbeeinflussung. Der Motor verbraucht je Kilogramm Kraftstoff etwa 11,4 m³ Luft unter Normalbedingungen. Außerdem emittiert er Wärme, Schall und Abgase. Dies ist zu beachten und nötigenfalls durch gezielte Maßnahmen zu beeinflussen.

Als Wärmeenergie wird, wie Bild 3-34 ausweist, das 1,5- bis 2fache der erzeugten mechanischen Energie abgegeben. Die Schallemission kann im Nahfeld des Motors Werte von 120 dBA erreichen, wobei der größte Ungleichförmigkeitsgrad im Leerlauf auftritt. Nach [3.29] beträgt der Schallleistungspegel eines Dieselmotors

$$G_{DM} = 30 \lg n + 13 \lg P - 9; \tag{3.31}$$

G_{DM} Schalleistungspegel des Motors in dB,
n Drehzahl in U/min,
P Leistung in kW.

Die Abgase der Verbrennungsmotoren, besonders der Ottomotoren, enthalten neben Resten der Verbrennungsluft (N_2, O_2) und vollkommen verbrannten Verbrennungsprodukten (CO_2, H_2O) auch giftige Schadstoffe (SO_2, CO, CH_x, NO_x), die eine erhebliche Gefahr für die Umgebung bilden. Deshalb gelten in vielen Ländern sehr niedrige zulässige Grenzwerte für diese Abgaskomponenten. Sie lassen

sich i.allg. nur durch Nachschalten eines Katalysators einhalten, in dem diese Schadstoffe katalytisch nachverbrannt werden.
Weil Bleiverbindungen im Kraftstoff diesen Katalysator unwirksam machen würden, müssen diese Zusätze zur Erhöhung der Oktanzahl durch andere Stoffe ersetzt werden. Mit Katalysatoren ausgerüstete Ottomotoren erhalten zudem statt der Gemischaufbereitung im Vergasser immer häufiger eine elektronisch gesteuerte Kraftstoffeinspritzung. Dies vermindert den spezifischen Kraftstoffverbrauch und die Schadstoffmenge im Abgas.
Bei Dieselmotoren gefährden besonders die Rußausscheidungen die Umgebung. Ihre Ursache ist die Verbrennung unter Luftmangel, die meist durch das Einspritzen einer zu großen Kraftstoffmenge entsteht. An die Rußpartikel können krebserregende Benzpyrene angelagert sein. Die Meßgröße Rauchdichte ist als prozentualer Lichtverlust beim Durchleuchten des Abgases definiert. An der Rauchgrenze entspricht die Rauchdichte dem zulässigen Wert. Im Kennlinienfeld (Bild 3-36) geben die Kurven c_R = konst. den effektiven Mitteldruck p_e bzw. das Drehmoment M an, bei dem die Rauchgrenze gerade erreicht wird. Die nationalen Vorschriften schreiben Grenzwerte der Rauchdichte für die verschiedenen Betriebszustände von Dieselmotoren vor.
Das Problem der Abgasemission hat stets dann erheblichen Einfluß auf die Einsatzmöglichkeiten und -bedingungen, wenn die Fördermaschine, z.B. Flurförderer, in geschlossenen Räumen arbeiten soll.

3.2.3 Hydraulische Maschinen

Hydrostatische Antriebe übertragen die Energie durch eine unter Druck stehende Flüssigkeit von der Pumpe zum Motor. Im Bild 3-2c ist das Grundprinzip zu erkennen: Ein Antriebsmotor treibt den Druckstromerzeuger (Pumpe); der Druckstrom wird über Rohrleitungen zum Druckstromverbraucher (Motor) geleitet und von diesem wieder in mechanische Energie umgewandelt. Bei einer Umkehr der Richtung des Energieflusses vertauschen Pumpe und Motor ihre Funktionen.
Hydraulische Systeme können große Kräfte und Leistungen mit verhältnismäßig kleinen Baugruppen erzeugen bzw. übertragen, weil die Betriebsdrücke und damit die Energiedichte hoch sind. Bevorzugte Nenndrücke beim Einsatz in Fördermaschinen sind 16, (20), (25) und 32 MPa. Der maximale Betriebsdruck kann, je nach Bauform der Maschinen, kurzzeitig um 10 ... 25 % darüber liegen. Außer dem Vorzug kleiner Bauvolumina und Eigenmassen liegen weitere in der Feinfühligkeit des Stellens und Regelns und im einfach zu verwirklichenden Schutz gegen Überlastung. Hervorzuheben ist auch die Freizügigkeit in der Anordnung der Baugruppen. Die beiden wesentlichsten Nachteile hydrostatischer Antriebe, ihr relativ niedriger Gesamtwirkungsgrad und die nicht auszuschließende Gefahr des Austretens von brennbarem Hydrauliköl, behindern die weitere Verbreitung wegen des hohen, inzwischen erreichten technischen Stands immer weniger.
Die große Vielfalt der Baugruppen und Schaltungen, die zahlreichen bei Entwicklung und Konstruktion zu beachtenden Besonderheiten und Regeln haben die Hydraulik schnell zu einem eigenständigen Fachgebiet gemacht, das über eine stark anschwellende Fachliteratur verfügt. Einführung und ersten Überblick verschaffen z.B. [3.41] bis [3.49]. In den folgenden Buchabschnitt werden nur wenige elementare Aussagen zu den in der Fördertechnik in erster Linie verwendeten hydraulischen Maschinen und Grundschaltungen aufgenommen.

3.2.3.1 Pumpen und Motoren

Hydraulische Maschinen arbeiten nach dem Verdrängerprinzip. Ihre Verdrängerelemente vergrößern und verkleinern mit einem speziellen Fluid, meist Hydrauliköl, gefüllte Räume, die abwechselnd mit der Hochdruck- und Niederdruckleitung verbunden werden, in periodischer Folge. Eine Auswahl der gebräuchlichsten Bauformen mit

Tafel 3-4 Kenngrößen hydraulischer Maschinen (Auszug aus [3.49, Tafel 2.5.1])

Bezeichnung und Prinzipbild		Zahnradmaschine	Flügelzellenmaschine	Radialkolbenmaschine	Axialkolbenmaschine
		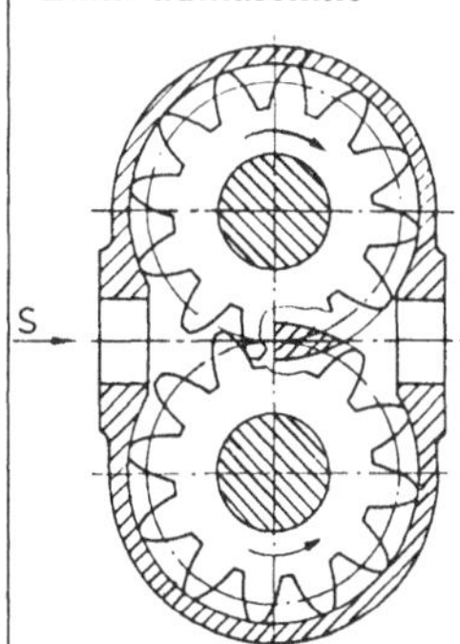	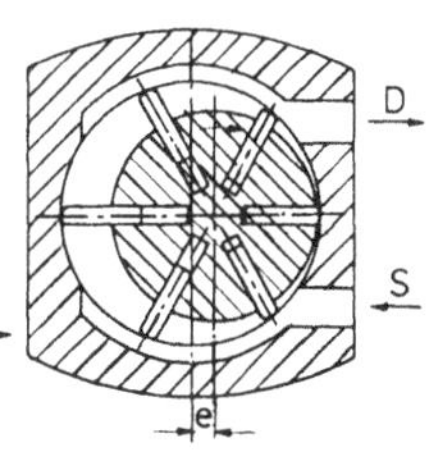	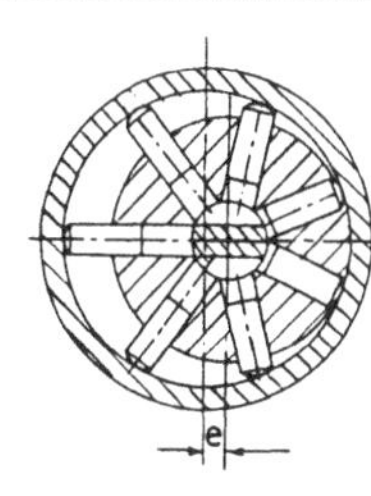	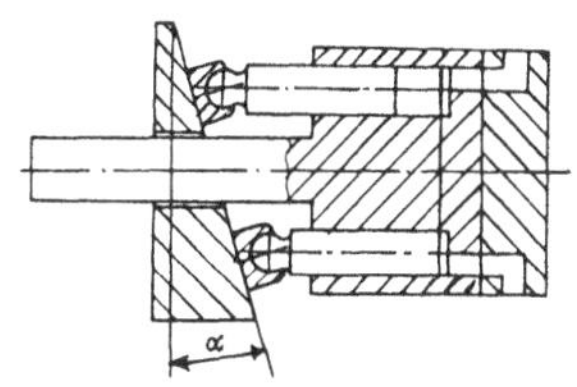
Kenngröße	Einheit				
Verdrängungsvolumen	cm³	1,2 ... 250 (320)[1]) konstant	5 ... 160 konstant oder verstellbar	5 ... 160 verstellbar	25 ... 800 verstellbar
Nenndruck	MPa	6,3 ... 16 (25)	10 ... 16 (20)	16 ... 32	16 ... 32 (40)
Maximaldruck	MPa	20	20 ... 25	32	40 ... 48
Nenndrehzahl	U/min	500 ... 3500	960 ... 3000	(25)[1]) 960 ... 3000	750 ... 3000
Maximaler Wirkungsgrad		0,80 ... 0,91	0,80 ... 0,93	0,80 ... 0,92	0,80 ... 0,92
Schalleistungspegel	dBA	≦ 87	76 ... 82	76 ... 82	≦ 85

[1]) Motoren

den vorwiegend genutzten Bereichen ihrer Kenngrößen ist in Tafel 3-4 zusammengestellt. Pumpe und Motor entsprechen sich in der Wirkungsweise; eine Funktionsumkehr ist möglich und bei Mehrquadrantenbetrieb auch erforderlich. Allerdings werden die Maschinen durch spezielle Detailausbildung der jeweiligen Hauptaufgabe als Pumpe bzw. Motor eigens angepaßt.
Das Verdrängungsvolumen ist der maßgebende Kennwert für die Baugröße einer Maschine. Es bezeichnet das Volumen der während einer Umdrehung theoretisch verdrängten Flüssigkeit und bleibt konstant oder läßt sich innerhalb eines Bereichs verstellen.
Die *Zahnradpumpe* (Bild 3-45) erzeugt den Druckstrom durch zwei miteinander im Eingriff stehende Stirnräder, von denen eines angetrieben wird. Im Saugraum füllen sich die Zahnlücken beider Stirnräder mit Öl. Nach einer Drehbewegung zur Gegenseite wird das Öl durch den jeweiligen Gegenzahn aus den Zahnlücken verdrängt und in den Druckraum gefördert. Das im Zahngrund nach dem Eingriff verbleibende sog. Quetschöl wird über seitliche Nuten der Gehäusewand ebenfalls zum Druckraum geleitet. Das Verdrängungsvolumen ist eine konstante Größe.
Um die Leckverluste zu begrenzen, muß das Spiel zwischen den Stirnseiten der Zahnräder und dem Gehäuse gleichbleibend klein gehalten werden. Da sich dieses Spiel jedoch durch Verformung und Verschleiß ändert, erhalten die Zahnradpumpen auch eine Bauweise mit axialem Spielausgleich durch vier axial verschiebbare, hydraulisch angepreßte Buchsen. Aus axial miteinander verbundenen Einzelpumpen lassen sich Mehrfachpumpen für mehrere Förderströme bilden. Zahnradmaschinen sind einfach und billig; ihr Nachteil ist die starke Geräuschentwicklung. In der Ausführung als Motor werden die Stirnräder wälzgelagert; die Steuerung wird für beide Drehrichtungen ausgelegt.
Eine besonders für mittlere Drehzahlen zwischen 10 und 200 U/min und mittlere Drehmomente geeignete Abwandlung des Prinzips, der *Drehkolbenmotor* (Bild 3-46), weist einen feststehenden äußeren Zahnring *1* mit der Zähnezahl z_1 und ein Läuferzahnrad *2* mit einer um einen Zahn kleineren Zähnezahl z_2 auf, dessen Drehachse eine der

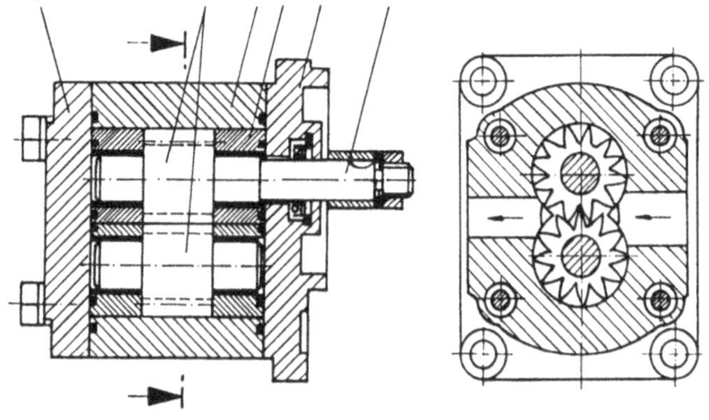

Bild 3-45 Zahnradpumpe, Baugröße F
Robert Bosch GmbH, Stuttgart

1 Verschlußdeckel
2 Zahnräder
3 Gehäuse
4 Lagerbuchse
5 Lagerdeckel
6 Antriebswelle

Drehbewegung des Rads überlagerte Kreisbewegung um die Mittelachse des Zahnrings *1* ausführt. Weil sich während einer Umdrehung des Läuferzahnrads $z_1 z_2$ Kammern füllen und wieder entleeren, entsteht ein großes Verdrängungsvolumen bei kleinen Abmessungen. Verwendet werden diese Maschinen für Direktantriebe ohne nachgeschaltete Untersetzungsgetriebe, aber auch als Dosierpumpen in hydraulischen Lenkungen.
Als Alternative zur geräuschintensiven Zahnradmaschine gewinnt die *Flügelzellenpumpe* wegen ihrer geringeren Schallemission (Tafel 3-4) zunehmend Bedeutung auch in fördertechnischen Antrieben. In ihr werden die Verdrängungsräume von radial angeordneten, durch Fliehkraft und Öldruck nach außen an die innere Gehäusewand gedrückten, verschiebbaren Flügeln erzeugt. Steuernuten in den seitlichen Innenwänden des Gehäuses führen die Flüssigkeit zu bzw. ab. Durch Änderung der Exzentrizität ist das Verdrängungsvolumen zu stellen. In einer anderen Zellenmaschine, der *Sperrschiebermaschine*, werden zwei Sperrschieber radial im feststehenden Außengehäuse geführt und von zwei um $\pi/2$ versetzten, etwa ellipsenförmigen Rotoren verschoben, siehe z.B. [3.49].

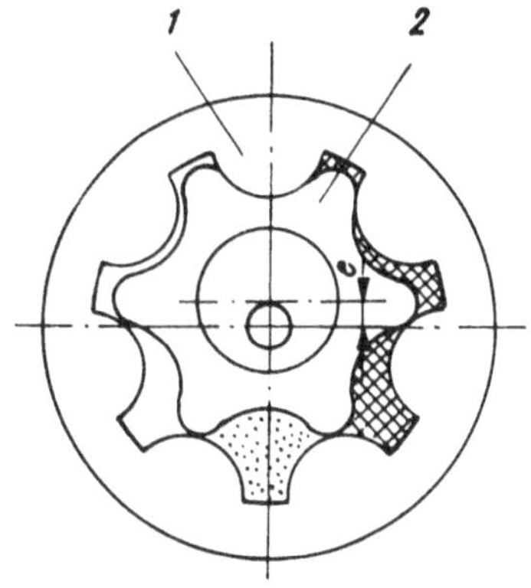

Bild 3-46 Prinzip der Drehkolbenmaschine

1 Zahnring
2 Läuferzahnrad

Für höhere Ansprüche an die Verstellbarkeit stehen Kolbenmaschinen in zwei Hauptformen zur Verfügung. In ihnen führen mehrere in Zylindern gleitende Kolben Hubbewegungen während der Drehbewegung eines Rotors durch. Die Kolben saugen dabei das Öl an und drücken es in die Druckleitung. Bei der *Radialkolbenmaschine* – Bild 3-47 zeigt eine Pumpe – sind die Kolben sternförmig angeordnet. Das Öl wird innen zu- und abgeführt. Die Exzentrizität des Hubrings 7 und damit das Verdrängungsvolumen sind mit Hilfe der Stellkolben 6, 12 zu verändern.
Motoren in Radialkolbenbauweise werden häufig für sehr niedrige Drehzahlen und große Drehmomente als sog. Langsamläufermotoren, d.h. für den direkten Antrieb des Abtriebselements eines Triebwerks (Rad, Trommel), ausgelegt. Der Radialkolbenmotor im Bild 3-48 weist fünf sternförmig angeordnete, große Zylinder auf. Die Pleuel *7* der Kolben *5* treiben eine Exzenterwelle *4*, deren Exzentrizität bei einem Konstantmotor gleichbleibt, bei einem Verstellmotor zu verändern ist. Die kleinsten zulässigen Drehzahlen dieser Motoren betragen, je nach Baugröße, 1 ... 5 U/min. Eine andere Bauform, in der eine mehrhöckrige Kurvenscheibe die Radialbewegung der Kolben herbeiführt, kann mit umlaufendem Gehäuse ausgeführt werden und eignet sich damit besonders als Radnabenmotor. Allerdings liegen die Betriebsgeräusche dieser Bauart höher.
Wenn die Zylinder auf einen Kreis um die Mittelachse und parallel zu ihr gelegt werden, entsteht eine *Axialkolbenmaschine*. Sie wird in drei Grundbauarten hergestellt, von denen zwei, die Maschine mit Schrägscheibe und die mit Schrägtrommel, Bedeutung für fördertechnische Antriebe haben.
In einer Verstellpumpe in Schrägscheibenbauart (Bild 3-49) rotiert der koaxial auf der Welle 1 gelagerte Zylinderkörper 6 und nimmt über die Kolben 9 die Schrägscheibe 3 mit.

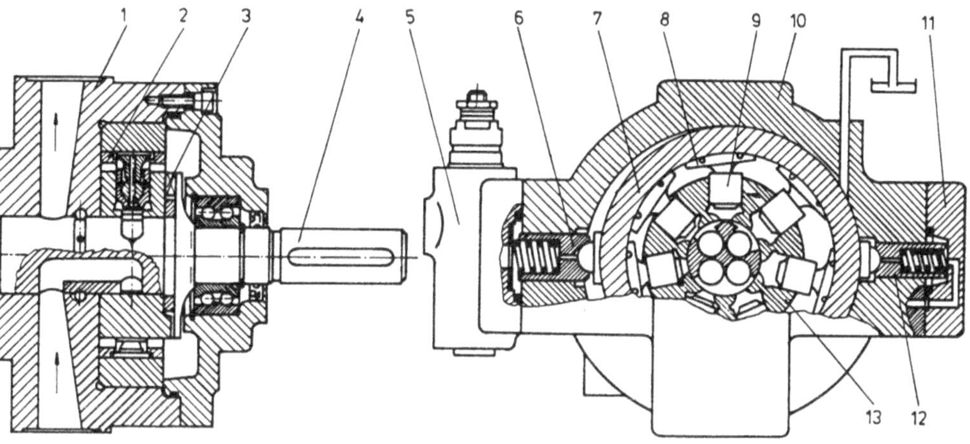

Bild 3-47 Radialkolbenpumpe, Robert Bosch GmbH, Stuttgart

1 Steuerzapfen
2 Rückhaltering
3 Kreuzscheibenkupplung
4 Antriebswelle
5 Steuer- bzw. Regelorgan
6 Stellkolben 1
7 Hubring
8 Gleitschuh
9 Kolben
10 Gehäuse
11 Umlenkstück
12 Stellkolben 2
13 Zylinderstern

Alle Kolben führen während einer Umdrehung eine vollständige Hubbewegung aus. Damit die Maschine ansaugen kann, sind die Kolben über Kugelgelenke formschlüssig mit der Schrägscheibe verbunden. Der Neigungswinkel α der Schrägscheibe und über ihn das Verdrängungsvolumen sind mit Hilfe eines Stellkolbens 7 zu verändern.

Die Verstellpumpe in Schrägachsenbauart (Bild 3-50) hat einen umlaufenden Triebflansch 14, der über die formschlüssig in ihm gelagerten Kolben 5 die schrägliegende Zylindertrommel 6 mitnimmt. Ein Leistungsregler regelt in Abhängigkeit vom Druck das Fördervolumen so, daß die Pumpe eine konstante Leistung abgibt. Der mit dem Betriebsdruck beaufschlagte Vorsteuerkolben 10 drückt auf das Federpaket 9. Wird die hydraulische Kraft größer als die Federkraft, fließt Stellöl zum Verstellkolben 11, der die Pumpe über die Steuerlinse 13 zurückschwenkt.

3.2.3.2 Kennlinien und Grundschaltungen

Während der Energiewandlung treten in hydraulischen Maschinen hydraulische und mechanische Energieverluste auf, die im Gesamtwirkungsgrad

$$\eta_{ges} = \eta_{vol}\,\eta_{me} \tag{3.32}$$

erfaßt werden. Der volumetrische Wirkungsgrad η_{vol} berücksichtigt die Leckverluste und z.T. auch die Volumenänderung durch Kompression der Flüssigkeit bei steigendem Druck. Mit wachsendem Betriebsdruck nehmen die Leckverluste zu, der volumetrische Wirkungsgrad sinkt (Bild 3-51). Der mechanische Wirkungsgrad η_{me} drückt alle hydraulischen und mechanischen Reibungsverluste aus. Da ein Teil dieser Reibungsverluste unabhängig vom Druck ist, nimmt η_{me} mit wachsendem Druck zu.

Die Gleichungen für die wichtigsten Leistungsparameter hydraulischer Maschinen sind in Tafel 3-5 zusammengestellt; Bild 3-51 zeigt die zugehörigen Kennlinien in

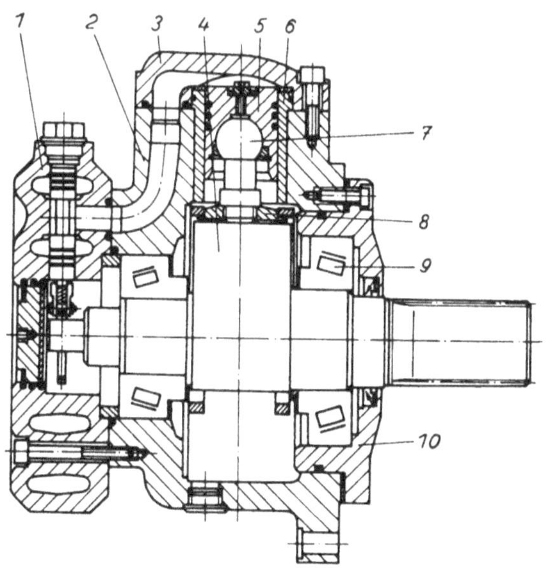

Bild 3-48 Radialkolben-Konstantmotor, langsamlaufend, Hydraulik, Schwerin

1 Steuergehäuse
2 Gehäuse
3 Zylinderdeckel
4 Exzenterwelle
5 Kolben
6 Zylinderbuchse
7 Pleuel
8 Gleitschuh
9 Kegelrollenlager
10 Lagerdeckel

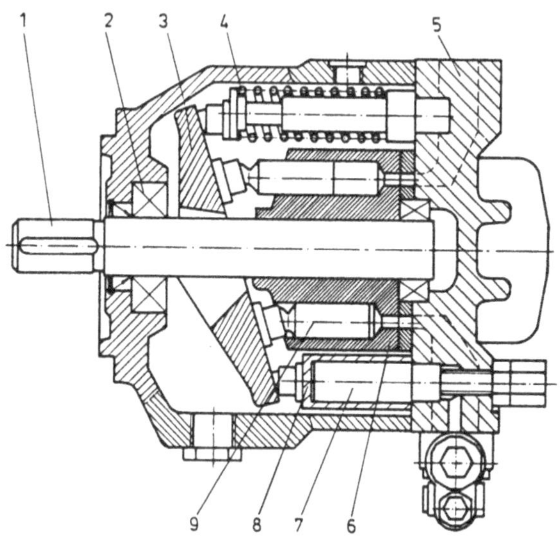

Bild 3-49 Verstellpumpe A 10 VSO, Baureihe 30, Industrie-Ausführung, für offenen Kreislauf, Axialkolben-Schrägscheibenbauart, Mannesmann-Rexroth, Lohr am Main

Nenndruck 25 MPa, Fördervolumen 28 ... 100 cm³, max. Drehzahl 3000 ... 2000 U/min, max. Förderstrom 81 ... 194 l/min

1 Motorwelle
2 Wälzlager
3 Schrägscheibe
4 Stellfeder
5 Abschlußplatte
6 Zylinderkörper
7 Stellkolben
8 Zylinder
9 Kolben

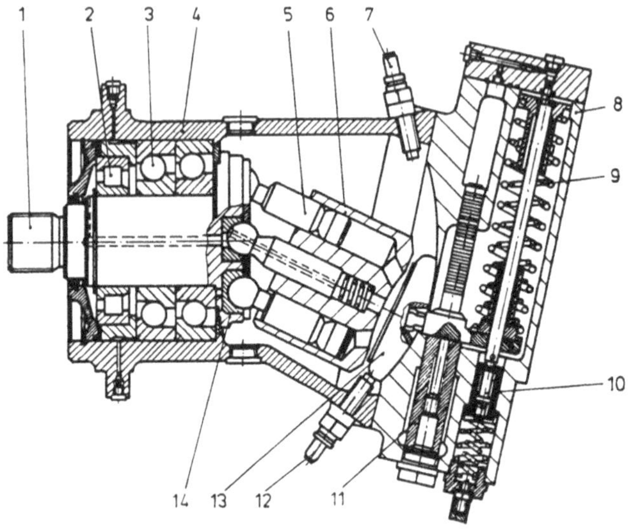

Bild 3-50 Verstellpumpe A 7 V, Baureihe 5.1, für offenen Kreislauf, mit Leistungsregler, Axialkolben-Schrägachsenbauart, Mannesmann-Rexroth, Lohr am Main

Nenndruck 35 MPa, Fördervolumen 250 ... 1000 cm^3, max. Drehzahl 1500 ... 950 U/min, max. Förderstrom 364 ... 921 l/min

1 Motorwelle
2 Zylinderrollenlager
3 Schrägkugellager
4 Pumpengehäuse
5 Kolben
6 Zylindertrommel
7, 12 Anschlagschraube
8 Reglergehäuse
9 Regelfeder
10 Vorsteuerkolben
11 Stellkolben
13 Steuerlinse
14 Triebflansch

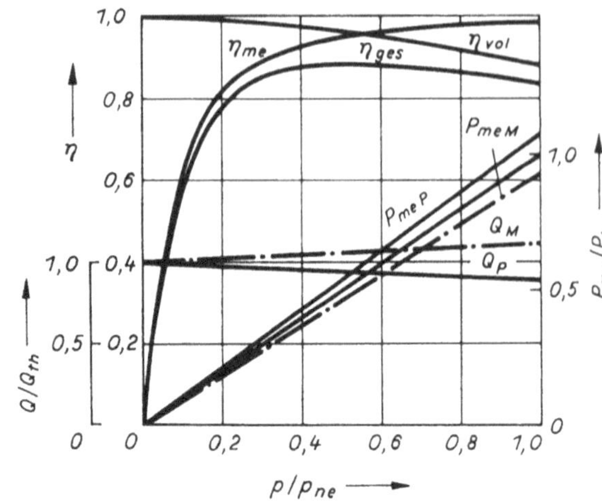

Bild 3-51 Kennlinien hydraulischer Maschinen mit konstantem Verdrängungsvolumen V für n = konst. und Temperatur T = konst.

vereinfachter Darstellung für V = konst., n = konst. und T = konst.

Üblicherweise stellen die Kennlinien hydraulischer Maschinen den Zusammenhang zwischen den hydraulischen Parametern der Leistung, d.h. Betriebsdruck p und Druckstrom Q, oder den mechanischen, d.h. Drehmoment M und Drehzahl n, dar. Im Kennfeld einer Verstellpumpe (Bild 3-52a) geben die schrägen Linien die Abhängigkeit des Förderstroms Q_P vom Druck p bei konstanter Drehzahl n. an. Parameter ist dabei das bezogene Verdrängungsvolumen V/V_{max}. Die bogenförmigen Kurven gelten für konstanten Wirkungsgrad η_{ges}. Es ist deutlich zu erkennen, daß der Gesamtwirkungsgrad seinen günstigsten Wert in einem bestimmten Druckbereich, bei der dargestellten Pumpe z.B. im mittleren, hat und zudem stark abnimmt, wenn der Förderstrom Q verringert wird. Hydraulische Antriebe sollten deshalb stets so ausgelegt werden, daß die hydraulischen Maschinen bei den am häufigsten auftretenden Betriebsbelastungen im günstigen Bereich des Wirkungsgrads arbeiten.

Im Kennfeld eines Motors (Bild 3-52b) wird zweckmäßigerweise der Zusammenhang zwischen den mechanischen Parametern M und n als Raster benutzt. Die leicht gekrümmten horizontalen Linien geben die Abhängigkeit $M = f(n)$ mit p als Parameter, die schrägen Geraden die Funktion $n = f(M, p)$ mit Q_M als Parameter und die strichpunktierten Linien den Zusammenhang $M = f(n)$ mit der Leistung P als Parameter an. Das Produkt von Maximalstrom $Q_{M\,max}$ und Maximaldruck p_{max}, die sog. Eckleistung des Motors, liegt außerhalb des durch P_{max} begrenzten zulässigen Arbeitsbereichs des Motors und hat somit nur orientierende Bedeutung. Beide Kennfelder im Bild 3-52 gelten wieder für konstante Temperatur T.

Für einen aus Pumpe und Motor bestehenden hydrostatischen Antrieb läßt sich unter Vernachlässigung der volumetrischen Verluste in den Verbindungsleitungen folgende Gleichung für die Motordrehzahl n_M und den Liefergrad η_L angegeben

$$n_M = \eta_L \, n_P \, \frac{V_P}{V_M}\,; \tag{3.33}$$

$$\eta_L = \eta_{vol\,P} \, \eta_{vol\,M}\,.$$

Tafel 3-5 Leistungsparameter hydraulischer Maschinen

	Pumpe	Motor
Theoretischer Förder- bzw. Schluckstrom	$Q_{th} = V_P n_P$	$Q_{th} = V_M n_M$
Tatsächlicher Förder- bzw. Schluckstrom	$Q_P = Q_{th}\,\eta_{vol}$	$Q_M = Q_{th}/\eta_{vol}$
Hydraulische Leistung (abgegeben bzw. zugeführt)	$P_P = Q_P \Delta p$	$P_M = Q_M \Delta p$
Mechanische Leistung (zugeführt bzw. abgegeben)	$P_{me\,P} = P_P/\eta_{ges} = Q_P \Delta p/\eta_{ges} = \frac{V_P n_P \Delta p}{\eta_{me}}$	$P_{me\,M} = P_M\,\eta_{ges} = Q_M \Delta p\,\eta_{ges} = V_M n_M \Delta p\,\eta_{me}$
Drehmoment (zugeführt bzw. abgegeben)	$M_P = \frac{Q_P \Delta p}{\eta_{ges} 2\pi n_P} = \frac{V_P \Delta p}{2\pi\,\eta_{me}}$	$M_M = \frac{Q_M \Delta p\,\eta_{ges}}{2\pi n_M} = \frac{V_M \Delta p\,\eta_{me}}{2\pi}$

$V_{P,M}$ geometrisches Verdrängungsvolumen
Δp Druckdifferenz zwischen Ein- und Ausgang
$n_{P,M}$ Drehzahl

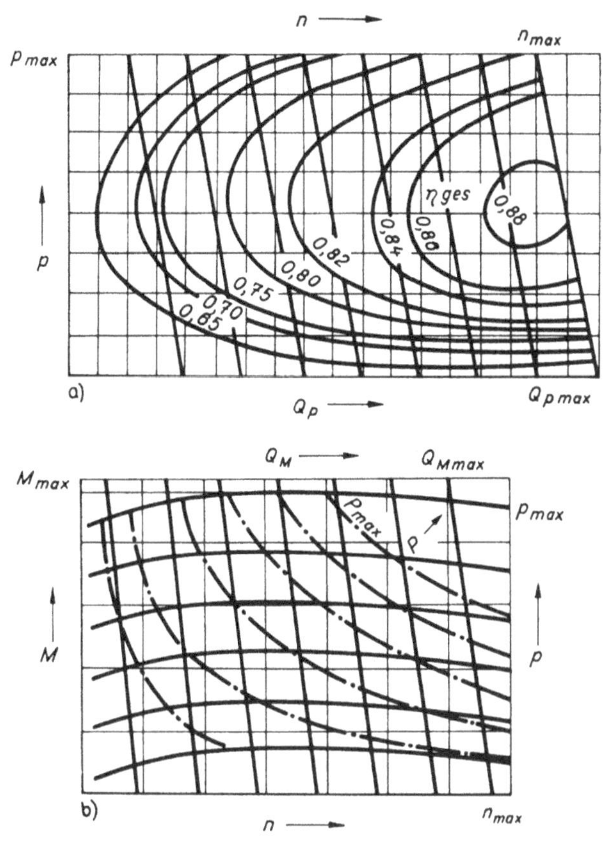

Bild 3-52 Kennfeld hydraulischer Maschinen mit verstellbarem Verdrängungsvolumen V

a) Verstellpumpe
b) Verstellmotor

An ihr sind die Möglichkeiten zum Stellen der Motordrehzahl zu erkennen: die Änderung der Pumpendrehzahl n_P und die der Verdrängungsvolumina V_P bzw. V_M einzeln oder in Kombination. Die Pumpenverstellung (Primärregelung) wird meist gegenüber der Motorverstellung (Sekundärregelung) bevorzugt, z.B. in Fahrantrieben von Flurförderern. Demgegenüber wurden neue, energiesparende Antriebskonzeptionen mit zentraler Druckölerzeugung, hydraulischem Speicher und sekundär geregelten hydrostatischen Maschinen entwickelt, die es erlauben, eine beliebige Anzahl voneinander unabhängig arbeitender Maschinen im Motor- wie Generatorbetrieb miteinander zu koppeln [3.50] [3.51].

In der Schaltung eines hydrostatischen Antriebs werden Pumpe und Motor über Baugruppen zur Steuerung bzw. Regelung durch Rohrleitungen mit Filtern, Kühlern usw. als Zubehör verbunden. Im Bild 3-53 sind die beiden Grundschaltungen mit den notwendigen Erläuterungen angegeben. Die Pumpe *8* des *offenen Kreislaufs* fördert mit gleichbleibender Richtung; die Bewegungsrichtung des Motors wird durch ein Wegeventil *4* gestellt. Vom Motor *1* fließt das Öl mit geringem Druck in den Behälter *10* zurück. Weil dieser Ölbehälter für eine größere Ölmenge ausgelegt ist, kann meist auf eine zusätzliche Kühlung des Öls verzichtet werden.

In einem *geschlossenen Kreislauf* sind die Ein- und Ausgänge von Pumpe und Motor direkt miteinander verbunden; die Pumpe muß in beiden Richtungen fördern. Um die Leckverluste zu ergänzen und die Beanspruchung des Öls zu verringern, wird der Ölkreislauf durch eine zweite Pumpe *6* ständig nachgefüllt sowie gespült. In diesen Spülkreislauf ist ein Kühler *9* einbezogen; der Ölbehälter *10* hat nur ein kleines Volumen.

Offene Kreisläufe haben allgemeine Bedeutung, geschlossene vor allem für Fahrantriebe. Im Rahmen dieser Grundschaltungen gibt es vielfältige Variations- und Kombinationsmöglichkeiten, um den hydraulischen Antrieb an die jeweiligen Einsatzfälle anzupassen.

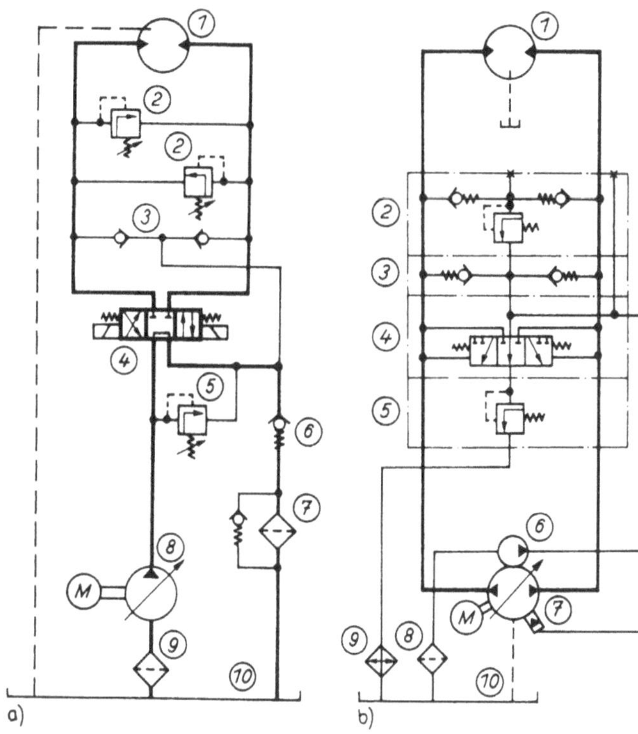

Bild 3-53 Grundschaltungen hydrostatischer Antriebe

a) offener Kreislauf
1 Hydraulikmotor
2 Überbrückungsventil für blockierende Ventilzwischenstellungen
3 Nachfüllventil
4 Wegeventil für Stellen der Drehrichtung
5 Druckbegrenzungsventil
6 Rückschlagventil
7 Rücklauffilter
8 Verstellpumpe
9 Saugfilter
10 Ölbehälter

b) geschlossener Kreislauf
1 Hydraulikmotor
2 Druckbegrenzungsventil, doppeltwirkend
3 Nachfüllventil
4 Wegeventil für Spülung
5 Druckbegrenzungsventil für Spülleitung
6 Spülpumpe
7 Verstellpumpe
8 Filter
9 Kühler
10 Ölbehälter

3.2.3.3 Arbeitszylinder

Ein wichtiger Vorteil hydrostatischer Antriebe liegt in der freien Wahl zwischen zwei Motorarten, dem rotierenden Motor und dem Arbeitszylinder als Linearmotor, der im Gegensatz zu einem elektrischen Linearmotor große Kräfte bei kleinen Bewegungsgeschwindigkeiten übertragen kann. Der einfache Aufbau aus Zylinder und beweglichem Kolben läßt sich variieren (Bild 3-54). Je nach Ausführung und

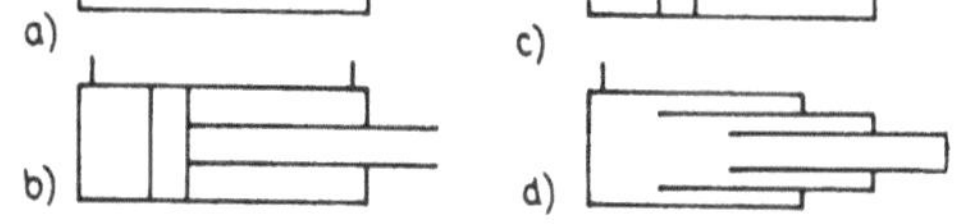

Bild 3-54 Arbeitszylinder

a) Tauchkolben, einfachwirkend
b) Scheibenkolben, doppeltwirkend, einseitige Kolbenstange
c) Scheibenkolben, doppeltwirkend, beiderseitige Kolbenstange
d) Teleskopkolben, einfachwirkend

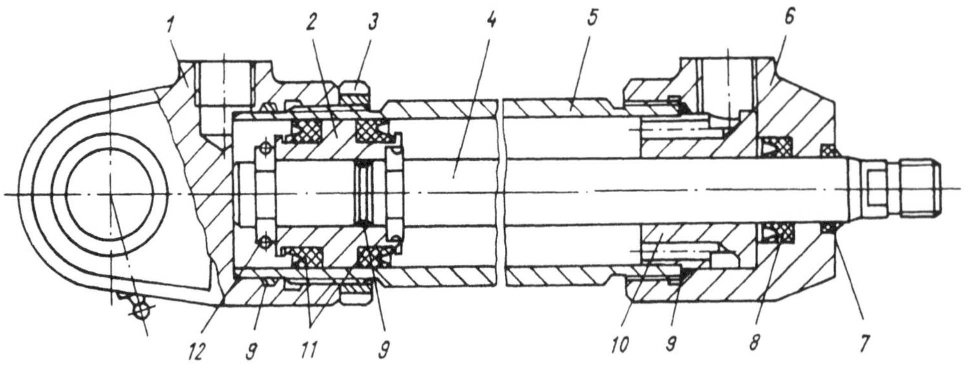

Bild 3-55 Arbeitszylinder mit Scheibenkolben und Schwenkauge, Hydraulik, Rochlitz

1 Lagerdeckel	7 Abstreifring
2 Kolben	8 Innenlippenring
3 Nutmutter	9 Rundring
4 Kolbenstange	10 Führungsbuchse
5 Zylinderrohr	11 Außenlippenring
6 Dichtungsgehäuse	12 Sprengring

Schaltung ist der Arbeitszylinder nur einfachwirkend und braucht dann eine äußere Kraft für das Einfahren, oder er ist doppeltwirkend und erzeugt Kolbenkräfte nach beiden Seiten. Für einfachwirkende Arbeitszylinder eignet sich der Tauchkolben, der keine Bearbeitung der Zylinderinnenwände erfordert und somit einfacher und billiger ist. Ein doppeltwirkender Zylinder hat dagegen üblicherweise einen Scheibenkolben. Wenn er nur mit einer Kolbenstange ausgerüstet wird, unterscheiden sich die wirksamen Kolbenflächen beider Seiten; bei beiderseitiger Kolbenstange sind sie gleich groß. Dies hat Bedeutung für die jeweiligen Kräfte und Bewegungsgeschwindigkeiten.

Geringe Reibung und vernachlässigbar kleine Leckverluste sind wesentliche Ziele der konstruktiven Ausführung (Bild 3-55). Die Befestigung des Zylinders kann den Einsatzbedingungen angepaßt werden. Im Bild 3-56 sind Beispiele für die feste und gelenkige Lagerung aufgeführt. Das ebene Gelenk kann durch eine Kugel oder Kugelkalotte ersetzt werden, um eine Schwenkbewegung nach allen Seiten möglich zu machen. Als Beispiel für einen Kolbenstangenkopf zeigt Bild 3-56e einen Gelenkkopf, der Abweichungen bis zu 2° zwischen Bolzenachse und der Senkrechten zur Zylinderachse zuläßt.

In den Antrieben der Fördermaschinen wird meist die Schwenkbewegung des Zylinders in einer Ebene benötigt (Bild 3-57a); die feste Lagerung, z.B. für einen Hubzylinder (Bild 3-57b), wird wegen der sehr elastischen Tragwerke seltener verwendet.

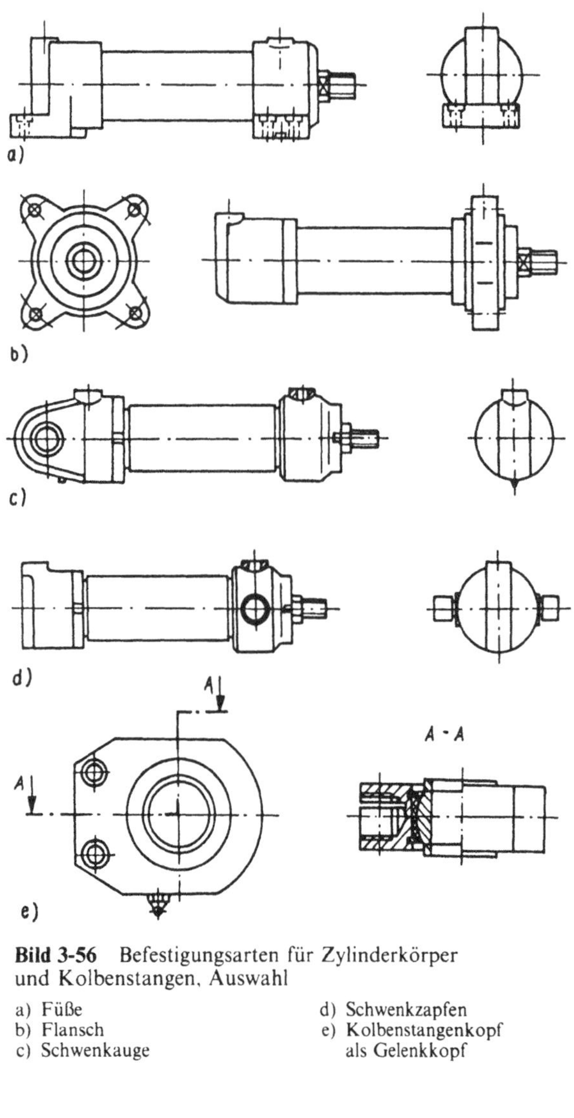

Bild 3-56 Befestigungsarten für Zylinderkörper und Kolbenstangen, Auswahl

a) Füße	d) Schwenkzapfen
b) Flansch	e) Kolbenstangenkopf als Gelenkkopf
c) Schwenkauge	

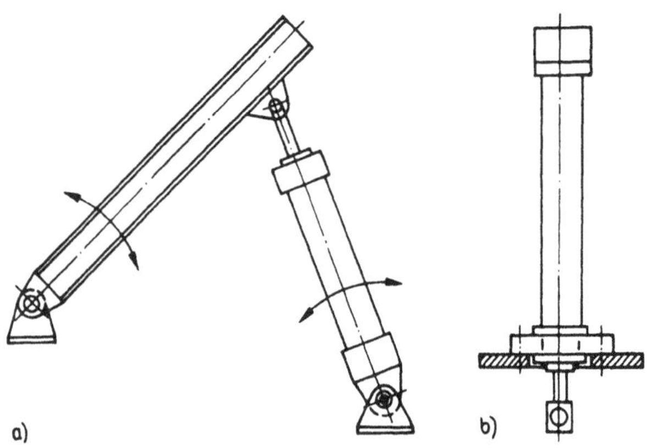

Bild 3-57 Lagerung von Arbeitszylindern (Beispiele)

a) schwenkbar
b) fest

Wenn die Grenzen der Kolbenbewegung nicht durch äußere Anschläge bzw. Grenzstellungen festgelegt sind, besteht die Gefahr, daß der Kolben stoßartig auf die jeweilige Zylinderwand auftrifft. Für diese Fälle werden Arbeitszylinder mit hydraulischer Endlagenbremsung hergestellt. Das Grundprinzip besteht darin, daß ein Bremszapfenansatz am Kolben kurz vor dem Erreichen der Endlage den Abströmquerschnitt ganz oder teilweise verschließt und den Ölstrom drosselt bzw. in dem Beispiel von Bild 3-58 zum Abfluß über ein verstellbares Drosselventil zwingt.

Der Wirkungsgrad eines hydraulischen Arbeitszylinders wird wegen $\eta_{vol} \approx 1$ maßgebend durch den mechanischen Wirkungsgrad η_{me} bestimmt. Die hohe Vorspannung der gummielastischen Dichtungen auch im drucklosen Zustand des Zylinders haben einen starken Abfall des Wirkungsgrads bei niedrigen Drücken zur Folge (Bild 3-59). Anzahl, Art und Qualität der Dichtungen beeinflussen den Wirkungsgrad. Bei einem doppeltwirkenden Zylinder treten, vor allem wenn er nur eine einseitige Kolbenstange enthält, Unterschiede zwischen dem Aus- und Einfahren auf.

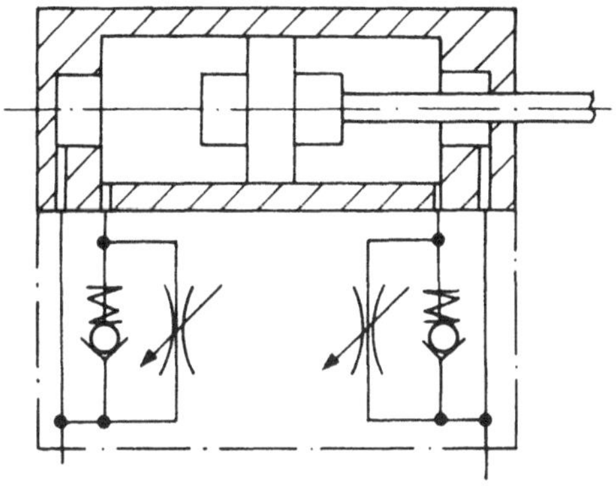

Bild 3-58 Endlagenbremsung über Drosselventile [3.49]

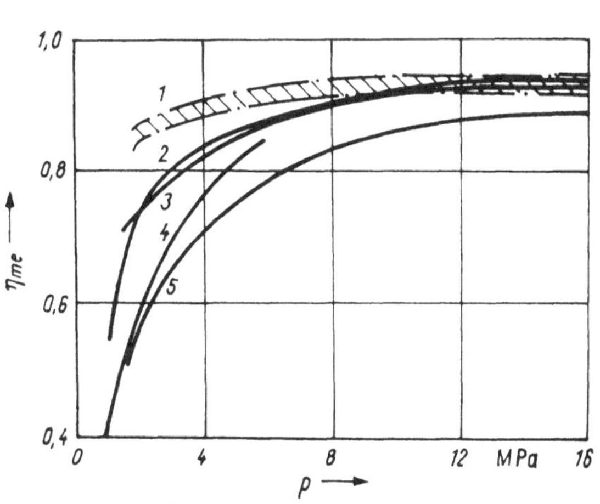

Bild 3-59 Mechanische Wirkungsgrade hydraulischer Arbeitszylinder

1 Teleskopkolben
2 Tauchkolben
3 Scheibenkolben, einseitige Kolbenstange, Ausfahren
4 Scheibenkolben, beiderseitige Kolbenstange
5 Scheibenkolben, einseitige Kolbenstange, Einfahren

Die Kolbenkraft F eines beiderseitig druckbeaufschlagten Scheibenkolbens als Beispiel wird, wenn das Kolbenflächenverhältnis $\varphi = A_1/A_2$ eingeführt wird, für

Ausfahren

$$F = F_{hy}\,\eta_{me} = (p_1 A_1 - p_2 A_2)\,\eta_{me} = A_1\left(p_1 - \frac{p_2}{\varphi}\right)\eta_{me}$$

Einfahren

$$F = F_{hy}\,\eta_{me} = (p_2 A_2 - p_1 A_1)\,\eta_{me} = A_1\left(\frac{p_2}{\varphi} - p_1\right)\eta_{me}. \tag{3.34}$$

Ist die Kolbenkraft vorgegeben, ergeben sich umgekehrt die Betriebsdrücke p für

$$\text{Ausfahren}\quad p = \frac{1}{A_1}\left(\frac{F}{\eta_{me}} + p_2 A_2\right) = \frac{F}{A_1\,\eta_{me}} + \frac{p_2}{\varphi}$$

$$\text{Einfahren}\quad p = \frac{1}{A_2}\left(\frac{F}{\eta_{me}} + p_1 A_1\right) = \frac{F}{A_2\,\eta_{me}} + p_1\,\varphi. \tag{3.35}$$

Ein Teleskopkolben verfügt über mehrere Teilkolben mit unterschiedlicher Kolbenfläche A_i. Dadurch entstehen bei gleichem Betriebsdruck p unterschiedliche Kolbenkräfte (Bild 3-60). Der mechanische Wirkungsgrad nimmt mit abnehmender wirksamer Kolbenfläche ab; die Wirkungsgradlinien bilden deshalb das im Bild 3-59 eingezeichnete Feld.

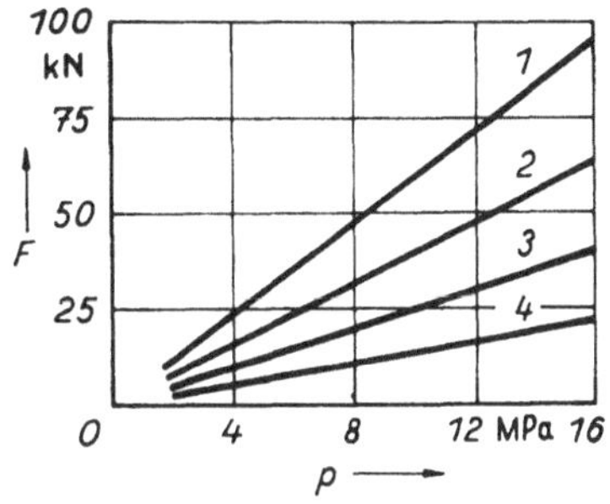

Bild 3-60 Kolbenkräfte eines 4stufigen Arbeitszylinders (Stufen 1 bis 4 mit abnehmender Kolbenfläche)

Aus den Gleichungen für Betriebsdruck p_i und Bewegungsgeschwindigkeit v_i der einzelnen Teilkolben

$$p_i = \frac{F}{A_i\,\eta_{me}}, \qquad v_i = \frac{Q}{A_i}$$

lassen sich die Verhältnisse der Betriebsdrücke bei konstanter Kolbenkraft F bzw. der Bewegungsgeschwindigkeiten v bei konstantem Druckstrom Q herleiten:

$$\left(\frac{p_{i+1}}{p_i}\right)_{F\,=\,\text{konst.}} = \left(\frac{v_{i+1}}{v_i}\right)_{Q\,=\,\text{konst.}} = \frac{A_i}{A_{i+1}}. \tag{3.36}$$

In die Kolbenstange sollen grundsätzlich nur Axialkräfte, dagegen keine Querkräfte oder Biegemomente eingeleitet werden. Sie ist dann auf Zug bzw. Druck sowie auf Knikkung beansprucht. Für die in der Fördertechnik bevorzugten Lagerungsformen (Bild 3-57) sind die im Bild 3-61 prinzipiell angegebenen drei Knickfälle maßgebend. Das Zylinderrohr wird dabei als starr angenommen. Die häufig verwendete Lagerung entsprechend Bild 3-57a liegt in ihrer freien Knicklänge l_k zwischen den beiden Euler-Fällen 1 und 2. Das im Bild 3-61 enthaltene Diagramm zeigt die Abhängigkeit dieser freien Knicklänge vom Verhältnis l_1/l_2.

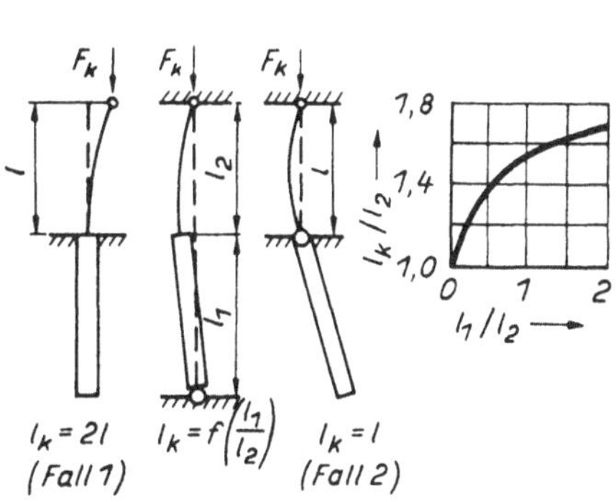

Bild 3-61 Häufig auftretende Knickfälle

Der für die Stabilität wichtige Kennwert ist der Schlankheitsgrad

$$\lambda = l_k\sqrt{\frac{A}{I}};$$

A Querschnittsfläche,
I kleinstes axiales Trägheitsmoment.

Als Grenzwert zwischen elastischer Knickung nach *Euler* und unelastischer Knickung nach *Tetmajer* gilt

$$\lambda_0 = \pi \sqrt{\frac{E}{\sigma_P}};$$

E Elastizitätsmodul,
σ_P Proportionalitätsgrenze des Werkstoffs.

Für St 60 ist $\lambda_0 \approx 90$. Damit beträgt die Knickkraft nach *Euler* ($\lambda > 90$)

$$F_k = \frac{\pi^2 EI}{l_k^2} = \frac{\pi^2 EA}{\lambda^2}$$

Tetmajer ($\lambda \leqq 90$)

$$F_k = A\,(335 - 0{,}62\lambda) \qquad \frac{F_k}{\mathrm{N}} \,\Big|\, \frac{A}{\mathrm{mm}^2}. \tag{3.37}$$

Die maximal zulässige Kolbenkraft F wird aus der Knickkraft F_k mit einem Sicherheitsbeiwert $S_k \approx 2$ ermittelt. Wenn insbesondere längere Arbeitszylinder als Bestandteile elastischer Tragwerke als Ganzes verformt werden, muß eine genauere Knick- und Spannungsberechnung nach der Spannungtheorie 2. Ordnung durchgeführt werden, siehe z.B. [3.42, Bd. 7, Abschn. 9.1.2.3].

3.3 Grundauslegung von Antrieben

Die Entwicklung eines Antriebs für eine Fördermaschine läuft in mehrerer Stufen ab, die in enger Wechselwirkung miteinander stehen. Zunächst ist die bestgeeignete Prinziplösung zu suchen, wobei in der Regel unterschiedliche Varianten zu vergleichen sind. Dann sind Art und Größe der Hauptbaugruppen, meist aus Baureihen oder Normen, auszuwählen. Nach dem konstruktiven Entwurf muß rechnerisch das Verhalten des Triebwerks in allen wichtigen, auch kritischen Betriebszuständen geprüft werden. Schließlich sind weitere Bauteile zu berechnen und zu konstruieren, bestimmte Baugruppen bezüglich ihrer Betriebsfestigkeit zu kontrollieren. Hierfür müssen die zugehörigen Belastungskollektive ausgewählt oder ermittelt werden, siehe Abschnitt 3.4.

Das elastische System Tragwerk-Triebwerk unterliegt in seinem Belastungs- und Beanspruchungszustand ständigen Änderungen. Erheblichen Einfluß hat neben der äußeren Belastung die Steuerung. Die verwickelten Gesetzmäßigkeiten für den zeitlichen Verlauf der Belastungen bzw. Beanspruchungen sowie für das Schwingungsverhalten zwingen zu starken Vereinfachungen bei der Berechnung. Zudem ist ein Antrieb in Bemessung und Steuerung immer nur grob an die großen Schwankungen der Betriebsverhältnisse anzupassen.

Die größten Belastungen und Beanspruchungen treten während der nichtstationären Betriebsphasen auf. Dies hat besondere Bedeutung für Aussetzbetrieb. Die Beschleunigungen bzw. Winkelbeschleunigungen müssen für die vorgegebenen Motor- bzw. Bremskennlinien berechnet werden. Bei den Herleitungen der Bestimmungsgleichungen für die kinematischen Größen ist es zweckmäßig, die im Maschinenbau bisher wenig gebräuchliche Zeitkonstante als Kenngröße der Übergangsfunktion während der Ausgleichsvorgänge einzuführen und sie genauer zu beschreiben.

3.3.1 Zeitkonstanten

Faßt man die Umformung und/oder den Transport von Materie und Energie in den Antrieben im Sinne der Automatisierungstechnik als gesteuerte bzw. geregelte Prozesse auf, treten Ausgleichsvorgänge immer dann auf, wenn mindestens ein Prozeßelement als Speicher für Masse bzw. Energie wirkt. Durch die Speicherwirkung entstehen zeitliche Verzögerungen zwischen dem Eingangs- und Ausgangssignal. Eine in der Antriebstechnik häufiger verwendete allgemeine Kenngröße für den Anstieg der Übergangsfunktion bei einfachen Ausgleichsvorgängen ist die Zeitkonstante τ [3.52]. Sie wird in [3.53] wie folgt definiert:

$$\text{Zeitkonstante} = \frac{\text{Änderung der Speichermenge}}{\text{Änderung des Stroms}},$$

wobei der Strom den Quotienten von Potentialdifferenz und Widerstand bildet. Die Erhaltungssätze für Masse, Energie, Impuls ergeben Bilanzgleichungen, in denen bei geeigneter Schreibweise Zeitkonstanten als Parameter auftreten. Besonders einfach werden die Zusammenhänge, wenn die Prozeßparameter konzentriert und zeitinvariant aufzufassen und die Prozesse selbst linear sind, so daß das Superpositionsgesetz gilt. Diese Bedingungen sind bei fördertechnischen Antrieben in der Regel gegeben.

Als klassisches Beispiel eines derartigen Prozesses mit Ausgleichsvorgängen ist im Bild 3-62a ein elektrischer Vierpol dargestellt. Die Spannungsgleichungen

$$u_e = u_L + u_R + u_C$$

$$u_a = u_C$$

führen mit

$$u_L = L\frac{\mathrm{d}i}{\mathrm{d}t} \quad \text{und} \quad i = C\dot{u}_a$$

zur Differentialgleichung

$$LC\ddot{u}_a + RC\dot{u}_a + u_a = u_e;$$

L Induktivität,
C Kapazität

bzw. mit den Zeitkonstanten

$$\tau_L = L\frac{I_0}{U_0}, \qquad \tau_C = C\frac{U_0}{I_0} \quad \text{sowie mit} \quad R\frac{I_0}{U_0} = 1;$$

I_0, U_0 Strom bzw. Spannung im stationären Zustand

in der an sie angepaßten Schreibweise

$$\tau_L\tau_C\ddot{u}_a + \tau_C\dot{u}_a + u_a = u_e. \tag{3.38}$$

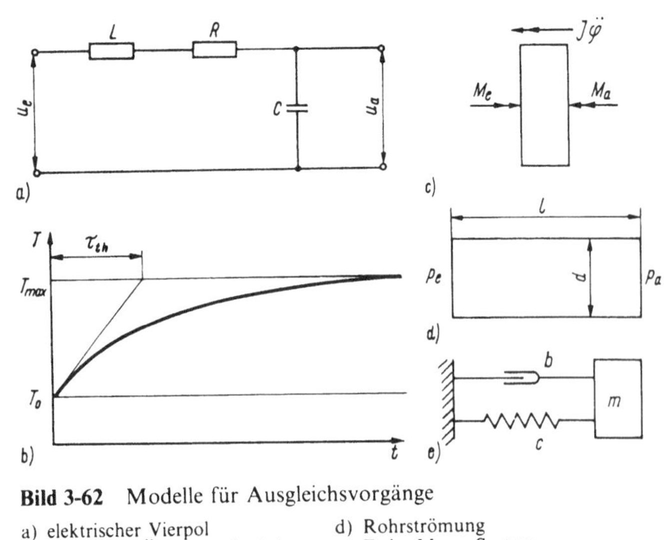

Bild 3-62 Modelle für Ausgleichsvorgänge

a) elektrischer Vierpol
b) thermische Übergangsfunktion
c) Rotationskörper
d) Rohrströmung
e) Feder-Masse-System

Die Bilanzgleichung bei einem einfachen thermischen Ausgleichsvorgang erhält man durch Gleichsetzen der Differenz zwischen dem zugeführten Wärmestrom $\dot{Q}_e$ und dem abgeführten Wärmestrom $\dot{Q}_a$ mit der zeitlichen Änderung der gespeicherten Wärmemenge Q_{sp}:

$$\dot{Q}_e - \dot{Q}_a = \frac{dQ_{sp}}{dt} = mc\,\frac{dT}{dt} = mc\dot{T};$$

m Masse,
c spezifische Wärmekapazität,
T Temperatur.

Einsetzen von

$$\dot{Q}_a = A\alpha(T - T_0);$$

$A\alpha$ Wärmeabgabefähigkeit,
T_0 Anfangstemperatur (Umgebungstemperatur)

führt zur Differentialgleichung

$$mc\dot{T} + A\alpha(T - T_0) = \dot{Q}_e$$

bzw.

$$\tau_{th}\dot{T} + T = \frac{\dot{Q}_e}{A\alpha} + T_0 \tag{3.39}$$

mit der bereits im Abschnitt 2.4.3.4 benutzten thermischen Zeitkonstanten

$$\tau_{th} = \frac{mc}{A\alpha}.$$

Gl. (3.39) hat die Lösung

$$T(t) = T_{max} - (T_{max} - T_0)\,e^{-t/\tau_{th}}$$

mit

$$T_{max} = \frac{\dot{Q}_e}{A\alpha}.$$

Die Zeitkonstante τ_{th} kennzeichnet die Anfangssteigung der Übergangsfunktion (Bild 3-62b). Die Automatisierungstechnik bezeichnet dieses Systemverhalten als PT_1-Verhalten, d.h. als Proportionalglied mit Zeitverzögerung 1. Ordnung [3.52]. Häufig werden die Gln. (3.38) bzw. (3.39) durch Bezug auf eine Beharrungsgröße auch dimensionslos dargestellt.

In einem mechanischen System – Bild 3-62c zeigt als Beispiel einen starren Rotationskörper – führt die Bilanzgleichung für den Drehimpuls

$$J\dot{\varphi}(t) = \int_0^t (M_e - M_a)\,dt,$$

wenn auf den Beharrungszustand bezogene Größen $\dot{\varphi}^* = \dot{\varphi}/\dot{\varphi}_0$, $M^* = M/M_0$ eingeführt werden, zur dimensionslosen Schreibweise mit der mechanischen Zeitkonstanten τ

$$\dot{\varphi}^*(t) = \frac{1}{\tau}\int_0^t (M_e^* - M_a^*)\,dt \tag{3.40}$$

$$\tau = \frac{J\dot{\varphi}_0}{M_0}.$$

Schließlich zeigt Bilt 3-62d schematisch ein hydraulisches System, d.h. ein durchströmtes Rohrstück mit der Länge l und dem Durchmesser d, an dem zur Zeit $t = 0$ die Druckdifferenz $\Delta p = p_e - p_a$ anliegt. Die Differentialgleichung wird aus dem Kräftegleichgewicht hergeleitet

$$\Delta pA = m\dot{\bar{c}} + A_W\,\tau_0.$$

Es sind einzusetzen:

Wandschubspannung	$\tau_0 = \frac{\lambda}{8}\,\varrho c^2$
Widerstandsbeiwert	$\lambda = \frac{64\nu}{cd}$ (für laminare Strömung)
mittlere Geschwindigkeit	$\bar{c} = \frac{\dot{V}}{A} = \frac{q}{A}$
Querschnittsfläche	$A = d^2\pi/4$
Masse	$m = \varrho lA$
Wandfläche	$A_W = d\pi l;$

ϱ Dichte,
ν kinematische Zähigkeit,
$q = \dot{V}$ Durchsatz (Durchfluß).

Dies ergibt die Differentialgleichung für den Durchfluß

$$\frac{\varrho l}{A}\,\dot{q} + \frac{32 l\nu\varrho}{d^2}\,q = \Delta p$$

bzw. durch Bezug der zeitabhängigen Parameter auf den Beharrungszustand, d.h. mit $p^* = p/p_0$; $q^* = q/q_0$, in dimensionsloser Schreibweise

$$\tau_M\left(\dot{q}^* + \frac{32\nu}{d^2}\,q^*\right) = \Delta p^* \tag{3.41}$$

mit der hydraulischen Massenzeitkonstanten

$$\tau_M = \frac{\varrho l}{A}\,\frac{q_0}{p_0}.$$

Auch hier zeigt die Lösung den zeitabhängigen Ausgleichsvorgang

$$q^* = q^*_{max}(1 - e^{-t/\tau_M})$$

mit

$$q^*_{max} = \frac{32\nu}{d^2}\,\frac{\Delta p^*}{\tau_M}.$$

Die Federwirkung der Flüssigkeitssäule wird durch die Gleichung

$$\tau_F\,\dot{p}^* = \Delta q^*$$

mit der hydraulischen Federzeitkonstanten

$$\tau_F = \frac{V_0}{k}\,\frac{p_0}{q_0};$$

k Kompressionsmodul

beschrieben. Eine Übersicht über die hier abgeleiteten Zeitkonstanten gibt Tafel 3-6. Sie liegen stets in ganz bestimmten Bereichen und kennzeichnen die Trägheit, mit der ein System einer Eingangsfunktion folgt (Bild 3-63).

Auch die Schwingungen elastischer Systeme sind Ausgleichsvorgänge zwischen verschiedenen Energiespeichern. Weniger gebräuchlich, aber dennoch vereinzelt werden auch hier bei grundsätzlichen Vergleichen von Antrieben die Zeitkonstanten als Kenngrößen für das dynamische Verhalten herangezgen, z.B. in [3.54] [3.55]. Ein einfaches Beispiel soll auch hier den Weg andeuten.

Das Feder-Masse-System im Bild 3-62e folgt der Differentialgleichung

$$m\ddot{x} + b\dot{x} + cx = 0. \tag{3.42}$$

Tafel 3-6 Zeitkonstanten bei verschiedenen Energiearten

Speicherart	Energieart				
	elektrisch	thermisch	mechanisch		hydraulisch
			Translation	Rotation	
Kapazität (Feder)	$C\frac{U_0}{I_0}$		$\frac{F_0}{c\dot{x}_0}$	$\frac{M_0}{c_t\dot{\varphi}_0}$	$\frac{V_0}{k}\frac{p_0}{q_0}$
Induktivität (Masse)	$L\frac{I_0}{U_0}$	$\frac{mc}{Aa}$	$\frac{m\dot{x}_0}{F_0}$	$\frac{J\dot{\varphi}_0}{M_0}$	$\frac{\varrho l}{A}\frac{q_0}{p_0}$

Mit den Zeitkonstanten

$$\tau_1 = \frac{b}{c}, \qquad \tau_2 = \sqrt{\frac{m}{c}}$$

kann diese Gleichung wie folgt geschrieben werden:

$$\tau_2^2\ddot{x} + \tau_1\dot{x} + x = 0. \tag{3.43}$$

Für die Eigenkreisfrequenz gilt

$$\omega = \sqrt{\frac{c}{m}} = \frac{1}{\tau_2},$$

für den Dämpfungsgrad (s. Abschn. 2.6.1.4.1)

$$\vartheta = \frac{b}{2\sqrt{cm}} = \frac{1}{2}\frac{b}{c}\sqrt{\frac{c}{m}} = \frac{\tau_1}{2\tau_2}.$$

Die durch den Dämpfungsgrad gekennzeichneten Sonderfälle der Differentialgleichung (3.42) lassen sich somit auch durch die Zeitkonstanten τ_1 und τ_2 ausdrücken, z.B.

PT_1-Verhalten	$\vartheta = \infty$;	$\tau_2 = 0$
aperiodischer Grenzfall	$\vartheta = 1$;	$\tau_1 = 2\tau_2$
ungedämpfte Schwingung	$\vartheta = 0$;	$\tau_1 = 0$.

Weitere Informationen sind der angegebenen Literatur zu entnehmen.

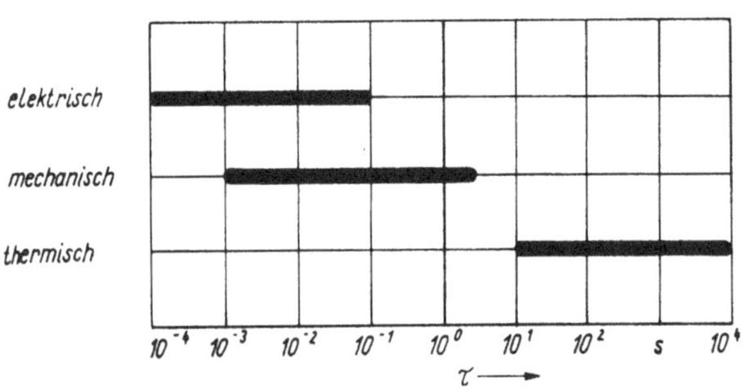

Bild 3-63 Bereiche der Zeitkonstanten [3.7]

3.3.2 Grundmodell und Modellparameter

Zur Grundauslegung, d.h., um die Baugrößen der Hauptbaugruppen grob festzulegen und die kinematische Funktion zu überprüfen, wird der Antrieb einschließlich aller bewegten Massen im kinetostatischen Grundmodell zu lediglich einer rotierenden Masse mit dem Ersatzmassenträgheitsmoment J_{ers} reduziert (Bild 3-64). An ihm greifen das von den äußeren Kräften verursachte Gegenmoment M_g bzw. $\bar{M}_g$ und das Antriebs- bzw. Bremsmoment M bzw. $\bar{M}$ an. Mit diesem physikalischen Ansatz, d.h. der Behandlung des Triebwerks als starre Maschine, lassen sich alle wesentlichen Erkenntnisse über sein Bewegungsverhalten, seine Grundbelastungen und seine Auslegung gewinnen. Mehrmassenmodelle führen anschließend zu Aussagen über die Beanspruchung einzelner Baugruppen, siehe Abschnitt 3.3.7.4.

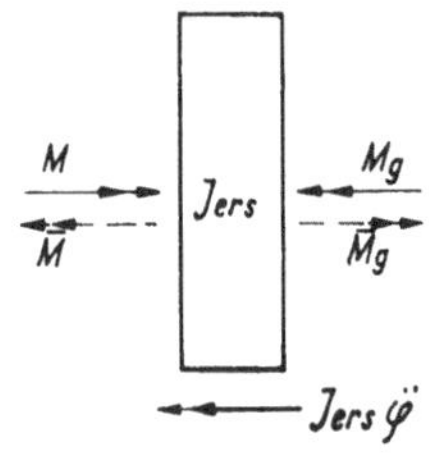

Bild 3-64 Einmassen-Grundmodell

Das Gegenmoment M_g des treibenden bzw. $\bar{M}_g$ des bremsenden Antriebs erfaßt die Wirkung der Bewegungswiderstände, z.B. der Gewichtskräfte, Reibungskräfte, Windkräfte, Grabkräfte, siehe hierzu Abschnitt 3.1.2. Die beiden anderen Modellparameter, Ersatzmassenträgheitsmoment J_{ers} und Antriebsmoment M bzw. $\bar{M}$, bedürfen einer näheren Betrachtung.

3.3.2.1 Ersatzmassenträgheitsmoment

Ein Antrieb – Bild 3-65 zeigt schematisch eine Hubwerk – weist mehrere mit unterschiedlicher Winkelgeschwindigkeit $\dot{\varphi}$ umlaufende Massen und meist auch eine oder mehrere vom Triebwerk translatorisch bewegte Massen auf. Die Reduktion zu lediglich einer Ersatzmasse auf einer Welle geht davon aus, daß die Gesamtenergie des bewegten Systems unverändert bleiben muß, wobei allerdings die Reibungsverluste durch Einbeziehen der Wirkungsgrade zu berücksichtigen sind. Ein derartiges, die tatsächlichen physikalischen Vorgänge vereinfachendes Vorgehen ist bei der Anwendung des Modells „starre Maschine" allgemein üblich. Der Ansatz

$$E_{ers} = J_{ers}\frac{\dot{\varphi}^2}{2} = \sum_{i=1}^{k} E_{rot\,i} + \sum_{u=1}^{w} E_{tra\,u}$$

führt zu dem auf die schnellaufende (Motor-) Welle *1* bezogenen Ersatzmassenträgheitsmoment

$$J_{ers} = J_1 + \sum_{i=2}^{k} J_i\left(\frac{\dot{\varphi}_i}{\dot{\varphi}_1}\right)^2 \eta_{i,1}^{\pm 1} + \sum_{u=1}^{w} m_u\left(\frac{\dot{x}_u}{\dot{\varphi}_1}\right)^2 \eta_{u,1}^{\pm 1}$$

mit

$$\frac{\dot{\varphi}_i}{\dot{\varphi}_1} = i_{i,1} = \prod_{j=1}^{i-1} i_{j,j+1}$$

$$\eta_{i,1} = \prod_{j=1}^{i-1} \eta_{j,j+1}, \qquad \eta_{u,1} = \prod_{j=1}^{u-1} \eta_{j,j+1}; \tag{3.44}$$

J_1, J_i Massenträgheitsmoment der Welle l bzw. i,
$\dot{\varphi}_1, \dot{\varphi}_i$ Winkelgeschwindigkeit der Welle l bzw. i,
$i_{j,j+1}$ Stufenübersetzung zwischen den Wellen j und $j+1$,
$\eta_{j,j+1}$ Stufenwirkungsgrad zwischen den Wellen j und $j+1$,
k Anzahl der Wellen,
m_u translatorisch bewegte Masse u,
$\dot{x}_u$ Geschwindigkeit der Masse u,
w Anzahl der translatorisch bewegten Massen.

Für das Vorzeichen im Exponenten des Wirkungsgrads gilt:

positiv, wenn $M_1\,\dot{\varphi}_1 < 0$,

negativ, wenn $M_1\,\dot{\varphi}_1 > 0$.

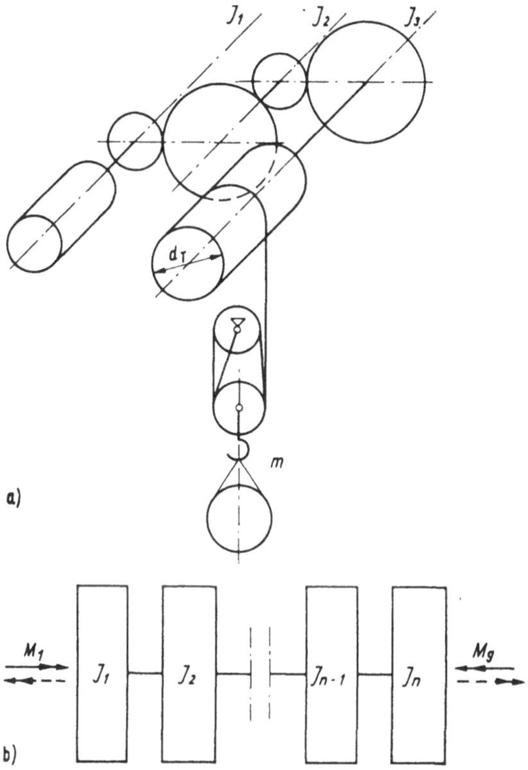

Bild 3-65 Schema eines Hubwerks
a) verteilte Massen
b) auf Motorwelle reduzierte Massen

Der Hubwerkantrieb laut Bild 3-65 als Beispiel hat ein auf die Motorwelle bezogenes Ersatzmassenträgheitsmoment:

beim Anfahren der Hubbewegung

$$J_{\text{ers}} = J_{\text{red}\,1} + m\,\frac{d_{\text{T}}^2}{4}\,\frac{1}{i_{\text{ges}}^2\,\eta_{\text{ges}}}$$

mit

$$J_{\text{red}\,1} = J_1 + J_2\,\frac{1}{i_{1,2}^2\,\eta_{1,2}} + J_3\,\frac{1}{i_{1,2}^2\,i_{2,3}^2\,\eta_{1,2}\,\eta_{2,3}}$$

$$i_{\text{ges}} = i_{1,2}\,i_{2,3}\,i_{\text{F}} = i_{\text{G}}\,i_{\text{F}}$$

$$\eta_{\text{ges}} = \eta_{1,2}\,\eta_{2,3}\,\eta_{\text{T}}\,\eta_{\text{F}} = \eta_{\text{G}}\,\eta_{\text{T}}\,\eta_{\text{F}},$$

beim Bremsen der Senkbewegung

$$\bar{J}_{\text{ers}} = \bar{J}_{\text{red}\,1} + m\,\frac{d_{\text{T}}^2}{4}\,\frac{\eta_{\text{ges}}}{i_{\text{ges}}^2}$$

mit

$$\bar{J}_{\text{red}\,1} = J_1 + J_2\,\frac{\eta_{1,2}}{i_{1,2}^2} + J_3\,\frac{\eta_{1,2}\,\eta_{2,3}}{i_{1,2}^2\,i_{2,3}^2}; \qquad (3.45)$$

$i_{\text{G}}, \eta_{\text{G}}$ Übersetzung bzw. Wirkungsgrad des Getriebes,
$d_{\text{T}}, \eta_{\text{T}}$ Durchmesser bzw. Wirkungsgrad der Seiltrommel,
$i_{\text{F}}, \eta_{\text{F}}$ Übersetzung bzw. Wirkungsgrad des Fleschenzugs.

Die Darstellung des Ersatzmassenträgheitsmoments als Summe der jeweiligen Anteile für die rotatorisch und translatorisch bewegten Massen ist besonders dann von Vorteil, wenn ihre Größenordnung verglichen werden soll oder die Masse m sich nach einem Verteilungsgesetz ändert.
In den beiden behandelten, für die Belastung maßgebenden Betriebszuständen eines Hubwerks wirken die äußeren Drehmomente bzw. die sie verursachenden Kräfte, d.h. das in die Motorwelle eingeleitete Drehmoment M_1 und das durch die an der Masse m angreifende Gewichtskraft erzeugte Gegenmoment M_{g}, jeweils in entgegengesetzter Richtung, so daß der Energiefluß im gesamten Antrieb die gleiche Richtung hat (Momentenpfeile gleicher Strichelung im Bild 3-65b zugeordnet). Sind dagegen die beiden am System angreifenden Drehmomente bzw. Kräfte gleichgerichtet (Zuordnung von zwei Momentenpfeilen unterschiedlicher Strichelung im Bild 3-65b), z.B. im Betriebszustand Anfahren der Senkbewegung, dann können im Innern des Antriebs beide Richtungen des Energieflusses auftreten. Beim Ersatzmassenträgheitsmoment laut Gl. (3.44) wäre dies dadurch zu erfassen, daß im Produkt des Wirkungsgrads unterschiedliche Exponenten bei den Faktoren $\eta_{j,j+1}$ eingesetzt werden. Sollte in besonderen Fällen eine solche genauere Rechnung für notwendig erachtet werden, muß zuvor durch eine Abschätzung die Stelle im Antrieb ermittelt werden, an der sich die Richtung des Energieflusses umkehrt. Unterschiedliche Wirkungsgrade sind dann zu berücksichtigen, wenn das Momentenverhältnis im Bereich

$$\frac{J_1}{\sum\limits_{m=2}^{n} J_m} \geq \frac{M_1}{M_{\text{g}}} \leq \frac{\sum\limits_{m=1}^{n} J_m}{J_n} \qquad (3.46)$$

liegt. In die n Massen sind die translatorisch bewegten einzubeziehen.
Im allgemeinen wird unabhängig von der durch den Exponenten ± 1 ausgedrückten Stellung im Zähler oder Nenner der Gleichung der gleiche Betrag des Wirkungsgrads verwendet. Dies gilt annähernd immer, wenn η groß ist, z.B. bei Wälzlagern, Zahnrädern. Liegt ein kleiner Wirkungsgrad vor, wie bei Schnecken- und Schraubtrieben, Flaschenzügen mit großer Übersetzung, ist die Richtung des Energieflusses nicht allein durch die Stellung, sondern auch durch den zugehörigen Betrag des Wirkungsgrads zu berücksichtigen, weil auch dieser richtungsabhängig ist, siehe hierzu [3.56].
Häufig sind die rotierenden Massen beim Entwurf einer Konstruktion nicht vollständig bekannt. Für eine Überschlagsrechnung kann dann das reduzierte Massenträgheitsmoment der rotierenden Massen näherungsweise durch Bezug auf das der schnellaufenden Welle bestimmt werden, dessen Größe nach der Auswahl von Motor und Bremse einfach zu ermitteln ist. In diesem Fall gilt die Näherungsgleichung

$$J_{\text{red}\,1} \approx \bar{J}_{\text{red}\,1} \approx J_1\,a \quad \text{mit} \quad a = 1{,}1 \ldots 1{,}3. \qquad (3.47)$$

Der Faktor a wächst mit abnehmender Gesamtübersetzung des Antriebs.

3.3.2.2 Antriebs- und Bremsmoment

Das Drehmoment und die Drehzahl eines Motors sind einander entsprechend der Motorkennlinie zugeordnet. Die Kennliniengleichungen sind meist nichtlineare Funktionen, siehe Gln. (3.3) und (3.10). Um geschlossene Lösungen für die Berechnung der kinematischen Größen eines Antriebs zu erhalten, werden diese gekrümmten Kennlinien durch Gerade bzw. Geradenzüge angenähert, eine wegen der sonstigen Ungenauigkeiten angebrachte Vereinfachung. Eine größere Abweichung von der Wirklichkeit liegt darin, das Motormoment als konstante Größe anzusetzen, obwohl es sich mit der Drehzahl bzw. Winkelgeschwindigkeit ändert. Nachstehend werden beide Grundansätze für die Kennliniengleichungen verwendet:

Motormoment konstant

Als Mittelwerte für das Anfahrmoment von Elektromotoren können angesetzt werden:

Drehstrom-Käfigläufermotor	$M_A = 0{,}5\,(M_0 + M_k)$
Drehstrom-Schleifringläufermotor	$M_A = (0{,}6 \ldots 0{,}7)\,M_k$
Gleichstrom-Nebenschlußmotor	$M_A = (1{,}8 \ldots 2{,}0)\,M_{ne}$
Gleichstrom-Reihenschlußmotor	$M_A = (2{,}0 \ldots 2{,}2)\,M_{ne}$;

M_0 Anlaufmoment,
M_k Kippmoment,
M_{ne} Nennmoment.

Das Bremsmoment bei elektrischer Bremsung ist als konstanter Mittelwert nur sehr grob aus der Lage der Kennlinien anzunähern (s. Abschn. 3.2.1):

$$M_B = x M_{ne}; \tag{3.48}$$

$x \approx 1{,}0$ bei Gleichstrombremsung,
$x \approx 0{,}75$ bei Gegenstrombremsung,
$x \approx 0{,}3$ bei einphasiger Bremsung,
M_{ne} Nennmoment des Motors.

Für mechanische Bremsung wird stets M_B = konst. gesetzt.

Motormoment linear veränderlich

Die linearisierte Kennlinie des Motors im ersten Quadranten hat laut Bild 3-66 die Gleichung

$$M = M_0 s = \frac{M_{ne}}{s_{ne}}\left(1 - \frac{\dot\varphi}{\dot\varphi_0}\right)$$

bzw.

$$\frac{\dot\varphi}{\dot\varphi_0} = 1 - \frac{M}{M_0} = 1 - s_{ne}\frac{M}{M_{ne}}$$

mit dem Grenzwert

$$\frac{\dot\varphi_g}{\dot\varphi_0} = 1 - s_{ne}\frac{M_g}{M_{ne}}. \tag{3.49}$$

Anstatt des Nennmoments M_{ne} und Nennschlupfs s_{ne} als Bezugspunkt der Kennlinie kann auch ein anderer, z.B. das Kippmoment M_k mit dem zugehörigen Kippschlupf s_k, gewählt werden. Bei Gleichstrommotoren tritt der bezogene Drehzahlabfall $\Delta n_{ne}/n_0$ an die Stelle des Nennschlupfs s_{ne}. Das Verhältnis der Winkelgeschwindigkeiten läßt sich durch das der Drehzahlen n/n_0 ersetzen.

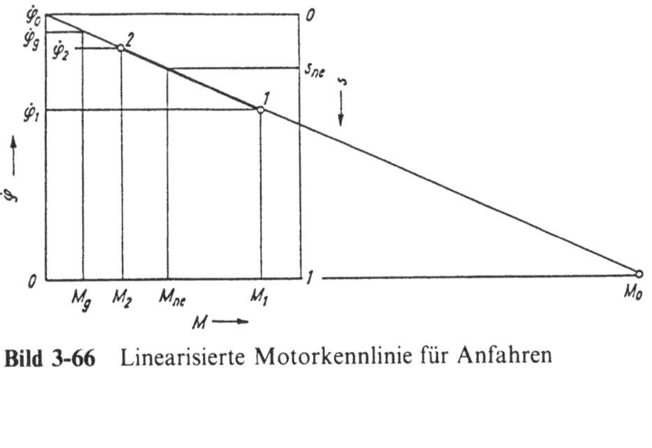

Bild 3-66 Linearisierte Motorkennlinie für Anfahren

3.3.3 Bewegungsgleichungen

Nachdem die Modellparameter bestimmt sind, können die Bewegungsgleichungen aufgestellt werden. Das Gleichgewicht der Drehmomente am Ersatzkörper des Modells im Bild 3-64 ergibt die vom Drehmoment M erzielte Winkelbeschleunigung

$$\ddot\varphi = \frac{M - M_g}{J_{ers}}. \tag{3.50}$$

Bei der Integration sind die beiden unterschiedlichen Ansätze für das Drehmoment M des Motors zu berücksichtigen.

Motormoment konstant

Es gilt für Anfahren aus dem Stillstand

$$\dot\varphi = \int_0^t \ddot\varphi\,dt = \frac{M_A - M_g}{J_{ers}}\,t;$$

$$\varphi = \int_0^t \dot\varphi\,dt = \frac{M_A - M_g}{J_{ers}}\,\frac{t^2}{2}. \tag{3.51}$$

Für M_A sind die im Abschnitt 3.3.2.2 empfohlenen Mittelwerte einzusetzen.

Motormoment linear veränderlich

Einsetzen der Gl. (3.49) in Gl. (3.50) führt zur linearen, inhomogenen Differentialgleichung

$$J_{ers}\ddot\varphi + \frac{M_{ne}}{s_{ne}}\frac{\dot\varphi}{\dot\varphi_0} = \frac{M_{ne}}{s_{ne}} - M_g$$

bzw.

$$\ddot\varphi + \frac{\dot\varphi}{\tau} = \frac{M_{ne}}{J_{ers}s_{ne}} - \frac{M_g}{J_{ers}}$$

mit der Anfahrzeitkonstanten

$$\tau = \frac{J_{ers}\dot\varphi_0}{M_0} = \frac{J_{ers}s_{ne}\dot\varphi_0}{M_{ne}}. \tag{3.52}$$

Diese Gleichung hat die allgemeine Lösung

$$\varphi = A_0 + A_1\,e^{-t/\tau} + \dot\varphi_0\left(1 - s_{ne}\frac{M_g}{M_{ne}}\right)t.$$

Die Randbedingungen $\dot\varphi = \dot\varphi_1$ und $\varphi = 0$ für $t = 0$ führen zur speziellen Lösung in dimensionsloser Form und unter Verwendung von Gl. (3.49) zu

$$\frac{\varphi}{\dot\varphi_0\tau} = \left(1 - s_{ne}\frac{M_g}{M_{ne}} - \frac{\dot\varphi_1}{\dot\varphi_0}\right)(e^{-t/\tau} - 1) + \frac{t}{\tau}\left(1 - s_{ne}\frac{M_g}{M_{ne}}\right)$$

$$= \left(\frac{\dot\varphi_g}{\dot\varphi_0} - \frac{\dot\varphi_1}{\dot\varphi_0}\right)(e^{-t/\tau} - 1) + \frac{t}{\tau}\frac{\dot\varphi_g}{\dot\varphi_0}. \tag{3.53}$$

Durch Differenzieren nach der Zeit entsteht ein analoger Ausdruck für die Winkelgeschwindigkeit

$$\frac{\dot\varphi}{\dot\varphi_0} = 1 - s_{\text{ne}}\frac{M_{\text{g}}}{M_{\text{ne}}} - \left(1 - s_{\text{ne}}\frac{M_{\text{g}}}{M_{\text{ne}}} - \frac{\dot\varphi_1}{\dot\varphi_0}\right)\text{e}^{-t/\tau}$$

$$= \frac{\dot\varphi_{\text{g}}}{\dot\varphi_0} - \left(\frac{\dot\varphi_{\text{g}}}{\dot\varphi_0} - \frac{\dot\varphi_1}{\dot\varphi_0}\right)\text{e}^{-t/\tau} \tag{3.54}$$

Anhand der Gl. (3.54) ist zu erkennen, daß die durch das wirkende Gegenmoment M_{g} festgelegte Grenzgeschwindigkeit $\dot\varphi_{\text{g}}$ für das Hochlaufen auf der Kennlinie (s. Bild 3-66) erst bei $t \to \infty$ erreicht werden kann. Bild 3-67 verdeutlicht dies durch die grafische Darstellung der Funktion $\dot\varphi = \dot\varphi(t)$. Die Zeitkonstante τ ist ein Maß für die Anfangssteigung der Geschwindigkeitskurven. Dies gilt unabhängig davon, ob die Anfangsgeschwindigkeit Null oder $\dot\varphi_1$ und die Endgeschwindigkeit $\dot\varphi_{\text{g}}$ bzw. (für $M_{\text{g}} = 0$) $\dot\varphi_0$ beträgt.

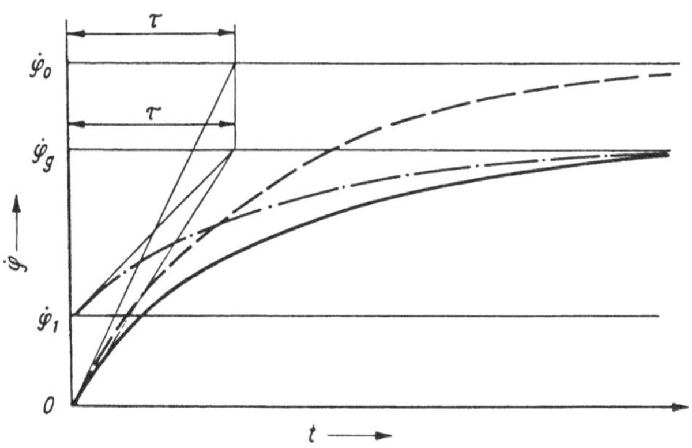

Bild 3-67 Anfahren auf einer Kennlinie

Differenzieren der Gl. (3.54) führt zur Gleichung für die Winkelbeschleunigung

$$\frac{\ddot\varphi\tau}{\dot\varphi_0} = \left(1 - s_{\text{ne}}\frac{M_{\text{g}}}{M_{\text{ne}}} - \frac{\dot\varphi_1}{\dot\varphi_0}\right)\text{e}^{-t/\tau} = \left(\frac{\dot\varphi_{\text{g}}}{\dot\varphi_0} - \frac{\dot\varphi_1}{\dot\varphi_0}\right)\text{e}^{-t/\tau}$$

$$= \frac{\dot\varphi_{\text{g}}}{\dot\varphi_0} - \frac{\dot\varphi}{\dot\varphi_0}. \tag{3.55}$$

Für den letzten Ausdruck in Gl. (3.55) wurde die aus den Gln. (3.54) und (3.49) gebildete Substitution

$$\text{e}^{-t/\tau} = \frac{\dot\varphi_{\text{g}} - \dot\varphi}{\dot\varphi_{\text{g}} - \dot\varphi_1} = \frac{M - M_{\text{g}}}{M_1 - M_{\text{g}}} \tag{3.56}$$

benutzt. Die Extremwerte der Winkelbeschleunigung im durchlaufenen Bereich $\overline{12}$ betragen

$$\frac{\ddot\varphi_1\tau}{\dot\varphi_0} = \frac{\dot\varphi_{\text{g}}}{\dot\varphi_0} - \frac{\dot\varphi_1}{\dot\varphi_0} = s_{\text{ne}}\left(\frac{M_1}{M_{\text{ne}}} - \frac{M_{\text{g}}}{M_{\text{ne}}}\right);$$

$$\frac{\ddot\varphi_2\tau}{\dot\varphi_0} = \frac{\dot\varphi_{\text{g}}}{\dot\varphi_0} - \frac{\dot\varphi_2}{\dot\varphi_0} = s_{\text{ne}}\left(\frac{M_2}{M_{\text{ne}}} - \frac{M_{\text{g}}}{M_{\text{ne}}}\right). \tag{3.57}$$

Meist wird der arithmetische Mittelwert verwendet

$$\frac{\ddot\varphi_{\text{m}}\tau}{\dot\varphi_0} = \frac{\tau}{2}\left(\frac{\ddot\varphi_1}{\dot\varphi_0} + \frac{\ddot\varphi_2}{\dot\varphi_0}\right) = \frac{s_{\text{ne}}}{2}\left(\frac{M_1}{M_{\text{ne}}} + \frac{M_2}{M_{\text{ne}}} - 2\frac{M_{\text{g}}}{M_{\text{ne}}}\right).$$

Die Gln. (3.52), (3.54), (3.55) sowie (3.50) sollen zur bequemeren Anwendung noch mit den Drehzahlen anstelle der Winkelgeschwindigkeiten geschrieben werden:

$$\tau = \frac{J_{\text{ers}}s_{\text{ne}}2\pi n_0}{M_{\text{ne}}}$$

$$\frac{n}{n_0} = \frac{n_{\text{g}}}{n_0} - \left(\frac{n_{\text{g}}}{n_0} - \frac{n_1}{n_0}\right)\text{e}^{-t/\tau}$$

$$\varepsilon = \frac{2\pi n_0}{\tau}\left(\frac{n_{\text{g}}}{n_0} - \frac{n}{n_0}\right) = \frac{M - M_{\text{g}}}{J_{\text{ers}}}. \tag{3.58}$$

Die für das Anfahren im 1. Quadranten hergeleiteten Gln. (3.53) bis (3.55) sind auch gültig, wenn die Motorkennlinien im 2. bis 4. Quadranten liegen. Es müssen allerdings die bezogenen Winkelgeschwindigkeiten $\dot\varphi/\dot\varphi_0$ bzw. Drehzahlen n/n_0 oder die ihnen durch die Gl. (3.49) zugeordneten bezogenen Drehmomente M/M_{ne} mit negativem Vorzeichen eingesetzt werden, wenn sie Betriebspunkten entsprechen, die im 2. oder 4. Quadranten liegen.
Das Vorzeichen des Gegenmoments M_{g} bleibt bestehen, wenn seine Kennlinie im gleichen Quadranten wie die des Antriebs- bzw. Bremsmoments liegt. Im anderen Fall wechselt es. Bild 3-68 und Tafel 3-7 geben hierzu Hinweise. Zu beachten ist der bereits im Abschnitt 3.1.2 erörterte Einfluß des Winds oder anderer Gegenkräfte, der zu einer Verschiebung der Kennlinie für das Gegenmoment in den benachbarten Quadranten führen kann, s. Bild 3-3b.

Tafel 3-7 Vorzeichen für das Gegenmoment M_{g} bei unterschiedlichen Antrieben und Quadranten des Kennlinienfelds

Quadrant	Hub- und Einziehwerke	Fahr- und Drehwerke[1])
1	+	+
2	–	–
3	–	+
4	+	–

[1]) nur Moment aus Reibungskräften

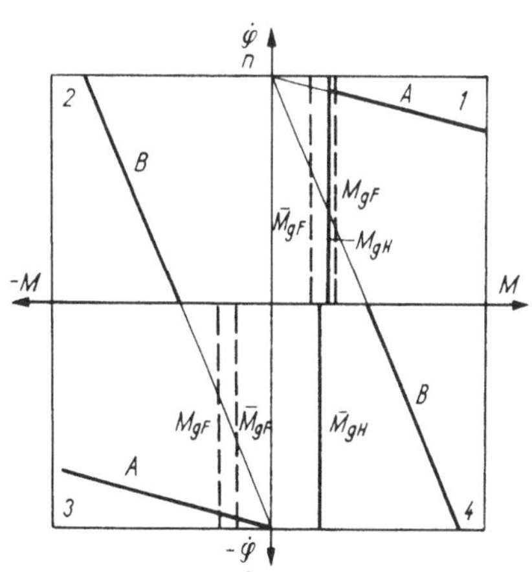

Bild 3-68 Motorkennlinien und Lage des Gegenmoments M_{g} in den vier Quadranten des Antriebskennfelds

M_{gH} Hub- und Einziehwerke
M_{gF} Fahr- und Drehwerke
Antreiben: Kennlinien A, Momente M
Bremsen: Kennlinien B, Momente $\bar M$

3.3.4 Anfahr- und Bremszeiten

Das wichtigste Anwendungsgebiet der im vorstehenden Abschnitt entwickelten Bewegungsgleichungen ist die Berechnung der Anfahr- und Bremszeiten als unumgängliche Kontrolle des Betriebsverhaltens eines Triebwerks. Neben dem Normalfall des Anfahrens und Bremsens bei elektrischer Steuerung muß auch der des mechanischen Bremsens, unter Umständen nach Stromausfall, erfaßt werden.

3.3.4.1 Anfahren und elektrisches Bremsen

Bei Stufensteuerung des Elektromotors (Bild 3-69), der immer noch am meisten verbreiteten Schaltung, sind die Zeiten für das Durchlaufen der einzelnen Stufen getrennt zu ermitteln und dann zu addieren. Üblich ist jedoch auch die im Abschnitt 3.3.2.2 aufgeführte Näherung mit Hilfe eines konstant angenommenen mittleren Anfahrmoments M_A bzw. Bremsmoments M_B. Es müssen somit wiederum zwei unterschiedliche Ansätze verfolgt werden.

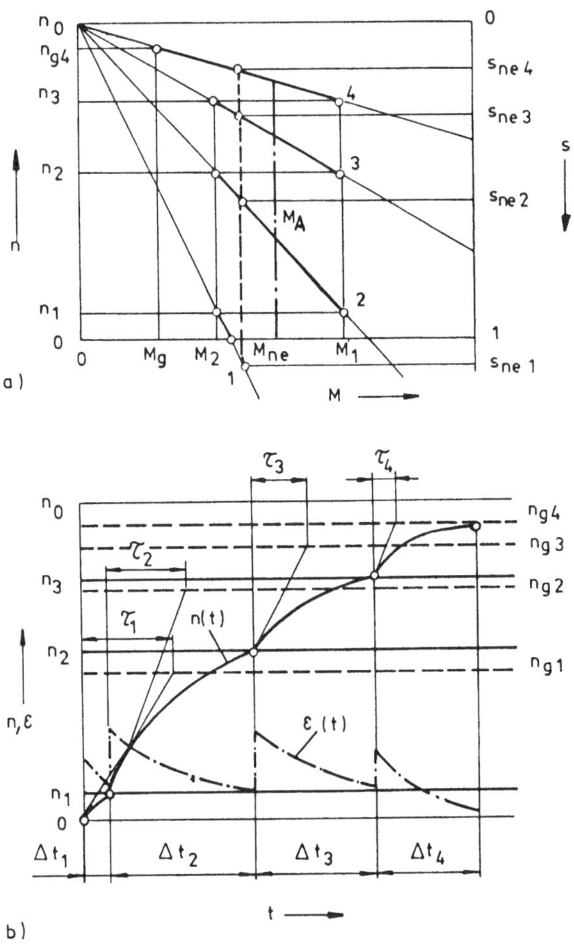

Bild 3-69
Mehrstufige Steuerung des Anfahrens
a) Kennlinien
b) Verlauf der kinematischen Größen

Motormoment konstant

Gl. (3.51) für die Winkelgeschwindigkeit $\dot{\varphi}$ ist eine monoton mit der Zeit t steigende Funktion. Tatsächlich kann der Antrieb jedoch beim Anfahren nur bis zur Grenzgeschwindigkeit $\dot{\varphi}_g$ hochlaufen. Die zugehörige Anfahrzeit beträgt

$$t_A = \frac{J_{ers}\,\dot{\varphi}_g}{M_A - M_g} = \frac{J_{ers}\,2\pi n_g}{M_A - M_g}. \tag{3.59}$$

Entsprechend kann für die Bremszeit geschrieben werden

$$t_B = \frac{\bar{J}_{ers}\,\dot{\varphi}_g}{M_B - \bar{M}_g} = \frac{\bar{J}_{ers}\,2\pi n_g}{M_B - \bar{M}_g}. \tag{3.60}$$

Motormoment linear veränderlich

Aus Gl. (3.56) entsteht der Ansatz für die Hochlaufzeit Δt_i auf einer beliebigen Kennlinie i vom Punkt 1 bis zum Punkt 2, siehe Bild 3-66,

$$\Delta t_i = \tau_i \ln \frac{\dot{\varphi}_{gi} - \dot{\varphi}_{1i}}{\dot{\varphi}_{gi} - \dot{\varphi}_{2i}} = \tau_i \ln \frac{n_{gi} - n_{1i}}{n_{gi} - n_{2i}} = \tau_i \frac{M_{1i} - M_g}{M_{2i} - M_g}. \tag{3.61}$$

Die im Bild 3-66 eingezeichneten Größen erhielten dabei den zusätzlichen Index i, der sie dieser Kennlinie zuordnet.
Auf der ersten und auf der letzten (im Bild 3-69 vierten) Kennlinie treten Besonderheiten insofern auf, daß für die erste Kennlinie $\dot{\varphi}_1 = 0$ und für die letzte Kennlinie statt $\dot{\varphi}_2$ die Grenzgeschwindigkeit $\dot{\varphi}_g$ gilt. Weil diese Grenzgeschwindigkeit in endlicher Zeit nicht erreicht werden kann (s. Bemerkung nach Gl. (3.54)), ist es in der Praxis üblich, die Hochlaufzeit als beendet anzusehen, wenn 95 % von $\dot{\varphi}_g$ erzielt sind.
Die gesamte Anfahrzeit beträgt daher bei k nacheinander geschalteten Kennlinien unter Verwendung von Gl. (3.49)

$$t_A = \Delta t_1 + \sum_{i=2}^{k-1} \tau_i \ln \frac{M_{1i} - M_g}{M_{2i} - M_g} + \Delta t_k \tag{3.62}$$

mit

$$\Delta t_1 = \tau_1 \ln \frac{\dot{\varphi}_{g1}}{\dot{\varphi}_{g1} - \dot{\varphi}_{21}} = \tau_1 \ln \frac{M_{ne} - s_{ne1} M_g}{s_{ne1}(M_{21} - M_g)};$$

$$\Delta t_k = \tau_k \ln \frac{\dot{\varphi}_{gk} - \dot{\varphi}_{1k}}{0{,}05\,\dot{\varphi}_{gk}} = \tau_k \ln \frac{s_{nek}(M_{1k} - M_g)}{0{,}05(M_{ne} - s_{nek} M_g)}. \tag{3.63}$$

Für elektrisches Bremsen gelten sinngemäß die gleichen Ansätze, es sind allerdings die Hinweise für die im 2. bis 4. Quadranten liegenden Kennlinien zu beachten, die am Schluß des Abschnitts 3.3.3 gegeben wurden. Sie beziehen sich auch auf das Vorzeichen des Gegenmoments M_g. Vereinfachend kann man die Drehmomente M_{1i} und M_{2i} der verschiedenen Stufen, wie es im Bild 3-69 idealisierend gezeichnet ist, gleich setzen.

3.3.4.2 Mechanisches Bremsen

Eine mechanische Bremse als Betriebsbremse wird stets so geschaltet, daß der Elektromotor erst stromlos wird, wenn die Bremse eingefallen ist. Dies schließt eine drehmomentfreie Freifall- bzw. Freifahrtstellung des Antriebs aus, und es gilt Gl. (3.60) für die Bremszeit t_B. Bei einer Notabschaltung des Triebwerks oder bei Stromausfall wirkt sich die Einfallzeit t_0 der mechanischen Bremse jedoch auf die Dauer der Bremsung und den Bremsweg aus. Um auch in diesem Fall zulässige Werte nicht zu überschreiten, muß er rechnerisch überprüft werden.
Während des freien Nachlaufs erhöht sich bei positivem Gegenmoment $\bar{M}_g$ (Hubwerk Senken) die Winkelgeschwindigkeit $\dot{\varphi}_1$ auf $\dot{\varphi}_2$ (Bild 3-70), bei negativem Gegenmoment $\bar{M}_g$ (Hubwerk Heben, Fahrwerk) verringert sie sich dagegen auf $\bar{\dot{\varphi}}_2$. Im erstgenannten Fall ergibt sich als Endgeschwindigkeit unter Verwendung von Gl. (3.50) wegen

$$\dot{\varphi}_1 - \dot{\varphi}_2 = \int_0^{t_0} \ddot{\varphi}\,dt = \int_0^{t_0} -\frac{\bar{M}_g}{\bar{J}_{ers}}\,dt = -\frac{\bar{M}_g t_0}{\bar{J}_{ers}}$$

$$\dot{\varphi}_2 = \dot{\varphi}_1 + \frac{\bar{M}_g t_0}{\bar{J}_{ers}}. \tag{3.64}$$

Die Proportion $(\dot{\varphi} - \dot{\varphi}_1)/(\dot{\varphi}_2 - \dot{\varphi}_1) = t/t_0$ führt zur Gleichung für die veränderliche Winkelgeschwindigkeit

$$\dot{\varphi} = \dot{\varphi}_1 + (\dot{\varphi}_2 - \dot{\varphi}_1)\frac{t}{t_0}$$

und zu einem Ansatz für den während des freien Nachlaufs zurückgelegten Drehwinkel

$$\varphi_0 = \int_0^{t_0} \dot{\varphi}\,\mathrm{d}t = \int_0^{t_0}\left[\dot{\varphi}_1 + (\dot{\varphi}_2 - \dot{\varphi}_1)\frac{t}{t_0}\right]\mathrm{d}t = (\dot{\varphi}_2 + \dot{\varphi}_1)\frac{t_0}{2}. \tag{3.65}$$

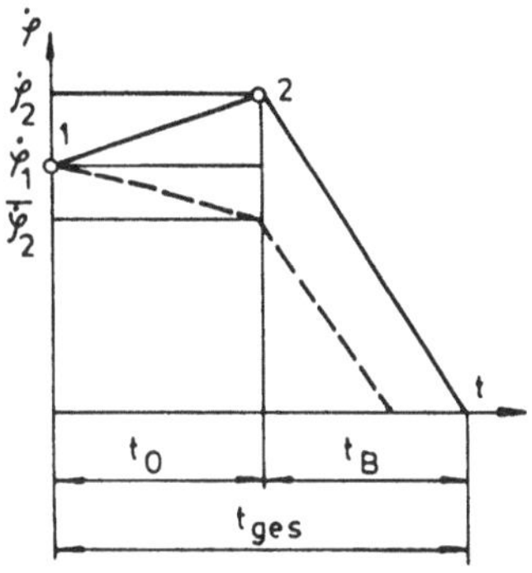

Bild 3-70 Freier Nachlauf während der Einfallzeit der Bremse

Die Gesamtzeit t_{ges} als Summe von Nachlaufzeit t_0 und Bremszeit t_B wird mit Gl. (3.60) unter Einsetzen von Gl. (3.64) ermittelt

$$t_{ges} = t_0 + t_B = t_0 + \frac{\bar{J}_{ers}\dot{\varphi}_2}{M_B - \bar{M}_g} = \frac{\bar{J}_{ers}\dot{\varphi}_1}{M_B - \bar{M}_g} + \left(1 + \frac{\bar{M}_g}{M_B - \bar{M}_g}\right)t_0. \tag{3.66}$$

Der gesamte durchlaufene Drehwinkel wird entsprechend mit Ansatz von Gl. (3.51) und Einsetzen der Gln. (3.64) und (3.65)

$$\varphi_{ges} = \varphi_0 + \varphi_B = (\dot{\varphi}_2 + \dot{\varphi}_1)\frac{t_0}{2} + \frac{M_B - \bar{M}_g}{\bar{J}_{ers}}\frac{t_B^2}{2} = \frac{M_B}{M_B - \bar{M}_g}\left(\frac{\bar{J}_{ers}\dot{\varphi}_1^2}{2M_B} + \dot{\varphi}_1 t_0 + \frac{\bar{M}_g t_0^2}{2\bar{J}_{ers}}\right). \tag{3.67}$$

In den Gln. (3.66) und (3.67) ergibt sich jeweils für $t_0 = 0$ die Bremszeit bzw. der Bremsweg ohne freien Nachlauf. Analoge Gleichungen für den Nachlaufweg anstelle des Nachlaufwinkels gibt [3.57] an.

3.3.5 Näherungsansätze für Asynchronmotoren mit Käfigläufer

Die Kennlinien der Drehstrom-Asynchronmotoren mit Käfigläufer sind stark nichtlinear. Deshalb werden in den einschlägigen Fachbüchern [3.6] [3.7] verhältnismäßig aufwendige grafoanalytische Verfahren zur Berechnung der Anlaufzeit angegeben, bei denen die Kennlinie durch eine fein gegliederte Stufenkurve angenähert wird. Die für die einzelnen Intervalle berechneten Teilzeiten werden summiert.
Um Orientierungswerte für die auftretenden Winkelbeschleunigungen und Anfahrzeiten zu erhalten, kann man jedoch bereits mit zwei oder höchstens drei Geraden auskommen, um den Kennlinienverlauf anzunähern; Bild 3-71 zeigt dies für zwei Läuferbauarten. Unter Nutzung der im Abschnitt 3.3.3 für lineare Kennlinien hergeleiteten Gleichungen lassen sich die Beschleunigungen und Hochlaufzeiten der einzelnen Teilabschnitte der Kennlinie angegeben.

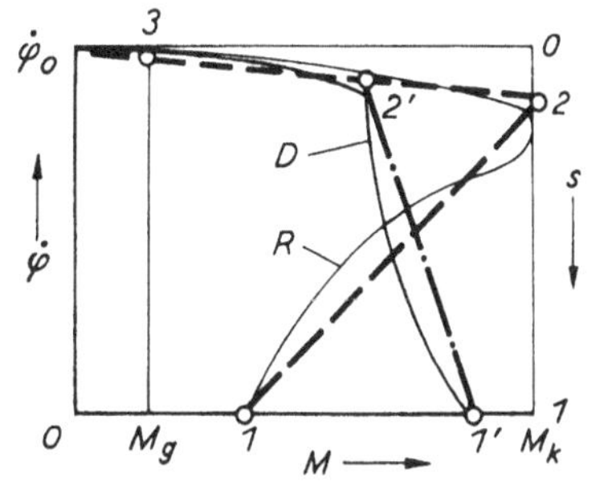

Bild 3-71 Linearisierung der Kennlinien von Drehstrom-Asynchronmotoren mit Käfigläufer
R Rundstabläufer
D Doppelstabläufer

Zweckmäßigerweise werden dabei die auf die Nennleistung bezogenen Kenngrößen von Drehmoment (M_{ne}) und Schlupf (s_{ne}) durch die des Schnittpunkts *2* der Kennlinien, d.h. durch M_2 und s_2 bzw. $M_{2'}$ und $s_{2'}$, ersetzt. Die Winkelbeschleunigungen und Hochlaufzeiten im Kennlinienabschnitt $\overline{12}$ für die beiden Konstruktionsarten des Läufers ergeben sich wie folgt:

Rundstabläufer (R)

$$\frac{\ddot{\varphi}_1 \tau}{\dot{\varphi}_0} = (1 - s_2)\frac{M_1 - M_g}{M_2 - M_1}$$

$$\frac{\ddot{\varphi}_2 \tau}{\dot{\varphi}_0} = (1 - s_2)\frac{M_2 - M_g}{M_2 - M_1}$$

$$\Delta t_{12} = \tau_{12} \ln\frac{M_2 - M_g}{M_1 - M_g}$$

mit der Zeitkonstanten

$$\tau_{12} = \frac{J_{ers}\dot{\varphi}_0(1 - s_2)}{M_2 - M_1} \tag{3.68}$$

Doppelstabläufer (D)

$$\frac{\ddot{\varphi}_{1'} \tau}{\dot{\varphi}_0} = (1 - s_{2'})\frac{M_{1'} - M_g}{M_{1'} - M_{2'}}$$

$$\frac{\ddot{\varphi}_{2'} \tau}{\dot{\varphi}_0} = (1 - s_{2'})\frac{M_{2'} - M_g}{M_{1'} - M_{2'}}$$

$$\Delta t_{1'2'} = \tau_{1'2'} \ln\frac{M_{1'} - M_g}{M_{2'} - M_g}$$

mit der Zeitkonstanten

$$\tau_{1'2'} = \frac{J_{ers}\dot{\varphi}_0(1 - s_{2'})}{M_{1'} - M_{2'}}. \tag{3.69}$$

Die Hochlaufzeit im Kennlinienabschnitt $\overline{23}$ wird wiederum bis zum Erreichen der Grenzgeschwindigkeit $0{,}95\dot{\varphi}_g$ bestimmt:

$$\Delta t_{23} = \tau_{23} \ln \frac{s_2 (M_2 - M_g)}{0{,}05 (M_2 - s_2 M_g)} \tag{3.70}$$

mit der Zeitkonstanten

$$\tau_{23} = \frac{J_{ers} s_2 \dot{\varphi}_0}{M_2}.$$

Andere Kennlinienformen lassen sich in ähnlicher Weise behandeln.

3.3.6 Zahlenbeispiel

Anlauf- und Bremsvorgang eines Hubwerks

Für das im Zahlenbeispiel Abschnitt 3.5.1.5 mit konstanten Drehmomenten berechnete und entworfene Hubwerk sollen die Anfahr- und Bremszeiten sowie die Beschleunigungen mit linear veränderlichen Drehmomenten nachgerechnet werden, um den Umgang mit den Gleichungen der Abschnitte 3.3.3 und 3.3.4 zu zeigen und zugleich einen Vergleich der Ergebnisse beider Rechnungsgänge zu ermöglichen.

a) Kennlinien

Zugrunde gelegt wird die im Bild 3-72 dargestellte 5stufige Hubwerkschaltung mit zwei Gegenstrombremsstufen. Die Kennlinien sind nach dem Nennschlupf s_{ne} bei Abgabe des Nennmoments M_{ne} wie folgt gestuft: $s_{ne5} = 0{,}08$; $s_{ne4} = 0{,}18$; $s_{ne3} = 0{,}36$; $s_{ne2} = 0{,}6$; $s_{ne1} = 1{,}4$. Sie werden vereinfachend als Gerade angenommen.

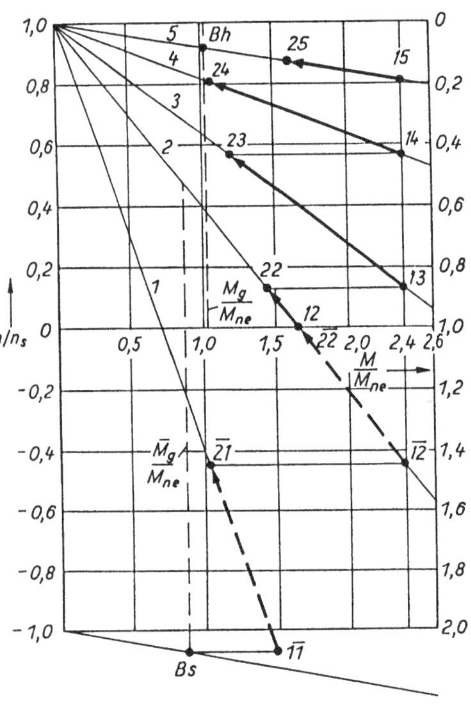

Bild 3-72 5stufige Hubwerkschaltung

b) Antriebsparameter

Von den im Abschnitt 3.5.1.5 berechneten Größen werden benötigt:

Ersatzmassenträgheitsmoment	$J_{ers} = 1{,}47\,\text{kg}\cdot\text{m}^2$
Trommeldurchmesser	$d_T = 0{,}63\,\text{m}$
Gesamtübersetzung	$i_{ges} = 160$
Gesamtwirkungsgrad	$\eta_{ges} = 0{,}92$
Gegenmoment beim Heben	$M_g = M_{bew} = 419{,}9\,\text{N}\cdot\text{m}$
Gegenmoment beim Senken	$\bar{M}_g = M_{bew}\,\eta_{ges}^2 = 419{,}9 \cdot 0{,}92^2 = 355{,}4\,\text{N}\cdot\text{m}$
Nennmoment des Motors	$M_{ne} = 411{,}4\,\text{N}\cdot\text{m}$
Synchrondrehzahl	$n_s = 1000\,\text{U/min} = 16{,}67\,\text{U/s}.$

Die benötigten bezogenen Gegenmomente

$$\frac{M_g}{M_{ne}} = \frac{419{,}9}{411{,}4} = 1{,}02 \quad \text{und} \quad \frac{\bar{M}_g}{M_{ne}} = \frac{355{,}4}{411{,}4} = 0{,}86$$

sind in das Kennlinienfeld (Bild 3-72) eingetragen.

c) Verwendete Gleichungen

Es werden nachstehend die Gleichungen (3.49) (3.58) (3.61) und (3.63) herangezogen und dabei zum Teil auf das Drehzahlverhältnis anstelle des Verhältnisses der Winkelgeschwindigkeiten umgestellt. Die Bezugsdrehzahl n_0 ist bei einem Drehstrom-Asynchronmotor gleich der Synchrondrehzahl n_s.

d) Tatsächliche Hubgeschwindigkeit

Die flachste Kennlinie *5* mit $s_{ne5} = 0{,}08$ weicht von der Normalkennlinie des Motors mit $s_{ne} = 0{,}025$ wegen Einfügens eines Schlupfwiderstands ab, um hohe Ströme beim Umschalten auf diese Kennlinie zu vermeiden. Damit betragen Drehzahl im Betriebspunkt *Bh* und Hubgeschwindigkeit v_H in der Beharrung bei voller statischer Belastung unter Verwendung von Gl. (3.49)

$$n_{g5} = n_s \left(1 - s_{ne5} \frac{M_g}{M_{ne}}\right)$$

$$= 1000 (1 - 0{,}08 \cdot 1{,}02) = 918{,}4\,\text{U/min}$$

$$v_H = \frac{n_{g5} d_T \pi}{i_{ges}} = \frac{918{,}4 \cdot 0{,}63\,\pi}{160} = 11{,}36\,\text{m/min}.$$

Dies ergibt als relative Abweichung von der vorgegebenen Hubgeschwindigkeit

$$\frac{\Delta v_H}{v_H} = -\frac{1{,}14}{12{,}5} = -0{,}091 \mathrel{\hat{=}} -9{,}1\,\%.$$

e) Schaltpunkte für das Anfahren

Wegen der kurzen Hochlaufzeiten einer Hubwerkschaltung kann allgemein angenommen werden, daß der Motor auf der jeweiligen Kennlinie sehr schnell bis zum durch das Gegenmoment gekennzeichneten Betriebspunkt hochläuft und dort so lange verbleibt, bis zur nächsten Kennlinie umgeschaltet wird. Damit wird die Anfahrzeit vorrangig vom zeitlichen Ablauf der Schaltvorgänge bestimmt. Die kürzeste Anfahrzeit entsteht jedoch, wenn stets rechtzeitig auf das größtmögliche Motormoment, im Beispiel vom Bild 3-72 auf $M/M_{ne} = 2{,}4$, umgeschaltet wird. Dieser Fall wird hier aus Gründen der Information behandelt, obwohl er in der Praxis schwierig zu verwirklichen wäre.
Mit Gl. (3.49) und $n_{12}/n_s = 0$ erhält man für den Schaltpunkt *12* das zugehörige bezogene Drehmoment

$$\frac{M_{12}}{M_{ne}} = \frac{1 - n_{12}/n_s}{s_{ne2}} = \frac{1 - 0}{0{,}6} = 1{,}67.$$

Tafel 3-8 Durchlaufzeiten und Beschleunigungen in den Schaltstufen 2 bis 5 (Anfahren)

1	2	3	4	5	6	7	8	9	10	11	12	13
Stufe i	s_{nei}	$\frac{n_{1i}}{n_s}$	$\frac{n_{2i}}{n_s}$	$\frac{M_{1i}}{M_{ne}}$	$\frac{M_{2i}}{M_{ne}}$	τ_i in s	$\frac{n_{gi}}{n_s}$	Δt_i in s	ε_{1i} in s^{-2}	ε_{2i} in s^{-2}	a_{1i} in m/s^2	a_{2i} in m/s^2
2	0,60	0	0,136	1,67	1,44	0,224	0,388	0,10	181	118	0,36	0,23
3	0,36	0,136	0,568	2,4	1,20	0,135	0,633	0,27	385	50,4	0,76	0,10
4	0,18	0,568	0,808	2,4	1,07	0,067	0,816	0,23	388	12,5	0,76	0,02
5	0,08	0,808	0,872	2,4	1,60	0,030	0,918	0,03	384	161	0,76	0,32
								Σ 0,63				

Anschließend wird in umgekehrter Weise für den Schaltpunkt *13*, bei dem das Momentenverhältnis $M_{13}/M_{ne} = 2{,}4$ bekannt ist, die zugehörige bezogene Drehzahl ermittelt

$$\frac{n_{13}}{n_s} = 1 - s_{ne3}\frac{M_{13}}{M_{ne}} = 1 - 0{,}36 \cdot 2{,}4 = 0{,}136.$$

Auf diese Weise ergeben sich für alle Schaltpunkte die zugehörigen bezogenen Drehzahlen und Drehmomente, die in den Spalten 3 bis 6 der Tafel 3-8 zusammengefaßt sind. Der Hochlauf auf der Kennlinie *5* wird dabei bis zu $0{,}95 \cdot n_{g5} = 0{,}95 \cdot 918{,}4 = 872$ U/min berechnet.

f) Anfahrzeiten

Die Anwendung von Gl. (3.61) verlangt die vorherige Berechnung der Zeitkonstanten τ_i und der Grenzdrehzahlen n_{gi} mit Hilfe der Gln. (3.58) und (3.49). Für die Kennlinie *5* gilt z.B.

$$\tau_5 = \frac{J_{ers}\, s_{ne5}\, 2\pi n_s}{M_{ne}} = \frac{1{,}47 \cdot 0{,}08 \cdot 2\pi \cdot 16{,}67}{411{,}4} = 0{,}030\,\mathrm{s}$$

$$\frac{n_{g5}}{n_s} = 1 - s_{ne5}\frac{M_{15}}{M_{ne}} = 1 - 0{,}08 \cdot 2{,}4 = 0{,}808.$$

Die anderen, entsprechend bestimmten Werte sind in den Spalten 7 und 8 der Tafel 3-8 aufgeführt.
Die Berechnung der Anfahrzeiten auf den einzelnen Kennlinien beginnt am Schaltpunkt *12* auf der Kennlinie *2*. Die Zeit bis zum Erreichen des Umschaltpunkts *22* beträgt mit Gl. (3.61)

$$\Delta t_2 = \tau_2 \ln \frac{n_{g2}/n_s - n_{12}/n_s}{n_{g2}/n_s - n_{22}/n_s}$$

$$= 0{,}224 \cdot \ln \frac{0{,}388 - 0}{0{,}388 - 0{,}136} = 0{,}10\,\mathrm{s}.$$

In gleicher Weise bestimmt man die Anfahrzeiten auf den Kennlinien *3* und *4*. Für die Kennlinie *5* lautet der Ansatz entsprechend Gl. (3.63)

$$\Delta t_5 = \tau_5 \ln \frac{n_{g5}/n_s - n_{15}/n_s}{0{,}05\, n_{g5}/n_s}$$

$$= 0{,}030 \cdot \ln \frac{0{,}918 - 0{,}808}{0{,}05 \cdot 0{,}918} = 0{,}03\,\mathrm{s}.$$

Die gesamte Anfahrzeit als Summe der Teilzeiten in Spalte 9 liegt in diesem Idealfall der Schaltfolge mit $t_A = 0{,}63\,\mathrm{s}$ erheblich niedriger als der im Abschnitt 3.5.1.5 angenommene Wert $t_{Ah} = 2{,}00\,\mathrm{s}$.

g) Anfahrbeschleunigungen

Die Winkelbeschleunigung ε_{15} als Beispiel hat gemäß Gl. (3.58) die Größe

$$\varepsilon_{15} = \frac{2\pi n_s}{\tau_5}\left(\frac{n_{g5}}{n_s} - \frac{n_{15}}{n_s}\right)$$

$$= \frac{2\pi \cdot 16{,}67}{0{,}030}(0{,}918 - 0{,}808) = 384\,\mathrm{s}^{-2}.$$

Dies führt zu einer translatorischen Beschleunigung der Hubmasse m von

$$a_{15} = \frac{\varepsilon_{15} d_T}{2 i_{ges}} = \frac{384 \cdot 0{,}63}{2 \cdot 160} = 0{,}76\,\mathrm{m/s^2}.$$

Die Beschleunigungen in den Schaltpunkten geben die Spalten 10 bis 13 der Tafel 3-8 an. Sie liegen merklich über dem im Abschnitt 3.5.1.5 vorgegebenen Wert $a = 0{,}1\,\mathrm{m/s^2}$. Der Beschleunigungsverlauf kann nach der Berechnung der Parameter für die Unstetigkeitsstellen näherungsweise auch zeichnerisch dargestellt werden, siehe Bild 3-73.

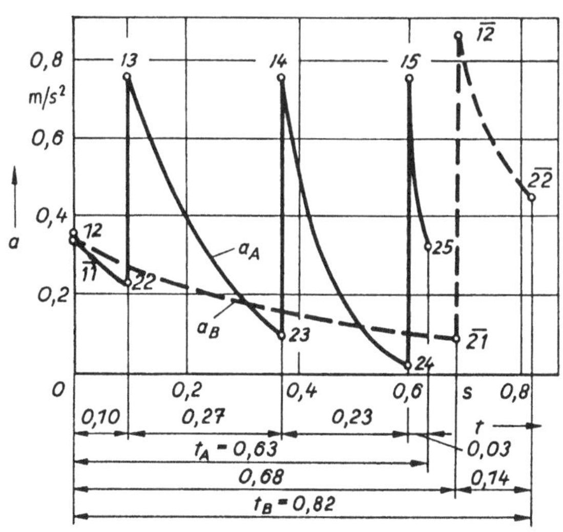

Bild 3-73 Beschleunigungsverlauf

h) Bremszeiten und -beschleunigungen

Zu beachten ist, daß im vierten Quadranten liegende Drehzahlen negative Vorzeichen erhalten, z.B. wird

$$\frac{\bar{n}_{g1}}{n_s} = 1 - s_{ne1}\frac{\bar{M}_g}{M_{ne}} = 1 - 1{,}4 \cdot 0{,}86 = -0{,}204.$$

Tafel 3-9 Durchlaufzeiten und Beschleunigungen in den Schaltstufen 1 und 2 (Bremsen)

Stufe i	$\bar{s}_{nei}$	$\frac{\bar{n}_{1i}}{n_s}$	$\frac{\bar{n}_{2i}}{n_s}$	$\frac{\bar{M}_{1i}}{M_{ne}}$	$\frac{\bar{M}_{2i}}{M_{ne}}$	$\bar{\tau}_i$ in s	$\frac{\bar{n}_{gi}}{n_s}$	$\Delta\bar{t}_i$ in s	$\bar{\varepsilon}_{1i}$ in s^{-2}	$\bar{\varepsilon}_{2i}$ in s^{-2}	$\bar{a}_{1i}$ in m/s^2	$\bar{a}_{2i}$ in m/s^2
1	1,40	−1,069	−0,440	1,48	1,03	0,524	−0,204	0,68	173	47,2	0,34	0,09
2	0,60	−0,440	0	2,4	1,67	0,224	0,484	0,14	432	226	0,86	0,45
								Σ 0,82				

Dagegen liegt die Drehzahl $\bar{n}_{g2}$ im ersten Quadranten und bleibt damit positiv.

Während des stationären Senkens befindet sich der Betriebspunkt *Bs* im übersynchronen Drehzahlbereich des im Senksinn geschalteten Motors. Der Nennschlupf ist negativ, d.h., $\bar{s}_{ne5} = -0{,}08$. Das bezogene Drehzahlverhältnis wird wegen des negativen Werts von n_s wieder positiv

$$\frac{n_{Bs}}{n_s} = 1 - s_{ne5}\frac{\bar{M}_g}{M_{ne}} = 1 + 0{,}08 \cdot 0{,}86 = 1{,}069.$$

Wird nunmehr durch Umkehr der Richtung des Drehfelds auf die Kennlinie *1* für Gegenstrombremsen geschaltet, nimmt $\bar{n}_{11}/n_s = -n_{Bs}/n_s = -1{,}069$ einen negativen Wert an, weil n_s sein Vorzeichen ändert. Für den Schaltpunkt $\overline{11}$ wird das bezogene Drehmoment

$$\frac{\bar{M}_{11}}{M_{ne}} = \frac{1 - \bar{n}_{11}/n_s}{s_{ne1}} = \frac{1 + 1{,}069}{1{,}4} = 1{,}48,$$

und die Bremszeit auf der Kennlinie *1* beträgt laut Gl. (3.63)

$$\Delta\bar{t}_1 = \tau_1 \ln\frac{\bar{n}_{g1}/n_s - \bar{n}_{11}/n_s}{\bar{n}_{g1}/n_s - \bar{n}_{21}/n_s}$$

$$= 0{,}524 \cdot \ln\frac{-0{,}204 + 1{,}069}{-0{,}204 + 0{,}440} = 0{,}68\,s.$$

Schließlich wird mit Gl. (3.58) noch die zugehörige Beschleunigung im Punkt $\overline{11}$ bestimmt

$$\bar{\varepsilon}_{11} = \frac{2\pi n_s}{\tau_1}\left(\frac{\bar{n}_{g1}}{n_s} - \frac{\bar{n}_{11}}{n_s}\right)$$

$$= \frac{2\pi \cdot 16{,}67}{0{,}524}(-0{,}204 + 1{,}069) = 173\,s^{-2}.$$

Damit ist das Vorgehen ausreichend erläutert. Tafel 3-9 enthält die Werte, Bild 3-73 die grafische Darstellung.

3.3.7 Drehmomente in Antrieben

Die in einem Antrieb übertragenen Drehmomente können als Einzelmomente aus den am Antrieb wirkenden Kräften errechnet und anschließend in geeigneter Weise zu Gesamtmomenten in den jeweiligen Betriebsphasen überlagert werden. Diese Momente sind von mehreren Parametern abhängig; die wichtigsten sind

- Ort (Stelle im Antrieb),
- Zeit (Betriebsphase),
- Belastung (Art und Größe der äußeren Kräfte bzw. der zu bewegenden Massen),
- Richtung des Energieflusses (treibender oder bremsender Antrieb).

Deshalb sind Festlegungen unerläßlich, um Eindeutigkeit und sicheres Verständnis zu gewährleisten. Vorteilhaft erscheint es, die Drehmomente in der Endfassung der Gleichungen auf die Motorwelle und die Nennbelastung zu beziehen und damit zunächst die Belastung des Motors und der Bremse zu bestimmen. Anschließend können die Momente auf andere Wellen bzw. Wellenabschnitte umgerechnet werden, um die einzelnen Baugruppen des Antriebs auszulegen.

Das an der Motorwelle eingeleitete Moment wird nachfolgend positiv angesetzt, wenn seine Drehrichtung

- bei treibendem Antrieb mit der des Antriebs übereinstimmt,
- bei bremsendem Antrieb entgegengesetzt zu der des Antriebs wirkt.

Dies entspricht den ingenieurgemäßen Vorstellungen.

3.3.7.1 Statische Drehmomente

Das in den vorangegangenen Abschnitten als Belastungsgröße des Antriebs angesetzte Gegenmoment M_g erfaßt die Wirkung der äußeren Kräfte, die an den vom Antrieb bewegten Teilen angreifen, und tritt am Abtriebselement des Antriebs (s. Abschn. 3.1.1.2) auf. Diese äußeren Kräfte sind Gewichtskräfte, Reibungskräfte, Windkräfte, Grabkräfte usw.; sie weisen häufig eine Zufallsverteilung auf, was bei der Aufstellung von Belastungskollektiven zu berücksichtigen ist, siehe Abschnitt 3.4.

Wenn es um die grundlegende Dimensionierung eines Antriebs geht, werden die äußeren Kräfte als konstante Größen, vorzugsweise mit ihrem Nennwert, angenommen, der oft dem zulässigen statischen Größtwert entspricht. Diese Kräfte verursachen Drehmomente am Abtriebselement, z.B. an

einer Seiltrommel (Bild 3-74a)

$$M_T = F\frac{d_T}{2} \quad \text{(durch Gewichtskraft } F\text{)},$$

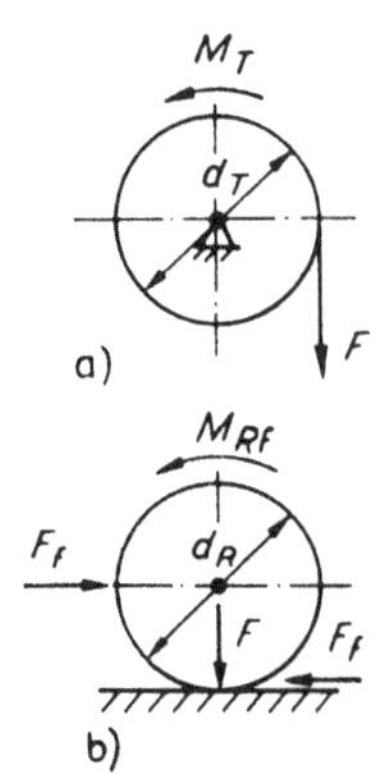

Bild 3-74
Kräfte und Drehmomente am Abtriebselement
a) Seiltrommel
b) Laufrad

einem Laufrad (Bild 3-74b)

$$M_{\mathrm{Rf}} = F_{\mathrm{f}} \frac{d_{\mathrm{R}}}{2} = F\mu_{\mathrm{f}} \frac{d_{\mathrm{R}}}{2} \quad \text{(durch Fahrwiderstand } F_{\mathrm{f}}\text{);}$$

μ_{f} spezifischer Fahrwiderstand, siehe Abschnitt 3.5.3.2.

$$M_{\mathrm{Rw}} = F_{\mathrm{w}} \frac{d_{\mathrm{R}}}{2} \quad \text{(durch Windkraft } F_{\mathrm{w}}\text{).}$$

Auf die Motorwelle bezogen, betragen die entsprechenden Drehmomente bei treibendem Antrieb

$$M_{\mathrm{bew}} = \frac{F d_{\mathrm{T}}}{2 i_{\mathrm{ges}} \eta_{\mathrm{ges}}} \quad \text{(für ein Hub- oder Einziehwerk)}$$

$$M_{\mathrm{bew}} = \frac{F \mu_{\mathrm{f}} d_{\mathrm{R}}}{2 i_{\mathrm{ges}} \eta_{\mathrm{ges}}} \quad \text{(für ein Fahr- oder Drehwerk)}$$

$$M_{\mathrm{w}} = \frac{F_{\mathrm{w}} d_{\mathrm{R}}}{2 i_{\mathrm{ges}} \eta_{\mathrm{ges}}} \quad \text{(für den Windeinfluß)}$$

und entsprechend bei bremsendem Antrieb

$$\bar{M}_{\mathrm{bew}} = \frac{F d_{\mathrm{T}} \eta_{\mathrm{ges}}}{2 i_{\mathrm{ges}}} = M_{\mathrm{bew}} \eta_{\mathrm{ges}}^2 \quad \text{bzw.}$$

$$\bar{M}_{\mathrm{bew}} = \frac{F \mu_{\mathrm{f}} d_{\mathrm{R}} \eta_{\mathrm{ges}}}{2 i_{\mathrm{ges}}} = M_{\mathrm{bew}} \eta_{\mathrm{ges}}^2$$

$$\bar{M}_{\mathrm{w}} = \frac{F_{\mathrm{w}} d_{\mathrm{R}} \eta_{\mathrm{ges}}}{2 i_{\mathrm{ges}}} = M_{\mathrm{w}} \eta_{\mathrm{ges}}^2 \qquad (3.71)$$

mit

$$i_{\mathrm{ges}} = i_{\mathrm{F}} i_{\mathrm{G}}$$

$$\eta_{\mathrm{ges}} = \eta_{\mathrm{F}} \eta_{\mathrm{G}} \eta_{\mathrm{T}};$$

$i_{\mathrm{F}}, \eta_{\mathrm{F}}$ Übersetzung bzw. Wirkungsgrad eines zwischengeschalteten Flaschenzugs (Bild 3-65),
$i_{\mathrm{G}}, \eta_{\mathrm{G}}$ Übersetzung bzw. Wirkungsgrad des Getriebes,
η_{T} Wirkungsgrad der Seiltrommel.

Die Gewichtskraft wird mit $F = (m_{\mathrm{e}} + m_{\mathrm{n}}) g$ aus der Eigenmasse m_{e} und der Nutzmasse m_{n} des vom Abtriebselement bewegten Teils berechnet.

3.3.7.2 Dynamische Drehmomente

Die Drehmomente zum Beschleunigen bzw. Verzögern der translatorisch und rotatorisch vom bzw. im Antrieb bewegten Teile sind in einem starren System der Winkelgeschwindigkeit $\varepsilon = \ddot{\varphi}$ direkt proportional, d.h., für das Beschleunigungsmoment M_{b} und das Verzögerungsmoment M_{z} gelten allgemein

$$M_{\mathrm{b}} = J_{\mathrm{ers}} \varepsilon, \qquad M_{\mathrm{z}} = \bar{J}_{\mathrm{ers}} \bar{\varepsilon}. \qquad (3.72)$$

Wenn der Antrieb Massen translatorisch bewegt, wie bei Hub- und Fahrwerken, können die Augenblickwerte der Beschleunigung $a(t)$ mit den im Abschnitt 3.3.3 bestimmten Werden von $\varepsilon(t) = \ddot{\varphi}(t)$ ermittelt werden. Für die Beschleunigung beim Anfahren bzw. Bremsen gilt dann

$$a_{\mathrm{A,B}}(t) = \varepsilon(t) \frac{d_{\mathrm{T,R}}}{2 i_{\mathrm{ges}}}. \qquad (3.73)$$

Dagegen ergeben sich Mittelwerte dieser Beschleunigung, wenn man die Anfahrzeit t_{A} bzw. Bremszeit t_{B} verwendet

$$a_{\mathrm{A,Bm}} = \frac{v_{\mathrm{H}}}{t_{\mathrm{A,B}}}; \qquad (3.74)$$

v_{H} Beharrungsgeschwindigkeit.

Häufig werden diese translatorischen Beschleunigungen vorgegeben oder zumindest daraufhin zu überprüfen sein, daß sie zulässige Werte nicht überschreiten. Wichtig sind besonders die Maximalwerte bei Steuerungen mit mehreren Schaltstufen, Kurzschlußläufermotoren usw.
Die Beschleunigungs- bzw. Verzögerungsmomente betragen an der Motorwelle, wenn Gl. (3.73) in Gl. (3.72) eingesetzt und das Ersatzmassenträgheitsmoment J_{ers} wie in Gl. (3.45) mit getrennten Anteilen für translatorisch und rotatorisch bewegte Massen angegeben wird,

$$M_{\mathrm{b}} = a_{\mathrm{A}} \frac{2 i_{\mathrm{ges}}}{d_{\mathrm{T,R}}} J_{\mathrm{ers}}$$

$$= a_{\mathrm{A}} \frac{2 i_{\mathrm{ges}}}{d_{\mathrm{T,R}}} \left[J_{\mathrm{red\,I}} + (m_{\mathrm{n}} + m_{\mathrm{e}}) \frac{d_{\mathrm{T,R}}^2}{4} \frac{1}{i_{\mathrm{ges}}^2 \eta_{\mathrm{ges}}} \right]$$

$$M_{\mathrm{z}} = a_{\mathrm{B}} \frac{2 i_{\mathrm{ges}}}{d_{\mathrm{T,R}}} \bar{J}_{\mathrm{ers}}$$

$$= a_{\mathrm{B}} \frac{2 i_{\mathrm{ges}}}{d_{\mathrm{T,R}}} \left[\bar{J}_{\mathrm{red\,I}} + (m_{\mathrm{n}} + m_{\mathrm{e}}) \frac{d_{\mathrm{T,R}}^2}{4} \frac{\eta_{\mathrm{ges}}}{i_{\mathrm{ges}}^2} \right]. \qquad (3.75)$$

In dieser aufgelösten Form bietet die Bestimmungsgleichung gute Möglichkeiten, die dynamischen Drehmomente bei verschiedenen Belastungs- und Betriebsbedingungen zu kontrollieren. Alle einzusetzenden Größen wurden bereits in den vorhergehenden Abschnitten erläutert.

3.3.7.3 Gesamtmomente in den einzelnen Betriebsphasen

Die berechneten Einzelmomente müssen zu den in den jeweiligen Betriebsphasen auftretenden Gesamtmomenten überlagert werden. Dabei soll wieder die in der Einleitung des Abschnitts 3.3.7 vorgegebene Vorzeichenregelung gelten: Positiv ist das Gesamtmoment für Anfahren in Bewegungsrichtung, für Bremsen entgegen der Bewegungsrichtung. In der Beharrung können beide Drehrichtungen des Gesamtmoments auftreten.
Mit den Bezeichnungen von Bild 3-5 betragen die Gesamtmomente:

Beharrungsmoment

$$M_{\mathrm{H}} = M_{\mathrm{g}} = M_{\mathrm{bew}} \pm (M_{\mathrm{w}}) \qquad (3.76)$$

Das Windmoment M_{w} steht in Klammern, weil es nur bei möglicher Windeinwirkung auftreten kann. Für $|M_{\mathrm{w}}| > |M_{\mathrm{bew}}|$ wird M_{H} bei negativem Vorzeichen von M_{w} auch negativ; der Antrieb bremst dann in der Beharrungsphase.

Anfahrmoment

$$M_{\mathrm{A}} = M_{\mathrm{b}} \pm M_{\mathrm{g}} = M_{\mathrm{b}} \pm M_{\mathrm{bew}} \pm (M_{\mathrm{w}}) \qquad (3.77)$$

Das Vorzeichen vor M_{bew} ist positiv, wenn die äußeren Kräfte gegen die Bewegungsrichtung wirken. Dies trifft immer zu bei Fahr- und Drehwerken, bei einem Hub- bzw. Einziehwerk, wenn es im Hubsinn beschleunigt. Folgerichtig ist ein negatives Bewegungsmoment M_{bew} anzusetzen, wenn das Anfahrmoment für Senken zu berechnen ist.

Bremsmoment

$$M_{\mathrm{B}} = M_{\mathrm{z}} \pm \bar{M}_{\mathrm{g}} = M_{\mathrm{z}} \pm \bar{M}_{\mathrm{bew}} \pm (\bar{M}_{\mathrm{w}}) \qquad (3.78)$$

Das negative Vorzeichen von $\bar{M}_{bew}$ gilt, unabhängig von der Bewegungsrichtung, für Fahr- und Drehwerke, für Hubwerke dagegen nur beim Bremsen der Hubbewegung. Das positive Vorzeichen entspricht hier dem Bremsen der Senkbewegung.

Die Gleichungen für die Drehmomente in den Betriebsphasen Anfahren und Bremsen dürfen keinesfalls formal angewendet werden. In den bisherigen Darlegungen wurden die dynamischen Momente M_b und M_z als feste, durch die vorgegebenen Beschleunigungen a_A bzw. a_B bestimmte Größen eingeführt. Tatsächlich sind jedoch in einem ausgeführten Antrieb die Drehmomente M_A und M_B durch Konstruktion und Steuerung festgelegt, während sich M_b und M_z bzw. a_A und a_B in Abhängigkeit von der veränderlichen äußeren Belastung unterschiedlich einstellen. Die Gln. (3.77) und (3.78) zeigen somit zunächst allein die notwendige Überlagerung der Einzelmomente mit allen sinnvollen Variationsformen.

Sie werden in zweierlei Form nacheinander benutzt, um

- den Antrieb mit vorgegebenen Größen für a_A und a_B zu dimensionieren,
- sein Verhalten in anderen Betriebszuständen zu überprüfen.

Für den ersten Schritt, die Auslegung, gelten die Gleichungen wie folgt:

Anfahrmoment

Hub- und Einziehwerk (Heben)

$$M_A = M_b + M_{bew}$$

Fahr- und Drehwerk (Wind gegen Fahrtrichtung)

$$M_A = M_b + M_{bew} + M_w \tag{3.79}$$

Bremsmoment

Hub- und Einziehwerk (Senken)

$$M_B = M_z + \bar{M}_{bew}$$

Fahr- und Drehwerk (Wind in Fahrtrichtung)

$$M_B = M_z - \bar{M}_{bew} + \bar{M}_w\,. \tag{3.80}$$

Mit Gl. (3.79) wird das Anfahrmoment des Motors ermittelt, das die vorgeschriebene Anfahrbeschleunigung zur Bewegung der größten zulässigen Nutzmasse herstellt. Gl. (3.80) ist die dynamische Dimensionierungsleichung der Bremse. Das Bremsmoment M_B muß eine angenommene Bremszeit oder eine zulässigen Bremsweg gewährleisten. Für die Funktion als Haltebremse, z.B. bei Hubwerkbremsen, ist nach DIN 15434 Teil 1 eine statische Bremssicherheit $S_B = M_B/\bar{M}_{bew} \geqq 2$ nachzuweisen.

Das Anfahr- und Bremsmoment der Fahr- und Drehwerke von im Freien arbeitenden Maschinen wird keineswegs so bestimmt, daß die für mittlere Betriebsbedingungen gewünschte und eingesetzte Beschleunigung a_A bzw. a_B auch bei voller Windbelastung erzielt wird. Man setzt vielmehr in die Gleichungen das aus a_A bzw. a_B errechnete Beschleunigungsmoment M_b bzw. Verzögerungsmoment M_z, aber nur $\frac{1}{4}$ bis $\frac{1}{3}$ des im Betrieb möglichen Windmoments M_w bzw. $\bar{M}_w$ ein. Grundsätzlich muß aber auch das Anfahr- und Bremsverhalten bei vollem Betriebswind mit den konstruktiv festgelegten Werten von M_A bzw. M_B überprüft werden.

Zweckmäßigerweise kontrolliert man hierfür die Zulässigkeit der Anfahr- bzw. Bremszeiten, muß allerdings beim Ergebnis der Rechnung bedenken, daß wegen der konstant angenommenen Anfahr- und Bremsmomente u.U. zu kleine Werte ermittelt werden, siehe hierzu Abschnitt 3.3.4. Umstellen der Gl. (3.75) und Einsetzen der Gln. (3.77) und (3.78) führt zu

$$t_A = \frac{\dfrac{2v_H\, i_{ges}}{d_{T,R}}\left[J_{red\,1} + (m_n + m_e)\,\dfrac{d^2_{T,R}}{4}\,\dfrac{1}{i^2_{ges}\,\eta_{ges}}\right]}{M_A \pm M_{bew} \pm (M_w)}$$

$$t_B = \frac{\dfrac{2v_H\, i_{ges}}{d_{T,R}}\left[\bar{J}_{red\,1} + (m_n + m_e)\,\dfrac{d^2_{T,R}}{4}\,\dfrac{\eta_{ges}}{i^2_{ges}}\right]}{M_B \pm \bar{M}_{bew} \pm (\bar{M}_w)}\,. \tag{3.81}$$

Wenn die Zeiten $t_{A,B}$ für eine kleinere Nutzmasse oder ohne Nutzmasse zu ermitteln sind, muß vorher M_{bew} bzw. $\bar{M}_{bew}$ anhand der Gl. (3.71) neu bestimmt werden.

3.3.7.4 Umrechnung auf andere Wellen

Die auf die Motorwelle bezogenen Einzel- und Gesamtmomente können auf andere Wellen mit anderen Drehzahlen umgerechnet werden. Es gilt für das Drehmoment M_j bzw. $\bar{M}_j$ einer beliebigen Welle formal bei treibendem bzw. bremsendem Antrieb

$$M_j = M_1\, i_{i,j}\, \eta_{1,j} \quad \text{bzw.} \quad \bar{M}_j = \bar{M}_1\, \frac{i_{1,j}}{\eta_{1,j}}\,; \tag{3.82}$$

M_1, $\bar{M}_1$ in Motorwelle eingeleitetes Drehmoment,
$i_{1,j}$ Übersetzung zwischen Motorwelle *1* und Welle *j*,
$\eta_{1,j}$ Wirkungsgrad zwischen Motorwelle *1* und Welle *j*.

Bei einer derartigen, formalen Berechnung würde nicht beachtet, daß die anteiligen Drehmomente zur Beschleunigung bzw. Verzögerung der rotierenden Massen längs einer Welle veränderlich sind, wenn sich mehrere Drehmassen auf ihr befinden (Bild 3-75). Um dies zu berücksichtigen, verwendet man das bereits im Abschnitt 2.6.1.4.1 eingeführte Zweimassenmodell mit unendlich großer Federsteife, das zur Gl. (2.234) für das Kupplungsmoment M_0 führte. Wenn die Momente M_H, M_A und M_B in den einzelnen Betriebsphasen, wie zu Beginn des Abschnitts 3.3.7 vereinbart, auf die Motorwelle bezogen bleiben, gilt für die Drehmomente an der beliebigen Schnittstelle *j* des Antriebs

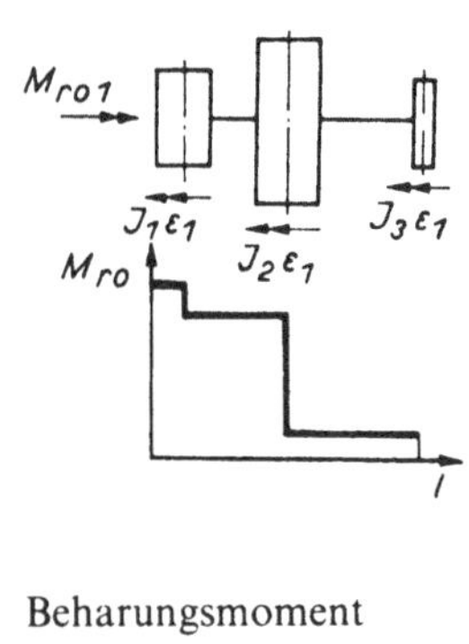

Bild 3-75 Drehmomentverteilung längs einer Welle (Anteil M_{ro} für die rotierenden Massen)

Beharungsmoment

$$M_{Hj} = M_H\, i_{1,j}\, \eta_{1,j} \quad \text{bzw.} \quad \bar{M}_{Hj} = \bar{M}_H\, \frac{i_{1,j}}{\eta_{1,j}}$$

Anfahrmoment

$$M_{Aj} = \left[M_A - (M_A - M_H)\,\frac{J_1}{J_1 + J_2}\right] i_{1,j}\, \eta_{1,j}$$

$$= \left(M_A\,\frac{J_2}{J_1 + J_2} + M_H\,\frac{J_1}{J_1 + J_2}\right) i_{1,j}\, \eta_{1,j}$$

Bremsmoment

$$M_{Bj} = \left[M_B - (M_B - \bar{M}_H)\frac{J_1}{J_1 + J_2}\right]\frac{i_{1,j}}{\eta_{1,j}}$$

$$= \left(M_B \frac{J_2}{J_1 + J_2} + \bar{M}_H \frac{J_1}{J_1 + J_2}\right)\frac{i_{1,j}}{\eta_{1,j}}; \qquad (3.83)$$

J_1 auf die Motorwelle reduziertes Massenträgheitsmoment aller rotierenden Massen zwischen Motor und Schnittstelle,
J_2 auf die Motorwelle reduziertes Massenträgheitsmoment aller rotierenden und translatorisch bewegten Massen zwischen Schnittstelle und Gut.

Gl. (3.83) ist wiederum für entgegengesetzt gerichtete Drehmomente M_A und M_H bzw. M_B und $\bar{M}_H$ geschrieben, siehe Bild 3-76. Wenn die beiden jeweils zusammenwirkenden Momente die gleiche Richtung aufweisen, ändert M_H bzw. $\bar{M}_H$ das Vorzeichen. Wird dann das Anfahr- bzw. Bremsmoment an der Schnittstelle negativ, liegt der durch Gl. (3.46) eingegrenzte Bereich wechselnder Energieflußrichtung im Antrieb vor.

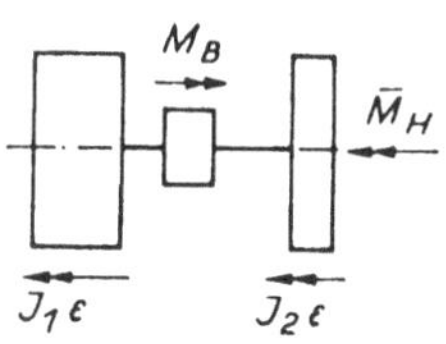

Bild 3-76
Zweimassensystem mit zwischengeschalteter Bremsscheibe

Als Beispiel wird die Anordnung einer mechanischen Bremse zwischen Motor und Getriebe, eine sehr häufige konstruktive Ausführung, behandelt (Bild 3-76). Mit M_B = konst. gilt

$$M_B = \bar{M}_H + (J_1 + J_2)\varepsilon \quad \text{bzw.} \quad \varepsilon = \frac{M_B - \bar{M}_H}{J_1 + J_2}.$$

Das Bremsmoment M_{B2} zwischen Bremse und Getriebe hat den Betrag

$$M_{B2} = \bar{M}_H + J_2\varepsilon = M_B \frac{J_2}{J_1 + J_2} + \bar{M}_H \frac{J_1}{J_1 + J_2},$$

das zwischen Bremse und Motor wird

$$M_{B1} = J_1\varepsilon = (M_B - \bar{M}_H)\frac{J_1}{J_1 + J_2}.$$

Es empfiehlt sich, für die einzelnen Schnittstellen des Antriebs die zugehörigen Einzel- und Gesamtmomente während der verschiedenen Betriebsphasen zu berechnen und in einer Tabelle zusammenzustellen. Zahlenbeispiele für die Berechnung der Drehmomente enthält Abschnitt 3.5.

3.4 Belastungskollektive von Antrieben

Als Belastungen werden die auf ein Bauteil einwirkenden Kräfte, Momente usw. bezeichnet, als Beanspruchungen die daraus resultierenden Spannungen. Beide Größen geben die Anstrengung des Werkstoffs an und stehen in einem determinierten Zusammenhang. Während für die Belastungs- bzw. Beanspruchungskollektive der Tragwerke bereits eine umfangreiche Literatur zur Verfügung steht, ist der Wissensstand über die Belastungskollektive der Antriebe von Fördermaschinen noch sehr wenig fortgeschritten. Das Problem, die Belastungen und Beanspruchungen nach Größe und Häufigkeit durch geeignete Ansätze in repräsentativer, verallgemeinerungsfähiger Form zu erfassen, ist bei den Triebwerken auch erheblich komplizierter als bei den Tragwerken. Die Gründe hierfür sind:

- Antriebe enthalten sehr verschiedenartige Baugruppen und Elemente, die unterschiedlichen Belastungen und Beanspruchungen unterworfen sind.
- Die dynamischen Belastungen treten in sehr vielfältiger Form auf, ihr Einfluß auf die Beanspruchung des Triebwerks ist oft größer als der aus den statischen.
- Die Einsatztechnologie, die Art der Steuerung und die Bedienung wirken sich stärker auf die Triebwerkbelastungen als auf die der Tragwerke aus.

Ausgangsgröße für das Belastungskollektiv eines Antriebs bzw. dessen Baugruppen ist das Kollektiv der Belastungs-Zeit-Funktionen (Bild 3-77). Um sie zu gewinnen und daraus das Belastungskollektiv abzuleiten, müssen Messungen, Beobachtungen und Rechnungen kombiniert werden. Für die Vorgehensweise lassen sich keine formalen Lösungen,

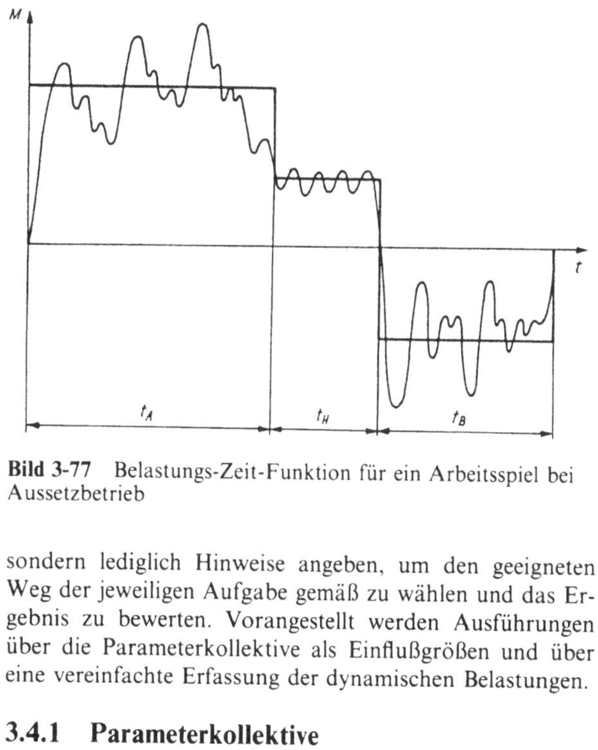

Bild 3-77 Belastungs-Zeit-Funktion für ein Arbeitsspiel bei Aussetzbetrieb

sondern lediglich Hinweise angeben, um den geeigneten Weg der jeweiligen Aufgabe gemäß zu wählen und das Ergebnis zu bewerten. Vorangestellt werden Ausführungen über die Parameterkollektive als Einflußgrößen und über eine vereinfachte Erfassung der dynamischen Belastungen.

3.4.1 Parameterkollektive

Die Belastungen bzw. Beanspruchungen der Antriebe sind nach Größe und Häufigkeit von mehreren Einflußgrößen (Parametern) abhängig. Diese Parameter beeinflussen vorzugsweise die

- Größe, z.B. Hubmasse, Windkraft, Spiel, Grabkraft o.ä.;
- Häufigkeit, z.B. Hubweg, Fahrweg, Dreh- bzw. Schwenkwinkel, Schaltfolge o.ä.;
- Größe und Häufigkeit, z.B. Ausladung, Seillänge (Pendelwinkel und Pendelfrequenz) o.ä.

Sie sind einerseits durch die Bauart, andererseits durch die Arbeitstechnologie der Fördermaschinen miteinander verknüpft. Bestimmte Parameter, wie das Spiel, hängen mit der Betriebsdauer des Antriebs zusammen, andere, wie die Windkraft, mit den Umgebungsbedingungen. Fast alle Parameter sind Zufallsgrößen – es sei denn, daß die Technologie, speziell der Bewegungsablauf, fest vorgegeben ist, wie es in automatisierten Anlagen auftreten kann.
In der Literatur konzentrieren sich die Aussagen zu den Parameterkollektiven der Antriebe fast ausschließlich auf die von Kranen [3.58] bis [3.65]. Nur wenige Parameter-

kollektive lassen sich nach Funktionstyp und Form verallgemeinern; meist gelten sie lediglich für eine spezielle Art und Arbeitsweise der Maschine. Aus diesem Grund sind die im folgenden behandelten Kollektive nur als Beispiele aufzufassen.

Nutz- und Hubmasse

Das Parameterkollektiv der Nutzmasse ist nach unten exakt durch den Betrag null, nach oben wegen der Überschreitungsmöglichkeit weniger eindeutig durch einen Maximalwert, den Nennbetrag m_{ne}, begrenzt, der die Tragfähigkeit der Fördermaschine ausschöpft. Wird diese obere Schranke nicht von einer Sicherheitseinrichtung überwacht, liegt der nach statistischen Gesetzen zu erwartende Größtwert über dem Nennwert.
Viele Nutzmassekollektive weichen von der bisher üblicherweise angenommenen Normalverteilung ab, weil sie, vor allem bei Maschinen größerer Tragfähigkeit, nach rechts flacher verlaufen (Bild 3-78). Nach Auswertung mehrerer hundert Nutzmassekollektive schlägt [3.64] vor, für deren Vereinheitlichung eine logarithmische Normalverteilung zugrunde zu legen. Dabei soll der Nennbetrag m_{ne} der Nutzmasse die obere Grenze bilden, die im Kollektiv zwar mindestens einmal erreicht, aber nicht überschritten wird. Die Form des Nutzmassekollektivs kennzeichnen dann die beiden Parameter Standardabweichung s und Wahrscheinlichkeit P, mit der die Tragfähigkeit in Anspruch genommen wird. Bild 3-79 sowie Tafel 3-10 geben die aus den verschiedenen Kollektiven ausgewählten sechs Normkollektive für die Nutzmasse von Kranen an. Sie sind einheitlich auf einen Kollektivumfang von $z_{sp} = 10^6$ Arbeitsspielen bezogen.

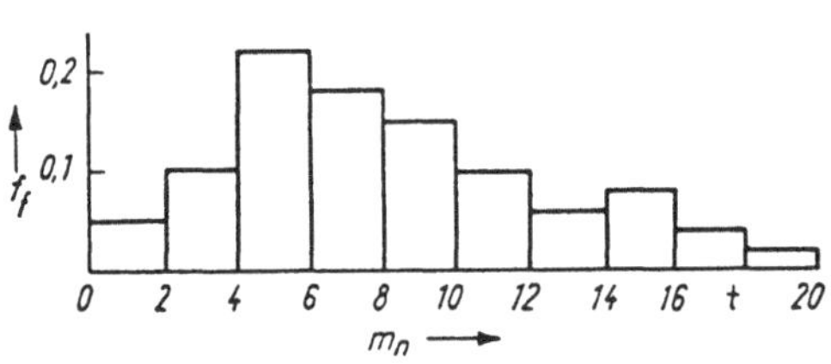

Bild 3-78 Relative Klassenhäufigkeit von Nutzmassen

Die Hubmasse m unterscheidet sich von der Nutzmasse m_n fast immer durch einen konstanten Betrag m_e für die Masse des Lastaufnahmemittels. Für das überlagerte Kollektiv $m = m_n + m_e$ (Bild 3-80) sind zusätzlich die Häufigkeiten der Arbeitsspiele z_{spn} mit Nutzmasse und z_{spe} ohne Nutzmasse zu bestimmen oder festzulegen. Im dargestellten Beispiel wurde vereinfachend $z_{spn} = z_{spe}$ gesetzt.
Wenn auch das logarithmisch normalverteilte Nutzmasse- bzw. Hubmassekollektiv die größte Wahrscheinlichkeit zu haben scheint, sind selbstverständlich noch andere Kollektivformen und -größen möglich bzw. zu erwarten. Dies gilt besonders in den Fällen, in denen die Überlastung eines

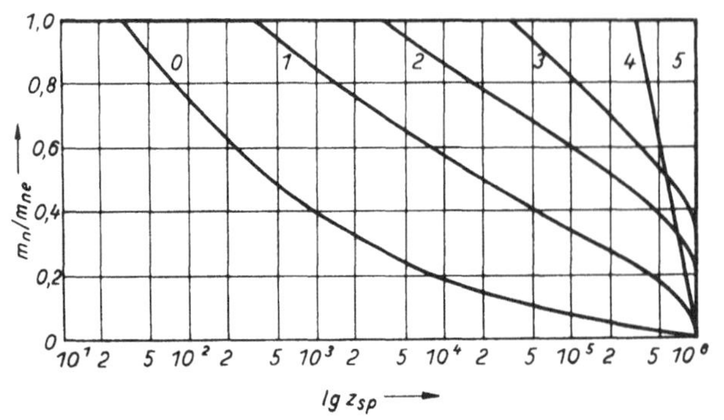

Bild 3-79 Nutzmasse-Normkollektive [3.64]

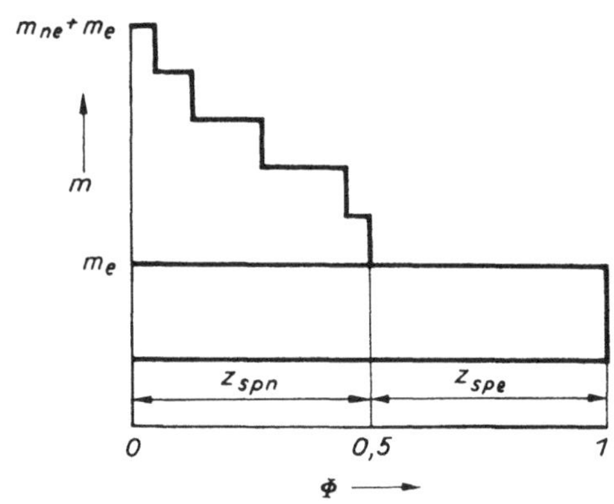

Bild 3-80 Hubmassekollektiv

Hebezeugs o.ä. nicht durch eine Sicherheitseinrichtung verhindert wird. Im Bild 1-17 führte die Extrapolation einer gemessenen Spannungsverteilung um eine Standardabweichung über den Untersuchungsbereich von zwölf Klassen hinaus zu einem statistisch zu erwartenden Extremwert in der fünfzehnten Klasse. Nach [3.61] treten Maximalwerte der Hubmasse bis zum 1,4fachen Betrag des Nennwerts relativ häufig auf; [3.62] gibt sogar Extremwerte bis zum 2,4fachen Betrag dieser Größe an.
Auch für den Füllungsgrad von Schüttgutgreifern, Grabgefäßen usw. kann, wenn keine genaueren Angaben verfügbar sind, zunächst eine Normalverteilung angenommen werden. Allerdings hängt die Größe der Füllung sehr stark von der richtigen Anpassung dieser Gefäße an die jeweilige Schüttgut- bzw. Erdstoffart ab. Sind die Bedingungen für die Gutaufnahme günstig, z.B. beim Greifen oder Graben aus dem Vollen, entstehen große Füllungsgrade relativ häufiger als mittlere und kleine; umgekehrt überwiegen kleinere, sobald der Anteil der Trimm-, Räum- und Restarbeiten zunimmt, beispielsweise beim Entladen von Eisenbahnwagen, siehe auch [3.61]. Ähnliche Überlegungen sind für die Nutzmassekollektive von Containern, Aufzug-Fahrkörben o.ä. angebracht.

Tafel 3-10
Parameter der logarithmisch normalverteilten Standard-Nutzmassekollektive im Bild 3-79

Kollektiv Nr.	Qualitative Kennzeichnung	Standard-abweichung s	Wahrscheinlichkeit für das Erreichen der Tragfähigkeit $P/\sqrt{10}$
0	extrem leicht	$\geqq 1$	$\leqq 10^{-5}$
1	sehr leicht	0,5 ... < 1	$> 10^{-5} \ldots 10^{-4}$
2	leicht	0,35 ... < 0,5	$> 10^{-4} \ldots 10^{-3}$
3	mittel	0,35 ... < 0,5	$> 10^{-3} \ldots 10^{-2}$
4	schwer	$\geqq 1$	$> 10^{-2} \ldots 10^{-1}$
5	sehr schwer		$> 10^{-1}$

Wind

Der Anteil der Triebwerkbelastungen aus Windkräften ist bei einer im Freien arbeitenden Fördermaschine besonders dann in das Gesamtkollektiv einzubeziehen, wenn die sonstigen Kräfte verhältnismäßig klein sind, d.h. meist bei Fahrwerken, Drehwerken, Wippwerken. Der Kollektivgrößtwert muß sinnvoll gewählt werden. Die größten Windgeschwindigkeiten, bis zu denen Betrieb noch zulässig oder zu gewährleisten ist, schwanken je nach Triebwerkart und Auslegungsvorschrift zwischen 12 und 25 m/s. Oberhalb 18 m/s sind am Seil hängende Massen nur noch schwierig zu führen; die Grenze für einen sicheren Betrieb bei Umschlagarbeiten oder bei Montagearbeiten, z.B. mit Baukranen, ist bereits bei etwa 12 m/s erreicht. Eine statistische Analyse des Zusammenhangs zwischen der Windfläche von Stückgütern und deren Art und Masse ist in [3.66] veröffentlicht.
Die Kollektive der über eine Stunde gemittelten Windgeschwindigkeiten im Bild 3-81 sind aus Meßdaten des Hauptamts für Klimatologie, Potsdam, aufbereitet worden [2.123]. Sie können als repräsentativ für die angegebenen geografischen Regionen angesehen werden. Kurzzeitig treten stets wesentlich höhere Windgeschwindigkeiten auf, weil die Momentanwerte von Windgeschwindigkeit und -richtung zeitlichen und räumlichen Schwankungen unterliegen. Alle Mittelwerte und Streuungen hängen deshalb vom Zeitraum der Mittelung ab. Über die Schwierigkeiten, Windbelastungen als stochastische Größen nach wahrscheinlichkeitstheoretischen Kriterien festzulegen, berichtet ausführlich und mit zahlreichen Literaturangaben [3.67].

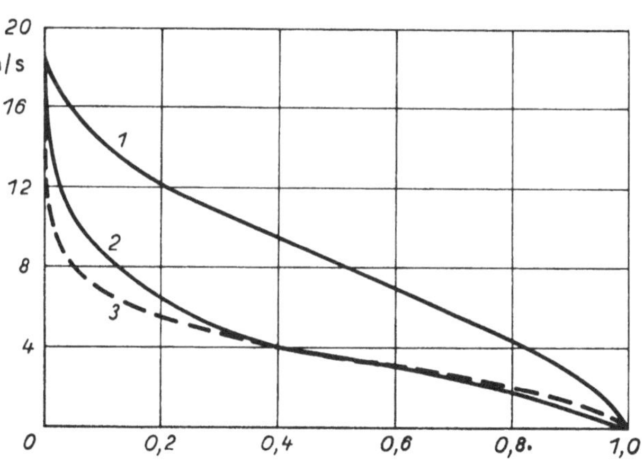

Bild 3-81 Komplementäre Häufigkeitsfunktion für das Stundenmittel der Windgeschwindigkeiten im Bereich $v_w = 0 \dots 18$ m/s

1 Mittelgebirge (Brocken, Harz)
2 Küste (Ostsee)
3 Flachland (Potsdam)

Somit erscheint es ratsam, die Kollektive der Windkraft angesichts der großen Streuung nur grob abzustufen und nicht durch feinere Stufung eine gar nicht zu erreichende Genauigkeit vorzutäuschen. Dies hätte nur Sinn, wenn für einen bestimmten, enger begrenzten Einsatzort statistisch gesicherte Meßdaten vorliegen, siehe auch [3.60].

Spiel

Ein Verdrehspiel – kurz Spiel genannt – tritt im Antrieb an Kupplungen, Zahnrädern, Gelenken usw. auf. Außerdem führen freie Weglängen eines Zugmittels zwischen Antrieb und zu bewegendem Gut, z.B. in Form von Schlaffseil, zu kinematisch und dynamisch gleichen Auswirkungen auf die Antriebsbelastung wie das Antriebsspiel. Vereinfachend faßt man deshalb alle Teilspiele einschließlich der freien Weglängen zu einem auf die Motorwelle bezogenen Gesamtverdrehspiel zusammen und gibt es in Grad freier Wellendrehung an.
Die Größe dieses Maximalspiels ist von der Art und Qualität des Triebwerks und vom Verschleiß seiner spielbehafteten Baugruppen abhängig. Die wenigen, bisher durch Betriebsmessungen festgestellten Werte schwanken zwischen nur 20° für Fahrwerke [3.68] und 70 ... 200° für Drehwerke [3.63].
Das Parameterkollektiv Spiel hat den unteren Grenzwert null, der obere, das Maximalspiel, nimmt mit der Betriebsdauer des Antriebs zu. Innerhalb dieser Grenzen ist das während der instationären Betriebsphasen jeweils zu durchlaufende Spiel zufällig veränderlich. Die Auswertung systematischer Messungen an Drehwerken von Hafenkranen (Bild 3-82) wies aus, daß beim Anfahren kleine Spiele offensichtlich eine größere Wahrscheinlichkeit haben als größere.

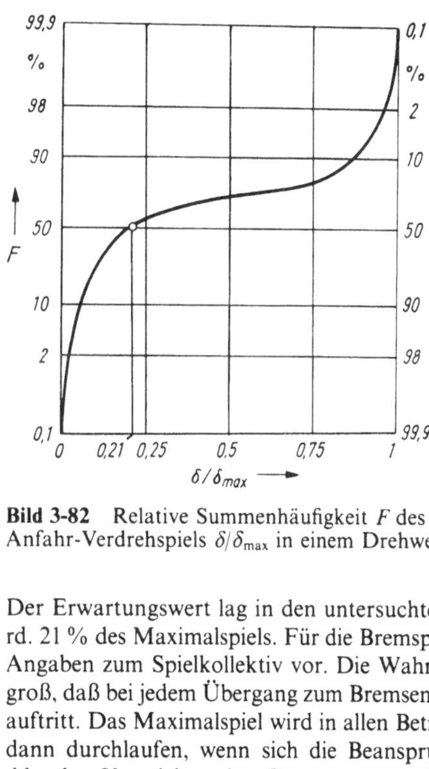

Bild 3-82 Relative Summenhäufigkeit F des bezogenen Anfahr-Verdrehspiels δ/δ_{max} in einem Drehwerk [3.65]

Der Erwartungswert lag in den untersuchten Antrieben bei rd. 21 % des Maximalspiels. Für die Bremsphase liegen keine Angaben zum Spielkollektiv vor. Die Wahrscheinlichkeit ist groß, daß bei jedem Übergang zum Bremsen das Gesamtspiel auftritt. Das Maximalspiel wird in allen Betriebsphasen auch dann durchlaufen, wenn sich die Beanspruchungsrichtung, d.h. das Vorzeichen des Gegenmoments M_g, ändert, z.B. durch Pendeln der Nutzmasse.

Ausladung

Die Ausladung, meist definiert als radialer Abstand des Aufhängepunkts der Nutzmasse von der Drehachse, hat Bedeutung als Momentanwert, z.B. für die Seilkraft in einem Einziehwerk, für das Belastungsmoment eines Auslegerkrans aus Hubkraft und Ausladung, aber auch als Weg oder Winkel in Form des während eines Arbeitsspiels zu durchlaufenden Ausladungsbereichs. Zu unterscheiden sind daher Stellungskollektive und Wegkollektive der Ausladung; bei anderen geometrischen Parametern kann dies ebenfalls notwendig sein.
Die Grenzstellungen r_{min} und r_{max} der Ausladung werden durch Endschalter überwacht und sind damit auch die Grenzwerte des Ausladungskollektivs. Dessen Verteilungsfunktion hängt von Bauart und Technologie der jeweiligen Fördermaschine ab. Gibt es keine Vorzugsbereiche der ge-

nutzten Ausladung, kann eine Gleichverteilung angenommen werden; andernfalls entstehen symmetrische oder unsymmetrische Verteilungsfunktionen, im Bild 3-83 beispielsweise eine Normalverteilung. Derartige Stellungskollektive ergeben sich u.a. durch eine Momentanwertklassierung; sie genügen besonders dann, wenn die Ausladung während eines Arbeitsspiels nicht oder nur gelegentlich verändert wird.

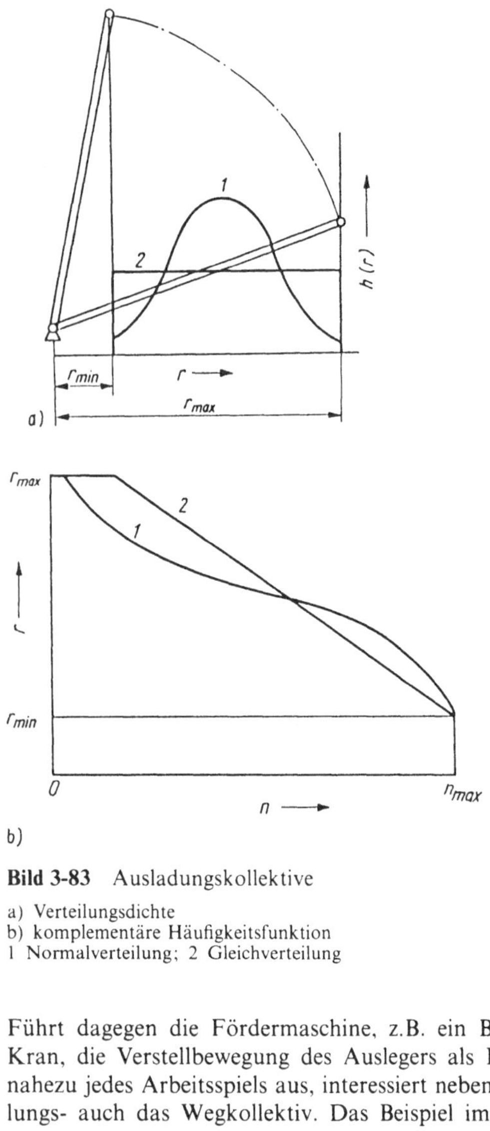

Bild 3-83 Ausladungskollektive

a) Verteilungsdichte
b) komplementäre Häufigkeitsfunktion
1 Normalverteilung; 2 Gleichverteilung

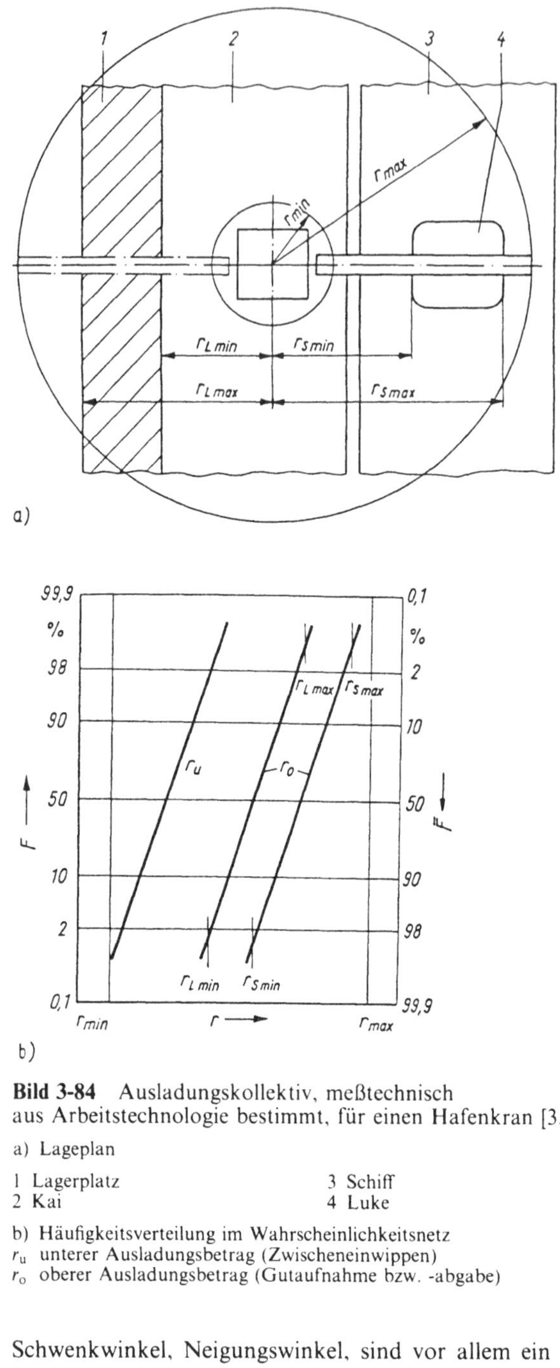

Bild 3-84 Ausladungskollektiv, meßtechnisch aus Arbeitstechnologie bestimmt, für einen Hafenkran [3.65]

a) Lageplan

1 Lagerplatz
2 Kai
3 Schiff
4 Luke

b) Häufigkeitsverteilung im Wahrscheinlichkeitsnetz
r_u unterer Ausladungsbetrag (Zwischeneinwippen)
r_o oberer Ausladungsbetrag (Gutaufnahme bzw. -abgabe)

Führt dagegen die Fördermaschine, z.B. ein Bagger, ein Kran, die Verstellbewegung des Auslegers als Bestandteil nahezu jedes Arbeitsspiels aus, interessiert neben dem Stellungs- auch das Wegkollektiv. Das Beispiel im Bild 3-84 spiegelt die Arbeitsweise eines Hafenkrans beim Schüttgutumschlag zwischen Schiffsluke und Lagerplatz wider. Es enthält drei Kollektive für die während der Arbeitsspiele erreichten Kleinst- bzw. Größtwerte r_u bzw. r_o. Wegen der nur einparametrischen Registrierung und Klassierung ließe sich daraus das Wegkollektiv der Ausladungsänderung nur mit vereinfachenden Annahmen, wie Zuordnung von r_u und r_o nach dem Kriterium gleicher Wahrscheinlichkeit des Auftretens, ableiten. Hierfür wäre vielmehr eine zweiparametrische Registrierung der Meßdaten erforderlich, indem neben den Extremwerten auch die zugeordneten Mittelwerte der Ausladung erfaßt würden. Angaben über Ergebnisse einer derartigen Vorgehensweise gibt es bisher nicht.

Wege und Winkel

Die im betrieblichen Einsatz zurückgelegten Wege und bestrichenen Winkel, wie Fahrweg, Hubweg, Drehwinkel, Schwenkwinkel, Neigungswinkel, sind vor allem ein Maß für die Häufigkeit von Belastungen, z.B. von Laufrädern, Zahnstangen. Sie ergeben sich aus der Arbeitstechnologie. Der Schaufelradbagger ohne Vorschub als Beispiel baut einen Block in Scheiben ab und benutzt die Fahrbewegung, um jeweils einen neuen Span anzustellen (Bild 3-85). Damit entsteht das Fahrdiagramm nach Bild 3-85b, aus dem die Länge des zurückgelegten Fahrwegs, die Anzahl der Fahrwerkschaltungen und weitere, hier nicht interessierende Größen abzuleiten sind.

Weg- und Winkelkollektive werden herangezogen, um die Häufigkeiten, mit denen bestimmte Tragwerkteile belastet werden, zu bestimmen. Dabei werden meist Vorzugsbereiche auftreten, z.B. der Schwenkwinkel 0 ... 60° bei Schaufelradbaggern. Für die Triebwerkbelastung reichen jedoch i.allg. Angaben über die Mittelwerte von Fahrweg, Drehwinkel, Hubweg o.ä. je Arbeitsspiel aus, weil die Belastungshöhe unabhängig von der jeweiligen Stellung ist und die zurückgelegten Wege bzw. Winkel nur die Einschaltdauer und die Anzahl der Belastungszyklen beeinflussen, siehe Abschnitt 3.4.3.2.

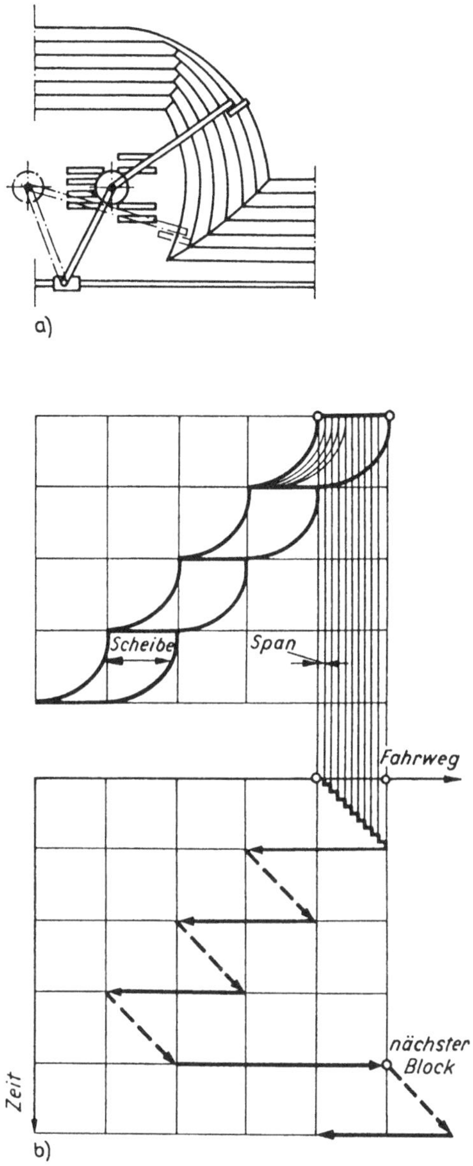

Bild 3-85 Fahrwege eines Schaufelradbaggers ohne Vorschub beim Abbau eines Blocks

a) Abbau des Blocks in Scheiben
b) Spaneinstellung und Fahrwege

Schaltstufenfolge

Der Belastungs-Zeit-Funktion für ein Arbeitsspiel im Bild 3-77 liegt die Annahme zugrunde, daß alle Schaltstufen des Antriebs beim Anfahren und Bremsen aufeinanderfolgend nur je einmal geschaltet werden. Dies kann, muß jedoch nicht der Regelfall sein. Häufig sind, besonders beim Aufnehmen und Absetzen von Gütern, Positioniervorgänge zur genauen Ansteuerung eines Punktes im Arbeitsraum unter Abbau von Pendelbewegungen durchzuführen, die ein Nach- und Zurücksteuern der einzelnen Arbeitsbewegungen bedingen. Wenn die Bremsschaltung keine ausreichende Feinfühligkeit aufweist, wird bisweilen die Bremsstufe in der sog. Tippschaltung wiederholt kurzzeitig zu- und abgeschaltet.
Wegen des großen Einflusses der Schaltstufenfolge auf die dynamischen Belastungen des Triebwerks müssen deshalb auch Parameterkollektive für die Schaltoperationen ermittelt oder vorgegeben werden. Für diese Aufgabe wird im Bild 3-86 ein Beispiel angeführt, das einer Messung am Drehwerk eines Hafenkrans entstammt. Derartige Schaltstufenfolgen, aus denen diese Kollektive zu gewinnen sind, wurden bisher nur wenig beachtet, dies widerspricht ihrer Bedeutung für die Belastung der Triebwerke.

3.4.2 Dynamische Belastungen

Die dynamischen Belastungen bzw. Beanspruchungen durch Schwingungen in Triebwerken müssen bei der Bildung von Belastungskollektiven in geeigneter Weise einbezogen werden. Je nach Erkenntnisstand, Art des Antriebs und als vertretbar angesehenem Berechnungsaufwand geht man dabei, wenn keine umfassende dynamische Analyse des Systems vorliegt, in folgender Weise vor:

- Anwendung von Schwingbeiwerten,
- Berechnung der dynamischen Belastungen mit einfachen Schwingungsmodellen.

Es geht darum, zumindest die Maximalamplitude der Triebwerkschwingungen zu schätzen oder näherungsweise zu bestimmen, die durch eine nichtperiodische Erregung während der Anfahr- und Bremsphase auftritt. Die im Abschnitt 3.3.7.2 ermittelten Nenn- oder Mittelwerte genügen i.allg. zur Auslegung des Antriebs beim Entwurf, nicht jedoch für die Festigkeitsrechnung.

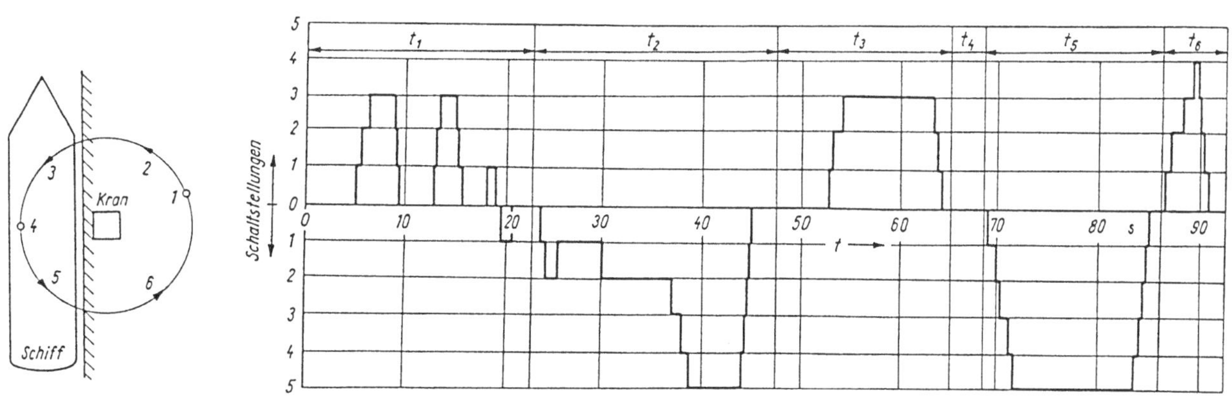

Bild 3-86 Arbeitsablauf und Schaltstufenfolge für ein Drehwerk beim Greiferumschlag [3.65]

1 Gutaufnahme
2 Beschleunigen und Weiterdrehen
3 elektrisches Bremsen
4 Gutabgabe
5 Zurückdrehen
6 elektrisches Bremsen

3.4.2.1 Schwingbeiwerte

Schwingbeiwerte, Stoßfaktoren, dynamische Beiwerte sind Faktoren, mit denen statische Belastungen bzw. Beanspruchungen vergrößert werden, um auch die dynamischen Anteile infolge von Schwingungen zu erfassen. Je nach Vorschrift und Bezugsgröße werden sie mit unterschiedlichen Symbolen bezeichnet; hier wird einheitlich ψ verwendet. Derartige Beiwerte werden in der konstruktiven Praxis häufig benutzt, z.B. für die Kupplungsauswahl nach Betriebsfaktoren, siehe Abschnitt 2.6.1.4.2. Mit ihnen lassen sich verhältnismäßig einfache kinetostatische Modelle zumindest angenähert an das Verhalten der elastischen Maschine anpassen.
Je nach dem Grad der Genauigkeit, mit der diese Beiwerte alle wichtigen Parameter des schwingenden Systems, d.h. erregendes Moment, Elastizität, Spiel usw., einbeziehen, entsprechen sie der tatsächlichen dynamischen Belastungssteigerung. Diese Parameter können determinierte wie auch Zufallsgrößen sein.
Eine neuere Empfehlung für Schwingbeiwerte von Triebwerken als feste Größen enthält [3.69]. Für das dynamische Drehmoment einer beliebigen Triebwerkwelle j wird Gl. (3.83) in einer durch Umrechnung etwas modifizierten Form herangezogen:

Anfahrmoment

$$M_{Aj} = \left[M_H + (M_A - M_H) \frac{J_2}{J_1 + J_2} \right] i_{1,j} \eta_{1,j}$$

Bremsmoment

$$M_{Bj} = \left[\bar{M}_H + (M_B - \bar{M}_H) \frac{J_2}{J_1 + J_2} \right] i_{1,j} \eta_{1,j}. \qquad (3.84)$$

Der Schwingbeiwert tritt als zusätzlicher Faktor in diesen Gleichungen in unterschiedlicher Stellung auf:

- beim Anfahren von Hub- und Einziehwerken o.ä. nur vor dem zweiten Summanden in der eckigen Klammer, weil das statische Drehmoment vor dem Einschalten bereits anliegt und somit nur das Differenzmoment $M_A - M_H$ erregend wirkt;
- beim Anfahren von Fahr-, Dreh- und Wippwerken o.ä. vor der gesamten eckigen Klammer, weil das Beharrungsmoment M_H, soweit keine Wind- bzw. Neigungseinflüsse, bei Wippwerken verbliebene, nicht ausgeglichene Gewichtskraftanteile zu berücksichtigen sind, vor dem Anfahren gleich Null ist;
- beim Bremsen nur vor dem zweiten Summanden, weil vor Bremsbeginn das Beharrungsmoment anliegt.

Erfahrungen und Überlegungen haben zu diesen Festlegungen und zu den in Tafel 3-11 zusammengestellten Schwingbeiwerten geführt, die nach der Art des Motors einschließlich seiner Steuerung und nach der des Bremssystems gestuft sind. Außerdem wird die Verteilung der Massen im Triebwerk zwischen Antriebs- und Abtriebswelle berücksichtigt, weil die dynamischen Belastungen innerhalb des Antriebs dort am größten sind, wo die größten anteiligen Massen zu beschleunigen bzw. verzögern sind. In dieser Massenverteilung unterscheiden sich die gebildeten beiden Triebwerkgruppen, Hub- und Einziehwerke bzw. Fahr-, Dreh- und Wippwerke, erheblich.
Für das Anfahrmoment des Motors können die im Abschnitt 3.3.2.2 aufgeführten Mittelwerte angesetzt werden. Der Pendelausschlag ungeführter Hubmassen wird durch einen Zuschlag von 50 % zu diesen Massen berücksichtigt. Dieser sehr ungünstige Fall, der beim Anfahren nicht auftritt, kann sich bei Positioniervorgängen einstellen.
Insgesamt ist bei dieser Empfehlung zu erkennen, daß versucht wird, einen Orientierungswert für die tatsächliche Maximalbelastung einer Triebwerkwelle zu erhalten. Über mögliche Abweichungen, Streubreiten usw. gegenüber gemessenen oder berechneten Größen wird nichts ausgesagt.
Andere Versuche, die dynamischen Belastungen fördertechnischer Triebwerke umfassend in die Berechnungspraxis einzuführen, sind bisher nicht veröffentlicht worden.
Dagegen liegen viele Informationen darüber vor, derartige Schwingbeiwerte unter Nutzung von Messung und Rechnung für bestimmte spezielle Belastungsfälle oder Triebwerke mit größerer Genauigkeit und damit Entsprechung zu formulieren. Besonders intensiv ist die dynamische Seilkraft in Hubwerken untersucht worden. Einen ausführlichen Überblick über Vorgehensweise, Modelle usw. vermittelt [3.70, Abschn. 3.6].
Der für die dynamische Belastung der Fahr- und Drehwerke häufig maßgebende Einfluß des Spiels im Antrieb wird ebenfalls mehr als bisher beachtet. Unter Verzicht auf die Änderung des Motormoments längs der Kennlinie gibt [3.68] die in Tafel 3-12 verzeichneten Gleichungen für Stoßfaktoren an. Es sind die beiden wichtigsten Belastungsfälle abgebildet, die sich im Verhältnis der bezogenen Federsteifen von Antriebs- und Abtriebswelle unterscheiden. Sie gelten für

Tafel 3-11 Schwingbeiwerte nach [3.69]

Erregungsart	Hub- und Einziehwerke		Fahr-, Dreh- und Wippwerke	
	Antriebswelle	Abtriebswelle	Antriebswelle	Abtriebswelle
Antreiben				
Gleichstrommotor, Drehstrom-Asynchronmotor mit Stromrichtersteuerung	1,5	1,2	1,5	1,65
Drehstrom-Asynchronmotor mit Direkteinschaltung oder Stufensteuerung	2,0	1,2	2,0	2,2
Bremsen, elektrisch durch Gegenstrom	2,0	1,2	2,0	2,2
Bremsen, mechanisch				
Elektrohydraulischer Lüfter	1,5	1,2	1,5	1,65
Sonstiges Lüftgerät	2,0	1,2	2,0	2,2
Fliehkraftlüfter	1,2	1,2	1,2	1,2
Fußbremse	1,5	1,2	1,5	1,65

Tafel 3-12
Schwingbeiwerte (Stoßfaktoren) für Spieldurchlauf in Fahrantrieben (für $J_2 \gg J_1$) [3.68]

Abtriebswelle weicher ($c_1 \gg c_2$)

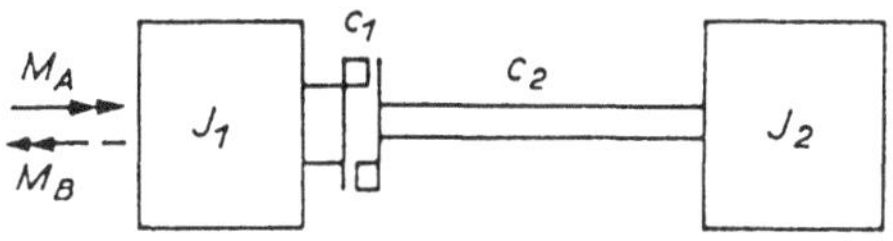

$\psi_1 = \sqrt{1 + 2\lambda}$ $\qquad$ $\psi_2 = 1 + \sqrt{1 + 2\lambda}$

Antriebswelle weicher ($c_2 \gg c_1$)

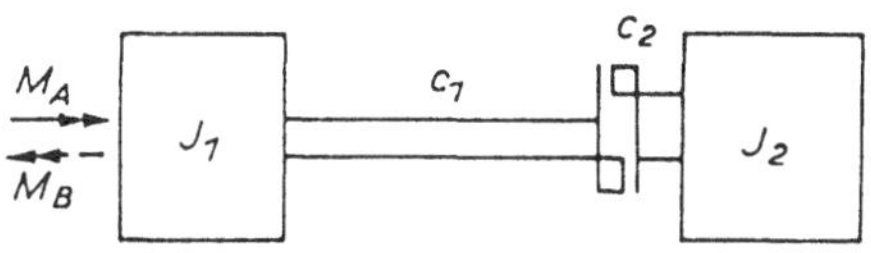

für $\lambda \leqq 1$:
$\psi_1 = \lambda$ $\qquad$ $\psi_2 = 1 + \lambda$
für $\lambda \geqq 1$:
$\psi_1 = \sqrt{1 + 2(\lambda - 1)}$ $\qquad$ $\psi_2 = 1 + \sqrt{1 + 2(\lambda - 1)}$

$\lambda = 2 \dfrac{c\varphi_s}{M_{A,B}}$; c Federsteife des gesamten Antriebs; φ_s Spielwinkel

Fahrantriebe, können jedoch auch als Orientierungswerte für ähnliche Triebwerke, wie Drehwerke, herangezogen werden, für die ebenfalls meist $J_2 \gg J_1$ gilt. An diesem Beispiel wird deutlich, welche erheblichen Vereinfachungen und Vergröberungen in allen Schwingbeiwerten liegen, selbst wenn man ihre Gültigkeit auf bestimmte Triebwerke und Betriebszustände einschränkt.
Eine bessere Anpassung an unterschiedliche Betriebszustände wird dann erreicht, wenn die wichtigsten Einflußgrößen bei der Rechnung variiert und die sich ergebenden Maximalwerte der Schwingungsamplituden als Regressionspolynom dargestellt werden. [3.71] wendet dieses Verfahren bei der rechnerischen Analyse der dynamischen Belastungen eines Drehwerkantriebs an; Bild 3-87 zeigt eine derartige Regressionsfunktion.

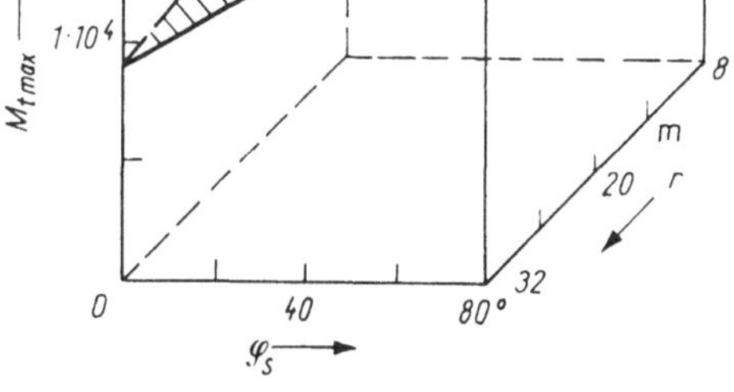

Bild 3-87 Antwortfläche des Regressionspolynoms für den Maximalwert $M_{t\max}$ des Torsionsmoments in der Ritzelwelle eines Drehwerkantriebs [3.71]
(Parameter: Ausladung r, Verdrehspiel φ_s)

Alle dynamischen Untersuchungen fördertechnischer Antriebe mit angepaßten Mehrmassenmodellen, aber auch zahlreiche Messungen weisen aus, daß neben Parametern wie Hubmasse, Ausladung, Federsteife, Dämpfung usw., die bei einem elastischen System unter Berücksichtigung ihrer Verteilungsfunktionen vorgegeben werden können, auch die Einflüsse anderer Zufallsgrößen von oft entscheidender Bedeutung für das Belastungskollektiv sein können, vor allem

- der Betriebszustand, z.B. die vor einem Schaltvorgang bereits erreichte Winkelgeschwindigkeit im Antrieb;
- die Schaltfolge, d.h. der Einfluß der Steuerung und damit des Kranfahrers;
- die Phasenlage des schwingenden Systems bei einer erneuten Erregung.

Dem durch die Verteilungsfunktionen der vorgegebenen Parameter bestimmten dynamischen Belastungsprozeß überlagern sich somit weitere Zufallsprozesse. [3.72] beschreibt das Vorgehen, um rechnerisch für die Lebensdauer der Maschine bzw. des Triebwerks repräsentative Kollektive für Schwingbeiwerte (Massenkraftfaktoren) unter Einbeziehung auch dieser Prozesse zu erhalten.
Mit einem geeigneten Schwingungsmodell werden unter Vorgabe einer bestimmten Wahrscheinlichkeit, z.B. 95 oder 99,3 %, und Ansatz der Verteilungsfunktionen für die wichtigsten Parameter zunächst die oberen und unteren Grenzen des Schwingbeiwerts ermittelt; Bild 3-88 zeigt als Beispiel den oberen Grenzwert für den Hubkraftbeiwert eines Auslegerkrans mit den Parametern Hubmasse m und Ausladung r. Wegen der zahlreichen weiteren Einflüsse kann nach dem zentralen Grenzwertsatz der Statistik eine Normalverteilung innerhalb des durch die Grenzflächen bestimmten Raumes angenommen werden. Über die Wahrscheinlichkeit der einzelnen Feldpunkte läßt sich dann rechnerisch die Verteilungsfunktion des Schwingbeiwerts für das Trieb-

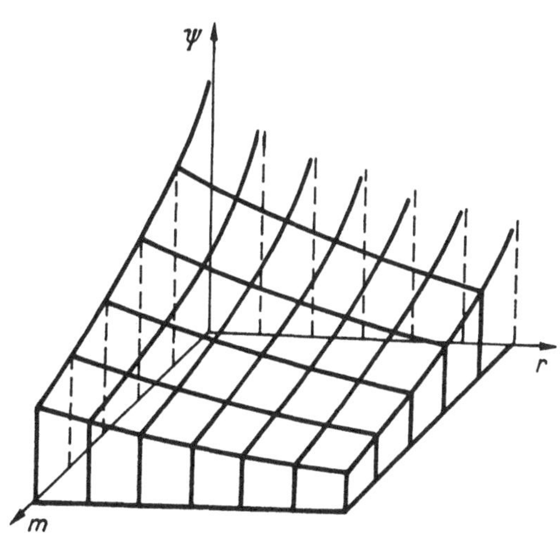

Bild 3-88 Schwingbeiwert (Hubkraftbeiwert) ψ eines Hafendrehkrans in Abhängigkeit von Hubmasse m und Ausladung r [3.65]

bzw. Tragwerkteil berechnen. Dieser Weg, dynamische Belastungen umfassender als bisher als Zufallsgrößen zu erfassen, erscheint aussichtsreich, weil er sich sinnvoll an die übliche statistische Erfassung der maßgebenden Belastungsparameter anfügt.

3.4.2.2 Berechnung mit Zweimassen-Schwingungsmodellen

Dem Triebwerk nach Art und Ausführung angepaßt, wenn auch mit den unumgänglichen Einschränkungen bezüglich der Genauigkeit, lassen sich mit Zweimassen-Schwingungsmodellen relativ einfach dynamische Maximalbelastungen von Triebwerkteilen berechnen. Sehr ausführlich ist dies in der einschlägigen Literatur zur Maschinendynamik angegeben, wobei besonders die speziell auf die Belange der fördertechnischen Antriebe zugeschnittenen Ausführungen in [3.70, Abschnitt 3.6] zu nennen sind. Unter deren Nutzung wie zweckmäßiger Ergänzung werden nachfolgend aufbereitete Werte für die dynamischen Belastungen bei den beiden wichtigsten Erregungsarten Momentensprung und Spieldurchlauf angegeben. Sie sollen den Umgang mit diesen einfachen Schwingungsmodellen erleichtern. Um alles an die im Abschnitt 3.3 dieses Buches verwendeten Symbole anzupassen, werden einige Größen anders bezeichnet als in der Fassung der Gleichungen nach [3.70, Abschn. 3.6].

3.4.2.2.1 Momentensprung

Wegen der notwendigen Entsprechung mit [3.70, Abschnitt 3.3.2] werden im Modell die Richtungen der Momente M_1 und M_g gleichgesetzt (Bild 3-89). Ändert M_g die Wirkungsrichtung, ist das Vorzeichen vor dieser Größe umzukehren.

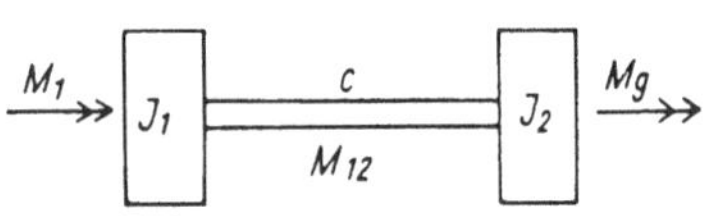

Bild 3-89 Zweimassen-Schwingungsmodell für Gl. (3.85)

Die Differentialgleichung lautet [3.70, Gl. (3.19)]

$$\dddot{M}_{12} + \frac{M_0}{J_1 \dot{\varphi}_0} \ddot{M}_{12} + \left(\frac{c}{J_1} + \frac{c}{J_2}\right) \dot{M}_{12} + \frac{c}{J_2} \frac{M_0}{J_1 \dot{\varphi}_0} (M_{12} + M_g) = 0. \tag{3.85}$$

Es wurde dabei das Erregermoment bei linearer Motorkennlinie nach Gl. (3.49) verwendet, d.h.

$$M_1 = \frac{M_{ne}}{s_{ne}} \left(1 - \frac{\dot{\varphi}_1}{\dot{\varphi}_0}\right) = M_0 \left(1 - \frac{\dot{\varphi}_1}{\dot{\varphi}_0}\right).$$

Durch Normieren entsteht die dimensionslose Form dieser Differentialgleichung [3.70, Gl. (3.19a)]

$$\dddot{\varkappa} + \gamma \ddot{\varkappa} + \left(1 + \frac{1}{\mu}\right) \dot{\varkappa} + \frac{\gamma}{\mu} \varkappa = 0 \tag{3.86}$$

mit den bezogenen Größen

$$\mu = \frac{J_2}{J_1}, \qquad \gamma = \frac{M_0}{\dot{\varphi}_0 \sqrt{c J_1}}, \qquad \varkappa = \frac{M_{12} + M_g}{M_0 + M_g}.$$

Die Anfangsbedingungen für $t = 0$ [3.70, Gln. (3.20) und (3.20a)]

$$M_{12} = -M_g \quad \text{bzw.} \quad \varkappa_0 = 0$$

$$\dot{M}_{12} = 0 \quad \text{bzw.} \quad \dot{\varkappa}_0 = 0$$

$$\ddot{M}_{12} = (M_0 + M_g) \frac{c}{J_1} \quad \text{bzw.} \quad \ddot{\varkappa}_0 = 1$$

führen zur Lösung der Differentialgleichung (3.86)

$$\varkappa(t^*) = \frac{1}{\delta^2 + \omega^2 + 2a\delta + a^2} \times \left[e^{at^*} - e^{-\delta t^*} \left(\frac{\delta + a}{\omega} \sin \omega t^* + \cos \omega t^* \right) \right] \tag{3.87}$$

mit der bezogenen Zeit

$$t^* = \sqrt{\frac{c}{J_1}}\, t.$$

Die Lösung der charakteristischen Gleichung 3. Grades ergibt nach Koeffizientenvergleich die mathematischen Beziehungen zwischen den normierten und den in Gl. (3.87) eingeführten Größen

$$\gamma = 2\delta - a$$

$$1 + \frac{1}{\mu} = -2\delta a + \delta^2 + \omega^2$$

$$\frac{\gamma}{\mu} = -a(\delta^2 + \omega^2).$$

Sie lassen sich berechnen und einsetzen. Abschließend muß $\varkappa(t^*)$ nach der Zeit entwickelt werden, bis sich das Maximum der Schwingungsamplitude einstellt. In [3.70, Abschn. 3.3.2] ist $\varkappa_{max}$ als Funktion von μ und γ grafisch dargestellt; außerdem enthält dieser Abschnitt einige einfache Gleichungen für Sonderfälle, die Abschätzungen erlauben. Um die Nutzungsmöglichkeit für den Anwender zu verbessern, ist im Bild 3-90 $\varkappa_{max}$ mit einem wesentlich erweiterten Parameterfeld abgebildet. Ferner ist eine Kurve für konstantes Erregermoment $M = \text{konst.}$ $(\gamma \to 0)$ eingezeichnet. Nach [3.70, Gl. (3.24)] beträgt in diesem Fall

$$\varkappa_{max} = \frac{2\mu}{1 + \mu}. \tag{3.88}$$

Das gesuchte dynamische Drehmoment der Triebwerkwelle

$$M_{12\,max} = \varkappa_{max} (M_0 + M_g) - M_g \tag{3.89}$$

gilt für die Bildwelle des Modells; es muß deshalb mit Übersetzung und Wirkungsgrad auf die eigentliche Triebwerkwelle umgerechnet werden. Wenn bezogene Größen, z.B. Schwingbeiwerte, ermittelt werden, entfällt diese Umrechnung.

Die erneute Anregung von Schwingungen durch einen Momentensprung beim Umschalten auf eine andere Kennlinie, im Bild 3-91 z.B. von Kennlinie *1* auf Kennlinie *2*, kann mit denselben Gleichungen berechnet werden, indem vereinfachend angenommen wird, daß die Schwingungen durch die vorausgegangene Erregung vollständig abgeklungen sind. Statt M_0 ist dann das nach dem Umschalten anliegende Moment M_{21} in Gl. (3.89) einzusetzen:

$$M_{12\,max} = \varkappa_{max} (M_{21} + M_g) - M_g. \tag{3.90}$$

$\varkappa_{max}$ ist mit

$$\gamma = \frac{M_{21}}{\dot{\varphi}_0 \sqrt{c J_1}}$$

zu bestimmen.

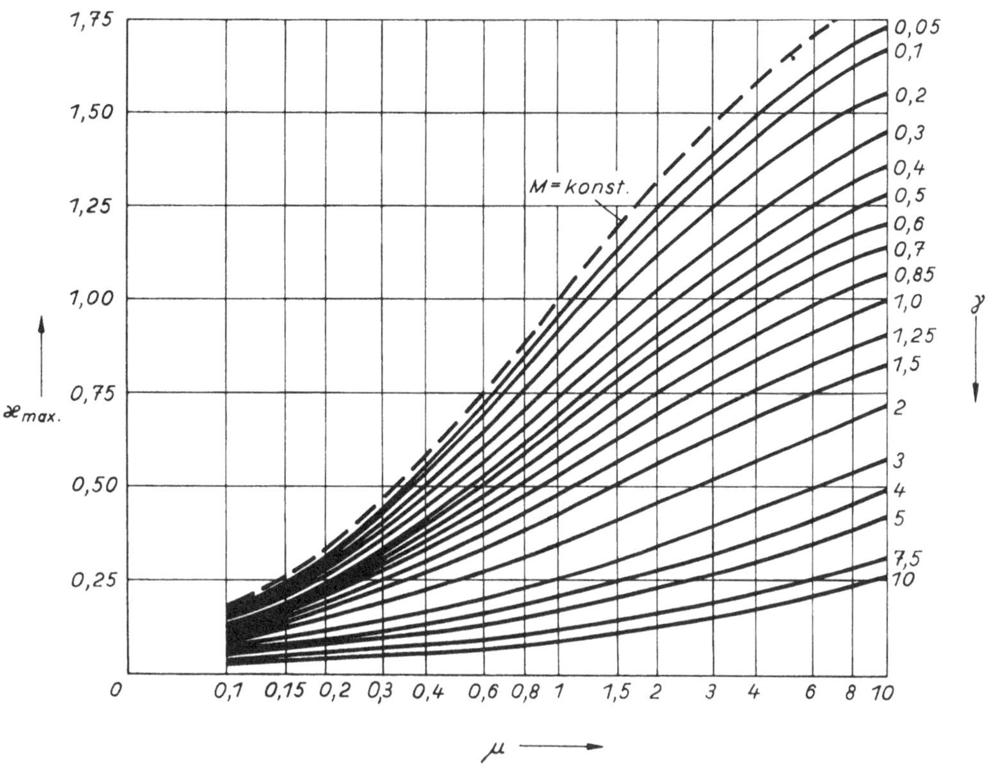

Bild 3-90 Maximalwerte von Gl. (3.87)

3.4.2.2.2 *Berücksichtigung von Spiel*

Auch für den Einfluß des Spiels im Antrieb auf das dynamische Drehmoment einer Triebwerkwelle soll eine allgemeine, einfach anzuwendende Darstellungsform angestrebt werden. [3.70, Abschn. 3.3.4.3] gibt für $M_{12\,max}$ geschlossene Lösungen unter der Voraussetzung an, daß ein konstantes Antriebsmoment $M_1 =$ konst. anliegt.

Zunächst muß die nach dem unbelasteten Durchlauf des Verdrehspiels φ_s erreichte Winkelgeschwindigkeit $\dot{\varphi}_s$ ermittelt werden. Die Gln. (3.53) und (3.54) lauten für $M_g = 0$, $\dot{\varphi}_1 = 0$, $\varphi = \varphi_s$ und $t = t_s$

$$\frac{\dot{\varphi}_s}{\dot{\varphi}_0} = 1 - e^{-t_s/\tau}$$

$$\frac{\varphi_s}{\dot{\varphi}_0 \tau} = e^{-t_s/\tau} - 1 + \frac{t_s}{\tau}. \tag{3.91}$$

Ihre Addition bringt eine Gleichung für die bezogene Zeit t_s des Spieldurchlaufs

$$\frac{t_s}{\tau} = \frac{\varphi_s}{\dot{\varphi}_0 \tau} + \frac{\dot{\varphi}_s}{\dot{\varphi}_0}. \tag{3.92}$$

Einsetzen der Gl. (3.92) in Gl. (3.91) führt zur Bestimmungsgleichung für $\dot{\varphi}_s$:

$$\frac{\dot{\varphi}_s}{\dot{\varphi}_0} = 1 - e^{-[\varphi_s/(\dot{\varphi}_0 \tau) + \dot{\varphi}_s/\dot{\varphi}_0]}, \tag{3.93}$$

in der die gesuchte Größe nur implizit enthalten ist. Um die notwendige Iteration zu ersparen, kann die im Bild 3-92 angegebene grafische Lösung benutzt werden. Sie geht nur bis zur bezogenen Grenzgeschwindigkeit $\xi = 0{,}95$. Für größere Werte von $\Phi = \varphi_s/(\dot{\varphi}_0 \tau)$ sollte $\xi = 1$, d.h. $\dot{\varphi}_s = \dot{\varphi}_0$, gesetzt werden.

Wird das während des Spieldurchlaufs wirkende Motormoment konstant angesetzt, ergibt Gl. (3.51)

$$\frac{\dot{\varphi}_s}{\dot{\varphi}_0} = \sqrt{\frac{2\varphi_s}{\dot{\varphi}_0 \tau}}. \tag{3.94}$$

Bild 3-92 zeigt den beträchtlich steileren Anstieg dieser Funktion. Die nach dem Spieldurchlauf erreichte Winkelgeschwindigkeit $\dot{\varphi}_s$ geht als Anfangsbedingung in Gl. (3.85)

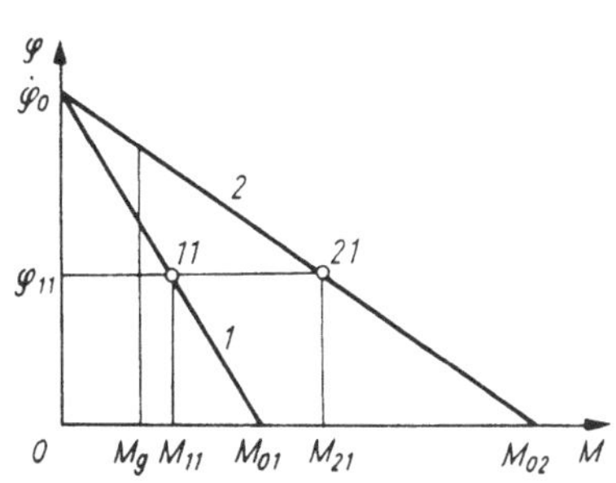

Bild 3-91 Umschalten von Kennlinie 1 auf Kennlinie 2

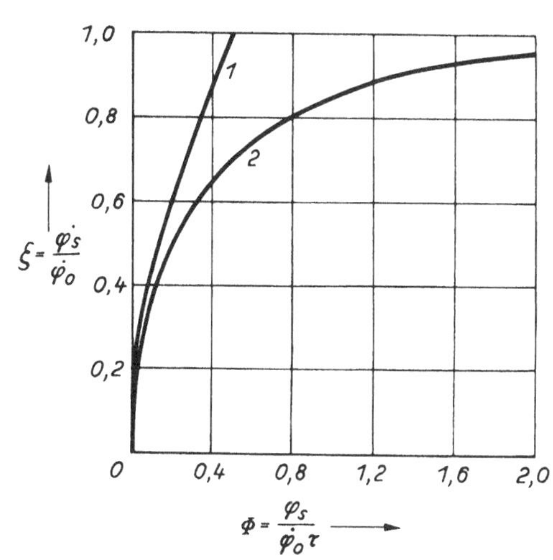

Bild 3-92 Winkelgeschwindigkeit nach Spieldurchlauf

1 $M =$ konst. [Gl. (3.94)]
2 M linear veränderlich [Gl. (3.93)]

bzw. (3.86) ein. Vereinfachend wird somit angenommen, daß die Triebwerkfeder nicht vorgespannt ist, ein etwaiges Gegenmoment M_g erst nach dem Spieldurchlauf auftritt. In Hubwerken entspricht dies dem Anheben mit Schlaffseil, in Fahr- und Drehwerken dem Anfahren ohne Wind bzw. Neigung.
Die Lösung der Differentialgleichung (3.85) für diese Anfangsbedingungen ist möglich, aber aufwendig. Auch läßt sich das Lösungsfeld nicht mehr in einem einfachen Diagramm wie Bild 3-90 darstellen. Es ist jedoch rechnerisch nachzuweisen, daß für nicht zu große Werte von γ bis etwa $\gamma = 1$ nur sehr kleine Abweichungen auftreten, wenn die Stoßwirkung nach dem Spieldurchlauf mit $M_1 = M_0 =$ konst. berechnet wird. $\varkappa_{max}$ läßt sich dann explizit angeben

$$\varkappa_{max} = \frac{\mu}{1+\mu} + \frac{1}{(1+\mu)(1+\beta)} \times \sqrt{(\mu-\beta)^2 + \frac{\xi^2\mu}{\gamma^2}(1+\mu)} \tag{3.95}$$

mit den beiden zusätzlichen normierten Parametern

$$\xi = \frac{\dot\varphi_s}{\dot\varphi_0}, \qquad \beta = \frac{M_g}{M_0}.$$

Wichtig bleibt aber die vorherige Bestimmung der erreichten Winkelgeschwindigkeit $\dot\varphi_s$ nach dem Spieldurchlauf entsprechend der Kennlinie des Motors, d.h. mit Gl. (3.93) bzw. Bild 3-92. Beim Bremsen gilt, je nach Art der Bremsung, eine der beiden Funktionen dieses Bildes. Zu Größe und Verteilungsfunktion des Verdrehspiels φ_s im Antrieb wird auf Abschnitt 3.4.1 verwiesen.

3.4.3 Aufstellung und Nutzung von Belastungskollektiven

Belastungskollektive für Antriebe sind stark verdichtete Informationen über Größe und Häufigkeit auftretender bzw. zu erwartender Belastungen unter Vernachlässigung der zeitlichen Folge. Wie bereits im Abschnitt 1.8 betont wurde, nehmen die Einflußgrößen während des Betriebs meist zufällig verteilte Werte an, die allerdings innerhalb bestimmter Grenzen bleiben. Je kleiner die Variationsbreite dieser Einflußgrößen ist, um so genauer spiegelt das Belastungskollektiv den tatsächlichen Belastungsprozeß wider. Ein solches Kollektiv ist jedoch stets auf eine reale Ausführung des Triebwerks und eine festgelegte Einsatztechnologie der Fördermaschine bezogen. Es gilt dann für eine Triebwerkgruppe gleicher oder ähnlicher Konstruktion, für die alle wesentlichen Faktoren der Belastung berücksichtigt sind. Dies ermöglicht den Betriebsfestigkeitsnachweis bzw. die Bemessung des Antriebs für eine vorgegebene Nutzungsdauer.
Jede Verallgemeinerung auf breite Anwendungsbereiche vergrößert die Unschärfe eines Belastungskollektivs. Beschränkt man sich z.B. auf nur wenige Einflußgrößen, kann es lediglich für eine grobe Gruppierung der Triebwerke nach ihrer Arbeitsweise genutzt werden.

3.4.3.1 Klassifizierung der Triebwerke

Die derzeitige Grundlage für eine Klassifizierung der Triebwerke ist der ISO-Standard 4301/1 – 1986 (E) [3.73]. Sein Ziel ist es, die Hebezeuge und ihre Triebwerke nach der Intensität der zeitlichen Nutzung und der Schwere der Belastung unabhängig von der konstruktiven Ausführung zu klassifizieren. Damit soll ein Zusammenhang zwischen den Einsatzbedingungen beim Betreiber und der Auslegung der Fördermaschinen beim Hersteller als Basis für Verträge und Vergleiche geschaffen werden. Diese für Krane entworfenen Regeln können grundsätzlich ebenso bei anderen Fördermaschinen angewendet werden, wie dies i.allg. auch bei sonstigen Vorschriften oder Empfehlungen der Fall ist.
Die Krane werden in acht Gruppen eingeteilt, die durch Kombination von zehn Nutzungsklassen mit $1{,}6 \cdot 10^4$ bis $4 \cdot 10^6$ und mehr Arbeitsspielen während der gesamten Nutzungsdauer und vier Belastungsklassen entstehen. Bei der Gruppierung der Triebwerke in ebenfalls acht Klassen $M\,1$ bis $M\,8$ werden die zehn Nutzungsklassen $T0$ bis $T9$ im Gegensatz zur Klassifizierung der Krane nach der Gesamtbetriebsdauer der Triebwerke gegliedert, die von $2 \cdot 10^2$ bis 10^6 h reicht. Tafel 3-13 zeigt diese Gruppierung.
Der Belastungsfaktor K zur Einstufung in die Belastungsklassen wird wie folgt errechnet

$$K = \sum_i \left[\frac{t_i}{\sum_i t_i} \left(\frac{B_i}{B_{max}} \right)^3 \right]; \tag{3.96}$$

B_i Belastung (Kraft, Drehmoment usw.), die während der Zeit t_i auf das Triebwerk wirkt,
B_{max} Maximalwert der Belastung während der Nutzungsdauer des Triebwerks.

Tafel 3-13 enthält den nominellen Wert K_m dieses Belastungsfaktors als obere Schranke für die jeweilige Belastungsklasse. Die Einordnung in eine Triebwerkgruppe setzt somit die Kenntnis des Belastungskollektivs voraus.
In Zusammenhang mit der Arbeit an diesem ISO-Standard sind Grundgedanken und Teile bereits in nationale Regelwerke übernommen worden. Die „Berechnungsgrundsätze für Triebwerke in Hebezeugen" [3.69] als Nachfolger des zurückgezogenen Normentwurfs E DIN 15017 Teil 1 enthalten die Nutzungsklassen (Betriebsstundenklassen) $T0$ bis $T9$. Weil die benötigten Ausgangsdaten für Gl. (3.96) nicht in allen Fällen verfügbar sind, gibt [3.69] zusätzlich Einstufungsbeispiele für alle in Kranen vorkommenden Triebwerkarten an.

Tafel 3-13 Gruppierung von Krantriebwerken nach ISO 4301/1 — 1986 (E) [3.73] (in Klammern: gegenüber Original ergänzt)

Belastungsklasse		Nomineller Belastungsfaktor K_m	Nutzungsklasse (Bezeichnung und Gesamtbetriebsdauer G_{be} in 10^2 h)									
			$T0$ 2	$T1$ 4	$T2$ 8	$T3$ 16	$T4$ 32	$T5$ 63	$T6$ 125	$T7$ 250	$T8$ 500	$T9$ 1000
$L1$	leicht	0,125	($M1$)	($M1$)	$M1$	$M2$	$M3$	$M4$	$M5$	$M6$	$M7$	$M8$
$L2$	mittel	0,25	($M1$)	$M1$	$M2$	$M3$	$M4$	$M5$	$M6$	$M7$	$M8$	($M8$)
$L3$	schwer	0,50	$M1$	$M2$	$M3$	$M4$	$M5$	$M6$	$M7$	$M8$	($M8$)	($M8$)
$L4$	sehr schwer	1,00	$M2$	$M3$	$M4$	$M5$	$M6$	$M7$	$M8$	($M8$)	($M8$)	($M8$)

Auf welche Weise sich eine derartige Gruppierung auf die Berechnung und Auslegung der Antriebe auswirkt, bleibt zunächst offen. Es bietet sich beispielsweise die Einführung abgestimmter Sicherheitsbeiwerte oder zulässiger Beanspruchungen an. Dieser Weg wurde erstmals 1968 mit den „Berechnungsgrundlagen für Serienhebezeuge" der FEM (Fédération Européenne de la Manutention) begangen, in der fünf Gruppen von Serienhebezeugen mit unterschiedlicher, auf die volle Belastung bezogener Lebensdauer gebildet sind. Es gibt weitere Beispiele.

Die laut Nutzungsklasse vorgegebene Gesamtbetriebsdauer G_{be}, die ein Triebwerk erreichen soll, muß vom Konstrukteur in die Anzahl $\bar{N}$ der Belastungswechsel während der Nutzungsdauer des Triebwerks umgerechnet werden, die in die Gln. (1.24) bis (1.27) eingeht. Diese Nutzungsdauer ist somit ebenfalls vorgegeben bzw. anzunehmen.

Ehe die Vorgehensweise behandelt werden kann, ist das Problem der Bezeichnungen und Symbole zu erörtern. Um die Dauer einer Triebwerkbewegung zu kennzeichnen, werden sehr unterschiedliche Begriffe mit sich z.T. widersprechenden Begriffsinhalten angewendet, z.B. Nutzungs-, Betriebs-, Einsatz-, Einschalt-, Arbeitszeit bzw. auch -dauer. Da sich bisher keine Vorzugslösung abzeichnet, werden hier folgende auf das Triebwerk bezogene Symbole und Begriffe festgelegt:

D Nutzungsdauer in Kalenderjahren a,
A Arbeitstage je Jahr in d/a,
E Einsatzdauer je Tag in h/d,
G_E Gesamteinsatzdauer während der Nutzungsdauer in h,
G_{be} Gesamtbetriebsdauer während der Nutzungsdauer in h,
BD relative Betriebsdauer.

Die Nutzungsdauer eines Antriebs kann gleich oder kleiner als die der gesamten Fördermaschine sein. Besonders zu beachten ist der Unterschied zwischen der Gesamteinsatzdauer G_E des Triebwerks, die wie die Einsatzdauer E alle Stillstände während des Einsatzes einbezieht, und der Gesamtbetriebsdauer G_{be}, die nur die Zeitabschnitte erfaßt, in denen das Triebwerk in Bewegung ist. Weil die Anzahl z_{sp} der Arbeitsspiele sowie die relative Betriebsdauer BD bzw. Einschaltdauer ED gemäß Gl. (3.1) auf die Einsatzstunde und damit auf die Gesamteinsatzdauer G_E bezogen sind, kann die Gesamtbetriebsdauer G_{be}, die im obengenannten ISO-Standard vorgegeben ist, nicht direkt zur Bestimmung der Anzahl von Belastungswechseln herangezogen werden. Für die Summenwerte gelten die Gleichungen:

$$G_E = DAE$$

$$G_{be} = G_E BD. \tag{3.97}$$

Für normalen 1- bis 3schichtigen Betrieb können $A = 250$ d/a (Arbeitstage je Jahr) angenommen werden, bei über alle Kalendertage durchgehendem Betrieb 350 d/a. Die Einsatzdauer E ist i.allg. kleiner als die Dauer einer Arbeitsschicht; sie beträgt im Mittel bei

einschichtigem Betrieb	$\leqq$ 5 h/d
zweischichtigem Betrieb	5 ... 10 h/d
dreischichtigem Betrieb	10 ... 15 h/d.

Je nach Aufgabe und Betriebsweise des Antriebs können große Abweichungen von diesen Mittelwerten auftreten.

Den Zusammenhang zwischen der Gesamtbetriebsdauer G_{be} und der Einsatzdauer E stellt Bild 3-93 für eine Nutzungsdauer $D = 10$ a bzw. 20 a übersichtlich dar. Die Arbeitstage A je Jahr und die relative Betriebsdauer BD sind Parameter. Zusätzlich sind die Nutzungsklassen nach [3.69] angegeben.

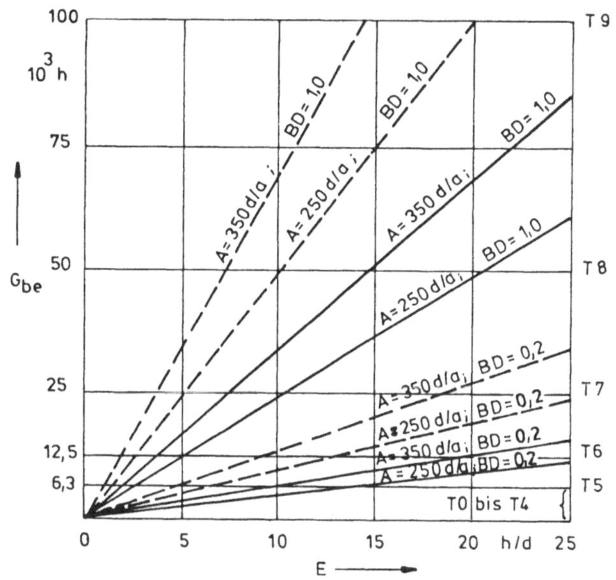

Bild 3-93 Gesamtbetriebsdauer G_{be} von Triebwerken als Funktion der Einsatzdauer E je Tag

——— $D = 10$a
– – – – $D = 20$a

3.4.3.2 Berechnung der Belastungshäufigkeit

Ein wichtiges Maß für die Intensität des Betriebs eines Unstetigförderers sind Anzahl und Dauer der Arbeitsspiele während einer Einsatzstunde oder im Zeitraum der gesamten Nutzungsdauer, wie es zur Klassifizierung der Krane herangezogen wird. Der Projektierung wird ein mittleres Arbeitsspiel zugrunde gelegt, das entweder vorgegeben ist oder aus anderen Daten, z.B. dem geforderten Durchsatz, zu ermitteln ist. Dabei sind die Arbeitsgeschwindigkeiten, die mittleren Wege und die Möglichkeiten zur Überlagerung mehrerer Einzelbewegungen zu berücksichtigen. Außerdem ist festzulegen, ob einer Nutzbewegung regelmäßig eine Leerbewegung folgt oder ob dies nur bei einem Teil der Arbeitsspiele der Fall ist.

Das Ergebnis dieser für die gesamte Fördermaschine durchzuführenden Rechnung und Schätzung sind Anzahl Z_{sp} je Einsatzstunde und Dauer T_{sp} des der Auslegung dienenden mittleren Arbeitsspiels sowie des Faktors k_M, der die Anzahl der Teilspiele während eines Arbeitsspiels ausdrückt. k_M wird in den meisten Fällen zwischen 1 und 2 liegen. $k_M = 1$ bezeichnet eine Arbeitsweise, wo allein Nutzbewegungen aufeinanderfolgen, $k_M = 2$ eine solche, bei der jedes Arbeitsspiel aus den beiden Teilspielen Nutz- und Leerbewegung besteht. Zwischenwerte ergeben sich, wenn das Teilspiel Leerbewegung nicht in jedem Arbeitsspiel auftritt.

Anzahl und Dauer der Arbeitsspiele der Antriebe unterscheiden sich von denen der gesamten Fördermaschine immer dann, wenn mehr als ein Antrieb zur Ausführung der Gutbewegung in Betrieb gesetzt werden muß. Um besser unterscheiden zu können, werden die Symbole (z_{sp}, t_{sp}) für die Triebwerke mit kleinen Buchstaben geschrieben. Den Zusammenhang verdeutlicht der zeitliche Verlauf eines Arbeitsspiels eines mit drei Antrieben ausgerüsteten Drehkrans im Bild 3-94. Weil beim Umschlag zwischen Schiff und Kai das Gesamtspiel nahezu immer aus Nutz- und Leerbewegung besteht, ist für die Dauer des gezeichneten Teilspiels Nutzbewegung nur $T_{sp}/2$ ($k_M = 2$) eingetragen. Alle Triebwerke werden aufeinanderfolgend, teils mehrfach und überlagert, geschaltet.

Es wird ein weiterer Faktor k_T eingeführt, der die Anzahl der Arbeitsspiele des Triebwerks während eines Teilspiels der Maschine (Nutz- bzw. Leerbewegung) bezeichnet. Er kann größer, gleich oder kleiner als 1 sein, weil ein Triebwerk während dieses Teilspiels mehrfach, nur einmal oder nicht immer geschaltet werden kann. Die Spielzahl des Triebwerks, auf die Einsatzstunde bezogen, ergibt sich nach diesen Vorüberlegungen zu

$$z_{sp} = k_M k_T Z_{sp} . \tag{3.98}$$

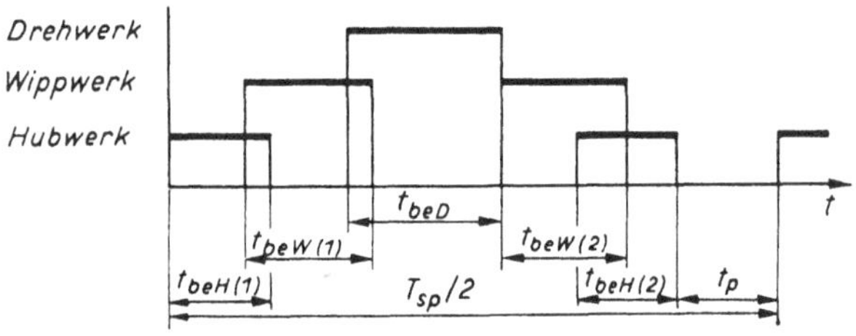

Bild 3-94 Betriebsdauer der Triebwerke eines Hafenkrans beim Stückgutumschlag, idealisiert ($k_M = 2$)

Die relative Betriebsdauer des Triebwerks beträgt in einer gegenüber Gl. (3.1) allgemeineren Form

$$BD = \frac{k_M k_T t_{be}}{T_{sp}} ; \tag{3.99}$$

t_{be} Betriebsdauer während eines Arbeitsspiels des Triebwerks,
T_{sp} Spieldauer der Fördermaschine.

Über sie kann mit Gl. (3.97) die Gesamteinsatzdauer G_E in die Gesamtbetriebsdauer G_{be} umgerechnet werden.
Die Spielzahl z_{sp} des Antriebs ist die Ausgangsgröße für die ebenfalls auf die Einsatzstunde bezogene Belastungshäufigkeit z_h. Wieviel Belastungszyklen in einem Triebwerkelement während dieser Belastungsperiode auftreten, hängt von der Art des Bauteils ab:

a) feststehende, nicht umlaufende Bauteile (Achsen, Lager, Rahmen o.ä.) und alle Bauteile mit vorwiegend Stoßbelastung

$$z_h = k_a z_{sp} ; \tag{3.100}$$

k_a Anzahl der Belastungszyklen je Arbeitsspiel

b) umlaufende Bauteile, deren Belastungszahl von der Drehzahl n abhängt (Zahnräder, Kupplungen, Umlaufbiegung und Querkraftschub von Wellen)

$$z_h = z_n z_{sp} \quad \text{mit} \quad z_n = k_b n \left(\frac{t_A}{2} + t_H + \frac{t_B}{2} \right) ; \tag{3.101}$$

k_b Anzahl der Belastungszyklen je Umdrehung,
n Drehzahl je Zeiteinheit,
$t_{A,H,B}$ Dauer der einzelnen Betriebsphasen während eines Arbeitsspiels.

In der Gleichung für z_n wurde ein linearer Geschwindigkeitsverlauf während des Anfahrens und Bremsens angenommen. z_n kann auch getrennt für die drei Betriebsphasen bestimmt werden, wenn unterschiedliche Belastungen in diesen Phasen jeweils gesondert erfaßt werden sollen. Der Faktor k_b hat besondere Bedeutung für Zahnräder. Nach den Ausführungen im Abschnitt 2.7.3.3 beträgt er

$k_b = 0{,}5$ für die Flächenpressung an Zahnrädern mit periodisch wechselnder Belastung beider Zahnflanken, z.B. in Fahrwerkgetrieben,

$k_b = 1{,}0$ für die Flächenpressung an Zahnrädern mit gleichbleibender Belastungsrichtung, z.B. in Hubwerkgetrieben, und für die Zahnfußbiegung allgemein.

Weist ein Zahnrad mehr als einen Eingriff auf, vergrößern sich diese Werte entsprechend.

c) Bauteile, die vorwiegend durch Schwingungen belastet werden (Torsionsmoment in Wellen usw.)

$$z_h = k_c f t_{be} z_{sp} ; \tag{3.102}$$

k_c Verhältnis der Dauer der Schwingungseinwirkung zur Betriebsdauer t_{be} während eines Arbeitsspiels,
f Schwingfrequenz.

Die für die Betriebsfestigkeitsrechnung in die Gln. (1.24) bis (1.27) einzusetzende Gesamtzahl $\bar{N}$ der Belastungswechsel während der Nutzungsdauer D des Triebwerks ergibt sich entsprechend dem dargelegten formalen Vorgehen zu

$$\bar{N} = G_E z_h . \tag{3.103}$$

Wegen der zahlreichen Vereinfachungen und notwendigen Annahmen, die zur Berechnung der Anzahl der Belastungszyklen erforderlich sind, und wegen der großen Unterschiede in konstruktiver Ausführung, Belastung und Berechnung der einzelnen Baugruppen und -teile ergeben sich immer nur Schätzwerte, die etwas über die Größenordnung der Belastungswechselzahlen aussagen. In vielen Fällen wird man sich überdies auf die Belastungszyklen beschränken, die einen hohen relativen Anteil an der Gesamtbelastung und damit Werkstoffschädigung haben. Die Bestimmung des Belastungskollektivs nach Art und Umfang und die Betriebsfestigkeitsrechnung müssen sich im Hinblick auf den Schädigungsprozeß immer entsprechen, um grobe Fehler zu vermeiden.

3.4.3.3 Verfahren zur Bildung von Belastungskollektiven

Um Belastungskollektive für Triebwerke aufzustellen bzw. abzuleiten, werden zwei grundlegende Wege mit unterschiedlichen Ergebnissen beschritten:

- der analytische, indem die Belastungs-Zeit-Funktion ermittelt und klassiert wird,
- der synthetische, indem meßtechnisch oder rechnerisch bestimmte Größen verallgemeinert und zusammengesetzt werden.

Der erstgenannte Weg ist vorerst noch vorwiegend das Feld wissenschaftlicher Arbeit, der zweitgenannte dagegen bereits die übliche Berechnungspraxis. Auch die Vorschriften und Regeln für die Berechnung gehen ihn.

3.4.3.3.1 Auswertung der Belastungs-Zeit-Funktion

Die Belastungs- oder Beanspruchungs-Zeit-Funktionen können meßtechnisch am Originaltriebwerk oder rechnerisch an seinem mathematischen Modell ermittelt werden. Messungen an Maschinenbauteilen sind heute relativ einfach. Sie vermitteln aber stets eingeschränkte Aussagen, weil die Maschinenparameter nur wenig zu variieren sind, das Meßergebnis daher auf die jeweilige Maschine bezogen bleibt und die Einflußgrößen häufig in ihrer Wirkung nicht voneinander zu trennen sind. Bei Langzeitmessungen ergibt sich ein für die jeweilige Maschine repräsentatives Kollektiv unter gegebenen Einsatzbedingungen, wobei sich jedoch die Anteile der verschiedenen Betriebszustände überlagern.
Im Bild 3-95a ist ein durch Messung bestimmter zeitlicher Verlauf der Seilkräfte eines Greiferwindwerks ohne mechanische Koppelung der beiden Einzeltriebwerke (s. Abschnitt 3.5.1.3.1) dargestellt. Als Besonderheit enthält es eine automatische Zuschaltung des Haltemotors am Ende des Schließvorgangs, die in diesem Beispiel zu einer in der Tendenz größeren Belastung des Halteseils während des Hebens

führt. Zudem wird ein feinkörniges Schüttgut (Kies) umgeschlagen, was relativ kleine Schließkräfte zur Folge hat. Weitere Einzelheiten enthält [3.74], dem dieses Beispiel entnommen ist.

Aus 31 derartigen Grundspielen entstand über die Extremwertklassierung die im Bild 3-95b in das Wahrscheinlichkeitsnetz gezeichnete komplementäre Verteilungsfunktion

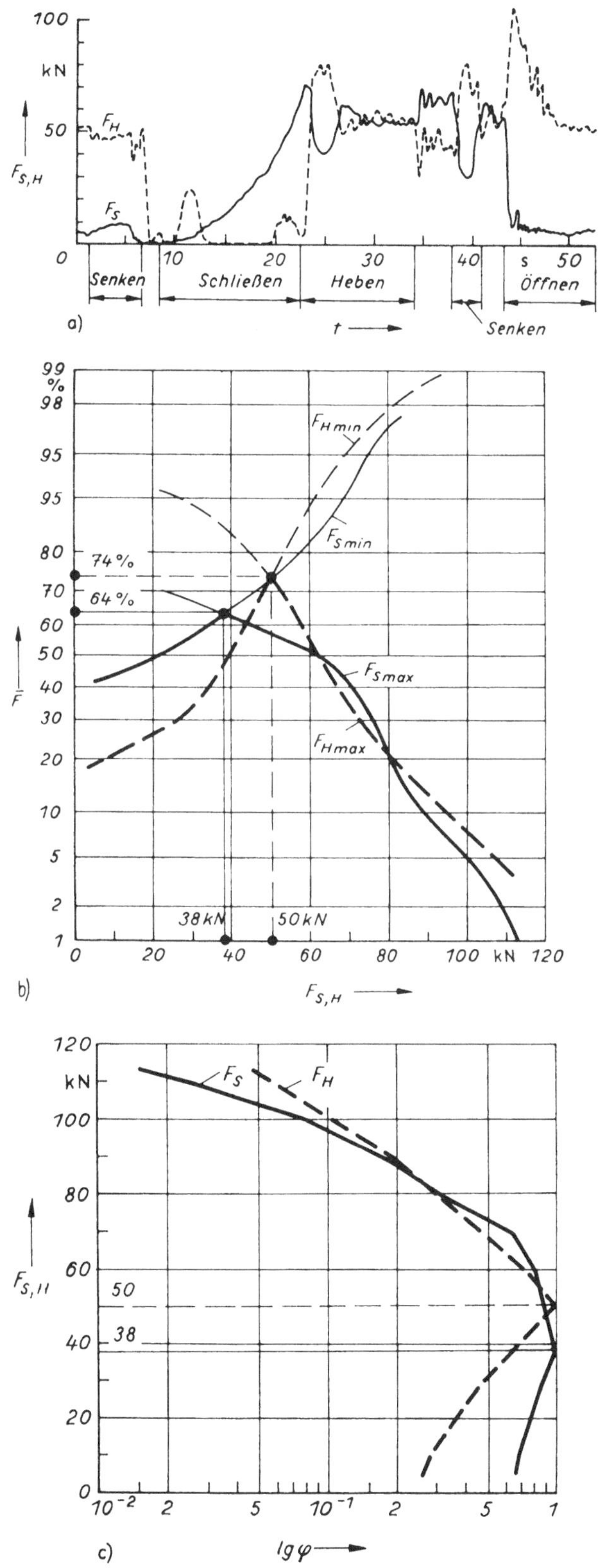

Bild 3-95 Seilkraftkollektiv eines Greiferwindwerks [3.74]

a) Einzelspiel
b) Verteilungsfunktion $\bar{F}$ nach Extremwertklassierung von 31 Greiferspielen
c) Seilkraftkollektiv (F_S Schließseilkraft; F_H Halteseilkraft)

und daaus durch Umrechnung das Belastungskollektiv (Bild 3-95c). Zur Berechnung der relativen Häufigkeiten wurde der Ansatz verwendet:

$$\varphi(F_{S,H}) = \frac{n}{n_{max}} = \frac{\bar{F}(F_{S,H})}{\bar{F}_m(F_{S,H})}; \qquad (3.104)$$

$\varphi(F_{S,H})$ relative Häufigkeit des Erreichens oder Überschreitens eines Wertes der Seilkraft F_S bzw. F_H,
$\bar{F}(F_{S,H})$ komplementäre Summenhäufigkeit eines Wertes F_S bzw. F_H,
$\bar{F}_m(F_{S,H})$ Wahrscheinlichkeit der Mittelwerte F_{Sm} bzw. F_{Hm}.

Aus Bild 3-95b ist abzulesen:

Schließseil $F_{Sm} = 38$ kN, $\bar{F}_{Sm} = 64$ %

Halteseil $F_{Hm} = 50$ kN, $\bar{F}_{Hm} = 74$ %.

Wie es bei der Extremwertklassierung vorgeschrieben ist, wurden für das Belastungskollektiv nur die regulären Spitzenwerte (dickere Linien im Bild 3-95b) herangezogen, siehe Abschnitt 1.8.2.2.2. Das Kollektiv gibt Grundtendenzen an, die für alle Greiferwindwerke gelten; die geringere Belastung des Schließseils ist jedoch eine Besonderheit der Betriebsweise und des günstigen Schüttguts.

Mehr Möglichkeiten, Parameter bei Messungen gezielt zu verändern, bietet der Prüfstandversuch. [3.75] vermittelt einen Einblick in die Beanspruchung von Hubwerken, die mit verschiedenen Steuerungen ausgerüstet werden. Zu variieren waren außerdem die elastische Kupplung zwischen Motor und Getriebe, das Bremsmoment und die Hubmasse. Aber auch hier sind neben grundsätzlichen, für die Triebwerkgruppe insgesamt zutreffenden Ergebnissen viele Eigenheiten in Konstruktion und Arbeitsweise festgelegt.

Es ist nach dem oben Gesagten verständlich, daß man sich heute vorrangig auf die rechnerische Simulation des Belastungsverlaufs an geeigneten mathematischen Modellen orientiert. Derartige Modelle müssen allerdings durch Vergleichsmessungen an Originalmaschinen auf ihre Adäquatheit überprüft sein. Die angewendeten Modelle unterscheiden sich, vor allem in der Berücksichtigung des Schwingungseinflusses. Kinetostatische Modelle (starre Maschine) setzen Schwingbeiwerte an, elastokinetische (elastische Maschine) erfassen die Schwingungsamplituden durch Verwendung elastischer Mehrmassenmodelle direkt.

Ein bis zur Festigkeitsrechnung für die Elemente des Triebwerks geführtes, für den Rechnereinsatz formalisiertes Starrkörpermodell ist an der TH Darmstadt entwickelt worden [3.76] [3.77]. Das Strukturmodell des Antriebs wird aus katalogisierten Bausteinen unter Wahrung der Verknüpfungsbedingungen zusammengesetzt. Es werden zunächst die Beanspruchungs-Zeit-Funktionen berechnet und anschließend mit einem geeigneten Verfahren, hier „Rainflow" (s. Abschn. 1.8.2.2.2), klassiert. Anstelle der Korrelationstafel ergeben sich durch Glättung des Kurvenverlaufs zweiparametrische Funktionen für die Verteilungsdichte; Bild 3-96 zeigt ein Beispiel. Diese Funktion ist die Grund-

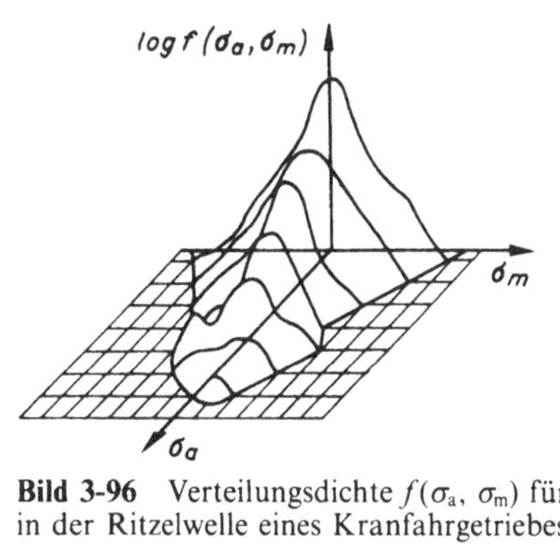

Bild 3-96 Verteilungsdichte $f(\sigma_a, \sigma_m)$ für die Biegespannung in der Ritzelwelle eines Kranfahrgetriebes [3.76]

lage der nachfolgenden Festigkeitsrechnung. Von der Wirklichkeit weicht dieses mathematische Modell neben den unumgänglichen Vereinfachungen bei der Strukturierung vor allem dadurch ab, daß es die Schwingungen des Systems nur mit ihrer Maximalamplitude erfaßt.

An der TU Magdeburg ist das Programm Spako aufgestellt worden, das ebenfalls ein Starrkörpermodell benutzt [3.59] [3.78] [3.79]. Aus Kollektiven berechneter Belastungs-Zeit-Funktionen ergeben sich statistisch ermittelte Belastungskollektive für ausgewählte Schnittstellen des Trag- und Triebwerks. Dabei gehen die Verteilungsfunktionen für die maßgebenden Einflußgrößen, wie Hubmasse, Ausladung, Windkraft, Massenkräfte, ein.

In Antrieben, bei denen die dynamischen Belastungen dominieren, wie Dreh- und Wippwerken, führen nur Schwingungsmodelle mit einer ausreichenden Anzahl von Freiheitsgraden zu einer vertretbaren Annäherung der rechnerisch ermittelten Belastungs-Zeit-Funktionen an die meßtechnisch bestimmten Verläufe. [3.65] [3.80] bis [3.82] informieren über die Ergebnisse von an der TU Dresden durchgeführten wissenschaftlichen Untersuchungen an Modellen dieser Triebwerke, deren Besonderheit in dem geringen Betrag des aus Reibungskräften herrührenden Gegenmoments M_g liegt.

Unabhängig von der Wahl eines starren oder elastischen Maschinenmodells weisen diese Simulationsrechnungen gegenüber Messungen an Originalmaschinen entscheidende Vorteile auf:

- Es lassen sich ausgewählte schematische Arbeitsabläufe und vorgegebene Verteilungsfunktionen für die Einflußgrößen auf die Belastung nach statistischen Regeln kombinieren und auswerten.
- Man erkennt die Haupteinflüsse auf die Belastung und Beanspruchung und kann kleinere Modelle herauslösen, die sich für Abschätzungen in der praktischen Berechnung eignen.
- Die Motorsteuerungen sind beliebig zu variieren.
- Einflüsse der Umgebung (Wind) und subjektive Einflüsse (Kranfahrer, Schaltfolge) sind ebenfalls mit einfachen Mitteln zu simulieren.

Der Unterschied in der Aussagekraft der beiden Grundmodelle wird im Bild 3-97 verdeutlicht. Wegen des sehr kleinen Beharrungsmoments bestimmt die Schwingungsbeanspruchung während der nichtstationären Betriebsphasen die Beanspruchung und damit die Werkstoffschädigung der Abtriebswelle dieses Drehwerks. Der Unterschied zwischen beiden Grundmodellen – dem kinetostatischen und dem elastischen – nach Schwingungsamplitude und Anzahl der registrierten Belastungszyklen ist nicht zu verkennen; er würde auch durch den Ansatz größerer Schwingbeiwerte nicht aufgehoben.

Der Weg, über Simulation auf dem Rechner zu aussagefähigeren Belastungskollektiven zu kommen, wird in der Konstruktionspraxis künftig eine immer größere Bedeutung erlangen.

Die bisherigen Betrachtungen gingen davon aus, daß zwischen den bei der Realisierung der Arbeitsspiele angesetzten, möglicherweise aus Zufallsverteilungen ausgewählten Parametern und der Zielgröße ein determinierter Zusammenhang besteht. Es gibt jedoch auch Arbeitsprozesse, bei denen sich maßgebende Parameter während eines Spiels regellos verändern, z.B. den Grabprozeß der Gewinnungsmaschinen, in dem die Erdstoffeigenschaften eine Zufallsverteilung aufweisen.

Um auch in diesen Fällen zu einem repräsentativen Belastungskollektiv zu gelangen, schlägt [3.83] u.a. die Ermittlung und Extrapolation der Häufigkeitsverteilung der Extremwerte vor, die in aufeinanderfolgenden, vergleichbaren Belastungsperioden registriert werden. Im Abschnitt 1.8.3.2.2 ist dieses Verfahren erläutert worden.

Eine umfassendere Information über den Zufallsprozeß liefert die Spektralleistungsdichte, die Dispersionsverteilung über die im Prozeß enthaltenen Frequenzen. Bild 3-98 beweist, daß im dargestellten Beispiel dem schmalbandigen Spanbruchvorgang mit den Bruchfrequenzen 2,6 und 4,2 s^{-1} ein breitbandiger Zufallsprozeß, der gesamte Grabprozeß, zugeordnet ist. Mit abnehmender Erdstoffestigkeit verringert sich der Einfluß der Spanbildung; der Kurvenverlauf glättet sich. Weitere Ausführungen zur mathematischen Erfassung auch nichtstationären Zufallsprozesse siehe [3.83] [3.84].

3.4.3.3.2 *Kollektivbildung mit Hilfe von Schätzwerten*

Es gibt verschiedene Vorgehensweisen, um mit Schätzwerten, Mittelwerten oder durch Rechnung gewonnenen Größen Belastungskollektive für Triebwerke zu bilden, wenn die im vorstehenden Abschnitt behandelten Belastungs-Zeit-Funktionen nicht vorliegen. Das Ziel ist dabei immer, ohne umfangreiche Messungen durch Schätzung oder durch die Verallgemeinerung von Meßergebnissen zu praktikablen Ansätzen für die Betriebsfestigkeitsrechnung zu gelangen. Die dadurch erreichte, wenn auch zuweilen nur grobe Annäherung an den tatsächlichen Belastungsverlauf bedeutet, ungeachtet der bestehenden quantitativen Abweichungen, einen methodischen Fortschritt gegenüber der Berechnung mit Festgrößen.

Neuere Berechnungsvorschriften geben z.T. bereits Normkollektive vor. Im Bild 3-99a sind drei normalverteilte Normkollektive mit unterschiedlicher Völligkeit angegeben, die es erlauben, den jeweiligen Antrieb in eine dieser Belastungsfunktionen einzuordnen. Der Maximalwert σ_{max} hat in diesen drei Kollektiven die gleiche Wahrscheinlichkeit. Im Gegensatz dazu unterscheiden sich die logarith-

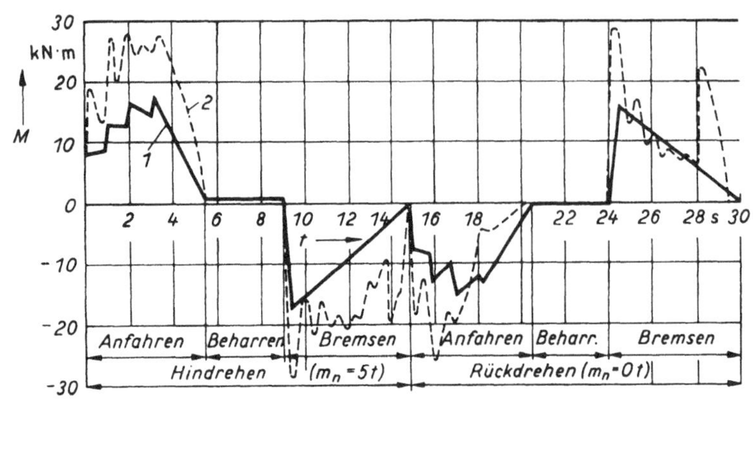

Bild 3-97
Durch Modellrechnung gewonnene Belastungs-Zeit-Funktionen (Drehmoment in der Abtriebswelle eines Drehwerks) [3.65]

1 Starrkörpermodell
2 Schwingungsmodell

misch normalverteilten Kollektive für Hubmassen (s. Bild 3-79) auch in der Häufigkeit, mit der ein Maximalwert erreicht wird.

Ein ebenso allgemeiner Weg wird durch die Erfassung dynamischer Belastungen mit Schwingbeiwerten begangen, die in unterschiedlicher Weise einer statischen Grundbelastung dynamische Anteile überlagern, siehe Abschnitt 3.4.2. Im

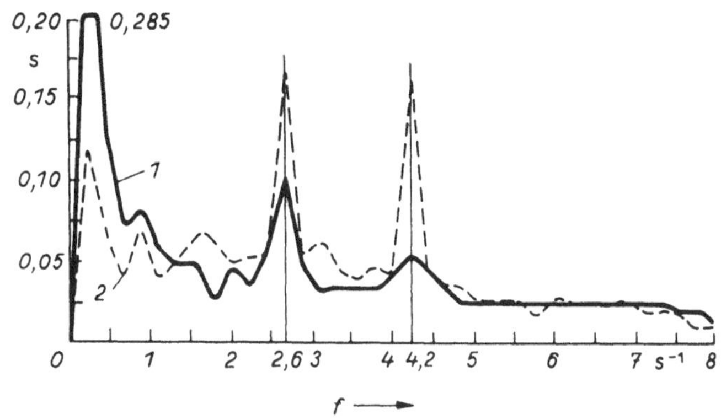

Bild 3-98 Normierte Spektralleistungsdichte S eines Grabprozesses [3.84]

1 verschlissene Schneide
2 scharfe Schneide

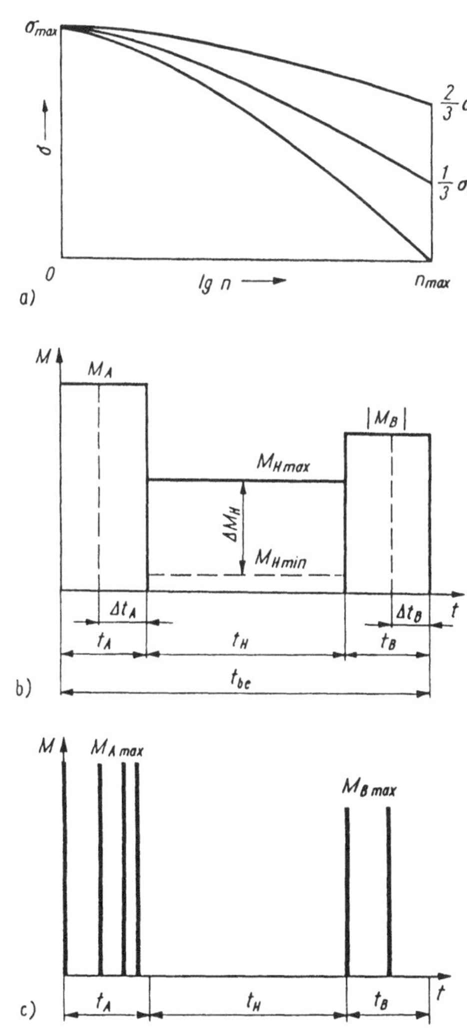

Bild 3-99 Synthetisch gewonnene Belastungskollektive für Triebwerke

a) Normkollektive nach [3.69]
b) Belastungsverlauf nach Betriebsphasenfolge
c) Belastungsverlauf nach Schaltstufen

Bild 3.100a ist einem vierstufigen statischen Kollektiv (ausgezogene Linien) ein Schwingungskollektiv (gestrichelte Linien) mit gleicher relativer, aber entsprechend dem Anteil der nichtstationären Betriebsphasen am Gesamtspiel kleinerer absoluter Häufigkeit zugeordnet. Es gelten die Gln. (1.8) und (1.9) für die Überlagerung. Die relativen Häufigkeiten einer beliebigen Belastungsstufe i betragen im überlagerten Kollektiv

statischer Anteil $\Delta\varphi_{\text{ist}} = \Delta\varphi_{\text{i}}(1 - \varkappa)$

dynamischer Anteil $\Delta\varphi_{\text{i dyn}} = \Delta\varphi_{\text{i}}\,\varkappa$

mit

$$\varkappa = \frac{t_{\text{A}} + t_{\text{B}}}{t_{\text{be}}};$$

t_{A}, t_{B} Anfahr- bzw. Bremszeit,
t_{be} Betriebsdauer während eines Spiels.

Auf diese Weise gelangt man zum Gesamtkollektiv, siehe Bild 3-100b.

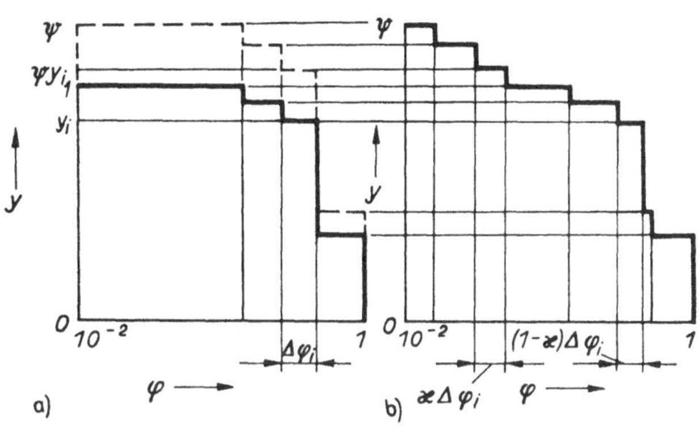

Bild 3-100 Belastungskollektive unter Nutzung von Schwingbeiwerten ψ

a) Einzelkollektive (ausgezogene Linien: statische Belastung; gestrichelte Linien: dynamische Belastung)
b) Gesamtkollektiv nach Überlagerung

Wenn die Belastungsgröße, wie im vorigen Beispiel, von zwei Parametern bestimmt wird, für die entsprechende Häufigkeitsverteilungen vorliegen, bestimmt man sie – allgemeiner dargestellt – durch Faltung [3.85]. Dies gilt beispielsweise für ein Moment als Produkt von Kraft und Hebelarm mit den zugeordneten Verteilungsfunktionen. Für die Kollektivwerte x_{ij} des gefalteten Kollektivs gilt das jeweilige mathematische Gesetz für die Verknüpfung der Parameter x_{i} und x_{j}:

Addition $x_{\text{ij}} = x_{\text{i}} + x_{\text{j}}$,

Multiplikation $x_{\text{ij}} = x_{\text{i}}x_{\text{j}}$,

Kombination $x_{\text{ij}} = x_{\text{i}}(1 + x_{\text{j}})$. (3.105)

Die relativen Häufigkeiten dieser Kollektivwerte werden durch Multiplikation der relativen Häufigkeiten der verknüpften Größen gebildet:

$$h_{\text{ij}} = h_{\text{i}}h_{\text{j}}.$$

Zu beachten ist, daß nach der Faltung der Größen x_{i} und x_{j} für die berechneten Werte x_{ij} des gefalteten Kollektivs neue Klassen zu bilden sind.

Zur Gewinnung von Belastungskollektiven wird auch der idealisierte Verlauf der Kräfte bzw. Momente während eines Arbeitsspiels herangezogen (Bild 3-99b). Weil das Beharrungsmoment M_{H} nach den maßgebenden Parameterkollektiven zwischen den zwei Extremwerten $M_{\text{H max}}$ und $M_{\text{H min}}$

schwankt, variieren auch die Anfahr- und Bremszeiten t_A bzw. t_B, wie sie sich beispielsweise für M_A = konst. bzw. M_B = konst. nach Gl. (3.81) ergeben. Man kann dies im Kollektiv der Gesamtbelastung berücksichtigen, wobei i.allg. eine grobe Abschätzung mit den Grenzwerten genügen wird. Für die Überlagerung der Einzelkollektive der Betriebsphasen nach den Häufigkeitsanteilen gelten wiederum die Gln. (1.8) und (1.9).
Ein vierter Weg wird im Bild 3-99c angedeutet. Wenn das Beharrungsmoment M_H sehr klein wird, ist sein Einfluß auf die Werkstoffschädigung vernachlässigbar. Dies tritt häufig in Dreh- und Wippwerken auf. Man kann sich dann auf den bestimmenden Einfluß der Schaltmomente (Stoßmomente) im Kollektiv beschränken, siehe Abschnitt 3.4.2. Für die Häufigkeit des Auftretens läßt sich vereinfachend die Anzahl aufeinanderfolgender Schaltstufen ansetzen. Auf diese Weise sind auch Positioniervorgänge, Tippschaltungen o.ä. in ihrer Auswirkung auf die Belastung zu verfolgen.
Um Belastungskollektive miteinander zu vergleichen, werden sog. Äquivalentfaktoren gebildet, die das Kollektiv in eine Einstufenbelastung mit gleicher Werkstoffschädigung umrechnen. Dabei muß eine bestimmte Akkumulationshypothese und der für das jeweilige Bauteil geltende Wöhlerlinienexponent a angesetzt werden. Die Gleichung lautet, wenn wie üblich die Hypothese von *Corten/Dolan* gewählt wird (s. Abschn. 1.8.5.2),

$$K_ä = \sqrt[a]{\sum_{i=1}^{k} y_i^a \Delta\varphi_i}, \quad y_i = \frac{B_i}{B_{max}}, \quad \Delta\varphi_i = \frac{\Delta n_i}{n_{max}}. \tag{3.106}$$

Dieser Äquivalentfaktor wurde bereits mit Gl. (1.31) eingeführt. Er ist lediglich ein Kennwert des Belastungskollektivs und bleibt damit unabhängig von der geforderten Lebensdauer $\bar{N}$. B_i und B_{max} bedeuten auch hier beliebige Belastungsgrößen, siehe Gl. (3.96).

Der für die Klassifizierung der Triebwerke verwendete Belastungsfaktor K laut Gl. (3.96) stellt nur die unter der Wurzel stehende Summe der Gl. (3.106) dar und benutzt mit $a = 3$ auch einen festen Wöhlerlinienexponenten. Das Völligkeitsmaß für Seilkraftkollektive laut Gl. (2.19) entspricht Gl. (3.106) für den Exponenten $a = 2$.
Um unter den getroffenen Annahmen das Belastungskollektiv in die Festigkeitsberechnung einzubeziehen, wird die rechnerische Belastung $B_r = K_ä B_{max}$ angesetzt, siehe z.B. Gl. (2.208) für die rechnerische Radkraft.

3.4.4 Zahlenbeispiel

Belastungskollektiv eines Katzfahrwerks

Anordnung und Bildwelle (Bild 3-101)

Die Laufkatze weist je zwei angetriebene und nichtangetriebene Laufräder auf. An das Getriebe ist ein Bremsgetriebemotor mit einem Drehstrom-Asynchronmotor mit Käfigläufer und einer mechanischen Bremse angeflanscht. Ein Laufrad ist über eine starre Scheibenkupplung, das zweite über eine Gelenkwelle an die Abtriebswellen des Getriebes angeschlossen.

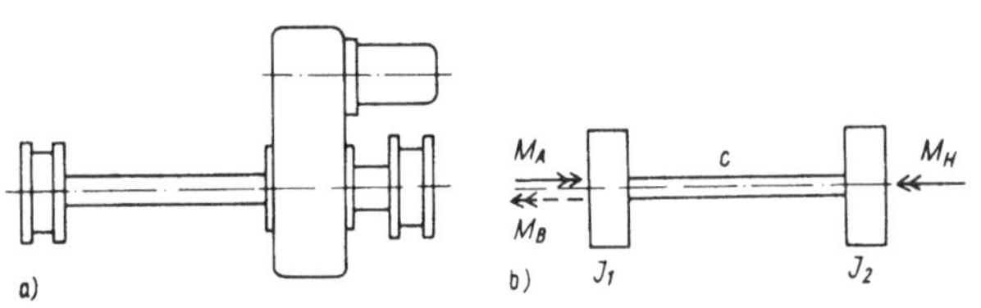

Bild 3-101 Katzfahrwerk
a) Anordnung
b) Bildwelle

Es soll zunächst das Belastungskollektiv nach Form und Größe für das Drehmoment an der Getriebe-Antriebswelle mit dem üblichen kinetostatischen Ansatz berechnet und bewertet, anschließend die Maximalamplituden dieses Moments mit einem Zweimassen-Schwingungsmodell ermittelt und einbezogen werden.

Kollektivform

a) Gegebene Werte

Bewegungsgrößen

tatsächliche Fahrgeschwindigkeit $v_H = 32{,}44$ m/min $= 0{,}54$ m/s
mittlerer Fahrweg $s_m = 8$ m.

Massen

Tragfähigkeit (maximale Hubmasse) $m = 20\,000$ kg
Hubmassekollektiv nach Bild 3-102
Unterflasche $m_e = 340$ kg
Laufkatze $m_K = 4390$ kg.

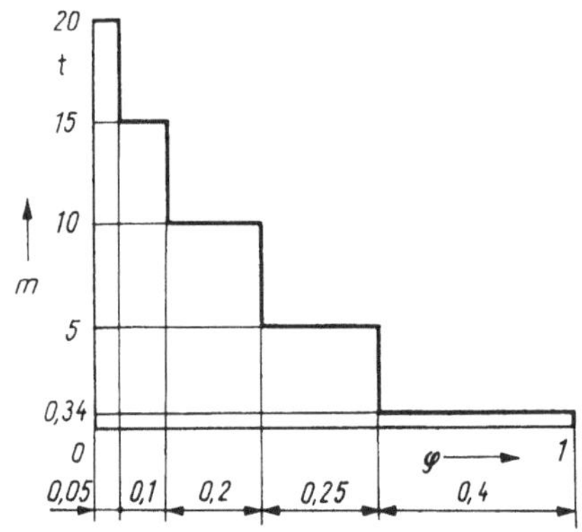

Bild 3-102 Hubmassekollektiv

Laufräder (mit Spurkranz, ungeschmiert)

Durchmesser $d_R = 400$ mm
Masse $m_R = 140$ kg
Massenträgheitsmoment $J_R \approx \frac{m_R d_R^2}{8} = 2{,}8$ kg·m²
spezifischer Fahrwiderstand $\mu_f = 0{,}0132$.

Getriebe

Übersetzung $i_G = 55$
Wirkungsgrad $\eta_G = 0{,}96$
Massenträgheitsmoment (auf Motorwelle bezogen) $J_G = 0{,}00144$ kg·m².

Motor (Kennlinie s. Bild 3-103)

Nennleistung $P_{ne} = 4$ kW
Nenndrehzahl $n_{ne} = 1420$ U/min $= 23{,}67$ U/s
$\omega_{ne} = 2\pi n_{ne} = 148{,}7\ s^{-1}$
Nennmoment $M_{ne} = P_{ne}/\omega_{ne} = 26{,}9$ N·m
relatives Anlaufmoment $M_0/M_{ne} = 1{,}9$
Massenträgheitsmoment $J_M = 0{,}0125$ kg·m²
Bremsmoment $M_B = 19{,}55$ N·m.

Vereinfachend wird ein mittleres, konstantes Anfahrmoment des Motors

$$M_A = 0{,}9 M_0 = 0{,}9 \cdot 1{,}9 \cdot 26{,}9 = 46{,}0\,\text{N}\cdot\text{m}$$

angesetzt und die Winkelgeschwindigkeit ω_{ne} als einheitliche Grenzdrehzahl angenommen (gestrichelte Ersatzkennlinie im Bild 3-103). Der Gesamtwirkungsgrad des Antriebs wird $\eta_{ges} = 0{,}95$ geschätzt.

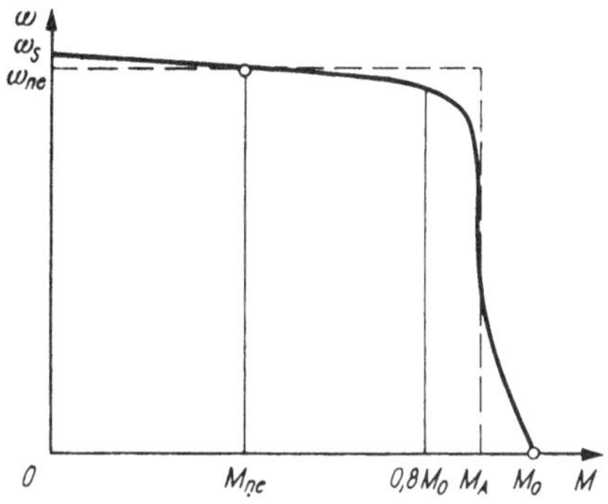

Bild 3-103 Motorkennlinie

b) Beharrungsmomente

Gln. (3.76) und (3.71) führen zu

$$M_{Hi} = \frac{(m_i + m_K) g \mu_f d_R}{2 i_G \eta_{ges}}$$

$$= \frac{(m_i + 4390) \cdot 9{,}81 \cdot 0{,}0132 \cdot 0{,}4}{2 \cdot 55 \cdot 0{,}95}$$

$$= (m_i + 4390) \cdot 4{,}96 \cdot 10^{-4} \quad \text{(Werte s. Tafel 3-14)}$$

$$\bar{M}_{Hi} = M_{Hi} \eta_{ges}^2 \quad \text{(Werte s. Tafel 3-14).}$$

c) Ersatzmassenträgheitsmomente

Gl. (3.45) ergibt als mittleren Wert für Anfahren und Bremsen, d.h. ohne Einfluß des Wirkungsgrads,

$$J_{ers\,i} = J_M + J_G + \frac{4 J_R}{i_G^2} + \frac{(m_i + m_K) d_R^2}{4 i_G^2}$$

$$= 0{,}0125 + 0{,}00144 + \frac{4 \cdot 2{,}8}{55^2} + \frac{(m_i + 4390) \cdot 0{,}4^2}{4 \cdot 55^2}$$

$$= 0{,}018 + (m_i + 4390) \cdot 1{,}32 \cdot 10^{-5}$$

(Werte s. Tafel 3-14).

d) Dauer der Betriebsphasen

Anfahren [Gl. (3.59)]

$$t_{Ai} = \frac{J_{ers\,i}\,\omega_{ne}}{M_A - M_{Hi}} \quad \text{(Werte s. Tafel 3-14)}$$

Bremsen [Gl. (3.60)]

$$t_{Bi} = \frac{J_{ers\,i}\,\omega_{ne}}{M_B + \bar{M}_{Hi}} \quad \text{(Werte s. Tafel 3-14)}$$

Beharrung

$$s_m = s_{Ai} + s_{Hi} + s_{Bi} = v_H \left(\frac{t_{Ai}}{2} + t_{Hi} + \frac{t_{Bi}}{2} \right) \quad \text{ergibt}$$

$$t_{Hi} = \frac{s_m}{v_H} - \frac{1}{2}(t_{Ai} + t_{Bi}) = \frac{8}{0{,}54} - \frac{1}{2}(t_{Ai} + t_{Bi})$$

(Werte s. Tafel 3-14)

Betriebsdauer

$$t_{be\,i} = t_{Ai} + t_{Hi} + t_{Bi} \quad \text{(Werte s. Tafel 3-14).}$$

e) Relative Dauer der Betriebsphasen

Aus der relativen Häufigkeit $\Delta\varphi_i$ des Auftretens der Hubmasse m_i muß die relative Dauer $\Delta\bar{\varphi}_{Pi}$ der einzelnen Betriebsphasen berechnet werden:

$$\Delta\bar{\varphi}_{Pi} = \frac{t_{Pi}\,\Delta\varphi_i}{t_{bem}}.$$

Bezugsgröße ist die mittlere Betriebsdauer t_{bem}. Für das

Tafel 3-14 Belastungskollektiv Katzfahrwerk, berechnete Werte

Stufe i	m_i in kg	$\Delta\varphi_i$	M_{Hi} in N·m	$\bar{M}_{Hi}$ in N·m	$J_{ers\,i}$ in kg·m²	t_{Ai} in s	t_{Bi} in s	t_{Hi} in s	t_{bei} in s	$t_{Ai}\,\Delta\varphi_i$ in s	$t_{Bi}\,\Delta\varphi_i$ in s	$t_{Hi}\,\Delta\varphi_i$ in s
1	20000	0,05	12,10	10,92	0,340	1,49	1,66	13,24	16,39	0,075	0,083	0,662
2	15000	0,10	9,62	8,68	0,274	1,12	1,44	13,53	16,09	0,112	0,144	1,353
3	10000	0,20	7,14	6,44	0,208	0,80	1,19	13,82	15,81	0,160	0,238	2,764
4	5000	0,25	4,66	4,21	0,142	0,51	0,89	14,11	15,51	0,128	0,223	3,528
5	340	0,40	2,35	2,12	0,080	0,27	0,55	14,40	15,22	0,108	0,220	5,760
										Σ 0,583	Σ 0,908	Σ 14,067

Stufe i	$\Delta\bar{\varphi}_{Ai}$	$\Delta\bar{\varphi}_{Bi}$	$\Delta\bar{\varphi}_{Hi}$	M_{AGi} in N·m	M_{BGi} in N·m	y_{Ai}	y_{Bi}	y_{Hi}	J_{2Bi} in kg·m²	$\varkappa_{Bi}$	$\frac{M^*_{AGi}}{M_{AGm}}$	$\frac{M^*_{BGi}}{M_{BGm}}$
1	0,0048	0,0053	0,0425	44,75	18,43	1,000	0,412	0,270	0,327	1,92	1,48	2,49
2	0,0072	0,0093	0,0870	44,34	18,26	0,991	0,408	0,215	0,262	1,91	1,52	2,36
3	0,0103	0,0153	0,1776	43,68	17,99	0,976	0,402	0,160	0,195	1,88	1,56	2,20
4	0,0082	0,0143	0,2267	42,36	17,46	0,947	0,390	0,104	0,129	1,82	1,60	2,02
5	0,0069	0,0141	0,3702	39,12	16,17	0,874	0,361	0,053	0,068	1,70	1,63	1,78
	Σ 0,0374	Σ 0,0583	Σ 0,9040									

statistische Mittel der absoluten Dauer der Betriebsphasen gilt allgemein

$$t_{\mathrm{Pm}} = \sum_{i=1}^{5} t_{\mathrm{Pi}}\,\Delta\varphi_{\mathrm{i}}\,.$$

Tafel 3-14 enthält die Werte der Produkte hinter dem Summenzeichen, d.h. $t_{\mathrm{Ai}}\,\Delta\varphi_{\mathrm{i}}$, $t_{\mathrm{Bi}}\,\Delta\varphi_{\mathrm{i}}$ und $t_{\mathrm{Hi}}\,\Delta\varphi_{\mathrm{i}}$ sowie die damit berechneten Werte $\Delta\bar{\varphi}_{\mathrm{Ai}}$, $\Delta\bar{\varphi}_{\mathrm{Bi}}$, $\Delta\bar{\varphi}_{\mathrm{Hi}}$. Die statistischen Mittelwerte ergeben sich als Summen zu $t_{\mathrm{Am}} = 0{,}58\,\mathrm{s}$, $t_{\mathrm{Bm}} = 0{,}91\,\mathrm{s}$, $t_{\mathrm{Hm}} = 14{,}07\,\mathrm{s}$, $t_{\mathrm{bem}} = 15{,}56\,\mathrm{s}$. Die zugehörigen Werte der relativen Dauer lauten $\Delta\bar{\varphi}_{\mathrm{Am}} = 0{,}037$, $\Delta\bar{\varphi}_{\mathrm{Bm}} = 0{,}058$, $\Delta\bar{\varphi}_{\mathrm{Hm}} = 0{,}904$.

f) Anfahr- und Bremsmomente

Nach den Ausführungen im Abschnitt 3.3.7.4 müssen das Anfahrmoment M_{A} und das Bremsmoment M_{B} des Bremsmotors auf die Eingangswelle des Getriebes umgerechnet werden:

$$M_{\mathrm{AGi}} = M_{\mathrm{A}} - J_{\mathrm{M}}\,\varepsilon_{\mathrm{Ai}} = M_{\mathrm{A}} - \frac{J_{\mathrm{M}}\,\omega_{\mathrm{ne}}}{t_{\mathrm{Ai}}} = 46 - \frac{0{,}0125\cdot 148{,}7}{t_{\mathrm{Ai}}}$$

$$M_{\mathrm{BGi}} = M_{\mathrm{B}} - J_{\mathrm{M}}\,\varepsilon_{\mathrm{Bi}} = M_{\mathrm{B}} - \frac{J_{\mathrm{M}}\,\omega_{\mathrm{ne}}}{t_{\mathrm{Bi}}} = 19{,}55 - \frac{0{,}0125\cdot 148{,}7}{t_{\mathrm{Bi}}} \quad \text{(Werte s. Tafel 3-14).}$$

Die Mittelwerte dieser Momente betragen

$$M_{\mathrm{AGm}} = 42{,}85\,\mathrm{N\cdot m}, \qquad M_{\mathrm{BGm}} = 17{,}66\,\mathrm{N\cdot m}.$$

g) Belastungskollektiv (Kollektivform)

Die berechneten Momente und Häufigkeiten führen zu dem Kollektiv für das an der Getriebeeingangswelle wirkende Drehmoment im Bild 3-104. Zu erkennen sind die bei Fahrwerken typischen hohen Anfahr- und Bremsmomente sowie die geringen Unterschiede innerhalb dieser in den nichtstationären Betriebsphasen wirkenden

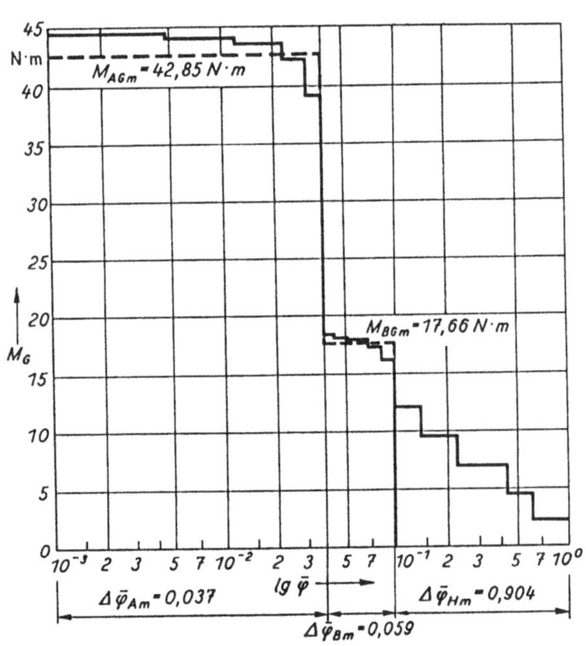

Bild 3-104 Drehmomentkollektiv für Getriebe-Eingangswelle

Belastungsgrößen. Dies rechtfertigt die Arbeit mit den eingezeichneten Mittelwerten.

Der Äquivalentfaktor nach Gl. (3.106)

$$K_{\ddot{a}} = \sqrt[a]{\sum_{i=1}^{5} y_{\mathrm{i}}^{a}\,\Delta\bar{\varphi}_{\mathrm{i}}}$$

erlaubt eine vergleichende Aussage über die Schädigungsanteile der verschiedenen Betriebsphasen. Nach Tafel 1-4 wird der Wöhlerlinienexponent $a = 6$ gesetzt. Die bezogenen Belastungsgrößen sind

$$y_{\mathrm{Ai}} = \frac{M_{\mathrm{Ai}}}{M_{\mathrm{A\,max}}}, \qquad y_{\mathrm{Bi}} = \frac{M_{\mathrm{Bi}}}{M_{\mathrm{A\,max}}}, \qquad y_{\mathrm{Hi}} = \frac{M_{\mathrm{Hi}}}{M_{\mathrm{A\,max}}}$$

mit $M_{\mathrm{A\,max}} = 44{,}75\,\mathrm{N\cdot m}$ (Werte s. Tafel 3-14). Die Rechnung wird vergleichend für drei Kollektive durchgeführt; sie hat folgende Ergebnisse:

Gesamtkollektiv	$K_{\ddot{a}} = 0{,}5560$
nur Anfahr- und Bremsphase	$K_{\ddot{a}} = 0{,}5559$
nur Anfahrphase	$K_{\ddot{a}} = 0{,}5553.$

Die Beanspruchung durch das hohe Anfahrmoment übersteigt die Anteile der anderen Betriebsphasen so erheblich, daß man auf diese verzichten kann.

Kollektivumfang

h) Gegebene Werte (s. Abschn. 3.4.3.1)

Nutzungsdauer	$D = 10\,\mathrm{a}$
Arbeitstage im Jahr	$A = 250\,\mathrm{d/a}$
Einsatzdauer je Tag	$E = 8\,\mathrm{h/d}$
Spielzahl der Fördermaschine	$Z_{\mathrm{sp}} = 20\,\mathrm{h}^{-1}$
Anzahl der Teilspiele je Arbeitsspiel	$k_{\mathrm{M}} = 2$
Anzahl der Arbeitsspiele des Triebwerks je Teilspiel	$k_{\mathrm{T}} = 1.$

i) Spielzahl und relative Betriebsdauer des Antriebs

Die Gln. (3.98) und (3.99) führen zu

$$z_{\mathrm{sp}} = k_{\mathrm{M}}\,k_{\mathrm{T}}\,Z_{\mathrm{sp}} = 2\cdot 1\cdot 20 = 40\,\mathrm{h}^{-1}$$

$$BD = \frac{k_{\mathrm{M}}\,k_{\mathrm{T}}\,t_{\mathrm{bem}}}{T_{\mathrm{sp}}} = \frac{2\cdot 1\cdot 15{,}56}{180} = 0{,}173 \mathrel{\hat{=}} 17{,}3\,\%.$$

k) Gesamtdauer

Mit Gl. (3.97) ergibt sich die Gesamteinsatzdauer in Einsatzstunden

$$G_{\mathrm{E}} = DAE = 10\cdot 250\cdot 8 = 20\,000\,\mathrm{h};$$

die Gesamtbetriebsdauer des Katzfahrwerks in Betriebsstunden

$$G_{\mathrm{be}} = G_{\mathrm{E}}\,BD = 20\,000\cdot 0{,}173 = 3460\,\mathrm{h}.$$

Damit läßt sich das Triebwerk in die Klassifizierung nach Tafel 3-13 einordnem. Die Nutzungsklasse ist T5; die Belastungsklasse wird mit Gl. (3.96) berechnet. Vereinfachend kann man sich dabei mit dem Mittelwert M_{AGm} des Anfahrmoments begnügen, d.h.

$$K = \left(\frac{M_{\mathrm{AGm}}}{M_{\mathrm{A\,max}}}\right)^{3} \Delta\bar{\varphi}_{\mathrm{Am}} = \left(\frac{42{,}85}{44{,}75}\right)^{3} \cdot 0{,}037 = 0{,}032.$$

Dies bedeutet Belastungsklasse L1 und damit die Gruppe M4 für die Arbeitsweise des Triebwerks.

l) Kollektivumfang

Gl. (3.101) lautet mit $k_b = 1$ und $n = n_{ne}$, wenn vereinfachend wiederum die Mittelwerte für die Dauer der einzelnen Betriebsphasen benutzt werden,

$$z_h = k_b n_{ne}\left(\frac{t_{Am}}{2} + t_{Hm} + \frac{t_{Bm}}{2}\right) z_{sp}$$

$$= 1 \cdot 23{,}67\left(\frac{0{,}58}{2} + 14{,}07 + \frac{0{,}91}{2}\right) \cdot 40$$

$$= 14\,027 \text{ Belastungswechsel/Stunde.}$$

Die Gesamtzahl der Belastungswechsel während der Nutzungsdauer des Antriebs wird mit Gl. (3.103) ermittelt:

$$\bar{N} = G_E z_h = 20\,000 \cdot 14\,027 = 2{,}8 \cdot 10^8.$$

Sie würde beispielsweise für die Zahnfußbiegung des schnellaufenden Ritzels im Getriebe gelten; für die Flächenpressung ergibt sich wegen $k_b = 0{,}5$ nur der halbe Wert.

Zweimassen-Schwingungsmodell

m) Annahmen

Mit Hilfe des Schwingungsmodells (Bild 3-101b) sollen für konstante Anfahr- und Bremsmomente die Maximalamplituden des schwingenden Drehmoments an der Getriebe-Eingangswelle abgeschätzt werden. Beim Anfahren wird die pendelnde Nutzmasse nicht einbezogen, beim Bremsen dagegen zur Berücksichtigung von Positioniervorgängen mit ihrem vollen Betrag. Alle Massen sind, wie vereinbart, auf die Motorwelle bezogen. Für die Anfahr- und Bremsmomente werden die kinetostatischen Mittelwerte als Bezugsgrößen verwendet.
Die anteiligen Massenträgheitsmomente betragen

$$J_1 = J_M = 0{,}0125 \text{ kg} \cdot \text{m}^2$$

$$J_{2A} = J_G + \frac{4J_R}{i_G^2} + \frac{m_K d_R^2}{4i_G^2} = 0{,}00144 + \frac{4 \cdot 2{,}8}{55^2} + \frac{4390 \cdot 0{,}4^2}{4 \cdot 55^2} = 0{,}063 \text{ kg} \cdot \text{m}^2$$

$$J_{2Bi} = 0{,}00514 + (m_i + m_K) \cdot 1{,}32 \cdot 10^{-5}$$

(Werte s. Tafel 3-14).

n) Maximale Drehmomente

Mit den $\varkappa$-Werten nach Gl. (3.88)

$$\varkappa_A = \frac{2\mu}{1+\mu} = \frac{2J_{2A}}{J_1 + J_{2A}} = \frac{2 \cdot 0{,}063}{0{,}0125 + 0{,}063} = 1{,}67$$

$$\varkappa_{Bi} = \frac{2J_{2Bi}}{J_1 + J_{2Bi}} \quad \text{(Werte s. Tafel 3-14)}$$

betragen die auf das mittlere Anfahr- bzw. Bremsmoment bezogenen dynamischen Drehmomente laut Gl. (3.89)

$$\frac{M^*_{AGi}}{M_{AGm}} = \varkappa_A\left(1 - \frac{M_{Hi}}{M_{AGm}}\right) + \frac{M_{Hi}}{M_{AGm}}$$

$$\frac{M^*_{BGi}}{M_{BGm}} = \varkappa_{Bi}\left(1 + \frac{\bar{M}_{Hi}}{M_{BGm}}\right) - \frac{\bar{M}_{Hi}}{M_{BGm}}.$$

Alle berechneten Ergebnisse sind in Tafel 3-14 eingetragen.
Um diese Maximalmomente in das Belastungskollektiv einzubeziehen, bedarf es einer Schätzung ihrer relativen Häufigkeit. Ein Weg liegt darin, bei nicht zu großen Schwankungen der Schwingungsamplituden mit Mittelwerten zu arbeiten und eine anteilige relative Häufigkeit anzunehmen. Hier sind die Mittelwerte $1{,}56 M_{AGm}$ bzw. $2{,}17 M_{BGm}$, als Anteil wurden je 10 % der Betriebsphasendauer angesetzt. Dies ergibt das aus Gründen besserer Anschaulichkeit mit linearen Koordinaten gezeichnete Belastungskollektiv im Bild 3-105. Die grobe Abschätzung entspricht der eingeschränkten Genauigkeit des verwendeten Schwingungsmodells.
Der Äquivalenzkoeffizient nimmt wegen der Vergrößerung des Maximalmoments auf $M_{max} = 66{,}85$ N·m mit $K_ä = 0{,}4239$ ab, das rechnerische, äquivalente Drehmoment steigt dagegen auf den 1,14fachen Betrag gegenüber dem Wert aus dem kinetostatischen Kollektiv. Dies zu zeigen, war Anliegen dieser Zahlenrechnung.

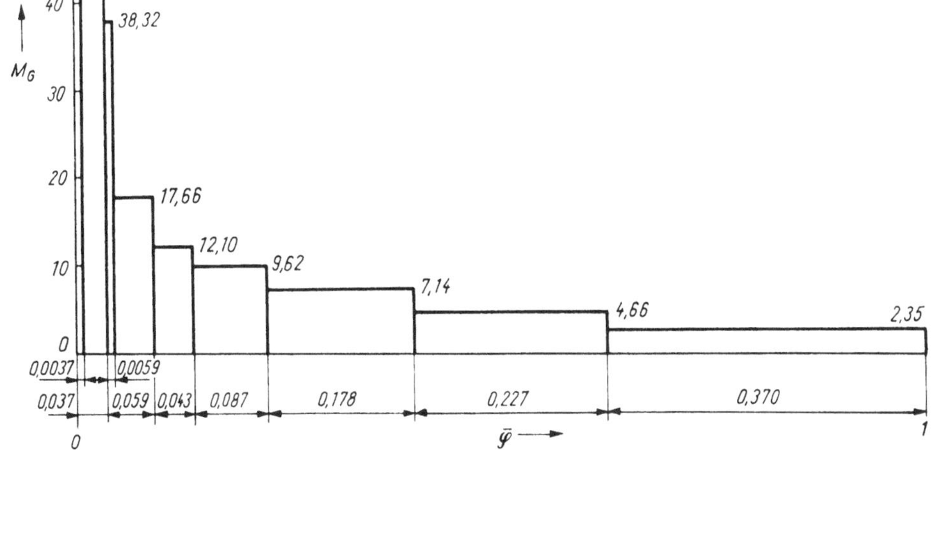

Bild 3-105
Drehmomentkollektiv mit Berücksichtigung der Schwingungen

3.5 Hauptarten fördertechnischer Antriebe

Die nach der Bewegungsart gegliederten und benannten vier Hauptarten fördertechnischer Antriebe wurden bereits im Abschnitt 3.1 aufgeführt: Hubwerk, Fahrwerk, Drehwerk und Einziehwerk. Für ihre Dimensionierung, konstruktive Durchbildung, Steuerung usw. spielt die Art der am bewegten Teil angreifenden äußeren Kräfte eine maßgebende Rolle. Vergleichbar sind in dieser Hinsicht:

- Hub- und Einziehwerke, die vornehmlich durch die Gewichtskräfte der bewegten Massen belastet werden,
- Fahr- und Drehwerke, die vor allem gegen Reibungskräfte wirken.

Abgesehen von diesen Gemeinsamkeiten weisen alle Triebwerke Besonderheiten in Betriebsweise, Belastung und Beanspruchung auf, die eine daran angepaßte Ausführung verlangen.

3.5.1 Hubwerke

Hubwerke führen vorwiegend die vertikale Bewegung von Lasten aus. Die an der Hubmasse wirkenden Gewichts- und Beschleunigungskräfte bilden die äußere Belastung. Diese Triebwerke sind Bestandteile aller Fördermaschinen, die eine senkrechte, seltener schräg gerichtete Gutbewegung auszuführen haben, d.h. aller Hebezeuge, Aufzüge, Stapler usw.
Nach der Art der Kraftübertragung auf das zu bewegende Teil unterscheidet man:

- Seil- bzw. Kettenwinden mit Trommeln oder Treibscheiben,
- Getriebewinden mit Zahnstangen- oder Spindeltrieben,
- hydraulische Winden mit hydraulischen Zylindern.

Die größere Verbreitung und damit Bedeutung als Hubwerk hat die Seilwinde mit Seiltrommel, die hier ausführlich behandelt wird. Bei Aufzügen überwiegt der Treibscheibenantrieb, bei Staplern das hydraulische Hubwerk.

3.5.1.1 Hubwerke als Seilwinden

Ein Hubwerk als Seilwinde (Bild 3-106a) besteht aus den Hauptbaugruppen der kinematischen Kette: Motor, Untersetzungsgetriebe, Seiltrommel, Seiltrieb. Eine elastische Kupplung mit Bremstrommel oder -scheibe, an der die obligatorische mechanische Bremse angreift, verbindet Motor und Getriebe. Die Seiltrommel ist fast immer mit einer speziellen Trommelkupplung (s. Abschn. 2.2.3.1) auf der Abtriebswelle des Getriebes gelagert. Das zweite Trommellager ist ein übliches Stützlager. Ein geschweißter, nach der Lage der Baugruppen ausgebildeter Rahmen stützt und verbindet die Baugruppen des Hubwerks.
Die Elastizität dieser Lagerung und die unvermeidlichen Montageungenauigkeiten sind der Grund dafür, stets winkelbewegliche Kupplungen zwischen den Hauptteilen einer Seilwinde vorzusehen. Dabei treten, je nach Art der Trommelkupplung, unterschiedliche Lagerkräfte an Trommellager und Getriebe auf (Bild 3-107). Zu beachten ist, daß über das Seil infolge von Schrägzug auch horizontale Kräfte F_h in die Trommel und damit in deren Lagerung eingeleitet werden. Die Zuordnung und Aufnahme dieser Lagerkräfte muß durch entsprechende konstruktive Ausführung als Fest- bzw. Loslager stets eindeutig sein. Zu kontrollieren ist auch, daß die Lager des Getriebes die Radialkräfte der Trommelkupplung aufnehmen können; bei speziellen Hubwerkgetrieben ist dies immer der Fall.
Im allgemeinen läuft das Seil bei einem Hubwerk nach unten ab (Bild 3-108a). Es kann jedoch auch in einer anderen Richtung radial von der Trommel abgeführt und über Seilrollen umgelenkt werden (Bild 3-108b). Bewegt die Seiltrommel nur einen Seilstrang, wie es bei Elektrozügen (Bild 3-106c) meist der Fall ist, tritt während der Hubbewegung eine oft unerwünschte überlagerte Horizontalbewegung des Lastaufnahmemittels und des Guts in Richtung der Trommelachse auf. Deshalb werden vorwiegend zwei spiegelbildlich angeordnete Seilstränge über je einen Flaschenzug zur Seiltrommel geführt; Bild 3-109 zeigt übliche Ausführungen.
Die Seilablenkwinkel dürfen in keiner betrieblich zulässigen Stellung des Seiltriebs die im Abschnitt 2.2.4 angegebenen Werte überschreiten. Wenn die einwandfreie Führung des Seils durch die Rillen der Seiltrommel nicht gewährleistet ist, sind Seilandrückeinrichtungen, in schwierigen Fällen Seilwickeleinrichtungen anzubringen, siehe hierzu Abschnitt 3.5.2.1.
Bei größerer aufzuwickelnder Länge des Seils bietet sich die im Bild 3-106b dargestellte Doppelanordnung der Seiltrommel zu beiden Seiten des Getriebes an. Des weiteren können Bremse und Motor verdoppelt werden, um zu geringerer Baugröße zu kommen oder die Betriebssicherheit zu vergrößern. Sie werden, je nach dem angestrebten Ziel, für die halbe oder volle Belastung ausgelegt.
Wenn ein Hubwerk für bestimmte Parameter, d.h. Hubmasse, Hubgeschwindigkeit, zu entwerfen ist, ergeben sich in der Zuordnung von Flaschenzugübersetzung, Trommeldurchmesser, Getriebeübersetzung, Motordrehzahl viele Variationsmöglichkeiten. Es gibt Versuche [3.86], hierbei ein Optimum an Eigenmasse, Betriebskosten usw. zu finden.

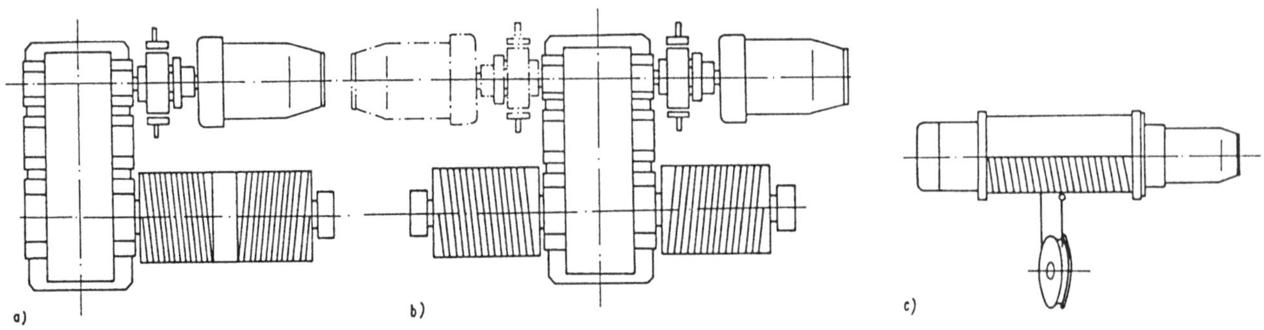

Bild 3-106 Grundformen von Hubwerken als Seilwinden

a) Rahmenbauweise
b) Verdoppelung von Baugruppen
c) Blockbauweise (Elektrozug)

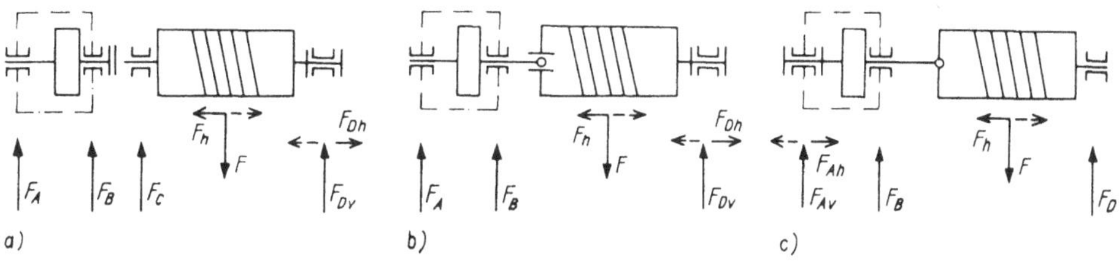

Bild 3-107 Lagerkräfte an Seiltrommel und Getriebe bei unterschiedlichen Trommelkupplungen

a) Kupplung überträgt nur Drehmoment
b) Kupplung überträgt Drehmoment und Radialkraft (Bild 2-39)
c) Kupplung überträgt Drehmoment, Radial- und Axialkraft

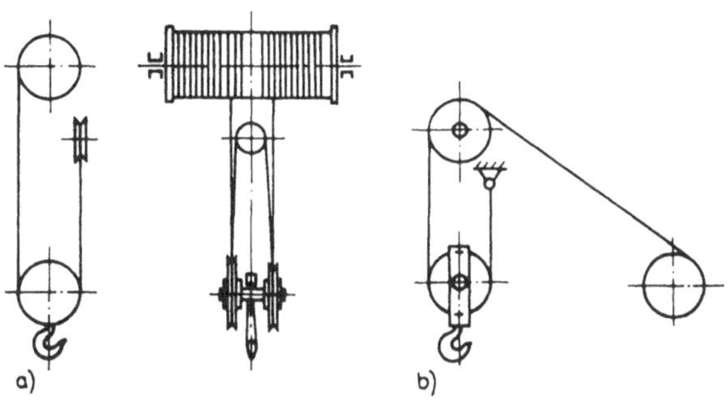

Bild 3-108 Seilablauf von der Seiltrommel

a) direkt zur Unterflasche
b) Umlenkung über Seilrolle

Ratsam ist es stets, zunächst mehrere Varianten zu untersuchen, wobei auch Platzbedarf und Raumaufteilung eine Rolle spielen. Mit den unterschiedlichen Anordnungen von Motor, Trommel und Getriebe sowie der Anwendung von Umlaufrädergetrieben in Hubwerken beschäftigen sich [3.87] [3.88].

Als Beispiel für die konstruktive Ausführung eines Hubwerks zeigt Bild 3-110 das Hubwerk eines Container-Portalkrans, das neben den üblichen Baugruppen einige Besonderheiten aufweist. Weil der Spreader für die Aufnahme der Container an vier Seilsträngen hängt, werden von diesem Hubwerk zwei Doppelseilstränge angetrieben. Die Seilandrückrollen *6*, *7* sollen bei größeren Pendelausschlägen der Last das Herausspringen der Seile aus den Trommelrillen verhindern. Damit es bei einem Bruch innerhalb der Triebwerkkette nicht zum Absturz bzw. Schiefhang des gehobenen Containers kommt, sind an den beiden Seiltrommeln je eine Bandbremse *3* als Sicherheitsbremse mit Betätigung durch ein Bremsgewicht *2* angebracht. Der Einfluß derartiger Maßnahmen auf die Betriebssicherheit wird im Abschnitt 3.5.1.4 untersucht.

Die Blockbauweise (Bild 3-106c), bei der Motor und Getriebe an ein zylindrisches, die Seiltrommel umschließendes Gehäuse angeflanscht sind, gewinnt für Hubwerke wegen ihrer wirtschaftlichen Vorteile – geringe Masse, durch Serienfertigung niedrigere Herstellungskosten – immer mehr an Bedeutung auch für Krane. Der Motor, der bei älteren Bauformen häufig in das Innere der Trommel gelegt wurde, ist heute überwiegend frei auskragend gelagert, wodurch die Wärmeabgabe verbessert und die zulässige thermische Belastung des Motors vergrößert wird. Über neueste konstruktive Entwicklungen informiert [3.89].

Auch schwere Hubwerke, beispielsweise für Hüttenkrane, können durch in die Seiltrommel eingebaute Mehrsteg-Umlaufrädergetriebe in Masse und Größe beträchtlich verkleinert werden. In dem [3.90] entnommenen Beispiel laut Bild 3-111 wird der Motor an das Flanschgehäuse 9 geschraubt. Er treibt über eine elastische Kupplung die Antriebswelle 11 und damit das innere Zentralrad des ersten von drei in Reihe geschalteten Umlaufrädergetrieben an. Eine doppelgelenkige, bogenverzahnte Kupplungshülse 5 stellt die kinematische Verbindung zur Seiltrommel 6 her. [3.91] weist auf die hohe Verschleißbeanspruchung dieser Kupplung infolge der unvermeidlichen Verformungen der Stützkonstruktion hin und schlägt zwei Varianten vor, die diesen Nachteil ausschließen sollen.

Das im Bild 3-112 dargestellte Hubwerk für Turmdrehkrane folgt in seiner kompakten Bauweise ebenfalls dem aufgezeigten Trend. Darüber hinaus zeigt es Merkmale der gegenwärtigen Entwicklung zu einer feinfühligeren Steuerung und Regelung der Triebwerke. Das Antriebsaggregat besteht aus dem Drehstrommotor 7 und der Wirbelstrombremse 8, und es kann damit Kennlinien für sehr kleine Drehzahlen verwirklichen, s. Bild 3-16g. Eine zweite Besonderheit ist das 3stufige, elektromagnetisch zu schaltende Spezialgetriebe 5, das die Wahl von drei unterschiedlichen Übersetzungen zuläßt. Die Seiltrommel 10 hat ein mehrteiliges Rillensystem für mehrlagige Wicklung, wie es Bild 2-38a angibt.

Üblicherweise werden Hubwerke als Seilwinden für Hubmassen von 2 ... 250 t und Hubgeschwindigkeiten von 0,01 ... 1,5 m/s gebaut. Aus technologischen und wirtschaftlichen Gründen nimmt die projektierte Hubgeschwindigkeit mit größer werdender Nennhubmasse ab. Krane größerer Tragfähigkeit erhalten deshalb meist ein zusätzliches Hilfshubwerk mit größerer Hubgeschwindigkeit, aber geringerer zulässiger Hubmasse.

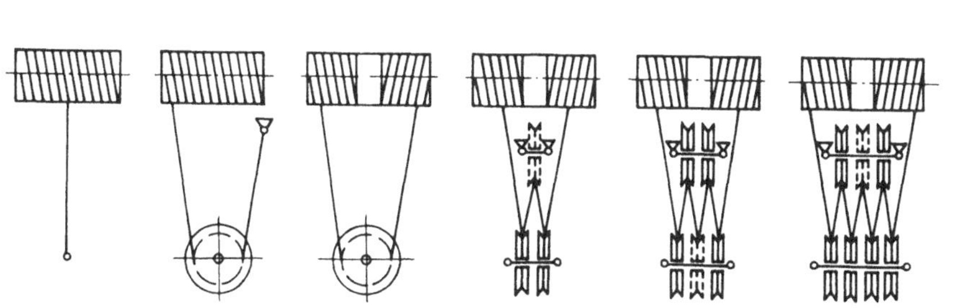

z_F	1	1	2	2	2	2
z	1	2	1	2	3	4
$z_F z$	1	2	2	4	6	8

Bild 3-109
Anordnung des Flaschenzugs

z_F Anzahl der Flaschenzüge
z Anzahl der Seilstränge je Flaschenzug

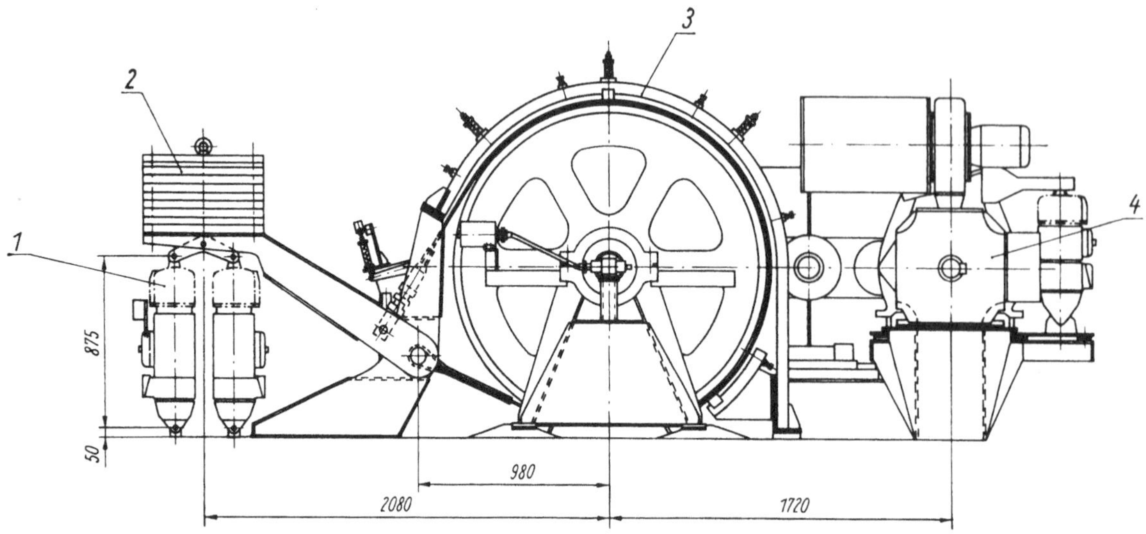

3
2
1
4
875
50
980
2080
1720

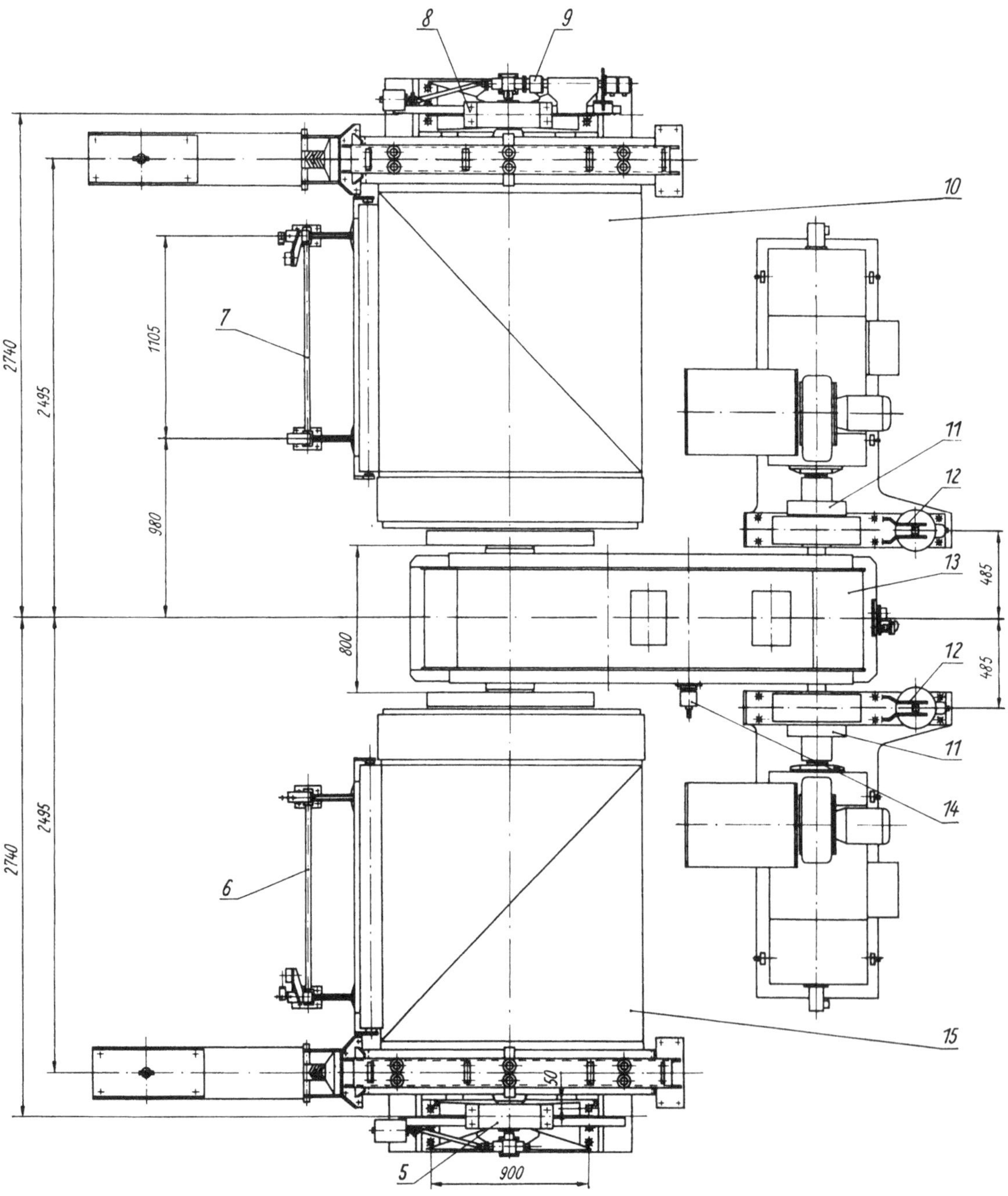

8
9
10
7
1105
2740
2495
980
11
12
13
485
800
12
485
11
14
6
2740
2495
15
50
5
900

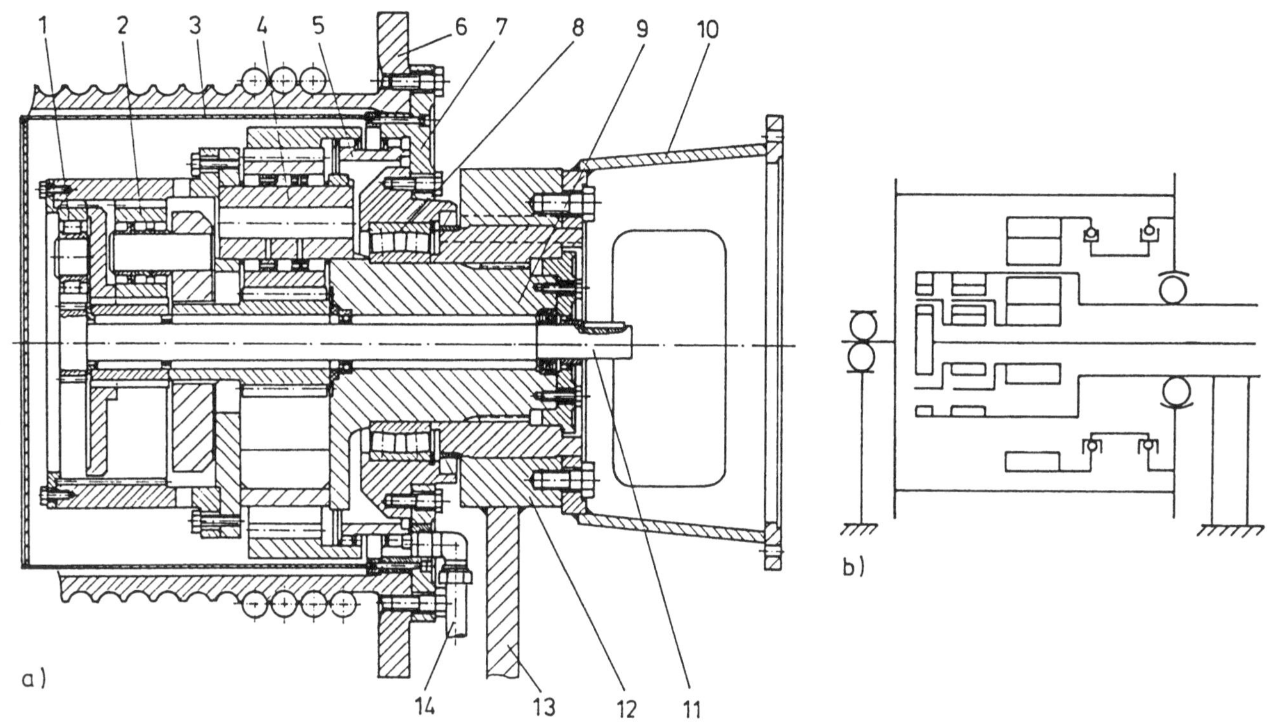

Bild 3-111 Hubwerk mit in Seiltrommel eingebautem Dreisteg-Umlaufrädergetriebe [3.90]

a) konstruktive Gestaltung; b) kinematisches Schema

1, 2 erstes und zweites Umlaufrädergetriebe, äußeres Zentralrad fest, Umlaufübersetzung (Fall 4.1 in Tafel 2-44)
3 Getriebegehäuse
4 drittes Umlaufrädergetriebe, Stegwelle fest, Standübersetzung (Fall 2.1 in Tafel 2-43)
5 Kupplungshülse, doppelgelenkig, bogenverzahnt
6 Seiltrommel
7 Trommelflansch
8 Pendelrollenlager (Festlager)
9 Stegwelle, fest gelagert
10 Flanschgehäuse
11 Antriebswelle
12 Lagerbuchse Stützlager
13 Steg Stützlager
14 Ölablaß

3.5.1.2 Feinhubwerke

Wenn hohe Ansprüche an Feinfühligkeit, Anpassungsfähigkeit und Genauigkeit der Arbeitsweise zu stellen sind, haben elektrisch angetriebene Hubwerke Steuerungen, mit denen die Hubgeschwindigkeit stufenlos zu stellen oder zu regeln ist. In vielen Einsatzfällen reicht es jedoch aus, bei Bedarf neben der normalen Hubgeschwindigkeit noch über eine wesentlich kleinere zwischen $\frac{1}{5}$ und $\frac{1}{20}$ des Nennwerts zu verfügen. Dies erleichtert das genaue Absetzen von Werkstücken auf Bearbeitungsmaschinen, Formkästen in Gießereien und Betonwerken, schweren und sperrigen Bauteilen während der Montage. Eine derartige Aufgabe erfüllen u.a. Drehstrom-Asynchronmotoren mit steuerbaren Bremsen, siehe Abschnitt 3.2.1.3.2. Als Alternative dazu werden, besonders für größere Schalthäufigkeit, eigens auf zwei bzw. drei Hubgeschwindigkeiten ausgelegte Feinhubwerke eingesetzt.

Bild 3-110 Hubwerk eines Container-Portalkrans (Portainer)

maximale Seilkraft 96,7 kN; Hubgeschwindigkeit 25 ... 100 m/min; Hubhöhe 47 m

1 Bremslüfter für Bandbremse
2 Betätigungsgewicht
3 Bandbremse
4 Gleichstrom-Nebenschlußmotor, fremdbelüftet, $P_{ne} = 150\,kW$
5, 8 Trommellager
6, 7 Seilandrückrolle
9 Hubendschaltung
10, 15 Seiltrommel
11 Bolzenkupplung mit Bremstrommel
12 Doppelbackenbremse
13 Stirnradgetriebe mit Schaltstufe
14 Winkelkodierer

Die Bauform mit einer mechanischen Schaltkupplung (Bild 3-113a) läßt sich nur unbelastet und im Stillstand schalten. Sie eignet sich für einfache Montagewinden, Seilwinden von Derrickkranen o.ä. Das Schaltgetriebe im Bild 3-113b ist dagegen mit drei unter Belastung schaltbaren, elektromagnetisch betätigten Einscheiben-Reibungskupplungen (s. Bild 2-171) ausgestattet, die drei Hubgeschwindigkeiten im Verhältnis 1 : 2 : 7 stellen. Die mechanische Bremse muß aus Sicherheitsgründen stets formschlüssig mit der Seiltrommel verbunden bleiben; sie ist deshalb mit ihrer Bremstrommel auf der Zwischenwelle angebracht.

Wenn man an die Ritzelwelle eines normalen Hubwerkgetriebes über eine Schaltkupplung ein Zusatzgetriebe mit einem zweiten, kleineren Motor anschließt (Bild 3-113c), kann man im Wechsel einen der beiden Motoren und damit zwei Geschwindigkeiten schalten.

Die aufwendigste Form des Feinhubwerks ist die mit zwei Motoren, die über ein Umlaufrädergetriebe auf die Seiltrommel wirken (Bild 3-113d). Je nachdem, ob ein Motor oder beide zugeschaltet werden, entstehen drei unterschiedliche Betriebsgeschwindigkeiten. Auf die vierte Möglichkeit, die beiden Motoren mit gegensinniger Drehrichtung zu betreiben, verzichtet man wegen der größeren Abhängigkeit der eingestellten resultierenden Drehzahl von der Belastung.

3.5.1.3 Greiferwindwerke

Gesteuerte Lastaufnahmemittel haben zwei Freiheitsgrade der Bewegung: Heben bzw. Senken des gesamten Lastaufnahmemittels einschließlich Gut und Schließen bzw. Öffnen der kinematischen Kette. Das zugehörige Windwerk muß deshalb, vom Kranfahrer gesteuert, sowohl eine Absolutbewegung der hängenden Last, bei der beide Seile im Gleichlauf angetrieben werden, als auch eine Relativbewegung beider Seile zueinander erzeugen können. Der Seilgreifer ist hierfür das bekannteste Beispiel. Für ihn wurden spezielle Greiferwindwerke entwickelt, die von den üblichen Hubwerken abweichen.

3.5.1.3.1 Bauformen von Greiferwindwerken

Die beiden Seile, Schließ- und Halteseil, für die Bewegung eines Seilgreifers werden von je einer zugeordneten Seil-

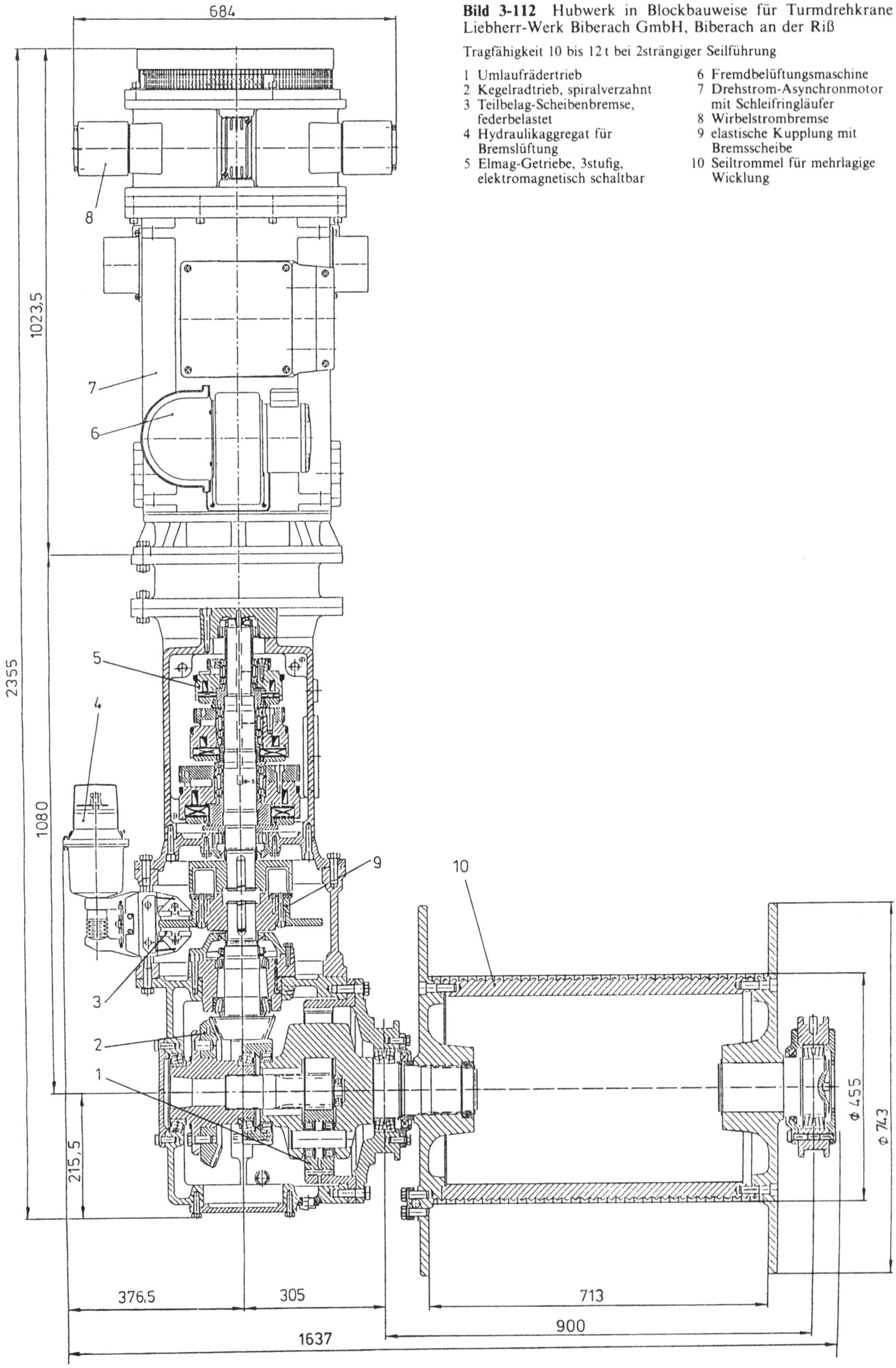

Bild 3-112 Hubwerk in Blockbauweise für Turmdrehkrane Liebherr-Werk Biberach GmbH, Biberach an der Riß

Tragfähigkeit 10 bis 12 t bei 2strängiger Seilführung

1 Umlaufrädertrieb
2 Kegelradtrieb, spiralverzahnt
3 Teilbelag-Scheibenbremse, federbelastet
4 Hydraulikaggregat für Bremslüftung
5 Elmag-Getriebe, 3stufig, elektromagnetisch schaltbar
6 Fremdbelüftungsmaschine
7 Drehstrom-Asynchronmotor mit Schleifringläufer
8 Wirbelstrombremse
9 elastische Kupplung mit Bremsscheibe
10 Seiltrommel für mehrlagige Wicklung

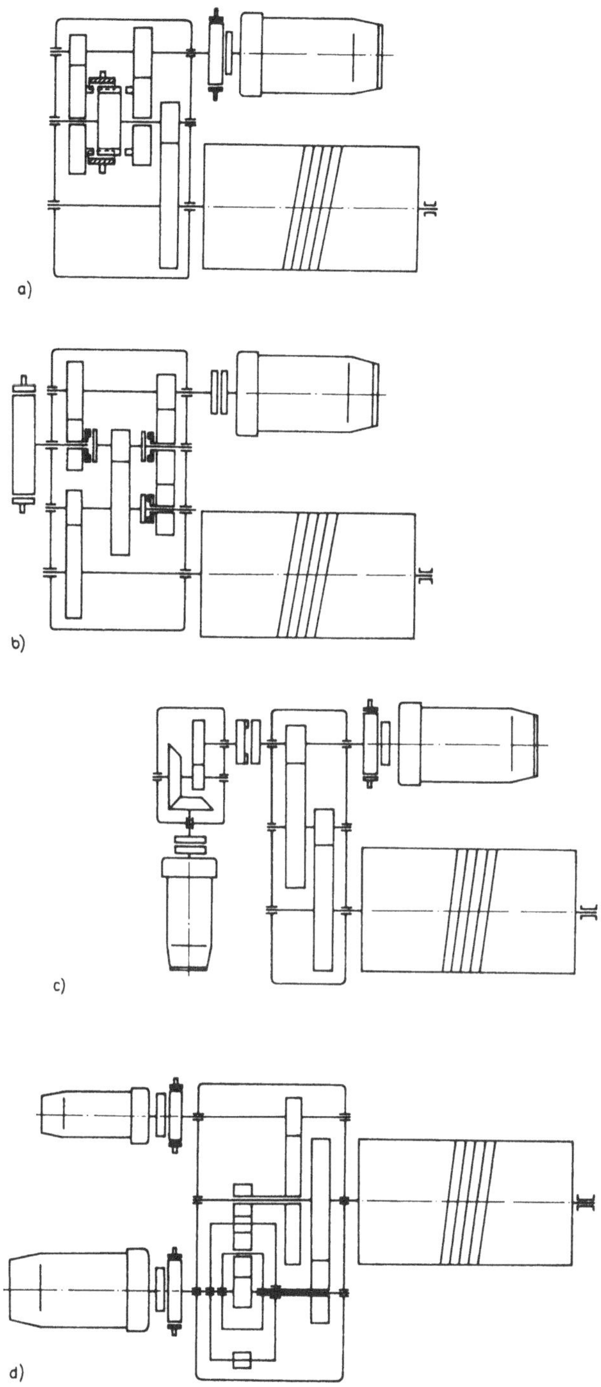

Bild 3-113 Feinhubwerke

a) mit mechanischer Schaltstufe
b) mit elektromagnetischen Schaltkupplungen
c) mit Zusatzgetriebe und -motor
d) mit Zusatzmotor und Umlaufrädergetriebe

trommel auf- und abgewickelt; dies ist bei allen Greiferwindwerken gleich. Variiert werden können die Anzahl und Zuordnung der Motoren sowie die Ausführung des Getriebes.

Einmotoren-Greiferwindwerk

Um den Aufwand für die elektrische Ausrüstung zu senken, sind Greiferwinden früher häufig mit nur einem Motor ausgerüstet worden, der die Schließtrommel direkt antreibt. Die Haltetrommel ist über eine Schaltkupplung anzukoppeln; sie ist zudem mit einer eigenen Bremse ausgerüstet, die zum Öffnen des Greifers eingelegt werden muß.

Neben der umständlichen Steuerung hat eine derartige Konstruktion einen weiteren gewichtigen Nachteil. Es besteht die Gefahr, daß beim Übergang vom Heben zum Öffnen des Greifers eine sog. Freifallstellung auftritt, bei der sich der geöffnete Greifer, wenn nach dem Trennen der Schaltkupplung das Halteseil nicht rechtzeitig von der Bremse der Haltetrommel festgehalten wird, durch den freien Fall der oberen Traverse in Richtung der stillstehenden unteren schließt. Das stoßartige Auftreffen des Greifers auf die Schließseile kann den Bruch dieser Seile herbeiführen. Um diese Freifallstellung auszuschließen, muß beim Übergang zum Öffnen erst die Bremse der Haltetrommel eingelegt und dann, d.h. mit zeitlicher Verzögerung, die Schaltkupplung zwischen Schließ- und Haltetrommel gelöst werden.

Bild 3-114a zeigt eine Prinzipskizze. Mit der ständig drehenden Hauptwelle laufen die beiden Schaltkupplungen K_S und K_H um, über die beide Seiltrommeln T_S und T_H einzeln an die Welle gekuppelt werden können. Jede Trommel hat eine zugeordnete Bremse B_S bzw. B_H. Vorzufinden sind derartige Hubwerke nur noch bei Universalbaggern mit dieselmechanischem Antrieb, einer heute kaum noch gebräuchlichen Gewinnungsmaschine.

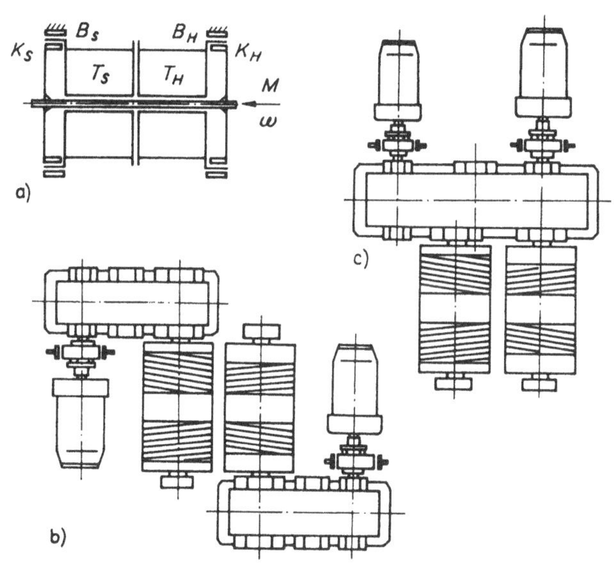

Bild 3-114 Greiferwindwerke

a) Einmotorenwindwerk
b) ungekoppeltes Zweimotorenwindwerk
c) über Umlaufrädergetriebe gekoppeltes Zweimotorenwindwerk

Zweimotoren-Greiferwindwerk, ungekoppelt

Das am meisten verbreitete Greiferwindwerk besteht aus zwei Seilwinden ohne kinematische Verbindung (Bild 3-114b). Statt der gezeichneten diametralen Anordnung findet man auch die schmalere, spiegelbildlich symmetrische, bei der die Getriebe ebenfalls spiegelbildlich symmetrisch ausgeführt sein müssen. Die beiden Motoren sind wie die Trommeln den jeweiligen Seiltrieben zugeordnet.

Der Kranfahrer schaltet zum Heben bzw. Senken beide Motoren gleichsinnig, zum Schließen bzw. Öffnen lediglich den Schließmotor, wobei der Haltemotor stillsteht. Eine Überlagerung beider Bewegungen ist nicht möglich und in den meisten Einsatzfällen auch nicht erforderlich.

Ein solches Greiferwindwerk hat zwei zu beachtende Besonderheiten bzw. Nachteile. Der erste ist der schwierige Übergang vom Schließen zum Heben. Der Schließmotor muß am Schließende stillgesetzt, das möglicherweise noch vorhandene Schlaffseil im Halteseil ausgeglichen, und dann müssen beide Motoren zum Heben zugeschaltet werden. Dies verlangt Sorgfalt und genaue Beobachtung des Greifers. Entgegen dieser vorgeschriebenen Betriebsweise wird häufig zum Heben nach dem Schließen der Haltemotor einfach zum durchlaufenden Schließmotor zugeschaltet. Wegen des plötzlichen Übergangs vom Schließen zum Heben können dabei beträchtliche Stoßbelastungen des gesamten Hebezeugs auftreten.

Das zweite Problem dieses Windwerks tritt bei größeren Hubhöhen oberhalb etwa 10 m auf. Es ist eine ungewollte Schließbewegung während des Hebens oder Senkens des geöffneten Greifers. Der Grund sind Drehzahldifferenzen zwischen den beiden ungleich belasteten Motoren, siehe Bild 3-115b. Der geöffnete Greifer hängt nur am Halteseil, weshalb der geringer belastete Schließmotor dem Haltemotor während des Hebens voreilt, während des Senkens nacheilt. Beides führt zur unerwünschten Relativbewegung des Greifers im Schließsinn. Abhilfe kann eine kinematische Verbindung zwischen beiden Seilwinden mit einer Schaltkupplung schaffen. Heute werden elektrische Gleichlaufsteuerungen bevorzugt, wenn Hubhöhe und Betriebsweise dies erforderlich machen.

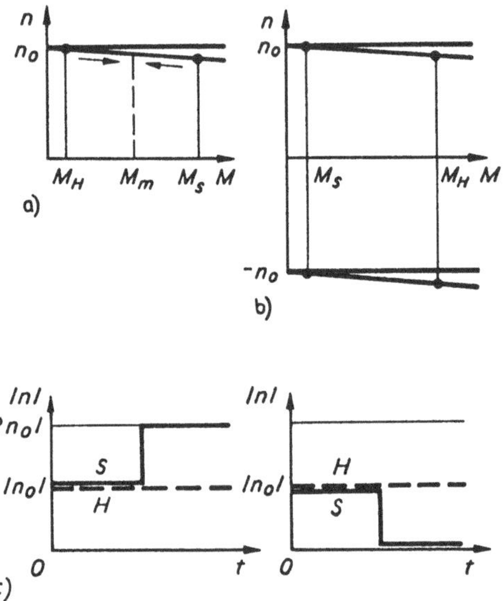

Bild 3-115 Kennlinien von Greiferwindwerken

a) Betriebspunkte bei Heben des geschlossenen Greifers
b) Betriebspunkte bei Heben und Senken des geöffneten Greifers
c) Bewegungsüberlagerung über Umlaufrädergetriebe (S Schließseil; H Halteseil)

Zweimotoren-Greiferwindwerk, gekoppelt

In einem Greiferwindwerk mit kinematischer Kopplung der Bewegungen (Bild 3-114c) übt ein Umlaufrädergetriebe die Funktion eines Sammelgetriebes aus, siehe Bild 2-216e. Die beiden Motoren sind den Bewegungen, nicht den Trommeln zugeordnet, d.h., es gibt einen Hub- (nicht Halte-) und einen Schließmotor. Damit können beide Bewegungen des Greifers, die absolute und die relative, unabhängig voneinander ausgeführt und bei Bedarf überlagert werden. Werden beide Motoren geschaltet, erhält das Schließseil, wenn die Motoren die gleiche Drehrichtung haben, die zweifache Nenngeschwindigkeit, bei entgegengesetzter Drehrichtung der Motoren die Geschwindigkeit null. Im Bild 3-115c gilt das linke Diagramm für Schließen während des Hebens oder für Öffnen während des Senkens, das rechte für die umgekehrten Bewegungsabläufe.

Eine solche Greiferwinde ist einfacher zu steuern, gleicht das Schlaffseil nach dem Schließen selbsttätig aus und stellt am Greifer, unabhängig von seiner Absolutgeschwindigkeit, jede gewünschte Relativlage ein. Beide Grenzstellungen des Greifers können durch Betriebsendschalter überwacht werden, die den Schließmotor beim Erreichen dieser Endlagen stillsetzen. Diese eindeutige Zuordnung der Bewegungsverläufe zu den Motoren und Steuerungen erleichtert die Automatisierung. In ein getrenntes Zweimotoren-Greiferwindwerk müßte dazu ein zusätzliches Meßgetriebe eingebaut werden.

Das als Beispiel für die konstruktive Ausführung im Bild 3-116 dargestellte Greiferwindwerk eines Hafenkrans ist wegen der geringen verfügbaren Grundfläche so ausgeführt, daß die Seiltrommeln über den Motoren gelagert sind. Das Umlaufrädergetriebe ist im unteren Teil des Getriebegehäuses angeordnet; die nachfolgenden Untersetzungsstufen liegen darüber. Eine Sicherung gegen Überlastung mißt die resultierende Lagerkraft beider Trommeln über ein Hebelsystem und schaltet die Triebwerke ab, wenn der zulässige Wert der Seilkräfte überschritten wird. Der Bremswächter *13* verhindert beim Gegenstrombremsen der Senkbewegung den unerwünschten Übergang zum Heben, siehe Bild 3-17b.

3.5.1.3.2 Belastung und Auslegung

Das Grundspiel eines Greifers besteht aus Schließen, Heben, Öffnen und Senken; weitere Hub- und Senkbewegungen passen es an die jeweilige Arbeitsaufgabe an. Das obere Diagramm im Bild 3-117 stellt den Verlauf der Beharrungsgeschwindigkeiten beider Seile während eines solchen Grundspiels dar.

Nicht so eindeutig ist der zeitliche Verlauf der Seilkräfte. Das Halteseil muß während des Schließens schlaff sein, um ein senkrechtes Eindringen des Greifers in das Schüttgut zu gestatten. Die Schließseilkraft während des Schließens hängt vom Eindring- bzw. Schließwiderstand an den Schneiden und von der sich ändernden inneren Übersetzung des Greifers ab; in der Tendenz verläuft sie von Null steigend bis zum Maximalwert F_{max}, der im ungünstigsten Fall gleich der Gewichtskraft F des gefüllten Greifers ist.

Nach dem Ausgleich des Schlaffseils im Halteseil verteilt sich die Hubkraft statisch unbestimmt auf Schließ- und Halteseil. Mit großer Wahrscheinlichkeit wird das Schließseil wegen der vorausgegangenen Schließbewegung zu Be-

Bild 3-116
Greiferwindwerk mit Umlaufrädergetriebe, Hubmasse 10 t
Kranbau Eberswalde GmbH

1 Rahmen
2 Hubmotor; $P_{ne} = 75\,kW$
3 Seilandrückeinrichtung
4 Haltetrommel
5 Schließtrommel
6 Druckmeßdose für Sicherung gegen Überlastung
7 Schließmotor; $P_{ne} = 42\,kW$
8 Spindelendschalter
9 Bremse Hubmotor
10 Bremse Schließmotor
11 Umlaufrädergetriebe
12 Trommellagerung
13 Bremswächter

Schnitt A–A

1 Schrägstirnradwelle mit Ritzel für Übertrieb zur Hubtrommel
2 Schrägstirnrad (Verbindungsrad)
3 Kranzträger
4 Geradstirnradwelle
5 Planetenträger
6 Planetenrad
7 Zahnkranz
8 Schrägstirnrad (Übertrieb zur Schließtrommel)
9 Verbindungswelle

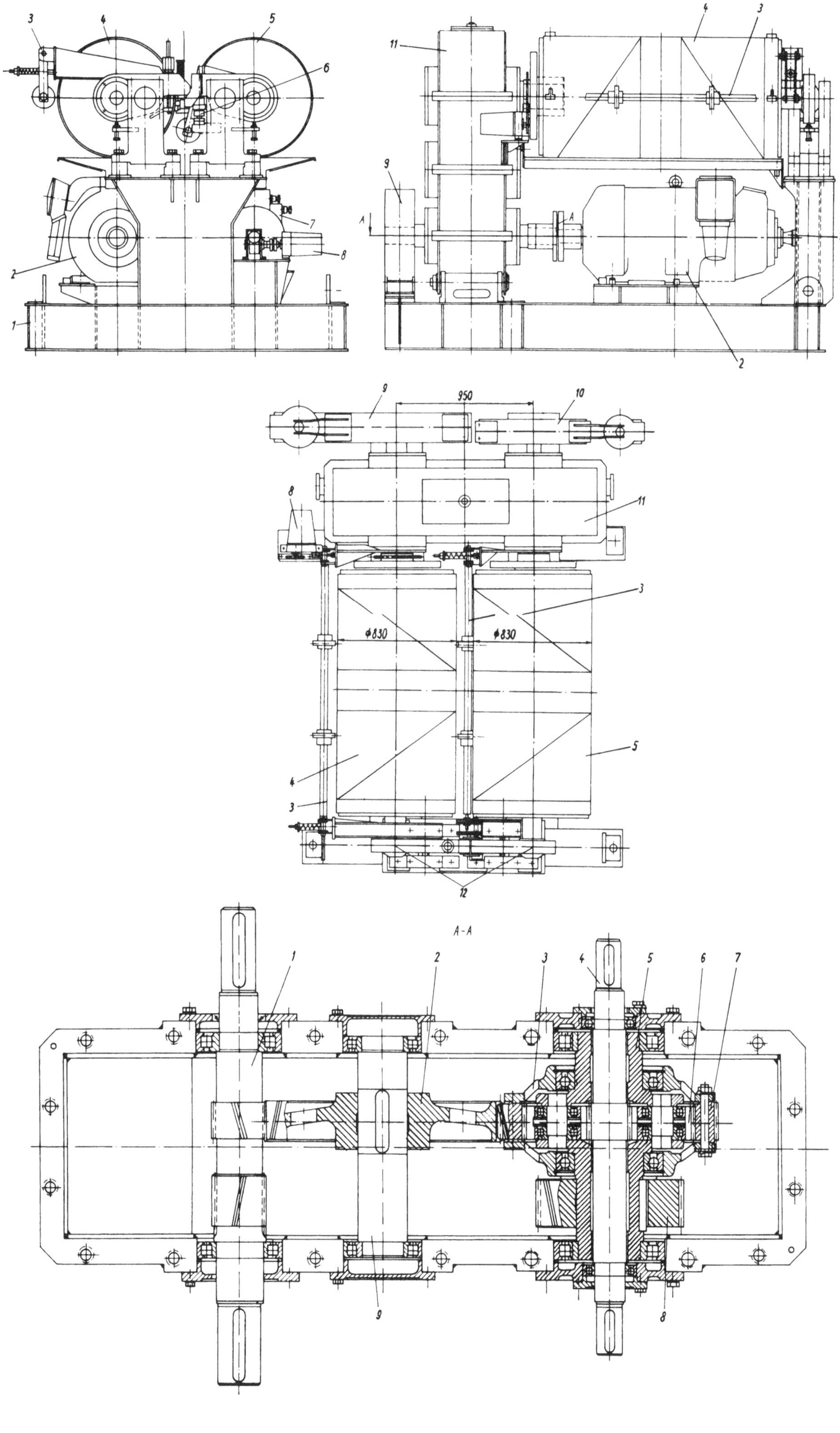
950
ϕ830
ϕ830
A-A

ginn des Hebens stärker oder allein belastet sein. Dann wirkt während des Hebens der im Bild 3-115a skizzierte Ausgleichsvorgang entlang der Motorkennlinien mit einer zunehmenden Belastung des Halteseils bei gleichzeitiger Entlastung des Schließseils. Weil die Arbeitsspiele nicht so ideal verlaufen und die Motorkennlinien voneinander abweichen können, muß angenommen werden, daß die Schließseilkraft beim Heben zwischen 0,2 und $1{,}0F$, die Halteseilkraft zwischen 0 und $0{,}8F$ liegt. Würde das Schließseil mehr entlastet, begänne sich der Greifer zu öffnen.

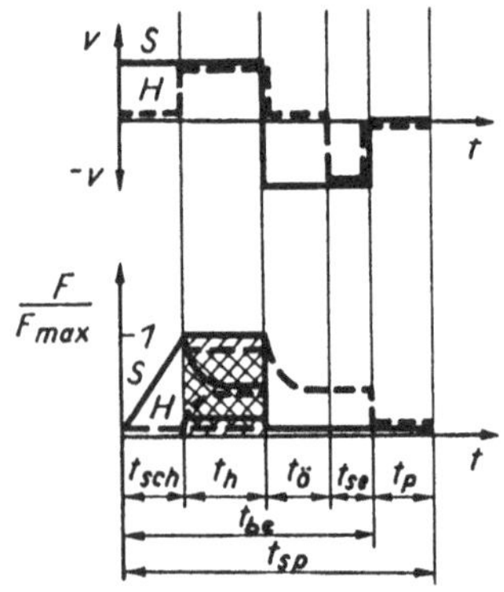

Bild 3-117
Seilgeschwindigkeiten und -kräfte während eines Greiferspiels, idealisiert

S Schließseil
H Halteseil;
Indizes für Zeitdauer:
sch Schließen p Pause
h Heben be Betrieb
ö Öffnen sp Spiel
se Senken

Zum Öffnen wird das Schließseil im Senksinn angetrieben und dadurch fast völlig entlastet. Das Halteseil übernimmt die volle Gewichtskraft des gefüllten Greifers, die allerdings wegen dessen Entleerung schnell auf den Wert für den leeren Greifer abnimmt. Für das Senken gelten die gleichen Überlegungen wie für das Heben, jedoch haben hier Ausgleichsvorgänge über die Motorkennlinien nur geringe Bedeutung.
Somit läßt sich für die Belastung der beiden Seiltriebe zusammenfassen:

- Sie übertragen einzeln während eines jeden Arbeitsspiels die volle Gewichtskraft des gefüllten Greifers, das Schließseil am Ende des Schließens, das Halteseil zu Beginn des Öffnens. Deshalb müssen beide Seiltriebe und die zugehörigen Triebwerkteile einschließlich der Bremsen statisch für die volle Hubkraft ausgelegt werden.
- Das Belastungskollektiv des Halteseils ist weniger völlig als das des Schließseil, weil die volle Belastung nur sehr kurze Zeit auftritt und beim Heben im statistischen Mittel eine geringere Belastung zu erwarten ist.

Daraus ergibt sich als grobe Dimensionierungsregel für die statische Bemessung der Seile: Schließseil $1{,}0F$; Halteseil $(0{,}65 \ldots 0{,}75)F$. Der Betriebsfestigkeitsnachweis, siehe Abschnitt 2.1.4, muß diese Festlegung bestätigen.
Beim Greiferwindwerk mit Umlaufrädergetriebe fällt der Belastungsausgleich über die Motorkennlinie weg. Die Verteilung der Hubkraft auf die beiden Seile wird vielmehr von der Differenz der gewählten Gesamtübersetzungen beider Triebwerkketten bestimmt. Sie sollte so klein wie möglich und in der Tendenz so gehalten werden, daß eine größere Schließseilgeschwindigkeit entsteht; andernfalls müßte das Halteseil stärker dimensioniert werden [2.271].
Die am Beispiel der Seiltriebe dargelegten Grundsätze für die statische wie Betriebsfestigkeit gelten auch für die anderen Teile der Antriebe. Messungen (s. Bild 3-95 und [3.92]) bestätigen den erläuterten prinzipiellen Verlauf der Seilkräfte; sie zeigen aber auch die gerade in Greiferwindwerken wegen der zahlreichen Schalt- und Nachsteuervorgänge sowie der gegenseitigen Beeinflussung beider Teiltriebwerke auftretenden hohen dynamischen Belastungen, die über denen üblicher Hubwerke liegen.
Die Regeln für die Auslegung der Motoren sind in Tafel 3-15 zusammengestellt. Die Werte $0{,}6P_{ges}$ für beide Motoren eines getrennten Zweimotorenwindwerks und $0{,}5P_{ges}$ für den Schließmotor einer Greiferwinde mit Umlaufrädergetriebe sind Schätz- bzw. Erfahrungswerte.
Die in der letzten Spalte der Tafel 3-15 aufgeführte Summe der zu installierenden Motorleistungen könnte zu der Deutung führen, daß diese Gesamtleistung bei Verwendung eines Umlaufrädergetriebes größer sein muß als beim getrennten Triebwerk. Dabei würde jedoch übersehen, daß sich die relative Einschaltdauer in den beiden Fällen erheblich unterscheidet. Sobald dies berücksichtigt wird, ergeben sich keine wesentlichen Unterschiede in der Gesamtleistung.

3.5.1.4 Redundanz in Hubwerken

In einem normalen Hubwerk (Bild 3-106a) bilden die Elemente eine kinematische Kette in Serienanordnung. Beim Bruch eines drehmoment- bzw. kraftübertragenden Teils fällt das gesamte System aus, wobei es zu kritischen Betriebszuständen bis hin zum Absturz der gehobenen Last kommen kann. Trotz der ausreichenden Zuverlässigkeit sorgsam ausgelegter Triebwerke und einer regelmäßigen Kontrolle und Wartung ist diese Gefahr nicht vollständig auszuschließen. [3.93] gibt für die Absturzwahrscheinlichkeit bei Hubwerken empirisch ermittelte Werte von, je nach Intensität des Betriebs, 10^{-2} bis 10^{-5} im Jahr an. Wegen der begleitenden Sicherheitsvorkehrungen beim Transport schwebender Güter gab es bisher keine Ansätze, den technischen Stand bei den üblichen Hubwerken grundsätzlich zu verändern.
Dies gilt jedoch nicht für Einsatzfälle, wo das Versagen der Antriebe zu erheblichen Gefahren für Menschen oder zu großen materiellen Verlusten führen kann. Beispiele sind Gießkrane und sonstige, in der Metallurgie verwendete Spezialkrane, Krane für Kernkraftwerke, Einziehwerke für die Ausleger großer Tagebaumaschinen o.ä. Hier müssen die Hubwerke erhöhten, z.T. durch bis ins einzelne gehende Vorschriften geregelten Sicherheitsanforderungen genügen. Praktisch bedeutet dies, daß die Wahrscheinlichkeit für ausfallfreie Drehmoment- bzw. Kraftübertragung beträchtlich gesteigert werden muß.

Tafel 3-15
Dimensionierung der Motoren von Greiferwindwerken

Bauform des Windwerks	Motor	Einschaltdauer t_e	Bezogene Motorleistung P/P_{ges}	$\Sigma P/P_{ges}$
Einmotorenwindwerk		$t_{sch} + t_h + t_ö + t_{se}$	1,0	1,0
Zweimotorenwindwerk	Schließmotor	$t_{sch} + t_h + t_ö + t_{se}$	0,6	1,2
	Haltemotor	$t_h + t_{se}$	0,6	
Zweimotorenwindwerk mit Umlaufrädergetriebe	Schließmotor	$t_{sch} + t_ö$	0,5	1,5
	Hubmotor	$t_h + t_{se}$	1,0	

Außer zahlreichen besonderen Vorkehrungen in der Gestaltung und Herstellung der Baugruppen und Elemente sowie einer sorgfältigen Instandhaltung erreicht man dies durch die Anordnung redundanter Elemente im Triebwerk. Der Begriff Redundanz bedeutet das Vorhalten zusätzlicher, für die Funktionserfüllung nicht notwendiger Elemente im Antrieb. Bei heißer bzw. aktiver Redundanz sind diese funktionsbeteiligt und damit belastet, beispielsweise wenn die Anzahl der Seilstränge oder Betriebsbremsen verdoppelt wird. Elemente in kalter bzw. passiver Redundanz sind dagegen an der Funktion des Antriebs unbeteiligt und bleiben somit während des normalen Betriebs unbelastet. Dies trifft z.B. auf zusätzliche Sicherheitsbremsen an den Seiltrommeln der Hubwerke zu.

Die extremen Sicherheitsvorschriften für die Kernkraftwerke haben zu einer vermehrten wissenschaftlichen Arbeit über das Verhalten der Krane im Schadensfall und über geeignete redundante Hubwerksysteme geführt [3.93] bis [3.98]. Abgesehen von diesem in vielerlei Hinsicht besonderen Einsatzfall hat jedoch das Problem der Sicherheit und Redundanz grundlegende Bedeutung für die Antriebe der Fördermaschinen.

Einige Grundgedanken sollen an der Führung der Hubseile erläutert werden. Die Seilführung im Bild 3-118a enthält wegen der Ausgleichsrollen nur ein Seil je Seiltrommel, obwohl die Seile in je zwei parallelliegenden Flaschenzügen angeordnet sind. Wird statt der Ausgleichsrolle ein Ausgleichshebel mit Begrenzung seiner Auslenkung durch Anschläge verwendet (Bild 3-118b), entsteht ein System mit Redundanz. Auch bei der Seilführung im Bild 3-118c ist dies der Fall. Es müssen allerdings beide Seiltrommeln funktionsfähig bleiben. Das vor allem in Auslegereinziehwerken von Tagebaumaschinen angewendete Seilsystem gemäß Bild 3-118d versagt dagegen auch beim Bruch eines drehmomentübertragenden Teils der Trommel nicht, wenn beide Teilsysteme für die volle Tragfähigkeit ausgelegt sind. Die Ersatzschaltbilder unterhalb der Seilführungsschemen zeigen die Wege für die Funktionserfüllung.

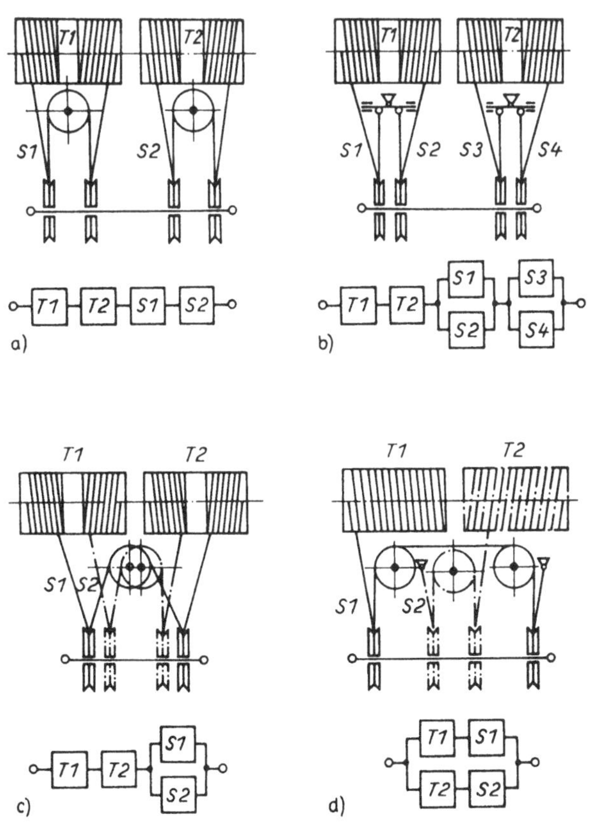

Bild 3-118 Seilführungen in Hubwerken

a) Ausgleichsrolle
b) Ausgleichshebel
c) redundantes Seilsystem
d) volle Redundanz

Mit Hilfe der Zuverlässigkeitstheorie [3.99] bis [3.104], einem hochentwickelten Wissenschaftsgebiet, sind objektive Aussagen über die Zuverlässigkeit selbst komplizierter technischer Systeme möglich. Es werden dazu mehrere mathematische Modelle mit unterschiedlichen Anforderungen an die Eigenschaften und das Verhalten der Systemelemente benutzt, von denen hier nur das einfachste, das Boolesche Modell, herangezogen wird. Es unterscheidet lediglich zwei Zustände der Elemente: intakt bzw. funktionsfähig oder defekt bzw. ausgefallen. Der Ausfall eines Elements darf den Ausfall eines anderen nicht beeinflussen. Diese Voraussetzungen vereinfachen die Funktionsweise eines Antriebs und die verwickelten Abhängigkeiten zwischen seinen Bauteilen sehr; sie sind in der Praxis nie erfüllt. So wird bei einem Bruch des Seils *S 2* im Seiltrieb gemäß Bild 3-118b das Seil *S 1* sofort stärker belastet und damit in seiner Zuverlässigkeit als Element beeinflußt. Dennoch eignet sich das Boolesche Modell gut, um mit wenig Aufwand grundlegende erste Aussagen zur Zuverlässigkeit und Sicherheit vergleichbarer konstruktiver Lösungen zu erhalten und Strukturen zu optimieren, siehe z.B. [3.105].

Aus den Elementen des gegebenen Systems, hier eines Hubwerks, sind logische Strukturen zu bilden, die deren Zusammenwirken bei der Gewährleistung der Funktionsfähigkeit abbilden. Die Funktionen $R_i(t)$ für die Betriebsdauer bzw. Überlebenswahrscheinlichkeit der Elemente müssen bekannt sein. Liegt eine Exponentialverteilung der Lebensdauer vor, gilt beispielsweise

$$R_i(t) = \mathrm{e}^{-\lambda_i t};$$

λ_i Ausfallrate des Elements i.

Nimmt man einen bestimmten Wert für die Zeit t an, kann auch mit festen Werten R_i gerechnet werden.

Die Anordnung dieser Elemente im System hat zwei Grundstrukturen:

Serienanordnung (alle Elemente in Reihe geschaltet, Bild 3-119a)

Die Zuverlässigkeitsfunktion des Systems ist

$$R(t) = \prod_{i=1}^{n} R_i(t). \tag{3.107}$$

Parallelanordnung (alle Elemente parallelgeschaltet, Bild 3-119b)

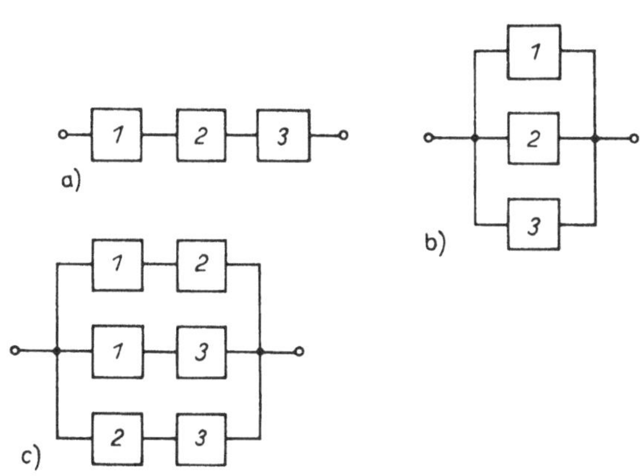

Bild 3-119 Logische Strukturen

a) Serienanordnung
b) Parallelanordnung
c) Struktur 2 von 3

Diese Anordnung hat die Zuverlässigkeitsfunktion

$$R(t) = 1 - \prod_{i=1}^{n} [1 - R_i(t)]. \qquad (3.108)$$

Gl. (3.108) ergibt nach Ausrechnung, für feste Größen R_i dargestellt, bei $n = 2$:

$$R_2 = 1 - (1 - R_1)(1 - R_2) = R_1 + R_2 - R_1 R_2,$$

bei $n = 3$:

$$\begin{aligned} R_3 &= 1 - (1 - R_1)(1 - R_2)(1 - R_3) \\ &= R_1 + R_2 + R_3 - R_1 R_2 - R_1 R_3 - R_2 R_3 + R_1 R_2 R_3, \end{aligned}$$

bei $n = 4$:

$$\begin{aligned} R_4 &= 1 - (1 - R_1)(1 - R_2)(1 - R_3)(1 - R_4) \\ &= R_1 + R_2 + R_3 + R_4 - R_1 R_2 - R_1 R_3 - R_1 R_4 \\ &\quad - R_2 R_3 - R_2 R_4 - R_3 R_4 + R_1 R_2 R_3 + R_1 R_2 R_4 \\ &\quad + R_1 R_3 R_4 + R_2 R_3 R_4 - R_1 R_2 R_3 R_4. \qquad (3.109) \end{aligned}$$

Das formale Bildungsgesetz für die Summanden einer Parallelanordnung mit $n > 4$ läßt sich daran einfach erkennen; allerdings treten sie in den Triebwerken der Fördermaschinen kaum auf.

Die logischen Strukturen für die Bewertung der Zuverlässigkeit unterscheiden sich von den Funktionsstrukturen der Antriebe darin, daß nicht die Anordnung der kinematischen Ketten, sondern alle Wege für die Funktionserfüllung abgebildet werden. Dabei können Elemente mehrfach auftreten. Dies wird am Beispiel von drei parallelliegenden Elementen (Bild 3-119b) erläutert, von denen nur eines ausfallen darf, wenn die Funktion gewährleistet bleiben soll. Bild 3-119c zeigt die drei Wege. Die Zuverlässigkeitsfunktion lautet

$$R(t) = 1 - \prod_{j=1}^{3} \left[1 - \prod_{i=1}^{2} R_i(t) \right]. \qquad (3.110)$$

Die Ersatzschaltungen für fördertechnische Antriebe sind fast immer als Kombinationen von Serien- und Parallelanordnungen zu bilden. Ihre Zuverlässigkeit bzw. Betriebssicherheit läßt sich deshalb durch alternierende Anwendung der Gln. (3.107) und (3.108) berechnen, wenn die Funktionen $R_i(t)$ der Elemente vorliegen. Bei den Baugruppen der Hubwerke und sonstigen Triebwerke sind jedoch die Betriebsdauerfunktionen bisher nur wenig untersucht worden. Deshalb werden im nachfolgenden Beispiel konstante Größen R_i als Schätzwerte der Überlebenswahrscheinlichkeit zu einem bestimmten Zeitpunkt nach der Inbetriebnahme verwendet.

Im Bild 3-120a ist mit ausgezogenen Linien ein normales Hubwerk in Serienanordnung dargestellt. Bild 3-121a gibt die Struktur für Zuverlässigkeit und Betriebssicherheit an. Diese Unterscheidung ist darin begründet, daß das elektrische Teilsystem, repräsentiert durch den Motor M, und das mechanische Teilsystem in der Zuverlässigkeitsfunktion in Reihe geschaltet auftreten, in der Sicherheitsfunktion dagegen, weil diese auf rein mechanischem Weg verwirklicht wird, das erstgenannte Teilsystem aus der Betrachtung auszuschließen ist.

In der Zusammenfassung mehrerer Bauteile zu einem Systemelement, z.B. Welle, Lager, Zahnräder zu einer Verzahnungsstufe V, Schließ- und Öffnungsmechanismus, Bremsscheibe und Welle zu einer Bremse B, liegt eine starke Vergröberung der Antriebsstruktur, die nur ebenso grobe Aussagen zur Zuverlässigkeit erwarten läßt. Es ist aber jederzeit möglich, kleinere Elemente zu bilden, wie es u.a. [3.98] in seiner

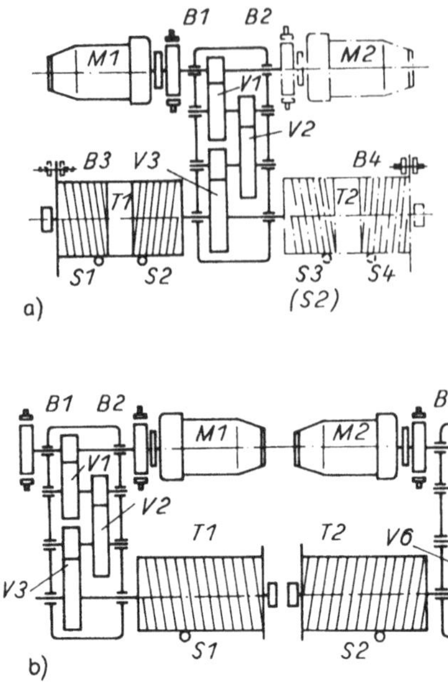

Bild 3-120 Hubwerke

a) mit Teilredundanz
b) doppelte kinematische Kette

Untersuchung vornimmt; allerdings steigt der mathematische Aufwand.

Das obengenannte Hubwerk ist in mannigfaltiger Weise zu variieren, wobei auch redundante Elemente aufgenommen werden können. Üblich ist beispielsweise die Verdoppelung der Seiltrommel, etwa für größere Hubhöhen oder Seilkräfte, des Motors oder der Bremse. Dabei ist zu entscheiden, ob diese Baugruppen so dimensioniert werden, daß die Funktionsfähigkeit des Antriebs jeweils beide Elemente benötigt oder daß nur je eines ausreicht.

Redundante Elemente im Hubwerk sollen in erster Linie eine höhere Sicherheit gegen eine Unterbrechung des Kraftflusses erbringen. Die Doppelanordnung von Motor, Bremse und Seil, d.h. das Einbeziehen der strichpunktiert gezeichneten Baugruppen $M\,2$, $B\,2$, $T\,2$ und $S\,2$ in die Hubwerkkonzeption, hat Redundanz lediglich bei den Betriebsbremsen $B\,1$ und $B\,2$ zur Folge, und auch nur dann, wenn beide Bremsen für die volle Betriebsbelastung ausgelegt sind. Die anderen mehrfach angeordneten Elemente müssen wegen der Verwendung von Seilführungen mit Ausgleichsrollen (Bild 3-118a) der Serienschaltung der anderen Baugruppen hinzugefügt werden (Bild 3-121b).

Ein Übergang zum Seilsystem mit Ausgleichshebeln (Bild 3-118b) verschafft auch diesem Redundanz (Bild 3-121c). Die redundante Seilführung mit nur zwei Seilen (Bild 3-118c) erhöht die Sicherheit durch Wegfall der Elemente $S\,3$ und $S\,4$ weiter (Bild 3-121e).

Einen qualitativen Sprung bedeuten zwei zusätzliche Sicherheitsbremsen, die direkt auf die Trommeln wirken. Diese Bremsen $B\,3$ und $B\,4$ sind passive Elemente, die erst einfallen, wenn eine Überwachungseinrichtung, die die Drehzahlen oder den relativen Drehwinkel der beiden Seiltrommeln mißt, nach dem Bruch eines Triebwerkteils einen entsprechenden Schaltbefehl erteilt. Die kinematischen Auswirkungen der unvermeidlichen Einfallverzögerung dieser Sicherheitsbremsen auf die Bewegung der Last wurden ausführlich untersucht [3.93] bis [3.97]. Sie sollen hier nicht behandelt werden.

Wenn bei einer solchen Schaltung die Nutzlast noch von zwei der insgesamt vier Bremsen sicher gehalten wird, ergeben sich insgesamt sechs Wege für die Erfüllung der Bremsfunktion (Bild 3-121d). An diesem Beispiel wird be-

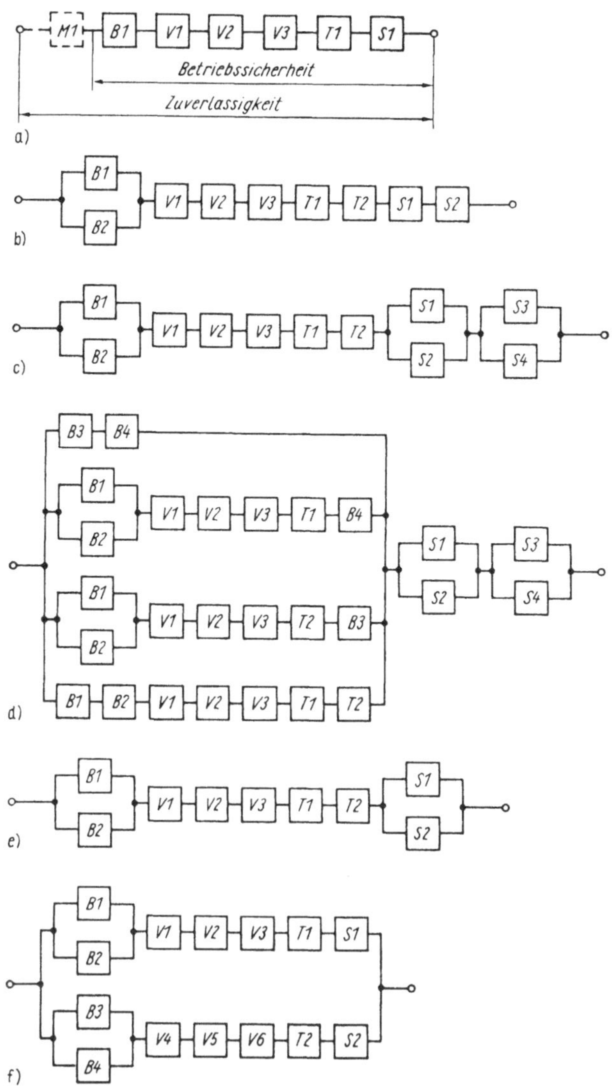

Bild 3-121 Logische Strukturen zur Bewertung der Betriebssicherheit der Hubwerke im Bild 3-120

a) Hubwerk ohne Redundanz
b) Hubwerk mit redundanter Betriebsbremse und Seilführung a) (Bild 3-118)
c) wie b), aber Seilführung b)
d) wie c), aber zwei zusätzliche Sicherheitsbremsen *B 3* und *B 4*
e) wie b), aber Seilführung c)
f) Hubwerk nach Bild 3-120b, Seilführung d)

sonders klar der genannte Unterschied zwischen Zuverlässigkeitsersatzschaltung und Systemstruktur deutlich.

In einem Hubwerk, das aus zwei getrennten kinematischen Ketten besteht (Bild 3-120b), die jeweils für die volle Belastung dimensioniert sind, liegt ein System mit voller Redundanz vor. Die Ersatzschaltung für die Betriebssicherheit (Bild 3-121f) zeigt entsprechend eine Parallelanordnung der in Serie geschalteten beiden Antriebsstränge.

Das folgende Zahlenbeispiel soll die Auswirkungen redundanter Elemente auf die Sicherheit des Hubwerks überschläglich auch quantitativ ausweisen. Dazu werden die Überlebenswahrscheinlichkeiten der Elemente Bremse und Seil mit $R_B = R_S = 0{,}95$ erheblich niedriger als die der mechanischen Übertragungsteile Verzahnung und Trommel mit $R_V = R_T = 0{,}99$ angesetzt. Diese Annahme verstärkt die Wirkung der Redundanz. Die Rechnung ergibt folgende Betriebssicherheit:

Kette a

$$R_a = \prod_{i=1}^{6} R_i = R_B R_V^3 R_T R_S = 0{,}95^2 \cdot 0{,}99^4 = 0{,}867.$$

Kette b

Zwei parallel angeordnete Elemente haben die Überlebenswahrscheinlichkeit $\bar{R}_B = \bar{R}_S = 2R_B - R_B^2 = 2 \cdot 0{,}95 - 0{,}95^2 = 0{,}9975$.

$$R_b = \bar{R}_B R_V^3 R_T^2 R_S^2 = 0{,}9975 \cdot 0{,}99^5 \cdot 0{,}95^2 = 0{,}856.$$

Kette c

$$R_c = \bar{R}_B R_V^3 R_T^2 \bar{R}_S^2 = 0{,}9975^3 \cdot 0{,}99^5 = 0{,}944.$$

Kette d

Für die vier parallelliegenden Zweige im Bild 3-121d gilt

$$R_1 = R_B^2 = 0{,}95^2 = 0{,}9025$$

$$R_2 = R_3 = \bar{R}_B R_V^3 R_T R_B = 0{,}9975 \cdot 0{,}99^4 \cdot 0{,}95 = 0{,}9103$$

$$R_4 = R_B^2 R_V^3 R_T^2 = 0{,}95^2 \cdot 0{,}99^5 = 0{,}8583.$$

Anwendung der Gl. (3.109) für die Parallelanordnung dieser vier Zweige führt zu

$$R_p = 3{,}5814 - (1{,}643\,09 + 0{,}774\,62 + 0{,}828\,65 + 1{,}562\,62) + (0{,}747\,85 + 1{,}410\,27 + 0{,}711\,23) - 0{,}641\,88 = 0{,}999\,89 \approx 0{,}9999$$

$$R_d = R_p \bar{R}_S^2 = 0{,}9999 \cdot 0{,}9975^2 = 0{,}995.$$

Kette e

$$R_e = \bar{R}_B R_V^3 R_T^2 \bar{R}_S = 0{,}9975^2 \cdot 0{,}99^5 = 0{,}946.$$

Kette f

$$R_1 = R_2 = \bar{R}_B R_V^3 R_T R_S = 0{,}9975 \cdot 0{,}99^4 \cdot 0{,}95 = 0{,}9103$$

$$R_f = 2R_1 - R_1^2 = 2 \cdot 0{,}9103 - 0{,}9103^2 = 0{,}992.$$

Die Ergebnisse weisen drei Gruppen von Hubwerken mit deutlich abgestufter Sicherheit aus:

normale Hubwerke mit der üblichen Seilführung

$$R_a \approx R_b \approx 0{,}86,$$

Hubwerke mit redundanter Bremse und Seil

$$R_c \approx R_e \approx 0{,}94,$$

Hubwerke mit erhöhter Redundanz

$$R_d \approx R_f \approx 0{,}99.$$

Eine Änderung der Parameter hat keinen Einfluß auf diese grundlegende Abstufung; es ergeben sich nur andere Zahlenwerte für die Proportionen.

Abschließend ist noch auf die Bedeutung des Reservierungsmaßstabs, eines Maßes für die Größe des Teils im System, das reserviert wird, hinzuweisen. Bei gleicher Anzahl redundanter Elemente hat eine Vergrößerung des Reservierungsmaßstabs ein Absinken der Systemzuverlässigkeit zur Folge [3.104]. Bild 3-122 verdeutlicht dies an einem elementaren Beispiel, der Verdoppelung von Trommel und Seil im Hub-

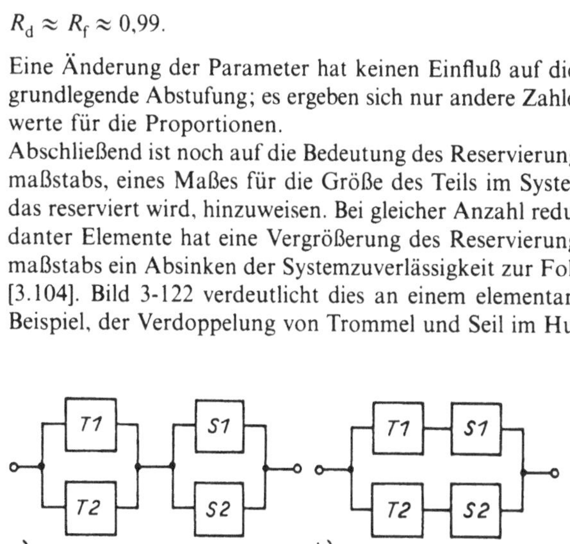

Bild 3-122 Redundanz mit unterschiedlichem Reservierungsmaßstab

a) Einzelreservierung
b) Doppelreservierung

werk. Die Zuverlässigkeit beträgt mit den bereits benutzten Zuverlässigkeitswerten $R_T = 0{,}99$ und $R_S = 0{,}95$

$$R_a = \bar{R}_T \bar{R}_S = (2R_T - R_T^2)(2R_S - R_S^2)$$
$$= (2\cdot 0{,}99 - 0{,}99^2)(2\cdot 0{,}95 - 0{,}95^2) = 0{,}9974$$

$$R_b = 2(R_T R_S) - (R_T R_S)^2 = 2\cdot 0{,}99\cdot 0{,}95 - (0{,}99\cdot 0{,}95)^2$$
$$= 0{,}9965.$$

Es ist somit in bezug auf die Zuverlässigkeit des Systems günstiger, Elemente einzeln zu reservieren anstatt ganze kinematische Ketten zu verdoppeln. Dies weist auch der Vergleich der Systeme d) und f) im Bild 3-121 aus.

3.5.1.5 Zahlenbeispiel

Berechnung und Entwurf eines Hubwerks

a) Anordnung

Vorgesehen ist eine Anordnung nach Bild 3-106a. Das Hubwerk hat die Hauptbaugruppen

M Motor,
KB elastische Kupplung mit Bremsscheibe,
B mechanische Bremse,
G Stirnradgetriebe,
TK Trommelkupplung,
T Seiltrommel,
F Flaschenzug.

Gewählt wird eine viersträngige Seilführung mit oberer Ausgleichsrolle entsprechend Bild 3-109.

b) Gegebene Werte

Seiltrieb (aus vorangegangener Berechnung und Auslegung analog dem Zahlenbeispiel im Abschn. 2.2.6)

Anzahl der Seilstränge	$z_F = 2$
Flaschenzugübersetzung	$i_F = 2$
Wirkungsgrad des Flaschenzugs	$\eta_F = 0{,}98$
statische Seilkraft	$F_S = 50{,}05\,\text{kN}$
Masse der Unterflasche	$m_e = 660\,\text{kg}$
Trommeldurchmesser	$d_T = 630\,\text{mm}$ $= 0{,}63\,\text{m}$
Wirkungsgrad der Trommel	$\eta_T = 0{,}97.$

Hubwinde

maximale Hubmasse $m = 20\,000\,\text{kg}$
Hubgeschwindigkeit $v_H = 12{,}5\,\text{m/min} = 0{,}208\,\text{m/s}$
mittlere Beschleunigung (Anfahren und Bremsen)
$a = 0{,}1\,\text{m/s}^2$
maximale Hubhöhe $h = 16\,\text{m}$
mittlere Hubhöhe $h_m = 8\,\text{m}$
Anzahl der Arbeitsspiele (Heben und Senken)
$z_{sp} = 20\,\text{h}^{-1}$.

c) Auswahl des Motors

Überschläglich wird ein Hubmotor nach dem Beharrungsmoment bzw. der Beharrungsleistung bemessen, siehe Gl. (3.18)

$$P_{ne} = \frac{mgv_H}{\eta_{ges}} = \frac{20\,000\cdot 9{,}81\cdot 0{,}208}{0{,}9} = 45\,300\,\text{W} \mathrel{\hat=} 45{,}3\,\text{kW}.$$

Der Gesamtwirkungsgrad wurde vorerst mit $\eta_{ges} = 0{,}9$ geschätzt.
Um grob die relative Einschaltdauer zu bestimmen, wird sie nur aus Beharrungsdauer t_H und Spieldauer t_{sp} errechnet

$$t_H = \frac{h_m}{v_H} = \frac{8}{0{,}208} = 38{,}5\,\text{s}$$

$$t_{sp} = \frac{1}{z_{sp}} = \frac{1}{20} = 0{,}05\,\text{h} \mathrel{\hat=} 180\,\text{s}$$

$$ED \approx \frac{2t_H}{t_{sp}} = \frac{2\cdot 38{,}5}{180} = 0{,}43 \mathrel{\hat=} 43\,\%.$$

Gewählt wird ein Drehstrom-Asynchronmotor mit Schleifringläufer für die Betriebsart S 3.

Technische Daten:

Nennleistung $P_{ne} = 42\,\text{kW}$ bei $40\,\%$ ED_s
Nenndrehzahl $n_{ne} = 975\,\text{U/min} = 16{,}25\,\text{U/s}$
$\omega_{ne} = 2\pi n_{ne} = 2\pi\cdot 16{,}25 = 102{,}1\,\text{s}^{-1}$

Nenndrehmoment

$$M_{ne} = \frac{P_{ne}}{2\pi n_{ne}} = \frac{42\,000}{2\pi\cdot 16{,}25} = 411{,}4\,\text{N}\cdot\text{m}$$

relatives Kippmoment $M_k/M_{ne} = 2{,}6$
Massenträgheitsmoment $J_M = 1{,}0\,\text{kg}\cdot\text{m}^2$.

d) Festlegung der Getriebeübersetzung

Die Trommeldrehzahl beträgt

$$n_T = \frac{v_H i_F}{d_T \pi} = \frac{12{,}5\cdot 2}{0{,}63\pi} = 12{,}63\,\text{U/min}.$$

Dies verlangt eine Getriebeübersetzung von

$$i_G = \frac{n_{ne}}{n_T} = \frac{975}{12{,}63} = 77{,}2.$$

Gewählt wird ein Hubwerk-Stirnradgetriebe mit

$P_{950} = 41{,}7\,\text{kW}$
$i_G = 80$
$\eta_G = 0{,}97$
$J_G = 0{,}0235 \approx 0{,}024\,\text{kg}\cdot\text{m}^2$.

Damit ergeben sich

Gesamtübersetzung $i_{ges} = i_F i_G = 2\cdot 80 = 160$
Gesamtwirkungsgrad

$$\eta_{ges} = \eta_F \eta_T \eta_G = 0{,}98\cdot 0{,}97\cdot 0{,}97 = 0{,}92.$$

Die Hubgeschwindigkeit ist mit der gewählten Übersetzung zu kontrollieren:

$$v_H = \frac{n_{ne} d_T \pi}{i_{ges}} = \frac{975\cdot 0{,}63\pi}{160} = 12{,}06\,\text{m/min} \mathrel{\hat=} 0{,}201\,\text{m/s}.$$

Die relative Differenz zur vorgegebenen Hubgeschwindigkeit ist zulässig:

$$\frac{\Delta v_H}{v_H} = \frac{-0{,}44}{12{,}5} = -0{,}035 \mathrel{\hat=} -3{,}5\,\%.$$

e) Auswahl der Kupplungen

Trommelkupplung

Das Drehmoment an der Trommel beträgt

$M_T = F_S d_T = 50{,}05 \cdot 0{,}63 = 31{,}5\,\text{kN}\cdot\text{m}.$

Die gewählte Trommelkupplung hat den Außendurchmesser $d_a = 0{,}6\,\text{m}$ und die Masse $m_{TK} = 129\,\text{kg}$. Das Massenträgheitsmoment ist nicht angegeben; es wird überschläglich ermittelt:

$$J_{TK} \approx \frac{m_{TK} d_a^2}{8} = \frac{129 \cdot 0{,}6^2}{8} = 5{,}8\,\text{kg}\cdot\text{m}^2.$$

Elastische Bolzenkupplung mit Bremstrommel

Das Beharrungsmoment beträgt nach den Gln. (3.76) und (3.71)

bei treibendem Antrieb

$$M_H = M_{bew} = \frac{m g d_T}{2 i_{ges} \eta_{ges}} = \frac{20\,000 \cdot 9{,}81 \cdot 0{,}63}{2 \cdot 160 \cdot 0{,}92} = 419{,}9\,\text{N}\cdot\text{m},$$

bei bremsendem Antrieb

$$\bar{M}_H = \bar{M}_{bew} = M_{bew}\,\eta_{ges}^2 = 419{,}9 \cdot 0{,}92^2 = 355{,}4\,\text{N}\cdot\text{m}.$$

Mit dem Sicherheitsbeiwert $S_B = 1{,}5$ für die statische Auslegung der mechanischen Bremse beträgt der Mindestwert ihres Bremsmoments

$$M_{Bm} = S_B \bar{M}_H = 1{,}5 \cdot 355{,}4 = 533{,}1\,\text{N}\cdot\text{m}.$$

Wird nach der Zuordnung von Bremstrommeldurchmesser und Bremsmoment in den Lieferkatalogen als mittlerer Wert $d_B = 315\,\text{mm}$ gewählt, ergeben sich für die Massenträgheitsmomente der ausgewählten elastischen Bolzenkupplung mit Bremstrommel:

Kupplungsteil	$J_K = 0{,}041\,\text{kg}\cdot\text{m}^2$
Bremstrommel	$J_B = 0{,}312\,\text{kg}\cdot\text{m}^2$
gesamte Kupplung	$J_{KB} = 0{,}353\,\text{kg}\cdot\text{m}^2$.

f) Massenträgheitsmoment der Seiltrommel

Aus der Trommelberechnung (s. Abschn. 2.2.6) und der Konstruktion der Trommelkupplung nach Bild 2-39b ergeben sich die Abmessungen der Trommel in vereinfachter Darstellung laut Bild 3-123. Die Dichte des Trommelwerkstoffs Stahl beträgt $\varrho = 7850\,\text{kg/m}^3$.

Die drei Hauptteile haben die Massenträgheitsmomente:

$$J_1 = \frac{\varrho \pi h_B}{2}\left(\frac{d_T}{2}\right)^4 = \frac{7850\pi \cdot 0{,}01 \cdot 0{,}315^4}{2} = 1{,}21\,\text{kg}\cdot\text{m}^2$$

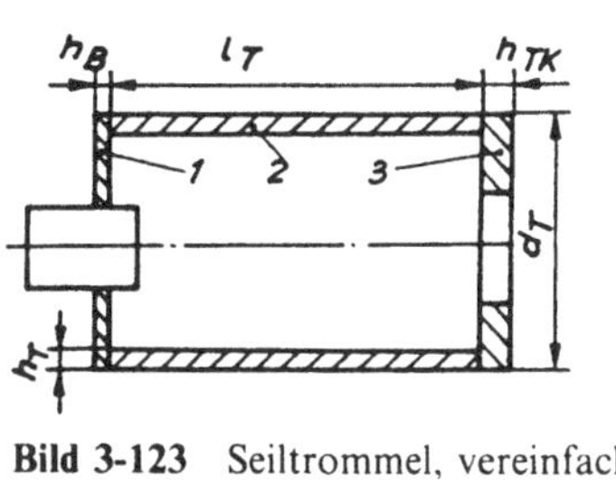

Bild 3-123 Seiltrommel, vereinfacht
$h_B = 0{,}01\,\text{m}$ $l_T = 1{,}92\,\text{m}$
$h_{TK} = 0{,}03\,\text{m}$ $d_T = 0{,}63\,\text{m}$
$h_T = 0{,}015\,\text{m}$

$$J_2 = \frac{\varrho \pi l_T}{2}\left[\left(\frac{d_T}{2}\right)^4 - \left(\frac{d_T}{2} - h_T\right)^4\right] = \frac{7850\pi \cdot 1{,}92}{2}\,[0{,}315^4 - (0{,}315 - 0{,}015)^4] = 41{,}33\,\text{kg}\cdot\text{m}^2$$

$$J_3 = \frac{\varrho \pi h_{TK}}{2}\left(\frac{d_T}{2}\right)^4 = \frac{7850\pi \cdot 0{,}03 \cdot 0{,}315^4}{2} = 3{,}64\,\text{kg}\cdot\text{m}^2.$$

Das Massenträgheitsmoment der Seiltrommel wird somit

$$J_T = J_1 + J_2 + J_3 = 1{,}21 + 41{,}33 + 3{,}64 = 46{,}2\,\text{kg}\cdot\text{m}^2.$$

g) Ersatzmassenträgheitsmoment

Das auf die Motorwelle reduzierte Massenträgheitsmoment $J_{red\,I}$ aller rotierenden Massen und das Ersatzmassenträgheitsmoment J_{ers} für den gesamten Antrieb werden mit Gl. (3.45) berechnet

$$J_{red\,I} = J_M + J_{KB} + J_G + \frac{J_{TK} + J_T}{i_G^2 \eta_G} = 1{,}0 + 0{,}353 + 0{,}024 + \frac{5{,}8 + 46{,}2}{80^2 \cdot 0{,}97} = 1{,}39\,\text{kg}\cdot\text{m}^2.$$

Das Ersatzmassenträgheitsmoment beträgt

beim Heben der Hubmasse m

$$J_{ers} = J_{red\,I} + \frac{m d_T^2}{4 i_{ges}^2 \eta_{ges}} = 1{,}39 + \frac{20\,000 \cdot 0{,}63^2}{4 \cdot 160^2 \cdot 0{,}92} = 1{,}39 + 0{,}084 = 1{,}47\,\text{kg}\cdot\text{m}^2,$$

beim Heben des Leerhakens

$$J_{ers\,0} = J_{red\,I} + \frac{m_e d_T^2}{4 i_{ges}^2 \eta_{ges}} = 1{,}39 + \frac{660 \cdot 0{,}63^2}{4 \cdot 160^2 \cdot 0{,}92} = 1{,}39 + 0{,}003 = 1{,}39\,\text{kg}\cdot\text{m}^2.$$

Wegen des geringen Anteils der von der Wirkungsgraden η_G bzw. η_{ges} beeinflußten Summanden gelten diese Werte näherungsweise auch für den bremsenden Antrieb, d.h.

$$\bar{J}_{red\,I} \approx J_{red\,I} \quad \text{und} \quad \bar{J}_{ers} \approx J_{ers}.$$

h) Drehmomente in den einzelnen Betriebsphasen

Beharrung

$M_H = M_{bew} = 419{,}9\,\text{N}\cdot\text{m}$ wurde bereits unter e) berechnet. Bei leerem Lasthaken betragen die Bewegungsmomente

$$M_{bew\,0} = M_{bew}\frac{m_e}{m} = 419{,}9\,\frac{660}{20\,000} = 13{,}9\,\text{N}\cdot\text{m}$$

$$\bar{M}_{bew\,0} = M_{bew\,0}\,\eta_{ges}^2 = 13{,}9 \cdot 0{,}92^2 = 11{,}8\,\text{N}\cdot\text{m}.$$

Anfahren

Das Anfahrmoment wird unter sinngemäßer Anwendung der Gln. (3.77) und (3.75) berechnet, wobei die vorgegebene Beschleunigung $a_A = a = 0{,}1\,\text{m/s}^2$ einzusetzen ist:

$$M_b = \frac{2 a i_{ges}}{d_T} J_{ers} = \frac{2 \cdot 0{,}1 \cdot 160 \cdot 1{,}47}{0{,}63} = 74{,}7\,\text{N}\cdot\text{m}$$

$$M_A = M_b + M_{bew} = 74{,}7 + 419{,}9 = 494{,}6\,\text{N}\cdot\text{m}.$$

Bremsen

Für das Bremsmoment bei elektrischem Bremsen wird als Orientierungswert der für die Berechnung des Effektivmoments in Gl. (3.15) vorgeschriebene Wert verwendet. Es sollen lediglich Gegenstrombremsstufen verwendet werden, dies bedeutet $x = 1{,}1$.

$$M_B = xM_{ne} = 1{,}1 \cdot 411{,}4 = 452{,}5\,\mathrm{N\cdot m}.$$

i) *Kontrolle der relativen Einschaltdauer*

Für ein Arbeitsspiel, bestehend aus Heben und Senken, gilt die mittlere Hubhöhe $h_m = 8\,\mathrm{m}$. Dabei kann die Hubmasse zwischen dem Kleinstwert m_e und dem Größtwert m schwanken. Für die Auslegung des Motors nach der thermischen Belastung bieten sich zwei Grenzfälle an:

1. reichliche Dimensionierung, wenn lediglich ein Arbeitsspiel mit voller Hubmasse m angesetzt wird;
2. knappe Auslegung, wenn zwei aufeinanderfolgende Teilspiele, einmal mit der Hubmasse m, einmal mit der Masse m_e, kombiniert werden.

Beide Wege sollen hier beispielhaft verfolgt werden. Zunächst sind mit den berechneten Drehmomenten die Werte für Anfahr- und Bremsdauer unter Verwendung der Gl. (3.81) zu ermitteln:

Anfahrdauer

Heben Nutzmasse

$$t_{Ah} = \frac{2v_H\, i_{ges}}{d_T} \frac{J_{ers}}{M_A - M_{bew}} = \frac{2 \cdot 0{,}201 \cdot 160}{0{,}63} \frac{1{,}47}{494{,}6 - 419{,}9} = 2{,}00\,\mathrm{s}.$$

Senken Nutzmasse

$$t_{As} = 102{,}1 \frac{J_{ers}}{M_A + \bar{M}_{bew}} = 102{,}1 \frac{1{,}47}{494{,}6 + 355{,}4} = 0{,}18\,\mathrm{s}.$$

Heben Leerhaken

$$t_{Ah0} = 102{,}1 \frac{J_{ers0}}{M_A - M_{bew0}} = 102{,}1 \frac{1{,}39}{494{,}6 - 13{,}9} = 0{,}30\,\mathrm{s}.$$

Senken Leerhaken

$$t_{As0} = 102{,}1 \frac{J_{ers0}}{M_A + \bar{M}_{bew0}} = 102{,}1 \frac{1{,}39}{494{,}6 + 11{,}8} = 0{,}28\,\mathrm{s}.$$

Bremsdauer (elektrisches Bremsen)

Heben Nutzmasse

$$t_{Bh} = 102{,}1 \frac{J_{ers}}{M_B + M_{bew}} = 102{,}1 \frac{1{,}47}{452{,}5 + 419{,}9} = 0{,}17\,\mathrm{s}.$$

Senken Nutzmasse

$$t_{Bs} = 102{,}1 \frac{J_{ers}}{M_B - \bar{M}_{bew}} = 102{,}1 \frac{1{,}47}{452{,}5 - 355{,}4} = 1{,}55\,\mathrm{s}.$$

Heben Leerhaken

$$t_{Bh0} = 102{,}1 \frac{J_{ers0}}{M_B + M_{bew0}} = 102{,}1 \frac{1{,}39}{452{,}5 + 13{,}9} = 0{,}30\,\mathrm{s}.$$

Senken Leerhaken

$$t_{Bs0} = 102{,}1 \frac{J_{ers0}}{M_B - \bar{M}_{bew0}} = 102{,}1 \frac{1{,}39}{452{,}5 - 11{,}8} = 0{,}32\,\mathrm{s}.$$

Beharrungsdauer

Weil die Dauer der nichtstationären Betriebsphasen erheblich kleiner als die Dauer der Beharrungsphase ist, werden sie vereinfachend bei der Berechnung der Beharrungsdauer nicht berücksichtigt, d.h., es wird die bereits in c) errechnete Beharrungsdauer $t_H = 38{,}5\,\mathrm{s}$ verwendet.

Einschaltdauer

Bemessungsfall 1

$$t_{e1} = t_{Ah} + t_H + t_{Bh} + t_{As} + t_H + t_{Bs}$$
$$= 2 \cdot 38{,}5 + 2{,}00 + 0{,}18 + 0{,}17 + 1{,}55 = 80{,}9\,\mathrm{s}$$

$$ED_1 = \frac{t_{e1}}{t_{sp}} = \frac{80{,}9}{180} = 0{,}45 \mathrel{\hat{=}} 45\,\%.$$

Bemessungsfall 2

$$t_{e2} = t_{e1} + t_{Ah0} + t_H + t_{Bh0} + t_{As0} + t_H + t_{Bs0}$$
$$= 80{,}9 + 2 \cdot 38{,}5 + 0{,}30 + 0{,}28 + 0{,}30 + 0{,}32$$
$$= 159{,}1\,\mathrm{s}$$

$$ED_2 = \frac{t_{e2}}{2t_{sp}} = \frac{159{,}1}{2 \cdot 180} = 0{,}44 \mathrel{\hat{=}} 44\,\%.$$

k) *Nachrechnung des Motors*

Anzusetzen ist Gl. (3.15) für je ein bzw. zwei Teilspiele Heben und Senken.

Bemessungsfall 1

$$M_{eff1} = \sqrt{\frac{\vartheta M_A^2 (t_{Ah} + t_{As}) + M_{bew}^2 (1 + \eta_{ges}^4)\, t_H + \vartheta M_B^2 (t_{Bh} + t_{Bs})}{t_{e1}}}$$

$$= \sqrt{\frac{1{,}1 \cdot 494{,}6^2 (2{,}00 + 0{,}18) + 419{,}9^2 (1 + 0{,}92^4)\, 38{,}5 + 1{,}1 \cdot 452{,}6^2 (0{,}17 + 1{,}55)}{80{,}9}}$$

$$= \sqrt{\frac{586\,621 + 11\,651\,161 + 387\,570}{80{,}9}}$$

$$= 395{,}0\,\mathrm{N\cdot m}.$$

Das erforderliche Nennmoment laut Gl. (3.17)

$$M_{ne1} = M_{eff1} \sqrt{\frac{ED_1}{ED_s}} = 395{,}0 \sqrt{\frac{45}{40}} = 419{,}0\,\mathrm{N\cdot m}$$

liegt in diesem ungünstigsten Fall um $\approx 2\,\%$ über dem Nennmoment des Motors.

Bemessungsfall 2

Wegen $M_{bew0} < 0{,}3 M_{ne}$ muß für das zweite Arbeitsspiel das Moment $0{,}3 M_{ne}$ für die Beharrungsphase verwendet werden.

$$M_{\mathrm{eff}\,2} = \sqrt{\frac{\left\{\begin{array}{l}12\,625\,352 + \vartheta M_A^2(t_{\mathrm{Ah}\,0} + t_{\mathrm{As}\,0}) \\ + (0{,}3M_{\mathrm{ne}})^2 \cdot 2t_H \\ + \vartheta M_B^2(t_{\mathrm{Bh}\,0} + t_{\mathrm{Bs}\,0})\end{array}\right.}{t_{e\,2}}}$$

$$= \sqrt{\frac{\left\{\begin{array}{l}12\,625\,352 + 1{,}1 \cdot 494{,}6^2(0{,}30 + 0{,}28) \\ + (0{,}3 \cdot 411{,}4)^2 \cdot 2 \cdot 38{,}5 \\ + 1{,}1 \cdot 452{,}5^2(0{,}30 + 0{,}32)\end{array}\right.}{159{,}1}}$$

$$= \sqrt{\frac{12\,625\,352 + 156\,073 + 1\,172\,902 + 139\,644}{159{,}1}}$$

$$= 297{,}6\,\mathrm{N \cdot m}.$$

$$M_{\mathrm{ne}\,2} = M_{\mathrm{eff}\,2}\sqrt{\frac{ED_2}{ED_s}} = 297{,}6\sqrt{\frac{44}{40}} = 312{,}1\,\mathrm{N \cdot m}$$

liegt in diesem Fall um $\approx 24\,\%$ unter dem Nennmoment des Motors. Die mechanische Überlastung durch das rechnerische Anfahrmoment soll nur etwa 70 % des Verhältnisses M_k/M_{ne} betragen:

$$\frac{M_A}{M_{ne}} = \frac{494{,}6}{411{,}4} = 1{,}2 < 0{,}7 \cdot 2{,}6 = 1{,}8.$$

l) Nachrechnung der elastischen Bolzenkupplung

Die elastische Bolzenkupplung wird in ihrer Auslegung mit Gl. (2.237) überprüft, der ein Zweimassensystem nach Bild 2-169a zugrunde liegt. Die auf die Motorwelle bezogenen beiden Massenträgheitsmomente haben im Bemessungsfall (volle Hubmasse m) die Größe

$$J_1 = J_M + J_K = 1{,}0 + 0{,}041 = 1{,}04\,\mathrm{kg \cdot m^2}$$

$$J_2 = J_{ers} - J_1 = 1{,}47 - 1{,}04 = 0{,}43\,\mathrm{kg \cdot m^2}.$$

Gl. (2.234) ergibt für das dynamische Drehmoment einer starren Kupplung

$$M_0 = M_A \frac{J_2}{J_{ers}} + M_{bew}\frac{J_1}{J_{ers}} = 494{,}6\,\frac{0{,}43}{1{,}47} + 419{,}9\,\frac{1{,}04}{1{,}47} = 441{,}8\,\mathrm{N \cdot m}.$$

Mit dem Kupplungsfaktor $k = 1{,}5$ wird das erforderliche Nennmoment der elastischen Kupplung ermittelt

$$M_K = kM_0 = 1{,}5 \cdot 441{,}8 = 662{,}7\,\mathrm{N \cdot m}.$$

Der zulässige Wert der gewählten Kupplung reicht mit 1000 N·m erheblich darüber hinaus.

m) Notstopfunktion der mechanischen Bremse

Zu kontrollieren sind Nachlaufweg und Bremsdauer, wenn die mechanische Bremse bei Stromausfall während des Senkvorgangs die maximale Hubmasse abbremst. Die Einfalldauer der Bremse soll $t_0 = 0{,}4\,\mathrm{s}$ betragen. Nach Gl. (3.67) führt dies zu einem Nachlaufwinkel der Bremstrommel von

$$\varphi_{ges} = \frac{M_{Bm}}{M_{Bm} - \bar{M}_{bew}}\left(\frac{J_{ers}\,\omega_{ne}^2}{2M_{Bm}} + \omega_{ne}\,t_0 + \frac{\bar{M}_{bew}\,t_0^2}{2J_{ers}}\right)$$

$$= \frac{533{,}1}{533{,}1 - 355{,}4}\left(\frac{1{,}47 \cdot 102{,}1^2}{2 \cdot 533{,}1} + 102{,}1 \cdot 0{,}4 + \frac{355{,}4 \cdot 0{,}4^2}{2 \cdot 1{,}47}\right) = 223{,}7\,\mathrm{rad}.$$

Der Nachlaufweg der Hubmasse beträgt

$$s_m = \frac{\varphi_{ges}\,d_T}{2i_{ges}} = \frac{223{,}7 \cdot 0{,}63}{2 \cdot 160} = 0{,}44\,\mathrm{m}.$$

Er ist relativ groß und muß auf seine Zulässigkeit geprüft werden.
Um die Bremsdauer bei Notstop zu berechnen, ist zuvor die im freien Nachlauf während der Einfalldauer t_0 erreichte Winkelgeschwindigkeit ω_2 der Bremstrommel mit Gl. (3.64) zu bestimmen

$$\omega_2 = \omega_{ne} + \frac{\bar{M}_{bew}\,t_0}{J_{ers}} = 102{,}1 + \frac{355{,}4 \cdot 0{,}4}{1{,}47} = 198{,}8\,\mathrm{s^{-1}}.$$

Die gesamte Bremsdauer laut Gl. (3.66) wird in diesem Fall

$$t_{ges} = t_0 + \frac{\omega_2 J_{ers}}{M_{Bm} - \bar{M}_{bew}} = 0{,}4 + \frac{198{,}8 \cdot 1{,}47}{533{,}1 - 355{,}4} = 2{,}04\,\mathrm{s}.$$

n) Weitere Berechnungen

Unter Heranziehung des Belastungskollektivs ist das Getriebe in seiner Baugröße und Lebensdauer endgültig festzulegen. Zudem sind Lager, Rahmen usw. zu entwerfen und zu bemessen. Hier muß dieser Hinweis ausreichen.

3.5.2 Einziehwerke

Einziehwerke ändern den Neigungswinkel und damit die Ausladung von Auslegern an Kranen, Baggern, Absetzern usw. Wie die Hubwerke werden sie vorrangig von Gewichtskräften belastet. Weil die Auslegermasse i.allg. nicht durch eine entsprechende Gegenmasse ausgeglichen ist, tritt zur Wirkung der Hubmasse die der Ausleger-Eigenmasse. Die Einziehgeschwindigkeiten bleiben deshalb klein; die Änderung der Auslegerneigung ist auch meist nicht Bestandteil jedes Arbeitsspiels. Im Unterschied zu den Hubwerken sind die am Abtriebselement angreifenden äußeren Kräfte nicht konstant, sondern sie ändern sich mit dem Neigungswinkel bzw. der Ausladung. Dies muß bei der Dimensionierung des Antriebs in geeigneter Weise berücksichtigt werden.
Die Wippwerke ähneln den Einziehwerken in der konstruktiven Ausführung. Ihre Arbeitsweise ist jedoch anders, weil sie meist während jedes Arbeitsspiels zugeschaltet werden müssen. Aus diesen Gründen weisen sie beträchtlich höhere Geschwindigkeiten und, um die Motorleistung zu begrenzen, einen Masseausgleich zur Kompensation der Ausleger- und Hubmasse auf. Hier wird auf sie nicht eingegangen.

3.5.2.1 Bauformen von Einziehwerken

Die gebräuchlichen Bauformen der Einziehwerke sind im Bild 3-124 schematisch dargestellt. Der Seiltrieb (Bild 3-124a) tritt am häufigsten auf, weil er problemlos an unterschiedliche Auslegervarianten anzupassen ist. Der zwischen den am Oberbau gelagerten Umlenkrollen und dem Aus-

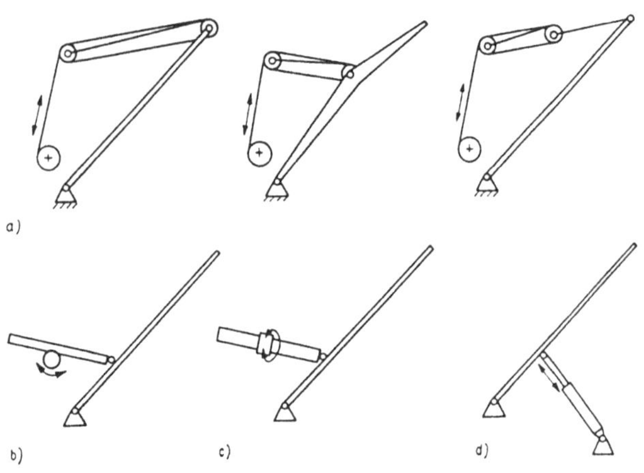

Bild 3-124 Einziehwerke, schematisch

a) Seiltriebe
b) Zahnstangentrieb
c) Spindeltrieb
d) Hydraulikzylinder

legerkopf liegende mehrsträngige Flaschenzug kann auch an einem tieferen Punkt des Auslegers, z.B. am Eckpunkt eines Knickauslegers, angreifen. Länge und damit Masse des Einziehseils lassen sich verkleinern, wenn die obere Flasche hängend angeordnet und über ein in der Länge unveränderliches Nackenseil mit dem Ausleger verbunden wird.

Als Beispiel für diese Bauform enthält Bild 3-125 die Konstruktion des Einziehwerks eines Eisenbahndrehkrans. Wegen der bei Fahrzeugkranen gebotenen gedrängten Bauweise wird die Seiltrommel 4lagig gewickelt. Dies bedingt eine Seilwickeleinrichtung, um eine gleichmäßige Auflage der Seilwicklungen zu gewährleisten. Die Spindel dieser Wickeleinrichtung wird über einen Kettentrieb synchron zur Trommeldrehzahl gedreht.

Das Führungselement der Seilwickeleinrichtung (Bild 3-126) besteht aus Spindelmutter *7* und zwei Rollen *9* für die Seilführung, die wegen der mehrlagigen Wicklung axial auf den Rollenachsen *8* zu verschieben sind. In die Spindel sind zwei

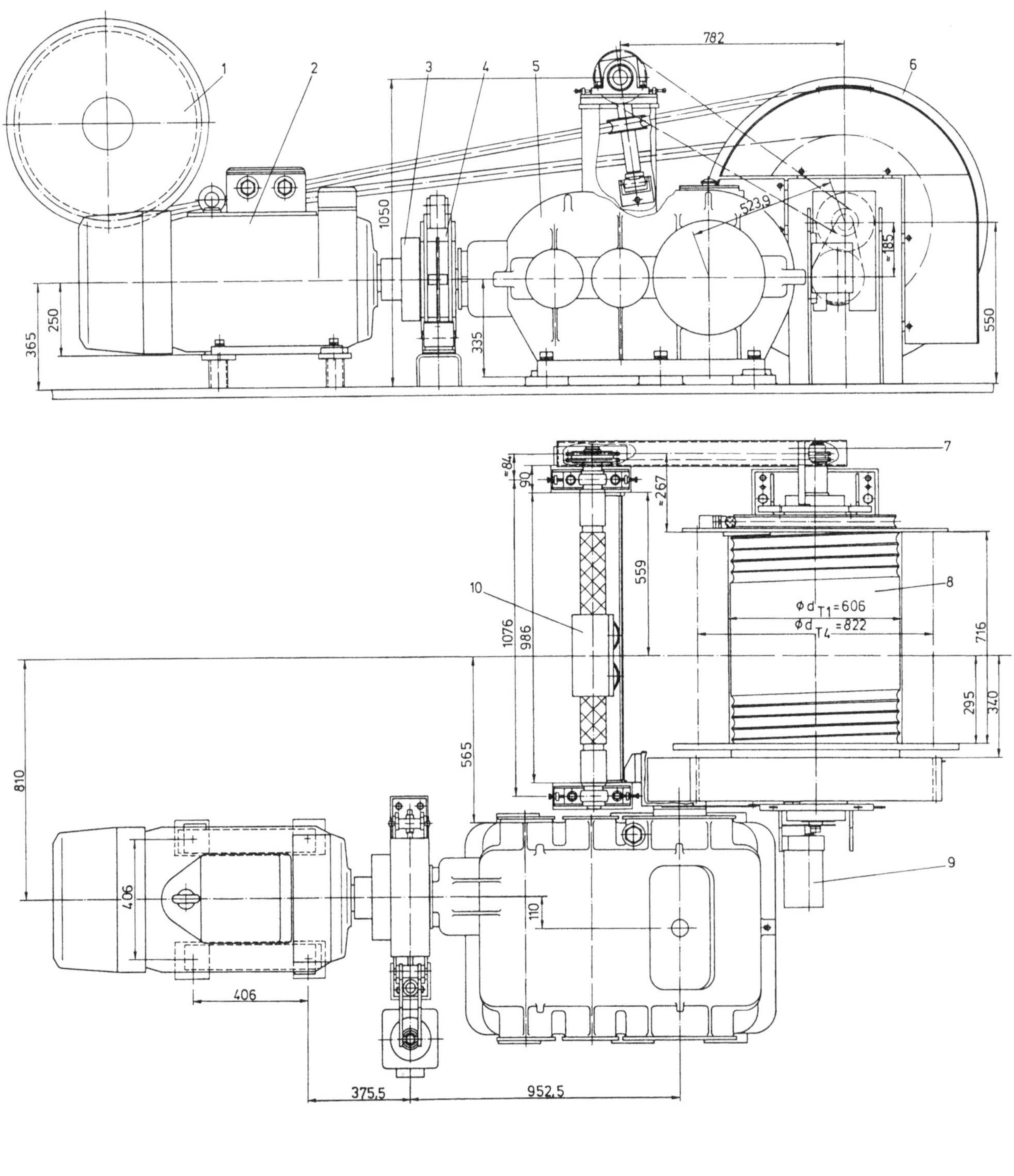

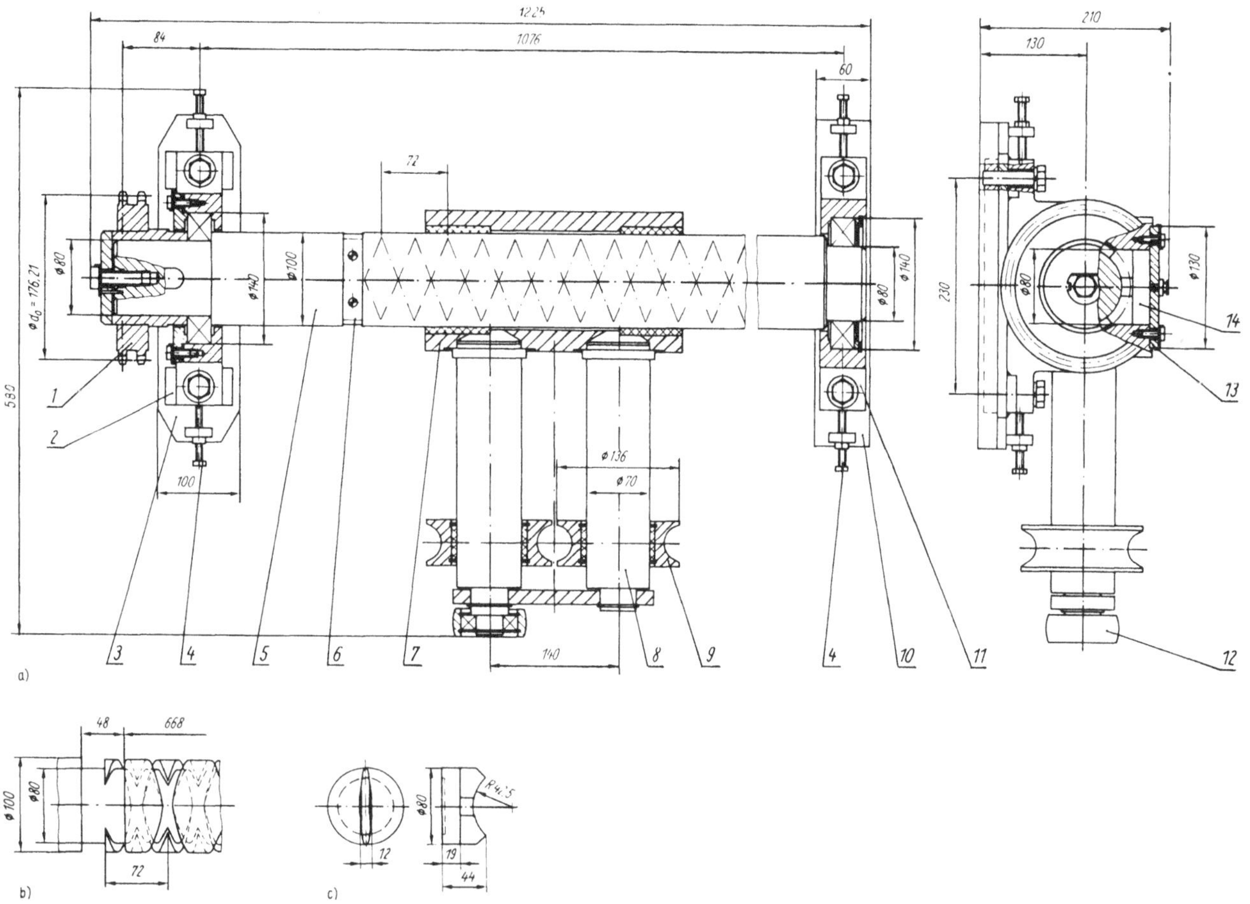

Bild 3-126
Seilwickeleinrichtung des Einziehwerks im Bild 3-125
Schwermaschinenbau Kirow Leipzig GmbH

a) Baugruppen

1 Kettenrad	7 Spindelmutter
2, 11 Lager	8 Rollenachse
3, 10 Lagerbock	9 Rolle für Seilführung
4 Spannschraube	12 Führungsrolle
5 Spindel	13 Lagerklotzdeckel
6 Randschale, geteilt	14 Gleitzahn

b) Spindelauslauf, ohne Randschale gezeichnet
c) Gleitzahn, ohne Schmiernuten gezeichnet

gegenläufige Gewinde geschnitten, in denen ein drehbarer Gleitzahn *14* gleitet. Am Spindelauslauf (Bild 3-126b) weist die Spindel eine gerade Schulter auf, die so bemessen ist, daß die Zylindermutter beim Übergang des Seils von einer Lage zur nächsten für eine Trommelumdrehung stehenbleibt. Die nach innen gerichtete Seilkraft sorgt dafür, daß der Gleitzahn an diese Schulter gedrückt wird. Um einen Stoß gegen die Kante des Gewindeauslaufs mit Sicherheit auszuschließen, wird die aus technologischen Gründen erforderliche Eindrehung durch eine geteilte Randschale *6* geschlossen.
Die Einziehwerke nach Bild 3-124b, c haben Zahnstangen- bzw. Spindeltriebe. Der Zahnstangenantrieb ist einfach und billig; er arbeitet aber, besonders wenn er Spiel hat, relativ unruhig. Genauer, geräuschärmer und sicherer, allerdings auch aufwendiger und damit teurer ist der Spindeltrieb, der vor allem bei Kranen größerer Tragfähigkeit, z.B. Schwimmkranen, Werftkranen, bevorzugt wird.
Bild 3-127 zeigt ein Spindeltriebwerk für einen Wippausleger. Die Spindel 14 hat die Gesamtlänge 7,5 m, wovon 4,66 m als Hubweg auszunutzen sind. Die beiden Antriebsaggregate, ein Drehstrom-Asynchronmotor mit Schleifringläufer 7 und eine Gleichstrom-Bremsmaschine 2 treiben über einen 2stufigen Stirnradtrieb die Spindelmutter 13 an. Ein teleskopierbares und ein festes Schutzrohr 10 bzw. 15 schützen die Spindel vor Nässe und Schmutz. Wegen der veränderlichen Neigung der Spindel ist das gesamte Triebwerk schwenkbar im Zentrum des Spindellagers 11 gelagert.
Straßenkrane, Hydraulikbagger und andere Fördermaschinen mit hydraulischem Antrieb haben Einziehwerke mit Hydraulikzylindern (Bild 3-124d). Dessen Lagerung muß so ausgeführt werden, daß keine Biegemomente in die Kolbenstange eingeleitet werden. Für größere Einziehkräfte ordnet man zwei parallelliegende Zylinder an. Im übrigen entspricht die Auslegung des Hydraulikantriebs den allgemeinen Regeln, siehe Abschnitt 3.2.3.

3.5.2.2 Momente am Ausleger

Wie bei jedem anderen Antrieb sind die am bewegten Teil, hier dem Ausleger, angreifenden Kräfte bzw. Momente die Bestimmungsgrößen für die Bemessung. Sie sollen zunächst unter Einbeziehung aller möglichen Einflüsse bestimmt und dann für die praktische Berechnung ausgewertet und kombiniert werden. Der Ausleger kann, wenn die Längsverteilung seiner Masse bzw. Fläche eine stetige Funktion bildet, als Kontinuum, konzentrierte Einzelmassen dabei als Punktmassen behandelt werden. In der Praxis wird er allerdings häufig vereinfachend in kürzere Teilstücke gegliedert, an denen diskrete Einzelkräfte angreifen. Es sollen beide Wege vorgestellt werden.

Bild 3-125 Einziehwerk des Eisenbahndrehkrans EDK 1000/4, Tragfähigkeit 125 t, Schwermaschinenbau Kirow Leipzig GmbH

1 Umlenk-Seilrolle	5 Kegel-Stirnradgetriebe, $i_G = 18$
2 Drehstrom-Asynchronmotor SMH 250 L8, $P_{ne} = 52$ kW bei 40 % *ED*	6 Kettenschutz
	7 Rollenkette
	8 Seiltrommel, 4lagig bewickelt
3 elastische Bolzenkupplung	9 Spindelendschalter
4 Doppelbackenbremse ∅ 400	10 Seilwickeleinrichtung

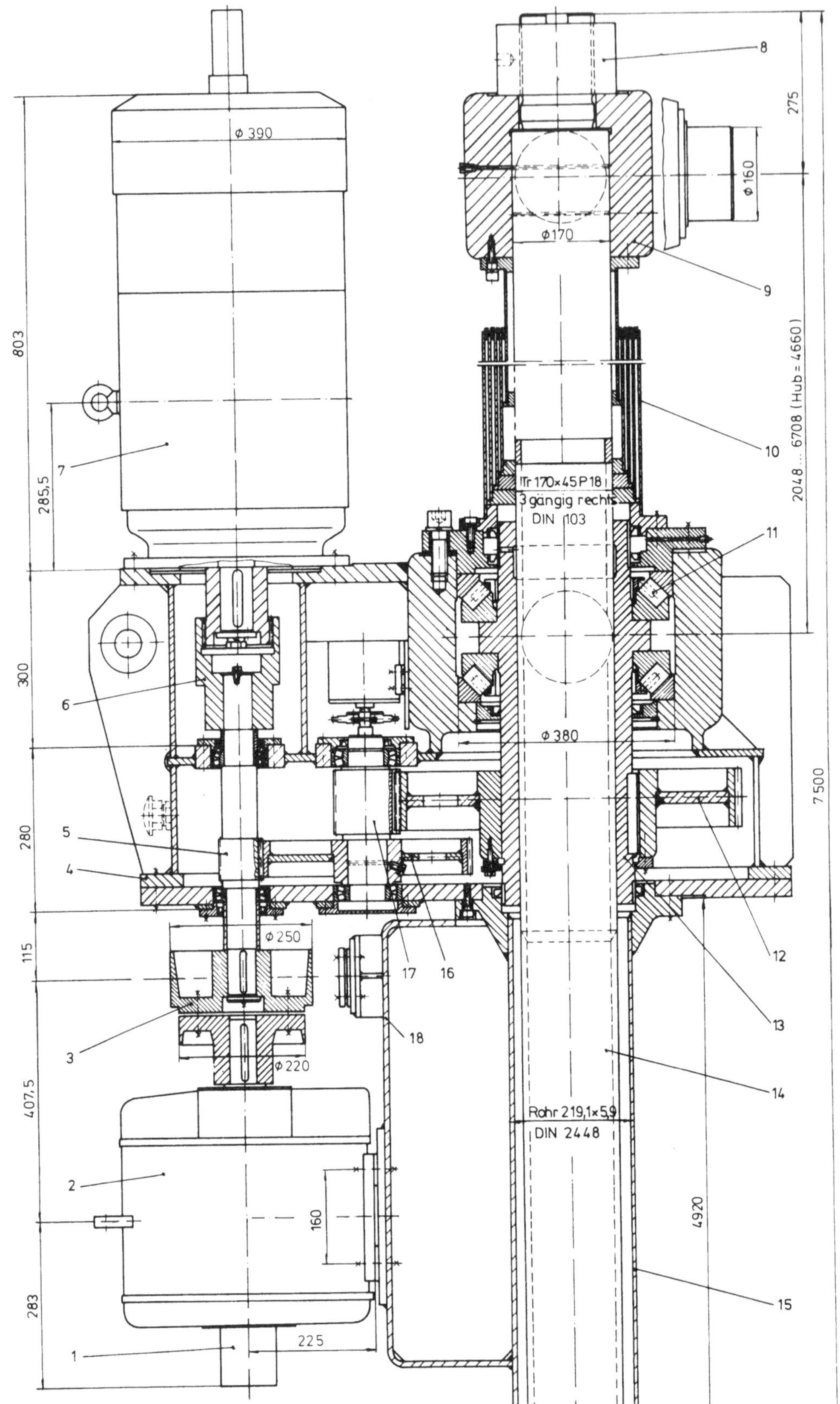

Bild 3-127 Spindeltriebwerk, Krupp Kranbau, Wilhelmshaven

1 Tachomaschine
2 Gleichstrom-Bremsmaschine
3 elastische Bolzenkupplung mit Backenbremse (nicht gezeichnet)
4 Getriebegehäuse
5 Ritzelwelle, $m = 3{,}25$, $z = 21$
6 Zahnkupplung
7 Drehstrom-Asynchronmotor mit Schleifringläufer, $P_{ne} = 28$ kW, $n_{ne} = 1460$ U/min, $ED = 40$ %
8 Rundmutter
9 Traverse
10 Teleskop-Schutzrohr
11 Axial-Pendelrollenlager
12 Stirnrad, $m = 5$, $z = 118$
13 Spindelmutter
14 Spindel
15 Spindel-Schutzrohr
16 Stirnrad, $m = 3{,}25$, $z = 114$
17 Ritzel, $m = 5$, $z = 21$
18 Lagerkonsol

In der Anfahrphase können alle für die Belastung eines Einziehwerks maßgebenden Momente am Ausleger auftreten; für das resultierende Anfahrmoment, bezogen auf den Auslegerdrehpunkt, gilt allgemein

$$M_{AA} = M_{eA} + M_{bA} + M_{wA} + M_{fA} + M_{pA}\,; \qquad (3.111)$$

M_{eA} Moment aus Gewichtskräften der Eigenmasse,
M_{bA} Beschleunigungsmoment,
M_{wA} Moment aus Windkräften,
M_{fA} Moment infolge Fahrbeschleunigung,
M_{pA} Zentripetalmoment infolge einer überlagerten Drehbewegung um die senkrechte Achse.

Diesem Moment M_{AA} aus am Ausleger angreifenden Kräften ist dann das in gleicher Weise zusammenzusetzende Auslegermoment M_{An} aus den an der Hubmasse wirkenden Kräften zu überlagern.

Im Bild 3-128 sind die den obengenannten Auslegermomenten entsprechenden, am Massen- bzw. Flächenelement auftretenden Elementarkräfte eingezeichnet. Der Ausleger hat oft eine trapezförmige Massenverteilung, die durch das Verhältnis $\varkappa$ der längenbezogenen Massen am Fuß ($\bar{m}_0$) und Kopf ($\bar{m}_K$) bezeichnet werden kann:

$$\varkappa = \frac{\bar{m}_K}{\bar{m}_0}.$$

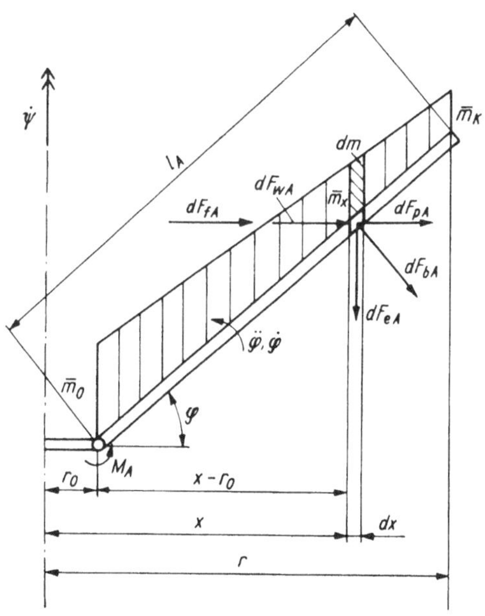

Bild 3-128 Elementarkräfte am Auslegerelement

Beide Größen sind Funktionen von r; das Verhältnis $\varkappa$ bleibt dagegen unabhängig von der Ausladung r. Die Auslegermasse beträgt

$$m_A = \bar{m}_0(r - r_0) - \frac{\bar{m}_0}{2}(1 - \varkappa)(r - r_0) = \frac{\bar{m}_0}{2}(1 + \varkappa)(r - r_0).$$

Mit

$$\bar{m}_0 = \frac{2m_A}{(1 + \varkappa)(r - r_0)}$$

wird die längenbezogene Masse des Auslegerelements dx

$$\bar{m}_x = 2m_A \frac{r - x + \varkappa(x - r_0)}{(1 + \varkappa)(r - r_0)^2} = f(r, x). \qquad (3.112)$$

Die Auslegermomente erhält man durch Integration der Elementarmomente über die Länge des Auslegers, im einzelnen:

Gewichtskraftmoment M_{eA}

Es gilt für das Massenelement und die Elementarkraft

$$dm = \bar{m}_x\,dx, \qquad dF_{eA} = g\,dm = g\bar{m}_x\,dx$$

und für das Gewichtskraftmoment

$$M_{eA} = \int_{r_0}^{r} (x - r_0)\,dF_{eA} = \frac{2m_A g}{(1 + \varkappa)(r - r_0)^2} \times \int_{r_0}^{r} (x - r_0)[r - x + \varkappa(x - r_0)]\,dx$$

$$= \frac{m_A g}{3}\,\frac{1 + 2\varkappa}{1 + \varkappa}(r - r_0). \qquad (3.113)$$

Beschleunigungsmoment M_{bA}

Mit $dF_{bA} = \ddot{\varphi}\,\dfrac{x - r_0}{\cos\varphi}\,dm$ wird

$$M_{bA} = \int_{r_0}^{r} \frac{x - r_0}{\cos\varphi}\,dF_{bA} = \frac{2m_A\ddot{\varphi}}{(1 + \varkappa)(r - r_0)^2\cos^2\varphi} \times \int_{r_0}^{r} (x - r_0)^2[r - x + \varkappa(x - r_0)]\,dx$$

$$= \frac{m_A\ddot{\varphi}}{6\cos^2\varphi}\,\frac{1 + 3\varkappa}{1 + \varkappa}(r - r_0)^2. \qquad (3.114)$$

Windmoment M_{wA}

Unter der Annahme, daß für die Flächenaufteilung längs des Auslegers ein der Massenverteilung $\varkappa$ analoges Verhältnis $\bar{\varkappa}$ gebildet werden kann, beträgt die längenbezogene Windfläche an der Stelle x

$$\bar{A}_{wx} = 2A_{wA}\,\frac{r - x + \bar{\varkappa}(x - r_0)}{(1 + \bar{\varkappa})(r - r_0)^2}$$

und die elementare Windkraft

$$dF_{wA} = dA_{wA}\,q\sin\varphi = \bar{A}_{wx}\,q\sin\varphi\,dx\,;$$

A_{wA} Windfläche der Auslegeroberfläche,
q Windstaudruck.

Das Windmoment wird somit

$$M_{wA} = \int_{r_0}^{r} (x - r_0)\tan\varphi\,dF_{wA} = \frac{2A_{wA}\,q\tan\varphi\sin\varphi}{(1 + \bar{\varkappa})(r - r_0)^2} \times \int_{r_0}^{r} (x - r_0)[r - x + \bar{\varkappa}(x - r_0)]\,dx$$

$$= \frac{A_{wA}\,q\tan\varphi\sin\varphi}{3}\,\frac{1 + 2\bar{\varkappa}}{1 + \bar{\varkappa}}(r - r_0). \qquad (3.115)$$

Moment aus Fahrbeschleunigung M_{fA}

Die in der Neigungsebene des Auslegers wirkende Komponente a_f der Fahrbeschleunigung führt zur Elementarkraft am Massenelement

$$dF_{fA} = a_f\,dm$$

und zum Moment um die Drehachse des Auslegers

$$M_{fA} = \int_{r_0}^{r} (x - r_0) \tan\varphi \, dF_{fA} = \frac{2 m_A a_f \tan\varphi}{(1+\varkappa)(r - r_0)^2}$$
$$\times \int_{r_0}^{r} (x - r_0)[r - x + \varkappa(x - r_0)] \, dx$$
$$= \frac{m_A a_f \tan\varphi}{3} \frac{1 + 2\varkappa}{1 + \varkappa}(r - r_0). \qquad (3.116)$$

Zentripetalmoment M_{pA}

Wenn der Einziehbewegung eine Drehbewegung mit der Winkelgeschwindigkeit $\dot{\psi}$ um eine senkrechte Drehachse überlagert ist, entsteht am Massenelement die elementare Zentripetalkraft

$dF_{pA} = x\dot{\psi}^2 \, dm$

und am Ausleger das Moment

$$M_{pA} = \int_{r_0}^{r} (x - r_0) \tan\varphi \, dF_{pA} = \frac{2 m_A \dot{\psi}^2 \tan\varphi}{(1+\varkappa)(r - r_0)^2}$$
$$\times \int_{r_0}^{r} x(x - r_0)[r - x + \varkappa(x - r_0)] \, dx$$
$$= \frac{m_A \dot{\psi}^2 \tan\varphi}{6(1+\varkappa)}(r - r_0)[r + r_0 + \varkappa(3r + r_0)]. \qquad (3.117)$$

In Tafel 3-16 sind alle am Ausleger anzusetzenden Momente zusammengestellt. Mit $\varkappa = 1$ ergeben sich sofort auch die Momente eines Balkenauslegers, dessen längenbezogene Masse $\bar{m}_x = m_A/(r - r_0)$ eine konstante Größe ist. Die für die Wirkung der Hubmasse aufgeführten Gleichungen können auch für andere Punktmassen benutzt werden, indem statt r der der jeweiligen Punktmasse m_i zugeordnete Radius r_i eingesetzt wird.

Um den Verlauf der Auslegermomente M_{iA} bei veränderlicher Ausladung r prinzipiell darzustellen, wird vereinfachend für die anteiligen Momente eines Balkenauslegers $r_0 = 0$ gesetzt. Dann lassen sich alle Momente nach Umrechnung in der Form

$$M_{iA} = C_i f_i\left(\frac{r}{l_A}\right) \qquad (3.118)$$

schreiben. Tafel 3-17 verzeichnet die beiden Faktoren dieser Gleichung, Bild 3-129 den Funktionsverlauf $f_i(r/l_A)$.

Wird der Ausleger in seiner Massen- und Flächenaufteilung durch Einzelstücke mit endlichen Teilkräften F_{iA} ersetzt, ergeben sich die Auslegermomente über den Ansatz

$$M_{iA} = \sum_i F_{iA} l_i. \qquad (3.119)$$

Bild 3-130 zeigt dies am Beispiel des Beschleunigungsmoments M_{bA}. Abweichungen von den in Tafel 3-16 genannten Gleichungen entstehen nur dann, wenn die Elementarkäfte dF_{iA} längs des Auslegers veränderlich sind. Beim Trapezausleger ist dies stets der Fall, beim Balkenausleger wegen dm = konst. bzw. dA_{wA} = konst. lediglich bei den Momenten M_{bA} und M_{pA}.

Die Größenordnung der Momente M_{iA} unterscheidet sich i.allg. bei einem Einzieh-Ausleger erheblich. Sie läßt sich

Tafel 3-16 Einziehwerk, Momente am Ausleger

Bezeichnung	Symbol	Balkenausleger	Trapezausleger	Hubmasse
Gewichtskraftmoment	M_e	$\frac{m_A g}{2}(r - r_0)$	$\frac{m_A g}{3}\frac{1+2\varkappa}{1+\varkappa}(r - r_0)$	$mg(r - r_0)$
Beschleunigungsmoment	M_b	$\frac{m_A \ddot{\varphi}}{3\cos^2\varphi}(r - r_0)^2$ $= \frac{m_A \ddot{\varphi} l_A^2}{3}$	$\frac{m_A \ddot{\varphi}}{6\cos^2\varphi}\frac{1+3\varkappa}{1+\varkappa}(r - r_0)^2$ $= \frac{m_A \ddot{\varphi} l_A^2}{6}\frac{1+3\varkappa}{1+\varkappa}$	$\frac{m\ddot{\varphi}}{\cos^2\varphi}(r - r_0)^2$ $= m\ddot{\varphi} l_A^2$
Windmoment	M_w	$\frac{A_{wA} q \tan\varphi \sin\varphi}{2}(r - r_0)$ $= \frac{1}{2} A_{wA} q l_A \sin^2\varphi$	$\frac{A_{wA} q \tan\varphi\sin\varphi}{3}\frac{1+2\bar{\varkappa}}{1+\bar{\varkappa}}(r - r_0)$ $= \frac{A_{wA} q l_A \sin^2\varphi}{3}\frac{1+2\bar{\varkappa}}{1+\bar{\varkappa}}$	$A_{wn} q \tan\varphi(r - r_0)$ $= A_{wn} q l_A \sin\varphi$
Moment aus Fahrbeschleunigung	M_f	$\frac{m_A a_f \tan\varphi}{2}(r - r_0)$ $= \frac{1}{2} m_A a_f l_A \sin\varphi$	$\frac{m_A a_f \tan\varphi}{3}\frac{1+2\varkappa}{1+\varkappa}(r - r_0)$ $= \frac{m_A a_f l_A \sin\varphi}{3}\frac{1+2\varkappa}{1+\varkappa}$	$m a_f \tan\varphi(r - r_0)$ $= m a_f l_A \sin\varphi$
Moment aus Zentripetalbeschleunigung	M_p	$\frac{m_A \dot{\psi}^2 \tan\varphi}{6}(2r + r_0)(r - r_0)$ $= \frac{m_A \dot{\psi}^2 l_A \sin\varphi}{6}(2r + r_0)$	$\frac{m_A \dot{\psi}^2 \tan\varphi}{6(1+\varkappa)}(r - r_0)[r + r_0 + \varkappa(3r + r_0)]$ $= \frac{m_A \dot{\psi}^2 l_A \sin\varphi}{6(1+\varkappa)}[r + r_0 + \varkappa(3r + r_0)]$	$m\dot{\psi}^2 r \tan\varphi(r - r_0)$ $= m\dot{\psi}^2 r l_A \sin\varphi$

Tafel 3-17 Faktoren der Gl. (3.118), für $r_0 = 0$

M_{iA}	$\frac{C_i}{m_A l_A}$	$f_i\left(\frac{r}{l_A}\right)$
M_{bA}	$\frac{\ddot{\varphi} l_A}{3}$	1
M_{eA}	$\frac{g}{2}$	$\frac{r}{l_A}$
M_{fA}	$\frac{a_f}{2}$	$\sqrt{1-\left(\frac{r}{l_A}\right)^2}$
M_{wA}	$\frac{A_{wA} q}{2 m_A}$	$1-\left(\frac{r}{l_A}\right)^2$
M_{pA}	$\frac{\dot{\psi}^2 l_A}{2}$	$\frac{r}{l_A}\sqrt{1-\left(\frac{r}{l_A}\right)^2}$

einfach durch die Ermittlung der Konstanten C_i in Tafel 3-17 abschätzen, um die Momente auszuwählen, die in die Berechnung eingehen müssen. Es werden meist nur die aus Gewichts-, Beschleunigungs- und Windkräften sein. Tritt dagegen die Wirkung der Gewichtskraft zurück, wie bei einem Wippausleger, erhalten auch die anderen Momente ein größeres Gewicht.

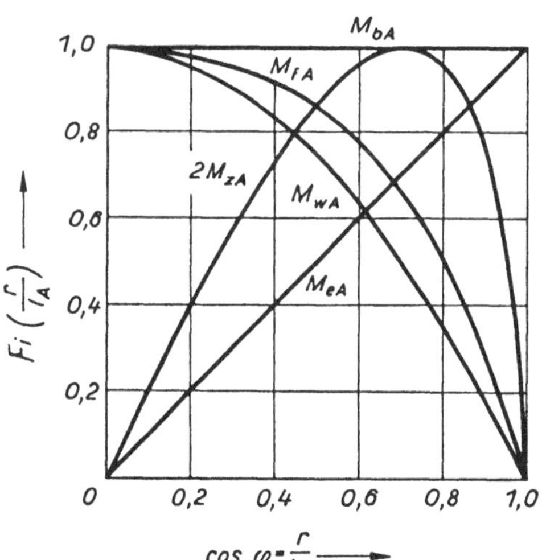

Bild 3-129 Abhängigkeit der Auslegermomente von der Ausladung, schematisch

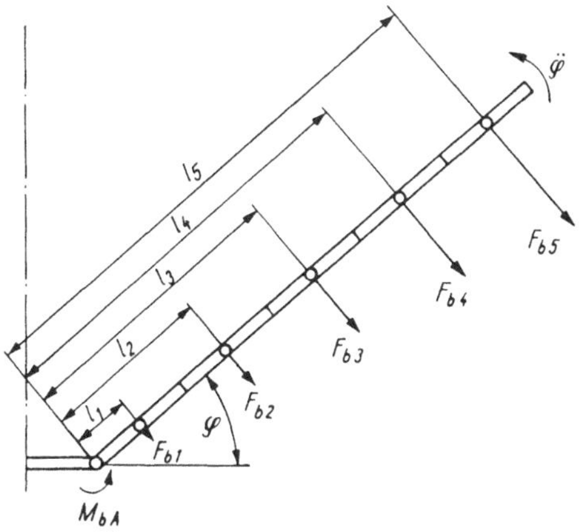

Bild 3-130 Beschleunigungskräfte an Ausleger-Teilstücken

Das praktische Vorgehen in der Berechnung der Kräfte am und im Ausleger ist u.a. in [3.106] angegeben.

3.5.2.3 Übertragungswinkel

Nicht nur die auf die Drehachse des Auslegers bezogenen Momente M_{iA} verändern sich mit der Ausladung r bzw. dem Neigungswinkel φ des Auslegers, sondern auch der Übertragungswinkel δ für die am Abtriebselement des Einziehwerks angreifende Einziehkraft F_E, s. Bild 3-124.
Bild 3-131 gibt die geometrischen Verhältnisse und die Bestimmungsgrößen an. Die Anwendung des Sinus- und des Kosinussatzes am Dreieck AEB führt zur Gleichung

$$e = d\,\frac{\sin(\alpha-\varphi)}{\sin\delta} = \sqrt{d^2 - 2cd\cos(\alpha-\varphi) + c^2}$$

und nach Umrechnung zu der für den Übertragungswinkel

$$\sin\delta = \frac{\sin(\alpha-\varphi)}{\sqrt{1 - 2\frac{c}{d}\cos(\alpha-\varphi) + \left(\frac{c}{d}\right)^2}}. \tag{3.120}$$

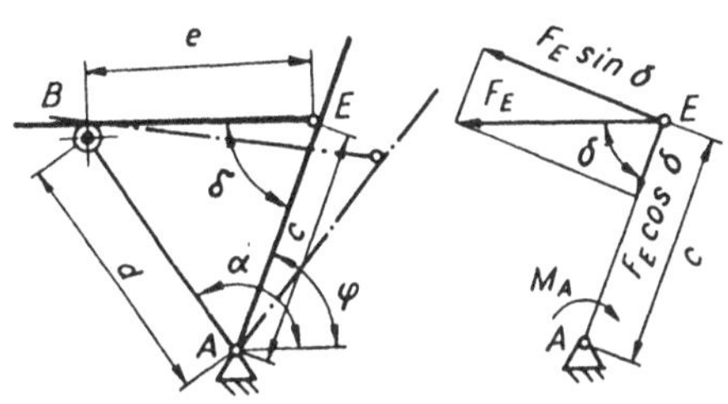

Bild 3-131 Übertragungswinkel

Die am Einziehwerk angreifende Kraft F_E wird

$$F_E = \frac{M_A}{c\sin\delta}, \tag{3.121}$$

die Winkelgeschwindigkeit $\dot{\varphi}$ des Auslegers als Funktion der Einziehgeschwindigkeit v_E

$$\dot{\varphi} = \frac{v_E}{c\sin\delta}. \tag{3.122}$$

Es entstehen zusätzliche Beschleunigungen an Trieb- und Tragwerk. Die Winkelbeschleunigung $\ddot{\varphi}$ des Auslegers beträgt während der Beharrung, d.h. mit $v_E = $ konst.,

$$\ddot{\varphi} = \frac{d\dot{\varphi}}{dt} = \frac{d\dot{\varphi}}{d\varphi}\frac{d\varphi}{dt} = \frac{v_E\dot{\varphi}}{c}\frac{d}{d\varphi}\left(\frac{1}{\sin\delta}\right)$$

$$= \left(\frac{v_E}{c}\right)^2 \frac{1}{\sin\delta}\frac{d}{d\varphi}\left(\frac{1}{\sin\delta}\right)$$

$$= \left(\frac{v_E}{c}\right)^2 \times \frac{\left[1 - \frac{c}{d}\cos(\alpha-\varphi) + \left(\frac{c}{d}\right)^2\right]\cos(\alpha-\varphi) - \frac{c}{d}}{\sin^3(\alpha-\varphi)}. \tag{3.123}$$

Für ihre Nullstelle gilt die Gleichung

$$\cos(\alpha-\bar{\varphi}) = \frac{1}{2}\left(\frac{d}{c}+\frac{c}{d}\right) \pm \sqrt{\frac{1}{4}\left(\frac{d}{c}+\frac{c}{d}\right)^2 - 1}.$$

Wie Bild 3-132 verdeutlicht, kann der Verlauf von $\sin\delta = f(\alpha - \varphi)$ durch das Verhältnis c/d beeinflußt werden. Es leuchtet ein, daß der Winkel $\delta = 90°$ bzw. $\sin\delta = 1$ nur bei Werten $c/d \leqq 1$ durchlaufen wird.

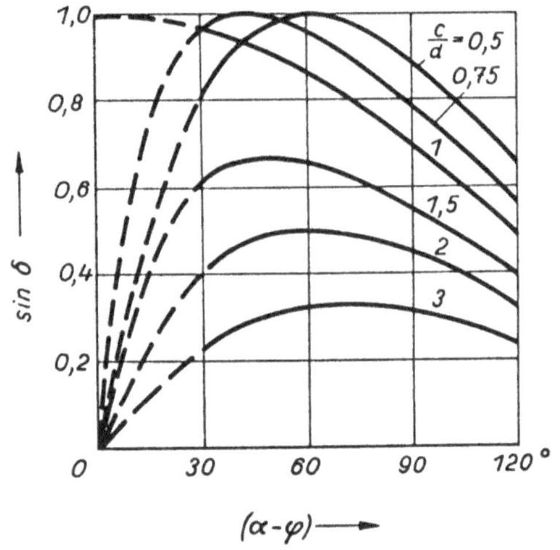

Bild 3-132 Funktion $\sin\delta = f(\alpha - \varphi)$

3.5.2.4 Zahlenbeispiel

Kontrolle der Motorleistung eines Einziehwerks

Für das Einziehwerk eines Eisenbahndrehkrans im Bild 3-125 soll anhand der Einsatzbedingungen die Leistung des Antriebsmotors überprüft werden. Als Besonderheit treten dabei ein wegen des Einflusses der Ausladung r veränderliches Bewegungsmoment M_{bew} und ein infolge der Mehrfachwicklung der Seiltrommel abgestufter maßgebender Wickeldurchmesser d_T auf. Im übrigen verläuft die Dimensionierung eines Einziehwerks analog zu der eines Hubwerks, siehe Abschnitt 3.5.1.5.

a) Gegebene Werte

Motor

Drehstrom-Asynchronmotor mit Schleifringläufer
Nennbetriebsart S3

Nennleistung $P_{ne} = 52\,\text{kW}$ bei $ED = 40\,\%$

Nenndrehzahl $n_{ne} = 730\,\text{U/min} \mathrel{\hat=} 12{,}167\,\text{U/s}$

$\omega_{ne} = 2\pi n_{ne} = 2\pi \cdot 12{,}167 = 76{,}45\,\text{s}^{-1}$

Nenndrehmoment $M_{ne} = P_{ne}/\omega_{ne} = 52\,000/76{,}45 = 680{,}18\,\text{N}\cdot\text{m}$

Kippmoment $M_k = 2{,}5 M_{ne} = 2{,}5 \cdot 680{,}18 = 1700{,}45\,\text{N}\cdot\text{m}$.

Übersetzungen

Getriebe $i_G = 18$

Stirnradvorgelege $i_V = 60/13 = 4{,}615$

Flaschenzug $i_F = 14$

Gesamtübersetzung $i_{ges} = i_G i_V i_F = 18 \cdot 4{,}615 \cdot 14 = 1163$.

Wirkungsgrade

Getriebe $\eta_G = 0{,}97$

Stirnradvorgelege $\eta_V = 0{,}95$

Seiltrommel $\eta_T = 0{,}97$

Flaschenzug $\eta_F = 0{,}87$

Gesamtwirkungsgrad $\eta_{ges} = \eta_G \eta_V \eta_T \eta_F = 0{,}97^2 \cdot 0{,}95 \times 0{,}87 = 0{,}778$.

Trommeldurchmesser (Wickeldurchmesser)

1. Lage $d_{T1} = 606\,\text{mm}$
2. Lage $d_{T2} = 678\,\text{mm}$
3. Lage $d_{T3} = 750\,\text{mm}$
4. Lage $d_{T4} = 822\,\text{mm}$.

Massenträgheitsmomente

Motor $J_M = 1{,}95\,\text{kg}\cdot\text{m}^2$

Kupplung mit Bremstrommel $J_K = 1{,}20\,\text{kg}\cdot\text{m}^2$.

Die Massenträgheitsmomente des Getriebes und der Seiltrommel sind wegen der großen Übersetzung zu vernachlässigen.

Spielzahl und Verstellbereich

Mittlere Spielzahl $z_{sp} = 4\,\text{h}^{-1}$, somit

mittlere Spieldauer $t_{sp} = \dfrac{3600}{z_{sp}} = \dfrac{3600}{4} = 900\,\text{s}$.

Weil die relative Einschaltdauer ED des Motors auf eine maximale Spieldauer von 10 min bezogen ist (s. Abschnitt 3.2.1.4.1), muß $t_{sp} = 600\,\text{s}$ gesetzt werden.

mittlerer Verstellbereich des Auslegers $\Delta r = 10\,\text{m}$.

Tragfähigkeitskurve und Seilschema

Die Bilder 3-133 und 3-134 zeigen die Tragfähigkeitskurve und das Schema der Seilführung. An der obenliegenden Flasche greift die Nackenseilkraft (Einziehkraft) F_E, an der Seiltrommel die Seilkraft F_S an.
Die statische Einziehkraft F_E ist eine nichtlineare Funktion der Ausladung, der Gewichtskräfte des Auslegers und der Hubmasse, der Windkräfte sowie des Übertragungswinkels, siehe Abschnitte 3.5.2.2 und 3.5.2.3. Ihre Bestimmung ist Bestandteil der statischen Berechnung des Krans. In diesem Zahlenbeispiel werden bereits vorliegende Werte für F_E verwendet, siehe Tafel 3-18.

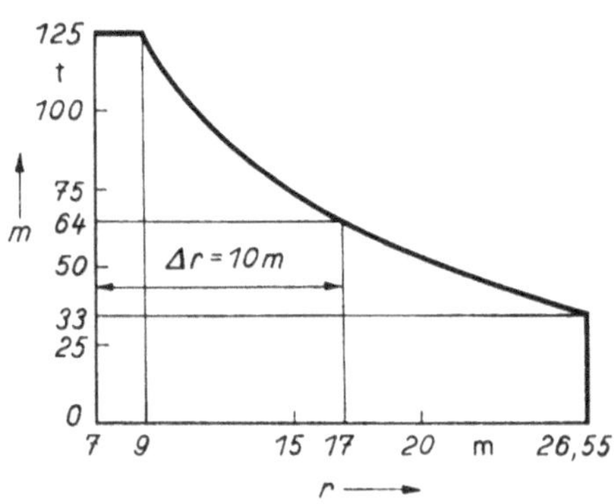

Bild 3-133 Tragfähigkeitskurve

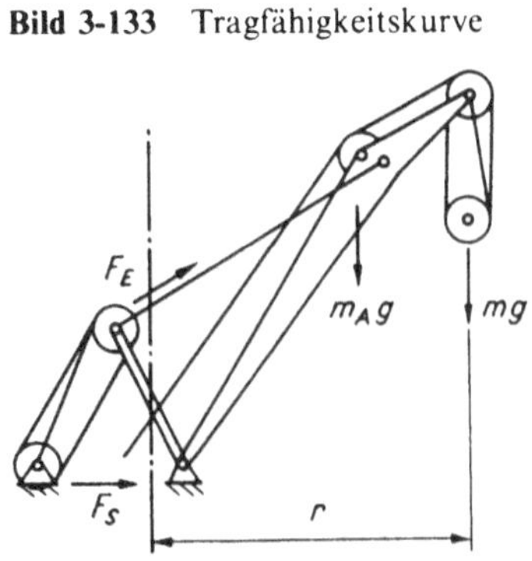

Bild 3-134 Seilführungsschema

Tafel 3-18 Werte für Motorberechung

			$m = 33$ t			$m = 64$ t		
r in m	Δw	Δt_w in s	F_E in kN	M_H in N · m	$M_H^2 \Delta t_w$ in (kN · m)^2 s	F_E in kN	M_H in N · m	$M_H^2 \Delta t_w$ in (kN · m)^2 s
7	**4. Lage**							
8	1,263	8,62	327	(148,5) 204	0,359	596	270,7	0,632
9	1,290	8,81	405	(184,0) 204	0,367	736	334,3	0,985
10	1,316	8,98	483	219,4	0,432	877	398,4	1,425
11	1,342	9,16	561	254,8	0,595	1019	462,9	1,963
12	1,367	9,33	640	290,7	0,788	1162	527,8	2,599
13	1,392	9,50	723	328,4	1,025	1306	593,2	3,343
14	1,416	9,67	805	365,7	1,293	1452	659,6	4,207
15	1,440	9,83	891	404,7	1,610	1599	726,3	5,185
16	1,464 **3. Lage**	9,99	979	444,7	1,976	1748	794,0	6,298
17	0,825/0,816	5,63/5,57	1067	484,7/442,2	1,323/1,089	1898	862,1/786,6	4,184/3,446
18	1,684	11,50	1160	480,8	2,658			
19	1,716	11,72	1257	521,0	3,181			
20	1,764	12,04	1357	562,4	3,808			
21	1,832	12,51	1464	606,8	4,606			
22	1,927	13,16	1577	653,6	5,622			
23	2,053	14,02	1698	703,7	6,943			
24	2,211	15,09	1830	758,4	8,679			
25	2,421	16,53	1981	821,0	11,142			
26	2,683 **2. Lage**	18,32	2152	891,9	14,573			
26,55	0,212/1,947	1,45/13,29	2274	942,5/852,0	1,288/9,647			

b) Durchzuführende Kontrollrechnungen

Der Motor soll mit folgenden extremen Belastungen überprüft werden:

- größte Einschaltdauer (Bewegung der bei $r = 26{,}55$ m zulässigen Hubmasse $m = 33$ t über den vollen Ausladungsbereich bis $r = 7$ m),
- größte Belastung im angegebenen mittleren Verstellbereich $\Delta r = 10$ m (Bewegung der bei $r = 17$ m zulässigen Hubmasse $m = 64$ t bis zur Ausladung $r = 7$ m),
- größte Momentenüberlastung (Anfahrzeit bei der Ausladung $r = 26{,}55$ m und der Hubmasse $m = 33$ t).

c) Thermisch erforderliche Motorleistung bei Durchlaufen des gesamten Verstellbereichs

Der Verstellbereich der Ausladung wird in Abschnitte von je einem Meter und einen Restabschnitt von 0,55 m aufgeteilt. Diesen Abschnitten sind in Tafel 3-18 die berechneten Seilwindungen Δw zugeordnet. In den Ausladungsbereichen 16 ... 17 m und 26 ... 26,55 m, in denen die Wicklung des Seils von einer Lage zur anderen übergeht, sind jeweils zwei Werte Δw eingetragen. Die für das Wickeln dieser Teilstücke benötigten Zeiten Δt_w ergeben sich als Quotienten der Länge Δl_S des Seilstücks und der Seilgeschwindigkeit v_S, d.h.

$$\Delta t_w = \frac{\Delta l_S}{v_S} = \frac{\Delta w d_T \pi}{n_T d_T \pi} = \frac{\Delta w}{n_T} = \frac{\Delta w i_G i_V}{n_{ne}}$$

$$= \frac{18 \cdot 4{,}615}{12{,}167} \Delta w = 6{,}827 \, \Delta w$$

(Werte s. Tafel 3-18).

Die in den jeweiligen Ausladungen r auftretenden Einziehkräfte F_E sind unter Berücksichtigung der bei der größten Ausladung zulässigen Hubmasse $m = 33$ t berechnet und ebenfalls in Tafel 3-18 aufgeführt. Das Beharrungsmoment beträgt nach den Gln. (3.71) und (3.76)

$$M_H = M_{bew} = \frac{F_E d_T}{2 i_{ges} \eta_{ges}} = \frac{F_E d_T}{2 \cdot 1163 \cdot 0{,}778} = \frac{F_E d_T}{1809{,}63}$$

(Werte s. Tafel 3-18).

Das Effektivmoment des Motors wird mit Gl. (3.15) ermittelt, allerdings ohne die Anteile der nichtstationären Betriebsphasen Anfahren und Bremsen, weil deren Dauer gegenüber der gesamten Einschaltdauer extrem klein ist. Zu beachten ist jedoch die im Text des Abschnitts 3.2.1.4.2 genannte Nebenbedingung, daß M_H nicht kleiner als $0{,}3 M_{ne} = 0{,}3 \cdot 680{,}18 = 204$ N·m eingesetzt werden darf. Zwei unterhalb dieser Schranke liegende Werte in Tafel 3-18 sind in Klammern gesetzt, der Mindestwert ergänzend zugefügt. Die Rechnung führt zum Effektivmoment

$$M_{eff} = \sqrt{\frac{\sum M_H^2 \Delta t_w}{\sum \Delta t_w}} = \sqrt{\frac{83\,004\,000}{234{,}72}} = 595 \text{ N} \cdot \text{m}.$$

Diesem Effektivmoment entspricht eine Nennleistung

$$P_{ne} = M_{eff} \omega_{ne} = 0{,}595 \cdot 76{,}45 = 45{,}5 \text{ kW}.$$

Die relative Einschaltdauer beträgt in diesem Auslegungsfall

$$ED = \frac{\sum \Delta t_w}{600} = \frac{234{,}72}{600} = 0{,}39 \mathrel{\hat{=}} 39\,\%.$$

d) Thermisch erforderliche Motorleistung beim Durchlaufen von $\Delta r = 10$ m

Innerhalb eines Verstellbereichs $\Delta r = 10$ m tritt die größte thermische Belastung des Motors auf, wenn die bei $r = 17$ m zulässige Hubmasse $m = 64$ t bis zur Ausladung $r = 7$ m bewegt wird, siehe Bild 3-133. Die Berechnung verläuft analog zu der unter c); Tafel 3-18 enthält alle Einzeldaten. Die Ergebnisse sind

$$M_{\text{eff}} = \sqrt{\frac{34\,267\,000}{95{,}09}} = 600\,\text{N}\cdot\text{m}$$

$$P_{\text{ne}} = 0{,}600\cdot 76{,}45 = 45{,}9\,\text{kW}$$

$$ED = \frac{95{,}09}{600} = 0{,}16 \mathrel{\hat{=}} 16\,\%.$$

Wegen der niedrigen relativen Einschaltdauer ist der Motor in diesem Auslegungsfall thermisch geringer belastet als im Berechnungsfall c), der für die Dimensionierung maßgebend bleibt. Mit $P_{\text{ne}} = 52\,\text{kW}$ bei 40 % *ED* ist der Antriebsmotor des Einziehwerks richtig dimensioniert; der nächstkleinere Motor der Baureihe mit $P_{\text{ne}} = 42\,\text{kW}$ könnte allerdings ebenfalls in Betracht gezogen werden.

e) Anfahrzeit

Das größte Beharrungsmoment und damit die größte Anfahrzeit tritt bei der maximalen Ausladung $r = 26{,}55\,\text{m}$ auf. Als konstantes Anfahrmoment soll

$$M_{\text{A}} = 0{,}7 M_{\text{k}} = 0{,}7\cdot 1700{,}45 = 1190{,}32\,\text{N}\cdot\text{m}$$

angenommen werden.
In das Ersatzmassenträgheitsmoment nach Gl. (3.45) müssen die Massen des Auslegers und der Nutzlast einbezogen werden. Man kann dabei von der bekannten Einziehkraft $F_{\text{E}} = 2274\,\text{kN}$ ausgehen, weil sie die Wirkung der Gewichtskräfte dieser Massen am Einziehwerk darstellt. Die Verfälschung durch die ebenfalls in F_{E} enthaltene Windkraft ist in der flachsten Stellung des Auslegers sehr gering. Aus F_{E} wird eine an der Unterflasche des Einziehwerks liegende fiktive Punktmasse m_0 berechnet

$$m_0 = \frac{F_{\text{E}}}{g} = \frac{2\,274\,000}{9{,}81} = 231\,804\,\text{kg}.$$

Daraus resultiert ein auf die Motorwelle bezogenes Massenträgheitsmoment

$$J_0 = m_0\,\frac{d_{\text{T2}}^2}{4 i_{\text{ges}}^2\,\eta_{\text{ges}}} = \frac{231\,804\cdot 0{,}678^2}{4\cdot 1163^2\cdot 0{,}778} = 0{,}025\,\text{kg}\cdot\text{m}^2.$$

Das Ersatzmassenträgheitsmoment beträgt mit den unter *a)* erwähnten Vernachlässigungen

$$J_{\text{ers}} = J_{\text{M}} + J_{\text{K}} + J_0 = 1{,}95 + 1{,}20 + 0{,}025 = 3{,}175\,\text{kg}\cdot\text{m}^2,$$

und die Anfahrzeit wird mit Gl. (3.59)

$$t_{\text{A}} = \frac{J_{\text{ers}}\,\dot{\varphi}_{\text{g}}}{M_{\text{A}} - M_{\text{H}}} \approx \frac{J_{\text{ers}}\,\omega_{\text{ne}}}{M_{\text{A}} - M_{\text{H}}} = \frac{3{,}175\cdot 76{,}45}{1190{,}32 - 852{,}0} = 0{,}72\,\text{s}.$$

Sie liegt im für Hub- und Einziehwerke üblichen Bereich.

3.5.3 Fahrwerke (Schienenfahrwerke)

Fahrwerke sind die Antriebe der Fördermaschinen für translatorische Horizontalbewegungen; sie haben neben den Hubwerken die größte Verbreitung. Nach Art der Fahrbahn und der unmittelbar mit ihr im Kontakt stehenden Baugruppe des Fahrwerks unterscheidet man Schienen-, Reifen- und Raupenfahrwerke. In besonderen Fällen können horizontale Bewegungen auch auf Gleitbahnen vor sich gehen. Mit Reifenfahrwerken werden Flurförderer, Straßenkrane und Hydraulikbagger ausgerüstet (siehe [3.70]); Raupenfahrwerke treten bei Raupenkranen, Eingefäßbaggern und Tagebaumaschinen auf.
An dieser Stelle werden nur die Schienenfahrwerke als Hauptform behandelt, die bei Kranen und Regalförderern die Regel bilden, aber in spezieller Bauweise auch in Seilbahnen, Hängebahnen, Slipanlagen, Tagebaumaschinen usw. vorzufinden sind. Diese Fahrwerke unterscheiden sich von denen der Schienenfahrzeuge als Verkehrsmittel vor allem darin, daß große Radkräfte, jedoch bedeutend kleinere Fahrgeschwindigkeiten auftreten, die maximal bis 2,5 m/s, in Sonderfällen bis 6 m/s reichen. Es sind fast stets elektromechanische Antriebe.

3.5.3.1 Bauformen von Schienenfahrwerken

Das übliche Einzelfahrwerk für den Antrieb eines Laufrads oder einer Laufradgruppe besteht aus Motor, elastischer Kupplung mit Bremstrommel und mechanischer Bremse, Untersetzungsgetriebe, Welle, Laufrad. Dazu kommen Rahmen und Konsole zur Stützung der Baugruppen und die Laufradlagerung. Die Schienen sind Bestandteile des stützenden Tragwerks, z.B. in Form einer Kranfahrbahn, oder sie werden auf Fundamenten zu ebener Erde gelagert. Das Gesamtfahrwerk ist meistens eine Kombination von zwei oder mehr Teilfahrwerken.
Unterschiede in der Ausführung ergeben sich nach der Art der

- Fahrbahn (Kopfschiene, Trägerunterflansch);
- Kraftübertragung (Kraftschluß Rad–Schiene, Seiltrieb);
- Führungselemente (Spurkranz, Führungsrolle);
- Drehmomenteinleitung in das Laufrad (über Stirnradstufe, über Laufradwelle);
- Bauweise des Antriebs (aufgelöst, als Block);
- Kombination mehrerer Teilfahrwerke (Zentralantrieb, getrennter Antrieb).

Zu dieser knappen Gegenüberstellung sind einige Hinweise angebracht. Am Kopf befahrene Stahlschienen (s. Bild 2-146) sind die üblichen Fahrbahnen der Schienenfahrwerke. Allerdings haben Unterflanschfahrwerke (Bilder 3-135 und 3-136) mit der zunehmenden Verbreitung von Hängebahn- und Hängekrananlagen an Bedeutung gewonnen. Die hohe Beanspruchung des Unterflanschs aus Trägerbiegung und überlagerter örtlicher Biegung an den Krafteinleitungsstellen begrenzt die Radkraft und damit den Durchmesser der Laufräder. Die Fahrwerke werden deshalb einer größeren Tragfähigkeit durch Vervielfachung gleicher Baugruppen und nicht durch deren Vergrößerung angepaßt. Wegen der

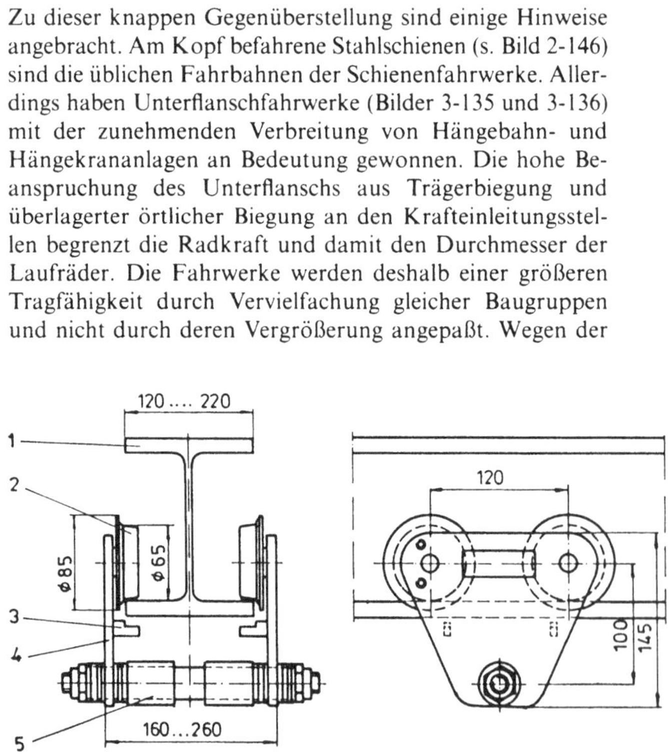

Bild 3-135 Unterflansch-Handfahrwerk HF 6, ABUS KG, Gummersbach, Tragfähigkeit 580 kg

1 Fahrbahnträger
2 Laufrad
3 Kippsicherung
4 Lagerschild
5 Befestigungsbolzen für Hubwerk o.ä.

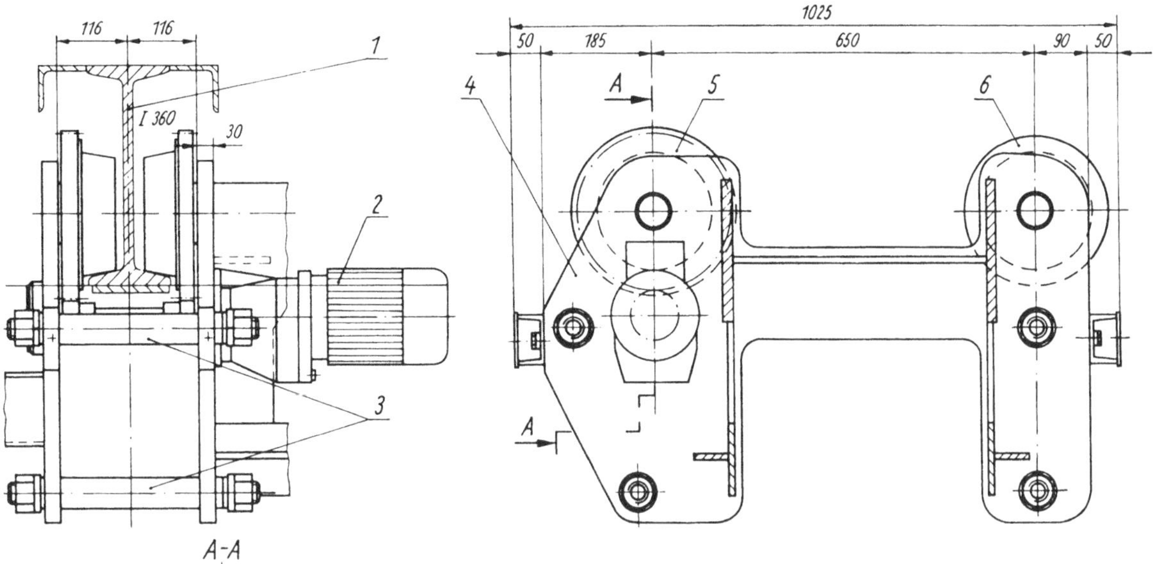

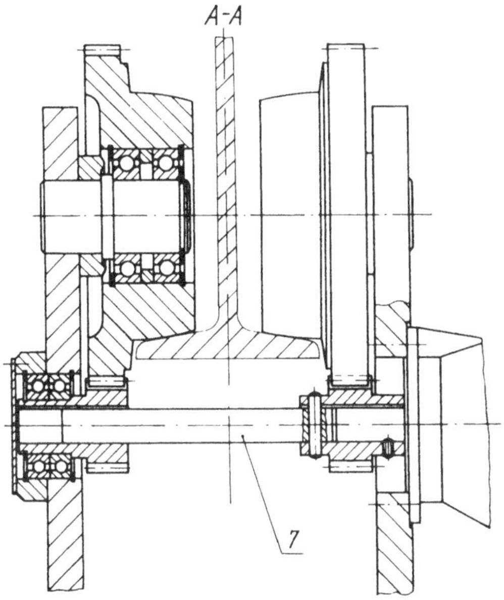

Bild 3-136
Unterflanschfahrwerk für Laufkatze 5 t Tragfähigkeit
Hebemaschinenwerk Luisenthal GmbH

1 Fahrbahnträger
2 Getriebemotor mit Bremse
3 Distanzbolzen
4 Rahmenblech
5 Laufrad, angetrieben
6 Laufrad, nicht angetrieben
7 Ritzelwelle

geringen Oberflächenqualität der Fahrbahn und der ungünstigen Berührungsverhältnisse übersteigt die Fahrgeschwindigkeit i.allg. 0,5 m/s nicht.
Die Umfangskraft, die ein angetriebenes Laufrad auf die Schiene übertragen kann, hat eine durch den Kraftschluß Rad–Schiene gezogene obere Schranke, siehe Abschnitt 3.5.3.5. Wenn höhere Fahrgeschwindigkeiten größe Beschleunigungen bedingen, nimmt die notwendige Anzahl anzutreibender Laufräder zu. Die durch den Kraftschluß vorgegebenen Grenzen für die übertragbare Antriebskraft werden jedoch gegenstandslos, wenn diese über einen Seiltrieb in das fahrbare Teil der Maschinen eingeleitet wird. Außerdem verringert sich die zu verfahrende Masse, beispielsweise einer Laufkatze, weil der als Seilwinde ausgebildete Fahrantrieb stationär auf der Fördermaschine gelagert ist. Seilzugkatzen trifft man deshalb in Uferentladern, Portainern, aber auch bei Kabelkranen, Baukranen mit sehr langen Auslegern o.ä. an.
Das Drehmoment kann über ein offenes bzw. gekapseltes Stirnradvorgelege (Bild 3-137a) oder direkt über die Laufradwelle auf das Laufrad übertragen werden (Bild 3-137b). Statt einer feststehenden Achse ist im erstgenannten Fall auch eine Stützung des Laufrads auf einer umlaufenden, beiderseits gelagerten Welle möglich, siehe hierzu Abschnitt 2.5.2. Offene Vorgelege zieht man heute nur noch dann in Betracht, wenn zwei oder mehr Laufräder von einem Einzelantrieb zu treiben sind, weil andernfalls ein kompliziertes Spezialgetriebe vorzusehen wäre.
Die Bauformen der Einzelfahrwerke unterscheiden sich in der Art, wie die Baugruppen miteinander verbunden sind, sowie darin, daß deren Aneinanderreihung quer oder längs zur Schiene vor sich geht. Weil das Getriebe bei einer Queranordnung lediglich aus Stirnradstufen besteht, wird diese Bauform vorgezogen, wenn nicht Platzgründe dagegen sprechen. Dies ist häufig bei Fahrwerken von Portalkranen

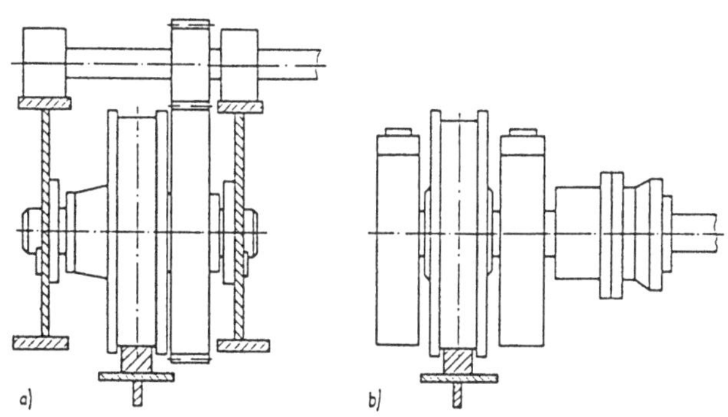

Bild 3-137 Drehmomenteinleitung in Laufrad

a) über Stirnradvorgelege
b) über Laufradwelle

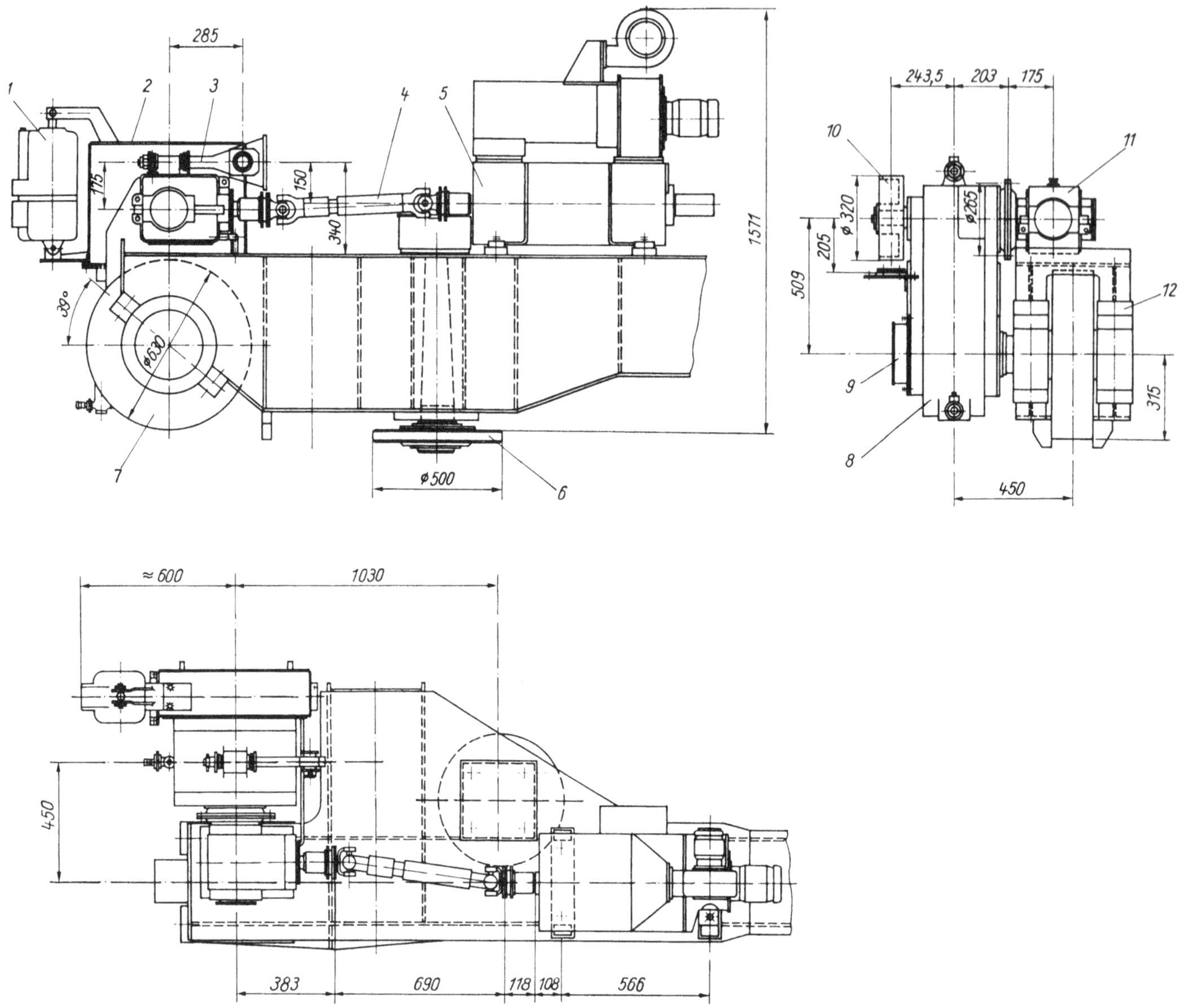

Bild 3-138 Fahrwerk einer Containerkran-Laufkatze

1 Bremslüfter
2 Schutzkasten für Bremse
3 Drehmomentstütze
4 Zweigelenkwelle
5 Gleichstrommotor, fremdbelüftet, $P_{ne} = 30\,kW$
6 Führungsrolle
7 Laufrad
8 Stirnradgetriebe
9 Schutzkappe
10 Bremstrommel
11 Kegelradgetriebe
12 Korblager für Laufrad

der Fall. Muß eine Längsanordnung gewählt werden, ist ein zusätzliches Kegelrad- oder Schneckenradpaar einzufügen (Bild 3-138).

Wegen der unvermeidlichen Montageabweichungen und sonstigen Toleranzen und auch wegen der Verformungen, die sich unter wechselnder Belastung verändern, erhalten die Wellenstränge eine ausreichende Anzahl von Gelenken. Am häufigsten verwendet man Zahnkupplungen oder Gelenkwellen zur Verbindung von Getriebe und Laufrad.

Das Stirnradgetriebe im Bild 3-138 ist fliegend auf der Laufradwelle gelagert, eine Drehmomentstütze überträgt die Stützkraft aus dem abgegebenen Drehmoment. Wird außerdem der Motor ohne Zwischenschaltung einer Welle direkt an das Getriebe angeflanscht, entsteht die Blockbauweise des Fahrwerks, in der die Laufradwelle die Gewichtskräfte aller Baugruppen aufzunehmen hat. Um die Verbindung Laufradwelle–Getriebe für die Reparatur oder den Austausch zu lösen, muß meist die gesamte Kombination demontiert werden. Man kann dies jedoch vermeiden, indem eine starre und damit biegesteife Scheibenkupplung (Bild 2-156) zwischen den beiden Wellensträngen angebracht wird. Wenn diese Kupplung einen verschiebbaren Zwischenring aufweist, sind keine axialen Verschiebebewegungen der voneinander zu trennenden Baugruppen erforderlich.

Zu einer äußerst kompakten konstruktiven Lösung für ein Fahrwerk führt der Einbau eines Umlaufrädergetriebes in die Nabe des Laufrads. An dieses Getriebe wird der Fahrmotor angeflanscht; [3.90] empfiehlt diese Bauform für die Zukunft und weist auf die große Masseeinsparung hin. Einen auch heute noch weitgehend gültigen Überblick über die Probleme der Fahrwerkgestaltung gibt u.a. [3.107].

Geht die Fahrbewegung, wie es wegen der Flächenausdehnung der Fördermaschinen vielfach notwendig ist, auf zwei parallelliegenden, in größerem Abstand voneinander verlegten Schienen vor sich, besteht das Fahrwerk aus mindestens je einem angetriebenen Teilfahrwerk je Schiene. Nur einige für Kurvenfahrt eingerichtete Fahrwerke von Baukranen haben lediglich ein angetriebenes Fahrwerk, der Fahrwiderstand des nicht angetriebenen zweiten erzeugt ein horizontales Moment und vergrößert die Führungskräfte.

Im Bild 3-139 sind die Grundfälle für die Verbindung von zwei Teilfahrwerken dargestellt. Ist die Spannweite, d.h. der Abstand zwischen den beiden anzutreibenden Laufrädern, klein, wie in Katzfahrwerken, zieht man auch heute noch den Zentralantrieb mit nur einem Motor vor. Im

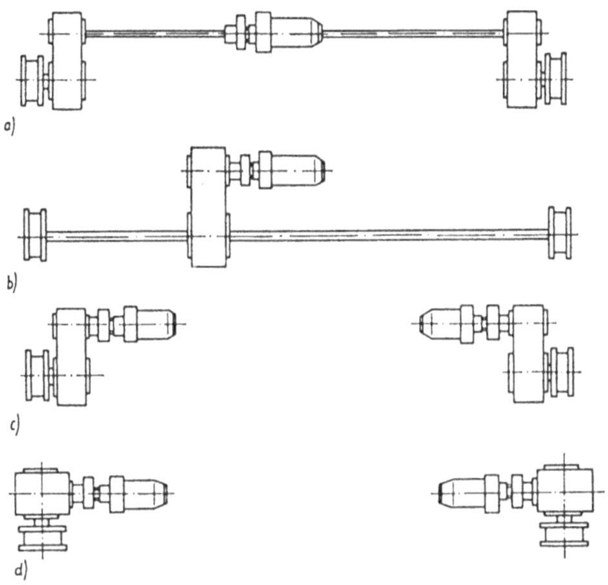

Bild 3-139 Fahrantriebe

a) Zweischienenfahrwerk, Zentralantrieb, schnellaufende Zwischenwelle
b) Zweischienenfahrwerk, Zentralantrieb, langsamlaufende Zwischenwelle
c) Zweischienenfahrwerk, getrennter Antrieb
d) Einschienenfahrwerk, getrennte Teilantriebe

Bild 3-139a führen zwei schnellaufende Wellenstränge zu den beiderseitig angeordneten Untersetzungsgetrieben; im Bild 3-139b verbinden zwei entsprechend dem größeren zu übertragenden Drehmoment stärkere, aber langsamlaufende Wellen die Laufradwellen mit dem zentralen Getriebe. In den meisten Fällen wird die letztgenannte Ausführung gewählt (Bild 3-140).

Die nicht auszuschließenden Durchmesserdifferenzen der beiden angetriebenen Räder haben beim zentralen Antrieb trotz gleicher Laufraddrehzahlen eine mit der Länge des zurückgelegten Fahrwegs zunehmende Schrägstellung der Fördermaschine zur Folge, die von den Führungselementen, d.h. den Spurkränzen oder Führungsrollen, in vorgegebenen Grenzen gehalten wird. Nach dem Anlaufen dieser Führungselemente treten beträchtliche Zusatzkräfte im Antrieb und im Tragwerk auf, siehe Abschnitt 3.5.3.4. Bei größeren Spannweiten geht man deshalb zum getrennten Antrieb beider Teilfahrwerke über (Bild 3-139c). Die Tendenz zum Schräglauf ist bei dieser Antriebsform zwar größer, der Ausgleich der Drehzahlen und Drehmomente über die Motorkennlinien hat aber kleinere Führungs- und Ausgleichskräfte zur Folge. Das hier nur angedeutete Problem des Gleichlaufs wird in [3.108] ausführlich erörtert; es hat große Bedeutung für Brücken- und Portalkrane.

Für ein Fahrwerk, das zwei oder mehr Teilfahrwerke auf einer Schiene erhalten muß (Bild 3-139d), gelten die gleichen Gesichtspunkte wie für das Zweischienenfahrwerk. Natürlich können keine Unterschiede in der translatorischen Geschwindigkeit der durch das Tragwerk gekoppelten Teilfahrwerke entstehen; aber die Verteilung der Antriebskräfte auf die angetriebenen Laufräder wird auch hier von der Antriebsform beeinflußt, siehe wieder Abschnitt 3.5.3.4.

Das im Bild 3-141 dargestellte Stützenfahrwerk bildet eine von vier dieser Baugruppen unter den vier Stützen eines Portalkrans. Es besteht aus vier 2rädrigen Teilfahrwerken, von denen zwei angetrieben werden. Über Schwingen und Traversen, die durch Bolzengelenke miteinander verbunden sind, wird eine statisch bestimmte Verteilung der Stützkräfte auf alle Laufräder hergestellt, s. Abschnitt 3.5.3.3.

Neben diesen vorgestellten Hauptformen der Schienenfahrwerke werden auch Doppelschienenfahrwerke, z.B. in schweren metallurgischen Kranen oder Tagebaumaschinen, angewendet, weil dort sehr große Stützkräfte zu übertragen sind. Durch kardanische Lagerung oder Kugelstützung wird diese Stützkraft statisch bestimmt auf alle Laufräder verteilt; der Fahrantrieb muß sich zwängungsfrei möglichen Einstellbewegungen anpassen können. Außerdem gibt es kurvengängige Fahrwerke, siehe Abschnitt 3.5.3.6.

3.5.3.2 Spezifischer Fahrwiderstand

Als Fahrwiderstand F_f wird die am Umfang des Laufrads aufzubringende Horizontalkraft in Längsrichtung der Schiene

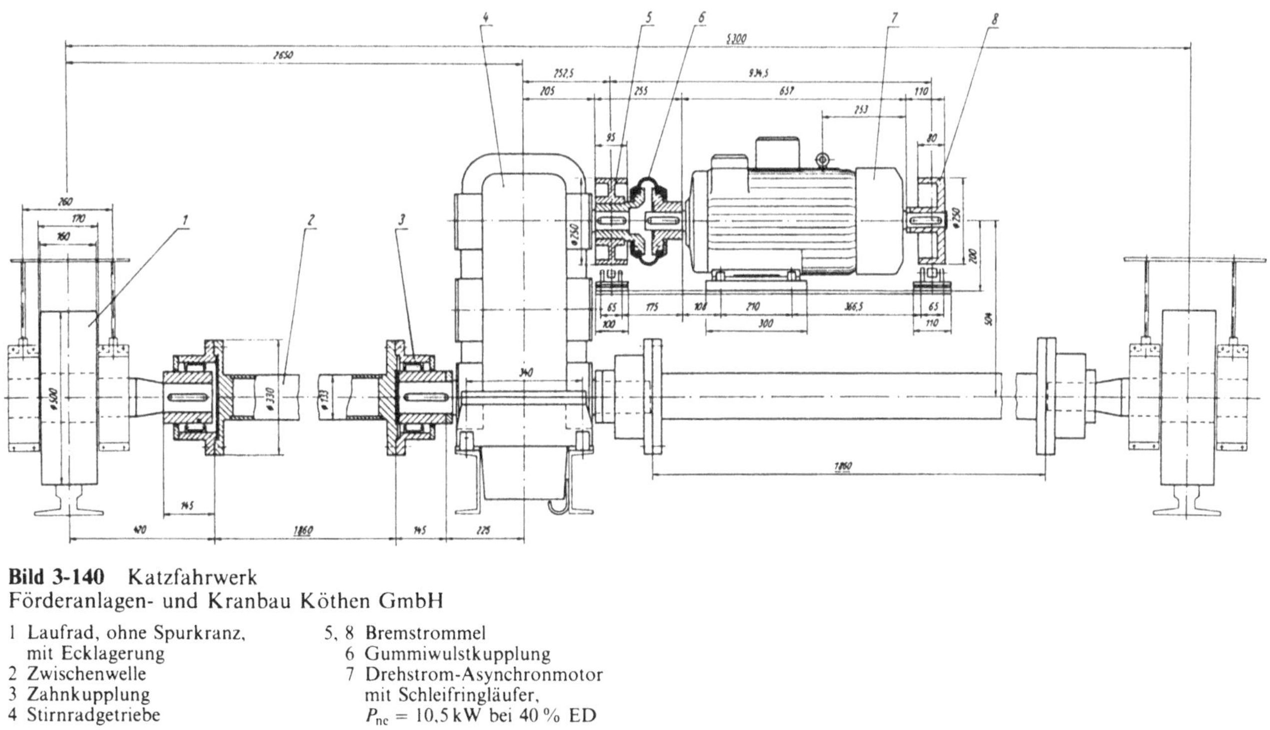

Bild 3-140 Katzfahrwerk
Förderanlagen- und Kranbau Köthen GmbH

1 Laufrad, ohne Spurkranz, mit Ecklagerung
2 Zwischenwelle
3 Zahnkupplung
4 Stirnradgetriebe
5, 8 Bremstrommel
6 Gummiwulstkupplung
7 Drehstrom-Asynchronmotor mit Schleifringläufer, $P_{nc} = 10{,}5\,kW$ bei 40 % ED

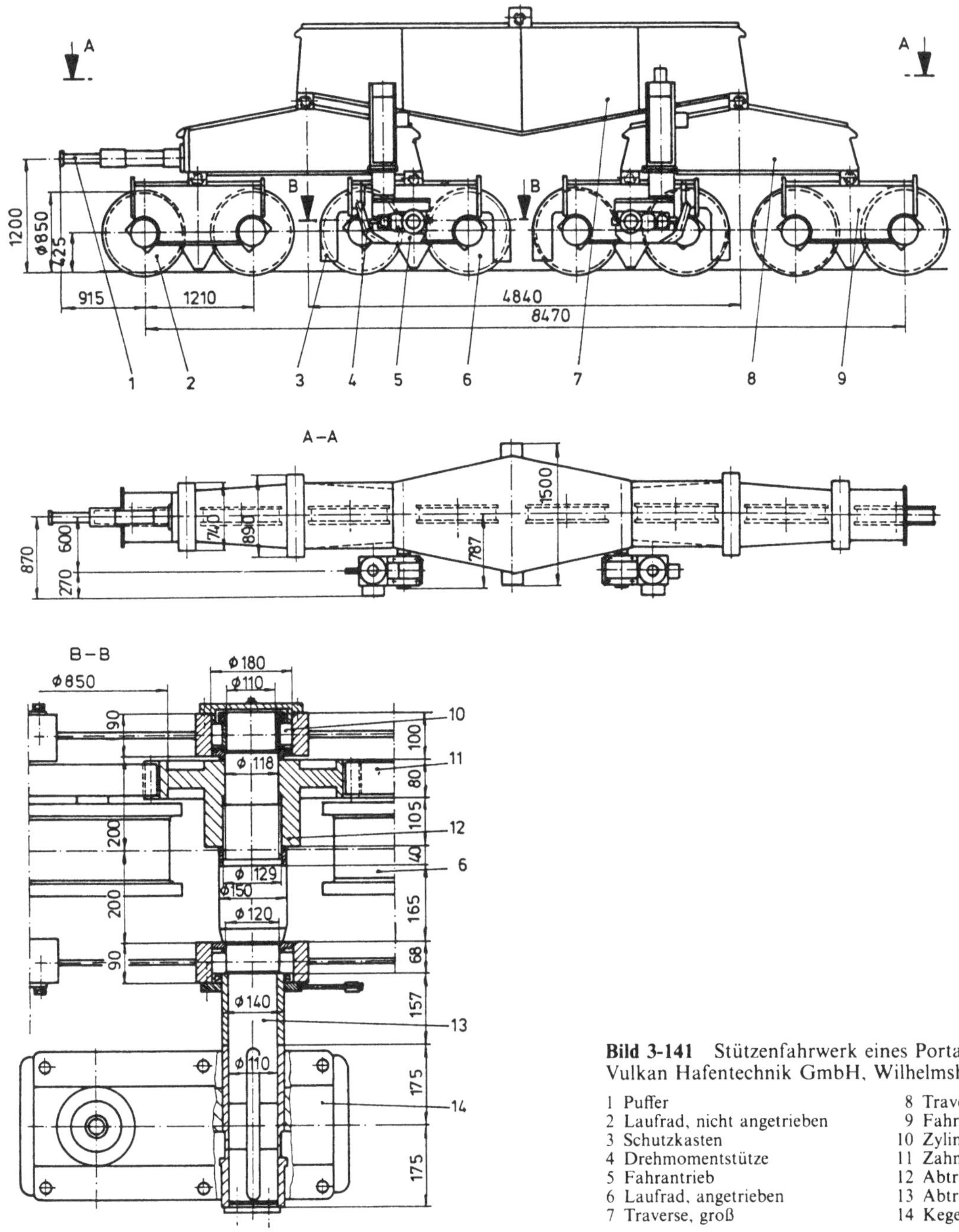

Bild 3-141 Stützenfahrwerk eines Portalkrans
Vulkan Hafentechnik GmbH, Wilhelmshaven

1 Puffer
2 Laufrad, nicht angetrieben
3 Schutzkasten
4 Drehmomentstütze
5 Fahrantrieb
6 Laufrad, angetrieben
7 Traverse, groß
8 Traverse, klein
9 Fahrwerkschwinge
10 Zylinderrollenlager
11 Zahnkranz
12 Abtriebsritzel
13 Abtriebswelle
14 Kegel-Stirnradgetriebe

zur Überwindung der Roll-, Lager- und Spurkranzreibung bezeichnet. Vorzugsweise wird diese Kraft auf die senkrecht gerichtete Radkraft F bezogen und als spezifischer Fahrwiderstand μ_f in die Berechnungsgleichungen für das Drehmoment eingeführt, siehe Abschnitt 3.3.7.1.

Der Rollwiderstand von Stahl-Stahl-Paarungen ist eine kleine Größe; er ist in vielerlei Hinsicht erforscht und in seinen Ursachen analysiert worden. Es sind dies besonders Adhäsion, Schlupf und Werkstoffhysterese in je nach Ausführungsform, Belastung und Betriebsbedingungen unterschiedlicher quantitativer Kombination. Zur Lagerreibung liegen zahlreiche allgemeingültige Daten in Taschenbüchern o.ä. vor, spezielle Aussagen über die Reibungskräfte in den langsamlaufenden, z.T. unzulänglich geschmierten Laufradlagern der Fördermaschinen fehlen jedoch. Auch zur Spurkranzreibung ist nur weniges qualitativ bekannt; in diesem Element überlagern sich Roll- und Gleitreibung. Eine jüngere Zusammenfassung des Wissensstands enthält [2.209].

Die zum Fahrwiderstand bis vor etwa 20 Jahren an vielen Stellen durchgeführten Untersuchungen haben ihren Niederschlag in den einschlägigen Fachbüchern gefunden. Eine Übersicht über die deutsch- und englischsprachige Literatur geben z.B. [2.151] [3.109]; besonders detaillierte Wertetabellen sind [3.110] zu entnehmen. Das Modell (Bild 3-142) stellt das Rollreibungsmoment als Produkt der Vertikalkraft F und des sog. Hebelarms f der Rollreibung dar. Für den Fahrwiderstand F_{f0} ohne den Einfluß der Spurkranzreibung bzw. sein Moment M_{f0} gelten dann die Gleichungen

$$M_{f0} = M_{ro} + M_Z$$

$$F_{f0}\,\frac{d_R}{2} = Ff + \mu_Z\,\frac{d_Z}{2}. \tag{3.124}$$

Unter Einführung des spezifischen Fahrwiderstands μ_{f0} lauten die Gleichungen

$F_{f0} = \mu_{f0} F$

mit

$$\mu_{f0} = \frac{2f}{d_R} + \mu_Z \frac{d_Z}{d_R}; \quad (3.125)$$

f Hebelarm der Rollreibung,
μ_Z Lagerreibungszahl,
d_Z, d_R Durchmesser des Lagers bzw. des Laufrads.

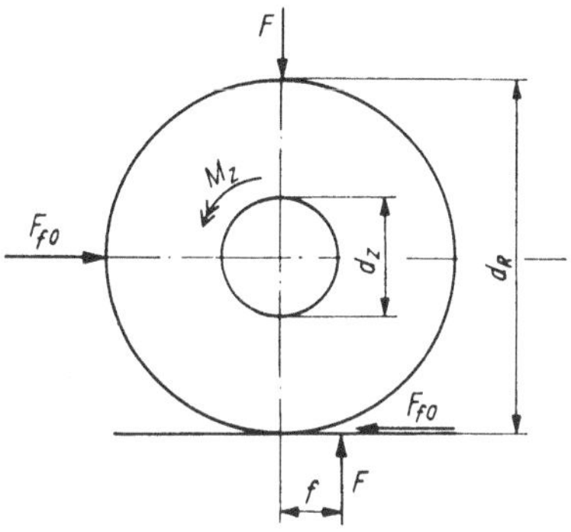

Bild 3-142 Modell für Fahrwiderstand

Die Spurkranzreibung wird in unterschiedlicher Weise in den gesamten spezifischen Fahrwiderstand μ_f einbezogen:

durch Addition eines weiteren spezifischen Fahrwiderstands [2.151]

$\mu_f = \mu_{f0} + \mu_{Sp}$,

durch Multiplikation mit einem Faktor k_{Sp} [3.110]

$$\mu_f = \mu_{f0} k_{Sp}. \quad (3.126)$$

Die Angaben zu den Parametern f, μ_{Sp} und k_{Sp} sind unterschiedlich. [2.151] und andere Quellen setzen $f = 0{,}5$ mm = konst., unabhängig vom Laufraddurchmesser d_R. In [3.110] nimmt dagegen f im Durchmesserbereich $d_R = 200$ bis 1000 mm von 0,3 auf 1,4 mm zu. Wird der erste Summand in Gl. (3.125) für μ_{f0} berechnet, zeigt er nur kleine Schwankungen, d.h., statt $f =$ konst. gilt näherungsweise $2f/d_R =$ konst.

Für μ_{Sp} gibt [2.151] in Abhängigkeit von der Art des Fahrwerks den Bereich 0,001 ... 0,005 an; für k_{Sp} empfohlene Werte liegen zwischen 1,2 und 2,5 (3,2) und sind ebenfalls nach der Art und Ausführung des Fahrwerks gestaffelt.

Tatsächlich läßt sich der Fahrwiderstand im jeweiligen Betriebszustand von Fahrwerk und Schiene als determinierte Größe nicht erfassen; er schwankt vielmehr zufällig in einem weiten Bereich. Zudem bestimmt er zwar das Beharrungsmoment während der stationären Betriebsphase des Antriebs; dies ist aber stets beträchtlich kleiner als die Beschleunigungs- und Verzögerungsmomente in den nichtstationären Phasen. Man sollte daher, solange keine genaueren statistischen Erkenntnisse vorliegen, für den spezifischen Fahrwiderstand ausreichend große, aber keinesfalls stark detaillierte Werte verwenden.

Empfohlene Werte sind in Tafel 3-19 aufgeführt. Sie sind für $2f/d_R =$ konst., $d_Z/d_R \approx 0{,}2$ und die Parameter

$\mu_Z = 0{,}08$ (Gleitlagerung)
$= 0{,}003$ (Wälzlagerung),
$k_{Sp} = 1{,}25$ bzw. $1{,}5$
(Gleitlagerung, Spurkranz geschmiert bzw. ungeschmiert),
$k_{Sp} = 1{,}5$ bzw. $2{,}0$
(Wälzlagerung, Spurkranz geschmiert bzw. ungeschmiert)

Tafel 3-19 Richtwerte für den spezifischen Fahrwiderstand μ_f (Durchmesserbereich $d_R = 200 \ldots 1250$ mm)

	Gleitlagerung	Wälzlagerung
Laufrad ohne Spurkranz	0,020	0,006
Laufrad mit Spurkranz, geschmiert	0,025	0,009
Laufrad mit Spurkranz, ungeschmiert	0,030	0,012

berechnet. Zwischen den Werten in dieser Tafel kann interpoliert werden, je nachdem, welchen Anteil an Spurkranzreibung das jeweilige Fahrwerk aufweist. Aber all dies beeinflußt die Auslegung des Fahrantriebs wenig. Anders ist dies z.B. beim Kreisförderer mit seinen zahlreichen, in Reihe geschalteten, nicht angetriebenen Laufrollen; hier muß genauer differenziert werden.

3.5.3.3 Stütz- und Radkräfte

Fördermaschinen, wie Laufkatzen, Krane, mit Zweischienenfahrwerken stützen sich meist statisch unbestimmt auf vier Stützpunkten ab. Dies verlangt ein gutes Ausrichten der Fahrbahn und des Fahrwerks und eine ausreichende Elastizität der Tragwerke, erhöht aber die Stabilität der Maschine und verbessert wegen der Symmetrie die Fahreigenschaften. Die statisch bestimmte Dreipunktstützung kann größere Fahrbahnunebenheiten ausgleichen; sie erleichtert die Kurvenfahrt und wird deshalb an einigen Bau- und Hafenkranen eingesetzt. Wenn den Stützpunkten wegen der Größe der zu übertragenden Kräfte mehrere Laufräder zugeordnet werden müssen, wird die Stützkraft über Schwingen statisch bestimmt auf die Laufräder aufgeteilt, s. Bild 3-141. Die Bestimmung der Stütz- und Radkräfte ist Bestandteil der statischen Berechnung, bei der wegen der statischen Unbestimmtheit auch Verformungen zu berücksichtigen sind. Da diese Berechnung im Stadium des Entwurfs eines Fahrwerks noch nicht vorliegen kann, schätzt man zunächst diese Kräfte mit einem einfachen Modell, selbst wenn dies relativ ungenau bleibt.

3.5.3.3.1 Näherungsansatz für die Stützkräfte

Das Problem der Vierpunktstützung tritt nicht nur in Fahrwerken, sondern beispielsweise auch an den Hubwagen der Gabelstapler und an sonstigen Roll- und Gleitpaarungen auf. Um die Stützkraft näherungsweise zu ermitteln, wird allgemein das Modell der starren, in vier Eckpunkten durch Federn gleicher Steife gestützten Platte verwendet. Es entspricht der Wirklichkeit um so besser, je elastischer das stützende und das gestützte Tragwerk sind.

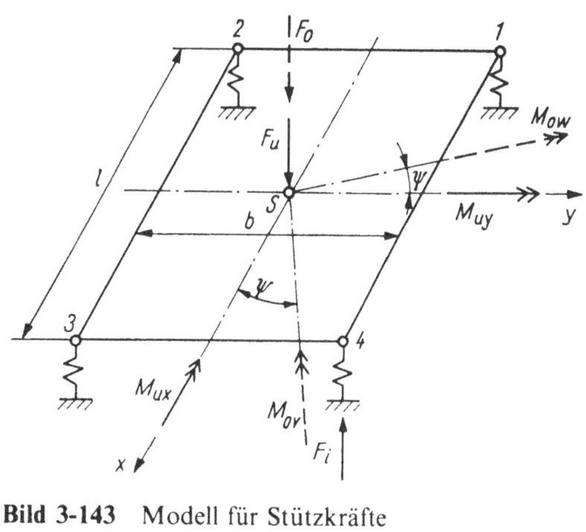

Bild 3-143 Modell für Stützkräfte

Um die Vorgehensweise zu erläutern, ist im Bild 3-143 das Berechnungsmodell insofern allgemeiner gefaßt worden, als ein ruhendes System (Unterwagen) und eine drehendes (Oberwagen) miteinander kombiniert sind. *S* bezeichnet die Federungshauptachse, d.h., eine an diesem Punkt angreifende Vertikalkraft erzeugt an allen vier Stützpunkten gleiche Verschiebungen. Kompliziertere Stützfälle, bei denen Symmetrieachse, Federungshauptachse und Drehachse nicht übereinstimmen, werden in [3.70, Abschn. 1.3.6] erläutert.

Jede beliebige äußere Belastung läßt sich in eine Vertikalkraft F_u bzw. F_o durch die Federungshauptachse, eine hier nicht mit eingeführte Horizontalkraft und zwei Momente M_{ux} und M_{uy} bzw. M_{ov} und M_{ow} zusammenfassen. Der Drehwinkel ψ bezeichnet die momentane Lage der Momentenvektoren des Oberwagens.

Die Stützkraft eines beliebigen Stützpunkts *i* ist

$$F_i = F_{iu} + F_{io}$$

mit dem Anteil aus dem Unterwagen

$$F_{iu} = \frac{F_u}{4} \pm \frac{M_{ux}}{2b} \pm \frac{M_{uy}}{2l}$$

und dem Anteil aus dem Oberwagen

$$F_{io} = \frac{F_o}{4} \pm M_{ov}\left(\frac{\cos\psi}{2b} - \frac{\sin\psi}{2l}\right) \pm M_{ow}\left(\frac{\sin\psi}{2b} + \frac{\cos\psi}{2l}\right). \tag{3.127}$$

Durch Kombination von jeweils einem der Doppelvorzeichen entstehen die Ausdrücke für die vier anteiligen Stützkräfte F_{u1} bis F_{u4} aus den am Unterwagen wirkenden Kräften mit den Extremwerten

$$F_{u\,max} = F_{u4} = \frac{F_u}{4} + \frac{M_{ux}}{2b} + \frac{M_{uy}}{2l}$$

$$F_{u\,min} = F_{u2} = \frac{F_u}{4} - \frac{M_{ux}}{2b} - \frac{M_{uy}}{2l}. \tag{3.128}$$

Während eines vollen Drehung des Oberwagens erhalten dagegen alle Stützpunkte *1* bis *4* den gleichen, nur phasenverschobenen Funktionsverlauf $F_{io} = f(\psi)$. Differenzieren von Gl. (3.127) führt zur Gleichung für den Drehwinkel $\bar{\psi}$, bei dem an zwei korrespondierenden Stützen die Extremwerte auftreten:

$$\tan(\bar{\psi} + k\pi) = \frac{M_{ow}/b - M_{ov}/l}{M_{ow}/l + M_{ov}/b}.$$

Wird dieser Winkel in Gl. (3.127) eingesetzt, führen einige Umrechnungen zu den Extremwerten für den Stützkraftanteil des Oberwagens

$$F_{o\,max} = \frac{F_o}{4} + \frac{1}{2h}\sqrt{M_{ov}^2 + M_{ow}^2}$$

$$F_{o\,min} = \frac{F_o}{4} - \frac{1}{2h}\sqrt{M_{ov}^2 + M_{ow}^2} \quad \text{mit (s. Bild 3-144a)}$$

$$h = \frac{bl}{\sqrt{b^2 + l^2}}, \tag{3.129}$$

die sich während einer vollen Drehung nacheinander an jeder Stütze einstellen. Die Addition der Gln. (3.128) und (3.129) ergibt somit die an den Stützen *4* bzw. *2* zu erwartenden absoluten Extremwerte

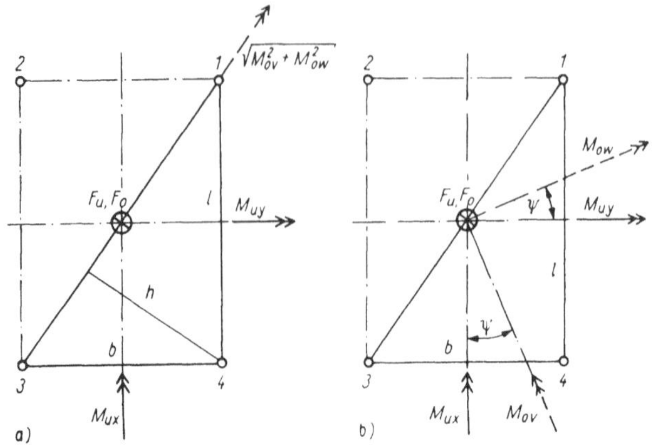

Bild 3-144 Dreipunktstützung

a) belastungsabhängig
b) fahrbahnabhängig

$$F_{max} = F_{4\,max} = \frac{F_u + F_o}{4} + \frac{M_{ux}}{2b} + \frac{M_{uy}}{2l} + \frac{1}{2h}\sqrt{M_{ov}^2 + M_{ow}^2}$$

$$F_{min} = F_{2\,min} = \frac{F_u + F_o}{4} - \frac{M_{ux}}{2b} - \frac{M_{uy}}{2l} - \frac{1}{2h}\sqrt{M_{ov}^2 + M_{ow}^2}. \tag{3.130}$$

Die Vierpunktstützung geht in eine Dreipunktstützung über:

- belastungsabhängig, wenn eine Stützkraft Null wird;
- belastungsunabhängig infolge von Höhendifferenzen in der Fahrbahn.

Im zweiten Fall bestimmt die Belastung allerdings die Lage des entstehenden Stützdreiecks, für die es vier Varianten gibt.

Dreipunktstützung in Abhängigkeit von der Belastung

Wenn die Stützkraft F_2 der am geringsten belasteten Stütze aus Gl. (3.127) berechnet und gleich Null gesetzt wird, entsteht die Ungleichung

$$M_{ov}\left(\frac{\cos\psi}{b} - \frac{\sin\psi}{l}\right) + M_{ow}\left(\frac{\sin\psi}{b} + \frac{\cos\psi}{l}\right) \geqq \frac{F_u + F_o}{2} - \frac{M_{ux}}{b} - \frac{M_{uy}}{l} \tag{3.131}$$

als Bedingung für den Übergang zur Dreipunktstützung. Diese transzendente Gleichung gibt den Bereich des Winkels ψ an, der die Bedingung $F_2 = 0$ erfüllt, wenn es einen solchen Bereich des Drehwinkels überhaupt gibt. Eine Kontrolle, ob eine vollständige Stützenentlastung entstehen kann, erlaubt vereinfachend auch bereits der Extremwert laut Gl. (3.130). $F_{2\,min} \leqq 0$ führt zur Ungleichung

$$\frac{1}{h}\sqrt{M_{ov}^2 + M_{ow}^2} \geqq \frac{F_u + F_o}{2} - \frac{M_{ux}}{b} - \frac{M_{uy}}{l}. \tag{3.132}$$

Nach dem Wegfall der Stützkraft F_2 treten im Stützdreieck *134* die nachstehenden Stützkräfte auf, siehe auch Bild 3-144a:

$$F_1 = \frac{F_u + F_o}{2} - \frac{M_{uy}}{l} - \frac{h}{l^2}\sqrt{M_{ov}^2 + M_{ow}^2}$$

$$F_3 = \frac{F_u + F_o}{2} - \frac{M_{ux}}{b} - \frac{h}{b^2}\sqrt{M_{ov}^2 + M_{ow}^2}$$

$$F_4 = \frac{M_{ux}}{b} + \frac{M_{uy}}{l} + \frac{1}{h}\sqrt{M_{ov}^2 + M_{ow}^2}. \tag{3.133}$$

Dreipunktstützung infolge Fahrbahnunebenheiten

Bild 3-144b stellt den allgemeinen Belastungsfall mit entlasteter Stütze *2* dar. Die Stützkräfte betragen:

$$F_1 = \frac{F_u + F_o}{2} - \frac{1}{l}(M_{uy} - M_{ov}\sin\psi + M_{ow}\cos\psi)$$

$$F_3 = \frac{F_u + F_o}{2} - \frac{1}{b}(M_{ux} + M_{ov}\cos\psi + M_{ow}\sin\psi)$$

$$F_4 = F_u + F_o - F_1 - F_3$$

$$= \frac{1}{l}(M_{uy} - M_{ov}\sin\psi + M_{ow}\cos\psi)$$

$$+ \frac{1}{b}(M_{ux} + M_{ov}\cos\psi + M_{ow}\sin\psi). \tag{3.134}$$

Sie müssen alle drei größer als Null sein, sonst entsteht ein anderes der vier möglichen Stützdreiecke.
Die hier angegebenen Gleichungen sind gut geeignet, die durch Belastung und Stellung gegebenen verschiedenen Stützbedingungen mit verhältnismäßig geringem Aufwand zu überprüfen. Quantitativ können allerdings große Abweichungen gegenüber dem Verhalten des realen Systems auftreten, besonders wenn sehr steife Tragwerke vorliegen. Modellversuche [3.111] und Messungen [3.112] bestätigen dies.

3.5.3.3.2 Ermittlung der Radkräfte

In vielen Fällen erhält jeder Stützpunkt eines Zweischienenfahrwerks nur je ein Laufrad. Werden zwei Räder angeordnet, ergibt sich bei starrer Lagerung eine statisch unbestimmte Aufteilung der Radkräfte, bei gefederter Lagerung eine Verteilung nach den Federkennlinien. In den meisten Fällen zieht man jedoch die statisch bestimmte Stützung über gelenkig gelagerte Fahrwerkschwingen vor, deren Achsen in Bohrungen oder Halbschalen gelagert sind (Bild 3-145). Die

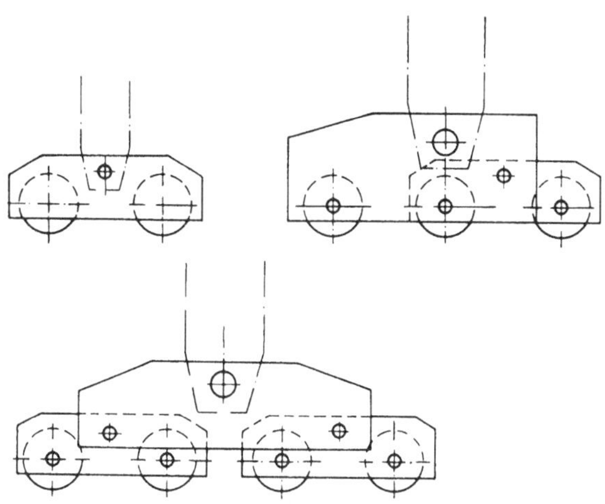

Bild 3-145 Radkraftaufteilung über Schwingen

Berechnung der Radkräfte eines Stützpunkts mit Fahrwerkschwingen wird am Beispiel eines vierrädrigen Teilfahrwerks behandelt (Bild 3-146).

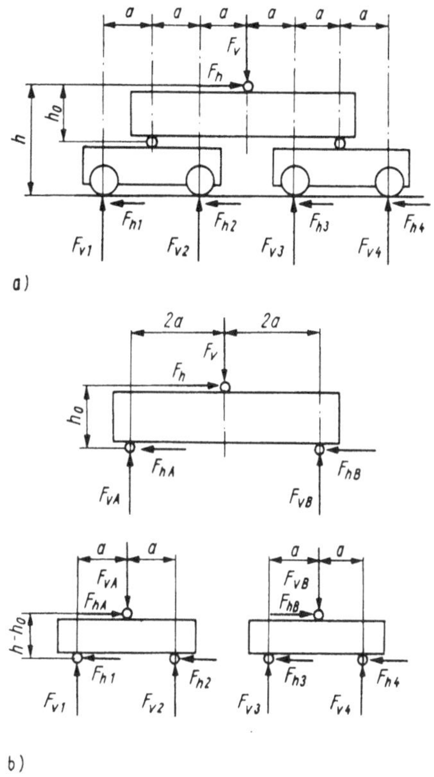

Bild 3-146 Kräfte an einem vierrädrigen Teilfahrwerk
a) äußere Kräfte
b) Kräfte an Traverse und Schwingen

Zu den vier senkrecht gerichtete Radkräften F_{v1} bis F_{v4} treten vier Horizontalkräfte in Schienenlängsrichtung F_{h1} bis F_{h4}. Die Aufteilung der am Stützpunkt angreifenden Horizontalkraft F_h auf diese vier Kräfte hängt von der Ausführung des Fahrwerks ab. Zunächst werden sie als allgemeine Größen behandelt. Es gelten die Summengleichungen

$$F_v = \sum_{i=1}^{4} F_{vi}, \qquad F_h = \sum_{i=1}^{4} F_{hi}$$

$$F_{vA} = F_{v1} + F_{v2}, \qquad F_{vB} = F_{v3} + F_{v4}$$

$$F_{hA} = F_{h1} + F_{h2}, \qquad F_{hB} = F_{h3} + F_{h4}. \tag{3.135}$$

Die Momentengleichungen an der oberen Traverse führen zu

$$F_{vA,B} = \frac{F_v}{2} \pm \frac{F_h}{4}\frac{h_o}{a},$$

an den unteren Schwingen *A* und *B* entsprechend zu

$$F_{v1,2} = \frac{F_v}{4} - \frac{F_h}{8}\frac{h_o}{a} \pm (F_{h1} + F_{h2})\frac{h - h_o}{2a}$$

$$F_{v3,4} = \frac{F_v}{4} + \frac{F_h}{8}\frac{h_o}{a} \pm (F_{h3} + F_{h4})\frac{h - h_o}{2a}. \tag{3.136}$$

Weil in den Gleichungen für die vertikalen Radkräfte nur jeweils die Summen der an den Fahrwerkschwingen wirkenden Horizontalkräfte auftreten, spielt lediglich die Aufteilung der Horizontalkraft auf diese Schwingen eine Rolle. Wird bloß eine Schwinge angetrieben, kann man den allein aus dem Fahrwiderstand herrührenden Anteil der anderen Schwinge vernachlässigen und der angetriebenen Schwinge die gesamte Horizontalkraft F_h zuordnen. Beim Antrieb beider Schwingen gelten andere Gesetzmäßigkeiten, siehe Abschnitt 3.5.3.4.

3.5.3.4 Aufteilung der Umfangskräfte

Während der Fahrbewegung treten Abweichungen von der idealen Geradeausfahrt und Verteilung der Antriebskräfte auf. Es entstehen Schrägstellungen, Tragwerkverformungen und Zusatzkräfte im Fahr- und Tragwerk. Bild 3-147a zeigt schematisch das Voreilen einer Fahrwerkseite und die nach dem Anlaufen der Führungselemente eintretenden Tragwerkverformungen. Dies führt zu einer zwischen den beiden angetriebenen Laufrädern auszutauschenden Ausgleichskraft ΔF und zu axialen (horizontalen) Kräften F_a an den Laufrädern. Auch zwischen zwei auf einer Schiene laufenden angetriebenen Laufrädern wirkt diese Ausgleichskraft (Bild 3-147b). Die Gründe für diese Erscheinungen sind Abweichungen

a) zwischen den die Fahrgeschwindigkeit beeinflussenden Größen,
b) der Fahrbahn sowie der Laufradachsen von der Sollage,
c) der Lage des Massenschwerpunkts zur Resultierenden aus Antriebs- bzw. Bremskräften während der instationären Betriebsphasen.

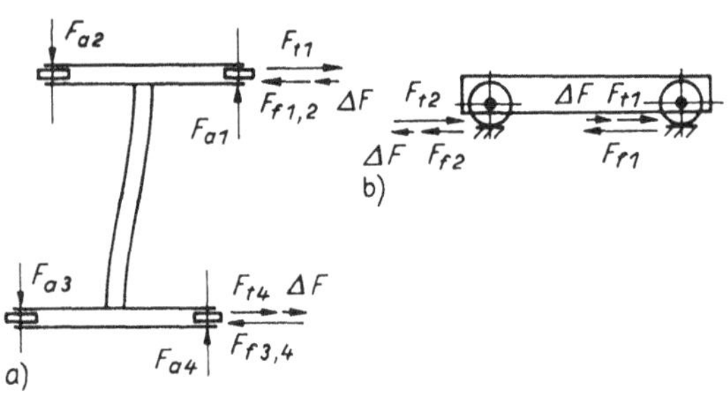

Bild 3-147 Kräfte am Fahrwerk mit zwei Teilantrieben
a) Zweischienenfahrwerk
b) Einschienenfahrwerk

Die Forschung hat sich intensiv mit diesen Störungen und Zwängen während der Fahrbewegung beschäftigt; Beispiele sind [2.191] [2.194] [3.108] [3.113] bis [3.115]. Das Augenmerk galt dabei in erster Linie den auf das Tragwerk wirkenden Horizontalkräften, für deren Größe und Verteilungsfunktion inzwischen Angaben in die Berechnungsvorschriften für die Stahltragwerke aufgenommen worden sind, siehe z.B. DIN 15018 Teil 1 und [3.116].

Abgesehen vom Spurkranzverschleiß haben für die Auslegung des Fahrwerks die Ausgleichskräfte ΔF die größte Bedeutung. Sie verändern das Verhältnis der von den angetriebenen Laufrädern übertragenen Umfangs- (Horizontal-) Kräfte F_{ti} gegenüber dem der anteiligen Fahrwiderstände. Ihre Ursache sind die unter a) genannten Abweichungen zwischen den die Fahrgeschwindigkeit bestimmenden Größen. Bei zwei angetriebenen Laufrädern treten vor allem auf:

Durchmesserdifferenz $\Delta d_R = d_{R1} - d_{R2}$,
Drehzahldifferenz $\Delta n = n_1 - n_2$,
Schlupfdifferenz $\Delta s_t = s_{t1} - s_{t2}$.

Das Zusammenwirken dieser Differenzen wird an der Gleichung für die translatorische Fahrgeschwindigkeit $\dot{x}$ bzw. deren relative Differenz $\Delta\dot{x}/\dot{x}$ deutlich:

$$\dot{x} = (d_R\pi - s_t)\,n \tag{3.137}$$

$$\frac{\Delta\dot{x}}{\dot{x}} = \sum_i \frac{\partial\dot{x}}{\partial y_i}\Delta y_i = \frac{\Delta d_R\pi}{d_R\pi - s_t} - \frac{\Delta s_t}{d_R\pi - s_t} + \frac{\Delta n}{n}$$

$$\approx \frac{\Delta d_R}{d_R} - \frac{\Delta s_t}{d_R\pi} + \frac{\Delta n}{n} \quad (\text{wegen } s_t \ll d_R\pi). \tag{3.138}$$

Gl. (3.138) entsteht durch eine auf lineare Glieder beschränkte Taylor-Entwicklung und gibt die relative Geschwindigkeitsdifferenz zweier angetriebener Laufräder sehr vereinfacht als Summe der relativen Differenzen der Bestimmungsgrößen an.

Die Gleichung für den elastischen Schlupf bei Linienberührung erhält man durch Einsetzen von Gl. (2.197) in Gl. (2.203)

$$\frac{s_t}{d_R\pi} = \frac{2C_{el}}{\sqrt{Fd_Rb_K}}\left(\mu_0F - \sqrt{\mu_0F(\mu_0F - F_t)}\right) \tag{3.139}$$

mit

$$C_{el} = 2\sqrt{\frac{1-\nu^2}{\pi E}};$$

F Radkraft,
F_t Tangentialkraft.

Die sonstigen Größen sind im Abschnitt 2.5.1.2 erklärt. Gl. (3.139) hat die genaue Form nach [2.193]. Ein Näherungsansatz entsteht, wenn

$$\mu_0F(\mu_0F - F_t) \approx (\mu_0F - F_t)^2$$

gesetzt wird; die nachstehende Form der Schlupfgleichung entspricht [3.117]

$$\frac{s_t}{d_R\pi} = \frac{2C_{el}F_t}{\sqrt{Fd_Rb_K}} = K\frac{F_t}{\sqrt{F}} \tag{3.140}$$

mit der von der Belastung unabhängigen Konstanten

$$K = 4\sqrt{\frac{1-\nu^2}{\pi E d_R b_K}}.$$

Aus der Bedingung für Gleichlauf, d.h. $\Delta\dot{x}/\dot{x} = 0$, ergeben sich für die Aufteilung der Umfangskräfte auf zwei angetriebene Laufräder zwei unterschiedliche Ansätze:

Zentraler Antrieb (Bild 3-139b)

Wegen $\Delta n/n = 0$ gilt für $\Delta\dot{x}/\dot{x} = 0$

$$\frac{\Delta s_t}{d_R\pi} = \frac{\Delta d_R}{d_R},$$

d.h., Durchmesserdifferenzen werden vorwiegend durch Schlupfdifferenzen ausgeglichen. Durch Einsetzen von Gl. (3.140) entsteht

$$K\left(\frac{F_{t1}}{\sqrt{F_1}} - \frac{F_{t2}}{\sqrt{F_2}}\right) = \frac{\Delta d_R}{d_R}$$

bzw. nach Umrechnung

$$\frac{F_{t1}}{F_{t2}} = \sqrt{\frac{F_1}{F_2}}\left(1 + \frac{\sqrt{F_2}}{F_{t2}}\frac{1}{K}\frac{\Delta d_R}{d_R}\right) \tag{3.141}$$

und für $\Delta d_R / d_R = 0$

$$\frac{F_{t1}}{F_{t2}} = \sqrt{\frac{F_1}{F_2}}. \qquad (3.142)$$

Selbst unter Vernachlässigung von Durchmesserdifferenzen teilt sich die Tangentialkraft $F_t = F_{t1} + F_{t2}$ des Gesamtfahrwerks auf die beiden angetriebenen Laufräder nach der Wurzel der Radkräfte F_i auf.

Im Bild 3-148a ist Gl. (3.141) grafisch dargestellt, wobei die Abweichung von der Linearität bei größeren Tangentialkräften berücksichtigt ist. Die schraffierten Flächen bezeichnen das Gebiet, in dem das Laufrad *2* bremst. Bei $F_t = 0$ – dies entspricht z.B. zwei gekoppelten, nicht angetriebenen Rädern – treten Blindkräfte auf. Wenn das Laufrad *1* mit wachsendem Gesamtfahrwiderstand die Kraftschlußgrenze im Punkt *A* erreicht, kann es wegen der Drehzahlkoppelung nicht durchrutschen; dies ist vielmehr erst dann der Fall, wenn in Punkt *D* beide Laufräder die Kraftschlußgrenze erreichen.

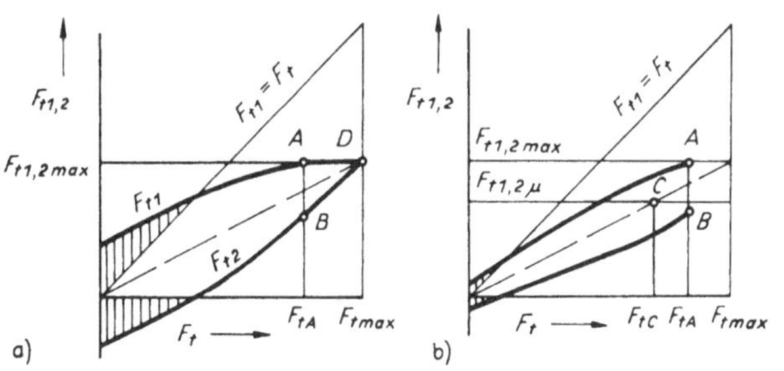

Bild 3-148 Aufteilung der Tangentialkräfte an zwei angetriebenen Laufrädern

a) Zentralantrieb
b) getrennter Antrieb

Getrennter Antrieb (Bild 3-139c)

Wegen $\Delta s_t \ll \Delta n$ führt $\Delta \dot{x}/\dot{x} = 0$ in Gl. (3.138) zu

$$\frac{\Delta n}{n} = \frac{\Delta d_R}{d_R},$$

d.h., Durchmesserdifferenzen werden durch Drehzahldifferenzen ausgeglichen. Mit Gl. (3.49) wird die bezogene Drehzahldifferenz

$$\frac{\Delta n}{n} \approx \frac{n_2 - n_1}{n_s} = \frac{1}{M_{ne}} (M_1 s_{ne1} - M_2 s_{ne2}) \qquad (3.143)$$

und das Verhältnis der Tangentialkräfte

$$\frac{F_{t1}}{F_{t2}} = \frac{M_1}{M_2} = \frac{s_{ne2}}{s_{ne1}} + \frac{M_{ne}}{M_2 s_{ne1}} \frac{\Delta d_R}{d_R}. \qquad (3.144)$$

Somit bestimmen vorrangig die unterschiedlichen Nennschlüpfe und damit Kennlinienneigungen die Aufteilung der Tangentialkräfte von zwei angetriebenen Laufrädern. Der Nennschlupf eines Asynchronmotors darf nach den einschlägigen Normen um $\pm 20\,\%$ vom Sollwert abweichen. Damit liegt das mögliche Verhältnis der Tangentialkräfte zweier getrennt angetriebener Laufräder im Sonderfall $\Delta d_R / d_R = 0$ zwischen 0,67 und 1,5.

Im Diagramm (Bild 3-148b) ist zu erkennen, daß die Unterschiede zwischen den Tangentialkräften bei getrenntem Antrieb kleiner als bei zentralem sind. Die inneren Ausgleichskräfte werden ebenfalls kleiner; Blindkräfte haben wenig Bedeutung. Diesem Vorzug steht als Nachteil gegenüber, daß Laufrad *1*, wenn es im Punkt *A* die Grenze des Kraftschlusses erreicht, sofort durchrutscht und damit wegen der niedrigeren Gleitreibungszahl μ auch ein Gleiten des Laufrads *2* auslösen kann. Der Bereich zwischen den Umfangskräften F_{tA} und F_{tC} ist instabil.

Die hier unter einigen Vereinfachungen herausgearbeiteten Gesetzmäßigkeiten für die Aufteilung der Antriebskräfte innerhalb eines Fahrwerks, die durch Prüfstandversuche bestätigt werden [3.118], gelten grundsätzlich auch für mehr als zwei angetriebene Laufräder. Sie zeigen, wie mit zunehmenden Differenzen zwischen den Einflußgrößen die Belastungen durch innere Kräfte wachsen und wie notwendig es ist, diese Größen enger zu tolerieren. Weil diese Parameter innerhalb eines vorgegebenen Bereichs zufällig schwanken, können sie nicht vorausbestimmt und direkt in die Fahrwerkberechnung eingeführt werden.

Der Fahrantrieb wird vielmehr stets nach dem Gesamtwiderstand ausgelegt. Die Aufteilung der Antriebsleistung auf die Teilfahrwerke sollte nach dem wahrscheinlichsten Betriebsfall, d.h. ungeachtet der möglichen Differenzen, nach den anteiligen Fahrwiderständen vorgenommen werden.

3.5.3.5 Kontrolle des Kraftschlusses

Um die einwandfreie Funktion eines Schienenfahrwerks zu gewährleisten, darf die durch den Kraftschluß Rad–Schiene gezogene Grenze der Übertragungsfähigkeit für die Tangentialkräfte an den angetriebenen bzw. gebremsten Laufrädern in keinem Betriebszustand erreicht oder überschritten werden. Das Kraftschlußproblem hat somit zwei Teilaspekte: die Festlegung dieser Kraftschlußgrenze und die rechnerische Überprüfung der zulässigen Tangentialkräfte bzw. Drehmomente.

Zwischen dem Kraftschluß als Quotienten $\mu_t = F_t / F$ und dem bezogenen elastischen Schlupf $\sigma_t = s_t / s_0$ besteht ein funktionaler Zusammenhang, die Kraftschlußfunktion. Für Linienberührung ist sie in Gl. (2.203) angegeben [2.193]; für den allgemeineren Fall beliebiger Berührungsflächen liegt ein numerischer Ansatz von *Kalker* vor [3.119], der durch neuere Messungen unter Prüfstandbedingungen untermauert worden ist [3.120]. Eine knappe Übersicht über den bisher in Theorie und Experiment erreichten Wissensstand gibt [3.121].

Wird Gl. (2.203) umgestellt, entsteht die Kraftschlußfunktion für Linienberührung

$$\mu_t = \frac{d_R}{b_L} \sigma_t - \frac{d_R^2}{4 b_L^2 \mu_0} \sigma_t^2 \qquad (0 \leqq \mu_t \leqq \mu_0); \qquad (3.145)$$

d_R Laufraddurchmesser,
b_L Berührungslänge nach Gl. (2.197),
μ_0 Kraftschlußbeiwert.

Diese degressiv steigende Funktion gilt nur im angegebenen Definitionsbereich; beim Erreichen der oberen Schranke $\mu_t = \mu_0$ führt eine weitere Steigerung der Umfangs- (Tangential-) Kraft zum Durchrutschen (Schlüpfen, Gleiten) der Räder, wobei der Kraftschlußbeiwert μ_0 auf die meist kleinere Gleitreibungszahl μ abfällt.

Der durch Gl. (3.145) bezeichnete Funktionsverlauf ist im Bild 3-149 dargestellt. Er setzt ideale Berührbedingungen voraus, wie geometrisch exakte Körper, trockene, glatte, saubere Oberflächen, und wurde für derartige Rollpaarungen auch experimentell bestätigt, u.a. von [2.216] [3.118]. In der Praxis treten jedoch infolge von Imperfektionen der Kontaktflächen, Zwischenschichten in Form von Abrieb,

Schmutz, Wasser- bzw. Ölbenetzung, Verformungen o.ä. beträchtliche Abweichungen von diesem theoretischen Funktionsverlauf in zweifacher Hinsicht auf: Der Schlupf erreicht den 5-bis 10fachen Betrag des theoretischen, und die Kraftschlußgrenze verschiebt sich nach unten. Die Kraftschlußfunktionen der Schienenfahrwerke werden somit im gestrichelten Bereich *2* von Bild 3-149 liegen; sie können aber auch in ungünstigen Fällen bis zur Kurve *3* absinken. Weil die Einflußfaktoren zufällig veränderlich sind, ist auch die Funktion nach Verlauf und Grenzwert ein Zufallsprozeß.

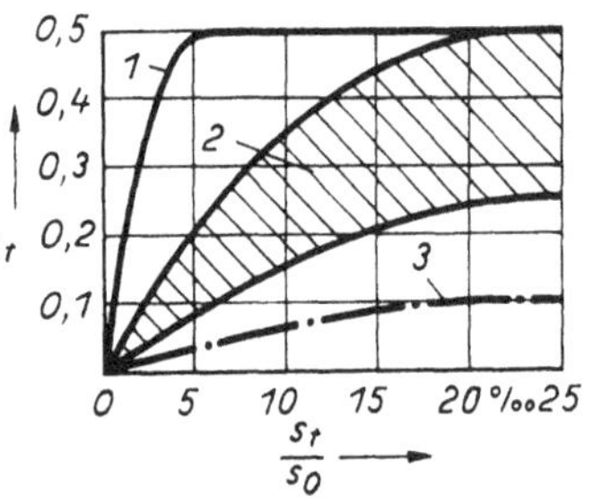

Bild 3-149 Kraftschlußbeiwert in Abhängigkeit vom bezogenen Längsschlupf

1 theoretischer Funktionsverlauf nach [2.193]
2 praktisch nutzbarer Bereich
3 unterer Grenzwert bei Ölbenetzung

Der Zusammenhang zwischen Kraftschluß und Schlupf hat Bedeutung für das Fahrverhalten, d.h. für den Gleichlauf, die inneren Kräfte im Antrieb, die Führungskräfte, siehe Abschnitt 3.5.3.4. Wenn es um die rechnerische Kontrolle des Kraftschlusses geht, eignet sich dagegen nur der Kraftschlußbeiwert μ_0 als oberer Grenzwert der Kraftschlußfunktion $\mu_t = f(\sigma_t)$. In der Literatur werden für diesen Beiwert meist Zahlenbereiche angegeben, die für bestimmte Oberflächenzustände der Wälzpaarung gelten. Tafel 3-20 enthält einige Meß- bzw. Erfahrungswerte aus neueren Veröffentlichungen; sie zeigen die große Schwankungsbreite und somit die Schwierigkeit einer verantwortungsbewußten Festlegung.

Tafel 3-20 Kraftschlußbeiwerte μ_0 für Schienenfahrwerke

Schienenzustand	μ_0	Quelle
trocken, sauber	0,4 ... 0,5	[3.121]
naß	0,25 ... 0,35	[3.121]
mit Kohle verschmutzt	0,10 ... 0,17	[3.118]
ölbenetzt	≦0,10	[3.121]
mit MoS_2 geschmiert	0,055 ... 0,070	[3.118]

Die umfangreichsten Messungen von Kraftschlußbeiwerten gebremster Laufräder auf Originalschienen wurden bereits vor über fünfzig Jahren von *Ries* [3.122] durchgeführt. Bei mehr als zweitausend Einzelmessungen wurden außer konstruktiven Parametern auch Oberfläche und Zwischenmittel variiert. Funktionale Zusammenhänge konnten dabei nicht abgeleitet werden, es gelang lediglich der Nachweis, daß der Kraftschlußbeiwert vorrangig von der Oberfläche der Reibpartner und vom Zwischenmittel abhängt.

Warkenthin [3.123] hat diese Meßergebnisse nochmals statistisch ausgewertet und in logarithmisch normalverteilte Kollektive zusammengefaßt, die jeweils einem Oberflächenzustand zugeordnet sind. Er konnte zeigen, daß der bereits in DIN 120 [3.124] verwendete und in DIN 15018 übernommene Kraftschlußbeiwert $\mu_0 = 0{,}12$ der Erwartungswert der Kollektive unter normalen Bedingungen, d.h. ohne kraftschlußmindernde oder -verstärkende Einflüsse, ist, wobei die Varianz im Bereich $V = 0{,}012 \ldots 0{,}019$ liegt. Beim Umgang mit diesem Festwert müssen diese Erkenntnisse bedacht werden, Hinweise hierzu gibt [3.123].

Bei Fahrwerken ist grundsätzlich zu prüfen, daß der Kraftschluß an den angetriebenen Laufrädern ausreicht, um die beim Anfahren und Bremsen eingeleiteten Umfangskräfte zu übertragen. Im Modell für die Kraftschlußkontrolle (Bild 3-150) werden die angetriebenen bzw. gebremsten Laufräder des Fahrwerks zu einem Bezugslaufrad zusammengefaßt, an dem die eingezeichneten Kräfte und Momente angreifen. Das Anfahr- bzw. Bremsmoment vermindert sich bis zum Bezugslaufrad um das Moment zur Beschleunigung bzw. Verzögerung der rotierenden Massen mit Ausnahme der nicht angetriebenen Laufräder. Es gelten somit für die Umfangs- (Tangential-) Kraft F_t und ihren Grenzwert die Ungleichungen

$$F_{tA} = \frac{2}{d_R}\,(M_A - J_g \varepsilon_A)\, i_G\, \eta_G \leqq \frac{\mu_0}{S_A} \sum_{i=1}^{z_g} F_i$$

$$F_{tB} = \frac{2}{d_R}\,(M_B - \bar{J}_g \varepsilon_B)\, \frac{i_G}{\eta_G} \leqq \frac{\mu_0}{S_B} \sum_{i=1}^{z_g} F_i \qquad (3.146)$$

mit

$$J_g = J_{red\,1} - \frac{z_u J_R}{i_G^2\, \eta_G}, \qquad \bar{J}_g = \bar{J}_{red\,1} - \frac{z_u J_R\, \eta_G}{i_G^2};$$

d_R, J_R Durchmesser bzw. Massenträgheitsmoment eines Laufrads,
$M_{A,B}$ Summe der Anfahr- bzw. Bremsmomente, auf Motorwelle bezogen,
i_G, η_G Übersetzung bzw. Wirkungsgrad des Getriebes,
μ_0 Kraftschlußbeiwert,
$S_{A,B}$ Sicherheitsbeiwert für Anfahren bzw. Bremsen,
$J_{red\,1}$ Massenträgheitsmoment der rotierenden Teile des Antriebs, auf Motorwelle bezogen,
z_g, z_u Anzahl der getriebenen bzw. ungetriebenen (gebremsten bzw. ungebremsten) Laufräder des Antriebs,
F_i Radkraft (Normalkraft) des Laufrads *i*.

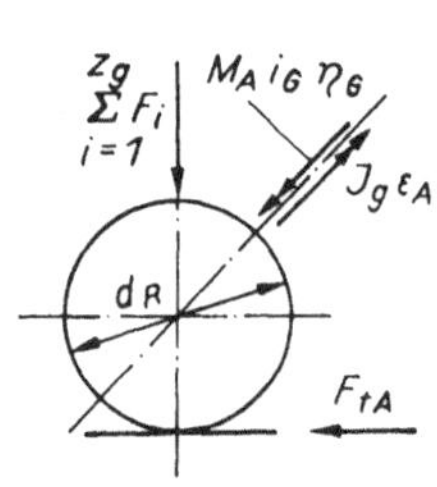

Bild 3-150 Kraftschlußmodell für Anfahren

In Gl. (3.58) für die Winkelbeschleunigung ε wird das Anfahr- bzw. Bremsmoment als konstante Größe eingesetzt:

$$\varepsilon_A = \frac{M_A - M_g}{J_{ers}}, \qquad \varepsilon_B = \frac{M_B + \bar{M}_g}{\bar{J}_{ers}}$$

mit M_g nach Gl. (3.76).

Es empfiehlt sich jedoch, die tatsächlich auftretende größte Winkelbeschleunigung nach dem Schalten einer Kennlinie mit dem Spitzenmoment M_1 (s. Bild 3-69) zu verwenden; dies führt lediglich zum Austausch der Momente $M_{A,B}$ in der Gleichung, d.h.

$$\varepsilon_{A1} = \frac{M_{A1} - M_g}{J_{ers}}; \qquad \varepsilon_{B1} = \frac{M_{B1} + \bar{M}_g}{\bar{J}_{ers}}.$$

Einsetzen von ε in Gl. (3.146) ergibt nach Umrechnung und Eliminierung von $M_{A,B}$ die nachstehenden Gleichungen für die Kraftschlußkontrolle

$$M_A \leq \frac{\dfrac{\mu_0 d_R}{2 i_G \eta_G S_A} \sum\limits_{i=1}^{z_g} F_i - M_g J^*}{1 - J^*}$$

$$M_B \leq \frac{\dfrac{\mu_0 d_R \eta_G}{2 i_G S_B} \sum\limits_{i=1}^{z_g} F_i + \bar{M}_g \bar{J}^*}{1 - \bar{J}^*} \qquad (3.147)$$

mit den bezogen Massenträgheitsmomenten

$$J^* = \frac{J_g}{J_{ers}}, \qquad \bar{J}^* = \frac{\bar{J}_g}{\bar{J}_{ers}}.$$

Diese Gleichung gilt unverändert auch für die Spitzenmomente M_{A1} bzw. M_{B1}. Der Einfluß der Wirkungsgrads ist in vielen Fällen so gering, daß $\eta_G = 1$ gesetzt werden kann. Wie Gl. (3.147) erkennen läßt, ergeben sich unter Windeinwirkung die ungünstigsten Bedingungen für M_A bei Gegenwind (M_w positiv), für M_B bei Rückenwind (M_w negativ). Zu beachten ist aber besonders der Einfluß der Radkräfte F_i auf den Kraftschluß, weil sie, z.B. an sehr leichten Laufkatzen, in ihrer Größe überwiegend von den Gewichtskräften der veränderlichen Hubmasse bestimmt werden. Die kritischen Bedingungen für den Kraftschluß herrschen hier meist bei Leerfahrt, d.h. der Nutzmasse null. J_{ers}, M_g usw. müssen natürlich stets für den jeweiligen Belastungszustand bestimmt werden.

Zwischen der Wahl des Kraftschlußbeiwerts μ_0 und der des Sicherheitsbeiwerts $S_{A,B}$ besteht ein Zusammenhang. Wird z.B. $\mu_0 = 0{,}12$, d.h. sehr niedrig, angesetzt, braucht der Sicherheitsbeiwert lediglich die mögliche Überschreitung des rechnerischen Moments $M_{A,B}$ zu berücksichtigen. Empfohlen werden in diesem Fall

$S_{A,B} = 1{,}0$ für M_{A1} bzw. M_{B1} (Spitzenmomente),

$S_{A,B} = 1{,}1 \ldots 1{,}4$ für M_A bzw. M_B (mittlere Momente).

Liegt ein Zentralantrieb (Bild 3-139a, b) vor, entspricht die Zusammenfassung aller angetriebenen bzw. gebremsten Laufräder zu einem Bezugslaufrad den tatsächlichen Gegebenheiten für den Kraftschluß, siehe Bild 3-148a. Bei einem getrennten Antrieb (Bild 3-139c) sollte die Rechnung auch für das Teilfahrwerk mit den ungünstigsten Kraftschlußbedingungen einzeln ausgeführt werden. Wird die Kraftschlußgrenze beim Nachweis überschritten, muß die Anzahl der angetriebenen bzw. gebremsten Laufräder erhöht, die Radkräfte F_i vergrößert oder das Moment $M_{A,B}$ verkleinert werden.

3.5.3.6 Kurvenfahrwerke

Bestimmte schienenfahrbare Fördermaschinen, wie Baukrane, Hängebahnen, kreisfahrbare Kabelkrane, müssen auch Gleiskurven durchfahren können. Dies verlangt eine kurvengängige Ausführung der Fahrwerke.

3.5.3.6.1 Bauweise

In einem starren Zweischienenfahrwerk mit der Spurweite s und dem Radstand a durchlaufen die Stützpunkte während der Bewegung durch eine Gleiskurve keine exakten Kreisbahnen. Dies erfordert, je nach Anzahl der Stützpunkte, unterschiedliche konstruktive Maßnahmen.

Wird ein Fahrwerk mit Dreipunktstützung von zwei dieser Punkte auf der Außenschiene (Bild 3-151a) oder Innenschiene (Bild 3-151b) auf einem Kreis geführt, treten an der jeweils anderen Schiene drei Teilabschnitte mit unterschiedlichen Verläufen der Schienenradien auf. Der mittlere Abschnitt *BC* bezeichnet den Bereich der stationären Kurvenfahrt, in dem sich alle drei Stützpunkte auf Kreisbahnen mit konstanten Radien r_a, $\bar{r}_i$ bzw. $\bar{r}_a$, r_i bewegen, wobei die verkleinerten Radien

$$\bar{r}_i = r_a \sqrt{1 - \left(\frac{a}{2r_a}\right)^2} - s$$

$$\bar{r}_a = r_i \sqrt{1 - \left(\frac{a}{2r_i}\right)^2} + s \qquad (3.148)$$

betragen. In den Übergangsbereichen zwischen diesem Mittelabschnitt und den Anschlußpunkten *A* und *D* an die geraden Schienen müssen die Radien $\bar{r}_i$ bzw. $\bar{r}_a$ allmählich auf die größeren Endwerte $r_i = r_a - s$ bzw. $r_a = r_i + s$ zunehmen. Anstelle dieser komplizierten Schienenanpassung kann die radiale Differenz, wenn sie nicht zu groß ausfällt, auch durch eine Verbreiterung der Lauffläche des Stützrads ausgeglichen werden.

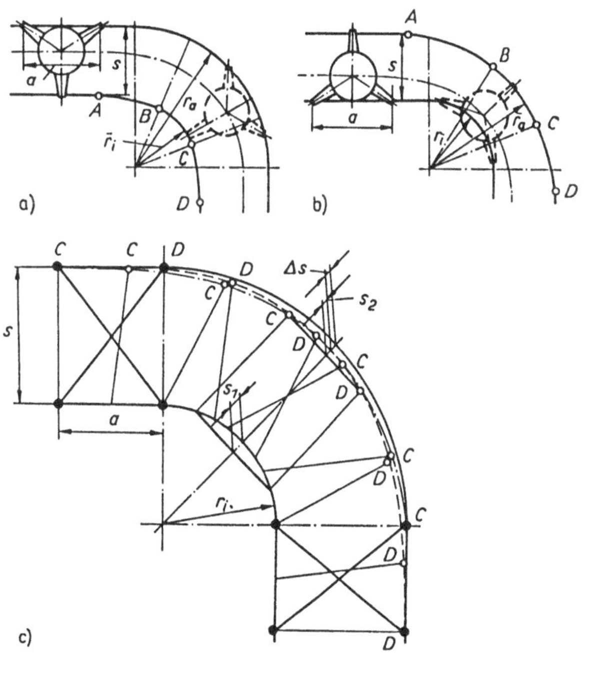

Bild 3-151 Bewegungsbahnen von starren Kurvenfahrwerken

a) Dreipunktstützung, Außenschiene kreisförmig
b) Dreipunktstützung, Innenschiene kreisförmig
c) Vierpunktstützung, Innenschiene kreisförmig

Kurvenfahrbare Baukrane mit Dreipunktstützung dürfen wegen ihrer geringeren Standsicherheit i.allg. die Kurven nur unbelastet durchfahren. Angetrieben werden allein die beiden gemeinsam auf einer Schiene fahrenden Teilfahrwerke.

Wegen der größeren Standsicherheit bevorzugt man allerdings auch bei den kurvengängigen Kranen die Vierpunktstützung. An einem starren, von zwei Punkten auf einer Kreisbahn geführten Unterwagen beschreiben die beiden anderen Stützpunkte unterschiedliche Bahnkurven (Bild 3-151c), so daß die Kurvengängigkeit nicht mehr mit Hilfe einer angepaßten Schienenverlegung verwirklicht werden kann. Die größte Verringerung der Spurweite beträgt in Kurvenmitte

$$\Delta s = s_1 - s_2$$

$$= r_i + s - \sqrt{\left(s + \sqrt{r_i^2 - \left(\frac{a}{2}\right)^2}\right)^2 + \left(\frac{a}{2}\right)^2}. \qquad (3.149)$$

Derartige Kurvenfahrwerke verlangen ergänzende konstruktive Maßnahmen. Beispielsweise lassen sich die zwei Laufräder bzw. Fahrwerkschwingen durch ein zusätzliches Einzellaufrad ergänzen, das in der Kurve auf einer seitlich versetzten, überhöht angeordneten Schiene fährt. Der in der Kurve somit nur dreipunktgestützte Kran darf diese natürlich nur ohne Belastung durchfahren.
Um diese Erschwernisse zu vermeiden, erhält das am häufigsten ausgeführte Kurvenfahrwerk mit Vierpunktstützung in Schwingarmen gelagerte Fahrwerkschwingen. Zwischen jeweils zwei dieser Schwingen liegt eine Gleichlaufstange. Bild 3-152 zeigt zwei Ausführungsarten und läßt die Anpassung an unterschiedliche Spurweiten gut erkennen. Eine andere Lösung für einen Brückenkran mit Führung der äußeren Laufräder durch horizontale Führungsrollen und gelenkig gelagerten Innenrädern gibt [3.125] an.

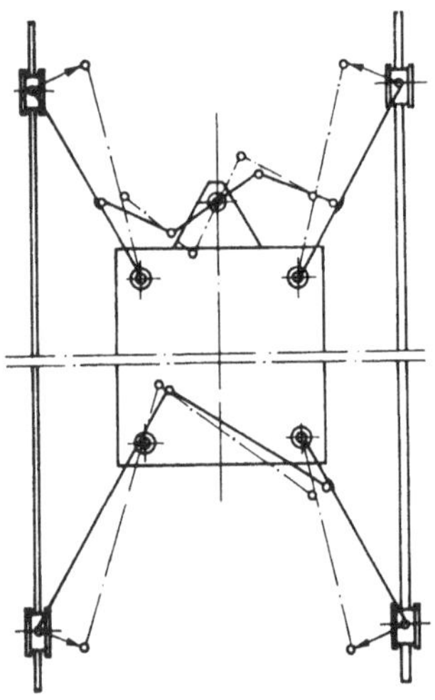

Bild 3-152 Kurvenfahrbare Vierpunkt-Fahrwerke mit Schwingarmen und Gleichlaufstangen (zwei Bauformen)

Auch ein derartiges Fahrwerk erhält meist nur auf einer Schiene angeordnete angetriebene Teilfahrwerke. Ist dies wegen des größeren Fahrwiderstands und Spurkranzverschleißes unerwünscht, müssen die Wegdifferenzen während der Kurvenfahrt durch Drehzahlstellen der Motoren ausgeglichen werden.
Wenn der Rollbewegung eines Laufrads eine Drehbewegung um die senkrechte Achse überlagert ist – bei Kurvenfahrt trifft dies zu –, treten zusätzlich Bohrreibung und damit ein erhöhter Fahrwiderstand auf. Zudem wächst infolge erhöhter Führungskräfte die Spurkranzreibung. Es gibt kaum Daten über den spezifischen Kurvenfahrwiderstand von Kranlaufrädern. Man begnügte sich bisher mit aus der Eisenbahntechnik entnommenen Ansätzen, z.B. nach [3.126] für das ungelenkte Fahrwerk eines Eisenbahnwagens,

$$\mu_k = \mu_0 \frac{0{,}72s + 0{,}47a}{r_m}; \qquad (3.150)$$

μ_0 Kraftschlußbeiwert,
s, a Spurweite bzw. Radstand, s. Bild 3-151,
r_m mittlerer Kurvenradius.

Die Gültigkeit dieser oder analoger Gleichungen für die Kurvenfahrwerke der Krane o.ä. ist anzuzweifeln. Es wird deshalb empfohlen, vorerst auf die in [3.110] genannten groben Richtwerte zurückzugreifen:

$\mu_k = 0{,}005$ für Turmdrehkrane, Eisenbahndrehkrane usw.,
$= 0{,}015$ für Hängebahnen, Hängekrane usw.

Liegt einseitiger Antrieb vor, sollten diese Werte um 20 bis 25% vergrößert werden.

3.5.3.6.2 Kleinster Schienenradius

Damit sich das Laufrad in der Gleiskurve nicht verklemmt, darf der Radius der Schiene einen Grenzwert nicht unterschreiten. Fahrwerke mit Laufrädern, die beiderseitig Spurkränze tragen, erreichen diesen Grenzwert, sobald die Spurkränze auf beiden Seiten der Schiene anliegen.
Die Geometrie des Anlaufvorgangs Schiene–Spurkranz behandelt der Abschnitt 2.5.1.3. Die Koordinaten des auf der Anlauflinie B_1B_2 liegenden Anlaufpunkts B (s. Bild 2-138) werden mit den Gln. (2.204) und (2.205) ermittelt, allerdings in Abhängigkeit vom Schrägstellungswinkel α des Laufrads gegenüber der Achse einer geraden Schiene.
Eine Näherungslösung für das Anlaufen bei gekrümmter Schiene liegt mit [3.127] vor. Bild 3-153 läßt erkennen, daß die in der Vertikalebene schrägliegende Anlauflinie B_1B_2 durch eine horizontale Gerade ersetzt und nach unten in den Auslauf der Krümmung des Schienenkopfs (Radius r_S) verlegt wird. Im Bild 2-138 würde dies $y_B = 0$ bedeuten. Es wird nachgewiesen, daß die genormten Laufräder der Fördermaschinen immer mit den Außenkanten der Spurkränze anliegen, wenn sich der kleinstmögliche Schienenradius einstellt (Punkte B_2 im Bild 3-153). Für die im folgenden benötigten Koordinaten der Punkte B_1 und B_2 gelten die Gleichungen

$$c = \frac{b_R}{2} + r_S \tan\beta$$

$$x = \sqrt{\left(\frac{d_a}{2}\right)^2 - \left(\frac{d_R}{2} + r_S\right)^2}. \qquad (3.151)$$

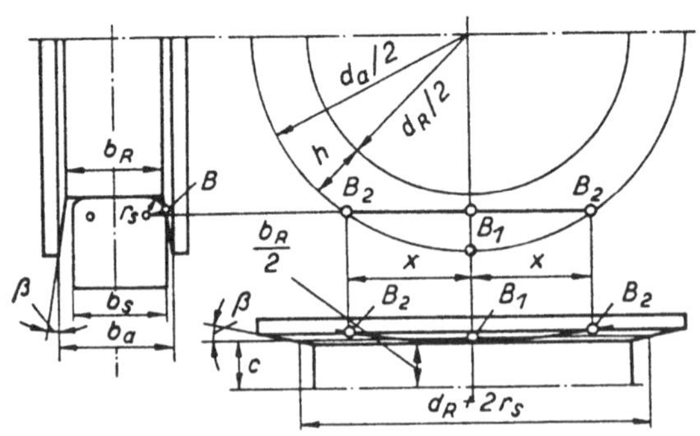

Bild 3-153 Anlauflinie Spurkranz–Schiene bei Kurvenfahrt nach [3.127]

Ein Einzelrad, das sich um eine durch den Punkt A_0 führende senkrechte Achse drehen kann (Bild 3-154a), hat den Grenzwert für den Innenradius der Schiene

$$r_i \geqq \frac{1}{2}\left(c + \frac{b_a}{2} - b_S\right) + \frac{x^2}{2\left(c + \frac{b_a}{2} - b_S\right)} \qquad (3.152)$$

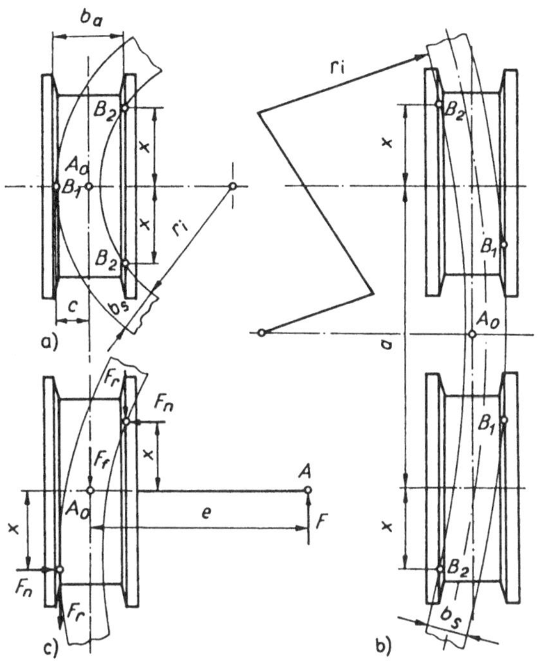

Bild 3-154 Kleinster Schienenradius
a) für ein Laufrad
b) für zwei starr verbundene Laufräder
c) Laufrad mit Selbsthemmung

mit

$b_a = b_R + (d_a - d_R)\tan\beta$.

Sind mehrere Laufräder je Schiene im Unterbau oder in Fahrwerkschwingen gelagert (Bild 3-154b), bestimmt der Abstand a der beiden äußeren Laufräder den Grenzwert des Schienenradius wesentlich. [3.127] führt hierfür Gleichungen auf der Basis des im Bild 3-153 dargestellten Modells auf. Unter der Annahme, daß die Schienenstücke zwischen den Spurkränzen der Laufräder nicht gekrümmt, sondern gerade sind, entsteht als Näherungsansatz für den kleinsten mittleren Schienenradius $r_m = (r_i + r_a)/2$

$$r_m \geqq \frac{a}{2}\sqrt{1+\left(\frac{2x}{b_a - B}\right)^2} \tag{3.153}$$

mit

$$B = \frac{4x^2 + b_a^2}{b_a + 2x\sqrt{\dfrac{4x^2+b_a^2}{b_S^2} - 1}}.$$

Eine analoge Lösung enthält auch [3.128]. Alle verwendeten Größen sind in den Bildern 3-153 und 3-154 verdeutlicht. Von den berechneten Grenzwerten ist ein ausreichender Abstand zu wahren. Wird der zulässige Kurvenradius zu groß, muß vorzugsweise der Achsabstand a vermindert werden. Einen geringeren Einfluß haben breitere Laufflächen (b_R größer), schmalere Schienen (b_S kleiner), eine größere Spurkranzneigung (b_a größer) und eine geringere Spurkranzhöhe (d_a kleiner).
Wenn die vertikale Achse für die Drehbewegung des Laufrads bzw. der Schwinge seitlich versetzt liegt (Punkt A im Bild 3-154c), besteht die Gefahr der Selbsthemmung. Unter Vernachlässigung der Spurkranzneigung gilt für die Normalkräfte an den Spurkränzen

$$F_n = \frac{Fe}{2x}. \tag{3.154}$$

Selbsthemmung tritt auf, wenn die Ungleichung

$2F_r + F_f \geqq F$

bzw. unter Verwendung von $F_r = \mu_{sp} F_n$ und Gl. (3.154)

$$\frac{Fe\mu_{sp}}{x} + F_f \geqq F$$

erfüllt ist. Wird der geringe Einfluß des Fahrwiderstands F_f vernachlässigt, gilt als Bedingung für das Abschätzen der Grenze der Selbsthemmung

$$\mu_{sp} \geqq \frac{x}{e}. \tag{3.155}$$

Für die Spurkranzreibung können näherungsweise die in Tafel 3-20 aufgeführten Reibungszahlen μ_0 des Kraftschlusses verwendet werden.

3.5.3.7 Zahlenbeispiel

Berechnung und Entwurf des Fahrwerks eines Portalkrans

Zu entwerfen und berechnen ist das Fahrwerk eines leichten Portalkrans mit Greiferbetrieb (Bild 3-155a) und einem festen Trichter in der Pendelstütze. Der Fahrantrieb soll aus vier getrennt angetriebenen Teilfahrwerken mit nur je einem Laufrad bestehen. Die Drehmomente der Motoren und Bremsen werden, dem üblichen Rechengang entsprechend, in allen Betriebsphasen als konstante Größen behandelt.

a) Technische Daten und Betriebsbedingungen

Nutzmasse $m_n = 1600$ kg
Hubmasse $m = 3200$ kg
maximale Trichterfüllung $m_ü = 3000$ kg
Fahrgeschwindigkeit $v_f = 31{,}5$ m/min $\hat{=}$ 0,525 m/s

spezifischer Fahrwiderstand $\mu_f = 0{,}012$ (Wälzlagerung, Spurkränze)

Windstaudruck im Betrieb

für Motor $q = 150\,\text{N/m}^2$
für Bremse $q = 200\,\text{N/m}^2$

maximale Anfahr- und Bremszeit bei vollem Betriebswind $t_A = t_B = 10$ s

Betriebsweise

Normalbetrieb:
Spielzahl $z_{sp} = 10^{-1}$ bzw. Spieldauer $t_{sp} = 360$ s
mittlerer Fahrweg $s_m = 6$ m

Sonderbetrieb:
Fahrweg $s = 100 \ldots 200$ m, $s_m = 150$ m (2- bis 4mal täglich).

b) Massen und Kräfte

Bild 3-155 und Tafel 3-21 geben die am Portalkran wirkenden statischen Kräfte an. Die anteiligen Windkräfte der Laufkatze betragen bei der im Bild 3-155b gezeichneten Grenzstellung rechts außen und $q = 150\,\text{N/m}^2$ bzw. $200\,\text{N/m}^2$

für die feste Stütze

$$F_{KwF} = F_{Kw}\frac{21{,}36}{18{,}0} = 2{,}99\,\text{kN bzw. } 3{,}99\,\text{kN},$$

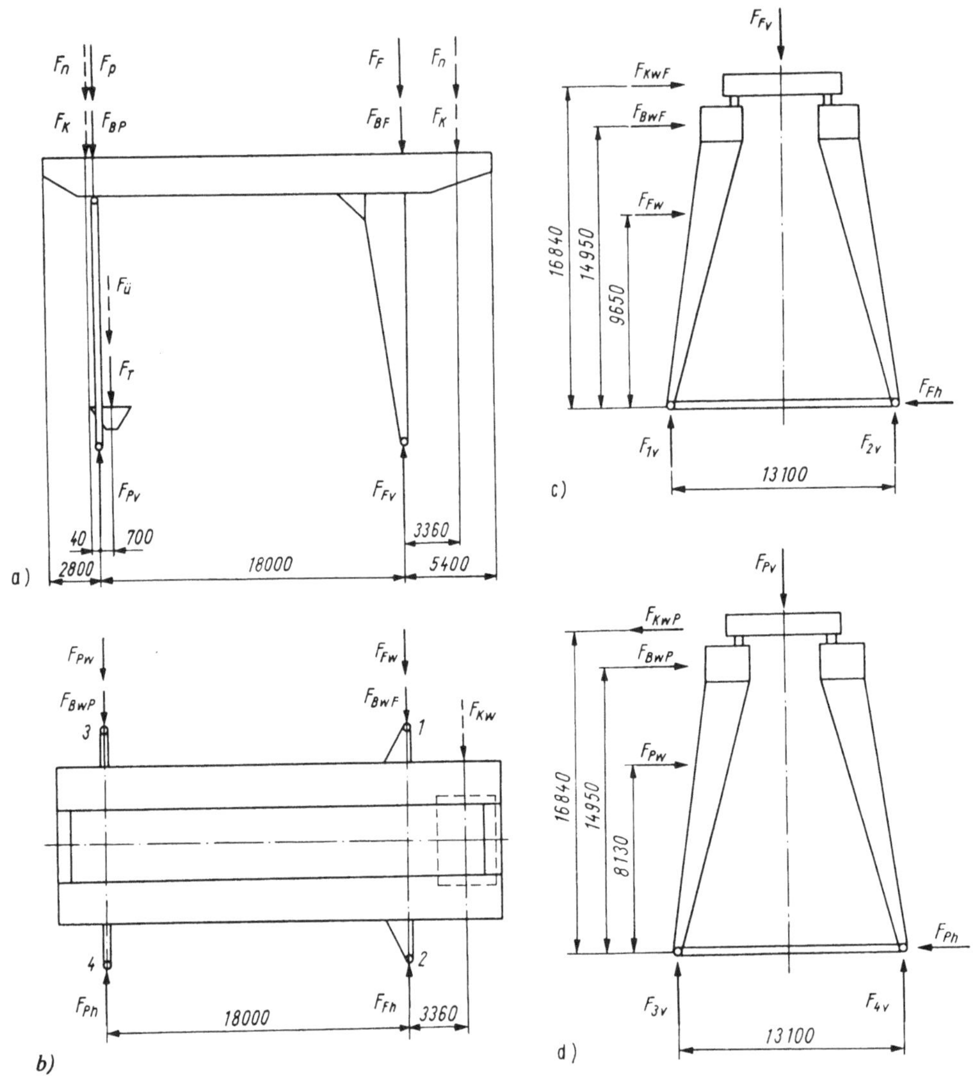

Bild 3-155
Kräfte am Portalkran
a) Vertikalebene
b) Horizontalebene
c) feste Stütze
d) Pendelstütze

für die Pendelstütze

$$F_{\mathrm{KwP}} = F_{\mathrm{Kw}} \frac{3{,}36}{18{,}0} = 0{,}47\,\mathrm{kN} \text{ bzw. } 0{,}63\,\mathrm{kN}.$$

Die Windkraft in Längsrichtung des Krans bleibt unberücksichtigt.

c) Stützkräfte in Vertikalebene

Die Stützkräfte werden für drei Auslegungsfälle berechnet:

A Maximalwert an der festen Stütze zur Laufraddimensionierung,

B Minimalwert an der Pendelstütze zur Kraftschlußkontrolle,

Tafel 3-21
Kräfte am Portalkran

Bauteil bzw. Gutart	Index	Masse m_i in kg	Gewichtskraft F_i in kN	Windfläche A_i in m²	Windkraft F_{iw} in kN bei Staudruck q in N/m² 150	200
Brückenträger	B	15970	156,67	48,8	7,32	9,76
Anteil feste Stütze	BF	8340	81,82	25,4	3,81	5,08
Anteil Pendelstütze	BP	7630	74,85	23,4	3,51	4,68
Feste Stütze	F	8660	84,95	9,1	1,37	1,82
Pendelstütze	P	7590	74,46	7,8	1,17	1,56
Laufkatze[1]	K	10600	103,99	16,8	2,52	3,36
Trichter	T	980	9,61	–	–	–
Nutzmasse	n	1600	15,70			
Trichterfüllung	ü	3000	29,43			
Summe		48400	474,81		12,38	16,50

[1]) einschließlich Greifer, leer

C Mittelwerte bei Stellung der Laufkatze in Mitte Spannweite.

Belastungsfall A (Bild 3-155a, Katzstellung rechts außen)

$$F_{\mathrm{Fv\,max}} = F_{\mathrm{BF}} + F_{\mathrm{F}} + (F_{\mathrm{K}} + F_{\mathrm{n}})\,\frac{21{,}36}{18{,}0} + (F_{\mathrm{T}} + F_{\mathrm{ü}})\,\frac{0{,}7}{18{,}0}$$

$$= 81{,}82 + 84{,}95 + (103{,}99 + 15{,}70)\,\frac{21{,}36}{18{,}0} + (9{,}61 + 29{,}43)\,\frac{0{,}7}{18{,}0} = 310{,}32\,\mathrm{kN}.$$

Belastungsfall B (Bild 3-155a, Katzstellung rechts außen)

$$F_{\mathrm{Pv\,min}} = F_{\mathrm{BP}} + F_{\mathrm{P}} - (F_{\mathrm{K}} + F_{\mathrm{n}})\,\frac{3{,}36}{18{,}0} + F_{\mathrm{T}}\,\frac{17{,}3}{18{,}0}$$

$$= 74{,}85 + 74{,}46 - (103{,}99 + 15{,}70)\,\frac{3{,}36}{18{,}0} + 9{,}61\,\frac{17{,}3}{18{,}0} = 136{,}21\,\mathrm{kN}.$$

Belastungsfall C (Bild 3-155a, Katzstellung in Mitte Spannweite)

$$F_{\mathrm{Fvm}} = F_{\mathrm{BF}} + F_{\mathrm{F}} + (F_{\mathrm{K}} + F_{\mathrm{n}})\,\frac{9{,}0}{18{,}0} + (F_{\mathrm{T}} + F_{\mathrm{ü}})\,\frac{0{,}7}{18{,}0}$$

$$= 81{,}82 + 84{,}95 + (103{,}99 + 15{,}70)\,\frac{9{,}0}{18{,}0} + (9{,}61 + 29{,}43)\,\frac{0{,}7}{18{,}0} = 228{,}14\,\mathrm{kN}$$

$$F_{\mathrm{Pvm}} = F_{\mathrm{BP}} + F_{\mathrm{P}} + (F_{\mathrm{K}} + F_{\mathrm{n}})\,\frac{9{,}0}{18{,}0} + (F_{\mathrm{T}} + F_{\mathrm{ü}})\,\frac{17{,}3}{18{,}0}$$

$$= 74{,}85 + 74{,}46 + (103{,}99 + 15{,}70)\,\frac{9{,}0}{18{,}0} + (9{,}61 + 29{,}43)\,\frac{17{,}3}{18{,}0} = 246{,}67\,\mathrm{kN}.$$

d) Laufraddurchmesser

Da kein Belastungskollektiv vorliegt, wird der Laufraddurchmesser vereinfachend aus der größten statischen Radkraft berechnet. Sie tritt bei Einwirkung des maximalen Betriebswinds im Bremszustand am Stützenfuß *2* der festen Stütze auf (Bild 3-155c) und beträgt

$$F_{\mathrm{R\,max}} = F_{2\mathrm{v}} = \frac{F_{\mathrm{Fv\,max}}}{2} + \frac{1}{13{,}1} \times (F_{\mathrm{KwF}} \cdot 16{,}84 + F_{\mathrm{BwF}} \cdot 14{,}95 + F_{\mathrm{Fw}} \cdot 9{,}65)$$

$$= \frac{310{,}32}{2} + \frac{1}{13{,}1}\,(3{,}99 \cdot 16{,}84 + 5{,}08 \cdot 14{,}95 + 1{,}82 \cdot 9{,}65) = 167{,}43\,\mathrm{kN}.$$

Gewählt wird ein Laufrad mit Ecklagern mit folgenden Parametern:

Laufraddurchmesser	$d_{\mathrm{R}} = 500\,\mathrm{mm} \mathrel{\hat{=}} 0{,}5\,\mathrm{m}$
Breite der Lauffläche	$b_{\mathrm{R}} = 80\,\mathrm{mm}$
Masse	$m_{\mathrm{R}} = 203\,\mathrm{kg}$
Massenträgheitsmoment	$J_{\mathrm{R}} \approx m_{\mathrm{R}}\,\frac{d_{\mathrm{R}}^2}{8} = \frac{203 \cdot 0{,}5^2}{8} = 6{,}34\,\mathrm{kg \cdot m^2}$
Werkstoff GS-60.1 N	$(p_{\mathrm{H\,zul}} = 642\,\mathrm{N/mm^2})$

und eine Schiene A65 (DIN 536) mit einer nutzbaren Kopfbreite $b_{\mathrm{K}} = 53\,\mathrm{mm}$.
Nach Gl. (2.198) wird die maximale Pressung bei Linienberührung

$$p_{\mathrm{HL}} = 268\,\sqrt{\frac{F_{\mathrm{R\,max}}}{d_{\mathrm{R}}\,b_{\mathrm{K}}}} = 268\,\sqrt{\frac{167\,430}{500 \cdot 53}} = 673{,}6\,\mathrm{N/mm^2}.$$

Die geringe Überschreitung der für Dauerbetrieb zulässigen Flächenpressung ist angesichts der geringen Wahrscheinlichkeit des Auslegungsfalls zulässig.

e) Auswahl Getriebe

Es sollen Motoren mit einer geschätzten Nenndrehzahl $n_{\mathrm{ne}} = 920\,\mathrm{U/min} \mathrel{\hat{=}} 15{,}33\,\mathrm{U/s}$ eingesetzt werden. Die entsprechende Winkelgeschwindigkeit beträgt $\omega_{\mathrm{ne}} = 2\pi n_{\mathrm{ne}} = 2\pi \cdot 15{,}33 = 96{,}34\,\mathrm{s^{-1}}$. Damit ist der rechnerische Wert der Getriebeübersetzung

$$i_{\mathrm{G}} = \frac{d_{\mathrm{R}}\,\pi n_{\mathrm{ne}}}{v_{\mathrm{f}}} = \frac{0{,}5\pi \cdot 920}{31{,}5} = 45{,}9.$$

Gewählt wird ein Stirnrad-Aufsteckgetriebe mit folgenden Hauptdaten:

Übersetzung	$i_{\mathrm{G}} = 45$
Wirkungsgrad	$\eta_{\mathrm{G}} = 0{,}97$
Massenträgheitsmoment	$J_{\mathrm{G}} = 0{,}003\,57\,\mathrm{kg \cdot m^2}$
Achsabstand	$a = 460\,\mathrm{mm}.$

f) Auswahl Motoren

Im folgenden werden Drehmomente, wenn sie sich auf das gesamte Fahrwerk beziehen, ohne zusätzliches Kennzeichen, wenn sie für ein Teilfahrwerk gelten, mit darübergesetztem Schlangenzeichen angegeben. Überschläglich wird ein Fahrmotor nach dem Anfahrmoment dimensioniert, siehe Gl. (3.18). Das Anfahrmoment für Anfahren gegen Betriebswind ist nach Gl. (3.77)

$$M_{\mathrm{A}} = M_{\mathrm{bew}} + M_{\mathrm{w(150)}} + M_{\mathrm{b}}$$

mit dem Bewegungsmoment nach Gl. (3.71)

$$M_{\mathrm{bew}} = \frac{F_{\mathrm{v}}\,\mu_{\mathrm{f}}\,d_{\mathrm{R}}}{2 i_{\mathrm{G}}\,\eta_{\mathrm{G}}} = \frac{474\,810 \cdot 0{,}012 \cdot 0{,}5}{2 \cdot 45 \cdot 0{,}97} = 32{,}63\,\mathrm{N \cdot m},$$

dem Windmoment nach Gl. (3.71)

$$M_{\mathrm{w(150)}} = \frac{F_{\mathrm{w(150)}}\,d_{\mathrm{R}}}{2 i_{\mathrm{G}}\,\eta_{\mathrm{G}}} = \frac{12\,380 \cdot 0{,}5}{2 \cdot 45 \cdot 0{,}97} = 70{,}90\,\mathrm{N \cdot m},$$

dem Beschleunigungsmoment nach Gl. (3.72)

$$M_{\mathrm{b}} = J_{\mathrm{ers}}\,\varepsilon_{\mathrm{A}}\,.$$

Das Ersatzmassenträgheitsmoment wird als Schätzwert nur aus dem Anteil der translatorisch bewegten Massen ermittelt, siehe auch Gl. (3.45):

$$J_{\mathrm{ers}} \approx m_{\mathrm{ges}}\,\frac{d_{\mathrm{R}}^2}{4}\,\frac{1}{i_{\mathrm{G}}^2\,\eta_{\mathrm{G}}} = \frac{48\,400 \cdot 0{,}5^2}{4 \cdot 45^2 \cdot 0{,}97} = 1{,}54\,\mathrm{kg \cdot m^2}.$$

Die Winkelbeschleunigung beträgt im Bemessungsfall Anfahren gegen Betriebswind

$$\varepsilon_A = \frac{\omega_{ne}}{t_A} = \frac{96,34}{10} = 9,63\,s^{-2}.$$

Somit wird das Beschleunigungsmoment

$M_b = 1,54 \cdot 9,63 = 14,84\,N \cdot m$

und das Anfahrmoment

$M_A = 32,63 + 70,90 + 14,84 = 118,37\,N \cdot m.$

Das hierfür erforderliche Nennmoment der Motoren ergibt sich als Schätzwert mit Gl. (3.18)

$$M_{ne} = \frac{M_A}{0,6\,\dfrac{M_k}{M_{ne}}} = \frac{118,37}{0,6 \cdot 2} = 98,64\,N \cdot m$$

($M_k/M_{ne} = 2$ geschätzt).

Die zugehörige Nennleistung ist

$P_{ne} = M_{ne}\,\omega_{ne} = 98,64 \cdot 96,34 = 9503\,W \mathrel{\widehat{=}} 9,5\,kW.$

Gewählt werden vier Drehstrom-Asynchronmotoren mit nachstehenden Parametern bei $ED_s = 25\,\%$

Nennleistung	$P_{ne} = 2,2\,kW$
Nenndrehzahl	$n_{ne} = 880\,U/min$
	$\mathrel{\widehat{=}} 14,67\,U/s$
	$\omega_{ne} = 2\pi n_{ne} = 2\pi \cdot 14,67$
	$= 92,15\,s^{-1}$
Nennmoment	$\tilde{M}_{ne} = \dfrac{P_{ne}}{\omega_{ne}} = \dfrac{2200}{92,15}$
	$= 23,87\,N \cdot m$
relatives Kippmoment	$\tilde{M}_k/\tilde{M}_{ne} = 2,1$
Kippmoment	$\tilde{M}_k = 2,1 \cdot 23,87$
	$= 50,14\,N \cdot m$
mittleres Anfahrmoment	$\tilde{M}_A = 0,6\tilde{M}_k = 0,6 \cdot 50,14$
	$= 30,08\,N \cdot m$
Massenträgheitsmoment	$J_M = 0,0215\,kg \cdot m^2.$

Die Gesamtmomente für vier Motoren betragen

$M_{ne} = 4 \cdot 23,87 = 95,48\,N \cdot m$

$M_A = 4 \cdot 30,08 = 120,32\,N \cdot m,$

und die Fahrgeschwindigkeit wird endgültig

$$v_f = \frac{d_R \pi n_{ne}}{i_G} = \frac{0,5\pi \cdot 880}{45} = 30,7\,m/min \mathrel{\widehat{=}} 0,512\,m/s.$$

Sie weicht nur um 2,5 % vom vorgegebenen Wert ab. Damit sind Motordrehzahl, Getriebeübersetzung und Laufraddurchmesser richtig aufeinander abgestimmt.

g) Auswahl Bremse und Kupplung

Im Bemessungsfall Wind in Fahrtrichtung betragen:

das Bewegungsmoment

$\bar{M}_{bew} = M_{bew}\,\eta_G^2 = 32,63 \cdot 0,97^2 = 30,70\,N \cdot m,$

das Windmoment nach Gl. (3.71)

$$\bar{M}_{w(200)} = \frac{F_{w(200)}\,d_R\,\eta_G}{2 i_G} = \frac{16\,500 \cdot 0,5 \cdot 0,97}{2 \cdot 45} = 88,92\,N \cdot m,$$

das Verzögerungsmoment nach Gl. (3.72)

$M_z = \bar{J}_{ers}\,\varepsilon_B\,.$

Wegen $\bar{J}_{ers} \approx J_{ers}$ und $t_B = t_A$ wird $M_z = M_b = 14,84\,N \cdot m$. Damit ergibt sich ein erforderliches Bremsmoment von

$$M_B = M_z - \bar{M}_{bew} + \bar{M}_{w(200)} = 14,84 - 30,70 + 88,92 = 73,06\,N \cdot m$$

bzw. je Bremse

$\tilde{M}_B = 73,06 : 4 = 18,27\,N \cdot m.$

Das kleinste Bremsmoment handelsüblicher Doppelbakkenbremsen entsprechend DIN 15435 beträgt $\tilde{M}_B = 40\,N \cdot m$ bei einem Trommeldurchmesser $d_B = 200\,mm$. Es ist nicht ratsam, diesen unteren Grenzwert durch weiteres Herabsetzen der Bremskraft und damit der Pressung an den Bremsbacken zu verringern. Zu entscheiden ist somit, ob nur zwei oder alle vier Teilfahrwerke mit mechanischen Bremsen ausgerüstet werden. Weil die mechanischen Bremsen vorwiegend eine Haltefunktion haben, sollen aus Sicherheitsgründen alle vier Teilfahrwerke damit bestückt werden. Die zugehörige elastische Bolzenkupplung mit Bremstrommel wird in Anlehnung an SEB 601410 und VDMA 15441 gewählt. Es ergeben sich folgende technische Daten:

Bremstrommeldurchmesser	$d_B = 200\,mm$
Bremsmoment	$\tilde{M}_B = 40\,N \cdot m$
Massenträgheitsmoment	$J_K = 0,0825\,kg \cdot m^2.$

h) Ersatzmassenträgheitsmoment

Das auf die Motorwelle reduzierte Massenträgheitsmoment der rotierenden Teile eines Einzelfahrwerks beträgt unter Vernachlässigung des Einflusses des Wirkungsgrads

$$J_{red\,l} = \bar{J}_{red\,l} = J_M + J_K + J_G + \frac{J_R}{i_G^2}$$

$$= 0,0215 + 0,0825 + 0,003\,57 + \frac{6,34}{42^2} = 0,111\,kg \cdot m^2.$$

Die Ersatzmassenträgheitsmomente für das gesamte Fahrwerk werden nach Gl. (3.45)

$$J_{ers} = 4 J_{red\,l} + \frac{m_{ges}\,d_R^2}{4 i_G^2\,\eta_G} = 4 \cdot 0,111 + 1,54 = 1,98\,kg \cdot m^2$$

$$\bar{J}_{ers} = 4 J_{red\,l} + \frac{m_{ges}\,d_R^2\,\eta_G}{4 i_G^2} = 0,444 + 1,54 \cdot 0,97^2 = 1,89\,kg \cdot m^2.$$

i) Anfahr- und Bremsdauer

Nach Festlegung aller Hauptbaugruppen des Antriebs sind die Anfahr- und Bremsdauer für die maßgebenden Betriebszustände zu überprüfen, wobei es wegen der konstant angenommenen Drehmomente nur um eine grobe Abschätzung gehen kann. Gl. (3.81) lautet mit den eingeführten Bestimmungsgrößen wie folgt:

$$t_A = \frac{2 v_f\,i_G\,J_{ers}/d_R}{M_A - M_{bew} \pm M_{w(150)}} = \frac{2 \cdot 0,512 \cdot 45 \cdot 1,98 : 0,5}{120,32 - 32,63 \pm 70,90}$$

$$t_B = \frac{2 v_f\,i_G\,\bar{J}_{ers}/d_R}{M_B + \bar{M}_{bew} \pm \bar{M}_{w(200)}} = \frac{2 \cdot 0,512 \cdot 45 \cdot 1,89 : 0,5}{105,03 + 30,70 \pm 88,92}.$$

Für elektrisches Bremsen wurde der in Gl. (3.15) angegebene Wert $M_B = 1{,}1\,M_{ne} = 1{,}1 \cdot 95{,}48 = 105{,}03\,\mathrm{N \cdot m}$ eingesetzt; bei mechanischem Bremsen gilt statt dessen $M_B = 4 \cdot 40 = 160\,\mathrm{N \cdot m}$. Die Ausrechnung für die drei maßgebenden Betriebsfälle führt zu der folgenden rechnerischen Dauer der nichtstationären Betriebsphasen in s:

	Anfahren	Bremsen, elektrisch	Bremsen, mechanisch
Wind in Fahrtrichtung	1,15	3,72	1,71
ohne Wind	2,08	1,28	0,91
Wind gegen Fahrtrichtung	10,87	0,78	0,62

Die ursprünglich vorgegebene maximale Anfahrdauer $t_A = 10\,\mathrm{s}$ wird somit nur unwesentlich überschritten. Im wahrscheinlichsten Betriebsfall ohne Wind liegen die Werte für die Anfahr- und Bremsdauer in einem vertretbaren Bereich; sie sind überdies durch die Steuerung des Antriebs zu beeinflussen. Die sehr kurze Bremsdauer bei mechanischem Bremsen sollte Anlaß sein, diese Bremsen durch eine geeignete Schaltung erst zeitverzögert nach vorausgegangener elektrischer Bremsung einfallen zu lassen.

k) *Kraftschlußkontrolle*

Die von Motor bzw. Bremse erzeugten Drehmomente müssen daraufhin überprüft werden, daß an dem Teilfahrwerk mit der kleinsten Stütz- bzw. Radkraft die Kraftschlußgrenze nicht überschritten wird. Zunächst sind diese Radkräfte zu berechnen. Sie treten an der Pendelstütze auf und betragen nach Bild 3-155d beim

Anfahren

$$F_{R\,min} = F_{3v} = \frac{F_{Pv\,min}}{2} - \frac{1}{13{,}1} \times (-F_{KwP} \cdot 16{,}84 + F_{BwP} \cdot 14{,}95 + F_{Pw} \cdot 8{,}13)$$

$$= \frac{136{,}21}{2} - \frac{1}{13{,}1}(-0{,}47 \cdot 16{,}84 + 3{,}51 \cdot 14{,}95 + 1{,}17 \cdot 8{,}13) = 63{,}98\,\mathrm{kN},$$

mechanischen Bremsen

$$\bar{F}_{R\,min} = \frac{136{,}21}{2} - \frac{1}{13{,}1}(-0{,}63 \cdot 16{,}84 + 4{,}68 \cdot 14{,}95 + 1{,}56 \cdot 8{,}13) = 62{,}60\,\mathrm{kN}.$$

Die Gleichungen für das hinsichtlich des Kraftschlusses zulässige Anfahr- bzw. Bremsmoment werden unter der Annahme angesetzt, daß sich das Gegenmoment M_g bzw. $\bar{M}_g$ sowie das Ersatzmassenträgheitsmoment J_{ers} bzw. $\bar{J}_{ers}$ zu gleichen Teilen auf alle vier Teilfahrwerke aufteilen. Es müssen zwei extreme Betriebsfälle überprüft werden:

Anfahren bei Wind gegen Fahrtrichtung

Mit dem Gegenmoment des Gesamtantriebs $M_g = M_{bew} + M_{w(150)} = 32{,}63 + 70{,}90 = 103{,}53\,\mathrm{N \cdot m}$ und dem bezogenen Massenträgheitsmoment des Einzelfahrwerks

$$J^* = \frac{4 J_{red\,I}}{J_{ers}} = \frac{4 \cdot 0{,}111}{1{,}98} = 0{,}224$$

wird das zulässige Anfahrmoment des Einzelfahrwerks bei $\mu_0 = 0{,}12$ und $S_A = 1{,}2$

$$\tilde{M}_A = \frac{1}{1 - J^*}\left(\frac{\mu_0 d_R F_{R\,min}}{2 i_G \eta_G S_A} - \frac{M_g J^*}{4}\right)$$

$$= \frac{1}{1 - 0{,}224}\left(\frac{0{,}12 \cdot 0{,}5 \cdot 63\,980}{2 \cdot 45 \cdot 0{,}97 \cdot 1{,}2} - \frac{103{,}53 \cdot 0{,}224}{4}\right)$$

$$= 39{,}74\,\mathrm{N \cdot m}.$$

Es ist größer als das zu übertragende Anfahrmoment $\tilde{M}_A = 30{,}08\,\mathrm{N \cdot m}$.

Mechanisches Bremsen bei Wind in Fahrtrichtung

Es gelten sinngemäß

$$\bar{M}_g = -\bar{M}_{bew} + \bar{M}_{w(200)} = -30{,}70 + 88{,}92 = 58{,}22\,\mathrm{N \cdot m},$$

$$\bar{J}^* = \frac{4 \bar{J}_{red\,I}}{\bar{J}_{ers}} = \frac{4 \cdot 0{,}111}{1{,}89} = 0{,}235$$

$$\tilde{M}_B = \frac{1}{1 - \bar{J}^*}\left(\frac{\mu_0 d_R \eta_G \bar{F}_{R\,min}}{2 i_G S_B} + \frac{\bar{M}_g \bar{J}^*}{4}\right)$$

$$= \frac{1}{1 - 0{,}235}\left(\frac{0{,}12 \cdot 0{,}5 \cdot 0{,}97 \cdot 62\,600}{2 \cdot 45 \cdot 1{,}1} + \frac{58{,}22 \cdot 0{,}235}{4}\right)$$

$$= 43{,}63\,\mathrm{N \cdot m}.$$

Auch dieses übertragbare Moment ist größer als das Bremsmoment $\tilde{M}_B = 40\,\mathrm{N \cdot m}$ der ausgewählten mechanischen Bremse.

l) *Kontrolle der thermischen Beanspruchung des Motors*

Es werden die Gln. (3.15), (3.17) und (3.1) herangezogen:

$$M_{eff} = \sqrt{\frac{\vartheta M_A^2 t_A + M_H^2 t_H + \vartheta M_B^2 t_B}{t_A + t_H + t_B}} \qquad (\vartheta = 1{,}1)$$

$$M_{ne} \geqq M_{eff} \sqrt{\frac{ED}{ED_s}}; \qquad ED = \frac{t_e}{t_{sp}}.$$

Zunächst wird der Normalbetrieb entsprechend den unter *a*) angegebenen Betriebsbedingungen mit einem mittleren Fahrweg $s_m = 6\,\mathrm{m}$ ohne Wind und mit vollem Betriebswind untersucht. Mit Ausnahme der Beharrungsdauer t_H wurden bereits alle benötigten Größen berechnet. Es gilt

ohne Wind

Beharrungsdauer

$$t_H = \frac{s_H}{v_f} = \frac{s_m}{v_f} - \frac{1}{2}(t_A + t_B)$$

$$= \frac{6}{0{,}512} - \frac{1}{2}(2{,}08 + 1{,}28) = 10{,}04\,\mathrm{s}$$

Effektivmoment

$$M_{eff} = \sqrt{\frac{1{,}1 \cdot 120{,}32^2 \cdot 2{,}08 + 32{,}63^2 \cdot 10{,}04 + 1{,}1 \cdot 105{,}03^2 \cdot 1{,}28}{2{,}08 + 10{,}04 + 1{,}28}}$$

$$= 66{,}55\,\mathrm{N \cdot m}$$

Einschaltdauer

$$ED = \frac{2{,}08 + 10{,}04 + 1{,}28}{360} = 0{,}037 \mathrel{\hat{=}} 3{,}7\,\%;$$

gegen Betriebswind

$$t_H = \frac{6}{0{,}512} - \frac{1}{2}(10{,}87 + 0{,}78) = 5{,}89\,\text{s}$$

$$M_{eff} = \sqrt{\frac{1{,}1 \cdot 120{,}32^2 \cdot 10{,}87 + 103{,}53^2 \cdot 5{,}89 + 1{,}1 \cdot 105{,}03^2 \cdot 0{,}78}{10{,}87 + 5{,}89 + 0{,}78}}$$

$$= 118{,}35\,\text{N} \cdot \text{m}$$

$$ED = \frac{10{,}87 + 5{,}89 + 0{,}78}{360} = 0{,}049 \mathrel{\hat{=}} 4{,}9\,\%.$$

Die Motoren sind damit im zweiten Fall gegenüber dem Nennmoment $M_{ne} = 95{,}48\,\text{N} \cdot \text{m}$ um das 1,24fache überlastet, allerdings bei einer sehr geringen relativen Einschaltdauer von $ED = 4{,}9\,\%$.

Im Sonderbetrieb ist ein Fahrweg von im Mittel $s_m = 150\,\text{m}$ zurückzulegen. Die zu berechnenden Größen im Betriebsfall ohne Wind werden dann:

$$t_H = \frac{150}{0{,}512} - \frac{1}{2}(2{,}08 + 1{,}28) = 291{,}29\,\text{s}$$

$$M_{eff} = \sqrt{\frac{1{,}1 \cdot 120{,}32^2 \cdot 2{,}08 + 32{,}63^2 \cdot 291{,}29 + 1{,}1 \cdot 105{,}03^2 \cdot 1{,}28}{2{,}08 + 291{,}29 + 1{,}28}}$$

$$= 34{,}90\,\text{N} \cdot \text{m}$$

$$ED = \frac{2{,}08 + 291{,}29 + 1{,}28}{360} = 0{,}818 \mathrel{\hat{=}} 81{,}8\,\%.$$

Die Einschaltdauer überschreitet die der ausgewählten Motoren so erheblich, daß eine Umrechnung des Effektivmoments gemäß Gl. (3.17) unzulässig erscheint. Rückfrage beim Hersteller ergab jedoch folgende modifizierte technische Daten der Motoren:

$$P_{ne} = 1{,}6\,\text{kW bei } ED_s = 60\,\%$$
$$n_{ne} = 920\,\text{U/min} \mathrel{\hat{=}} 15{,}33\,\text{U/s}$$
$$\omega_{ne} = 2\pi n_{ne} = 2\pi \cdot 15{,}33 = 96{,}32\,\text{s}^{-1}$$
$$\tilde{M}_{ne} = P_{ne}/\omega_{ne} = 1600 : 96{,}32 = 16{,}61\,\text{N} \cdot \text{m}$$
$$M_{ne} = 4\tilde{M}_{ne} = 4 \cdot 16{,}61 = 66{,}44\,\text{N} \cdot \text{m}.$$

Das aus dem Effektivmoment $M_{eff} = 34{,}90\,\text{N} \cdot \text{m}$ zu berechnende benötigte Nennmoment der Motoren beträgt demgegenüber nur

$$M_{ne} = M_{eff}\sqrt{\frac{ED}{ED_s}} = 34{,}90\sqrt{\frac{81{,}8}{60}} = 40{,}75\,\text{N} \cdot \text{m}.$$

Demzufolge sind die Motoren auch im Sonderbetrieb, allerdings ohne Windeinwirkung, thermisch nicht überfordert. Bei Fahrt gegen den Höchstwert des zulässigen Betriebswinds werden sie thermisch voll beansprucht, wenn die Einschaltdauer in grober Näherung den Wert erreicht

$$ED = ED_s\sqrt{\frac{M_{ne}}{M_{eff}}} = 0{,}6\sqrt{\frac{66{,}44}{118{,}35}} = 0{,}450 \mathrel{\hat{=}} 45{,}0\,\%.$$

Dies bedeutet eine Einschalt- und Beharrungsdauer von

$$t_e = ED \cdot t_{sp} = 0{,}45 \cdot 360 = 162{,}0\,\text{s}$$
$$t_H = t_e - (t_A + t_B) = 162{,}0 - (10{,}87 + 0{,}78) = 150{,}35\,\text{s}$$

und einen Gesamtfahrweg von

$$s = v_f\left(\frac{t_A}{2} + t_H + \frac{t_B}{2}\right)$$
$$= 0{,}512\left(\frac{10{,}87}{2} + 150{,}35 + \frac{0{,}78}{2}\right) = 80{,}0\,\text{m}.$$

Nach den in [2.123] gegebenen Hinweisen ist zu bedenken, daß bei größeren Windgeschwindigkeiten die Wahrscheinlichkeit für das Auftreten von Außentemperaturen über 20 °C in den gemäßigten Klimazonen sehr gering ist. Dies gestattet eine Erhöhung des für die Motoren angegebenen Nennmoments um mindestens 11 %, weil dieses für die Umgebungstemperatur 40 °C gilt. Deshalb sind auch aus der thermischen Belastung der Motoren keine Einschränkungen für den Betriebsfall Sonderbetrieb notwendig. Dies sollte allerdings durch eine genauere elektrotechnische Nachprüfung bestätigt werden.

m) Aufteilung der Antriebsleistungen

Am Schluß von Abschnitt 3.5.3.4 wurde darauf hingewiesen, daß die Antriebsleistungen bei getrennten Antrieben auf die Einzelfahrwerke nach den anteiligen Fahrwiderständen im wahrscheinlichsten Betriebsfall aufgeteilt werden sollten, um die Ausgleichskräfte im statistischen Mittel klein zu halten. Der zu berechnende Portalkran hat nur eine geringe Unsymmetrie in der Verteilung der mittleren Stützkräfte und damit Fahrwiderstände. Nach *c*) betragen diese mittleren Stützkräfte im wahrscheinlichsten Auslegungsfall $F_{Fvm} = 228{,}14\,\text{kN}$ und $F_{Pvm} = 246{,}67\,\text{kN}$.

Weil die Fahrwerke beider Stützen gleich sind, läßt sich das Verhältnis der den Fahrwiderständen bzw. Stützkräften entsprechenden Antriebsmomente laut Gl. (3.144) für $\Delta d_R = 0$ durch ein analog gewähltes Verhältnis der Nennschlüpfe der Motoren herstellen. Behalten die Motoren der Pendelstütze den ursprünglichen

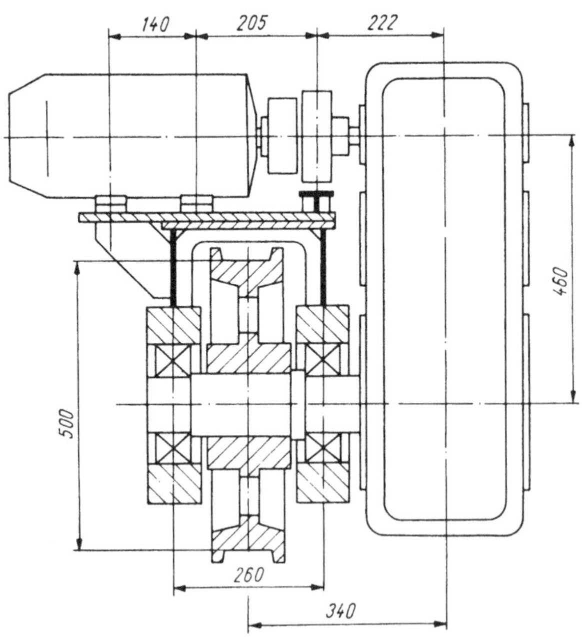

Bild 3-156 Entwurf des Stützenfahrwerks

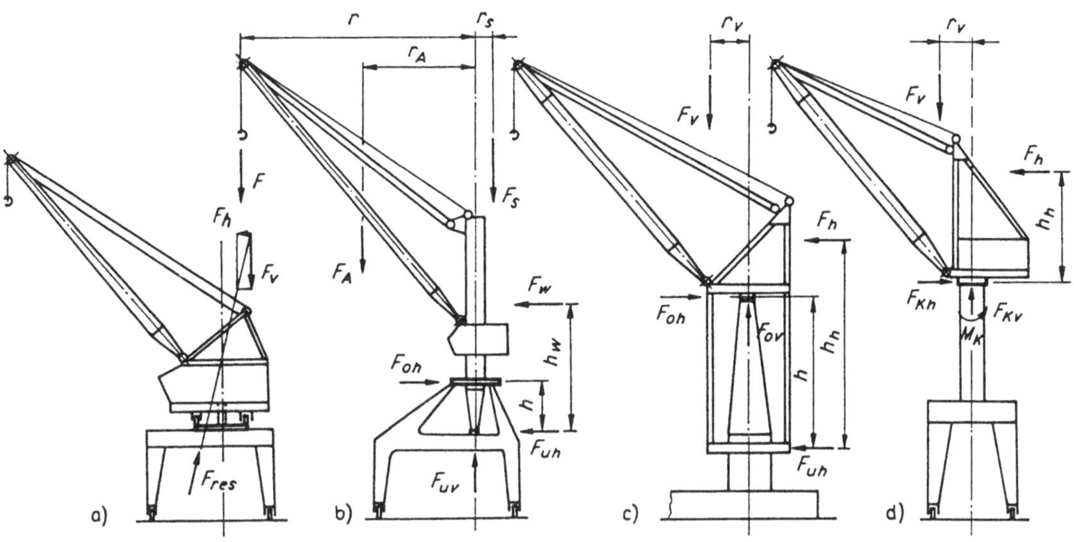

Bild 3-157 Drehverbindungen von Drehkranen, schematisch

a) Drehscheibenverbindung
b) Säulendrehverbindung, Säule drehbar
c) Säulendrehverbindung, Säule feststehend
d) Kugeldrehverbindung

Nennschlupf $s_{\mathrm{neP}} = 0{,}12$, sollten die Motoren der festen Stütze den Nennschlupf

$$s_{\mathrm{neF}} = s_{\mathrm{neP}} \frac{F_{\mathrm{Pv}}}{F_{\mathrm{Fv}}} = 0{,}12 \frac{246{,}67}{228{,}14} = 0{,}13$$

aufweisen. Der Unterschied ist gering; aber es sollte vor allem die Vorgehensweise hier im Beispiel erläutert werden.

n) Entwurf des Einzelfahrwerks

Im Bild 3-156 ist der konstruktive Entwurf des berechneten Einzelfahrwerks dargestellt. Der etwas größer als erforderlich gewählte Achsabstand $a = 460$ mm des Getriebes erlaubt die Anordnung von Motor und Bremse oberhalb des Laufrads und damit die gern bevorzugte kompakte Bauweise eines Stützenfahrwerks ohne Kegelradstufe im Getriebe.

3.5.4 Drehwerke

Die Drehbewegung um eine senkrechte Achse ist eine häufig auftretende Arbeitsbewegung, z.B. in Dreh- und Fahrzeugkranen, Baggern, Absetzern. Das Drehwerk besteht aus den maschinellen Teilen der Drehverbindung und dem eigentlichen Drehwerkantrieb, der am feststehenden oder am drehbaren Teil der Fördermaschine gelagert wird.

3.5.4.1 Drehverbindungen

Die Wahl der geeigneten Drehverbindung hängt eng mit dem Gesamtaufbau der Maschine zusammen. Je nachdem, ob eine oder zwei in größerem Abstand senkrecht übereinanderliegende Stützebenen vorliegen, sind zwei Grundbauarten von Drehverbindungen mit je zwei Ausführungsformen entwickelt worden, die Bild 3-157 am Beispiel des Drehkrans verdeutlicht:

Scheibendrehverbindungen

- nicht kippsicher (Drehscheibenverbindung, Bild 3-157a),
- kippsicher (Kugel- bzw. Rollendrehverbindung, Bild 3-157d).

Säulendrehverbindungen

- Säule drehbar (Bild 3-157b),
- Säule feststehend (Bild 3-157c).

Eine *Drehscheibenverbindung* besteht aus zwei meist durch einen Hauptzapfen radial zueinander zentrierten Rahmen. Auf dem feststehenden unteren Rahmen ist eine Kreisschiene angebracht, auf der sich die am oberen Rahmen gelagerten Laufräder bzw. -rollen abstützen. Der Hauptzapfen darf im Betrieb nur horizontale Kräfte, im Außerbetriebsfall als Kippsicherung auch Zugkräfte aufnehmen. Er ist hohl ausgeführt, wenn er zugleich als Zuführung für die Strom- und Steuerleitungen dient. Die Stützelemente derartiger Drehverbindungen lassen sich variieren. Statt der Laufräder mit zylindrischer Lauffläche (Bild 3-158a) können solche mit kegliger verwendet werden (Bild 3-158b); dies verbessert die Abwälzbedingungen und entlastet den Hauptzapfen von Horizontalkräften. Die Laufräder sind einzeln oder paarweise in Schwingen gelagert. An ihre Stelle treten im Beispiel nach Bild 3-158c eine größere Anzahl in einem Käfig geführter, gleichmäßig über den Umfang verteilter Stützrollen zwischen nunmehr zwei Kreisschienen. Die Aufnahme der Stützkräfte durch eine größere Anzahl von Stützelementen und der Wegfall der Biegebelastung der Führungsachsen verringern den Durchmesser dieser Bauteile und damit die gesamte Bauhöhe. In Tagebaumaschinen werden große einreihige Kugeldrehverbindungen (Bild 3-158d) eingesetzt. Die Laufringe bestehen des Transports wegen fast immer aus mehreren Segmenten. Zwischen den Stahlkugeln liegen Distanzstücke aus Kunststoff.

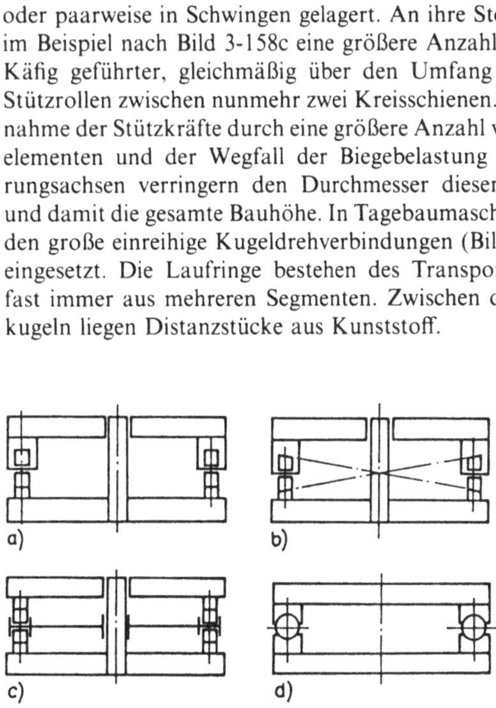

Bild 3-158 Stützarten bei Drehscheibenverbindungen

a) Laufräder, zylindrische Lauffläche
b) Laufräder, keglige Lauffläche
c) Stützrollen
d) Kugelringe (Axialkugellager)

Alle diese als Drehscheibe ausgebildeten Drehverbindungen sind nicht kippsicher. Die Wirkungslinie der resultierenden äußeren Kraft F_{res}, der geometrischen Summe von Vertikalkraft F_v und Horizontalkraft F_h, muß in allen im Betrieb zulässigen Stellungen bei den zugehörigen ungünstigsten Belastungen durch die von den Verbindungslinien der Stützpunkte begrenzte Stützfläche gehen. Würde sie während des Betriebs über diese Linien hinaustreten, entstünden nicht nur Zugbelastungen des Hauptzapfens, sondern als Folge von Lagerspiel und Verformungen auch ein wiederholtes Abheben und stoßartiges Wiederaufsetzen der Stützelemente. Für diese vertikalen Belastungen ist jedoch das Tragwerk nicht ausgelegt. Wenn in besonderen Betriebszuständen, z.B. während der Montage oder bei Havarien, eine solche Kippbelastung nicht auszuschließen ist und ein Hauptzapfen als Kippsicherung fehlt, werden Fanghaken oder -rollen angebracht.

Diese Grundbedingung für die Übertragung der äußeren Kräfte bedingt einen von der Belastung abhängigen Mindestdurchmesser d_S der Kreisschiene bzw. des Laufrings. Um ihn zu bestimmen, werden vereinfachend nur die Hauptkräfte herangezogen (Bild 3-159), und es werden zwei Gleichungen für das kippende Moment gebildet:

Kippkante *2*, mit Hub- und Windkraft

$$F(r-c)+F_e(r_e-c)-F_g(r_g+c)+F_w h_w \leqq 0$$

Kippkante *1*, ohne Hubkraft, mit entgegengesetzt gerichteter Windkraft

$$-F_e(r_e+c)+F_g(r_g-c)+F_w h_w \leqq 0.$$

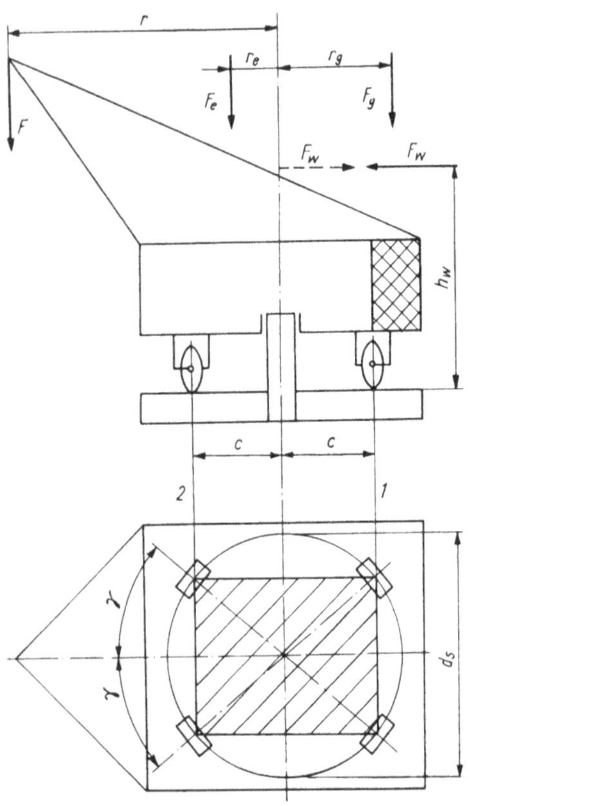

Bild 3-159 Drehscheibe, Belastung und Schienendurchmesser

Diese beiden Gleichungen ergeben die Bestimmungsgleichung für den Abstand c:

$$c \geqq \frac{Fr+2F_w h_w}{F+2(F_e+F_g)}; \tag{3.156}$$

F Hubkraft,
F_w Windkraft,
F_e Gewichtskraft des drehbaren Teils ohne Gegenmasse,
F_g Gewichtskraft der Gegenmasse.

Gl. (3.156) läßt erkennen, daß c kleiner wird, wenn F_e und F_g zunehmen, d.h., wenn das drehbare Teil schwerer wird. Verringert sich F_e durch Leichtbau, muß F_g erhöht oder c vergrößert werden. Unabhängig von dieser relativen Beziehung zwischen den Eigenmassen führen Drehscheibenverbindungen grundsätzlich zu breiten Konstruktionen geringer Bauhöhe oder, anders ausgedrückt, sie eignen sich für derartige Bauformen.

Sind Neigung und damit Ausladung des Auslegers veränderlich, schwankt der Radius r_e der Gewichtskraft F_e des drehbaren Teils zwischen den Grenzwerten $r_{e\,max}$ und $r_{e\,min}$. Gl. (3.156) erhält dann die Form

$$\bar{c} = \frac{Fr+F_e(r_{e\,max}-r_{e\,min})+2F_w h_w}{F+2(F_e+F_g)}. \tag{3.157}$$

Wegen $\bar{c} > c$ wird der erforderliche Durchmesser $d_S = 2c/\cos\gamma$ der Kreisschiene in diesem Fall größer als bei starrem Ausleger.

Zusätzliche Forderungen, wie nach gleichen Radkräften in den beiden angesetzten Belastungsfällen, engen die gestalterische Freiheit weiter ein. Die genannte Bedingung führt ohne Berücksichtigung der Windkraft und bei starrem Ausleger zu der Bedingungsgleichung für $F_{R1} = F_{R2}$

$$F_g r_g = \tfrac{1}{2}\,[F(r+c)+2F_e r_e], \tag{3.158}$$

wie sie beispielsweise in [3.129] angegeben ist. Außer dem Stützringdurchmesser d_S ist mit dieser Gleichung auch das Moment der Gewichtskraft der Gegenmasse festgelegt.

Die Stützkräfte und die Drehwiderstände einer Drehscheibenverbindung aus Reibungskräften werden wie bei Fahrwerken berechnet, siehe Abschnitt 3.5.3.2. Zur Verteilung der Kräfte auf die Rollen einer Drehverbindung mit Vielfachstützung siehe Abschnitt 3.5.4.2.

Säulendrehverbindungen haben die größte Verbreitung an Hafenkranen gefunden, weil sie deren schmale, hohe Bauweise begünstigen. Die Bauform mit drehbarer Säule (Bild 3-157b) herrscht vor, die mit feststehender Säule (Bild 3-157c) eignet sich wegen der größeren Einspannhöhe besser für schwere Krane, z.B. Werft- und Schwimmkrane.

Die im Bild 3-157b wiederum auf die Haupteinflüsse beschränkten, in der Auslegerebene liegenden Kräfte

F Hubkraft,
F_A Gewichtskraft des Auslegers,
F_S Gewichtskraft der Säule einschließlich der unmittelbar an ihr befestigten Teile,
F_w Windkraft

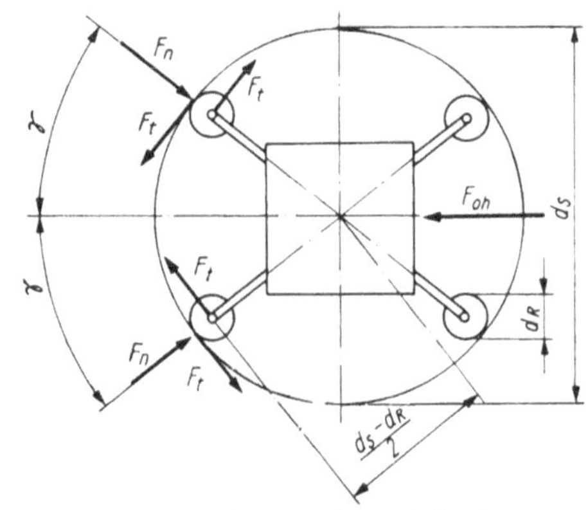

Bild 3-160 Kräfte am oberen Stützring

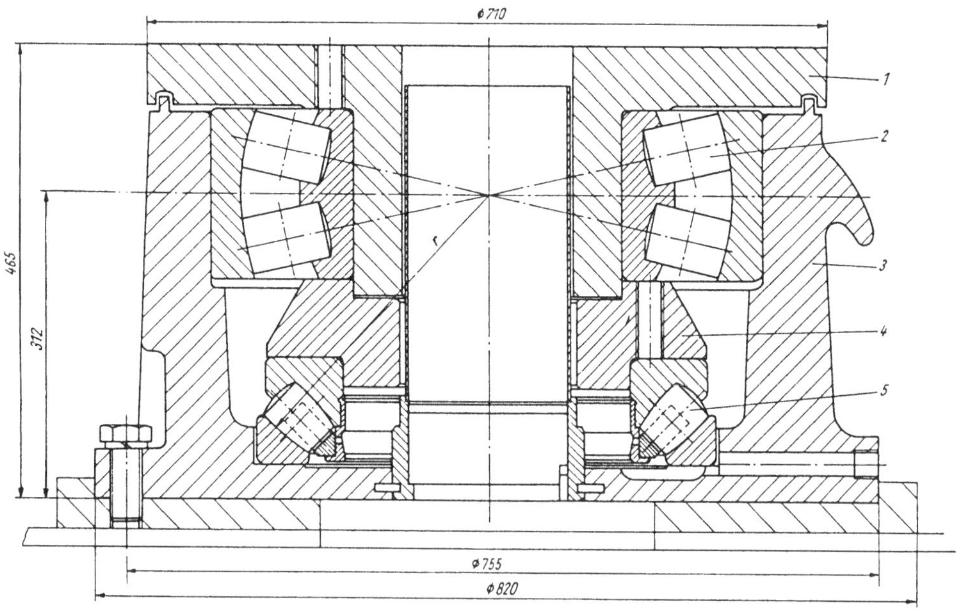

Bild 3-161 Drehsäulenlagerung, Kranbau Eberswalde GmbH

1 Lageroberteil
2 Pendelrollenlager
3 Lagerunterteil
4 Zwischenring
5 Axial-Pendelrollenlager

erzeugen die Lagerkräfte F_{uv}, F_{uh} am unteren Stützlager und F_{oh} am oberen Stützring (Bild 3-160). Sie betragen in diesem vereinfachten, aber zur Auslegung vorzugsweise benutzten Ansatz

$$F_{uv} = F + F_A + F_S$$

$$F_{uh} = \frac{1}{h}[Fr + F_A r_A - F_S r_S + F_w(h_w - h)]$$

$$F_{oh} = \frac{1}{h}[Fr + F_A r_A - F_S r_S + F_w h_w]. \qquad (3.159)$$

Es ist zu erkennen, daß wegen der Lage der resultierenden Windkraft F_w oberhalb des Stützrings $F_{oh} > F_{uh}$ wird. Eine genauere, räumliche Berechnung der Stützkräfte unter Einbeziehung weiterer, auch senkrecht zur Auslegerebene wirkender Kräfte wird im Abschnitt 3.5.4.4 vorgestellt.
Der Stützring einer Säulendrehverbindung ist eine radial belastete Kreisschiene, auf der sich die an der Säule gelagerten Laufrollen abstützen. Treten größere Stützkräfte auf, werden die in Auslegerrichtung liegenden beiden Rollen durch in Schwingen gelagerte Rollenpaare ersetzt, siehe das Konstruktionsbeispiel im Bild 3-178.
Die Rollen bzw. Rollenpaare übertragen die Normalkraft

$$F_n = \frac{F_{oh}}{2\cos\gamma}. \qquad (3.160)$$

Das Widerstandsmoment aus Roll- und Lagerreibung beträgt

$$M_{ro} = \frac{F_{oh}}{2\cos\gamma}(d_S - d_R)\mu_f \qquad (3.161)$$

mit dem spezifischen Roll- bzw. Fahrwiderstand μ_f nach Tafel 3-19. Das untere Stützlager muß Kräfte in zwei Ebenen aufnehmen und als Gelenk ausgebildet sein, um kleine Einstellbewegungen der Stützachse nicht zu behindern. Bild 3-161 zeigt eine übliche Ausführung mit zwei Wälzlagern; in [3.130] werden auch Gelenklager mit Gleitführung beschrieben.
Das Reibmoment des Stützlagers ist [2.66]

$$M_{ru} = F_{uv}\frac{d_{ax}}{2}\mu_{ax} + F_{uh}\frac{d_{ra}}{2}\mu_{ra}; \qquad (3.162)$$

$\mu_{ax} = 0{,}0025$ für das Axial-Kegelrollenlager,
$\mu_{ra} = 0{,}0018$ für das Radial-Pendelrollenlager.

Weil die Komponenten der Lagerkräfte sich nicht so eindeutig auf die beiden Wälzlager aufteilen, sollte M_{ru} um einen Faktor von etwa 1,5 vergrößert werden.
Die *Kugel- bzw. Rollendrehverbindung* (Bild 3-162) stellt ein zwei- bzw. mehrreihiges Großwälzlager als geschlossene Baugruppe dar. Derartige Drehverbindungen werden bis etwa 3,2 m Durchmesser in Serie, darüber hinaus in Sonderfertigung für größere Durchmesser bis etwa 10 m hergestellt.

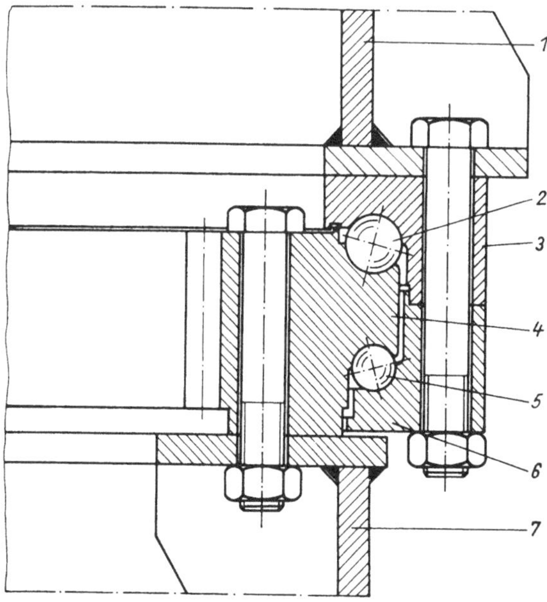

Bild 3-162 Aufbau und Befestigung einer Kugeldrehverbindung mit Innenverzahnung des Nasenrings

1 Auflager, oben
2 Tragkugelreihe
3 Tragring
4 Nasenring mit Zahnkranz
5 Haltekugelreihe
6 Haltering
7 Auflager, unten

Sie übertragen beliebig gerichtete äußere Kräfte und Momente, d.h., sie sind kippsicher. Ihre Vorzüge sind beträchtlich: geringe Bauhöhe, kleiner Außendurchmesser, freier Innenraum für Durchstieg und Durchführung anderer Baugruppen, einfache Ausrüstung mit einem Zahnkranz usw. Aus diesen Gründen haben sie andere Drehverbindungen stark zurückgedrängt, wie bei Fahrzeugkranen, Hydraulikbaggern, Baukranen, vielen Hafenkranen.
Zu beachten ist jedoch, daß Kugel- und Rollendrehverbindungen, verglichen mit normalen Wälzlagern, eine kleinere relative Querschnittsfläche und damit eine sehr geringe Biegesteife aufweisen. Dies bedingt eine steife Lagerung. Belastung und Beanspruchung folgen komplizierten Gesetzmäßigkeiten. Für die praktische Berechnung müssen deshalb Vereinfachungen getroffen werden, siehe den folgenden Abschnitt.

3.5.4.2 Kugel- und Rollendrehverbindungen

3.5.4.2.1 Bauarten

In den Drehverbindungen werden als Wälzkörper Kugeln oder Rollen verwendet, die in einer Wälzkörperreihe denselben Durchmesser haben müssen. Man unterscheidet folgende kippsichere Bauarten:

- ein- bis dreireihige Kugeldrehverbindungen, wobei die zweireihigen die größte Verbreitung gefunden haben (Bilder 3-162 und 3-163);
- zwei- und dreireihige Rollendrehverbindungen (Bild 3-164a);
- Kreuzrollenverbindungen (Bild 3-164b).
  In nur einer Wälzkörperreihe wechseln die Kontaktwinkel α (Bild 3-165) von Rolle zu Rolle, z.B. zwischen 45° und 135°, so daß funktionell zwei Reihen entstehen.

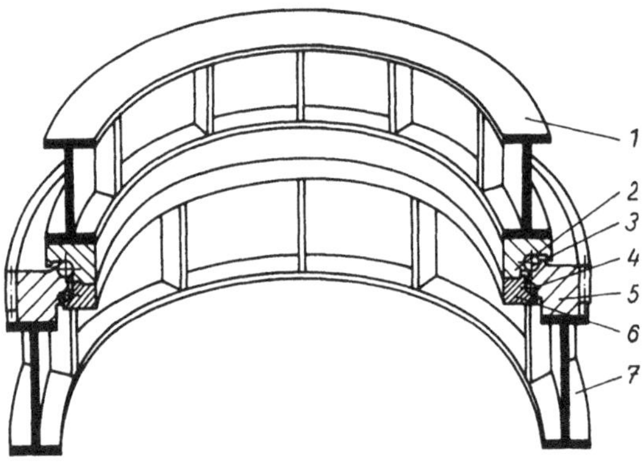

Bild 3-163 Kugeldrehverbindung mit Außenverzahnung des Nasenrings und Auflagekonstruktion

1 oberer Lagerring
2 Tragring
3 Tragkugelreihe
4 Haltekugelreihe
5 Nasenring
6 Haltering
7 unterer Lagerring

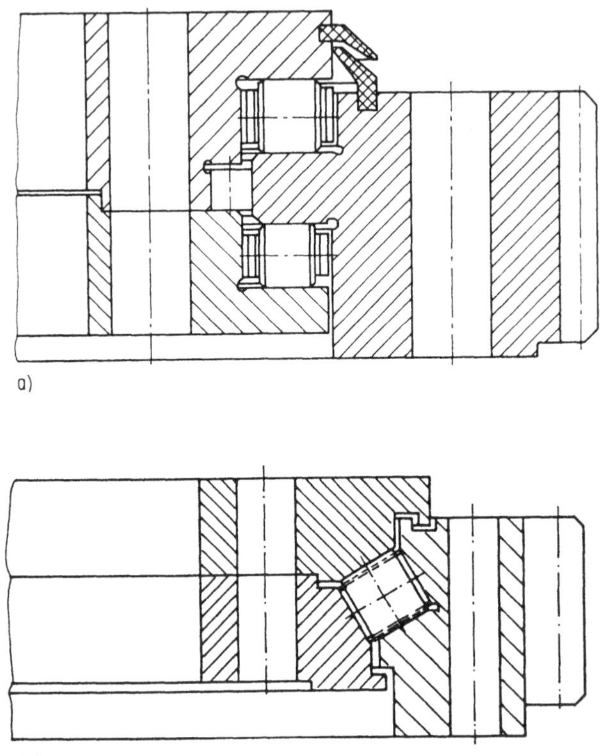

Bild 3-164 Rollendrehverbindungen

a) dreireihige Rollendrehverbindung
b) Kreuzrollenverbindung

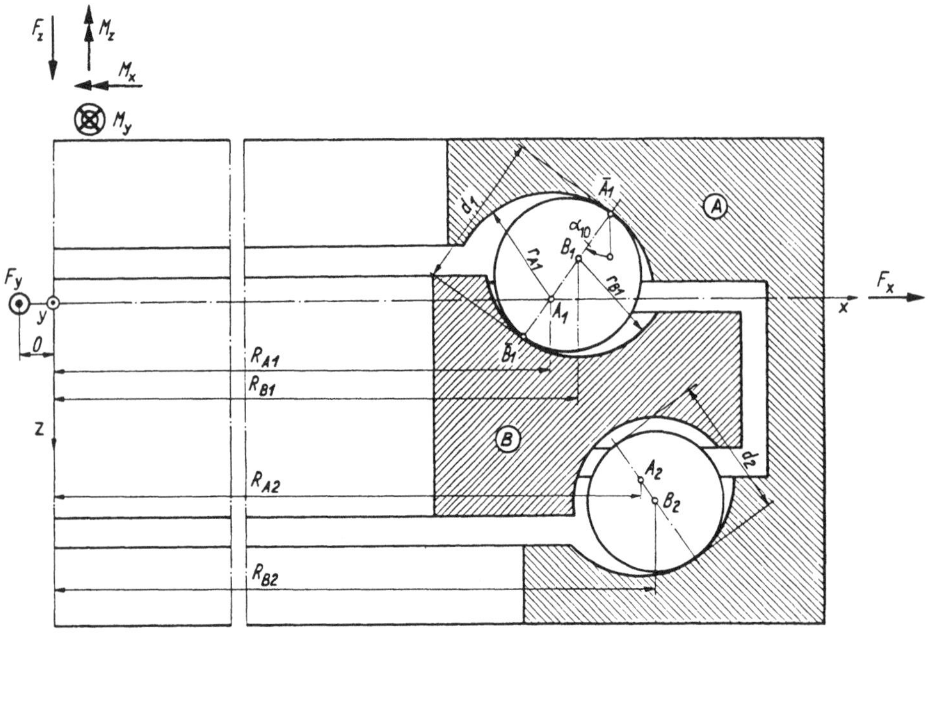

Bild 3-165
Geometrische Verhältnisse bei Kugeldrehverbindungen

Der Ringwerkstoff der Drehverbindungen ist Vergütungsstahl. Die oberflächengehärteten Laufbahnen werden in hoher Oberflächengüte gefertigt. Distanzstücke, i.allg. aus Kunststoff, gewährleisten die gleichmäßige Verteilung der Genauigkeitswälzkörper auf der Laufbahn. Trag- und Haltering (Bild 3-162) sind miteinander und mit dem drehbaren Teil der Maschine verschraubt. Der Nasenring ist mit dem feststehenden Teil verbunden; er hat eine Außen- oder Innenverzahnung. Die Auflagerkonstruktionen müssen

- genügend steif sein, so daß die Drehverbindung über ihren Umfang gleichmäßig nachgiebig gestützt wird;
- in den Auflageflächen für die Drehverbindung nur geringe Formabweichungen aufweisen;
- Zentrierungen für die Drehverbindung haben.

Gegen Wasser und Schmutz können die Laufbahnen abgedichtet werden (Bild 3-164a). Eine Nachschmierung wird über Druckschmierköpfe vorgenommen.
Die Vorauswahl einer Drehverbindung ist prinzipiell nach den von den Herstellern veröffentlichten Unterlagen möglich. Eine nachträgliche Bestätigung durch den Hersteller ist jedoch erforderlich. Über diese Auswahlverfahren hinaus geben die nachfolgenden Ausführungen einen Einblick in die Beanspruchungen dieser Drehverbindungen und die Grundlagen ihrer Dimensionierung.

3.5.4.2.2 *Berührungsgeometrie und Vereinfachungen*

Im Bild 3-162 sind der Aufbau einer zweireihigen Kugeldrehverbindung und ihre Befestigung zwischen den relativ zueinander drehbaren Teilen der Maschine dargestellt. Die Laufbahnen der unbelasteten Kugeldrehverbindung sind Torusteile (Bild 3-165). Denkt man sich die Laufbahn, z.B. des Tragrings, zu einem vollständigen geometrischen Gebilde ergänzt, dann stößt die Mittellinie des Torus, ein Kreis mit dem Radius R_{A1}, im Punkt A_1 durch die Zeichenebene. Der zugehörige Laufbahnradius ist r_{A1}. Das Entsprechende gilt für den Punkt B_1 des Nasenrings in der Tragkugelreihe (i.allg. ist $r_{B1} = r_{A1}$) und für die Punkte A_2 und B_2 in der Haltekugelreihe.
In die Mittelebene des Laufbahntorus des Tragrings ist im Bild 3-165 ein kartesisches x, y, z-Koordinatensystem gelegt worden, auf dessen Achsen alle am drehbaren Teil der Maschine vorhandenen eingeprägten Belastungen bezogen wurden. Das Ergebnis sind die Kräfte F_x, F_y, F_z und die Momente M_x, M_y, M_z. Dem Moment M_z halten, läßt man die geringe Reibung der Drehverbindung außer acht, die Kräfte des Drehwerkantriebs das Gleichgewicht. Die anderen Kräfte und Momente werden durch die Wälzkörper der Drehverbindung aufgenommen.
Die Lage des aus Trag- und Haltering gebildeten Außenrings (*A* im Bild 3-165) gegenüber dem durch den Nasenring dargestellten Innenring (*B* im Bild 3-165) zeichnet sich im unbelasteten Zustand dadurch aus, daß die Kugeln mit dem Durchmesser d_1 in der Tragkugelreihe *1* drucklos anliegen. Die Berührungspunkte sind $\bar{A}_1$ und $\bar{B}_1$. Wenn die Kugeln der Tragkugelreihe drucklos anliegen, kann das infolge des den Drehverbindungen anhaftenden Spiels in der Haltekugelreihe *2* nicht der Fall sein. Der zusätzliche Index 0 beim Kontaktwinkel α_1 in der Tragkugelreihe im Bild 3-165 deutet darauf hin, daß dieser Winkel nur im unbelasteten Zustand der Drehverbindung existiert. Bei einer allgemeinen Belastung ändert er sich wesentlich, und zwar unterschiedlich in den Kugelreihen und über den Umfang der Drehverbindung.
Die Drehverbindung liegt immer im Innern einer Maschine. Bei einer exakten Ermittlung der Wälzkörperkräfte müßte also die Maschine als Ganzes durchgerechnet werden. Selbst wenn das möglich wäre, würde sich der Aufwand nicht lohnen. Die Aufgabe muß deshalb sinnvoll vereinfacht werden [3.131]. Die größte Vereinfachung liegt darin, die Auflagekonstruktionen als starr anzusehen und bei der Drehverbindung lediglich die Verformungen an den Berührungsstellen zwischen Wälzkörpern und Laufbahnen zu berücksichtigen. Für Abschätzungen sind diese Annahmen gerechtfertigt. Das gilt um so mehr, je gleichwertiger die Stützung der Ringe an jeder Stelle des Umfangs ist. Ideale Bedingungen stellen diesbezüglich Ringträger (Bild 3-163) mit einer Mindesthöhe, z.B. als Großrohre, dar.
Die Berechnung von Drehverbindungen setzt sich aus zwei Teilaufgaben zusammen: der Bestimmung der auftretenden und der Festlegung der zulässigen Wälzkörperkräfte. Für beide Teilaufgaben werden die elastizitätstheoretischen Grundlagen über die Berührung von Körpern benötigt.

3.5.4.2.3 *Elastizitätstheoretische Grundlagen*

Bei Drehverbindungen ist $R \gg (r, d)$ (Bild 3-165), so daß der Berechnung mit großer Genauigkeit die Berührung zwischen Kugel und Hohlzylinder zugrunde gelegt werden kann. Zurückgegriffen wird zunächst auf folgende, im Abschnitt 2.5.1.1 aufgeführte Gleichungen in der anwendungsfreundlichen Schreibweise von [2.207]:

- Gl. (2.195) für die Abmessungen a_P und b_P der Berührungsfläche sowie die Hertzsche Pressung p_{HP} bei Punktberührung (Bild 2-132a),
- Gl. (2.198) für die Berührlänge b_L sowie die Hertzsche Pressung p_{HL} bei Linienberührung (Bild 2-132b).

In allen diesen Gleichungen tritt an die Stelle des Laufraddurchmessers d_R der Kugel- bzw. Rollendurchmesser d; in Gl. (2.198) steht b_K für die Rollenlänge. Im Bild 2-132 ist auch das zugehörige kartesische x, y, z-Koordinatensystem definiert.
Zu ergänzen sind in gleicher Weise aufbereitete Gleichungen für die Annäherung δ zwischen Wälzkörper und Laufbahn, bezogen auf jeweils nur eine Berührungsstelle, z.B. $\bar{A}_1$ im Bild 3-165:

- für Punktberührung nach der Hertzschen Theorie

$$\delta_P = c_\delta \sqrt[3]{\frac{F^2}{d}} \qquad \frac{\delta_P \mid F \mid d}{\text{mm} \mid \text{N} \mid \text{mm}}, \tag{3.163}$$

- für Linienberührung nach [2.213]

$$\delta_L = 2{,}5 \cdot 10^{-5} \frac{F}{b_K} \qquad \frac{\delta_L \mid F \mid b_K}{\text{mm} \mid \text{N} \mid \text{mm}}. \tag{3.164}$$

Die Koeffizienten $c_e/2$, $c_f/2$, c_p der Gl. (2.195) und c_δ der Gl. (3.163) können über die Schmiegung $S = d/(2r)$ sofort Bild 3-166 entnommen werden.
Bereits im Abschnitt 2.5.1.2 wurde gezeigt, daß bei der Berührung zweier Körper die größten Werkstoffbeanspruchungen σ_{VP} im Innern der Körper auftreten, und zwar im Punkt $x = 0$, $y = 0$, $z = z_{VP}$. Mit Bezug auf [3.132] [2.185] [2.215] liefert Bild 3-167 die Beanspruchungswerte nach der Gestaltänderungshypothese für die bei Kugeldrehverbindungen auftretenden Schmiegungen. Für Rollendrehverbindungen gilt Gl. (2.199).

3.5.4.2.4 *Berechnung der Wälzkörperkräfte*

Die im Abschnitt 3.5.4.2.2 genannte Vereinfachung für die Berechnung der Wälzkörperkräfte wird noch weitergetrieben. Im Bild 3-165 werden:

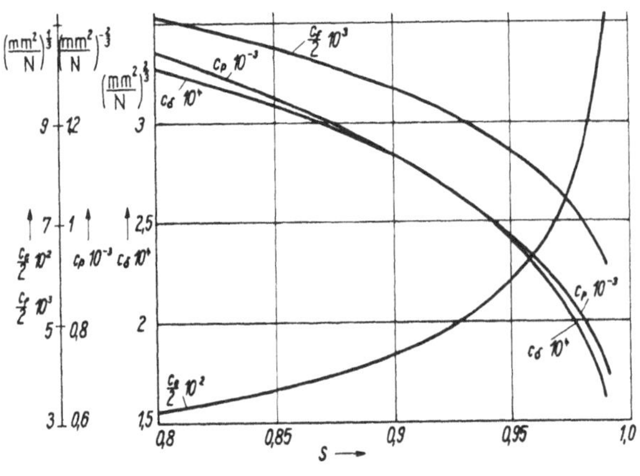

Bild 3-166 Koeffizienten der Hertzschen Gleichungen für Punktberührung

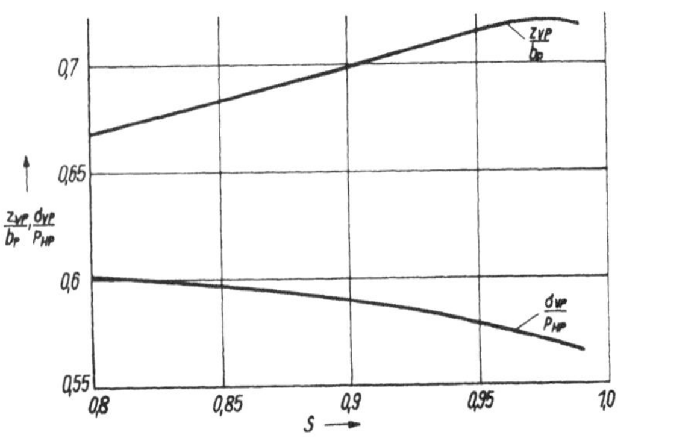

Bild 3-167 Ort und Größe der maximalen Werkstoffbeanspruchung bei Punktberührung (alle Werte dimensionslos)

- $F_x = F_y = 0$ gesetzt,
- keine Momente M_x und M_z zugelassen,
- vertikale Richtungen der Wälzkörperkräfte angenommen.

Sind doch einmal F_x und F_y nicht vernachlässigbar klein, muß die Spezialliteratur [3.131] [3.133] herangezogen oder der Hersteller von Drehverbindungen konsultiert werden. $M_x = 0$ stellt wegen der vorhergehenden Annahme keine weitere Vereinfachung dar, bildet dieses Moment doch zusammen mit M_y das resultierende Kippmoment M_K, siehe Bild 3-157d. Die bei Kugeldrehverbindungen auf alle Fälle vorhandenen Kontaktwinkel können näherungsweise berücksichtigt werden, indem die durch die nachfolgende Gl. (3.168) festgelegten Wälzkörperkräfte durch $\cos\alpha_{10}$ bzw. $\cos\alpha_{20}$ dividiert werden.
Mit den getroffenen Vereinfachungen entsteht das Berechnungsmodell im Bild 3-168. Für eine nachzurechnende Drehverbindung sind immer gegeben:

$j = 1{,}5$, falls eine Kugeldrehverbindung vorliegt,
$j = 1$, falls eine Rollendrehverbindung vorliegt;
R_i; d_i; S_i bei $j = 1{,}5$; b_{Ki} bei $j = 1$; $\Delta\varphi_i$ (mit $i = 1, 2, \ldots$);
außerdem s, F_z, M mit $\Delta\varphi$ als Wälzkörperabstand in rad.

Eine charakteristische dimensionslose Größe für die unterschiedlichen Federeigenschaften beider Wälzkörperreihen ist

$$\psi^* = \frac{\Delta\varphi_1}{\Delta\varphi_2}\left(\frac{R_2}{R_1}\,\frac{K_1}{K_2}\right)^j$$

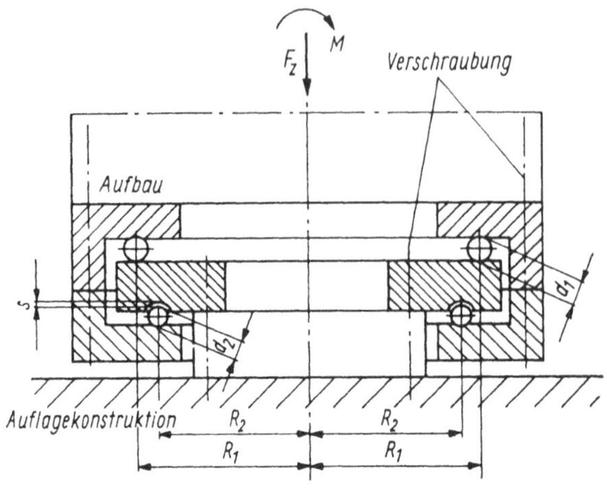

Bild 3-168 Berechnungsmodell der idealisierten Drehverbindung

mit

$$K_i = \begin{cases} \dfrac{2c_{\delta i}}{\sqrt[3]{d_i}} & \dfrac{K_i}{\mathrm{mm/N^{1/3}}} \;\Big|\; \dfrac{c_{\delta i}}{(\mathrm{mm^2/N})^{1/3}} \;\Big|\; \dfrac{d_i}{\mathrm{mm}} \quad \text{für } j = 1{,}5 \\[2ex] 2\delta_{Li} & \dfrac{K_i}{\mathrm{mm/N}} \;\Big|\; \dfrac{\delta_{Li}}{\mathrm{mm}} \quad \text{für } j = 1. \end{cases} \tag{3.165}$$

Im allgemeinen ist $R_1 \approx R_2 = R$; für $\psi^* = 0{,}7 \ldots 1{,}4$ und $s = 0$ können dann mit den im Bild 3-169 gegebenen Werten die maximalen Wälzkörperkräfte in den beiden Wälzkörperreihen genügend genau berechnet werden zu

$$F_{i0} = q_i^* \,\frac{M}{R}\,\Delta\varphi_i\,. \tag{3.166}$$

Ab $F_z R/M = 5/3$ bei Kugeldrehverbindungen und ab $F_z R/M = 2$ bei Rollendrehverbindungen bleibt die Wälzkörperreihe *2* unbelastet, d.h., die Drehverbindung wird lediglich als Axiallager belastet. Für diesen Sonderfall folgt die maximale Wälzkörperkraft über

$$F_1 = \frac{F_z \Delta\varphi_1}{\bar{q}_1} \tag{3.167}$$

aus Bild 3-170. Wie diesem Bild zu entnehmen ist, hat der

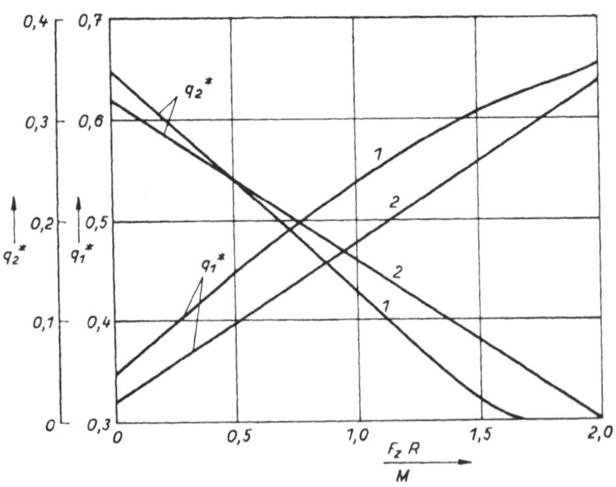

Bild 3-169 Maximale Wälzkörperkräfte in einer spielfreien idealisierten Drehverbindung (alle Werte dimensionslos)

1 Kugeldrehverbindung
2 Rollendrehverbindung

Unterschied zwischen *1* und *2* nur theoretische Bedeutung. In Drehverbindungen vorhandenes axiales Spiel *s* wird über

$$F_i = F_{i0} k_F \tag{3.168}$$

und Bild 3-171 berücksichtigt.

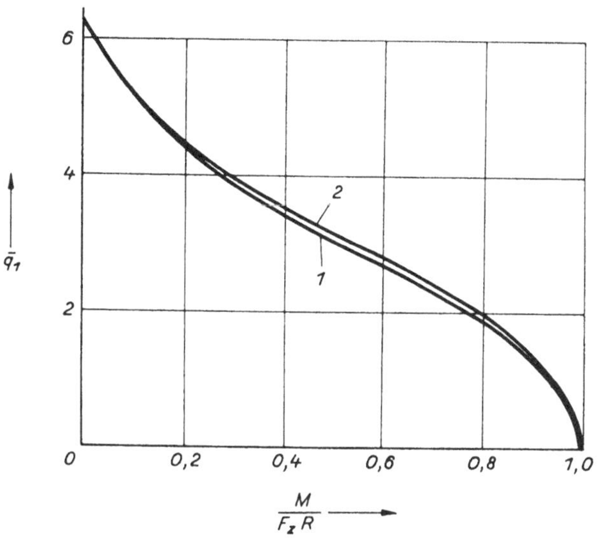

Bild 3-170 Maximale Wälzkörperkräfte in einem Axiallager (alle Werte dimensionslos)

1 Axialkugellager
2 Axialrollenlager

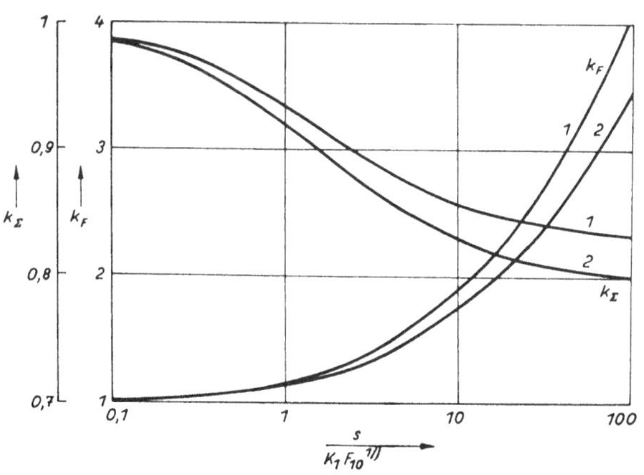

Bild 3-171 Korrekturfaktoren für die maximalen Wälzkörperkräfte und für die Summe aller Wälzkörperkräfte bei Vorhandensein von Spiel (Abszisse logarithmisch geteilt, alle Werte dimensionslos)

1 Kugeldrehverbindung
2 Rollendrehverbindung

Bei spielfreien Rollendrehverbindungen erhält man die maximalen Wälzkörperkräfte rechnerisch sofort aus den Gleichungen [3.134]

$$F_{10} = \frac{M}{Z_1 R}\left(2 + \frac{F_z R}{M}\right)$$

$$F_{20} = \frac{M}{Z_2 R}\left(2 - \frac{F_z R}{M}\right); \tag{3.169}$$

Z_i Anzahl der Wälzkörper in der Wälzkörperreihe *i*.

Ist $F_{20} < 0$, trägt die Wälzkörperreihe *2* nicht mehr. Gl. (3.169) gilt auch für Axialrollenlager bei $F_z R/M \geqq 2$; außerdem liefert sie gute Näherungswerte bei Kugeldrehverbindungen.

Liegt für eine Drehverbindung nicht nur eine einzige Belastungskombination F_z, M vor, sondern ein Kollektiv, werden für jede Kombination die maximalen Wälzkörperkräfte ermittelt und dann für Abschnitt 3.5.4.2.5 die beiden Äquivalentkräfte F_{ri} nach Gl. (2.208) mit $C_A = 1$ berechnet. Für den Fall, daß z.B. bei einem Drehkran (Bild 3-157) nur Hubmassen- und Ausladungskollektiv bekannt sind, kann nach [3.135] vorgegangen werden.

Kantenpressung bei Rollen als Wälzkörper wird durch entsprechende Übergangsradien praktisch ausgeschlossen [2.214]; Kantenlauf [2.213] sollte durch höchstens Verdoppelung der Wälzkörperkräfte F_i erfaßt werden.

3.5.4.2.5 Kriterien für Wälzkörperkräfte

Dynamische Tragfähigkeit

Die Wälzkörperkräfte F_i aus Abschnitt 3.5.4.2.4 verkörpern jeweils eine Punktbelastung für die Laufbahnen des mit dem drehbaren Teil verschraubten Rings, siehe Bild 3-163. Diese Punktbelastung im Sinne der Wälzlagertechnik bestimmt die Lebensdauer der Drehverbindung. Wenn mit F_D die p_{HD} nach Gl. (2.207) entsprechende Wälzkörperkraft bezeichnet wird, folgt aus den Gln. (2.208) und (2.207)

$$F_{ri} \leqq F_{Di}. \tag{3.170}$$

F_{Di} kann über

$$F_D = \begin{cases} \bar{D} d^2 & \text{für } j = 1{,}5 \\ \bar{C}\, d b_K & \text{für } j = 1 \end{cases} \tag{3.171}$$

Bild 3-172 entnommen werden [2.207] mit HB als Brinellhärte der Laufbahn. Setzt man in Gl. (3.170) $z_D = 6 \cdot 10^6$

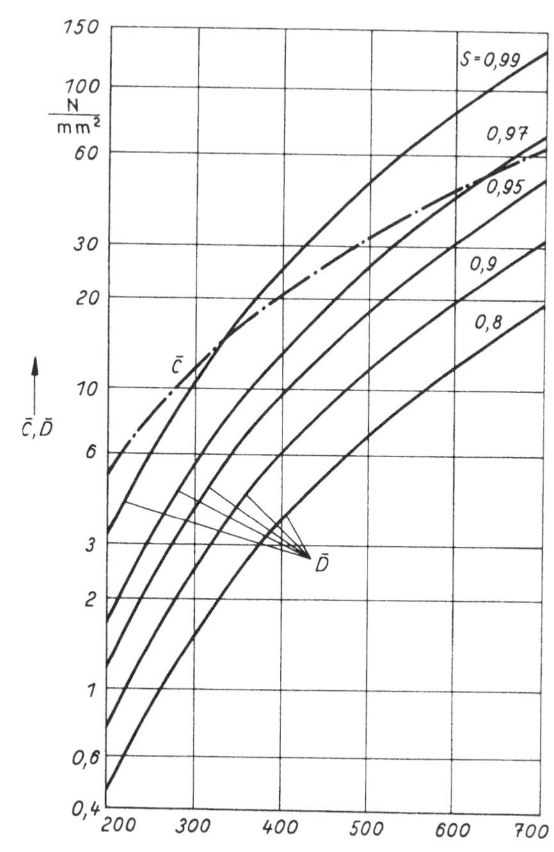

Bild 3-172 Faktoren $\bar{C}$, $\bar{D}$ zur Berechnung der Wälzkörperkraft, die p_{HD} entspricht (Ordinate logarithmisch geteilt)

ein (s. Abschn. 2.5.3.2.1), erhält man die Lebensdauer der Drehverbindung in Betriebsstunden

$$L = \frac{2 \cdot 10^5}{Zn}\left(\frac{F_D}{C_B F_{max}}\right)^3 \qquad \frac{L}{h} \,\Big|\, \frac{F_D, F_{max}}{N} \,\Big|\, \frac{n}{U/min} \,\Big|\, \frac{C_B}{-}; \tag{3.172}$$

n Drehzahl.

Alle Größen in Gl. (3.172) sind durch i indiziert, so daß die kleinere Lebensdauer beider Wälzkörperreihen maßgebend ist.

Statische Tragfähigkeit

Wieder gilt für den Begriff „statisch" die Definition der Wälzlagertechnik: Die Drehverbindung, auf die nach wie vor eine zeitlich veränderliche Kraft wirkt, steht manchmal still. Daraus folgt, daß F_{max} aus Abschnitt 3.5.4.2.4 einen zulässigen Wert F_{zul} nicht übersteigen darf:

$$F_{max} \leqq F_{zul}.$$

Dieser Wert entspricht einer gewissen bleibenden Gesamtverformung δ_b von Wälzkörper und Laufbahn an einer Berührungsstelle. Es wird die auf d bezogene relative bleibende Verformung als zulässig erklärt, die einen genügend ruhigen Lauf gewährleistet:

$$\left(\frac{\delta_b}{d}\right)_{zul} = 0{,}0002. \tag{3.173}$$

Die zulässigen Kräfte, durch ein Vielfaches von F_D ausgedrückt, folgen sofort aus Bild 3-173 [2.207]. Für Überschlagsrechnungen sollten die gestrichelten Kurven Anwendung finden. Für $j = 1{,}5$ ist die gestrichelte Kurve der besseren Anschaulichkeit wegen lediglich für $S = 0{,}8$ eingezeichnet worden.

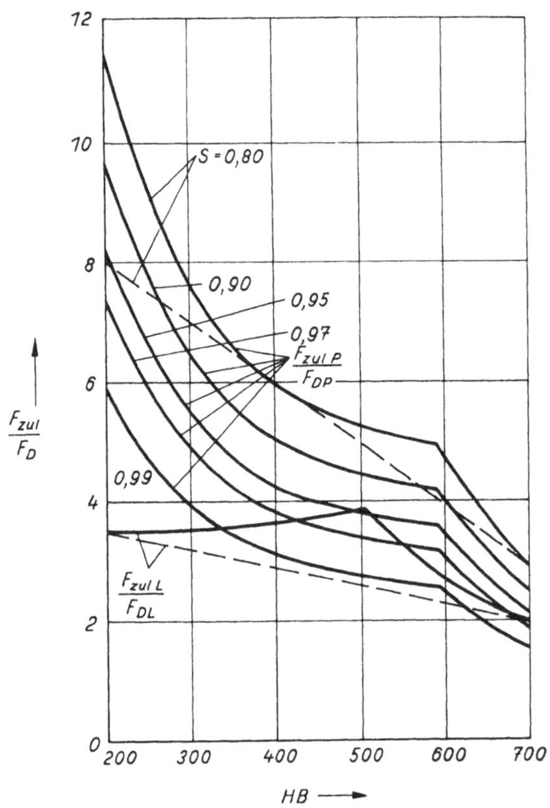

Bild 3-173 Bezogene statisch zulässige Kraft für $(\delta_b/d)_{zul} = 0{,}0002$

Härtetiefe

Die erforderliche Härtetiefe bei Oberflächenhärtung der Laufbahnen aus Bild 2-150, durch die halbe Berührbreite nach Bild 2-132 dimensionslos gemacht, ist für die beiden Sonderfälle der Berührung zwischen Wälzkörper und Laufbahn, d.h. kreisförmige Punktberührung und Linienberührung, im Bild 3-174 enthalten [2.207]. Es bedeuten

$\Delta H = \dfrac{HB_H - HB_K}{z_S - z_H}$ den Härteabfall je mm Tiefe in der Übergangszone im Bild 2-150,

b den Wert nach Gl. (2.195) bzw. (2.198) für F_{max}.

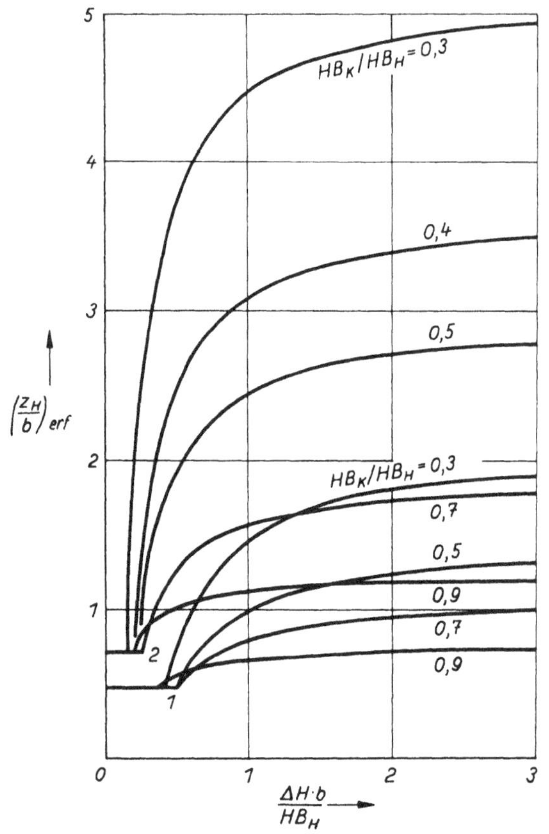

Bild 3-174 Erforderliche Dicke der Härtezone (alle Werte dimensionslos)

1 kreisförmige Punktberührung
2 Linienberührung

Für eine allgemeine Punktberührung ($a_P \neq b_P$) kann man die erforderliche Härtetiefe z_{HP} näherungsweise wie folgt berechnen:

$$\frac{z_{HP}}{b_P} = \left(\frac{z_H}{b}\right)_{erf\,L} - \left[\left(\frac{z_H}{b}\right)_{erf\,L} - \left(\frac{z_H}{b}\right)_{erf\,P}\right]\frac{b_P}{a_P}. \tag{3.174}$$

Dazu ist für die Ermittlung von $(z_H/b)_{erf\,L}$ nach Bild 3-174 in Gl. (2.198) für d und b_K der Kugeldurchmesser einzusetzen.

3.5.4.2.6 *Reibungsmoment*

Tritt zu der Annahme gleicher Wälzkreisradien die einer gleichen Reibungszahl μ in den beiden Wälzkörperreihen, beträgt das für die Überwindung der Reibung in der Drehverbindung erforderliche Antriebsmoment

$$M_r = \mu R \sum F \tag{3.175}$$

mit

$$\sum F = \sum F^* \frac{M}{R} k_\Sigma$$

als Summe aller Wälzkörperkräfte, $\sum F^*$ und k_Σ aus Bild 3-175 bzw. 3-171, $\mu = 0{,}005$ [3.136]. Dieser Wert wird auch für Rollendrehverbindungen verwendet, obwohl die Reibung dort größer ist als in Kugeldrehverbindungen. Bei Axiallagern mit dem Kontaktwinkel $\alpha = 0$ ist $\sum F = F_z$.

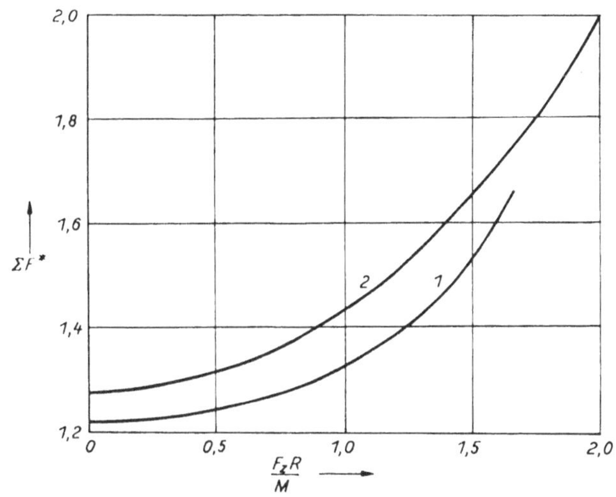

Bild 3-175 Summe aller Wälzkörperkräfte in einer spielfreien idealisierten Drehverbindung (alle Werte dimensionslos)

1 Kugeldrehverbindung
2 Rollendrehverbindung

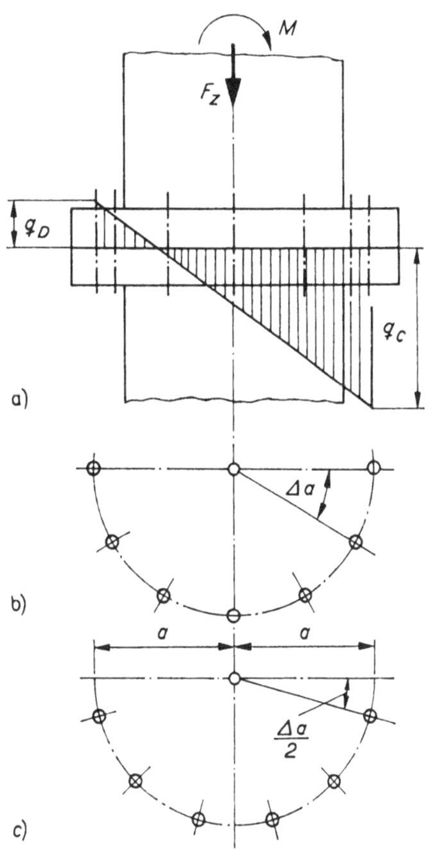

Bild 3-176 Kräfte am verschraubten Flansch

a) eingeprägte und Reaktionskräfte
b) erste extreme Schraubenbildlage
c) zweite extreme Schraubenbildlage

3.5.4.2.7 *Schraubenkräfte*

Wenn ein Maschinenteil auf einer Auflagekonstruktion befestigt wird, werden die Betriebskräfte in den verbindenden Schrauben unter der Annahme berechnet, daß die Auflagefläche eben bleibt (Bild 3-176). Die gedanklich stetige Verteilung der diskreten Schraubenkräfte auf dem Schraubenteilkreis (Durchmesser $2a$) über den Schraubenabstand $\Delta\alpha = 2\pi/Z$ (Z Anzahl der Schrauben) liefert bei genügend großer Vorspannung der Schraubenverbindung die größten Betriebskräfte in einfacher Form exakt zu [3.137]

$$F_C = -q_C a \, \Delta\alpha = -\frac{M}{Za}\left(2 + \frac{F_z a}{M}\right)$$

$$F_E = q_E a \, \Delta\alpha = \frac{M}{Za}\left(2 - \frac{F_z a}{M}\right); \qquad (3.176)$$

q_C, q_E Intensitäten der ideellen Schraubenlinienkraft.

Gl. (3.176) gilt für beide Schraubenreihen der Drehverbindung; alle Symbole tragen deshalb den Index I (Schraubenreihe am drehbaren Teil der Maschine) bzw. II (Schraubenreihe am feststehenden Teil). Für die mit dem drehbaren Teil verschraubten Ringe (Trag- und Haltering) im Bild 3-162 ist jedoch, da für sie die maximalen Schraubenkräfte etwas kleiner sind, das Schraubenbild nach Bild 3-176c zu verwenden:

$$F^*_{C\,I} = -\frac{M}{Z_I a_I}\left(2\cos\frac{\Delta\alpha_I}{2} + \frac{F_z a_I}{M}\right)$$

$$F^*_{E\,I} = \frac{M}{Z_I a_I}\left(2\cos\frac{\Delta\alpha_I}{2} - \frac{F_z a_I}{M}\right). \qquad (3.177)$$

In die Festigkeitsrechnung für die Schrauben gehen nur die maximalen Zugkräfte ein: $F^*_{E\,I}$ und $F_{E\,II}$.
Der Hebelarm der angreifenden Vertikalkraft ist in der Praxis stets so groß, daß die Betriebskräfte der Schrauben in der Umgebung von $\Delta\varphi = 0$ Druckkräfte bleiben. Da die Wälzkörperkräfte durch den Tragring direkt in die Auflagerkonstruktion geleitet werden, kann in diesem Bereich die Schraubenverbindung weniger fest ausgeführt werden. Dies bedeutet eine kleinere Vorspannung der Schrauben, eine niedrigere Festigkeitsklasse oder/und einen größeren Schraubenabstand.
Gesteht man den Ringen der Drehverbindung keinerlei Steife zu, können die interessierenden maximalen Betriebskräfte der Schrauben im Höchstfall folgende Werte annehmen:

$$F^*_{E\,I} = F_2 \frac{R_2 \Delta\varphi_2}{a_I \Delta\alpha_I}, \qquad F_{E\,II} = F_2 \frac{R_2 \Delta\varphi_2}{a_{II} \Delta\alpha_{II}}.$$

3.5.4.3 Bauformen von Drehwerkantrieben

Alle Drehwerkantriebe haben einen nahezu gleichen Aufbau. Sie erzeugen die Drehbewegung über einen am drehbaren oder festen Teil der Maschine befestigten Zahnkranz, an dem ein über Motor, Kupplung, Getriebe angetriebenes Ritzel angreift. Nur noch selten tritt an die Stelle des Zahnkranzes, wenn dessen Durchmesser sehr groß wird, ein Triebstockkranz, siehe Abschnitt 2.7.4. Neben den üblichen Stirnradgetrieben findet man wegen der hohen erforderlichen Übersetzung bisweilen auch Schneckengetriebe. Über die dabei auftretenden besonderen Belastungen informiert [3.138]. Wird nur ein begrenzter Drehwinkel benötigt, lassen sich Drehwerke auch durch das Zusammenwirken von

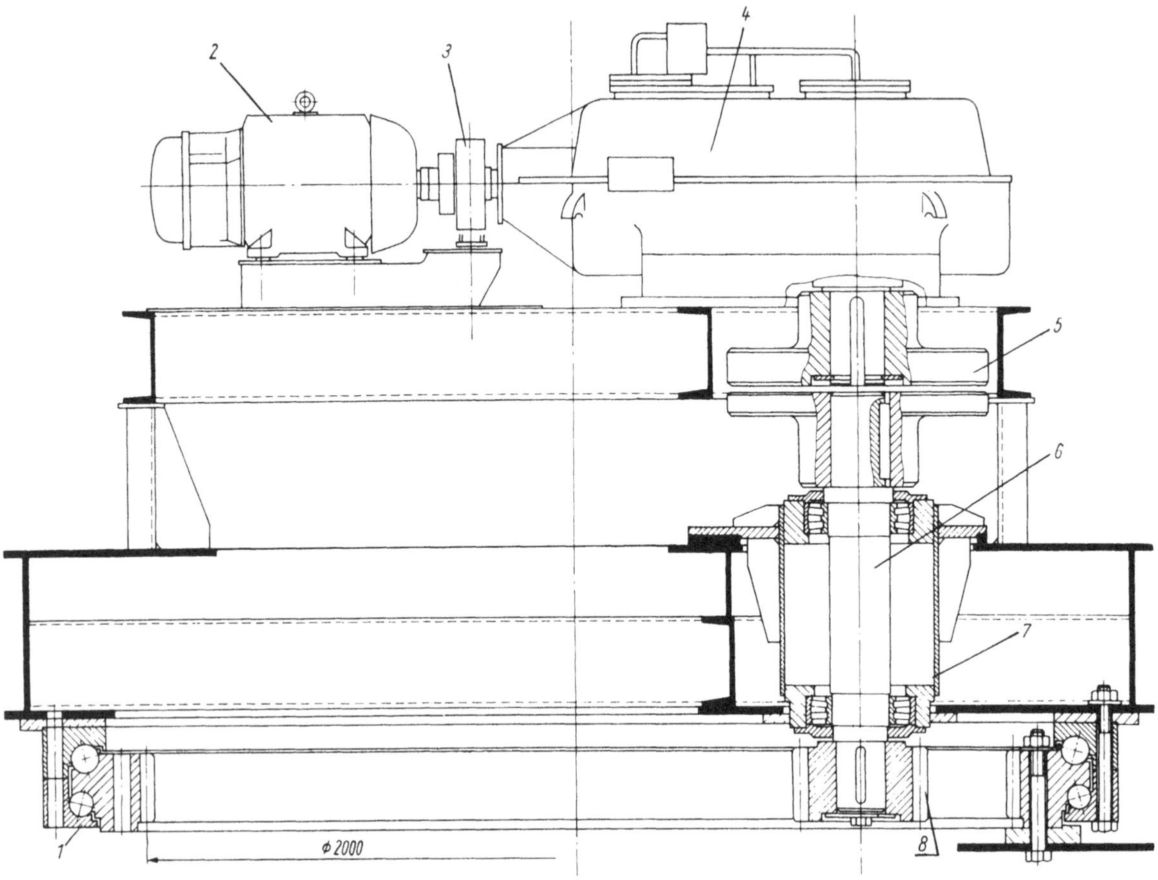

Bild 3-177 Drehwerk eines Kletterkrans
Barlebener Kranbau GmbH

1 Kugeldrehverbindung mit Innenverzahnung
2 Drehstrom-Asynchronmotor, $P_{ne} = 7{,}3\,kW$ bei 40 % *ED*
3 elastische Bolzenkupplung mit Doppelbackenbremse (nicht gezeichnet)
4 Kegelstirnradgetriebe
5 Scheibenkupplung
6 Ritzelwelle
7 Wellenlagerung
8 Ritzel

zwei hydraulischen Zylindern mit Kettenflaschenzügen bilden, siehe [3.70, Bild 2-138].
Wenn in der Breite keine Platzbeschränkungen bestehen, wird der Drehwerkantrieb horizontal angeordnet (Bild 3-177). Anstatt eines Kegel-Stirnradgetriebes kann auch in diesen Fällen ein normales Stirnradgetriebe eingesetzt werden, an das der Motor stehend angeflanscht wird.
Eine Aneinanderreihung der Baugruppen des Antriebs in senkrechter Richtung wird immer dann bevorzugt, wenn eine derartig kompakte Bauweise besser in das Gesamtkonzept der Maschine einzuordnen ist, siehe Bild 3-178. Der Flanschmotor mit senkrechter Welle treibt ein Umlaufrädergetriebe, dessen Abtriebswelle das Ritzel für den Eingriff in den Zahnkranz trägt. Die mechanische Bremse, auch hier fast immer eine Doppelbackenbremse, muß liegend eingebaut und deswegen etwas modifiziert werden. Sie wird bei Fahrzeugkranen o.ä. meist als Fußbremse ausgebildet, um mit einfachen Mitteln eine steuerbare Bremswirkung zu gewährleisten.
Drehwerkantriebe größerer Leistung, z.B. für hohe Drehgeschwindigkeiten bei Hafenkranen oder große Gegenmomente bei Tagebaumaschinen, führt man als Mehrfachantriebe aus, die gleichmäßig über den Umfang verteilt auf den gemeinsamen Zahnkranz wirken. Bei dem Doppelantrieb im Bild 3-178 liegen sie um den Winkel π versetzt zueinander. Die dynamischen Wechselwirkungen zwischen derartigen Mehrfachantrieben sind mehrfach untersucht worden, in jüngerer Zeit in [3.139].

Der scheinbar einfache Aufbau eines Drehwerkantriebs täuscht leicht darüber hinweg, daß er wegen der großen dynamischen Belastungen hoch beansprucht und schwierig zu dimensionieren ist. Die Besonderheiten sind einerseits das ungünstige Verhältnis zwischen dem großen reduzierten Massenträgheitsmoment des drehbaren Teils und dem relativ kleinen Massenträgheitsmoment des Antriebs selbst, andererseits der wegen der hohen Übersetzung große Betrag des Spiels im Antrieb. Um die Stoßbelastungen beim Anfahren und Bremsen zu mildern, erhalten deshalb Drehwerkantriebe häufiger als andere Triebwerke eine federnde Lagerung des Getriebegehäuses, siehe Bild 3-178. Messungen und Rechnungen [3.63] [3.140] [3.141] weisen allerdings nach, daß eine derartige Federlagerung nur bei großem Verdrehspiel zweifelsfrei zu einer Minderung der dynamischen Belastungen führt, sie in anderen Fällen dagegen vergrößern kann. Günstiger erscheint es heute, dem unerwünschten Einfluß des Spiels auf die Antriebsbelastung durch eine geeignete Steuerung des Motors zu begegnen.
Das für Turmdrehkrane bestimmte Drehwerk im Bild 3-179 erzielt das unbelastete Hochlaufen des Motors, die Dämpfung der Schwingungen und der dynamischen Wechselwirkungen zwischen Mehrfachantrieben mit Hilfe einer dem Motor nachgeschalteten Strömungskupplung 3. Eine Windkraftregelung 2 hält bei Windeinwirkung die Haltebremse 4 so lange geschlossen, bis das Drehmoment des Antriebs größer als das aus der Windkraft ist, und verhindert damit ein unerwünschtes Zurückdrehen des Auslegers vor seiner Beschleunigung gegen die Windrichtung. Auch dieses Drehwerk eignet sich für Einfach- wie Mehrfachanordnung.
Einen guten Überblick zum dynamischen Verhalten der Drehwerke gibt besonders [3.70, Abschn. 3.6.6.2].

3.5.4.4 Kräfte und Momente im Drehwerk

In einem Drehwerk sind die Stützkräfte und -momente der Drehverbindung und die am Drehwerkantrieb angreifenden

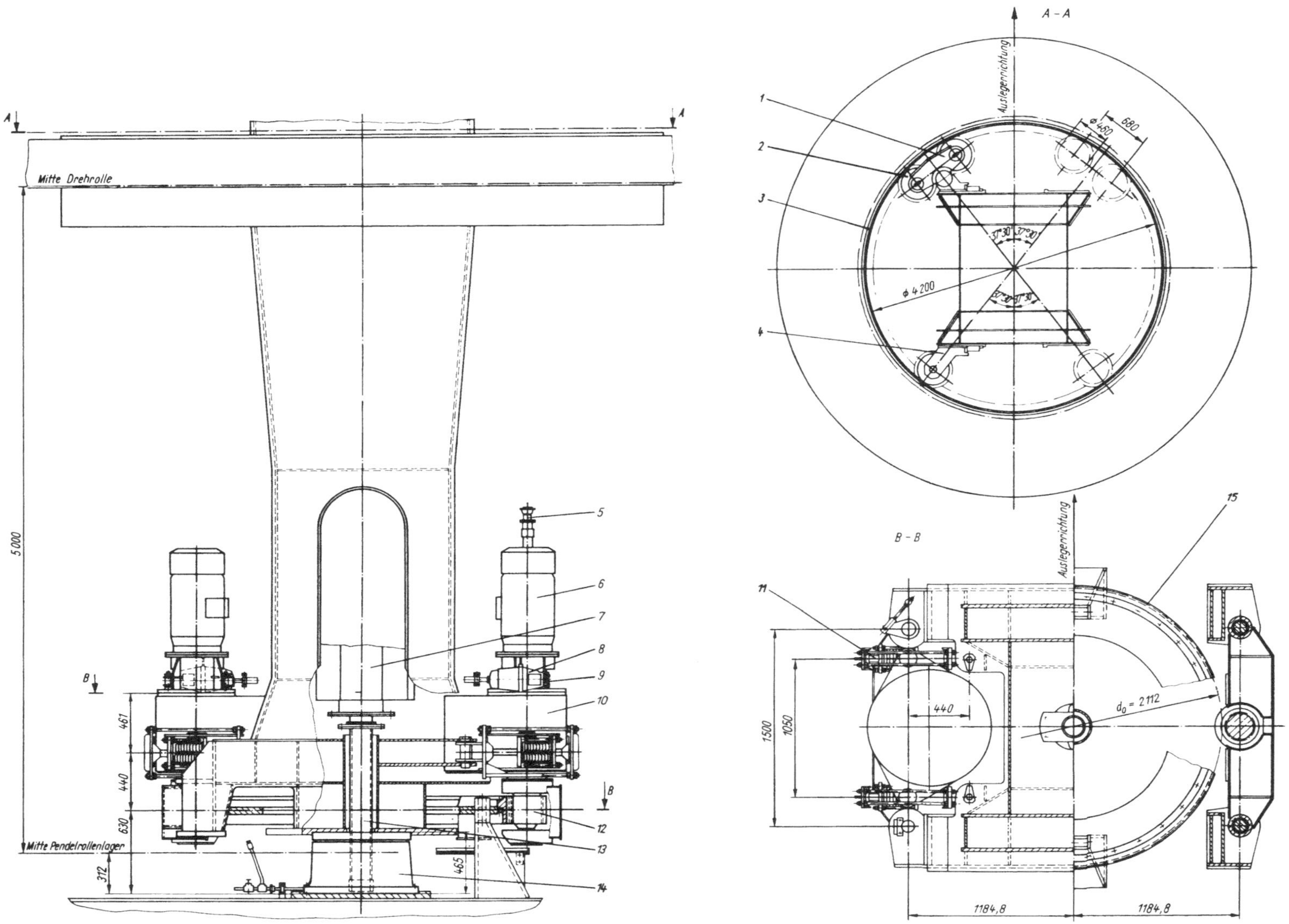

Bild 3-178
Drehwerk eines Wippdrehkrans mit Säulendrehverbindung und Doppelantrieb Kranbau Eberswalde GmbH

1 Drehrollenschwinge
2 Drehrolle
3 Zahnkranz
4 Stützschemel
5 Bremswächter
6 Drehstrom-Asynchronmotor, $P_{ne} = 26$ kW bei 60 % ED
7 Schleifringkörper
8 elektrohydraulischer Bremslüfter
9 Doppelbackenbremse
10 Stirnradgetriebe
11 Drehwerkfederung
12 Ritzelwelle
13 Kabelrohr
14 Drehsäulenlagerung
15 Ringschiene

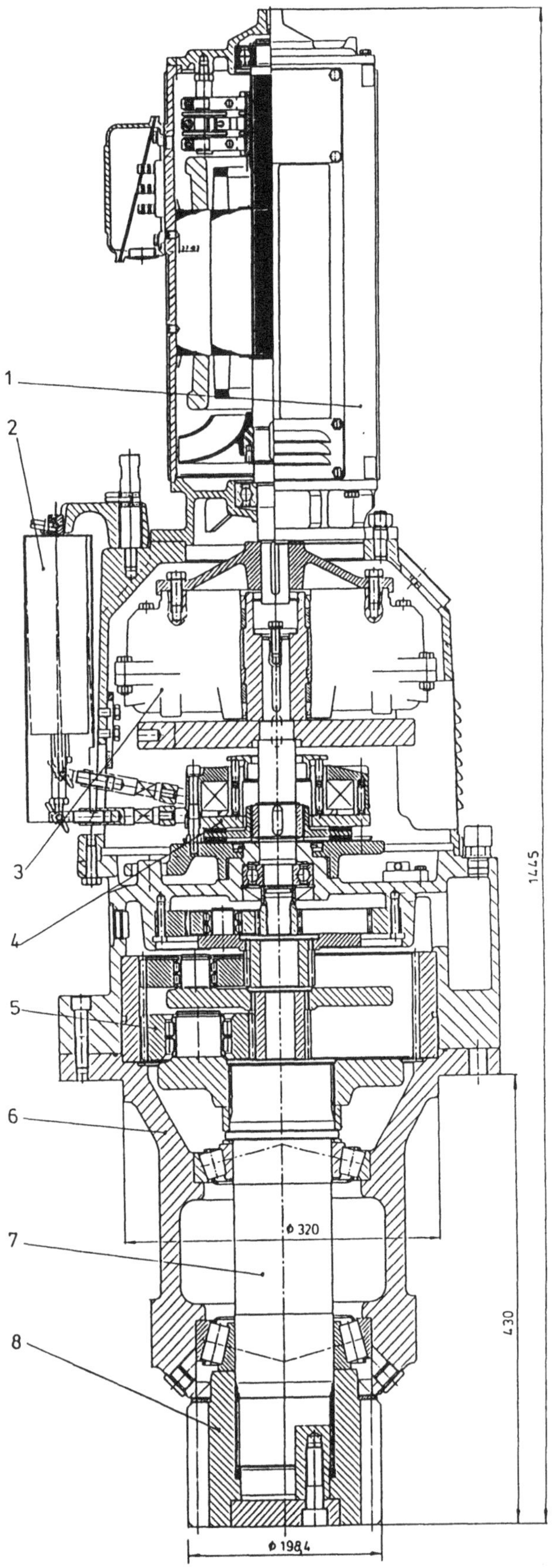

Bild 3-179 Drehwerkantrieb in koaxialer Blockbauweise Liebherr-Werk Biberach GmbH, Biberach an der Riß

1 Drehstrom-Asynchronmotor mit Schleifringläufer
2 Windlastregelung
3 Strömungskupplung
4 Einscheiben-Haltebremse
5 Dreistufiges Umlaufrädergetriebe
6 Lagerkörper
7 Abtriebswelle
8 Abtriebsritzel

Momente zu bestimmen. Wie bei den bisher behandelten Triebwerken werden sie mit dem Modell der starren Maschine und, wo es zur Vereinfachung notwendig ist, für den stationären Betriebszustand ermittelt.

3.5.4.4.1 Kräfte und Momente an Ausleger und Hubmasse

Analog zum Vorgehen beim Einziehwerk (s. Abschn. 3.5.2.2) wird für den Ausleger eine trapezförmige Massen- bzw. Flächenverteilung mit dem Verhältnis $\varkappa = \bar{m}_K/\bar{m}_0$ bzw. $\bar{\varkappa} = \bar{A}_{wK}/\bar{A}_{w0}$ der längenbezogenen Randgrößen angenommen. Während der nichtstationären Drehbewegung wirken am Massenelement dm bzw. Flächenelement dA_{wA} des Auslegers die im Bild 3-180a eingezeichneten Elementarkräfte

dF_{eA} aus der Erdbeschleunigung,
dF_{bA} aus der Drehbeschleunigung,
dF_{pA} aus der Zentripetalbeschleunigung,
dF_{CA} aus der Coriolisbeschleunigung,
dF_{wA} aus der Windkraft.

Für die Stützkräfte der Drehverbindung sind alle fünf Elementarkräfte maßgebend. Die elementare Windkraft dF_{wA} kann dabei zwei ausgezeichnete Stellungen in und senkrecht zur Auslegerebene einnehmen. Der ungünstigere Fall ist wegen der Überlagerung mit der Beschleunigungskraft meist die hier gewählte Lage senkrecht zur Auslegerebene.
Während beim Einziehwerk lediglich die Momente um den Anlenkpunkt benötigt werden, sind beim Drehwerk vorrangig die resultierenden Kräfte F_{iA} und zugehörigen Radien r_{iA} zu bestimmen, siehe Bild 3-180b. Die Momente werden, soweit sie nicht als Zwischengrößen gebraucht werden, nur für die am Drehwerkantrieb wirkenden Kräfte berechnet.

Erdbeschleunigung (dF_{eA})

Die Gewichtskraft des Auslegers beträgt $F_{eA} = m_A g$ mit der Gesamtmasse m_A. Der Radius des Massenschwerpunkts beträgt unter Verwendung von Gl. (3.112)

$$r_{eA} = \frac{1}{m_A}\int_{r_0}^{r} x\,dm = \frac{1}{m_A}\int_{r_0}^{r} x\bar{m}_x\,dx$$
$$= \frac{2}{(1+\varkappa)(r-r_0)^2}\int_{r_0}^{r} x[r - x + \varkappa(x - r_0)]\,dx$$
$$= \frac{1}{3(1+\varkappa)}[r + 2r_0 + \varkappa(2r + r_0)]. \qquad (3.178)$$

Drehbeschleunigung (dF_{bA})

Die Gleichung für das Beschleunigungsmoment lautet

$M_{bA} = \ddot{\psi} J_{A\psi}$

mit dem Massenträgheitsmoment des Auslegers um die senkrechte Drehachse

$$J_{A\psi} = \int_{r_0}^{r} x^2\,dm = \int_{r_0}^{r} x^2\bar{m}_x\,dx$$
$$= \frac{2m_A}{(1+\varkappa)(r-r_0)^2}\int_{r_0}^{r} x^2[r - x + \varkappa(x - r_0)]\,dx$$
$$= \frac{m_A}{6(1+\varkappa)}[r^2 + 2rr_0 + 3r_0^2 + \varkappa(3r^2 + 2rr_0 + r_0^2)]. \qquad (3.179)$$

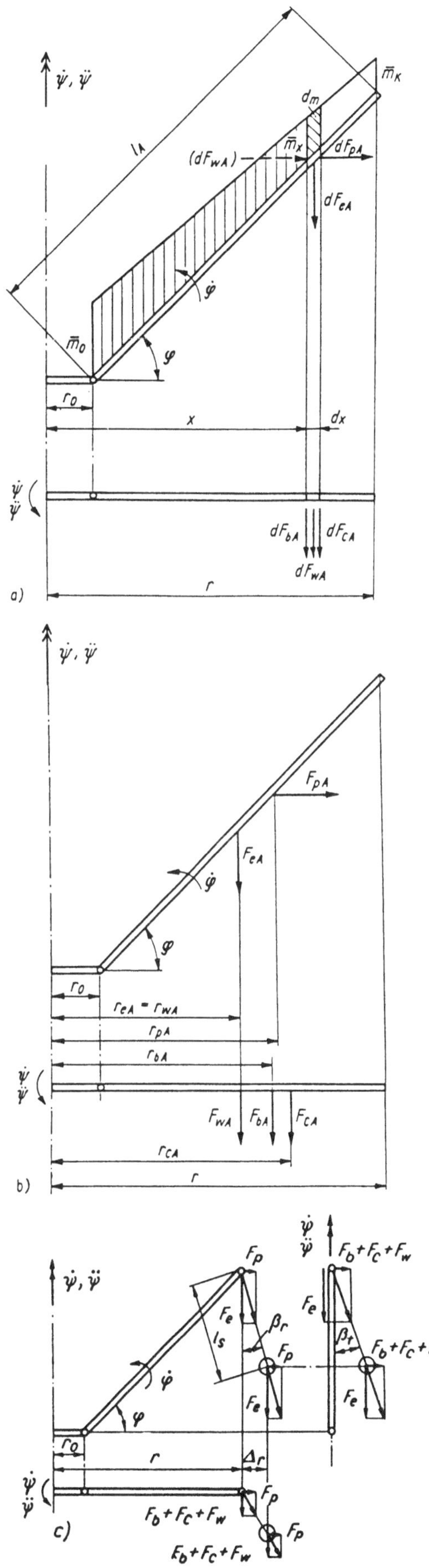

Bild 3-180 Kräfte während der Drehbewegung um eine senkrechte Achse

a) Elementarkräfte am Ausleger
b) resultierende Kräfte am Ausleger
c) Kräfte an der Hubmasse

Integration von $\mathrm{d}F_{\mathrm{bA}}$ über die projizierte Auslegerlänge führt zur resultierenden Beschleunigungskraft

$$F_{\mathrm{bA}} = \int_{r_0}^{r} \mathrm{d}F_{\mathrm{bA}} = \ddot{\psi} \int_{r_0}^{r} x \,\mathrm{d}m = \ddot{\psi} \int_{r_0}^{r} x \bar{m}_x \,\mathrm{d}x$$

$$= \frac{2 m_{\mathrm{A}} \ddot{\psi}}{(1+\varkappa)(r-r_0)^2} \int_{r_0}^{r} x [r - x + \varkappa(x - r_0)] \,\mathrm{d}x$$

$$= \frac{m_{\mathrm{A}} \ddot{\psi}}{3(1+\varkappa)} [r + 2r_0 + \varkappa(2r + r_0)]. \tag{3.180}$$

Der zugehörige Radius beträgt

$$r_{\mathrm{bA}} = \frac{M_{\mathrm{bA}}}{F_{\mathrm{bA}}} = \frac{1}{2} \frac{r^2 + 2rr_0 + 3r_0^2 + \varkappa(3r^2 + 2rr_0 + r_0^2)}{r + 2r_0 + \varkappa(2r + r_0)}. \tag{3.181}$$

Zentripetalbeschleunigung ($\mathrm{d}F_{\mathrm{pA}}$)

Für das Zentripetalmoment M_{pA} gilt wegen der gleichen Hebelarme Gl. (3.117). Die resultierende Zentripetalkraft ergibt sich in Analogie zum Ansatz für Gl. (3.180) zu

$$F_{\mathrm{pA}} = \int_{r_0}^{r} \mathrm{d}F_{\mathrm{pA}} = \dot{\psi}^2 \int_{r_0}^{r} x \,\mathrm{d}m = \dot{\psi}^2 \int_{r_0}^{r} x \bar{m}_x \,\mathrm{d}x$$

$$= \frac{m_{\mathrm{A}} \dot{\psi}^2}{3(1+\varkappa)} [r + 2r_0 + \varkappa(2r + r_0)]. \tag{3.182}$$

Der zugehörige Radius wird über den Hebelarm

$$(r_{\mathrm{pA}} - r_0) \tan\varphi = \frac{M_{\mathrm{pA}}}{F_{\mathrm{pA}}}$$

unter Verwendung von Gl. (3.117) wie folgt berechnet:

$$r_{\mathrm{pA}} = \frac{M_{\mathrm{pA}}}{F_{\mathrm{pA}} \tan\varphi} + r_0 = \frac{1}{2} \frac{r^2 + rr_0 + r_0^2 + 3\varkappa r^2}{r + 2r_0 + \varkappa(2r + r_0)}. \tag{3.183}$$

Coriolisbeschleunigung ($\mathrm{d}F_{\mathrm{CA}}$)

Bei einer überlagerten Radialbewegung des Auslegerelements tritt eine zusätzliche Coriolisbeschleunigung auf. Die Radialgeschwindigkeit (Bild 3-181) erzeugt am Massenelement $\mathrm{d}m = \bar{m}_x \,\mathrm{d}x$ die elementare Corioliskraft

$$\mathrm{d}F_{\mathrm{CA}} = 2\dot{\psi}\dot{\varphi} \tan\varphi (x - r_0) \bar{m}_x \,\mathrm{d}x$$

und das Moment um die Drehachse

$$M_{\mathrm{CA}} = \int_{r_0}^{r} x \,\mathrm{d}F_{\mathrm{CA}} = 2\dot{\psi}\dot{\varphi} \tan\varphi \frac{2m_{\mathrm{A}}}{(1+\varkappa)(r-r_0)^2}$$

$$\times \int_{r_0}^{r} x(x - r_0)[r - x + \varkappa(x - r_0)] \,\mathrm{d}x$$

$$= \frac{m_{\mathrm{A}} \dot{\psi}\dot{\varphi} \tan\varphi (r - r_0)}{3(1+\varkappa)} [r + r_0 + \varkappa(3r + r_0)]. \tag{3.184}$$

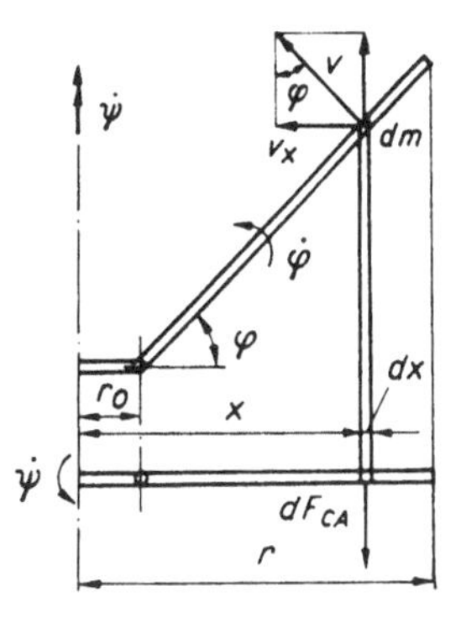

Bild 3-181
Geschwindigkeiten am Auslegerelement

Die resultierende Corioliskraft wird

$$F_{CA} = \int_{r_0}^{r} \mathrm{d}F_{CA} = 2\dot{\psi}\dot{\varphi}\tan\varphi \frac{2m_A}{(1+\varkappa)(r-r_0)^2} \times \int_{r_0}^{r} (x-r_0)[r-x+\varkappa(x-r_0)]\,\mathrm{d}x$$

$$= \frac{2}{3} m_A \dot{\psi}\dot{\varphi} \tan\varphi (r-r_0) \frac{1+2\varkappa}{1+\varkappa}, \qquad (3.185)$$

der zugehörige Radius

$$r_{CA} = \frac{M_{CA}}{F_{CA}} = \frac{1}{2(1+2\varkappa)}[r+r_0+\varkappa(3r+r_0)]. \qquad (3.186)$$

Windkraft ($\mathrm{d}F_{wA}$)

Unter der gleichen Annahme wie im Abschnitt 3.5.2.2, daß auch die seitliche Windfläche des Auslegers eine Trapezform aufweist, und mit dem dort gegebenen Ansatz für die längenbezogene Windfläche $\bar{A}_{wx}$ läßt sich das Windmoment wie folgt errechnen (Bild 3-182):

$$M_{wA} = \int_{r_0}^{r} x\,\mathrm{d}F_{wA} = \int_{r_0}^{r} x\bar{A}_{wx}\, q \cos\psi\,\mathrm{d}x$$

$$= \frac{2A_{wA}\, q\cos\psi}{(1+\bar{\varkappa})(r-r_0)^2} \int_{r_0}^{r} x[r-x+\bar{\varkappa}(x-r_0)]\,\mathrm{d}x$$

$$= \frac{A_{wA}\, q \cos\psi}{3(1+\bar{\varkappa})}[r+2r_0+\bar{\varkappa}(2r+r_0)]. \qquad (3.187)$$

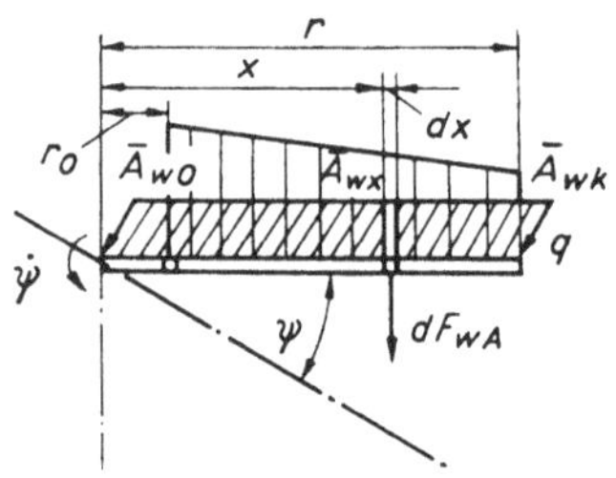

Bild 3-182 Elementare Windkraft am Ausleger

Die Windkraft beträgt

$$F_{wA} = A_{wA}\, q \cos\psi\,; \qquad (3.188)$$

A_{wA} Windfläche der Auslegerseite,
q Windstaudruck,

der zugehörige Radius

$$r_{wA} = \frac{M_{wA}}{F_{wA}} = \frac{1}{3(1+\bar{\varkappa})}[r+2r_0+\bar{\varkappa}(2r+r_0)]. \qquad (3.189)$$

Alle berechneten Kräfte und Radien sind in Tafel 3-22 übersichtlich zusammengestellt. Aufgenommen sind auch die entsprechenden, an der Hubmasse angreifenden Kräfte. Sie sind für den stationären Betriebszustand, d.h. für konstante Beschleunigungen unter Verzicht auf Schwingungseinflüsse, berechnet worden, wie dies bei der Auslegung der Triebwerke üblich ist. Bild 3-180c zeigt, daß die an der Hubmasse wirkenden Kräfte an die Auslegerspitze verschoben werden können. Die geringe Ausladungsvergrößerung Δr für die Hubmasse wird bei der Bestimmung der dynamischen Kräfte F_b, F_C, F_p vernachlässigt. Unter dieser Annahme ergeben sich die Pendelwinkel ohne Windkraft F_w und Corioliskraft F_C sehr vereinfacht zu

Einflußgröße	Index	Balkenausleger r_i	Balkenausleger F_i	Trapezausleger r_i	Trapezausleger F_i	Hubmasse ($r_i = r$) F_i
Erdbeschleunigung	e	$\frac{1}{2}(r+r_0)$	$m_A g$	$\frac{1}{3(1+\varkappa)}[r+2r_0+\varkappa(2r+r_0)]$	$m_A g$	mg
Drehbeschleunigung	b	$\frac{2}{3}\frac{r^2+rr_0+r_0^2}{r+r_0}$	$\frac{m_A\ddot{\psi}}{2}(r+r_0)$	$\frac{r^2+2rr_0+3r_0^2+\varkappa(3r^2+2rr_0+r_0^2)}{2[r+2r_0+\varkappa(2r+r_0)]}$	$\frac{m_A\ddot{\psi}[r+2r_0+\varkappa(2r+r_0)]}{3(1+\varkappa)}$	$mr\ddot{\psi}$
Zentripetalbeschleunigung	p	$\frac{4r^2+rr_0+r_0^2}{6(r+r_0)}$	$\frac{m_A\dot{\psi}^2}{2}(r+r_0)$	$\frac{1}{2}\frac{r^2+rr_0+r_0^2+3\varkappa r^2}{r+2r_0+\varkappa(2r+r_0)}$	$\frac{m_A\dot{\psi}^2[r+2r_0+\varkappa(2r+r_0)]}{3(1+\varkappa)}$	$mr\dot{\psi}^2$
Coriolisbeschleunigung	C	$\frac{2r+r_0}{3}$	$m_A\dot{\psi}\dot{\varphi}\tan\varphi(r-r_0)$ $= m_A\dot{\psi}\dot{\varphi}l_A\sin\varphi$	$\frac{1}{2(1+2\varkappa)}[r+r_0+\varkappa(3r+r_0)]$	$\frac{2}{3}m_A\dot{\psi}\dot{\varphi}\tan\varphi(r-r_0)\frac{1+2\varkappa}{1+\varkappa}$ $= \frac{2}{3}m_A\dot{\psi}\dot{\varphi}l_A\sin\varphi\frac{1+2\varkappa}{1+\varkappa}$	$2m\dot{\psi}\dot{\varphi}r$ $\times\tan\varphi(r-r_0)$ $= 2m\dot{\psi}\dot{\varphi}l_A\sin\varphi$
Windkraft	w	$\frac{1}{2}(r+r_0)$	$A_{wA}\, q\cos\psi$	$\frac{1}{3(1+\bar{\varkappa})}[r+2r_0+\bar{\varkappa}(2r+r_0)]$	$A_{wA}\, q\cos\psi$	$A_{wn}\, q\cos\psi$

Tafel 3-22 Resultierende Kräfte und zugehörige Radien während der Drehbewegung

$$\tan \beta_r = \frac{F_p}{F_e} = \frac{r\dot{\psi}^2}{g}$$

$$\tan \beta_t = \frac{F_b}{F_e} = \frac{r\ddot{\psi}}{g}$$

und die Ausladungsvergrößerung zu

$$\Delta r = l_S \sin \beta_r \approx l_S \tan \beta_r = l_S \frac{r\dot{\psi}^2}{g}. \qquad (3.190)$$

Die in diesem Abschnitt zunächst formal berechneten Momente und Kräfte haben bei den Drehwerken der Fördermaschinen wegen der dort vorherrschenden Abmessungen und Geschwindigkeiten eine sehr unterschiedliche Größenordnung. Nach einer Abschätzung sollte von Fall zu Fall entschieden werden, welche Kräfte in eine Berechnung einbezogen, welche wegen ihrer Geringfügigkeit weggelassen werden.

3.5.4.4.2 Stützkräfte und -momente der Drehverbindung

Im Abschnitt 3.5.4.1 wurden die Stützkräfte der Drehverbindung unter Beschränkung auf wenige in der Auslegerebene liegende Kräfte bestimmt. Dies reicht in vielen Fällen aus. Für eine genauere Berechnung der Stützmomente und -kräfte sind im Bild 3-183 die an einer Säulendrehverbindung auftretenden Stützkräfte aus einer räumlichen Belastung durch in zwei senkrecht zueinander angeordneten Vertikalebenen V_y und V_x liegende Kräfte dargestellt. Vernachlässigt wurden dabei die Corioliskraft, die Kräfte aus der Dreh- und Zentripetalbeschleunigung der Säule, Rei-

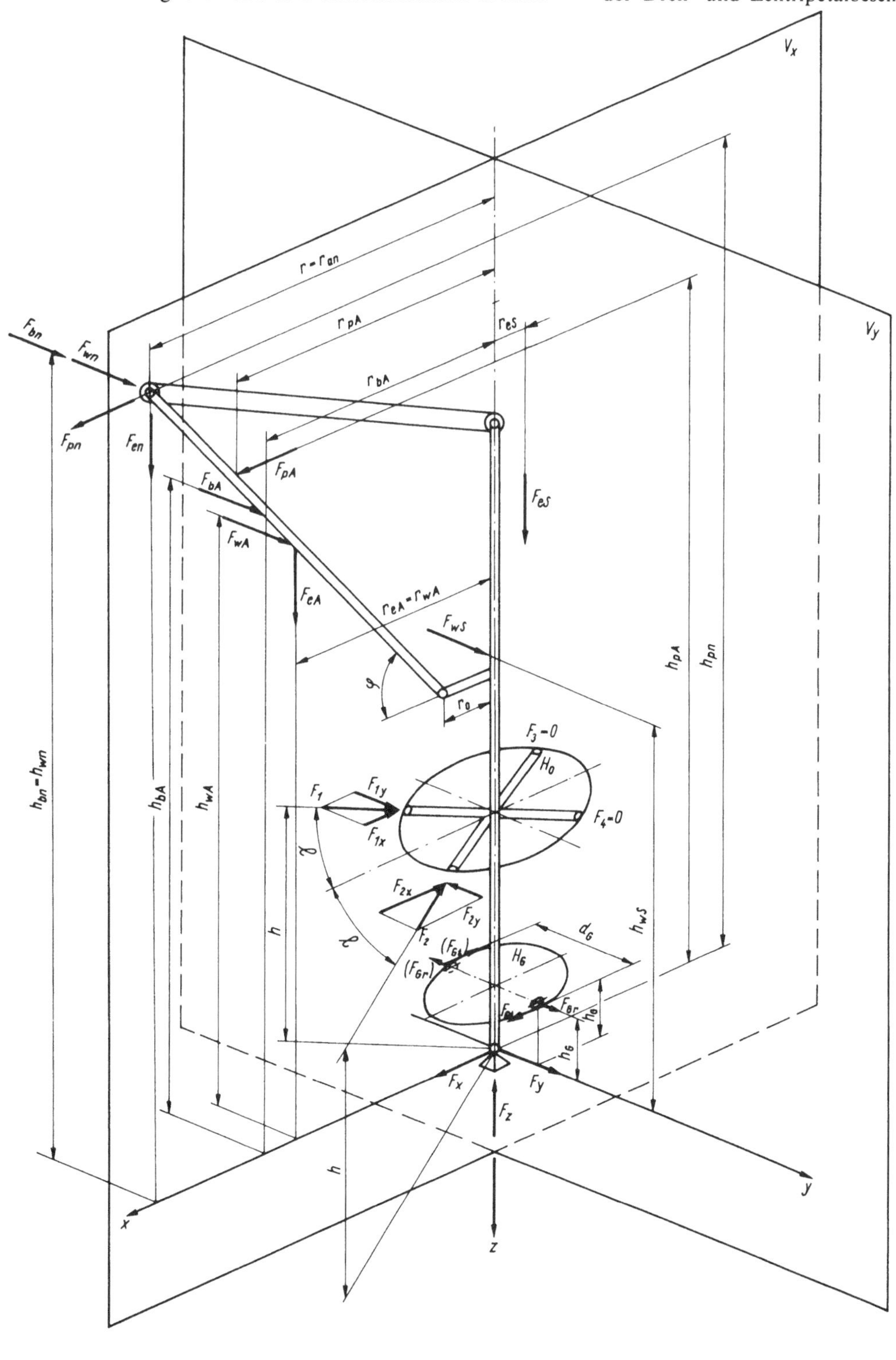

Bild 3-183
Eingeprägte Kräfte und Stützkräfte einer Säulendrehverbindung

bungskräfte, eine mögliche Schrägstellung der Drehachse und das Pendeln der Hubmasse.
Dagegen sind die in der Horizontalebene H_{G} des Zahnkranzes wirkenden Zahnkräfte einbezogen:

$$F_{\mathrm{Gt}} = \frac{2 M_{\mathrm{A}}\, i_{\mathrm{ges}}\, \eta_{\mathrm{ges}}}{d_0}, \qquad F_{\mathrm{Gr}} = F_{\mathrm{Gt}} \tan \alpha_0\,; \tag{3.191}$$

M_{A} Anfahrmoment des Drehwerkmotors,
i_{ges} Gesamtübersetzung des Drehwerkantriebs,
η_{ges} Gesamtwirkungsgrad des Drehwerkantriebs,
d_0 Teilkreisdurchmesser des Ritzels,
α_0 Eingriffswinkel der Verzahnung.

Bei einem Doppelantrieb (gestrichelt gezeichnet) bzw. einem Mehrfachantrieb mit gleichmäßig über den Umfang verteilten Einzelantrieben heben sich diese Kräfte in bezug auf die Stützkräfte der Drehverbindung auf. Die Angriffspunkte der Einzelkräfte am Ausleger sind durch die im Abschnitt 3.5.4.4.1 berechneten Radien festgelegt. Über die geometrischen Größen des Krans lassen sich daraus die Höhen h_i gegenüber der Bezugsebene x-y einfach ermitteln.
Die resultierenden Momente um die Achsen dieser Bezugsebene sind bei nur einem Drehwerkantrieb

$$M_x = \sum_i F_{\mathrm{b}i} h_{\mathrm{b}i} + \sum_j F_{\mathrm{w}j} h_{\mathrm{w}j} \pm F_{\mathrm{Gr}} h_{\mathrm{G}}$$

$$M_y = \sum_k F_{\mathrm{e}k} r_{\mathrm{e}k} + \sum_l F_{\mathrm{p}l} h_{\mathrm{p}l} \pm F_{\mathrm{Gt}} h_{\mathrm{G}}$$

und die resultierende Vertikalkraft am unteren Stützlager

$$F_{\mathrm{uv}} = F_z = \sum_k F_{\mathrm{e}k}\,. \tag{3.192}$$

Die Stützkräfte an den Drehrollen des oberen Stützrings ergeben sich aus dem Ansatz

$$h(F_2 - F_1)\sin\gamma = M_x, \qquad h(F_2 + F_1)\cos\gamma = M_y$$

zu

$$F_1 = \frac{1}{2h}\left(\frac{M_y}{\cos\gamma} - \frac{M_x}{\sin\gamma}\right),$$

$$F_2 = \frac{1}{2h}\left(\frac{M_y}{\cos\gamma} + \frac{M_x}{\sin\gamma}\right). \tag{3.193}$$

Die horizontale Stützkraft am unteren Gelenklager beträgt schließlich

$$F_{\mathrm{uh}} = \sqrt{F_x^2 + F_y^2}$$

mit

$$F_x = \frac{1}{h}\left[\sum_k F_{\mathrm{e}k} r_{\mathrm{e}k} + \sum_l F_{\mathrm{p}l}(h_{\mathrm{p}l} - h) \pm F_{\mathrm{Gt}}(h_{\mathrm{G}} - h)\right]$$

$$F_y = \frac{1}{h}\left[\sum_i F_{\mathrm{b}i}(h_{\mathrm{b}i} - h) + \sum_j F_{\mathrm{w}j}(h_{\mathrm{w}j} - h) \pm F_{\mathrm{Gr}}(h_{\mathrm{G}} - h)\right]. \tag{3.194}$$

Welche Kräfte und Stellungen des Auslegers in die praktische Berechnung einbezogen werden, hängt von der jeweiligen Aufgabe und vom Ermessen des Konstrukteurs ab. Für Drehscheibenverbindungen und Kugel- bzw. Rollendrehverbindungen sind unmittelbar die Gln. (3.192) zu verwenden, siehe Abschnitt 3.5.4.2.4.

3.5.4.4.3 Anfahrmoment des Drehwerks

Das beim Anfahren eines Motors am Abtriebselement des Antriebs angreifende Gesamtmoment M_{A} enthält alle auftretenden Einzelmomente und eignet sich daher gut zur Darstellung der bestehenden Zusammenhänge. Im Fall des Drehwerks ist es

$$M_{\mathrm{A}} = M_{\mathrm{r}} + M_{\mathrm{b}} + M_{\mathrm{C}} + M_{\mathrm{w}} + M_{\alpha}\,. \tag{3.195}$$

Die Reibungsmomente M_{r} der Drehverbindung sind den Abschnitten 3.5.4.1 und 3.5.4.2.6 zu entnehmen. Gleichungen für das Beschleunigungsmoment M_{b}, Coriolismoment M_{C} und Windmoment M_{w} wurden im Abschnitt 3.5.4.4.1 hergeleitet. In ihnen sind jeweils die Anteile von Ausleger und Hubmasse zu überlagern.
Darzulegen sind somit noch die Überlegungen, die zum Drehmoment M_{α} aus der Schrägstellung der Drehachse um den Winkel α führen. Ein derartiges Drehmoment entsteht aus der Arbeit zum Heben und Senken des Gesamtschwerpunkts des drehbaren Teils mit der Gesamtmasse m_{D} und der zugehörigen Gewichtskraft F_{D} als Summe aller k Einzelkräfte F_{ek}, siehe Bild 3-183. Der Radius r_{D} des Gesamtschwerpunkts (Bild 3-184a)

$$r_{\mathrm{D}} = \frac{1}{F_{\mathrm{D}}} \sum_k F_{\mathrm{ek}} r_{\mathrm{ek}} \tag{3.196}$$

muß von Null verschieden sein, andernfalls verschwindet auch M_{α}. Der Winkel α kann sich im allgemeinen Fall aus zwei vorgegebenen Schrägstellungswinkel α_1 und α_2 zusammensetzen, z.B. für Längs- und Querneigung.

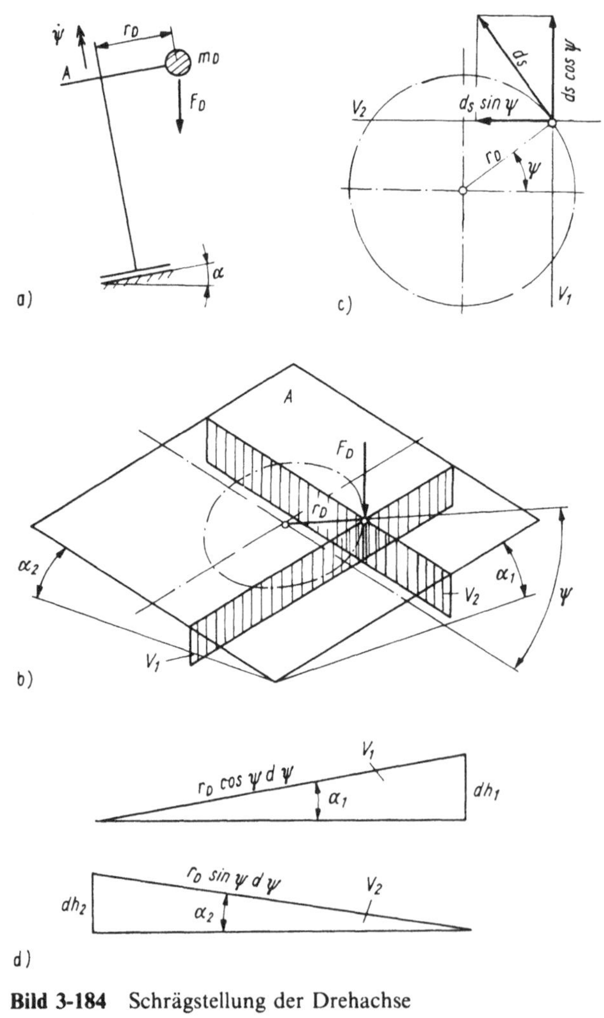

Bild 3-184 Schrägstellung der Drehachse

a) Schrägstellungwinkel
b) Drehebene A und Vertikalebenen V_1 und V_2
c) Draufsicht auf Drehebene A
d) Seitenansicht der Vertikalebenen V_1 und V_2

Dies ist im Bild 3-184b mit den Schrägstellungswinkeln α_1 und α_2 der Drehebene A gegenüber der Horizontalebene vorausgesetzt. Durch den Angriffspunkt der Kraft F_D sind zwei auf der Horizontalebene senkrecht stehende Vertikalebenen V_1 und V_2 gelegt. Wenn sich der Durchstoßpunkt dieser Kraft um das Wegelement $ds = r_D\, d\psi$ dreht (Bild 3-184c), liegen die beiden Wegkomponenten in jeweils einer der beiden Vertikalebenen. Diesen Komponenten entsprechen anteilige Hubwege dh_1 und dh_2 (Bild 3-184d). Das Element des gesamten Hubwegs kann wegen des geringen Betrags der Schrägstellungswinkel $dh \approx dh_1 + dh_2$ gesetzt werden. Somit muß das Drehwerk ein Drehmoment

$$M_\alpha = \frac{dW_h}{d\psi} = \frac{F_D\, dh}{d\psi} = F_D r_D (\cos\psi \sin\alpha_1 + \sin\psi \sin\alpha_2) \tag{3.197}$$

abgeben. Die Extremwerte treten bei

$$\tan(\bar{\psi} + \pi) = \frac{\sin\alpha_2}{\sin\alpha_1}$$

auf. Sie betragen

$$M_{\alpha\,\text{extr}} = \pm F_D r_D \sqrt{\sin^2\alpha_1 + \sin^2\alpha_2}\,. \tag{3.198}$$

Mit $\sin\alpha_2 = 0$ gehen die Gleichungen in einfachere Ansätze für nur einen Schrägstellungswinkel $\alpha = \alpha_1$ über.
Die Veränderlichkeit der Drehmomente M_w und M_α mit dem Drehwinkel ψ setzt Annahmen zur Überlagerung im Bemessungsfall voraus. Bild 3-185 zeigt den Verlauf der auf den Maximalwert bezogenen Drehmomente über den Drehwinkel. Meist wird man die beiden Belastungsfälle Anfahren gegen vollen Betriebswind und Anfahren bei voller Schrägstellung voneinander trennen.

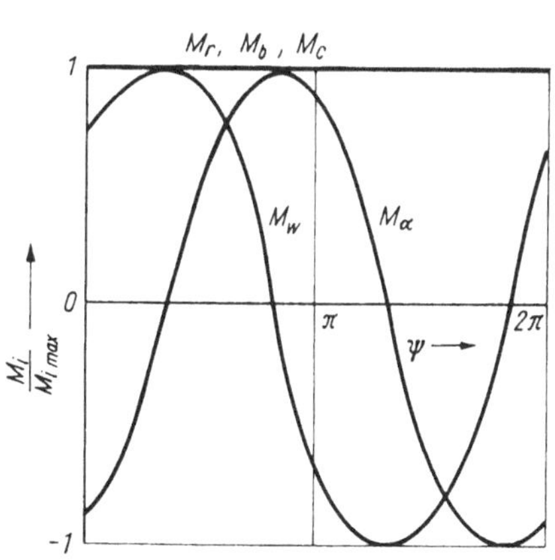

Bild 3-185 Bezogene Drehmomente des Drehwerkantriebs als Funktionen des Drehwinkels

3.5.4.5 Zahlenbeispiel

Drehwerk eines Doppellenker-Wippdrehkrans (Bild 3-186)

Um Wiederholungen zu vermeiden, sollen im folgenden lediglich die erforderlichen Nachweise für die Drehverbindung des Krans und für die vom Drehwerkantrieb erzeugten Beschleunigungen gebracht werden. Im übrigen verläuft der Berechnungsgang bei einem Drehwerkantrieb analog zu dem eines Fahrwerks, siehe das ausführliche Zahlenbeispiel im Abschnitt 3.5.3.7.

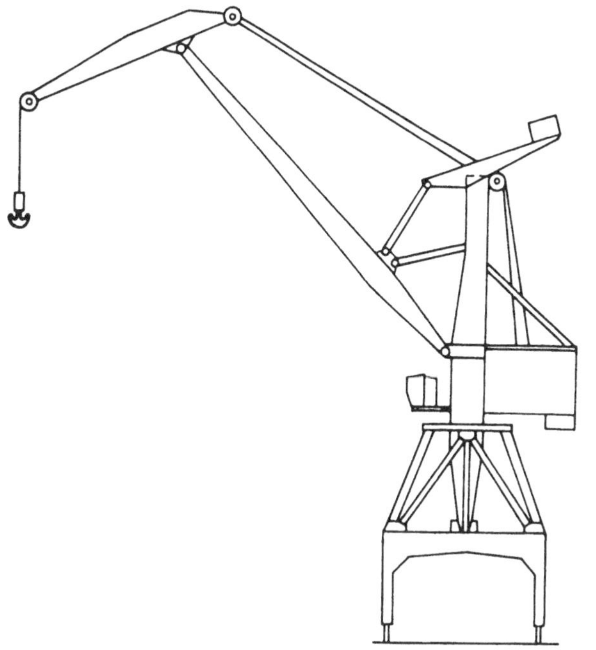

Bild 3-186
Doppellenker-Wippdrehkran

a) Daten und Betriebsbedingungen des Krans

Nutzmasse $m_n = 15\,t$ bei $r_{max} = 30\,m$ Ausladung
$m_{n\,max} = 20\,t$ bei $r = 23\,m$ Ausladung
Eigenmasse des Drehteils $m_D = 153{,}92\,t$
Drehzahl der Säule $n_S = 1{,}6\,U/min$
mittlerer Drehwinkel $\psi_m = 120°$

Beschleunigung der Auslegerspitze bei maximaler Ausladung $a = 0{,}06g = 0{,}589\,m/s^2$

Windstaudruck

$q = 50\,N/m^2$ (Wert für Berechnung)
$q = 250\,N/m^2$ (Maximalwert im Betrieb)
$q = 800 \ldots 1100\,N/m^2$ (außer Betrieb, nach Bauteilen gestaffelt)

Gesamtbetriebsdauer

Laufrollen $G_{be} = 12\,500\,h$
Wälzlager $G_{be} = 25\,000\,h$
Anzahl der Antriebe $z = 2$.

b) Technische Daten der Drehverbindung

Oberer Stützring

Schienendurchmesser $d_S = 4200\,mm$ (Werkstoff: St 60)
Laufrad
Durchmesser $d_R = 460\,mm$
Berührbreite $b_K = 176\,mm$ (Linienberührung)
Werkstoff GS-60.1 N mit 200 *HB* und $p_{Hzul} = 642\,N/mm^2$.
Unteres Stützlager siehe Bild 3-161.

c) Technische Daten der Baugruppen des Antriebs

Motor

Drehstrom-Asynchronmotor mit Schleifringläufer

Nennleistung $P_{ne} = 26{,}0\,kW$ bei 60 % *ED*
Nenndrehzahl $n_{ne} = 970\,U/min = 16{,}167\,U/s$
$\omega_{ne} = 2\pi n_{ne} = 2\pi \cdot 16{,}167 = 101{,}58\,s^{-1}$
Nennmoment $M_{ne} = P_{ne}/\omega_{ne} = 26\,000/101{,}58 = 256{,}0\,N \cdot m$

relatives Kippmoment $M_k/M_{ne} = 3{,}2$
Kippmoment $M_k = 3{,}2 \cdot 256{,}0 = 819{,}2\,\mathrm{N \cdot m}$
mittleres Anfahrmoment $M_A = 0{,}6 M_k = 491{,}5\,\mathrm{N \cdot m}$ (angenommen)
Massenträgheitsmoment $J_M = 0{,}535\,\mathrm{kg \cdot m^2}$.

Elastische Bolzenkupplung und mechanische Bremse

Die elastische Bolzenkupplung mit Bremstrommel hat die Hauptdaten

Nenndrehmoment $M_t = 1000\,\mathrm{N \cdot m}$
Massenträgheitsmoment $J_K = 0{,}0414 + 0{,}312 = 0{,}353\,\mathrm{kg \cdot m^2}$.

Das Bremsmoment der Doppelbackenbremse ∅ 320 beträgt $M_B = 502{,}2\,\mathrm{N \cdot m}$.

Getriebe und Zahnkranzvorgelege

Das gewählte Stirnradgetriebe hat die Hauptdaten

Übersetzung $i_G = 63{,}506$
Wirkungsgrad $\eta_G = 0{,}97$
Massenträgheitsmoment, auf Eingangswelle bezogen, $J_G = 0{,}072\,\mathrm{kg \cdot m^2}$.

Für das Zahnkranzvorgelege gilt

Übersetzung $i_V = 132/14 = 9{,}429$
Wirkungsgrad $\eta_V = 0{,}96$.

Damit betragen die Gesamtwerte für den Antrieb

Übersetzung $i_{ges} = i_G i_V = 63{,}506 \cdot 9{,}429 = 598{,}77$
Wirkungsgrad $\eta_{ges} = \eta_G \eta_V = 0{,}97 \cdot 0{,}96 = 0{,}93$.

d) Belastungsgrößen

Die im Abschnitt 3.5.4.4.2 an einem einfachen Beispiel (Bild 3-183) erläuterte Ermittlung der Stützkräfte einer Säulendrehverbindung verlangt die Angabe vieler Größen für mehrere Belastungsfälle. Zudem treten bei einem Doppellenker-Ausleger verwickelte geometrische Beziehungen auf. Deshalb werden die Stützkräfte und andere benötigte Größen für das Drehteil eines solchen Krans mit einem entsprechenden Programm auf einem Rechner berechnet. Tafel 3-23 enthält aus einem Ergebnisdruck nur wenige, für die nachfolgenden Berechnungen ausgewählte Größen für vier Belastungsfälle:

A maximale Ausladung mit zugehörigen Hubmasse, Betriebswind mit $q = 50\,\mathrm{N/m^2}$;
B statistischer Mittelwert der Ausladung mit zugehöriger Hubmasse, Betriebswind mit $q = 50\,\mathrm{N/m^2}$;
C maximale Hubmasse mit zugehöriger Ausladung, Betriebswind mit $q = 50\,\mathrm{N/m^2}$;
D minimale Ausladung, ohne Nutzmasse, Wind außer Betrieb (Sturm).

Für die Nachrechnung der Baugruppen werden folgende Belastungsfälle herangezogen:

Beschleunigungen	Belastungsfall A
vordere Laufrollen	Belastungsfall B
hintere Laufrollen	Belastungsfall D
Wälzlager	Belastungsfall B
mechanische Bremse	Belastungsfälle A und D.

Der Belastungsfall C tritt gegenüber A zurück. Außerdem werden folgende Extremwerte aus anderen, hier nicht aufgeführten Belastungsfällen (außer Betrieb) gebraucht:

maximale horizontale Stützkraft $F_{uh\,max} = 2012{,}1\,\mathrm{kN}$
maximale vertikale Stützkraft $F_{uv\,max} = 1798{,}2\,\mathrm{kN}$.

Die in Tafel 3-23 aufgeführten Massenträgheitsmomente sind ohne Berücksichtigung des Wirkungsgrads auf die Motorwelle umgerechnet worden.

e) Ersatzmassenträgheitsmomente (Belastungsfall A)

Die Ersatzmassenträgheitsmomente werden auf einen der vorhandenen zwei Antriebe und dessen Motorwelle bezogen; der Wirkungsgrad wird berücksichtigt. Für einen Antrieb gilt

$$J_{An} = J_M + J_K + J_G = 0{,}535 + 0{,}353 + 0{,}072 = 0{,}960\,\mathrm{kg \cdot m^2}.$$

Das Ersatzmassenträgheitsmoment wird für

Tafel 3-23 Eingangsgrößen für Drehwerkberechnung, Auszug aus Rechnerausdruck

Größe	Symbol	Einheit	Belastungsfall A	B	C	D
Stellung und Belastung						
Ausladung	r	m	30	23,5	23	8
Nutzmasse	m_n	t	15	15	20	0
Hubmasse	m	t	16,44	16,44	21,44	1,15
Massenträgheitsmomente, auf Motorwelle bezogen						
Drehteil	J_D	$\mathrm{kg \cdot m^2}$	20,8	14,8	14,0	6,7
Hubmasse	J_m	$\mathrm{kg \cdot m^2}$	41,3	25,3	31,8	0,2
Stützkräfte (s. Bild 3-183)						
Drehsäulenlager	F_{uv}	kN	1671,3	1671,3	1721,3	1509,2
	F_{uh}	kN	1101,1	714,6	916,5	728,0
Stützring	F_1	kN	668,9	716,4	553,4	–
	F_2	kN	709,4	756,9	593,9	–
	F_3	kN	–	–	–	526,9
	F_4	kN	–	–	–	567,4
Momente, auf Motorwelle bezogen, aus Drehteil und Hubmasse						
Beschleunigung	M_b	N · m	729,5	601,2	702,1	303,1
Wind 50 N/m²	$M_{w(50)}$	N · m	113,8	85,0	94,3	13,1
Wind 250 N/m²	$M_{w(250)}$	N · m	569,2	424,9	471,6	65,5
Wind (Sturm)	$M_{w\,St}$	N · m	1596,4	1176,6	1145,3	351,4
Reibung	M_r	N · m	25,4	16,9	21,4	8,4

Anfahren

$$J_{ers} = J_{An} + \frac{1}{2\eta_{ges}}(J_D + J_m)$$

$$= 0{,}96 + \frac{1}{2 \cdot 0{,}93}(20{,}8 + 41{,}3) = 34{,}34\,kg \cdot m^2$$

Bremsen

$$\bar{J}_{ers} = J_{An} + \frac{\eta_{ges}}{2}(J_D + J_m)$$

$$= 0{,}96 + \frac{0{,}93}{2}(20{,}8 + 41{,}3) = 29{,}83\,kg \cdot m^2.$$

f) Beschleunigungen (Belastungsfall A)

Anfahren

Für die Anfahrdauer wird Gl. (3.59) herangezogen

$$t_A = \frac{J_{ers}\,\omega_{ne}}{M_b} = \frac{J_{ers}\,\omega_{ne}}{M_A - \frac{M_{w(50)}}{2} - \frac{M_r}{2}}$$

$$= \frac{34{,}34 \cdot 101{,}58}{491{,}5 - \frac{113{,}8}{2} - \frac{25{,}4}{2}} = 8{,}27\,s.$$

Die stationäre Drehzahl der Säule wird

$$n_S = \frac{n_{ne}}{i_{ges}} = \frac{16{,}167}{598{,}77} = 0{,}0270\,U/s = 1{,}62\,U/min.$$

Die zugehörige Winkelgeschwindigkeit ist

$$\omega_S = 2\pi n_S = 2\pi \cdot 0{,}027 = 0{,}170\,s^{-1}.$$

Damit ergibt sich eine mittlere Beschleunigung an der Auslegerspitze von

$$a_A = \frac{r\omega_S}{t_A} = \frac{30 \cdot 0{,}170}{8{,}27} = 0{,}617\,m/s^2.$$

Sie liegt nur wenig über dem vorgegebenen Wert $a = 0{,}589\,m/s^2$. Eine wesentlich größere Beschleunigung tritt jedoch beim Anfahren ohne Nutzmasse und ohne Wind auf. Bei der Berechnung kann näherungsweise der geringe Anteil von Nutzmasse und Wind am Reibmoment M_r außer acht gelassen werden:

$$J_{ers\,0} = J_{An} + \frac{J_D}{2\eta_{ges}} = 0{,}96 + \frac{20{,}8}{2 \cdot 0{,}93} = 12{,}14\,kg \cdot m^2$$

$$t_{A\,0} = \frac{12{,}14 \cdot 101{,}58}{491{,}5 - \frac{25{,}4}{2}} = 2{,}58\,s$$

$$a_{A\,0} = \frac{30 \cdot 0{,}170}{2{,}58} = 1{,}98\,m/s^2.$$

Diese hohe rechnerische Anfahrbeschleunigung zeigt die Bedeutung einer geeigneten, feinfühligen Steuerung des Antriebs zur Minderung derartiger Belastungsspitzen.

Bremsen

Für diese Betriebsphase gilt Gl. (3.60)

$$t_B = \frac{\bar{J}_{ers}\,\omega_{ne}}{M_B + \frac{M_{w(50)}\,\eta_{ges}^2}{2} + \frac{M_r\,\eta_{ges}^2}{2}}$$

$$= \frac{29{,}83 \cdot 101{,}58}{502{,}2 + \frac{0{,}93^2}{2}(113{,}8 + 25{,}4)} = 5{,}39\,s$$

$$a_B = \frac{30 \cdot 0{,}170}{5{,}39} = 0{,}95\,m/s^2.$$

Ein Wert von $a_B = 1\,m/s^2$ wird in diesem wegen der elektrischen Betriebsbremsung seltenen Betriebsfall als zulässig angesehen. Kritischer wird auch hier das Bremsen bei Wegfall von Nutzmasse und Wind. Dabei werden die gleichen vereinfachenden Annahmen wie beim Anfahren getroffen:

$$\bar{J}_{ers\,0} = J_{An} + \frac{J_D\,\eta_{ges}}{2} = 0{,}96 + \frac{20{,}8 \cdot 0{,}93}{2} = 10{,}63\,kg \cdot m^2$$

$$t_{B\,0} = \frac{10{,}63 \cdot 101{,}58}{502{,}2 + \frac{25{,}4 \cdot 0{,}93^2}{2}} = 2{,}10\,s$$

$$a_{B\,0} = \frac{30 \cdot 0{,}170}{2{,}10} = 2{,}43\,m/s^2.$$

In diesem Fall ist wegen der hohen auftretenden Beschleunigung eine beträchtliche Schwingungsbelastung zu erwarten.

g) Drehwinkel und mittlere Drehzahl (Belastungsfall B)

Während des Teilarbeitsspiels mit dem mittleren Drehwinkel $\psi_m = 120°$ treten Anfahr- und Bremsphasen mit veränderlicher Drehzahl der Laufräder und Wälzlager auf. Für die Lebensdauerberechnung werden deshalb mittlere Werte gebildet. Dies verlangt die Kenntnis der Dauer und Drehwinkel während der einzelnen Betriebsphasen.

Anfahren

$$J_{ers} = J_{An} + \frac{1}{2\eta_{ges}}(J_D + J_m)$$

$$= 0{,}96 + \frac{1}{2 \cdot 0{,}93}(14{,}8 + 25{,}3) = 22{,}52\,kg \cdot m^2$$

$$t_A = \frac{22{,}52 \cdot 101{,}58}{491{,}5 - \frac{85{,}0}{2} - \frac{16{,}9}{2}} = 5{,}19\,s.$$

Der zugehörige Drehwinkel beträgt

$$\psi_A = \omega_S\frac{t_A}{2} = \frac{0{,}170 \cdot 5{,}19}{2} = 0{,}44\,rad \mathrel{\widehat{=}} 25{,}28°.$$

Bremsen

$$\bar{J}_{ers} = 0{,}96 + \frac{0{,}93}{2}(14{,}8 + 25{,}3) = 19{,}61\,kg \cdot m^2$$

$$t_B = \frac{19{,}61 \cdot 101{,}58}{502{,}2 - \frac{0{,}93^2}{2}(85{,}0 - 16{,}9)} = 4{,}21\,s$$

$$\psi_B = \frac{0{,}170 \cdot 4{,}21}{2} = 0{,}36\,rad \mathrel{\widehat{=}} 20{,}50°.$$

Beharrung

$$\psi_H = \psi_m - \psi_A - \psi_B = \frac{2\pi}{3} - 0{,}44 - 0{,}36$$
$$= 1{,}29\,\text{rad} \mathrel{\hat=} 74{,}22°$$

$$t_H = \frac{\psi_H}{\omega_S} = \frac{1{,}29}{0{,}170} = 7{,}59\,\text{s}.$$

Die Betriebsdauer während eines Teilspiels beträgt

$$t_{be} = t_A + t_H + t_B = 5{,}19 + 7{,}59 + 4{,}21 = 16{,}99\,\text{s},$$

und die mittlere Drehzahl der Säule wird

$$n_{Sm} = n_S \frac{t_H + \frac{1}{2}(t_A + t_B)}{t_{be}} = 1{,}62 \frac{7{,}59 + \frac{1}{2}(5{,}19 + 4{,}21)}{16{,}99}$$
$$= 1{,}17\,\text{U/min}.$$

h) Laufrollen

Dynamische Tragfähigkeit (Belastungsfall B, Radkraft F_2)

Nach Gl. (2.208) gilt für die rechnerische Radkraft

$$F_r = C_L C_B \frac{F_{max}}{2} \quad \text{(wegen Doppelschwinge)}$$

mit

$$C_L = \sqrt[3]{\frac{z_L}{z_D}} \quad (z_D = 6{,}4 \cdot 10^6) \quad \text{und} \quad C_B = 1$$

(wegen Annahme eines mittleren Belastungsfalls).

Zunächst muß die Anzahl der Überrollungen während der geforderten Gesamtbetriebsdauer ermittelt werden. Die mittlere Laufraddrehzahl ist

$$n_{Rm} = n_{Sm} \frac{d_S}{d_R} = 1{,}17 \frac{4200}{460} = 10{,}68\,\text{U/min}.$$

Damit wird

$$z_L = n_{Rm} \cdot 60 \cdot 12\,500 = 8{,}01 \cdot 10^6$$

$$C_L = \sqrt[3]{\frac{8{,}01}{6{,}4}} = 1{,}078$$

$$F_r = 1{,}078 \frac{756{,}9}{2} = 408{,}0\,\text{kN}.$$

Nach dem Hinweis zu Gl. (2.198) beträgt der Ersatzradius der Wälzpaarung

$$d = \left(\frac{1}{d_R} - \frac{1}{d_S}\right)^{-1} = \left(\frac{1}{460} - \frac{1}{4200}\right)^{-1} = 516{,}6\,\text{mm},$$

und der Wert der Hertzschen Pressung ist

$$p_H = 268 \sqrt{\frac{F_r}{d b_K}} = \sqrt{\frac{408\,000}{516{,}6 \cdot 176}}$$
$$= 567{,}7\,\text{N/mm}^2 < p_{H\,zul}.$$

Auf die Kontrolle der Wälzlager wird verzichtet, weil diese nach Katalog den Belastungen zugeordnet sind.

Statische Tragfähigkeit (Belastungsfall D, Radkraft F_4)

Die zulässige Flächenpressung wird bei Linienberührung und $\delta = 0{,}0002$ nach Gl. (2.212)

$$p_{H\,zul} = 5{,}53\,\text{HB} = 5{,}53 \cdot 200 = 1106\,\text{N/mm}^2,$$

und der auftretende Maximalwert ist

$$p_H = 268 \sqrt{\frac{567\,400}{516{,}6 \cdot 176}} = 669{,}6\,\text{N/mm}^2 < p_{H\,zul}.$$

i) Wälzlager des Drehsäulenlagers (Belastungsfall B und Sonderbelastung)

Radial-Pendelrollenlager mit

$C = 2340\,\text{kN}, \quad C_0 = 2710\,\text{kN}.$

Dynamische Äquivalentkraft

$$F = VXF_r + YF_a = 1{,}2 \cdot 714{,}6 = 857{,}5\,\text{kN}$$

Drehzahlfaktor

$$f_n = \left(\frac{33{,}33}{n_{Sm}}\right)^{0{,}3} = \left(\frac{33{,}33}{1{,}17}\right)^{0{,}3} = 2{,}73$$

Lebensdauerfaktor

$$f_L = f_n \frac{C}{F} = \frac{2{,}73 \cdot 2340}{857{,}5} = 7{,}45$$

rechnerische Lebensdauer

$$L = 500 f_L^{10/3} = 500 \cdot 7{,}45^{10/3} = 403\,765\,\text{h} > G_{be}$$
$$= 25\,000\,\text{h}.$$

Für die statische Tragfähigkeit gilt mit dem Extremwert $F_{uh\,max}$

$$F_0 = F_{r0} + YF_{a0} = F_{uh\,max} = 2012{,}1\,\text{kN}$$

$$k_0 = \frac{C_0}{F_0} = \frac{2710}{2012{,}1} = 1{,}35 > 1{,}0.$$

Axial-Pendelrollenlager mit

$C = 1960\,\text{kN}, \quad C_0 = 4750\,\text{kN}.$

Dynamische Tragfähigkeit (Belastungsfall B)

$$F_a = F_{uv} = 1671{,}3\,\text{kN}$$

$$f_L = \frac{2{,}73 \cdot 1960}{1671{,}3} = 3{,}20$$

$$L = 500 \cdot 3{,}20^{10/3} = 24\,134\,\text{h} \approx G_{be} = 25\,000\,\text{h}.$$

Statische Tragfähigkeit (Sonderbelastung)

$$F_{a0} = F_{uv\,max} = 1798{,}2\,\text{kN},$$

$$k_0 = \frac{4750}{1798{,}2} = 2{,}64 > 2{,}0.$$

k) Mechanische Bremse (Belastungsfall D, Wind außer Betrieb)

Weil die Bremse nach der Rechnung unter *f*) überdimensioniert erscheint, wird ergänzend die Wirkung als Haltebremse überprüft. Die Bremssicherheit ist

$$S_B = \frac{M_B}{\frac{\eta_{ges}^2}{2}(M_{wSt} - M_r)} = \frac{502{,}2}{\frac{0{,}93^2}{2}(351{,}4 - 8{,}4)}$$
$$= 3{,}39 > 1{,}5 \ldots 2{,}0.$$

Damit bestätigt sich, daß ein kleineres Bremsmoment angebracht wäre.

3.6 Sicherheitseinrichtungen

Um den ordnungsgemäßen Arbeitsablauf der Fördermaschinen zu gewährleisten und Gefahren für die Maschine, das Bedienungspersonal und die Umgebung auszuschließen, sind viele, sehr unterschiedliche Sicherheitseinrichtungen erforderlich. Ihre richtige Auswahl und Anordnung sind wichtige Bestandteile aller konstruktiven und betriebsorganisatorischen Entscheidungen.
Die Fülle der zur Sicherung notwendigen Einrichtungen und Maßnahmen läßt sich an dieser Stelle schon deshalb nicht behandeln, weil diese mit den Besonderheiten von Arbeitsweise und Ausführung der einzelnen Fördermaschinen eng verknüpft sind. Daher sollen unter Sicherheitseinrichtungen hier nur solche Baugruppen und Geräte verstanden werden, die allgemeine Bedeutung und ausschließlich oder überwiegend Sicherheitsfunktionen haben. Es sind dies die Wegbegrenzer sowie die Abstands-, Überlastungs- und Abtriebssicherungen.

3.6.1 Wegbegrenzer

Die Bewegungen der Fördermaschinen oder ihrer Baugruppen müssen, wenn der Bewegungsbereich begrenzt ist, aus funktionellen oder sicherheitstechnischen Gründen meist nach einer oder nach beiden Richtungen auf zulässige Bereiche eingeschränkt werden. Zur absoluten Begrenzung von Hub- und Fahrwegen, Dreh- und Schwenkwinkeln dienen vorrangig Schalteinrichtungen, zur Sicherung von Fahrwegen darüber hinaus starre Anschläge oder elastische Puffer, siehe die VDI-Richtlinie 3575.

3.6.1.1 Mechanische Grenzschalter

Mechanische Grenzschalter, auch als Endschalter, Motorschalter bezeichnet, geben an der gewünschten, möglichst genau eingehaltenen Stelle des Bewegungsbereichs einen oder mehrere Schaltbefehle. Die Schaltwalzen oder -nocken dieser Schalter werden durch geradlinig zugestellte Stößel, drehbare Hebel oder Spindel- bzw. Zahnradtriebe betätigt.
Um eine schleichende Schaltung mit unsicherer Kontaktgabe am Schaltpunkt auszuschließen, werden Sicherheitsschalter stets als Sprungschalter ausgebildet, bei denen die Betätigungskraft auf dem zurückzulegenden Schaltweg zunächst eine Feder spannt. Sobald die Federkraft ausreicht, um die Verriegelung der Schaltwalze oder -scheibe zu lösen, wird die eigentliche Schaltbewegung ruckhaft als Momentschaltung durchgeführt. Die Schalter liegen im Steuerstromkreis, sie werden bei Stromstärken bis 100 A auch oft im Hauptstromkreis angebracht, weil die Sicherheitsschaltung dann unabhängig von nachgeordneten Schützen oder Relais wird.

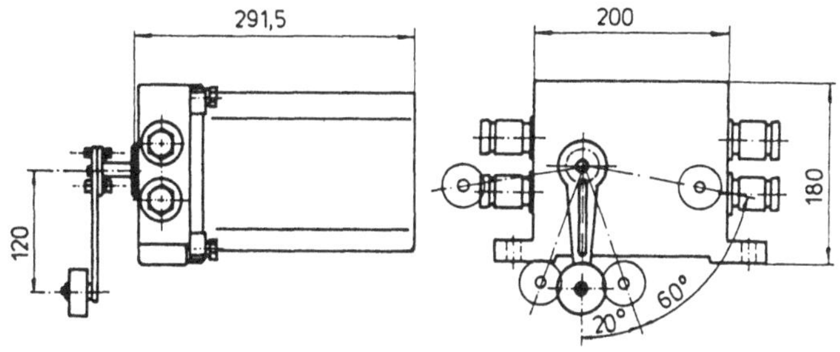

Bild 3-187 Hebelendschalter HN 25, Elektrotechnische Geräte Böhlitz-Ehrenberg GmbH
Nennstrom 25 A, Schutzart IP 54, Nutzungsdauer $5 \cdot 10^5$ Schaltungen

Eine wichtige Unterscheidung hinsichtlich Schalthäufigkeit und Sicherheitsanforderungen muß nach der Einsatzaufgabe der Grenzschalter getroffen werden. Als Arbeitsschalter werden sie regelmäßig, bisweilen bei jedem Arbeitsspiel, ausgelöst und müssen eine entsprechend große Anzahl von Schaltungen während ihrer Nutzungsdauer ertragen. Reine Sicherheitsschalter dürfen dagegen betriebsmäßig nicht regelmäßig angefahren werden, wenn dies die einschlägigen Vorschriften, z.B. die Unfallverhütungsvorschrift für Krane (VBG 9) für die Grenzschalter von Hubwegen, vorschreiben. Heutige Motorschalter sind mit einer Nutzungsdauer von 10^5 bis 10^7 Schaltungen technisch für beide Aufgaben ausgelegt.
Der *Hebelendschalter* im Bild 3-187 eignet sich zur Begrenzung translatorischer Bewegungen und wird von einem Schaltlineal o.ä. betätigt (s. Bild 3-195). Ein solcher An-

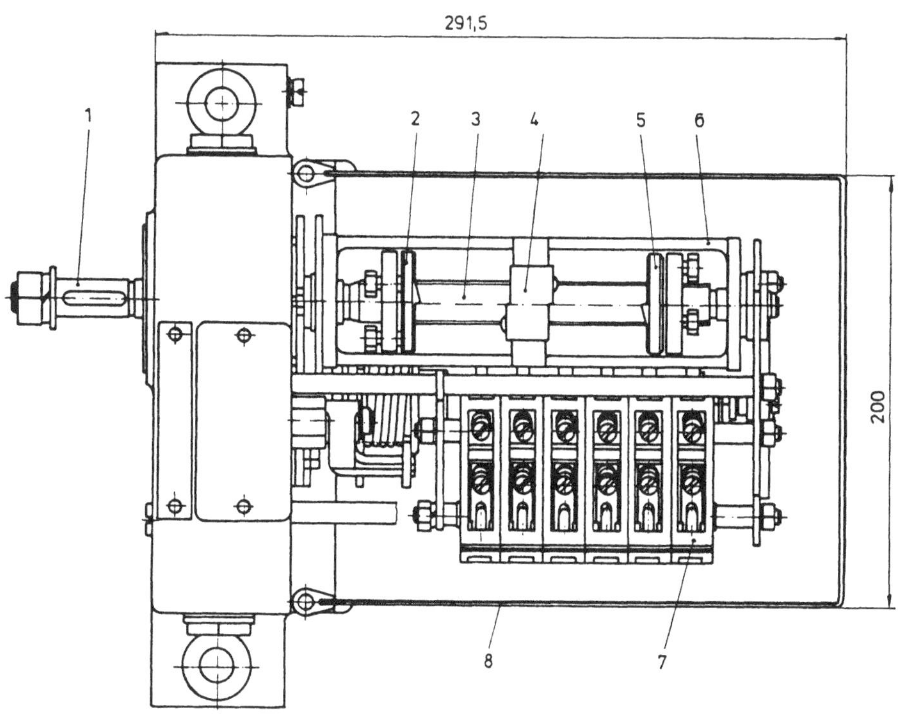

Bild 3-188
Spindelendschalter SN 25, Elektrotechnische Geräte Böhlitz-Ehrenberg GmbH
Nennstrom 25 A, Schutzart IP 54, Spindelumdrehungen 50, Antriebsdrehzahl 5 ... 120 U/min, Nutzungsdauer $5 \cdot 10^5$ Schaltungen

1 Antriebswelle
2, 5 Anschlag, verstellbar
3 Schaltspindel
4 Wandermutter
6 Schaltwanne
7 Schalter
8 Gehäuse

schlag versetzt den Hebel und mit ihm die Schaltwelle mit Schaltscheibe in Drehung. Nach einem Schaltwinkel von 20° ± 5° wird die Momentschaltung vollzogen. Maximal stehen sechs Kontakte zur Verfügung, die als Öffner oder Schließer wirken können. Bei einem Versagen der Momentschaltung wirkt nach einem Schiebewinkel von 25° ± 5° eine zusätzliche Sicherheitsschaltung mit schleichender Kontaktgabe. Der Nachlaufwinkel von 60°, bezogen auf die Schaltstellung, erlaubt das Nachlaufen des abgeschalteten Triebwerks in der gleichen Bewegungsrichtung, wenn es die Hebelstellung beeinflußt. Eine Ölfüllung kühlt den Schalter und verringert den Verschleiß seiner bewegten Bauteile.
Ein *Spindelendschalter* (Bild 3-188) wird teils direkt von einer rotierenden Welle des zu überwachenden Antriebs, teils über eine Kette angetrieben und wandelt die Drehbewegung der Spindel in die translatorische Bewegung einer Wandermutter um. Nach dem Zurücklegen des an beiden Seiten durch Anschläge 2, 5 begrenzten Wegs dreht die Wandermutter 4 die Schaltwanne 6 und über einen Rollenhebel auch die Kontaktwalze. Eine Sicherheitseinrichtung gewährleistet eine mechanische Abschaltung, wenn die Schaltfeder bricht oder Kontakte verschweißen.
Die Nutzumdrehungen solcher Schalter liegen zwischen 40 und 60 mit Nachlaufumdrehungen von 12 bis 19. Die Spindeldrehzahl darf 5 U/min nicht unter- und 120 U/min nicht überschreiten. Diese Grenzen bestimmen die notwendige Übersetzung zur Triebwerkwelle. Wenn der Nachlaufweg überschritten wird, springt der Schalter in die Nullstellung zurück und macht den Nachlaufweg unwirksam, so daß eine anschließende Bewegung in umgekehrter Drehrichtung von Null beginnt. Das ist besonders dann zu beachten, wenn die Schaltwirkung stets an der gleichen Stelle der Triebwerkbewegung bleiben muß. Ein ausreichender Nachlaufweg ist bei der sog. Vorgrenzschaltung wichtig, bei der noch ein festgelegter Arbeitsweg, evtl. mit verminderter Geschwindigkeit, durchlaufen wird, ehe der eigentliche Grenzschalter anspricht.
Die *Getriebegrenzschalter* haben wie ein einfaches Zählwerk Zahnradübersetzungen zwischen der Antriebs- und der Nockenwelle. Die Schaltstellung wird stufenlos durch Verdrehen der auf der Nockenwelle gelagerten Schaltscheiben eingestellt. Die Übersetzung zwischen Antriebs- und Nockenwelle kann sehr groß gewählt werden; deshalb eignet sich dieser Schalter auch für größere Antriebsdrehzahlen bis 600 U/min. Wegen ihres mechanischen und elektrischen Aufbaus und wegen der günstigen Verschleißeigenschaften sind die Getriebegrenzschalter vor allem als häufig angefahrene Arbeitsschalter geeignet. Sie erreichen eine Nutzungsdauer von mindestens 10^7 Schaltungen bei maximal 600, in Sonderfällen bis 5000 Umdrehungen je Stunde.
Der *Differential-Getriebe-Nocken-Endschalter* im Bild 3-189 überlagert wie ein Umlaufrädergetriebe (siehe Bild 2-216e) die an den beiden Wellen HW und SW eingeleiteten Drehbewegungen. Werden beide Wellen mit, nach Betrag und Richtung, gleicher Drehzahl angetrieben, bewegt sich nur die Schaltwelle NHW. Beim alleinigen Bewegen der Welle SW dreht sich nur die Schaltwelle NSW. Im allgemeinen Bewegungsfall, wenn sich beide Wellen mit unterschiedlicher Drehzahl drehen, bewegen sich beide Schaltwellen. Damit eignet sich dieser Endschalter zur Steuerung von Zweimotoren-Greiferwindwerken ohne Kupplung zwischen den beiden Antriebswellen (siehe Bild 3-114b) und erlaubt neben der Grenzschaltungsfunktion auch die eines Differentialgetriebes zur Steuerung des Bewegungsablaufs.

3.6.1.2 Berührungslose Grenzschalter

Berührungslose Schalter erzeugen bei Annäherung oder Durchlauf eines Körpers im Sensor ein Grundsignal, das

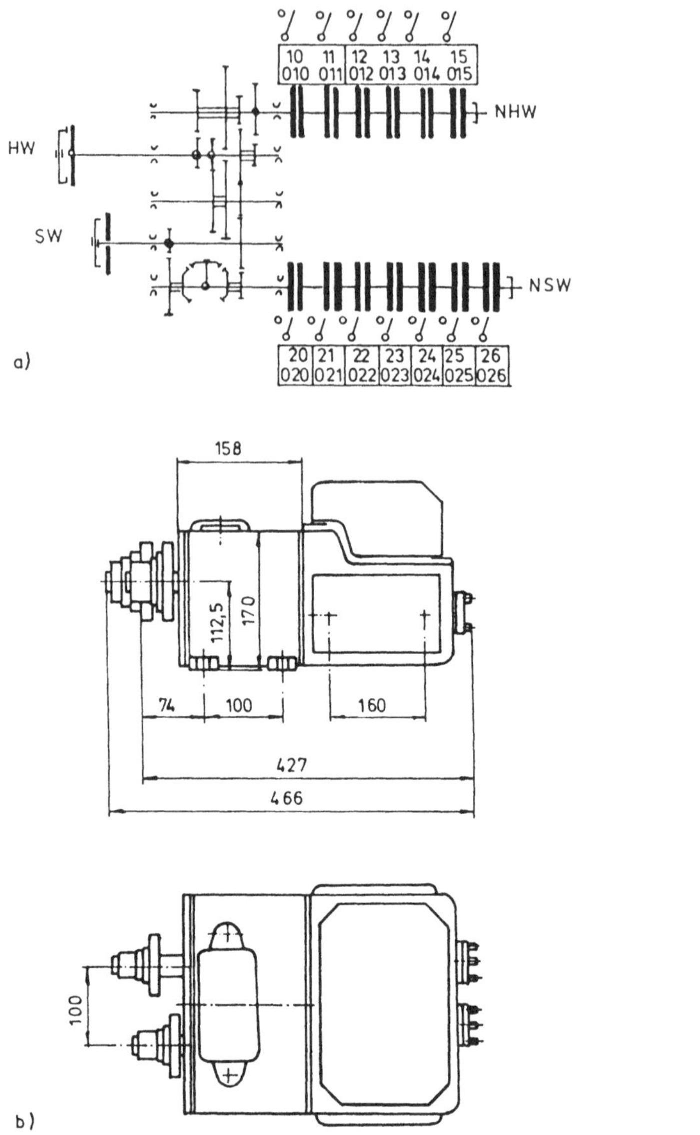

Bild 3-189 Differential-Getriebe-Nocken-Endschalter, Ausführung DNE, Gehäuse Größe 11, Maschinenfabrik Stromag GmbH, Unna

a) Wirkprinzip
b) konstruktive Ausführung

anschließend elektronisch ausgewertet und für die Steuerung genutzt wird. Das Anwendungsgebiet derartiger Schalter reicht über Sicherungsfunktionen hinaus, den Schwerpunkt bilden die Prozeßsteuerung und -automatisierung.
Es werden alle geeigneten physikalischen Prinzipe der Signalerzeugung genutzt. Die größte Bedeutung als berührungslose Schalter haben gegenwärtig:

- Lichtschranken (Durchlicht- oder Reflexionsschalter)
- Magnetschalter
- Induktionsschleifen
- kapazitive und induktive Initiatoren
- Ultraschallschranken.

Bild 3-190 zeigt als Beispiel einen Schlitzmagnetschalter mit Permanentmagnet. Wenn zwischen die beiden Backen ein ferromagnetisches Blech geführt wird, beeinflußt dies das Magnetfeld und betätigt den Schalter.
Bei der Auswahl eines für eine bestimmte Aufgabe geeigneten berührungslosen Schalters sind die Umgebungseinflüsse, wie Temperatur, Feuchte, Erschütterungen, Fremdlicht, Staub, zu beachten. Opto-elektronische Schalter erhalten

z.B. eine Frontscheibenheizung, wenn Reif- oder Eisansatz zu befürchten ist, und ihre Lichtstärke wird bei einer Verschmutzung nachgeregelt. Die Verwendung von Infrarotlicht macht Fremdlichteinflüsse unwirksam. Die anderen aufgeführten Schalter sind gegenüber Staub und Feuchtigkeit weitgehend unempfindlich.

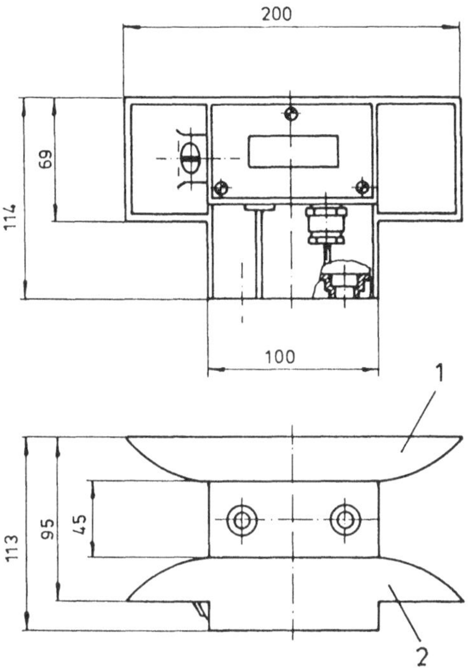

Bild 3-190 Schlitzmagnetschalter BN 21, Schmersal, Wuppertal

Schutzart IP 67, Nutzungsdauer $10^6 \dots 10^9$ Schaltungen

1 Permanentmagnetbacke
2 Schaltbacke

Als Wegbegrenzer mit Sicherheitsfunktion haben alle berührungslosen Grenzschalter einen wesentlichen sicherheitstechnischen Nachteil im Vergleich zum formschlüssig wirkenden mechanischen Grenzschalter. Dieser arbeitet grundsätzlich nach dem Zwangsöffnungs- bzw. Ruhestromprinzip, liefert die Abschaltfunktion direkt und trennt den gesamten Leistungskreis, wenn er funktionsuntüchtig wird. Ein berührungsloser Schalter für eine Sicherungsaufgabe muß deshalb als sich selbst überwachendes elektrisches System ausgebildet werden, das bei seinem Ausfall den Arbeitsstromkreis unterbricht.

3.6.1.3 Puffer

Unabhängig davon, ob die Wege von fahrbaren Fördermaschinen bzw. deren Baugruppen durch Endschalter begrenzt werden, ist das Überfahren der Fahrbahnenden durch feste Anschläge auszuschließen. Damit die Stoßkräfte beim Aufprall ein für das Tragwerk zulässiges Maß nicht überschreiten, werden zusätzlich Puffer an der Fördermaschine oder bzw. und am starren Wegbegrenzer angebracht. Die Stoßgeschwindigkeit kann bis zur Nenngeschwindigkeit der Fahrbewegung reichen. Ein anforderungsgerecht ausgelegter Puffer muß die Gesamtenergie des bewegten Systems aufnehmen und eine möglichst niedrige Endkraft bei dessen Stillsetzung hervorrufen.
Die wichtigsten Kenngrößen der Puffer sind die Pufferkennlinie, d.h. der Verlauf der Pufferkraft als Funktion des Pufferwegs, die Dämpfung, das Energieaufnahmevermögen und die Endkraft als Maximalwert der Pufferkraft. Der Pufferweg ist meist von nachgeordneter Bedeutung.

Eine Übersicht über die Hauptbauarten mit den für sie typischen Kennlinien gibt Bild 3-191. In einem *Ringfeder-Puffer* (Bild 3-191a) sind mehrere Reibungsfedern in Reihe geschaltet. Während einer axialen Verschiebung weiten sich die Ringfedern auf und gleiten auf den Kegelflächen relativ zueinander. Die Pufferkraft ist die Summe der Verformungs- und Reibungskräfte. Wie es für Reibungsfedern typisch ist, steigen bzw. fallen die Kennlinien linear. Die Hysteresefläche ist groß, so daß die Dämpfung Werte um 60 % erreicht.

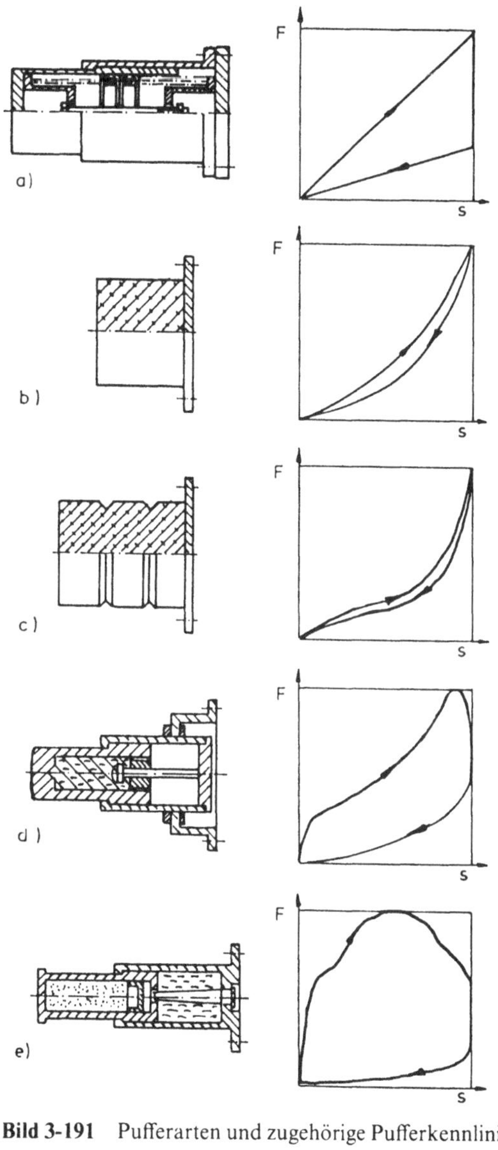

Bild 3-191 Pufferarten und zugehörige Pufferkennlinien [3.142]

a) Ringfederpuffer
b) Gummipuffer
c) Zellpuffer
d) Elastomerpuffer
e) Hydraulikpuffer

Gummi-Puffer (Bild 3-191b) sind einfach und damit billig, weshalb sie häufig bevorzugt werden. Wegen der geringen Volumenkompressibilität vergrößern sie im Verlauf der Verformung ihren Durchmesser. Die leicht progressiv ansteigende Kennlinie hängt von der Pufferform und der Shore-Härte des Gummis ab. Das viskoelastische Verhalten des Pufferwerkstoffs führt zu einer Abweichung der dynamischen von der statischen Kennlinie um etwa 10 %. Die Geschwindigkeitsabhängigkeit ist unbedeutend. Weil die Hysterese lediglich von der inneren Reibung hervorgerufen wird, beträgt die Dämpfung nur 30 ... 35 %.
Ein *Zell-Puffer* bzw. Zellkunststoff-Puffer (Bild 3-191c) besteht aus Polyurethanschaum, dessen spezielle Vernetzung

zu Zellstrukturen mit eingeschlossenen Gasblasen führt. Derartige Puffer haben eine hohe Volumenkompressibilität, demzufolge ertragen sie eine große Stauchung bei nur geringer Durchmesservergrößerung. Die Kennlinien ähneln denen der Gummi-Puffer, allerdings mit gegen Ende des Pufferwegs stark wachsender Progression. Die dynamischen Kennlinien weichen wiederum um rd. 10 % von der statischen ab. Da die Verdichtung des Gasblasen im statischen Zustand fast isotherm, mit größer werdender Geschwindigkeit dagegen immer mehr adiabatisch verläuft, ist theoretisch eine Geschwindigkeitsabhängigkeit der Pufferkennlinie zu erwarten, die allerdings durch Versuche [3.142] nicht bestätigt wurde.

In einem *Elastomer-Puffer* (Bild 3-191d) verdichtet ein Kolben ein in ein Gehäuse gefülltes, vorgespanntes, teigiges Elastomer, meist Silikon. Mit der Volumenverringerung steigt der Druck im Füllraum. Die Kennlinie verläuft nach anfänglich steilem Anstieg leicht progressiv. Bei geringer Geschwindigkeitsabhängigkeit besteht ein großer Unterschied zwischen der statischen und der dynamischen Kennlinie. Die Überlagerung von innerer und äußerer Reibung ergibt eine hohe Dämpfung von 70 ... 75 %.

Bei den bisher vorgestellten Pufferarten entsteht oder vergrößert sich beim Zusammendrücken eine Vorspannung, die nach der Entlastung für eine ausreichend große Rückstellkraft sorgt. Die Wirkungsweise der *Hydraulik-Puffer* beruht im Gegensatz dazu auf einer stark gedrosselten Verdrängung einer Flüssigkeit mit Hilfe eines Kolbens. Als Rückstelleinrichtung erfordert dies eine zusätzliche Gas- oder Stahlfeder. Um den gewünschten ansteigenden Verlauf der Pufferkraft herzustellen, nimmt die Drosselfläche mit zunehmendem Pufferweg ab, im Konstruktionsbeispiel nach Bild 3-191e durch Einschub eines kegligen Dorns in die Drosselfläche stetig, im Beispiel nach Bild 3-192 durch aufeinanderfolgenden Verschluß der Drosselbohrungen in Stufen. Das Federvolumen der Gasfeder wird im erstgenannten Fall von einem Trennkolben, im zweitgenannten von einer Gummimembran zusammengedrückt.

Die Kennlinien der Hydraulik-Puffer zeigen einige Besonderheiten. Nach einem steilen Anstieg verlaufen sie fast waagerecht. Die maximale Pufferkraft wird, zumindest bei großer Auftreffgeschwindigkeit, bereits vor dem Durchlaufen des vollen Pufferwegs erreicht. Wegen der geringen Rückstellkraft entsteht eine große Hysteresefläche; die Dämpfung geht über 90 % hinaus. Die dynamischen Kennlinien unterscheiden sich erheblich von der statischen und hängen stark von der Auftreffgeschwindigkeit v_0 ab, s. Bild 3-193a.

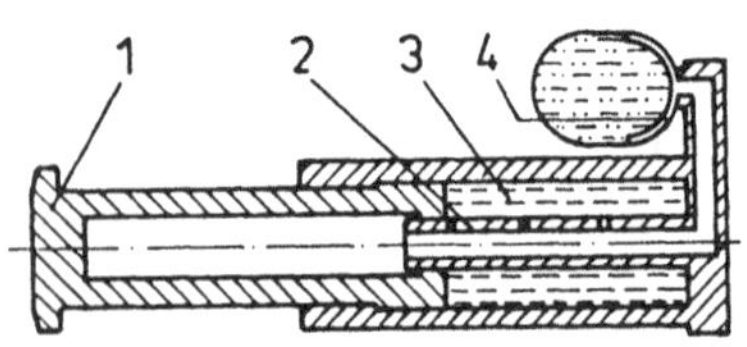

Bild 3-192 Hydraulikpuffer mit diskontinuierlicher Drosselflächen-Wegfunktion [3.143]

1 Kolben
2 Drosselbohrung
3 Kolbenraum mit Ölfüllung
4 Gasspeicher

Die technischen Daten und Kennlinien von Puffern werden in den Katalogen der Herstellerfirmen angegeben. Sie liegen, je nach Bauart und -größe, in folgenden Bereichen:

Energieaufnahmevermögen	$E =$	5 ... 400 kN·m,
maximale Pufferkraft	$F_{max} =$	10 ... 1500 kN,
maximaler Pufferweg	$s_{max} =$	10 ... 630 mm.

[3.142] ermittelte experimentell eine Pufferwirkdauer zwischen 0,13 und 1,1 s bei Auftreffgeschwindigkeiten der bewegten Masse von 1 ... 2 m/s.

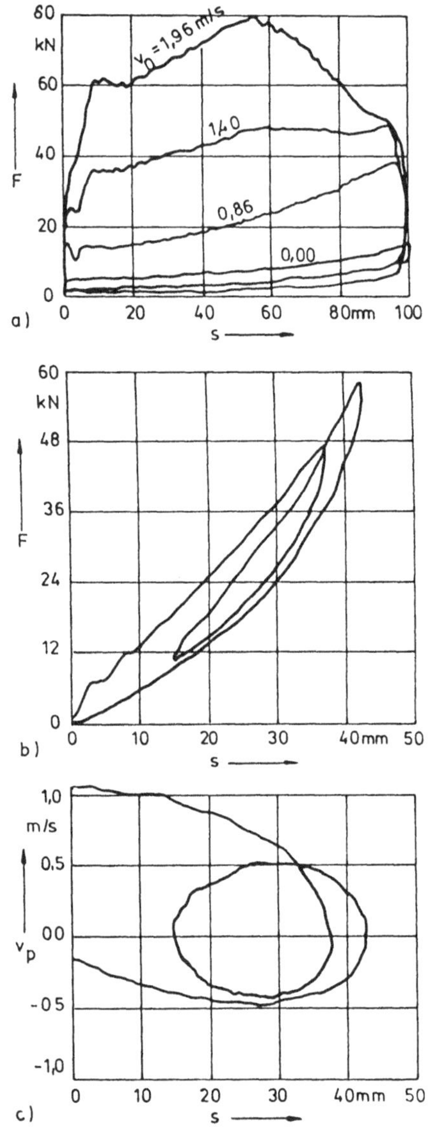

Bild 3-193 Experimentell ermittelte Kennlinien von Puffern [3.142]

a) Kraft-Weg-Verlauf eines Hydraulikpuffers in Abhängigkeit von der Auftreffgeschwindigkeit v_0
b) Schwingender Kraft-Weg-Verlauf eines Gummipuffers
c) Schwingender Verlauf der Puffergeschwindigkeit v_P eines Gummipuffers

Der Pufferstoß ist ein dynamischer Vorgang. Einer genauen Berechnung der Pufferkräfte muß demzufolge ein räumliches Schwingungssystem zugrunde gelegt werden, in das als Randbedingungen der Schaltzustand des Antriebs (treibend, bremsend) und die Gesetze für den Kraftschluß eingehen. Fast zur gleichen Zeit haben *Scheibner* [3.144] und *Sedlmayer* [3.145] rechnerische Ansätze auf der Grundlage von 2-Massen- bzw. 3-Massen-Systemen veröffentlicht. Neben dem an sich plausiblen Ergebnis, daß ein bremsender Antrieb niedrigere Pufferkräfte zur Folge hat als ein treibender, gelang der Nachweis, daß es im Verlauf der Pufferwirkdauer infolge von Störungen des Kraftschlusses zu einem ein- oder mehrmaligen Wechsel von Be- und Entlastung des Puffers kommt, wie dies Bild 3-193b und c verdeutlichen. *Oldewurtel* [3.142] hat den Pufferstoß theoretisch und experimentell genauer untersucht und ein Berechnungsverfahren zur dynamischen Dimensionierung von Puffern ausgearbeitet. Er

konnte auch experimentell klären, daß spürbare Rückbewegungen nur bei Gummi- und Zell-Puffern zu verzeichnen sind, offensichtlich wegen der kleinen Hysterese dieser Pufferarten. Bei Ringfeder-, Elastomer- und Hydraulik-Puffern tritt diese Erscheinung nicht oder nur geringfügig auf.
In der konstruktiven Praxis werden Puffer z.Zt. nach DIN 15018 Teil 1, Abschnitt 4.3.2, allein nach dem erforderlichen Energieaufnahmevermögen bemessen. Wirkt beim Pufferstoß nur ein Puffer (Bild 3-194a) muß er die Energie aufnehmen

$$E = \frac{mv_r^2}{2}; \tag{3.199}$$

m anteilige bewegte Masse, evtl. aus Hebelgesetz bestimmt,
v_r rechnerische Auftreffgeschwindigkeit.

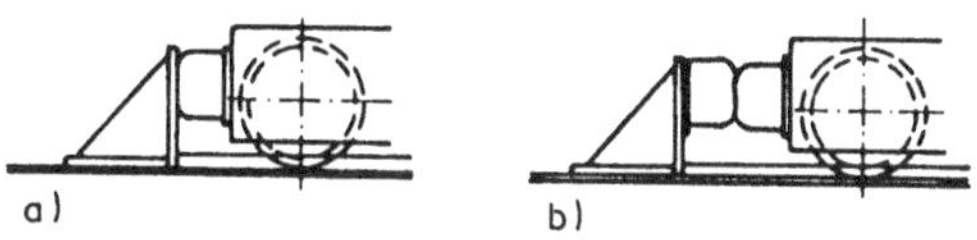

a) b)

Bild 3-194 Anordnung von Gummipuffern an Kranen
a) Einfachanordnung
b) Doppelanordnung

Für v_r gelten folgende prozentuale Werte der Nennfahrgeschwindigkeit v_f:

Brückenkrane 85 %,
Laufkatzen 100 %,
Fahrgeschwindigkeit durch Endschalter herabgesetzt 70 %.

Treffen beim Stoß zwei Puffer aufeinander (Bild 3-194b), verteilt sich die Energie entsprechend den Kennlinien auf beide Puffer. Weichen Puffergröße und damit Kennlinien voneinander ab, besteht die Gefahr, daß der schwächere Puffer überlastet wird. Deshalb sollten in solchen Fällen stets Puffer gleicher Art und Größe angebracht werden, von denen jeder die Hälfte der gesamten Stoßenergie aufnimmt.
Bei der Ermittlung der anteiligen bewegten Masse werden frei hängende, pendelnde Massen wegen der kurzen Stoßdauer nicht berücksichtigt. In [3.142] wird allerdings nachgewiesen, daß dies zu beträchtlichen Dimensionierungsfehlern führen kann, sobald die Pendeldauer und die Pufferwirkdauer die gleiche Größenordnung haben. Im Normalfall wird dies nicht zutreffen.
Wenn zwei Krane mit unterschiedlichen Fahrgeschwindigkeiten v_1 und v_2 sowie voneinander abweichenden anteiligen Massen m_1 und m_2 aufeinander zufahren und zusammenstoßen, ergibt sich nach voll elastischem Stoß die gemeinsame Bewegungsgeschwindigkeit

$$v = \frac{m_1 v_1 - m_2 v_2}{m_1 + m_2}.$$

Die Stoßenergie beträgt unter Verwendung dieser Gleichung

$$E = \frac{m_1 v_1^2}{2} + \frac{m_2 v_2^2}{2} - (m_1 + m_2)\frac{v^2}{2} = \frac{m_1 m_2 (v_1 + v_2)^2}{2(m_1 + m_2)}. \tag{3.200}$$

Sind wiederum zwei Puffer am Stoß beteiligt, gelten die Bemerkungen zur Gl. (3.199) über die Aufteilung der Energie auf beide Puffer. Nach dem erforderlichen Energieaufnahmevermögen werden die Puffer ausgewählt. Die maximale Pufferkraft ist ebenfalls den Unterlagen der Hersteller zu entnehmen. Nur bei streng linearen Pufferkennlinien läßt sie sich aus Stoßenergie und Pufferweg einfach ermitteln.

3.6.2 Abstandssicherungen

Abstandssicherungen (nach VDI-Richtlinie 3651 Distanzierungseinrichtungen) sollen den Zusammenstoß von Kranen, die auf einer gemeinsamen Kranbahn fahren, verhindern oder zumindest ein Aufeinanderfahren mit voller Fahrgeschwindigkeit unmöglich machen. Krane auf übereinanderliegenden Kranbahnen müssen in ähnlicher Weise dagegen gesichert werden, daß das Gut oder das Lastaufnahmemittel des obenlaufenden Krans gegen den darunter verkehrenden Kran stößt.
Die Abschaltentfernung s_a ist die Summe des Sicherungsabstands s_{min}, des Nachlaufwegs s_{na} und des Bremswegs s_B

$$s_a = s_{min} + s_{na} + s_B = s_{min} + (v_1 + v_2)\, t_{na} + \frac{v_1}{2}\, t_{B1} + \frac{v_2}{2}\, t_{B2}; \tag{3.201}$$

s_{min} Sicherungsabstand, um unter Berücksichtigung der ungünstigsten Lagebedingungen und Toleranzen ein Aufeinandertreffen von Teilen der bewegten Krane auszuschließen,
$v_{1,2}$ Nennfahrgeschwindigkeiten der Krane,
t_{na} Nachlaufdauer aus Schalttoleranzen, Einfalldauer der Bremsen usw.,
$t_{B1,2}$ Bremsdauer der Fahrantriebe.

Einsetzen von Gl. (3.81) für die Bremsdauer weist aus, daß die größte rechnerische Abschaltentfernung bei der größten zulässigen Windkraft auftritt.
Wenn die Fahrgeschwindigkeiten der Krane sehr hoch sind, kann die Abschaltentfernung für das Abbremsen bis zum Stillstand nach Gl. (3.201) zu groß werden und technisch schwierig zu verwirklichen sein. Da Krane dieser Geschwindigkeit ohnehin mit hochwertigen Puffereinrichtungen ausgerüstet werden müssen, wird zweckmäßig eine bestimmte, verringerte Stoßgeschwindigkeit zugelassen und die Abschaltentfernung nur mit der zu erzielenden Geschwindigkeitsdifferenz $\Delta v = v - v_{Stoß}$ berechnet.
Um die gestellte Aufgabe zu lösen, sind viele, zum großen Teil patentrechtlich geschützte Abstandssicherungen entwickelt worden, deren Grundelemente den verschiedensten Gebieten der Technik entnommen wurden. Sie werden hier nach dem Hauptmerkmal unterteilt in mechanische und elektrische Sicherungen sowie Einrichtungen, die gerichtete Strahlen benutzen. Fast alle Sicherungen eignen sich sowohl zur Auslösung nur eines Warnsignals als auch zur selbsttätigen Abschaltung der Fahrantriebe. Wenn innerhalb des Abschaltbereichs gearbeitet werden muß, z.B. bei der Bewegung großer Massen mit Hilfe von zwei Kranen, muß ein bei Bedarf zu betätigender Überbrückungsschalter vorhanden sein, der gegen mißbräuchliche Benutzung zu sichern ist.
Jede Abstandssicherung soll möglichst viele der nachstehenden Grundforderungen erfüllen; sie soll

- preisgünstig und betriebssicher sein
- keine kürzeren Kontroll- bzw. Wartungszyklen verlangen als andere Teile des Krans
- unabhängig davon arbeiten, daß der benachbarte Kran u.U. stromlos ist
- für mehr als zwei auf einer Kranbahn betriebene Krane einsetzbar sein
- eine geschwindigkeitsabhängige Abschaltentfernung haben, die für die gleiche Geschwindigkeit stets dieselbe bleibt
- die Abschaltentfernung auf die Hälfte verkürzen, wenn der benachbarte Kran stillsteht.

Sonderforderungen können z.B. noch sein

- Eignung für Krane auf übereinanderliegenden Fahrbahnen

– Berücksichtigung der Auslegerstellung von Drehkranen oder -laufkatzen auf Portalkranen.

Die obenstehenden Forderungen werden von den meisten Sicherungen nur z.T. erfüllt; mit der besseren Anpassung an die Aufgabe steigt naturgemäß auch der Aufwand. Ein Kriterium, das besondere Bedeutung hat und die Auswahl und Anwendung oft bestimmt, ist die unbedingte Betriebssicherheit. Ausführliche Übersichten über Probleme und Lösungen zur Abstandssicherung sind besonders in der französischen Literatur zu finden, siehe [3.146] [3.147].

3.6.2.1 Mechanische Abstandssicherungen

Die mechanischen Sicherungen gegen den Zusammenstoß von Kranen arbeiten mit Fühlern oder Hilfsseilen in Verbindung mit Endschaltern (s. Abschn. 3.6.1). In der einfachsten Ausführung ist an jedem Kran eine starre Schaltstange für einen auf dem anderen Kran angebrachten Hebelendschalter befestigt (Bild 3-195). Die unvermeidlichen Schrägstellungen der Krane und die geringe Starrheit der Schiene, die Schwingungen verursacht, beschränken die Anwendung dieser Einrichtung auf geringe Abschaltentfernungen bis höchstens 3 m. Trotzdem arbeiten diese Sicherungen oft nicht einwandfrei.
Eine Verbesserung läßt sich erreichen, wenn die Schalthebel mit drehbaren Bügeln ausgerüstet oder insgesamt um eine horizontale oder vertikale Achse drehbar ausgeführt werden. Die beispielsweise schwach nach oben geneigten Bügel werden beim Zusammenfahren nach oben ausgelenkt und betätigen die Abschalteinrichtung. Die Schaltneigung kann geschwindigkeitsabhängig gemacht und damit auch die Verkürzung der Abschaltentfernung durch Stillstehen eines Krans erfaßt werden.
Man kann die Fühler, um noch einen anderen Weg zu beschreiben, auch am auskragenden Ende durch ein Laufrad auf der Kranschiene oder einer Zusatzschiene abstützen; als starre Fühler werden sie damit besser geführt. Sie können aber auch teleskopartig gelagert und in Abhängigkeit von der Fahrgeschwindigkeit mehr oder weniger weit aus der Führung vorgestreckt werden. Die Nachteile aller Fühlersysteme, die Empfindlichkeit gegenüber Verlagerungen und Schwingungen sowie die Vergrößerung der Unfallgefahr, bleiben jedoch bestehen.
Die mechanischen Abstandssicherungen mit Hilfsseilen haben gegenüber den Fühlersystemen wesentliche Vorzüge. Sie sind stets auf wechselnde Abschaltentfernungen einzustellen, eignen sich auch für die Endschaltung und haben die größere Betriebssicherheit. Alle Einrichtungen können so ausgebildet werden, daß sie bei Seilriß die Fahrbewegung abschalten.
Im Bild 3-196 sind die Wirkungsprinzipien von vier der bekanntesten Ausführungen dargestellt. Das Prinzip *1* verbindet zwei benachbarte Krane mit einem dünnen Stahl- oder Polyamidseil, das an einem Kran fest angebracht ist, am zweiten von einer Trommel aufgewickelt wird [3.148]. Die Trommel hat Eigenantrieb und spannt das Seil ständig mit etwa 600 N. Der Drehwinkel φ ist das Maß für die Entfernung der beiden Krane; nach einer vorgegebenen Anzahl von Umdrehungen wird ein Endschalter ausgelöst. Bei Seilriß wickelt die Trommel das kräftefreie Seil sofort auf und schaltet die Fahrbewegung ab. Da der Abschaltbefehl zunächst nur für den mit der Seiltrommel ausgerüsteten Kran wirksam wird, muß der zweite Kran durch eine zusätzliche Meldeleitung, durch Ausnutzung der Seilspannkraft oder durch ein zweites Seilsystem abgeschaltet werden.
Das Prinzip *2* eignet sich für maximal drei Krane auf einer gemeinsamen Fahrbahn. Ein endloses, gewichtgespanntes Seil ist am mittleren Kran befestigt und umschlingt an den beiden benachbarten Kranen je eine Seilrolle. Eine Relativbewegung der äußeren Krane gegenüber dem mittleren Kran wird durch die Drehwinkel φ_1 und φ_2 der Seilrollen gemessen; eine gleichmäßige Fahrbewegung aller Krane wirkt sich dagegen nur in einer Verschiebung des endlosen Seils ohne Drehung der Kranseilrollen aus. Wegen der Übertragung des Abschaltbefehls auf den mittleren Kran gilt das gleiche wie für Prinzip *1*.
Wenn jedem Kran ein eigenes, gewichtgespanntes Hilfsseil zugeordnet wird, können auch Krane überwacht werden, die auf verschiedenen Fahrbahnen laufen (Prinzip *3*). Von der Umlenkscheibe angetriebene Spindeln bewegen Wandermuttern, die bei Berührung der Kontakte den Schaltbefehl auslösen. Es können auch Kopierschaltwerke anderer Art, z.B. Drehmelder, eingesetzt werden.
Im Prinzip *4* mißt man statt des Drehwinkels den Neigungswinkel β eines gewichtgespannten Seils, das über Umlenkscheiben geführt wird, die an jedem Kran eine andere Höhenlage aufweisen. Die Anzahl der Krane auf einer Fahrbahn ist dabei unbegrenzt; der Gesamtaufwand bleibt relativ klein. Da die Winkeländerung an beiden Kranen überwacht werden kann, ist keine Übertragung des Schaltbefehls erforderlich. Das System kann auch zur Endschaltung ausgenutzt werden und geschwindigkeitsabhängig schalten. An die Genauigkeit der Winkelmessung werden jedoch relativ hohe Anforderungen gestellt.
Die Gewichtsspannung der Seile kann in nahezu allen Fällen auch durch Federspannung ersetzt werden; auf die konstruktive Ausführung soll hier jedoch nicht eingegangen werden.

3.6.2.2 Elektrische Abstandssicherungen

Da die auf Kranbahnen fahrenden Krane fast durchweg elektrisch angetrieben und gesteuert werden, ist es naheliegend, sie möglichst auch rein elektrisch gegen ein Zusammenstoßen zu sichern. Die Anzahl der in der Literatur, besonders im Patentwesen, bekanntgemachten elektrischen Abstandssicherungen ist daher außerordentlich groß. Neben einfachen Grundschaltungen werden komplizierte Systeme angegeben, mit denen zusätzliche Einflußgrößen, wie Fahr-

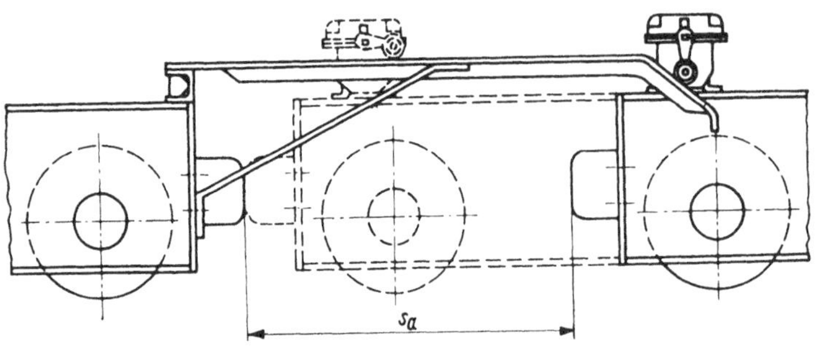

Bild 3-195
Abstandssicherung mit starren Fühlern

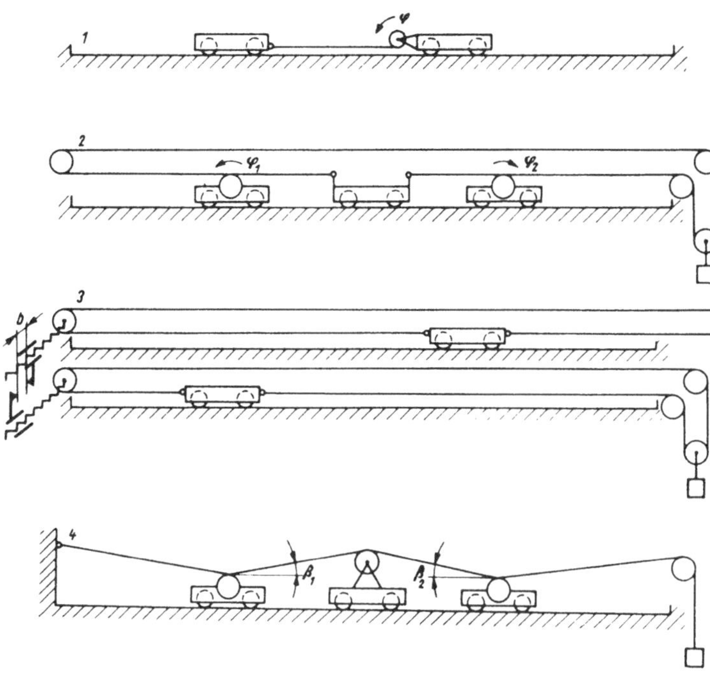

Bild 3-196
Abstandssicherung durch Hilfsseile

geschwindigkeit, Auslegerstellung usw., einbezogen oder die Funktionssicherheit erhöht werden sollen. Abgesehen von wenigen Sonderformen, lassen sich die elektrischen Abstandssicherungen auf vier Grundverfahren zurückführen:

a) Verwendung unterteilter Steuerschleifleitungen,
b) Kombination einer Ist-Stellungs- und einer Meldeschiene,
c) Anordnung einer Widerstandsleitung längs der Kranfahrbahn,
d) Verwendung von Schrittschaltwerken.

Wegen der Fülle der möglichen Varianten sollen nur diese vier Grundformen erläutert und ihre wichtigsten Eigenschaften genannt werden; die Abwandlungen, Kombinationen und Erweiterungen der Schaltungen können der angegebenen Literatur entnommen werden.

An der zusätzlichen, unterteilten Doppelschleifleitung der Grundform *1* im Bild 3-197 schleift von jedem auf der Kranbahn verkehrenden Kran je ein Stromabnehmer. Wenn die Stromabnehmer zweier Krane das gleiche Schleifleitungsstück erreichen, wird der Melde- oder Abschaltstromkreis geschlossen. Die grobe Unterteilung läßt Abschaltungen zwischen $s_{a\,max}$ und $s_{a\,min}$, d.h. Schwankungen Δs_a der Abschaltentfernung in Größe der halben Abschnittslänge der Schleifleitungen, zu.

Das Prinzip *2*, das nur eine zusätzliche, feiner unterteilte Schleifleitung hat, stellt den Abschaltstromkreis durch Verbindung von je zwei um die Abschaltstrecke voneinander entfernten Schleifleitungsabschnitten her. Die Schwankungsbreite der Abschaltentfernung wird dadurch gegenüber dem Prinzip *1* um mehr als 50 % verringert.

Allen Systemen, die mit unterbrochenen Steuerschleifleitungen arbeiten, haftet der Mangel an, daß sie empfindlich auf veränderte Übergangswiderstände zwischen Stromabnehmern und Schleifleitungen reagieren und wirkungslos werden, wenn der Steuerstromkreis ausfällt oder die Stromabnehmer unbrauchbar werden bzw. sich abheben. Komplizierte Zusatzeinrichtungen und -steuerungen, die zur Beseitigung dieser Mängel entwickelt wurden, erfordern einen großen schaltungstechnischen und apparativen Aufwand.

Das Verfahren der Ist-Stellungs- und Meldeschiene (Prinzip *3*) weist ebenfalls zwei in Abschnitte geteilte Steuerschleifleitungen auf. Es entspricht einer elektrischen Blokkierungsschaltung, wie sie auch in anderen Fällen angewendet wird. Die Abschnitte der Ist-Stellungsschiene S_1 liegen im Stromkreis einer Gleichspannung, die über einen Widerstand W an das Relais R gelegt ist. Wenn der Kran A in einen Blockabschnitt einfährt, überbrückt er mit seinen Stromabnehmern das Relais R, das abfällt und in zwei um die gewählte Abschaltentfernung nach beiden Seiten versetzten Abschnitten die Kontakte A_A öffnet. Fährt der Kran B in einen solchen Abschnitt ein, erhält er über seine an der Meldeschiene S_2 schleifenden Stromabnehmer keine Span-

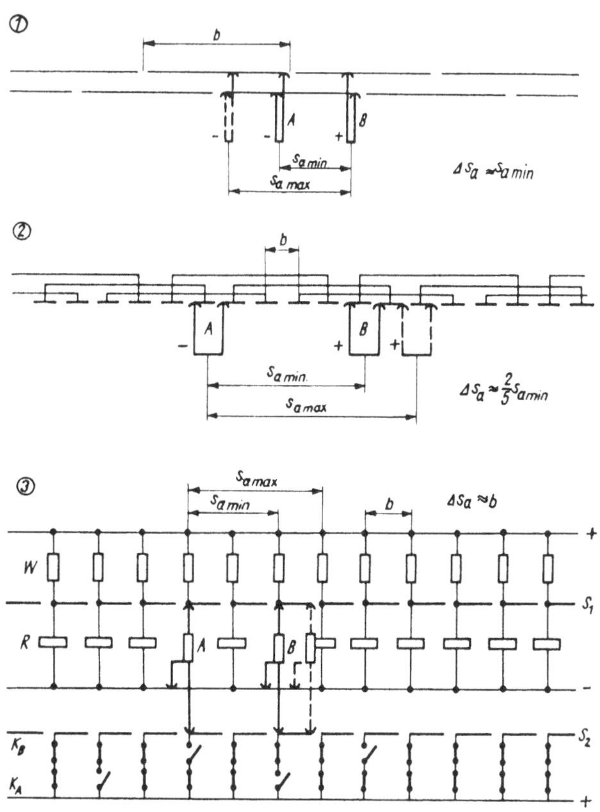

Bild 3-197 Elektrische Abstandssicherungen

nung und löst die Abschaltvorrichtung aus. Das System hat den gleichen Nachteil wie die Verfahren mit unterbrochenen Schleifleitungen, daß Kontaktstörungen im Ist-Stellungskreis die Sicherheit gefährden können. Kontaktfehler im Meldestromkreis führen dagegen zum sofortigen Abschalten der Fahrbewegung, wie es erwünscht ist.
Häufiger angewendet wird eine längs der gesamten Kranfahrbahn verlegte, mit Gleich- oder Wechselstrom gespeiste Widerstandsleitung, die abhebbar auf isolierten Stützen liegt [3.149]. Die Stromabnehmer beider Krane heben diese Leitung ab und schließen das zwischen ihnen gelegene Stück über die Erdleitung kurz. Mit wachsender Annäherung vergrößert sich der verbleibende Gesamtwiderstand; die Stromstärke fällt ab, bis das Abschaltsignal ausgelöst wird. Die Schaltung ist sehr spannungabhängig. Abwandlungen, z.B. eine Spannungsteilerschaltung statt des Kurzschlusses, Festwiderstände anstelle des Widerstandsdrahts, Einbeziehung der Fahrgeschwindigkeit durch Tachodynamos, sind möglich.
Schrittschaltwerke als vierte Grundform der elektrischen Abstandssicherungen wandeln die translatorische Bewegung jedes Krans in eine unstetige, rotatorische Bewegung der Meßeinrichtung um. Der Drehwinkel ist der auf einen gemeinsamen Festpunkt der Kranfahrbahn bezogenen Entfernung proportional. Durch Vergleich der Anzahl der Schaltschritte wird der Abstand der Krane überwacht. Die Einrichtung ist vom Schlupf der Laufräder abhängig und schwierig zu justieren. Sie eignet sich jedoch besonders für Krane, die auf übereinanderliegenden Kranbahnen betrieben werden.
Die große Anzahl der Varianten und die großen schaltungstechnischen Möglichkeiten der elektrischen Abstandssicherungen gestatten eine gute Anpassung an die gestellten Aufgaben. Die Abhängigkeit von der Funktionssicherheit der Stromabnehmer bleibt der entscheidende Nachteil fast aller Systeme. Sie erklärt wohl auch z.T. die relativ seltene Nutzung elektrischer Verfahren zur Abstandssicherung.

3.6.2.3 Abstandssicherungen mit gerichteten Strahlen und Feldern

Die in dieser Gruppe zusammengefaßten Einrichtungen arbeiten mit optischer, akustischer oder radioaktiver Strahlung bzw. mit elektromagnetischen oder elektrischen Feldern. Wegen der vielen Unzulänglichkeiten der mechanischen und elektrischen Abstandssicherungen konzentrieren sich die Entwicklungsarbeiten gegenwärtig verstärkt auf sie.
Der Abstand der sich nähernden Krane wird bei gerichteter Strahlung durch eine Winkelmessung, bei ungerichteter Strahlung durch Messung der Intensität der auftreffenden Strahlen oder der Stärke des Feldes kontrolliert.
Das Prinzip der Anwendung gerichteter Strahlen ist im Bild 3-198 in sehr vereinfachter Form gezeichnet. Auf Kran *A* ist die Strahlungsquelle *S* mit der Fokussierungseinrichtung aufgestellt. Wenn die Abschaltentfernung s_a erreicht ist, treffen die Strahlen beim Kran *B* auf einen Reflektor *R*, werden zum Kran *A* auf den Empfänger *E* zurückgeworfen und betätigen die Abschaltvorrichtung. Der Reflektor kann durch Drehung um eine vertikale Achse oder durch seitliche Verschiebung auf unterschiedliche Abschaltentfernungen eingestellt werden.
Bei allen optischen Einrichtungen, die sichtbares Licht benutzen, besteht die Gefahr der Beeinflussung durch Fremdlicht. Die Fotozellen im Empfänger müssen sorgfältig gegen Verschmutzung oder Vereisung geschützt werden; gefährlich ist außerdem die mögliche Absorption der Lichtenergie durch ein dichteres Zwischenmedium, z.B. Dampf oder Staub. Mit Infrarotstrahlern läßt sich die Gefahr der Absorption vermindern. Störungen durch Fremdlicht könnten auch hier, z.B. beim Transport feuerflüssiger Stoffe, auftreten; sie lassen sich aber herausfiltern. Deshalb bilden mit Infrarotstrahlung arbeitende Abstandssicherungen z.Z. eine Vorzugsrichtung [3.150] [3.151].

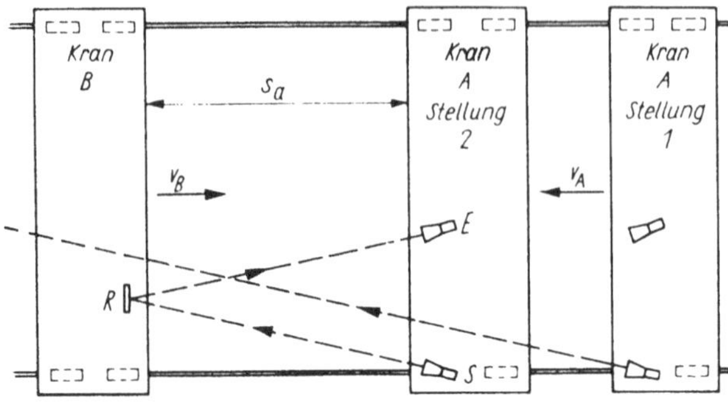

Bild 3-198 Prinzip der Abstandssicherung durch gerichtete Strahlung

Grundsätzlich sind ebenso Schaltungen der optischen Vorrichtungen möglich, die den Schaltvorgang auslösen, wenn eine ständig bestrahlte Fotozelle außerhalb des Lichtkegels rückt; dadurch erhöht sich die Sicherheit. Da stets beide Krane abgeschaltet werden müssen, bedarf es bei allen optischen Systemen entweder einer Doppelanordnung, zumindest des Empfängers, oder einer zusätzlichen Verbindungsleitung zwischen den zwei Kranen.
Die Abschaltvorrichtungen mit radioaktiven Gebern arbeiten sowohl mit gerichteter Strahlung als auch durch Messung der Strahlungsintensität mit Hilfe eines Geigerzählers [3.152] [3.153]. Ihre Vorzüge sind der einfache Sender, ein radioaktives Isotop in einem Bleimantel mit verschließbarer Strahlungsöffnung, der nur eine gelegentliche Energiezufuhr braucht, und die Möglichkeit, einen Defekt der Anlage sofort zu erkennen. Nachteilig kann die kurze Halbwertzeit bestimmter Isotope sein, mehr noch die mögliche gesundheitliche Schädigung der Arbeiter und die Notwendigkeit, die Wartung der Anlage stets durch Spezialisten ausführen zu lassen. Eine breitere Anwendung über das Versuchsstadium hinaus ist nicht bekannt geworden.
Stärkeres Gewicht erlangt gegenwärtig die Überwachung des Abstands durch hoch- oder niederfrequente Funkwellen. Radaranlagen arbeiten im GHz-Bereich und messen Abstände zwischen einem Kran und einem Hindernis, sei es ein zweiter Kran oder eine feste Wand, mit hoher Genauigkeit.
Ein in den USA entwickeltes System nutzt dagegen die Nahfeld-Induktionswirkung von Langwellen im Bereich 202 ... 241 kHz [3.154] [3.155]. Bei Entfernungen von weniger als 10 % der Wellenlänge, die zwischen 1245 und 1485 m liegt, ändert sich die Amplitude des vom Sender abgegebenen Signals annähernd mit dem reziproken Betrag der dritten Potenz der Entfernung. Damit sind Abstände zu beliebigen Hindernissen zu messen. Bild 3-199 deutet an, daß jeder Kran mit einem kombinierten Sender/Empfänger für jeden Nachbarkran auszurüsten ist. Auch die Stirnwände von Hallen lassen sich einbeziehn. Das Prinzip eignet sich ebenfalls zur Abstandssicherung übereinanderfahrender Krane, siehe [3.155].

3.6.3 Überlastungssicherungen

Viele Fördermaschinen, wie Hebezeuge, Stapler, Bagger, sind der Gefahr einer Überlastung mit oft gefährlichen Folgen ausgesetzt. In zunehmendem Maß schützt man sie des-

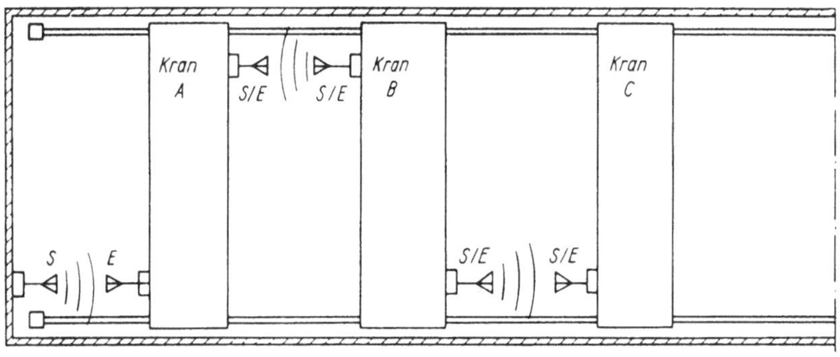

Bild 3-199
Prinzip der Abstandssicherung durch niederfrequente Funkwellen (S Sender; E Empfänger)

halb durch unabhängig vom Bedienenden wirkende Sicherheitseinrichtungen, die von der einfachen thermischen Überwachung der Elektromotoren über Rutschkupplungen bis hin zu den hier speziell zu behandelnden Sicherungen gegen das Heben unzulässig großer Hubmassen reichen. In vielen Fällen, z.B. bei Auslegerkranen, Regalförderern, sind sie bindend vorgeschrieben.

3.6.3.1 Grundlagen des Überlastungsschutzes von Kranen

Ungewollte Überlastungen an Kranen treten vor allem dadurch auf, daß die Masse des zu hebendes Guts nicht bekannt oder falsch angegeben ist, bei der Zusammenarbeit von zwei Kranen die Lage des Lastschwerpunkts und damit die tatsächliche Aufteilung der Hubkräfte auf beide Krane nicht richtig ermittelt wird, Lasten festsitzen oder angefroren sind, Lastaufnahmemittel sich beim Anheben verhaken. Der Kranfahrer ist mit der Schätzung der Massen unbekannter anzuschlagender Güter meist überfordert; nach [3.156] können derartige Schätzungen zwischen 50 und 200 % des tatsächlichen Werts schwanken.

Darüber hinaus ist auch mit einer fahrlässigen oder sogar beabsichtigten Überlastung durch den Kranfahrer zu rechnen, weil er die Tragfähigkeit des Krans gefühlsmäßig überschätzen kann. Der Elektromotor des Hubwerks bildet wegen seiner großen Drehmomentreserve keinen wirksamen Schutz. Dagegen lassen sich hydraulische Hubwerks relativ leicht durch Druckbegrenzungsventile in ihrer Hubkraft beschränken.

Die deutsche Unfallverhütungsvorschrift VBG 9 schreibt Überlastungssicherungen grundsätzlich für alle kippgefährdeten Krane mit Ausnahme solcher, die ein sehr kleines Belastungsmoment oder ein besonders großes Standmoment haben, und für Hebezeuge vor, die Lasten schleifen oder festsitzende Lasten losreißen müssen. Die Vorschriften anderer Länder weichen z.T. hiervon ab.

Ein Überlastungsschutz für nicht kippgefährdete Krane, wie Brücken- und Portalkrane ohne Ausleger, soll die Belastung der Bauteile und damit die Ausnutzung ihrer Festigkeit begrenzen. Hierfür reichen Hubkraftbegrenzer mit nur einer Meßgröße, der Hubkraft, aus. Auslegerkrane sind darüber hinaus meist in ihrer Standsicherheit gefährdet, weswegen bei ihnen die Überlastungssicherung die Hubkraft sowie zusätzlich das kippende Moment einschränken muß. An Auslegerkranen mit starrem Ausleger oder mit einer konstanten Tragfähigkeit im gesamten Ausladungsbereich erfüllt ein Hubkraftbegrenzer beide Funktionen. Dagegen benötigen Krane mit veränderlicher Tragfähigkeit im Ausladungsbereich einen Kraftmomentbegrenzer.

Mit etwas größerem Aufwand lassen sich die Neigung der Drehachse zur Senkrechten, bei veränderlicher Tragfähigkeit im Drehbereich auch der Drehwinkel in das System des Überlastungsschutzes einbeziehen. Andere Einflußgrößen auf die Standsicherheit, wie plötzlich auftretende Windbelastungen, mangelhafte oder nachgiebige Abstützungen, zu niedriger Reifendruck bei Straßenkranen, wären dagegen meßtechnisch nur schwierig zu erfassen, weswegen man darauf verzichtet. Auf die damit verbundenen Probleme geht u.a. [3.157] ein. Die VDI-Richtlinie 3570 weist folgerichtig darauf hin, daß die Verpflichtung zu einem umsichtigen und verantwortungsbewußten Handeln beim Betrieb von Kranen durch den Einsatz einer Überlastungssicherung nicht aufgehoben wird.

Ein weiterer wichtiger Gesichtspunkt des Schutzes gegen Überlastung liegt in der Betriebssicherheit und Genauigkeit des Schutzsystems. Eine funktionsuntüchtige oder fehlerhaft arbeitende Überlastungssicherung kann eine größere Gefahr bedeuten als ihr Fehlen. Jede derartige Sicherung muß deshalb ständig überprüft und in festen zeitlichen Abständen justiert werden. Sie ist dem Zugriff des Kranfahrers zu entziehen; eventuell für Probe- oder Sonderbelastungen angebrachte Überbrückungsschalter sind unter Verschluß zu halten.

Weil die Hubkraft als Meßgröße erst vom anlaufenden Motor erzeugt werden kann, verlangt die Prüfung des Ansprechpunkts eine Überlastungssicherung i.allg. das Bereitstellen entsprechender Prüfmassen. Dies ist bei der Inbetriebnahme des zu schützenden Krans gewährleistet, nicht immer jedoch bei den vorgeschriebenen jährlichen Überprüfungen. Ein anderer Lösungsweg ist das Aufbringen einer bestimmten Kontrollkraft unmittelbar am Meßorgan oder am Auslösemechanismus der Sicherungseinrichtung. Elektronische Sicherungen verfügen meist über einen automatischen Nullabgleich. Insgesamt konnte jedoch das Problem der Prüfung und Überwachung von Überlastungssicherungen bisher noch nicht befriedigend gelöst werden.

Neben diesen technischen Gesichtspunkten für den Überlastungsschutz sind wirtschaftliche Überlegungen notwendig, denn der Aufwand für die Sicherungseinrichtung muß in einem vertretbaren Verhältnis zum Gesamtwert des Hebezeugs stehen. Bei einfachen Hebezeugen mit niedrigen Arbeitsgeschwindigkeiten verzichtet man daher häufig auf derartige Sicherungen, erhöht dagegen den Aufwand beträchtlich, wenn es um große, teure Krane oder solche mit großer Gefährdung geht.

3.6.3.2 Ansprechbereich und abzuschaltende Arbeitsbewegungen

Jedes System für die Sicherung gegen Überlastung hat eine von der Güte der Konstruktion und den Einsatzbedingungen abhängige Ansprechtoleranz als positive und negative Abweichung vom Einstellpunkt. Hinzu tritt eine Toleranz für die Abweichung des tatsächlichen Einstellpunkts vom rechnerischen Sollwert. Die Summe dieser Toleranzen bestimmt den Ansprechbereich einer Überlastungssicherung, für den Werte zwischen $\pm 3\,\%$ und $\pm 5\,\%$ der Einstellgröße angegeben werden. Sie erscheinen niedrig; es sind auch gelegentlich große Überschreitungen festgestellt worden [3.156].

Die Literatur enthält Richtlinien für die Auslösegrenzen bzw. Abschaltpunkte und für die abzuschaltenden Arbeitsbewegungen [3.156] [3.158] bis [3.160] und VDI-Richtlinie 3570, die sich z.T. widersprechen. Einheitlich sind aber die Forderungen, daß die der Tragfähigkeit entsprechende Nennhubmasse ohne Einschränkung gehoben werden kann und daß die obere Auslösegrenze unter Beachtung der Toleranzen noch unterhalb der Werte der großen Prüfbelastungen nach DIN 15019 liegen muß. Diese Prüfbelastungen betragen das 1,25fache der Gewichtskräfte von Nennhubmasse plus 10 % der Auslegermasse bei Fahrzeugkranen und das (1,33 ... 1,4)fache der Gewichtskraft der Nennhubmasse bei den sonstigen Kranen.
Unter Beachtung dieser Grundsätze ergibt sich für den rechnerischen Einstellpunkt einer Überlastungssicherung nachstehende Beziehung

$$B_E = B_{ne} + \Delta B_{ne} + B_{dyn} + \Delta B_{Si} = B_{Pr} - \Delta B_{Si}\,; \qquad (3.202)$$

B_E Belastung im rechnerischen Einstellpunkt der Sicherung,
B_{ne} Nennbelastung,
ΔB_{ne} Toleranz der Nennbelastung,
B_{dyn} normale dynamische Zusatzbelastung bei Nennbelastung,
ΔB_{Si} Toleranz der Überlastungssicherung (halber Wert des Ansprechbereichs),
B_{Pr} große Prüfbelastung des Hebezeugs.

Alle Überlastungssicherungen müssen mit Momentschaltung arbeiten, die ein Wiedereinschalten des Antriebs ausschließt.
Verhältnismäßig einheitlich werden in der Literatur die beim Ansprechen der Sicherung abzuschaltenden Kranbewegungen angegeben. An Brücken- und Portalkranen, die mit Hubkraftbegrenzern ausgerüstet sind, ist nur das Hubwerk im Hubsinn abzuschalten, im Senksinn dagegen freizugeben, damit eine angehobene zu große Hubmasse wieder abgesetzt werden kann. Bei Auslegerkranen mit konstanter Tragfähigkeit im Ausladungsbereich ist das Hubwerk im Hubsinn und, damit nicht eine unzulässig große Masse durch Einziehen des Auslegers gehoben werden kann, auch das Einziehwerk im Hubsinn abzuschalten. Wippkrane mit horizontaler Gutbewegung im Ausladungsbereich erfordern nur ein Abschalten des Hubwerks.
In Kranen mit veränderlicher Tragfähigkeit im Ausladungsbereich muß der Kraftmomentbegrenzer stets das Hubwerk im Hubsinn und das Einziehwerk im Senksinn abschalten, weil das Produkt aus Kraft und Hebelarm die Belastung bestimmt. Um das Anheben einer zu großen Masse durch Einziehen des Auslegers zu vereiteln, muß auch diese zweite Bewegungsrichtung blockiert werden. Damit jedoch eine vor dem Schalten der Sicherung möglicherweise erreichte, unzulässig große Ausladung rückgängig gemacht werden kann, muß die Gegenbewegung, d.h. das Einziehen, möglich sein. Deshalb sichert man diese Gegenbewegung entweder mit einer größeren Hubkraft oder macht sie erst mit Hilfe eines plombierten Überbrückungsschalters zugänglich.
Es muß beachtet werden, daß ein plötzliches Abschalten der Kranbewegungen Betriebssituationen herbeiführen kann, die eine sofortige Ausführung bestimmter Kranbewegungen, wie Fahren, Drehen usw., verlangen. Deshalb sollten immer nur die gefährdenden Bewegungen abgeschaltet werden, Gegenbewegungen und sonstige Bewegungsoperationen aber verfügbar bleiben.

3.6.3.3 Dynamik des Abschaltvorgangs

Trotz aller Sorgfalt kann es bei der Schaltung von Hubwerken durch den Kranfahrer vorkommen, daß der Antrieb zunächst etwas Schlaffseil einholen muß und sich dabei ohne äußere Belastung auf eine bestimmte Drehzahl beschleunigen kann. Besonders groß ist die Gefahr, daß festsitzende Güter (gewollt oder ungewollt) mit Schlaffseilvorgabe, d.h. unter Ausnutzung der zusätzlichen Energie der rotierenden Massen, gehoben werden oder festsitzende Güter die Sicherung zwar auslösen, der Antrieb sich jedoch bereits mit der vollen Beharrungsgeschwindigkeit bewegt. Um die Grenzen des unter diesen Bedingungen zu erreichenden Überlastungsschutzes zu beurteilen, muß die Steigerung der Hubkraft durch die verfügbare kinetische Energie des Antriebs untersucht werden.

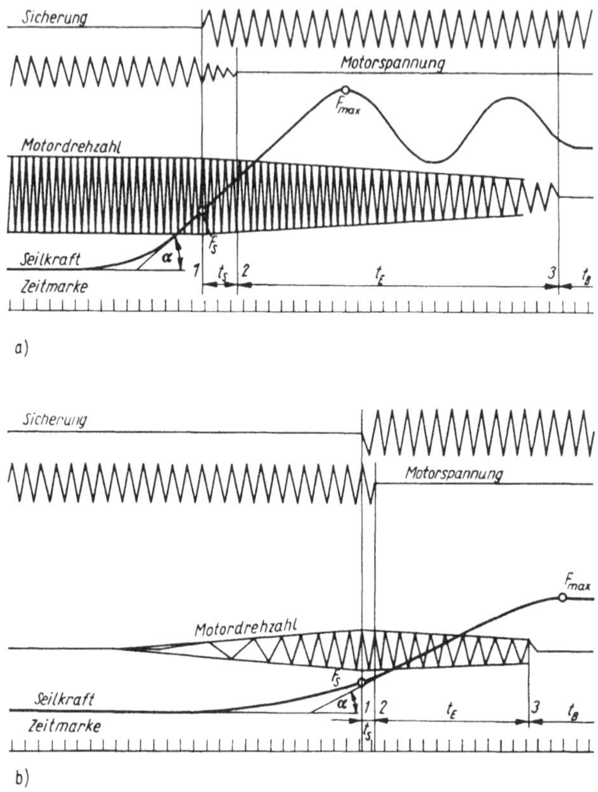

Bild 3-200 Gemessene Überlastung eines Brückenkrans mit Sicherung gegen Überlastung, Nachlauf der rotierenden Massen

a) Maximum der Hubkraft wird vor Einfall der Bremse erreicht
b) Maximum der Hubkraft wird nach Einfall der Bremse erreicht

1 Sicherung schaltet
2 Motor stromlos
3 Bremse eingefallen

Wenn die der Hubkraft oder dem Kraftmoment proportionale Kraft den eingestellten Wert F_S erreicht hat, spricht die Sicherung an. Anschließend spielen sich nachstehende Vorgänge ab (Bild 3-200):

a) Während der Schaltzeit t_S läuft der Antrieb unter der Wirkung des vollen Motormoments nach, bis der Hubmotor stromlos wird. Gleichzeitig wird der Motor des Bremslüfters vom Netz getrennt.
b) Während der Einfallzeit t_E der Bremse läuft der Antrieb durch die gespeicherte Energie der rotierenden Massen nach. Die Drehzahl verringert sich dabei, die Kraft im Hubseil steigt weiter an.
c) Während der Bremszeit t_B geht der Nachlauf unter der verzögernden Wirkung des Bremsmoments vor sich, bis der Antrieb stillsteht.

Die Schaltzeit t_S ist bei guten Sicherungen vernachlässigbar klein, nicht dagegen die Einfallzeit t_E und die Bremszeit t_B. Das Maximum F_{max} der Hubkraft kann bereits während der Einfallzeit t_E der Bremse, d.h. im freien Nachlauf der rotierenden Massen, auftreten (Bild 3-200a), kann jedoch auch

erst während des Bremsens erreicht werden (Bild 3-200b). In den Meßdiagrammen ist deutlich zu erkennen, daß die erreichbare Maximalkraft F_{max} erheblich über der eingestellten Schaltkraft F_S liegen kann.
Die Dynamik des Abschaltvorgangs ist mit einfachen Schwingungsmodellen mehrfach untersucht worden. [3.161] und [3.162] verwenden Zweimassenmodelle, die zu geschlossenen Lösungen führen, [3.163] ein Dreimassenmodell, das numerisch auf einem Analogrechner behandelt wird. Eine Erweiterung stellen die Arbeiten in [3.164] [3.165] über Turmdrehkrane dar, weil bei ihnen die dynamischen Kräfte in zwei Seiltrieben, dem Hub- und dem Einziehseil, bestimmt werden.

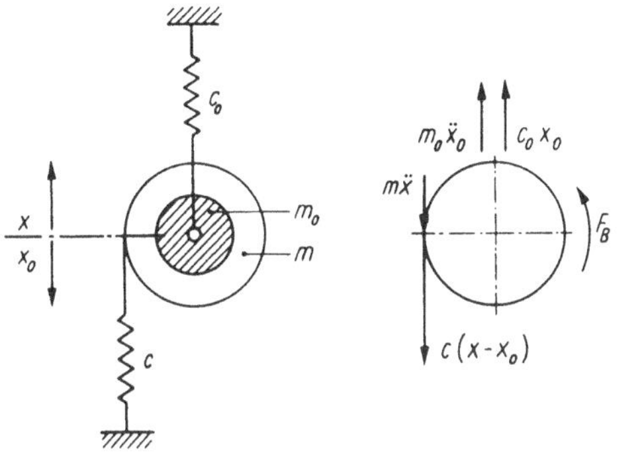

Bild 3-201 Schwingungsmodell eines Brückenkrans

Um das Problem hier überschläglich rechnerisch zu behandeln, wird das einfache Schwingungsmodell eines Brückenkrans im Bild 3-201 herangezogen. Es ist durch folgende Größen gekennzeichnet:

m_0 Masse der Laufkatze und auf den Standort der Laufkatze reduzierte Ersatzmasse des Brückenkörpers,
m auf den Trommelumfang reduzierte rotierende Triebwerkmassen,
c_0 Ersatzfederkonstante für das Tragwerk,
c Ersatzfederkonstante für das Hubseil und den Antrieb,
x_0 Bewegungskoordinate der Tragwerkmasse in einem raumfesten Koordinatensystem,
x Bewegungskoordinate des Seils in einem raumbeweglichen Koordinatensystem, dessen Ursprung mit dem Massenpunkt m_0 identisch ist,
F_B Bremskraft, auf Trommelumfang bezogen.

Da nur die erste Schwingungsamplitude interessiert, ist der Dämpfungseinfluß vernachlässigt worden.
Das Zweimassensystem führt zu zwei gekoppelten Differentialgleichungen 2. Ordnung, deren allgemeine Lösung zwei von allen Parametern abhängige Kreisfrequenzen aufweist. Um die Rechnung zu vereinfachen und allgemeingültige Zusammenhänge sichtbar zu machen, wird die Beschleunigungskraft des Tragwerks vernachlässigt, d.h. $\ddot{x}_0 = 0$ gesetzt; im Ergebnis wird dadurch eine zu große Hubkraft errechnet. Die Gleichgewichtsbedingungen nach Bild 3-201 erbringen dann nach Umrechnung eine Beziehung zwischen den Koordinaten

$$x_0 = \frac{c}{c + c_0}\, x \tag{3.203}$$

und eine Differentialgleichung für x

$$\ddot{x} + \omega^2 x = -\frac{F_B}{m} \quad \text{mit} \quad \omega^2 = \frac{c c_0}{c + c_0}\,\frac{1}{m}.$$

Diese Gleichung hat die allgemeine Lösung

$$x = A \sin \omega t + B \cos \omega t - \frac{F_B}{\omega^2 m}.$$

Mit den Randbedingungen

$$t = 0, \qquad F_S = c(x - x_0) = x\,\frac{c c_0}{c + c_0} = x\omega^2 m$$

und

$$\dot{x} = v_S,$$

wenn v_S die im Schaltpunkt erreichte Seilgeschwindigkeit bezeichnet, lautet ihre spezielle Lösung:

$$x = \frac{v_S}{\omega} \sin \omega t + \frac{1}{\omega^2 m}\left[(F_B + F_S)\cos \omega t - F_B\right]. \tag{3.204}$$

Gl. (3.204) hat mit $F_B = 0$ Gültigkeit für die Einfallzeit t_E; für die Bremszeit t_B gilt sie nur, wenn die Einfallzeit $t_E = 0$ gesetzt wird. Dieser Fall ergibt die geringste Überlastung des Brückenkrans, weil die Bremskraft unmittelbar nach Ansprechen der Überlastsicherung in voller Höhe zur Verfügung steht. Das Maximum der Hubkraft wird erreicht, wenn die Seilgeschwindigkeit $\dot{x}$ Null wird. Differentiation und Nullsetzen der Gl. (3.204) führt zur Bestimmungsgleichung für die Zeit bis zum Erreichen der maximalen Hubkraft:

$$t_{max} = \frac{1}{\omega} \arctan \frac{v_S \omega m}{F_B + F_S}. \tag{3.205}$$

Die zugehörige Seilkoordinate nach Gl. (3.204) erhält unter Verwendung der Gl. (3.205) den Wert

$$x_{max} = \frac{v_S}{\omega} \sin \omega t_{max} + \frac{1}{\omega^2 m}\left[(F_B + F_S)\cos \omega t_{max} - F_B\right]$$

$$= \frac{\dfrac{v_S^2 m}{F_B + F_S} + \dfrac{F_B + F_S}{\omega^2 m}}{\sqrt{1 + \left(\dfrac{v_S \omega m}{F_B + F_S}\right)^2}} - \frac{F_B}{\omega^2 m}.$$

Das Maximum der Hubkraft wird schließlich

$$F_{max} = c(x_{max} - x_0) = x_{max}\,\frac{c c_0}{c + c_0}$$

$$= x_{max}\,\omega^2 m = \sqrt{(F_B + F_S)^2 + v_S^2 m \frac{c c_0}{c + c_0}} - F_B. \tag{3.206}$$

Gl. (3.206) erlaubt eine grobe qualitative Abschätzung der möglichen dynamischen Belastung durch den Nachlauf der rotierenden Massen nach dem Schalten der Sicherung. Wie groß die Überlastung ausfallen kann, ist aus Bild 3-202 zu ersehen, das Mittelwerte der auf die statische Hubkraft mg bezogenen Seilkrafterhöhung ΔF bei unterschiedlichen Massen und Federsteifen enthält, wobei im Fall Schlaffseil soviel davon vorgegeben wurde, daß der Motor die synchrone Drehzahl erreicht, bevor das Seil gestrafft wird.
Ein wirksamer Überlastungsschutz von Hebezeugen verlangt somit außer einer zuverlässigen und genauen Meß- und Schalteinrichtung begleitende Maßnahmen, z.B.

- Überwachung des Schlaffseils bzw. Verhinderung des unbelasteten Hochlaufs des Motors,
- Ausrüstung mit einer Feinhubstufe, die stets als erste geschaltet wird, und
- Umschalten auf die normale Hubstufe erst nach Seilstraffung.

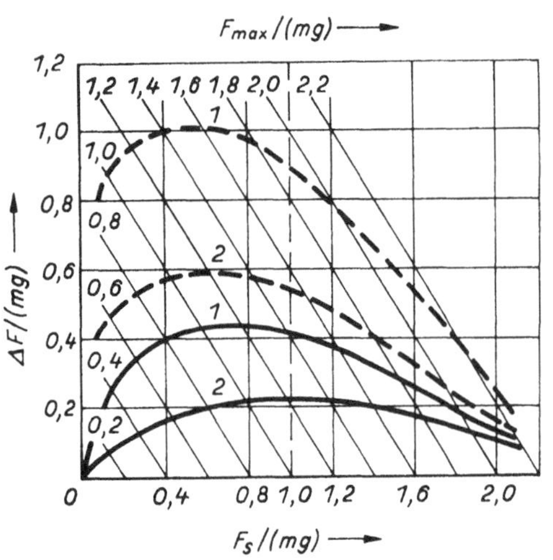

Bild 3-202 Rechnerische Seilkrafterhöhung ΔF und maximale Seilkraft F_{max} in Abhängigkeit von der Abschaltkraft F_s [3.163]

——— ohne Schlaffseil; ----- mit Schlaffseil
1 normales Abschalten
2 Gegenstrombremsen und beschleunigter Bremseneinfall

Empfohlen wird auch [3.163], den Motor nicht nur abzuschalten, sondern auf gegenläufigen Drehsinn des Drehfelds zu steuern, um mit Gegenstrom zu bremsen. Bild 3-202 zeigt, daß dies die Maximalamplitude der Seilkraft erheblich verringern kann. Allerdings muß der Motor einen Drehzahlwächter erhalten, der ihn abschaltet, wenn er wieder zum Stillstand kommt.

3.6.3.4 Konstruktive Ausführung von Sicherungen gegen Überlastung

Die Sicherungseinrichtung gegen Überlastung muß eine der Hubkraft proportionale Größe messen und mit einem Sollwert vergleichen. Beim Überschreiten dieser Schranke ist ein Schaltbefehl zu erteilen. Ist das Kraftmoment die Belastungsgröße, muß die Ausladung in gleicher Weise erfaßt und der Kraftgröße überlagert werden.
Es sind zahlreiche Ausführungen derartiger Sicherungen erdacht und angewendet worden, die sich den Besonderheiten der Hebezeugarten anpassen. Übersichten, meist mit Bezug auf bestimmte Einsatzgebiete, geben u.a. [3.156] [3.159] [3.166] bis [3.170]. Während anfangs allein mechanische Systeme in Frage kamen, treten gegenwärtig elektronische Sicherungen immer mehr in den Vordergrund.

3.6.3.4.1 Mechanische Überlastungssicherungen

Die mechanischen Sicherungseinrichtungen vergleichen die Hubkraft mit einer Gewichtskraft, einer Federkraft oder einem der Kraft proportionalen Druck in hydraulischen oder pneumatischen Kreisläufen. Das Meßergebnis wird durch Reibungskräfte, Massenkräfte und, bei Federn, durch Veränderung der Vorspannung, verfälscht. Normale Schraubenfedern arbeiten mit Toleranzen von ± 3 bis 4 %, Präzisionsschraubenfedern oder ringförmige Federbügel mit solchen von $\pm 0{,}05$ bis 0,10 %.
Wichtig ist eine günstige Lage der Meßstelle. Bei ihrer Wahl sind zwei entgegengesetzt wirkende Einflüsse auf die Meßgenauigkeit zu bedenken. Je näher diese Stelle zum Lastaufnahmemittel rückt, um so geringer ist die Verfälschung der gemessenen Kraft; je mehr sie von dort zum eigentlichen Hebezeug verschoben wird, um so besser lassen sich zusätzliche Einflüsse auf die Standsicherheit, wie Wind- oder Beschleunigungskräfte, einbeziehen. Außerdem sind Sicherungen, die im Kran liegen, einfacher zu überwachen und zu warten.
Die Bilder 3-203 und 3-204 zeigen eine Auswahl von Wirkprinzipien mechanischer Sicherungen gegen Überlastung. Sie müssen nach den obengenannten Kriterien bezüglich ihrer Eignung und Genauigkeit bewertet werden. Die Momentenschalter *a* bis *d* im Bild 3-204 erfassen nur eine Meßgröße. Die Federkraft F_F im Bild 3-204c enthält einen großen Anteil aus der Gewichtskraft F_e des gesamten Krans; zudem sind vor dem Ansprechen große Massen zu beschleunigen. Dieser Nachteil haftet allen am Fahrwerk wirkenden Sicherungseinrichtungen an. Der Grenzdruck der hydraulischen Sicherung im Bild 3-204d muß durch eine geeignete Steuerung an die veränderliche Ausleger- und Stützzylinderneigung angepaßt werden.
Komplizierter werden Sicherungen gegen Überlastung, wenn Auslegerkrane eine veränderliche Ausrüstung und Abstützung erhalten können. Dies bedingt einen Austausch von Schaltkurven o.ä. mit den dadurch zusätzlich auftretenden Gefahren infolge fehlerhaften oder unterlassenen Umbaus. Eine befriedigende Lösung läßt sich erst mit elektronischen Sicherungen erreichen.

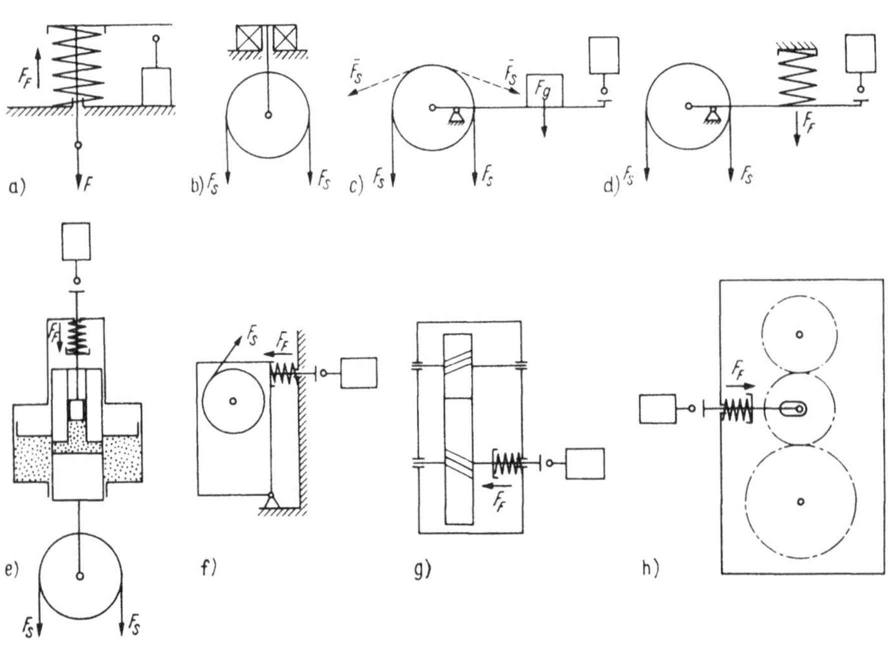

Bild 3-203 Konstruktionsprinzipe von Hubkraftbegrenzern

a) ohne Übersetzung mit Feder
b) ohne Übersetzung mit Kraftmeßdose
c) Hebelübersetzung und Gewicht
d) Hebelübersetzung und Feder
e) hydraulische Übersetzung und Feder
f) gelenkige Lagerung des Getriebegehäuses
g) Axialkraft eines schrägverzahnten Stirnrads
h) Radialkraft eines Stirnrads

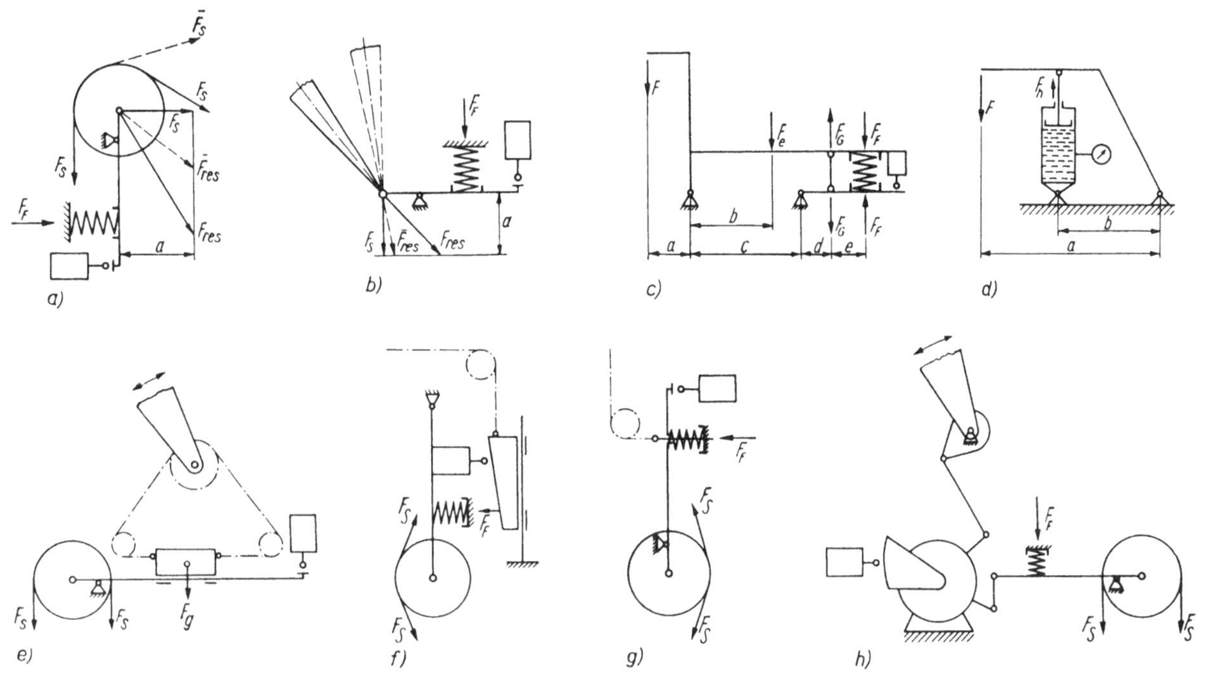

Bild 3-204 Konstruktionsprinzipe von Kraftmomentbegrenzern

a) Auslegerrolle mit Hebel und Feder
b) Auslegerfuß mit Hebel und Feder
c) gefederte Achslagerung
d) Stützzylinder des Auslegers
e) Auslegerbewegung verschiebt Gewicht
f) Auslegerbewegung verschiebt Schaltkulisse
g) Auslegerbewegung beeinflußt Federkraft
h) Überlagerung durch Umlaufrädergetriebe

Die Neigung der Standfläche kann in den Überlastungsschutz einbezogen werden; meist begnügt man sich allerdings mit einer Anzeigeeinrichtung [3.171]. Gewichtskraftpendel, die in Turmdrehkranen, Schwimmkranen usw. eingesetzt werden, erfassen die Neigung bzw. Krängung dieser Krane mit.

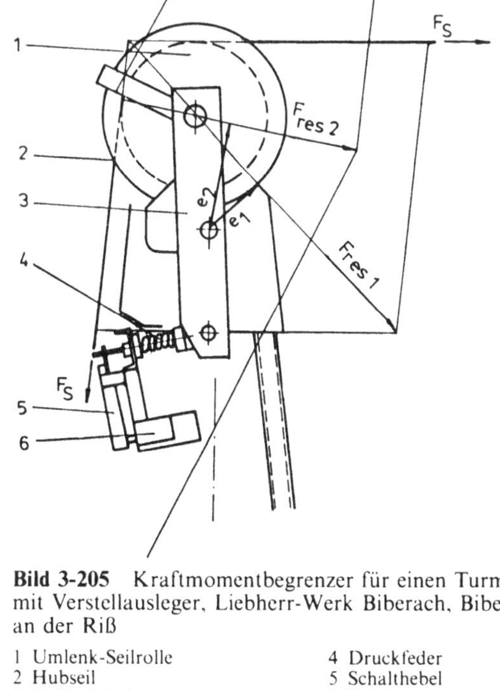

Bild 3-205 Kraftmomentbegrenzer für einen Turmdrehkran mit Verstellausleger, Liebherr-Werk Biberach, Biberach an der Riß

1 Umlenk-Seilrolle
2 Hubseil
3 Rollenhebel
4 Druckfeder
5 Schalthebel
6 Schalter

Als Ausführungsbeispiel eines Kraftmomentbegrenzers mit nur einer Meßgröße, der Hubseilkraft F_S, zeigt Bild 3-205 die mechanische Überlastungssicherung eines Turmdrehkrans. Das von der Seilrolle 1 umgelenkte Hubseil 2 erzeugt am Schalthebel 3 ein resultierendes Moment $M = F_{res} e$, das durch geeignete Wahl des Hebeldrehpunkts bei veränderlicher Neigung des Auslegers und damit des oberen Hubseilstrangs für die entsprechend der Tragfähigkeitskurve ebenfalls veränderliche Seilkraft F_S nahezu konstant bleibt. Wird dieses Moment überschritten, spricht der Schaltmechanismus an.

3.6.3.4.2 Elektronische Überlastungssicherungen

Die stürmische Entwicklung der Kleincomputer im Hinblick auf Speichervolumen, Rechengeschwindigkeit, Baugröße und Preis haben dazu geführt, daß sie sehr schnell auch für die Sicherung von Kranen gegen Überlastung herangezogen wurden. Damit ließen sich der Schutzumfang und die Betriebssicherheit im Überlastungsschutz erheblich steigern, vor allem durch

- die Erfassung weiterer Einflußgrößen, wie Drehwinkel, Gewichtskraft des Auslegers, dynamische Kräfte, Verformungen,
- das einfache Einstellen einer beliebig großen Anzahl von Rüstvarianten (> 100)
- die ständige Anzeige von zulässiger und vorhandener Belastung
- die integrierte Selbstüberwachung und Fehleranzeige der Sicherungseinrichtung
- die Möglichkeit, Daten des Kranbetriebs zu speichern.

Begleitende Maßnahmen im Antriebssystem, wie die im Abschnitt 3.6.3.3 geforderte Ausschaltung des unbelasteten Hochlaufs des Hubwerks, können in das Gesamtsystem der Sicherung einbezogen werden.

Während zunächst vorhandene Sicherungen durch den Einsatz elektronischer Baugruppen verbessert wurden [3.172] [3.173], installierte man später komplette Bordcomputer für die Rechen- und Speicheroperationen [3.174] bis [3.177]. Weil deren Leistungsfähigkeit mit den Aufgaben des Überlastungsschutzes nicht ausgenutzt werden kann, wird empfohlen [3.178] [3.179], sie zusätzlich für die Überwachung der Betriebsfestigkeit und Zuverlässigkeit der Krane zu nutzen.

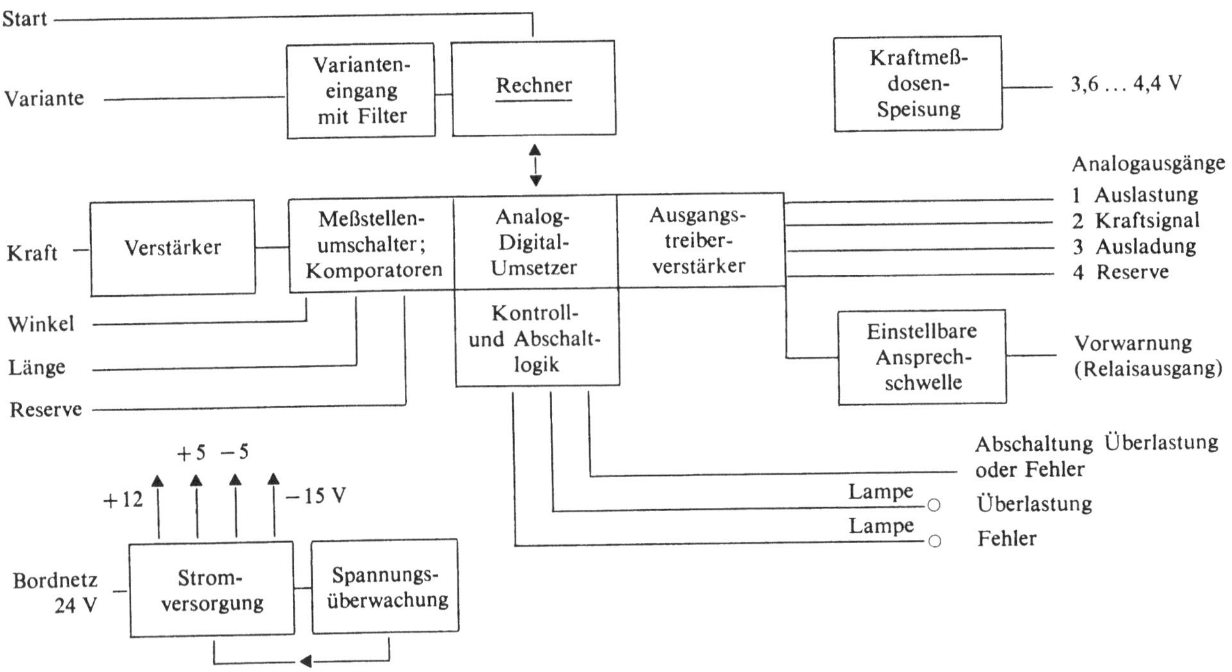

Bild 3-206
Blockschaltbild einer elektronischen Sicherung gegen Überlastung [3.174]

Im Bild 3-206 ist das Blockschaltbild einer elektronischen Überlastungssicherung dargestellt. Um die Meßdaten kontinuierlich oder diskret zu gewinnen, müssen Sensoren zur Messung von Kräften, Winkeln, Längen usw. an geeigneten Stellen des Krans angebracht und über Datenleitungen mit der Zentraleinheit verbunden werden. Aus den analog, heute vorzugsweise digital übertragenen Meßdaten werden im Rechner die benötigten physikalischen Größen, z.B. Hubkraft, Ausladung, Drehwinkel, berechnet. Die auftretende Hubkraft wird ständig mit der im jeweiligen Betriebszustand zulässigen verglichen, bei einer Überschreitung wird der Abschaltbefehl ausgelöst.
Die Tragfähigkeitskurven bzw. -funktionen werden aus der statischen Berechnung und aus Messungen während der Kranerprobung bestimmt. Je nach Verlauf und Rechnerkapazität werden sie mit 8 bis 20 Stützstellen im Rechner gespeichert. Wenn die zulässige Hubkraft von mehreren stetig veränderlichen Einflußgrößen abhängt, ergeben sich Abschaltpolynome. Bild 3-207 zeigt die Abschaltfläche für

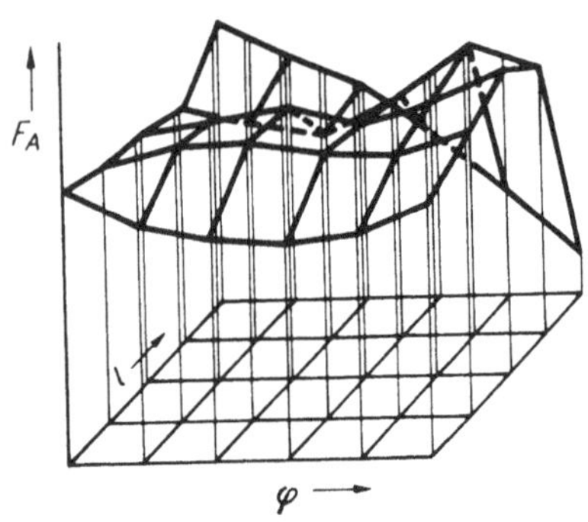

Bild 3-207
Abschaltfläche für einen Teleskopauslegerkran [3.174]

einen Teleskopauslegerkran mit den Parametern Länge l und Neigungswinkel φ des Auslegers für die Abschaltkraft F_A. Außer allen dem Betreiber zur Verfügung stehenden Ausrüstungsvarianten, die möglicherweise in den zulässigen Tragfähigkeiten nach verschiedenen internationalen Normen differenziert werden können, lassen sich auch Kurven bzw. Funktionen berücksichtigen, die während der Auf- und Abrüstung der Krane auftreten [3.176].
Das Hauptanwendungsgebiet derartiger elektronischer Überlastungssicherungen sind die Fahrzeugkrane, speziell die Straßenkrane mit Teleskopausleger. Sie gewinnen darüber hinaus Bedeutung auch für andere Krane, vor allem, wenn die genannten erweiterten Aufgaben eines Bordcomputers dessen Einsatz nützlich und damit wirtschaftlich erscheinen lassen.

3.6.4 Abtriebssicherungen

Im Freien arbeitende Fördermaschinen sind Windkräften ausgesetzt, gegen deren Wirkungen und Gefahren ausreichende Vorkehrungen zu treffen sind. Für schienenfahrbare Maschinen bedingt dies außer den erforderlichen Festigkeits- und Standsicherheitsreserven auch die Sicherung gegen ein Abtreiben in Schienenlängsrichtung. Zu unterscheiden sind dabei der Betriebsfall und der Außerbetriebsfall.

3.6.4.1 Aufgabe und Bauformen

Um den sicheren Betrieb von im Freien verfahrbaren Fördermaschinen zu gewährleisten, müssen deren Fahrwerkbremsen so bemessen sein, daß sie die fahrbare Maschine bzw. deren verfahrbares Teil auch bei der größten, im Betrieb zulässigen Windgeschwindigkeit und damit -belastung noch bis zum Stillstand verzögern können und daß hierbei der Kraftschluß zwischen Laufrädern und Schienen erhalten bleibt. Die Bremsen werden entsprechend ausgelegt, s. Abschnitt 3.3.7.3, der Kraftschluß wird rechnerisch kontrolliert, s. Abschnitt 3.5.3.5.
Bei den wesentlich höheren, im Außerbetriebsfall aufzunehmenden Windkräften reichen Bremskraft und Kraftschluß besonders in großflächigen Fördermaschinen, wie Auslegerkranen, Portalkranen, schienenfahrbaren Baggern, Abraumförderbrücken, nicht aus, um ein Abtreiben zu verhindern. Sie erhalten deshalb zusätzlich nur im Stillstand einzulegende Abtriebssicherungen.
Die Wirkprinzipe der verschiedenen Bauformen dieser Abtriebssicherungen sind im Bild 3-208 dargestellt. Für einfache zu sichernde Maschinen genügt u.U. eine formschlüssige Verriegelung durch Bolzen, Klinken, Klauen (Bild 3-208a). Die Verriegelungsstellen als Löcher im Schienen-

steg, Anschläge o.ä. können entweder allein an den Fahrbahnenden oder längs der gesamten Fahrbahn verteilt angebracht werden. Im erstgenannten Fall verlangt dies allerdings im Sicherungsfall ein Verfahren der Fördermaschine bis zu diesem Ort.

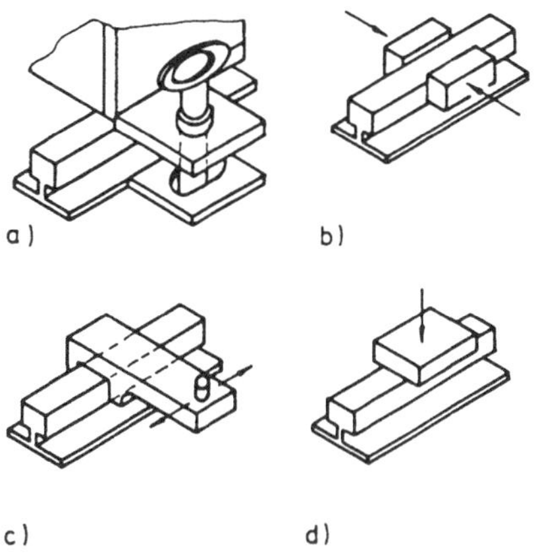

Bild 3-208 Grundprinzipe für Abtriebssicherungen nach VDI-Richtlinie 3650

a) Verriegelung
b) Klemmzange
c) Selbstklemmeinrichtung
d) Bremseinrichtung

Andere Abtriebssicherungen arbeiten mit Kraftschluß. Die größte Verbreitung und Vielfalt haben *Klemm- bzw. Schienenzangen* (Bild 3-208b), die seitliche Kräfte auf die Schienenköpfe erzeugen und über geriffelte Backen oder Exzenterscheiben eine kraftschlüssige, i.allg. nicht selbsthemmende Verbindung zur Schiene herstellen. Sie sind somit ohne Schwierigkeiten wieder zu lösen. Die Zangen werden über Spindeltriebe, mit Hilfe von Druckfedern, seltener durch ein keilförmiges Betätigungsgewicht geschlossen.
In den *Selbstklemmeinrichtungen* (Bild 3-208c) werden dagegen selbsthemmende Klemmgabeln, Exzenterscheiben oder Keilgesperre benutzt. Um eine derartige Sicherung zur Wirkung zu bringen, muß die Windkraft als Betätigungskraft zunächst die gesamte Fördermaschine etwas verschieben, damit sich die Klemmvorrichtung anlegt. Zum Prinzip der Selbsthemmung und zur Kurvenfunktion von Exzenterscheiben siehe [3.180, Abschnitt 1.3.3]. Nur in älteren Anlagen findet man noch *Bremseinrichtungen* (Bild 3-208d) in Form von Bremsklötzen, Bremsschuhen, weil sie umständlich zu handhaben und schwierig zu lösen sind.
Wenn das für eine bestimmte Aufgabe am besten geeignete Wirkprinzip einer Abtriebssicherung gesucht wird, ist immer auch die Art der Betätigung, sei es von Hand, ferngesteuert motorisch oder automatisch wirkend, zu bedenken. Es muß zudem ausreichend Vorsorge getroffen werden, daß sich die Sicherung nicht im normalen Fahrbetrieb, d.h. während einer Fahrbewegung, anlegen kann, was zu schweren Schäden am Fahrwerk führen könnte.

3.6.4.2 Bemessung

Die Ausgangsgrößen für die Bemessung von Abtriebssicherungen sind die zulässigen oder rechnerisch anzusetzenden Windgeschwindigkeiten bzw. die zugehörigen Staudrücke. Damit eine im Freien auf Schienen verfahrbare Fördermaschine bei zunehmender Windbelastung rechtzeitig stillgesetzt und gesichert werden kann, muß die tatsächliche Windgeschwindigkeit am Einsatzort erfaßt werden. Eine allgemeine Information über Wettermeldungen oder eine Schätzung durch den Betreiber sind nur zulässig, wenn wegen kurzer Fahrwege, fehlender Kippgefahr, kleiner Windfläche, z.B. bei Brückenkranen, nur eine geringe Gefährdung vorliegt. Ein sicherer Betrieb von Fördermaschinen mit großen Windflächen verlangt die kontinuierliche Messung der Windgeschwindigkeit am Einsatzort, entweder zentral für den gesamten Betrieb oder einzeln an der Maschine selbst. Die gebräuchlichen Windmeßgeräte werden u.a. in der VDI-Richtlinie 3650 beschrieben.
Der Grenzwert der Windgeschwindigkeit, bei dem die Fördermaschine stillzusetzen ist und die Sicherungsmaßnahmen einzuleiten sind, hängt nach DIN 15019 Teil 1 nicht nur vom rechnerischen Staudruck für die Auslegung im Betriebsfall, sondern auch von der Zeitdauer ab, die zwischen dem Auslösesignal und dem Wirksamwerden der Abtriebssicherung vergeht. Es gilt die Gleichung

$$q_0 \leqq q - 30\sqrt{t}\,; \tag{3.207}$$

q_0 Grenzstaudruck in N/m² für die Außerbetriebsetzung, im 10-Sekunden-Mittel bestimmt,
q rechnerischer Betriebsstaudruck in N/m² für die Bemessung der Fahrbremsen und die Kontrolle des Kraftschlusses im Betriebsfall,
t Dauer der durchzuführenden Sicherungsmaßnahmen in min für Informationsübermittlung, Absetzen gehobener Lasten, Verfahren der Maschine, Zurücklegen von Wegen, Anlegen der Sicherungseinrichtung.

Der Betriebsstaudruck liegt nach DIN 15018 Teil 1, Abschnitt 4.2.1, im Bereich $q = 125 \ldots 500\,\mathrm{N/m^2}$ mit $q = 250\,\mathrm{N/m^2}$ als Vorzugswert. Wird eine größere Zeitdauer von beispielsweise $t = 10$ min benötigt, bis die Sicherung wirksam wird, verringert sich dieser rechnerische Wert nach Gl. (3.207) auf $q_0 = 155{,}1\,\mathrm{N/m^2}$, die Windgeschwindigkeit von $v = 20\,\mathrm{m/s}$ auf 15,8 m/s. Dies verdeutlicht den Zusammenhang zwischen der im Betrieb tatsächlich zulässigen Windbelastung und der Schnelligkeit, mit der die Abtriebssicherungen einzulegen sind.
In die Bemessungsgleichung für die Haltekraft der Abtriebssicherung gehen die Reibungs- und Bremskräfte des Fahrwerks ein. Es gilt somit

$$F_Z \geqq S_W F_{Wr} - (1 - \gamma) F_e \mu_f - \gamma F_e \mu_0\,; \tag{3.208}$$

F_Z erforderliche Haltekraft der Abtriebssicherung in Schienenlängsrichtung,
S_W Sicherheitsbeiwert; nach DIN 15019 Teil 1, Abschnitt 9, $S_W = 1{,}2$,
F_{Wr} rechnerische Windkraft im Außerbetriebsfall entsprechend DIN 1055 Teil 4,
γ Verhältnis der Radkräfte der gebremsten Laufräder zur Gesamtradkraft bei Wind außer Betrieb,
F_e anteilige Gewichtskraft der zu sichernden Maschine,
μ_f spezifischer Fahrwiderstand ohne Spurkranzreibung, s. Abschnitt 3.5.3.2,
μ_0 Haltereibungszahl zwischen Laufrädern und Schienen, nach DIN 15019 Teil 1, Abschnitt 5, $\mu_0 = 0{,}14$.

Das Bremsmoment der Fahrbremsen muß ausreichen, um den in Gl. (3.208) aufgenommenen übertragbaren Maximalwert aus dem Kraftschluß zu erzielen. Dazu ist die folgende Ungleichung zu erfüllen

$$\frac{2\,M_B\,i_{ges}}{\eta_{ges}\,d_R} \geqq \gamma F_e \mu_0\,; \tag{3.209}$$

M_B anteiliges Bremsmoment der Fahrwerkbremsen, auf Motorwelle bezogen,
i_{ges} Gesamtübersetzung des Fahrantriebs,
η_{ges} Gesamtwirkungsgrad des Fahrwerks,
d_R Laufraddurchmesser.

Die sonstigen Symbole sind in Gl. (3.208) erläutert.
Ist diese Ungleichung nicht erfüllt, was wegen der Kraftschlußreserve während der Verzögerungsbremsung meist der Fall sein wird, kann nur der links stehende Betrag der Gl. (3.209) in Gl. (3.208) eingesetzt werden. Der geringe Einfluß der Lagerreibung der Laufräder, der die Bremswirkung vergrößert, wurde in Gl. (3.209) vernachlässigt.
Die Haltekraft F_Z kann auf mehrere Abtriebsssicherungen aufgeteilt werden; aus Symmetriegründen sind ohnehin na-

hezu immer mindestens zwei Sicherungen notwendig. Wenn die maßgebenden Windflächen nicht gleichmäßig auf die Teilfahrwerke verteilt sind, ist Gl. (3.208) getrennt für die Einzelfahrwerke anzusetzen.

3.6.4.3 Bauformen von Schienenzangen

Die Schienenzange ist die am meisten verbreitete Abtriebssicherung, weil sie an jeder Stelle der Fahrbahn einzulegen und, bei entsprechender Bauweise, ferngesteuert zu betätigen ist. Der Kraftschluß mit Hilfe großer Normalkräfte zwischen Zange und Schienenkopfflanke wird entweder ohne Selbstverstärkung über Backen oder mit Selbstverstärkung über Exzenterscheiben hergestellt.

Die Backen werden aus einem zähharten Stahl mit 60 ... 70 HRC und nicht zu feiner Kreuzriffelung hergestellt. Der Kraftschlußbeiwert als Quotient von Haltekraft und Normalkraft ist eine Funktion vieler Einflußgrößen, von denen die Normalkraft, die Härte bzw. Festigkeit der Werkstoffe und die Zahnform die größte Bedeutung haben, siehe [3.180, Abschnitt 1.3.2]. Wenn das Riffelmuster ohne Spitzen ausgeführt wird und die mittlere, auf die gesamte Backenfläche bezogene Flächenpressung mindestens $p = 40\,\mathrm{N/mm^2}$ beträgt, werden mit Sicherheit Werte von $\mu_S > 0{,}35$ erreicht. Bei geringeren Flächenpressungen sinkt der Kraftschlußbeiwert und streut wesentlich stärker als bei größerer Belastung, offensichtlich, weil der Anteil des Formschlusses durch Eindringen der höckerartigen Erhebungen in den Schienenwerkstoff zurücktritt. Spitzen zwischen den Vertiefungen der Backen brechen bereits, wenn sie gering belastet werden, so daß die Haltekraft der Zange nicht vom Kraftschlußbeiwert, sondern von der Bruchfestigkeit der Riffelspitzen bestimmt wird. Sie sind unbedingt zu vermeiden.

In den vorliegenden Konstruktionsvarianten der Schienenzangen werden die Klemmkräfte der Zangen mechanisch durch Spindeltriebe, vorgespannte Federn, Gewichte oder Reibgesperre erzeugt. Der Spindeltrieb hat wegen seiner hohen inneren Reibung starke Schwankungen der Kraftübersetzung zur Folge; der Gewichtsantrieb ist sehr sicher, aber wegen der großen, beim Einlegen zu bewegenden Massen dynamisch ungünstig. Bessere Lösungen ergeben sich mit Federn oder neuerdings in stärkerem Maße mit Anstellung der Zangen durch Federkräfte und Selbstverstärkung über Exzenter.

Von Hand einzulegende Schienenzangen verursachen einen hohen Bedienungsaufwand, vor allem, wenn es sich um Großanlagen mit weit voneinander entfernten Befestigungsstellen handelt. Sie vermindern zudem den Grenzstaudruck der Windbelastung laut Gl. (3.207) beträchtlich. Alle großen, windbelasteten fahrbaren Fördermaschinen erhalten deshalb eine zentrale elektrische Fernsteuerung, entweder über Schaltbefehle vom Fahrerhaus oder, ohne Zwischenschaltung des Bedienenden, direkt von der Windmeßanlage. In diesem Fall muß die Betätigung des Schienenzange so mit der Fahrwerkschaltung verriegelt werden, daß die Fahrwerkbremsen die Maschine vor dem Einfallen der Abtriebssicherungen bis zum Stillstand verzögert haben. Das Anliegen der Zangen wird optisch oder akustisch im Fahrerhaus angezeigt. Eine echte Funktionsprobe mit Messung der tatsächlichen Haltekraft im Betrieb ist darüber hinaus mit vertretbarem Aufwand nicht durchführbar. Für Notfälle, z.B. Stromausfall, muß eine Handbetätigung möglich sein.

Der Lüftweg der Backen ist so zu wählen, daß sie mit Sicherheit im geöffneten Zustand nicht am Schienenkopf schleifen. Zu berücksichtigen sind die Spiele zwischen Spurkränzen und Schienen und im Fahrwerk, die Walz- und Spurtoleranzen der Schienen sowie der Verschleiß der Wälzpaarung. Bei starrer Lagerung der Schienenzange im Fahrwerk können durch diese Einflüsse sehr große Lüftwege entstehen, die sich dadurch verringern lassen, daß der Schienenzangenrahmen mit eigenen Laufrädern geführt wird oder die Zangenhebel quer zur Schiene beweglich gelagert werden. Gefährlich kann ein Anstoßen der gelüfteten, evtl. pendelnden Zangen an Schienenstößen mit seitlich vorspringenden Kanten während der Fahrbewegung sein, wodurch die gesamte Zange abgerissen oder schwer beschädigt würde. Wenn mit unregelmäßiger Gleislage zu rechnen ist, wie bei Tagebaumaschinen, wenn Gleiskreuzungen zu durchfahren sind oder aus anderen Gründen eine erhöhte Sicherheit gegen frontales Anstoßen erforderlich scheint, werden die Zangenhebel nach dem Lüften senkrecht über den Schienenkopf ausgehoben. Die Lüftaushebekurve muß stets so gestaltet werden, daß die Zangenhebel beim Einlegen erst gesenkt und dann seitlich zugestellt werden.

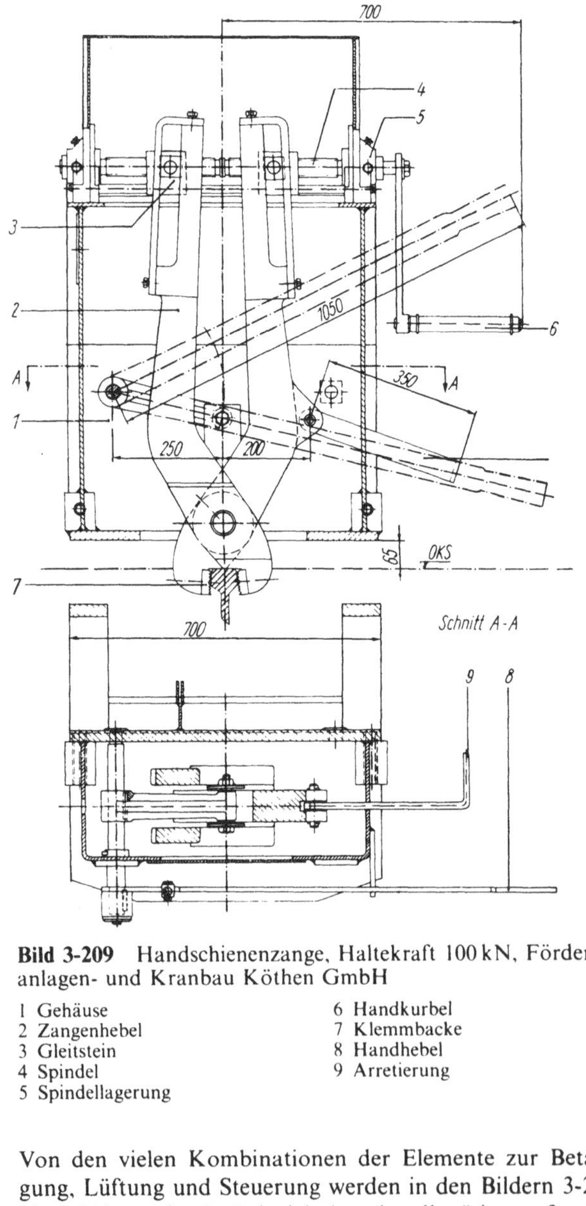

Bild 3-209 Handschienenzange, Haltekraft 100 kN, Förderanlagen- und Kranbau Köthen GmbH

1 Gehäuse
2 Zangenhebel
3 Gleitstein
4 Spindel
5 Spindellagerung
6 Handkurbel
7 Klemmbacke
8 Handhebel
9 Arretierung

Von den vielen Kombinationen der Elemente zur Betätigung, Lüftung und Steuerung werden in den Bildern 3-209 bis 3-211 nur je ein Beispiel einer handbetätigten, fernbedienten und automatisch wirkenden Schienenzange dargestellt. Die klassische Form der Handschienenzange nach Bild 3-209 mit Anstellung der Zangenhebel durch eine kurbelgetriebene Doppelspindel hat Kraftübersetzungen zwischen 1 : 200 und 1 : 400, die wegen der Abhängigkeit von der Reibungszahl um $\pm 50\,\%$ vom rechnerischen Wert abweichen können. Auch die Kurbelkräfte, die von verschiedenen Bedienungspersonen aufgebracht werden, schwanken zwischen 200 und 600 N; sie sollten aus Sicherheitsgründen nie höher als mit 250 N angenommen werden. Größere Kurbelkräfte wirken sich, wie Messungen bestätigen, nicht in einer proportionalen Erhöhung der Backennormalkraft aus, da diese Spitzenkräfte erst im Stillstand der Zangenhebel gegen die Normalkraft der Schiene aufgebracht werden können und z.T. von erhöhter Reibung im Schließmechanismus kompensiert werden.

Eine bessere Garantie für die errechnete Haltekraft bieten gewichtsbelastete Handschienenzangen, die zwar eine große Masse haben, aber die vorgesehene Belastungskraft ohne Beeinflussung durch den Bedienenden einhalten. Die Handschienenzange im Bild 3-209 weist als Besonderheit noch einen Hebel zum Ausheben der Zangenschenkel und einen Endschalter auf, der den Strom für das Fahrwerk erst freigibt, wenn die Zangenschenkel ausgehoben sind.

Die elektrisch betätigte, ferngesteuerte Schienenzange nach Bild 3-210 ist im Funktionsprinzip der beschriebenen Handschienenzange gleich; sie weist lediglich außer der Handkurbel, die hier nur für den Notbetrieb bestimmt ist, einen elektromechanischen Spindeltrieb auf. Eine Druckfeder begrenzt den Spindelweg kraftschlüssig. Durch die große Übersetzung des Getriebemotors und der Spindel soll die Einfallzeit so weit verlängert werden, bis der Kran nach dem Abschalten der Fahrbewegung stillsteht.

Die im Bild 3-211 gezeichnete automatische Schienenzange erfüllt alle an eine solche Sicherungseinrichtung zu stellenden Anforderungen vollständig. Die Anpreßkraft wird durch eine drehbare Exzenterscheibe mit Hilfe einer federnden Gegenbacke, die die Anfangsreibung erzeugt, hervorgerufen. Die Zange wirkt erst, wenn die zu sichernde Maschine durch die Windkraft etwas verschoben und der Exzenter angezogen wird. Bei einer solchen konstruktiven Ausbildung kann grundsätzlich nur eine Schienenzange je Fahrschiene mit Sicherheit zur Wirkung gebracht werden, während bei federnder oder gewichtsbelasteter Ausführung mehrere Zangen an einer Fahrwerkseite angreifen können.

Die Außenform des Exzenters muß eine doppelte logarithmische Spirale sein, um gegen eine Abtreiben in beiden Fahrtrichtungen zu sichern. Da die beiden Spiralen nicht mit einer gemeinsamen Tangente zusammentreffen, wird das Übergangsstück zwischen ihnen zweckmäßig als kurzer Kreisbogen ausgebildet [3.181].

Besonders wichtig ist bei dieser selbstverstärkenden Reibpaarung die sichere Verzögerung der Einfallbewegung, die in der gezeichneten Ausführung rein mechanisch durch die zu beschleunigende Schwungmasse eines Kreiselgetriebes erreicht wird und somit unabhängig von einem eventuellen

Bild 3-210 Elektromechanische Schienenzange, Haltekraft 100 kN, Kranbau Eberswalde GmbH

1 Getriebemotor
2 Kupplung
3 Spindel
4 Spindelmutter
5 Druckfeder
6 Querstück mit Kulissenführung
7 Führungsleisten für Querstück
8 Zangenschenkel
9 Querhaupt
10 Klemmbacke
11 Gehäuse
12 Endschalter
13 Führungsstück
14 Handantrieb

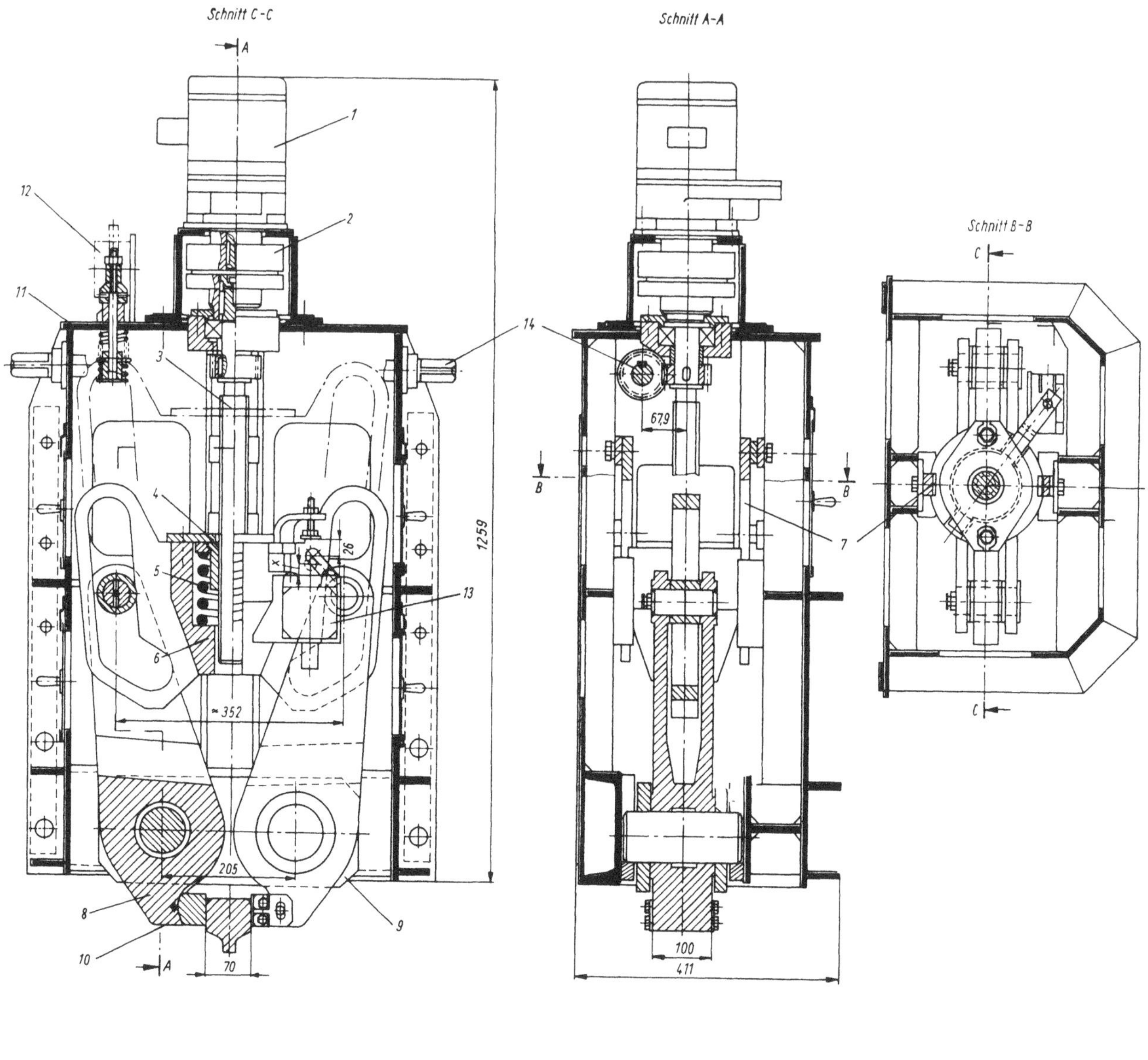

Stromausfall wirkt. Die Zangenhebel haben einen Kniehebelverschluß, der nur geringe Lüftkräfte erfordert, die von einem elektrohydraulischen Betätigungsgerät aufgebracht werden. Sperren verhindern das ungewollte Lösen der Zange von der Schiene, eine Endschaltung das Anfahren des Fahrwerks bei nicht angehobener Zange. Gegenmassen, welche die Massen der Zangenhebel teilweise ausgleichen, dienen gleichzeitig als Sichtkontrolle für die Zangenstellung.
An dieser und auch an anderen Konstruktionen ist die Absicht zu erkennen, den Aufwand für die Sturmsicherung großer Fördermaschinen zu vergrößern, um die Sicherheit, vor allem auch gegen Bedienungsfehler, zu erhöhen. In Anbetracht der erheblichen Gefahren, die durch ein Abtreiben entstehen können und entstanden sind, ist diese Entwicklung wirtschaftlich durchaus gerechtfertigt.

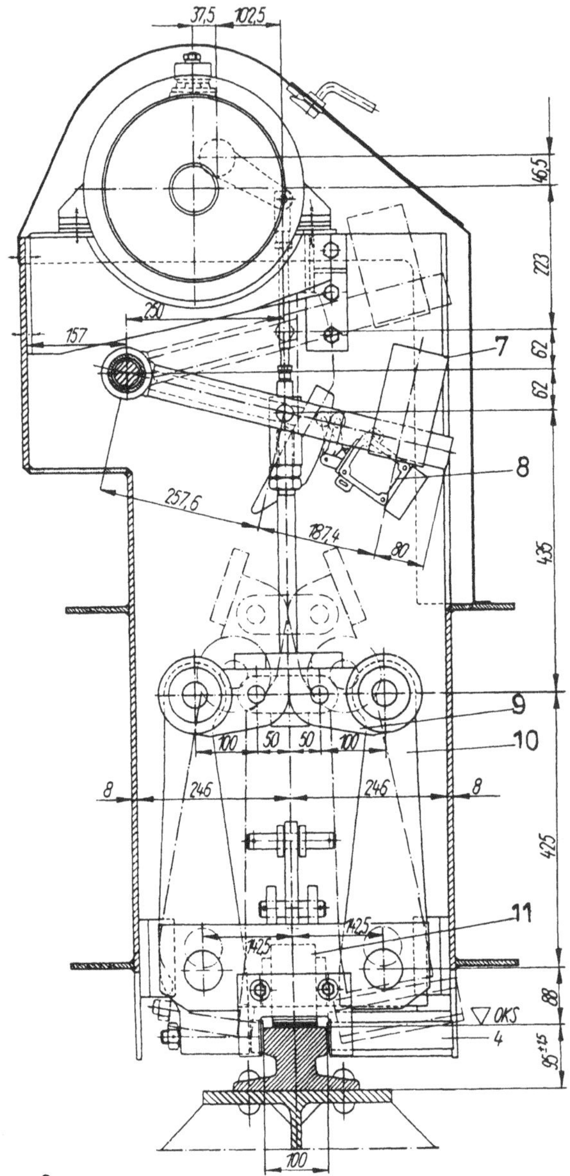

Bild 3-211 Automatische Schienenzange, MAN Nürnberg

1 elektrohydraulisches Betätigungsgerät
2 Kreiselgetriebe
3 Achse mit Lagerung
4 Gehäuse
5 Betätigungsstange
6, 7 Ausgleichsmassen
8 Endschalter
9 Kniehebel
10 Zangenhebel
11 Führungsrolle
12 Exzenterrolle

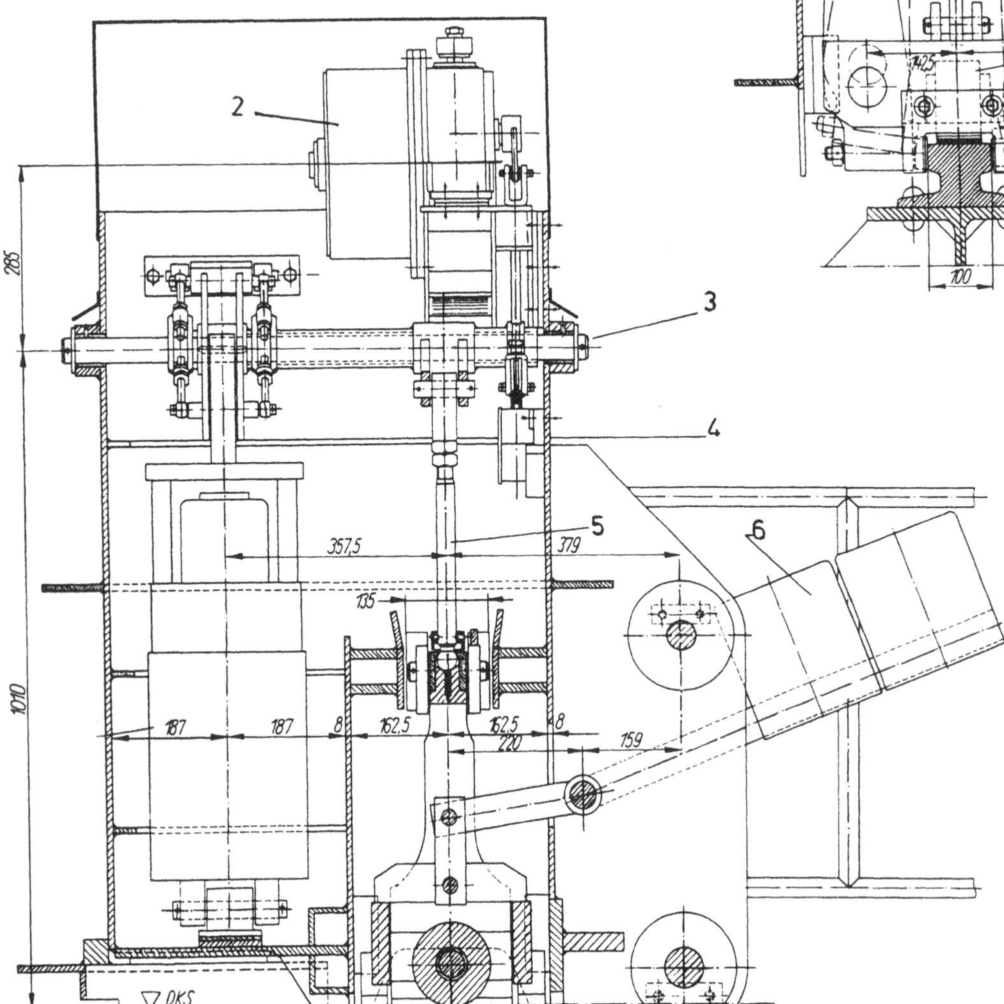

Technische Regeln

1.8 Grundlagen der Betriebsfestigkeit

DIN-Normen

DIN 45667 (10.69) Klassierverfahren für das Erfassen regelloser Schwingungen
DIN 50100 (02.78) Werkstoffprüfung; Dauerschwingversuch; Begriffe, Zeichen, Durchführung, Auswertung
DIN 55302 Teil 1 (11.70) Statistische Auswertungsverfahren; Häufigkeitsverteilung, Mittelwert und Streuung; Grundbegriffe und allgemeine Rechenverfahren
Teil 2 (01.67) –; –; Rechenverfahren in Sonderfällen

VDI-Richtlinien

VDI 2226 (07.65) Empfehlung für die Festigkeitsberechnung metallischer Bauteile
VDI 2227 (04.74) Festigkeit bei wiederholter Beanspruchung; Zeit- und Dauerfestigkeit metallischer Werkstoffe, insbesondere von Stählen (Entwurf)

TGL-Standards

TGL 19330 (08.78) Schwingfestigkeit; Begriffe und Zeichen
TGL 19340/01 (03.83) Ermüdungsfestigkeit; Dauerfestigkeit der Maschinenbauteile; Dauerfestigkeits-Diagramme
/02 (03.83) –; –; Werkstoff-Festigkeitskennwerte
/03 (03.83) –; –; Berechnung
/04 (03.83) –; –; Formzahlen und Kerbwirkungszahlen
TGL 19350 (02.86) Ermüdungsfestigkeit; Betriebsfestigkeit der Maschinenbauteile; Berechnung
TGL 33787/01 (07.84) Ermüdungsfestigkeit; regellose Beanspruchungsfunktionen; statistische Auswertung im Amplitudenbereich
/02 (12.85) –; –; statistische Auswertung im Zeit- und Frequenzbereich

2.1 Drahtseile

DIN-Normen

DIN 779 (12.80) Formstahldrähte für vollverschlossene Spiralseile; Maße und Technische Lieferbedingungen
DIN 2078 (03.78) Stahldrähte für Drahtseile
DIN 3051 Teil 1 (03.72) Drahtseile aus Stahldrähten; Grundlagen, Übersicht
Teil 2 (04.72) –; Grundarten, Seilarten, Begriffe
Teil 3 (03.72) –; Grundlagen, Berechnung, Faktoren
Teil 4 (03.72) –; Grundlagen, Technische Lieferbedingungen
DIN 3052 (03.72) Drahtseile aus Stahldrähten; Spiralseil 1 × 7
DIN 3053 (03.72) Drahtseile aus Stahldrähten; Spiralseil 1 × 19
DIN 3054 (03.72) Drahtseile aus Stahldrähten; Spiralseil 1 × 37
DIN 3055 (03.72) Drahtseile aus Stahldrähten; Rundlitzenseil 6 × 7
DIN 3056 (03.72) Drahtseile aus Stahldrähten; Rundlitzenseil 8 × 7
DIN 3057 (03.72) Drahtseile aus Stahldrähten; Rundlitzenseil 6 × 19 Filler
DIN 3058 (03.72) Drahtseile aus Stahldrähten; Rundlitzenseil 6 × 19 Seale
DIN 3059 (03.72) Drahtseile aus Stahldrähten; Rundlitzenseil 6 × 19 Warrington
DIN 3060 (03.72) Drahtseile aus Stahldrähten; Rundlitzenseil 6 × 19 Standard
DIN 3061 (03.72) Drahtseile aus Stahldrähten; Rundlitzenseil 8 × 19 Filler
DIN 3062 (09.73) Drahtseile aus Stahldrähten; Rundlitzenseil 8 × 19 Seale
DIN 3063 (09.73) Drahtseile aus Stahldrähten; Rundlitzenseil 8 × 19 Warrington
DIN 3064 (03.72) Drahtseile aus Stahldrähten; Rundlitzenseil 6 × 36 Warrington-Seale
DIN 3065 (03.72) Drahtseile aus Stahldrähten; Rundlitzenseil 6 × 35 Warrington gedeckt
DIN 3066 (03.72) Drahtseile aus Stahldrähten; Rundlitzenseil 6 × 37 Standard
DIN 3067 (03.72) Drahtseile aus Stahldrähten; Rundlitzenseil 8 × 36 Warrington-Seale
DIN 3068 (03.72) Drahtseile aus Stahldrähten; Rundlitzenseil 6 × 24 Standard + 7 Fasereinlagen
DIN 3069 (03.72) Drahtseile aus Stahldrähten; Spiral-Rundlitzenseil 18 × 7, drehungsarm
DIN 3070 (03.72) Drahtseile aus Stahldrähten; Flachlitzenseil 10 × 10, drehungsarm
DIN 3071 (07.72) Drahtseile aus Stahldrähten; Spiral-Rundlitzenseil 36 × 7, drehungsfrei
DIN 3078 (05.82) Stahldrähte für Förderseile und Bühnenseile; Runddrähte
DIN 21251 Teil 1 (06.84) Förderseile; Rundlitzenseile; 6 × 19 Standard
Teil 2 (06.84) –; –; 6 × 33 Warrington-Verbund
DIN 21252 (06.84) Förderseile; Flachseile
DIN 21254 Teil 1 (04.80) Förderseile, Bühnenseile; Technische Lieferbedingungen, Litzenseile und Flachseile
DIN 21256 (08.81) Flachunterseile für den Bergbau
DIN 51201 (03.61) Prüfung von Drahtseilen

VDI-Richtlinien

VDI 2358 (10.84) Drahtseile für Fördermittel
VDI 2500 (07.75) Faserseile aus Pflanzen und/oder synthetischen Fasern; Beschreibung, Auswahl, Bemessung

2.2 Elemente von Seiltrieben

DIN-Normen

DIN 1142 (01.82) Drahtseilklemmen für Seil-Endverbindungen bei Sicherheitstechnischen Anforderungen
DIN 3089 Teil 1 (04.84) Drahtseile aus Stahldrähten; Spleiße; Spleiß-Endverbindungen an Drahtseilen
Teil 2 (04.84) –; –; Langspleiß

DIN 3090 (07.77) Kauschen; Formstahlkauschen für Drahtseile
DIN 3091 (11.76) Kauschen; Vollkauschen für Drahtseile
DIN 3092 Teil 1 (05.85) Drahtseil-Vergüsse in Seilhülsen; Metallische Vergüsse; Sicherheitstechnische Anforderungen und Prüfung
DIN 3093 Teil 1 (12.88) Preßklemmen aus Aluminium-Knetlegierungen; Rohlinge aus Flachovalrohren mit gleichbleibender Wanddicke
Teil 2 (12.88) –; Preßverbindungen; Formen, Zuordnung, Herstellung, Anforderungen
DIN 3095 Teil 1 (12.88) Flämische Augen mit Stahlpreßklemmen; Stahlpreßklemmen, Sicherheitstechnische Anforderungen, Prüfung
Teil 2 (12.88) –; Formen, Sicherheitstechnische Anforderungen und Prüfung
DIN 15020 Teil 1 (02.74) Hebezeuge; Grundsätze für Seiltriebe; Berechnung und Ausführung
Teil 2 (04.74) –; –; Überwachung im Gebrauch
DIN 15061 Teil 1 (08.77) Hebezeuge; Rillenprofile für Seilrollen
Teil 2 (08.77) –; Rillenprofile für Seiltrommeln
DIN 15062 Teil 1 (07.82) Krane; Seilrollen; Auswahlreihen und Zuordnung von Durchmesser und Gesamtbreitenmaßen
Teil 2 (07.82) –; –; Maße für Naben und Lagerungen
DIN 15063 (12.77) Hebezeuge; Seilrollen, Technische Lieferbedingungen
DIN 15315 (03.83) Aufzüge; Seilschlösser
DIN 15408 (07.82) Krane; Zweirollige Unterflaschen; Zusammenstellung
DIN 15409 (07.82) Krane; Vierrollige Unterflaschen; Zusammenstellung
DIN 15410 (07.82) Serienhebezeuge; Unterflaschen für Elektrozüge einrollig und zweirollig; Zusammenstellung
DIN 15417 (07.82) Krane; Unterflaschen; Seilrollen der Form D mit Gleitlagerung
DIN 15418 Teil 1 (07.82) Krane; Unterflaschen; Seilrollen der Form C mit Rillenkugellagern ohne Innenbuchse
Teil 2 (07.82) –; –; Abstandbuchsen für Seilrollen der Form C mit Rillenkugellagern ohne Innenbuchse
Teil 3 (07.82) –; –; Verschlußdeckel für Seilrollen der Form C mit Rillenkugellagern ohne Innenbuchse
DIN 15421 Teil 1 (07.82) Krane; Unterflaschen; Seilrollen der Form B mit Rillenkugellagern und Innenbuchse
Teil 2 (07.82) –; –; Innenbuchsen und Abstandbuchsen für Seilrollen der Form B mit Rillenkugellagern und Innenbuchse
Teil 3 (07.82) –; –; Verschlußdeckel für Seilrollen der Form B mit Rillenkugellagern und Innenbuchse
DIN 15422 Teil 1 (07.82) Krane; Unterflaschen; Seilrollen der Form A mit Zylinderrollenlagern und Innenbuchse
Teil 2 (07.82) –; –; Innenbuchsen und Abstandbuchsen für Seilrollen der Form A mit Zylinderrollenlagern und Innenbuchse
Teil 3 (07.82) –; –; Verschlußdeckel für Seilrollen der Form A mit Zylinderrollenlagern und Innenbuchse
DIN 21258 (04.80) Konservierungsstoffe für Treibscheiben-Förderseile im Bergbau; Sicherheitstechnische Anforderungen und Prüfung
DIN 21390 (02.85) Kauschen für Flachseile
DIN 22405 (02.79) Treibscheibenfutter für Fördermaschinen und Förderhäspel im Bergbau
DIN 22406 (10.86) Treibscheiben-Förderhäspel für Schacht- und Schrägförderanlagen; Bremsberechnung
DIN 22407 (01.71) Treibscheiben für Fördermaschinen und Haspel; Nenndurchmesser
DIN 22410 (10.76) Förderseilscheiben für Rundseile
DIN 43154 (04.77) Offene Kauschen für Drähte und Seile
DIN 83313 (10.63) Seilhülsen

Stahl-Eisen-Betriebsblätter

SEB 058301 (05.80) Krananlagen; Seiltriebe; Richtlinien und Auswahlreihen
SEB 666211 (05.85) Fördertechnik; Seiltrommeln; Anschlußmaße und technische Anforderungen
Beiblatt 1 (08.85) –; –; Berechnung der Schraubenverbindung der Seilklemmen
SEB 666212 Teil 1 (07.86) Fördertechnik; Seiltrommel-Gelenkverbindungen; Anschlußmaße und technische Anforderungen
Teil 2 (08.85) –; –; Berechnungsgrundlagen
Teil 3 (08.85) –; –; Berechnungsvordruck; Vordruck A
Teil 4 (08.85) –; –; Abnahmeprüfzeugnis B nach DIN 50049 für Maßprüfung; Vordruck B
Teil 5 (08.85) –; –; Anschluß-Konstruktion, Einbau und Überwachung im Gebrauch
SEB 666300 (02.67) Hüttenwerks-Krananlagen; Unterflaschen; Auswahlreihe aus DIN 15410

TGL-Standards

TGL 34022/01 (02.80) Fördertechnik; Seiltriebe; Übersicht, Begriffe
/02 (02.80) –; –; Gestaltung, Drahtseile
/03 (02.80) –; –; Berechnung
/04 (02.80) –; –; Instandhaltung; Beurteilung, Grenzzustand der Drahtseile

2.3 Ketten und Elemente von Kettentrieben

DIN-Normen

DIN 685 Teil 1 (11.81) Geprüfte Rundstahlketten; Begriffe
Teil 2 (11.81) –; Sicherheitstechnische Anforderungen
Teil 3 (11.81) –; Prüfung
Teil 4 (11.81) –; Kennzeichnung, Prüfzeugnis
Teil 5 (11.81) –; Benutzung
DIN 762 Teil 1 (01.82) Rundstahlketten für Stetigförderer; Güteklasse 2, lehrenhaltig, Teilung 5d, geprüft
Teil 2 (01.82) –; Güteklasse 3, lehrenhaltig, Teilung 5d, geprüft
DIN 763 (09.76) Rundstahlketten, geprüft, nicht lehrenhaltig, langgliedrig
E DIN 763 (02.86) Rundstahlketten, geprüft, nicht lehrenhaltig, langgliedrig

DIN 764 Teil 1 (01.82) Rundstahlketten für Stetigförderer; Güteklasse 2, lehrenhaltig, Teilung 3,5d, geprüft
Teil 2 (01.82) –; Güteklasse 3, lehrenhaltig, Teilung 3,5d, geprüft
DIN 766 (01.86) Rundstahlketten; Güteklasse 3, lehrenhaltig, geprüft
DIN 5684 Teil 1 (05.84) Rundstahlketten für Hebezeuge; Güteklasse 5, lehrenhaltig, geprüft
Teil 2 (05.84) –; Güteklasse 6, lehrenhaltig, geprüft
Teil 3 (05.84) –; Güteklasse 8, lehrenhaltig, geprüft
DIN 5685 (07.76) Rundstahlketten ohne Güteanforderungen
DIN 5687 Teil 1 (06.80) Rundstahlketten; Güteklasse 5, nicht lehrenhaltig, geprüft
Teil 3 (06.80) –; Güteklasse 8, nicht lehrenhaltig, geprüft
DIN 8150 (03.84) Gallketten
DIN 8152 Teil 1 (01.80) Flyerketten; Leichte Reihe LL
Teil 2 (01.80) –; Anschlußstücke und Umlenkrollen für leichte Reihe LL, Anschlußmaße
Teil 3 (01.80) –; Schwere Reihe LH
E Teil 3 (05.87) –; Schwere Reihe LH
Teil 4 (01.80) –; Anschlußstücke und Umlenkrollen für schwere Reihe LH, Anschlußmaße
E Teil 4 (05.87) –; Anschlußstücke und Umlenkrollen für schwere Reihe LH, Anschlußmaße
DIN 8154 (03.84) Buchsenketten mit Vollbolzen; Amerikanische Bauart
DIN 8164 (08.79) Buchsenketten
DIN 8165 Teil 1 (08.79) Förderketten mit Vollbolzen; Bauart FV; Einstrangkette, Zweistrangkette
Teil 2 (08.79) –; Befestigungslaschen, Anschlußmaße
Teil 3 (08.79) –; Bauart FVT; Tragketten mit erhöhten Laschen
DIN 8166 (08.79) Rollen für Förderketten mit Vollbolzen, Bauart FV und FVT
DIN 8167 Teil 1 (03.86) Förderketten mit Vollbolzen; ISO-Bauart M; Einstrangkette, Zweistrangkette
Teil 2 (03.86) –; –; Befestigungslaschen, Anschlußmaße
Teil 3 (03.86) –; ISO-Bauart MT; Tragkette mit erhöhten Laschen
DIN 8168 Teil 1 (03.86) Förderketten mit Hohlbolzen; ISO-Bauart MC; Einstrangkette
Teil 2 (03.86) –; –; Befestigungslaschen, Anschlußmaße
Teil 3 (03.86) –; Bauart MCT; Tragkette mit erhöhten Laschen
DIN 8169 (03.86) Rollen für Förderketten mit Vollbolzen und Hohlbolzen der ISO-Bauarten M, MT, MC und MCT
DIN 8175 (02.80) Förderketten; Buchsenförderketten, schwere Ausführung
DIN 8176 (01.80) Förderketten; Buchsenförderketten für Kettenbahnen
DIN 8181 (03.84) Rollenketten, langgliedrig
DIN 8182 (02.79) Rotaryketten
DIN 8184 (01.79) Rollenketten für Umlaufaufzüge
DIN 8185 (01.79) Rollenketten für Stützkettenaufzüge
DIN 8187 (03.84) Rollenketten; Europäische Bauart
DIN 8188 (03.84) Rollenketten; Amerikanische Bauart
DIN 8192 (03.87) Kettenräder für Rollenketten nach DIN 8187; Baumaße
DIN 8194 (08.83) Stahlgelenkketten; Ketten und Kettenteile; Bauformen, Benennungen
DIN 8195 (08.77) Rollenketten; Kettenräder; Auswahl von Kettentrieben
DIN 8196 Teil 1 (03.87) Verzahnung der Kettenräder für Rollenketten nach DIN 8187 und DIN 8188; Profilabmessungen
Teil 2 (09.77) Verzahnung der Kettenräder für Rollenketten langgliedrig nach DIN 8181; Profilabmessungen
DIN 17115 (02.87) Stähle für geschweißte Rundstahlketten; Technische Lieferbedingungen
DIN 22252 (09.83) Rundstahlketten für Förder- und Gewinnungsanlagen im Bergbau, lehrenhaltig, geprüft
DIN 22253 (09.87) Kettenverbindungsglieder; Bügelschlösser; Maße, Anforderungen, Prüfung
DIN 22258 Teil 1 (03.80) Kettenverbindungsglieder; Flachschlösser; Maße, Anforderungen, Prüfung
Teil 2 (09.83) –; Kenterschlösser; Maße, Anforderungen, Prüfung
Teil 3 (09.83) –; Blockschlösser; Maße, Anforderungen, Prüfung
DIN 32891 (06.80) Rundstahlketten; Güteklasse 2, nicht lehrenhaltig, geprüft

2.4 Bremsen

DIN-Normen

DIN 15161 (04.88) Kraftbetriebene Flurförderzeuge; Bremsausrüstung, Bremsung; Sicherheitstechnische Anforderungen und Prüfung
E DIN 15430 (12.87) Antriebstechnik; Elektrohydraulische Hubgeräte; Hauptmaße
DIN 15431 (04.80) Antriebstechnik; Bremstrommeln, Hauptmaße
DIN 15432 (01.89) Antriebstechnik; Bremsscheiben, Hauptmaße
E DIN 15433 Teil 1 (04.80) Antriebstechnik; Scheibenbremsen, Anschlußmaße
Teil 2 (04.80) –; –, Bremsbeläge
DIN 15434 Teil 1 (01.89) Antriebstechnik; Trommel- und Scheibenbremsen; Berechnungsgrundsätze
Teil 2 (01.89) –; –; Überwachung im Gebrauch
DIN 15435 Teil 1 (04.80) Antriebstechnik; Trommelbremsen, Anschlußmaße
Teil 2 (04.80) –; –, Bremsbacken
Teil 3 (04.80) –; –, Bremsbeläge
DIN 15436 (01.89) Antriebstechnik; Trommel- und Scheibenbremsen; Technische Anforderungen für Bremsbeläge
DIN 15437 (01.89) Antriebstechnik; Bremstrommeln und Bremsscheiben; Technische Lieferbedingungen

VDMA-Einheitsblätter

VDMA 15434 (03.63) Krane; Berechnung von Doppel-Backenbremsen; Zuordnung der Bremsen zu üblichen Drehstrom-Asynchronmotoren mit Schleifringläufer für Aussetzbetrieb
VDMA 15435 Teil 4 (05.65) Krane; Doppelbackenbremsen; Bremsbelagsorten und Prüfbedingungen für Bremsbeläge

2.5 Laufräder und Schienen

DIN-Normen

DIN 536 Teil 1 (12.74) Kranschienen, Form A (mit Fußflansch); Maße, statische Werte, Stahlsorten
Teil 2 (12.74) –, Form F (flach); Maße, statische Werte, Stahlsorten
DIN 5901 Teil 1 (03.65) Schienen bis 20 kg/m
Teil 2 (03.65) – ; Flachlaschen, Winkellaschen
DIN 5902 Teil 1 (07.68) Schienen über 20 kg/m
Teil 2 (07.68) – ; Flachlaschen, Gelenklaschen
DIN 5906 (03.65) Klemmplatten, Klemmplattenschrauben für Schienen bis 20 kg/m
DIN 15049 (09.58) Krane mit Elektrozug oder ähnlichem Hubwerk; Laufräder mit Gleitlagern
DIN 15050 (04.58) Krane mit Handbetrieb; Laufräder mit Walzenlager
DIN 15070 (12.77) Krane; Berechnungsgrundlagen für Laufräder
DIN 15071 (12.77) Krane; Berechnung der Lagerbeanspruchung der Laufräder
DIN 15072 (12.77) Krane; Laufflächenprofile der Laufräder und Zuordnung der Kranschienen zum Laufrad-Durchmesser
DIN 15073 (12.77) Krane; Laufräder, Übersicht
DIN 15074 (08.78) Krane; Laufräder mit Spurkränzen, mit Gleitlagerung, ohne Zahnkranz
DIN 15075 (12.77) Krane; Laufräder mit Spurkränzen, mit Gleitlagerung, mit Zahnkranz
DIN 15076 (12.77) Krane; Laufräder mit Spurkränzen und Radreifen, mit Gleitlagerung, ohne Zahnkranz
DIN 15077 (12.77) Krane; Laufräder mit Spurkränzen und Radreifen, mit Gleitlagerung, mit Zahnkranz
DIN 15078 (12.77) Krane; Laufräder mit Spurkränzen, mit Wälzlagerung, ohne Zahnkranz
DIN 15079 (12.77) Krane; Laufräder mit Spurkränzen, mit Wälzlagerung, mit Zahnkranz
DIN 15080 (12.77) Krane; Laufräder mit Spurkränzen und Radreifen, mit Wälzlagerung, ohne Zahnkranz
DIN 15081 (12.77) Krane; Laufräder mit Spurkränzen und Radreifen, mit Wälzlagerung, mit Zahnkranz
DIN 15082 Teil 1 (12.77) Krane; Laufräder, anflanschbare Zahnkränze
Teil 2 (12.77) – ; –, aufgepreßte Zahnkränze
DIN 15083 (12.77) Krane; Laufräder, bearbeitete Radreifen
DIN 15084 (12.77) Krane; Laufräder mit Wälzlagerung, Verschlußdeckel
DIN 15085 (12.77) Krane; Laufräder; Technische Lieferbedingungen
DIN 15086 (09.77) Krane; Laufräder mit Wälzlagerung; Abflachung der Innenbuchsen
DIN 15090 (07.82) Krane; Treib- und Mitlaufsätze; Zusammenstellung
DIN 15091 (07.82) Krane; Treib- und Mitlaufsätze; Laufradwellen
DIN 15092 (07.82) Krane; Treib- und Mitlaufsätze; Verschlußdeckel
DIN 15093 (07.82) Krane; Treib- und Mitlaufsätze; Laufräder
DIN 15094 (07.82) Krane; Treib- und Mitlaufsätze; Korblagerringe
DIN 15095 (07.82) Krane; Treib- und Mitlaufsätze; Sicherungsscheiben, Buchsen, Nippel
DIN 20593 (06.76) Einschienenhängebahnen für den Bergbau; Schienen

VDI-Richtlinien

VDI 3571 (08.77) Herstelltoleranzen für Brückenkrane; Laufrad, Laufradlagerung und Katzfahrbahn
VDI 3576 (10.86) Schienen für Krananlagen; Schienenverbindungen, Schienenbefestigungen, Toleranzen

Stahl-Eisen-Betriebsblätter

SEB 368100 (08.87) Fördertechnik; geschweißte Kranschienenstöße; Technische Anforderungen
SEB 664029 (12.67) Krananlagen; Kranschienenbefestigungen auf Stahl; Übersicht und Anwendungsbeispiele

TGL-Standards

TGL 34963 (07.78) Hebezeuge; Laufräder; Berechnungsgrundlage zur Auswahl

2.6 Wellenkupplungen und Wandler

DIN-Normen

DIN 115 Teil 1 (09.73) Antriebselemente; Schalenkupplungen, Maße, Drehmomente, Drehzahlen
Teil 2 (09.73) – ; –, Einlegeringe
DIN 116 (12.71) Antriebselemente; Scheibenkupplungen, Maße, Drehmomente, Drehzahlen
DIN 740 Teil 1 (08.86) Antriebstechnik; Nachgiebige Wellenkupplungen; Anforderungen, Technische Lieferbedingungen
Teil 2 (08.86) – ; – ; Begriffe und Berechnungsgrundlagen
DIN 15450 (06.78) Krane; Berechnung von Gelenkwellen zum Antrieb von Laufsätzen
DIN 15451 Teil 1 (06.78) Krane; Gelenkwellen, Anschlußmaße
Teil 2 (08.78) – ; –, Flanschverbindungen
DIN 15452 (06.78) Krane; Anschlußflansche für Gelenkwellen
DIN 15453 (06.78) Krane; Gelenkwellen, Hinweise für Einbau, Wartung, Transport und Lagerung
DIN 73451 (06.73) Kupplungsbeläge, Maße

VDI-Richtlinien

VDI 2240 (06.71) Wellenkupplungen; Systematische Einteilung nach ihren Eigenschaften
VDI 2241 Blatt 1 (06.82) Schaltbare fremdbetätigte Reibkupplungen und -bremsen; Begriffe, Bauarten, Kennwerte, Berechnungen
Blatt 2 (09.84) – ; Systembezogene Eigenschaften, Auswahlkriterien, Berechnungsbeispiele
VDI 2722 (03.82) Homokinetische Kreuzgelenkgetriebe einschließlich Gelenkwellen

Stahl-Eisen-Betriebsblätter

SEB 601410 (12.65) Hüttenwerks-Krananlagen; Bolzen-Kupplungen mit und ohne Bremsscheiben für geschlossene Asynchron-Drehstrommotoren mit Schleifringläufer für Aussetzbetrieb

SEB 601411 (10.59) Hüttenwerks-Maschinenanlagen; Richtwerte und Anschlußmaße für elastische Kupplungen mit Bremsscheiben für Drehstrommotoren der Bauart HDAS

SEB 601431 (1958) Hüttenwerks-Maschinenanlagen; Starre Scheibenkupplungen ohne Schutzrand

SEB 601432 (1958) Hüttenwerks-Maschinenanlagen; Starre Scheibenkupplungen mit Schutzrand

SEB 601435 (02.87) Maschinentechnik; Wellenkupplungen mit Drehmomenttrennung; Anforderungen, Technische Lieferbedingungen

VDMA-Einheitsblätter

VDMA 15440 (03.63) Krane; Elastische Motorkupplungen, Hauptmaße, Anschlußmaße für übliche Drehstrom-Asynchronmotoren mit Schleifringläufer für Aussetzbetrieb

VDMA 15441 (03.63) Krane; Elastische Motorkupplungen, Bolzenkupplungen, Übersicht, Anschlußmaße für übliche Drehstrom-Asynchronmotoren mit Schleifringläufer für Aussetzbetrieb

VDMA 15442 (03.63) Krane; Elastische Motorkupplungen, Bolzenkupplung, Motorseitige Kupplungsscheibe mit Nabenbohrung für Wellenenden üblicher Drehstrom-Asynchronmotoren mit Schleifringläufer für Aussetzbetrieb

TGL-Standards

TGL 11753/01 (02.62) Wellenkupplungen; Größenauswahl nach Zweimassensystem

/02 (02.62) –; Größenauswahl nach Betriebsfaktoren

2.7 Zahnradgetriebe

Zahnräder

ISO-Empfehlungen

ISO/DIS 6336/1 — 1983 Tragfähigkeitsberechnung von Gerad- und Schräg-Stirnrädern; Einführung und allgemeine Grundlagen

/2 — 1983 –; Berechnung der Zahnflankentragfähigkeit (Grübchenbildung)

DIN-Normen

DIN 37 (12.61) Darstellung und vereinfachte Darstellung für Zahnräder und Räderpaarung

DIN 780 Teil 1 (05.77) Modulreihe für Zahnräder; Moduln für Stirnräder

Teil 2 (05.77) –; Moduln für Zylinder-Schneckengetriebe

DIN 868 (12.76) Allgemeine Begriffe und Bestimmungsgrößen für Zahnräder, Zahnradpaare und Zahnradgetriebe

DIN ISO 2203 (06.76) Technische Zeichnungen; Darstellung von Zahnrädern

DIN 3960 (03.87) Begriffe und Bestimmungsgrößen für Stirnräder (Zylinderräder) und Stirnradpaare (Zylinderradpaare) mit Evolventenverzahnung

Beiblatt 1 (07.80) –; Zusammenstellung der Gleichungen

DIN 3966 Teil 1 (08.78) Angaben für Verzahnungen in Zeichnungen; Angaben für Stirnrad- (Zylinderrad-) Evolventen-Verzahnungen

Teil 2 (08.78) –; Angaben für Geradzahn-Kegelradverzahnungen

Teil 3 (11.80) –; Angaben für Schnecken- und Schneckenrad-Verzahnungen

DIN 3971 (07.80) Begriffe und Bestimmungsgrößen für Kegelräder und Kegelradpaare

DIN 3978 (08.76) Schrägungswinkel für Stirnradverzahnungen

DIN 3990 Teil 1 (12.87) Tragfähigkeitsberechnung von Stirnrädern; Einführung und allgemeine Einflußfaktoren

Teil 2 (12.87) –; Berechnung der Grübchentragfähigkeit

Teil 3 (12.87) –; Berechnung der Zahnfußtragfähigkeit

Teil 4 (12.87) –; Berechnung der Freßtragfähigkeit

Teil 5 (12.87) –; Dauerfestigkeitswerte und Werkstoffqualitäten

E Teil 6 (10.89) –; Betriebsfestigkeitsrechnung

Teil 11 (02.89) –; Anwendungsnorm für Industriegetriebe; Detail-Methode

E Teil 12 (05.87) –; Anwendungsnorm für Industriegetriebe; Einfach-Methode

Teil 21 (02.89) –; Anwendungsnorm für Schnelllaufgetriebe und Getriebe ähnlicher Anforderungen

Teil 31 (07.90) –; Anwendungsnorm für Schiffsgetriebe

Teil 41 (05.90) –; Anwendungsnorm für Fahrzeuggetriebe

DIN 3991 Teil 1 (09.88) Tragfähigkeitsberechnung von Kegelrädern mit Achsversetzung; Einführung und allgemeine Einflußfaktoren

Teil 2 (09.88) –; Berechnung der Grübchentragfähigkeit

Teil 3 (09.88) –; Berechnung der Zahnfußtragfähigkeit

Teil 4 (09.88) –; Berechnung der Freßtragfähigkeit

DIN 3992 (03.64) Profilverschiebung bei Stirnrädern mit Außenverzahnung

DIN 3993 Teil 1 (08.81) Geometrische Auslegung von zylindrischen Innenradpaaren mit Evolventenverzahnung; Grundregeln

Teil 2 (08.81) –; Diagramm über geometrische Grenzen für die Paarung Hohlrad-Ritzel

Teil 3 (08.81) –; Diagramm zur Ermittlung der Profilverschiebungsfaktoren

Teil 4 (08.81) –; Diagramm über Grenzen für die Paarung Hohlrad-Schneidrad

DIN 3998 Teil 1 (09.76) Benennungen an Zahnrädern und Zahnradpaaren; Allgemeine Begriffe

Teil 2 (09.76) –; Stirnräder und Stirnradpaare (Zylinderräder und Zylinderradpaare)

Teil 3 (09.76) –; Kegelräder und Kegelradpaare, Hypoidräder und Hypoidradpaare

Teil 4 (09.76) –; Schneckenradsätze

Beiblatt 1 (09.76) –; Stichwortverzeichnis

DIN 3999 (11.74) Kurzzeichen für Verzahnungen

E DIN 3999 Teil 1 (01.82) Kurzzeichen für die Antriebstechnik; Verzahnungen

Zahnradgetriebe

DIN-Normen

DIN 3967 (08.78) Getriebe-Paßsystem; Flankenspiel, Zahndickenabmaße, Zahndickentoleranzen, Grundlagen
DIN 3975 (10.76) Begriffe und Bestimmungsgrößen für Zylinderschneckengetriebe mit Achsenwinkel 90°
DIN 3976 (11.80) Zylinderschnecken; Maße, Zuordnung von Achsabständen und Übersetzungen in Schneckenradsätzen
DIN 15053 (02.76) Krane; Getriebe, Anschlußmaße, Umgrenzungsmaße, Abtriebsmomente
DIN 51509 Teil 1 (06.76) Auswahl von Schmierstoffen für Zahnradgetriebe; Schmieröle
Teil 2 (12.88) –; Plastische Schmierstoffe

VDI-Richtlinien

VDI 2157 (09.78) Planetengetriebe; Begriffe, Symbole, Berechnungsgrundlagen
VDI 2159 (07.85) Emissionskennwerte technischer Schallquellen; Getriebegeräusche
VDI 3720 Blatt 9.1 (01.90) Lärmarm Konstruieren; Leistungsgetriebe; Minderung der Körperschallanregung im Zahneingriff

3.2 Motoren und Steuerungen

3.2.1 Elektromotoren

DIN-Normen

E DIN IEC 34 Teil 6 (11.81) Umlaufende elektrische Maschinen; Teil 6: Kühlarten umlaufender Maschinen
DIN VDE 0530 Teil 1 (12.84) Umlaufende elektrische Maschinen; Nennbetrieb und Kenndaten.
sowie Änderungen: A2 (01.87); A3 (08.87); A4 (08.89)
Teil 5 (04.88) –; Teil 5: Einteilung der Schutzarten durch Gehäuse für umlaufende Maschinen
E DIN 1304 Teil 7 (03.89) Formelzeichen; Formelzeichen für den Elektromaschinenbau
DIN 40121 (12.75) Elektromaschinenbau; Formelzeichen
DIN 42005 (02.77) Umlaufende elektrische Maschinen; Begriffe
DIN 42672 Teil 1 (04.83) Innengekühlte Drehstrommotoren mit Käfigläufer, Bauform IM B 3, mit Wälzlagern; Anbaumaße und Zuordnung der Leistungen
Teil 2 (04.74) –; Hüllmaße
DIN 42673 Teil 1 (04.83) Oberflächengekühlte Drehstrommotoren mit Käfigläufer, Bauform IM B 3, mit Wälzlagern; Anbaumaße und Zuordnung der Leistungen
Teil 2 (04.83) –; Zuordnung der Leistungen bei explosionsgeschützter Ausführung in Zündschutzart Erhöhte Sicherheit „e"
Teil 3 (04.83) –; Zuordnung der Leistungen bei explosionsgeschützter Ausführung in Zündschutzart Druckfeste Kapselung „d"
Teil 4 (04.74) –; Hüllmaße
DIN 42676 Teil 1 (04.83) Innengekühlte Drehstrommotoren mit Käfigläufer, Bauform IM B 5, mit Wälzlagern; Anbaumaße und Zuordnung der Leistungen
Teil 2 (04.74) –; Hüllmaße
DIN 42677 Teil 1 (04.83) Oberflächengekühlte Drehstrommotoren mit Käfigläufer, Bauform IM B 5, IM B 10, IM B 14, mit Wälzlagern; Anbaumaße und Zuordnung der Leistungen
Teil 2 (04.83) –; Zuordnung der Leistungen bei explosionsgeschützter Ausführung in Zündschutzart Erhöhte Sicherheit „e"
Teil 3 (04.83) –; Zuordnung der Leistungen bei explosionsgeschützter Ausführung in Zündschutzart Druckfeste Kapselung „d"
Teil 4 (04.74) –; Hüllmaße für Bauformen B 5, B 14
DIN 42678 Teil 1 (04.83) Innengekühlte Drehstrommotoren mit Schleifringläufer, Bauform IM B 2, mit Wälzlagern; Anbaumaße und Zuordnung der Leistungen
DIN 42679 Teil 1 (04.83) Oberflächengekühlte Drehstrommotoren mit Schleifringläufer, Bauform IM B 2, mit Wälzlagern; Anbaumaße und Zuordnung der Leistungen
DIN 42681 Teil 1 (11.83) Oberflächengekühlte Drehstrommotoren mit Schleifringläufer für Aussetzbetrieb, Bauform IM B 3, mit Wälzlagern; Anbaumaße und Zuordnung der Leistungen
DIN 42973 (09.73) Leistungsreihe für elektrische Maschinen; Nennleistungen bei Dauerbetrieb

3.2.2 Verbrennungsmotoren

DIN-Normen

DIN 1940 (12.76) Verbrennungsmotoren; Hubkolbenmotoren, Begriffe, Formelzeichen, Einheiten
DIN ISO 3046 Teil 1 (01.89) Hubkolben-Verbrennungsmotoren; Anforderungen; Normbezugsbedingungen und Angaben über Leistung, Kraftstoff- und Schmierölverbrauch
Teil 2 (05.80) –; –; Teil II: Prüfungen
Teil 3 (08.82) –; –; Teil III: Messungen bei Prüfungen
Teil 4 (08.82) –; –; Teil IV: Drehzahlregelung
Teil 5 (08.82) –; –; Teil V: Drehschwingungen
Teil 6 (12.83) –; –; Teil 6: Überdrehzahlschutz
Teil 7 (05.89) –; –; Teil 7: Kurzzeichen für Motorleistungen
DIN 6260 Teil 1 (09.73) Verbrennungsmotoren; Teile für Hubkolbenmotoren; Äußerer Aufbau, Begriffe
Teil 2 (09.73) –; –; Triebwerk, Begriffe
Teil 3 (03.74) –; –; Motorsteuerung, Begriffe
Teil 5 (12.76) –; –; Ölfilterung, Ölkühlung, Begriffe
Teil 6 (03.74) –; –; Kühlung, Begriffe
DIN 6266 (10.67) Verbrennungsmotoren; Kühlungsarten, Begriffe und Benennungen
DIN 6267 (01.71) Verbrennungsmotoren; Arten der Ölschmierung, Begriffe

VDI-Richtlinien

VDI 2063 (09.85) Messung und Beurteilung mechanischer Schwingungen von Hubkolbenmotoren und -kompressoren
VDI 2282 (05.67) Begrenzung der Emissionen von Kohlenmonoxid bei Kraftfahrzeugen mit Ottomotoren

3.2.3 Hydraulische Pumpen und Motoren

DIN-Normen

DIN ISO 1219 (08.78) Fluidtechnische Systeme und Geräte; Schaltzeichen
DIN ISO 3019 Teil 2 (07.82) Fluidtechnik – Hydraulik; Hydropumpen und -motoren; Maße und Bezeichnungen für Anbauflansche und Wellenenden; Teil 2: Metrische 2- und 4-Lochflansche und Wellenenden
Teil 3 (07.84) –; –; –; Polygonflansche (einschließlich Rundflansche)
DIN ISO 3320 (01.84) Fluidtechnik; Durchmesser von Zylinderbohrungen und Kolbenstangen; Metrische Reihe
DIN ISO 3322 (01.84) Fluidtechnik; Nenndrücke für Zylinder
DIN ISO 4391 (10.84) Fluidtechnik – Hydraulik; Pumpen, Motoren und Kompaktgetriebe; Kenngrößen, Begriffe, Formelzeichen
DIN ISO 4393 (01.84) Fluidtechnik; Zylinder; Kolbenhub-Grundreihen
DIN ISO 7181 (01.84) Fluidtechnik; Hydraulik-Zylinder; Flächenverhältnis zwischen Zylinderbohrung und Kolbenstangen
DIN 20066 (02.82) Fluidtechnik; Schlauchleitungen; Maße, Anforderungen
DIN 24312 (09.85) Fluidtechnik; Druck; Werte, Begriffe
DIN 24331 (01.72) Ölhydraulik; Hydropumpen und Hydromotoren; Geometrisches Verdrängungsvolumen, Werte
DIN 24333 (06.79) Fluidtechnik; Hydrozylinder 250 bar, Anschlußmaße
DIN 24336 (06.80) Fluidtechnik; Hydrozylinder 100 bar, Anschlußmaße
DIN 24337 (03.81) Fluidtechnik; Schwenkköpfe, Anschlußmaße
DIN 24346 (12.84) Fluidtechnik – Hydraulik; Hydraulische Anlagen; Ausführungsgrundlagen
DIN 24347 (02.85) Fluidtechnik – Hydraulik; Schaltpläne
DIN 24550 Teil 1 (06.88) Fluidtechnik; Hydraulikfilter; Begriffe, Nenndrücke, Nenngrößen, Anschlußmaße
E DIN 24550 Teil 5 (08.90) Fluidtechnik; Hydraulikfilter; Anbau-Rücklauffilter, Anschlußmaße
DIN 24552 (05.90) Fluidtechnik; Hydrospeicher in Hydrosystemen; Begriffe, Allgemeine Anforderungen
Beiblatt 1 (05.90) –; –; Schaltungsbeispiele
DIN 24554 (09.90) Fluidtechnik; Hydrozylinder 160 bar kompakt, Anschlußmaße
E DIN 24557 Teil 2 (04.89) Fluidtechnik; Belüftungsfilter, Anschlußmaße
DIN 24950 Teil 1 (07.78) Fluidtechnik; Schlauchleitungen, Begriffe
DIN 51524 Teil 1 (06.85) Druckflüssigkeiten; Hydrauliköle; Hydrauliköle HL; Mindestanforderungen
Teil 2 (06.85) –; –; Hydrauliköle HLP; Mindestanforderungen
Teil 3 (08.90) –; –; Hydrauliköle HVLP; Mindestanforderungen

VDI-Richtlinien

VDI 3225 Blatt 1 (10.66) Ölhydraulische Schaltungen; Schaltpläne
VDI 3267 (01.63) Kenngrößen ölhydraulischer Geräte; Wegeventile
VDI 3268 (01.63) Kenngrößen ölhydraulischer Geräte; Mengenventile
VDI 3276 (01.63) Kenngrößen ölhydraulischer Geräte; Druckventile
VDI 3277 (01.63) Kenngrößen ölhydraulischer Geräte; Hydrozylinder
VDI 3278 (01.63) Kenngrößen ölhydraulischer Geräte; Hydromotoren
VDI 3279 (12.71) Kenngrößen ölhydraulischer Geräte; Hydropumpen
VDI 3280 (09.63) Kenngrößen ölhydraulischer Geräte; Filter
VDI 3281 (09.63) Kenngrößen ölhydraulischer Geräte; Druckübersetzer
VDI 3282 (09.63) Kenngrößen ölhydraulischer Geräte; Hydrospeicher
VDI 3284 (03.64) Kenngrößen ölhydraulischer Geräte; Kühler
VDI 3285 (03.72) Kenngrößen ölhydraulischer Geräte; Servoventile
VDI 3286 (12.75) Kenngrößen ölhydraulischer Geräte; Hydrostatische Getriebe
VDI 3743 Blatt 2 (06.89) Emissionskennwerte technischer Schallquellen; Pumpen; Verdrängerpumpen

VDMA-Einheitsblätter

VDMA 24261 Teil 3 (07.75) Pumpen; Benennung nach Wirkungsweise und konstruktiven Merkmalen; Rotierende Verdrängerpumpen
VDMA 24280 (11.80) Verdrängerpumpen; Begriffe, Zeichen, Einheiten
VDMA 24287 (01.80) Rotierende Verdrängerpumpen; Technische Anforderungen, Richtlinien

3.3 Grundauslegung von Antrieben

DIN-Normen

DIN 15018 Teil 1 (11.84) Krane; Grundsätze für Stahltragwerke; Berechnung
Teil 2 (11.84) –; Stahltragwerke; Grundsätze für die bauliche Durchbildung und Ausführung
Teil 3 (11.84) –; Grundsätze für Stahltragwerke; Berechnung von Fahrzeugkranen
DIN 15022 (09.79) Krane; Hubhöhen, Arbeitsgeschwindigkeiten

VDI-Richtlinien

VDI 2397 (11.81) Auswahl der wirtschaftlichen Arbeitsgeschwindigkeiten von Brückenkranen
VDI 3573 (09.72) Auswahl der wirtschaftlichen Arbeitsgeschwindigkeiten von Hafenkranen

3.6 Sicherheitseinrichtungen

DIN-Normen

DIN 1055 Teil 4 (08.86) Lastannahmen für Bauten; Verkehrslasten, Windlasten bei nicht schwingungsanfälligen Bauwerken

DIN 15019 Teil 1 (09.79) Krane; Standsicherheit; für alle Krane außer gleislosen Fahrzeugkranen und außer Schwimmkranen

Teil 2 (06.79) –; –; für gleislose Fahrzeugkrane; Prüfbelastung und Berechnung

DIN 19234 (06.90) Messen, Steuern, Regeln; Elektrische Wegaufnehmer; Gleichstrom-Schnittstelle für Wegaufnehmer und Schaltverstärker

DIN 43694 Blatt 1 (04.72) Gekapselter Grenztaster; mit Schwenkhebel für seitliches Anfahren durch Nocken; Anbau- und Funktionsmaße

Blatt 2 (04.72) –; mit senkrechtem Kuppenstößel für seitliches Anfahren durch Nocken; Anbau- und Funktionsmaße

Blatt 3 (04.72) –; mit senkrechtem Rollenstößel für seitliches Anfahren durch Nocken; Anbau- und Funktionsmaße

E Teil 4 (08.75) –; mit Stangenhebel für seitliches Anfahren; Anbau- und Funktionsmaße

DIN 43695 Blatt 1 (11.72) Einsatz-Grenztaster für Maschinensteuerung; längliche Bauform; Einbaumaße und Schaltprinzip

Blatt 2 (04.72) –; flache Bauform; Einbaumaße und Schaltprinzip

E Blatt 10 (06.67) –; flache Bauform, einseitig fest aufgelegt; Einbaumaße und Schaltprinzip

DIN 44030 (05.82) Messen, Steuern, Regeln; Lichtschranken und Lichttaster; Begriffe

VDI-Richtlinien

VDI 3570 (09.89) Überlastungssicherungen für Krane

VDI 3575 (01.83) Wegbegrenzer; Mechanische und elektromechanische Einrichtungen

VDI 3650 (07.89) Einrichtungen zur Sicherung von Kranen gegen Abtreiben durch Wind

VDI 3651 (02.89) Distanzierungseinrichtungen für Krane und Fördermittel

Stahl-Eisen-Betriebsblätter

SEB 058702 (02.67) Hüttenwerks-Krananlagen; Kran- und Katzpuffer, Anschlußmaße

Unfallverhütungsvorschriften

VBG 4 (04.79) Elektrische Anlagen und Betriebsmittel

VBG 9 (04.83) Krane

VBG 9a (04.79) Lastaufnahmemittel im Hebezeugbetrieb

ZH 1/27 (04.77) Grundsätze für die Prüfung von Kranen durch den Sachverständigen bzw. Sachkundigen nach der Unfallverhütungsvorschrift „Krane“ (VBG 9)

Literaturverzeichnis

1 Einführung

[1.1] Bräunig, H. D.; Eckardt, G.: Zur Systematik der Fördermaschinen. Hebezeuge und Fördermittel, Berlin 27 (1987) 8, S. 240–243.

[1.2] Großmann, G.; Krampe, H.; Ziems, D.: Technologie für Transport, Umschlag und Lagerung im Betrieb. Berlin: Verlag Technik 1989.

[1.3] Jünemann, R.: Materialfluß und Logistik. Systemtechnische Grundlagen mit Praxisbeispielen. Berlin, Heidelberg, New York, London, Paris, Tokyo, Hongkong: Springer-Verlag 1989.

[1.4] Günther, W., u.a.: Schwingfestigkeit. Leipzig: Deutscher Verlag für Grundstoffindustrie 1973.

[1.5] Prochnow, H.: Betriebsfestigkeit. Lehrbriefe für das Hochschulfernstudium, Reihe 02 1181, Nr. 1 bis 3. Berlin: Verlag Technik 1974.

[1.6] Gnilke, W.: Lebensdauerberechnung der Maschinenelemente. Berlin: Verlag Technik 1980.

[1.7] Buxbaum, O.: Betriebsfestigkeit. Sichere und wirtschaftliche Bemessung schwingbruchgefährdeter Bauteile. Düsseldorf: Verlag Stahleisen 1986.

[1.8] Zammert, W.-U.: Betriebsfestigkeitsberechnung. Grundlagen, Verfahren und technische Anwendung. Braunschweig: Friedr. Vieweg u. Sohn 1985.

[1.9] Cottin, D.; Puls, E.: Angewandte Betriebsfestigkeit. Leipzig: Deutscher Verlag für Grundstoffindustrie 1985.

[1.10] Haibach, E.: Betriebsfestigkeit. Verfahren und Daten zur Bauteilberechnung. Düsseldorf: VDI-Verlag 1989.

[1.11] Lange, F.; Pfeiffer, F.: Erläuterungen zur Neufassung des DDR-Standards TGL 33787/01 Ermüdungsfestigkeit; regellose Beanspruchungsfunktionen; statistische Auswertung im Amplitudenbereich. IfL-Mitteilungen, Dresden 23 (1984) 1, S. 1–13.

[1.12] Lange, F.; Pfeiffer, F.: Statistisches Verfahren zur Auswertung von Betriebsbeanspruchungen auf der Basis der Bewertung geschlossener Hystereseschleifen (Rainflow). IfL-Mitteilungen, Dresden 21 (1982) 1, S. 1–9.

[1.13] Hänel, B.: Über die Ableitung von Beanspruchungskollektiven aus dem Beanspruchungsprozeß. IfL-Mitteilungen, Dresden 27 (1988) 2, S. 49–62.

[1.14] Hänel, B.: Betriebsfestigkeitsnachweis auf der Grundlage der Spektraldichte des regellosen Beanspruchungsprozesses. IfL-Mitteilungen, Dresden 15 (1976) 7/8, S. 252–260.

[1.15] Waerden, B. L., van der: Mathematische Statistik. Berlin, Heidelberg, New York: Springer-Verlag 1971.

[1.16] Rengi, A.: Wahrscheinlichkeitsrechnung. Berlin, Heidelberg, New York: Springer-Verlag 1972.

[1.17] Sachs, L.: Angewandte Statistik – Planung und Auswertung, Methoden, Modelle. Berlin, Heidelberg, New York: Springer-Verlag 1973.

[1.18] Kreysig E.: Statistische Methoden und ihre Anwendung. 4. Aufl. Göttingen: Vandenhoek u. Ruprecht 1973.

[1.19] Storm, R.: Wahrscheinlichkeitsrechnung, mathematische Statistik und statistische Qualitätskontrolle. 8. Aufl. Leipzig: Fachbuchverlag 1986.

[1.20] Gnedenko, B. V.: Lehrbuch der Wahrscheinlichkeitsrechnung. 8. Aufl. Berlin: Akademie-Verlag 1987.

[1.21] Hänel, B.: Über die Ableitung von Beanspruchungskollektiven aus dem Beanspruchungsprozeß. IfL-Mitteilungen, Dresden 27 (1988) 2, S. 49–62.

[1.22] Schweer, W.: Beanspruchungskollektive als Bemessungsgrundlage für Hüttenwerkskrane. Stahl und Eisen, Düsseldorf 84 (1964) 3, S. 138–153.

[1.23] Schilling, U.: Beitrag zum analytischen Betriebsfestigkeitsnachweis auf der Grundlage von Normkollektiven des Landmaschinen- und Traktorenbaus. Dresden, Techn. Universität, Diss. v. 1976.

[1.24] Gumbel, E. J.: Statistics of Extrems (Statistik der Extremwerte). New York: Columbia University Press 1958.

[1.25] Gumbel, E. J.: Technische Anwendungen der statistischen Theorie der Extremwerte. Schweizer Archiv, Solothurn 30 (1964) 2, S. 33–47.

[1.26] Buxbaum, O.: Verfahren zur Ermittlung von Bemessungslasten schwingbruchgefährdeter Bauteile aus Extremwerten von Häufigkeitsverteilungen. München, Techn. Hochschule, Diss. v. 1967. Auszug in: Konstruktion, Berlin 20 (1968) 11, S. 425–430.

[1.27] Hänel, B.: Betriebsfestigkeitsnachweis nach TGL 13500 für den Ausleger des Mobilkrans/Mobilbaggers T 185. IfL-Mitteilungen, Dresden 23 (1984) 2, S. 33–45.

[1.28] Haibach, E.: Gegenwärtiger Stand und künftige Ziele der Betriebsfestigkeitsforschung. Darmstadt: Laboratorium für Betriebsfestigkeit, Bericht Nr. TB-80 (1968).

[1.29] Rehlich, G.: Beitrag zur Betriebsfestigkeitsberechnung unter dem Gesichtspunkt einer rationellen Nutzung. Dresden: Techn. Universität, Diss. v. 1974.

[1.30] Hanke, H.: Abschätzung der Form des Klassen-Betriebslastkollektivs nach der UVMV-Methode. IfL-Mitteilungen, Dresden 14 (1975) 1/2, S. 49–58.

[1.31] Palmgren, A.: Die Lebensdauer von Kugellagern. Zeitschrift des VDI, Düsseldorf 68 (1924) 14, S. 339–341.

[1.32] Miner, M. A.: Cumulative Damage in Fatigue. Trans. ASME. Journal of Applied Mechanics, New York 12 (1945) 3, S. A159–A164.

[1.33] Wirthgen, G.: Berechnungsverfahren der Betriebsfestigkeit und ihre Berücksichtigung in Vorschriftenentwürfen. IfL-Mitteilungen, Dresden 21 (1982) 2, S. 35–43.

2 Elemente der mechanischen Ausrüstung

[2.1] Wyss, T.: Die Stahldrahtseile der Transport- und Förderanlagen, insbesondere der Standseil- und Schwebebahnen. Zürich: Schweizer Druck- und Verlagshaus 1956.

[2.2] Shitkow, D. G.; Pospechow, I. T.: Drahtseile. Berlin: Verlag Technik 1957.

[2.3] Feyrer, K. u.a.: Laufende Drahtseile, Bemessung und Überwachung.
Feyrer, K. u.a.: Stehende Drahtseile und Seilendverbindungen. Ehningen bei Böblingen: Expert-Verlag 1989 bzw. 1990.

[2.4] Spal, L.: Das Stahlseil als konstruktives Element. Berlin: Verlag für Bauwesen 1975.

[2.5] Jehmlich, G.: Anwendung und Überwachung von Drahtseilen. Berlin: Verlag Technik 1985.

[2.6] Winkler, L.: Über Gebrauchswertprüfungen von Seilschmierstoffen. Schmierungstechnik, Berlin 2 (1971) 1, S. 1 – 6.

[2.7] Rodewald, B.: Ein Beitrag zum Lebensdauer- und Festigkeitsverhalten von laufenden Drahtseilen bei niedrigen Temperaturen. Dresden, Techn. Univ., Diss. v. 1971.

[2.8] Kuz'min, G. V.; Orlov, B. M.: Trebovanija k rabotosposobnosti stal'nych kanatov pri niskych temperaturach (Forderungen an die Betriebseigenschaften von Drahtseilen bei niedrigen Temperaturen). Stroitel'nye i dorožnye mašiny, Moskva 14 (1969) 1, S. 18 (russ.).

[2.9] Scoble, W. A.: Reports of Wire Rope Research Commitee (Berichte der Kommission für Drahtseilforschung). Proceedings of the Institution of Mechanical Engineers, London 115 (1920), S. 835 – 868; 119 (1924), S. 1193 – 1290; 123 (1928), S. 353 – 404; 125 (1930), S. 553 – 602; 130 (1935), S. 373 – 478 (engl.).

[2.10] Woernle, R.: Drahtseilforschung. Zeitschrift des VDI, Düsseldorf 73 (1929), S. 417 – 426, S. 1623 u. 1624; 74 (1930), S. 185 u. 186, S. 1417 – 1419; 75 (1931), S. 206 – 209, S. 1485 – 1489; 76 (1932), S. 557 – 560; 77 (1933), S. 799 – 803; 78 (1934), S. 1492 – 1498; 79 (1935), S. 1281 u. 1282; 83 (1939), S. 1056.

[2.11] Thomasch, A.: Beitrag zur praxisorientierten Dimensionierung drehungsarmer Seile. Dresden, Hochschule für Verkehrswesen, Diss. v. 1983.
Kurzfassung: Gräbner, P.; Thomasch, A.: Zur Dimensionierung drehungsarmer Seile. Hebezeuge und Fördermittel, Berlin 23 (1983) 6, S. 166 – 169.

[2.12] Feyrer, K.; Schiffner, G.: Drehmoment und Drehsteifigkeit von Drahtseilen. Draht, Coburg 37 (1986) 1, S. 20 – 22; 2, S. 62 – 66.

[2.13] Leider, M. G.: Die Bestimmung der Zusatzspannungen bei der Biegung von Drahtseilen. Karlsruhe, Techn. Hochschule, Diss. v. 1975.
Kurzfassung: Krümmung und Biegespannung von Drähten in gebogenen Drahtseilen. Draht, Coburg 28 (1977) 1, S. 1 – 8.

[2.14] Andorfer, K.: Die Zugkraftverteilung in schwingend beanspruchten geraden Seilen. Graz, Techn. Univ., Diss. v. 1983.

[2.15] Schiffner, G.: Spannungen in laufenden Drahtseilen. Stuttgart, Univ., Diss. v. 1986.
Kurzfassung in: Draht, Coburg 38 (1987) 2, S. 103 – 106; 3, S. 203 – 206.

[2.16] Müller, H.: Das Verhalten der Drahtseile bei Wechselbeanspruchungen. Draht-Welt, Düsseldorf 47 (1961) 3, S. 193 – 201.

[2.17] Jehmlich, G., u.a.: Einsatz und Überwachung von Drahtseilen in der Fördertechnik sowie beanspruchungsgerechte Dimensionierung von Drahtseilen und Seiltrieben. Hebezeuge und Fördermittel, Berlin 20 (1980) 2, S. 45 u. 46; 3, S. 71 – 75; 4, S. 111 – 115; 11, S. 326 – 330; 12, S. 360 – 362.

[2.18] Dohnandt, H.: Zur Dauerfestigkeit von Seildraht und Drahtseil. Archiv für das Eisenhüttenwesen, Düsseldorf 21 (1950) 9/10, S. 283 – 292.

[2.19] Isaachsen, J.: Die Beanspruchung von Drahtseilen. Zeitschrift des VDI, Düsseldorf 51 (1907), S. 652 – 657.

[2.20] Baum, R.: Biege- und Druckspannungen in Seilen beim Lauf über Scheiben. Draht-Welt, Düsseldorf 47 (1961) 3, S. 206 – 208.

[2.21] Klein, L.: Die innere Reibung in Drahtseilen. Fördertechnik, Wittenberg 27 (1934), S. 124 – 128; 30 (1937), S. 196.

[2.22] Müller, H.: Drahtseile im Kranbau, Auswahl und Betriebsverhalten. Sonderdruck aus VDI-Berichte, Nr. 98. Düsseldorf: VDI-Verlag 1965.

[2.23] Wolf, E.: Seilbedingte Einflüsse auf die Lebensdauer laufender Drahtseile. Stuttgart, Univ., Diss. v. 1987. Kurzfassung in: Draht, Coburg 39 (1988) 11, S. 1088 – 1093.

[2.24] Müller, H.: Seilauswahl und Seilbemessung an Turmdrehkranen. Deutsche Hebe- und Fördertechnik, Ludwigsburg 9 (1963) 7, S. 289 – 293.

[2.25] Jehmlich, G.: Über den Einfluß von Schmierung, Korrosionsschutz und Rillenwerkstoff auf die Dauerhaltbarkeit von Schachtförderseilen. Draht, Coburg 18 (1967) 3, S. 138 – 142.

[2.26] Paetzel, D.: Gefütterte Seilrollen und deren Einfluß auf die Seillebensdauer. Dresden, Hochschule für Verkehrswesen, Diss. v. 1967.
Kurzfassung: Seilbeanspruchung und Verschleiß bei plastgefütterten Rollen. Hebezeuge und Fördermittel, Berlin 9 (1969) 6, S. 161 – 168.

[2.27] Gräbner, P.: Seilseelen – Stand und Tendenzen. Hebezeuge und Fördermittel, Berlin 29 (1989) 5, S. 135 – 137.

[2.28] Rosetti, U.: Nouvelle methode d'interpretation des résultats des essais de fatigue sur cables (Neue Methode der Darstellung von Ermüdungsversuchen an Drahtseilen). In: OIPEEC-Bulletin, Nr. 26, Turin 1975, S. 6 – 12 (franz.).

[2.29] Boleantu, L.; Babeu, T.: Sur l'interpretation des résultats aux essais de durabilité des cables (Darstellung der Ergebnisse von Dauerversuchen an Seilen). In: OIPEEC-Bulletin, Nr. 30, Turin 1977, S. 22 – 27 (franz.).

[2.30] Jehmlich, G.; Steinbach, G.: Beitrag zur Anwendung eines auf Betriebsfestigkeit beruhenden Verfahrens zur beanspruchungsgerechten Dimensionierung von Drahtseilen und Seiltrieben. Hebezeuge und Fördermittel, Berlin 22 (1982) 9, S. 260 – 263.

[2.31] John, W.: Zur Bemessung der Seiltriebe von Hebezeugen. Hebezeuge und Fördermittel, Berlin 82 (1988) 7, S. 199 – 200.

[2.32] Feyrer, K.: Die Biegewechselzahl von Standardseilen beim Einfachbiegeversuch. Draht, Coburg 32 (1981) 10, S. 556 – 558; 11, S. 603 – 606.

[2.33] Feyrer, K.: Ablegebiegewechselzahl von Parallelschlagseilen. Draht, Coburg 36 (1985) 3, S. 127 – 131.

[2.34] Feyrer, K.: Der optimale Seildurchmesser. Draht, Coburg 36 (1985) 6, S. 289 – 291.

[2.35] Feyrer, K.: Die praktische Anwendung einer neuen Methode zur Drahtseilberechnung. Draht, Coburg 39 (1988) 3, S. 339 – 343.

[2.36] Feyrer, K.; Jahne K.: Seillebensdauer bei Gegenbiegung. Draht, Coburg 42 (1991) 6, S. 433 – 438.

[2.37] Hudler, S.: Der Elastizitätsmodul des Drahtseils. Wasserwirtschaft und Technik, Wien 4 (1937), S. 271 – 279.

[2.38] Bernhard, J.M.: Die neue Berechnung der Drahtseile und ihre Auswahl für den Hebezeugbau. Fördertechnik, Wittenberg 32 (1939), S. 121 – 127.

[2.39] Bechtloff, G.: Längsdehnung und Querkontraktion eines sechslitzigen Drahtseils unter Zug. Draht-Welt, Düsseldorf 49 (1963) 7, S. 251 – 256.

[2.40] Sato, S.; Nakai, M.; Aida, T.: Untersuchungen über die mechanischen Eigenschaften von Seilen. Memoirs of the Faculty of Engineering Kyoto University, Kyoto 35 (1973) 3, S. 141 – 163 (engl.).

[2.41] Ernst, H.-J.: Der E-Modul von Seilen unter Berücksichtigung des Durchhangs. Der Bauingenieur, Berlin, Göttingen, Heidelberg 40 (1965), S. 52 – 55.

[2.42] Hajduk, J.; Osiecki, J.: Zugsysteme. Leipzig: Fachbuchverlag 1978.

[2.43] Krause, H.; Neumann, P.: Verschleißminderung von Drahtseilen – Betriebsnahe Untersuchungen an Hüttenwerkskrananlagen. Stahl und Eisen, Düsseldorf 100 (1980) 1, S. 1–4.

[2.44] Jehmlich, G.; Steinbach, G.; Bertko, W.: Ausfallmechanismen und Ausfallkriterien bei Drahtseilen. Neue Bergbautechnik, Leipzig 8 (1978) 8, S. 456–461.

[2.45] Hanke, E.; Plickat, F.: Elektromagnetische Prüfung von Stahldrahtseilen auf Risse und Korrosion. Wiss. Zeitschr. Hochschule für Elektrotechnik Ilmenau, Ilmenau 4 (1958), S. 299–310.

[2.46] Reutlinger, J.: Über die Haltbarkeit einer eingespleißten Seilkausche. Draht-Welt, Düsseldorf 31 (1938), S. 541–544.

[2.47] Overlach, H.: Über Langspleißungen. Karlsruhe, Techn. Hochschule, Habil. schrift v. 1931.

[2.48] Witzel, U.: Untersuchungen über die temperaturabhängige Tragfähigkeit von Seilendverbindungen mit Aluminium-Preßklemmen. Bochum, Ruhr-Univ., Diss. v. 1980.

[2.49] Kraft, G.: Das Festigkeitsverhalten herkömmlicher und neuartiger Seilanschlüsse. Deutsche Hebe- und Fördertechnik, Ludwigsburg 27 (1981) 11, S. 396–400; 12, S. 439–441.

[2.50] Helms, R.: Über die Festigkeit von geklemmten und geknoteten Seilverbindungen und -befestigungen. Berufsgenossenschaft, Berlin, Bielefeld, München 74 (1962) 7, S. 269–272.

[2.51] Ulrich, E.: Die Tragfähigkeit von Seileinbänden und Seilverbindungen mit Doppelbackenklemmen. Essen: Verlag Glückauf 1974. (Glückauf-Forschungshefte, Febr. 1974.)

[2.52] Roth, M.: Ermittlung von Reibwerten zwischen Seil und Klemme. Internationale Berg- und Seilbahn-Rundschau, Wien 16 (1973) 3, S. 137–148.

[2.53] Nickel, P.: Die Kräftewirkung im Drahtseilkeilschloß. Deutsche Hebe- und Fördertechnik, Ludwigsburg 9 (1963) 4, S. 137–142.

[2.54] Müller, H.: Neue Untersuchungen und Erkenntnisse an Seilbahn-Seilen. Verkehr und Technik, Bielefeld 26 (1973) 11, S. 505–511.

[2.55] Schleicher, F.: Die Verankerung von Drahtseilen, insbesondere in vergossenen Seilköpfen. Der Bauingenieur, Berlin, Göttingen, Heidelberg 24 (1949), S. 144–155 u. S. 176–184.

[2.56] Czitary, E.: Seilschwebebahnen. Wien: Springer-Verlag 1962.

[2.57] Schulze, K.: Untersuchung vergossener Streckenkupplungen für Tragseile an Lastenseilbahnen. Hebezeuge und Fördermittel, Berlin 9 (1969) 9, S. 271–278.

[2.58] Engel, E.: Mechanische Beanspruchung von Seilmuffen. Internationale Berg- und Seilbahn-Rundschau, Wien 17 (1974) 4, S. 196–199.

[2.59] Eilers, R.; Schwarz, W.: Dauerversuche an Seilrollen und Seilen beweisen die Vorteile gehärteter Rillen. Maschinenmarkt, Würzburg 80 (1974) 70, S. 1359–1361.

[2.60] Dukel'skij, A. J.: Dolgovečnost' kanatov pri rabote na blokach s polimernoj futerovkoj (Lebensdauer von Seilen beim Zusammenwirken mit Seilrollen mit Polymerenfutter). Stroitel'nye i dorožnye mašiny, Moskva 11 (1966) 12, S. 23–26 (russ.).

[2.61] Strickle, E.; Tietz, J.: Erfahrungen mit Seilrollenfutter aus Polyamiden. Deutsche Hebe- und Fördertechnik, Ludwigsburg 17 (1971) 2, S. 73–76; 3, S. 120–126.

[2.62] Alicke, G.: Erfahrungen mit Seilrollen aus Polyamid. Fördern und Heben, Mainz 24 (1974) 8, S. 845–848.

[2.63] Kuz'min, G. V.; Glotova, G. V.: Rabotosposobnost' stal'nych kanatov na serijnych i futerovannych blokach (Leistungsfähigkeit von Stahlseilen bei standardisierten Seilrollen und bei gefütterten Seilrollen). Stroitel'nye i dorožnye mašiny, Moskva 13 (1968) 2, S. 18 (russ.).

[2.64] Strickle, E.; Tietz, J.: Polyamid-Seilrollen für Hebezeuge; Berechnung und Gestaltung. Fördern und Heben, Mainz 29 (1979) 3, S. 205–208 u. S. 210–212.

[2.65] Eilers, R.; Schwarz, W.: Erhöhung der Wirtschaftlichkeit hochbeanspruchter Seiltriebe durch richtige Seilrollenwahl.Maschinenmarkt, Würzburg 80 (1974) 49, S. 925–928.

[2.66] Taschenbuch Maschinenbau, 3. Aufl. Berlin: Verlag Technik. Bd. 1/I: Grundlagen, 1973. Bd. 1/II: Grundlagen, 1975.

[2.67] Hecker, H. W.: Über den Biegewiderstand von Drahtseilen. Hannover, Techn. Hochschule, Diss. v. 1933.

[2.68] Rubin: Untersuchungen über die Steifigkeit von Kran- und Aufzugseilen. Karlsruhe, Techn. Hochschule, Diss. v. 1922.

[2.69] Matthias, K.: Eine einfachere Seilflaschenzug-Formel. Hebezeuge und Fördermittel, Berlin 12 (1972) 10, S. 305.

[2.70] Bendix, H.: Mehrfach bewickelte Seiltrommeln. Hebezeuge und Fördermittel, Berlin 8 (1968) 9, S. 278 u. 279.

[2.71] Seile lassen sich symmetrisch aufhaspeln. VDI-Nachrichten, Düsseldorf 15 (1961) 50, S. 1.

[2.72] Chasilev, P. V.; Fedorov, G. D.; Verbickij, E. D.; Filonenko, A. V.: Issledovanie ukladki kanata i konstrukcii barabanov dlja mnogoslojnoj navivki (Untersuchung der Seillage und der Trommelkonstruktion bei mehrlagigem Wickeln). Stroitel'nye i dorožnye mašiny, Moskva 18 (1973) 11, S. 12–14 (russ.).

[2.73] Schneidersmann, E. O.; Riechelmann, G. H.: Untersuchung des Reibschlusses in der Seilendbefestigung auf Trommeln gemäß DIN 15020 und SEB-Blatt 666211. Deutsche Hebe- und Fördertechnik, Ludwigsburg 23 (1977) 3, S. 132–136.

[2.74] Kliesch, M.; Matthias, K.: Berechnung von Seiltrommel-Kupplungen. Hebezeuge und Fördermittel, Berlin 8 (1968) 10, S. 305–309.

[2.75] Kliesch, M.: Berechnung von Seiltrommelkupplungen. Hebezeuge und Fördermittel, Berlin 19 (1979) 2, S. 48–51.

[2.76] Ernst, H.: Untersuchungen über die Beanspruchung der Seiltrommeln von Kranen und Winden. Mitteilungen aus den Forschungsanstalten des Gutehoffnungshütte-Konzerns (1938), S. 195–215.

[2.77] Waters, E. O.: Rational design of hoisting drums (Rationelle Konstruktion von Hubtrommeln). Mechanical Engineering, New York 41 (1920), S. 675–679 (engl.).

[2.78] Sag, N.; Briggs, A. C.: Charts simplify hoisting drum design (Tabellen vereinfachen die Konstruktion von Hubtrommeln). Machine Design, Cleveland/Ohio 25 (1953), S. 265–271 (engl.).

[2.79] Hoeland, G.: Ein Beitrag zur Berechnung von Seiltrommeln unter Berücksichtigung der Verformung und der Reibung zwischen Seil und Trommel. Fördern und Heben, Mainz 19 (1969) 6, S. 349–352.

[2.80] Wiegand, H.: Ein Beitrag zur Berechnung ein- und zweilagig bewickelter Seiltrommeln. Dresden, Techn. Univ., Diss. v. 1970.

[2.81] Kraitschy, H.: Beanspruchung der Bordscheiben von Seiltrommeln. Rostock, Univ., Diss. v. 1973.

[2.82] Koval'skij, B. S.: Rasčet kanatnych barabanov gruzopod'emnych mašin (Berechnung von Seiltrommeln für Hebezeuge). Sbornik naučnych trudov, Nr. 6. Moskva: VNIIPTmaš 1975, S. 87–125 (russ.).

[2.83] Dietz, P.: Ein Verfahren zur Berechnung ein- und mehrlagig bewickelter Seiltrommeln. Darmstadt, Techn. Hochschule, Diss. v. 1971.

[2.84] Neugebauer, H.-J.: Berechnungsverfahren für ein- und mehrlagig bewickelte Seiltrommeln. Dresden, Techn. Univ., Diss. v. 1979 sowie Hebezeuge und Fördermittel, Berlin 20 (1980) 1, S. 8–11; 5, S. 142–146.

[2.85] Bolvansky, P.: Beitrag zur Berechnung der Spannungen in der Seiltrommelwand. Deutsche Hebe- und Fördertechnik, Ludwigsburg 31 (1985) 11, S. 389–390.

[2.86] Godehardt, D.: Berechnung einlagig bewickelter Zwillings-Seiltrommeln mit Seilrillen. Hebezeuge und Fördermittel, Berlin 21 (1981) 8, S. 243–246.

[2.87] Matthias, K.: Zur Seilablenkung an Seilrollen. Hebezeuge und Fördermittel, Berlin 6 (1966) 2, S. 46–49.

[2.88] Petkow, K. D.: Seilablenkung auf Rollen. Hebezeuge und Fördermittel, Berlin 8 (1968) 9, S. 279 u. 280.

[2.89] Matthias, K.: Geometrische Betrachtungen zur Berührung von Rotationskörpern. Hebezeuge und Fördermittel, Berlin 10 (1970) 6, S. 173–179.

[2.90] Kuhn, H.: Untersuchung der Kraftwirkung und des Treibfähigkeitsverhaltens unterschiedlicher Seilkonstruktionen beim Lauf über Treibscheiben mit unterschiedlichen Rundrillen. Dresden: Hochschule für Verkehrswesen, Diss. v. 1980.

[2.91] Atrops, G.: Kraftverlauf und Dehnung im Umschlingungsbogen eines Treibseils auf einer Treibscheibe und ihre Einpassung in den Verlauf nach der Eytelweinschen Gleichung. Aachen: Techn. Hochschule, Diss. v. 1960.

[2.92] Feyrer, K.; Molkow, M.: Die Treibfähigkeit von gehärteten Treibscheiben und Keilrillen. Deutsche Hebe- und Fördertechnik, Ludwigsburg 29 (1983) 7/8, S. 209–217.

[2.93] Oxe, W.: Reibwerte thermoplastischer Kautex-PVC-Treibscheibenfutter sowie ihre Verschleiß- und sonstigen Eigenschaften. Internationale Berg- und Seilbahn-Rundschau, Wien 1 (1958) 2, S. 68–70.

[2.94] Imai, M.; Nagano, S.: Friction and wear properties of lining for Koepe winders (Reibungszahl und Verschleiß des Seillauffutters von Koepe-Scheiben). Hitachi review, Tokyo 11 (1962) 1, S. 44 (engl.). Ref. in: Konstruktion, Berlin 15 (1963) 6, S. 245.

[2.95] Müller, H.: Untersuchungen zum Reibschluß zwischen Förderseil und Treibscheibenfutter. Bergakademie, Berlin 21 (1969) 5, S. 294–300.

[2.96] Schurig, A.: Der Einfluß der Karlikscheibe auf die Beanspruchung des Zugseils und auf die Gestaltung der Antriebsmaschinen von Förderanlagen. Fördertechnik und Frachtverkehr, Wittenberg 22 (1929) 20, S. 383 u. 384.

[2.97] Schmidt, G. W.: Kabelkrane – Bauarten, Antriebe und Steuerungen. Fördern und Heben, Mainz 15 (1965), Messe-Sonderausgabe, S. 176–187.

[2.98] Hartel, R.: Die Schuhkettenscheibe. Fördern und Heben, Mainz 13 (1963) 10, S. 733–737.

[2.99] Worobjew, N. W.: Kettentriebe. Berlin: Verlag Technik 1953.

[2.100] Zollner, H.: Kettentriebe. München: Hanser Verlag 1966.

[2.101] Plöchl, M.: Eigenschaften und Einsatzmöglichkeiten von Rundstahlketten. Industrieanzeiger, Essen 98 (1976) 1, S. 3–7.

[2.102] Merzkirch, K. H.: Wissenswertes über die Rundstahlkette – Historie, Herstellung, Verwendung. Deutsche Hebe- und Fördertechnik, Ludwigsburg 33 (1987) 1/2, S. 24–26 und 29–32.

[2.103] Ivaškov, I. I.: Nekotorye puti sniženija metalloemkosti i stoimosti sepej (Methoden zur Verringerung der Herstellungskosten und der Abmessungen von Ketten). Vestnik mašinostroenija, Moskva 40 (1960) 6, S. 10–17 (russ.).

[2.104] Kuntzsch, V.: Statische und dynamische Beanspruchung von Kettenlaschen. Karlsruhe, Univ., Diss. v. 1972.

[2.105] Werbicky, P.: Berechnung und Gestaltung von Rundstahlkettennüssen. Fördern und Heben, Mainz 21 (1971) 7, S. 405–410.

[2.106] Werbicky, P.: Haspelräder für störungsfreien Kettenumlauf. Fördern und Heben, Mainz 23 (1973) 4, S. 197–200.

[2.107] Peeken, H.: Festigkeitsuntersuchungen an Stahlgelenkketten. Opladen: Westdeutscher Verlag 1971. (Forschungsberichte des Landes Nordrhein-Westfalen, Nr. 2206).

[2.108] Gleitsmann, K.-H.: Die Mechanik der Kettentriebe. Konstruktion, Berlin 21 (1969) 7, S. 272–276.

[2.109] Fronius, S.: Berechnung von Kettentrieben. Konstruktion, Berlin 11 (1959) 10, S. 383–390.

[2.110] Fink, M.; Janßen, F. M.: Laufverbesserungen großgliedriger Kettentriebe durch Verminderung der Polygon- und Umlaufeffekte. Köln, Opladen: Westdeutscher Verlag 1967. (Forschungsberichte des Landes Nordrhein-Westfalen, Nr. 1848).

[2.111] Hofmann, P.: Kraftübertragung zwischen Kettenrad und Kette bei exzentrisch liegender Kette. Fördern und Heben, Mainz 24 (1974) 17, S. 1651–1658.

[2.112] Štokman, I. G.; Eppel', L. I.: Pročnost' i dolgovečnost' tjagovych organov (Festigkeit und Lebensdauer von Zugelementen). Moskva: Nedra 1967 (russ.).

[2.113] Oser, J.: Zur Spannungsverteilung und Federsteifigkeit von Rundgliederketten. Deutsche Hebe- und Fördertechnik, Ludwigsburg 28 (1982) 11/12, S. 342–346; 29 (1983) 1, S. 30–31.

[2.114] Mattheck, C.; Burkhardt, S.; Schulze, H.-D.: Struktur- und Versagensanalyse eines Kettenglieds aus dem Bergbau – Vorschlag eines neuen Kettenglied-Designs. Der Maschinenschaden, München 59 (1986) 5, S. 195–201.

[2.115] AUTEVO Konstruktionskatalog. Leichtbau-Konstruktions- und Berechnungsunterlagen. Dresden: Inst. für Leichtbau und ökonomische Verwendung von Werkstoffen 1969 (Loseblattausg.).

[2.116] Wellinger, K.; Stanger, A.: Verhalten von Rundstahlketten bei statischer und schwellender Beanspruchung. VDI-Zeitschrift, Düsseldorf 101 (1959), S. 1425–1431.

[2.117] Riementriebe, Kettentriebe, Kupplungen. Braunschweig: Verlag Vieweg u. Sohn 1954. (Schriftenreihe Antriebstechnik, H. 12).

[2.118] Betriebsfestigkeit von Flyerketten an Hebezeugen. Konstruktion, Berlin 15 (1963) 4, S. 157 u. 158.

[2.119] Sebulke, J.: Theoretische und experimentelle Ermittlung der Federkonstanten von Rundstahlketten. Fördern und Heben, Mainz 31 (1981) 2, S. 105–108.

[2.120] Dašek, M.: Pružná prodloužení transportních řetězů velkých délek (Elastische Eigenschaften von Förderketten großer Länge). Strojírenství, Praha 10 (1960), S. 830–834 (tschech.).

[2.121] Frost, H.: Durch Vieleck angetriebene langgliedrige Förderketten. In: Freiberger Forschungshefte, A 167. Berlin: Akademie-Verlag 1960, S. 28–47.

[2.122] Ettl, E.: Ursachen und Wirkungen dynamischer Kräfte bei Stahlgliederbändern und Vorschläge zu deren Milderung. Fördern und Heben, Mainz 15 (1965) 1, S. 27–34.

[2.123] Scheffler, M.: Vorschläge zur genaueren Auslegung von Kranfahrwerken. Hebezeuge und Fördermittel, Berlin 7 (1967) 9, S. 274–279.

[2.124] Kutzbach, K.: Prüfung von mechanischen Bremsen und Bremsbelägen. Zeitschrift des Vereins Deutscher Ingenieure, Düsseldorf 77 (1933), S. 443–447.

[2.125] Niemann, G.: Bremsbeläge und Bremstrommeln. Zeitschrift des Vereins Deutscher Ingenieure, Düsseldorf 86 (1942), S. 199–205.

[2.126] Bielecke, F.W.; Bethke, H.A.: Vergleichsversuche mit Scheiben- und Trommelbremsen. Automobiltechnische Zeitschrift, Stuttgart 64 (1962) 7, S. 197–202.

[2.127] Koeßler, P.: Reibpaarungs-Untersuchungen. Düsseldorf: VDI-Verlag 1962. (Deutsche Kraftfahrforschung, H. 160).

[2.128] Aleksandrov, M.P.: Tormoza poďemno-transportnych mašin (Bremsen der Fördermaschinen). 3. Aufl. Moskva: Mašinostroenie 1976 (russ.).

[2.129] Severin, D.; Lührsen, B.: Reibung und Verschleiß von asbestfreien Reibbelägen für Industriebremsen. Deutsche Hebe- und Fördertechnik, Ludwigsburg 31 (1985) 5, S. 156–162.

[2.130] Drozda, M.: Eigenschaften und Anwendung von Sinterwerkstoffen. Antriebstechnik, Mainz 22 (1983) 6, S. 35–37.

[2.131] Paus, A.: Über das Betriebsverhalten und die Wirtschaftlichkeit hartverchromter Bremsscheiben in Krananlagen und Hafenkränen. Schiff und Hafen, Uetersen bei Hamburg 13 (1961), S. 912 u. 913.

[2.132] Tschitschinadse, A.W.: Untersuchung der Abhängigkeit der Reibungszahl und des Verschleißes von der Temperatur bei verschiedenen spezifischen Belastungen. Schmierungstechnik, Berlin 5 (1974) 8, S. 236–239.

[2.133] Weser, B.: Reibungs- und Verschleißuntersuchungen an Hebezeugbremsen. Schmierungstechnik, Berlin 9 (1978) 10, S. 309–313

[2.134] Drews, R.: Vergleichende Belagsortenprüfung an einer Doppelbackenbremse mit 630 mm Durchmesser. Berlin, Techn. Univ., Diss. v. 1981.

[2.135] Severin, D.; Lührsen, B.; Haering, J.: Wirkung betriebsbedingter und belagspezifischer Einflußgrößen auf die Reibungszahlen von Reibpaarungen in Industriebremsen. Konstruktion, Berlin 34 (1982) 5, S. 173–184.

[2.136] Römer, E.: Untersuchung der Wirkmechanismen und des Betriebsverhaltens teilbeaufschlagter Industriescheibenbremsen. Bochum, Ruhr-Univ., Diss. v. 1982.

[2.137] Scheffler, M.; Kliesch, M.; Weser, B.: Systemuntersuchungen an Doppelbackenbremsen für Hebezeuge hinsichtlich Reibung, Verschleiß und thermischer Beanspruchung. Hebezeuge und Fördermittel, Berlin 22 (1982) 3, S. 68–72.

[2.138] Weser, B.: Untersuchungen zu Reibung und Verschleiß der Doppelbackenbremsen für Hebezeuge. Dresden, Techn. Univ., Diss. v. 1984.

[2.139] Severin, D.; Lührsen, B.: Veränderung der Temperaturen und der Reibungszahlen in den Reibflächen von Industriebremsen bei thermischer Belastung. Deutsche Hebe- und Fördertechnik, Ludwigsburg 29 (1983) 5/6, S. 143–152.

[2.140] Preuße, B.: Ein Beitrag zum thermischen und Reibungs- und Verschleißverhalten von Hebezeug-Scheibenbremsen. Dresden, Techn. Univ., Diss. v. 1986.

[2.141] Lührsen, B.: Wirkung der thermischen Belastung auf die Reibpaarungen großer Trommel- und Scheibenbremsen. Berlin, Techn. Univ., Diss. v. 1987.

[2.142] Hase, R.: Verschleißverhalten von Bremsbelägen. Antriebstechnik, Mainz 19 (1980) 9, S. 398–401.

[2.143] Benz, R.: Belastung und Leistungsfähigkeit selbstbelüftender Hebezeug-Scheibenbremsen. Dresden, Techn. Univ., Diss. v. 1971.

[2.144] Weiss, U.: Ermittlung des Temperatur- und Spannungsverlaufs von thermisch beanspruchten Bauteilen mittels finiter Elemente am Beispiel einer Bremsscheibe. Konstruktion, Berlin 32 (1980)) 10, S. 399–401.

[2.145] Aleksandrov, M.P.; Fedoseev, W.N.: Die Betriebssicherheit von Bremsen für Fördermaschinen. Hebezeuge und Fördermittel, Berlin 28 (1988) 11, S. 328–331; 12, S. 370–372.

[2.146] Bielecke, F.W.: Wärmetechnische Nachrechnung von Kraftfahrzeug-Reibungsbremsen. Automobiltechnische Zeitschrift, Stuttgart 58 (1956), S. 242–246.

[2.147] Hasselgruber, H.: Zur Berechnung der Wärmespannungen in den Bremstrommeln von Kraftfahrzeugen beim Haltebremsvorgang. Automobiltechnische Zeitschrift, Stuttgart 56 (1954), S. 47.

[2.148] Ehlers, H.-R.: Die mechanischen und wärmetechnischen Eigenschaften von selbstbelüftenden Scheibenbremsen. Aachen, Techn. Hochschule, Diss. v. 1960.

[2.149] Arndt, W.: Temperaturermittlung an Außenbackenbremsen bei gehäufter Stoppbremsung. Dresden, Techn. Univ., Diss. v. 1973.

[2.150] Niemann, G.: Maschinenelemente. Berlin, Göttingen, Heidelberg: Springer-Verlag. Bd. 2: Getriebe. 2., ber. Neudr. 1965.

[2.151] Ernst, H.: Die Hebezeuge. Braunschweig: Verlag Vieweg u. Sohn. Bd. 1: Bemessungsgrundlagen, Bauteile, Antriebe. 8., völlig überarb. Aufl. 1973.

[2.152] Fazekas, G.: Temperature gradients and heat stresses in brake drums (Temperaturgefälle und Wärmespannungen in Bremstrommeln). SAE-Transactions, Warrendale 61 (1953), S. 279–308 (engl.).

[2.153] Scheele, K.: Ermittlung der Temperaturverteilung in den Trommeln schwerer Doppelbackenbremsen. Fördern und Heben, Mainz 19 (1969) 13, S. 817–820; 14, S. 876–881.

[2.154] Aleksandrov, M.P.: Untersuchungen von Bremseinrichtungen in der Fördertechnik. Hebezeuge und Fördermittel, Berlin 8 (1968) 10, S. 289–291.

[2.155] Saumweber, E.: Temperaturberechnung in Bremsscheiben für ein beliebiges Fahrprogramm. Leichtbau der Verkehrsfahrzeuge, Köln 13 (1969) 3, S. 123–129.

[2.156] Weiland, J.: Analytische und experimentelle Untersuchung des thermischen Verhaltens von Industriebremsscheiben. Bochum, Ruhr-Univ., Diss. v. 1986.

[2.157] Falk, K.: Theorie und Auslegung einfacher Backenbremsen. Konstruktion, Berlin 19 (1967) 7, S. 268–271.

[2.158] Dietz, H.: Die Berechnung der Backenbremsen. Zeitschrift des Vereins Deutscher Ingenieure, Düsseldorf 81 (1937), S. 1437–1442; 82 (1938), S. 1416.

[2.159] Offner, D. H.: Generalizing the Analysis of Shoe-Type Brake-Clutch Systems (Allgemeine Analyse von Bakkenbremssystemen). Trans ASME, New York 91 (1969) 3, Serie B, S. 162–170 (engl.).

[2.160] Trietsch, F.K.: Das Aufkleben von Brems- und Kupplungsbelägen. Konstruktion, Berlin 8 (1956), S. 22–24.

[2.161] Weyrauch, V.A.: Ein graphisches Verfahren zum Konstruieren von Innenbandkupplungen. VDI-Zeitschrift, Düsseldorf 102 (1960), S. 601–614.

[2.162] Kroeger, R.: Graphical method for design and quick analysis of shoe brakes and clutches (Grafisches Verfahren für Entwurf und schnelle Analyse von Backenbremsen und -kupplungen). Product-Engineering, New York 27 (1956), S. 142–147 (engl.).

[2.163] Jante, A.; Jahn, M.: Bremsen-Berechnung. Kraftfahrzeugtechnik, Berlin 11 (1961) 3, S. 92–95; 4, S. 144–148; 5, S. 186–191; 12 (1962) 10, S. 399–403; 11, S. 449–453.

[2.164] Matthias, K.: Zur Berechnung von Servobremsen. Maschinenbautechnik, Berlin 16 (1967) 9, S. 469–472.

[2.165] Flach, W.: Senkbremseinrichtungen für Kranwinden mit dauernd durchlaufenden Antriebsmaschinen. Deutsche Hebe- und Fördertechnik, Ludwigsburg (1964) Jubiläumsausgabe, S. c17–c23.

[2.166] Köhler, K. A.: Die Kräfte beim Ausrücken eines Konuskupplung oder Konusbremse. VDI-Zeitschrift, Düsseldorf 111 (1969), S. 703–705.

[2.167] Fedoseev, V. N.; Novožilov, M. V.: Diskovo-kolodočnye tormoza podemno-transportnych mašin (Scheibenbremsen von Fördermaschinen). In: Hebe- und Transportausrüstungen, Nr. 6-77-17, S. 6–11 (russ.).

[2.168] Biewer, P.: Die Teilscheibenbremse. Konstruktion, Berlin 22 (1970) 4, S. 143 u. 144.

[2.169] Severin, D.; Lührsen, B.: Vergleich von Trommel- und Scheibenbremsen für Kranhubwerke. Stahl u. Eisen, Düsseldorf 103 (1983) 18, S. 889–893.

[2.170] Newcomb, T. P.: Temperatures reached in disc brakes (In Scheibenbremsen erreichte Temperaturen). Journal of mechanical engineering science, London 2 (1960), S. 167–177 (engl.).

[2.171] Obinger, F.: Beitrag zur Berechnung von Bremsen an Krananlagen. München, Techn. Univ., Diss. v. 1980.

[2.172] Rogier, L.: Vorteile von Scheibenbremsen im Maschinenbau. Antriebstechnik, Mainz 20 (1981) 5, S. 224–225.

[2.173] Baumann, W.: Grundlegende Betrachtungen der Unterschiede zwischen Gleich- und Wechselstrommagneten. VDI-Zeitschrift, Düsseldorf 112 (1970) 9, S. 563–568.

[2.174] Lüttgerding, H.: Gerbräuchliche Bremslüftsysteme und das Dröl-Gerät. Fördern und Heben, Mainz 6 (1956) 5, S. 403–405.

[2.175] Wurdack, K.: Die Bremsung von elektrischen Antrieben unter besonderer Berücksichtigung von Hebe- und Förderanlagen. Internationale Berg- und Seilbahnrundschau, Wien 7 (1964), S. 38–42 u. S. 74–79.

[2.176] Vesper, H.: Die Regelbremse bei Krantriebwerken. Fördern und Heben, Mainz 12 (1962) 1, S. 31–34.

[2.177] Carlan, V.: Methoden zum Berechnen der Eldro-Regelbrems-Systeme. Deutsche Hebe- und Fördertechnik, Ludwigsburg 14 (1968) 6, S. 356–359.

[2.178] Schmidt, H.: Dosiertes Bremsen von Kranfahrwerken mit elektro-hydraulischen Betätigungsgeräten. Hebezeuge und Fördermittel, Berlin 17 (1977) 7, S. 204–206.

[2.179] Hänchen, R.: Sperrwerke und Bremsen. Berlin: Springer-Verlag 1930.

[2.180] Hänchen, R.: Winden und Krane. Berlin: Springer-Verlag 1932.

[2.181] Volk, C.: Einzelkonstruktionen aus dem Maschinenbau. Berlin: Springer-Verlag 1925.

[2.182] Raffaj, A.: Kräftespiel zur Bemessung von Lastdruckbremsen. Fördern und Heben, Mainz 21 (1971) 12, S. 752–755.

[2.183] Eschmann, P.; Hasbargen, L.; Weigand, K.: Die Wälzlagerpraxis. München: Oldenbourg-Verlag 1955.

[2.184] Matthias, K.: Dimensionierung der Lauffläche der Wälzpaarung Laufrad/Schiene. Hebezeuge und Fördermittel, Berlin 20 (1980) 5, S. 136–141.

[2.185] Rinder, L.: Spannungszustand und Werkstoffanstrengung zufolge der Hertzschen Pressung. Düsseldorf: VDI-Verlag 1975. (Fortschritt-Berichte VDI-Zeitschrift, Reihe 5, Nr. 19).

[2.186] Kliesch, M.: Beanspruchung der Schaken für Tagebaugeräte durch die Laufrollen. Dresden, Techn. Univ., Diss. v. 1977.

[2.187] Landmesser, F.; Matthias, K.: Beanspruchung des Werkstoffs in rollenden Rädern. Maschinenbautechnik, Berlin 20 (1971) 2, S. 84–90.

[2.188] Buschhorn, H. R.: Zur Wälzfestigkeit gehärteter Stahl-Stahl-Paarungen bei Punktberührung und Umfangskraftübertragung. Braunschweig, Techn. Hochschule, Diss. v. 1966.

[2.189] Kloos, K. H.; Broszeit, E.: Zur Frage der Dauerwälzfestigkeit. Zeitschrift für Werkstofftechnik, Weinheim 5 (1974) 4, S. 181–189.

[2.190] Pawlak, W. R.: Untersuchungen zum Verschleiß von Laufflächen der naturharten Kranlaufräder. Dresden, Techn. Univ., Diss. v. 1976.

[2.191] Marquardt, H.-G.: Horizontalkräfte an Brückenkranen während der gleichförmigen Fahrbewegung unter Berücksichtigung des stochastischen Charakters einiger Einflußgrößen. Dresden, Techn. Univ., Diss. v. 1976.

[2.192] Scheffler, M.; Marquardt, H.-G.: Horizontalkräfte an schienenfahrbaren Kranen. Deutsche Hebe- und Fördertechnik, Ludwigsburg 24 (1978) 2, S. 75–78; 3, S. 125–128.

[2.193] Heinrich, G.; Desoyer, K.: Rollreibung mit axialem Schub. Ingenieur-Archiv, Berlin 36 (1967/68), S. 48–72.

[2.194] Scheffler, M.: Kräfteverteilung und Gleichlauf in Schienenfahrwerken von Kranen. Deutsche Hebe- und Fördertechnik, Ludwigsburg 13 (1967) 5, S. 310–314; 6, S. 366–369.

[2.195] Kraft, G.: Das Phänomen des elastischen Schlupfes und dessen Einfluß auf das Verhalten drehzahlgekoppelter Laufräder. Bochum, Ruhr-Univ., Diss. v. 1980.

[2.196] Matthias, K.: Der Anlaufpunkt zwischen Kranrad und -schiene. Hebezeuge und Fördermittel, Berlin 5 (1965) 4, S. 116–117.

[2.197] Kos, M.: Neue Gesichtspunkte für die Paarung Laufrad-Schiene (Methode für betriebsgerechte Laufradberechnung). Fördern und Heben, Mainz 24 (1974) 5, S. 481–488.

[2.198] Stahlguß für verschleißbeanspruchte Kranlaufräder. Fördern und Heben, Mainz 21 (1971) 9, S. 564 u. 565.

[2.199] Tietz, J.: Laufräder aus Polyamid für Krane und Einschienenbahnen. Fördern und Heben, Mainz 19 (1969) 4, S. 216–218.

[2.200] Jost, H. P.: Schmierung von Kranlaufrädern mit Ölfilm. Fördern und Heben, Mainz 9 (1959) 3, S. 143 u. 144.

[2.201] Preller, H.: Trockenschmierung an Fahrwerken bei Laufkranen. Fördern und Heben, Mainz 8 (1958) 4, S. 258–260.

[2.202] Hamilton, G. M.: Plastic flow in rollers loaded above the yield point (Plastisches Fließen von oberhalb der Fließgrenze belasteten Rollen). Proceedings of the Institution of Mechanical Engineers, London 177 (1963) 25, S. 667–675 (engl.).

[2.203] Merwin, J. E.; Johnson, K. L.: An analysis of plastic deformation in rolling contact (Analyse der plastischen Verformung bei Rollpaarungen). Proceedings of the Institution of Mechanical Engineers, London 177 (1963) 25, S. 676–690 (engl.).

[2.204] Pigors, O.: Beitrag zur Ermittlung des Gleitverschleißverhaltens von Radwerkstoffen bei Laborversuchen. Dresden, Hochschule für Verkehrswesen, Diss. v. 1970.

[2.205] Roos, H. J.: Kräfte und Spannungen zwischen Laufrad und Kranschiene. Fördern und Heben, Mainz 21 (1971) 17, S. 1005–1011.

[2.206] Kos, M.: Einfluß der Rest- und Eigenspannungen auf die Belastung von Laufrädern. Fördern und Heben, Mainz 24 (1974) 2, S. 165–168.

[2.207] Matthias, K.: Dimensionierung der Lauffläche der Wälzpaarung Laufrad/Schiene. Hebezeuge und Fördermittel, Berlin 20 (1980) 5, S. 136–141.

[2.208] Klaprodt, T.: Statische Tragfähigkeit gehärteter Stahloberflächen bei Hertzscher Pressung. Antriebstechnik, Mainz 20 (1981) 6, S. 271–274.

[2.209] Kliesch, M.: Verschleiß und Zuverlässigkeit von Kranlaufrädern. Dresden, Techn. Univ., Diss. v. 1984.

[2.210] Kliesch, M.: Statische Tragfähigkeit von Kranlaufrädern. Hebezeuge und Fördermittel, Berlin 24 (1984) 9, S. 265–269.

[2.211] Matthias, K.: Praktische Laufraddimensionierung. Hebezeuge und Fördermittel, Berlin 27 (1987) 5, S. 137–141.

[2.212] Warkenthin, W.: Kritische Hinweise zur Annahme der zulässigen Hertzschen Pressung bei Kraftübertragung zwischen zwei Körpern mit Linien- oder Punktberührung. Hebezeuge und Fördermittel, Berlin 29 (1989) 1, S. 31 u. 32.

[2.213] Matthias, K.: Der Kantenlauf bei Linienberührung von Wälzkörpern. Hebezeuge und Fördermittel, Berlin 21 (1981) 7, S. 203–205.

[2.214] Kunert, K.: Spannungsverteilung im Halbraum bei elliptischer Flächenpressungsverteilung über einer rechteckigen Druckfläche. Forschung auf dem Gebiet des Ingenieurwesens, Düsseldorf 27 (1961) 6, S. 165–174.

[2.215] Matthias, K.: Erforderliche Härtetiefe bei Wälzpaarungen. Hebezeuge und Fördermittel, Berlin 19 (1979) 5, S. 132–134.

[2.216] Hesse, W.: Verschleißverhalten des Laufrad-Schiene-Systems fördertechnischer Anlagen. Bochum, Ruhr-Univ., Diss.v. 1983.

[2.217] Dies, K.; Mailänder, R.: Beitrag zur Erforschung der Vorgänge beim Verschleiß. Archiv für das Eisenhüttenwesen, Düsseldorf 16 (1943) 10, S. 385–398.

[2.218] Hochverschleißfeste Kranlaufräder aus Stahlguß. Schiff und Hafen, Hamburg 30 (1978) 7, S. 653.

[2.219] Horbach, R.: Kugelgraphitguß für Kranlaufräder. VDI-Zeitschrift, Düsseldorf 124 (1982) 5, S. S29–S31.

[2.220] Sinnhuber, F.: Verschleißminderung durch Einsatz gehärteter Kranlaufräder und Kranschienen. Stahl und Eisen, Düsseldorf 99 (1979) 3, S. 116–118.

[2.221] Romaščenko, V. A.: Issledovanie effektivnosti novogo sposoba tverdoj smazki chodovych koles kranov (Untersuchung der Effektivität einer neuen Methode der Feststoffschmierung für Laufräder von Kranen). Vestnik mašinostroenija, Moskva 62 (1982) 3, S. 44 u. 45 (russ.).

[2.222] Scheunert, A.: Die Statik der Kranschienen auf Betonunterlage. Bauplanung – Bautechnik, Berlin 9 (1955) 5, S. 223–228.

[2.223] Neugebauer, R.: Praktische Berechnung des Trägers auf elastischen Stützen. Der Stahlbau, Berlin 22 (1953) 8, S. 183–186.

[2.224] Jebens, C. E.: Modell zur Berechnung einer Schiene auf elastischer Unterlage unter besonderer Berücksichtigung des Kontaktproblems. Der Stahlbau, Berlin 49 (1980) 8, S. 240–244.

[2.225] Matthias, K.: Die Beanspruchung der Kranschiene als Balken. Hebezeuge und Fördermittel, Berlin 26 (1986) 2, S. 36–38.

[2.226] Matthias, K.: Die Beanspruchung der durchlaufend gestützten Kranschiene. Hebezeuge und Fördermittel, Berlin 26 (1986) 4, S. 104–107.

[2.227] Matthias, K.: Die Beanspruchung der diskret gestützten Kranschiene. Hebezeuge und Fördermittel, Berlin 27 (1987) 3, S. 74–77.

[2.228] Heine, P.: Vorschlag zur Ermittlung der Werkstoffbeanspruchung in den Kranschienen der DIN 15087 E. Archiv für das Eisenhüttenwesen, Düsseldorf 50 (1979) 5, S. 195–199.

[2.229] Pampel, W.: Kupplungen. Bd. 1: Drehstarre, elastische und schwingungsdämpfende Kupplungen. Berlin: Verlag Technik 1958.

[2.230] Stübner, K.; Rüggen, W.: Kupplungen. Einsatz und Berechnung. München: Hanser-Verlag 1961.

[2.231] Anwendungen der Antriebstechnik. Bd. 2: Kupplungen. Mainz: Krausskopf-Verlag 1974.

[2.232] Schalitz, A.: Kupplungs-Atlas, Bauarten und Auslegung von Kupplungen und Bremsen. 4. Aufl. Ludwigsburg: A.G.T.-Verlag Thum 1975.

[2.233] Benkler, H.: Berechnung von Bogenzahnkupplungen. Düsseldorf: VDI-Verlag 1970. (Fortschritt-Bericht VDI-Zeitschrift, Reihe 1, Nr. 27).

[2.234] Möhle, H.: Beurteilungsmaßstäbe für hochtourige Zahnkupplungen. Konstruktion, Berlin 17 (1965) 2, S. 61–66.

[2.235] Reinecke, W.: Konstruktions-Richtlinien für die Auslegung von Gelenkwellenantrieben. Motortechnische Zeitschrift, Stuttgart 19 (1958) 10, S. 349–352; 12, S. 421–425.

[2.236] Holzapfel, E.: Räumliche Beugung bei Kreuzgelenkwellen. Antriebstechnik, Mainz 12 (1973) 6, S. 162–164.

[2.237] Holzweißig, F.; Dresig, H.: Lehrbuch der Maschinendynamik. 2. Aufl. Leipzig: Fachbuchverlag 1982.

[2.238] Cornelius, E.-A.; Beitz, W.: Bestimmung von Kenngrößen drehelastischer Kupplungen. Konstruktion, Berlin 13 (1961) 11, S. 417–431.

[2.239] Benz, W.: Zur Berechnung drehelastischer Kupplungen. Motortechnische Zeitschrift, Stuttgart 3 (1941) 1, S. 3–11.

[2.240] Hasselgruber, H.: Der Schaltvorgang einer Trockenreibungskupplung bei kleinster Erwärmung. Konstruktion, Berlin 15 (1963) 2, S. 41–45.

[2.241] Voith: Hydrodynamische Getriebe, Kupplungen, Bremsen. Mainz: Krausskopf-Verlag 1970.

[2.242] Deininger, R.: Die Auslegung hydrodynamischer Drehmomentwandler für vorgeschriebene Kennlinien. Maschinenbautechnik, Berlin 19 (1970) 2, S. 89–92.

[2.243] Pippert, H.: Antriebstechnik. Strömungsmaschinen für Fahrzeuge. Strömungswandler und Strömungskupplungen, Gasturbinen, Strömungsbremsen, Abgasturbolader. Würzburg: Vogel-Verlag 1974.

[2.244] Looman, J.: Zahnradgetriebe. Grundlagen und Konstruktion der Vorgelege- und Planetengetriebe. Berlin, Heidelberg, New York: Springer-Verlag 1970 (Konstruktionsbücher, Bd. 26).

[2.245] Maschinenelemente: Antriebselemente. Hrsg. v. St. Fronius. Berlin: Verlag Technik 1971.

[2.246] Niemann, G.; Winter, H.: Maschinenelemente. Berlin, Heidelberg, New York, Tokyo: Springer-Verlag. Bd. 2 u. 3: 2. Aufl. 1983.

[2.247] Anwendungen der Antriebstechnik. Mainz: Krausskopf-Verlag. Bd. 3: Getriebe 1974.

[2.248] Moeser, M.: Übersetzungsaufteilung bei mehrstufigen Getrieben. Maschinenbautechnik, Berlin 31 (1982) 4, S. 171–173.

[2.249] Gärtner, P.; Herrwig, D.: Verfahren zur Auslegung von Zahnradgetrieben mit minimaler Masse. Maschinenbautechnik, Berlin 23 (1974) 4, S. 164–167.

[2.250] Taschenbuch Maschinenbau in 8 Bdn. Berlin: Verlag Technik. Bd. 3, Abschn. 2.2. 1985.

[2.251] Römhild, I.: Getriebeoptimierung auf der Basis neuer Berechnungsgrundlagen. In: Tagung Zahnradgetriebe Dresden, 6.–8. Nov. 1989: Vorträge; Techn. Univ. Dresden u.a. T. 1 u. 2. 1989.

[2.252] ASUG-Stirnrad-Katalog. Magdeburg: WTZ Getriebe und Kupplungen. Ausg. 1972.

[2.253] GB 721–1963 (British Standard) Specification for Worm Gearing (zitiert in [2.246]).

[2.254] ASUG-Gehäuse-Katalog. Magdeburg: WTZ Getriebe und Kupplungen. Ausg. 1972.

[2.255] Wiltzsch, M.: Erwartungswerte und höchste zulässige Werte der Schallemission von Industrie-Zahnradge-

trieben. Maschinenbautechnik, Berlin 25 (1976) 7, S. 294–300.
[2.256] Hermann, J.: Über den Einfluß des Gehäuses auf die Schallabstrahlung von Zahnradgetrieben und konstruktive Maßnahmen zur Geräuschminderung. Industrieanzeiger, Essen 85 (1963) 89, S. 29–36; 86 (1964) 2, S. 33–40.
[2.257] Bergmann, H.: Verzahnungsqualitäten für Stirnräder mit hohen Umfangsgeschwindigkeiten. Werkstatt und Betrieb, München 93 (1960) 1, S. 16–18.
[2.258] Sedlmayer, F.: Eine Tragfähigkeitsberechnung für die Stirnräder der Krangetriebe. Deutsche Hebe- und Fördertechnik, Ludwigsburg 17 (1971) 5, S. 334–340; 6, S. 398–402.
[2.259] Aida, T.; Oda, S.: Ermüdungsbrüche bei Zahnrädern. Semi-International-Symposium of JSME, Tokyo 1967. Konstruktion, Berlin 20 (1968) 7, S. 265.
[2.260] Overlach, H.: Die Bedeutung der Umlaufrädergetriebe für die Fördertechnik. Aufbau, Eigenschaften und Anwendung. Fördern und Heben, Mainz (1961) Jubiläumsausgabe, S. 161–174.
[2.261] Poppinga, R.: Stirnrad-Planetengetriebe. Stuttgart: Franckh'sche Verlagshandlung 1949.
[2.262] Wolf, A.: Grundgesetze der Umlaufgetriebe. Braunschweig: Verlag Vieweg u. Sohn 1958.
[2.263] Getriebetechnik: Umlaufrädergetriebe. Hrsg. v. Johannes Volmer. 3. Aufl. Berlin: Verlag Technik 1987.
[2.264] Prins, G.; Aberkrom, P.: Leistungseinflüsse in Umlaufgetrieben. Fördern und Heben, Mainz 20 (1970) 2, S. 85–92.
[2.265] Böttcher, S.; Sierig, G.: Selbsthemmung an Zahnradgetrieben. Konstruktion, Berlin 21 (1969) 11, S. 421–427.
[2.266] Förster, H.-J.: Zur Berechnung des Wirkungsgrades von Planetengetrieben. Konstruktion, Berlin 21 (1969) 5, S. 165–178.
[2.267] Klein, B.: Grenzbereiche für selbsthemmende Planetengetriebe. VDI-Zeitschrift, Düsseldorf 126 (1984) 7, S. 221–231.
[2.268] Hill, F.: Einbaubedingungen bei Planetengetrieben. Konstruktion, Berlin 19 (1967) 10, S. 393–394.
[2.269] Zink, H.: Lastdruckausgleich, Laufruhe und Konstruktion moderner Planetengetriebe. Konstruktion, Berlin 16 (1964) 2, S. 41–47; 3, S. 81–86; 5, S. 188–191.
[2.270] Ott, A.: Zur systematischen Synthese mehrgängiger Umlaufräder-Schaltgetriebe. Automobiltechnische Zeitschrift, Stuttgart 70 (1968) 1, S. 1–6; 2, S. 104–108; 3, S. 131–134.
[2.271] Scheffler, M.: Seilkräfte beim Heben von Mehrseilgreifern. Hebezeuge und Fördermittel, Berlin 5 (1965) 7, S. 212–216.

3 Triebwerke (Antriebe)

[3.1] Hydrostatische und elektrische Antriebe für Krane? Fördern und Heben, Mainz 31 (1981) 7, S. 517–524.
[3.2] Ebertshäuser, H.: Elektrische oder hydraulische Kranantriebe? Antriebstechnik, Mainz 20 (1981) 10, S. 431–437.
[3.3] Müller, G.: Elektrische Maschinen: Grundlagen, Aufbau und Wirkungsweise. 5. Aufl. Berlin: Verlag Technik 1982.
[3.4] Habiger, E.: Elektrische Antriebsmittel — eine Übersicht für den Anwender. Maschinenbautechnik, Berlin 22 (1973) 4, S. 176–183.
[3.5] Kloeppel, . F. W.: Planung und Projektierung von Energieversorgungssystemen. Leipzig: Deutscher Verlag für Grundstoffindustrie 1974.
[3.6] Vogel, J.: Grundlagen der elektrischen Antriebstechnik. 3. Aufl. Berlin: Verlag Technik 1983.
[3.7] VEM-Handbuch. Die Technik der elektrischen Antriebe: Grundlagen. 7. Aufl. Berlin: Verlag Technik 1979.
[3.8] Schönfeld, R.; Habiger, E.: Automatisierte Elektroantriebe. Berlin: Verlag Technik 1981.
[3.9] Hanncke, W.: Drehstrom- und Einphasen-Asynchronmotoren: Aufbau, Berechnung, Anwendung. Heidelberg: Hüthig Verlag 1984.
[3.10] Leonhard, A.: Elektrische Antriebe. 2. Aufl. Stuttgart: Enke Verlag 1959.
[3.11] Rentzsch, H.: Handbuch für Elektromotoren. 3. Aufl. Essen: Verlag W. Girardet 1980.
[3.12] Sequenz, H.: Elektrische Maschinen. Wien, New York: Springer-Verlag 1971.
[3.13] Kümmel, F.: Elektrische Antriebstechnik. Teil 1: Maschinen; Teil 2: Leistungsstellglieder. Berlin, Offenbach: VDE-Verlag 1986.
[3.14] Budig, P.-K.: Drehzahlvariable Drehstromantriebe mit Asynchronmotoren. Berlin: Verlag Technik 1988.
[3.15] Fronius, H.: Geregelte Drehstrom-Antriebssysteme zum Fördern und Bewegen im automatisierten Fertigungs- und Lagerbereich. Deutsche Hebe- und Fördertechnik, Ludwigsburg 34 (1988) 4, S. 52, 53, 56.
[3.16] Blieske, H.-U.: Die Wirbelstrombremse im Hebezeugbetrieb. Deutsche Hebe- und Fördertechnik, Ludwigsburg 16 (1970) 7, S. 417–418.
[3.17] Technische Information. VEM-Kran- und Hüttenwerksmotoren. Reihe M: mit Schleifringläufer. Wernigerode: Elektromotorenwerk.
[3.18] Schiebeler, C.: Die wirtschaftliche Planung aussetzend betriebener Elektromotoren. Elektrotechnik und Maschinenbau, Wien 58 (1940) 31/32, S. 313–322.
[3.19] Falk, K.: Berechnung der periodischen Schalthäufigkeit von Drehstrommotoren bei Gegenstrom- und mechanischer Bremsung. Elektrotechnische Zeitschrift, Berlin A 86 (1965) 23, S. 755–759.
[3.20] Falk, K.: Schaltbetrieb des Drehstrom-Käfigläufermotors bei Gleichstrombremsung. Elektrotechnische Zeitschrift, Berlin A 88 (1967) 24, S. 598–602.
[3.21] Berger, Th.: Dimensionierung von Drehstrom-Kurzschlußläufermotoren für periodischen Betrieb mit Einfluß des Anlaufs und der Bremsung auf die Erwärmung. Elektrie, Berlin 28 (1974) 5, S. 261–263.
[3.22] Poppenhusen, C.: Antriebe für die Fördertechnik — neue Anforderungen führen zu neuen Leistungen. Deutsche Hebe- und Fördertechnik, Ludwigsburg 30 (1984) 4, S. 113–115.
[3.23] Römer, H.: Regelbare Industrieantriebe. Teil I: Gleichstromantriebe; Teil II: Wirbelstromantriebe; Teil III: Drehstromantriebe. Antriebstechnik, Mainz 19 (1980) 4, S. 138–141; 21 (1982) 6, S. 299–302; 22 (1983) 8, S. 31–35.
[3.24] Mertes, J.: Sinus-AC-Inverter für stufenlose Drehzahlverstellung von Drehstrommotoren in der Fördertechnik. Deutsche Hebe- und Fördertechnik, Ludwigsburg 30 (1984) 11, S. 373–375.
[3.25] Brüninghaus, G.: Geeignete Stromrichterantriebe für Hallenkrane. Deutsche Hebe- und Fördertechnik, Ludwigsburg 31 (1985) 6, S. 199–203.
[3.26] Jante, A.: Kraftfahrtmechanik, Teil 1. Leipzig: B. G. Teubner Verlagsgesellschaft 1955.
[3.27] Taschenbuch Maschinenbau. Bd. 2: Energieumwandlung und Verfahrenstechnik. 3. Aufl. Berlin: Verlag Technik 1976.
[3.28] Taschenbuch Maschinenbau in 8 Bänden. Bd. 5: Kolben- und Strömungsmaschinen. Berlin: Verlag Technik 1987.

[3.29] Sperber, R.: Technisches Handbuch Dieselmotoren. 4. Aufl. Berlin: Verlag Technik 1986.

[3.30] Kraftfahrtechnisches Handbuch. 20. Aufl. Düsseldorf: VDI-Verlag 1987.

[3.31] Dittrich, O.; Schumann, R.: Anwendungen der Antriebstechnik. Bd. 1: Motoren. Mainz: Krausskopf-Verlag 1974.

[3.32] Schmidt, F. A. F.: Verbrennungskraftmaschinen. 4. Aufl. Berlin, Heidelberg, New York: Springer-Verlag 1967.

[3.33] Kraemer, O.; Jungbluth, G.: Bau und Berechnung von Verbrennungsmotoren. 5. Aufl. Berlin, Heidelberg, New York, Tokyo: Springer-Verlag 1983.

[3.34] Grohe, H.: Otto- und Dieselmotoren. 8. Aufl. Würzburg: Vogel-Verlag 1987.

[3.35] Küntscher, V.: Kraftfahrzeugmotoren. Auslegung und Konstruktion. 2. Aufl. Berlin: Verlag Technik 1989.

[3.36] Haug, K.: Die Drehschwingungen in Kolbenmaschinen. Berlin, Göttingen, Heidelberg: Springer-Verlag 1952.

[3.37] Maaß, H.; Klier, H.: Kräfte, Momente und deren Ausgleich in der Verbrennungskraftmaschine. Wien, New York: Springer-Verlag 1981 (Die Verbrennungskraftmaschine, Neue Folge. Bd. 2).

[3.38] Vocke, W.: Zusammenhänge und Entstehung von Drehschwingungen bei Kraftmaschinen. Maschinenbautechnik, Berlin 5 (1956) 3, S. 155–165.

[3.39] Liebig, S.: Berechnung von Torsionsschwingungen in Antrieben von Kolbenmaschinen. Maschinenbautechnik, Berlin 25 (1976) 2, S. 71–74.

[3.40] Benz, W.: Elastische Lagerung auf geneigt angeordneten Gummipuffern. Motortechnische Zeitschrift, Stuttgart 28 (1967) 1, S. 28–34.

[3.41] Dieter, W.: Ölhydraulikfibel. Wiesbaden: Krausskopf-Verlag 1960.

[3.42] Krausskopf-Taschenbücher „Ölhydraulik und Pneumatik“. Mainz: Krausskopf-Verlag 1972. Bd. 1: Grundlagen der Ölhydraulik; Bd. 3: Bauelemente der Ölhydraulik; Bd. 7: Anwendungen der Ölhydraulik (Teil 1).

[3.43] Gerretz, P.: Hydrogetriebe: Grundlagen, Bauglieder, Auslegung, Gestaltung. Berlin, Heidelberg, New York: Springer-Verlag 1977.

[3.44] Findeisen, F.u.D.: Ölhydraulik. Theorie und Anwendung. 3. Aufl. Berlin, Heidelberg, New York: Springer-Verlag 1978.

[3.45] Fuchs, H.; Kunze, W.: Hydraulik, Pneumatik: Bauelemente, Baugruppen, Maschinen. 5. Aufl. Berlin: Verlag Technik 1989.

[3.46] Blumauer, G.: Grundlagen für die Projektierung und Berechnung von Hydraulikanlagen. 2. Aufl. Berlin: Verlag Technik 1983.

[3.47] Wächter, R.; Littmann, K.; Kietz, S.: Elektrohydraulische Servoantriebe. Berlin: Verlag Technik 1983.

[3.48] Krist, Th.: Hydraulik. 5. Aufl. Würzburg: Vogel-Buchverlag 1984.

[3.49] Will, D.; Ströhl, H.: Einführung in die Hydraulik und Pneumatik. 5. Aufl. Berlin: Verlag Technik 1990.

[3.50] Kordak, R.: Neuartige Antriebskonzeptionen mit sekundärgeregelten hydrostatischen Maschinen. Ölhydraulik und Pneumatik, Mainz 25 (1981) 5, S. 387–392.

[3.51] Kordak, R.: Sekundärgeregelte hydrostatische Antriebe. Ölhydraulik und Pneumatik, Mainz 29 (1985) 9, S. 656–667.

[3.52] Töpfer, H.; Rudert, S.: Einführung in die Automatisierungstechnik. 3. Aufl. Berlin: Verlag Technik 1979.

[3.53] Isermann, R.: Theoretische Analyse der Dynamik industrieller Prozesse. Teil 1: Einführung. Zürich: Bibliographisches Institut 1971.

[3.54] Schönert, D.; Thome, H.J.: Antriebssysteme als integrale Bestandteile der Produktionsanlagen. Stahl und Eisen, Düsseldorf 98 (1978) 22, S. 1157–1163.

[3.55] Schönert, D.; Stelzer, R.; Weihrich, G.: Anforderungen an Antriebe und ihre Systemgestaltung unter Berücksichtigung des dynamischen Verhaltens. Stahl und Eisen, Düsseldorf 101 (1981) 10, S. 43–49.

[3.56] Kirschbaum, H.-O.: Zur Berechnung des instationären, starrkörperkinetischen Bewegungsverhaltens von Krantriebwerken und der entsprechenden Schnittgrößen bei besonderer Beachtung der Verluste. Darmstadt, Techn. Hochschule, Diss. v. 1977.

[3.57] Domke, U.: Bemessung der Bremsen für Hub- und Fahrwerke von Brückenkranen. Hebezeuge und Fördermittel, Berlin 30 (1990) 1, S. 31 u. 32; 2, S. 63 u. 64.

[3.58] Lück, H.: Ein Beitrag zur Bestimmung von Kollektiven der Last am Haken, der Lastmomente und der Beanspruchung von Eisenbahn-, Auto- und Mobilkranen in der DDR. Dresden, Hochschule für Verkehrswesen, Diss. v. 1970.

[3.59] Grolik, H.; Fischer, R.: Rechnerische Beanspruchungssimulation zur Ermittlung von Beanspruchungskollektiven für Betriebsfestigkeitsuntersuchungen im Kranbau. Magdeburg, Techn. Hochschule, Diss. v. 1976.

[3.60] Kurth, F.; Grolik, H.; Fischer, R.; Warkenthin, W.: Ermittlung der Beanspruchungskollektive von Wippdrehkranen. Hebezeuge und Fördermittel, Berlin 12 (1972) 7, S. 194–199.

[3.61] Köppe, U.: Nutzlastkollektive von Kranen. Hebezeuge und Fördermittel, Berlin 21 (1981) 2, S. 36–39.

[3.62] Schweer, W.: Beanspruchungskollektive als Bemessungsgrundlage für Hüttenwerkskrane. Stahl und Eisen, Düsseldorf 84 (1964) 3, S. 138–153.

[3.63] Kwast, K.-H.: Dynamische Untersuchungen an Krandrehwerken. Einfluß der elastischen Getriebeabstützung unter besonderer Berücksichtigung des Anfahrspiels. Hebezeuge und Fördermittel, Berlin 22 (1982) 3, S. 82–85.

[3.64] Fickenscher, G.: Kollektiv der Hubmasse zur Charakterisierung des Kraneinsatzes und als Grundlage der Dimensionierung. Hebezeuge und Fördermittel, Berlin 24 (1984) 1, S. 4–7.

[3.65] Schaufuß, J.: Ermittlung von Beanspruchungskollektiven für Drehwerke von Hafenkranen. Dresden, Techn. Univ., Diss. v. 1984.

[3.66] Warkenthin, W.: Zusammenhang zwischen Windfläche und Masse von Stückgütern. Hebezeuge und Fördermittel, Berlin 27 (1987) 11, S. 328–330.

[3.67] Franke, R.: Über die Windbelastung von Krananlagen. Fördern und Heben, Mainz 21 (1971) 13, S. 761–766.

[3.68] Tersch, H.; Marquardt, H.-G.: Dynamische Belastung der Fahrantriebe von Brückenkranen. Hebezeuge und Fördermittel, Berlin 11 (1971) 6, S. 170–175.

[3.69] DIN Fachbericht: Berechnungsgrundsätze für Triebwerke in Hebezeugen. Berlin, Köln: Beuth Verlag 1982.

[3.70] Scheffler, M.; Dresig, H.; Kurth, F.: Unstetigförderer 2. 4. Aufl. Berlin: Verlag Technik 1985.

[3.71] Kwast, K.-H.: Einfluß des Anfahrspiels, der Getriebeabstützung und der Motorkennlinie auf die dynamischen Beanspruchungen im Drehwerk von Hafenkranen. Dresden, Techn. Univ., Diss. v. 1981.

[3.72] Köppe, U.: Ermittlung von Massenkraftkollektiven im Kranbau. Hebezeuge und Fördermittel, Berlin 15 (1975) 2, S. 35–37.

[3.73] ISO 4301/1–1986 (E) Cranes and lifting appliances – Classification – Part 1: General (Krane und Hebezeuge – Klassifikation – Teil 1: Allgemeines). International Organization for Standardization 1986.

[3.74] Köppe, U.; Warkenthin, W.: Beanspruchungskollektive von Greiferseilen. Hebezeuge und Fördermittel, Berlin 14 (1974) 7, S. 194–197.

[3.75] Böttcher, S.; Seeliger, A.: Dynamisches Verhalten von Hubtriebwerken, Einfluß von Motorsteuerungen. Fördern und Heben, Mainz 23 (1973) 14, S. 775–781.

[3.76] Deutscher, O.: Der echtzeitsimulierte Bewegungs- und Beanspruchungsprozeß zur Analyse von Kranführer-Fahrwerk-Systemen. Darmstadt, Techn. Hochschule, Diss. v. 1980.

[3.77] Neugebauer, R.: Beanspruchungsprozeß und Festigkeitsnachweis von Krantriebwerken. Deutsche Hebe- und Fördertechnik, Ludwigsburg 26 (1981) 4, S. 125–130.

[3.78] Kurth, F.: Betriebsfestigkeit im Kranbau. Hebezeuge und Fördermittel, Berlin 13 (1973) 9, S. 260–265.

[3.79] Köppe, U.: Beitrag zur Betriebsfestigkeitsrechnung tragender Maschinenbauteile. Magdeburg, Techn. Hochschule, Diss. v. 1975. Kurzfassung: Rechnerische Ermittlung von Beanspruchungskollektiven. Hebezeuge und Fördermittel, Berlin 20 (1980) 2, S. 41–44.

[3.80] Schaufuß, J.: Beanspruchungs-Zeit-Funktion für Krandrehwerke. Hebezeuge und Fördermittel, Berlin 23 (1983) 8, S. 242–245.

[3.81] Kirsten, N.: Dynamische Beanspruchungen in Wippwerkantrieben beim Wippen von Doppellenker-Wippdrehkranen. Dresden, Techn. Univ., Diss. v. 1986.

[3.82] Matthias, K.; Kirsten, N.: Dynamische Beanspruchungen in Dreh- und Wippwerken von Doppellenker-Wippdrehkranen. Hebezeuge und Fördermittel, Berlin 24 (1984) 9, S. 278–279; 10, S. 303–305.

[3.83] Böhme, K.-H.: Analyse der Betriebsbeanspruchungen von Schaufelradbaggern unter Einsatzbedingungen. Hebezeuge und Fördermittel, Berlin 16 (1976) 8, S. 233–235.

[3.84] Hitzschke, K.; Jacob, K.: Experimentelle Analyse der Belastung des Schaufelrads durch den Grabvorgang. Hebezeuge und Fördermittel, Berlin 24 (1984) 9, S. 274–277; 10, S. 298–302.

[3.85] John, W.: Die Faltung – eine Methode zur Gewinnung des Beanspruchungskollektivs aus zwei Häufigkeitsverteilungen. Hebezeuge und Fördermittel, Berlin 23 (1983) 9, S. 287–288; 10, S. 319–320.

[3.86] Zöllner, A.: Beitrag zur kostengünstigen materialökonomischen Konstruktion fördertechnischer Triebwerke, insbesondere Seilwinden. Magdeburg, Techn. Hochschule, Diss. v. 1976. Kurzfassung: Kostenoptimieren fördertechnischer Triebwerke, dargestellt an Seilwindwerken. Hebezeuge und Fördermittel, Berlin 14 (1974) 9, S. 275–279.

[3.87] Schlums, K.-D.: Hubwerkgetriebe für Eintrommelantriebe. Fördern und Heben, Mainz 16 (1966) 2, S. 108–111.

[3.88] Schlums, K.-D.; Strothmann, G.: Hubwerkgetriebe für Mehrtrommelantriebe. Fördern und Heben, Mainz 17 (1967) 1, S. 413–415.

[3.89] Neukonzipierte Hubwerkreihe erfüllt vielseitige Anforderungen. Fördern und Heben, Mainz 35 (1985) 5, S. 374–378.

[3.90] Kreyß, G.; Müller, W.: Neue Wege im Kranbau für Hüttenwerke. Stahl und Eisen, Düsseldorf 102 (1982) 7, S. 351–354.

[3.91] Neugebauer, R.; Stenger, R.; Sting, M.: Zur Lagerung von Kranhubwerken auf dem Katzrahmen. Deutsche Hebe- und Fördertechnik, Ludwigsburg 32 (1986) 3, S. 14–17.

[3.92] Pinkert, G.: Untersuchungen an Zweimotoren-Greiferwindwerken. Hebezeuge und Fördermittel, Berlin 2 (1962) 4, S. 116–118.

[3.93] Stenkamp, W.: Analyse redundanter Hubwerksysteme. Fördern und Heben, Mainz 30 (1980) 10, S. 880–884; 11, S. 1013–1017.

[3.94] Sedlmayer, F.: Unfallsichere Hubwerke für Gießkrane. Fördern und Heben, Mainz 18 (1968) 14, S. 867–873.

[3.95] Schneidersmann, E. O.; Stenkamp, W.: Redundanz in Triebwerken der Fördertechnik. Fördern und Heben, Mainz 27 (1977), S. 949–952.

[3.96] Stenkamp, W.: Analyse redundanter Hubwerksysteme, ein Beitrag zur Erhöhung der Betriebssicherheit. Bochum, Ruhr-Univ., Diss. v. 1979.

[3.97] Stenkamp, W.: Hebezeuge in kerntechnischen Anlagen, Auslegung und Sicherheit. Fördern und Heben, Mainz 33 (1983) 1, S. 29–33; 2, S. 94–98; 3, S. 179–183.

[3.98] Kitzschke, E.: Wahrscheinlichkeitstheoretische Methoden zur Ermittlung der Zuverlässigkeitskenngrößen mechanischer Systeme auf der Grundlage der statistischen Beschreibung des Ausfallverhaltens von Komponenten. Bochum, Ruhr-Univ., Diss. v. 1983.

[3.99] Gnedenko, B.; Beljajev, I.; Solovjev, A.: Mathematische Methoden der Zuverlässigkeitstheorie. Teil 1 u. 2. Berlin, Akademie-Verlag 1968.

[3.100] Kaufmann, A.: Zuverlässigkeit in der Technik. München, Wien: Oldenbourg-Verlag 1970.

[3.101] Schneeweiss, W.: Zuverlässigkeitstheorie. Berlin, Heidelberg, New York: Springer-Verlag 1973.

[3.102] Reinschke, K.: Zuverlässigkeit von Systemen. Bd. 1: Systeme mit endlich vielen Zuständen. Berlin: Verlag Technik 1973.

[3.103] Rosemann, H.: Zuverlässigkeit und Verfügbarkeit technischer Anlagen und Geräte. Berlin, Heidelberg, New York: Springer-Verlag 1981.

[3.104] Köchel, P.: Zuverlässigkeit technischer Systeme. Leipzig: Fachbuchverlag 1982.

[3.105] Dietl, W.: Optimieren der Struktur von Tagebaumaschinensystemen. Hebezeuge und Fördermittel, Berlin 25 (1985) 12, S. 357–361.

[3.106] Thoss, R.; Kliesch, M.: Schnittkraftermittlung an Auslegern von Drehkranen. Hebezeuge und Fördermittel, Berlin 20 (1980) 2, S. 47–51.

[3.107] Neugebauer, R.: Stützung und konstruktive Gestaltung der Fahrantriebe von Kranen. Deutsche Hebe- und Fördertechnik, Ludwigsburg 11 (1965) 12, S. 703–704; 12 (1966) 1, S. 20–23.

[3.108] Hannover, H. O.: Untersuchung des Fahrverhaltens der Brückenkrane unter Berücksichtigung von Störgrößen. Braunschweig, Techn. Univ., Diss. v. 1970.

[3.109] Lüttgerding, H.: Fahrwiderstand von Laufkranen. Fördern und Heben, Mainz 6 (1956) 4, S. 293–296.

[3.110] Spravočnik po Kranam (Handbuch für Krane). Hrsg. v. A. I. Dukel'skij. Leningrad: Mašinostroenie T. 1: 1971; T. 2: 1973 (russ.).

[3.111] Czichon, G.; Popken, H.: Modellversuche zur Bestimmung des Eckdruckes von vierbeinigen Kranportalen. Stahlbau, Düsseldorf 33 (1964) 3, S. 75–84.

[3.112] Vetter, H.; Kuhr, H.: Auswertung der elektrischen Spannungs-Dehnungsmessungen an den Fahrwerkschwingen eines Gießkrans. Hebezeuge und Fördermittel, Berlin 24 (1984) 5, S. 138–143.

[3.113] Hennies, K.: Beitrag zur Ermittlung der horizontalen Seitenkräfte in Brückenkrananlagen infolge Schräglauf des Kranes. Braunschweig, Techn. Univ., Diss. v. 1968.

[3.114] Gallos, M.: Die Belastung von Brückenkranen durch Horizontalkräfte. Bericht DETRANS Bytom 1971 (poln.).

[3.115] Stosnach, K.: Spurführungskräfte an Schienenfahrwerken von Portalkranen. Braunschweig, Techn. Hochschule, Diss. v. 1980.

[3.116] Thelen, G.; Warkenthin, W.; Rössiger, R.: Überarbeitung der Berechnungsvorschriften für Stahltragwerke der Fördertechnik. Hebezeuge und Fördermittel, Berlin 25 (1985) 11, S. 336–342.

[3.117] Föppl, L.: Die strenge Theorie der rollenden Reibung. München: Leibnitz-Verlag 1947.

[3.118] Kraft, G.: Das Phänomen des elastischen Schlupfes und dessen Einfluß auf das Verhalten von drehzahlgekoppelten Laufrädern. Bochum, Ruhr-Univ., Diss. v. 1980.

[3.119] Kalker, J. J.: On the rolling contact of two elastic bodies in the presence of dry friction (Rollpaarung von zwei elastischen Körpern bei Auftreten von Trockenreibung). Delft, Techn. Hochschule, Diss. v. 1967 (engl.).

[3.120] Sting, M.: Zu den Kraftschluß-Schlupf-Zusammenhängen von Kranrad-Schiene-Systemen mit Längs- und Querschlupf als Grundlage fahrmechanischer Modelle. Darmstadt, Technische Hochschule, Diss. v. 1990.

[3.121] Krettek, O.: Kraftschluß zwischen Kranrad und Schiene unter besonderer Berücksichtigung des Laufflächenverschleißes. Fördern und Heben, Mainz 29 (1979) 5, S. 459–466.

[3.122] Ries, W.: Kritische Reibungszahlen für Fahrwerke von Tagebaugroßgeräten. Braunkohle, Halle/S. 39 (1940) 48, S. 531–539.

[3.123] Warkenthin, W.: Statistische Untersuchungen zur Reibung zwischen Rad und Schiene. Hebezeuge und Fördermittel, Berlin 28 (1988) 8, S. 260–263.

[3.124] DIN 120 (11.36) Berechnungsgrundlagen für Stahlbauteile von Kranen und Kranbahnen (zurückgezogen).

[3.125] A first this top-running crane makes a 90-deg turn (Als erster durchläuft dieser obenlaufende Brückenkran eine 90° Kurve)! Modern materials handling, Boston 36 (1981) 11, S. 86–88 (engl.).

[3.126] Hiller: Formeln für den Krümmungswiderstand. Organ für Fortschritte des Eisenbahnwesens, 93 (1938) 18, S. 345–346.

[3.127] Schwetz, R.: Kleinster Schienenradius bei Kranlaufrädern mit Doppelspurkranz. Fördern und Heben, Mainz 15 (1965) 9, S. 659–663.

[3.128] Kogan, I. J.: Turmdrehkrane für das Bauwesen. Leipzig: Fachbuchverlag 1960.

[3.129] Ernst, H.: Die Hebezeuge. Bd. 2: Winden und Krane. Braunschweig: Vieweg u. Sohn 1961.

[3.130] Schütz, K. H.; Berthold, R.: Gelenklager für kombinierte und axiale Belastungen. Antriebstechnik, Mainz 12 (1973) 1, S. 10–14.

[3.131] Matthias, K.: Praktische Hinweise zur Berechnung von Großwälzlagern. Hebezeuge und Fördermittel, Berlin 22 (1982) 6, S. 164–167.

[3.132] Karas, F.: Der Ort größter Beanspruchung in Wälzverbindungen mit verschiedenen Druckfiguren. Forschung im Ingenieurwesen, Düsseldorf 12 (1941) 5, S. 237–243.

[3.133] Matthias, K.: Berechnung der Wälzkörperkräfte in Großwälzlagern. Fördern und Heben, Mainz 29 (1979) 2, S. 107–110.

[3.134] Matthias, K.: Rollendrehverbindungen. Hebezeuge und Fördermittel, Berlin 3 (1963) 7, S. 214–215.

[3.135] Matthias, K.: Lebensdauer von Drehverbindungen. Hebezeuge und Fördermittel, Berlin 19 (1979) 1, S. 7–9.

[3.136] Matthias, K.: Die Berechnung des Reibmoments in Drehverbindungen. Deutsche Hebe- und Fördertechnik, Ludwigsburg 13 (1967) 12, S. 693–697.

[3.137] Matthias, K.: Schraubenkräfte in einer Flanschverbindung. Maschinenbautechnik, Berlin 34 (1985) 11, S. 517–520.

[3.138] Parameswaran, M. A.: Krandrehwerke mit Schneckenuntersetzung, Einfluß des Verzahnungswirkungsgrads auf die Bremseigenschaften. Antriebstechnik, Mainz 12 (1973) 8, S. 235–239.

[3.139] Ziller, S.: Dynamische Beanspruchungen im Mehrmotoren-Drehwerkantrieb beim Drehen eines Doppellenker-Wippdrehkrans. Dresden, Techn. Univ., Diss. v. 1984.

[3.140] Kwast, K.-H.: Einfluß des Anfahrspiels, der Getriebeabstützung und der Motorkennlinie auf die dynamischen Beanspruchungen im Drehwerk von Hafenkranen. Dresden, Techn. Univ., Diss. v. 1981.

[3.141] Kwast, K.-H.: Dynamische Untersuchungen an Drehwerken. Hebezeuge und Fördermittel, Berlin 25 (1985) 6, S. 164–167.

[3.142] Oldewurtel, O.: Kinetik des Pufferstoßes — Ein Beitrag zur Minimierung der dynamischen Beanspruchung fördertechnischer Systeme. Bochum: Ruhr-Universität, Diss. v. 1983.

[3.143] Neumann, G.: Stoßdämpfer in der Fördertechnik. Fördern und Heben, Mainz 33 (1983) 1, S. 36 u. 37.

[3.144] Scheibner, J.: Die Kräfte beim Fahren einer Laufkatze gegen Puffer. Hebezeuge und Fördermittel, Berlin 3 (1963) 9, S. 266–270.

[3.145] Sedlmayer, F.: Dynamische Wirkung der Pufferkräfte auf die Tragkonstruktion der Krane. Der Stahlbau, Berlin 33 (1964) 1, S. 15–26.

[3.146] Daull, P.: Les dispositifs anticollision pour ponts roulants (Abstandssicherungen für Brückenkrane). Manutention, Paris 14 (1972) 3, S. 175–183; 4, S. 205–218 (franz.).

[3.147] Bourgeois, G.: Anticollisions sur ponts roulants: onze sonnettes d'alarme (Abstandssicherungen bei Brückenkranen: elf Alarmeinrichtungen). Manutention, Paris 21 (1979) 11, S. 71–77 (franz.)

[3.148] Bethke, F.: Eine neuartige Abstandssicherung für Krane. Fördern und Heben, Mainz 11 (1961) 3, S. 140 u. 141.

[3.149] Heldt, W.: Signalvorrichtung für mehrfach besetzte Kranbahnen. Fördern und Heben, Mainz 4 (1954), S. 121–131.

[3.150] Schumacher, F.: Opto-elektronischer Kollisionsschutz für Krananlagen mit Infrarot-Detektoren. Industrie-Anzeiger, Essen 96 (1974) 75, S. 1742 u. 1743.

[3.151] Krawutschke, K.: Berührungslose Fahrwerkabschaltung von Kranen mit Wechsellicht-Reflexschranken. Hebezeuge und Fördermittel, Berlin 22 (1982) 9, S. 282.

[3.152] Guizerix, J.: Détecteur de proximité à élément radioactiv. Application à la commande des ponts-roulants (Abstandssicherung mit radioaktivem Element. Anwendung auf die Steuerung von Brückenkranen). La technique moderne, Paris 54 (1962), S. 189–192 (franz.).

[3.153] Fischer, C.: Isotopensicherheitsvorrichtung für Laufkrane. Atomwirtschaft, Atomtechnik, Düsseldorf 6 (1981), S. 480ff.

[3.154] Balahan, S. G.: Stop your crane before the collision! (Stoppen Sie ihren Kran vor dem Zusammenstoß!). Modern materials handling, Boston 28 (1973) 10, S. 59 bis 61 (engl.).

[3.155] Rowley, W. P.: Kollisionsverhütung bei Kranen. Maschinenwelt — Elektrotechnik, Wien 37 (1982) 1, S. 15–17.

[3.156] Müller, H.: Überlastsicherungen an Turmdrehkranen. Deutsche Hebe- und Fördertechnik, Ludwigsburg 9 (1963) 10, S. 409–412.

[3.157] Kogan, J.: Auslegerkrane, Berechnung, Überlastungsschutz, Abnahme. Fördern und Heben, Mainz 27 (1977) 12, S. 1134–1136.

[3.158] Bötz, K.: Vorläufige Empfehlungen und Hinweise zur Beurteilung von Überlastsicherungen (Last- und Lastmomentbegrenzung) auf elektrisch betriebenen Ausleger- und Portalkranen im Hafenbetrieb. Hansa, Hamburg 100 (1963), S. 813–815.

[3.159] Göpfert, H.: Überlastsicherungen an Auslegerkranen. Berufsgenossenschaft, Berlin 73 (1961), S. 179–190.

[3.160] Scheffler, M.: Überlastsicherungen für Krane. Hebezeuge und Fördermittel, Berlin 4 (1964) 4, S. 123 u. 124.

[3.161] Dresig, H.; Rieger, U.: Berücksichtigung von Massenkräften bei der Konstruktion von Überlastsicherungen. Wiss. Zeitschr. der TU Dresden, Dresden 18 (1969) 1, S. 227–232.

[3.162] Mertens, P. H.: Dynamik der Seilkräfte und Überlastschalter von E-Zügen. Deutsche Hebe- und Fördertechnik, Ludwigsburg 17 (1971) 11, S. 682–684; 12, S. 370.

[3.163] Wehler, H.: Bedeutung der dynamischen Kräfte für den Überlastungsschutz von Kranen. Deutsche Hebe- und Fördertechnik, Ludwigsburg 20 (1974) 4, S. 126–130; 5, S. 180–182.

[3.164] Szuttor, N.; Sinay, J.: Bestimmung der Kriterien der Tragfähigkeitsbegrenzung von Turmdrehkranen unter Berücksichtigung der Hubdynamik. Hebezeuge und Fördermittel, Berlin 20 (1980) 12, S. 363–365.

[3.165] Szuttor, N.; Sinay, J.: Überlastsicherung an Kranen; Analyse des Abschaltvorgangs der Hubwerke. Fördern und Heben, Mainz 32 (1982) 12, S. 965–971.

[3.166] Klar, E.: Überlast-Abschaltung für Hubwerke. Deutsche Hebe- und Fördertechnik, Ludwigsburg 18 (1972) 1, S. 16–18.

[3.167] Wilhelm, W.: Überlastsicherung für Fahrzeugkrane. Industrie-Anzeiger, Essen 97 (1975) 89, S. 1893–1895.

[3.168] Günther, W.: Sicherheitseinrichtungen für die Lastbegrenzung an Kranen. Technische Überwachung, Düsseldorf 24 (1983) 10, S. 395–400.

[3.169] Meyer, F.: Überlastsicherungen für Turmdrehkrane mit Laufkatz- und Wippausleger. Fördern und Heben, Mainz 34 (1984) 11, S. 847–851.

[3.170] Kotte, G.: Sicherheitseinrichtungen für Auslegerkrane. Fördern und Heben, Mainz 36 (1986) 4, S. 240–242.

[3.171] Brent, G.: Geräte zur Verbesserung der Sicherheit von Kranen. Technische Überwachung, Düsseldorf 23 (1982) 3, S. 105 u. 106.

[3.172] Wilhelm, W.: Sicherheitseinrichtungen für Krane. Fördern und Heben, Mainz 30 (1980) 6, S. 540 u. 541.

[3.173] Neues Konzept für den redundanten Überlastungsschutz von Kranen. Fördern und Heben, Mainz 33 (1983) 3, S. 214.

[3.174] Schenke, N.: Ein neuer Lastmomentbegrenzer mit Mikrorechner für Auslegerkrane. Hebezeuge und Fördermittel, Berlin 23 (1983) 1, S. 8–12.

[3.175] Schenke, N.: Mikrorechnergesteuerter Hubkraftbegrenzer im Einsatz. Hebezeuge und Fördermittel, Berlin 24 (1984) 12, S. 364–367.

[3.176] Peters, H.: Neues Sicherheitssystem für Fahrzeugkrane auf digitaler Basis. Fördern und Heben, Mainz 36 (1986) 3, S. 154–156.

[3.177] Hartung, R.; Wagner, M.: Entwicklungstendenzen beim Einsatz von Überlastsicherungen für Mobilkrane. Hebezeuge und Fördermittel, Berlin 30 (1990) 4, S. 100 u. 101.

[3.178] Eckardt, G.; Grolik, H.: Zur Überwachung der Zuverlässigkeit von Fördermaschinen durch Bordcomputer. Hebezeuge und Fördermittel, Berlin 27 (1987) 1, S. 4 u. 5.

[3.179] Hartung, R.; Grolik, H.: Einsatz von Bordcomputern zum Erhöhen der Zuverlässigkeit von Mobilkranen. Hebezeuge und Fördermittel, Berlin 29 (1989) 2, S. 48 u. 49.

[3.180] Unstetigförderer 1. Hrsg. v. F. Kurth. 5. Aufl. Berlin: Verlag Technik 1989.

[3.181] Franke, A.: Beitrag zur Sturmsicherung für auf Schienen verfahrbare Stahlkonstruktionen, wie Krananlagen, Verlade- und Förderbrücken. Maschinenbautechnik, Berlin 9 (1960) 6, S. 276–282.

Sachwortverzeichnis

SPRINGER NATURE

GPSR Compliance

The European Union's (EU) General Product Safety Regulation (GPSR) is a set of rules that requires consumer products to be safe and our obligations to ensure this.

If you have any concerns about our products, you can contact us on ProductSafety@springernature.com

In case Publisher is established outside the EU, the EU authorized representative is:

Springer Nature Customer Service Center GmbH
Europaplatz 3
69115 Heidelberg, Germany

FSC
www.fsc.org
MIX
Papier | Fördert gute Waldnutzung
FSC® C083411

Zeitfracht Medien GmbH
Ferdinand-Jühlke-Straße 7
99095 Erfurt, Deutschland
produktsicherheit@kolibri360.de